Springer-Lehrbuch

Stefan Hildebrandt

Analysis 2

Mit 122 Abbildungen

 Springer

Prof. Dr. Dr. h.c. mult. Stefan Hildebrandt
Universität Bonn
Mathematisches Institut
Beringstraße 1
53115 Bonn
Deutschland

Der Holzschnitt auf dem Umschlag stellt das Sternbild LEO dar und wurde dem astronomischen Lehrgedicht *Mythographus, Poeticon Astronomicon* des römischen Schriftstellers Hyginus entnommen, das 1482 von Erhard Ratdolt in Venedig gedruckt wurde.

Korrigierter Nachdruck 2008

ISBN 978-3-540-43970-7

Springer-Lehrbuch ISSN 0937-7433

Bibliografische Information der Deutschen Nationalbibliothek
Die Deutsche Nationalbibliothek verzeichnet diese Publikation in der Deutschen Nationalbibliografie; detaillierte bibliografische Daten sind im Internet über http://dnb.d-nb.de abrufbar.

Mathematics Subject Classification (2000): 26-01, 34-01, 42-01

© 2003 Springer-Verlag Berlin Heidelberg

Einbandgestaltung: WMX Design GmbH, Heidelberg

Gedruckt auf säurefreiem Papier

9 8 7 6 5 4 3 2 1

springer.com

Vorwort

Der vorliegende Band schließt eine Einführung in die Grundlagen der Differential- und Integralrechnung ab. Sie ist so angelegt, daß einerseits die neuere Auffassung der Analysis durchscheint und andererseits möglichst viele der Hilfsmittel entwickelt werden, die man schon frühzeitig benötigt, um den Vorlesungen der angewandten Naturwissenschaften wie etwa der Physik folgen zu können. Dies ließ sich nur durch einige Beschränkungen erreichen. Beispielsweise wird statt des mehrdimensionalen Lebesgueschen Integrals das Riemannsche Integral behandelt, das sich in aller Kürze einführen läßt, weil das Nötigste schon im eindimensionalen Fall gesagt ist.

Die hier behandelten Dinge umfassen den Stoff der Vorlesung Analysis II, wie sie üblicherweise an deutschen Hochschulen gelehrt wird, und darüber hinaus Teile der Analysis III sowie der Funktionentheorie. Es scheint mir nützlich und nötig, den Leser schon früh mit den Ideen und Resultaten der komplexen Analysis vertraut werden zu lassen. Überdies bietet der Residuenkalkül die Möglichkeit, uneigentliche Integrale elegant und in natürlicher Weise zu berechnen; schließlich sind Euler und Cauchy durch das Problem der Integralberechnung zur Funktionentheorie gelangt. Hier schließt sich die Behandlung der Fouriertransformation an, die eines der wichtigsten Hilfsmittel der Mathematik und Ausgangspunkt der harmonischen Analysis ist.

Zur Vorbereitung wird frühzeitig der Begriff des Kurvenintegrals entwickelt, was auch den Vorteil bietet, beizeiten Potentiale von Vektorfeldern befriedigend behandeln zu können. Es folgt ein Abriß der Differentialgeometrie von Kurven, die in einführenden Vorlesungen vielfach nicht oder nur stiefmütterlich dargestellt wird, obwohl gerade die Kurventheorie faszinierenden Stoff für den Mathematikunterricht im Gymnasium bietet und überdies für das Verständnis der Mechanikvorlesung unentbehrlich ist. Aus letzterem Grunde findet sich auch eine Darstellung der Elemente der Variationsrechnung mitsamt Erhaltungssätzen von Emmy Noether, holonomen Nebenbedingungen und zahlreichen Beispielen, unter Einschluß mehrdimensionaler Variationsintegrale. Dem gleichen Zweck dient die Behandlung der Legendretransformation, von Variationsprinzipien wie etwa dem Prinzip der kleinsten Wirkung, der Differentialgleichungen auf Mannigfaltigkeiten und des Liouvilleschen Satzes, der zeigt, daß Hamiltonsche Systeme maßtreue Flüsse erzeugen. All dies erfordert die in Abschnitt 2.3 untersuchte differenzierbare Abhängigkeit der Lösungen von Anfangswertproblemen bezüglich Parametern; erst so wird gesichert, daß Phasenflüsse Diffeomorphismen generieren.

Eingeschlossen ist auch eine eingehende Behandlung konvexer Mengen und konvexer Funktionen; diese wichtigen Begriffe erschienen im ersten Band nur in den Aufgaben.

Differenzierbare Mannigfaltigkeiten werden in Gestalt gleichungsdefinierter Mannigfaltigkeiten untersucht. Damit lassen sich viele wesentliche Ideen und Resultate der globalen Analysis ohne weitergehende Begriffe der mengentheoretischen Topologie erläutern. Hinzu kommt ein Abschnitt über Flächenverdickung und Abstandsfunktion. Dies sind grundlegende geometrische Hilfsmittel, die auch zur globalen Definition des Flächeninhalts und allgemeiner von Flächenintegralen sowie zu einem geometrischen Beweis des Gaußschen Integralsatzes führen. Zudem enthält die Abstandsfunktion viele geometrische Eigenschaften einer Mannigfaltigkeit und ist unentbehrlich bei der Untersuchung von Randwertaufgaben nichtlinearer partieller Differentialgleichungen.

Auch dieser zweite Band umfaßt mehr, als im üblichen Vorlesungsturnus gelehrt werden kann. Daher ist alles hier Gebrachte so ausführlich dargestellt, daß es sich im Selbststudium oder in einem Proseminar bewältigen läßt. Ich hoffe, durch die beiden vorliegenden Bände den Leser ausreichend auf die weiterführenden Vorlesungen vorbereitet zu haben.

In dem geplanten dritten Band wird das Lebesguesche Integral unter verschiedenen Aspekten betrachtet. Daneben werden der Kalkül der alternierenden Differentialformen und das allgemeine Konzept der Analysis auf differenzierbaren Mannigfaltigkeiten behandelt. Hinzu kommt eine Einführung in die Funktionalanalysis, insbesondere in die Theorie der metrischen Räume, und eine Ergänzung zur komplexen Analysis, wobei insbesondere konstruktive Verfahren untersucht werden.

Allen Kollegen und Studenten, die sich an der kritischen Durchsicht des Textes und am Korrekturlesen beteiligt haben, danke ich wiederum sehr herzlich, insbesondere den Herren Daniel Habeck, Ruben Jakob, Michail Lewintan, Andreas Rätz, Bernd Schmidt und Daniel Wienholtz. Letzterem wie auch Herrn Lewintan verdanke ich zahlreiche Abbildungen. Die Herren Carl-Friedrich Bödigheimer, Mariano Giaquinta, Joachim Naumann und Arnold Staude haben mir mehrere Korrekturen und Änderungsvorschläge zukommen lassen, wofür ich ihnen bestens danke, ebenso wie Frau Beate Leutloff und Frau Anke Thiedemann für die geduldige und sorgfältige TEX-Erfassung meines Manuskriptes.

Bonn, November 2002

Stefan Hildebrandt

Inhaltsverzeichnis

Kapitel 1

Differentialrechnung für Funktionen mehrerer Variabler

In diesem Kapitel behandeln wir die Differentialrechnung für Funktionen mehrerer Variabler. Des besseren Verständnisses wegen entwickeln wir alle Begriffe im $\mathbb{R}^n$, also mittels kartesischer Koordinaten.

Wir beginnen in Abschnitt 1.1 damit, die Begriffe *partielle Differenzierbarkeit, partielle Ableitung, Richtungsableitung, Gradient, Divergenz* und *Rotation* einzuführen und erste Eigenschaften partiell differenzierbarer Funktionen herzuleiten. In Abschnitt 1.2 wird der Begriff der *(totalen) Differenzierbarkeit* definiert und untersucht, inwieweit er mit der partiellen Differenzierbarkeit übereinstimmt; es zeigt sich, daß beide Begriffe auf der Klasse $C^1(\Omega, \mathbb{R}^N)$ der stetigen Funktionen $f : \Omega \to \mathbb{R}^N$ mit stetigen ersten partiellen Ableitungen übereinstimmen. Im Anschluß daran wird die *Tangentialebene* eines differenzierbaren Graphen definiert, und es werden die Begriffe *totales Differential, Differentialform ersten Grades (1-Form)* und *Kovektorfeld* eingeführt. Schließlich wird die allgemeine Form der Kettenregel angegeben.

In Abschnitt 1.3 wird die Differenzierbarkeit bestimmter Integrale nach einem Parameter untersucht. Das so gewonnene Ergebnis führt zu dem wichtigen Satz von H.A. Schwarz über die Vertauschbarkeit zweier partieller Ableitungen. Partielle Ableitungen höherer Ordnung werden in 1.5 studiert, und anschließend werden der Begriff des *Potentiales* eines Vektorfeldes definiert und notwendige sowie hinreichende Bedingungen für die Existenz eines Potentiales aufgestellt.

In 1.6 wird die *Taylorsche Formel* für Funktionen mehrerer Variabler hergeleitet.

Ferner ist Abschnitt 1.7 der Untersuchung lokaler Extrema einer reellen Funktion $f : \Omega \to \mathbb{R}$ gewidmet, wobei die *Hessesche Matrix* $H_f = D^2 f$ eine wesentliche Rolle spielt. Es folgen das Maximumprinzip für harmonische Funktionen und eine Untersuchung von Schwingungen um eine Gleichgewichtslage. Abschnitt 1.8 bietet eine kurze Einführung in die *Theorie der konvexen Mengen* und *konvexen Funktionen*. Einige wichtige Ungleichungen wie die von Hölder, Minkowski und Jensen beruhen auf diesem Konzept.

Abschnitt 1.9 behandelt den *Umkehrsatz*, mit dessen Hilfe man feststellen kann, ob eine C^1-Abbildung $f : \Omega \to \mathbb{R}^n$, $\Omega \subset \mathbb{R}^n$, eine lokale oder globale Inverse der Klasse C^1 besitzt, ob f also ein lokaler oder globaler Diffeomorphismus ist. Als eine erste Anwendung des Umkehrsatzes wird in 1.10 die Legendretransformation untersucht, die in vielen Gebieten eine Rolle spielt, etwa in der konvexen Analysis, in der Variationsrechnung und in der Theorie der Differentialgleichungen, in der klassischen Mechanik (Hamilton-Jacobischer Formalismus), in der Thermodynamik und der Elastizitätstheorie.

In Abschnitt 1.11 beweisen wir den *Satz von Heine-Borel*, mit dessen Hilfe sich kompakte Mengen in ganz neuer Weise charakterisieren lassen. In allgemeinen topologischen Räumen ist dieser Satz der Ausgangspunkt zur Definition kompakter Mengen. Der Heine-Borelsche Satz besitzt vielfältige Anwendungen. Zur Illustration zeigen wir mit seiner Hilfe, wie man Lipschitzstetige Funktionen gewinnen kann, und ferner, daß kompakte Nullmengen im $\mathbb{R}^n$ auch Mengen vom Inhalt Null sind. Dieses und ähnliche Resultate sind nützlich bei der Definition des mehrdimensionalen Riemannschen Integrales.

1   Partielle Ableitungen von Funktionen mehrerer Variabler

In diesem Abschnitt behandeln wir zuerst eine naheliegende Verallgemeinerung des Ableitungsbegriffs auf Funktionen mehrerer Variabler $x_1, \dots, x_n$.

Ist eine solche Funktion $f : \Omega \to \mathbb{R}$ gegeben, so denken wir uns für den Augenblick bloß eine der Variablen als veränderlich, etwa x_j, und „frieren die übrigen Variablen ein". Differenzieren wir f nach x_j, so entsteht die *partielle Ableitung* $D_j f(x)$, die wir auch mit $f_{x_j}(x)$ oder $\dfrac{\partial f}{\partial x_j}(x)$ bezeichnen.

Danach definieren wir die *Richtungsableitung* $\dfrac{\partial f}{\partial a}(x)$ einer Funktion $f : \Omega \to \mathbb{R}$ an der Stelle x in Richtung eines beliebigen Einheitsvektors a. Die partiellen Ableitungen $D_j f$ erweisen sich als die Richtungsableitungen von f in Richtung der Einheitsvektoren e_j in den Koordinatenrichtungen.

Mit $C^1(\Omega)$ bezeichnen wir die Klasse der Funktionen $f : \Omega \to \mathbb{R}$ auf einer offenen Menge des $\mathbb{R}^n$, für die in allen Punkten $x \in \Omega$ sämtliche partielle Ableitungen $D_1 f(x), \dots, D_n f(x)$ existieren und stetige Funktionen $D_j f : \Omega \to \mathbb{R}$ liefern. Setzen wir in eine solche Funktion f eine C^1-Kurve $\varphi : I \to \Omega$ ein, so erhalten wir eine C^1-Funktion $f \circ \varphi : I \to \mathbb{R}$, und es gilt die

Kettenregel II:

$$\frac{d}{dt} f(\varphi(t)) = \sum_{j=1}^{n} D_j f(\varphi_1(t), \dots, \varphi_n(t)) \dot{\varphi}_j(t) \, .$$

Dies ist die Essenz der Kettenregel für Funktionen mehrerer Variabler, aus der wir sofort den *Mittelwertssatz* gewinnen. Dieser liefert insbesondere die Inklusion $C^1(\Omega) \subset C^0(\Omega)$. Mit Hilfe des *Gradientenvektors* grad f oder ∇f einer C^1-Funktion $f : \Omega \to \mathbb{R}$, der durch $\nabla f = (D_1 f, \dots, D_n f)$ definiert ist, läßt sich die Richtungsableitung $\dfrac{\partial f}{\partial a}(x)$ als Skalarprodukt von $\nabla f(x)$ mit dem Richtungsvektor $a \in S^{n-1} \subset \mathbb{R}^n$ ausdrücken, also

$$\frac{\partial f}{\partial a}(x) = \langle \nabla f(x), a \rangle \, .$$

Hieraus folgt sofort die geometrische Deutung des Gradientenvektors $\nabla f(x)$ an der Stelle $x \in \Omega$. Er weist in die *Richtung des stärksten Anstiegs* von f, und seine Länge liefert die Größe des stärksten Anstiegs. In den Extrempunkten von $f : \Omega \to \mathbb{R}$ verschwindet ∇f, diese sind also *kritische Punkte* von f.

Bekanntlich sind die Nullstellen x_0 eines Vektorfeldes $F : \Omega \to \mathbb{R}^n$ auf einer offenen Menge $\Omega \subset \mathbb{R}^n$ die *Gleichgewichtspunkte* für die Differentialgleichung $\dot{X}(t) = F(X(t))$. Geht nämlich X durch einen solchen Punkt x_0, so gilt $X(t) \equiv x_0$, falls F Lipschitzstetig ist. Entfernt von Gleichgewichtspunkten ist eine Strömung $X(t, x)$ nahezu eine Parallelströmung, während sie in der Nähe eines solchen Punktes, wie wir wissen, bereits für $n = 2$ äußerst unterschiedliche Gestalt haben kann. Dies gilt insbesondere für die Nullstellen von $F := \nabla f$ und erklärt die Bezeichnung „kritische Punkte" für diese Stellen.

Eine offene Menge Ω des $\mathbb{R}^n$ heißt *bogenweise zusammenhängend* oder *Gebiet*, wenn zwei beliebige Punkte aus Ω durch einen in Ω verlaufenden stetigen Bogen verbunden werden können. Eine C^1-Funktion $u : \Omega \to \mathbb{R}$ auf einem Gebiet Ω ist genau dann konstant, wenn ihr Gradient ∇u auf Ω identisch verschwindet.

Der Begriff der partiellen Ableitung $D_j f$ überträgt sich ohne weiteres auf Abbildungen $f : \Omega \to \mathbb{R}^N$ mit den Komponenten $f_1, \dots, f_N$, die wir gewöhnlich in der Form $f(x) = (f_1(x), \dots, f_N(x))$ schreiben. Es ist $D_j f = (D_j f_1, \dots, D_j f_N)$. Der Mittelwertssatz gilt für jede Komponente f_k, läßt sich aber nicht auf f übertragen. Vielmehr gilt eine abgeschwächte Fassung in integrierter Form, die als *Hadamards Lemma* bekannt und in vielerlei Weise nützlich ist.

Für Abbildungen $f : \Omega \to \mathbb{R}^N$ definieren wir die *Jacobimatrix* $Df(x)$ als die Matrix $Df(x) = (D_j f_k(x))$ mit den Matrixelementen $D_j f_k(x)$ und beweisen die *allgemeine Kettenregel*.

Besonders wichtig sind die für $n = N$ definierten *Diffeomorphismen* $f : \Omega \to \Omega^*$ von Ω auf $\Omega^* := f(\Omega)$. Dies sind Homöomorphismen der Klasse C^1, deren Inverse $f^{-1} : \Omega^* \to \Omega$ ebenfalls von der Klasse C^1 sind. Für Diffeomorphismen f gilt

$$(Df)^{-1} = (Df^{-1}) \circ f$$

woraus für die *Jacobideterminante* $J_f := \det Df$ eines Diffeomorphismus f die Regel $J_{f^{-1}} \circ f = 1/J_f$ folgt. Für C^1-Funktionen $f : \Omega \to \mathbb{R}^n$, $\Omega \subset \mathbb{R}^n$, definieren wir insbesondere die *Divergenz* div $f : \Omega \to \mathbb{R}$ durch

$$\text{div } f := D_1 f_1 + D_2 f_2 + \dots + D_n f_n \, ,$$

und für den Spezialfall $n = 3$ den Vektor rot f, die *Rotation* von f. Für die wichtigen Differentialausdrücke grad f, div f und rot f beweisen wir verschiedene Rechenregeln. Weiterhin behandeln wir *positiv homogene Funktionen* $f : \Omega \to \mathbb{R}$ vom Grade α. C^1-Funktionen dieser Art sind durch die *Eulersche Relation*

$$\alpha f(x) = \langle x, \nabla f(x) \rangle$$

charakterisiert.

Wenden wir uns nun den Einzelheiten zu. Im folgenden bezeichne Ω stets eine (nichtleere) offene Menge des $\mathbb{R}^n$. Wir betrachten Abbildungen

$$f : \Omega \to \mathbb{R}^N , \ f(x) = (f_1(x), \ldots, f_N(x)) \ , \ x = (x_1, \ldots, x_n) \ .$$

Für $x \in \Omega$ und $1 \leq j \leq n$ bilden wir die Funktion

$$(1) \qquad\qquad F_j(t) := f(x_1, \ldots, x_{j-1} \, , \, t, x_{j+1}, \ldots, x_n) \ ,$$

die für $|t - x_j| << 1$ wohldefiniert ist. Mit anderen Worten: wir frieren alle Variablen von f ein bis auf die j-te Variable, die in t umbenannt wird. Die so entstehende Funktion $F_j(t)$ ist dann für t-Werte in der Nähe von x_j definiert.

Definition 1. *Eine Funktion $f : \Omega \to \mathbb{R}^N$ heißt an der Stelle $x \in \Omega$ **partiell differenzierbar nach der j-ten Variablen**, wenn $F_j(t)$ an der Stelle $t = x_j$ differenzierbar ist. Man bezeichnet*

$$(2) \qquad\qquad D_j f(x) := \dot{F}_j(x_j)$$

*als **partielle Ableitung von f nach der j-ten Variablen** an der Stelle x.*

Noch Euler hat $\frac{d}{dx_j} f$ für die partielle Ableitung von f nach x_j geschrieben; seit Jacobi schreibt man stattdessen $\frac{\partial f}{\partial x_j}$ oder f_{x_j}, während Cauchy die Schreibweise $D_j f$ eingeführt hat.

Bezeichne $e_1, \ldots, e_n$ die kanonische Basis von $\mathbb{R}^n$, und sei

$$(3) \qquad\qquad \Delta_h f(x) := \frac{1}{h} \, [f(x + he_j) - f(x)]$$

der **j-te Differenzenquotient** von f an der Stelle x zur Schrittweite $h \in \mathbb{R}$ mit $0 < |h| << 1$, also

$$\Delta_h f(x) = \frac{1}{h} \, [f(x_1, \ldots, x_j + h, \ldots, x_n) - f(x_1, \ldots, x_j, \ldots, x_n)] \ .$$

Falls f an der Stelle x partiell nach x_j differenzierbar ist, gilt

$$(4) \qquad\qquad D_j f(x) = \lim_{h \to 0} \Delta_h f(x) \ ,$$

und umgekehrt folgt aus der Existenz von $\lim_{h \to 0} \Delta_h f(x)$, daß f an der Stelle x partiell nach x_j differenzierbar ist und die partielle Ableitung $D_j f(x)$ durch (4) gegeben wird.

Bemerkung 1. Eine Abbildung $f = (f_1, \ldots, f_N)$ ist genau dann an der Stelle x nach x_j partiell differenzierbar, wenn ihre Komponenten $f_1, \ldots, f_N$ dies sind, und es gilt $D_j f = (D_j f_1, \ldots, D_j f_N)$.

Definition 2. *Eine Abbildung $f : \Omega \to \mathbb{R}^N$ heißt **von der Klasse C^1**, wenn die partiellen Ableitungen $D_1 f(x), \dots, D_n f(x)$ in allen Punkten $x \in \Omega$ existieren und stetig von x abhängen; wir schreiben hierfür: $f \in C^1(\Omega, \mathbb{R}^N)$.*

Wegen (2) übertragen sich die Differentiationsregeln von 3.1 aus Band 1 für d/dt sofort auf die Operatoren $D_1, \dots, D_n$. Insbesondere sehen wir, *daß $C^1(\Omega, \mathbb{R}^N)$ ein linearer Raum über $\mathbb{R}$ ist.*

Für $N = 1$ schreiben wir $C^1(\Omega) := C^1(\Omega, \mathbb{R})$, und jeder skalaren Funktion $f \in C^1(\Omega)$ ordnen wir ein Vektorfeld $\operatorname{grad} f : \Omega \to \mathbb{R}^n$ zu, das **Gradientenfeld** von f; es ist durch

$$\operatorname{grad} f := (D_1 f, D_2 f, \dots, D_n f) \tag{5}$$

definiert. Dem irischen Mathematiker W.R. Hamilton folgend führen wir den „**Nabla-Vektor**"

$$\nabla = (D_1, D_2, \dots, D_n) \tag{6}$$

mit den „Komponenten" $D_1, D_2, \dots, D_n$ ein. Dann ist

$$\operatorname{grad} f = \nabla f \,, \tag{7}$$

und man interpretiert ∇f formal als „Produkt" von ∇ mit dem Skalar f. Die geometrische Bedeutung des Gradientenfeldes werden wir in Kürze erkennen.

Ist $f : \Omega \to \mathbb{R}^N$ nach allen Variablen an der Stelle x partiell differenzierbar, so können wir die **Jacobimatrix** $Df(x)$ von f definieren:

$$Df(x) = \begin{pmatrix} D_1 f_1(x), & \dots, & D_n f_1(x) \\ \vdots & & \vdots \\ D_1 f_N(x), & \dots, & D_n f_N(x) \end{pmatrix} = \begin{pmatrix} \operatorname{grad} f_1 \\ \vdots \\ \operatorname{grad} f_N \end{pmatrix} . \tag{8}$$

Statt Df schreiben wir auch $\frac{\partial f}{\partial x}$ oder f_x.

Falls $n = N$ ist, können wir auch die **Jacobideterminante** oder **Funktional-determinante** bilden:

$$J_f := \det Df = \begin{vmatrix} D_1 f_1 & \dots & D_n f_1 \\ \vdots & & \vdots \\ D_1 f_n & \dots & D_n f_n \end{vmatrix} . \tag{9}$$

[1] Die *Abstandsfunktion* $r : \mathbb{R}^n \to \mathbb{R}$, $r(x) := |x| = \sqrt{x_1^2 + \dots + x_n^2}$ hat für $x \neq 0$ die partiellen Ableitungen

$$\frac{\partial r}{\partial x_j}(x) = \frac{x_j}{|x|} \,,$$

d.h. r ist von der Klasse C^1 auf $\Omega \setminus \{0\}$. Das Vektorfeld $\nu(x) = |x|^{-1} x = \operatorname{grad} r(x)$ ist ein „radiales Feld" von Einheitsvektoren.

2 *Transformation auf Polarkoordinaten um den Ursprung.* Die kartesischen Koordinaten x, y und die Polarkoordinaten r, φ um den Ursprung sind durch die Transformationsformeln $x = r \cos \varphi$, $y = r \sin \varphi$ verbunden. Die Jacobimatrix dieser Transformation ist

$$\begin{pmatrix} x_r & x_\varphi \\ y_r & y_\varphi \end{pmatrix} = \begin{pmatrix} \cos \varphi & -r \sin \varphi \\ \sin \varphi & r \cos \varphi \end{pmatrix},$$

und die zugehörige Jacobideterminante

$$J(r, \varphi) = \begin{vmatrix} \cos \varphi & -r \sin \varphi \\ \sin \varphi & r \cos \varphi \end{vmatrix} = r.$$

Satz 1. (**Kettenregel II**). *Sei $f \in C^1(\Omega)$, und bezeichne $\varphi : I \to \mathbb{R}^n$ eine im Punkte $t \in I$ differenzierbare Kurve mit $\varphi(I) \subset \Omega$. Dann ist die Funktion $f \circ \varphi : I \to \mathbb{R}^n$ an der Stelle t differenzierbar und es gilt*

(10)
$$\frac{d}{dt} f(\varphi(t)) = \sum_{j=1}^{n} f_{x_j}(\varphi(t)) \dot{\varphi}_j(t),$$

d.h.

(11)
$$\frac{d}{dt} f(\varphi(t)) = \nabla f(\varphi(t)) \cdot \dot{\varphi}(t) = \langle \nabla f(\varphi(t)), \dot{\varphi}(t) \rangle.$$

Beweis. Sei $x := \varphi(t)$. Dann gibt es ein $r > 0$, so daß der abgeschlossene Würfel $W_r(x) = \{\xi \in \mathbb{R}^n : |\xi - x|_* \leq r\}$ in Ω liegt. Ferner existiert ein $\delta > 0$, so daß

$$\varphi(t + h) \in W_r(x) \text{ für jedes } h \in [-\delta, \delta]$$

gilt. Wir fixieren ein $h \in \mathbb{R}$ mit $|h| < \delta$ und setzen $\xi := \varphi(t + h)$, $\Delta x := \xi - x$, also $\xi = x + \Delta x$. Sei $x = (x_1, \dots, x_n)$, $\Delta x = (\Delta x_1, \dots, \Delta x_n)$. Dann liegen die Punkte

$$P_0 := \xi = x + \Delta x, \ P_1 := (x_1, x_2 + \Delta x_2, \dots, x_n + \Delta x_n),$$

$$P_2 := (x_1, x_2, x_3 + \Delta x_3, \dots, x_n + \Delta x_n), \dots, P_n := x$$

und auch die Verbindungsstrecken $[P_{j-1}, P_j] = \{\lambda P_{j-1} + (1 - \lambda) P_j : 0 \leq \lambda \leq 1\}$ für $1 \leq j \leq n$ im Würfel $W_r(x)$. Es folgt

$$\begin{aligned} f(\xi) - f(x) &= f(P_0) - f(P_n) \\ &= [f(P_0) - f(P_1)] + [f(P_1) - f(P_2)] + \dots [f(P_{n-1}) - f(P_n)]. \end{aligned}$$

Auf jede der eckigen Klammern kann man den gewöhnlichen Mittelwertssatz anwenden und erhält so $f(P_{j-1}) - f(P_j) = D_j f(Q_j) \Delta x_j$ mit einem geeigneten Punkte $Q_j \in [P_{j-1}, P_j]$. Hieraus folgt

$$f(\xi) - f(x) = \sum_{j=1}^{n} D_j f(Q_j) \Delta x_j$$

und daher

(12) $\qquad \dfrac{1}{h}\left[f(\varphi(t+h)) - f(\varphi(t))\right] = \displaystyle\sum_{j=1}^{n} D_j f(Q_j)\, \dfrac{1}{h}\left[\varphi_j(t+h) - \varphi_j(t)\right].$

Mit $h \to 0$ streben die Punkte P_j gegen x, und damit streben auch die Q_j gegen x. Folglich ergibt sich aus (12) die Behauptung.

$\square$

Ist beispielsweise f eine Funktion von $(x, y, z) \in \Omega \subset \mathbb{R}^3$ und bezeichnet $t \mapsto (\varphi(t), \psi(t), \chi(t))$ eine C^1-Kurve in Ω, so gilt

$$\frac{d}{dt} f(\varphi(t), \psi(t), \chi(t))$$
$$= f_x(\varphi(t), \psi(t), \chi(t))\dot{\varphi}(t) + f_y(\varphi(t), \psi(t), \chi(t))\dot{\psi}(t) + f_z(\varphi(t), \psi(t), \chi(t))\dot{\chi}(t).$$

Satz 2. *(**Mittelwertsatz**). Sei $f \in C^1(\Omega)$ und seien x, y Punkte aus Ω, deren Verbindungsstrecke $[x, y]$ in Ω liegt. Dann gibt es ein $\vartheta \in (0, 1)$ mit*

(13) $\qquad\qquad f(y) - f(x) = \nabla f(x + \vartheta(y - x)) \cdot (y - x).$

Beweis. Für $0 \le t \le 1$ setzen wir $g(t) := f(x + t(y - x))$.
Nach der Kettenregel II ist $g : [0, 1] \to \mathbb{R}$ von der Klasse C^1 und es gilt

$$\dot{g}(t) = \nabla f(x + t(y - x)) \cdot (y - x).$$

Der (eindimensionale) Mittelwertsatz liefert

$$f(y) - f(x) = g(1) - g(0) = \dot{g}(\vartheta) \text{ für ein } \vartheta \in (0, 1),$$

woraus sich (13) ergibt.

$\square$

Korollar 1. *Es gilt $C^1(\Omega, \mathbb{R}^N) \subset C^0(\Omega, \mathbb{R}^N)$.*

Beweis. Ist $f \in C^1(\Omega, \mathbb{R}^N)$, so folgt $f_j \in C^1(\Omega)$ für jede Komponente von f, und Satz 2 liefert $f_j \in C^0(\Omega)$, also $f \in C^0(\Omega, \mathbb{R}^N)$.

$\square$

Definition 3. *Seien $f : \Omega \to \mathbb{R}$, $x \in \Omega$ und $a \in \mathbb{R}^n$ mit $|a| = 1$ gegeben. Dann nennt man den folgenden Grenzwert – falls er existiert – die **Richtungsableitung von f an der Stelle x in Richtung von a**:*

(14) $\qquad\qquad \dfrac{\partial f}{\partial a}(x) := \displaystyle\lim_{t \to 0} \dfrac{1}{t}\left[f(x + ta) - f(x)\right].$

Bemerkung 2. Partielle Ableitungen sind spezielle Richtungsableitungen. Es gilt nämlich, wenn $e_1, \dots, e_n$ die kanonische Basis von $\mathbb{R}^n$ bezeichnet,

$$\frac{\partial f}{\partial x_j}(x) = \frac{\partial f}{\partial e_j}(x) \ .$$

Satz 3. *Für $f \in C^1(\Omega)$ existiert $\dfrac{\partial f}{\partial a}(x)$ für jedes $x \in \Omega$ und jedes $a \in \mathbb{R}^n$ mit $|a| = 1$, und es gilt*

$$(15) \qquad\qquad \frac{\partial f}{\partial a}(x) = \langle \nabla f(x), a \rangle = \nabla f(x) \cdot a \ ,$$

d.h.

$$(16) \qquad\qquad \frac{\partial f}{\partial a}(x) = \sum_{j=1}^{n} \frac{\partial f}{\partial x_j}(x)\, a_j \ .$$

Beweis. Wir setzen $\varphi(t) := x + ta$. Dann gilt $\varphi(t) \in \Omega$ für $|t| << 1$, und nach der Kettenregel II folgt

$$\frac{d}{dt} f(x + ta) = \nabla f(x + ta) \cdot a$$

und insbesondere

$$\frac{d}{dt} f(x + ta)\Big|_{t=0} = \nabla f(x) \cdot a \ .$$

Andererseits ist

$$\frac{d}{dt} f(x + ta)\Big|_{t=0} = \lim_{t \to 0} \frac{1}{t}\, [f(x + ta) - f(x)] \ .$$

Damit ergibt sich die Formel (15).

□

Korollar 2. *Für $f \in C^1(\Omega)$ und $x \in \Omega$ liefert $\operatorname{grad} f(x)$ die Richtung des stärksten Anstieges von f an der Stelle x, und $-\operatorname{grad} f(x)$ hat die Richtung stärksten Gefälles. Wenn $\nabla f(x) \neq 0$ ist, sind diese beiden Richtungen eindeutig bestimmt.*

Beweis. Aus (15) folgt wegen $|a| = 1$ aus der Schwarzschen Ungleichung

$$\left| \frac{\partial f}{\partial a}(x) \right| \ \leq \ |\nabla f(x)| \ ,$$

wobei das Gleichheitszeichen genau dann vorliegt, wenn a und $\nabla f(x)$ linear abhängig sind. Ist $\nabla f(x) \neq 0$ und bezeichnet ν den Einheitsvektor $\nu := |\nabla f(x)|^{-1} \nabla f(x)$, so gilt

$$\frac{\partial f}{\partial \nu}(x) = |\nabla f(x)| \ , \quad \frac{\partial f}{\partial(-\nu)}(x) = -|\nabla f(x)|$$

und

$$-|\nabla f(x)| < \frac{\partial f}{\partial a}(x) < |\nabla f(x)| \quad \text{für } a \neq \pm\nu \,.$$

Weiterhin haben wir $\frac{\partial f}{\partial a}(x) = 0$ für alle $a \in S^{n-1}$, falls $\nabla f(x) = 0$ ist.

□

Bemerkung 3. Das Korollar 2 erklärt, warum das Vektorfeld $x \mapsto \nabla f(x)$ als das *Gradientenfeld* der Funktion $f \in C^1(\Omega)$ bezeichnet wird.

Definition 4. *Die Nullstellen des Gradientenfeldes ∇f einer Funktion $f \in C^1(\Omega)$ werden als* **kritische Punkte** *von f bezeichnet.*

Definition 5. *Wir sagen, $f : \Omega \to \mathbb{R}$ habe im Punkte $x_0 \in \Omega$ ein* **lokales Minimum** *(bzw. ein* **lokales Maximum***), wenn es eine Kugel $B_r(x_0)$ in Ω gibt, so daß*

$$f(x_0) \leq f(x) \quad (bzw. \ f(x_0) \geq f(x)\,)$$

für alle $x \in B_r(x_0)$ gilt, und wir bezeichnen x_0 als einen **lokalen Minimierer (Maximierer)** *von f.*

Wie in Band 1 bezeichnen wir lokale Minima und Maxima als (lokale) **Extrema**.

Satz 4. *Besitzt $f \in C^1(\Omega)$ im Punkte $x \in \Omega$ ein lokales Extremum, so gilt*

$$\nabla f(x) = 0 \,,$$

d.h. x ist ein kritischer Punkt von f.

Beweis. Für $1 \leq j \leq n$ hat die Funktion

$$F_j(t) := f(x_1, \ldots, x_{j-1}, t, x_{j+1}, \ldots, x_n)$$

an der Stelle $t = x_j$ ein lokales Extremum. Nach 3.2 von Band 1 gilt $\dot{F}_j(x_j) = 0$, und dies bedeutet $D_j f(x) = 0$ für $1 \leq j \leq n$, d.h. $\nabla f(x_0) = 0$.

□

Definition 6. *(i) Eine Menge M des $\mathbb{R}^n$ heißt* **(bogenweise) zusammenhängend***, wenn es zu jedem Paar $x, y \in M$ eine Kurve $\varphi \in C^1(I, \mathbb{R}^N)$ mit $I = [0,1]$ und $\varphi(I) \subset M$ gibt, so daß $\varphi(0) = x$ und $\varphi(1) = y$ gilt.*

(ii) Eine zusammenhängende offene Menge Ω des $\mathbb{R}^n$ wird **Gebiet** *in $\mathbb{R}^n$ genannt. Gebiete wollen wir gewöhnlich mit G bezeichnen.*

Satz 5. *Sei G ein Gebiet in $\mathbb{R}^n$, $f \in C^1(G, \mathbb{R}^N)$, und es gelte $Df(x) \equiv 0$ auf G. Dann folgt $f(x) \equiv$ const auf G.*

Beweis. (i) Wir betrachten zunächst den Fall $N = 1$. Wir fixieren einen Punkt $x_0 \in G$ und setzen $c := f(x_0)$. Dann gibt es zu jedem $x \in G$ eine Kurve $\varphi \in C^1(I, \mathbb{R}^N)$ mit $I = [0, 1]$ und $\varphi(I) \subset G$, so daß $\varphi(0) = x_0$ und $\varphi(1) = x$ ist. Es folgt

$$f(x) - f(x_0) = f(\varphi(1)) - f(\varphi(0)) = \int_0^1 \frac{d}{dt} f(\varphi(t)) dt = \int_0^1 \nabla f(\varphi(t)) \cdot \dot{\varphi}(t) dt ,$$

und wegen $\nabla f(x) \equiv 0$ verschwindet das letzte Integral. Somit ergibt sich

$$f(x) = c \text{ für jedes } x \in G .$$

(ii) Ist $N > 1$ und $f = (f_1, \dots, f_N)$, so gibt es wegen (i) Konstanten $c_1, \dots, c_N$, so daß $f_1(x) \equiv c_1 , \dots, f_N(x) \equiv c_N$ auf G ist. Mit $c = (c_1, \dots, c_N)$ folgt dann $f(x) \equiv c$ auf G. $\square$

Die soeben benutzte Schlußweise formulieren wir als

Hadamards Lemma. *Ist $f \in C^1(\Omega, \mathbb{R}^N)$ und sind x, y zwei Punkte aus Ω, deren Verbindungsstrecke $[x, y] := \{x + t(y - x) : 0 \leq t \leq 1\}$ in Ω liegt, so gilt*

(17) $$f(y) - f(x) = A \cdot (y - x) ,$$

wobei $f(y) - f(x)$ sowie $y - x$ als Spaltenvektoren aufzufassen sind und A die $N \times n$-Matrix

(18) $$A := \int_0^1 Df(x + t(y - x)) \, dt$$

bezeichnet.

Beweis. Wir bilden die C^1-Kurve $\varphi(t) := x + t(y - x) , \ 0 \leq t \leq 1$. Sie erfüllt $\varphi(0) = x$, $\varphi(1) = y$ und $\varphi(t) \in \Omega$ für $0 \leq t \leq 1$. Ist nun $f = (f_1, \dots, f_N)$, so folgt mit $g(t) := f_j(\varphi(t)) = f_j(x + t(y - x))$ die Relation

$$f_j(y) - f_j(x) = g(1) - g(0) = \int_0^1 \dot{g}(t) dt = \int_0^1 \nabla f_j(x + t(y - x)) dt \cdot (y - x) ,$$

und dies ist äquivalent zu (17) & (18). $\square$

Wir können Hadamards Lemma als eine verallgemeinerte Fassung des Mittelwertsatzes ansehen, die für vielerlei Zwecke nützlich ist.

Satz 6. (Kettenregel III). *Sind $f \in C^1(\Omega, \mathbb{R}^N)$, $\varphi \in C^1(\Omega^*, \mathbb{R}^n)$, wobei Ω und Ω^* offene Mengen des $\mathbb{R}^n$ bzw. $\mathbb{R}^m$ bezeichnen, und gilt $\varphi(\Omega^*) \subset \Omega$, so folgt $g := f \circ \varphi \in C^1(\Omega^*, \mathbb{R}^N)$, und Dg berechnet sich aus*

(19) $$Dg(z) = Df(\varphi(z)) \cdot D\varphi(z) \quad \text{für } z \in \Omega^* .$$

Beweis. Sei $f = (f_1, \dots, f_N)$ und $g = (g_1, \dots, g_N)$. Dann gilt $g_j = f_j \circ \varphi$, und nach Satz 1 folgt

$$\frac{\partial}{\partial z_k} g_j(z) = \nabla f_j(\varphi(z)) \cdot \frac{\partial}{\partial z_k} \varphi(z) \ .$$

Fixieren wir k und fassen $\dfrac{\partial}{\partial z_k} g$ und $\dfrac{\partial}{\partial z_k} \varphi$ als Spaltenvektoren auf, so erhält diese Formel die Gestalt

$$\frac{\partial g}{\partial z_k}(z) = Df(\varphi(z)) \cdot \frac{\partial \varphi}{\partial z_k}(z) \ .$$

Schreiben wir nun Dg und $D\varphi$ mittels ihrer Spalten als

$$Dg = \left(\frac{\partial g}{\partial z_1}, \dots, \frac{\partial g}{\partial z_m} \right) \quad , \quad D\varphi = \left(\frac{\partial \varphi}{\partial z_1}, \dots, \frac{\partial \varphi}{\partial z_m} \right) \ ,$$

so ergibt sich (19).

$\square$

Bemerkung 4. Als mnemotechnische Hilfe ist es gelegentlich nützlich, an D als Index diejenigen Variablen anzuhängen, nach denen abgeleitet wird. Beispielsweise würde (19) in dieser Schreibweise lauten:

(20) $$D_z g(z) = D_x f(\varphi(z)) \cdot D_z \varphi(z) \ .$$

Auf diese Weise erinnert man sich daran, daß $f(x)$ eine Funktion der Variablen x ist. Dann bedeutet $D_x f(\varphi(z))$, daß man zuerst die Jacobimatrix $(D_x f)(x)$ von f bilden soll und anschließend x durch $\varphi(z)$ ersetzt. Mit anderen Worten: $D_x f(\varphi(z))$ steht für $((Df) \circ \varphi)(z) = (Df)(\varphi(z))$. Diese Bezeichnungen und die Formel

$$\big(D(f \circ \varphi)\big)(z) = \big((Df) \circ \varphi\big)(z) \cdot (D\varphi)(z)$$

statt (19) sind unmißverständlich, aber schwer zu lesen und schlecht zu behalten. Besser ist es, sich (19) und (20) samt der Interpretation von $D_x f(\varphi(z))$ als $(D_x f)(\varphi(z))$ zu merken.

Noch einfacher ist es, sich auf die bewährte *Leibnizsche Symbolik* zu verlassen. Man denkt sich drei Typen von Variablen, y, x, z, die untereinander verbunden sind durch $y = y(x)$, $x = x(z)$, und damit $y = y(x(z)) = y(z)$. Diese schlampige, aber „intuitive" Schreibweise bedeutet

$$y = f(x) \ , \quad x = \varphi(z) \text{ und damit } y = f(\varphi(z)) \ .$$

Nunmehr schreibt man $\frac{\partial}{\partial x} = D_x$, $\frac{\partial}{\partial z} = D_z$ und benutzt „formal" die Regeln der „Bruchrechnung":

(21) $$\frac{\partial y}{\partial z} = \frac{\partial y}{\partial x} \cdot \frac{\partial x}{\partial z} \ .$$

Anschließend wird (21) als

(22) $$\frac{\partial y_j}{\partial z_k} = \sum_{l=1}^{n} \frac{\partial y_j}{\partial x_l} \frac{\partial x_l}{\partial z_k}$$

mit $1 \leq j \leq N$, $1 \leq k \leq m$ interpretiert und schließlich noch x in $\dfrac{\partial y_j}{\partial x_l}(x)$ durch $\varphi(z)$ ersetzt.

Noch besser kann man sich (22) merken, wenn man das Summenzeichen wegläßt und anstelle von (22) einfach

(23) $$\frac{\partial y_j}{\partial z_k} = \frac{\partial y_j}{\partial x_l} \frac{\partial x_l}{\partial z_k}$$

schreibt, wobei vereinbart wird, daß über den doppelt auftretenden Index l von 1 bis n zu summieren ist. Dies ist die *Einsteinsche Summenkonvention*, die beispielsweise in der Differentialgeometrie und in der allgemeinen Relativitätstheorie häufig benutzt wird. Auch in (23) funktioniert die Leibnizsche Symbolik auf das Beste.

[3] Betrachten wir eine reellwertige Funktion $u(x,y)$ in der x,y-Ebene, die durch $x = r\cos\varphi$, $y = r\sin\varphi$ auf Polarkoordinaten r, φ um den Ursprung transformiert werden soll. Dann bilden wir $v(r,\varphi) := u(x(r,\varphi), y(r,\varphi))$ und erhalten nach (23)

$$v_r = u_x x_r + u_y y_r \ , \quad v_\varphi = u_x x_\varphi + u_y y_\varphi \ .$$

Diese Formeln liefern also für $v(r,\varphi) := u(r\cos\varphi, r\sin\varphi)$ die Ableitungen

$$v_r(r,\varphi) = u_x(r\cos\varphi, r\sin\varphi)\cos\varphi + u_y(r\cos\varphi, r\sin\varphi)\sin\varphi \ ,$$
$$v_\varphi(r,\varphi) = -u_x(r\cos\varphi, r\sin\varphi)r\sin\varphi + u_y(r\cos\varphi, r\sin\varphi)r\cos\varphi \ ,$$

was wir nach (21) auch als Matrixgleichung

$$(v_r, v_\varphi) = (u_x, u_y) \cdot \begin{pmatrix} \cos\varphi , & -r\sin\varphi \\ \sin\varphi , & r\cos\varphi \end{pmatrix}$$

schreiben können.

Korollar 3. *Ist $m = n = N$, so folgt unter den Voraussetzungen von Satz 6*

$$(24) \qquad J_g(z) = J_f(\varphi(z)) \cdot J_\varphi(z) \qquad \text{für } z \in \Omega^* \ .$$

Beweis. Aus Formel (19) ergibt sich

$$\det Dg(z) \ = \ \det[Df(\varphi(z)) \cdot D\varphi(z)] \ = \ [\det Df(\varphi(z))] \cdot [\det D\varphi(z)] \ .$$

$\square$

Bemerkung 5. Auch hier bewährt sich die Leibnizsche Symbolik, denn aus (21) folgt

$$\det \frac{\partial y}{\partial z} = \det \frac{\partial y}{\partial x} \cdot \det \frac{\partial x}{\partial z} \ .$$

Definition 7. *Sind Ω und Ω^* nichtleere offene Mengen des $\mathbb{R}^n$, so nennt man eine Abbildung $f : \Omega \to \mathbb{R}^n$ einen* **Diffeomorphismus (der Klasse C^1) von Ω auf Ω^***, *wenn folgendes gilt:*

(i) f bildet Ω bijektiv auf Ω^* ab;
(ii) $f \in C^1(\Omega, \mathbb{R}^n)$ und $f^{-1} \in C^1(\Omega^*, \mathbb{R}^n)$.

Korollar 4. *Ist f ein C^1-Diffeomorphismus von Ω auf Ω^* mit der Inversen $g = f^{-1}$, so gelten für $y = f(x)$ mit $x \in \Omega$ (bzw. für $x = g(y)$ mit $y \in \Omega^*$) die Beziehungen*

$$(25) \qquad Dg(y) = [Df(x)]^{-1}$$

und

$$(26) \qquad J_g(y) = 1/J_f(x) \ .$$

Beweis. Aus $x = g(f(x))$ für alle $x \in \Omega$ folgt nach der Kettenregel

$$E = Dg(y) \cdot Df(x) \,,$$

wobei E die Einheitsmatrix in $M(n)$ bezeichnet. Korollar 3 liefert nunmehr

$$1 = J_g(y) \cdot J_f(x) \,,$$

d.h. $J_g(y) \neq 0$ und $J_f(x) \neq 0$. Somit sind $Df(x)$ und $Dg(y)$ invertierbar, und wir erhalten (25) und (26).

$\square$

Ein Monom $f(x)$ der Form

$$f(x) = x_1^{i_1} x_2^{i_2} \ldots x_n^{i_n} \quad , \quad x = (x_1, \ldots, x_n) \in \mathbb{R}^n \,,$$

hat die Eigenschaft, daß sein Wert sich mit t^k multipliziert, $k := i_1 + i_2 + \ldots + i_n$, wenn man das Argument x durch das Vielfache $tx, t \in \mathbb{R}$, ersetzt; es gilt also

(27) $$f(tx) = t^k f(x) \,.$$

Die gleiche Beziehung gilt, wenn man für $f(x)$ eine Form k-ten Grades, also eine Linearkombination von Monomen k-ten Grades wählt:

$$f(x) = \sum_{i_1 + \ldots + i_n = k} a_{i_1 i_2 \ldots i_n} x_1^{i_1} x_2^{i_2} \ldots x_n^{i_n} \,, \quad a_{i_1 i_2 \ldots i_n} \in \mathbb{R} \,.$$

Um dies zu verallgemeinern, führen wir die *positiv homogenen* Funktionen ein.

Definition 8. *(i) Eine offene Menge Ω des $\mathbb{R}^n$ mit $0 \notin \Omega$ heißt Strahlenmenge, wenn mit $x \in \Omega$ auch der ganze Strahl $\{tx : 0 < t < \infty\}$ in Ω liegt.*
(ii) Eine auf einer Strahlenmenge Ω definierte Funktion $f : \Omega \to \mathbb{R}$ heißt **positiv homogen vom Grad** $\alpha \in \mathbb{R}$*, wenn für jedes $x \in \Omega$ gilt:*

(28) $$f(tx) = t^\alpha f(x) \quad \text{für alle } t > 0 \,.$$

$\boxed{4}$ Die „typische" Strahlenmenge Ω, die wir gewöhnlich im Sinn haben, ist $\Omega = \mathbb{R}^n \setminus \{0\}$. Eine positiv homogene Funktion vom Grade $-\alpha$ mit $\alpha > 0$ ist

$$f(x) := |x|^{-\alpha} \,.$$

$\boxed{5}$ Der Cosinus des Winkels zwischen zwei Vektoren $x, \xi \in \mathbb{R}^n \setminus \{0\}$

$$\cos \sphericalangle(x, \xi) := \frac{\langle x, \xi \rangle}{|x||\xi|} \,, \quad x \neq 0 \,, \, \xi \neq 0 \,,$$

ist eine positiv homogene Funktion nullten Grades auf

$$\Omega := \{(x, \xi) \in \mathbb{R}^n \times \mathbb{R}^n : x \neq 0 \text{ und } \xi \neq 0\} \,.$$

6 Auf $\Omega = \{(x,y) \in \mathbb{R}^2, \ y \neq 0\}$ definiert $f(x,y) := x^2 \sin\frac{x}{y} + y\sqrt{x^2+y^2}$ eine positiv homogene Funktion zweiten Grades.

Wie Euler 1755 in seinen *Institutiones calculi differentialis* (Kap. 7, Nr. 222-225) bemerkt hat, gilt für homogene Funktionen der folgende

Satz 7. (Eulersche Relation). *Eine auf einer Strahlenmenge Ω des $\mathbb{R}^n$ definierte Funktion $f : \Omega \to \mathbb{R}$ der Klasse C^1 ist genau dann positiv homogen vom Grade α, wenn für alle $x \in \Omega$ die partielle Differentialgleichung*

$$(29) \qquad\qquad x \cdot \nabla f(x) = \alpha f(x)$$

gilt, d.h. wenn die „Eulersche Relation"

$$(30) \qquad\qquad \sum_{j=1}^{n} x_j f_{x_j}(x) = \alpha f(x)$$

erfüllt ist.

Beweis. (i) Differenzieren wir die Gleichung $f(tx) = t^\alpha f(x)$ nach t, so folgt

$$\nabla f(tx) \cdot x = \alpha t^{\alpha-1} f(x) \quad \text{für } t > 0.$$

Mit $t = 1$ ergibt sich (29).

(ii) Ist umgekehrt (29) erfüllt, so fixieren wir ein beliebiges $x \in \Omega$ und bilden

$$\varphi(t) := t^\alpha f(x) - f(tx), \quad t > 0.$$

Die Funktion $\varphi : (0,\infty) \to \mathbb{R}$ ist von der Klasse C^1 und erfüllt

$$\dot\varphi(t) = \alpha t^{\alpha-1} f(x) - x \cdot f_x(tx) \underset{(29)}{=} \alpha t^{\alpha-1} f(x) - \alpha t^{-1} f(tx) = \alpha t^{-1} \varphi(t).$$

Somit befriedigt $\varphi(t)$ die homogene lineare Differentialgleichung

$$\dot\varphi(t) = \alpha t^{-1} \varphi(t) \quad \text{auf } (0,\infty)$$

und genügt der Anfangsbedingung $\varphi(1) = 0$. Nach dem Prinzip „Einmal Null, immer Null" folgt $\varphi(t) \equiv 0$ auf $(0,\infty)$. $\qquad\qquad\square$

Abschließend führen wir noch einige vielgebrauchte Bezeichnungen ein.

Ist $f = (f_1, \dots, f_n)$ ein Vektorfeld der Klasse $C^1(\Omega, \mathbb{R}^n)$ auf $\Omega \subset \mathbb{R}^n$, so nennt man den Ausdruck

$$(31) \qquad\qquad \operatorname{div} f := \frac{\partial f_1}{\partial x_1} + \frac{\partial f_2}{\partial x_2} + \dots + \frac{\partial f_n}{\partial x_n}$$

die *Divergenz* von f. Offenbar ist $\operatorname{div} f$ die Spur der Jacobimatrix $Df(x)$,

$$(32) \qquad\qquad \operatorname{div} f = \operatorname{spur}(Df).$$

Die Physikerschreibweise hierfür ist

$$\text{(33)} \qquad \text{div } f = \nabla \cdot f = D_1 f_1 + \ldots + D_n f_n \,,$$

d.h. man faßt $\nabla \cdot f$ formal als Skalarprodukt zwischen $\nabla = (D_1, \ldots, D_n)$ und $f = (f_1, \ldots, f_n)$ auf.

Für $n = 3$ und $x = (x_1, x_2, x_3)$ führt man noch das Vektorfeld

$$\text{(34)} \qquad \text{rot } f := \left(\frac{\partial f_3}{\partial x_2} - \frac{\partial f_2}{\partial x_3}, \, \frac{\partial f_1}{\partial x_3} - \frac{\partial f_3}{\partial x_1}, \, \frac{\partial f_2}{\partial x_1} - \frac{\partial f_1}{\partial x_2} \right) = \nabla \times f$$

ein, die **Rotation des Vektorfeldes** $f : \Omega \to \mathbb{R}^3$ mit $\Omega \subset \mathbb{R}^3$.

Wir geben einige *Rechenregeln* für das Operieren mit ∇ an, die ohne Mühe nachgeprüft werden können. Dazu bezeichnen wir im folgenden mit λ, μ skalare Funktionen $\Omega \to \mathbb{R}$ und mit f, g Vektorfunktionen $\Omega \to \mathbb{R}^3$, wobei $\Omega \subset \mathbb{R}^3$ ist:

$$\nabla(\lambda\mu) \;=\; \mu\,\nabla\lambda + \lambda\,\nabla\mu \,,$$

$$\nabla \cdot (\lambda f) \;=\; (\nabla\lambda) \cdot f + \lambda\,\nabla \cdot f \,,$$

$$\text{(35)} \qquad \nabla \times (\lambda f) \;=\; (\nabla\lambda) \times f + \lambda\,\nabla \times f \,,$$

$$\nabla \cdot (f \times g) \;=\; g \cdot (\nabla \times f) - f \cdot (\nabla \times g) \,,$$

$$\nabla \times (f \times g) \;=\; g \cdot \nabla f - f \cdot \nabla g + f(\nabla \cdot g) - g(\nabla \cdot f) \,.$$

In der letzten Formel ist $g \cdot \nabla f$ zu lesen als $(g \cdot \nabla)f$, und entsprechend $f \cdot \nabla g$ als $(f \cdot \nabla)g$.

Warnung. In der älteren Literatur wird für ein Vektorfeld $f : \Omega \to \mathbb{R}^3$ die Divergenz oft als div $f = \nabla f$ (statt $\nabla \cdot f$) geschrieben, und $\nabla \cdot f$ steht dort für die Jacobimatrix Df bzw. für deren Transponierte $(Df)^T$, je nach Schreibweise. Deshalb ist es ratsam, sich über die Notation eines Autors zu informieren, bevor man seine Formeln übernimmt.

Aufgaben.

1. Man bestimme die partiellen Ableitungen der folgenden Funktionen $f, g, h : \mathbb{R}^2 \to \mathbb{R}$: $f(x,y) := ax^2 + 2bxy + cy^2$, $g(x,y) := \exp(x^2 + y^2)$, $h(x,y) := \sin(xy) + \cos(xy) + \exp(x^2 y^2)$.

2. Für $\varphi \in C^1(\mathbb{R}^+)$, $\mathbb{R}^+ := (0, \infty)$, und fest gewähltes $x_0 \in \mathbb{R}^n$ berechne man $\nabla f(x)$ der durch $f(x) := \varphi(|x - x_0|)$ definierten Funktion $f : \mathbb{R}^n \setminus \{x_0\} \to \mathbb{R}$.

3. Fixiere zwei Punkte $a, b \in \mathbb{R}^3$ mit $a \neq b$ und setze

$$f(x) := \frac{1}{|x - a|} + \frac{1}{|x - b|} \qquad \text{für} \quad x \in \mathbb{R}^3 \setminus \{a, b\} \ .$$

   Was sind die kritischen Punkte von f?

4. Für fest gewählte $x_0 \in \mathbb{R}^n$ und $\epsilon > 0$ sei $k : \mathbb{R}^n \to \mathbb{R}$ definiert durch $k(x) := 0$ für $|x - x_0| \geq \epsilon$ und $k(x) := \exp\left(\frac{1}{|x - x_0| - \epsilon}\right)$ für $|x - x_0| < \epsilon$. Zu zeigen ist: Die partiellen Ableitungen existieren überall auf $\mathbb{R}^n$ und sind stetig.

5. Sei $f(r, \theta, \varphi) := (r \sin\theta \cos\varphi, r \sin\theta \sin\varphi, r \cos\theta)$ definiert für $(r, \theta, \varphi) \in (0, \infty) \times (0, \pi) \times (0, 2\pi)$. Man berechne die Jacobimatrix Df und die Jacobideterminante J_f. Liefert f einen C^1–Diffeomorphismus?

6. Man zeige ohne Rechnung, daß $r(x) := 1/|x|$, $x \in \mathbb{R}^n \setminus \{0\}$ die Differentialgleichung $x \cdot \nabla r(x) = -r(x)$ erfüllt.

7. Zu berechnen sind $\operatorname{div} v$ und $\operatorname{rot} v$ für die Vektorfelder $v : \mathbb{R}^3 \to \mathbb{R}^3$ der Form (i) $v(x,y,z) := v_0$, (ii) $v(x,y,z) := (\alpha x, \beta y, \gamma z)$, (iii) $v(x,y,z) := (0, \beta z, -\beta z)$ mit Konstanten $\alpha, \beta, \gamma \in \mathbb{R}$ und $v_0 \in \mathbb{R}^3$.

8. Jedes Vektorfeld $v : \mathbb{R}^3 \to \mathbb{R}^3$ der Gestalt

$$v(x,y,z) := (\alpha_1 x + \alpha_2 y + \alpha_3 z, \ \beta_1 x + \beta_2 y + \beta_3 z, \ \gamma_1 x + \gamma_2 y + \gamma_3 z) \ ,$$

$\alpha_1, \ldots, \gamma_3 \in \mathbb{R}$, läßt sich in der Form $v = u + w$ mit $\operatorname{rot} u = 0$ und $\operatorname{div} w = 0$ schreiben. Beweis? (Solche Vektorfelder u und v heißen *wirbelfrei* bzw. *quellenfrei*.)

9. Man berechne $\frac{\partial f}{\partial a}(a)$ für $a \in S^{n-1}$ und $f : \Omega \to \mathbb{R}$ mit $f(x) := |x - x_0|$ bzw. $f(x) := |x - (x \cdot e_1)e_1|$ für $x_0 \in \mathbb{R}^n$ und $e_1 = (1, 0, \ldots, 0)$, $\Omega := \{x \in \mathbb{R}^n : f(x) > 0\}$.

10. **Fermats Problem** (auch *Steinerproblem* genannt; die erste Lösung stammt von Cavalieri 1647.) Sei $f : \mathbb{R}^2 \to \mathbb{R}$ definiert durch $f(x) := |x - a| + |x - b| + |x - c|$, $x \in \mathbb{R}^2$, wobei a, b, c drei verschiedene Punkte des $\mathbb{R}^2$ sind. Zu zeigen ist: (i) Es gibt einen Minimierer x_0 von f. (ii) Falls $x_0 \notin \{a, b, c\}$ ist und $\alpha, \beta, \gamma \in S^1$ in Richtung von $a - x_0$, $b - x_0$, $c - x_0$ weisen, so gilt $\alpha + \beta + \gamma = 0$. Was bedeutet dies geometrisch? (iii) Der Minimierer x_0 ist eindeutig bestimmt und liegt auf dem Abschluß des Dreiecks mit den Eckpunkten a, b, c.

11. Ist f ein C^1-Diffeomorphismus mit $Df > 0$, so gilt $Df^{-1} > 0$. Beweis?

12. Sei $F(x, z, p)$ eine C^1-Funktion der Variablen $x = (x_\alpha)_{1 \le \alpha \le n}$, $z = (z_j)_{1 \le j \le N}$, $p = (p_{j_\alpha})_{1 \le j \le N, 1 \le \alpha \le n}$ und seien $u, \varphi \in C^1(\Omega, \mathbb{R}^N)$ mit $\Omega \subset \mathbb{R}^n$. Man berechne die partielle Ableitung $\frac{\partial f}{\partial \epsilon}(x, \epsilon)$ der durch $f(x, \epsilon) := F\big(x, u(x) + \epsilon \varphi(x), Du(x) + \epsilon D\varphi(x)\big)$ definierten Funktion $f : \Omega \times \mathbb{R} \to \mathbb{R}$ und insbesondere den Wert $\frac{\partial f}{\partial \epsilon}(x, 0)$.

13. Sei $f \in C^1(\mathbb{R}^2)$, und zu jeder Geraden $\varphi : \mathbb{R} \to \mathbb{R}^2$ durch den Ursprung gebe es ein $\delta = \delta(\varphi) > 0$, so daß $f(\varphi(t)) < f(0)$ für $0 < |t| < \delta(\varphi)$ gilt. Hieraus kann man nicht schließen, daß f in 0 ein lokales Maximum hat (Peano). Beweis? (*Hinweis:* Die Funktion f läßt sich so wählen, daß es zu jedem $r > 0$ ein $x \in \mathbb{R}^2$ mit $f(x) > f(0)$ und $|x| < r$ gibt. *Vorschlag:* $f(x_1, x_2) = (ax_1^2 - x_2)(x_2 - b^2 x_1^2)$.)

14. Die Formeln (35) sind zu verifizieren. Wie muß man die Ausdrücke ∇f und ∇g in der letzten Formel von (35) interpretieren?

15. Wenn $u \in C^1(\mathbb{R}^2)$ die Differentialgleichung $u_x = u_y$ erfüllt, so gibt es eine Funktion $\varphi \in C^1(\mathbb{R})$ derart, daß sich u in der Form $u(x, y) = \varphi(x + y)$ schreiben läßt. Beweis?

16. (i) Die Funktion $u \in C^2(\mathbb{R}^2)$ erfülle die Differentialgleichung $yu_x - xu_y = 0$. Dann gilt $\nabla u(0, 0) = 0$, und es gibt eine Funktion $\varphi \in C^1([0, \infty))$, so daß $u(x, y) = \varphi(x^2 + y^2)$ geschrieben werden kann. Beweis? (ii) Bleibt die Behauptung richtig, wenn wir statt $u \in C^2(\mathbb{R}^2)$ nur $u \in C^1(\mathbb{R}^2)$ voraussetzen?

17. Man berechne die Divergenz des Vektorfeldes $v : \mathbb{R}^n \setminus \{0\} \to \mathbb{R}^n$ mit $v(x) := \operatorname{grad} |x|$.

18.* Es gibt eine Kurve $\varphi \in C^0(I, \mathbb{R}^2)$ und eine Funktion $f \in C^1(\mathbb{R}^2)$, so daß $\nabla f(\varphi(t)) \equiv 0$ und $f(\varphi(t)) \not\equiv \text{const}$ (s. H. Whitney, *Duke Math. J.* 1 (1935), S. 514-517.)

2   Differenzierbarkeit. Differential. Tangentialebene

Jetzt wollen wir einen neuen Differenzierbarkeitsbegriff einführen, der auf der Approximation von Abbildungen durch lineare Abbildungen beruht. Anschließend untersuchen wir, wie diese Art von Differentiation mit den partiellen Ableitungen zusammenhängt.

Geometrisch gesprochen bedeutet die Differenzierbarkeit einer Funktion $f : \Omega \to \mathbb{R}$ an der Stelle $x_0 \in \Omega$ die Existenz einer Tangentialhyperebene T_{P_0} an die Fläche $\mathcal{F} = \mathrm{graph}\, f$ im Punkte $P_0 = (x_0, f(x_0))$, die dort den Normalenvektor $\nu(x_0) = (-\nabla f(x_0), 1)$ besitzt.

Es zeigt sich, daß die durch lineare Approximation an der Stelle $x \in \Omega$ gewonnene *(totale) Ableitung* $df(x)$ einer Funktion $f : \Omega \to \mathbb{R}^N$ eine lineare Abbildung $\mathbb{R}^n \to \mathbb{R}^N$ ist, die mit der Jacobimatrix $Df(x)$ durch die Formel

$$df(x)(h) = Df(x) \cdot h$$

zusammenhängt. Wir beweisen, daß eine im Sinne linearer Approximierbarkeit differenzierbare Funktion nach allen Variablen partiell differenzierbar ist, während das Umgekehrte nicht gilt, wie Beispiele lehren. Sogar die Existenz aller Richtungsableitungen garantiert nicht die Existenz der Ableitung $df(x)$, die auch als *totales Differential von f* bezeichnet wird. Dagegen gilt der bemerkenswerte Satz, daß eine Funktion $f \in C^1(\Omega, \mathbb{R}^N)$ in allen Punkten (total) differenzierbar ist.

Vom totalen Differential wird man zum Begriff des *Kovektorfeldes* oder der *linearen Differentialform* geführt.

Abschließend behandeln wir einen durchsichtigen Beweis der allgemeinen Kettenregel, der auf dem Begriff der (totalen) Differenzierbarkeit beruht.

Wie im vorigen Abschnitt sei Ω stets eine (nichtleere) offene Menge des $\mathbb{R}^n$.

Definition 1. *Eine Abbildung $f : \Omega \to \mathbb{R}^N$ heißt* **(total) differenzierbar** *im Punkte $x \in \Omega$, wenn es eine lineare Abbildung $L : \mathbb{R}^n \to \mathbb{R}^N$ gibt, so daß man $f(x + h)$ für alle $x + h \in \Omega$ in der Form*

$$(1) \qquad f(x + h) = f(x) + L(h) + R(h)$$

schreiben kann, wobei das „Restglied" $R(h)$ die Relation

$$(2) \qquad \frac{1}{|h|} R(h) \to 0 \quad \text{für } h \to 0$$

erfüllt. Man sagt hierfür, daß $R(h)$ von höherer als erster Ordnung mit $h \to 0$ verschwindet, also $R(h) = o(|h|)$ für $|h| \to 0$.

Wie in Abschnitt 3.1, Satz 1 von Band 1 können wir die Eigenschaft der Differenzierbarkeit einer Abbildung in etwas anderer Weise formulieren.

Proposition 1. *Für eine Abbildung $f : \Omega \to \mathbb{R}^N$ und für $x \in \Omega$ sind die folgenden zwei Aussagen äquivalent:*

(i) Die Funktion f ist in x differenzierbar.
(ii) Es gibt eine lineare Abbildung $L : \mathbb{R}^n \to \mathbb{R}^N$ und eine auf

$$\Omega_0 := \{ h \in \mathbb{R}^n : x + h \in \Omega \}$$

definierte Funktion $\epsilon : \Omega_0 \to \mathbb{R}^N$, die in $h = 0$ stetig ist und $\epsilon(0) = 0$ sowie

$$(3) \qquad f(x + h) = f(x) + L(h) + |h|\epsilon(h) \quad \text{für alle } h \in \Omega_0$$

erfüllt.

Beweis. (i) Sei f in x differenzierbar, d.h. es gelte (1) und (2). Setzen wir $\epsilon(0) := 0$ und $\epsilon(h) := |h|^{-1} R(h)$ für $h \in \Omega_0$ mit $h \neq 0$, so folgt aus (1) und (2) die Formel (3) mit $\epsilon(h) \to 0$ für $h \to 0$, d.h. $\epsilon(h)$ ist im Punkte $h = 0$ stetig. (ii) Umgekehrt ergeben sich aus (3) die Relationen (1) und (2), wenn wir $R(h) := |h|\epsilon(h)$ setzen.

$\square$

Bemerkung 1. Aus (3) folgt sofort $\lim_{h \to 0} f(x + h) = f(x)$. *Folglich ist eine in $x \in \Omega$ differenzierbare Funktion dort auch stetig.*

Bemerkung 2. Es gibt höchstens eine lineare Abbildung $L : \mathbb{R}^n \to \mathbb{R}^N$ mit der Eigenschaft (3). In der Tat: Wäre $\tilde{L} : \mathbb{R}^n \to \mathbb{R}^N$ eine weitere lineare Funktion, so daß

$$(4) \qquad f(x + h) = f(x) + \tilde{L}(h) + |h|\tilde{\epsilon}(h) \quad \text{für } h \in \Omega_0 \ , \ \lim_{h \to 0} \tilde{\epsilon}(h) = 0$$

gälte, so folgte aus (3) und (4)

$$L(h) - \tilde{L}(h) = |h| \cdot [\tilde{\epsilon}(h) - \epsilon(h)] \ .$$

Wählen wir nun irgendein $a \in \mathbb{R}^n$ mit $|a| = 1$ und ein t mit $0 < t \ll 1$, so liegt $h := ta$ in Ω_0, und es ergibt sich die Gleichung

$$t\,[L(a) - \tilde{L}(a)] = L(ta) - \tilde{L}(ta) = t\,[\tilde{\epsilon}(ta) - \epsilon(ta)] \ .$$

Daher ist

$$L(a) - \tilde{L}(a) = \tilde{\epsilon}(ta) - \epsilon(ta) \quad \text{für } 0 < t \ll 1 \ .$$

Mit $t \to +0$ strebt die rechte Seite gegen Null und wir erhalten $L(a) = \tilde{L}(a)$ für beliebiges $a \in S^{n-1}$; die Linearität von L liefert nunmehr $L = \tilde{L}$.

Definition 2. *Wenn $f : \Omega \to \mathbb{R}^N$ in $x \in \Omega$ differenzierbar ist, nennen wir die eindeutig bestimmte lineare Abbildung $L : \mathbb{R}^n \to \mathbb{R}^N$ aus (3) das* **(totale) Differential** *$df(x)$ von f an der Stelle x, und wir schreiben*

$$(5) \qquad\qquad df(x, h) = df(x)(h) := L(h) \ .$$

Eine Abbildung $f : \Omega \to \mathbb{R}^N$ heißt **differenzierbar***, wenn sie in allen Punkten von Ω differenzierbar ist, und die von f abgeleitete Abbildung $df : \Omega \times \mathbb{R}^n \to \mathbb{R}^N$ wird* **Differential** *von f genannt.*

Nun wollen wir untersuchen, welcher Zusammenhang zwischen $df(x)$ und den partiellen Ableitungen $D_j f(x)$ besteht. Wir betrachten zunächst den Fall $N = 1$.

Satz 1. *Wenn $f : \Omega \to \mathbb{R}$ in $x \in \Omega$ differenzierbar ist, so existieren alle partiellen Ableitungen $D_1 f(x), \ldots, D_n f(x)$ im Punkte x, und für beliebiges $h = (h_1, \ldots, h_n) \in \mathbb{R}^n$ gilt*

(6) $$df(x, h) = D_1 f(x) h_1 + \ldots + D_n f(x) h_n = \nabla f(x) \cdot h \, .$$

Ferner ist f in x in jeder Richtung $a \in S^{n-1}$ differenzierbar, und es gilt

(7) $$\frac{\partial f}{\partial a}(x) = df(x, a) \, .$$

Beweis. Wählen wir $h = t e_j$, $t \in \mathbb{R}$ mit $0 < |t| << 1$, so folgt aus (1) die Beziehung

$$\left| \frac{1}{t} \left[f(x + t e_j) - f(x) \right] - L(e_j) \right| \to 0 \quad \text{mit } t \to 0 \, ,$$

und dies liefert $D_j f(x) = L(e_j)$. Wegen $h = h_1 e_1 + \ldots + h_n e_n$ ergibt sich

$$L(h) = h_1 L(e_1) + \ldots + h_n L(e_n) = h_1 D_1 f(x) + \ldots + h_n D_n f(x) = \nabla f(x) \cdot h \, ,$$

wenn wir $\nabla f(x)$ als Zeile und h als Spalte interpretieren.

Analog erhalten wir für $h = t a$, $a \in S^{n-1}$, $t \in \mathbb{R}$, $0 < |t| << 1$ die Relation

$$\left| \frac{1}{t} \left[f(x + t a) - f(x) \right] - L(a) \right| \to 0 \quad \text{mit } t \to 0 \, ,$$

woraus sich $\frac{\partial f}{\partial a}(x) = L(a)$ ergibt.

$\square$

Ist $f : \Omega \to \mathbb{R}$ im Punkte $x_0 \in \Omega$ differenzierbar und $\nabla f(x_0) \neq 0$, so beschreibt der Graph der affin linearen Funktion

$$\varphi(x) := f(x_0) + df(x_0, x - x_0) = f(x_0) + \nabla f(x_0) \cdot (x - x_0) \, , \quad x \in \mathbb{R}^n \, ,$$

eine Hyperebene $\mathcal{T}$ in $\mathbb{R}^{n+1} = \mathbb{R}^n \times \mathbb{R}$, dem x, z-Raum, die durch den Punkt $P_0 = (x_0, z_0)$ mit $z_0 := f(x_0)$ geht und den **Normalenvektor**

(8) $$\nu(x_0) := (-\nabla f(x_0) \, , \, 1)$$

hat.

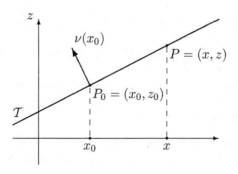

Man nennt T die **Tangentialhyperebene** (oder einfach: die **Tangentialebene**) an die Fläche $\mathcal{F} := \text{graph } f$ im Punkte P_0; sie ist durch

$$T = \{(x, z) \in \mathbb{R}^n \times \mathbb{R} : (z - z_0) - \nabla f(x_0) \cdot (x - x_0) = 0\}$$

gegeben. Wie wir gesehen haben, ist die affin lineare Funktion $\varphi(x)$ eindeutig bestimmt durch die Forderung

$$\frac{f(x) - \varphi(x)}{|x - x_0|} \to 0 \quad \text{mit } x \to x_0 \,,$$

d.h. $\varphi(x)$ schmiegt sich an $f(x)$ in höherer als erster Ordnung an bezüglich der „Verschiebung" $x - x_0$. Dies rechtfertigt die Bezeichnung „Tangentialhyperebene".

Satz 2. *Wenn $f : \Omega \to \mathbb{R}^N$ im Punkte $x \in \Omega$ differenzierbar ist, so existieren alle partiellen Ableitungen $D_1 f(x), \ldots, D_n f(x)$, und es gilt*

$$(9) \qquad\qquad df(x, h) = Df(x)h \,,$$

d.h.

$$(10) \qquad \begin{pmatrix} df_1(x, h) \\ \vdots \\ df_N(x, h) \end{pmatrix} = \begin{pmatrix} D_1 f_1(x) & \ldots & D_n f_1(x) \\ \vdots & & \vdots \\ D_1 f_N(x) & \ldots & D_n f_N(x) \end{pmatrix} \begin{pmatrix} h_1 \\ \vdots \\ h_n \end{pmatrix}$$

Beweis. Wie oben folgt die Beziehung $D_j f(x) = L(e_j)$, und liefert dies für $h = h_1 e_1 + \ldots + h_n e_n$ die Vektorgleichung

$$df(x, h) = D_1 f(x) h_1 + D_2 f(x) h_2 + \ldots + D_n f(x) h_n \,,$$

wobei $df, D_1 f, \ldots, D_n f$ als Spaltenvektoren zu interpretieren sind. Beachten wir $Df = (D_1 f, \ldots, D_n f)$ und verstehen h als Spaltenvektor, so erhalten wir (9) bzw. (10). $\qquad\qquad\qquad\qquad\qquad\qquad\qquad\qquad\qquad\qquad\qquad\qquad\qquad\square$

Man bezeichnet das Differential $df(x)$ oft auch als die **Ableitung von f an der Stelle** $x \in \Omega$ und schreibt dafür $f'(x)$, während für die zugehörige Jacobimatrix $Df(x)$ ein anderes Symbol gewählt wird, etwa $[f'(x)]$. Vielfach identifiziert man auch die lineare Abbildung $df(x)$ bzw. $f'(x)$ mit ihrer Jacobimatrix $Df(x)$ bzw. $[f'(x)]$, was ja wegen $df(x)(h) = Df(x) \cdot h$ durchaus naheliegt, zumal, wenn das Matrixprodukt $Df(x) \cdot h$ auf der rechten Seite dieser Gleichung als $Df(x)h$ geschrieben wird. Man interpretiert dann $Df(x)h$ entweder als Anwendung der linearen Abbildung $Df(x)$ auf den Vektor h oder als Produkt der Jacobimatrix $Df(x)$ mit der Spaltenmatrix h.

Dies ist unproblematisch, solange man in $\mathbb{R}^n$ bzw. $\mathbb{R}^N$ mit den festen Standardbasen operiert; dagegen ist sorgfältig zwischen beiden Begriffen zu unterscheiden, wenn in $\mathbb{R}^n$ bzw. $\mathbb{R}^N$ die Basen gewechselt werden. Dementsprechend wird die Unterscheidung sofort dann wichtig und unbedingt nötig, wenn man $\mathbb{R}^n$ bzw. $\mathbb{R}^N$ durch irgendwelche andere endlichdimensionale lineare normierte Räume ersetzt, oder wenn man Abbildungen von Mannigfaltigkeiten differenzieren möchte.

Übrigens sind auch die Bezeichnungen $f_x(x)$, $\partial f(x)$ oder $\frac{\partial f}{\partial x}(x)$ für die Jacobi-matrix $Df(x)$ und das Symbol $\partial_j f_k$ für die partielle Ableitung $D_j f_k$ üblich; für letztere schreibt man auch f_{k,x_j}.

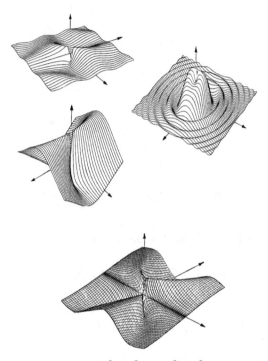

Links oben: $f(x,y) := (\sin xy)/(x^2 + y^2)$ für $x^2 + y^2 \neq 0$, $f(0,0) := 0$. Diese Funktion hat dieselben Eigenschaften wie Beispiel $\boxed{1}$.

Rechts oben: $f(x,y) := \big(\sin(2x^2 + 3y^2)\big)/(x^2 + y^2)$ für $x^2 + y^2 \neq 0$, $f(0,0) := 0$. Wie verhält sich f?

Mitte links: $f(x,y) := (x^2 - y^2)/(x^2 + y^2)$ für $x^2 + y^2 = 0$ ist positiv homogen von nullter Ordnung.

Unten: Beispiel $\boxed{2}$.

Bemerkung 3. Die Umkehrung von Satz 1 ist nicht richtig, d.h. f braucht nicht im Punkte x differenzierbar zu sein, wenn dort alle partiellen Ableitungen $D_1 f(x), \ldots, D_n f(x)$ existieren; in der Tat muß f nicht einmal stetig sein. Um dies zu erkennen, betrachten wir folgendes Beispiel.

$\boxed{1}$ Sei $f : \mathbb{R}^2 \to \mathbb{R}$ definiert als

$$f(x,y) := \frac{xy}{x^2 + y^2} \quad \text{für } x^2 + y^2 \neq 0, \ f(0,0) := 0.$$

Eine einfache Überlegung zeigt, daß $f_x(0,0)$ und $f_y(0,0)$ existieren und gleich Null sind. Andererseits folgt für $x = t\cos\varphi$, $y = t\sin\varphi$ mit $t \neq 0$, daß

$$f(t\cos\varphi,\ t\sin\varphi) \ = \ \sin\varphi\cos\varphi = \frac{1}{2}\sin 2\varphi$$

ist. Also ist f nicht im Ursprung stetig und damit auch nicht differenzierbar.

$\boxed{2}$ Sei $f : \mathbb{R}^2 \to \mathbb{R}$ definiert als

$$f(x,y) := \frac{2xy^2}{x^2 + y^4} \quad \text{für } x^2 + y^2 \neq 0\,, \quad f(0,0) := 0\,.$$

Wir betrachten wieder die Geraden $x = t\cos\theta$, $y = t\sin\theta$, $\theta = \text{const}$ durch den Ursprung. Wenn $\cos\theta = 0$ ist, so folgt $f(t\cos\theta, t\sin\theta) = 0$, und daher gilt

$$\frac{\partial f}{\partial a}(0,0) = 0 \quad \text{für} \quad a = (0, \pm 1)\,.$$

Ist $a = (\cos\theta, \sin\theta)$ und $\cos\theta \neq 0$, so ist

$$\frac{\partial f}{\partial a}(0,0) \ = \ \lim_{t\to 0}\frac{f(t\cos\theta,\ t\sin\theta) - f(0,0)}{t} \ = \ \lim_{t\to 0}\frac{2\cos\theta\sin^2\theta}{\cos^2\theta + t^2\sin^4\theta} = \frac{2\sin^2\theta}{\cos\theta}\,.$$

Also existiert die Richtungsableitung $\dfrac{\partial f}{\partial a}(0,0)$ für jede Richtung $a \in S^1$. Andererseits ist f nicht im Ursprung stetig, denn es gilt $f(0,0) = 0$ und $f(y^2, y) = 1$ für jedes $y \neq 0$. Somit ist f nicht im Ursprung differenzierbar, obwohl dort alle Richtungsableitungen existieren.

In Anbetracht dieser Beispiele ist das folgende Resultat bemerkenswert.

Satz 3. *Eine jede Funktion $f \in C^1(\Omega, \mathbb{R}^N)$ ist in allen Punkten von Ω differenzierbar.*

Beweis. Sei x ein beliebiger Punkt in Ω. Dann existiert eine Kugel $B_r(x) \subset \Omega$, $r > 0$. Ist $h \in \mathbb{R}^n$ und $|h| < r$, so gilt nach Hadamards Lemma

$$f(x+h) \ = \ f(x) + \int_0^1 Df(x+th)dt \cdot h \ = \ f(x) + Df(x) \cdot h + R(h)$$

mit

$$R(h) := \int_0^1 [Df(x+th) - Df(x)]dt \cdot h\,.$$

Da Df auf Ω und insbesondere in x stetig ist, so gibt es eine Funktion $\eta : [0,r] \to \mathbb{R}$ mit $\lim_{s\to +0}\eta(s) = 0$, so daß $|Df(x+z) - Df(x)| \leq \eta(s)$ für alle $z \in \mathbb{R}^n$ mit $|z| \leq s$ ausfällt. Damit folgt $|R(h)| \leq \int_0^1 \eta(|h|)dt \cdot |h| = \eta(|h|) \cdot |h|$ und somit $\lim_{h\to 0}|h|^{-1}R(h) = 0$.

$\square$

Nun untersuchen wir das totale Differential $df(x)$ einer Funktion $f \in C^1(\Omega)$ an der Stelle $x \in \Omega$. Nach Definition ist $df(x)$ eine Linearform auf $\mathbb{R}^n$, also ein

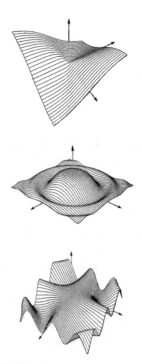

Oben: $f(x,y) := xy/\sqrt{x^2+y^2}$ für $x^2+y^2 \neq 0$ ist positiv homogen von erster
Ordnung, kann daher durch $f(0,0) := 0$ zu einer C^0-Funktion fortgesetzt werden,
die aber nicht aus C^1 ist.
Mitte: $f(x,y) = \left[\sin(x^2+y^2)\right]/(x^2+y^2)$ kann zu einer C^1-Funktion auf $\mathbb{R}^2$
fortgesetzt werden.
Unten: $f(x,y) := \cos(xy)$ ist von der Klasse C^1 auf $\mathbb{R}^2$.

Element des dualen Raumes $\mathbb{R}^{n*}$ zu $\mathbb{R}^n$: $df(x) \in \mathbb{R}^{n*}$. Wir betrachten jetzt die
speziellen Funktionen $f_1(x) := x_1$, $f_2(x) := x_2$, $\ldots$, $f_n(x) := x_n$. Wegen

$$f_j(x+h) = x_j + h_j = f_j(x) + h_j$$

haben wir $df_j(x) = L_j$, wobei $L_j \in \mathbb{R}^{n*}$ definiert ist durch

$$L_j(h) := h_j \ , \ \text{wenn} \ h = (h_1, \ldots , h_n) \in \mathbb{R}^n \ \text{ist} \ .$$

Die Linearformen L_j erfüllen offenbar die Gleichungen $L_j(e_k) = \delta_{jk}$. Wir zeigen,
daß $L_1, \ldots , L_n$ eine Basis von $\mathbb{R}^{n*}$ bilden und zwar die *kanonische Basis*. Ist
nämlich $L \in \mathbb{R}^{n*}$ und setzen wir $a_j := L(e_j)$, so folgen für $h = (h_1, \ldots , h_n) = h_1 e_1 + \ldots + h_n e_n$ die Gleichungen

$$L(h) = L(h_1 e_1 + \ldots + h_n e_n) = L(e_1)h_1 + \ldots + L(e_n)h_n$$
$$= a_1 h_1 + \ldots + a_n h_n = a_1 L_1(h) + \ldots + a_n L_n(h) \ ,$$

also $L = a_1 L_1 + a_2 L_2 + \ldots + a_n L_n$. Die kanonische Basis von $\mathbb{R}^{n*}$ wird also durch
die totalen Differentiale df_j der Koordinatenfunktionen $f_j(x) := x_j$ geliefert, und

man schreibt

$$dx_j := df_j(x) = L_j \quad , \quad j = 1, \ldots, n \ .$$

Die Linearformen dx_j hängen gar nicht von x ab, und es gilt

$$dx_j(e_k) = \delta_{jk} \ .$$

Ein Element aus $\mathbb{R}^{n*}$ wird oft als **Kovektor** bezeichnet, und eine Abbildung $\omega : \Omega \to \mathbb{R}^{n*}$ heißt **Kovektorfeld** auf Ω. Da $dx_1, \ldots, dx_n$ eine Basis von $\mathbb{R}^{n*}$ ist, so gibt es Zahlen $\omega_1(x), \ldots, \omega_n(x) \in \mathbb{R}$, so daß

$$\omega(x) = \omega_1(x)dx_1 + \ldots + \omega_n(x)dx_n$$

gilt. Wir fassen $x \mapsto \omega_j(x)$ als Funktionen $\omega_j : \Omega \to \mathbb{R}$ auf und können dann

$$\omega = \omega_1 dx_1 + \omega_2 dx_2 + \ldots + \omega_n dx_n \ .$$

schreiben. Ein solches Kovektorfeld wird auch als **lineare Differentialform** oder **Differentialform ersten Grades** oder kurz als **1-Form** auf Ω bezeichnet. Eine solche 1-Form heißt *von der Klasse* C^0 bzw. C^1, wenn ihre Komponenten (oder Koeffizienten) $\omega_1, \ldots, \omega_n$ von der Klasse C^0 bzw. C^1 sind. Nach Definition ist das totale Differential

$$df = \frac{\partial f}{\partial x_1} dx_1 + \frac{\partial f}{\partial x_2} dx_2 + \ldots + \frac{\partial f}{\partial x_j} dx_n$$

einer Funktion $f \in C^1(\Omega)$ eine 1-Form auf Ω; jedoch ist nicht jede 1-Form ein totales Differential. In 2.1 werden wir notwendige und hinreichende Bedingungen dafür angeben, daß eine vorgegebene 1-Form totales Differential einer skalaren Funktion ist.

Betrachten wir nunmehr eine Anwendung auf die *Fehlerrechnung*. Sei z eine Größe, die von anderen Größen $x_1, \ldots, x_n$ abhängt; der funktionelle Zusammenhang sei durch $z = f(x_1, \ldots, x_n)$ gegeben. Wir denken uns, daß die Größen $x_1, \ldots, x_n$ durch geeignete Messungen bestimmt werden können, wobei sich aufgrund der Meßungenauigkeit systematische Fehler $\Delta x_1, \ldots, \Delta x_n$ ergeben, die abgeschätzt werden können. Welcher Fehler ergibt sich dann für z? Um dies zu entscheiden, müssen wir den Unterschied

$$\Delta z := f(x_1 + \Delta x_1, \ldots, x_n + \Delta x_n) - f(x_1, \ldots, x_n)$$

abschätzen. Mit $x = (x_1, \ldots, x_n)$ und $\Delta x = (\Delta x_1, \ldots, \Delta x_n)$ ist

$$\Delta f(x) = \Delta z := f(x + \Delta x) - f(x) \ ,$$

und wegen (1) und (5) folgt

(11) $$\Delta z = df(x, \Delta x) + R(\Delta x) \ ,$$

wobei $df(x, \Delta x) = df(x)(\Delta x)$ linear in Δx ist und $R(\Delta x)$ von höherer als erster Ordnung in Δx verschwindet. Daher denkt man sich $R(\Delta x)$ als „klein gegenüber Δx" und läßt das Restglied $R(\Delta x)$ in (11) weg, d.h. wir schreiben

$$\Delta f(x) \approx df(x, \Delta x) \ ,$$

wobei $\approx$ für „ungefähr gleich" steht. Dies bedeutet

$$\Delta f(x) \approx \frac{\partial f}{\partial x_1}(x) \, dx_1(\Delta x) + \ldots + \frac{\partial f}{\partial x_n}(x) \, dx_n(\Delta x) \,,$$

und $dx_j(h) = L_j(h) = h_j$ liefert $dx_j(\Delta x) = \Delta x_j$, also

(12) $$\Delta f(x) \approx \frac{\partial f}{\partial x_1}(x) \, \Delta x_1 + \ldots + \frac{\partial f}{\partial x_n}(x) \, \Delta x_n \,.$$

Für „kleine" Δx_j liefert also die Formel (12) überschlagsweise den Fehler $\Delta z = \Delta f(x)$ für die Größe $z = f(x_1, \ldots, x_n)$, wenn die Meßdaten $x_1, \ldots, x_n$ mit den Fehlern $\Delta x_1, \ldots, \Delta x_n$ behaftet sind. Für eine genaue Abschätzung des Fehlers Δz müßte man allerdings auch das Restglied $R(\Delta x)$ berücksichtigen.

Abschließend liefern wir einen neuen Beweis der **Kettenregel**.

Satz 4. *Wir betrachten Abbildungen $f : \Omega \to \mathbb{R}^N$ und $\varphi : \Omega^* \to \mathbb{R}^n$, wobei Ω und Ω^* offene Mengen des $\mathbb{R}^n$ bzw. $\mathbb{R}^m$ sind. Es gelte $\varphi(\Omega^*) \subset \Omega$, $z_0 \in \Omega^*$ und $x_0 = \varphi(z_0) \in \Omega$. Schließlich sei f differenzierbar in x_0 und φ differenzierbar in z_0. Dann ist $g := f \circ \varphi$ in z_0 differenzierbar, und es gilt*

(13) $$Dg(z_0) = Df(\varphi(z_0)) \cdot D\varphi(z_0) \,.$$

Beweis. Sei Ω_0 die Menge der $h \in \mathbb{R}^n$ mit $x_0 + h \in \Omega$, und Ω_0^* bezeichne die Menge der $k \in \mathbb{R}^m$ mit $z_0 + k \in \Omega^*$. Da f in x_0 und φ in z_0 differenzierbar ist, können wir

$$f(x_0 + h) = f(x_0) + Ah + R(h) \quad \text{für } h \in \Omega_0 \,,$$
$$\varphi(z_0 + k) = \varphi(z_0) + Bk + R^*(k) \quad \text{für } k \in \Omega_0^*$$

mit

$$A = Df(x_0) \,, \; B = D\varphi(z_0) \,, \; R(h) = |h|\epsilon(h) \,, \; R^*(k) = |k|\epsilon^*(k)$$

und $\lim_{h \to 0} \epsilon(h) = 0$, $\lim_{k \to 0} \epsilon^*(k) = 0$ schreiben. Setzen wir $x := \varphi(z)$, $x := x_0 + h$, $z := z_0 + k$ und beachten wir noch $x_0 = \varphi(z_0)$, so ergibt sich zunächst $h = Bk + R^*(k)$. Für $g := f \circ \varphi$ folgt nunmehr

$$g(z_0 + k) = f(\varphi(z_0 + k)) = f(x_0 + Bk + R^*(k))$$
$$= f(x_0) + A \cdot Bk + AR^*(k) + R(Bk + R^*(k))$$
$$= g(z_0) + A \cdot Bk + \tilde{R}(k)$$

mit $\tilde{R}(k) := A \cdot R^*(k) + R(Bk + R^*(k))$. Das Restglied $\tilde{R}(k)$ hat die Form

$$\tilde{R}(k) = |k|A\epsilon^*(k) + |Bk + |k|\epsilon^*(k)|\epsilon(Bk + R^*(k)) = |k|\tilde{\epsilon}(k) \quad \text{mit} \quad \lim_{k \to 0} \tilde{\epsilon}(k) = 0 \,.$$

Also ist g in z_0 differenzierbar, und es gilt $Dg(z_0) = A \cdot B = Df(x_0) \cdot D\varphi(z_0)$. $\qquad\square$

Die „Matrixformel" (13) können wir mit Hilfe der Differentiale auch so schreiben:

$$(14) \qquad dg(z_0) \;=\; df(x_0) \circ d\varphi(z_0) \,, \quad x_0 \,=\, \varphi(z_0) \,.$$

Mittels der Ableitungssymbole g', f', φ' erhalten wir die Schreibweise

$$(15) \qquad g'(z_0) \;=\; f'(\varphi(z_0)) \circ \varphi'(z_0) \,.$$

Mit anderen Worten:

Die Ableitung des Produktes $f \circ \varphi$ zweier Abbildungen f, φ ist gleich dem Produkt der Ableitungen der einzelnen Faktoren f und φ.

Dies ist die **allgemeine Kettenregel** in koordinatenfreier Form.

Aufgaben.

1. Sei $f : \mathbb{R}^2 \to \mathbb{R}$ definiert durch $f(0,0) := 0$ und $f(x,y) := \frac{x^3 y}{x^4 + y^2}$ für $x^2 + y^2 > 0$. Man zeige, daß f stetig ist und überall $f_x(x,y)$ und $f_y(x,y)$ existieren, jedoch f nicht in $(0,0)$ differenzierbar ist.

2. Sei A eine reelle $N \times n$–Matrix und $x \in \mathbb{R}^n$, $b \in \mathbb{R}^N$ seien als Spaltenvektoren geschrieben. Dann ist die affine Abbildung $f : \mathbb{R}^n \to \mathbb{R}^N$ mit $f(x) := Ax + b$ differenzierbar, und es gilt $Df(x) \equiv A$.
   Für $n = N$ ist f genau dann ein Diffeomorphismus von $\mathbb{R}^n$ auf sich, wenn $\det A \neq 0$ gilt. Beweis?

3. Man zeige, daß eine quadratische Funktion $f : \mathbb{R}^n \to \mathbb{R}$ vom Typ

$$f(x) = \frac{1}{2} \sum_{j,k=1}^{n} a_{jk} x_j x_k + \sum_{k=1}^{n} b_k x_k + c$$

   mit reellen Koeffizienten $a_{jk} = a_{kj}$, b_k, c differenzierbar und ihr Differential durch

$$df(x)h = \sum_{j,k=1}^{n} a_{jk} x_j h_k + \sum_{k=1}^{n} b_k h_k = \langle A \cdot x + b, h \rangle$$

   gegeben ist, $A := (a_{jk})$, $b := (b_k)$. Ferner ist $\nabla f(x) = x^\top \cdot A + b^\top$, wenn wir wie vereinbart $\nabla f(x)$ als Zeile und x als Spalte verstehen wollen.

4. Bezeichne f die in Aufgabe 3 definierte Funktion. Was ist die Gleichung der Tangentialhyperebene $\mathcal{T}$ der Hyperfläche $\mathcal{F} := \mathrm{graph}\, f$ im Punkte $P_0 = (x_0, z_0) \in \mathbb{R}^{n+1}$?

5. Man zeige, daß die Abbildung $f(x) := |x|^{-2} x$ von $\mathbb{R}^n \setminus \{0\}$ auf sich ein Diffeomorphismus (*Spiegelung an der Sphäre S^{n-1}*) ist und bestimme $Df(x)$. Es gibt eine Funktion $x \mapsto \rho(x)$, so daß $\rho(x) Df(x) \in O(n)$ ist.

3   Parameterabhängige Integrale

Jetzt betrachten wir eine von t abhängige Funktion $f(t,x)$, die neben t noch von gewissen Parametern $x_1, \dots, x_n$ abhängt, die wir zu $x = (x_1, \dots, x_n)$ zusammenfassen. Denken wir uns $f(\cdot, x)$ auf $I = [a,b]$ – bei fixiertem x – als eine integrierbare Funktion und bilden das Integral

$$(1) \qquad \Phi(x) := \int_a^b f(t,x)\,dt \,,$$

so entsteht eine Funktion $x \mapsto \Phi(x)$ der Parameterwerte x. Wir wollen nun hinreichende Bedingungen angeben, die die Stetigkeit bzw. stetige Differenzierbarkeit von $\Phi(x)$ sichern und es uns erlauben, die partiellen Ableitungen von Φ durch „Differentiation unter dem Integralzeichen" zu berechnen, so daß

$$\Phi_{x_j}(x) = \int_a^b f_{x_j}(t, x)\, dt$$

gilt. Resultate dieser Art sind von grundlegender Bedeutung, beispielsweise in der Variationsrechnung.

Weiterhin definieren wir die partiellen Ableitungen zweiter Ordnung und zeigen, daß man die Operatoren D_j und D_k bei Anwendung auf glatte Funktionen vertauschen kann. Es gilt nämlich $D_j D_k f = D_k D_j f$ für jede Funktion f der Klasse C^2.

Satz 1. *Bezeichne K eine kompakte (nichtleere) Menge des $\mathbb{R}^n$ und I das Intervall $[a, b]$ in $\mathbb{R}$. Ferner sei $f \in C^0(I \times K, \mathbb{R}^N)$. Dann gilt $\Phi \in C^0(K, \mathbb{R}^N)$ für die in (1) definierte Funktion Φ.*

Beweis. Die Menge $I \times K$ ist kompakt in $\mathbb{R} \times \mathbb{R}^n$, und daher ist f gleichmäßig stetig auf $I \times K$. Also gibt es zu beliebig gewähltem $\epsilon > 0$ ein $\delta > 0$, so daß für alle $t \in I$ und alle $x, x_0 \in K$ mit $|x - x_0| < \delta$ die Abschätzung

$$|f(t, x) - f(t, x_0)| \leq 2^{-1}|I|^{-1}\epsilon$$

gilt. Hieraus folgt

$$|\Phi(x) - \Phi(x_0)| \leq \int_a^b |f(t, x) - f(t, x_0)|dt \leq 2^{-1}|I|^{-1}\epsilon|I| < \epsilon\,.$$

$\square$

Satz 2. *Sei $f(t, x)$ eine Funktion der Klasse C^0 auf dem Rechteck*

$$Q = [a, b] \times [\alpha, \beta]$$

mit Werten in $\mathbb{R}^N$. Ferner existiere die partielle Ableitung $f_x(t, x)$ überall auf Q und sei dort stetig. Dann ist die durch (1) definierte Funktion $\Phi : [\alpha, \beta] \to \mathbb{R}^N$ in allen Punkten $x \in [\alpha, \beta]$ differenzierbar, und es gilt

$$(2) \qquad \Phi'(x) = \frac{d}{dx} \int_a^b f(t, x)dt = \int_a^b f_x(t, x)dt\,.$$

Beweis. Sei $x \in [\alpha, \beta]$, $h \neq 0$ und $x + h \in [\alpha, \beta]$. Dann gilt

$$f(t, x + h) - f(t, x) = \int_0^1 \frac{d}{ds} f(t, x + sh)ds = h \int_0^1 f_x(t, x + sh)ds$$

und damit

$$\Delta_h \Phi(x) := \frac{1}{h} \left[\Phi(x+h) - \Phi(x) \right] = \int_a^b \frac{1}{h} \left[f(t, x+h) - f(t,x) \right] dt$$

$$= \int_a^b \left(\int_0^1 f_x(t, x+sh) ds \right) dt .$$

Wegen $f_x(t,x) = \int_0^1 f_x(t,x) ds$ ergibt sich

$$\left| \Delta_h \Phi(x) - \int_a^b f_x(t,x) dt \right| = \left| \int_a^b \left\{ \int_0^1 [f_x(t, x+sh) - f_x(t,x)] ds \right\} dt \right|$$

$$\leq \int_a^b \left| \int_0^1 [f_x(t, x+sh) - f_x(t,x)] ds \right| dt$$

$$\leq \int_a^b \left(\int_0^1 |f_x(t, x+sh) - f_x(t,x)| ds \right) dt .$$

Da f_x auf Q gleichmäßig stetig ist, gibt es zu beliebig vorgegebenem $\epsilon > 0$ ein $\delta > 0$, so daß für alle (t,x) und (t, x') aus Q mit $|x - x'| < \delta$ die Abschätzung

$$|f_x(t,x) - f_x(t, x')| < \frac{\epsilon}{2(b-a)}$$

erfüllt ist. Folglich erhalten wir für $|h| < \delta$ die Ungleichung

$$\left| \Delta_h \Phi(x) - \int_a^b f_x(t,x) dt \right| \leq \frac{\epsilon}{2(b-a)} \cdot (b-a) < \epsilon ,$$

woraus für $h \to 0$ die Behauptung folgt.

$\square$

Das gerade bewiesene Resultat ist außerordentlich nützlich, weil es sehr viele bemerkenswerte Anwendungen hat. Als eine erste beweisen wir den Satz von H.A. Schwarz über die Vertauschbarkeit der partiellen Ableitungen. Dazu betrachten wir eine Funktion $f(t,x)$ der beiden reellen Variablen t und x auf dem Rechteck

(3) $Q := \{(t,x) \in \mathbb{R}^2 : a \leq t \leq b , \ \alpha \leq x \leq \beta \} .$

Diese Funktion sei von der Klasse C^1 auf Q. Da wir bisher die Klasse C^1 nur auf offenen Mengen Ω definiert haben, also beispielsweise für $\Omega = \text{int } Q$, müssen wir unsere bisherige Definition erweitern.

Definition 1. *Sei Ω eine offene Menge des $\mathbb{R}^n$, S eine Teilmenge des Randes $\partial\Omega$, und es gelte $\text{int}(\Omega \cup S) = \Omega$. Wir sagen, daß eine Funktion $f : \Omega \to \mathbb{R}^N$ von der Klasse C^1 auf $\Omega \cup S$ ist, wenn $f \in C^1(\Omega, \mathbb{R}^N)$ ist und f und Df sich zu stetigen Funktionen auf $\Omega \cup S$ fortsetzen lassen.*

Bemerkung 1. Die Voraussetzung „int$(\Omega \cup S) = \Omega$" sichert die Eindeutigkeit der Definition von $C^1(\Omega \cup S)$. In 1.5, Definition 2 geben wir eine andere, etwas einschränkendere Definition von $C^1(M)$ für beliebige (nichtleere) Mengen M des $\mathbb{R}^n$ an, die für gutartig berandete M mit der obigen Definition übereinstimmt.

Bemerkung 2. Wir führen für die Fortsetzungen von f und Df auf $\Omega \cup S$ keine neuen Bezeichnungen ein, müssen dann aber beachten, daß auf S die Funktion Df nicht notwendig die Ableitung von f ist. Falls aber $\Omega = \text{int } Q$, $S = \partial Q$ und $\Omega \cup S = Q$ ist, haben wir eine günstigere Situation; dann gilt nämlich:

Lemma 1. *Wenn die Funktion $f(t,x)$ auf dem Rechteck Q von der Klasse C^1 ist, so existieren ihre partiellen Ableitungen $f_t(t,x)$ und $f_x(t,x)$ auf Q und sind dort mitsamt $f(t,x)$ stetige Funktionen. (Auf ∂Q sind die Ableitungen f_t und f_x als einseitige partielle Ableitungen zu deuten.)*

Beweis. Dieses Ergebnis kann man aus Band 1, 3.3, Korollar 6 und 4.1, Satz 1 herleiten. Wir überlassen die Einzelheiten dem Leser als Übungsaufgabe.

$\square$

Für unsere gegenwärtigen Zwecke reicht es völlig aus, wenn wir die Behauptung von Lemma 1 als *vorläufige Definition* der Eigenschaft „$f \in C^1(Q, \mathbb{R}^N)$" nehmen, falls der Leser zunächst den Beweis dieses Lemmas überspringen möchte.

Wenn die Funktion f_t bzw. f_x überall auf Q partiell nach x bzw. t differenzierbar ist, so können wir die **gemischten zweiten Ableitungen** f_{tx} und f_{xt} definieren als

$$(4) \qquad f_{tx} := (f_t)_x = D_x D_t f \ , \quad f_{xt} := (f_x)_t = D_t D_x f \ .$$

Es stellt sich nun die Frage, ob $f_{xt} = f_{tx}$ gilt. Im allgemeinen ist dies nicht richtig, wie folgendes Gegenbeispiel von Peano (1884) lehrt. (Ein anderes, allerdings komplizierteres Beispiel wurde bereits von Schwarz (1873) angegeben.)

$\boxed{1}$ Sei $f(t,x) := tx\varphi(t,x)$ mit $\varphi(0,0) := 0$ und

$$\varphi(t,x) := \frac{t^2 - x^2}{t^2 + x^2} \quad \text{für } t^2 + x^2 \neq 0 \ .$$

Wegen $f(0,x)$ und $f(t,0) = 0$ ergeben sich die Relationen

$$f_t(0,x) = \lim_{t \to 0} \frac{1}{t} f(t,x) = \lim_{t \to 0} [x\varphi(t,x)] = -x \ ,$$

$$f_x(t,0) = \lim_{x \to 0} \frac{1}{x} f(t,x) = \lim_{x \to 0} [t\varphi(t,x)] = t$$

und damit $f_{tx}(0,x) = -1$, $f_{xt}(t,0) = 1$. Folglich gilt

$$-1 = f_{tx}(0,0) \neq f_{xt}(0,0) = 1 \ .$$

Satz 3. (Satz von H.A. Schwarz). *Die Funktion $f(t,x)$ sei von der Klasse $C^1(Q, \mathbb{R}^N)$ und besitze auf Q die gemischte Ableitung f_{xt}, die dort stetig sei. Dann existiert auch f_{tx} auf Q, und es gilt $f_{xt} = f_{tx}$.*

Beweis. Wir setzen $g := f_x$. Dann gilt $g_t = f_{xt}$ sowie

$$f(t,x) = f(t, \alpha) + \int_\alpha^x g(t, \xi) d\xi \quad \text{für } \alpha \le x \le \beta \,,$$

und wir haben $g, g_t \in C^0(Q, \mathbb{R}^N)$. Nach Satz 2 existiert f_t auf Q, und es gilt

$$f_t(t,x) = f_t(t, \alpha) + \int_\alpha^x g_t(t, \xi) d\xi = f_t(t, \alpha) + \int_\alpha^x f_{xt}(t, \xi) d\xi \,.$$

Hieraus folgt die Existenz von $f_{tx}(t,x)$ auf Q sowie

$$f_{tx}(t,x) = 0 + f_{xt}(t,x) = f_{xt}(t,x) \,.$$

□

Dieses Resultat werden wir im nächsten Abschnitt auswerten. Wir formulieren noch eine Verallgemeinerung von Satz 2, die sich aus diesem unmittelbar ergibt.

Satz 4. *Sei Ω eine offene Menge des $\mathbb{R}^n$, und sei $f(t,x)$ eine Funktion der Klasse C^0 auf $[a,b] \times \Omega$ mit Werten in $\mathbb{R}^N$. Ferner mögen die Ableitungen $f_{x_1}, \dots, f_{x_n}$ auf $[a,b] \times \Omega$ existieren und dort stetig sein. Dann ist die durch*

$$\Psi(x) := \int_a^b f(t,x) dt \,, \quad x \in \Omega \,,$$

definierte Funktion von der Klasse $C^1(\Omega, \mathbb{R}^N)$, und es gilt

$$\frac{\partial}{\partial x_j} \Psi(x) = \int_a^b f_{x_j}(t,x) dt \quad \text{für } 1 \le j \le n \quad \text{und} \quad x \in \Omega \,.$$

Die Formel $f_{tx} = f_{xt}$ stammt von Nikolaus Bernoulli (1721). Ein Beweis für „analytische" Funktionen findet sich in Eulers *Institutiones calculi differentialis* (1755), Kap. 7, Nr. 232. Die Aussage von Satz 3 und ihren Beweis hat H.A. Schwarz 1873 angegeben (vgl. *Gesammelte Mathematische Abhandlungen*, Band II, S. 275-284, insbesondere S. 281-282).

Aufgaben.

1. Seien I, I' offene Intervalle in $\mathbb{R}$ und $f, f_x \in C^0(I \times I')$. Dann ist die durch

$$\Phi(x,u,v) := \int_u^v f(t,x)\, dt \,, \ x \in I' \,, \ u, v \in I$$

definierte Funktion $\Phi : I' \times I \times I \to \mathbb{R}$ von der Klasse C^1, und es gilt

$$\nabla \Phi(x,u,v) = \left(\int_u^v f_x(t,x)\, dt, \ -f(u,x), \ f(v,x) \right) \,.$$

Sind überdies $a, b \in C^1(I')$, so ist

$$x \mapsto \varphi(x) := \Phi\big(x, a(x), b(x)\big) = \int_{a(x)}^{b(x)} f(t, x)\, dt$$

von der Klasse C^1 auf I', und es gilt

$$\varphi'(x) = \int_{a(x)}^{b(x)} f_x(t, x)\, dt + f\big(b(x), x\big)\, b'(x) - f\big(a(x), x\big)\, a'(x) \;.$$

Beweis?

2. Bezeichne f_h die durch $f_h(x) := \int_{x-h}^{x+h} f(t)\, dt$ definierte „Glättung" einer stetigen Funktion $f : \mathbb{R} \to \mathbb{R}$. Dann ist $f_h \in C^1(\mathbb{R})$. Man zeige für $h > 0$:

$$f_h'(x) = \frac{1}{2h}\big[f(x + h) - f(x - h)\big] = \frac{1}{2}\big[\Delta_h f(x) + \Delta_{-h} f(x)\big] \;,$$

wobei $\Delta_h f(x)$ den gewöhnlichen Differenzenquotienten von f an der Stelle x zur Schrittweite h bezeichnet.

3. Sei $f(x, y) := \int_{\frac{1}{2}(x^2 + y^2)}^{xy} e^{-t}\, dt$, $(x, y) \in \mathbb{R}^2$. Was ist die Gleichung der Tangentialebene $\mathcal{T}$ für die Fläche $\mathcal{F} := \operatorname{graph} f$ im Punkte $P_0 = (1, 1)$?

4. Sei $f \in C^0(\mathbb{R})$ und $\Phi_n(x) := \int_0^x \frac{1}{n!}(x - y)^n f(y)\, dy$. Welcher Zusammenhang besteht zwischen Φ_n und Φ_{n-1}? (Differenzieren!)

4 Differenzierbarkeit parameterabhängiger uneigentlicher Integrale. Gamma- und Betafunktion

In Band 1, 3.11 hatten wir uneigentliche Integrale $\int_I f(x)dx$ nicht notwendig beschränkter Funktionen über nicht notwendig kompakte Intervalle I definiert. Nun wollen wir uneigentliche Integrale, deren Integranden noch von einem oder mehreren Parametern abhängen, als Funktionen dieser Parameter auffassen, etwa Integrale des Typs

$$(1) \qquad\qquad F(x) \;:=\; \int_a^\infty f(t, x)\, dt \;.$$

Auf diese Weise gewinnt man eine ganze Reihe wichtiger spezieller Funktionen wie beispielsweise die Gammafunktion

$$\Gamma(x) \;:=\; \int_0^\infty t^{x-1} e^{-t} dt \;,$$

die die Fakultät interpoliert, denn es gilt $\Gamma(n) = (n - 1)!$, und die Betafunktion

$$B(x, y) \;:=\; \int_0^1 t^{x-1}(1 - t)^{y-1}\, dt \;,$$

die eng mit der Gammafunktion zusammenhängt. Weiterhin benutzt man solche Integrale, um wichtige Transformationen wie etwa die Fouriertransformation zu definieren. Wir werden hier, was keine neuen Schwierigkeiten aufwirft, die Integranden sogleich als komplexwertig auffassen. Man überzeugt sich ohne Mühe, daß sich alle Definitionen und Sätze aus Band 1, 3.11 auf diesen Fall übertragen lassen und daß die Beweise sämtlich gültig bleiben.

Später werden wir auch den reellen Integrationsbereich ins Komplexe verschieben. Damit können wir in vielen interessanten Fällen auf die Cauchysche Integralformel zurückgreifen und durch „Berechnung von Residuen" auf sehr elegante Weise den Wert uneigentlicher Integrale berechnen. Zugleich bringen wir so eine gewisse Systematik in die Berechnung solcher Integrale, wenngleich auch diese Methode einige Erfahrung und etwas Geschick erfordert.

In diesem Abschnitt untersuchen wir Funktionen der Art (1) auf Stetigkeit und Differenzierbarkeit, was beispielsweise für die Diskussion der Fouriertransformierten

$$\hat{f}(x) := \frac{1}{\sqrt{2\pi}} \int_{-\infty}^{\infty} f(t)e^{-ixt}\, dt$$

von grundlegender Bedeutung ist. Abschließend behandeln wir kurz die Gamma- und die Betafunktion.

Sei $f : [a, \infty) \times [\alpha, \beta] \to \mathbb{C}$ eine stetige Funktion. Wir betrachten ein für jedes $x \in [\alpha, \beta]$ konvergentes uneigentliches Integral

$$(2) \qquad\qquad F(x) := \int_{a}^{\infty} f(t, x)dt \,.$$

Definition 1. *Das Integral (2) heißt* **gleichmäßig konvergent** *auf* $[\alpha, \beta]$, *wenn es zu jedem* $\epsilon > 0$ *ein* $K > 0$ *gibt, so daß*

$$(3) \qquad\qquad \Big| \int_{R}^{\infty} f(t, x)\, dt \Big| \;<\; \epsilon \quad \text{für alle } x \in [\alpha, \beta] \text{ und alle } R > K$$

gilt, und gleichmäßig absolut konvergent, *falls es zu jedem* $\epsilon > 0$ *ein* K *mit*

$$(4) \qquad\qquad \int_{R}^{\infty} |f(t, x)|\, dt \;<\; \epsilon \quad \text{für alle } x \in [\alpha, \beta] \text{ und alle } R > K$$

gibt.

Wir haben den folgenden einfachen

Konvergenztest. *Das Integral (2) ist gleichmäßig absolut konvergent auf* $[\alpha, \beta]$, *wenn es Konstanten* $c > 0$, $M > 0$ *und* $\kappa > 1$ *gibt, so daß*

$$(5) \qquad\qquad |f(t, x)| \;\leq\; Mt^{-\kappa} \quad \text{für } t \geq \max\{c, a\}$$

und für alle $x \in [\alpha, \beta]$ gilt.

Proposition 1. *Wenn* f *auf* $[a, \infty) \times [\alpha, \beta]$ *stetig ist und das Integral (2) gleichmäßig auf* $[\alpha, \beta]$ *konvergiert, so ist die durch (2) definierte Funktion* $F : [\alpha, \beta] \to \mathbb{C}$ *gleichmäßig stetig.*

Beweis. Zu vorgegebenem $\epsilon > 0$ wählen wir $R > a$ so groß, daß

$$\Big| \int_{R}^{\infty} f(t, x)dt \Big| \;<\; \epsilon/3 \quad \text{für alle } x \in [\alpha, \beta]$$

gilt. Da $f(t, x)$ auf $[a, R] \times [\alpha, \beta]$ gleichmäßig stetig ist, gibt es ein $\delta > 0$, so daß

$$\left| \int_a^R f(t, x_1)\,dt - \int_a^R f(t, x_2)\,dt \right| < \epsilon/3$$

ist für alle $x_1, x_2 \in [\alpha, \beta]$ mit $|x_1 - x_2| < \delta$. Somit erhalten wir

$|F(x_1) - F(x_2)|$

$$\leq \left| \int_a^R f(t, x_1)\,dt - \int_a^R f(t, x_2)\,dt \right| + \left| \int_R^\infty f(t, x_1)\,dt \right| + \left| \int_R^\infty f(t, x_2)\,dt \right|$$

$$< \epsilon/3 + \epsilon/3 + \epsilon/3 = \epsilon \quad \text{für alle } x_1, x_2 \in [\alpha, \beta] \text{ mit } |x_1 - x_2| < \delta \,.$$

$\square$

Wie delikat dieses Resultat ist, sieht man bereits an der Sprungfunktion

$$s(x) := \begin{cases} 1 & x > 0 \\ 0 & \text{für} \quad x = 0 \\ -1 & x < 0 \end{cases},$$

die sich aufgrund von Eulers Formel als uneigentliches Integral schreiben läßt:

$$s(x) = \frac{2}{\pi} \int_0^\infty \frac{\sin xt}{t}\,dt \,.$$

Proposition 2. *Ist* $f : [a, \infty) \times [\alpha, \beta] \to \mathbb{C}$ *stetig und* $F(x) = \int_a^\infty f(t, x)\,dt$ *gleichmäßig auf* $[\alpha, \beta]$ *konvergent, so gilt*

$$\int_\alpha^\beta F(x)dx = \int_a^\infty \left(\int_\alpha^\beta f(t, x)dx \right) dt \,,$$

d.h.

$$(6) \qquad \int_\alpha^\beta \left(\int_a^\infty f(t, x)dt \right) dx = \int_a^\infty \left(\int_\alpha^\beta f(t, x)dx \right) dt \,.$$

Beweis. Sei

$$\Phi_R(x) := \int_R^\infty f(t, x)\,dt = F(x) - \int_a^R f(t, x)\,dt \,.$$

Wegen der gleichmäßigen Konvergenz des Integrales gibt es eine Funktion $\epsilon : [a, \infty) \to \mathbb{R}$ mit $\lim_{R \to \infty} \epsilon(R) = 0$ und $|\Phi_R(x)| < \epsilon(R)$ für alle $x \in [\alpha, \beta]$. Dann ist

$$\int_\alpha^\beta F(x)dx = \int_\alpha^\beta \left(\int_a^R f(t, x)dt \right) dx + \int_\alpha^\beta \Phi_R(x)dx$$

$$= \int_a^R \left(\int_\alpha^\beta f(t, x)dx \right) dt + \int_\alpha^\beta \Phi_R(x)dx$$

und

$$\left| \int_\alpha^\beta \Phi_R(x)dx \right| \le \int_\alpha^\beta |\Phi_R(x)|dx \le \epsilon(R) \cdot (\beta - \alpha) \,.$$

Für $R \to \infty$ folgt dann

$$\int_\alpha^\beta F(x)dx = \lim_{R \to \infty} \int_a^R \left(\int_\alpha^\beta f(t,x)dx \right) dt \,.$$

□

Bemerkung 1. Bei nichtgleichmäßiger Konvergenz des Integrales (2) ist i.a. die Gleichung (6) nicht richtig (s. Aufgabe 5).

Proposition 3. *Existiert* $f_x(t,x)$ *auf* $[a, \infty) \times [\alpha, \beta]$, *sind ferner* f *und* f_x *stetig und ist* $G(x) := \int_a^\infty f_x(t,x)dt$ *gleichmäßig auf* $[\alpha, \beta]$ *konvergent sowie* $F(x) = \int_a^\infty f(t,x)dt$ *für alle* $x \in [\alpha, \beta]$ *konvergent, so ist* $F \in C^1([\alpha, \beta], \mathbb{C})$, *und es gilt* $F'(x) = G(x)$ *für alle* $x \in [\alpha, \beta]$, *d.h.*

$$(7) \qquad \frac{d}{dx} \int_a^\infty f(t,x)dt = \int_a^\infty f_x(t,x)\,dt \,.$$

Beweis. Für $\xi \in [\alpha, \beta]$ gilt nach Proposition 2

$$\int_\alpha^\xi G(x)dx = \int_a^\infty \left(\int_\alpha^\xi f_x(t,x)dx \right) dt$$

$$= \int_a^\infty [f(t,\xi) - f(t,\alpha)]\,dt = F(\xi) - F(\alpha) \,.$$

Da G auf $[\alpha, \beta]$ stetig ist, folgt $F \in C^1$ und $F' = G$.

□

Die Formel (7) wurde erstmals 1697 von Leibniz (in einem Brief an Johann Bernoulli) angegeben; Euler verwendete sie in vielfältiger Weise. Ob die Differentiation unter dem Integralzeichen erlaubt ist, wurde im 19. Jahrhundert untersucht, zuerst wohl von Cauchy.

[1] **Eulers Γ-Funktion** ist durch

$$(8) \qquad \Gamma(x) := \int_0^\infty t^{x-1} e^{-t}\,dt \qquad \text{für } x > 0$$

definiert. Die Überlegungen aus Band 1, 3.11, [4] zeigen, daß dieses uneigentliche Integral jedenfalls für $x \ge 1$ konvergiert und daß

$$\Gamma(n+1) = n! \qquad \text{für alle } n \in \mathbb{N}$$

gilt. Ist $0 < x < 1$, so hat das Integral auch am linken Randpunkt $t = 0$ eine Singularität, doch ist es wegen $t^{x-1} e^{-t} < t^{x-1}$ für alle $t > 0$ auch in diesem Falle konvergent.

Partielle Integration liefert für $0 < \epsilon < R$

$$\int_{\epsilon}^{R} t^x e^{-t} dt = [-t^x e^{-t}]_{\epsilon}^{R} + x \int_{\epsilon}^{R} t^{x-1} e^{-t} \, dt \, .$$

Mit $\epsilon \to +0$ und $R \to \infty$ folgt

$$(9) \qquad\qquad \Gamma(x+1) = x\,\Gamma(x) \, .$$

Dies ist die Funktionalgleichung der Γ-Funktion. Diese ist **logarithmisch konvex**, d.h. $\log \Gamma(x)$ *ist konvex*. Wir behaupten also, daß

$$(10) \qquad \log \Gamma(\lambda x + (1 - \lambda) y) \leq \lambda \log \Gamma(x) + (1 - \lambda) \log \Gamma(y)$$

für beliebige $x, y > 0$ und für $\lambda \in (0, 1)$ gilt, was gleichbedeutend ist mit

$$(11) \qquad\qquad \Gamma(\lambda x + (1 - \lambda)y) \leq \Gamma^{\lambda}(x)\, \Gamma^{1-\lambda}(y) \, .$$

Dies ergibt sich aus der Hölderschen Ungleichung (vgl. 1.8, [9])

$$\int_{\epsilon}^{R} f g \, dt \leq \left(\int_{\epsilon}^{R} |f|^p dt \right)^{1/p} \left(\int_{\epsilon}^{R} |g|^q dt \right)^{1/q} \, ,$$

angewandt auf $p := 1/\lambda$, $q := 1/(1 - \lambda)$ und

$$f(t) := t^{\frac{x-1}{p}} e^{-\frac{t}{p}} \, , \quad g(t) := t^{\frac{y-1}{q}} e^{-\frac{t}{q}} \, ,$$

wenn wir noch die Grenzübergänge $R \to \infty$ und $\epsilon \to +0$ ausführen.

Es gilt der bemerkenswerte

Satz von Harald Bohr und P.J. Mollerup. *Wenn $F : (0, \infty) \to (0, \infty)$ eine Funktion mit den Eigenschaften*

(i) $F(1) = 1$, (ii) $F(x + 1) = xF(x)$, (iii) F *ist logarithmisch konvex*

bezeichnet, so gilt $F(x) = \Gamma(x)$ für alle $x > 0$.

Beweis. Aus (i) und (ii) folgt $F(n + 1) = n!$ und

$$(12) \qquad F(x + n) = x(x + 1) \ldots (x + n - 1)F(x) \quad \text{für } x > 0 \text{ und } n \in \mathbb{N} \, .$$

Sei $0 < x < 1$ gewählt. Wegen $n + x = (1 - x)n + x(n + 1)$ folgt aus (iii) die Ungleichung

$$F(n + x) \leq F^{1-x}(n) F^x(n + 1) = F^{1-x}(n) F^x(n) n^x = (n - 1)! \, n^x \, .$$

Schreiben wir andererseits $n + 1 = x(n + x) + (1 - x)(n + 1 + x)$, so folgt ebenso

$$n! = F(n + 1) \leq F^x(n + x) F^{1-x}(n + 1 + x) = F(n + x)(n + x)^{1-x} \, .$$

Diese beiden Ungleichungen liefern

$$n! \, (n + x)^{x-1} \leq F(n + x) \leq (n - 1)! \, n^x \qquad \text{für } 0 < x < 1 \, .$$

Setzen wir

$$f_n(x) := \frac{n!\,(n+x)^{x-1}}{x(x+1)\ldots(x+n-1)} \ , \quad g_n(x) := \frac{(n-1)!\,n^x}{x(x+1)\ldots(x+n-1)} \ ,$$

so erhalten wir aus (12): $f_n(x) \le F(x) \le g_n(x)$ für $0 < x < 1$. Wegen

$$\frac{g_n(x)}{f_n(x)} = \frac{(n+x)n^x}{n(n+x)^x} = \frac{(1+x/n)}{(1+x/n)^x} \to 1 \quad \text{für } n \to \infty$$

ergibt sich $\lim_{n\to\infty}\{F(x)/g_n(x)\} = 1$ und daher

(13) $$F(x) = \lim_{n\to\infty} g_n(x) \quad \text{für } 0 < x < 1 \,.$$

Der Grenzwert in (13) hängt nicht von F ab; somit gilt auch

(14) $$\Gamma(x) = \lim_{n\to\infty} g_n(x) \quad \text{für } 0 < x < 1$$

und damit $F(x) = \Gamma(x)$ für alle $x \in (0,1)$. Wegen (ii) und (9) erhalten wir schließlich $F(x) = \Gamma(x)$ für $x > 0$. $\qquad\qquad\square$

In Band 3 werden wir die Γ-Funktion analytisch, d.h. als meromorphe Funktion, in die komplexe Ebene fortsetzen. Jetzt vermerken wir noch die Formel

(15) $$\Gamma(x) = \lim_{n\to\infty} \frac{n!\,n^x}{x(x+1)\ldots(x+n)} \ ,$$

die sich wegen $\frac{x+n}{n} \to 1$ aus (14) ergibt.

2 Eulers Betafunktion:

(16) $$B(x,y) := \int_0^1 t^{x-1}(1-t)^{y-1}\,dt \ , \quad x > 0, \ y > 0 \,.$$

Dieses Integral konvergiert gleichmäßig für $x \ge \epsilon > 0$ und $y \ge \delta > 0$, und es gilt

(17) $$B(x,y) = \frac{\Gamma(x)\Gamma(y)}{\Gamma(x+y)} \ .$$

Beweis. Den Beweis der Formel (17) führen wir auf den Bohr–Mollerupschen Satz zurück. Es gilt nämlich $B(1,y) = 1/y$, und partielle Integration liefert

$$B(x+1,y) = \int_0^1 \left(\frac{t}{1-t}\right)^x (1-t)^{x+y-1}\,dt$$

$$= \frac{x}{x+y} \int_0^1 t^{x-1}(1-t)^{y-1}\,dt = \frac{x}{x+y}\,B(x,y) \,.$$

Weiterhin zeigt die Höldersche Ungleichung, daß $B(x,y)$ für jedes $y > 0$ eine logarithmisch konvexe Funktion von x ist. Da das Produkt logarithmisch konvexer Funktionen wiederum logarithmisch konvex ist, so ist auch

$$F(x) := \frac{\Gamma(x+y)}{\Gamma(y)}\,B(x,y) \,, \quad x > 0 \,,$$

für jedes $y > 0$ eine solche Funktion, und es gilt

$$F(1) = \frac{\Gamma(y+1)}{\Gamma(y)}\,B(1,y) = \frac{y\Gamma(y)}{\Gamma(y)} \cdot \frac{1}{y} = 1$$

sowie

$$F(x+1) \;=\; \frac{\Gamma(x+y+1)}{\Gamma(y)}\,B(x+1,y) \;=\; \frac{(x+y)\Gamma(x+y)}{\Gamma(y)}\,\frac{x}{x+y}\,B(x,y) \;=\; x\,F(x)\,.$$

Also folgt $F(x) \equiv \Gamma(x)$ für $x > 0$, und wir erhalten (17).

$\square$

$\boxed{3}$ Vermöge der Substitution $t = \sin^2\theta$, $0 < \theta < \frac{\pi}{2}$, kann man die Betafunktion in der Form

$$(18) \qquad\qquad B(x,y) \;=\; 2\int_0^{\pi/2} (\sin\theta)^{2x-1}(\cos\theta)^{2y-1}\,d\theta$$

ausdrücken, woraus $B(1/2,1/2) = \pi$ folgt. Andererseits liefert (17) wegen $\Gamma(1) = 1$ die Identität $B(1/2,1/2) = \Gamma^2(1/2)$, und somit erhalten wir die bemerkenswerte Formel

$$(19) \qquad\qquad\qquad \Gamma(1/2) \;=\; \sqrt{\pi}\,.$$

$\boxed{4}$ Setzen wir $t = s^2$ in (8), so entsteht für $\Gamma(x)$ die Darstellung

$$(20) \qquad\qquad \Gamma(x) \;=\; \int_0^\infty 2s^{2x-1}e^{-s^2}\,ds\,, \qquad x > 0\,.$$

Für $x = 1/2$ folgt dann wegen (19)

$$(21) \qquad\qquad\qquad \int_0^\infty e^{-s^2}\,ds \;=\; \frac{1}{2}\sqrt{\pi}$$

und somit

$$(22) \qquad\qquad\qquad \int_{-\infty}^\infty e^{-s^2}\,ds \;=\; \sqrt{\pi}\,.$$

Aufgaben.

1. Man zeige, daß die Integrale

$$F(t) := \int_{-\infty}^\infty e^{-x^2}\cos(xt)\,dx \quad \text{und} \quad G(t) := \int_{-\infty}^\infty xe^{-x^2}\sin(xt)\,dx$$

   gleichmäßig absolut konvergieren für $t \in \mathbb{R}$ und folglich $F'(t) = -G(t)$ gilt.

2. Mittels partieller Integration leite man für F aus Aufgabe 1 die Identität $2G(t) = tF(t)$ und damit die Differentialgleichung $2F'(t) + tF(t) = 0$ sowie $F(t) = \sqrt{\pi}\exp(-t^2/4)$ her (Hinweis: $F(0) = \sqrt{\pi}$).

3. Man berechne $\int_{-\infty}^\infty e^{-x^2}\sin(xt)\,dx$.

4. Bezeichne $\hat{f}(x) := \frac{1}{\sqrt{2\pi}}\int_{-\infty}^\infty e^{-ixt}f(t)dt$ die *Fouriertransformierte* einer Funktion $f \in C^0(\mathbb{R},\mathbb{C})$ mit $\int_{-\infty}^\infty |f(t)|dt < \infty$. Man zeige $f = \hat{f}$ für $f(t) = e^{-t^2/2}$.

5. Man zeige: $\int_0^1\left(\int_0^\infty f(x,y)dy\right)dx \neq \int_0^\infty\left(\int_0^1 f(x,y)dx\right)dy$ für $f(x,y) := (2-xy)xye^{-xy}$.

5   Partielle Ableitungen höherer Ordnung. Potentiale und Integrabilitätsbedingungen

In diesem Abschnitt definieren wir allgemein die partiellen Ableitungen höherer Ordnung und untersuchen die Frage, unter welchen Voraussetzungen sich ein vorgegebenes Vektorfeld $f : \Omega \to \mathbb{R}^n$ als Gradient einer Funktion $u : \Omega \to \mathbb{R}$ schreiben läßt, wobei Ω ein Gebiet in $\mathbb{R}^n$ sei.

Wegen des Schwarzschen Satzes $u_{x_j x_k} = u_{x_k x_j}$ sind hierfür die Integrabilitätsbedingungen

$$\text{(IB)} \qquad \frac{\partial f_j}{\partial x_k} - \frac{\partial f_k}{\partial x_j} = 0$$

notwendig; auf *sternförmigen Gebieten* und allgemeiner auf „*Hydren*" (vgl. Definition 4) sind sie auch hinreichend. Man nennt eine Funktion u mit $f = \operatorname{grad} u$ ein *Potential* des Vektorfeldes f; ein solches ist auf einem Gebiet bis auf eine additive Konstante eindeutig bestimmt. Später werden wir zeigen, daß die Integrabilitätsbedingungen (IB) auf einem *einfach zusammenhängenden Gebiet* hinreichend für die Existenz eines Potentials von f sind.

Besitzt ein Vektorfeld f ein Potential u, so nennt man nach Helmholtz die Funktion $V := -u$ die *potentielle Energie* der durch die Differentialgleichung $\ddot{x} = -u$ beschriebenen Bewegung $x = x(t)$. Die Funktion $T = (1/2)|\dot{x}|^2$ heißt nach Leibniz *kinetische Energie* der Bewegung $x(t)$. Wir zeigen, daß die Gesamtenergie $T + V$ längs einer jeden Lösung von $\ddot{x} = -\operatorname{grad} V(x)$ konstant ist. Dies ist der *Energiesatz*.

Abschließend behandeln wir einige Beispiele *partieller Differentialgleichungen*.

Sei Ω wieder als eine offene Menge in $\mathbb{R}^n$ vorausgesetzt. Wir betrachten Funktionen $f : \Omega \to \mathbb{R}^N$ der Variablen $x = (x_1, x_2, \dots, x_n)$. Wenn f in Ω (d.h. in jedem Punkt von Ω) partiell nach x_k differenziert werden kann, so existiert die partielle Ableitung

$$\frac{\partial f}{\partial x_k}(x) = f_{x_k}(x) = D_k f(x)$$

in jedem Punkt $x \in \Omega$. Damit liefert die Zuordnung $x \mapsto D_k f(x)$ eine Funktion $D_k f : \Omega \to \mathbb{R}^N$. Wenn diese Funktion in Ω nach x_l differenzierbar ist, so bekommen wir die zweite *partielle Ableitung* $D_l D_k f := D_l(D_k f)$. Für diese benutzen wir auch die Symbole $D_l D_k f = \dfrac{\partial^2 f}{\partial x_k \partial x_l} = f_{x_k x_l}$.

Entsprechend bilden wir die *dritten partiellen Ableitungen*

$$D_m D_l D_k f := D_m(D_l D_k f)$$

und schreiben auch $D_m D_l D_k f = \dfrac{\partial^3 f}{\partial x_k \partial x_l \partial x_m} = f_{x_k x_l x_m}$.

So können wir induktiv fortfahren, um die s-ten partiellen Ableitungen

$$D_{i_s} D_{i_{s-1}} \dots D_{i_1} f = \frac{\partial^s f}{\partial x_{i_1} \partial x_{i_2} \dots \partial x_{i_s}} = f x_{i_1 i_2 \dots i_s}$$

zu definieren als

$$D_{i_s} D_{i_{s-1}} \ldots D_{i_1} f := D_{i_s} (D_{i_{s-1}} \ldots D_{i_1} f) \, .$$

Die Jacobimatrix $Df = (\frac{\partial f_j}{\partial x_k})$ nennen wir ja auch die **Ableitung** von $f = (f_1, f_2, \ldots, f_N)$. Entsprechend bezeichnen wir die Gesamtheit aller zweiten partiellen Ableitungen von $f_1, \ldots, f_N$ als die **zweite Ableitung von f** und benutzen hierfür die Symbole

$$D^2 f = \left(\frac{\partial^2 f_j}{\partial x_k \partial x_l} \right) \quad \text{oder} \quad f_{xx} \, ,$$

und das Schema

$$D^s f = \left(\frac{\partial^s f_j}{\partial x_{j_1} \ldots \partial x_{j_s}} \right)$$

aller s-ten partiellen Ableitungen von f heißt **s-te Ableitung von f**. Offenbar können wir $D^s f$ als eine Abbildung $D^s f : \Omega \to \mathbb{R}^{Nn^s}$ von Ω in den euklidischen Raum von $N \cdot n^s$ Dimensionen auffassen. Unter der *nullten Ableitung* $D^0 f$ verstehen wir die Funktion f selbst, setzen also $D^0 := 1$ und $D_j^0 := 1$.

Definition 1. *Wir sagen, $f : \Omega \to \mathbb{R}^N$ sei von der Klasse C^s, $s \in \mathbb{N}_0$, wenn alle Ableitungen $f, Df, \ldots, D^s f$ bis zur Ordnung s auf Ω stetig sind. Symbol: $f \in C^s(\Omega, \mathbb{R}^N)$ und $f \in C^s(\Omega)$, falls $N = 1$ ist.*

Im allgemeinen kommt es, wie wir wissen, bei höheren partiellen Ableitungen $D_{j_s} D_{j_{s-1}} \ldots D_{j_1} f$ auf die Reihenfolge der partiellen Differentiationen D_{j_k} an. Dies ist jedoch nicht der Fall, wenn $f \in C^s(\Omega, \mathbb{R}^N)$ ist, denn aus Satz 3 von 1.3 ergibt sich sofort das folgende Resultat.

Satz 1. *Wenn $f \in C^2(\Omega, \mathbb{R}^N)$ ist, so gilt für beliebige $j, k \in \{1, 2, \ldots, n\}$*

$$(1) \qquad D_j D_k f = D_k D_j f \, .$$

Für höhere Ableitungen gilt Entsprechendes. Dies rechtfertigt, daß wir die *Multiindexnotation* einführen. Ein **Multiindex** $\alpha = (\alpha_1, \ldots, \alpha_n)$ ist ein Element von $\mathbb{N}_0^n$, d.h. $\alpha_j \in \mathbb{N}_0$, $1 \le j \le n$. Unter der *Länge* $|\alpha|$ von α wollen wir die Zahl

$$|\alpha| := \alpha_1 + \alpha_2 + \ldots + \alpha_n$$

(und nicht die euklidische Norm $(\alpha_1^2 + \alpha_2^2 + \ldots + \alpha_n^2)^{1/2}$) verstehen. Dann sei $D^\alpha f$ definiert als

$$(2) \qquad D^\alpha f := (D_1)^{\alpha_1} (D_2)^{\alpha_2} \ldots (D_n)^{\alpha_n} f \, .$$

Dies soll bedeuten, daß f α_1–mal nach x_1, α_2–mal nach x_2, ..., α_n–mal nach x_n differenziert wird, wobei es auf die Reihenfolge der partiellen Differentiationen nicht ankommt, wenn f von der Klasse C^s ist. Sehr bequem ist es daher, in der Klasse $C^\infty(\Omega, \mathbb{R}^N)$ zu arbeiten, die durch

$$C^\infty(\Omega, \mathbb{R}^N) := \bigcap_{s \geq 0} C^s(\Omega, \mathbb{R}^N)$$

definiert ist, denn hier können wir beliebig partiell differenzieren, ohne auf die Ordnung der einzelnen Ableitungen achten zu müssen. Um Schreibarbeit zu sparen, ist gelegentlich die folgende Sprechweise nützlich:

Definition 2. *Eine Abbildung* $f : M \to \mathbb{R}^N$ *einer nichtleeren Menge* M *des* $\mathbb{R}^n$ *heißt von der Klasse* $\boldsymbol{C^s(M, \mathbb{R}^N)}$*bzw.* $\boldsymbol{C^\infty(M, \mathbb{R}^N)}$*, wenn es eine offene Menge* Ω *und eine Funktion* $g \in C^s(\Omega, \mathbb{R}^N)$ *bzw.* $C^\infty(\Omega, \mathbb{R}^N)$ *mit* $M \subset \Omega$ *und* $g|_M = f$ *gibt.*

In analoger Weise sagen wir:

Definition 3. *Eine Abbildung* $f : M \to \mathbb{R}^n$ *einer nichtleeren Menge* M *des* $\mathbb{R}^n$ *heißt* **diffeomorph** *oder* **Diffeomorphismus** *(von* M *auf* $f(M)$*), wenn es eine offene Menge* Ω *in* $\mathbb{R}^n$ *und einen Diffeomorphismus* g *von* Ω *auf* $g(\Omega)$ *gibt, so daß* $M \subset \Omega$ *und* $f(x) = g(x)$ *für alle* $x \in \Omega$ *gilt. Entsprechend heißt* f **Diffemorphismus der Klasse** C^s *bzw.* C^∞*, wenn* g *und* g^{-1} *von der Klasse* C^s *bzw.* C^∞ *sind.*

Diese Definition von $C^1(\Omega \cup S)$ ist einschränkender als die in Definition 1 von 1.3 gegebene. Es läßt sich aber beweisen (s. H. Whitney, *Annals of Mathematics 35*, (1934), S. 485), daß für „gutartig berandete" Gebiete Ω die beiden Definitionen übereinstimmen.

Der *Whitneysche Fortsetzungssatz* zeigt, daß sich eine auf einer abgeschlossenen Menge $M \subset$ $\mathbb{R}^n$ definierte Funktion $f \in C^1(M, \mathbb{R}^N)$ stets zu einer Funktion $g \in C^1(\Omega, \mathbb{R}^N)$ auf einer offenen Menge Ω des $\mathbb{R}^n$ mit $M \subset \mathbb{R}^n$ fortsetzen läßt. Allerdings verlangt dieses Resultat eine etwas modifizierte Definition von „$f \in C^1(M, \mathbb{R}^N)$", s. Giaquinta, Modica, Souček, *Cartesian currents*, Band I, Springer 1998. Für Whitneys Satz verweisen wir auf die Originalarbeit (*Trans. Amer. Mathematical Society 36* (1934), S. 63-89), oder auf H. Federer, *Geometric Measure Theory*, S. 225.

Ist $N = 1$ und $f \in C^2(\Omega)$, so nennt man die $n \times n$-Matrix

$$H_f(x) := f_{xx}(x)D^2 f(x) = (f_{x_j x_k}(x))$$

die **Hessesche Matrix von** f an der Stelle x. Nach Satz 1 ist $H_f(x)$ für jedes $x \in \Omega$ eine symmetrische Matrix.

$\boxed{1}$ Für die quadratische Form $f : \mathbb{R}^n \to \mathbb{R}$,

$$f(x) := \frac{1}{2}\langle x, Ax\rangle = \frac{1}{2}\sum_{j,k=1}^{n} a_{jk}x_j x_k$$

mit der symmetrischen Koeffizientenmatrix $A = (a_{jk})$ ist $H_f = A$.

Korollar 1. *Ist ein Vektorfeld* $f \in C^1(\Omega, \mathbb{R}^n)$ *das Gradientenfeld einer Funktion* $U \in C^2(\Omega)$, *gilt also*

$$(3) \qquad\qquad f = \operatorname{grad} U \, ,$$

so genügen die Komponentenfunktionen $f_1, \dots, f_n$ *von* f *den* **Integrabilitätsbedingungen**

$$(4) \qquad\qquad \frac{\partial f_j}{\partial x_k} - \frac{\partial f_k}{\partial x_j} \;=\; 0 \quad, \quad j, k = 1, \dots, n \, .$$

Für $n = 3$ *sind die Integrabilitätsbedingungen gleichbedeutend mit*

$$(5) \qquad\qquad \operatorname{rot} f = 0 \, , \quad d.h. \quad \nabla \times f = 0 \, .$$

Beweis. Nach Schwarz gilt $U_{x_j x_k} = U_{x_k x_j}$, und (3) ist gleichbedeutend mit $f_j = U_{x_j}$. Hieraus folgt (4).

$\square$

Definition 4. *Eine Funktion* $U \in C^1(\Omega)$ *mit der Eigenschaft* $f = \operatorname{grad} U$ *heißt* **Potentialfunktion** *oder* **Potential des Vektorfeldes** $f \in C^0(\Omega, \mathbb{R}^n)$.

Deuten wir f als Kovektorfeld $\omega = f_1 dx_1 + f_2 dx_2 + \dots + f_n dx_n$ auf Ω, so ist die Eigenschaft (3) gleichbedeutend mit

$$(6) \qquad\qquad \omega = dU \, .$$

Das Potential U eines Vektorfeldes $f : \Omega \to \mathbb{R}^n$ reduziert sich im Fall $n = 1$ auf die Stammfunktion von f.

Nach 1.1, Satz 5 gilt: *Das Potential U eines stetigen Vektorfeldes $f : G \to \mathbb{R}^n$ auf einem Gebiet G des $\mathbb{R}^n$ ist bis auf eine additive Konstante eindeutig bestimmt.*

Anders als im eindimensionalen Fall hat aber nicht jedes stetige Vektorfeld $f : G \to \mathbb{R}^n$ ein Potential. Eine *notwendige Bedingung für die Existenz eines Potentials* ist das Bestehen der Integrabilitätsbedingungen (4). Wir werden später sehen, daß (4) jedoch im allgemeinen nicht hinreicht, um die Existenz eines Potentials zu garantieren. Eine zusammen mit (4) hinreichende Bedingung ist, daß das Gebiet G *einfach zusammenhängt*. Gegenwärtig bescheiden wir uns damit, einige spezielle Klassen von Gebieten anzugeben, auf denen (4) die Existenz eines Potentials garantiert.

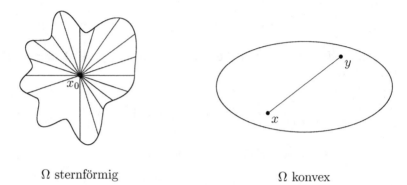

Ω sternförmig Ω konvex

Definition 5.   *(i) Eine offene Menge Ω des $\mathbb{R}^n$ heißt* **sternförmig**, *wenn es einen Punkt $x_0 \in \Omega$ gibt, so daß für jedes $x \in \Omega$ die Strecke*

$$[x_0, x] := \{(1-t)x_0 + tx : \ 0 \le t \le 1\}$$

*in Ω liegt. Genauer sagt man dann, Ω sei bezüglich des Punktes x_0 sternförmig.
(ii) Eine offene Menge Ω des $\mathbb{R}^n$ heißt* **konvex**, *wenn für beliebige $x, y \in \Omega$ das Intervall $[x, y]$ in Ω liegt.*

Insbesondere sind Kugeln $B_r(x_0)$ konvex. Offenbar ist eine konvexe Menge Ω bezüglich jedes ihrer Punkte sternförmig. Weiter sieht man leicht, daß jede konvexe und allgemeiner jede sternförmige offene Menge Ω zusammenhängend und damit ein Gebiet ist.

Satz 2. *Sei Ω ein bezüglich x_0 sternförmiges Gebiet in $\mathbb{R}^n$, und $f \in C^1(\Omega, \mathbb{R}^n)$ erfülle die Integrabilitätsbedingungen (4). Dann besitzt f das Potential*

(7) $$U(x) := \int_0^1 f(x_0 + t(x - x_0)) \cdot (x - x_0)\, dt \ .$$

Beweis. Nach 1.3, Satz 2 ist $U \in C^1(\Omega)$. Mit $h = (h_1, \ldots, h_n) := x - x_0$ gilt

$$U_{x_k}(x) = \frac{\partial}{\partial x_k} \int_0^1 \sum_{j=1}^n f_j(x_0 + th) \cdot h_j \, dt \ = \ \int_0^1 \frac{\partial}{\partial x_k} \left[\sum_{j=1}^n f_j(x_0 + th) \cdot h_j \right] dt \ .$$

Wegen $\dfrac{\partial h_j}{\partial x_k} = \delta_{jk}$ und (4) ergibt sich

$$U_{x_k}(x) = \int_0^1 \left[f_k(x_0 + th) + \sum_{j=1}^n \frac{\partial f_j}{\partial x_k}(x_0 + th)th_j \right] dt$$

$$= \int_0^1 \left[f_k(x_0 + th) + \sum_{j=1}^n t\frac{\partial f_k}{\partial x_j}(x_0 + th)h_j \right] dt$$

$$= \int_0^1 \frac{d}{dt} \left[tf_k(x_0 + th) \right] dt$$

$$= \left[tf_k(x_0 + th) \right]_{t=0}^{t=1} = f_k(x_0 + h) = f_k(x) \,.$$

$\square$

Mit Hilfe dieses Resultates werden wir versuchen, die Existenz von Potentialen auf komplizierteren Gebieten nachzuweisen. Dafür benutzen wir das folgende

Lemma 1. *Sei G die Vereinigung $G_1 \cup G_2$ zweier Gebiete G_1 und G_2, deren Durchschnitt $G_1 \cap G_2$ ein nichtleeres Gebiet ist. Ferner sei $f \in C^0(G, \mathbb{R}^n)$ ein Vektorfeld auf G, das auf G_1 ein Potential $U_1 \in C^1(G_1)$ und auf G_2 ein Potential $U_2 \in C^1(G_2)$ besitzt, und es gelte*

(8) $$U_1(x_0) = U_2(x_0) \text{ für einen Punkt } x_0 \in G_1 \cap G_2 \,.$$

Dann ist

(9) $$U(x) := \left\{ \begin{array}{ll} U_1(x) & \text{für} \quad x \in G_1 \\ U_2(x) & \text{für} \quad x \in G_2 \end{array} \right.$$

ein Potential von f auf G von der Klasse $C^1(G)$.

Beweis. Auf $G_1 \cap G_2$ gilt für $V := U_1 - U_2$ die Gleichung $\nabla V = 0$, und da $G_1 \cap G_2$ zusammenhängend ist, gilt $V(x) \equiv$ const auf $G_1 \cap G_2$. Wegen (8) ist diese Konstante Null, und somit ist $U_1(x) \equiv U_2(x)$ auf $G_1 \cap G_2$. Hieraus folgt die Behauptung des Lemmas.

$\square$

Definition 6. *Ein Gebiet G des $\mathbb{R}^n$ heiße **Hydra**, wenn es sich als Vereinigung endlich oder abzählbar vieler offener sternförmiger Mengen Ω_j , $j = 1, 2, \dots, l$ bzw. ∞, schreiben läßt derart, daß $(\Omega_1 \cup \Omega_2 \cup \dots \cup \Omega_{j-1}) \cap \Omega_j$ für $2 \leq j \leq l$ bzw. ∞ ein nichtleeres Gebiet ist.*

Satz 3. *Auf einer Hydra Ω besitzt jedes Vektorfeld $f \in C^1(\Omega, \mathbb{R}^n)$ ein Potential, sofern es die Integrabilitätsbedingungen (4) erfüllt.*

Beweis. Die Behauptung ergibt sich sofort aus Satz 2 in Verbindung mit Lemma 1 und Definition 6.

$\square$

$\boxed{2}$ Wir betrachten die Newtonsche Gleichung

(10) $$\ddot{x} = f(x)$$

für die Bewegung $x = x(t)$ eines Punktes im Konfigurationsraum $\Omega \subset \mathbb{R}^n$, auf dem ein Kraftfeld $f : \Omega \to \mathbb{R}^n$ gegeben sei. Wir nehmen an, daß f ein Potential

U besitze, also $f = \nabla U$ gilt. Eine solche Kraft heißt **konservativ**. Wir nennen $V(x) := -U(x)$ die **potentielle Energie** des Kraftfeldes f, und $T = \frac{1}{2}|\dot{x}|^2$ heißt **kinetische Energie** der Bewegung $x = x(t)$.

Wir können (10) umschreiben in

$$(11) \qquad\qquad \ddot{x} = -\operatorname{grad} V(x) \, .$$

Multiplizieren wir diese Gleichung skalar mit $\dot{x}$, so folgt

$$0 = \langle \dot{x}, \ddot{x} \rangle + \langle \nabla V(x), \dot{x} \rangle \; = \; \frac{d}{dt}\left[\frac{1}{2}|\dot{x}|^2 + V(x) \right] \, .$$

Damit ergibt sich, daß die *Gesamtenergie* $T + V$ einer Bewegung, die der Gleichung (10) genügt, konstant ist:

$$(12) \qquad\qquad T(t) + V(x(t)) \equiv E \, .$$

$\boxed{3}$ Die *Gravitationskraft*

$$f(x,y,z) = -\frac{c}{r^2} \left(\frac{x}{r}, \frac{y}{r}, \frac{z}{r} \right)$$

in $\mathbb{R}^3 \setminus \{(0,0,0)\}$ hat das Potential $U(x,y,z) = c/r$, $r = \sqrt{x^2 + y^2 + z^2}$, wobei c eine positive Konstante bezeichnet. Die zugeordnete potentielle Energie V ist dann $V(x,y,z) = -c/r$.

Bemerkung 1. Die Bezeichnungen

$$\frac{\partial f}{\partial x} \, , \quad \frac{\partial f}{\partial y} \, , \quad \frac{\partial^2 f}{\partial x^2} \, , \quad \frac{\partial^2 f}{\partial x \partial y} \, , \quad \frac{\partial^2 f}{\partial y^2} \, , \dots$$

für die partielle Ableitung einer Funktion $f(x,y)$ hat C.G.J. Jacobi eingeführt (man vgl. hierzu seine Schrift *De determinantibus functionalibus*, Journal für die reine und angewandte Mathematik Bd. 22 (1841), S. 319–352; Übersetzung ins Deutsche: *Über die Functionaldeterminanten*, herausgeg. von P. Stäckel, Ostwalds Klassiker Nr. 78). Vor Jacobi wurden – beispielsweise von Euler – die Symbole

$$\frac{df}{dx} \, , \quad \frac{df}{dy} \, , \quad \frac{d^2 f}{dx^2} \, , \quad \frac{d^2 f}{dx\,dy} \, , \quad \frac{d^2 f}{dy^2} \, , \; \dots$$

benutzt. Von Cauchy stammen die sehr nützlichen Symbole

$$D_x f, \; D_y f, \; D_x^2 f, \; D_x D_y f, \; D_y^2 f, \dots ,$$

wobei D_x^2 als $D_x D_x$ zu lesen ist; sie bringen den operationellen algebraischen Standpunkt besonders deutlich zum Ausdruck.

In der oben genannten Arbeit hat Jacobi das Hantieren mit Funktionaldeterminanten systematisch entwickelt. Sein Ausgangspunkt waren Untersuchungen über mehrfache Integrale, für die er in den Jahren 1827 bis 1833 geschickte Umformungen zu deren Berechnung vornahm; diese mündeten schließlich 1841 in den allgemeinen Transformationssatz für mehrfache Integrale (vgl. Abschnitt 5.2). Für zweifache Integrale hatte bereits Euler (1744 und 1770) eine solche Transformationsformel zur Behandlung des isoperimetrischen Problems aufgestellt, und

1775 formulierte Lagrange die Transformationsformel für dreifache Integrale, um die Anziehungskräfte eines homogen mit Masse belegten dreidimensionalen Vollellipsoids zu bestimmen. Jacobis Arbeiten über Determinanten und insbesondere Funktionaldeterminanten waren wegweisend und haben diesen ein festes Bürgerrecht in Analysis und Geometrie verschafft; ohne sie ist die mehrdimensionale Analysis nicht mehr denkbar. Zusammen mit Graßmanns *Ausdehnungslehre* (1844 und 1861/62) und Sophus Lies *Kalkül mit Derivationen* (= Differentialoperatoren, ab 1868) bilden sie die Basis einer *Analysis auf Mannigfaltigkeiten* und insbesondere des *Differentialformenkalküls* von E. Cartan.

Bemerkung 2. Es ist dem Leser vermutlich nicht entgangen, daß wir bislang nur die partiellen Ableitungen höherer Ordnung $D^\alpha f = D_1^{\alpha_1} D_2^{\alpha_2} \ldots D_n^{\alpha_n} f$ und ihre Zusammenfassung zum Symbol $D^s f = (D^\alpha f)_{|\alpha|=s}$ betrachtet haben, nicht aber das höherdimensionale Analogon zum Differential $df(x)$ bzw. zur Ableitung $f'(x)$. Dies hat einen guten Grund. Für den Anfänger sind die zur Definition von $f'', f''', \ldots, f^{(s)}$ erforderlichen Begriffe aus der linearen Algebra häufig etwas verwirrend; wir wollen das Erforderliche hier wenigstens skizzieren. Zu diesem Zweck fassen wir eine differenzierbare Abbildung $f : \Omega \to \mathbb{R}^N$ einer offenen Menge Ω des $\mathbb{R}^n$ ins Auge. Dann ist f' als eine Abbildung $f' : \Omega \to L(\mathbb{R}^n, \mathbb{R}^N)$ von Ω in den Vektorraum $L(\mathbb{R}^n, \mathbb{R}^N)$ der linearen Abbildungen aufzufassen, der mit dem euklidischen Raum $\mathbb{R}^{nN}$ identifiziert werden kann. Wollen wir nun die zweite Ableitung f'' von f durch $f'' := (f')'$ definieren, so ist dementsprechend f'' als eine Abbildung

$$f'' : \Omega \to L\big(\mathbb{R}^n, L(\mathbb{R}^n, \mathbb{R}^N)\big)$$

zu verstehen. Andererseits kann man $L\big(\mathbb{R}^n, L(\mathbb{R}^n, \mathbb{R}^N)\big)$ mit dem Vektorraum $L(\mathbb{R}^n, \mathbb{R}^n; \mathbb{R}^N)$ der Bilinearformen auf $\mathbb{R}^n$ mit Werten in $\mathbb{R}^N$ identifizieren, und somit faßt man f'' auch als eine Abbildung $d^2 f : \Omega \to L(\mathbb{R}^n, \mathbb{R}^n; \mathbb{R}^N)$ auf. Diese Abbildung ordnet also jedem $x \in \Omega$ eine „$\mathbb{R}^N$-wertige" Bilinearform $d^2 f(x) \hateq f''(x)$ zu, d.h. jedem Tripel $(x, h, k) \in \Omega \times \mathbb{R}^n \times \mathbb{R}^n$ wird ein Vektor

$$d^2 f(x)(h, k) = \big(f''(x)h\big)k$$

aus $\mathbb{R}^N$ zugeordnet, und man überzeugt sich, daß

$$d^2 f(x)(h, k) = \sum_{i,j} D_i D_j f(x) h_i k_j$$

gilt, wenn $h = (h_1, \ldots, h_n)$, $k = (k_1, \ldots, k_n)$ ist und $D_i D_j f$ die zweiten partiellen Ableitungen von f bezeichnen.

Allgemein ist die s-te Ableitung $f^{(s)} := \big(f^{(s-1)}\big)'$ von f als Abbildung $d^s f$ von Ω in den Vektorraum der $\mathbb{R}^N$-wertigen s-Multilinearformen auf $\mathbb{R}^n$ zu deuten, d.h. $(x, \underbrace{h, k, \ldots, l}_{s}) \in$

$\Omega \times \underbrace{\mathbb{R}^n \times \mathbb{R}^n \times \cdots \times \mathbb{R}^n}_{s\text{-mal}}$ wird ein Vektor

$$d^s f(x)(h, k, \ldots, l) = \Big(\ldots \big((f^{(s)}(x)h)k\big) \ldots \Big) l$$

zugeordnet.

Dies alles ist reichlich mühsam und zudem überflüssig, solange wir uns auf dem elementaren Niveau des vorliegenden Lehrbuchs bewegen. In der nichtlinearen Funktionalanalysis und in der Analysis auf Mannigfaltigkeiten werden derlei Begriffsbildungen aber unentbehrlich.

Bemerkung 3. Gleichungen zwischen den partiellen Ableitungen einer oder mehrerer Funktionen von mehreren Variablen bezeichnet man als *partielle Differentialgleichungen* (im Unterschied zu den *gewöhnlichen Differentialgleichungen*,

wo nur Ableitungen nach einer einzigen Variablen auftreten). Partielle Differentialgleichungen spielen in der Analysis, Geometrie und insbesondere in der Physik
eine fundamentale Rolle, weil sich die meisten Naturgesetze der physikalischen
Welt in die Form von partiellen Differentialgleichungen bringen lassen. Die Theorie dieser Gleichungen kann wegen ihres großen Umfangs nicht in einführenden
Analysisvorlesungen behandelt werden. Wir müssen uns in der Folge mit einigen
wenigen Hinweisen begnügen. An dieser Stelle wollen wir den Leser mit einigen
Beispielen bekannt machen.

$\boxed{4}$ **Die Laplacegleichung** für eine Funktion $u \in C^2(\Omega)$, $\Omega \subset \mathbb{R}^n$, ist die
Gleichung

$$(13) \qquad\qquad u_{x_1 x_1} + u_{x_2 x_2} + \ldots + u_{x_n x_n} = 0 \,.$$

Führen wir den sogenannten **Laplaceoperator** Δ ein durch

$$(14) \qquad \Delta := D_1^2 + D_2^2 + \ldots + D_n^2 = \frac{\partial^2}{\partial x_1^2} + \frac{\partial^2}{\partial x_2^2} + \ldots + \frac{\partial^2}{\partial x_n^2} \,,$$

so schreibt sich (13) in der Form

$$(15) \qquad\qquad\qquad \Delta u = 0 \,.$$

Wir bemerken, daß Δu die *Spur* der Hesseschen Matrix $D^2 u = (u_{x_j x_k})$ ist.

Laplace (1787) entdeckte, daß für $n = 3$ die Funktion $u(x) := \frac{1}{|x|}$ eine Lösung von (15) in
$\Omega := \mathbb{R}^3 \setminus \{0\}$ ist. Allgemeiner rechnet man nach, daß für jeden Punkt $x_0 \in \mathbb{R}^3$ die Funktion
$u(x) := 1/r$ mit $r := |x - x_0|$ eine Lösung von (15) in $\mathbb{R}^3 \setminus \{x_0\}$ ist.

Man prüft ohne weiteres, daß für $n = 2$ die Funktion

$$u(x) := \log \frac{1}{r} \,, \quad r := |x - x_0| \,,$$

und für $n \geq 3$ die Funktion

$$u(x) := \frac{1}{r^{n-2}} \,, \quad r := |x - x_0| \,,$$

die Gleichung (15) in $\mathbb{R}^n \setminus \{x_0\}$ löst. Da die *Gravitationskraft* einer im Punkte $x_0 \in \mathbb{R}^3$ ange-
brachten Punktmasse die Gestalt

$$f(x) = -c \, \frac{x - x_0}{r^3} \qquad \text{mit } r = |x - x_0|$$

hat, wobei c eine geeignete Konstante bezeichnet (Newton, *Philosophiae naturalis principia
mathematica*, 1687), und nach $\boxed{3}$ die Gleichung

$$f(x) = \nabla u(x) \qquad \text{mit} \quad u(x) := \frac{c}{|x - x_0|} \,, \quad x \neq x_0 \,,$$

gilt, so nennt man (15) auch die *Potentialgleichung*. Damit wird angedeutet, daß das Potential der von einem Massenpunkt ausgeübten Anziehungskraft der Gleichung (15) genügt.
Allgemeiner erfüllt das *Newtonsche Potential*

$$u(x) = \int_\Omega \frac{\mu(z)}{|z - x|} \, dz$$

eine „Massenbelegung" des Körpers $\Omega \subset \mathbb{R}^3$ mit der Dichte $\mu(z)$ in $\mathbb{R}^3 \setminus \overline{\Omega}$ die Potentialgleichung (vgl. 5.3 und 5.4).

Definition 7. *Eine Funktion $u \in C^2(\Omega)$ heißt genau dann (in Ω)* **harmonisch**, *wenn $\Delta u = 0$ in Ω gilt.*

Diese Bezeichnung scheint auf Thomson (Lord Kelvin) und Tait zurückzugehen.

5 Die Wellengleichung

$$(16) \qquad\qquad c^{-2} u_{tt} - \Delta u = 0$$

für eine vom Ort $x \in \Omega \subset \mathbb{R}^n$ und von der Zeit t abhängende Funktion $u(x, t)$ tritt, wie d'Alembert (1747) bemerkt hat, bei Schwingungsphänomenen auf.

Bezeichnen $f : \mathbb{R} \to \mathbb{R}$ eine beliebige Funktion der Klasse C^2 und a einen Einheitsvektor des $\mathbb{R}^n$, so ist

$$(17) \qquad\qquad u(x, t) := f(a \cdot x - ct), \quad x \in \mathbb{R}^n,$$

eine Lösung von (16). Diese spezielle Lösung wird als *ebene Welle* bezeichnet, die mit der Geschwindigkeit c in Richtung von a läuft.

6 Bei der *Wärmeausbreitung* spielt die **Wärmeleitungsgleichung**

$$(18) \qquad\qquad u_t - \Delta u = 0$$

für Funktionen $u(x, t)$ eine Rolle. Sie ist erstmals von Charles Fourier eingehend studiert worden, der zu diesem Zwecke die heute nach ihm benannte *Theorie der Fourierreihen und Fourierintegrale* schuf.

7 Eine komplexe Variante der Wärmeleitungsgleichung ist die **Schrödingergleichung** der Quantenmechanik (1924), der eine jede Wellenfunktion $\psi \in C^2(\Omega \times \mathbb{R}, \mathbb{C})$ eines quantenmechanischen Systems genügt. Sie lautet

$$(19) \qquad\qquad \frac{ih}{2\pi} \psi_t = H\psi$$

wobei H den *Hamiltonoperator* des Systems bezeichnet, etwa $H = -\Delta + V(x)$ mit einem „Potential $V(x)$", wobei Δ durch (14) gegeben ist und die Wellenfunktion $\psi(x, t)$ vom Ort x und der Zeit t abhängt.

8 Die **Eulergleichung** für das Geschwindigkeitsfeld $v(x, t) = (v_1(x, t), v_2(x, t), v_3(x, t))$ einer *perfekten Flüssigkeit* (d.h. ohne innere Reibung) lautet

$$(20) \qquad\qquad v_t + v \cdot \nabla v = f - \frac{1}{\rho} \nabla p.$$

Hierbei ist $p(x, t)$ der Flüssigkeitsdruck, $\rho(x, t)$ die Dichte und $f(x, t)$ das Feld der (Einheits-)Kräfte, die auf die Flüssigkeit wirken. Zu (20) kommt noch die **Kontinuitätsgleichung**

$$(21) \qquad\qquad \rho_t + \operatorname{div}(\rho v) = 0$$

hinzu, die sich bei inkompressiblen Flüssigkeiten auf die Gleichung

$$(22) \qquad\qquad \operatorname{div} v = 0$$

reduziert. In (20) ist der Vektor $v \cdot \nabla v$ zu interpretieren als $(v \cdot \nabla)v$, d.h. als

$$\left(\sum_{j=1}^{3} v_j D_j v_1 \,, \ \sum_{j=1}^{3} v_j D_j v_2 \,, \ \sum_{j=1}^{3} v_j D_j v_3 \right) \ .$$

Diese Gleichungen hat Euler in seiner Arbeit *Principes généraux du mouvements des fluides* (Mémoires de l'Academie Royale des Sciences Berlin, Bd. 11 (1755), 274–315 (1757) aufgestellt.

Die Gleichung (20) beschreibt aber eine zähe (viskose) Flüssigkeit nicht korrekt. Der französische Ingenieur C.L.M.H. Navier erkannte 1822, daß in (20) ein weiterer Term hinzuzufügen ist, der die innere Reibung der Flüssigkeit berücksichtigt. Damit geht (20) in die sogenannten **Navier–Stokesschen Gleichungen**

$$(23) \qquad v_t + v \cdot \nabla v - \frac{\mu}{\rho}\,\Delta v \ = \ f - \frac{1}{\rho}\,\nabla p \,, \ (\mu = \text{Reibungskoeffizient}) \ ,$$

über, die G.G. Stokes 1845 in England bekannt machte.

$\boxed{9}$ Die **Maxwellschen Gleichungen** der Elektrodynamik lauten

$$(24) \qquad \dot{B} = -\text{rot}\,E \,, \quad \dot{D} + J = \text{rot}\,H \ .$$

Hierbei sind die im allgemeinen orts- und zeitabhängigen Vektorfelder B, H, D, E, J (in dieser Reihenfolge) die *magnetische Induktion*, die *magnetische Feldstärke*, die *dielektrische Verschiebung*, die *elektrische Feldstärke* und der *spezifische elektrische Strom*. Zu den Gleichungen (24) treten die Zusatzbedingungen

$$(25) \qquad \text{div}\,B \ = \ 0 \,, \quad \text{div}\,D \ = \ \rho \ .$$

Die skalare Größe ρ ist die *Ladungsdichte*.

Zu (24) und (25) kommen weitere Beziehungen, die nur im Vakuum exakt gelten (mit $\epsilon = \epsilon_0$, $\mu = \mu_0$, $\sigma = 0$) und in anderen Medien meist nur als Näherungen benutzt werden, nämlich

$$(26) \qquad D \ = \ \epsilon E \,, \quad B \ = \ \mu H \,, \quad J \ = \ \sigma E \ .$$

Hier bezeichnen ϵ, μ, σ elektromagnetische *Materialkonstanten*, nämlich die *Dielektrizitätskonstante*, die *Permeabilitätskonstante* und die *elektrische Leitfähigkeit*. Die Gleichung $J = \sigma E$ ist das *Ohmsche Gesetz* in „differentieller" Form.

Die linearen Beziehungen (26) müssen vielfach durch wesentlich kompliziertere „funktionale Beziehungen" ersetzt werden, so etwa bei den Ferromagnetica, wo $B = \mu H$ durch eine Gleichung der Form $B = B(H)$ zu ersetzen ist, wobei $B(H)$ neben H auch noch von anderen Größen (Temperatur, Druck, Frequenz, ...) und überdies von der Vorgeschichte abhängt.

Denken wir uns (in ruhenden Medien) die Größen ϵ, μ, σ als von t unabhängig, so gehen die Gleichungen (24) über in

$$(27) \qquad \mu\dot{H} \ = \ -\text{rot}\,E \,, \quad \epsilon\dot{E} + \sigma E \ = \ \text{rot}\,H \ .$$

Dazu treten die Zusatzbedingungen

$$(28) \qquad \text{div}\,(\mu H) \ = \ 0 \,, \qquad \text{div}\,(\epsilon\dot{E} + \sigma E) \ = \ 0 \,,$$

wobei erstere aus $\text{div}\,B = 0$ und letztere wegen $\text{div}\,\text{rot}\,H = 0$ aus $\epsilon\dot{E} + \sigma E = \text{rot}\,H$ folgt.

Die Gleichung $\dot{B} = -\text{rot}\,E$ ist das *Faradaysche Induktionsgesetz*, während die Gleichung $J = \text{rot}\,H$ das Ampéresche Gesetz der „Magnetostatik" ist. In Verbindung mit der Gleichung $\text{div}\,B = 0$, die ausdrückt, daß es keine freien magnetischen Ladungen gibt, folgt $\text{div}\,J = 0$. Andererseits sollte auch die *Kontinuitätsgleichung*

$$(29) \qquad \dot{\rho} + \text{div}\,J \ = \ 0$$

erfüllt sein, denn es ist ein Grundgesetz der klassischen Physik, daß Ladungen nicht vernichtet oder neu geschaffen werden können. Strom ist aber Ladungsfluß, und nach dem Gaußschen Integralsatz (vgl. Abschnitt 6.3) bedeutet „Erhaltung der Ladung" gerade die Gleichung (29). Also bedeutet div $J = 0$ gerade $\dot{\rho} = 0$, und somit ist Magnetostatik bloß eine Approximation, die dann ungefähr gültig ist, wenn sich größere Ladungsmengen bewegen und wir einen annähernd stationären Fluß von Ladungen haben. Verlangen wir also (29) als Folgerung aus Ladungserhaltung und „Bilanzmathematik", so muß die Ampèresche Gleichung rot $H = J$ abgeändert werden. Zu diesem Zweck hat Maxwell zum Strom J den sogenannten *Verschiebungsstrom* $\dot{D}$ hinzugefügt und die Ampèresche Gleichung in $\dot{D} + J = $ rot H abgeändert. Dann folgt in der Tat (29), denn es gilt

$$0 = \operatorname{div} \operatorname{rot} H = \operatorname{div} \dot{D} + \operatorname{div} J = (\operatorname{div} D)^{\cdot} + \operatorname{div} J = \dot{\rho} + \operatorname{div} J .$$

Die Gleichung div $B = 0$ erlaubt es uns, die Induktion B mit Hilfe eines **Vektorpotentials** A in der Form

(30) $$B = \operatorname{rot} A$$

zu schreiben, jedenfalls auf einfach gestalteten Gebieten (vgl. 6.4, Propositionen 1–3). Im Vakuum gilt

(31) $$\epsilon = \epsilon_0 = \text{const} , \qquad \mu = \mu_0 = \text{const}$$

und

(32) $$c := \frac{1}{\sqrt{\epsilon_0 \mu_0}} = \text{Lichtgeschwindigkeit} .$$

Aus der Gleichung $\dot{B} = -$rot E folgt dann rot $(E + \dot{A}) = 0$. Also ist $E + \dot{A}$ (auf einem einfach zusammenhängenden Gebiet) Gradient einer Funktion $-\phi$, und wir erhalten

(33) $$E = -\nabla\phi - \dot{A} .$$

Die Lösung der Maxwellschen Gleichung wird also durch ϕ und A beschrieben, d.h. durch vier skalare Funktionen ϕ, A_1, A_2, A_3, wenn A_j die j-te Komponente von A bezeichnet.

Nun wollen wir Gleichungen für ϕ und A aufstellen. Die Maxwellschen Gleichungen lauten jetzt

(34) $$\dot{B} = -\operatorname{rot} E , \qquad c^{-2}\dot{E} + \mu_0 J = \operatorname{rot} B ,$$

und ferner haben wir

(35) $$\operatorname{div} E = \rho/\epsilon_0 , \quad \operatorname{div} B = 0 , \quad \dot{\rho} + \operatorname{div} J = 0 .$$

Hieraus folgt zunächst

(36) $$-\frac{1}{c^2}(\ddot{A} + \nabla\dot{\phi}) + \mu_0 J = \operatorname{rot} \operatorname{rot} A .$$

Weiterhin gilt für $A \in C^2$ die Identität rot rot $A = -\Delta A + $ grad div A. Somit folgt

(37) $$\Delta A - \frac{1}{c^2}\ddot{A} + \mu_0 J = \operatorname{grad}\left(\operatorname{div} A + \frac{1}{c^2}\dot{\phi}\right) .$$

Wir denken uns das Vektorpotential A so gewählt, daß die *Eichbedingung*

(38) $$\operatorname{div} A + \frac{1}{c^2}\dot{\phi} = 0$$

erfüllt ist. Dann ist (37) und folglich auch (36) gleichbedeutend mit

(39) $$\frac{1}{c^2}A_{tt} - \Delta A = \mu_0 J .$$

Aus div $E = \rho/\epsilon_0$ und $E = -\nabla\phi - \dot{A}$ folgt

(40) $$\Delta\phi + \operatorname{div} \dot{A} = -\rho/\epsilon_0 ,$$

und umgekehrt ergibt sich hieraus wegen $E = -\nabla\phi - \dot{A}$ die Gleichung div $E = \rho/\epsilon_0$, während div $B = 0$ aus $B = \operatorname{rot} A$ folgt. Ferner führt (36) zusammen mit $E = -\nabla\phi - \dot{A}$ zurück zu den Gleichungen (34). Schließlich ist (40) wegen (38) äquivalent zu

$$(41) \qquad\qquad \frac{1}{c^2}\,\phi_{tt} - \Delta\phi = \rho/\epsilon_0 \,.$$

Bestimmen wir also Lösungen A, ϕ von

$$(42) \qquad\qquad c^{-2}A_{tt} - \Delta A = \mu_0 J \,, \quad c^{-2}\phi_{tt} - \Delta\phi = \rho/\epsilon_0 \,,$$

die miteinander durch die *Eichbedingung* (38) verknüpft sind, so liefern

$$(E, B) = (-\nabla\phi - \dot{A}, \ \operatorname{rot} A)$$

Lösungen der Maxwellschen Gleichungen (34) & (35).

Wird nun div auf die erste und $c^{-2}D_t$ auf die zweite Gleichung von (42) angewendet, so folgt für

$$(43) \qquad\qquad \Psi := \operatorname{div} A + c^{-2}\dot{\phi}$$

die Beziehung

$$c^{-2}\Psi_{tt} - \Delta\Psi = \mu_0 \cdot (\dot{\rho} + \operatorname{div} J) \,,$$

und wegen der Kontinuitätsgleichung $\dot{\rho} + \operatorname{div} J = 0$ ergibt sich

$$(44) \qquad\qquad c^{-2}\Psi_{tt} - \Delta\Psi = 0 \,.$$

Die an A, ϕ zu stellenden Nebenbedingungen (Rand- und Anfangswertbedingungen) führen zu Nebenbedingungen für Ψ, die in gewissen Fällen sichern, daß die zugehörigen Lösungen von (44) *automatisch* die gewünschte Gestalt von Ψ liefern.

Übrigens besteht noch eine gewisse Freiheit in der Wahl von A und ϕ. Wir vermerken zunächst, daß wir das Vektorpotential A durch ein beliebiges Gradientenfeld ∇f einer skalaren Funktion abändern dürfen; das Potential $A^* := A + \nabla f$ erfüllt dann ebenfalls $B = \operatorname{rot} A^*$. Wird nun noch ϕ durch $\phi^* := \phi - \dot{f}$ ersetzt, so folgt $E = -\nabla\phi^* - \dot{A}^*$, d.h. (33) bleibt erhalten. Also zerstört die *Eichtransformation*

$$(A, \phi) \mapsto (A^*, \phi^*) = (A + \nabla f, \ \phi - \dot{f})$$

bei beliebiger Wahl von $f \in C^2$ nicht die grundlegenden Gleichungen (30) und (33). Wir können also ebensogut mit A^*, ϕ^* wie mit A, ϕ operieren. Setzen wir

$$\Psi^* := \operatorname{div} A^* + c^{-2}\phi^* \,,$$

so folgt

$$\Psi = \Psi^* + [c^{-2}\ddot{f} - \Delta f] \,.$$

Um $\Psi^* = 0$ zu erreichen, müssen wir f als Lösung der Gleichung $c^{-2}\ddot{f} - \Delta f = \Psi$ bestimmen; dann können wir von vornherein annehmen, daß die Eichbedingung (38) erfüllt ist.

Wenn ρ und J beide Null sind, so ergeben sich aus (39) und (41) die beiden Gleichungen

$$\frac{1}{c^2}A_{tt} - \Delta A = 0 \,, \qquad \frac{1}{c^2}\phi_{tt} - \Delta\phi = 0 \,.$$

Somit erfüllen A_1, A_2, A_3, ϕ die skalare Wellengleichung (16). Von hier aus gelangt man zur Theorie elektromagnetischer Schwingungen, deren physische Existenz Heinrich Hertz (1888) als erster nachgewiesen hat.

Für weitere Beispiele partieller Differentialgleichungen und eine gute Einführung in die Theorie dieser Gleichungen verweisen wir auf L.C. Evans, *Partial differential equations*, American Mathematical Society, Graduate Studies in Math., Vol. 19, 1988.

Aufgaben.

1. Eine C^2–Lösung u von $\Delta u = 0$ in $\mathbb{R}^3 \setminus \{0\}$ ist genau dann rotationssymmetrisch bezüglich des Punktes 0 (d.h. $u(x,y,z) = \varphi(r)$ mit $r = \sqrt{x^2+y^2+z^2}$ und $\varphi \in C^2(\mathbb{R}^+)$, $\mathbb{R}^+ := (0,\infty)$), wenn sie von der Form $u(x,y,z) = \frac{a}{r} + b$ mit Konstanten $a, b \in \mathbb{R}$ ist. Beweis?

2. Ersetzt man $\mathbb{R}^3 \setminus \{0\}$ in Aufgabe 1 durch $\mathbb{R}^n \setminus \{0\}$, so haben die bezüglich des Ursprungs rotationssymmetrischen Lösungen u von $\Delta u = 0$ die Form $u(x) = ar^{2-n} + b$ für $n > 2$ bzw. $u(x) = a \log \frac{1}{r} + b$ für $n = 2$, $r = |x|$, $x \in \mathbb{R}^n \setminus \{0\}$.

3. Zu beweisen ist, daß für beliebige Funktionen $f, g \in C^2(\mathbb{R})$ durch $u(x,t) := f(x - ct) + g(x + ct)$ eine C^2–Lösung der Wellengleichung $c^{-2}u_{tt} = u_{xx}$ in $\mathbb{R}^2$ definiert wird, und daß für beliebige $a, b \in S^{n-1}$ die Funktion

$$u(x,t) := f(a \cdot x - ct) + g(b \cdot x + ct)$$

eine C^2–Lösung der *n–dimensionalen Wellengleichung*

$$(*) \qquad \frac{1}{c^2} u_{tt} = \Delta u \quad \text{in } \mathbb{R}^{n+1} = \mathbb{R}^n \times \mathbb{R}$$

liefert. Hier ist $c > 0$ eine Konstante, und Δ bezeichnet den Laplaceoperator $D_1^2 + \cdots + D_n^2$ auf $\mathbb{R}^n$. Warum nennt man diese Lösungen *ebene Wellen*?

4. Für beliebige $f \in C^2(\mathbb{R})$ und $x \in \mathbb{R}^3 \setminus \{x_0\}$, $r := |x - x_0|$, $c > 0$ definiert

$$u(t,x) := \frac{1}{r} \big[f(t - r/c) + g(t + r/c) \big]$$

eine Lösung (wo?) der dreidimensionalen Wellengleichung $(*)$. Beweis? Warum nennt man diese Lösungen Kugelwellen?

5. Man beweise, daß die auf $\mathbb{R} \times \mathbb{R}^+$ definierte Funktion

$$k(x,t) = \frac{1}{\sqrt{4\pi t}} \exp\left(-\frac{x^2}{4t} \right) \ , \ x \in \mathbb{R} \ , \ t > 0$$

der *eindimensionalen Wärmeleitungsgleichung* $k_t = k_{xx}$ genügt.

6. Sei $f \in C_c^0(\mathbb{R})$ (d.h. $f \in C^0(\mathbb{R})$ und $f(y) = 0$ für $|y| \gg 1$) und bezeichne $k(x,t)$ den *Wärmeleitungskern* aus Aufgabe 5. Dann wird durch

$$u(x,t) := \int_{-\infty}^{\infty} k(x - y, t) f(y) \, dy \ , \ t > 0 \ , \ x \in \mathbb{R}$$

eine C^2–Lösung von $u_t = u_{xx}$ in $\mathbb{R} \times \mathbb{R}^+$ definiert. Beweis? Man zeige ferner, daß sich $u(x,t)$ zu einer stetigen Funktion auf $\mathbb{R} \times [0, \infty)$ fortsetzen läßt derart, daß $u(x,t) \to f(x_0)$ für $(x,t) \to (x_0, 0)$ gilt. (Hinweis: $\int_{-\infty}^{\infty} e^{-x^2} dx = \sqrt{\pi}$.)

7. Sei $u \in C^2(\Omega)$ harmonisch und $f \in C^2(I)$ mit $f'' \geq 0$ und $u(\Omega) \subset I$ (= verallgemeinertes Intervall in $\mathbb{R}$). Dann ist $v := f \circ u$ **subharmonisch** in Ω, d.h. es gilt $\Delta v \geq 0$. (Gilt statt dessen $f'' \leq 0$, so folgt $\Delta v \leq 0$, d.h. v ist **superharmonisch**.) Beweis?

8. Die Funktion $v = f \circ u$ in Aufgabe 7 erfüllt auch dann $\Delta v \geq 0$, wenn nur $\Delta u \geq 0$ gilt und zudem $f' \geq 0$ und $f'' \geq 0$ vorausgesetzt wird. Beweis?

9. Warum gilt $\operatorname{rot} \operatorname{grad} u = 0$ für jedes $u \in C^2(\Omega)$?

10. Zu zeigen ist, daß jedes Vektorfeld $v \in C^2(\Omega, \mathbb{R}^3)$ auf $\Omega \subset \mathbb{R}^3$ der Gleichung $\operatorname{div} \operatorname{rot} v = 0$ genügt.

11. Sei $\phi \in C^2(\Omega, \mathbb{R}^N)$ harmonisch in $\Omega \subset \mathbb{R}^n$, d.h. es gelte $\Delta \phi_j = 0$ für jede Komponente von $\phi = (\phi_1, \ldots, \phi_N)$. Dann ist $u = f \circ \phi$ subharmonisch in Ω für jede Funktion $f \in C^2(U)$ mit $\phi(\Omega) \subset U \subset \mathbb{R}^N$ und $H_f \geq 0$. Beweis?

12. Sei $f : \mathbb{R}^n \to \mathbb{R}$ ein harmonisches und homogenes Polynom vom Grad l. Dann ist $u(x) := (2n + 4l)^{-1}(|x|^2 - 1)f(x)$ Lösung der Randwertaufgabe

$$\Delta u = f \text{ in } B_1(0), \ u = 0 \text{ auf } \partial B_1(0), \ B_1(0) := \{x \in \mathbb{R}^n : |x| < 1\} \ .$$

6 Taylorformel für Funktionen mehrerer Variabler

Wir wollen uns nun der Taylorformel für Funktionen mehrerer Variabler zuwenden. Um sie möglichst ökonomisch zu formulieren, benutzen wir die von Laurent Schwartz eingeführte Schreibweise mittels *Multiindizes* $\alpha = (\alpha_1, \dots, \alpha_n) \in \mathbb{N}_0^n$, d.h. $\alpha_j \in \mathbb{N}_0$. Wir führen die folgenden Bezeichnungen ein:

$$|\alpha| = \alpha_1 + \alpha_2 + \dots + \alpha_n \ , \quad \alpha! = \alpha_1! \alpha_2! \dots \alpha_n! \ ,$$

$$x^\alpha = x_1^{\alpha_1} x_2^{\alpha_2} \dots x_n^{\alpha_n} \ , \quad D^\alpha f = D_1^{\alpha_1} D_2^{\alpha_2} \dots D_n^{\alpha_n} f \ ,$$

falls $x = (x_1, \dots, x_n)$ ist. Weiterhin bezeichne Ω stets eine offene Menge des $\mathbb{R}^n$. Wir betrachten zwei Punkte x_0 und $x = x_0 + h$ aus Ω derart, daß die Verbindungsstrecke $[x_0, x] = \{x_0 + th : 0 \le t \le 1\}$ in Ω liegt, sowie eine Funktion $f \in C^s(\Omega, \mathbb{R}^N)$ und bilden $\phi \in C^s(I, \mathbb{R}^N)$ mit $I = [0, 1]$ als

$$\phi(t) := f(x_0 + th) \ , \ t \in I \ .$$

Dann folgt durch Induktion nach k:

$$(1) \qquad \phi^{(k)}(t) = \sum_{j_1, \dots, j_k = 1}^{n} D_{j_k} \dots D_{j_1} f(x_0 + th) h_{j_1} \dots h_{k_k} \ ,$$

wenn $h = (h_1, \dots, h_n)$ und $1 \le k \le s$ ist. Nun betrachten wir irgendein k-Tupel von Indizes $j_1, \dots, j_k$ und nehmen an, daß unter ihnen der Index 1 gerade α_1–mal, der Index 2 genau α_2–mal und schließlich der Index n genau α_n–mal vorkommt, also $|\alpha| = k$ für $\alpha = (\alpha_1, \dots, \alpha_n)$. Eine wohlbekannte Formel der Kombinatorik besagt, daß es genau $\frac{k!}{\alpha_1! \alpha_2! \dots \alpha_n!}$ k-Tupel $(j_1, j, \dots, j_k)$ von Zahlen $j_1, \dots, j_k$ mit $1 \le j_\nu \le n$ gibt, bei denen die Zahlen 1 bzw. 2 ... bzw. n genau α_1–mal bzw. α_2–mal ... bzw. α_n–mal vorkommen. Damit ergibt sich die Formel

$$(2) \quad \phi^{(k)}(t) = \sum_{\alpha_1 + \dots + \alpha_n = k} \frac{k!}{\alpha_1! \dots \alpha_n!} \, D_1^{\alpha_1} \dots D_n^{\alpha_n} f(x_0 + th) h_1^{\alpha_1} \dots h_n^{\alpha_n} \ .$$

Hierfür können wir

$$(3) \qquad \frac{1}{k!} \phi^{(k)}(t) \ = \ \sum_{|\alpha| = k} \frac{1}{\alpha!} D^\alpha f(x_0 + th) h^\alpha$$

schreiben. Die Summe in dieser Formel ist über alle Multiindizes $\alpha = (\alpha_1, \dots, \alpha_n)$ der Länge k zu erstrecken.

Mittels Lemma 1 aus 3.13 von Band 1 erhalten wir nun die **Taylorformel für Funktionen mehrerer Variabler:**

Satz 1. *Ist* $f \in C^{s+1}(\Omega, \mathbb{R}^N)$ *und liegt die Verbindungsstrecke* $[x_0, x]$ *zweier Punkte* x_0, $x = x_0 + h \in \Omega$ *in* Ω, *so gilt*

$$(4) \qquad f(x) = p_s(x) + R_s(x - x_0)$$

wobei $p_s(x)$ *das* s-*te* **Taylorpolynom zum Entwicklungspunkt** x_0 *bezeichnet, nämlich*

$$(5) \qquad p_s(x) := \sum_{|\alpha| \le s} \frac{1}{\alpha!} \, D^\alpha f(x_0)(x - x_0)^\alpha \, ,$$

und das zugehörige **Restglied** $R_s(h)$ *die Form*

$$(6) \qquad R_s(h) = \int_0^1 (s+1)(1-t)^s \left\{ \sum_{|\alpha| = s+1} \frac{1}{\alpha!} \, D^\alpha f(x_0 + th) h^\alpha \right\} dt$$

hat.

Setzen wir $N = 1$ und wenden auf das Integral der rechten Seite den verallgemeinerten Mittelwertsatz der Integralrechnung an, so ergibt sich

Korollar 1. (Lagrangesche Restgliedformel). *Für* $N = 1$ *läßt sich das Restglied* $R_s(h)$ *in Satz 1 als*

$$(7) \qquad R_s(h) = \sum_{|\alpha| = s+1} \frac{1}{\alpha!} \, D^\alpha f(x_0 + \theta h) h^\alpha$$

schreiben, wobei θ *eine geeignete Zahl mit* $0 < \theta < 1$ *bezeichnet.*

Die Taylorsche Entwicklung (für $n = N = 1$) findet sich in Brook Taylors *Methodus incrementorum directa et inversa* (1715); in etwas anderer Form wurde sie bereits von Johann Bernoulli (*Acta Eruditorum* 1794, S. 437-441; vgl. auch *Opera Omnia* I, S. 125-128) angegeben. Sowohl Taylor als auch Bernoulli formulierten die Entwicklung in Form einer Reihe, ohne Konvergenzbetrachtungen. Taylorformeln mit Restglied für $n = 1$ stammen von d'Alembert, Lagrange, Laplace, Cauchy, u.a.; für $n = 2$ finden sie sich bei Lagrange (1797) und Cauchy (1729) und für beliebiges n bei Ampére (1727).

Korollar 2. *Für* $s = 1$ *und* $N = 1$ *erhalten wir die Taylorformel*

$$(8) \qquad f(x_0 + h) = f(x_0) + \sum_{j=1}^n f_{x_j}(x_0) h_j + \frac{1}{2} \sum_{j,k=1}^n f_{x_j x_k}(x_0 + \theta h) h_j h_k \ .$$

Beweis. Aus Satz 1 folgt für $s = 1$, daß $f(x) = p_1(x) + R_1(x)$ ist mit

$$p_1(x) = \sum_{|\alpha| \le 1} \frac{1}{\alpha!} \, D^\alpha f(x_0)(x - x_0)^\alpha \, ,$$

und nach Korollar 1 gibt es zu $x = x_0 + h$ ein $\theta \in (0,1)$, so daß

$$R_1(h) = \sum_{|\alpha|=2} \frac{1}{\alpha!} D^\alpha f(x_0 + \theta h) h^\alpha$$

ist. Für $|\alpha| = 0$ ist $\alpha = (0, 0, \ldots, 0)$, also $\alpha! = 1$ und

$$\frac{1}{\alpha!} \, D^\alpha f(x_0)(x - x_0)^\alpha \ = \ f(x_0) \,,$$

und für $|\alpha| = 1$ sind α die Multiindizes $(0, \ldots, 0, 1, 0, \ldots, 0)$ mit $\alpha_j = 1$ und $\alpha_k = 0$ für $k \neq j$, also $\alpha! = 1$ und $D^\alpha f(x_0) = D_j f(x_0)$, $h^\alpha = h_j$, folglich

$$\frac{1}{\alpha!} \, D^\alpha f(x_0)(x - x_0)^\alpha = D_j f(x_0) h_j \,.$$

Also gilt

$$p_1(x) = f(x_0) \ + \ \sum_{j=1}^{n} D_j f(x_0) h_j \,.$$

Für $|\alpha| = 2$ ist α entweder von der Form $\alpha = (0, \ldots, 0, 2, 0, \ldots, 0)$ mit $\alpha_j = 2$, $\alpha_k = 0$ für $k \neq j$, oder von der Form $\alpha = (0, \ldots, 0, 1, 0, \ldots, 0, 1, 0, \ldots, 0)$ mit $\alpha_j = \alpha_k = 1$, $j \neq k$, und $\alpha_l = 0$ für $l \neq j, k$. Im ersten Fall ist $\alpha! = 2$ und daher

$$\frac{1}{\alpha!} \, D^\alpha f(x_0 + \theta h) h^\alpha = \frac{1}{2} \, D_j D_j f(x_0 + \theta h) h_j^2 \,.$$

Im zweiten Fall ist $\alpha! = 1$ und folglich

$$\frac{1}{\alpha!} D^\alpha f(x_0 + \theta h) h^\alpha = D_j D_k f(x_0 + \theta h) h_j h_k$$

$$= \frac{1}{2} [D_j D_k f(x_0 + \theta h) h_j h_k + D_k D_j f(x_0 + \theta h) h_k h_j] \,.$$

Damit ergibt sich wegen (7)

$$R_1(h) = \sum_{|\alpha|=2} \frac{1}{\alpha!} D^\alpha f(x_0 + \theta h) h^\alpha \ = \ \frac{1}{2} \sum_{j,k=1}^{n} D_j D_k f(x_0 + \theta h) h_j h_k \,.$$

$\square$

Man kann Korollar 2 auch aus (1) in Verbindung mit Satz 2 aus 3.13 von Band 1 herleiten. Dies sei dem Leser zur Übung empfohlen.

Korollar 3. (Polynomialformel). *Für $k \in \mathbb{N}$ und $x \in \mathbb{R}^n$ gilt*

$$(x_1 + x_2 + \ldots + x_n)^k = \sum_{\alpha_1 + \ldots + \alpha_n = k} \frac{k!}{\alpha_1! \ldots \alpha_n!} x_1^{\alpha_1} \ldots x_n^{\alpha_n} \ = \ \sum_{|\alpha|=k} \frac{k!}{\alpha!} x^\alpha \,.$$

Beweis. Für $f(x) := (x_1 + x_2 + \ldots + x_n)^k$ mit $x = (x_1, x_2, \ldots, x_n) \in \mathbb{R}^n$ ist

$$D_{j_1} f(x) = k(x_1 + \ldots + x_n)^{k-1} \,, \ D_{j_2} D_{j_1} f(x) = k(k-1)(x_1 + \ldots + x_n)^{k-2} \,, \ldots \,,$$

und folglich gilt

$$D^\alpha f(0) = 0 \ \text{für} \ |\alpha| < k \,, \ D^\alpha f(0) = k! \ \text{für} \ |\alpha| = k \,, \ D^\alpha f(x) = 0 \ \text{für} \ |\alpha| > k \,.$$

Also ist $R_k(x) \equiv 0$ und $p_k(x) = \sum_{|\alpha|=k} \frac{k!}{\alpha!} x^\alpha$.

$\square$

Wie im Falle $n = 1$ kann man unter geeigneten Voraussetzungen an die zu entwickelnde Funktion f von der Taylorformel zur Taylorreihe übergehen.

Für eine Funktion $f \in C^\infty(\Omega, \mathbb{R}^N)$ und einen Punkt $x_0 \in \Omega$ nennt man die Reihe

$$(9) \qquad \sum_{s=0}^\infty \sum_{|\alpha|=s} \frac{1}{\alpha!} D^\alpha f(x_0)(x - x_0)^\alpha$$

die **Taylorreihe** von f im **Entwicklungspunkt** x_0.

Wie für $n = 1$ braucht es keine Kugel $B_r(x_0)$ zu geben, wo die Reihe konvergiert, und wenn sie für $|x - x_0| \ll 1$ konvergieren sollte, braucht sie doch nicht $f(x)$ als Summe zu haben. Man nennt $f : \Omega \to \mathbb{R}^N$ **reell analytisch**, wenn es zu jedem $x_0 \in \Omega$ ein $\delta > 0$ gibt, so daß (9) auf $B_\delta(x_0)$ konvergiert und dort $f(x)$ darstellt, d.h.

$$(10) \qquad f(x) = \sum_{s=0}^\infty \sum_{|\alpha|=s} \frac{1}{\alpha!} D^\alpha f(x_0)(x - x_0)^\alpha$$

für alle $x \in B_\delta(x_0)$ erfüllt.

Um das Konvergenzverhalten von (9) zu untersuchen, ist es bequem, mit der Norm $|x|_1 := |x_1| + |x_2| + \cdots + |x_n|$ für $x = (x_1, x_2, \ldots, x_n)$ zu arbeiten.

Satz 2. *Sei $f \in C^\infty(\Omega, \mathbb{R}^N)$ und es gebe Konstanten $M, r > 0$, so daß für alle $\alpha \in \mathbb{N}_0^n$ und für alle x mit $|x - x_0|_1 < r$ die Abschätzung*

$$(11) \qquad |D^\alpha f(x)| \leq s! M r^{-s} \quad \text{für} \quad |\alpha| = s$$

gilt. Dann ist die Taylorreihe (9) für jedes $\rho \in (0, r)$ auf der Menge $U_\rho(x_0) := \{x \in \mathbb{R}^n : |x - x_0| < \rho\}$ absolut und gleichmäßig konvergent und erfüllt dort (10).

Beweis. Aus (11) folgt mit $h = x - x_0$ die Abschätzung

$$\left| \sum_{|\alpha|=s} \frac{1}{\alpha!} D^\alpha f(x_0) h^\alpha \right| \leq \sum_{|\alpha|=s} \frac{1}{\alpha!} |D^\alpha f(x_0)| |h^\alpha|$$

$$\leq M r^{-s} \sum_{|\alpha|=s} \frac{s!}{\alpha!} |h_1|^{\alpha_1} |h_2|^{\alpha_2} \ldots |h_n|^{\alpha_n} \leq M r^{-s} |h|_1^s \leq M(\rho/r)^s ,$$

wenn wir noch die Polynomialformel berücksichtigen. Folglich ist die Taylorreihe (10) gleichmäßig und absolut konvergent in $U_\rho(x_0)$.

Analog folgt aus der Darstellung (6) für das Restglied $R_s(h)$ der Taylorformel (4) die Abschätzung $R_s(h) \leq M(\rho/r)^{s+1}$ und damit $R_s(h) \to 0$ für $s \to \infty$ und $|h| \leq \rho < r$, womit (10) bewiesen ist.

$$\square$$

Vielfach bestimmt man die Taylorreihe aus bekannten Entwicklungen mit Hilfe von

Satz 3. *Ist $f \in C^\infty(B_r(0))$ durch eine konvergente Reihe homogener Polynome $q_s(x)$ vom Grade s dargestellt, also $f(x) = \sum_{s=0}^\infty q_s(x)$ für $|x| < r$, so ist diese die Taylorreihe von f im Entwicklungspunkt 0.*

Beweis. Wir definieren $\varphi : (-1, 1) \to \mathbb{R}$ durch $\varphi(t) := f(tx)$. Dann folgt einerseits

$$\varphi(t) = \sum_{s=0}^k q_s(x) t^s + o(t^{s+1}) \quad \text{für } s \to 0 ,$$

und andererseits liefert Satz 1

$$\varphi(t) = \sum_{s=0}^{k} \left(\sum_{|\alpha|=s} \frac{1}{\alpha!} D^\alpha f(0) x^\alpha \right) + o(t^{s+1}) \quad \text{für } s \to 0 \ .$$

Hieraus ergibt sich

$$q_s(x) = \sum_{|\alpha|=s} \frac{1}{\alpha!} D^\alpha f(0) x^\alpha$$

für $0 \le s \le k$, und da wir k beliebig groß wählen dürfen, erhalten wir die Behauptung. $\qquad \square$

Aufgaben.

1. Sei $f \in C^{s+1}(\Omega)$, und für ein $x_0 \in \Omega$ gelte

$$f(x_0 + h) = q(h) + o(|h|^s) \quad \text{für } h \to 0 \ .$$

   Man zeige, daß $q(h)$ das s–te Taylorpolynom $p_s(x_0 + h)$ von f an der Stelle x_0 ist, d.h.

$$q(h) = \sum_{|\alpha| \le s} \frac{1}{\alpha!} D^\alpha f(x_0) h^\alpha \ .$$

2. Für zwei verschiedene Punkte $a, b \in \mathbb{R}^2$ sei u definiert als

$$u(x) := \frac{1}{|x - a|} + \frac{1}{|x - b|} \quad \text{für } x \in \mathbb{R}^2 \setminus \{a, b\} \ .$$

   Man stelle die zweite Taylorformel $u(x) = p_2(x) + R_2(x)$ mit dem Taylorpolynom $p_2(x)$ zweiter Ordnung in dem (eindeutig bestimmten) kritischen Punkt x_0 als Entwicklungspunkt auf.

3. Man bestimme das Taylorpolynom $p_4(x, y)$ von $f(x, y) := (\sin x)(\sin y) \exp(x^2 + y^2)$ am Entwicklungspunkt $(x_0, y_0) = (0, 0)$ und gebe eine Abschätzung für $R_4(x, y)$ an.

4. Was ist die Taylorreihe der Funktion

$$u(x) := \frac{1}{1 - (x_1 + x_2 + \cdots + x_n)} \ , \quad x = (x_1, x_2, \ldots, x_n)$$

   im Entwicklungspunkt $0 = (0, 0, \ldots, 0)$, und wo konvergiert sie?

5. In einer „Zylinderumgebung" Ω der z–Achse A im $\mathbb{R}^3$ sei eine C^3–Lösung $u(x, y, z)$ der Potentialgleichung $\Delta u = 0$ gegeben, die bezüglich dieser Achse rotationssymmetrisch ist und deren Werte $f(z) := u(0, 0, z)$ für $z \in \mathbb{R}$ bekannt sind. Man berechne $u(x, y, z)$ in der Nähe von A vermöge der Taylorformel

$$u(x, y, z) = a_0 + a_1 x + a_2 y + a_{11} x^2 + 2 a_{12} xy + a_{22} y^2 + R_2(x, y, z) \ ,$$

   wobei z als ein „Parameter" aufzufassen ist, d.h. die Koeffizienten $a_0, a_1, \ldots, a_{22}$ hängen von z ab.

7 Lokale Extrema

In diesem Abschnitt formulieren wir notwendige und ferner auch hinreichende Bedingungen dafür, daß ein kritischer Punkt x_0 einer C^2-Funktion $f : \Omega \to \mathbb{R}$ ein lokaler Minimierer bzw. Maximierer von f ist. Diese Bedingungen werden mit Hilfe der Hesseschen Matrix $H_f = D^2 f = (f_{x_i x_k})$ von f ausgedrückt. Ist beispielsweise $H_f(x_0)$ positiv definit, so besitzt f an der Stelle $x_0 \in \Omega$ ein lokales Minimum.

Dann zeigen wir, daß harmonische Funktionen in einem Gebiet weder ein absolutes Maximum noch ein absolutes Minimum besitzen können, sofern sie nicht konstant sind; dies ist das *Maximumprinzip für harmonische Funktionen*. (Es läßt sich übrigens dahingehend verschärfen, daß nichtkonstante harmonische Funktionen auf einem Gebiet auch keine *lokalen* Minimierer oder Maximierer haben können.) Das Maximumprinzip ist eines der nützlichsten Hilfsmittel in der Theorie der partiellen Differentialgleichungen. Beispielsweise zeigt es, daß es in einem beschränkten Gebiet $G \subset \mathbb{R}^n$ zu beliebig vorgegebenen stetigen Randwerten $f : \partial G \to \mathbb{R}$ höchstens eine harmonische Funktion $u \in C^0(\overline{G}) \cap C^2(G)$ mit $u\big|_{\partial G} = f$ geben kann.

Abschließend behandeln wir ein Ergebnis über *kleine Schwingungen* (beispielsweise eines physikalischen Systems) *um eine Ruhelage*, das auf Lagrange und Dirichlet zurückgeht. Es zeigt sich, daß die Lösungen $x(t)$ von $\ddot{x} = -\text{grad}\, V(x)$, die zu einem Zeitpunkt t_0 genügend wenig von einem kritischen Punkt x_0 von V entfernt sind, für alle Zeiten in der Nähe von x_0 bleiben, also um die Ruhelage x_0 schwingen, wenn diese ein isolierter lokaler Minimierer von V ist. Beim Beweis unterdrücken wir alle Terme von höherer als zweiter Ordnung, setzen also voraus, daß V von der Form

$$V(x) = V(x_0) + \frac{1}{2} \langle x - x_0,\ A \cdot (x - x_0) \rangle$$

ist, wobei A eine positiv definite, symmetrische Matrix bezeichnet.

Lagrange hat dieses Ergebnis in seiner *Méchanique analitique* (1788, première partie, section III) hergeleitet. Das strikte Ergebnis, wo die Terme höherer Ordnung nicht vernachlässigt sind, hat Dirichlet 1846 in seiner Arbeit *Über die Stabilität des Gleichgewichts* (vgl. Werke, Band 2, S. 5–8) bewiesen. Die allgemeine Fassung dieses Stabilitätssatzes stammt von Ljapunow. Hinsichtlich dynamischer Stabilität bei Hamiltonschen Systemen verweisen wir auf C.L. Siegel / J.K. Moser, *Lectures on celestial mechanics* Springer, Berlin 1971. Die Methode von Ljapunow zur Untersuchung von Gleichgewichtsfragen bei dynamischen Systemen wird in den meisten modernen Lehrbüchern über gewöhnliche Differentialgleichungen dargestellt. Wir nennen beispielsweise H. Amann, *Gewöhnliche Differentialgleichungen*, W. de Gruyter, Berlin 1983; H.W. Knobloch / F. Kappel, *Gewöhnliche Differentialgleichungen*, Teubner, Stuttgart 1974; V.I. Arnold, *Ordinary differential equations*, MIT Press, Cambridge, Mass. 1978; P. Hartman, *Ordinary differential equations*, Wiley, New York 1964.

Wir erinnern jetzt zunächst an die Definition des lokalen Minimierers bzw. Maximierers einer Funktion f, die auf einer offenen Menge Ω des $\mathbb{R}^n$ definiert ist.

Definition 1. *Ein Punkt $x_0 \in \Omega$ heißt* **lokaler Minimierer** *(bzw.* **Maximierer***) der Funktion $f : \Omega \to \mathbb{R}$, wenn es eine Kugel $B_r(x_0) \subset \Omega$ gibt, so daß*

$$(1) \qquad\qquad f(x_0) \le f(x) \quad (bzw.\ f(x_0) \ge f(x))$$

für alle $x \in B_r(x_0)$ gilt. Wenn sogar

$$(2) \quad f(x_0) < f(x) \quad (bzw.\ f(x_0) > f(x))\ für\ alle\ x\ mit\ 0 < |x - x_0| < r$$

erfüllt ist, so nennt man x_0 einen **strikten** *(oder* **isolierten***) lokalen Minimierer (bzw. Maximierer).*

Wir wissen bereits, daß ein lokaler Minimierer bzw. Maximierer x_0 einer Funktion $f \in C^1(\Omega)$ notwendig ein kritischer Punkt von f, d.h. eine Nullstelle des zugehörigen Gradientenfeldes ist. Es gilt also

$$(3) \qquad\qquad \nabla f(x_0) = 0 \ .$$

Falls $f \in C^2(\Omega)$ ist, können wir mit Hilfe der Hesseschen Matrix $H_f = D^2 f$ einfache Kriterien aufstellen, die notwendig bzw. hinreichend dafür sind, daß ein kritischer Punkt eine lokale Extremstelle von f ist. Dazu benötigen wir den folgenden Begriff.

Definition 2. *Eine reelle symmetrische $n \times n$–Matrix $A = (a_{jk})$ heißt* **positiv definit** *(in Zeichen: $A > 0$), wenn $\langle \xi, A\xi \rangle > 0$ für alle $\xi \in \mathbb{R}^n \setminus \{0\}$ gilt, und* **positiv semidefinit** *(in Zeichen: $A \geq 0$), wenn $\langle \xi, A\xi \rangle \geq 0$ für alle $\xi \in \mathbb{R}^n$ ist. Weiter heißt A* **negativ definit** *($A < 0$) bzw.* **negativ semidefinit** *($A \leq 0$), wenn $-A > 0$ bzw. ≥ 0 ist. Schließlich heißt A* **indefinit***, wenn $\langle \xi, A\xi \rangle$ sowohl positive als auch negative Werte annimmt.*

Die stetige Funktion $Q(\xi) := \langle \xi, A\xi \rangle$, $\xi \in S^{n-1}$, nimmt auf S^{n-1} ihr Infimum λ an, d.h. es gibt einen Vektor $e \in S^{n-1}$, so daß $Q(e) = \lambda := \inf_{S^{n-1}} Q$ ist. Für beliebiges $\xi \in \mathbb{R}^n \setminus \{0\}$ ist $|\xi|^{-1}\xi \in S^{n-1}$, und somit gilt $Q(|\xi|^{-1}\xi) \geq \lambda$, also

$$(4) \qquad\qquad Q(\xi) \geq \lambda |\xi|^2 \quad \text{für alle } \xi \in \mathbb{R}^n \ .$$

Wegen $\lambda = Q(e)$ erhalten wir $\lambda > 0$, falls $A > 0$ ist, und $\lambda \geq 0$ für $A \geq 0$.

Gilt umgekehrt (4) mit einer positiven Konstanten λ, so folgt $Q(\xi) > 0$ für alle $\xi \in \mathbb{R}^n \setminus \{0\}$. Damit ergibt sich

Proposition 1. *Eine Matrix $A \in M(n, \mathbb{R})$ ist genau dann positiv definit, wenn es ein $\lambda > 0$ gibt mit*

$$(5) \qquad\qquad \langle \xi, A\xi \rangle \geq \lambda |\xi|^2 \quad \text{für alle } \xi \in \mathbb{R}^n \ .$$

Es gilt also:

$$(6) \qquad\qquad A > 0 \quad \Leftrightarrow \quad A - \lambda E \geq 0 \quad \text{für ein } \lambda > 0 \ .$$

Hierbei bedeutet E die Einheitsmatrix in $M(n, \mathbb{R})$.

Wie in 3.2, [2] von Band 1 gezeigt, besitzt eine symmetrische Matrix $A \in M(n, \mathbb{R})$ eine Orthonormalbasis $\{e_1, e_2, \dots, e_n\}$ des $\mathbb{R}^n$ als Eigenvektoren zu reellen Eigenwerten $\lambda_1, \lambda_2, \dots, \lambda_n$, also $Ae_j = \lambda_j e_j$, $\langle e_j, e_k \rangle = \delta_{jk}$. Daher läßt sich jedes $\xi \in \mathbb{R}^n$ mittels der „Projektionen" $c_j := \langle \xi, e_j \rangle$ in der Form $\xi = c_1 e_1 + \dots + c_n e_n$ schreiben, und wir erhalten $\langle \xi, A\xi \rangle = \lambda_1 c_1^2 + \dots + \lambda_n c_n^2$. Dies liefert

Proposition 2. *Sind* $\lambda_1, \dots, \lambda_n$ *die Eigenwerte einer symmetrischen Matrix* $A \in M(n, \mathbb{R})$*, die entsprechend ihrer Vielfachheit aufgezählt und durch die Ungleichungen* $\lambda_1 \leq \lambda_2 \leq \dots \leq \lambda_n$ *geordnet sind, so gilt:*

$$
\begin{array}{lll}
A > 0 & \Leftrightarrow & \lambda_1 > 0 , \qquad\qquad A \geq 0 \;\Leftrightarrow\; \lambda_1 \geq 0 , \\
A < 0 & \Leftrightarrow & \lambda_n < 0 , \qquad\qquad A \leq 0 \;\Leftrightarrow\; \lambda_n \leq 0 , \\
A \text{ indefinit} & \Leftrightarrow & \lambda_1 < 0 \text{ und } \lambda_n > 0 .
\end{array}
$$

Für $n = 2$ sind die beiden reellen Eigenwerte λ_1 und λ_2 von $A = \begin{pmatrix} a & b \\ b & c \end{pmatrix}$ die Nullstellen des charakteristischen Polynoms

$$
p(\lambda) := \det(A - \lambda E) = \lambda^2 - (a + c)\lambda + (ac - b^2) .
$$

Da auch $p(\lambda) = (\lambda - \lambda_1)(\lambda - \lambda_2)$ für alle $\lambda \in \mathbb{R}$ gilt, ergibt sich

$$
(7) \qquad\qquad \lambda_1 + \lambda_2 = a + c , \quad \lambda_1 \lambda_2 = ac - b^2 .
$$

Wegen Proposition 2 folgt dann

Proposition 3. *Für* $A = \begin{pmatrix} a & b \\ b & c \end{pmatrix}$ *gilt:*

$$
\begin{array}{lll}
A > 0 & \Leftrightarrow & \det A > 0 \text{ und } a > 0 , \\[4pt]
A < 0 & \Leftrightarrow & \det A > 0 \text{ und } a < 0 , \\[4pt]
A \geq 0 \text{ oder } A \leq 0 & \Leftrightarrow & \det A \geq 0 , \\[4pt]
A \text{ ist indefinit} & \Leftrightarrow & \det A < 0 .
\end{array}
$$

Proposition 4. *Ist* $A : \Omega \to M(n, \mathbb{R})$ *eine stetige matrixwertige Funktion auf* Ω *und gilt* $A(x_0) > 0$ *(bzw.* < 0*) für ein* $x_0 \in \Omega$*, so gibt es eine Kugel* $B_r(x_0) \subset \Omega$*, so daß* $A(x) > 0$ *(bzw.* < 0*) für alle* $x \in B_r(x_0)$ *gilt.*

Beweis. Sei $A(x_0) > 0$. Dann gibt es ein $\lambda > 0$, so daß $\langle \xi, A(x_0)\xi \rangle \geq \lambda |\xi|^2$ für alle $\xi \in \mathbb{R}^n$ erfüllt ist. Hieraus folgt mit $B := A(x) - A(x_0)$, daß

$$
\langle \xi, A(x)\xi \rangle = \langle \xi, A(x_0)\xi \rangle + \langle \xi, B\xi \rangle \geq \lambda |\xi|^2 - |\xi| \cdot |B\xi| \geq (\lambda - |B|)|\xi|^2
$$

ist. Da A stetig ist, gibt es ein $r > 0$, so daß $B_r(x_0) \subset \Omega$ und

$$
|B| = |A(x) - A(x_0)| < \lambda/2 \quad \text{für alle } x \in B_r(x_0)
$$

gilt, woraus $\langle \xi, A(x)\xi \rangle \geq \frac{\lambda}{2} |\xi|^2$ für alle $\xi \in \mathbb{R}^n$ folgt. $\qquad\qquad \square$

Satz 1. *Damit ein kritischer Punkt $x_0 \in \Omega$ einer Funktion $f \in C^2(\Omega)$ ein lokaler Minimierer (bzw. Maximierer) von f ist, muß die Hessesche Matrix $H_f = D^2 f$ die Bedingung*

$$(8) \qquad\qquad H_f(x_0) \geq 0 \quad (bzw. \ H_f(x_0) \leq 0)$$

erfüllen.

Beweis. Sei $\nabla f(x_0) = 0$ für $x_0 \in \Omega$, und es gebe eine Kugel $B_r(x_0) \subset \Omega$ mit $f(x) \geq f(x_0)$ für alle $x \in B_r(x_0)$. Für $x = x_0 + h$ mit $|h| < r$ folgt dann nach 1.6, Korollar 2, die Ungleichung

$$0 \leq f(x_0 + h) - f(x_0) = \frac{1}{2} \langle h, H_f(x_0 + \theta h)h \rangle$$

für ein $\theta \in (0, 1)$. Setzen wir $h = t\xi$ mit $0 < t << 1$, so folgt nach Multiplikation mit t^{-2}, daß $\langle \xi, H_f(x_0 + \theta t \xi)\xi \rangle \geq 0$ ist. Mit $t \to +0$ ergibt sich dann für beliebiges $\xi \in \mathbb{R}^n$ die Ungleichung $\langle \xi, H_f(x_0)\xi \rangle \geq 0$. □

Satz 2. *Ist $x_0 \in \Omega$ ein kritischer Punkt von $f \in C^2(\Omega)$ und gilt*

$$(9) \qquad H_f(x) \geq 0 \ \text{ in einer Umgebung } B_r(x_0) \subset \Omega \text{ von } x_0 \,,$$

so ist x_0 ein lokaler Minimierer von f. Setzen wir statt (9)

$$(10) \qquad\qquad\qquad H_f(x_0) > 0$$

voraus, so ist x_0 ein isolierter Minimierer von f.

Beweis. Wie im Beweis von Satz 1 folgt

$$(11) \qquad\qquad f(x_0 + h) - f(x_0) = \frac{1}{2} \langle h, H_f(x_0 + \theta h)h \rangle$$

für $h \in \mathbb{R}^n$ mit $|h| < r$ und einem $\theta \in (0, 1)$. Die Voraussetzung (9) liefert dann

$$f(x) - f(x_0) \geq 0 \ \text{ für alle } x \in B_r(x_0) \,.$$

Setzen wir (10) voraus, so folgt $H_f(x) > 0$ für alle $x \in B_r(x_0)$ wobei r eine hinreichend kleine positive Zahl bezeichnet. Dann erhalten wir aus (11) die Abschätzung

$$f(x) - f(x_0) > 0 \ \text{ für } 0 < |x - x_0| < r \,.$$

□

---

[1] Die Funktion $f(x, y)$ auf $\mathbb{R}^2$ mit $f(x, y) := x^2 + y^2$ hat im Ursprung ein isoliertes lokales Minimum, denn es gilt $\nabla f(0, 0) = 0$ und

$$H_f = \begin{pmatrix} 2 & 0 \\ 0 & 2 \end{pmatrix} > 0 \,.$$

Wegen $f(x, y) > f(0, 0)$ für alle $(x, y) \neq (0, 0)$ ist der Ursprung sogar der eindeutig bestimmte absolute Minimierer von f, und aus

$$\nabla f(x, y) = (2x, 2y) \neq 0 \quad \text{für} \ (x, y) \neq (0, 0)$$

schließen wir, daß der Ursprung der einzige kritische Punkt von f ist. Der Graph von f ist das nach oben geöffnete Paraboloid

$$\{(x, y, z) \in \mathbb{R}^3 : z = x^2 + y^2\} \ .$$

Die Funktion $g(x, y) := -x^2 - y^2$ hat entsprechend den Ursprung $(0, 0)$ als isolierten lokalen Maximierer und sogar als eindeutig bestimmten globalen Maximierer.

$\boxed{2}$ Die durch $f(x, y) := x^2 - y^2$ definierte Funktion $f : \mathbb{R}^2 \to \mathbb{R}$ hat wegen $\nabla f(0, 0) = (0, 0)$ und $H_f = \begin{pmatrix} 2 & 0 \\ 0 & -2 \end{pmatrix}$ den Ursprung $(0, 0)$ als isolierten kritischen Punkt, der weder Minimierer noch Maximierer ist, da H_f indefinit ist. Der zugehörige Graph ist eine typische *Sattelfläche* in der Nähe von $(0, 0)$, denn $f(x, 0) = x^2$ hat ein Minimum in $x = 0$, und $f(0, y) = -y^2$ hat ein Maximum in $y = 0$.

$\boxed{3}$ Aus der Semidefinitheit von H_f in einem kritischen Punkt von f kann man im allgemeinen nichts schließen. Um dies einzusehen, betrachten wir auf $\mathbb{R}^2$ die drei Funktionen $f(x, y) := x^2 + y^4$, $g(x, y) := x^2$, $h(x, y) := x^2 + y^3$, die $(0, 0)$ als kritischen Punkt haben und deren Hessesche Matrix in $(0, 0)$ gleich $\begin{pmatrix} 2 & 0 \\ 0 & 0 \end{pmatrix}$, also positiv semidefinit ist. Man überzeugt sich leicht, daß $(0, 0)$ für f ein isolierter Minimierer und für g ein nichtisolierter Minimierer ist, während für h der Ursprung weder ein lokaler Minimierer noch ein lokaler Maximierer ist.

Definition 3. *Ein kritischer Punkt $x_0 \in \Omega$ von $f \in C^2(\Omega)$ heißt* **nichtdegeneriert,** *wenn $\det H_f(x_0) \neq 0$ gilt, anderenfalls* **degeneriert.** *Für $n = 2$ heißt ein kritischer Punkt von f* **Sattelpunkt,** *wenn $\det H_f(x_0) < 0$ ist.*

Sind $\lambda_1(x), \dots, \lambda_n(x)$ die ihrer Vielfachheit entsprechend aufgeführten Eigenwerte von $H_f(x)$, so gilt $\det H_f(x) = \lambda_1(x)\lambda_2(x) \dots \lambda_n(x)$. Also ist ein kritischer Punkt x_0 von f genau dann nichtdegeneriert, wenn alle Eigenwerte $\lambda_j(x_0)$ von $H_f(x_0)$ ungleich Null sind.

Satz 3. *Ein nichtdegenerierter kritischer Punkt x_0 von $f \in C^2(\Omega)$ ist isoliert, d.h. es gibt eine Kugel $B_r(x_0)$ in Ω, so daß in $B_r(x_0)$ kein weiterer kritischer Punkt von f liegt.*

Beweis. Sei $\nabla f(x_0) = 0$ und $\det H_f(x_0) \neq 0$ für $x_0 \in \Omega$. Wir dürfen annehmen, daß $\det H_f(x_0) > 0$ ist. Sei nun $B_r(x_0)$ eine Kugel in Ω und $z \in B_r(x_0)$. Dann gilt $\nabla f(z) = \nabla f(z) - \nabla f(x_0) = A(z) \cdot (z - x_0)$ mit

$$A(z) := \int_0^1 H_f(x_0 + t(z - x_0)) dt \ .$$

Die Funktionen $A(z)$ und $\det A(z)$ hängen stetig von z ab. Wegen $A(x_0) = H_f(x_0)$ und $\det H_f(x_0) > 0$ können wir also $r > 0$ so klein wählen, daß

$$\det A(z) \neq 0 \quad \text{für alle} \ z \in B_r(x_0)$$

gilt. Hieraus folgt $A(z) \cdot h \neq 0$ für alle $h \in \mathbb{R}^n \setminus \{0\}$, wenn $z \in B_r(z_0)$ ist, und damit $\nabla f(z) \neq 0$, falls $0 < |z - z_0| < r$.

$\square$

$\boxed{4}$ Ist $\psi \in C^2(\mathbb{R})$, $n \geq 2$ und $f(x) := \psi(a \cdot x)$ für $x \in \mathbb{R}^n$, wobei a einen konstanten Vektor des $\mathbb{R}^n$ bezeichnet, so ist jeder kritische Punkt von f degeneriert, denn es gilt $f_{x_j x_k}(x) = \psi''(a \cdot x)\, a_j a_k$ und $\det(a_j a_k) = \det(a_1 a, \dots, a_n a) = 0$.

$\boxed{5}$ Die Funktion $f(x, y) := 2y^2 - x(x-1)^2$, $(x, y) \in \mathbb{R}^2$, hat die kritischen Punkte $P = (1/3, 0)$ und $Q = (1, 0)$. Wegen

$$H_f(x, y) = \begin{pmatrix} 4 - 6x & 0 \\ 0 & 4 \end{pmatrix}$$

ist P ein isolierter lokaler Minimierer, während Q ein nichtdegenerierter kritischer Punkt ist, und zwar ein Sattelpunkt, denn

$$H_f(Q) = \begin{pmatrix} -2 & 0 \\ 0 & 4 \end{pmatrix}.$$

Satz 4. (Maximumprinzip für harmonische Funktionen). *Sei G ein nichtleeres beschränktes Gebiet in $\mathbb{R}^n$ und $u \in C^0(\overline{G}) \cap C^2(G)$ in G harmonisch, d.h. $\Delta u = 0$ in G. Dann folgt:*

(i) $\max_{\overline{G}} u = \max_{\partial G} u$.

(ii) Ist $u(x) \equiv$ const auf ∂G, so gilt $u \equiv$ const auf $\overline{G}$ und folglich $\nabla u(x) \equiv 0$ in G.

(iii) Wenn es ein $x \in G$ mit $u(x) = m := \max_{\overline{G}} u$ gibt, so folgt $u(x) \equiv$ const auf $\overline{G}$.

Mit anderen Worten: *Nichtkonstante harmonische Funktionen nehmen ihr Maximum nur auf dem Rand an.*

Beweis. (i) Die Funktion $v(x) := |x|^2$ erfüllt $\Delta v = 2n > 0$. Folglich gilt für $w := u + \epsilon v$ mit $\epsilon > 0$ die Ungleichung $\Delta w > 0$ in G. Wäre nun $x_0 \in G$ ein Maximierer von w, so gälte wegen Satz 1, daß $H_w(x_0) \leq 0$ und folglich

$$\Delta w(x_0) = \operatorname{spur} H_w(x_0) \leq 0$$

wäre, was der Ungleichung $\Delta w(x_0) > 0$ widerspräche. Also nimmt die stetige Funktion $w : \overline{G} \to \mathbb{R}$ ihr Maximum auf dem Rand der kompakten Menge $\overline{G}$ an, und wir erhalten

$$w(x) < \max_{\partial G} w \leq \max_{\partial G} u + \epsilon R^2 \quad \text{für alle } x \in G,$$

wenn G in der Kugel $B_R(0)$ enthalten ist, also

$$w(x) < \max_{\partial G} u + \epsilon R^2 \text{ für jedes } \epsilon > 0.$$

Mit $\epsilon \to +0$ folgt $u(x) \leq \max_{\partial G} u$ für alle $x \in G$. Hieraus ergibt sich $\max_{\overline{G}} u = \max_{\partial G} u$.
(ii) Es gilt auch $\Delta(-u) = 0$, woraus nach (i) die Beziehung $\max_{\overline{G}}(-u) = \max_{\partial G}(-u)$ folgt, also $-\min_{\overline{G}} u = -\min_{\partial G} u$ und somit $\min_{\overline{G}} u = \min_{\partial G} u$. In Verbindung mit (i) ergibt sich

$$(12) \qquad\qquad \max_{\overline{G}} |u| = \max_{\partial G} |u|.$$

Wenden wir nun (12) auf die Funktion $u - v$ an, wobei $u, v \in C^0(\overline{G}) \cap C^2(G)$ beide in G harmonisch sind, also

$$\Delta u = 0 \text{ in } G \quad \text{und} \quad \Delta v = 0 \text{ in } G$$

erfüllen, so folgt

$$(13) \qquad\qquad \max_{\overline{G}} |u - v| = \max_{\partial G} |u - v|.$$

Speziell für $v(x) := m := \max_{\overline{G}} u$ ergibt sich

(14)
$$\max_{\overline{G}} |u - m| = \max_{\partial G} |u - m|$$

und damit $u(x) \equiv m$ auf $\overline{G}$, wenn $u(x) \equiv m$ auf ∂G gilt.

(iii) Sei ξ ein Punkt aus G mit $u(\xi) = m$. Dann ist $A := \{x \in G : u(x) = m\}$ nichtleer. Wäre $u(x) \not\equiv m$ auf G, so gäbe es ein $y \in G \setminus A$, ein $x_0 \in A$ und ein $R > 0$, so daß

(15)
$$\overline{B}_R(y) \setminus \{x_0\} \subset G \setminus A \quad \text{und} \quad \partial B_R(y) \cap A = \{x_0\}$$

gälte. Ohne Einschränkung dürfen wir $y = 0$ annehmen. Wir setzen $r := |x|$ und

$$v(x) := \left\{ \begin{array}{lll} r^{2-n} - R^{2-n} & \text{für} & n \geq 3 \,, \\ \log(R/r) & \text{für} & n = 2 \,. \end{array} \right.$$

Dann gilt $\Delta v = 0$ in $B'_R(0) := B_R(0) \setminus \{0\}$ und $v(x) \equiv 0$ auf $\partial B_R(0)$.

Auf $\overline{B_R(0)} \setminus \{x_0\}$ gilt $u(x) < u(x_0) = m$ und somit $u(x) - u(x_0) \leq 0$ auf $\partial B_R(0)$ sowie $u(x) - u(x_0) < 0$ auf $\partial B_{R/2}(0)$. Wir setzen $T := B_R(0) \setminus \overline{B_{R/2}(0)}$. Da u auf der kompakten Menge $\partial B_{R/2}(0)$ stetig ist, existiert ein $\epsilon > 0$, so daß $u(x) - u(x_0) + \epsilon v(x) \leq 0$ für $x \in \partial T$ und $\Delta[u - u(x_0) + \epsilon v] = 0$ in T gilt. Wenden wir nun (i) auf die Funktion $w := u - u(x_0) + \epsilon v$ an, so ergibt sich

(16)
$$u(x) - u(x_0) + \epsilon v(x) \leq 0 \quad \text{für alle } x \in T \,.$$

Sei $a := \dfrac{x_0}{|x_0|} \in S^{n-1}$ und $x = x_0 - ta$ mit $0 < t < 1$. Dann folgt wegen $v(x_0) = 0$ und (16) die Ungleichung

$$(-\epsilon) \cdot \frac{v(x_0) - v(x_0 - ta)}{t} \leq \frac{u(x_0) - u(x_0 - ta)}{t} \,.$$

Mit $t \to +0$ ergibt sich

(17)
$$-\epsilon \, \frac{\partial v}{\partial a}(x_0) \leq \frac{\partial u}{\partial a}(x_0) \,.$$

Wegen

$$\frac{\partial v}{\partial a}(x_0) = \left\{ \begin{array}{lll} \dfrac{d}{dr} r^{2-n}\big|_{r=R} & = & (2-n)R^{1-n} & \text{für } n \geq 3 \\[2mm] \dfrac{d}{dr} \log \dfrac{1}{r}\big|_{r=R} & = & -\dfrac{1}{R} & \text{für } n = 2 \end{array} \right.$$

gilt $\dfrac{\partial v}{\partial a}(x_0) < 0$. Damit erhalten wir aus (17) die Ungleichung

(18)
$$\frac{\partial u}{\partial a}(x_0) > 0 \,.$$

Andererseits ergibt sich aus $u(x_0) = m = \max_{\overline{G}} u$ und $x_0 \in G$ die Gleichung $\nabla u(x_0) = 0$, also der Widerspruch

$$\frac{\partial u}{\partial a}(x_0) = \langle \nabla u(x_0), a \rangle = 0 \,.$$

$\square$

Bemerkung 1. Aus der Formel (13) folgt für beschränkte Gebiete G des $\mathbb{R}^n$:

Die „Randwertaufgabe", eine Funktion $u \in C^0(\overline{G}) \cap C^2(G)$ zu bestimmen, die

$$\Delta u = 0 \text{ in } G \quad \text{und} \quad u(x) = f(x) \text{ auf } \partial G$$

für beliebig vorgegebene stetige Randwerte $f : \partial G \to \mathbb{R}$ erfüllt, hat höchstens eine Lösung.

Das Maximumprinzip läßt sich ohne Mühe in der folgenden Weise verschärfen:

Satz 5. *Eine in einem beschränkten Gebiet G des $\mathbb{R}^n$ harmonische und nicht konstante Funktion $u \in C^2(G)$ besitzt in G weder einen Maximierer noch einen Minimierer.*

Beweis. Angenommen, es gäbe einen Punkt $x_0 \in G$, so daß $u(x) \leq u(x_0)$ für alle $x \in G$ gälte. Dann wählen wir eine „Ausschöpfung" von G durch Gebiete $G_1, G_2, G_3, \dots$ mit $\overline{G}_j \subset G$ und $x_0 \in G_j \subset G_{j+1}$ für $j \in \mathbb{N}$ sowie $G = \bigcup_{j=1}^{\infty} G_j$.
Setzen wir $u_j := u|_{\overline{G}_j}$, so gilt $u_j \in C^0(\overline{G}_j) \cap C^2(G_j)$ und $u_j(x) \leq u_j(x_0)$ für alle $x \in \overline{G}_j$.
Nach Satz 4, (iii) folgt $u_j(x) \equiv$ const auf $\overline{G}_j$ für jedes $j \in \mathbb{N}$, woraus sich $u(x) \equiv$ const in G ergibt. Wenn wir $-u$ statt u betrachten, folgt in der gleichen Weise, daß u keinen Minimierer in G besitzt.

$\square$

Bemerkung 2. Es läßt sich sogar zeigen, daß eine in einem Gebiet $G \subset \mathbb{R}^n$ harmonische Funktion u weder einen *lokalen* Minimierer noch einen *lokalen* Maximierer besitzt. Gäbe es nämlich etwa einen lokalen Maximierer $x_0 \in G$, so wäre u auf einer hinreichend kleinen Kugel $B_r(x_0)$ in G konstant. Hieraus folgt aber, daß u auf ganz G konstant ist, da, wie man beweisen kann, jede in G harmonische Funktion reell analytisch ist.

Abschließend behandeln wir **Schwingungen um stabile Gleichgewichtslagen**. Die Newtonsche Gleichung $\ddot{x} = f(x)$ für die Bewegung eines Systems von N Massenpunkten im $\mathbb{R}^3$, die wir als einen Punkt $x(t)$ im $\mathbb{R}^n$ mit $n = 3N$ auffassen, läßt sich für ein konservatives Kraftfeld $f = -\nabla V$ mit der potentiellen Energie V in die Form

$$(19) \qquad\qquad \ddot{x} = -\operatorname{grad} V(x)$$

bringen (vgl. 1.5, [2], (11)). Wir wollen annehmen, daß $V(x)$ in $x = 0$ ein isoliertes lokales Minimum hat, indem wir

$$\operatorname{grad} V(0) = 0 \quad \text{und} \quad H_f(0) > 0$$

voraussetzen. Dann ist jedenfalls die Ruhelage $x(t) \equiv 0$ eine Gleichgewichtslösung von (19). Wir wollen nun zeigen, daß dieses Gleichgewicht **dynamisch stabil** ist: *Bei kleinen Auslenkungen $x(0) = x_0$ und kleinen Anfangsgeschwindigkeiten $\dot{x}(0) = v_0$ führt das System kleine Schwingungen um die Ruhelage aus.*

Um dies einzusehen, schreiben wir $V(x) = V(0) + \frac{1}{2}\langle x, Ax\rangle + R(x)$ mit $A := H_f(0) > 0$. Weil nur „kleine" Auslenkungen x ins Auge gefaßt werden sollen, lassen wir das Restglied $R(x)$ weg. Ferner normieren wir die potentielle Energie V durch die Forderung $V(0) = 0$. Dann erhalten wir für $V(x)$ die positiv definite quadratische Form

$$(20) \qquad\qquad V(x) = \frac{1}{2}\langle x, Ax\rangle\,.$$

Die Matrix $A = (a_{jk})$ hat dann n positive Eigenwerte $\lambda_1, \lambda_2, \dots, \lambda_n$, und wir können eine orthogonale Matrix $C \in O(n)$ finden, so daß $C^T A C = \operatorname{diag}(\lambda_1, \lambda_2, \dots, \lambda_n) =: \Lambda$ wird. Durch Einführung neuer kartesischer Koordinaten z vermöge $z = C^T x$ erhalten wir $x = Cz$ und

$$V(x) \;=\; \frac{1}{2}\langle x, Ax\rangle = \frac{1}{2}\langle Cz, ACz\rangle \;=\; \frac{1}{2}\langle z, C^T ACz\rangle = \frac{1}{2}\langle z, \Lambda z\rangle =: \Phi(z)\,.$$

Unter der Annahme (20) geht das System (19) über in $\ddot{x} = -Ax$. Multiplizieren wir von links mit C^T, so folgt $C^T\ddot{x} = -C^T Ax = -C^T ACC^T x$, und dies bedeutet

$$(21) \qquad\qquad \ddot{z} = -\Lambda z = -\text{grad } \Phi(z) \, ,$$

was sich in Koordinaten als

$$(22) \qquad\qquad \ddot{z}_j + \lambda_j z_j = 0 \, , \ 1 \le j \le n \, ,$$

schreibt. Diese Gleichungen haben die Lösungen

$$(23) \qquad\qquad z_j(t) = a_j \ \cos(\sqrt{\lambda_j}t + \beta_j) \, .$$

Aus (23) und $z(t) = (z_1(t), \ldots, z_n(t))$ (als Spalte zu schreiben!) sowie $x(t) = Cz(t)$ ergibt sich dann die Bewegung in den ursprünglichen x-Koordinaten, wobei die $2n$ Konstanten a_j, β_j aus den Anfangsdaten x_0, v_0 zu bestimmen sind.

Aus (23) ersehen wir, daß das System eine Bewegung ausführt, die sich aus Schwingungen in den Eigenrichtungen mit den *Eigenfrequenzen* $\omega_j = \sqrt{\lambda_j}$ zusammensetzt. Betrachten wir für $n = 2$ die Bahnkurven, die **Lissajousschen Figuren**: Wenn die Frequenzen ω_1, ω_2 *kommensurabel* sind, d.h. wenn ω_1, ω_2 über $\mathbb{Q}$ linear abhängig sind (also $n_1\omega_1 + n_2\omega_2 = 0$ mit $n_1, n_2 \in \mathbb{Z} \setminus \{0\}$ gilt), so bilden die Trajektorien geschlossene Kurven, während für inkommensurable ω_1, ω_2 die zugehörige Trajektorie im Rechteck $Q := \{(z_1, z_2) \in \mathbb{R}^2 : |z_1| \le a_1, |z_2| \le a_2\}$ dichtliegt. (Vgl. beispielsweise V.I. Arnold, *Mathematical methods of classical mechanics*, Springer, Berlin 1974, S. 24–28).

Aufgaben.

1. Was sind die lokalen Maxima und Minima der durch $f(x,y) := x^3 + y^3 - 3x - 12y + 20$, $(x,y) \in \mathbb{R}^2$, gegebenen Funktion?

2. Warum kann die Hessesche Matrix $H_u(x)$ einer in Ω harmonischen Funktion u in keinem kritischen Punkt $x_0 \in \Omega$ definit sein?

3. Für N Punkte $a_1, a_2, \ldots, a_N \in \mathbb{R}^n$ gibt es genau einen Minimierer x_0 der Funktion

$$f(x) := |x - a_1|^2 + |x - a_2|^2 + \cdots + |x - a_N|^2 \, , \ x \in \mathbb{R}^n \, .$$

Beweis? Was ist x_0? Man verallgemeinere dieses Resultat auf die Funktion

$$g(x) := \sum_{j=1}^{N} m_j |x - a_j|^2 \, , \ x \in \mathbb{R}^n \, ,$$

wobei m_j positive reelle Konstanten bedeuten.

4. Die durch $f(x) := \sum_{j=1}^{N} |x - a_j|$, $x \in \mathbb{R}^n$, definierte Funktion (mit N verschiedenen Punkten $a_1, \ldots, a_N \in \mathbb{R}^n$) hat stets einen Minimierer x_0 („optimale Telefonzentrale"). Ist er eindeutig bestimmt?

5. Sei $A \in M(n, \mathbb{R})$ symmetrisch und $f : \mathbb{R}^n \setminus \{0\} \to \mathbb{R}$ der *Rayleighquotient* $f(x) := \frac{\langle Ax, x \rangle}{\|x\|^2}$. Was sind die kritischen Punkte x_0 von f und die zugehörigen kritischen Werte $f(x_0)$? Was sind die Maximierer und die Minimierer von f?

6. Seien $A \in M(n, \mathbb{R})$, $b \in \mathbb{R}^n$ und $\det A \ne 0$. Dann hat die Funktion $f(x) := |Ax|^2 - 2\langle Ax, b \rangle$ genau einen Minimierer x_0 in $\mathbb{R}^n$. Beweis?

7. Man klassifiziere die kritischen Punkte der Funktion $f(x,y) := \exp(x^2 + y^2) - 8x^2 - 4y^4$.

8. Können sich die kritischen Punkte einer Funktion $f \in C^2(\Omega)$ an einem strikten Minimierer von f häufen?

9. Man untersuche den kritischen Punkt $(0,0)$ der Funktion $f(x,y) := 2x^4 - 3x^2y + y^2 = (y - x^2)(y - 2x^2)$, die auf jeder Geraden durch $(0,0)$ ein lokales Minimum in $(0,0)$ hat.

8   Konvexe Mengen und konvexe Funktionen

Konvexe Kurven (Ovale) finden sich schon bei Archimedes und Kepler, und auch Cauchy, Steiner und Carl Neumann haben konvexe geometrische Figuren untersucht. Den Begriff der konvexen Menge haben Brunn (1887 und 1889) und Minkowski (1897, 1901–1909) eingeführt und auf geometrische und zahlentheoretische Probleme angewandt. Er gehört in der heutigen Mathematik zu den grundlegenden Begriffsbildungen und ist uns bereits in Abschnitt 1.5 begegnet. Gleichermaßen nützlich ist der Begriff der *konvexen Funktion*, der mit dem Begriff der konvexen Menge eng verbunden ist. Die wesentlichen Eigenschaften konvexer Funktionen wurden von Minkowski und Jensen zu Anfang des zwanzigsten Jahrhunderts beschrieben. Nichtdifferenzierbare konvexe Funktionen finden sich erstmals in dem Lehrbuch der Analysis von O. Stolz (1893).

Aus der Konvexität spezieller Funktionen erschließen wir wichtige Ungleichungen wie etwa die Ungleichungen von Young, Hölder und Minkowski, die unentbehrliche Hilfsmittel geworden sind. Danach beweisen wir die *Jensensche Ungleichung*

$$f\left(\fint_I \varphi(x)dx\right) \leq \fint_I f(\varphi(x))dx$$

für konvexe Funktionen f, die sich übrigens ohne weiteres auf mehrfache Integrale verallgemeinern läßt. Übrigens findet sich — unter engeren Voraussetzungen — diese Ungleichung bereits bei Otto Hölder (1889). Wir beschließen diesen Abschnitt mit dem Beweis des Satzes, daß eine auf einer offenen konvexen Menge Ω des $\mathbb{R}^n$ konvexe Funktion auf jedem Kompaktum K in Ω Lipschitzstetig ist.

Definition 1. *Eine Menge K des $\mathbb{R}^n$ heißt* **konvex,** *wenn mit $x, y \in K$ auch die Strecke $[x, y] := \{\lambda x + (1 - \lambda)y : 0 \leq \lambda \leq 1\}$ zu K gehört.*

Wir bemerken, daß $[x, y] = [y, x]$ ist und daß für $n = 1$ sowie $x < y$ die Strecke $[x, y]$ gerade das Intervall $\{z \in \mathbb{R} : x \leq z \leq y\}$ liefert. Wählt man die Parametrisierung $z = x + t(y - x) = (1 - t)x + ty$, $0 \leq t \leq 1$, für die Punkte von $[x, y]$, so ist $z = x$ für $t = 0$ und $z = y$ für $t = 1$, die Punkte von $[x, y]$ werden also monoton von x nach y durchlaufen, wenn t von 0 nach 1 wandert.

[1] Jede affine Hyperebene E in $\mathbb{R}^n$ ist konvex. Ist nämlich E durch die Gleichung $\langle a, x \rangle = c$ mit $a \in \mathbb{R}^n$, $c \in \mathbb{R}$ und $a \neq 0$ beschrieben, so folgt aus $x \in E$ und $y \in E$, daß

$$\langle a, \lambda x + (1 - \lambda)y \rangle = \lambda \langle a, x \rangle + (1 - \lambda)\langle a, y \rangle = \lambda c + (1 - \lambda)c = c$$

gilt, d.h. $\lambda x + (1 - \lambda)y \in E$. Hierbei haben wir nicht einmal benutzt, daß $0 \leq \lambda \leq 1$ ist. Ganz ähnlich ergibt sich: *Jeder affine Unterraum von $\mathbb{R}^n$ ist konvex.*

[2] *Jeder Halbraum $H := \{x \in \mathbb{R}^n : \langle a, x \rangle \geq c\}$ ist konvex,* denn aus $\langle a, x \rangle \geq c$ und $\langle a, y \rangle \geq c$ folgt für $0 \leq \lambda \leq 1$ die Beziehung

$$\langle a, \lambda x + (1 - \lambda)y \rangle = \lambda \langle a, x \rangle + (1 - \lambda)\langle a, y \rangle \geq \lambda c + (1 - \lambda)c = c .$$

$\boxed{3}$ *Die Schnittmenge beliebig vieler konvexer Mengen ist konvex.* Die Schnittmenge endlich vieler Halbräume heißt *konvexes Polyeder* (oder *Polytop*).

$\boxed{4}$ *Jede Kugel $B_r(x_0)$ ist konvex,* denn aus

$$|x - x_0| < r \quad \text{und} \quad |y - x_0| < r$$

folgt für $0 \leq \lambda \leq 1$

$$|\lambda x + (1 - \lambda)y - x_0| = |\lambda(x - x_0) + (1 - \lambda)(y - x_0)|$$

$$\leq \lambda |x - x_0| + (1 - \lambda)|y - x_0| < \lambda r + (1 - \lambda)r = r \,.$$

Ähnlich zeigt man: Ist $f : \mathbb{R}^n \to \mathbb{R}$ konvex (vgl. Definition 5), so sind die Mengen

$$B := \{x \in \mathbb{R}^n : f(x - x_0) < r\} \quad \text{und} \quad K := \{x \in \mathbb{R}^n : f(x - x_0) \leq r\}$$

für beliebige $x_0 \in \mathbb{R}^n$ und $r > 0$ konvex.

Definition 2. *Sind $x_1, x_2, \ldots, x_k \in \mathbb{R}^n$ und bezeichnen $\lambda_1, \ldots, \lambda_k$ reelle Zahlen mit $\lambda_1 + \lambda_2 + \ldots + \lambda_k = 1$ und $\lambda_j \geq 0$ für $1 \leq j \leq k$, so nennt man*

$$(1) \qquad\qquad x := \lambda_1 x_1 + \lambda_2 x_2 + \ldots + \lambda_k x_k$$

eine **konvexe Kombination** *der Punkte $x_1, x_2, \ldots, x_k$.*

Satz 1. *Eine Menge K des $\mathbb{R}^n$ ist genau dann konvex, wenn jede konvexe Kombination von Punkten aus K wiederum in K liegt.*

Beweis. (i) Die Bedingung ist offenbar hinreichend, denn man braucht in (1) nur den Fall $k = 2$ zu beachten.

(ii) Wir zeigen durch Induktion, daß die Bedingung auch notwendig für die Konvexität von K ist. Für $k = 1$ ist nichts zu beweisen, womit der Induktionsanfang gesichert ist. Wir wollen nun annehmen, daß die konvexe Kombination von k Punkten aus K wiederum in K liegt. Zu zeigen ist, daß das gleiche für Kombinationen

$$x := \lambda_1 x_1 + \ldots + \lambda_{k+1} x_{k+1} \,, \quad 0 \leq \lambda_j \leq 1 \,, \; \lambda_1 + \ldots + \lambda_{k+1} = 1$$

von $k + 1$ Punkten $x_1, \ldots, x_{k+1}$ aus K gilt. Dies ist klar, wenn $\lambda_{k+1} = 1$ ist. Wir können also $\lambda_{k+1} < 1$ annehmen, woraus $\lambda := \lambda_1 + \ldots + \lambda_k > 0$ folgt. Setzen wir $\mu_j := \lambda_j / \lambda$ für $1 \leq j \leq k$, so ergibt sich aus der Induktionsvoraussetzung, daß

$$y := \mu_1 x_1 + \ldots + \mu_k x_k$$

in K liegt, denn es gilt $\mu_j \geq 0$ und $\mu_1 + \ldots + \mu_k = 1$. Dann folgt

$$\lambda y + (1 - \lambda)x_{k+1} \in K \,,$$

da K konvex ist, und dies bedeutet $x \in K$.

$\square$

Definition 3. *Sei $k \in \{1, \ldots, n\}$. Die Menge der konvexen Kombinationen von $k+1$ Punkten $x_0, x_1, \ldots, x_k$ des $\mathbb{R}^n$, $1 \le k \le n$, wird als k-Simplex mit den Endpunkten $x_0, x_1, \ldots, x_k$ bezeichnet, falls die Vektoren $x_1 - x_0, \ldots, x_k - x_0$ linear unabhängig sind.*

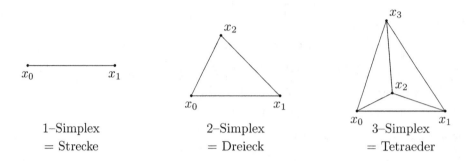

1–Simplex	2–Simplex	3–Simplex
= Strecke	= Dreieck	= Tetraeder

Definition 4. *Sei K eine abgeschlossene konvexe Menge des $\mathbb{R}^n$ mit $K \ne \emptyset, K \ne \mathbb{R}^n$. Dann nennt man einen Halbraum $H := \{x \in \mathbb{R}^n : \langle a, x \rangle \ge c\}$, $a \ne 0$, einen* **Stützhalbraum** *von K, wenn $K \subset H$ ist und die Hyperebene*

$$E = \partial H = \{x \in \mathbb{R}^n : \langle a, x \rangle = c\}$$

mindestens einen Punkt von K enthält; E heißt **Stützhyperebene** *von K.*

Sei $\mathcal{H}_K$ die Menge aller Stützhalbräume von K ($\ne \emptyset, \mathbb{R}^n$). Dann gilt offenbar

$$(2) \qquad\qquad K \subset \bigcap_{H \in \mathcal{H}_K} H =: K^* \,.$$

Satz 2. *Für jede abgeschlossene konvexe Menge $K \ne \emptyset, \mathbb{R}^n$ gilt*

$$(3) \qquad\qquad K = \bigcap_{H \in \mathcal{H}_K} H \,.$$

Beweis. Gäbe es einen Punkt $\xi \in K^* \setminus K$, so bestimmen wir einen Punkt $x_0 \in K$ mit $|\xi - x_0| = d(\xi, K)$. Dies bedeutet

$$(4) \qquad\qquad |\xi - x_0| \le |\xi - x| \quad \text{für alle } x \in K \,.$$

Sei $H_0 := \{x \in \mathbb{R}^n : \langle x_0 - \xi, \, x - x_0 \rangle \ge 0\}$. Wegen

$$\langle x_0 - \xi, \, \xi - x_0 \rangle = -|\xi - x_0|^2 < 0$$

folgt $\xi \notin H_0$. Andererseits zeigen wir $K \subset H_0$. Wegen $x_0 \in H_0$ wäre dann H_0 Stützhalbraum von K und daher $\xi \in K^* \subset H_0$, Widerspruch.

Um $K \subset H_0$ zu zeigen, betrachten wir einen beliebigen Punkt x von K. Dann folgt $tx + (1-t)x_0 \in K$ für alle $t \in [0,1]$, und wegen (4) folgt für alle $t \in [0,1]$, daß $|\xi - x_0|^2 \leq |(\xi - x_0) - t(x - x_0)|^2$ gilt, also

$$|\xi - x_0|^2 \leq |\xi - x_0|^2 - 2t\langle \xi - x_0 \, , \, x - x_0 \rangle + t^2 |x - x_0|^2 \, .$$

Hieraus folgt $\langle x_0 - \xi, \, x - x_0 \rangle + \frac{t}{2}\,|x - x_0|^2 \geq 0$ für alle $t \in [0,1]$. Mit $t \to +0$ ergibt sich $\langle x_0 - \xi, \, x - x_0 \rangle \geq 0$ für alle $x \in K$, womit $K \subset H_0$ gezeigt ist.

$\square$

Definition 5. *Eine auf einer konvexen Menge K des $\mathbb{R}^n$ definierte Funktion $f : K \to \mathbb{R}$ heißt* **konvex**, *wenn*

(5) $$f(\lambda x + \mu y) \, \leq \, \lambda f(x) + \mu f(y)$$

für beliebige $\lambda, \mu \in [0,1]$ mit $\lambda + \mu = 1$ und für alle $x, y \in K$ gilt. Wir nennen f **strikt konvex**, *wenn sogar*

(6) $$f(\lambda x + \mu y) \, < \, \lambda f(x) + \mu f(y)$$

für $x \neq y$ und $0 < \lambda, \mu < 1$, $\lambda + \mu = 1$, $x, y \in K$ erfüllt ist.

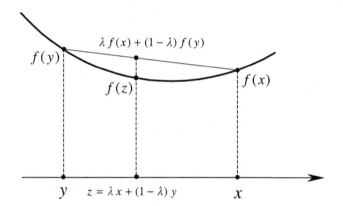

Definition 6. *Der* **Epigraph** *der Funktion $f : K \to \mathbb{R}$ ist die Menge*

(7) $$Epi\,(f) := \{(x, z) \in \mathbb{R}^n \times \mathbb{R} : x \in K, \, z \geq f(x)\} \, .$$

Das folgende Resultat ist evident.

Proposition 1. *Eine auf einer konvexen Menge $K \subset \mathbb{R}^n$ definierte Funktion $f : K \to \mathbb{R}$ ist genau dann konvex, wenn ihr Epigraph konvex ist.*

$\boxed{5}$ Jede Norm $N : \mathbb{R}^n \to \mathbb{R}$ des $\mathbb{R}^n$ ist konvex, aber keine Norm ist im obigen Sinne strikt konvex, denn auf den Strahlen $\{tx : t \geq 0\}$ ist jede Norm linear. (Gelegentlich wird eine Norm N *strikt konvex* genannt, wenn aus $N(x) = N(y) = 1$ und $N(x + y) = 2$ die Beziehung $x = y$ folgt).

Definition 7. *Man nennt f* **konkav** *bzw.* **strikt konkav,** *wenn statt (5) bzw. (6) die Ungleichung*

$$f(\lambda x + \mu y) \geq \lambda f(x) + \mu f(y)$$

bzw.

$$f(\lambda x + \mu y) > \lambda f(x) + \mu f(y)$$

gilt. Mit anderen Worten: Die Funktion f ist konkav bzw. strikt konkav, wenn $-f$ *konvex bzw. strikt konvex ist.*

Satz 3. *Sei* Ω *eine offene konvexe Menge des* $\mathbb{R}^n$. *Dann gilt:*

(i) Eine Funktion $f \in C^1(\Omega)$ *ist genau dann konvex, wenn die Ungleichung*

$$(8) \qquad f(x + h) \geq f(x) + \langle \nabla f(x), h \rangle$$

für alle x und $x + h \in \Omega$ *erfüllt ist.*
(ii) $f \in C^1(\Omega)$ *ist genau dann strikt konvex, wenn*

$$(9) \qquad f(x + h) > f(x) + \langle \nabla f(x), h \rangle$$

für alle $x, x + h \in \Omega$ *mit* $h \neq 0$ *gilt.*

Beweis. (a) Seien f konvex, $t \in (0,1)$ und $x, x + h \in \Omega$. Dann gilt $x + th \in \Omega$ und

$$f(x + th) \leq (1 - t) f(x) + t f(x + h) \,,$$

somit

$$f(x + th) - f(x) \leq t \left[f(x + h) - f(x) \right] \,,$$

und daher auch

$$\frac{1}{t} \left[f(x + th) - f(x) \right] - \langle \nabla f(x), h \rangle \leq f(x + h) - f(x) - \langle \nabla f(x), h \rangle \,.$$

Die linke Seite strebt mit $t \to +0$ gegen Null, und wir erhalten

$$0 \leq f(x + h) - f(x) - \langle \nabla f(x), h \rangle \,.$$

(b) Umgekehrt nehmen wir jetzt an, daß (8) gilt. Für beliebige $x, y \in \Omega$ mit $x \neq y$ setzen wir $z := tx + (1 - t)y$ mit $t \in (0,1)$ und $h := x - z$. Dann folgt $z \in \Omega$ und

$$y = \frac{1}{1 - t}(z - tx) = \frac{1}{1 - t}(z - tz - tx + tz) = z - \frac{t}{1 - t}\, h \,, \quad x = z + h \,.$$

Aus (8) ergibt sich

$$f(y) \geq f(z) - \frac{t}{1-t} \langle \nabla f(z), h \rangle , \quad f(x) \geq f(z) + \langle \nabla f(z), h \rangle .$$

Multiplizieren wir die erste Ungleichung mit $1 - t$, die zweite mit t und addieren die resultierenden Ungleichungen, so folgt

$$tf(x) + (1 - t)f(y) \geq f(z) \quad \text{für } 0 < t < 1 ,$$

und damit ist f konvex.

(c) Gilt statt (8) die stärkere Ungleichung (9), so folgt wegen

$$h = x - z = (1 - t)(x - y) \neq 0$$

die Ungleichung

$$tf(x) + (1 - t)f(y) > f(z) \quad \text{für } t \in (0, 1) \text{ und } x \neq y ,$$

und somit ist f strikt konvex.

(d) Sei jetzt f als strikt konvex vorausgesetzt. Wir wählen $t \in (0, 1)$ und $x, x + h \in \Omega$ mit $h \neq 0$. Nach (a) wissen wir bereits, daß

$$(10) \qquad\qquad f(x + th) - f(x) \geq \langle \nabla f(x), th \rangle$$

ist. Die strikte Konvexität liefert

$$f(x + th) = f(t(x + h) + (1 - t)x) < tf(x + h) + (1 - t)f(x) ,$$

also

$$(11) \qquad\qquad f(x + th) - f(x) < t \, [f(x + h) - f(x)] .$$

Aus (10) und (11) folgt nun $f(x + h) - f(x) > \langle \nabla f(x), h \rangle$.

$\square$

Satz 4. *Sei Ω eine offene konvexe Menge des $\mathbb{R}^n$, $f \in C^2(\Omega)$ und $H_f = D^2 f$. Dann gilt:*

(i) f ist konvex (konkav) $\Leftrightarrow$ $H_f(x) \geq 0$ (≤ 0) auf Ω .

(ii) Wenn $H_f(x) > 0$ (< 0) ist, so ist f strikt konvex (strikt konkav).

Beweis. Für $x, x + h \in \Omega$ liegt $[x, x + h]$ in Ω. Dann liefert die Taylorsche Formel

$$f(x + h) = f(x) + \langle \nabla f(x), h \rangle + \frac{1}{2} \langle h, H_f(x + \vartheta h)h \rangle$$

mit einem $\vartheta \in (0, 1)$. Aus $H_f(z) \geq 0$ bzw. > 0 für alle $z \in \Omega$ folgen für $h \neq 0$ die Relationen (8) bzw. (9). Wegen Satz 3 ist f konvex bzw. strikt konvex. Ist umgekehrt f konvex, so ergibt sich (8) und damit

$$(12) \qquad\qquad \langle h, H_f(x + \vartheta h)h \rangle \geq 0$$

für $|h| << 1$ und ein $\vartheta \in (0,1)$. Wählen wir $h = ta$ mit $a \in S^{n-1}$ und $0 < t << 1$ und multiplizieren wir (12) mit t^{-2}, so folgt $\langle a, H_f(x+t\vartheta a)a \rangle \geq 0$. Mit $t \to +0$ bekommen wir $\langle a, H_f(x)a \rangle \geq 0$ für alle $a \in S^{n-1}$, und dies liefert $H_f(x) \geq 0$ für jedes $x \in \Omega$.

$\square$

Bemerkung 1. Die Bedingung „$H_f(x) > 0$ auf Ω" ist nicht notwendig für die strikte Konvexität von f, wie das Beispiel $f : \mathbb{R} \to \mathbb{R}$ mit $f(x) = x^4$ zeigt.

Satz 5. *Sei I ein Intervall in $\mathbb{R}$ und $f \in C^1(I)$. Dann gilt:*

(i) f ist genau dann konvex, wenn f' schwach monoton wächst.
(ii) f ist genau dann strikt konvex, wenn f' monoton wächst.

Beweis. Aus Satz 3 folgt für $x, y \in \text{int } I$ mit $y < x$, daß

$$f(x) - f(y) \geq f'(y)(x-y) \quad \text{und} \quad f(y) - f(x) \geq f'(x)(y-x)$$

und damit $f'(y)(x-y) \leq f'(x)(x-y)$ gilt, falls f konvex ist. Dann ergibt sich

$$f'(y) \leq f'(x) \text{ für } x, y \in \text{int } I \text{ mit } y < x \,.$$

Ein Stetigkeitsargument zeigt, daß man auch $x, y \in I$ wählen kann. Ähnlich erhalten wir $f'(y) < f'(x)$ für $y < x$ mit $x \neq y$, falls f strikt konvex ist. Ist f' schwach monoton wachsend auf I, so folgt mit einem $\vartheta \in (0,1)$, daß

$$f(x+h) - f(x) = f'(x+\vartheta h)h \geq f'(x)h$$

gilt. Ist f' monoton wachsend und $h \neq 0$, so folgt

$$f(x+h) - f(x) = f'(x+\vartheta h)h > f'(x)h \,.$$

$\square$

Aus Satz 5 ergibt sich sofort

Satz 6. *Sei I ein Intervall und $f \in C^2(I)$. Dann gilt: Die Funktion f ist genau dann konvex, wenn $f''(x) \geq 0$ auf I ist, und f ist strikt konvex, falls $f''(x) > 0$ auf I ist mit Ausnahme von höchstens endlich vielen Punkten in I.*

$\boxed{6}$ Die Funktion $f(x) := e^x$, $x \in \mathbb{R}$, ist strikt konvex wegen $f''(x) > 0$.

$\boxed{7}$ Die Funktion $f(x) := x^\alpha$, $x > 0$, ist strikt konvex für $\alpha > 1$, strikt konkav für $0 < \alpha < 1$ und strikt konvex für $\alpha < 0$, denn wegen $f''(x) = \alpha(\alpha-1)x^{\alpha-2}$ gilt $f''(x) > 0$ für $\alpha > 1$ und $\alpha < 0$ sowie $f''(x) < 0$ für $0 < \alpha < 1$.

$\boxed{8}$ Die Funktion $f(x) := \log x$, $x > 0$, ist strikt konkav, denn

$$f''(x) = -x^{-2} < 0 \ .$$

Für $x, y > 0$ mit $x \neq y$ und $0 < \lambda < 1$ gilt also

$$\log(\lambda x + (1 - \lambda)y) > \lambda \log x + (1 - \lambda) \log y = \log(x^\lambda y^{1-\lambda}) \ .$$

Hieraus erhalten wir durch „Exponenzieren" die Ungleichung

(13) $\qquad x^\lambda y^{1-\lambda} < \lambda x + (1 - \lambda)y$ für $0 < \lambda < 1$ und $x, y > 0$, $x \neq y$.

Dann ergibt sich

(14) $\qquad x^\lambda y^{1-\lambda} \leq \lambda x + (1 - \lambda)y$ für $0 \leq \lambda \leq 1$.

Mit $a = x^\lambda$, $b = y^{1-\lambda}$, $\lambda = \dfrac{1}{p}$, $1 - \lambda = \dfrac{1}{q}$, $q = \dfrac{p}{p-1}$ folgt

(15) $\qquad ab \ \leq \ \dfrac{1}{p} a^p \ + \ \dfrac{1}{q} b^q$ **(Youngsche Ungleichung)**

für $a, b \geq 0$ und $p, q > 1$ mit $\dfrac{1}{p} + \dfrac{1}{q} = 1$.

$\boxed{9}$ **Höldersche Ungleichung**. Für beliebige $f, g \in \mathcal{R}([\alpha, \beta])$ gilt

(16) $\qquad \displaystyle\int_\alpha^\beta f(x)g(x)dx \ \leq \ \left(\int_\alpha^\beta |f(x)|^p dx \right)^{1/p} \left(\int_\alpha^\beta |g(x)|^q dx \right)^{1/q}$

wenn $p, q > 1$ und $\dfrac{1}{p} + \dfrac{1}{q} = 1$ ist. Zum Beweis setzen wir in (15) $a := \dfrac{f(x)}{A}$, $b := \dfrac{g(x)}{B}$, mit

$$A := \left(\int_\alpha^\beta |f(x)|^p dx + \epsilon \right)^{1/p} \ , \quad B := \left(\int_\alpha^\beta |g(x)|^q dx + \epsilon \right)^{1/q} \ , \ \epsilon > 0 \ ,$$

und integrieren beide Seiten der resultierenden Ungleichung bezüglich x von α bis β. Dann folgt

$$\int_\alpha^\beta ab \, dx \ \leq \ \frac{1}{p} \cdot 1 + \frac{1}{q} \cdot 1 = 1 \ .$$

Multiplikation dieser Ungleichung mit AB und $\epsilon \to +0$ liefert (16). Für $p = 2$ ergibt sich aus (16) die Schwarzsche Ungleichung.

$\boxed{10}$ **Die Minkowskische Ungleichung**. Für $f, g \in \mathcal{R}(I)$, $I = [\alpha, \beta]$, und $1 \leq p < \infty$ gilt

(17) $\qquad \left(\displaystyle\int_\alpha^\beta |f + g|^p dx \right)^{1/p} \leq \left(\int_\alpha^\beta |f|^p dx \right)^{1/p} + \left(\int_\alpha^\beta |g|^p dx \right)^{1/p} \ .$

Für $p = 1$ ist die Ungleichung (17) bekannt; betrachten wir also den Fall $p > 1$. Wir setzen $\varphi := |f|$, $\psi := |g|$. Dann folgt

$$\int_\alpha^\beta |f + g|^p dx \leq \int_\alpha^\beta (\varphi + \psi)^p dx = \int_\alpha^\beta \varphi(\varphi + \psi)^{p-1} dx + \int_\alpha^\beta \psi(\varphi + \psi)^{p-1} dx \ .$$

Wenden wir nun die Höldersche Ungleichung mit $1/q = 1 - 1/p$ an, so folgt wegen $\dfrac{1}{q} = \dfrac{p-1}{p}$ und $q = \dfrac{p}{p-1}$, daß

$$\int_\alpha^\beta (\varphi + \psi)^p dx \leq \left(\int_\alpha^\beta \varphi^p dx \right)^{1/p} \left(\int_\alpha^\beta (\varphi + \psi)^p dx \right)^{1/q}$$
$$+ \left(\int_\alpha^\beta \psi^p dx \right)^{1/p} \left(\int_\alpha^\beta (\varphi + \psi)^p dx \right)^{1/q}$$

ist. Multiplizieren wir mit $(\int_\alpha^\beta (\varphi + \psi)^p dx)^{-1/q}$, so ergibt sich

$$\left(\int_\alpha^\beta (\varphi + \psi)^p dx \right)^{1/p} \leq \left(\int_\alpha^\beta \varphi^p dx \right)^{1/p} + \left(\int_\alpha^\beta \psi^p dx \right)^{1/p} ,$$

falls $\int_\alpha^\beta (\varphi + \psi)^p dx \neq 0$ ist, und für $\int_\alpha^\beta (\varphi + \psi)^p dx = 0$ ist diese Ungleichung trivialerweise richtig, weil dann $\int_\alpha^\beta \varphi^p dx \geq 0$ und $\int_\alpha^\beta \psi^p dx \geq 0$ gilt. Damit ergibt sich (17).

Führen wir auf $\mathcal{R}(I)$ die Funktion $f \mapsto \|f\|_p$ durch

$$(18) \qquad \|f\|_p := \left(\int_\alpha^\beta |f(x)|^p dx \right)^{1/p}$$

ein, so kann (17) als **Dreiecksungleichung**

$$(19) \qquad \|f + g\|_p \leq \|f\|_p + \|g\|_p \quad \text{für } f, g \in \mathcal{R}(I)$$

geschrieben werden. Offenbar gilt $\|f\|_p \geq 0$ und $\|\lambda f\|_p = |\lambda| \cdot \|f\|_p$. Die Minkowskische Ungleichung besagt also, daß $\| \cdot \|_p$ eine Halbnorm auf $\mathcal{R}(I)$ ist.

Satz 7. (Jensensche Ungleichung I) *Sei K eine konvexe Menge in $\mathbb{R}^n$. Eine Funktion $f : K \to \mathbb{R}^n$ ist genau dann konvex auf K, wenn*

$$(20) \qquad f(\lambda_1 x_1 + \ldots + \lambda_k x_k) \leq \lambda_1 f(x_1) + \ldots + \lambda_k f(x_k)$$

für beliebige $x_1, \ldots, x_k \in K$, und beliebige $\lambda_1, \ldots, \lambda_k \in [0,1]$ mit $\lambda_1 + \ldots + \lambda_k = 1$ gilt.

Beweis (durch Induktion). Mit den Bezeichnungen des Beweises von Satz 1 folgt

$$f(y) \leq \mu_1 f(x_1) + \ldots + \mu_k f(x_k) , \quad \mu_j = \lambda_j / \lambda$$

und damit

$$f(\lambda_1 x_1 + \ldots + \lambda_{k+1} x_{k+1}) = f(\lambda y + (1 - \lambda) x_{k+1})$$
$$\leq \lambda f(y) + (1 - \lambda) f(x_{k+1}) \leq \lambda_1 f(x_1) + \ldots + \lambda_{k+1} f(x_{k+1}) .$$

$\square$

Satz 8. (Jensensche Ungleichung II). *Sei $\varphi \in C^0(I)$, $I = [a, b]$, und sei f eine stetige konvexe Funktion auf einem Intervall, das $\varphi(I)$ enthält. Dann gilt*

$$(21) \qquad f\left(\fint_I \varphi(x)dx \right) \leq \fint_I f(\varphi(x))dx \ .$$

Beweis. Sei $\mathcal{Z}$ eine Zerlegung von I, die durch

$$a = x_0 < x_1 < \ldots < x_k = b \ , \quad \Delta x_j = x_j - x_{j-1}$$

gegeben ist. Wir betrachten die zugehörigen Riemannschen Summen

$$S_{\mathcal{Z}}(\varphi) = \sum_{j=1}^{k} \varphi(x_j)\Delta x_j \ , \quad S_{\mathcal{Z}}(f \circ \varphi) = \sum_{j=1}^{k} f(\varphi(x_j))\Delta x_j \ .$$

Mit $\lambda_j := \Delta x_j / |I|$ folgt $0 \leq \lambda_j \leq 1$ und $\lambda_1 + \ldots + \lambda_k = 1$ und damit

$$f(|I|^{-1} S_{\mathcal{Z}}(\varphi)) = f(\lambda_1 \varphi(x_1) + \ldots + \lambda_k \varphi(x_k))$$
$$\leq \lambda_1 f(\varphi(x_1)) + \ldots + \lambda_k f(\varphi(x_k)) = |I|^{-1} S_{\mathcal{Z}}(f \circ \varphi) \ .$$

Lassen wir nun die Feinheit von $\mathcal{Z}$ gegen Null streben, so ergibt sich (21). $\qquad \square$

In Satz 8 ist es überflüssig anzunehmen, daß f stetig ist, falls f auf einem offenen Intervall I^* mit $\varphi(I) \subset I^*$ konvex ist, denn es gilt

Satz 9. *Ist $f : \Omega \to \mathbb{R}$ auf einer offenen konvexen Menge Ω des $\mathbb{R}^n$ konvex, so gilt $f \in C^0(\Omega)$ und $f \in \mathrm{Lip}\,(K)$ für jedes Kompaktum K in Ω.*

Beweis. (i) Sei $x_0 \in \Omega$. Dann gibt es ein $r > 0$, so daß der Würfel

$$W_r(x_0) := \{ x \in \mathbb{R}^n : |x - x_0|_* \leq r \}$$

in Ω liegt. Jeder Punkt $x \in W_r(x_0)$ ist eine konvexe Kombination der $N = 2^n$ Eckpunkte $a_1, \ldots, a_N$ von $W_r(x_0)$. Setzen wir $\mu := \max \{ f(a_1), \ldots, f(a_N) \}$, so folgt $f(x) \leq \mu$ für alle $x \in W_r(x_0)$.

Bezeichne nun x einen beliebigen Punkt mit $0 < |x - x_0| \leq r$. Wir setzen

$$\rho := |x - x_0| \ , \quad h := (r/\rho) \cdot (x - x_0) \ .$$

Dann gilt $|h| = r$ und $x \in [x_0, x_0 + h] \subset [x_0 - h, x_0 + h] \subset \overline{B}_r(x_0) \subset W_r(x_0)$.

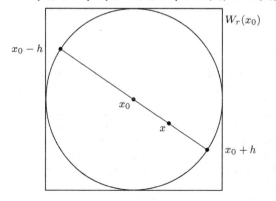

Aus $x = \lambda(x_0 + h) + (1 - \lambda)x_0$, $0 < \lambda \le 1$, ergibt sich $x_0 = \frac{1}{1+\lambda} x + \frac{\lambda}{1+\lambda}(x_0 - h)$. Diese beiden Darstellungen von x und x_0 sind konvexe Kombinationen, und wir erhalten

$$f(x) \le \lambda f(x_0 + h) + (1 - \lambda)f(x_0) \le \lambda \mu + (1 - \lambda)f(x_0)$$

sowie

$$f(x_0) \le \frac{1}{1+\lambda} f(x) + \frac{\lambda}{1+\lambda} f(x_0 - h) \le \frac{f(x) + \lambda \mu}{1 + \lambda} \ .$$

Dies liefert

$$f(x) - f(x_0) \le \lambda[\mu - f(x_0)] \ , \ f(x_0) - f(x) \le \lambda[\mu - f(x_0)]$$

und somit

$$|f(x) - f(x_0)| \le \lambda[\mu - f(x_0)] \ .$$

Wegen $x = x_0 + \lambda h$ und $|h| = r$, $|x - x_0| = \rho$ folgt $\lambda = \rho/r$ und damit

$$(22) \qquad\qquad |f(x) - f(x_0)| \le \frac{\mu - f(x_0)}{r} |x - x_0|$$

für alle $x \in B_r(x_0)$ mit $x \ne x_0$. Folglich ist f in x_0 und damit auch in Ω stetig.

(ii) Sei K eine kompakte Menge in Ω; dann ist $d := \operatorname{dist}(K, \partial\Omega) > 0$ (wobei $\operatorname{dist}(K, \partial\Omega) = \infty$ gesetzt ist, falls $\Omega = \mathbb{R}^n$ ist).

Wir wählen $r \in (0, d/\sqrt{n})$. Dann ist $K' := \{x \in \mathbb{R}^n : \operatorname{dist}(x, K) \le r\sqrt{n}\}$ eine abgeschlossene und beschränkte, somit kompakte Menge des $\mathbb{R}^n$ derart, daß $K \subset K' \subset \Omega$ gilt. Für $M := \sup_{K'} f$, $m := \inf_{K'} f$ gilt $-\infty < m \le M < \infty$, da f auf K' stetig ist.

Sei nun y ein beliebiger Punkt aus K. Dann gilt $W_r(y) \subset K'$, und wegen (22) folgt für jedes $x \in \overline{B}_r(y)$ die Abschätzung

$$|f(x) - f(y)| \le \frac{M - m}{r} |x - y| \ .$$

Für $x, y \in K'$ mit $|x - y| > r$ gilt $m \le f(x)$, $f(y) \le M$ und daher

$$|f(x) - f(y)| \le M - m \le \frac{M - m}{r} |x - y| \ .$$

Also erfüllt f für $x, y \in K$ die Lipschitzbedingung

$$(23) \qquad\qquad |f(x) - f(y)| \le L|x - y| \ \text{ mit } \ L := (M - m)r^{-1} \ .$$

$\square$

Bemerkung 2. Eine konvexe Funktion $f : K \to \mathbb{R}$ auf einer nichtoffenen konvexen Menge K kann unstetig sein, wie das Beispiel $f : [0, \infty) \to \mathbb{R}$ mit $f(0) := 1$, $f(x) := x$ für $x > 0$ zeigt.

Aufgaben.

1. Sei K ein konvexer Körper des $\mathbb{R}^n$ (d.h. ein konvexes Kompaktum mit nichtleerem Inneren). Dann nimmt eine nichtkonstante, konvexe Funktion $f : K \to \mathbb{R}$ ihr Supremum auf dem Rand von K an. Beweis?

2. Man zeige, daß die Menge K der konvexen Kombinationen von N vorgegebenen Punkten $x_1, \dots, x_N \in \mathbb{R}^n$ die „kleinste" konvexe Menge in $\mathbb{R}^n$ ist, welche diese Punkte enthält. Man nennt K die **konvexe Hülle** von $x_1, \dots, x_N$.

3. Ist $f(x) := a \cdot x + b$ eine affine Funktion mit $a \ne 0$, so nimmt sie ihr Maximum $\max_K f$ auf der konvexen Hülle von Punkten $x_1, \dots, x_N \in \mathbb{R}^n$ in mindestens einem der *Eckpunkte* x_ν von K an. Beweis?

4. Man zeige, daß eine Funktion $f : \mathbb{R}^n \to \mathbb{R}$ affin (d.h. von der Form $f(x) = a \cdot x + b$) ist, wenn sie sowohl konvex als auch konkav ist.

5. Man beweise: Wenn $f : \mathbb{R}^n \to \mathbb{R}$ strikt konvex und koerziv ist (d.h. $\lim_{|x| \to \infty} f(x) = \infty$), so besitzt f genau einen lokalen Minimierer x_0, und es gilt $f(x_0) = \min_{\mathbb{R}^n} f$.

6. Man zeige, daß $f(x) := \operatorname{dist}(x, K)$ auf $\mathbb{R}^n$ konvex ist, falls K eine nichtleere konvexe Teilmenge des $\mathbb{R}^n$ ist.

7. Man beweise, daß mit $f_1, f_2, \ldots, f_l$ auch die durch $f(x) := \max\{f_1(x), f_2(x), \ldots, f_l(x)\}$ definierte Funktion f konvex ist, die mit $f_1 \vee f_2 \vee \cdots \vee f_l$ bezeichnet wird. Wie kann man dieses Ergebnis verallgemeinern?

8. Ist $f : \Omega \to \mathbb{R}$ konvex auf der offenen konvexen Menge Ω, so sind auch die Mengen $\Omega_c := \{x \in \Omega : f(x) < c\}$ offen und konvex. Beweis?

9. Man beweise die verallgemeinerte Höldersche Ungleichung

$$\int_a^b \prod_{j=1}^l |f_j(x)| \, dx \leq \prod_{j=1}^l \left[\int_a^b |f_j(x)|^{p_j} \, dx \right]^{1/p_j}$$

für beliebige $p_j \in (1, \infty)$ mit $\sum_{j=1}^l \frac{1}{p_j} = 1$ und beliebige integrierbare Funktionen $f_1, \ldots, f_l$ auf $[a, b]$.

9 Invertierbare Abbildungen

Das Hauptziel dieses Abschnitts ist der Beweis des *Umkehrsatzes*. Dieses fundamentale Theorem besagt, daß eine C^1-Abbildung $f : \Omega \to \mathbb{R}^n$ einer offenen Menge Ω des $\mathbb{R}^n$ in jedem Punkt $x_0 \in \Omega$, wo die Jacobideterminante $J_f(x_0)$ nicht verschwindet, einen lokalen Diffeomorphismus liefert. Hieraus folgt, daß eine injektive C^1-Abbildung $f : \Omega \to \mathbb{R}^n$ mit nirgends verschwindender Jacobideterminante die Menge Ω diffeomorph auf ihre Bildmenge $\Omega^* := f(\Omega)$ abbildet.

Dieser Satz und der ihm gleichwertige *Satz über implizite Funktionen* (vgl. Kapitel 4) gehören zu den wichtigsten Hilfsmitteln der Analysis, obwohl sich ihre Bedeutung dem Anfänger nicht auf den ersten Blick erschließt. Die alten Mathematiker hätten nicht gezweifelt, daß man eine Gleichung $f(x) = y$ „in der Regel" nach x auflösen kann, und überdies hätten sie sich f nicht als eine abstrakte Abbildung, sondern als durch einen „analytischen Ausdruck" gegebene Vorschrift gedacht, für die man die Auflösbarkeit der Gleichung $f(x) = y$ nach x unmittelbar nachprüfen kann. Erst mit dem Aufkommen des abstrakten Funktionsbegriffes, wie ihn Cauchy und Dirichlet in voller Klarheit formuliert haben, und mit der Schöpfung der Mengenlehre durch Cantor wurde deutlich, daß klare allgemeine Bedingungen zu formulieren sind, welche die Auflösbarkeit nichtlinearer Gleichungen $f(x) = y$ oder, allgemeiner, von Gleichungen der Form $f(x, y) = 0$ sichern. Jacobi (1841), der die Sachlage durchschaute, gab den Mathematikern mit der *Funktionaldeterminante* das richtige Hilfsmittel in die Hand, doch präzise Formulierungen des Umkehrsatzes (bzw. des Satzes über implizite Funktionen) mit vollständigen Beweisen finden sich erst in den Lehrbüchern von Dini (1878), Peano (1893), Jordan (1893-96), und Stolz (1893-99).

Der in diesem Abschnitt angegebene Beweis lehnt sich an den Beweis von Carathéodory (*Variationsrechnung und partielle Differentialgleichungen erster Ordnung*, Teubner, Leipzig 1935) an; die Beweisidee stammt von G. Kowalewski (*Determinantentheorie* 1909, §126). Um ihn durchsichtig zu gestalten, ist es nützlich, die Begriffe *reguläre Abbildung* und *offene Abbildung* zu formulieren und zu zeigen, daß reguläre Abbildungen offen sind, was mit Hilfe eines Minimumverfahrens geschieht (Proposition 2).

Satz 1. (Umkehrsatz). *Sei Ω eine offene Menge des $\mathbb{R}^n$ und $f : \Omega \to \mathbb{R}^n$ eine Abbildung der Klasse C^1. Dann gilt:*

(i) Zu jedem Punkt $x_0 \in \Omega$, in dem $J_f(x_0) = \det Df(x_0) \neq 0$ gilt, gibt es eine offene Umgebung U von x_0 mit $U \subset \Omega$, so daß $U^* := f(U)$ offen ist und $f\big|_U$ einen C^1-Diffeomorphismus von U auf U^* liefert.

(ii) Wenn f die Menge Ω bijektiv auf $\Omega^* := f(\Omega)$ abbildet und $J_f(x) \neq 0$ ist für alle $x \in \Omega$, so ist Ω^* offen, und f bildet einen C^1-Diffeomorphismus von Ω auf Ω^*.

Im Fall (i) besitzt also f „*lokal*" eine differenzierbare Umkehrabbildung, während im Fall (ii) die Abbildung f „*global*" eine C^1-Umkehrabbildung f^{-1} hat.

Um die wichtigsten Ideen des Beweises von Satz 1 herauszuheben, führen wir zwei neue Begriffe ein. Überdies sei für das folgende vereinbart, daß Ω stets eine offene nichtleere Menge des $\mathbb{R}^n$ bezeichnet.

Definition 1. *Eine Abbildung $f \in C^1(\Omega, \mathbb{R}^n)$ heißt* **regulär**, *wenn*

$$(1) \qquad\qquad J_f(x) \neq 0 \quad \text{für alle } x \in \Omega$$

gilt. Man nennt f **regulär im Punkte** *$x_0 \in \Omega$, falls $J_f(x_0) \neq 0$ ist, und f heißt regulär auf M für $M \subset \Omega$, wenn $J_f(x) \neq 0$ für alle $x \in M$ gilt.*

Definition 2. *Eine Abbildung $f : \Omega \to \mathbb{R}^n$ heißt* **offen**, *wenn das Bild $f(\Omega')$ jeder offenen Teilmenge Ω' von Ω wiederum offen ist.*

Offene Abbildungen können wir — was künftig nützlich sein wird — auch in etwas anderer Weise charakterisieren.

Lemma 1. *Eine Abbildung $f : \Omega \to \mathbb{R}^n$ ist genau dann offen, wenn es zu jedem $x_0 \in \Omega$ eine Kugel $B_\delta(x_0) \subset \Omega$, $\delta > 0$, gibt, so daß folgendes gilt: Zu jedem $r \in (0, \delta)$ existiert ein $\rho > 0$, so daß*

$$(2) \qquad\qquad B_\rho(y_0) \subset f(B_r(x_0)) \quad \text{für} \quad y_0 := f(x_0) \ .$$

Beweis. (i) Die Bedingung ist notwendig, was sich sofort aus Definition 2 ergibt, wenn wir zu $x_0 \in \Omega$ die Zahl $\delta > 0$ nicht größer als dist $(x_0, \partial\Omega)$ wählen.

(ii) Um zu zeigen, daß die Bedingung auch hinreicht, wählen wir irgendeine nichtleere offene Teilmenge Ω' von Ω sowie einen beliebigen Punkt $y_0 \in f(\Omega')$. Dann existiert ein $x_0 \in \Omega'$ mit $f(x_0) = y_0$, und wir können ein $r \in (0, \delta)$ mit $B_r(x_0) \subset \Omega'$ finden. Da es ein $\rho > 0$ mit der Eigenschaft (2) gibt, so folgt $B_\rho(y_0) \subset f(\Omega')$, womit die Offenheit von $f(\Omega')$ gezeigt ist.

$\square$

Lemma 2. *Sind* $\varphi : M \to \mathbb{R}^n$ *und* $\psi : M \to \mathbb{R}^n$ *Abbildungen von* $M \subset \mathbb{R}^n$, *die*

$$(3) \qquad\qquad |\varphi(x) - \varphi(x')| \;\geq\; \gamma|x - x'|$$

und

$$(4) \qquad\qquad |\psi(x) - \psi(x')| \;\leq\; \mu|x - x'|$$

für alle $x, x' \in M$ *mit Konstanten* $\mu, \gamma > 0$ *erfüllen, und ist* $\lambda := \gamma - \mu > 0$, *so gilt für* $f := \varphi + \psi$ *die Abschätzung*

$$(5) \qquad\quad |f(x) - f(x')| \;\geq\; \lambda|x - x'| \quad \textit{für alle } x, x' \in M \;.$$

Daher liefert f *eine bijektive Abbildung von* M *auf* $M^* := f(M)$, *und die Inverse* $g := f^{-1}$ *ist Lipschitzstetig.*

Beweis. Mit $x, x' \in M$ folgt

$$|f(x) - f(x')| \;\geq\; |\varphi(x) - \varphi(x')| - |\psi(x) - \psi(x')|$$
$$\geq\; \gamma|x - x'| - \mu|x - x'| = \lambda|x - x'| \;.$$

Also ist $f : M \to \mathbb{R}^n$ injektiv und bildet somit M bijektiv auf $M^* = f(M)$ ab. Für $g = f^{-1}$ folgt dann aus (5) die Ungleichung

$$(6) \qquad |g(y) - g(y')| \;\leq\; \lambda^{-1}|y - y'| \quad \text{für alle} \quad y, y' \in M^* \;.$$

$\square$

Proposition 1. *Ist die Abbildung* $f \in C^1(\Omega, \mathbb{R}^n)$ *im Punkte* $x_0 \in \Omega$ *regulär, so gibt es eine offene Umgebung* $U = B_\delta(x_0)$ *von* x_0, *auf der* f *injektiv und somit* $f\big|_U$ *invertierbar ist. Die Inverse* g *von* $f\big|_U$ *ist Lipschitzstetig.*

Beweis. Wir wählen eine Kugel $B_R(x_0) \subset \Omega$ und setzen $y_0 := f(x_0)$ und $A := Df(x_0)$. Dann definieren wir

$$\varphi(x) := f(x_0) + Df(x_0)(x - x_0) = y_0 - Ax_0 + Ax \;, \quad x \in \mathbb{R}^n \;,$$

und

$$\psi(x) := f(x) - \varphi(x) \;, \quad x \in \Omega \;.$$

Die affine Funktion $\varphi : \Omega \to \mathbb{R}^n$ ist von der Klasse C^1, und es gilt $D\varphi(x) = A$ für alle $x \in \Omega$. Damit ist $\psi = f - \varphi \in C^1(\Omega, \mathbb{R}^n)$ und $D\psi(x_0) = 0$. Für beliebige $x, x' \in B_R(x_0)$ folgt nach Hadamards Lemma (vgl. 1.8, Formeln (17) und (18))

$$\psi(x) - \psi(x') = T \cdot (x - x') \;, \quad T := \int_0^1 D\psi(x' + t(x - x')) \, dt \;.$$

Für $x, x' \in \mathbb{R}^n$ folgt

$$x - x' = A^{-1} \cdot [Ax - Ax'] = A^{-1} \cdot [\varphi(x) - \varphi(x')]$$

und daher

$$|x - x'| \leq |A^{-1}| \cdot |\varphi(x) - \varphi(x')| \,.$$

Mit $\gamma := |A^{-1}|^{-1}$ erhalten wir also

$$|\varphi(x) - \varphi(x')| \geq \gamma|x - x'| \quad \text{für alle } x, x' \in \mathbb{R}^n \,.$$

Sei μ eine Zahl mit $0 < \mu < \gamma$. Wegen $D\psi \in C^0(\Omega, M(n))$ und $D\psi(x_0) = 0$ können wir ein $\delta \in (0, R)$ bestimmen, so daß $|D\psi(\xi)| \leq \mu$ für alle $\xi \in B_\delta(x_0)$ gilt. Damit ergibt sich

$$|T| = \left| \int_0^1 D\psi(x' + t(x - x'))dt \right| \leq \mu$$

für alle $x, x' \in B_\delta(x_0)$, und folglich gilt

$$|\psi(x) - \psi(x')| \leq |T| \cdot |x - x'| \leq \mu|x - x'| \quad \text{für } x, x' \in B_\delta(x_0) \,.$$

Setzen wir noch $M := B_\delta(x_0)$, so folgt mittels Lemma 2 die Abschätzung (5) und damit die Behauptung von Proposition 1.

$\square$

Proposition 2. *Eine reguläre Abbildung $f \in C^1(\Omega, \mathbb{R}^n)$ ist offen.*

Beweis. Wir zeigen, daß das in Lemma 1 angegebene Kriterium erfüllt ist. Zu diesem Zweck wählen wir einen beliebigen Punkt $x_0 \in \Omega$, setzen $y_0 := f(x_0)$ und bestimmen $\delta > 0$ wie im Beweis von Proposition 1. Dann gilt $B_\delta(x_0) \subset \Omega$, und es gibt eine Konstante $\lambda > 0$, so daß

$$|f(x) - f(x')| \geq \lambda|x - x'| \quad \text{für alle } x, x' \in B_\delta(x_0)$$

ist. Nun wählen wir irgendein $r \in (0, \delta)$ und setzen $\rho := \frac{1}{2}\lambda r$. Wir wollen zeigen, daß die Relation (2) erfüllt ist, womit die Offenheit von Ω gezeigt wäre. Dazu betrachten wir irgendeinen Punkt $y \in B_\rho(y_0)$ und definieren eine Funktion $F : \overline{B}_r(x_0) \to \mathbb{R}$ der Klasse C^1 durch $F(x) := |f(x) - y|^2$. Nach dem Satz von Weierstraß gibt es einen Punkt $\xi \in K := \overline{B}_r(x_0)$, so daß

$$F(\xi) = \inf_K F$$

ist. Wegen $F(x_0) = |f(x_0) - y|^2 = |y_0 - y|^2 < \rho^2$ folgt $\inf_K F < \rho^2$. Andererseits erhalten wir für $x \in \partial K = \partial B_r(x_0)$

$$|f(x) - y| = |f(x) - f(x_0) + y_0 - y|$$

$$\geq |f(x) - f(x_0)| - |y_0 - y|$$

$$\geq \lambda|x - x_0| - |y_0 - y| > \lambda r - \rho = \rho \,.$$

Folglich gilt $\inf_{\partial K} F \geq \rho^2 > \inf_K F = F(\xi)$, und damit ist $\xi \notin \partial K$, d.h. $\xi \in$ int $K = B_r(x_0)$. Also ist ξ ein kritischer Punkt von F, und wir erhalten $F_{x_j}(\xi) = 0$ für $j = 1, \ldots, n$. Dies bedeutet

$$\langle f(\xi) - y \,, D_j f(\xi) \rangle = 0 \,, \quad 1 \leq j \leq n \,,$$

d.h. $b := f(\xi) - y$ steht senkrecht auf den Spaltenvektoren $a_j = D_j f(\xi)$ der Jacobimatrix $Df(\xi)$. Hieraus folgt $f(\xi) - y = 0$, denn wegen $J_f(\xi) \neq 0$ sind $a_1, a_2, \ldots, a_n$ linear unabhängig und bilden somit eine Basis von $\mathbb{R}^n$.

Also gibt es zu jedem $y \in B_\rho(y)$ ein $\xi \in B_r(x_0)$, das durch f auf y abgebildet wird, und folglich gilt $B_\rho(y_0) \subset f(B_r(x_0))$, wie behauptet.

□

Beweis von Satz 1. (a) Wir beginnen mit dem Beweis von (ii). Sei also $f \in C^1(\Omega, \mathbb{R}^n)$ eine reguläre Abbildung, die Ω bijektiv auf $\Omega^* := f(\Omega)$ abbildet. Nach Proposition 2 ist Ω^* offen. Es bleibt zu zeigen, daß $g := f^{-1}$ in jedem Punkt $y_0 \in \Omega^*$ differenzierbar ist und daß $Dg(y)$ stetig von y abhängt. Nach Proposition 1 können wir eine Kugel $B_\rho(y_0) \subset \Omega^*$ finden, so daß g auf $B_\rho(y_0)$ Lipschitzstetig ist. Somit gibt es eine Zahl $l > 0$, so daß

$$(7) \qquad |g(y') - g(y'')| \ \leq \ l|y' - y''| \ \text{für alle } y', y'' \in B_\rho(y_0)$$

gilt. Sei nun y ein beliebiger Punkt aus $B_\rho(y_0)$. Es gibt eindeutig bestimmte Punkte x und x_0 aus Ω, so daß $y = f(x)$ und $y_0 = f(x_0)$ ist. Wegen (7) gilt

$$|x - x_0| \ \leq \ l|y - y_0| \,.$$

Setzen wir $h := x - x_0$, $k := y - y_0$, so folgt also

$$(8) \qquad |h| \ \leq \ l|k| \,.$$

Die Differenzierbarkeit von f im Punkte $x_0 \in \Omega$ ist gleichbedeutend damit, daß

$$(9) \qquad f(\xi) = f(x_0) + Df(x_0) \cdot (\xi - x_0) + R(\xi - x_0)$$

für $\xi \in \Omega$ gilt, wobei

$$(10) \qquad \lim_{\xi \to x_0} \frac{|R(\xi - x_0)|}{|\xi - x_0|} = 0 \,.$$

Wählen wir ξ als $x = g(y)$ und setzen noch

$$(11) \qquad A := [Df(x_0)]^{-1} \,, \quad \tilde{R}(k) := -AR(h) \,,$$

so erhalten wir aus (9) und (11) die Darstellung

$$(12) \quad g(y) = g(y_0) + A \cdot (y - y_0) + \tilde{R}(k) \quad \text{für } y = y_0 + k \in B_\rho(y_0) \,,$$

und aus (8) und (11) folgt

$$\frac{|\tilde{R}(k)|}{|k|} \ \leq \ |A| \, l \, \frac{|R(h)|}{|h|} \,.$$

Wegen (10) ergibt sich hieraus

$$(13) \qquad\qquad \lim_{k \to 0} \frac{|\tilde{R}(k)|}{|k|} = 0 \,.$$

Aus (12) und (13) folgt, daß g in $y_0 \in \Omega^*$ differenzierbar ist und dort die Ableitung A hat. Also gilt $Dg(y_0) = [Df(x_0)]^{-1}$. Da y_0 beliebig aus Ω^* gewählt werden kann, so bedeutet dies

$$(14) \qquad\qquad Dg = [(Df) \circ g]^{-1} \,.$$

Weiterhin folgt aus den Propositionen 1 und 2, daß g „lokal" Lipschitzstetig und somit stetig ist. Wegen $f \in C^1(\Omega, \mathbb{R}^N)$ ist $(Df) \circ g$ stetig, und mittels der Cramerschen Regel ergibt sich schließlich die Stetigkeit von Dg in Ω^*. Damit ist die Behauptung (ii) von Satz 1 bewiesen.

Um (i) zu zeigen, bemerken wir zunächst, daß es nach Proposition 1 eine offene Umgebung U von x_0 in Ω gibt, auf der f injektiv ist. Wegen $J_f(x_0) \neq 0$ läßt sich noch erreichen, daß $J_f(x) \neq 0$ ist für alle $x \in U$, indem wir U eventuell noch hinreichend verkleinern. Dann erfüllt die Einschränkung $f\big|_U$ die Voraussetzungen von (ii), und folglich ist $f\big|_U$ ein C^1-Diffeomorphismus von U auf die offene Menge $U^* := f(U)$. $\qquad\qquad\qquad\qquad\qquad\qquad\qquad\qquad\qquad\qquad\quad$ □

Bemerkung 1. Der wichtigste Teil von Satz 1 ist die Behauptung (i). Sie besagt, daß jede reguläre Abbildung $f : \Omega \to \mathbb{R}^n$ der Klasse C^1 „lokal" eine Umkehrabbildung der Klasse C^1 besitzt. Hierfür sagt man, eine reguläre C^1-Abbildung ist ein **lokaler Diffeomorphismus**. Dieses Ergebnis gehört zu den wichtigsten Hilfsmitteln der Analysis und wird wieder und wieder angewandt. Bei den Anwendungen spielt es meist keine Rolle, daß die Gestalt der Umkehrabbildung nicht bekannt ist; es genügt zu wissen, daß sie existiert. Freilich kann man die oben angegebene Schlußweise durch eine konstruktive Variante ersetzen, mit deren Hilfe die Umkehrabbildung durch einen Grenzwertprozeß erzeugt wird. Die Methode ähnelt dem in 4.1 bei der Lösung von Anfangswertproblemen benutzten Verfahren und kann ganz abstrakt gefaßt werden. Wir werden sie später bei der Behandlung des *Banachschen Fixpunktsatzes* beschreiben; sie hat den Vorteil, daß sie sich auf entsprechende Situationen in Banachräumen anwenden läßt.

Satz 2. *Seien $f \in C^s(\Omega, \mathbb{R}^n)$ regulär und injektiv, $s \geq 1$, und $\Omega^* = f(\Omega)$. Dann ist die Umkehrabbildung $g = f^{-1}$ regulär und von der Klasse $C^s(\Omega^*, \mathbb{R}^n)$ und es gilt*

$$(15) \qquad\qquad Dg = [(Df) \circ g]^{-1} \,.$$

Beweis. Für $s = 1$ haben wir die Behauptung in Satz 1 gezeigt, und (15) ist gerade die zuvor bewiesene Formel (14). Hieraus ergibt sich induktiv die Behauptung $g \in C^s(\Omega^*, \mathbb{R}^n)$ durch sukzessives Differenzieren.

□

Betrachten wir zur Illustration das folgende Beispiel.

1 Sei $f(u, v) = (\varphi(u, v), \psi(u, v))$ in $\Omega := \{(u, v) \in \mathbb{R}^2 : u > 0\}$ definiert durch

$$\varphi(u, v) = \cosh u \, \cos v \, , \ \psi(u, v) := \sinh u \, \sin v \, .$$

Wegen $f(u, v + 2\pi) = f(u, v)$ ist die Abbildung 2π–periodisch in v, also nicht injektiv. Es gilt jedoch

$$J_f(u, v) = \sinh^2 u \, \cos^2 v + \cosh^2 u \, \sin^2 v = \sinh^2 u + \sin^2 v$$

wegen $\cosh^2 u = 1 + \sinh^2 u$ und $\sin^2 v + \cos^2 v = 1$. Hieraus folgt $J_f(u, v) > 0$ auf Ω, und somit ist $f(\Omega)$ offen. Es zeigt sich, daß

$$f(\Omega) = \mathbb{R}^2 \setminus I \, , \ I := \{(u, 0) : |u| \le 1\}$$

ist. In der Tat beschreibt $f(u, v)$ für $0 \le v \le 2\pi$ bei festem $u > 0$ eine Ellipse

$$\frac{x^2}{a^2} + \frac{y^2}{b^2} = 1$$

mit der großen Halbachse $a := \cosh u > 1$ und der kleinen Halbachse $b := \sinh u$, und alle diese Ellipsen sind *konfokal*, denn sie haben die gemeinsamen Brennpunkte $P_1 = (-1, 0)$ und $P_2 = (1, 0)$ in der x, y-Ebene.

Bemerkung 2. L.G.J. Brouwer hat 1910 das folgende Resultat bewiesen, das am einfachsten mit der Theorie des *Abbildungsgrades* gezeigt wird, dessen Beweis jedoch über den Rahmen dieses Lehrbuches hinausgeht.

Satz 3. *Eine injektive stetige Abbildung $f : \Omega \to \mathbb{R}^n$ einer offenen Menge Ω des $\mathbb{R}^n$ ist offen.*

Dieses Ergebnis ist eine wesentliche Verschärfung von Proposition 2, und die folgenden Aufgaben zeigen, daß es nicht auf der Hand liegt.

Aufgaben.

1. Man zeige, daß die durch $f(x, y) := (y \sin x, y \cos x)$ definierte Abbildung $f : \Omega \to \mathbb{R}^2$ mit $\Omega = (1, 2) \times (0, 3\pi)$ ein lokaler, aber kein globaler Diffeomorphismus von Ω auf $f(\Omega)$ ist.

2. Sei $f : \mathbb{R}^2 \to \mathbb{R}^2$ definiert durch $f(x, y) := (\sin x \cosh y, \cos x \sinh y)$. (i) Man berechne Df und J_f. (ii) Was sind die Bilder $f(\Omega_1)$ und $f(\Omega_2)$ der Streifen $\Omega_1 := (0, \pi/2) \times \mathbb{R}$ und $\Omega_2 := (\pi/2, \pi) \times \mathbb{R}$? (iii) Man zeige, daß sowohl $f|_{\Omega_1}$ als auch $f|_{\Omega_2}$, nicht aber $f|_{\Omega_1 \cup \Omega_2}$ injektiv ist.

3. Ist Ω eine offene konvexe Menge des $\mathbb{R}^n$, $f \in C^1(\Omega, \mathbb{R}^n)$, $A := Df$ und gilt $J_f(x) \ne 0$ sowie $A(x) + A(x)^T > 0$ auf Ω, so liefert f einen Diffeomorphismus von Ω auf $f(\Omega)$. Beweis?

4. Ist Ω eine offene, konvexe Menge des $\mathbb{R}^n$, $u \in C^2(\Omega)$ und $H_u(x) > 0$, so liefert $f := \text{grad}\, u$ einen Diffeomorphismus von Ω auf $f(\Omega)$. Gilt überdies $H_u(x) \ge \lambda E$ auf Ω, $E = (\delta_{ik})$ und $\lambda > 0$, so folgt

$$|f(y) - f(x)| \ge \lambda |y - x| \quad \text{für alle } x, y \in \Omega \, .$$

Beweis? (Man betrachte $\langle y - x, f(y) - f(x) \rangle$.)

5. Ist Ω eine offene Menge des $\mathbb{R}^n$, $f \in C^1(\Omega, \mathbb{R}^n)$ und gilt $|f(x) - f(y)| \geq \lambda |x - y|$ für alle $x, y \in \Omega$ und eine geeignete Konstante $\lambda > 0$, so beweise man $J_f(x) \neq 0$ für alle $x \in \Omega$. Somit wird Ω diffeomorph auf $f(\Omega)$ abgebildet.

6. Man beweise: Erfüllen $\varphi, \psi \in C^1(\Omega, \mathbb{R}^n)$ auf der offenen Menge $\Omega \subset \mathbb{R}^n$ die Bedingungen (3) und (4) von Lemma 2 für alle $x, x' \in \Omega$ und mit $\gamma = \lambda + \mu$ und positiven Konstanten λ, μ, so ist $f := \varphi + \psi$ ein Diffeomorphismus von Ω auf $f(\Omega)$.

7. Ist f ein Diffeomorphismus von Ω und $\varphi \in C_c^1(\Omega, \mathbb{R}^n)$, so gibt es ein $\epsilon_0 > 0$ derart, daß die „gestörte Abbildung" $f^\epsilon := f + \epsilon\varphi$ für $|\epsilon| < \epsilon_0$ die Menge Ω auf $f(\Omega)$ diffeomorph abbildet. Beweis?

8. Sei Ω ein Gebiet des $\mathbb{R}^n$ und bezeichne ϕ eine Abbildung der Klasse $C^1(\Omega, \mathbb{R}^n)$ mit $D\phi(x) \in O(n)$ für alle $x \in \Omega$. Dann gilt $D\phi(x) \equiv \text{const}$ auf Ω und somit $\phi(x) = Ux + b$ für alle $x \in \Omega$, wobei $b \in \mathbb{R}^n$ und $U \in O(n)$ sind.

10   Legendretransformation

Als eine interessante Anwendung des Umkehrsatzes betrachten wir die *Legendre-transformation*. Sie wurde bereits von Euler (1770) benutzt und war vermutlich schon Leibniz bekannt.

Wir werden diese *involutorische Transformation* zunächst im einfachsten Fall beschreiben, wo keine weiteren Parameter neben den zu transformierenden Variablen auftreten. Dabei wird einer die Legendretransformation erzeugenden Funktion eine neue Funktion zugeordnet, die sogenannte *Legendretransformierte f^**. Wir zeigen, daß f^* durch ein Maximumprinzip charakterisiert werden kann, falls die Hessesche Matrix H_f positiv definit ist. Hieraus folgt die Ungleichung $\xi \cdot x \leq f(x) + f^*(\xi)$, aus der sich beispielsweise die Youngsche Ungleichung gewinnen läßt. Anschließend betrachten wir *partielle Legendretransformationen*, wo nur ein Teil der Variablen transformiert wird, während die anderen Variablen als „Parameter" aufgefaßt und nicht verändert werden. Solche Abbildungen wollen wir ebenfalls Legendretransformationen nennen. Sie treten an vielen Stellen auf, etwa in der Riemannschen Geometrie („Herauf- und Herunterziehen" von Indizes, vgl. den in ③ behandelten Spezialfall) oder in der Variationsrechnung, wo man mittels der von einer Lagrangefunktion $L(t, x, v)$ erzeugten partiellen Legendretransformation $p = L_v$ von (t, x, v) zu neuen Variablen (t, x, p) und zur Legendretransformierten $H = L^*$ mit $H(t, x, p) = p \cdot v - L(t, x, v)$ übergeht, die als *Hamiltonfunktion* bezeichnet wird. Wie W.R. Hamilton entdeckt hat, gehen bei diesem Transformationsprozeß die *Euler-Lagrangeschen Differentialgleichungen* der Variationsrechnung in die *Hamiltonschen kanonischen Differentialgleichungen* über. In ⑤ illustrieren wir diesen Vorgang am Beispiel der *Punktmechanik*. Zum Abschluß zeigen wir in ⑦, wie die verschiedenen thermodynamischen Potentiale durch Legendretransformation auseinander hervorgehen.

Um den Prozeß der Legendretransformation zu beschreiben, betrachten wir zunächst den einfachsten Fall. Sei eine Funktion $f \in C^2(\Omega)$ auf einer offenen Menge Ω des $\mathbb{R}^n$ gegeben. Dann definieren wir **die von f erzeugte Legendretransformation** als einen zweistufigen Prozeß:

(i) *Man führt neue Variablen $\xi = (\xi_1, \xi_2, \dots, \xi_n)$ ein durch die Gradientenabbildung $\varphi : x \mapsto f_x(x)$, also*

$$(1) \qquad\qquad \xi = \varphi(x) := f_x(x) \quad \text{für } x \in \Omega .$$

Um diesen Schritt ausführen zu können, wird vorausgesetzt, daß die Abbildung $\varphi : \Omega \to \Omega^* := \varphi(\Omega)$ einen C^1-Diffeomorphismus von Ω auf Ω^* liefert.

(ii) *Es wird eine zu f duale Funktion $f^* : \Omega^* \to \mathbb{R}$ definiert durch*

(2) $f^*(\xi) := \xi \cdot x - f(x)$ für $\xi \in \Omega^*$ mit $x := \psi(\xi)$,

wobei ψ die Inverse $\varphi^{-1} : \Omega^* \to \Omega$ von φ bezeichnet. Man nennt f^* die **Legendretransformierte** *von f.*
Die Abbildung $\varphi : \Omega \to \Omega^*$ heißt **Legendretransformation** (der unabhängigen Variablen) *und wird mit $\mathcal{L}_f$ bezeichnet.*

Proposition 1. *Wenn $f \in C^s(\Omega)$ mit $s \geq 2$ ist, so gilt auch $f^* \in C^s(\Omega^*)$, und die Inverse $\psi = \varphi^{-1}$ der Gradientenabbildung $\varphi = f_x$ wird durch die Gradientenabbildung $\psi = f_\xi^*$ geliefert. Ferner ist $f^{**} := (f^*)^* = f$.*

Beweis. Wegen (2) gilt

$$f^*(\xi) = \xi \cdot \psi(\xi) - f(\psi(\xi)) \quad , \quad \psi = (\psi_1, \dots, \psi_n) ,$$

und damit

$$f_{\xi_j}^*(\xi) = \psi_j(\xi) + \xi \cdot \psi_{\xi_j}(\xi) - f_x(\psi(\xi)) \cdot \psi_{\xi_j}(\xi) .$$

Ferner folgt aus $\xi = f_x(x)$ und $x = \psi(\xi)$ die Relation $\xi = f_x(\psi(\xi))$ und daher

$$f_{\xi_j}^*(\xi) = \psi_j(\xi) \quad \text{für } j = 1, \dots, n .$$

Damit ist

(3) $\psi = f_\xi^*$

gezeigt. Wegen $\varphi \in C^{s-1}(\Omega, \mathbb{R}^n)$ folgt $\psi \in C^{s-1}(\Omega^*, \mathbb{R}^n)$, und vermöge (3) ergibt sich $f_\xi^* \in C^{s-1}(\Omega^*, \mathbb{R}^n)$, womit auch $f^* \in C^s(\Omega^*)$ bewiesen ist. Schließlich ergibt sich aus (2) die Formel

(4) $f(x) + f^*(\xi) = \xi \cdot x$,

wenn entweder $\xi = f_x(x)$ oder $x = f_\xi^*(\xi)$ ist. Die von f^* erzeugte Gradientenabbildung ist also die inverse Abbildung zur von f erzeugten Gradientenabbildung, und die Legendretransformierte f^{**} von f^* ist f.

$\square$

Die Proposition 1 besagt also insbesondere, daß die Legendretransformation *involutorisch* ist. Dies bedeutet:

Die von f^* erzeugte Legendretransformation $\mathcal{L}_{f^*}$ ist die Inverse der von f erzeugten Legendretransformation $\mathcal{L}_f$, und es gilt $f^{**} = f$.

Definieren wir *die zu f adjungierte Funktion $g : \Omega \to \mathbb{R}$ durch*

(5) $g(x) := x \cdot f_x(x) - f(x)$,

so schreibt sich f^* als

(6) $f^* = g \circ \mathcal{L}_f^{-1}$.

Korollar 1. *Es gilt*

$$(7) \qquad f^*_{\xi\xi}(\xi) = [f_{xx}(x)]^{-1} \ , \ falls \ \xi = f_x(x) \ bzw. \ x = f^*_\xi(\xi) \ .$$

Beweis. Die Behauptung folgt mittels der Kettenregel aus (4). □

$\boxed{1}$ Sei $f \in C^2(\Omega)$ und $\det f_{xx}(x_0) \neq 0$ für ein $x_0 \in \Omega$. Dann existiert eine Umgebung U von x_0, so daß $f_x\big|_U$ einen Diffeomorphismus von U liefert. Die Legendretransformation kann also „lokal", d.h. in der Umgebung U von x_0, definiert werden.

$\boxed{2}$ Ist Ω eine offene konvexe Menge des $\mathbb{R}^n$, $f \in C^2(\Omega)$ und $H := f_{xx} > 0$, so liefert die Gradientenabbildung $\varphi := f_x$ einen C^1-Diffeomorphismus von Ω auf $\Omega^* := \varphi(\Omega)$. Um dies zu beweisen, müssen wir nur zeigen, daß φ injektiv ist, denn wegen $J_\varphi = \det f_{xx} > 0$ ist φ jedenfalls ein „lokaler Diffeomorphismus". Wäre φ nicht injektiv, so gäbe es Punkte $x, y \in \Omega$ mit $h := y - x \neq 0$ und $\varphi(y) - \varphi(x) = 0$. Hieraus ergäbe sich wegen Hadamards Lemma

$$0 = \langle y - x \,, \, \varphi(y) - \varphi(x) \rangle = \int_0^1 \langle h, H(x + th)h \rangle dt \ ;$$

jedoch ist das Integral auf der rechten Seite positiv wegen $H > 0$, Widerspruch.

Das Beispiel $\Omega := \{x \in \mathbb{R}^n : |x|_* < 1\}$ und $f(x) := \exp |x|^2$ zeigt, daß die Konvexität von Ω und $f_{xx} > 0$ im allgemeinen nicht die Konvexität von Ω^* nach sich ziehen.

Ist aber Ω^* konvex und gilt $f_{xx}(x) > 0$, so folgt aus (7) die Ungleichung $f^*_{\xi\xi}(\xi) > 0$ auf Ω^*, und daher ist f^* konvex auf Ω^*. In diesem Fall nennt man f^* die zu f **konjugierte konvexe Funktion**.

Ist Ω ein (verallgemeinertes) Intervall I in $\mathbb{R}$, so ergibt sich die Konvexität von $I^* := f_x(I)$ aus dem Zwischenwertsatz.

Für $n \geq 1$ gilt: *Ist* $f \in C^2(\mathbb{R}^n)$, $f_{xx} > 0$ *und erfüllt* f_x *die* **Koerzivitätsbedingung** $\lim_{|x|\to\infty} |f_x(x)| = \infty$, *so ist* $f_x(\mathbb{R}^n) = \mathbb{R}^n$. In der Tat ist $\Omega^* := f_x(\mathbb{R}^n)$ offen, und aus der Koerzivitätsbedingung folgt $\partial \Omega^* \subset \Omega^*$, woraus sich $\partial \Omega^* = \emptyset$ und damit $\Omega^* = \mathbb{R}^n$ ergibt.

Wegen $f = f^{**}$ ist f die zu f^* konjugierte konvexe Funktion. Es ist daher sinnvoll zu sagen, daß f und f^* konjugierte konvexe Funktionen sind.

$\boxed{3}$ Ist $A = (a_{jk}) \in M(n)$, $A = A^T$ und $\det A \neq 0$, so wird durch $f(x) := \frac{1}{2}\langle x, Ax \rangle$, $x \in \mathbb{R}^n$, die Gradientenabbildung

$$\xi = f_x(x) = Ax \quad , \quad x \in \Omega = \mathbb{R}^n \ ,$$

mit der Inversen

$$x = f^*_\xi(\xi) = A^{-1}\xi \quad , \quad \xi \in \Omega^* = \mathbb{R}^n \ ,$$

definiert, und die Legendretransformierte f^* von f ist

$$f^*(\xi) := \frac{1}{2}\langle \xi, A^{-1}\xi \rangle , \ \xi \in \mathbb{R}^n \ .$$

Proposition 2. *Ist f^* die Legendretransformierte einer Funktion $f \in C^2(\Omega)$ mit $f_{xx} > 0$, wobei Ω eine offene konvexe Menge des $\mathbb{R}^n$ bezeichnet, so gilt*

$$(8) \qquad f^*(\xi) = \max \{\xi \cdot x - f(x) : x \in \Omega\} \quad \text{für alle } \xi \in \Omega^* = f_x(\Omega).$$

Beweis. Wir fixieren $\xi \in \Omega^*$ und bilden $g \in C^2(\Omega)$ als

$$g(x) := \xi \cdot x - f(x) \quad, \quad x \in \Omega.$$

Wegen $g_{xx}(x) = -f_{xx}(x) < 0$ ist g strikt konkav, und die Ableitung $g_x(x)$ verschwindet genau dann, wenn $\xi = f_x(x)$ ist, was wegen $\boxed{2}$ für genau ein $x \in \Omega$ der Fall ist. Für $x + h \in \Omega$ mit $h \neq 0$ folgt nach Taylor

$$g(x + h) = g(x) - \frac{1}{2} \langle h, f_{xx}(x + \theta h)h \rangle , \; 0 < \theta < 1.$$

Damit gilt $g(z) < g(x) = f^*(\xi)$ für alle $z \in \Omega$ mit $z \neq x$.

$\square$

Aus Proposition 2 folgt sofort

Korollar 2. *Unter der Voraussetzung von Proposition 2 gilt*

$$(9) \qquad\qquad \min_{\xi \in \Omega^*} f^*(\xi) = \min_{\xi \in \Omega^*} \max_{x \in \Omega} \{\xi \cdot x - f(x)\}$$

und, falls Ω^* konvex ist, auch

$$(10) \qquad\qquad \min_{x \in \Omega} f(x) = \min_{x \in \Omega} \max_{\xi \in \Omega^*} \{\xi \cdot x - f^*(\xi)\}.$$

Dieses Resultat läßt sich sofort auf das Beispiel $\boxed{3}$ anwenden, wenn $A > 0$ vorausgesetzt wird.

Weiterhin ergibt sich aus Proposition 2 die **Youngsche Ungleichung** für konjugierte konvexe Funktionen **f und f^***:

Korollar 3. *Unter der Voraussetzung von Proposition 2 gilt*

$$(11) \qquad \xi \cdot x \leq f(x) + f^*(\xi) \quad \text{für alle } x \in \Omega \text{ und alle } \xi \in \Omega^*.$$

Wenden wir (11) auf die Funktion $f(x) := x^p/p$, $x > 0$, $n = 1$, $p > 1$, an, so ist $f^*(\xi) = \xi^q/q$ für $\xi > 0$, $1/p + 1/q = 1$, und damit ergibt sich die spezielle **Youngsche Ungleichung**

$$(12) \qquad\qquad \xi \cdot x \leq \frac{x^p}{p} + \frac{\xi^q}{q} \quad \text{für } x, \xi \geq 0.$$

Bei vielen Anwendungen werden nicht alle Variablen, sondern nur ein Teil von ihnen Legendre-transformiert. In einem solchen Fall müßten wir eigentlich von einer „**partiellen Legendretransformation**" sprechen, doch wollen wir auch solch allgemeineren Operationen die Bezeichnung „Legendretransformation" geben.

Betrachten wir einen Spezialfall, der die für (partielle) Legendretransformationen typischen Merkmale hat:

Gegeben sei eine reelle Funktion $L(t, x, v)$ auf $\mathbb{R} \times \mathbb{R}^n \times \mathbb{R}^n$ der Klasse C^2. Mit ihrer Hilfe erzeugen wir eine Legendretransformation als einen zweistufigen Prozeß:

(i) Wir betrachten die Variablentransformation $\Phi : (t, x, v) \mapsto (t, x, p)$, *die durch*

$$(13) \qquad t = t \ , \ x = x \ , \ p := L_v(t, x, v) =: \varphi(t, x, v)$$

definiert ist. Wir setzen voraus, daß diese Abbildung einen C^s–Diffeomorphismus von $\mathbb{R} \times \mathbb{R}^n \times \mathbb{R}^n$ auf sich mit $s \geq 1$ liefert; insbesondere ist dann

$$J_\Phi(z) = \det L_{vv}(z) \neq 0 \text{ für alle } z \in \mathbb{R} \times \mathbb{R}^n \times \mathbb{R}^n \ .$$

(ii) Es wird eine zu L duale Funktion $H : \mathbb{R} \times \mathbb{R}^n \times \mathbb{R}^n \to \mathbb{R}$ durch

$$(14) \qquad H(t, x, p) := p \cdot v - L(t, x, v) \ \text{ mit } v := \psi(t, x, p)$$

*definiert, wobei $\Psi : (t, x, p) \mapsto (t, x, \psi(t, x, p))$ die Inverse von Φ bezeichne. Man nennt H die **Legendretransformierte** von L oder die Hamiltonfunktion zu f. Die Abbildung Φ des (erweiterten) Phasenraumes $\mathbb{R} \times \mathbb{R}^n \times \mathbb{R}^n$ heißt **Legendretransformation** und wird mit $\mathcal{L}_L$ bezeichnet.*

Analog zu Proposition 1 erhalten wir

Proposition 3. *Wenn L von der Klasse C^s mit $s \geq 2$ ist, so ist auch H von der Klasse C^s, und die Inverse $\Psi(t, x, p) = (t, x, \psi(t, x, p))$ der Abbildung $\Phi(t, x, v) = (t, x, \varphi(t, x, v))$ mit $\varphi = L_v$ wird durch $\psi = H_p$ geliefert. Ferner haben wir die involutorischen Formeln*

$$(15) \qquad H_t(t, x, p) + L_t(t, x, v) = 0 \ , \ H_x(t, x, p) + L_x(t, x, v) = 0 \ ,$$
$$p = L_v(t, x, v) \ , \ v = H_p(t, x, p) \ , \ L(t, x, v) + H(t, x, p) = p \cdot v \ ,$$

falls (t, x, v) und (t, x, p) durch Φ bzw. Ψ umkehrbar eindeutig aufeinander bezogen sind.

Beweis. Aus (14) folgt $H(t, x, p) = p \cdot \psi(t, x, p) - L\big(t, x, \psi(t, x, p)\big)$. Differenzieren wir beide Seiten nach t bzw. x_j bzw. p_j, so ergeben sich die folgenden Relationen:

$$H_t = p \cdot \psi_t - L_v(\cdot, \cdot, \psi)\psi_t - L_t(\cdot, \cdot, \psi) \ ,$$
$$H_{x_j} = p \cdot \psi_{x_j} - L_v(\cdot, \cdot, \psi)\psi_{x_j} - L_{x_j}(\cdot, \cdot, \psi) \ ,$$
$$H_{p_j} = \psi_j + p \cdot \psi_{p_j} - L_v(\cdot, \cdot, \psi)\psi_{p_j} \ ,$$

und wegen (13) ist $p = L_v(t, x, \psi(t, x, p))$. Damit folgt

(16) $H_t = -L_t \circ \Psi \ , \quad H_x = -L_x \circ \Psi \ , \quad H_p = \psi \ ,$

und (13), (14) liefern

(17) $p = L_v \circ \Psi \quad \text{sowie} \quad L \circ \Psi + H = p \cdot \psi \ .$

Dies sind die Formeln (15). Wegen $L \in C^s$ ist grad $L \in C^{s-1}$ und $\Psi = \Phi^{-1} \in C^{s-1}$; in Verbindung mit (16) folgt grad $H \in C^{s-1}$, also $H \in C^s$. $\qquad \square$

Damit gelten für die von L bzw. H erzeugten (partiellen) Legendretransformationen $\mathcal{L}_L$ bzw. $\mathcal{L}_H$ die Beziehungen

(18) $\mathcal{L}_H = \mathcal{L}_L^{-1} \quad \text{bzw.} \quad \mathcal{L}_L = \mathcal{L}_H^{-1} \ .$

Insbesondere haben wir: *Ist H die Legendretransformierte von L, so ist L die Legendretransformierte von H.* Durch (15) wird der involutorische Charakter der Legendretransformation in ganz symmetrischer Weise ausgedrückt.

$\boxed{4}$ **Übergang von den Euler-Lagrangeschen Differentialgleichungen der Variationsrechnung zu den Hamiltonschen Gleichungen.**

Wir betrachten jetzt für Bewegungen $x(t) = (x_1(t), \ldots, x_n(t))$, $t \in I \subset \mathbb{R}$, der Klasse C^2 ein System von gewöhnlichen Differentialgleichungen zweiter Ordnung der Form

(19) $\dfrac{d}{dt} L_v(t, x(t), \dot{x}(t)) - L_x(t, x(t), \dot{x}(t)) = 0 \ .$

In der Variationsrechnung nennt man (19) die **Eulerschen Gleichungen** des Integrales

$$\mathcal{W}(x) := \int_I L(t, x(t), \dot{x}(t)) dt$$

(vgl. Abschnitt 2.4), und die Funktion L wird *Lagrangefunktion* des „Variationsintegrales" $\mathcal{W}$ genannt. In der klassischen Physik treten die Gleichungen (19) als sogenannte **Lagrangesche Gleichungen zweiter Art** auf, und das *Hamiltonsche Prinzip* besagt, daß die tatsächliche Bewegung unter allen virtuellen (d.h. denkbaren) Bewegungen dadurch ausgezeichnet ist, daß sie das Wirkungsintegral stationär macht, was gleichbedeutend mit (19) ist. Auf diesen Zusammenhang werden wir in Abschnitt 2.4 näher eingehen. (Insbesondere sei auf *The Feynman Lectures on Physics*, vol. 2, chapter 19 verwiesen).

Indem wir $v(t) := \dot{x}(t)$ setzen, wandeln wir (19) um in ein System von $2n$ Differentialgleichungen erster Ordnung für die $2n$ Funktionen $x(t), v(t)$:

(20) $\dfrac{dx}{dt} = v \ , \quad \dfrac{d}{dt} L_v(t, x, v) = L_x(t, x, v) \ .$

Geht man von der *Phasenkurve* $\big(x(t), v(t)\big)$ zur *dualen Phasenkurve* $\big(x(t), p(t)\big)$ über, wobei die **kanonischen Impulse** durch

$$p(t) := L_v(t, x(t), v(t))$$

definiert sind, so ergibt sich aus (15), daß auch

$$v(t) = H_p(t, x(t), p(t)) \ , \ \ L_x(t, x(t), v(t)) = -H_x(t, x(t), p(t))$$

ist, und wir erhalten aus (20) für die duale Phasenkurve $\big(x(t), p(t)\big)$ das System der **Hamiltonschen (kanonischen) Differentialgleichungen**

$$(21) \qquad \frac{dx}{dt} = H_p(t, x, p) \ \ , \ \ \ \frac{dp}{dt} = -H_x(t, x, p) \ .$$

Vielfach ist es bequemer, mit dem System (21) statt mit (19) zu arbeiten, zumal (21) bereits nach $\dot{x}, \dot{p}$ aufgelöst und somit von der in Band 1 behandelten Form $\dot{X} = F(t, X)$ ist. Ist umgekehrt $\big(x(t), p(t)\big)$ eine Lösung von (21) und setzt man $v(t) := H_p\big(t, x(t), p(t)\big)$, so folgt wegen (15)

$$p = L_v(t, x, v) \ , \ \ \ -H_x(t, x, p) = L_x(t, x, v)$$

und damit (19). Somit haben wir gefunden:

Proposition 4. *Wenn die Legendretransformation $\mathcal{L}_L$ einen C^1-Diffeomorphismus des erweiterten Phasenraumes $\mathbb{R} \times \mathbb{R}^n \times \mathbb{R}^n$ auf den dualen Phasenraum $\mathbb{R} \times \mathbb{R}^n \times \mathbb{R}^n$ liefert und H die Legendretransformierte von L ist, so ist das Lagrangesche System (20) zum Hamiltonschen System (21) äquivalent. Genauer gesagt: Löst die C^1-Phasenkurve $\big(x(t), v(t)\big)$ das System (20), so löst die duale Phasenkurve $\big(x(t), p(t)\big)$ mit $p(t) = L_v(t, x(t), v(t))$ das System (21), und umgekehrt: Ist $\big(x(t), p(t)\big)$ eine Lösung von (21), so erfüllt $\big(x(t), v(t)\big)$ mit $v(t) = H_p(t, x(t), p(t))$ das System (20).*

[5] **Die Legendretransformation in der Punktmechanik.** Damit wir Proposition 3 anwenden können, muß $\mathcal{L}_L$ einen Diffeomorphismus Φ von $\mathbb{R} \times \mathbb{R}^n \times \mathbb{R}^n$ auf sich liefern. Dies ist beispielsweise der Fall, wenn die Lagrangesche Funktion $L(t, x, v)$ von der Form

$$(22) \qquad L(x, v) = T(x, v) - V(x)$$

ist, wobei $T(x, v)$ in v eine positiv definite quadratische Form ist:

$$(23) \qquad T(x, v) = \frac{1}{2} \sum_{j,k=1}^{n} c_{jk}(x) v_j v_k$$

mit $C(x) = (c_{jk}(x)) > 0$ und $c_{jk}(x) = c_{kj}(x)$ für $x \in \mathbb{R}^n$. Wie in Beispiel [3] zeigt man, daß $\mathcal{L}_L$ einen globalen Diffeomorphismus liefert. Hierbei können wir annehmen, daß $L(x, v)$ nur für $(x, v) \in \Omega \times \mathbb{R}^n$ definiert ist, wobei Ω ein Gebiet des $\mathbb{R}^n$ bezeichnet. Diese Bemerkung ist nützlich, wenn wir annehmen, daß x nicht kartesische Koordinaten in einem Inertialsystem der Newtonschen Mechanik zu sein brauchen, sondern *generalisierte Koordinaten* sein können, die sich nach Elimination von *Zwangsbedingungen* ergeben.

Der Schluß bleibt richtig, wenn wir Lagrangefunktionen

$$(24) \qquad L(t, x, v) = T(x, v) - V(t, x, v)$$

betrachten, wo T die Gestalt (23) hat und V durch

(25) $$V(t,x,v) = \phi(t,x) + \langle A(t,x),v \rangle$$

mit einem zeitlich veränderlichen Vektorfeld $A(t,\cdot) : \Omega \to \mathbb{R}^n$ gegeben ist.

Denken wir uns beispielsweise einen Massenpunkt im $\mathbb{R}^3$ mit der Masse m und der Ladung q in einem elektromagnetischen Feld mit der skalaren potentiellen Energie $\phi(x)$ und dem Vektorpotential $A(x)$, so hat L die Gestalt

(26) $$L(x,v) = \frac{1}{2}m|v|^2 - q\phi(x) + q\langle A(x),v \rangle .$$

Dies liefert

(27) $$p = L_v(x,v) = mv + qA(x) ,$$

(28) $$v = m^{-1}[p - qA(x)] .$$

Dann ergibt sicht die Hamiltonfunktion $H(x,p)$ als

$$H(x,p) = p \cdot v - L(x,v)$$
$$= m^{-1}[|p|^2 - q\langle A(x),p \rangle] - \frac{1}{2}m^{-1}|p - qA(x)|^2 + q\phi(x) - qm^{-1}\langle A(x), p - qA(x) \rangle$$

und damit

(29) $$H(x,p) = \frac{1}{2m}|p - qA(x)|^2 + q\phi(x) .$$

Bezeichnen E bzw. B die elektrische Feldstärke bzw. die magnetische Induktion des elektromagnetischen Feldes, das auf den Massenpunkt wirkt, so gilt

(30) $$E = -\operatorname{grad} \phi , \quad B = \operatorname{rot} A , \quad \operatorname{div} A = 0 .$$

(Die zweite Relation in (30) besagt, daß A ein **Vektorpotential** von B ist, und die dritte ist eine Normierungsbedingung für A.) Die Lagrangeschen Bewegungsgleichungen lauten

(31) $$m\ddot{x} = q[E + \dot{x} \wedge B] .$$

Die rechte Seite von (31) ist die sogenannte *Lorentzsche Kraft* (vgl. L.D. Landau und E.M. Lifschitz, *Lehrbuch der Theoretischen Physik*, Band 2: *Feldtheorie*, §§16–19).

[6] **Der Energiesatz.** Wenn die Hamiltonfunktion H nicht von t abhängt, d.h. wenn $H_t = 0$ gilt, so ist H ein erstes Integral des Hamiltonsystems (21); es gilt also

(32) $$H(x(t),p(t)) \equiv \text{const}$$

für jede Lösung $\big(x(t),p(t)\big)$ von (21). Dies folgt aus

$$\frac{d}{dt}H(x,p) = H_x(x,p) \cdot \dot{x} + H_p(x,p) \cdot \dot{p} = -\langle \dot{p}, \dot{x} \rangle + \langle \dot{x}, \dot{p} \rangle = 0 .$$

Aus $H_t = 0$ folgt $L_t = 0$, und (32) liefert

(33) $$v(t) \cdot L_v(x(t),v(t)) - L(x(t),v(t)) \equiv \text{const}$$

für jede Lösung $\big(x(t),v(t)\big)$ von (20). Dies bleibt auch dann richtig, wenn man die Legendretransformation $\mathcal{L}_L$ nicht ausführen kann, denn die Formel läßt sich direkt aus (20) herleiten. Um dies zu zeigen, müssen wir nur die linke Seite von (33) nach t ableiten; berücksichtigen wir (20), so folgt wegen $L_t = 0$

$$\frac{d}{dt}[v \cdot L_v(x,v) - L(x,v)]$$
$$= \dot{v} \cdot L_v(x,v) + v \cdot \frac{d}{dt}L_v(x,v) - L_x(x,v) \cdot \dot{x} - L_v(x,v) \cdot \dot{v} = 0 .$$

[7] **Legendretransformationen in der Thermodynamik.** Denken wir uns ein thermody-
namisches System, das aus vielen Teilchen besteht. Es gebe n Typen von solchen Partikeln;
vom Typ der Nummer j seien N_j Teilchen vorhanden. Wir setzen $N = (N_1, \ldots, N_n)$ und
denken uns $N_1, \ldots, N_n$ als reelle Variable (vgl. 4.3). Neben N sei das System durch die Variablen T, die absolute Temperatur, und V, das Volumen, charakterisiert. Dann sind die anderen
thermodynamischen Größen $E, S, p, \mu_1, \ldots, \mu_n$ Funktionen von T, V, N, nämlich die *innere
Energie* $E = E(T, V, N)$, die *Entropie* $S = S(T, V, N)$, der *Druck* $p = p(T, V, N)$ und das
chemische Potential $\mu_j = \mu_j(T, V, N)$ der j-ten Substanz.

Die Variablen T, V, N und die Funktionen E, S, p, μ_j sind durch die *Gibbssche Gleichung* ge-
koppelt,

$$(34) \qquad\qquad dE = TdS - pdV + \sum_{j=1}^{n} \mu_j dN_j \,,$$

die zu dem folgenden System partieller Differentialgleichungen äquivalent ist

$$(35) \qquad E_T = TS_T \,, \quad E_V = TS_V - p \,, \quad E_{N_j} = TS_{N_j} + \mu_j \,, \quad 1 \le j \le n \,.$$

Besteht das System (etwa ein Gas oder eine Flüssigkeit) nur aus N Teilchen eines einzigen
Typs, so lautet die Gibbssche Gleichung

$$(36) \qquad\qquad dE = TdS - pdV + \mu dN \,.$$

Weil auf der rechten Seite *die Differentiale von S, V, N* vorkommen, liegt es nahe, von den
Variablen T, V, N zu den *natürlichen Variablen S, V, N* überzugehen, also E als Funktion
$E(S, V, N)$ von S, V, N aufzufassen. (Hierbei ist zu beachten, daß in der Physik üblicherweise für verschiedene Funktionen dasselbe Symbol benutzt wird, etwa E für $E(T, V, N)$ und
$E(S, V, N)$, weil man sich zunächst für E als Wert und oft nur in zweiter Linie für die *funktionale Abhängigkeit* interessiert. In der älteren mathematischen Literatur findet sich eine solche
Symbolik häufig, die ja gelegentlich auch in diesem Lehrbuch benutzt wird.)

Bei dem Prozeß, T, V, N durch S, V, N zu ersetzen, bleibt die Gibbssche Gleichung (36) erhalten, wie man mit Hilfe der Kettenregel zeigt. (Dieser Beweis ist aber umständlich, und daher
führt man den Nachweis viel eleganter und kürzer mit der Operation des *Zurückholens* von
Differentialformen (vgl. Band 3).)

Aus (36) ergibt sich nunmehr

$$(37) \qquad\qquad T = E_S \,, \quad p = -E_V \,, \quad \mu = E_N \,.$$

Neben dem Potential $E(S, V, N)$ werden in der Thermodynamik aber noch weitere thermodynamische Potentiale verwendet, die auf andere natürliche Variable bezogen sind. Die jeweils
neuen natürlichen Variablen ergeben sich aus den alten (bis auf Vorzeichenwechsel) durch Legendretransformation, und die neuen Potentiale sind (bis auf gewisse Vorzeichenänderungen)
Legendretransformierte der alten Potentiale. Gehen wir beispielsweise gemäß $T = E_S$ von
S, V, N zu T, V, N und von $E(S, V, N)$ zu $F(T, V, N)$ mit $F = E - TS$ über, so folgt wegen

$$dF = dE - TdS - SdT$$

aus (36) die Gleichung

$$(38) \qquad\qquad dF = -SdT - pdV + \mu dN \,,$$

die zu

$$S = -F_T \,, \quad p = -F_V \,, \quad \mu = F_N$$

äquivalent ist. Man nennt $F(T, V, N)$ die **freie Energie** des Systems. Entsprechend liefert die
Transformation $(S, V, N) \mapsto (S, p, N)$, $E(S, V, N) \mapsto H(S, p, N)$ mit

$$p = -F_V \,, \quad H = E + pV$$

wegen (36) die Formel

(39)
$$dH = TdS + Vdp + \mu dN \,,$$

die zu

$$T = H_S \,, \quad V = H_p \,, \quad \mu = H_N$$

äquivalent ist; die Funktion $H(S, p, N)$ heißt **Enthalpie**. Die **freie Enthalpie (Gibbssches Potential)** $G(T, p, N)$ gewinnt man aus $F(T, V, N)$ durch

$$p = -F_V \,, \quad G = F + pV \,,$$

und (38) geht über in

(40)
$$dG = -SdT + Vdp + \mu dN \,,$$

also

$$S = -G_T \,, \quad V = G_p \,, \quad \mu = G_N \,.$$

Das **statistische Potential** $\Omega(T, V, \mu)$ entsteht aus $F(T, V, N)$ durch

$$\mu = F_N \,, \quad \Omega = F - \mu N \,,$$

und wir erhalten

(41)
$$d\Omega = -SdT - pdV - Nd\mu \,,$$

daher

$$S = -\Omega_T \,, \quad p = -\Omega_V \,, \quad N = -\Omega_\mu \,.$$

Die **Entropiefunktion** $S(E, V, N)$ entsteht durch Auflösung der Gleichung

$$E(S, V, N) = E$$

nach S; wir erhalten also $S = S(E, V, N)$, und (36) ergibt

(42)
$$TdS = dE + pdV - \mu dN \,,$$

also

$$TS_E = 1 \,, \quad p = TS_V \,, \quad \mu = -TS_N$$

und folglich

$$p = S_V/S_E \,, \quad \mu = -S_N/S_E \,.$$

Die Bezeichnung **thermodynamische Potentiale** ist in Anlehnung an die Mechanik gewählt. So wie man dort die Kraftkomponenten durch Differentiation des Potentials nach den Ortskoordinaten findet, gewinnt man aus den thermodynamischen Potentialen durch Differentiation alle Zustandsvariablen.

Aufgaben.

1. Sei $u : \Omega \to \mathbb{R}$ eine C^2-Funktion auf $\Omega \subset \mathbb{R}^2$, für welche die zugehörige Legendretransformation $(x, y) \mapsto (\xi, \eta)$ mit $\xi = u_x(x, y)$, $\eta = u_y(x, y)$ einen Diffeomorphismus von Ω auf Ω^* liefert, und bezeichne $v \in C^2(\Omega^*)$ die Legendretransformatierte von u. Man zeige:
$$\rho := u_{xx}u_{yy} - u_{xy}^2 = 1/\left(v_{\xi\xi}v_{\eta\eta} - v_{\xi\eta}^2\right) \,, \quad u_{xx} = \rho v_{\eta\eta} \,, \quad u_{xy} = -\rho v_{\xi\eta} \,, \quad u_{yy} = \rho v_{\xi\xi} \,,$$
wobei u_{xx}, u_{xy}, u_{yy} mit den Argumenten x, y und $v_{\xi\xi}, v_{\xi\eta}, v_{\eta\eta}$ mit ξ, η zu nehmen sind.

2. Durch die Legendretransformation (vgl. Aufgabe 1) wird die Minimalflächengleichung
$$\left(1 + u_y^2\right)u_{xx} - 2u_x u_y u_{xy} + \left(1 + u_x^2\right)u_{yy} = 0$$
in die lineare Gleichung
$$(1 + \xi^2)v_{\xi\xi} + 2\xi\eta\, v_{\xi\eta} + (1 + \eta^2)v_{\eta\eta} = 0$$
transformiert. Beweis?

3. Mittels Legendretransformation löse man die Clairautsche Differentialgleichung
$$xu_x + yu_y - u = A(u_x, u_y) \,.$$

11 Satz von Heine–Borel. Lipschitzstetigkeit. Nullmengen

In diesem Abschnitt wollen wir kompakte Mengen in neuer Weise mittels des Satzes von Heine–Borel (1872, 1895) charakterisieren. Die Nützlichkeit dieses Theorems zeigen wir, indem wir zunächst ein Kriterium für Lipschitzstetigkeit und dann ein Kriterium für Nullmengen im $\mathbb{R}^n$ herleiten. Als *Nullmengen* bezeichnet man *Mengen vom Maße Null*; dies sind Mengen, die sich von höchstens abzählbar vielen Zellen mit beliebig klein wählbarer Inhaltssumme überdecken lassen. In der Lebesgueschen Integrationstheorie spielen Nullmengen eine wesentliche Rolle.

Definition 1. *Unter einer* **offenen Überdeckung** *einer Menge M des $\mathbb{R}^n$ verstehen wir eine Familie $U = \{\Omega_\alpha\}_{\alpha \in A}$, von offenen Mengen Ω_α des $\mathbb{R}^n$ mit der Eigenschaft*

$$M \subset \bigcup_{\alpha \in A} \Omega_\alpha \,.$$

Eine solche Überdeckung heißt **endlich***, wenn sie nur endlich viele Mengen Ω_α enthält.*

$\boxed{1}$ Jede nichtleere Menge M des $\mathbb{R}^n$ besitzt eine offene Überdeckung durch Kugeln vom Radius $r > 0$, nämlich $U = \{B_r(x)\}_{x \in M}$.

$\boxed{2}$ Ist Ω offen, so ist $U = \{\Omega\}$ eine endliche offene Überdeckung von Ω.

$\boxed{3}$ Ist $M \subset \mathbb{R}^n$ beschränkt, so gibt es eine Kugel $B = B_R(0)$ mit $M \subset B$. Dann ist $\{B\}$ eine endliche offene Überdeckung.

Satz 1. *Eine Menge K des $\mathbb{R}^n$ ist genau dann kompakt, wenn sich aus jeder offenen Überdeckung von K eine endliche Überdeckung von K auswählen läßt.*

Beweis. Zur Abkürzung wollen wir die im Satz genannte *Auswahleigenschaft* mit (AE) bezeichnen.

(i) Wir zeigen zuerst: *Die Bedingung* (AE) *ist hinreichend für Kompaktheit.* Sei also K eine Menge des $\mathbb{R}^n$, die (AE) erfüllt. Wir wollen zeigen, daß K abgeschlossen und beschränkt, also kompakt ist. Jedenfalls ist $U = \{B_N(0) : N \in \mathbb{N}\}$ eine offene Überdeckung von K. Daher gibt es Zahlen $N_1, N_2, \ldots, N_p$ mit $N_1 < N_2 < \ldots < N_p$, so daß

$$K \subset \bigcup_{j=1}^{p} B_{N_j}(0) = B_{N_p}(0)$$

gilt, und folglich ist K beschränkt. Wäre K nicht abgeschlossen, so gäbe es ein $x_0 \in \partial K \backslash K$. Sei $\Omega_N := \{x \in \mathbb{R}^n : |x - x_0| > 1/N\}$ für $N \in \mathbb{N}$. Dann wäre $U := \{\Omega_N\}_{N \in \mathbb{N}}$ eine offene Überdeckung von K, aus der sich eine endliche Überdeckung auswählen lassen müßte. Wegen $\Omega_1 \subset \Omega_2 \subset \ldots \subset \Omega_N \subset \ldots$ gäbe es also ein $N \in \mathbb{N}$, so daß $K \subset \Omega_N$ und somit

$$(1) \qquad\qquad |x - x_0| > 1/N \quad \text{für alle } x \in K$$

gälte. Andererseits folgt aus $x_0 \in \partial K \setminus K$, daß x_0 Häufungspunkt von K ist, sich also beliebig genau durch Punkte $x \in K$ approximieren lassen muß, was aber wegen (1) nicht möglich ist. Also ist K doch abgeschlossen und folglich kompakt.

(ii) Nun beweisen wir: *Die Bedingung* (AE) *ist auch notwendig für Kompaktheit.* Sei also K ein Kompaktum in $\mathbb{R}^n$, somit abgeschlossen und beschränkt. Dann gibt es einen abgeschlossenen Würfel W des $\mathbb{R}^n$ mit $K \subset W$. Angenommen, K hätte nicht die Eigenschaft (AE). Dann gäbe es eine offene Überdeckung U von K, aus der sich keine endliche Überdeckung von K auswählen ließe.

Schritt 1. Wir zerlegen W in $N := 2^n$ kongruente abgeschlossene Würfel $W_1^*, \ldots,$ W_N^* mit $W = W_1^* \cup W_2^* \cup \ldots \cup W_N^*$, indem wir die Kanten von W halbieren. Dann ist U auch eine offene Überdeckung für jede der Mengen $K_j^* := K \cap W_j^*$, $1 \leq j \leq N$, und für mindestens ein $j \in \{1, 2, \ldots, N\}$ gilt:

Aus U läßt sich keine endliche Überdeckung von K_j^* auswählen, denn anderenfalls gäbe es ja eine endliche Überdeckung von K.

Wir wählen ein solches $K_j^* := K \cap W_j^*$ und bezeichnen den zugehörigen Würfel W_j^* mit W_1.

Schritt 2. Wiederum zerlegen wir W_1 in $N = 2^n$ kongruente abgeschlossene Würfel $W_1^{**}, \ldots, W_N^{**}$, so daß $W_1 = W_1^{**} \cup W_2^{**} \cup \ldots \cup W_N^{**}$ ist, indem wir die Kanten von W_1 halbieren. Da U eine offene Überdeckung von $K \cap W_1$ ist, aus der sich keine endliche Überdeckung von $K \cap W_1$ auswählen läßt, gibt es mindestens ein W_k^{**} derart, daß zwar U eine offene Überdeckung von $K \cap W_k^{**}$ ist, sich aber aus U keine endliche Überdeckung von $K \cap W_k^{**}$ auswählen läßt. Dieser Würfel W_k^{**} werde mit W_2 bezeichnet.

So fahren wir fort und erhalten induktiv eine Würfelschachtelung $\{W_l\}_{l \in \mathbb{N}}$ mit folgender Eigenschaft: (∗) *Für jedes $l \in \mathbb{N}$ ist U eine offene Überdeckung von $K \cap W_l$, aus der sich keine endliche Überdeckung von $K \cap W_l$ auswählen läßt.*

Bekanntlich erfaßt eine Würfelschachtelung genau einen Punkt $x_0 \in \mathbb{R}^n$; es gilt also

$$\bigcap_{l=1}^{\infty} W_l = \{x_0\} .$$

Wegen (∗) ist jede der Mengen $K \cap W_l$ nichtleer. Also gibt es eine Folge $\{x_l\}$ von Punkten $x_l \in K \cap W_l$, und wegen

$$|x_l - x_0| \leq \text{diam } W_l \to 0 \quad \text{mit } l \to \infty$$

folgt $x_0 = \lim_{l \to \infty} x_l$. Da die x_l sämtlich in der abgeschlossenen Menge K liegen, ist auch x_0 ein Element von K. Also gibt es eine offene Menge Ω, die zu U gehört und x_0 enthält. Dann existiert eine Kugel $B_r(x_0)$ mit $B_r(x_0) \subset \Omega$. Wegen $x_0 \in W_l$ für alle $l \in \mathbb{N}$ und diam $W_l \to 0$ für $l \to \infty$ gibt es einen Index $l_0 \in \mathbb{N}$, so daß $W_l \subset B_r(x_0)$ für alle $l > l_0$ gilt. Hieraus folgt

$$K \cap W_l \subset \Omega \quad \text{für alle } l \geq l_0 \,,$$

d.h. die Mengen $K \cap W_l$ mit $l \geq l_0$ besitzen die Überdeckung $U' = \{\Omega\}$, die aus U ausgewählt ist und nur aus einem Element Ω von U besteht, also endlich ist. Dies widerspricht aber der Eigenschaft $(*)$.

$\square$

Wir bemerken, daß die Aussage (ii):

$$K \text{ ist kompakt} \quad \Rightarrow \quad K \text{ erfüllt } (AE)$$

der klassische Satz von Heine–Borel ist. Heute ist es nach dem Vorbild von Bourbaki üblich geworden zu definieren: *Eine Menge K des $\mathbb{R}^n$ heißt kompakt, wenn sich aus jeder offenen Überdeckung von K eine endliche Überdeckung von K auswählen läßt.* Diese Definition benutzt man auch in beliebigen metrischen oder topologischen Räumen, um kompakte Mengen einzuführen. In solchen Räumen ist es im allgemeinen nicht mehr richtig, daß eine abgeschlossene und beschränkte Menge kompakt ist.

Nun wollen wir zwei Anwendungen des Satzes von Heine–Borel angeben. Als erstes zeigen wir, daß jede lokal Lipschitzstetige Funktion $f : M \to \mathbb{R}^N$ auf jedem Kompaktum K in M Lipschitzstetig ist. Weil sich jedes $f \in C^1(\Omega, \mathbb{R}^N)$ als lokal Lipschitzstetig erweist, ist $f|_K$ Lipschitzstetig für jedes Kompaktum K in Ω. Es gilt nämlich

Proposition 1. *Ist Ω eine beschränkte, offene und konvexe Menge des $\mathbb{R}^n$ und $f \in C^1(\overline{\Omega}, \mathbb{R}^N)$, so gilt*

$$|f(x) - f(x')| \leq L|x - x'| \quad \text{für alle } x, x' \in \Omega$$

mit $L := \sup_{\overline{\Omega}} |Df| < \infty$.

Beweis. Nach Hadamards Lemma gilt

$$f(x) - f(x') = \int_0^1 Df(x' + t(x - x'))dt \cdot (x - x') \,.$$

Hieraus folgt

$$
\begin{aligned}
|f(x) - f(x')| &\leq \left| \int_0^1 Df(x' + t(x - x'))dt \right| \cdot |x - x'| \\
&\leq \int_0^1 |Df(x' + t(x - x'))|dt \cdot |x - x'| \\
&\leq \int_0^1 L \, dt \cdot |x - x'| \;=\; L|x - x'| \,.
\end{aligned}
$$

$\square$

Definition 2. *Eine Abbildung $f : M \to \mathbb{R}^N$ einer Menge $M \subset \mathbb{R}^n$ heißt **lokal Lipschitzstetig**, wenn es zu jedem $x_0 \in M$ eine Kugel $B_r(x_0)$ gibt, so daß f auf $M \cap B_r(x_0)$ Lipschitzstetig ist.*

Wir bemerken, daß diese Definition der lokalen Lipschitzstetigkeit von $f: M \to \mathbb{R}^N$ für offene Mengen M mit der in Band 1, Abschnitt 4.1, gegebenen Definition 1 übereinstimmt.

Aus Proposition 1 folgt sofort

Proposition 2. *Ist Ω eine offene Menge des $\mathbb{R}^n$ und $f \in C^1(\Omega, \mathbb{R}^N)$, so ist f lokal Lipschitzstetig.*

Proposition 3. *Ist $f : K \to \mathbb{R}^N$ auf einer kompakten Menge $K \subset \mathbb{R}^n$ lokal Lipschitzstetig, so gilt $f \in \text{Lip}\,(K, \mathbb{R}^N)$.*

Beweis. Zu jedem $x \in K$ gibt es ein $r(x) > 0$ und eine Zahl $L(x) > 0$, so daß

$$(2) \qquad |f(x') - f(x'')| \le L(x)|x' - x''| \quad \text{für alle } x', x'' \in B_{2r(x)}(x) \cap K$$

gilt. Weiterhin ist $U := \{B_{r(x)}(x) : x \in K\}$ eine offene Überdeckung von K. Aus dieser läßt sich eine endliche Überdeckung $U' = \{B_j\}_{1 \le j \le p}$ von K mit $B_j := B_{r(x_j)}(x_j)$ auswählen. Setze $B_j^* := B_{2r(x_j)}(x_j)$ und

$$r^* := \min\{r(x_1), \dots, r(x_p)\}\,, \quad L^* := \max\{L(x_1), \dots, L(x_p)\}\,.$$

Dann gilt für beliebige $x', x'' \in K$ mit $|x' - x''| < r^*$ die Abschätzung

$$|f(x') - f(x'')| \le L^* |x' - x''|\,,$$

denn x' muß in einer der Kugeln B_j liegen, womit x'' in B_j^* liegt. Wegen (2) ergibt sich in der Tat

$$|f(x') - f(x'')| \le L(x_j)|x' - x''| \le L^* |x' - x''|\,.$$

Ferner ist f beschränkt, d.h. es gibt eine Konstante $c > 0$ mit $|f(x)| \le c$ für alle $x \in K$. Also gilt für beliebige $x', x'' \in K$ mit $|x' - x''| \ge r^*$ die Abschätzung

$$|f(x') - f(x'')| \le |f(x')| + |f(x'')| \le 2c \le \frac{2c}{r^*}|x' - x''|\,.$$

Setzen wir $L := \max\{L^*, 2c/r^*\}$, so folgt

$$|f(x') - f(x'')| \le L|x - x'| \quad \text{für alle } x', x'' \in K\,.$$

$\square$

Wir bemerken noch, daß Proposition 3 gerade das Lemma 1 aus Abschnitt 4.2 von Band 1 ist, dessen Beweis hiermit nachgetragen ist.

Definition 3. *Eine Teilmenge M' einer Menge M aus $\mathbb{R}^n$ heißt* **kompakt in M enthalten** *(in Zeichen: $M' \subset\subset M$), wenn M' beschränkt ist und $\overline{M'} \subset M$ gilt.*

Proposition 4. Sind Ω und Ω' offene Mengen des $\mathbb{R}^n$ mit $\Omega' \subset\subset \Omega$ und gilt $f \in C^1(\Omega, \mathbb{R}^N)$, so folgt $f|_{\overline{\Omega'}} \in Lip(\overline{\Omega'}, \mathbb{R}^N)$.

Beweis. Die Behauptung ergibt sich sofort aus den Propositionen 2 und 3.

$\square$

Als zweite Anwendung des Heine–Borelschen Satzes beweisen wir zwei Ergebnisse, die sich bei der Einführung des mehrfachen Riemannschen Integrales als nützlich erweisen werden.

Definition 4. *Unter einer* **Zelle** Z *in* $\mathbb{R}^n$ *verstehen wir das kartesische Produkt*

$$(3) \qquad\qquad Z = I_1 \times I_2 \times \ldots \times I_n$$

von Intervallen $I_1, I_2, \ldots, I_n$ *in* $\mathbb{R}$.

Offene Zellen sind von der Form $Z = \prod_{k=1}^{n} I_k$ mit $I_k = (a_k, b_k)$, $1 \leq k \leq n$, also

$$(4) \qquad Z = \{(x_1, \ldots, x_n) : a_k < x_k < b_k \, , \, 1 \leq k \leq n\} \, ,$$

während *abgeschlossene Zellen* die Gestalt $Z = \prod_{k=1}^{n} I_k$ mit $I_k = [a_k, b_k]$, $1 \leq k \leq n$, haben, d.h.

$$(5) \qquad Z = \{(x_1, \ldots, x_n) : a_k \leq x_k \leq b_k \, , \, 1 \leq k \leq n\} \, .$$

Für $n = 2$ ist Z ein achsenparalleles Rechteck mit den Eckpunkten $A = (a_1, a_2)$, $B = (b_1, a_2)$, $C = (b_1, b_2)$ und $D = (a_1, b_2)$, und eine dreidimensionale Zelle ist ein achsenparalleler Quader im $\mathbb{R}^3$. Im allgemeinen steht „Zelle" für „n-dimensionaler achsenparalleler Quader".

Definition 5. *Der (n-dimensionale)* **Inhalt** $|Z|$ *einer Zelle* Z *aus (3) ist*

$$(6) \qquad\qquad |Z| := \prod_{k=1}^{n} |I_k| \, .$$

Ist Z von der Form (4) oder (5), so gilt also

$$(7) \qquad\qquad |Z| = l_1 l_2 \ldots l_n \qquad \text{mit } l_k := b_k - a_k \, .$$

Wir wollen nun „dünne Mengen" auf zweierlei Weise definieren, nämlich als „Mengen vom Inhalt Null" bzw. „vom Maße Null"; es wird sich zeigen, daß die beiden Definitionen i.a. nicht übereinstimmen. Es sei im folgenden stets vorausgesetzt, daß die auftretenden Mengen M Teilmengen des $\mathbb{R}^n$ sind und daß es sich bei „Zellen" um n-dimensionale Zellen handelt.

Definition 6. *(i) M hat den* **Inhalt Null** *(in Zeichen: $|M| = 0$), wenn es zu jedem $\epsilon > 0$ eine endliche Überdeckung von M durch offene Zellen $Z_1, \dots, Z_N$ gibt, so daß $|Z_1| + |Z_2| + \dots + |Z_N| < \epsilon$ gilt.*

(ii) M hat das **Maß Null** *(in Zeichen:* **meas $M = 0$**), wenn es zu jedem $\epsilon > 0$ eine endliche oder abzählbare Überdeckung $\{Z_j\}_{j \in J}$ von M durch offene Zellen Z_j gibt mit $\sum_{j \in J} |Z_j| < \epsilon$. Eine Menge vom Maße Null heißt* **Nullmenge**.

Das Symbol *meas* steht für *measure*, also „Maß".

Bemerkung 1. Eine Menge vom Inhalt Null ist offensichtlich auch eine Nullmenge, während das Umgekehrte im allgemeinen nicht gilt, wie das folgende Beispiel lehrt.

$\boxed{4}$ Sei $n = 1$ und $M := \mathbb{Q} \cap [0,1]$. Diese Menge ist abzählbar; es gibt also eine bijektive Abbildung $j \mapsto x_j$ von $\mathbb{N}$ auf M. Wir wählen ein $\epsilon > 0$ und setzen $I_j := (x_j - 2^{-j-1}\epsilon, \; x_j + 2^{-j-1}\epsilon)$ für $j \in \mathbb{N}$. Durch $\{I_j\}_{j \in \mathbb{N}}$ wird eine abzählbare Überdeckung von M durch offene Zellen I_j mit

$$\sum_{j=1}^{\infty} |I_j| = \sum_{j=1}^{\infty} 2^{-j}\epsilon = \epsilon$$

geliefert; somit ist M eine Nullmenge. Nun zeigen wir, daß M nicht den Inhalt Null hat. Ist nämlich $\{Z_1, \dots, Z_N\}$ irgendeine endliche Überdeckung von M durch offene Intervalle $Z_1, \dots, Z_N$, so folgt

$$[0,1] \subset \overline{Z}_1 \cup \overline{Z}_2 \cup \dots \cup \overline{Z}_N \, ,$$

weil M in $[0,1]$ dicht liegt, also $\overline{M} = [0,1]$ gilt. Dies liefert

$$1 \leq |Z_1| + |Z_2| + \dots + |Z_N| \, .$$

Also kann M keine Menge vom Inhalt Null sein.

Bemerkung 2. (i) Die in $\boxed{4}$ benutzte Schlußweise läßt sich offensichtlich zum Beweis des folgenden Resultates verwenden: *Jede abzählbare Menge des $\mathbb{R}^n$ ist eine Nullmenge.*
(ii) Offenbar gilt auch: *Jede endliche Menge des $\mathbb{R}^n$ hat den Inhalt* Null.

Proposition 5. *Jede kompakte Nullmenge hat den Inhalt Null.*

Beweis. Sei K eine kompakte Menge des $\mathbb{R}^n$ mit meas $K = 0$. Dann gibt es zu beliebig vorgegebenem $\epsilon > 0$ eine höchstens abzählbare Überdeckung $U = \{Z_1, Z_2, \dots\}$ von K durch offene Zellen Z_j mit $|Z_1| + |Z_2| + \dots < \epsilon$. Weil K kompakt ist, kann man nach dem Satz von Heine–Borel ein $N \in \mathbb{N}$ mit $K \subset Z_1 \cup Z_2 \cup \dots \cup Z_N$ finden, und es gilt dann erst recht $|Z_1| + |Z_2| + \dots + |Z_N| < \epsilon$. Somit folgt $|K| = 0$.

$\square$

Proposition 6. *(i) Die Vereinigung endlich vieler Mengen vom Inhalt Null ist eine Menge vom Inhalt Null.*
(ii) Die Vereinigung höchstens abzählbar vieler Nullmengen ist eine Nullmenge.

Beweis. (i) ist evident. Um (ii) zu beweisen, betrachten wir eine Vereinigung $M = M_1 \cup M_2 \cup M_3 \cup \ldots$ von Mengen M_j mit meas $M_j = 0$, $j = 1, 2, 3, \ldots$. Wir wählen irgendein $\epsilon > 0$ und setzen $\epsilon_j := 2^{-j}\epsilon$, $j = 1, 2, \ldots$. Zu jedem j können wir eine höchstens abzählbare Überdeckung $U_j = \{Z_l^j\}$ von M_j durch offene Zellen $Z_1^j, Z_2^j, \ldots$ mit $|Z_1^j| + |Z_2^j| + \ldots < \epsilon_j$ finden. Die Menge $U := \bigcup_l U_l$ ist höchstens abzählbar; wir können also die Zellen Z_l^j zu einer endlichen oder unendlichen Folge $\{Z_j\}$ von offenen Zellen $Z_1, Z_2, \ldots$ anordnen, die M überdecken. Für jede Partialsumme $\sum_{j=1}^N |Z_j|$ gilt

$$\sum_{j=1}^N |Z_j| < \sum_{j=1}^\infty \epsilon_j = \epsilon \, .$$

Folglich ist meas $M = 0$. $\qquad\qquad\qquad\qquad\qquad\qquad\qquad\qquad\qquad\qquad\quad\square$

Proposition 7. *Ist $n \geq 2$ und $\varphi \in C^0(Q)$, wobei Q eine kompakte Menge des $\mathbb{R}^{n-1}$ bezeichnet, so hat* graph φ *den (n-dimensionalen) Inhalt Null.*

Beweis. Es gibt einen Würfel $W = \{x \in \mathbb{R}^{n-1} : |x|_* \leq r\}$ in $\mathbb{R}^{n-1}$ mit $Q \subset W$; setze $q := |W| = (2r)^{n-1}$. Wir wählen ein beliebiges $\epsilon > 0$ und bestimmen dann ein $\eta > 0$ mit $4q\eta < \epsilon$.

Da φ gleichmäßig stetig ist, gibt es ein $\delta > 0$, so daß $|\varphi(x) - \varphi(x')| < \eta$ gilt für alle $x, x' \in Q$ mit $|x - x'| < \delta$.

Anschließend wählen wir ein $p \in \mathbb{N}$ und teilen jede Kante von W in p gleich große Intervalle. Dies induziert eine Zerlegung von W in $N = p^{n-1}$ kongruente abgeschlossene Würfel $W_1', \ldots, W_N'$ derart, daß diam $W_j' < \delta$ ist. Sei ξ_j der Mittelpunkt von W_j' und bezeichne Z_j' die Zelle

$$Z_j' := W_j' \times I_j \, , \quad I_j := (\varphi(\xi_j) - \eta, \, \varphi(\xi_j) + \eta) \, .$$

Dann gilt graph $\varphi \subset Z_1' \cup \ldots \cup Z_N'$ und

$$|Z_j'| = |W_j'| \, 2\eta \quad \text{sowie} \quad |W| = |W_1'| + \ldots + |W_N'| \, .$$

Dies ergibt

$$|Z_1'| + \ldots |Z_N'| = 2\eta \cdot [\, |W_N'| + \ldots + |W_1'| \,] = 2\eta \cdot |W| = 2\eta q < \epsilon/2 \, .$$

Ersetzen wir nun $W_1', \ldots, W_N'$ durch offene achsenparallele Würfel $W_1, \ldots, W_N$ mit $W_j' \subset W_j$ und $|W_j| < 2|W_j'|, j = 1, \ldots, N$, so sind die Zellen $Z_1 := W_1 \times I_1$, $\ldots, Z_N := W_N \times I_N$ offen, liefern eine endliche Überdeckung von graph φ und erfüllen $|Z_1| + \ldots + |Z_N| < \epsilon$. Damit ist $|\text{graph } \varphi| = 0$ gezeigt. $\qquad\quad\square$

Definition 7. *Eine kompakte Menge K des $\mathbb{R}^n$ heißt* **dünn**, *wenn es zu jedem $x_0 \in K$ eine Kugel $B_r(x_0)$ und eine stetige reelle Funktion $\varphi(y)$ mit $y = (x_1, \ldots, x_{j-1}, x_{j+1}, \ldots, x_n) \in Q$ gibt derart, daß*

$$M := K \cap \overline{B}_r(x_0) = \{(x_1, \ldots, x_n) : x_j = \varphi(y), \, y \in Q\}$$

und Q eine kompakte Teilmenge von $\mathbb{R}^{n-1}$ ist.

Kurzum, eine kompakte Menge K des $\mathbb{R}^n$ heißt *dünn*, wenn sie lokal der Graph einer stetigen Funktion $\varphi : Q \to \mathbb{R}$ über einem kompakten Definitionsbereich Q ist, der in einer der Hyperebenen $\{x \in \mathbb{R}^n : x_j = 0\}$ liegt.

Proposition 8. *Eine dünne kompakte Menge K des $\mathbb{R}^n$ hat den n-dimensionalen Inhalt Null.*

Beweis. Nach dem Satz von Heine–Borel kann K durch endlich viele Kugeln $B_r(x_0)$ von der in Definition 7 beschriebenen Art überdeckt werden. Wegen Proposition 7 ist also K eine endliche Vereinigung von Mengen des Inhalts Null, und nach Proposition 6 gilt $|K| = 0$.

$\square$

Kapitel 2

Kurven und Kurvenintegrale

Dieses Kapitel ist der Untersuchung von Kurven und von Integralen längs Kurven gewidmet. In Abschnitt 2.1 werden zunächst *rektifizierbare Kurven* und deren *Bogenlänge* eingeführt, und es wird gezeigt, daß stückweise glatte Kurven auf den Parameter der Bogenlänge transformiert werden können, woraufhin ihre Absolutgeschwindigkeit (Bahngeschwindigkeit) gleich Eins wird. Vermöge orientierungstreuer Parametertransformationen wird eine Äquivalenzrelation unter Kurven definiert, die es erlaubt, äquivalente Kurven zu *Wegen* zusammenzufassen. Längs Kurven und Wegen werden *Kurven-* und *Wegintegrale* für Vektorfelder definiert. Es wird untersucht, wie man mit Wegintegralen rechnet und wann sie wegunabhängig sind. Aus diesen Untersuchungen ergibt sich insbesondere *Cauchys Integralsatz*. Dieser liefert einen bequemen Zugang zur „Funktionentheorie", der Theorie holomorpher Funktionen und der Potenzreihen (vgl. Kapitel 3).

Abschnitt 2.2 behandelt einige differentialgeometrische Begriffe und Resultate der Kurventheorie, beispielsweise *Krümmung, Windung, Hauptnormalenvektor* und die *Frenetschen Formeln*. Abschnitt 2.3 befaßt sich mit der stetigen und differenzierbaren Abhängigkeit der Lösungen von Anfangswertproblemen für gewöhnliche Differentialgleichungen hinsichtlich Parametern, etwa mit der Abhängigkeit von ihren Anfangsdaten. Mit diesen Resultaten erkennt man, daß der Phasenfluß glatter vollständiger Vektorfelder eine *Einparametergruppe von Diffeomorphismen* des Phasenraumes liefert. Ferner liefern diese Ergebnisse auch die Grundlage für Linearisierungen von Flüssen (*Poincarésche Variationsgleichung*). In Abschnitt 2.4 leiten wir die *Euler-Lagrangeschen Differentialgleichungen* für eindimensionale Variationsprobleme her. Anschließend behandeln wir das *Fermatsche Prinzip* der geometrischen Optik, das *Hamiltonprinzip* der Punktmechanik und den *Satz von Emmy Noether* für invariante Variationsintegrale, der beispielswese die klassischen algebraischen Integrale des *Dreikörperproblems* liefert.

1   Bogenlänge. Kurven- und Wegintegrale

Die folgenden Betrachtungen über so scheinbar einfache geometrische Objekte wie Kurven wird der Leser wohl zunächst langweilig und überflüssig finden, doch sind sie für das weitere nötig. Das Beispiel der Peanokurven zeigt ja, daß stetige Kurven sehr kompliziert sein können. Wir werden Kurven auf spezielle Klassen beschränken, damit sie unserer geometrischen Vorstellung von einer Kurve entsprechen.

Unter den stetigen Kurven $f : I \to \mathbb{R}^n$ mit $I = [a, b]$ wollen wir zunächst diejenigen auszeichnen, denen man eine endliche Länge zuordnen kann. Zu diesem Zwecke betrachten wir eine beliebige Zerlegung $\mathcal{Z}$ von $I = [a, b]$ durch Teilpunkte $t_0, t_1, \ldots, t_k \in \mathbb{R}$ mit

(1) $a = t_0 < t_1 < t_2 < \ldots < t_k = b$

und setzen $\Delta t_j := t_j - t_{j-1}$ sowie

(2) $$\mathcal{L}_{\mathcal{Z}}(f) := \sum_{j=1}^{k} |f(t_j) - f(t_{j-1})| \, .$$

Dies ist die elementargeometrische Länge des *Polygonzuges* $p_{\mathcal{Z}} : I \to \mathbb{R}^n$ mit den Eckpunkten $P_j := f(t_j)$, der durch

(3) $$p_{\mathcal{Z}}(t) := \frac{t_j - t}{\Delta t_j} \, P_{j-1} + \frac{t - t_{j-1}}{\Delta t_j} \, P_j$$

für $t \in [t_{j-1}, t_j]$, $j = 1, 2, \ldots, k$, definiert ist.

Definition 1. *Man bezeichnet*

(4) $\mathcal{L}(f) := \sup\{\mathcal{L}_{\mathcal{Z}}(f) : \mathcal{Z} \ ist \ Zerlegung \ von \ I\}$

*als die **Länge** oder **Totalvariation** der Kurve $f \in C^0(I, \mathbb{R}^N)$ und benutzt hierfür auch das Symbol $\int_a^b |df|$. Wenn $\mathcal{L}(f) < \infty$ ist, so heißt die Kurve f* **rektifizierbar** *(d.h. „streckbar").*

Die Länge $\mathcal{L}(f)$ ist also das Supremum der Längen aller in die Kurve $f : [a, b] \to \mathbb{R}$ einbeschriebenen Polygonzüge (3). Die Länge eines Polygonzuges ergibt sich durch „Strecken" (= Geradeziehen, Rektifizieren) und Messen des Abstandes der Endpunkte der geradlinigen Strecke, die sich als Resultat des Streckvorganges ergibt. Da für krumme Kurven nicht klar ist, was mathematisch mit *Rektifizieren* gemeint ist, wird in der obigen Definition der Umweg über die einbeschriebenen

Polygonzüge gewählt. Damit haben wir den naiven Standpunkt verlassen, jede stetige Kurve besäße eine Länge. Wenn wir an Peanokurven denken, leuchtet sofort ein, daß nicht jeder stetigen Kurve eine endliche Länge zugeschrieben werden kann.

Erinnern wir uns an die Klasse $BV(I, \mathbb{R}^n)$ der *Funktionen* $f : I \to \mathbb{R}^n$ *beschränkter Variation*, die wir in Band 1, Abschnitt 3.12 eingeführt haben. Offenbar ist die Klasse $C^0(I, \mathbb{R}^n) \cap BV(I, \mathbb{R}^n)$ gerade die Klasse der rektifizierbaren, stetigen Kurven $f : I \to \mathbb{R}^n$ mit dem Parameterintervall $I = [a, b]$, und die Länge $\mathcal{L}(f)$ einer solchen Kurve ist nichts anderes als die *Totalvariation* $V_a^b(f)$ von f. Insbesondere gelten die *Rechenregeln* (8) und (9) von Band 1, 3.12. Ist beispielsweise $f : [a, b] \to \mathbb{R}^n$ rektifizierbar und $c \in (a, b)$, so sind auch die Kurven $\varphi := f|_{[a,c]}$ und $\psi := f|_{[c,b]}$ rektifizierbar, und es gilt $\mathcal{L}(f) := \mathcal{L}(\varphi) + \mathcal{L}(\psi)$.

Eine ganze Reihe der nun folgenden Resultate läßt sich auch für Kurven der Klasse $C^0(I, \mathbb{R}^n) \cap BV(I, \mathbb{R}^n)$ oder zumindest für die Klasse $AC(I, \mathbb{R}^n)$ der absolut stetigen Funktionen $I \to \mathbb{R}^n$ formulieren und beweisen, doch muß man sich hierfür etwas tiefer in das Gebiet der reellen Funktionen, insbesondere in die Maß- und Integrationstheorie begeben. Wir werden uns daher auf die Betrachtung von glatten bzw. stückweise glatten Kurven beschränken, was für viele interessante Anwendungen völlig ausreicht.

Zunächst betrachten wir ein Beispiel.

[1] Ist $f : [a, b] \to \mathbb{R}^n$ eine Lipschitzstetige Kurve mit der Lipschitzkonstanten L, so ist f rektifizierbar und es gilt (vgl. Formel (13) in Band 1, 3.12):

$$(5) \qquad\qquad \mathcal{L}(f) \leq L \cdot (b - a) \, .$$

Bekanntlich ist für $I = [a, b]$ jede Kurve $f \in C^1(I, \mathbb{R}^n)$ Lipschitzstetig mit der Lipschitzkonstanten $L = \max_I |Df|$. *Somit ist jede Kurve aus* $C^1(I, \mathbb{R}^n)$ *rektifizierbar.* Hieraus ergibt sich ohne weiteres, daß *jede Kurve der Klasse* $D^1(I, \mathbb{R}^n)$ *rektifizierbar ist*, wobei D^1 folgendermaßen definiert ist:

Definition 2. *Eine stetige Kurve* $f : I \to \mathbb{R}^n$ *mit* $I = [a, b]$ *heißt* **stückweise glatt***, wenn es eine Zerlegung* $a = t_0 < t_1 < \ldots < t_k = b$ *von* I *in endlich viele Teilintervalle* $I_j = [t_{j-1}, t_j]$ *gibt, so daß die Einschränkungen* $f|_{I_j}$ *von der Klasse* $C^1(I_j, \mathbb{R}^n)$ *sind. Mit* $D^1(I, \mathbb{R}^n)$ *wird die Klasse der stetigen, stückweise glatten Kurven* $f : I \to \mathbb{R}^n$ *bezeichnet.*

Wir bemerken, daß in den Zerlegungspunkten t_j mit $1 \leq j \leq k-1$ die einseitigen Ableitungen $\dot{f}_+(t_j)$ und $\dot{f}_-(t_j)$ existieren und daß

$$\dot{f}_+(t_j) = \dot{f}(t_j + 0) \, , \quad \dot{f}_-(t_j) = \dot{f}(t_j - 0)$$

gilt, während $\dot{f}(t_j)$ nicht zu existieren braucht. Die Parameterwerte t_j führen also möglicherweise zu Kurvenpunkten, wo die Spur $\Gamma = f(I)$ geknickt ist. In solchen Punkten existieren die rechts- und linksseitigen Tangenten, nicht aber die Tangente selbst.

Verabredung. *Wenn wir im folgenden von einer* stückweise glatten Kurve $f :$ $I \to \mathbb{R}^n$ *sprechen, meinen wir immer eine* stetige, *stückweise glatte Kurve, also ein Element* $f \in D^1(I, \mathbb{R}^n)$.

Diese Konvention weicht von Definition 2 in Band 1, 4.6 ab, wo wir auch unstetige stückweise glatte Funktionen zugelassen haben, und dient der Bequemlichkeit.

Satz 1. *Jede Kurve* $f : I \to \mathbb{R}^n$ *der Klasse* C^1 *oder* D^1 *ist rektifizierbar, und*

$$(6) \qquad\qquad \mathcal{L}(f) = \int_a^b |\dot{f}(t)| dt .$$

Beweis. Die Rektifizierbarkeit von Kurven der Klasse C^1 bzw. D^1 haben wir bereits in $\boxed{1}$ festgestellt. Wir müssen also noch Formel (6) beweisen. Es genügt, dies für C^1-Kurven auszuführen, weil

$$\mathcal{L}(f) = \sum_{j=1}^k \mathcal{L}(f_j) \quad \text{und} \quad \int_I |\dot{f}| dt = \sum_{j=1}^k \int_{I_j} |\dot{f}_j| dt$$

gilt, wenn $\mathcal{Z}$ eine Zerlegung von I in Teilintervalle $I_1, \dots, I_k$ bezeichnet und $f_j := f|_{I_j}$ gesetzt ist.

Um (6) für $f \in C^1(I, \mathbb{R}^n)$ zu beweisen, betrachten wir zunächst eine beliebige Zerlegung $\mathcal{Z}$ von $I = [a, b]$ der Form (1). Wegen

$$f(t_j) - f(t_{j-1}) = \int_{t_{j-1}}^{t_j} \dot{f}(\tau) \, d\tau$$

folgt

$$\mathcal{L}_{\mathcal{Z}}(f) = \sum_{j=1}^k |f(t_j) - f(t_{j-1})| \leq \sum_{j=1}^k \int_{t_{j-1}}^{t_j} |\dot{f}(\tau)| d\tau = \int_a^b |\dot{f}(\tau)| d\tau .$$

Also ist f rektifizierbar, und es gilt

$$(7) \qquad\qquad \mathcal{L}(f) \leq \int_a^b |\dot{f}(\tau)| d\tau .$$

Bezeichnet $\sigma(t)$ die Länge des Kurvenstücks $f|_{[a,t]}$ mit $a < t \leq b$ und setzen wir noch $\sigma(a) := 0$, so ist $\sigma(t + h) - \sigma(t)$ die Länge des Kurvenstücks $f|_{[t,t+h]}$, falls $a \leq t < t + h \leq b$ ist. Wegen (7) ergibt sich

$$(8) \qquad\qquad \frac{1}{h}[\sigma(t + h) - \sigma(t)] \leq \frac{1}{h} \int_t^{t+h} |\dot{f}(\tau)| d\tau .$$

Trivialerweise gilt $|f(t + h) - f(t)| \leq \sigma(t + h) - \sigma(t)$ und somit

$$(9) \qquad\qquad \left| \frac{1}{h} \int_t^{t+h} \dot{f}(\tau) d\tau \right| \leq \frac{1}{h} [\sigma(t + h) - \sigma(t)] .$$

Aus (8) und (9) erhalten wir

$$\left| \frac{1}{h} \int_t^{t+h} \dot{f}(\tau) d\tau \right| \leq \frac{1}{h} \left[\sigma(t+h) - \sigma(t) \right] \leq \frac{1}{h} \int_t^{t+h} |\dot{f}(\tau)| \, d\tau$$

für $a \leq t < t + h \leq b$. Mit $h \to +0$ streben sowohl der erste als auch der dritte Term dieser Ungleichungskette gegen $|\dot{f}(t)|$. Also ist $\sigma(t)$ in $[a, b)$ differenzierbar und es gilt $\dot{\sigma}(t) = |\dot{f}(t)|$. Hieraus folgt

$$\sigma(t) = \int_a^t |\dot{f}(\tau)| \, d\tau \qquad \text{für } a \leq t < b \, .$$

Wegen (7) erhalten wir für $a \leq t < b$ auch

$$0 \leq \sigma(b) - \sigma(t) \leq \int_t^b |\dot{f}(\tau)| \, d\tau$$

und damit $\sigma(t) \to \sigma(b)$ für $t \to b - 0$, womit sich schließlich

$$\sigma(b) = \int_a^b |\dot{f}(\tau)| \, d\tau$$

ergibt, und wegen $\mathcal{L}(f) = \sigma(b)$ folgt die Behauptung.

$\square$

Korollar 1. *Ist $f : [a, b] \to \mathbb{R}^n$ von der Klasse C^1 oder D^1, so ist die Länge $\mathcal{L}(\varphi)$ der* **nichtparametrischen Kurve** *$\varphi(x) := (x, f(x))$, $a \leq x \leq b$, gegeben durch*

(10) $$\mathcal{L}(\varphi) = \int_a^b \sqrt{1 + |f'(x)|^2} \; dx \, .$$

Man nennt $\int_a^b \sqrt{1 + |f'(x)|^2} \, dx$ auch die Länge von graph f.

Betrachten wir einige Beispiele.

$\boxed{2}$ *Bogenlänge der Parabel $y = \frac{1}{2}x^2$, $a \leq x \leq b$, ist $\mathcal{L} = \int_a^b \sqrt{1 + x^2} \, dx$.*

Mit der Substitution $x = \sinh u$ und $\alpha = \text{Ar} \sinh a$, $\beta = \text{Ar} \sinh b$ folgt

$$\mathcal{L} = \int_\alpha^\beta \cosh^2 u \; du = \frac{1}{2} \int_\alpha^\beta \left[1 + \cosh(2u) \right] \; du = \frac{1}{2} \left[u + \frac{1}{2} \sinh(2u) \right]_\alpha^\beta$$

$$= \frac{1}{2} \left[u + \sinh u \, \cosh u \right]_\alpha^\beta = \frac{1}{2} \left[u + \sinh u \, \sqrt{1 + \sinh^2 u} \right]_\alpha^\beta = \frac{1}{2} \left[\beta - \alpha + b\sqrt{1 + b^2} - a\sqrt{1 + a^2} \right] \, .$$

$\boxed{3}$ *Bogenlänge der Kettenlinie $y = \cosh x$, $a \leq x \leq b$:*

$$\mathcal{L} = \int_a^b \sqrt{1 + \sinh^2 x} \, dx = \int_a^b \cosh x \, dx = \sinh \big|_a^b = \sinh b - \sinh a \, .$$

Die Kettenlinie ist die Gleichgewichtsfigur einer Kette (als unendlich dünne, schwere, nicht dehnbare Linie gedacht), die in den Punkten $P = (a, \cosh a)$ und $Q = (b, \cosh b)$ aufgehängt ist und die Länge $\mathcal{L}$ hat. Hierfür wirke die Schwerkraft in Richtung der negativen y–Achse.

$\boxed{4}$ *Bogenlänge der Schraubenkurve* $f : [a, b] \to \mathbb{R}^3$ mit

$$f(t) = (R\cos t,\ R\sin t,\ ht)\,,\ R > 0\,.$$

Diese Kurve hat die konstante Absolutgeschwindigkeit $|\dot{f}(t)| \equiv \sqrt{R^2 + h^2}$, denn es ist

$$\dot{f}(t) = (-R\sin t,\ R\cos t,\ h)\,.$$

Folglich gilt

$$\mathcal{L}(f) = \int_a^b |\dot{f}(t)|dt = \sqrt{R^2 + h^2}\cdot(b - a)\,.$$

$\boxed{5}$ *Bogenlänge der logarithmischen Spirale* $f : \mathbb{R} \to \mathbb{R}^2$, definiert durch

$$f(t) := (e^{Rt}\cos t,\ e^{Rt}\sin t)\,,\ R > 0\,.$$

Der Name dieser Kurve erklärt sich aus der Beziehung $\log|f(t)| = Rt$. Wegen

$$\dot{f}(t) = e^{Rt}\cdot(R\cos t - \sin t,\ R\sin t + \cos t)$$

folgt $|\dot{f}(t)| = e^{Rt}\sqrt{R^2 + 1}$ und damit

$$\mathcal{L}(f) = \int_a^b e^{Rt}\sqrt{R^2 + 1}\ dt = e^{Rt}\sqrt{1 + R^{-2}}\Big|_a^b = \sqrt{1 + R^{-2}}(e^{Rb} - e^{Ra})\,.$$

Eine Kurve f mit dem Definitionsintervall $I = [a, b]$ können wir als einen *Fahrplan* auffassen, der angibt, wie die **Spur** $\Gamma := f(I)$ durchlaufen wird. Man nennt $P := f(a)$ den **Anfangspunkt** und $Q := f(b)$ den **Endpunkt** der Kurve f. Ist die Abbildung f injektiv, so heißt f **einfache Kurve** oder auch: **Jordanscher Kurvenbogen**.

Eine C^1-Kurve $f : I \to \mathbb{R}^n$ heißt **Immersion von** I oder auch **reguläre** C^1-**Kurve** (oder **immergierte** C^1-Kurve), wenn $\dot{f}(t) \neq 0$ ist für alle $t \in I$. Eine D^1-Kurve heißt *regulär*, wenn auf jedem Differenzierbarkeitsintervall I_j

$$\frac{d}{dt}f\big|_{I_j}(t) \neq 0$$

gilt, d.h. wenn die Einschränkung $f\big|_{I_j}$ von f auf jedes der endlich vielen Differenzierbarkeitsintervalle I_j von f regulär ist.

Eine Kurve $f : [a, b] \to \mathbb{R}^n$ heißt **geschlossene Kurve** (oder auch **Schleife**), wenn $f(a) = f(b)$ gilt, also Anfangs- und Endpunkt von f zusammenfallen.

Eine Abbildung $f \in D^1([a, b], \mathbb{R}^n)$ mit $f(a) = f(b)$ bezeichnen wir als **geschlossene** D^1-**Kurve**.

Wir nennen $f \in C^1([a, b], \mathbb{R}^n)$ eine **geschlossene** C^1-**Kurve**, wenn $f(a) = f(b)$ und $\dot{f}(a+0) = \dot{f}(b-0)$ gilt. Geometrisch bedeutet dies, daß die Spur Γ in $P = Q$ keinen „Knick" hat, falls $\dot{f}(a+0) \neq 0$ ist, denn sie besitzt ja dann eine Tangente in $f(a)$.

Entsprechend zur oben gegebenen Definition nennen wir eine geschlossene C^1-(bzw. D^1-)Kurve $f : I \to \mathbb{R}^n$ eine *reguläre* (oder *immergierte*) geschlossene C^1-

(bzw. D^1)-Kurve, wenn $\dot{f}(t) \neq 0$ auf I (bzw. auf jedem Differenzierbarkeitsintervall von f) gilt.

Eine Kurve $f \in C^0([a,b], \mathbb{R}^n)$ heißt **einfache geschlossene Kurve** oder auch **geschlossene Jordankurve**, wenn $f(a) = f(b)$ gilt und die Einschränkung von f auf das halboffene Intervall $[a,b)$ injektiv ist. Oft wird auch die Spur von $\Gamma = f([a,b])$ einer einfachen geschlossenen Kurve als Jordankurve in $\mathbb{R}^n$ bezeichnet.

Der Grund für diese Bezeichnung ist der berühmte **Jordansche Kurvensatz**, der folgendes besagt: *Ist Γ die Spur einer Jordankurve in $\mathbb{R}^2$, so besteht $\mathbb{R}^2 \backslash \Gamma$ aus genau zwei (bogenweise) zusammenhängenden offenen Komponenten Ω (beschränkt) und Ω_a (unbeschränkt), für die $\partial\Omega = \partial\Omega_a = \Gamma$ gilt.*
Man nennt Ω das *Innere* und Ω_a das *Äußere von* Γ.
Wenn wir an die Peanokurven denken, erkennen wir leicht, daß für beliebige geschlossene Kurven kein entsprechendes Resultat gelten kann. In der Tat liegt der Beweis des Jordanschen Kurvensatzes nicht auf der Hand; wir verweisen hierzu auf Lehrbücher der Topologie.

Definition 3. *(i) Unter einer* **Parametertransformation** *verstehen wir eine bijektive stetige Abbildung* $\varphi : I^* \to I$ *eines Intervalles* $I^* = [\alpha, \beta]$ *auf ein Intervall* $I = [a,b]$. *Wir nennen* φ **orientierungstreu**, *wenn die Abbildung monoton wächst, und* **orientierungsumkehrend**, *wenn sie monoton fällt.*

(ii) Zwei Kurven $f \in C^0(I, \mathbb{R}^n)$ *und* $g \in C^0(I^*, \mathbb{R}^n)$ *heißen (C⁰-)***äquivalent**, *in Zeichen:* $f \sim g$, *wenn es eine orientierungstreue Parametertransformation* $\varphi : I^* \to I$ *von* I^* *auf* I *gibt, so daß* $g = f \circ \varphi$ *ist.*

Man überlegt sich leicht, daß „$f \sim g$" eine Äquivalenzrelation ist, d.h.:

  (i) $f \sim f$;
  (ii) $f \sim g \ \Rightarrow \ g \sim f$;
  (iii) $f \sim g$ und $g \sim h \ \Rightarrow \ f \sim h$;

Damit können wir Äquivalenzklassen $[f]$ von C^0-äquivalenten Kurven betrachten; sie sind die geometrische Substanz, die übrig bleibt, wenn man die Willkür des jeweiligen Fahrplans entfernt.

Definition 4. Wir nennen jede C^0-Äquivalenzklasse $\gamma = [f]$ *einen (stetigen)* **Weg** *in* $\mathbb{R}^n$.

Aus $f \sim g$ folgt sofort:

  (i) f und g haben den gleichen Anfangs- und Endpunkt.
  (ii) Liegt f in der Menge M des $\mathbb{R}^n$, so auch g.
  (iii) Ist f eine einfache Kurve, so auch g.
  (iv) Mit f ist auch g eine geschlossene Kurve.
  (v) Ist f eine geschlossene Jordankurve, so auch g.

Deshalb können wir in eindeutiger Weise festlegen:

Definition 5. *Ein Weg* $\gamma = [f]$ *mit dem Repräsentanten* $f : [a, b] \to \mathbb{R}^n$ *heißt* **einfacher Weg**, *wenn* f *eine einfache Kurve ist, und* **geschlossener Weg**, *wenn* f *eine geschlossene Kurve ist, und* f *wird* **Parameterdarstellung** *oder* **Parametrisierung** *des Weges* γ *genannt. Die Menge* $\Gamma := f([a, b])$ *heißt* **Spur** *des Weges* γ, *und* $f(a)$ *bzw.* $f(b)$ *nennen wir den* **Anfangs-** *bzw.* **Endpunkt** *von* γ. *Ferner nennen wir einen einfachen Weg* **Jordanbogen**, *und ein geschlosse- ner einfacher Weg wird auch* **geschlossener Jordanweg** *oder (eigentlich nicht korrekt)* **geschlossene Jordankurve** *genannt.*

Wir bemerken, daß selbst ein geschlossener Jordanweg γ eigentlich nicht genau dem entspricht, was man in der Umgangssprache als „geschlossenen Weg" oder „geschlossene Kurve" bezeichnet, denn wir haben auf der Spur Γ einen Punkt P ausgezeichnet, der zugleich Anfangs- und Endpunkt ist. Ferner kann man Γ in zwei Richtungen durchlaufen, beispielsweise einen Kreis linksherum oder rechtsherum. Die Essenz eines geschlossenen Jordanweges γ ist also

die Spur Γ plus *ausgezeichneter Punkt* P plus *Durchlaufsinn* .

Zwei geschlossene Jordanwege γ_1 und γ_2 mit der gleichen Spur sind genau dann gleich, wenn sie denselben ausgezeichneten Punkt P und denselben Durchlaufs- sinn haben. Unterscheiden sie sich im Durchlaufsinn, wollen wir sie auf jeden Fall als verschiedene Objekte ansehen; wir sagen dann, γ_1 und γ_2 seien *entge- gengesetzt orientiert.* Dagegen kommt dem ausgezeichneten Punkte P im all- gemeinen keine Bedeutung zu. Gewöhnlich „identifiziert" man zwei Jordanwe- ge mit gleicher Spur und gleichem Durchlaufsinn auch dann, wenn sie ver- schiedene ausgezeichnete Punkte haben. Dazu könnte man einen schwächeren Äquivalenzbegriff für geschlossene Kurven einführen, bei dem der ausgezeichne- te Punkt keine Rolle spielt. Dies geschieht am einfachsten dadurch, daß man eine geschlossene Kurve in $\mathbb{R}^n$ als stetige Abbildung $f : C \to \mathbb{R}^n$ der Kreislinie $C = S^1 = \{w \in \mathbb{C} : |w| = 1\}$ in den $\mathbb{R}^n$ auffaßt und dann eine andere solche Kurve $g : C \to \mathbb{R}^n$ als zu f äquivalent ansieht, wenn es einen Homöomorphis- mus $\varphi : C \to C$ von C auf sich gibt, so daß $g = f \circ \varphi$ gilt und die Punkte $\varphi(w)$ den Kreis C im mathematisch positiven Sinne (also gegen den Uhrzeigersinn) durchlaufen, wenn dies die Punkte w tun. Damit ist folgendes gemeint: Wählt man für C etwa die Parametrisierung $\chi : [0, 2\pi] \to \mathbb{R}^2$ mit $\chi(t) = (\cos t, \sin t)$, so ist $\varphi(\chi(t)) = (\cos \theta(t), \sin \theta(t))$ mit einer monoton wachsenden Funktion $\theta(t)$, die $\theta(0) = \theta_0$ und $\theta(2\pi) = \theta_0 + 2\pi$ erfüllt, wobei θ_0 einen Winkelwert mit $\varphi(0, 0) = (\cos \theta_0, \sin \theta_0)$ bezeichnet.

Überhaupt ist es geschickter und übrigens auch natürlicher, für geschlossene Wege die Para- meterdarstellungen f über dem Einheitskreis C zu wählen als $f : C \to \mathbb{R}^n$, und diese erst bei Bedarf auf das Intervall $[0, 2\pi]$ zu ziehen, indem man $f(e^{it})$ bzw. $f(\cos t, \sin t)$ betrachtet. Wir überlassen es dem Leser, die für das weitere erforderlichen Begriffe von den Darstellungen $f : I \to \mathbb{R}^n$ auf die Darstellungen $f : C \to \mathbb{R}^n$ zu übertragen, beispielsweise zu definieren, was unter C^1- und D^1-Darstellungen und unter regulären C^1- bzw. D^1-Darstellungen von Wegen zu verstehen ist. Damit wird auch sofort klar, warum wir für geschlossene C^1-Kurven $f : [a, b] \to \mathbb{R}^n$ neben $f(a) = f(b)$ auch $\dot{f}(a + 0) = \dot{f}(b - 0)$ verlangt haben.

Hinweis. In der Literatur heißen die hier als „Wege" bezeichneten Objekte vielfach „Kurven", und die hier „Kurven" genannten Gebilde werden statt dessen als „Wege" oder „Parameterdarstellungen (einer Kurve)" bezeichnet. Diese Sprachverwirrung ist zu beklagen, aber wohl nicht zu ändern. (Ähnlich steht es um den Begriff „Fläche", den wir später definieren werden.) Aus dem Zusammenhang dürfte immer hervorgehen, was gemeint ist.

Nun wollen wir zeigen, daß es sinnvoll ist, von *rektifizierbaren Wegen* und deren *Länge* zu reden. Dazu beweisen wir folgendes Resultat.

Satz 2. *Sind $f \in C^0(I, \mathbb{R}^n)$ und $g \in C^0(I^*, \mathbb{R}^n)$ zwei C^0-äquivalente Kurven und ist f rektifizierbar, so auch g, und es gilt $\mathcal{L}(f) = \mathcal{L}(g)$.*

Beweis. Wegen $f \sim g$ gibt es eine orientierungstreue Parametertransformation $\varphi : I^* \to I$ von I^* auf I, so daß $g = f \circ \varphi$ ist. Sei nun durch

$$\alpha = u_0 < u_1 < \ldots < u_k = \beta$$

eine Zerlegung $\mathcal{Z}^*$ von $I^* = [\alpha, \beta]$ gegeben. Dann liefert

$$a = t_0 < t_1 < \ldots < t_k = b$$

mit $t_j := \varphi(u_j)$ eine Zerlegung $\mathcal{Z}$ von I. Wegen

$$|g(u_j) - g(u_{j-1})| = |f(t_j) - f(t_{j-1})|$$

folgt dann $\mathcal{L}_{\mathcal{Z}^*}(g) = \mathcal{L}_{\mathcal{Z}}(f) \leq \mathcal{L}(f)$. Also ist g rektifizierbar und es gilt $\mathcal{L}(g) \leq \mathcal{L}(f)$. Vertauschen wir nun die Rollen von f und g, so folgt auch $\mathcal{L}(f) \leq \mathcal{L}(g)$ und damit $\mathcal{L}(f) = \mathcal{L}(g)$.

$\square$

Somit ist die folgende Definition gerechtfertigt:

Definition 6. *Ein Weg γ heißt* **rektifizierbar***, wenn er eine* rektifizierbare Parameterdarstellung $f \in C^0(I, \mathbb{R}^n)$ besitzt, und wir nennen

$$(11) \qquad\qquad \mathcal{L}(\gamma) := \mathcal{L}(f) = \int_I |df|$$

die **Länge** *des Weges γ.*

Definition 7. *(i) Ein Weg γ heißt* **glatt** *bzw.* **stückweise glatt** *(in Zeichen: $\gamma \in C^1$ bzw. $\gamma \in D^1$), wenn er eine reguläre C^1- bzw. D^1-Parameterdarstellung besitzt.*

(ii) Unter einem **geschlossenen glatten Weg** *verstehen wir einen geschlossenen Weg γ, der eine reguläre C^1-Parametrisierung besitzt, d.h. für den es eine Kurve $f \in C^1([a, b], \mathbb{R}^n)$ mit*

$$f(a) = f(b), \quad \dot{f}(a + 0) = \dot{f}(b - 0), \quad \dot{f}(t) \neq 0 \text{ für alle } t \in [a, b]$$

gibt, so daß $\gamma = [f]$ ist.

(iii) *Ein* **geschlossener, stückweise glatter Weg** *ist ein geschlossener Weg, der eine reguläre geschlossene D^1-Kurve als Parametrisierung besitzt.*

Bemerkung 1. Nicht jede C^1-Parameterdarstellung f eines glatten Weges γ ist regulär.

Beispielsweise liefern sowohl $f(t) := (t, t^2)$, $|t| \leq 1$, als auch $g(u) := (u^3, u^6)$, $|u| \leq 1$, äquivalente Darstellungen eines Jordanbogens γ, der den Parabelbogen $y = x^2$, $-1 \leq x \leq 1$, als Spur hat, denn es ist $g = f \circ \varphi$ mit $\varphi(u) := u^3$, $|u| \leq 1$. Jedoch ist g nicht regulär, während f regulär ist. Wegen $\dot{\varphi}(0) = 0$ entsteht aus der regulären Parametrisierung f die nichtreguläre Parametrisierung g.

Bemerkung 2. Hingegen gilt: *Ist $f : I \to \mathbb{R}^n$ eine reguläre C^1-Kurve und φ eine reguläre C^1-Parametertransformation, so ist auch $g := f \circ \varphi$ eine reguläre C^1-Kurve.* Hierbei verwenden wir

Definition 8. *(i) Eine C^1-Parametertransformation $\varphi : I^* \to I$ von I^* auf I heißt* **regulär***, wenn $\dot{\varphi}(u) \neq 0$ auf I^* gilt. Offenbar ist φ orientierungstreu, wenn $\dot{\varphi}(u) > 0$ für alle $u \in I^*$ gilt, und orientierungsumkehrend, wenn $\dot{\varphi}(u) < 0$ auf I^* ist.*

(ii) Ist die Transformation φ nur von der Klasse D^1, d.h. gilt $\varphi \in C^0(I^*)$ und $\varphi_j := \varphi|_{I_j^*} \in C^1(I_j^*)$ für eine geeignete Zerlegung von I^* in endlich viele Teilintervalle $I_1^*, \ldots, I_k^*$, so nennen wir φ **regulär***, wenn $\dot{\varphi}_j(t) \neq 0$ auf jedem I_j^* gilt. Da φ monoton ist, bedeutet dies entweder $\dot{\varphi}_j(t) > 0$ auf I_j^* für alle $j = 1, \ldots, k$ oder $\dot{\varphi}_j(t) < 0$ auf I_j^* für alle j.*

Analog zu Bemerkung 2 folgt

Bemerkung 3. *Ist $f : I \to \mathbb{R}^n$ eine reguläre D^1-Kurve und φ eine reguläre D^1-Parametertransformation, so ist auch $g := f \circ \varphi$ eine reguläre D^1-Kurve.*

Bemerkung 4. Die Behauptung von Bemerkung 3 gilt auch für *geschlossene* reguläre D^1-Kurven. Dagegen gilt die Behauptung in Bemerkung 2 *nicht* für *geschlossene* reguläre C^1-Kurven. Ist nämlich $g = f \circ \varphi$ mit $\varphi : [\alpha, \beta] \to [a, b]$, $f : [a, b] \to \mathbb{R}^n$, $g : [\alpha, \beta] \to \mathbb{R}^n$ und etwa $\varphi(\alpha) = a$, $\varphi(\beta) = b$, so folgt $\dot{g}(\alpha) = \dot{f}(a)\dot{\varphi}(\alpha)$ und $\dot{g}(\beta) = \dot{f}(b)\dot{\varphi}(\beta)$. Also ergibt sich $\dot{g}(\alpha) = \dot{g}(\beta)$ aus $\dot{f}(a) = \dot{f}(b)$ genau dann, wenn $\dot{\varphi}(\alpha) = \dot{\varphi}(\beta)$ ist.

Nun wollen wir Wege addieren und subtrahieren.

(i) Seien γ_1 und γ_2 zwei Wege derart, daß der Anfangspunkt von γ_2 gleich dem Endpunkt von γ_1 ist, und seien $f_1 : [a_1, b_1] \to \mathbb{R}^n$ und $f_2 : [a_2, b_2] \to \mathbb{R}^n$ Parameterdarstellungen von γ_1 und γ_2. Dann gilt nach Voraussetzung $f_1(b_1) = f_2(a_2)$. Wir dürfen annehmen, daß $b_1 = a_2$ ist (anderenfalls erreichen wir dies

durch eine Umparametrisierung von f_2 mittels einer geeigneten Translation).
Dann definieren wir die Kurve $f : [a_1, b_2] \to \mathbb{R}^n$ durch

$$f(t) := \begin{cases} f_1(t) & a_1 \le t \le b_1, \\ & \text{für} \\ f_2(t) & a_2 \le t \le b_2. \end{cases}$$

Offenbar ist $f \in C^0([a_1, b_2], \mathbb{R}^n)$ und definiert somit einen Weg γ vermöge $\gamma :=$ $[f]$. Wir setzen

$$\gamma_1 + \gamma_2 := \gamma.$$

Wenn γ_1 und γ_2 glatt oder stückweise glatt sind, so ist γ jedenfalls stückweise glatt.

Induktiv definieren wir dann

$$\gamma_1 + \ldots + \gamma_k := (\gamma_1 + \ldots + \gamma_{k-1}) + \gamma_k,$$

falls die Wege γ_j so beschaffen sind, daß der Endpunkt von γ_j gleich dem Anfangspunkt von γ_{j+1} ist (für $1 \le j \le k - 1$).

(ii) Ist γ ein Weg mit der Parametrisierung $f : [a, b] \to \mathbb{R}^n$, so betrachten wir die Kurve $g : [a, b] \to \mathbb{R}^n$, die durch

$$g(u) := f(a + b - u) \quad \text{für } a \le u \le b$$

definiert ist. Mittels der orientierungsumkehrenden Parametertransformation $u \mapsto t = \varphi(u)$,

$$\varphi(u) := a + b - u \quad, \quad a \le u \le b,$$

können wir g in der Form $g = f \circ \varphi$ schreiben. Da g nicht zu f äquivalent ist, sind die Äquivalenzklassen $[f]$ und $[g]$ voneinander verschieden. Wir setzen $-\gamma := [g]$ und sagen, $-\gamma$ *gehe aus γ durch Umkehrung der Orientierung hervor.*

Ist γ glatt oder stückweise glatt, so auch $-\gamma$. Ferner ist der Endpunkt von γ gleich dem Anfangspunkt von $-\gamma$ und der Endpunkt von $-\gamma$ gleich dem Anfangspunkt von γ, und die beiden Kurven γ und $-\gamma$ haben die gleiche Spur.

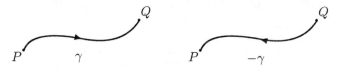

Haben die Wege γ_1 und γ_2 den gleichen Endpunkt, so können wir $\gamma_1 - \gamma_2$ definieren als $\gamma_1 - \gamma_2 := \gamma_1 + (-\gamma_2)$. Die Kurve $\gamma_1 - \gamma_2$ ist geschlossen, falls γ_1 und γ_2 auch denselben Anfangspunkt haben.

Nun wollen wir *ausgezeichnete Parametrisierungen* von Wegen betrachten; wir beschränken uns dabei auf stückweise glatte Wege γ. Ein solcher Weg γ besitzt eine reguläre D^1-Parametrisierung $f : [a, b] \to \mathbb{R}^n$. Wir bilden die Funktion $\sigma \in D^1([a, b])$ als

$$(12) \qquad\qquad \sigma(t) := \int_a^t |\dot{f}(u)| \, du \ .$$

Dann gilt $\sigma(a) = 0$, $\sigma(b) = \mathcal{L} := \mathcal{L}(\gamma)$ und $\dot{\sigma}(t) = |\dot{f}(t)| > 0$ bis auf die endlich vielen Knickpunkte t_j von f, wo $\dot{\sigma}(t_j \pm 0) = |\dot{f}(t_j \pm 0)|$ ist. Also ist σ eine orientierungserhaltende, reguläre und stückweise glatte Parametertransformation von $[a, b]$ auf $[0, \mathcal{L}]$. Bezeichne $\tau = \sigma^{-1}$ die Inverse von σ; sie ist eine orientierungserhaltende, reguläre, stückweise glatte Parametertransformation von $[0, \mathcal{L}]$ auf $[a, b]$, und es gilt

$$\dot{\tau}(s) = \frac{1}{\dot{\sigma}(\tau(s))} = \frac{1}{|\dot{f}(\tau(s))|} \ .$$

Zu den Werten t_j, die Knickpunkten von f entsprechen, gehören Knickwerte $s_j := \sigma(t_j)$ von τ, und die voranstehende Gleichung ist zu interpretieren als

$$\dot{\tau}(s_j \pm 0) \ = \ 1/|\dot{f}(\tau(s_j \pm 0))|.$$

Nun bilden wir die zu f äquivalente reguläre D^1-Parametrisierung

$$g := f \circ \tau : \ [0, \mathcal{L}] \to \mathbb{R}^n \ .$$

Wegen

$$\dot{g}(s) = \dot{f}(\tau(s))\dot{\tau}(s) = \frac{1}{|\dot{f}(t)|} \ \dot{f}(t)\Big|_{t=\tau(s)}$$

folgt $|\dot{g}(s)| = 1$ für $0 \le s \le \mathcal{L}$. In den Knickwerten $s = s_j$ bedeutet dies $|\dot{g}(s_j \pm 0)| = 1$.

Falls $f \in C^1$ ist, so sind auch σ, τ und g von der Klasse C^1. Ist f eine geschlossene reguläre C^1-Kurve, so auch g.

Man nennt g **die Parametrisierung von γ nach der Bogenlänge**. Diese Parameterdarstellung von γ ist eindeutig bestimmt, d.h. unabhängig von der Wahl der regulären D^1-Darstellung f von γ, von der aus wir zu g gelangt sind.

Um dies zu beweisen, wählen wir eine andere D^1-Parameterdarstellung $f_1 : [\alpha, \beta] \to \mathbb{R}^n$ von γ. Es gilt $f_1 \sim f$, d.h. es gibt eine orientierungserhaltende Parametertransformation φ von $[\alpha, \beta]$ auf $[a, b]$ mit $f_1 = f \circ \varphi$. Wir wissen aber nicht, daß φ eine reguläre D^1-Parametertransformation ist. Jedoch können wir analog zu (12) die Funktion $\sigma_1 \in D^1([\alpha, \beta])$ durch

$$\sigma_1(u) := \int_\alpha^u |\dot{f}_1(\underline{u})| \, d\underline{u}$$

bilden, die $\dot{\sigma}_1(u) = |\dot{f}_1(u)| > 0$ (bzw. $\dot{\sigma}_1(u_j \pm 0) = |\dot{f}_1(u_j \pm 0)|$ in den Knickstellen u_j von f_1) erfüllt und $[\alpha, \beta]$ bijektiv und orientierungstreu auf $[0, \mathcal{L}]$ abbildet, wie man aus Satz 2 ersieht.

Sei $\tau_1 := \sigma_1^{-1}$ und $g_1 := f_1 \circ \tau_1$, also $|\dot{g}_1(s)| = 1$ auf $[0, \mathcal{L}]$. Aus $f \sim f_1$, $f \sim g$ und $f_1 \sim g_1$ folgt $g \sim g_1$, d.h. es gibt eine stetige, orientierungserhaltende Bijektion ψ von $[0, \mathcal{L}]$ auf $[0, \mathcal{L}]$ mit $g_1 = g \circ \psi$. Wir behaupten, daß $\psi(s) \equiv s$ ist. Anderenfalls gäbe es einen Wert $s \in [0, \mathcal{L}]$ mit $\overline{s} := \psi(s) \neq s$. Dann sind

$$h(t) := g(t) \quad \text{für } 0 \leq t \leq \overline{s}$$

und

$$h_1(u) := g_1(u) = g(\psi(u)) \quad \text{für } 0 \leq u \leq s$$

äquivalente Darstellungen und somit Parameterdarstellungen eines Weges γ^*. Nach Satz 2 folgt $\mathcal{L}(\gamma^*) = \mathcal{L}(g) = \mathcal{L}(g_1)$. Andererseits gilt

$$\mathcal{L}(g) = \int_0^{\overline{s}} |\dot{g}(t)| \, dt = \int_0^{\overline{s}} dt \; = \; \overline{s}$$

und

$$\mathcal{L}(g_1) = \int_0^s |\dot{g}(u)| du = \int_0^s du = s \,,$$

somit $\mathcal{L}(g) \neq \mathcal{L}(g_1)$, Widerspruch. Wir erhalten also

$$\psi(s) = s \quad \text{für alle } s \in [0, \mathcal{L}]$$

und somit

$$g(s) = g_1(s) \quad \text{für alle } s \in [0, \mathcal{L}] \,.$$

Wir fassen diese Ergebnisse in dem folgenden Satz zusammen.

Satz 3. *Sei γ ein glatter bzw. stückweise glatter Weg mit der regulären C^1- bzw. D^1-Parameterdarstellung $f : [a, b] \to \mathbb{R}^n$. Dann wird durch*

$$\sigma(t) := \int_a^t |\dot{f}(\underline{t})| \, d\underline{t} \quad , \quad a \leq t \leq b \,,$$

eine reguläre C^1-bzw. D^1-Parametertransformation

$$t \mapsto s = \sigma(t)$$

von $[a, b]$ auf das Intervall $[0, \mathcal{L}]$ definiert, $\mathcal{L} := \mathcal{L}(\gamma) = \mathcal{L}(f)$, die

$$\dot{\sigma}(t) = |\dot{f}(t)|$$

erfüllt und somit orientierungserhaltend ist. Die Inverse $\tau = \sigma^{-1}$ ist eine reguläre orientierungserhaltende C^1-bzw. D^1-Parametertrans-mation von $[0, \mathcal{L}]$ auf $[a, b]$, und $g := f \circ \tau$ liefert eine Parametrisierung $g(s)$, $0 \leq s \leq \mathcal{L}$, von γ nach der Bogenlänge, d.h. es gilt $|\dot{g}(s)| \equiv 1$ auf $[0, \mathcal{L}]$. Diese ausgezeichnete Darstellung ist eindeutig bestimmt, d.h. jede andere reguläre C^1-bzw. D^1-Darstellung von γ führt auf dieselbe Parametrisierung nach der Bogenlänge. Die gleichen Behauptungen gelten auch für geschlossene glatte bzw. stückweise glatte Wege.

Bemerkung 5. Auch hier bewährt sich die Leibnizsche Symbolik: Aus $g(s) = f(t)$ mit $s = s(t)$ und $\dot{s}(t) = |\dot{f}(t)|$ folgt $\left| \dfrac{dg}{ds}(s) \right| = 1$, weil

$$\frac{dg}{ds}(s) \;\; = \;\; \frac{df(t)}{dt} \frac{dt}{ds} \;\; = \;\; \dot{f}(t) \frac{1}{\frac{ds}{dt}} \;\; = \;\; \dot{f}(t) \frac{1}{|\dot{f}(t)|} \,.$$

Definition 9. *Zwei C^1-bzw. D^1-Kurven f und g heißen $\boldsymbol{C^1}$-bzw. $\boldsymbol{D^1}$-äquivalent (in Zeichen: $f \sim g$ in C^1 bzw. D^1), wenn es eine reguläre C^1-bzw. D^1-Parametertransformation φ mit $g = f \circ \varphi$ gibt.*

Offensichtlich ist die Relation „$f \sim g$ in C^1 bzw. D^1" eine Äquivalenzrelation unter den C^1-bzw. D^1-Kurven.

Korollar 2. *Zwei reguläre C^1-bzw. D^1-Parametrisierungen f und f_1 eines glatten bzw. stückweise glatten Jordanweges γ sind zur (eindeutig bestimmten) Parametrisierung g von γ nach der Bogenlänge und damit zueinander C^1-bzw. D^1-äquivalent.*

Beweis. Es genügt, den Beweis für C^1-Äquivalenz zu führen. Aus Satz 3 folgt $f \sim g$ in C^1 und $f_1 \sim g$ in C^1. Hieraus ergibt sich $f \sim f_1$ in C^1.

$\square$

Definition 10. *(i) Ein glatter Weg γ heißt von der Klasse C^s, $s \geq 1$, wenn er eine reguläre Parametrisierung $f : [a,b] \to \mathbb{R}^n$ der Klasse C^s besitzt.*

(ii) Gilt außerdem $f^{(\nu)}(a) = f^{(\nu)}(b)$ für $\nu = 0, 1, \ldots, s$, so heißt γ geschlossener glatter Weg der Klasse C^s.

Für einen C^s-glatten Weg ist die Parametrisierung nach der Bogenlänge von der Klasse C^s. Das gleiche gilt für geschlossene, C^s-glatte Wege.

Entsprechend zu Definition 10 können wir einen stärkeren Äquivalenzbegriff einführen: *Zwei C^s-Kurven f und g heißen C^s-äquivalent (in Zeichen: $f \sim g$ in C^s), wenn es eine reguläre C^s-Parametertransformation φ mit $g = f \circ \varphi$ gibt.* (Für geschlossene C^s-Kurven ist dies dahingehend zu modifizieren, daß zusätzlich $\varphi^{(\nu)}(\alpha) = \varphi^{(\nu)}(\beta)$ für $\nu = 1, \ldots, s$ gelten muß, wenn $[\alpha, \beta]$ das Definitionsintervall von φ ist.)

Bemerkung 6. Zwei Wege mit derselben Spur können verschieden lang sein. Beispielsweise wird der Einheitskreis

$$S^1 = \{(x_1, x_2) : x_1^2 + x_2^2 = 1\}$$

sowohl durch $f(t) = (\cos t, \sin t)$, $0 \leq t \leq 2\pi$, als auch durch $g(t) = (\cos 2t, \sin 2t)$, $0 \leq t \leq 2\pi$, parametrisiert. Jedoch durchläuft $f(t)$ die Kreislinie einmal und $g(t)$ zweimal, wenn t von 0 bis 2π geht, und wir erhalten $\mathcal{L}(f) = 2\pi$, $\mathcal{L}(g) = 4\pi$.

Will man einer Punktmenge Γ des $\mathbb{R}^n$ eindeutig ein „Längenmaß" zuordnen, so sollte man gewisse Einschränkungen vornehmen. Beispielsweise kann man verlangen, daß Γ ein Jordanbogen, also das bijektive Bild $f(I)$ eines abgeschlossenen Intervalles I ist. Dann ist es sinnvoll, das Längenmaß $\mathcal{L}(\Gamma)$ von Γ als $\mathcal{L}(f)$ zu definieren.

Allgemeiner kann man jeder Punktmenge Γ eindeutig die Länge

$$\mathcal{L}(\Gamma) := \mathcal{L}(\Gamma_1) + \ldots + \mathcal{L}(\Gamma_N)$$

zuweisen, wenn sie sich als endliche Vereinigung $\Gamma_1 \cup \Gamma_2 \cup \ldots \cup \Gamma_N$ von rektifizierbaren Jordanbögen $\Gamma_1, \Gamma_2, \ldots, \Gamma_N$ schreiben läßt, deren Durchschnitte $\Gamma_j \cap \Gamma_k$ für $j \neq k$ jeweils aus höchstens zwei Punkten besteht. Von diesem Typ sind die stetigen injektiven Bilder der S^1 in $\mathbb{R}^n$. Solche Bilder $\Gamma = \phi(S^1)$ von S^1 unter stetigen Bijektionen $\phi : S^1 \to \mathbb{R}^n$ hatten wir **geschlossene Jordanwege (-kurven)** genannt.

Eine systematische Behandlung der Punktmengen, denen sich ein endliches ein- oder mehrdimensionales Maß zuordnen läßt, sogenannter *rektifizierbarer Punktmengen*, wird in der *geometrischen Maßtheorie* entwickelt. Hierbei spielt das sogenannte Hausdorff-Maß eine wesentliche

Rolle. Wir müssen uns hier mit obigen vorläufigen Definitionen zufrieden geben, die fürs erste genügen sollen.

Eine Einführung in die geometrische Maßtheorie findet sich in:
Frank Morgan, *Geometric Measure Theory. A Beginner's Guide.* Second edition (1995). Academic Press, San Diego.

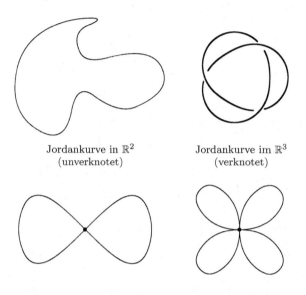

Jordankurve in $\mathbb{R}^2$ Jordankurve im $\mathbb{R}^3$
(unverknotet)   (verknotet)

Nichteingebettete Bilder von S^1 in $\mathbb{R}^2$

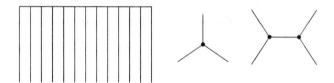

Eindimensionale rektifizierbare Punktmengen in $\mathbb{R}^2$

Eindimensionale rektifizierbare Mengen treten vielerorts auf, beispielsweise in Netzwerken wie etwa Spinnweben, kürzesten Verbindungen von N vorgegebenen Punkten (Steinerbäume) oder Schaltungen von Transistoren (Computerchips). Die kürzeste Verbindung von drei Punkten im $\mathbb{R}^2$ wird in Aufgabe 10 von 1.1 behandelt. Das allgemeine Steinerproblem ist, wie man weiß, mindestens so schwierig wie die NP-vollständigen Probleme der Informatik.

Nun wollen wir den wichtigen Begriff des *Wegintegrales* erläutern (statt „Weg--integral" benutzt man häufig die Bezeichnung „Kurvenintegral", weil „Kurven" von vielen Autoren als „Wege", d.h. als Äquivalenzklassen von Kurven in unserem Sinne verstanden werden).

Dazu betrachten wir ein stetiges Vektorfeld $v : \Omega \to \mathbb{R}^n$ in einer offenen Menge

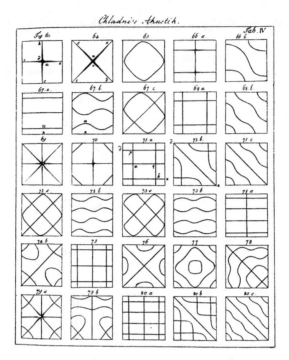

Die Knotenlinien (Ruhelagen) schwingender Platten oder Membranen sind interessante rektifizierbare Mengen, über deren Gestalt und Länge nur wenig bekannt ist. Die Abbildung ist Chladnis *Akustik* (1802) entnommen.

Ω des $\mathbb{R}^n$ und eine C^1- oder D^1-Kurve $c : I \to \mathbb{R}^n$ in Ω, d.h. es gelte $c(I) \subset \Omega$, wobei $I = [a, b]$ sei. Dann definieren wir zunächst das **Kurvenintegral** $\int_c v \cdot dx$.

Definition 11.

$$(13) \qquad \int_c v(x) \cdot dx \;=\; \int_c v_1(x)dx_1 + v_2(x)dx_2 + \ldots + v_n(x)dx_n$$

$$:= \int_a^b v(c(t)) \cdot \dot{c}(t)dt \, .$$

Proposition 1. *Sind $c \in D^1(I, \mathbb{R}^n)$ und $c^* \in D^1(I^*, \mathbb{R}^n)$ zwei Kurven in Ω und gibt es eine orientierungstreue D^1-Parametertransformation $\varphi : I^* \to I$ von I^* auf I mit $c^* = c \circ \varphi$, so gilt*

$$(14) \qquad\qquad \int_c v(x) \cdot dx = \int_{c^*} v(x) \cdot dx \, .$$

Beweis. Wir nehmen zuerst an, daß c, c^* und φ von der Klasse C^1 sind. Dann ergibt sich aus (13) in Verbindung mit der Transformationsformel für Integrale, falls $I = [a, b]$ und $I^* = [\alpha, \beta]$ ist:

$$\int_c v(x) \cdot dx = \int_a^b v(c(t)) \cdot \dot{c}(t)dt = \int_\alpha^\beta v(c(\varphi(u))) \cdot \dot{c}(\varphi(u))\dot{\varphi}(u)du$$

$$= \int_\alpha^\beta v(c^*(u)) \cdot \dot{c}^*(u)du = \int_{c^*} v(x) \cdot dx .$$

Anschließend überzeugt man sich, daß diese Formeln auch gelten, wenn c, c^* und φ nur von der Klasse D^1 sind. Dazu zerlegt man I und I^* in endlich viele Intervalle, auf denen die Funktionen von der Klasse C^1 sind, wendet dann auf diese Intervalle die Transformationsformel wie oben an, und setzt schließlich die so erhaltenen Ergebnisse zur Formel (14) zusammen. Wir überlassen es dem Leser, dies im einzelnen auszuführen.

□

Erstmalig kommt ein Kurvenintegral wohl bei Clairaut (1743) in seiner *Thèorie de la figure de la terre* vor.

Definition 12. *Sei γ ein stückweise glatter Weg in Ω und $v : \Omega \to \mathbb{R}^n$ ein stetiges Vektorfeld auf Ω. Dann definieren wir das* **Wegintegral**

$$\mathcal{W}(\gamma) = \int_\gamma v(x) \cdot dx = \int_\gamma v_1(x)dx_1 + \ldots + v_n(x)dx_n$$

mit Hilfe einer beliebig gewählten regulären D^1-Parametrisierung $c : [a, b] \to \mathbb{R}^n$ von γ als

(15)
$$\int_\gamma v(x) \cdot dx := \int_c v(x) \cdot dx = \int_a^b v(c(t)) \cdot \dot{c}(t)dt .$$

Wegen (15) ist diese Definition eindeutig, da sie nicht von der Wahl der regulären D^1-Parameterdarstellung c von γ abhängt.

Bemerkung 7. Wählen wir in (15) für c die Parametrisierung des Weges γ nach der Bogenlänge s, so ist $T(s) := \dot{c}(s)$ der Tangenteneinheitsvektor an der Kurve c im Punkte $x = c(s)$, der in die „Fortschreitungsrichtung" von c weist. Dementsprechend ist $v_T(s) := v(c(s)) \cdot T(s)$ die *Tangentialkomponente* des Vektorfeldes v zum Zeitpunkt s an der Stelle $x = c(s)$ in Richtung des Tangenteneinheitsvektors $T(s) = \dot{c}(s)$ der Kurve c an dieser Stelle.

Wir bemerken ferner, daß es für die Invarianz des Integrals $J(c) := \int_c v(x) \cdot dx$ gegenüber (orientierungserhaltenden) Umparametrisierungen unerheblich ist, daß der Integrand die spezielle Gestalt $v(x) \cdot dx$ hat. Die gleiche Invarianz besitzen Integrale $\mathcal{F}(c)$ über Kurven $c : I \to \mathbb{R}^n$ der Gestalt

$$\mathcal{F}(c) = \int_I F\big(c(t), \dot{c}(t)\big) dt ,$$

wobei $F(x, p)$ eine stetige Funktion von $(x, p) \in \Omega \times \mathbb{R}^n$, $\Omega \subset \mathbb{R}^n$, bezeichnet, die bezüglich p positiv homogen von erster Ordnung ist. Für J hat dann F die Gestalt $F(x, p) = v(x) \cdot p$.

Insbesondere ersetzt man $v(x) \cdot dx$ durch eine *lineare Differentialform* (oder *Kovektorfeld auf Ω*, vgl. Abschnitt 1.2) $\omega(x) = \sum_{j=1}^{n} \omega_j(x) dx^j$ und definiert $\int_c \omega$ mittels der „vermöge c zurückgeholten Form $c^* \omega$" durch

$$\int_c \omega = \int_I c^* \omega$$

wobei der „Pull-back" $c^* \omega$ durch

$$(c^* \omega)(t) := \sum_{j=1}^{n} \omega_j\big(c(t)\big) \dot{c}_j(t) dt$$

definiert ist. Formal gesehen ist dies von unserem jetzigen „naiven" Standpunkt aus gesehen nichts anderes als die ursprüngliche Definition (15). Geht man hingegen mit Hilfe eines Diffeomorphismus $y \mapsto x = \varphi(y)$ (also $y = \varphi^{-1}(x)$) von x zu neuen Variablen y über, so muß man v nicht wie ein Vektorfeld, sondern wie ein Kovektorfeld ω transformieren. Insbesondere ist es bei Kurvenintegralen auf Mannigfaltigkeiten nötig, diesen Standpunkt einzunehmen; dies wird aber erst im Kapitel über Differentialformen völlig deutlich werden. Gegenwärtig können wir uns mit der altehrwürdigen Definition (15) begnügen, ohne daß sich etwas ändert. Die bessere Definition $\int_c \omega := \int_I c^* \omega$ benötigen wir erst, wenn wir $\int_c \omega$ *koordinateninvariant* definieren wollen.

Der Begriff des komplexen Wegintegrales, den wir in Kürze einführen werden, spielt in der *Funktionentheorie*, also in der Theorie der differenzierbaren Funktionen $f : \Omega \to \mathbb{C}$ einer komplexen Variablen $z \in \Omega \subset \mathbb{C}$, eine grundlegende Rolle. Er wird benötigt, um den *Cauchyschen Integralsatz* zu formulieren, dem Ausgangspunkt zum Aufbau der Funktionentheorie nach Cauchy. Er liefert einen eleganten Zugang zur Theorie der Potenzreihen.

Auch in der Physik spielen Wegintegrale bzw. Kurvenintegrale eine wichtige Rolle, etwa beim Begriff der *Arbeit* in einem Kraftfeld oder der *Spannung* in einem elektrischen Feld. In der Hydro- oder Aerodynamik ist die *Zirkulation* $\int_\gamma v(x) \cdot dx$ eines Geschwindigkeitsfeldes $v(x)$ längs eines geschlossenen Weges eine wichtige Größe.

Die Zirkulation wird uns später auch beim Stokesschen Satze begegnen, wo das Flächenintegral $\int_S \text{rot } v \cdot dF$ über ein Flächenstück S in $\mathbb{R}^3$ in die Zirkulation $\int_\gamma v \cdot dx$ längs des „Randes" γ von S umgewandelt wird.

Satz 4. (Rechenregeln für Wegintegrale). *Seien $v, w : \Omega \to \mathbb{R}^n$ stetige Vektorfelder auf Ω, $\lambda, \mu \in \mathbb{R}$ und $\gamma, \gamma_1, \gamma_2$ stückweise glatte Wege in Ω derart, daß der Endpunkt von γ_1 gleich dem Anfangspunkt von γ_2 ist. Dann gilt:*

(i) Linearität:

$$\int_\gamma [\lambda v(x) + \mu w(x)] \cdot dx = \lambda \int_\gamma v(x) \cdot dx + \mu \int_\gamma w(x) \cdot dx \ .$$

(ii) Beschränktheit:

$$\left| \int_{\gamma} v(x) \cdot dx \right| \le M \cdot \mathcal{L}(\gamma)$$

mit $M := \max_{\Gamma} |v|$ *und* $\Gamma = Spur\,(\gamma)$.

(iii) Wegadditivität:

$$\int_{\gamma_1+\gamma_2} v(x) \cdot dx = \int_{\gamma_1} v(x) \cdot dx + \int_{\gamma_2} v(x) \cdot dx \ ,$$

$$\int_{-\gamma} v(x) \cdot dx = - \int_{\gamma} v(x) \cdot dx \ .$$

Beweis. Die Behauptungen (i) und (iii$_1$) sind evident, und (ii) folgt aus

$$\left| \int_{\gamma} v(x) \cdot dx \right| = \left| \int_0^{\mathcal{L}} [v(c) \cdot \dot{c}] ds \right| \le \int_0^{\mathcal{L}} |v(c) \cdot \dot{c}| ds \le M\mathcal{L} \,,$$

wenn $c : [0, \mathcal{L}] \to \mathbb{R}^n$ die Parametrisierung von γ nach der Bogenlänge und $\mathcal{L} = \mathcal{L}(\gamma)$ ist. Um (iii$_2$) zu zeigen, verfahren wir im wesentlichen wie in Proposition 1. Wir wählen eine Parametrisierung $c : [a, b] \to \mathbb{R}^n$ von γ und betrachten die Parameterdarstellung $e : [a, b] \to \mathbb{R}^n$ von $-\gamma$, die durch

$$e(u) := c(a + b - u) \quad, \quad a \le u \le b$$

gegeben ist. Mit der Variablensubstitution $u \mapsto t = \varphi(u) := a + b - t$ folgt

$$du = -dt, \quad \varphi(a) = b, \quad \varphi(b) = a, \quad e(u) = c(\varphi(u)) \,,$$
$$e'(u) = \dot{c}(\varphi(u))\varphi'(u) = -\dot{c}(\varphi(u))$$

und somit

$$-\int_c v(x) \cdot dx = -\int_a^b v(c(t)) \cdot \dot{c}(t) dt = \int_b^a v(c(t)) \cdot \dot{c}(t) dt = \int_{\varphi(a)}^{\varphi(b)} v(c(t)) \cdot \dot{c}(t) dt$$

$$= \int_a^b v(c(\varphi(u))) \cdot \dot{c}(\varphi(u))(-du) = \int_a^b v(e(u)) \cdot e'(u) du = \int_{-c} v(x) \cdot dx \ .$$

□

Nun betrachten wir noch einen Spezialfall, das *komplexe Wegintegral*

$$\int_{\gamma} f(z) dz \ .$$

Hier ist $z = x + iy$ identifiziert mit $(x, y) \in \Omega$, $f \in C^0(\Omega, \mathbb{C})$ und

$$f(z) = u(x, y) + iv(x, y) \ , \quad u = \mathrm{Re}\, f, \ v = \mathrm{Im}\, f \,,$$

und $f(z)dz$ steht formal für

$$f(z)dz = [u(x,y) + iv(x,y)] \cdot [dx + idy]$$
$$= [u(x,y)dx - v(x,y)dy] + i\{v(x,y)dx + u(x,y)dy\} \ .$$

Sei γ ein stückweise glatter Weg in Ω mit der regulären D^1-Darstellung
$c : [a,b] \to \mathbb{R}^2 \overset{\triangle}{=} \mathbb{C}$, $c(t) = (\varphi(t), \psi(t)) \overset{\triangle}{=} \varphi(t) + i\psi(t)$.

Definition 13. *Das* **komplexe Wegintegral** $\int_\gamma f(z)dz$ *wird definiert als*

(16) $$\int_\gamma f(z)dz := \int_a^b f(c(t))\dot{c}(t)dt \ .$$

In reeller Schreibweise bedeutet dies

$$\int_\gamma f(z)dz = \int_\gamma [udx - vdy] + i\int_\gamma \{vdx + udy\} \ ,$$

d.h.

$$\int_\gamma f(z)dz = \int_a^b [u(\varphi(t), \psi(t))\dot{\varphi}(t) - v(\varphi(t), \psi(t))\dot{\psi}(t)]dt$$

(17)

$$+ i\int_a^b \{v(\varphi(t), \psi(t))\dot{\varphi}(t) + u(\varphi(t), \psi(t))\dot{\psi}(t)\}dt \ .$$

Analog zu Satz 4 erhalten wir die folgenden *Rechenregeln für das komplexe Kurvenintegral*:

(18) $$\int_\gamma [\lambda f(z) + \mu g(z)]dz = \lambda \int_\gamma f(z)dz + \mu \int_\gamma g(z)dz \ ;$$

(19) $$\left| \int_\gamma f(z)dz \right| \le M\mathcal{L}(\gamma) \ , \quad M := \sup_\Gamma |f| \ , \ \Gamma := \mathrm{Spur} \ (\gamma) \ ;$$

(20) $$\int_{\gamma_1 + \gamma_2} f(z)dz = \int_{\gamma_1} f(z)dz + \int_{\gamma_2} f(z)dz \ ;$$

(21) $$-\int_\gamma f(z)dz = \int_{-\gamma} f(z)dz \ .$$

Der Beweis dieser Regeln verläuft nach dem gleichen Muster wie der Beweis von Satz 4, so daß wir ihn unterdrücken können.

Analog betrachtet man auch das **komplexe Kurvenintegral**

(22) $$\int_c f(z)dz := \int_a^b f(c(t))\dot{c}(t)dt$$

für D^1-Kurven $c : [a,b] \to \mathbb{C}$ mit den entsprechenden Rechenregeln.

Definition 14. *Mit $\mathcal{C}_\Omega^1(P,Q)$ bzw. $\mathcal{D}_\Omega^1(P,Q)$ bezeichnen wir die Menge der glatten bzw. stückweise glatten Wege γ mit dem Anfangspunkt P und dem Endpunkt Q, deren Spur Γ in Ω liegt.*

Es stellt sich nun die Frage, für welche Vektorfelder $v \in C^0(\Omega, \mathbb{R}^n)$ das Wegintegral $\int_\gamma v(x) \cdot dx$ *wegunabhängig* ist. Genauer gesagt, für welche Vektorfelder v auf Ω hängt der Wert von $\int_\gamma v(x) \cdot dx$ nur von den Endpunkten P und Q von γ, nicht aber vom „Verbindungsweg" γ dieser Punkte ab, d.h. wann gilt

$$\int_\gamma v(x) \cdot dx = \int_{\gamma^*} v(x) \cdot dx$$

für alle $\gamma, \gamma^* \in \mathcal{D}_\Omega^1(P,Q)$?

Bringen wir zunächst den soeben beschriebenen Begriff „Wegunabhängigkeit eines Integrales" in die Form einer Definition.

Definition 15. *Sei $v : \Omega \to \mathbb{R}^n$ ein stetiges Vektorfeld in Ω und bezeichne*

$$\mathcal{W}(\gamma) := \int_\gamma v(x) \cdot dx$$

*das ihm zugeordnete Wegintegral, das auf der Klasse der stückweise glatten Wege γ in Ω definiert ist. Wir nennen $\mathcal{W}$ **wegunabhängig** in Ω, wenn es zu jedem Paar P, Q von Punkten aus Ω mit $P \neq Q$ eine reelle Konstante $c(P,Q)$ gibt, so daß $\mathcal{W}(\gamma) = c(P,Q)$ für alle $\gamma \in \mathcal{D}_\Omega^1(P,Q)$ gilt.*

Wir bemerken, daß $\mathcal{D}_\Omega^1(P,Q)$ leer sein kann, wenn Ω kein Gebiet ist. Bezeichnet Ω jedoch ein Gebiet, so ist $\mathcal{D}_\Omega^1(P,Q)$ für alle $P, Q \in \Omega$ nichtleer. Dies ergibt sich aus der folgenden

Proposition 2. *(i) Eine offene Menge Ω in $\mathbb{R}^n$ ist genau dann (bogenweise) zusammenhängend, wenn es zu jedem Paare $P, Q \in \Omega$ mit $P \neq Q$ eine reguläre D^1-Kurve $c : I = [a,b] \to \mathbb{R}^n$ mit $c(a) = P$, $c(b) = Q$ und $c(I) \subset \Omega$ gibt, d.h. wenn $\mathcal{D}_\Omega^1(P,Q)$ nichtleer ist.*

(ii) Eine offene Menge Ω in $\mathbb{R}^n$ ist genau dann (bogenweise) zusammenhängend, wenn $\mathcal{C}_\Omega^1(P,Q)$ für beliebige $P, Q \in \Omega$ mit $P \neq Q$ nichtleer ist.

Beweis. Wenn $\mathcal{C}_\Omega^1(P,Q)$ bzw. $\mathcal{D}_\Omega^1(P,Q)$ für jedes Paar von Punkten $P, Q \in \Omega$ mit $P \neq Q$ nichtleer ist, so kann man P, Q durch reguläre C^1- bzw. D^1-Kurven verbinden, die in Ω verlaufen, und somit ist Ω (bogenweise) zusammenhängend. Ist umgekehrt Ω zusammenhängend, so gibt es für jedes Paar $P, Q \in \Omega$ eine stetige Kurve $c : [a,b] \to \mathbb{R}^n$ mit $c(a) = P$, $c(b) = Q$ und $c(t) \in \Omega$ für alle $t \in [a,b]$.

Mit Hilfe des Satzes von Heine-Borel können wir Parameterwerte $t_0, \ldots, t_k \in [a,b]$ und Radien $r_1, \ldots, r_k > 0$ finden, so daß die Kugeln $B_{r_j}(c(t_j))$ in Ω liegen und $\Gamma := c([a,b])$ überdecken. Dann läßt sich ohne Mühe ein wiederum mit c

bezeichnet Polygon konstruieren, das P mit Q verbindet, regulär ist und in der
Vereinigung der oben gewählten Kugeln, also auch in Ω liegt. Damit ist $\mathcal{D}_\Omega^1(P, Q)$
für alle $P, Q \in \Omega$ mit $P \neq Q$ nichtleer.

Das gleiche gilt auch für $\mathcal{C}_\Omega^1(P, Q)$, denn wir können durch „Abrundung der
Ecken" den Polygonzug c in eine reguläre C^1-Kurve verwandeln, die in Ω verläuft
und P mit Q verbindet. Die Abrundung der Ecken läßt sich erreichen, indem
man c in der Nähe der Ecken durch hinreichend kleine Kreisbögen ersetzt, die
glatt an die jeweiligen Kanten von c anschließen.

$\square$

Bevor wir Kriterien für die Wegunabhängigkeit von Wegintegralen aufstellen,
wollen wir uns zunächst davon überzeugen, daß nicht alle Wegintegrale wegunabhängig sind.

$\boxed{6}$ In $\Omega = \mathbb{R}^2$ sei das Vektorfeld $v : \mathbb{R}^2 \to \mathbb{R}^2$ durch

$$v(x, y) = (v_1(x, y),\ v_2(x, y)) = (x + y, y^2)$$

definiert und

$$\mathcal{W}(\gamma) := \int_\gamma v_1(x, y)dx + v_2(x, y)dy = \int_\gamma (x + y)dx + y^2 dy \ .$$

Wir betrachten drei Wege, die $P = (0, 0)$ und $Q = (1, 1)$ verbinden:

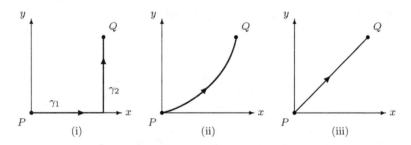

(i) $\gamma = \gamma_1 + \gamma_2$, wobei $c_1(t) = (t, 0),\ 0 \leq t \leq 1$, eine Parametrisierung von γ_1 und $c_2(t) = (0, t),\ 0 \leq t \leq 1$, eine Parametrisierung von γ_2 sei. Dann gilt

$$\mathcal{W}(\gamma) = \mathcal{W}(\gamma_1) + \mathcal{W}(\gamma_2) = \int_{c_1} v_1 dx + v_2 dy + \int_{c_2} v_1 dx + v_2 dy$$

$$= \int_0^1 t\,dt + \int_0^1 t^2 dt = \frac{1}{2} + \frac{1}{3} = \frac{5}{6} \ .$$

(ii) Der Weg γ habe die Parameterdarstellung $c(t) = (t, t^2)$ mit $0 \leq t \leq 1$. Dann ist

$$\mathcal{W}(\gamma) = \int_c v_1 dx + v_2 dy = \int_0^1 [(t + t^2) \cdot 1 + t^4 \cdot 2t]dt = \frac{1}{2} + \frac{1}{3} + \frac{1}{3} = \frac{7}{6} \ .$$

(iii) Der Weg γ habe die Darstellung $c(t) = (t, t)$ mit $0 \leq t \leq 1$. Dann ist

$$\mathcal{W}(\gamma) = \int_c v_1 dx + v_2 dy = \int_0^1 [2t \cdot 1 + t^2 \cdot 1]dt = 1 + \frac{1}{3} = \frac{8}{6} \ .$$

Wir erhalten drei verschiedene Werte für $\mathcal{W}(\gamma)$, das Wegintegral ist also im vorliegenden Fall wegabhängig. Hätten wir aber beispielsweise

$$v(x,y) = (x + y,\ x + y^2)$$

gewählt, so ergäbe sich für diese drei Wege und überhaupt für jeden Weg γ, der $P = (0,0)$ mit $Q = (1,1)$ verbindet, der Wert $\mathcal{W}(\gamma) = \frac{11}{6}$.

Wir wollen nun Kriterien für die Wegunabhängigkeit von $\int_\gamma v(x) \cdot dx$ aufstellen. Für $n = 2$ stammen die wesentlichen Ideen schon von Clairaut (1743). Im folgenden sei $v : \Omega \to \mathbb{R}^n$ stets ein stetiges Vektorfeld in $\Omega \subset \mathbb{R}^n$.

Proposition 3. *Das Wegintegral* $\mathcal{W}(\gamma) = \int_\gamma v(x) \cdot dx$ *ist genau dann wegunabhängig in* Ω, *wenn* $\mathcal{W}(\gamma) = 0$ *für jeden geschlossenen, stückweise glatten Weg* γ *in* Ω *gilt.*

Beweis. (i) Sei $\mathcal{W}(\gamma) = 0$ auf den geschlossenen Wegen. Für zwei beliebige $\gamma_1, \gamma_2 \in \mathcal{D}^1_\Omega(P,Q)$ mit $P \neq Q$ bilden wir den geschlossenen Weg $\gamma_0 := \gamma_1 - \gamma_2$. Dann folgt

$$(23) \quad 0 = \mathcal{W}(\gamma_0) = \mathcal{W}(\gamma_1 - \gamma_2) = \mathcal{W}(\gamma_1) + \mathcal{W}(-\gamma_2) = \mathcal{W}(\gamma_1) - \mathcal{W}(\gamma_2)\,,$$

also $\mathcal{W}(\gamma_1) = \mathcal{W}(\gamma_2)$. Hieraus ergibt sich $\mathcal{W}(\gamma) \equiv \text{const}$ für $\gamma \in \mathcal{D}^1_\Omega(P,Q)$.

(ii) Ist umgekehrt $\mathcal{W}(\gamma)$ wegunabhängig und bezeichnet γ einen beliebigen geschlossenen und stückweise glatten Weg in Ω, so zerlegen wir γ in zwei stückweise glatte Kurven γ_1 und γ_2 derart, daß $\gamma = \gamma_1 + \gamma_2 = \gamma_1 - (-\gamma_2)$ ist und $\gamma_1, -\gamma_2 \in \mathcal{D}^1(P,Q)$ gilt. Dann folgt $\mathcal{W}(\gamma_1) = \mathcal{W}(-\gamma_2)$ und somit

$$\mathcal{W}(\gamma) = \mathcal{W}(\gamma_1) + \mathcal{W}(\gamma_2) = \mathcal{W}(\gamma_1) - \mathcal{W}(-\gamma_2) = 0\,.$$

$\square$

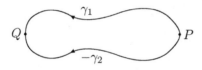

Nun wollen wir noch eine Variante von Proposition 3 angeben, die sich in Kürze als sehr nützlich erweisen wird.

Proposition 4. *Das Wegintegral* $\mathcal{W}(\gamma) = \int_\gamma v(x) \cdot dx$ *ist genau dann wegunabhängig in* Ω, *wenn* $\mathcal{W}(\gamma) = 0$ *für jeden glatten geschlossenen Weg* γ *in* Ω *gilt.*

Beweis. Wegen Proposition 3 ist die Bedingung, daß $\mathcal{W}(\gamma) = 0$ für alle glatten geschlossenen Wege in Ω gilt, jedenfalls notwendig für die Wegunabhängigkeit in Ω. Um zu zeigen, daß sie auch hinreichend ist, betrachten wir einen beliebigen stückweise glatten geschlossenen Weg γ in Ω und eine reguläre D^1-Parametrisierung $c : I \to \mathbb{R}^n$ von γ. Durch „Abrundung der Ecken" von c kann man eine Folge $\{c_k\}$ von regulären C^1-Kurven $c_k : I \to \mathbb{R}^n$ finden, die auf demselben Intervall I wie c definiert sind und die folgenden Eigenschaften haben:

(i) $c_k(t)$ unterscheidet sich von $c(t)$ nur auf endlich vielen Teilintervallen I_{jk}, $1 \leq j \leq N_k$.

(ii) Es gilt $c_k(t) \rightrightarrows c(t)$ auf I für $k \to \infty$.

(iii) $\sum_{j=1}^{N_k} \{ \int_{I_{jk}} |dc| + \int_{I_{jk}} |dc_k| \} < \frac{1}{k}$.

Wegen (ii) gibt es eine kompakte Teilmenge K von Ω, die die Spuren aller Kurven $c, c_1, c_2, \ldots, c_k, \ldots$ enthält. Sei $M := \sup_K |v|$. Dann ergeben sich wegen (iii) und Satz 4, (ii) die Ungleichungen

$$\left| \int_c v(x) \cdot dx \right| \leq \left| \int_{c_k} v(x) \cdot dx \right| + M/k .$$

Da nach Voraussetzung $\int_{c_k} v(x) \cdot dx$ verschwindet, erhalten wir für $k \to \infty$, daß auch $\int_c v(x) \cdot dx = 0$ gilt.

$\qquad\qquad\qquad\qquad\qquad\qquad\qquad\qquad\qquad\qquad\qquad\qquad\qquad\qquad\quad$ □

Satz 5. *Für ein Gebiet Ω in $\mathbb{R}^n$ ist $\mathcal{W}(\gamma) := \int_\gamma v(x) \cdot dx$ genau dann wegunabhängig in Ω, wenn das Vektorfeld $v : \Omega \to \mathbb{R}^n$ eine Potentialfunktion $U \in C^1(\Omega)$ besitzt, also konservativ ist.*

Beweis. (i) Angenommen, es gibt ein $U \in C^1(\Omega)$ mit $v = \nabla U$. Wir betrachten einen Weg $\gamma \in \mathcal{D}_\Omega^1(P, Q)$ mit der Parameterdarstellung $c : [a, b] \to \mathbb{R}^n$. Dann gilt

$$\mathcal{W}(\gamma) = \int_\gamma v(x) \cdot dx = \int_a^b v(c(t)) \cdot \dot{c}(t) \, dt$$

$$= \int_a^b \nabla U(c(t)) \cdot \dot{c}(t) dt = \int_a^b \frac{d}{dt} U(c(t)) \, dt$$

$$= U(c(b)) - U(c(a)) = U(Q) - U(P) ,$$

und folglich ist $\mathcal{W}(\gamma)$ wegunabhängig.

(ii) Sei $\mathcal{W}(\gamma)$ wegunabhängig. Wir fixieren einen Punkt $x_0 \in \Omega$ und definieren die Funktion $U : \Omega \to \mathbb{R}$ durch

$$U(x) := \mathcal{W}(\gamma) = \int_\gamma v(\xi) \cdot d\xi , \quad x \in \Omega ,$$

wobei $\gamma \in \mathcal{D}_\Omega^1(x_0, x)$ sei. Für hinreichend kleines $\delta > 0$ liegt $x + ta$ in Ω, wenn $a \in S^1$ und $|t| \leq \delta$ ist. Dann verbindet der Weg $\gamma + \gamma^t$ den Anfangspunkt x_0 in Ω mit dem Endpunkt $x + ta$, wenn wir γ^t durch die Parameterdarstellung $c(u) := x + uta$ mit $0 \leq u \leq 1$ definieren. Es folgt

$$U(x + ta) - U(x) = \mathcal{W}(\gamma + \gamma^t) - \mathcal{W}(\gamma) = \mathcal{W}(\gamma^t)$$

$$= \int_0^1 v(c(u)) \cdot c'(u) du = \int_0^1 v(x + uta) \cdot ta \, du$$

und daher

$$\frac{1}{t}\left[U(x+ta)-U(x)\right] = \int_0^1 v(x+uta)\cdot a\,du\ .$$

Also existiert $\partial U(x)/\partial a$, und es gilt $\frac{\partial U}{\partial a}(x) = v(x)\cdot a$. Für $a = e_1,\dots,e_n$ erhalten wir $\frac{\partial U}{\partial e_k}(x) = v_k(x)$, $1 \le k \le n$. Hieraus ergibt sich $\nabla U = v$ und damit $U \in C^1(\Omega)$.

$\square$

Wir wissen, daß für die Existenz einer Potentialfunktion $U \in C^2(\Omega)$ eines Vektorfeldes $v \in C^1(\Omega,\mathbb{R}^n)$ und **damit für die Wegunabhängigkeit von** $\mathcal{W}(\gamma) = \int_\gamma v \cdot dx$ **notwendig ist, daß die Integrabilitätsbedingungen**

$$(24) \qquad\qquad \frac{\partial v_j}{\partial x_k} - \frac{\partial v_k}{\partial x_j} = 0\ ,\ 1 \le j,k \le n\ ,$$

in Ω erfüllt sind. Ferner wissen wir, daß (24) für die Existenz eines Potentials U für das Vektorfeld v hinreichend ist, falls Ω konvex oder wenigstens sternförmig oder zumindest eine Hydra ist. Nun wollen wir zeigen, daß dies auch für *einfach zusammenhängende Gebiete* Ω der Fall ist. Dazu müssen wir zunächst den Begriff „einfach zusammenhängend" erklären.

Definition 16. *Eine geschlossene C^1-Kurve $c : [a,b] \to \mathbb{R}^n$ in Ω heißt* **nullhomotop in Ω**, *wenn es eine C^1-Abbildung $(t,s) \mapsto h(t,s)$ von $[a,b] \times [0,1]$ in die Menge Ω gibt, die folgende vier Eigenschaften hat:*

(i) $h(t,0) = c(t)$ für alle $t \in I$.
(ii) Es gibt einen Punkt $P_0 \in \Omega$, so daß gilt: $h(t,1) = P_0$ für alle $t \in I$.
(iii) $h(a,s) = h(b,s)$ für alle $s \in [0,1]$.
(iv) $\dfrac{\partial h}{\partial t}(a,s) = \dfrac{\partial h}{\partial t}(b,s)$ für $s \in [0,1]$; $\dfrac{\partial^2 h}{\partial t \partial s}$ existiert und ist stetig.

Ein glatter geschlossener Weg γ in Ω heißt nullhomotop in Ω, wenn es eine reguläre C^1-Parameterdarstellung c von γ gibt, die in Ω nullhomotop ist.

Anschaulich gesprochen bedeutet dies, daß eine C^1-Kurve genau dann nullhomotop ist, wenn sie sich in Ω über eine Schar geschlossener C^1-Kurven in differenzierbarer Weise auf einen Punkt P_0 zusammenziehen läßt. Üblicherweise setzt man nur $h \in C^0$ voraus und läßt (iv) weg. Damit ist der Begriff „nullhomotop" auch für geschlossene stetige Kurven (bzw. Wege) erklärt, und mittels einer „Glättungsoperation" kann man zeigen, daß die beiden Definitionen für C^1-Kurven (bzw. Wege) dasselbe bedeuten.

Aus (iv) folgt nach dem Satz von Schwarz, daß auch h_{st} existiert und gleich h_{ts} ist:

$$(25) \qquad\qquad \frac{\partial^2 h}{\partial s \partial t} = \frac{\partial^2 h}{\partial t \partial s}\ .$$

Definition 17. *Ein Gebiet Ω in $\mathbb{R}^n$ heißt* **einfach zusammenhängend**, *wenn jeder glatte geschlossene Weg in Ω dort auch nullhomotop ist.*

In der Tat ist Ω genau dann einfach zusammenhängend, wenn jede geschlossene Kurve in Ω dort nullhomotop ist.

Satz 6. *Sei Ω ein einfach zusammenhängendes Gebiet in $\mathbb{R}^n$, und $v : \Omega \to \mathbb{R}^n$ bezeichne ein Vektorfeld der Klasse C^1, das die Integrabilitätsbedingungen*

$$(26) \qquad \frac{\partial v_j}{\partial x_k} - \frac{\partial v_k}{\partial x_j} = 0 \quad , \quad j, k = 1, 2, \dots, n \, ,$$

in Ω erfüllt. Dann ist das Wegintegral $\int_\gamma v(x) \cdot dx$ in Ω wegunabhängig.

Beweis. Sei $c : [a, b] \to \mathbb{R}^n$ eine reguläre C^1-Parameterdarstellung eines geschlossenen Weges γ in Ω. Dann gibt es eine C^1-Abbildung $h : [a, b] \times [0, 1] \to \Omega$ mit den Eigenschaften (i) - (iii) der Definition 16. Bezeichne $\psi(s)$ die Funktion

$$\psi(s) := \int_a^b v(h(t, s)) \cdot \dot{h}(t, s) dt \, ,$$

wobei hier und im folgenden $\dot{}$ die Ableitungen nach t und $'$ die Ableitung nach s bezeichne. Wir werden zeigen, daß $\psi'(s) = 0$ ist für alle $s \in [0, 1]$, woraus $\psi(s) \equiv$ const und insbesondere $\psi(1) = \psi(0)$ folgt. Wegen (ii) erhalten wir $\dot{h}(t, 1) \equiv 0$ auf $[a, b]$ und somit $\psi(1) = 0$, daher auch $\psi(0) = 0$. Hieraus ergibt sich

$$\int_\gamma v(x) \cdot dx = \int_c v(x) \cdot dx = \int_a^b v(c(t)) \cdot \dot{c}(t) dt$$

$$= \int_a^b v(h(t, 0)) \cdot \dot{h}(t, 0) dt = \psi(0) = 0 \, ,$$

und Proposition 4 liefert, daß das Wegintegral $\int_\gamma v(x) \cdot dx$ in Ω wegunabhängig ist.

Es bleibt also zu zeigen, daß $\psi'(s) \equiv 0$ ist. Sei $h(t, s) = \big(h_1(t, s), \dots, h_n(t, s)\big)$ und $\varphi(t, s) = \big(\varphi_1(t, s), \dots, \varphi_n(t, s)\big) := h'(t, s)$, also $\varphi_k(t, s) = h'_k(t, s)$. Wegen (25) gilt $\dot{h}'_k = \dot{\varphi}_k$. Aus

$$\psi(s) = \int_a^b \sum_{j=1}^n v_j(h(t, s)) \dot{h}_j(t, s) dt$$

folgt $\psi'(s) = I + II$ mit

$$I := \int_a^b \sum_{j,k=1}^n \frac{\partial v_j}{\partial x_k}(h) \varphi_k \dot{h}_j \, dt \, , \quad II := \int_a^b \sum_{j=1}^n v_j(h) \dot{h}'_j \, dt \, ,$$

wobei der Übersichtlichkeit wegen $h, \varphi, \ldots$ für $h(t,s)$, $\varphi(t,s), \ldots$ geschrieben ist. Wir formen II um, indem wir j durch k ersetzen und $h'_k = \dot{\varphi}_k$ beachten:

$$II = \int_a^b \sum_{k=1}^n v_k(h)\dot{\varphi}_k dt = \int_a^b \left\{ \frac{d}{dt} \sum_{k=1}^n [v_k(h)\varphi_k] - \sum_{k=1}^n \left[\frac{d}{dt} v_k(h) \right] \varphi_k \right\} dt$$

$$= [v(h(t,s)) \cdot \varphi(t,s)]_{t=a}^{t=b} - \int_a^b \sum_{j,k=1}^n \frac{\partial v_k}{\partial x_j} \dot{h}_j \varphi_k dt \, .$$

Wegen (iii) und (iv) folgt

$$h(a,s) = h(b,s) \quad \text{und} \quad \varphi(a,s) = \varphi(b,s) \quad \text{für alle } s \in [0,1] \, .$$

Somit finden wir, daß $[v\big(h(t,s)\big) \cdot \varphi(t,s)]_{t=a}^{t=b} = 0$ ist für alle $s \in [0,1]$. Dann ergibt sich

$$\psi'(s) = \int_a^b \sum_{j,k=1}^n \left[\frac{\partial v_j}{\partial x_k}(h) - \frac{\partial v_k}{\partial x_j}(h) \right] \varphi_k \dot{h}_j dt \, ,$$

und die Integrabilitätsbedingungen (24) liefern $\psi'(s) \equiv 0$.

$\square$

Fassen wir das bisher Gesagte zusammen, so ergibt sich das folgende grundlegende Resultat:

Satz 7. *Sei $v \in C^1(\Omega, \mathbb{R}^n)$ und Ω ein Gebiet in $\mathbb{R}^n$. Notwendig und, falls Ω einfach zusammenhängend ist, auch hinreichend für die Wegunabhängigkeit des Wegintegrals $\mathcal{W}(\gamma) = \int_\gamma v(x) \cdot dx$ in Ω sind die Integrabilitätsbedingungen.*

$$\frac{\partial v_j}{\partial x_k} - \frac{\partial v_k}{\partial x_j} = 0 \quad , \quad 1 \leq j < k \leq n \, .$$

Bemerkung 8. Auf einem beliebigen Gebiet Ω sind die Integrabilitätsbedingungen (24) im allgemeinen nicht hinreichend für die Wegunabhängigkeit des Wegintegrals, wie das folgende Beispiel zeigt.

$\boxed{7}$ Sei $n = 2$, $\Omega = \mathbb{R}^2 \setminus \{0\}$, und bezeichne $v = (v_1, v_2)$ das Vektorfeld mit

$$v_1(x,y) = -y/r^2 \, , \quad v_2(x,y) = x/r^2 \, , \quad r := \sqrt{x^2 + y^2}$$

für $(x,y) \in \Omega$. Man überzeugt sich, daß $(x,y) \mapsto v(x,y)$ die Integrabilitätsbedingung

$$\frac{\partial v_1}{\partial y} - \frac{\partial v_2}{\partial x} = 0$$

erfüllt. Jedoch gilt für einen Kreis γ mit der Parameterdarstellung

$$c(t) = (R \cos t, R \sin t) \, , \quad 0 \leq t \leq 2\pi \, ,$$

und $R > 0$ die Beziehung

$$\mathcal{W}(\gamma) = \int_\gamma v_1(x,y)dx + v_2(x,y)dy = \int_\gamma R^{-2}(xdy - ydx) = 2\pi \, .$$

Abschließend wollen wir uns noch einmal dem in Definition 13 eingeführten komplexen Wegintegral $\int_\gamma f(z)dz$ zuwenden. Hier identifizieren wir wieder den $\mathbb{R}^2$ mit der komplexen Ebene $\mathbb{C}$, indem wir Punkte $(x,y) \in \mathbb{R}^2$ mit den komplexen Zahlen $z = x + iy$ identifizieren, ohne daß dies jedesmal ausdrücklich hervorgehoben wird. Dementsprechend wird jede offene Menge Ω von Punkten $(x,y) \in \mathbb{R}^2$ mit der korrespondierenden Menge komplexer Zahlen $z = x + iy$ identifiziert, die wir wieder mit Ω bezeichnen wollen.

Wir betrachten nun eine komplexwertige Funktion $f : \Omega \to \mathbb{C}$ auf einer offenen Menge Ω aus $\mathbb{C} \stackrel{\wedge}{=} \mathbb{R}^2$ und schreiben

$$(27) \qquad\qquad f(z) = u(x,y) + iv(x,y)$$

mit $u(x,y) = \operatorname{Re} f(z)$, $v(x,y) = \operatorname{Im} f(z)$, $z = x + iy$ und

$$(28) \qquad\qquad w(x,y) = (u(x,y),\, v(x,y)) \,.$$

Definition 18. *Ein Vektorfeld* $w : \Omega \to \mathbb{R}^2$ *der Klasse* C^1 *heißt* **quellenfrei**, *wenn* div $w = 0$ *ist, d.h. wenn*

$$(29) \qquad\qquad u_x + v_y = 0$$

gilt, und es heißt **wirbelfrei**, *wenn*

$$(30) \qquad\qquad u_y - v_x = 0$$

ist.

Die Bedeutung der Bezeichnungen *quellenfrei* und *wirbelfrei* werden wir später im Zusammenhang mit den Integralsätzen von Gauß und Stokes kennenlernen.

Die Gleichungen (29) bzw. (30) können wir mit Hilfe des Nabla-Operators $\nabla = (\partial/\partial x\,,\ \partial/\partial y)$ auch als

$$(31) \qquad\qquad \nabla \cdot w = 0 \quad \text{bzw.} \quad \nabla \times w = 0$$

schreiben, wobei $\nabla \times w$ formal als die Determinante

$$\begin{vmatrix} \frac{\partial}{\partial x} & \frac{\partial}{\partial y} \\ u & v \end{vmatrix}$$

definiert ist. ($\nabla \times w$ ist die „Rotation" des zweidimensionalen Vektorfeldes $w = (u,v)$.)

Definition 19. *Eine komplexwertige Funktion* $f : \Omega \to \mathbb{C}$ *mit* $u(x,y) = \operatorname{Re} f(z)$ *und* $v(x,y) = \operatorname{Im} f(z)$ *heißt* **holomorph**, *wenn das zugeordnete Vektorfeld* $w : \Omega \to \mathbb{R}^2$ *mit* $w(x,y) = (u(x,y), v(x,y))$ *in* Ω *von der Klasse* C^1 *ist und die* **Cauchy-Riemannschen Differentialgleichungen**

$$(32) \qquad\qquad u_x = v_y \ , \ \ u_y = -v_x$$

erfüllt.

Gleichbedeutend ist: $f = u + iv$ *ist genau dann holomorph in* Ω, *wenn das Vektorfeld* $w^* = (u, -v)$ *von der Klasse* C^1 *und in* Ω *sowohl quellen- als auch wirbelfrei ist.* Hieraus folgt, daß $\overline{f} = u - iv$ genau dann holomorph ist, wenn $w = (u, v)$ aus C^1 und quellen- sowie wirbelfrei ist. Die Bedeutung der Cauchy-Riemannschen Gleichungen (32) besteht darin, daß sie, wie wir später zeigen werden, zur *komplexen Differenzierbarkeit* von f äquivalent sind, d.h. daß in allen Punkten $z \in \Omega$ die *komplexe Ableitung* $f'(z)$ existiert,

$$(33) \qquad f'(z) := \lim_{h \to 0} \frac{f(z+h) - f(z)}{h} .$$

Satz 8. (Cauchys Integralsatz) *Ist* $f(z)$ *holomorph in einem einfach zusammenhängenden Gebiet* Ω *aus* $\mathbb{C}$, *so gilt*

$$(34) \qquad \int_\gamma f(z)dz = 0$$

für jeden geschlossenen, stückweise glatten Weg γ *in* Ω.

Beweis. Nach Formel (17) haben wir

$$(35) \qquad \int_\gamma f(z)dz = \int_\gamma (udx - vdy) + i \int_\gamma (vdx + udy) .$$

Das Integral auf der linken Seite von (35) ist genau dann Null, wenn die beiden reellen Wegintegrale auf der rechten Seite Null sind, und nach Proposition 3 und Satz 6 verschwinden diese beiden Integrale, weil die Vektorfelder $(u, -v)$ und (v, u) aufgrund von (32) den Integrabilitätsbedingungen genügen. $\qquad\square$

Wir bemerken noch, daß der obige Beweis des Cauchyschen Integralsatzes eine Variante von Cauchys ursprünglichem Beweis aus dem Jahre 1825 ist. Cauchy zeigte, daß die Lagrangefunktionen

$$F_1(x, y, p, q) = u(x, y)p - v(x, y)q \text{ und } F_2(x, y, p, q) = v(x, y)p + u(x, y)q$$

Null-Lagrangesche im Sinne der Variationsrechnung (vgl. 2.4) sind; dies bedeutet, *jede* C^2-Kurve $c(t) = (x(t), y(t))$ ist Lösung der Euler-Lagrangeschen Differentialgleichungen der Integrale

$$\int_{t_1}^{t_2} F_1(x(t), y(t), \dot{x}(t), \dot{y}(t))dt \text{ und } \int_{t_1}^{t_2} F_2(x(t), y(t), \dot{x}(t), \dot{y}(t))dt .$$

Für manche Anwendungen ist die folgende Variante von Satz 8 nützlich.

Satz 9. (Variante des Cauchyschen Integralsatzes) *Ist* f *holomorph in* Ω, *so gilt*

$$(36) \qquad \int_c f(z)dz = 0$$

für jede geschlossene C^1-Kurve c in Ω, die in Ω nullhomotop ist. Allgemeiner ist (36) für jede geschlossene D^1-Kurve in Ω richtig, die sich so durch eine Folge $\{\tilde{c}_k\}$ von geschlossenen, in Ω nullhomotopen C^1-Kurven $\tilde{c}_k$ approximieren läßt, daß gilt:

$$(37) \qquad \int_c f(z)dz = \lim_{k\to\infty} \int_{\tilde{c}_k} f(z)dz \ .$$

Beweis. Wegen (32) und (35) ergibt sich die erste Behauptung durch die im Beweis von Satz 6 verwendete Schlußweise, und die zweite Behauptung ist dann evident.

$\square$

Bemerkung 9. Durch „Abrundung der Ecken" (vgl. den Beweis von Proposition 4) läßt sich in vielen Fällen die Approximation von c durch nullhomotope C^1-Kurven $\tilde{c}_k$ mit der Approximationseigenschaft (37) erreichen.

Bemerkung 10. In der Funktionentheorie werden wir in der Regel mit Kurvenintegralen statt mit Wegintegralen operieren, weil dies die Darstellung erheblich vereinfacht. Beispielsweise benutzen wir den Cauchyschen Integralsatz meist in der Form (36) statt (34). Es ist aber nützlich, sich an die Invarianz von Kurvenintegralen $\int_c f(z)dz$ bei Umparametrisierung von c zu erinnern, was durch die Formel $\int_\gamma f(z)dz = \int_c f(z)dz$ für $\gamma = [c]$ ausgedrückt wird.

Aufgaben.

1. Was ist die Bogenlänge $\mathcal{L}(c)$ der *Schraubenlinie* $c : [0, 2\pi] \to \mathbb{R}^3$, die durch $c(t) := (R\cos t, R\sin t, at)$ mit $R > 0$ und $a > 0$ definiert ist? Wie ändert sich $\mathcal{L}(c)$, wenn man c auf dem Intervall $[0, 2\pi k]$ mit $k = 2, 3, \ldots$ (also eine Schraube mit k Windungen) betrachtet? Man bestimme Geschwindigkeit $v = \dot{c}$ und Beschleunigung $b = \dot{v}$ der „Bewegung" c und zeige, daß diese auf dem Mantel eines Kreiszylinders verläuft. Ferner zerlege man $c : I \to \mathbb{R}^3$ in eine Kreisbewegung und eine Translationsbewegung.

2. Für die Länge $\mathcal{L}(c)$ einer Ellipse $c(t) := (a\cos t, b\sin t)$, $0 \le t \le 2\pi$, mit $a > b > 0$ gilt $(a + b)\pi < \mathcal{L}(c) < \sqrt{a^2 + b^2}\,\sqrt{2}\pi$. Beweis? Weiter zeige man, daß

$$\mathcal{L}(c) = a \int_0^{2\pi} \sqrt{1 - \epsilon^2 \cos^2 t}\, dt =: l(\epsilon)$$

mit $\epsilon := a^{-1}\sqrt{a^2 - b^2}$ ($= $ „numerische Exzentrizität" der Ellipse) gilt, bestimme das Taylorpolynom vierter Ordnung von $l(\epsilon)$ zum Entwicklungspunkt $\epsilon = 0$ und schätze das zugehörige Restglied für $\epsilon \le 1/2$ ab.

3. Ist die durch $c(t) := (\cos^3 t, \sin^3 t)$, $0 \le t \le 2\pi$, definierte ebene Kurve $c : [0, 2\pi] \to \mathbb{R}^2$ geschlossen, von der Klasse C^1, regulär? Man skizziere die Spur von c in $\mathbb{R}^2$ und gebe eine Funktion $F(x, y)$ an, so daß Γ gerade die Lösungsmenge der Gleichung $F(x, y) = 0$ ist. Was ist der Wert des Kurvenintegrals $\int_c x\, dx + y\, dy$?

4. Man zeige, daß durch $c(t) := (t, f(t))$, $0 \le t \le 1$, mit $f(0) := 0$, $f(t) := t^2 \cos(\pi/t^2)$ für $0 < t \le 1$ eine nicht rektifizierbare Jordankurve definiert wird.

5. Sei K ein Kreis vom Radius a um den Ursprung 0 und bezeichne C einen weiteren Kreis vom Radius r mit $0 < r < a$, der mit konstanter Winkelgeschwindigkeit auf der Innenseite von K abrollt, ohne zu gleiten.
   (i) Was ist die geometrische Gestalt der Bahnkurve $t \mapsto m(t)$, die der Mittelpunkt $m(t)$ des rollenden Kreises durchläuft?

(ii) Man bestimme die Kurve $t \mapsto c(t) = \big(x(t), y(t)\big)$, die ein auf C befestigter Punkt P beschreibt, der sich zur Zeit $t = 0$ im Punkte $(a, 0)$ auf K befindet. Die Spur Γ einer solchen Kurve heißt *Hypozykloide*.

(iii) Man beschreibe Γ für $a = 2r$ und zeige, daß im Falle $a = 3r$ die Spur Γ den äußeren Kreis in genau drei Punkten trifft (Skizze von Γ), während für $a = 4r$ die Linie Γ gerade vom in Aufgabe 3 betrachteten Typ ist.

(iv) Die *Epizykloiden* entstehen, wenn C auf der Außenseite von K abrollt. Wie können sie beschrieben werden?

6. Für eine Folge $\{c_j\}$ von Kurven $c_j \in C^1(I, \mathbb{R}^n)$, $I = [0, 1]$, mit $c_j(0) \to x_0$ für $j \to \infty$ und $\dot{c}_j(t) \rightrightarrows v(t)$ auf I gibt es eine Kurve $c \in C^1(I, \mathbb{R}^n)$ derart, daß $c_j(t) \rightrightarrows c(t)$ auf I, $c(0) = x_0$, $\dot{c}(t) \equiv v(t)$ und $\mathcal{L}(c_j) \to \mathcal{L}(c)$. Beweis?

7. Sei $\{c_j\}$ eine Folge rektifizierbarer Kurven $c_j \in C^0(I, \mathbb{R}^n)$, $I = [0, 1]$, mit gleichmäßig beschränkten Längen $\mathcal{L}(c_j)$ (d.h. $\mathcal{L}(c_j) \leq L$ für alle $j \in \mathbb{N}$), und es gelte $c_j(t) \rightrightarrows c(t)$ auf I. Dann ist die Grenzkurve $c \in C^0(I, \mathbb{R}^n)$ rektifizierbar, und es gilt $\mathcal{L}(c) \leq \liminf\limits_{j \to \infty} \mathcal{L}(c_j)$, aber nicht notwendig $\mathcal{L}(c) = \lim_{j \to \infty} \mathcal{L}(c_j)$.

8. Sei $\sigma(t) := \int_a^t |df| = V_a^t(f)$, $a \leq t \leq b$, die *Bogenlängenfunktion* einer rektifizierbaren Kurve $f : I \to \mathbb{R}^n$ ohne Doppelpunkte, d.h. f sei eine stetige, injektive Abbildung des Intervalls $I = [a, b]$ in den $\mathbb{R}^n$ mit $L := \mathcal{L}(f) < \infty$. Man zeige: (i) σ ist stetig und streng monoton, bildet also I homöomorph auf $I^* := [0, L]$ ab. (ii) Mittels $\tau := \sigma^{-1}$ und $g := f \circ \tau$ erhält man eine *Umparametrisierung* von f, die $|g(s_1) - g(s_2)| \leq |s_1 - s_2|$ für alle $s_1, s_2 \in I^*$ erfüllt. (*Bemerkung:* Man kann $s = \int_0^s |dg| = \int_0^s |g'(u)| du$ beweisen, woraus $|g'(s)| = 1$ für fast alle $s \in [0, L]$ folgt; vgl. Grauert/Lieb, *Differential- und Integralrechnung* III, Kap. 3, § 5 und § 6.)

9. Aufgabe 8 kann benutzt werden, um die trigonometrischen Funktionen Sinus und Cosinus ohne Infinitesimalrechnung einzuführen. Dazu verschafft man sich zunächst eine stetige Abbildung $f : [a, b] \to \mathbb{R}^2$ mit $f(a) = f(b) = (1, 0)$, die $[a, b]$ bijektiv (und in positiver Orientierung) auf den Einheitskreis $C := \big\{(x, y) \in \mathbb{R}^2 : x^2 + y^2 = 1\big\}$ abbildet, etwa $f : [0, 4] \to \mathbb{R}^2$ mit

$$f(t) := \big(1 - t, \sqrt{1 - (1 - t)^2}\big) \quad \text{für } 0 \leq t \leq 2$$

und

$$f(t) := \big(-3 + t, -\sqrt{1 - (t - 3)^2}\big) \quad \text{für } 2 \leq t \leq 4 \, ,$$

und definiert π durch $2\pi := \mathcal{L}(f) = V_0^4(f)$. Dann definiert man σ, τ, g wie oben und setzt $g(s) =: (\cos s, \sin s)$. Offensichtlich ist C das bijektive Bild von $[0, 2\pi]$ unter g. Man setze g periodisch auf $\mathbb{R}$ fort und beweise die Additionstheoreme $\cos(s + \varphi) = \cos s \cos \varphi - \sin s \sin \varphi$, $\sin(s + \varphi) = \sin s \cos \varphi + \cos s \sin \varphi$. Hieraus folgen nun die bekannten Eigenschaften von Sinus und Cosinus.

10. Was ist der Wert des Kurvenintegrals $\int_c v(x) \cdot dx$ für das Vektorfeld $v : \mathbb{R}^3 \to \mathbb{R}^3$ mit $v(x) := (x_3, x_1, x_2)$ auf den durch $c(t) := (\cos 2\pi t, \sin 2\pi t, t)$ bzw. $c(t) := (t^2, t^2, t)$ gegebenen Kurven $c : [0, 1] \to \mathbb{R}^3$?

11. Sei Ω ein einfach zusammenhängendes Gebiet in $\mathbb{R}^2$ und $u \in C^2(\Omega)$ harmonisch in Ω. Man zeige, daß das Integral $\int_\gamma u_x dy - u_y dx$ wegunabhängig ist. Weiterhin beweise man, daß durch $v(x, y) := \int_\gamma u_x dy - u_y dx$, $\gamma = C^1$-Weg in Ω mit einem festen Anfangspunkt und dem variablen Endpunkt $(x, y) \in \Omega$, eine harmonische Funktion v definiert wird und daß die Gleichungen $u_x = v_y$, $u_y = -v_x$ erfüllt sind.

12. Man beweise, daß für $n \geq 3$ die folgenden Gebiete Ω einfach zusammenhängend sind: (i) $\Omega := \mathbb{R}^n \setminus \{0\}$, (ii) $\Omega := \mathbb{R}^n \setminus M$, M eine endliche Punktmenge in $\mathbb{R}^n$, (iii) $\Omega := \mathbb{R}^n \setminus \overline{B_R}(a)$. Warum ist $\mathbb{R}^2$ nicht homöomorph zu $\mathbb{R}^n$ für $n \neq 2$?

13. Erfüllt $v \in C^1(\Omega, \mathbb{R}^n)$ in dem Gebiet $\Omega \subset \mathbb{R}^n$ die Integrabilitätsbedingungen, so gilt

$$\int_c v(x) \cdot dx = \int_{c^*} v(x) \cdot dx$$

für jedes Paar geschlossener C^1-Kurven c und c^* in Ω, die *frei homotop* sind. (Dies bedeute: Es gebe eine Schar $h(\cdot, s) : [a, b] \to \Omega$ geschlossener C^1-Kurven in Ω mit dem Scharparameter $s \in [0, 1]$, für die $h : (t, s) \mapsto h(t, s)$ von der Klasse C^1 auf $[a, b] \times [0, 1]$ ist, h_{ts} existiert und stetig ist und $h(\cdot, 0) = c$, $h(\cdot, 1) = c^*$ gilt.) Beweis? (Vgl. Satz 6.)

14. Unter der **Windungszahl** einer regulären geschlossenen C^1-Kurve c in $\mathbb{R}^2$ bezüglich eines Punktes $z_0 = (x_0, y_0)$ versteht man den Wert

$$(*) \qquad n(c, z_0) := \frac{1}{2\pi} \int_c \frac{x - x_0}{r^2} dy - \frac{y - y_0}{r^2} dx$$

mit $r^2 = (x - x_0)^2 + (y - y_0)^2$. Man zeige, daß zwei beliebige, frei homotope, geschlossene Kurven c und c^* in $\mathbb{R}^2 \setminus \{z_0\}$ die gleiche Windungszahl bezüglich z_0 haben und daß insbesondere $n(c, z_0)$ eine ganze Zahl ist. Für die Kreislinie $c(t) := (x_0 + R \cos kt, y_0 + R \sin kt)$ mit $R > 0$ und $k \in \mathbb{Z} \setminus \{0\}$ ist $n(c, z_0) = k$. Die Zahl $n(c, z_0)$ besagt, wie oft c den Punkt z_0 umschlingt (die Windungen mit Orientierung gezählt). In komplexer Schreibweise ($z = x + iy$, $z_0 = x_0 + iy_0$) ist $(*)$ gerade die Formel

$$n(c, z_0) = \frac{1}{2\pi i} \int_c \frac{dz}{z - z_0} \ .$$

Die Windungszahl ist eine wichtige Invariante der zweidimensionalen Topologie.

15. Für beliebiges $m \in \mathbb{Z}$ berechne man den Wert des komplexen Wegintegrals $\int_\gamma (z - z_0)^{-m} dz$, wobei γ ein Weg in $\mathbb{C}$ mit der Parameterdarstellung $c : [0, 2\pi] \to \mathbb{C}$, $c(t) := z_0 + R e^{it}$ ist, $R > 0$. Was ist die geometrische Gestalt von $\Gamma := \text{Spur } c$?

2   Krümmung und Windung. Frenetsche Formeln

Im folgenden wollen wir einige differentialgeometrische Begriffe aus der Theorie der Kurven bzw. Wege behandeln, insbesondere den Begriff der *Krümmung*, der von fundamentaler Bedeutung ist. Die einzuführenden Größen sollen nur vom Weg selbst und nicht von einer speziell gewählten Parameterdarstellung des betreffenden Weges abhängen. Um dies zu erreichen, wählen wir für jeden glatten Weg als Parameterdarstellung seine eindeutig bestimmte Parametrisierung nach der Bogenlänge. Erst danach werden wir überlegen, welche Gestalt die Größen annehmen, wenn wir den Weg in beliebiger Weise parametrisieren.

Sei also γ ein glatter Weg der Klasse C^k in $\mathbb{R}^n$, $k \geq 2$, und bezeichne $X : I \to \mathbb{R}^n$ seine Parameterdarstellung nach der Bogenlänge s. Dann ist auch X von der Klasse C^k, und es gilt

$$(1) \qquad\qquad |\dot{X}(s)| \equiv 1 \ .$$

Man nennt $T(s) := \dot{X}(s)$ den **Tangentenvektor** von γ an der Stelle $X(s)$; genauer gesagt, handelt es sich um ein Vektorfeld von Einheitsvektoren am Weg γ, die in den Punkten $X(s)$ an den Weg γ „angeheftet" und dort zu γ tangentiell sind; zudem weisen sie in die „Fortschreitungsrichtung" von γ. Allerdings ist diese Aussage im strengen Sinne nur für einfache Wege richtig, deren Spur Γ in $\mathbb{R}^n$ das bijektive Bild eines Intervalles ist (bzw. eines Kreises, falls der Weg geschlossen ist). Bei nichteinfachen Wegen gibt es Parameterwerte s_1 und s_2 mit $s_1 \neq s_2$, so daß $X(s_1) = X(s_2)$ gilt, die Kurve $X(s)$ also zu verschiedenen Zeiten s_1 und

s_2 durch denselben Punkt x geht. In diesem Fall muß man die obige Aussage „lokal", also für genügend kleine Stücke von γ verstehen.

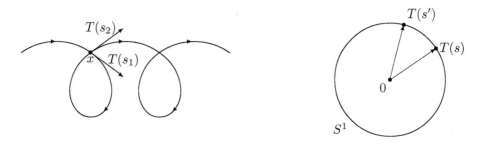

Eine ebene, nichteingebettete Kurve $s \mapsto X(s)$ mit $|\dot{X}| \equiv 1$ und ihr *Tangentenbild* $s \mapsto T(s)$ in S^1.

Die Funktion

(2) $$\kappa(s) := |\dot{T}(s)| = |\ddot{X}(s)| \quad , \ s \in I \ ,$$

nennt man die **Krümmung** des Weges γ an der Stelle $X(s)$. Der Wert $\kappa(s)$ ist gerade die *Kippgeschwindigkeit* des Tangentialvektors T zum Zeitpunkt s.

Kippt T schnell an der Stelle $X(s)$, so ist γ dort stark gekrümmt; kippt T langsam, so ist die Krümmung gering. Ist $\kappa(s) \equiv 0$, so gilt $\ddot{X}(s) \equiv 0$, also

(3) $$X(s) = X_0 + (s - s_0)T_0$$

mit konstanten Vektoren X_0, T_0, wenn $X(s_0) = X_0$ und $|T_0| = 1$ ist. In diesem Fall ist der Weg γ also eine Gerade. Im folgenden wollen wir

(4) $$\kappa(s) \neq 0 \ \text{für alle} \ s \in I$$

voraussetzen. (Wenn dies nicht der Fall sein sollte, betrachten wir kleine Stücke von γ mit nichtverschwindender Krümmung.) Dann können wir den Einheitsvektor

(5) $$N(s) := \frac{1}{\kappa(s)} \, \dot{T}(s)$$

bilden. Es gilt

(6) $$\langle T(s), N(s) \rangle = 0 \ \text{für alle} \ s \in I \ ,$$

denn aus $|\dot{X}(s)|^2 = \langle \dot{X}(s), \dot{X}(s) \rangle = 1$ ergibt Differentiation nach s die Identität $2\langle \dot{X}(s), \ddot{X}(s) \rangle = 0$, und dies liefert (6).

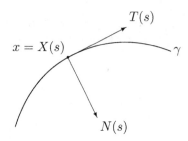

Die beiden Einheitsvektoren $T(s)$ und $N(s)$ sind also für alle s zueinander senk-recht. Man sagt, der Vektor $N(s)$ sei in $X(s)$ *normal* zum Wege γ (bzw. normal zu $T(s)$). $N(s)$ gehört zum *Normalraum* $\mathcal{N}(s) := T(s)^\perp$ der zum Tangentialraum $T(s) := \text{span } \{T(s)\}$ senkrechten Vektoren. Der Raum $T(s)$ ist eindimensional und sein orthogonales Komplement $\mathcal{N}(s)$ in $\mathbb{R}^n$ ist $(n-1)$-dimensional. Der spe-zielle Normalenvektor $N(s)$ aus (5) heißt **Hauptnormalenvektor**. Die skalare Funktion

$$(7) \qquad\qquad\qquad \rho(s) := \frac{1}{\kappa(s)}$$

ist der **Krümmungsradius** von γ an der Stelle $X(s)$. Der Grund für diese Bezeichnung wird ersichtlich werden, wenn wir den Spezialfall $n = 3$ betrachten.

Zunächst wollen wir aber noch eine kinematische Formel angeben, die auf Huy-gens zurückgeht und die bei der Einführung der Zentrifugalkraft in der Mechanik eine Rolle spielt. Zu diesem Zweck denken wir uns eine andere Darstellung $Z(t)$ von γ, für die nicht $|\dot{Z}(t)| \equiv 1$ gilt, sondern wo der Weg γ mit „zeitlich veränder-licher" Absolutgeschwindigkeit (= Bahngeschwindigkeit)

$$(8) \qquad\qquad\qquad v(t) := |\dot{Z}(t)|$$

durchlaufen wird. Der Zusammenhang zwischen dem Parameter der Bogenlänge s und der „wahren Zeit" t sei durch

$$(9) \qquad\qquad\qquad s = s(t)$$

gegeben. (Eigentlich sollten wir $s = \sigma(t)$ schreiben, also den Wert s von der Funktion σ unterscheiden, die den Zusammenhang zwischen t und s vermittelt, aber die laxe Schreibweise (9) liefert bei kompliziert aufgebauten Formeln ein viel übersichtlicheres Bild und unterstützt das schnelle Erfassen.)

Wir haben dann $Z(t) = X(s(t))$, und hierfür genehmigen wir uns die noch laxere Schreibweise

$$(10) \qquad\qquad\qquad Z(t) = X(s) \ .$$

Um jetzt die Differentiationen nach t und s auseinanderzuhalten, bezeichnen wir erstere mit $\dot{}$ und letztere mit $'$. Differenzieren wir nun (10) nach t, so liefert die Kettenregel

$$(11) \qquad\qquad\qquad \dot{Z} = X' \, \frac{ds}{dt} \ ,$$

und erneute Differentiation nach t führt zu

$$\text{(12)} \qquad \ddot{Z} = X' \frac{d^2 s}{dt^2} + X'' \left(\frac{ds}{dt}\right)^2 .$$

Weiterhin wird der funktionale Zusammenhang zwischen s und t durch die skalare Differentialgleichung $\dot{s} = |\dot{Z}|$ geliefert, also durch die Formel

$$\text{(13)} \qquad \frac{ds}{dt} = v .$$

Setzen wir dies in (12) ein und berücksichtigen die Formeln $X' = T$, $X'' = \frac{1}{\rho} N$, so ergibt sich die **Formel von Huygens**:

$$\text{(14)} \qquad \ddot{Z} = \dot{v} T + \frac{v^2}{\rho} N .$$

Mittels dieser Formel haben wir die Beschleunigung $\ddot{Z}$ in eine *Tangentialkomponente* $\dot{v}T$ und eine *Normalkomponente* $(v^2/\rho)N$ zerlegt.

[1] Wir erkennen, daß beispielsweise bei einer gleichförmigen Kreisbewegung, wo also die Absolutgeschwindigkeit v konstant und somit $\dot{v}(t) \equiv 0$ ist, zwar keine Tangentialkomponente der Beschleunigung, wohl aber eine Normalkomponente $(v^2/\rho)N$ vorhanden ist. Betrachten wir dieses Beispiel genauer. Sei X_0 der Mittelpunkt eines Kreises von Radius R, der in einer zweidimensionalen affinen Ebene liegt, die durch zwei zueinander orthogonale Einheitsvektoren $E_1, E_2 \in \mathbb{R}^n$ bestimmt wird. Dann wird eine Bewegung auf diesem Kreis mit der konstanten Absolutgeschwindigkeit $v := |\dot{Z}| = R\omega$ durch

$$\text{(15)} \qquad Z(t) = X_0 + R\cos(\omega t)E_1 + R\sin(\omega t)E_2$$

geliefert, wie man ohne Mühe nachrechnet; ω ist die „Winkelgeschwindigkeit" dieser Bewegung. Aus $\dot{s} = R\omega$ bekommen wir (bis auf eine additive Konstante, die keine Rolle spielt) $s = R\omega t$ bzw. $\omega t = s/R$ und somit

$$\text{(16)} \qquad \begin{aligned} T(s) &= X'(s) = -\sin(s/R)E_1 + \cos(s/R)E_2 , \\[2mm] \kappa(s)N(s) &= X''(s) = -\frac{1}{R} \left[\cos(s/R)E_1 + \sin(s/R)E_2\right] . \end{aligned}$$

Dies liefert

$$\text{(17)} \qquad \kappa(s) \equiv 1/R \quad \text{und} \quad \rho(s) \equiv R ,$$

d.h. der Krümmungsradius eines Kreises vom Radius R ist durchweg R, und die Krümmung ist überall $1/R$.

Aus (15) und (16) ergibt sich für den Hauptnormalenvektor noch

$$\text{(18)} \qquad N(s) = \frac{1}{R} \left[X_0 - X(s)\right] .$$

Dies ist der Einheitsvektor, der vom Punkte $X(s)$ auf der Kreisbahn zu deren Mittelpunkt X_0 weist. Die Beschleunigung $\ddot{Z}$ der Bewegung Z ist also

$$\text{(19)} \qquad \ddot{Z} = \frac{v^2}{R} N ,$$

und diese ist nach Newtons Bewegungsgleichung der wirkenden Zentripetalkraft proportional.

Bemerkung 1. Ist $X(s)$ die Darstellung eines Weges γ nach der Bogenlänge, so hat der entgegengesetzt orientierte Weg $-\gamma$ eine Darstellung $Y(s)$ nach der Bogenlänge, die von der Form

$$(20) \qquad\qquad Y(s) = X(s_1 - s)$$

mit einer geeigneten Konstanten s_1 ist, denn es gilt

$$(21) \qquad\qquad \dot{Y}(s) = -\dot{X}(s_1 - s)$$

und daher $|\dot{Y}(s)| = |\dot{X}(s_1 - s)| = 1$. Ferner ist

$$(22) \qquad\qquad \ddot{Y}(s) = \ddot{X}(s_1 - s) \,.$$

Kehren wir also die Orientierung des Weges γ um, so kehrt nach (21) auch der Tangentenvektor seine Richtung um, während wegen (22) der Hauptnormalenvektor unverändert bleibt; damit ändert sich auch die Krümmung nicht: N *und κ sind orientierungsinvariante Größen.* Per definitionem gilt ferner: $\kappa \geq 0$.

Betrachten wir den wichtigen **Spezialfall** $n = 3$. Wir setzen jetzt voraus, daß γ ein glatter Weg der Klasse C^3 mit der Parameterdarstellung $X(s)$ nach der Bogenlänge ist; dann ist auch $X : I \to \mathbb{R}^3$ von der Klasse C^3. Wiederum sei (4) vorausgesetzt, so daß neben $T = \dot{X}$ auch der Hauptnormalenvektor N definiert ist. Das durch

$$(23) \qquad\qquad B := T \times N$$

definierte Vektorfeld B längs der Kurve ist dann ein weiteres Feld von Einheitsvektoren $B(s)$, die sowohl auf $T(s)$ als auch auf $N(s)$ senkrecht stehen. Man nennt B den **Binormalenvektor** des Weges γ. Für jedes $s \in I$ bilden die drei Vektoren $T(s), N(s), B(s)$ ein (rechtshändiges) orthonormales System in $\mathbb{R}^3$, das man als das **begleitende Dreibein** des Weges γ bezeichnet. Jeden Vektor des Tripels $\big(T(s), N(s), B(s)\big)$ denkt man sich im Punkte $X(s)$ angeheftet, so daß das Dreibein entlang des Weges γ rutscht, wenn s das Intervall I durchläuft. Oftmals ist es günstiger, vektorielle Größen im System $\big(T(s), N(s), B(s)\big)$ darzustellen statt im ursprünglichen kartesischen Koordinatensystem des $\mathbb{R}^3$; dies haben wir bereits bei der Huygensschen Formel (14) und im Beispiel $\boxed{1}$ ausgenutzt.

Nun wollen wir die *Frenetschen Formeln* aufstellen, ein System von drei vektoriellen Differentialgleichungen erster Ordnung, das beschreibt, wie sich das begleitende Dreibein mit s ändert. Dazu gehen wir von den sechs Gleichungen

$$(24) \qquad |T| = 1, \ \ |N| = 1, \ \ |B| = 1 \,,$$

$$\langle T, N \rangle = 0, \ \ \langle T, B \rangle = 0, \ \ \langle N, B \rangle = 0$$

aus. Ferner führen wir die Funktion $\tau : I \to \mathbb{R}$ ein vermöge

$$(25) \qquad\qquad \tau(s) := -\langle \dot{B}(s), N(s) \rangle \,;$$

sie wird als **Windung** (oder **Torsion**) des Weges γ im Punkte $X(s)$ bezeichnet. (Man beachte, daß manche Autoren das entgegengesetzte Vorzeichen wählen, also $\tau = \langle \dot{B}, N \rangle$ setzen.)

Aus $\langle B, B \rangle = 1$ folgt durch Differentiation $\langle \dot{B}, B \rangle = 0$. Dies liefert in Verbindung mit (25) als Darstellung von $\dot{B}$ im Dreibein T, N, B die Formel $\dot{B} = \alpha T - \tau N$, wobei $\alpha : I \to \mathbb{R}$ noch zu bestimmen ist. Multiplizieren wir die Gleichung skalar mit T, so ergibt sich zunächst $\alpha = \langle \dot{B}, T \rangle$, und Differentiation der Gleichung $\langle B, T \rangle = 0$ nach s liefert

$$\langle \dot{B}, T \rangle = -\langle B, \dot{T} \rangle = -\kappa \langle B, N \rangle = 0 \,,$$

also $\alpha = 0$. Damit erhalten wir

(26) $$\dot{B} = -\tau N \,.$$

Nun stellen wir $\dot{N}$ im Dreibein dar als $\dot{N} = \beta_1 T + \beta_2 N + \beta_3 B$. Aus $\langle N, T \rangle = 0$ folgt $\langle \dot{N}, T \rangle + \langle N, \dot{T} \rangle = 0$ und damit

$$\beta_1 = \langle \dot{N}, T \rangle = -\langle N, \dot{T} \rangle = -\kappa \langle N, N \rangle = -\kappa \,.$$

Aus $\langle N, N \rangle = 1$ ergibt sich $\langle N, \dot{N} \rangle = 0$ und damit $\beta_2 = \langle \dot{N}, N \rangle = 0$.

Schließlich liefert $\langle N, B \rangle = 0$ die Gleichung $\langle \dot{N}, B \rangle + \langle N, \dot{B} \rangle = 0$ und folglich

$$\beta_3 = \langle \dot{N}, B \rangle = -\langle N, \dot{B} \rangle = \tau \,.$$

Damit erhalten wir

(27) $$\dot{N} = -\kappa T + \tau B \,.$$

Die Formeln (5), (26) und (27) führen zu den **Frenetschen Formeln** (1847):

(28) $$\begin{aligned} \dot{T} &= \kappa N \\ \dot{N} &= -\kappa T + \tau B \\ \dot{B} &= -\tau N \,. \end{aligned}$$

In Matrixschreibweise lauten sie

(29) $$\begin{pmatrix} \dot{T} \\ \dot{N} \\ \dot{B} \end{pmatrix} = \begin{pmatrix} 0 & \kappa & 0 \\ -\kappa & 0 & \tau \\ 0 & -\tau & 0 \end{pmatrix} \begin{pmatrix} T \\ N \\ B \end{pmatrix} \,,$$

wobei die Koeffizientenmatrix, wie zu erwarten war, schiefsymmetrisch ist.

Nun wollen wir drei paarweise zueinander senkrechte affine Ebenen E_1, E_2, E_3 einführen, die zum Dreibein $T(s), N(s), B(s)$ gehören. In den kartesischen Koordinaten $x = (x_1, x_2, x_3)$ schreiben sie sich als

$$\begin{aligned} E_1 &:= \{ x \in \mathbb{R}^3 : \langle x - X(s), B(s) \rangle = 0 \} \,, \\ E_2 &:= \{ x \in \mathbb{R}^3 : \langle x - X(s), T(s) \rangle = 0 \} \,, \\ E_3 &:= \{ x \in \mathbb{R}^3 : \langle x - X(s), N(s) \rangle = 0 \} \,. \end{aligned}$$

Man nennt sie – in der angegebenen Reihenfolge – **Schmiegebene, Normal-ebene** und **Streckebene** (oder **rektifizierende Ebene**).

Die Bezeichnung **Normalebene** für E_2 ist offensichtlich wohlbegründet, da E_2 alle Normal-vektoren zu γ im Punkte $X(s)$ enthält. Um den Namen **Schmiegebene** zu erklären, betrachten wir drei Werte s, s_1, s_2 mit $s < s_1 < s_2$, die nahe beieinander liegen mögen und setzen

$$P := X(s)\,,\ \ P_1 := X(s_1),\ P_2 := X(s_2)\,.$$

Wenn sich P, P_1, P_2 in allgemeiner Lage befinden, bestimmen sie eine Ebene $\tilde{E}$, in der die Vektoren $P_1 - P$ und $P_2 - P_1 = (P_2 - P) - (P_1 - P)$ liegen, deren Richtungen sich nur wenig von den Richtungen der Vektoren $\dot{X}(s)$ und $\ddot{X}(s)$ unterscheiden, die E_1 aufspannen. Also ist $\tilde{E}$ nur wenig von E_1 verschieden, und mit $s_1 \to s$, $s_2 \to s$ strebt $\tilde{E}$ gegen E_1. Die Ebene E_1 schmiegt sich dem Wege γ im Punkte $X(s)$ also bestmöglich an. Diese heuristische Betrachtung, die sich mit der Taylorschen Formel präzisieren läßt, wollen wir noch durch eine andere, und zwar strenge Überlegung ergänzen, die den Namen „Schmiegebene" rechtfertigt.

Sei (e_1, e_2, e_3) die kanonische Basis von $\mathbb{R}^3$. Wir denken uns durch eine Translation und eine Drehung die Kurve so verschoben und gedreht, daß für $s = s_0$ der Punkt $X(s_0)$ mit dem Ursprung und $\big(T(s_0), N(s_0), B(s_0)\big)$ mit (e_1, e_2, e_3) zusammenfallen. Mit einer Translation der Parameterwerte erreichen wir außerdem, daß $s_0 = 0$ ist. Dann gilt $X(0) = 0$, $T(0) = e_1$, $N(0) = e_2$, $B(0) = e_3$.

Aus der Taylorschen Formel

$$X(s) = X(0) + s\dot{X}(0) + \frac{s^2}{2}\ddot{X}(0) + \frac{s^3}{6}\dddot{X}(0) + o(s^3)$$

folgt wegen

$$\dot{X}(0) = e_1,\ \ddot{X}(0) = \kappa_0 e_2,\ \dddot{X}(0) = \dot{\kappa}_0 e_2 - \kappa_0^2 e_1 + \kappa_0 \tau_0 e_3$$

die Entwicklung

$$X(s) = se_1 + \frac{s^2}{2}\kappa_0 e_2 + \frac{s^3}{6}(-\kappa_0^2 e_1 + \dot{\kappa}_0 e_2 + \kappa_0 \tau_0 e_3) + o(s^3)\,,$$

wobei $\kappa_0 := \kappa(0)$, $\tau_0 := \tau(0)$, $\dot{\kappa}_0 := \dot{\kappa}(0)$ gesetzt ist. Dies bedeutet

$$(30) \qquad X(s) = \left(s - \frac{\kappa_0^2}{6}s^3,\ \frac{\kappa_0}{2}s^2 + \frac{\dot{\kappa}_0}{6}s^3,\ \frac{\kappa_0 \tau_0}{6}s^3\right) + o(s^3)\,.$$

Hieraus liest man ab, daß sich die x_1, x_2-Ebene am besten an $X(s)$ anschmiegt für $|s| \ll 1$, denn nur die orthogonale Projektion auf diese Ebene weicht von $X(s)$ um einen Term der Ordnung $O(s^3)$ ab; die Projektionen auf alle anderen Ebenen durch den Ursprung unterschei-den sich durch Terme, die mindestens von der Ordnung $O(s^2)$ sind. Die x_1, x_2-Ebene ist aber gerade die Schmiegebene, womit diese Bezeichnung streng gerechtfertigt ist.

Nun wollen wir uns noch ein Bild davon machen, wie die Projektionen des Weges γ auf die Ebenen E_1, E_2, E_3 in der Nähe von 0 aussehen. Dazu schreiben wir (30) näherungsweise als

$$(31) \qquad X(s) \approx \left(s,\ \frac{\kappa_0}{2}s^2,\ \frac{\kappa_0 \tau_0}{6}s^3\right)\,,\ \ |s| \ll 1\,;$$

in jeder Koordinate ist nur der führende Term berücksichtigt.

Dann erhalten wir näherungsweise (d.h. für $|s| \ll 1$) für die orthogonalen Projektionen die folgende Gestalt:

Projektion auf die Schmiegebene E_1:

$$(32) \qquad x_2 = \frac{1}{2}\kappa_0 x_1^2 \qquad \text{(Parabel)}\,;$$

Projektion auf die Normalebene E_2:

(33) $x_3 = \pm c x_2^{3/2}$ mit $c := \sqrt{2}\tau_0/(3\sqrt{\kappa_0})$ (Neilsche Parabel) ;

Projektion auf die rektifizierende Ebene E_3:

(34) $$x_3 = \frac{\kappa_0\tau_0}{6} x_1^3$$ (kubische Parabel) .

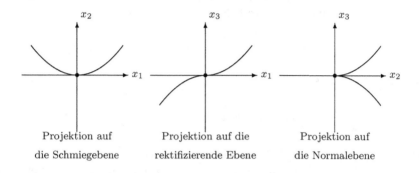

Projektion auf	Projektion auf die	Projektion auf
die Schmiegebene	rektifizierende Ebene	die Normalebene

Die Projektion des Weges auf E_2 hat im Ursprung eine „Singularität", nämlich eine Spitze. Weiterhin sehen wir, daß der Weg γ die Schmiegebene im Ursprung durchstößt, falls $\tau_0 \neq 0$ ist, also in der Nähe von 0 auf beiden Seiten der Schmiegebene verläuft.

Nun betrachten wir einen Kreis K in der Schmiegebene von γ im Punkte $P :=$ $X(s)$, der den Radius $\rho(s)$ und den Mittelpunkt $Q := X(s) + \rho(s)N(s)$ hat. Wir nennen K den **Schmiegkreis** von γ im Punkte P. Er hat in P mit γ eine gemeinsame Tangente. Für eine Kreislinie γ fällt K in allen Punkten P von γ mit γ zusammen, und der Radius von γ ist überall gleich dem Krümmungsradius. Man kann zeigen, daß unter allen die Kurve in P berührenden Kreisen der Schmiegkreis am besten berührt, und zwar mindestens von zweiter Ordnung.

Betrachten wir noch einmal (30). Wir sehen, daß die Höhe des Kurvenpunktes $X(s)$ über der Schmiegebene durch

$$X_3(s) = \frac{1}{6}\kappa_0\tau_0 s^3 + o(s^3)$$

gegeben ist. Die Zahl $\tau_0 = \tau(0)$ ist also ein Maß dafür, wie schnell sich die Kurve $X(s)$ aus der Schmiegebene „herauswindet".

Dies legt nahe zu vermuten: *Ein Weg γ mit $\kappa > 0$ ist genau dann eben, wenn seine Torsion τ identisch Null ist*. In der Tat ist $B(s) \equiv$ const für eine ebene Kurve und somit $\dot{B}(s) \equiv 0$. Wegen $\dot{B} = -\tau N$ folgt $\tau(s) \equiv 0$. Umgekehrt folgt aus der gleichen Formel $\dot{B}(s) \equiv 0$, falls $\tau(s) \equiv 0$ ist, was $B(s) \equiv$ const $=: B_0$ liefert. Wegen $\langle B, T\rangle = 0$ folgt

$$0 = \langle B_0, \dot{X}(s)\rangle = \frac{d}{ds}\langle B_0, X(s)\rangle$$

und damit $\langle B_0, X(s)\rangle \equiv$ const $=: c$. Also liegt $X(s)$ in der Ebene $E := \{x \in \mathbb{R}^3 : \langle B_0, x\rangle = c\}$ mit dem Normalenvektor B_0, ist also eine ebene Kurve.

Oft ist ein Weg γ nicht nach der Bogenlänge s, sondern mittels einer anderen Variablen parametrisiert, bei physikalischen Problemen etwa mit Hilfe des Zeit-parameters t. Sei also γ ein glatter Weg der Klasse C^3 in $\mathbb{R}^3$, und sei $Z(t)$, $t \in J$, eine reguläre C^3-Parameterdarstellung von γ mit der Absolutgeschwindigkeit $v(t)$ im Punkte $Z(t)$, die durch

$$(35) \qquad\qquad v(t) := |\dot{Z}(t)|$$

definiert ist. Wir gehen von $Z(t)$ zur Parameterdarstellung $X(s)$ von γ nach der Bogenlänge s über, indem wir die Differentialgleichung

$$(36) \qquad\qquad \frac{ds}{dt} = v(t)$$

durch eine Funktion $s = \sigma(t)$ lösen, etwa durch

$$(37) \qquad\qquad \sigma(t) = \int_a^t v(u)\,du\,, \quad a \le t \le b\,,$$

wenn $J = [a, b]$ ist. Diese Funktion ist von der Klasse C^3 und erfüllt $\dot{\sigma}(t) = v(t) > 0$, liefert also eine orientierungstreue Parametertransformation von J auf $I := [0, \mathcal{L}]$, wobei $\mathcal{L} = \mathcal{L}(\gamma)$ die Länge des Weges γ bezeichnet. Sie besitzt eine C^3-Inverse φ, und wir haben zwischen s und t die Relationen

$$(38) \qquad\qquad s = \sigma(t) \qquad \text{und} \qquad t = \varphi(s)\,.$$

Die Parametrisierung $X(s)$ von γ nach dem Parameter der Bogenlänge wird dann durch $X = Z \circ \varphi$ geliefert, also

$$(39) \qquad\qquad X(s) = Z(\varphi(s)) \quad \text{und} \quad Z(t) = X(\sigma(t))\,.$$

Wir wollen nun *Krümmung* und *Windung* auf den Zeitparameter t transformie-ren; die resultierenden Funktionen seien mit $k(t)$ und $w(t)$ bezeichnet:

$$(40) \qquad\qquad k(t) := \kappa(\sigma(t))\,, \quad w(t) := \tau(\sigma(t))\,.$$

Es ist nützlich, Formeln zur Berechnung von k und w zu finden, die nur die Ableitungen von Z und nicht die von X benutzen. Dies ist insbesondere dann von Wert, wenn man explizite Rechnungen für spezielle Wege ausführen möchte, die durch irgendeine Parametrisierung $Z(t)$ gegeben sind. Meist kann man nämlich weder das Integral in (37) explizit berechnen, noch ist es möglich, die Gleichung $\sigma(t) = s$ durch einfache Formeln aufzulösen.

Beginnen wir mit der Berechnung der Krümmung $k(t)$ des Weges γ im Punk-te $Z(t)$. Die Formeln werden etwas übersichtlicher, wenn wir $X(\sigma)$ für $X \circ \sigma$ schreiben. Aus $Z = X(\sigma)$ und $\dot{\sigma} = v$ folgt dann

$$(41) \qquad\qquad \dot{Z} = \dot{X}(\sigma)v$$
$$(42) \qquad\qquad \ddot{Z} = \ddot{X}(\sigma)v^2 + \dot{X}(\sigma)\dot{v}$$

(vgl. (11) und (12)). Hieraus ergibt sich für das Vektorprodukt $\dot{Z} \times \ddot{Z}$, daß

(43) $$\dot{Z} \times \ddot{Z} = v^3 \dot{X}(\sigma) \times \ddot{X}(\sigma) \,.$$

Andererseits gilt $|\dot{X} \times \ddot{X}| = |T \times \dot{T}| = \kappa |T \times N|$, und wegen $|T \times N| = 1$ folgt

(44) $$\kappa = |\dot{X} \times \ddot{X}| \,.$$

Aus (40), (43) und (44) erhalten wir daher in Verbindung mit $v = |\dot{Z}|$ die Beziehung

(45) $$k = \frac{|\dot{Z} \times \ddot{Z}|}{|\dot{Z}|^3} \,.$$

Wegen der Lagrangeschen Identität

$$|\dot{Z} \times \ddot{Z}|^2 \;=\; |\dot{Z}|^2 |\ddot{Z}|^2 - \langle \dot{Z}, \ddot{Z} \rangle^2$$

kann (45) auch in der Form

(46) $$k = \frac{\sqrt{|\dot{Z}|^2 |\ddot{Z}|^2 - \langle \dot{Z}, \ddot{Z} \rangle^2}}{|\dot{Z}|^3}$$

geschrieben werden.

$\boxed{2}$ Auf dem Kreiszylinder $\{x \in \mathbb{R}^3 : x_1^2 + x_2^2 = R^2\}$ vom Radius R mit der x_3-Achse als Zylinderachse liegt die (*rechtswindende*) *Schraubenlinie* (oder *Helix*)

(47) $$Z(t) = (R\cos t, R\sin t, at) \,, \quad t \in \mathbb{R}, \ a > 0 \,.$$

Die Ganghöhe bei einer Umdrehung ist $h = 2\pi a$. Wegen

$$\dot{Z}(t) = (-R\sin t, R\cos t, a) \,, \quad \ddot{Z}(t) = -(R\cos t, R\sin t, 0)$$

folgt

$$|\dot{Z}| = \sqrt{R^2 + a^2} \,, \quad |\ddot{Z}| = R \,, \quad \langle \dot{Z}, \ddot{Z} \rangle = 0$$

und aus (46) ergibt sich

(48) $$k(t) \equiv \frac{R}{R^2 + a^2} \;=\; \frac{1}{R[1 + (a/R)^2]} \,.$$

Die Schraubenlinie hat also konstante Krümmung. Für $a = 0$ geht die Schraubenlinie in einen Kreis vom Radius R über, und wir erhalten wieder $k(t) \equiv 1/R$.

Die Formel für die Windung $w(t)$ wird sehr übersichtlich, wenn wir das **Spatprodukt**

$$[a, b, c] := a \cdot (b \times c) = \det(a, b, c)$$

dreier Vektoren a, b, c des $\mathbb{R}^3$ benutzen. Mit dem Krümmungsradius $\rho = 1/\kappa$ ist $N = \rho \ddot{X}$, $\dot{N} = \rho \dddot{X} + \dot{\rho} \ddot{X}$, und wir erhalten aus (23) und (25):

$$\tau = -\langle \dot{B}, N \rangle = -\langle N, \frac{d}{ds}(T \times N) \rangle = -\langle N, \dot{T} \times N + T \times \dot{N} \rangle$$
$$= -[N, T, \dot{N}] = -[\rho \ddot{X}, \dot{X}, \rho \dddot{X}] \,,$$

woraus

(49) $$\tau = \rho^2[\dot{X}, \ddot{X}, \dddot{X}]$$

folgt. Wegen

$$\rho = \frac{1}{\kappa} = \frac{1}{|\ddot{X}|}$$

können wir (49) umformen in

(50) $$\tau = \frac{[\dot{X}, \ddot{X}, \dddot{X}]}{|\ddot{X}|^2} \; .$$

Aus (42) folgt

$$\dddot{Z} = v^3 \dddot{X}(\sigma) + 3v\dot{v}\ddot{X}(\sigma) + \ddot{v}\dot{X}(\sigma) \; ,$$

und zusammen mit (41) und (42) ergibt sich nun

$$[\dot{Z}, \ddot{Z}, \dddot{Z}] = v^6 \cdot [\dot{X}, \ddot{X}, \dddot{X}] \circ \sigma$$

Andererseits liefert (45) die Beziehung

$$\rho^2 \circ \sigma = \frac{v^6}{|\dot{Z} \times \ddot{Z}|^2} \; .$$

Wegen (49) ergibt sich damit schließlich für $w = \tau \circ \sigma$ die Formel

(51) $$w = \frac{[\dot{Z}, \ddot{Z}, \dddot{Z}]}{|\dot{Z} \times \ddot{Z}|^2}$$

bzw.

(52) $$w = \frac{[\dot{Z}, \ddot{Z}, \dddot{Z}]}{|\dot{Z}|^2|\ddot{Z}|^2 - \langle \dot{Z}, \ddot{Z} \rangle^2} \; .$$

⃞3 Die Windung $w(t)$ der Schraubenlinie aus ⃞2 ist konstant, und zwar ist

(53) $$w(t) \equiv \frac{a}{R^2 + a^2} \; ,$$

denn $[\dot{Z}, \ddot{Z}, \dddot{Z}]^2 = R^2a$, $|\dot{Z} \times \ddot{Z}| = (R^2 + a^2)R^2$.

⃞4 *Die linkswindende Schraubenlinie*

(54) $$Z(t) = (R\cos t, R\sin t, -at), \; t \in \mathbb{R}, \; a > 0$$

mit der Ganghöhe $2\pi a$ und dem Radius R hat dieselbe Krümmung wie die rechtswindende Helix gleicher Ganghöhe und gleichem Radius, aber die entgegengesetzte Windung, also

(55) $$k = \frac{R}{R^2 + a^2} \; , \; w = \frac{-a}{R^2 + a^2} \; .$$

Bei Spiegelung an der Ebene $\{x \in \mathbb{R}^3 : x_3 = 0\}$ geht die Rechtsschraube (47) in die Links-schraube (54) über (und umgekehrt), und die Windung w ändert ihr Vorzeichen, während $|w|$ gleich bleibt. Dies ist ein generelles Phänomen, denn aus (51) liest man ab, daß w sein Vorzeichen ändert, wenn eine Kurve Z gespiegelt wird, während sich $|w|$ nicht ändert.

Allgemeiner ergibt sich aus (51), daß sich w nicht ändert, wenn man die Kurve Z einer ortho-gonalen Transformation U mit $\det U = 1$ unterwirft, während das Vorzeichen von w wechselt, wenn $\det U = -1$ ist; in beiden Fällen ist $|w|$ invariant, ebenso wie k (vgl. (45)).

Nun wollen wir zeigen, wie die Frenetschen Formeln mit der **Bewegung star-rer Körper** verbunden sind. Zu diesem Zweck fixieren wir in dem Körper einen Punkt P_0 und drei Achsen, die durch ein Orthonormalsystem $\sum$ von drei Vekto-ren E_1, E_2, E_3 beschrieben seien, das in P_0 angeheftet und fest mit dem Körper verbunden sei. Die Bewegung des Punktes P_0 sei durch die Kurve $X(s)$ beschrie-ben und erfolge mit der Absolutgeschwindigkeit $|\dot{X}(s)| = 1$. Der Körper möge sich während der Bewegung von P_0 relativ zu dem festen kartesischen Koor-dinatensystem $\sum_0 = \{e_1, e_2, e_3\}$ drehen, das im Ursprung angeheftet ist. Wir beschreiben diese Drehung dadurch, daß wir die Vektoren E_j als Funktionen von s auffassen. Ein beliebiger Punkt P des starren Körpers führt dann eine Bewegung $Z(s)$ aus, die durch

$$Z(s) = X(s) + Y(s) \quad \text{mit} \quad Y(s) = y_1 E_1(s) + y_2 E_2(s) + y_3 E_3(s)$$

beschrieben ist, wobei $y = (y_1, y_2, y_3)$ die unveränderliche Position von P relativ zum System $\sum$ angibt. Die Geschwindigkeit von P im Koordinatensystem $\sum_0$ ist dann durch $\dot{Z}(s) = \dot{X}(s) + \dot{Y}(s)$ gegeben, wobei $\dot{X}(s)$ die *Translationsgeschwin-digkeit* des Punktes P_0 bezeichnet und $\dot{Y}(s) = y_1 \dot{E}_1(s) + y_2 \dot{E}_2(s) + y_3 \dot{E}_3(s)$ die *Drehgeschwindigkeit* von P relativ zu $\sum_0$ bezeichnet, wenn wir uns den Punkt P_0 des starren Körpers in den Ursprung von $\sum_0$ verpflanzt denken.

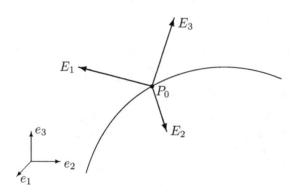

Wir wollen die Drehgeschwindigkeit von $\dot{Y}(s)$ analysieren. Zu diesem Zweck führen wir den **Darbouxschen Drehvektor** $D(s)$ ein als

$$D := \langle \dot{E}_2, E_3 \rangle E_1 + \langle \dot{E}_3, E_1 \rangle E_2 + \langle \dot{E}_1, E_2 \rangle E_3$$

und schreiben $\dot{E}_1$ in der Form

$$\dot{E}_1 = \langle \dot{E}_1, E_1 \rangle E_1 + \langle \dot{E}_1, E_2 \rangle E_2 + \langle \dot{E}_1, E_3 \rangle E_3 \ .$$

Aus $|E_1|^2 = 1$ und $\langle E_1, E_3 \rangle = 0$ folgt $\langle \dot{E}_1, E_1 \rangle = 0$ und $\langle \dot{E}_1, E_3 \rangle = -\langle \dot{E}_3, E_1 \rangle$, daher $\dot{E}_1 = \langle \dot{E}_1, E_2 \rangle E_2 - \langle \dot{E}_3, E_1 \rangle E_3$.

Für positiv orientierte $\sum$ ist $E_3 = E_1 \times E_2$, $E_2 = E_3 \times E_1$, und wir bekommen

$$\dot{E}_1 = \langle \dot{E}_1, E_2 \rangle E_3 \times E_1 + \langle \dot{E}_3, E_1 \rangle E_2 \times E_1 \ .$$

Addieren wir hierzu die Gleichung $0 = \langle \dot{E}_2, E_3 \rangle E_1 \times E_1$, so ergibt sich $\dot{E}_1 = D \times E_1$. Da der Ausdruck für D symmetrisch in den Indizes 1,2,3 ist, erhalten wir entsprechende Gleichungen für E_2 und E_3, insgesamt also

$$\dot{E}_j = D \times E_j \ , \ j = 1, 2, 3 \ .$$

Damit ergibt sich

(56) $$\dot{Y} = D \times Y \ .$$

Zum Zeitpunkt s dreht sich also der starre Körper im mathematisch positiven Sinne um eine orientierte Achse A durch $X(s)$, die in dieselbe Richtung wie $D(s)$ weist, und

(57) $$\omega(s) := |D(s)|$$

ist die **momentane Winkelgeschwindigkeit** dieser **infinitesimalen Drehung** um die **momentane Drehachse A**.

Wählen wir speziell $\sum$ als das begleitende Dreibein $\{T, N, B\}$ der Kurve $X(s)$, so ergibt sich aus den Frenetschen Formeln für den Drehvektor $D(s)$ die Darstellung

(58) $$D = \tau T + \kappa B \ .$$

Diese Formel liefert eine schöne kinematische Deutung von κ und τ.

Bei ebenen Kurven ($\tau = 0$) dreht sich das begleitende Dreibein um die Binormale, und zwar mit κ als Winkelgeschwindigkeit.

Nun wollen wir noch ebene Wege betrachten, die in der Ebene $\{(x, y, z) \colon z = 0\}$ liegen und die Darstellung $Z(t) = (x(t), y(t), 0)$ haben. Aus (45) erhalten wir für die Krümmung $k(t)$ den Ausdruck

(59) $$k = \frac{|\dot{x}\ddot{y} - \dot{y}\ddot{x}|}{(\dot{x}^2 + \dot{y}^2)^{3/2}} \ .$$

Für Kurven $(x(t), y(t))$ in der x, y-Ebene ist es aber üblich, der Krümmung k ein Vorzeichen zu geben. Anstelle von (59) setzt man

(60) $$k := \frac{\dot{x}\ddot{y} - \dot{y}\ddot{x}}{(\dot{x}^2 + \dot{y}^2)^{3/2}} \ .$$

Diese **Krümmung mit Signum** wechselt ihr Vorzeichen, wenn man zur entgegengesetzt orientierten Kurve übergeht, während sich die unsignierte Krümmung (59) nicht ändert. Unterwirft man den $\mathbb{R}^2$ einer orthogonalen Transformation U, so bleibt $|k|$ erhalten, sign k aber nur, wenn $\det U = 1$ ist; ansonsten kehrt sich das Vorzeichen von k um, beispielsweise dann, wenn U Spiegelung an einer Geraden durch 0 ist.

Wir wollen nun das Vorzeichen der durch (60) definierten geometrischen Krümmung deuten, wobei vorausgesetzt sei, daß k nirgends verschwindet. Ferner sei die Kurve $X(s) = (x(s), y(s))$ nach der Bogenlänge s parametrisiert, also $|\dot{X}(s)| = 1$. Dann gilt

$$(61) \qquad k = \dot{x}\ddot{y} - \dot{y}\ddot{x} = \det(\dot{X}, \ddot{X}) \, .$$

Seien T und N Tangenten- und Hauptnormalenvektor der Kurve $X(s)$, also

$$(62) \qquad T = \dot{X} \, , \; N = |\ddot{X}|^{-1}\ddot{X} \, .$$

Sie bilden das **begleitende Zweibein** T, N zur ebenen Kurve X. Weiter seien $e_1 = (1,0)$ und $e_2 = (0,1)$ die kanonischen Einheitsvektoren des zugrundeliegenden kartesischen Koordinatensystems. Dann lesen wir aus (61) ab:

Es gilt $k > 0$, wenn $\{T, N\}$ und $\{e_1, e_2\}$ gleichorientiert sind, und $k < 0$, wenn sie entgegengesetzt orientiert sind.

Dieses Ergebnis können wir noch in eine etwas andere Form bringen, wenn wir den Normalenvektor $N^*(s)$ zu $T(s)$ einführen, der so gewählt sei, daß das Paar $T(s), N^*(s)$ für alle Parameterwerte gleichorientiert zu e_1, e_2 ist, d.h.

$$(63) \qquad \det(T, N^*) = 1 \, .$$

Nach dem oben Gesagten folgt:

$$(64) \qquad N^*(s) = \begin{cases} \quad N(s) \qquad\quad k(s) > 0 \, , \\ \qquad\qquad\quad \text{falls} \\ -N(s) \qquad\quad k(s) < 0 \, . \end{cases}$$

Wegen $|k| = |\ddot{X}|$ und (62) erhalten wir dann

$$(65) \qquad \ddot{X} = kN^* \, .$$

Bezeichne nun $\theta(s)$ den im positiven Sinne gemessenen Winkel zwischen dem Tangentenvektor $T(s)$ und der x-Achse. Dann kann man den Einheitsvektor $T(s) = \dot{X}(s)$ in der Form

$$(66) \qquad \dot{X}(s) = \cos\theta(s) \, e_1 + \sin\theta(s) \, e_2$$

schreiben. Mit Hilfe des Satzes von Heine-Borel zeigt man leicht, daß $\theta(s)$ global als stetige Funktion von s eingeführt werden kann, und man erhält $\theta \in C^1$, falls $X \in C^2$ ist. Differenzieren wir (66) nach s, so folgt

$$\ddot{X}(s) = \dot{\theta}(s) \, [-\sin\theta(s) \, e_1 + \cos\theta(s) \, e_2] \, .$$

Der Vektor $\tilde{N}(s) = -\sin\theta(s)e_1 + \cos\theta(s)e_2$ erfüllt offenbar

$$|\tilde{N}| = 1 \; , \; \langle T, \tilde{N} \rangle = 0 \; , \; \det(T, \tilde{N}) = 1 \; .$$

Also ist $\tilde{N} = N^*$, und wir erhalten

(67) $$\ddot{X} = \dot{\theta} N^* \; .$$

Aus (65) und (67) ergibt sich nunmehr die Deutung

(68) $$k = \dot{\theta}$$

der Krümmung k als Winkelgeschwindigkeit des Tangentenvektors $T = \dot{X}$.

Sei nun Ω ein einfach zusammenhängendes beschränktes Gebiet des $\mathbb{R}^2$, das von der Spur Γ einer glatten Jordankurve der Klasse C^2 berandet wird. Wir wählen eine Parametrisierung $X(s)$ von Γ nach der Bogenlänge derart, daß Ω immer links von der Kurve $X(s)$ liegt, wenn man sie in Richtung wachsender Parameterwerte durchläuft. Sei wie zuvor (T, N) das begleitende Zweibein der Kurve, und es gelte überall $k(s) \neq 0$.

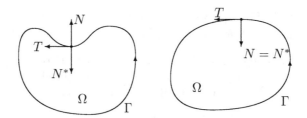

Falls Ω konvex ist, zeigt der Hauptnormalenvektor N und damit auch der Krümmungsvektor $\ddot{X}$ stets in das Innere Ω der Jordankurve Γ, und es gilt auch das Umgekehrte: Wenn $\ddot{X}$ stets ins Innere von Γ weist, so ist Ω konvex. (Um dies zu zeigen, überlege man sich, daß $\overline{\Omega}$ der Durchschnitt seiner Stützhalbräume sein muß). Aus dem oben Gesagten folgt dann: Ω *ist genau dann konvex, wenn überall $k(s) > 0$ gilt.* (Im allgemeinen ist Konvexität von Ω gleichbedeutend mit $k(s) \geq 0$.)

Für eine nichtparametrische Kurve $Z(x) = (x, f(x))$ mit $f \in C^2(I)$, $I = [a, b]$ folgt aus (60) für die Krümmung mit Vorzeichen die Formel

(69) $$k(x) = \frac{f''(x)}{(1 + f'(x)^2)^{3/2}} \; .$$

Also ist f konvex, wenn $f'' \geq 0$ gilt, und konkav, wenn $f'' \leq 0$ ist.

Betrachten wir noch eine Kurve $X(s) = (x(s), y(s))$ mit $|\dot{X}(s)| \equiv 1$, die einer Gleichung

(70) $$F(x, y) = 0$$

genügt, wobei F von der Klasse C^2 ist auf einer offenen Umgebung U der Spur von X. Dann folgt

$$(71) \qquad\qquad\qquad F_x \dot{x} + F_y \dot{y} = 0 \;.$$

Somit ist grad F normal zum Tangentenvektor $\dot{X}$, und $(F_y, -F_x)$ ist proportional zu $\dot{X}$. Sei

$$(72) \qquad\qquad\qquad W := \sqrt{F_x^2 + F_y^2}$$

und

$$(73) \qquad\qquad t = \frac{1}{W}(F_y, -F_x) \;, \quad n = \frac{1}{W}(F_x, F_y) \;.$$

Dann ist (t, n) ein Orthonormalsystem in $\mathbb{R}^2$, das wegen $\det(t, n) = 1$ positiv orientiert ist, sich also durch eine Drehung in das kanonische System (e_1, e_2) überführen läßt. Wir wollen voraussetzen, daß

$$(74) \qquad\qquad\qquad t(X(s)) = \dot{X}(s)$$

gilt, also

$$(75) \qquad\qquad\qquad \dot{x} = F_y/W \;, \quad \dot{y} = -F_x/W \;.$$

Dann berechnet sich die orientierte Krümmung $k(s)$ als

$$(76) \qquad\qquad k = -\frac{F_y^2 F_{xx} - 2 F_x F_y F_{xy} + F_x^2 F_{yy}}{(F_x^2 + F_y^2)^{3/2}} \;.$$

Wir wollen das Vorzeichen von k für eine einfache geschlossene glatte Kurve $X(s)$ der Klasse C^2 interpretieren, deren Spur der Gleichung (70) genügt und die so orientiert ist, daß (74) bzw. (75) gilt. Bezeichne Ω das beschränkte Innere und Ω_a das Äußere von $\Gamma :=$ spur X. Wir denken uns F so beschaffen, daß

$$F > 0 \text{ auf } \Omega_a \cap U \;, \quad F < 0 \text{ auf } \Omega \cap U$$

gilt. Dann weist grad F und somit auch n ins Äußere von Γ, und die Kurve $X(s)$ umläuft Ω im mathematisch negativen Sinne.

Sei nun Ω konvex. Die entgegengesetzt orientierte Kurve $X^*(s) := X(-s)$ umschlingt Ω im mathematisch positiven Sinne; ihre Krümmung k^* ist also gleich $-k$ in einander entsprechenden Kurvenpunkten. Wir wissen bereits, daß dies der Ungleichung $k^* \geq 0$ entspricht; *somit sind glatt berandete konvexe Gebiete durch $k \leq 0$ oder, äquivalent damit, durch $k^* \geq 0$ charakterisiert*, wenn k^* den Ausdruck

$$(77) \qquad\qquad k^* := \frac{F_y^2 F_{xx} - 2 F_x F_y F_{xy} + F_x^2 F_{yy}}{(F_x^2 + F_y^2)^{3/2}}$$

bezeichnet. Die beiden Krümmungsfunktionen $k(x,y)$ und $k^*(x,y)$ sind einander
entgegengesetzt gleich,

(78) $$k^*(x,y) = -k(x,y) \ .$$

Man nennt in diesem Zusammenhang k *die Krümmung von* $\partial\Omega$ *hinsichtlich der*
äußeren Normalen $n = \frac{1}{W}\operatorname{grad} F$ und k^* *die Krümmung von* $\partial\Omega$ *hinsichtlich der*
inneren Normalen $n^* = -\frac{1}{W}\operatorname{grad} F$.

Anschaulich gesprochen: Ω ist konvex, wenn sich $\partial\Omega$ in jedem Punkte zur inneren
Normalen hin und von der äußeren Normalen wegkrümmt.

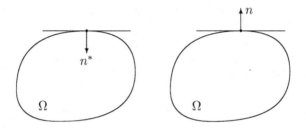

Für rechnerische Zwecke ist es bequem, die Formel für die Krümmung mit Vorzeichen in Polarkoordinaten r, φ bereitzustellen, die der Formel (69) für kartesische
Koordinaten entspricht:

$$k = \frac{y''}{(1 + |y'|^2)^{3/2}} \ ,$$

wenn die Kurve in der nichtparametrischen Form $y = y(x)$ gegeben und

$$y' = \frac{dy}{dx} \ , \quad y'' = \frac{d^2 y}{dx^2}$$

gesetzt ist.

Ähnlich erhalten wir, wenn die Kurve in der Form $r = r(\varphi)$ gegeben und

$$r' = \frac{dr}{d\varphi} \ , \quad r'' = \frac{d^2 r}{d\varphi^2}$$

gesetzt ist, für die Krümmung $k(\varphi)$ als Funktion von φ den Ausdruck

(79) $$k(\varphi) = \frac{2r'^2 - rr'' + r^2}{(r^2 + r'^2)^{3/2}} \ .$$

Wir überlassen es dem Leser, dies nachzurechnen.

[5] *Die Krümmung der Archimedischen Spirale*

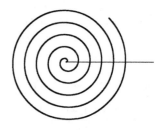

(80) $r(\varphi) := a\varphi$, $\varphi > 0$,

mit $a > 0$ ist

$$k(\varphi) = \frac{2 + \varphi^2}{a(1 + \varphi^2)^{3/2}} \ .$$

[6] *Die Krümmung der logarithmischen Spirale*

(81) $r(\varphi) = e^{m\varphi}$, d.h. $\log r(\varphi) = m\varphi$, $\varphi \in \mathbb{R}$,

ist

$$k(\varphi) = \frac{e^{-m\varphi}}{\sqrt{1 + m^2}} \ .$$

[7] *Länge und Krümmung der Zykloide.*

Sei $\mathcal{K}$ ein Kreis mit Radius a und Mittelpunkt M, der auf der x-Achse mit konstanter Geschwindigkeit von M nach rechts abrollt, und zwar auf der Oberseite der Achse, also in der Halbebene $\{(x, y) : y \geq 0\}$. Wir fixieren irgendeinen Punkt P auf $\mathcal{K}$ und betrachten die Kurve $X(t) = (x(t), y(t))$, die P bei der Rollbewegung von $\mathcal{K}$ beschreibt. Eine solche Kurve heißt *Rollkurve von $\mathcal{K}$* oder *Zykloide*.

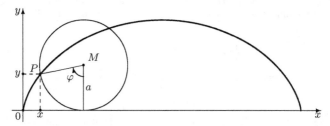

Sei φ der im mathematisch negativen Sinne gemessene Winkel zwischen der Vertikalen durch M und dem von M ausgehenden Strahl, der durch P geht. Wir wollen annehmen, daß das Rad mit der Winkelgeschwindigkeit Eins rollt und daß zur Zeit $t = 0$ der Punkt P im Ursprung 0 und M auf der y-Achse liegt. Dann gilt $\dot{\varphi} \equiv 1$ und $\varphi(0) = 0$, also $\varphi(t) \equiv t$. Die Bewegung $Y(t)$ des Mittelpunktes M wird durch $Y(t) = (a\,t, a)$ beschrieben, und

$$Z(t) = (-a \sin t, -a \cos t)$$

beschreibt die Bewegung von P relativ zu M in einem Koordinatensystem, dessen Ursprung in M gelegt ist und dessen Achsen parallel zur x- bzw. y-Achse sind. Die Bewegung $X(t) = (x(t), y(t))$ ist dann durch $X(t) = Y(t) + Z(t)$ gegeben, also

(82) $x(t) = a(t - \sin t)$, $y(t) = a(1 - \cos t)$.

Wir finden

$$|\dot{X}(t)|^2 = 2a^2(1 - \cos t) = 4a^2 \sin^2(t/2) \ ,$$

also

$$|\dot{X}(t)| = 2a \sin(t/2) \quad \text{für } 0 \leq t \leq 2\pi .$$

Für die Funktion $\sigma(t) := \int_0^t |\dot{X}(u)| du$ erhalten wir dann $s = \sigma(t) = 2a \int_0^t \sin(u/2) du$, und es ist

$$\int_0^t \sin(u/2) du = -2 \cos(u/2) \Big|_0^t = 2[1 - \cos(t/2)] = 4 \sin^2(t/4) .$$

Damit ergibt sich $\sigma(t) = 8a \sin^2(t/4)$, also $\sigma(2\pi) = \int_0^{2\pi} |\dot{X}| dt = 8a$.

Hat sich das Rad also einmal gedreht, so ist die Länge des hierbei entstandenen Zykloidenbogens gerade das Achtfache des Radius a.

Für die Krümmung $k(t)$ berechnet sich nach (60) der Wert

$$k(t) = \frac{-1}{4a \sin(t/2)} ,$$

und folglich gilt $k(t) \to -\infty$ für $t \to +0$ und für $t \to 2\pi - 0$.

Dies entspricht der Tatsache, daß die Punkte $Q_m := (2\pi m, 0)$, $m \in \mathbb{Z}$, in denen die Zykloide auf der x-Achse aufsitzt, *Spitzen* der Kurve sind.

$\boxed{8}$ *Die Krümmung der Kettenlinie* $y(x) := \cosh x$, $x \in \mathbb{R}$, ergibt sich nach (69) als $k(x) = 1/\cosh^2 x$.

$\boxed{9}$ Die durch die Gleichung

$$\frac{x^2}{a^2} + \frac{y^2}{b^2} = 1 \qquad \text{mit } a > b > 0$$

beschriebene Ellipse $\mathcal{E}$ kann durch die Kurve

$$X(t) = (a \cos t, \, b \sin t) , \quad 0 \leq t \leq 2\pi ,$$

parametrisiert werden, d.h. X liefert eine $1 - 1$-Abbildung von $[0, 2\pi]$ auf $\mathcal{E}$, und die Kurve $X(t)$ umschlingt das Innere von $\mathcal{E}$ im mathematisch positiven Sinne. Da die von $\mathcal{E}$ berandete Vollellipse

$$\left\{ (x, y) \in \mathbb{R}^2 : \frac{x^2}{a^2} + \frac{y^2}{b^2} < 1 \right\}$$

konvex ist, wissen wir bereits, daß $k(t) \geq 0$ ist. In der Tat ergibt sich aus (60) die Formel

$$k(t) = \frac{ab}{(a^2 \sin^2 t + b^2 \cos^2 t)^{3/2}} ,$$

und hieraus folgt $k_{\max} = ab^{-2}$, $k_{\min} = ba^{-2}$ für die Maximalkrümmung $k_{\max}$ bzw. die Minimalkrümmung $k_{\min}$ der Ellipse. Erstere wird in den beiden Punkten $P_{1/2} = (\pm a, 0)$ angenommen, letztere in den beiden Punkten $Q_{1/2} = (0, \pm b)$. Man überzeugt sich leicht, daß diese vier Punkte die einzigen sind, wo die Ableitung der Krümmung verschwindet. Solche Punkte heißen **Scheitelpunkte**; es gibt genau vier Stück von diesen.

Bezeichne nun $X : I \to \mathbb{R}^2$ eine geschlossene reguläre Kurve der Klasse C^2, die einfach ist und überall $k > 0$ erfüllt. Eine solche Kurve wollen wir *Eilinie* nennen. Man kann beweisen, daß die Spur Γ einer jeden Eilinie den Rand einer konvexen Menge Ω in $\mathbb{R}^2$ bildet. Darüber hinaus gilt für sie der sogenannte

Vierscheitelsatz. *Jede Eilinie besitzt mindestens vier Scheitelpunkte.*

Für den Beweis dieser beiden Sätze verweisen wir z.B. auf J.J. Stoker, *Differential Geometry*, Wiley, New York 1969, S. 46–50.

Aufgaben.

1. Sind die Vektoren $\dot{X}(t)$ und $\ddot{X}(t)$ einer Kurve $X \in C^2(I, \mathbb{R}^3)$ für alle $t \in I$ linear abhängig, so ist die Spur $\Gamma = X(I)$ ein Geradenstück. Beweis?

2. Sei $X \in C^3(I, \mathbb{R}^3)$, $T := \dot{X}$ und $|X(s)| \equiv 1$ sowie $|T(s)| \equiv 1$. Dann gilt $|\ddot{T}|^2 - |\dot{T}|^4 = |\ddot{T}|^2 - (T \cdot \ddot{T})^2 = [T, \dot{T}, \ddot{T}]^2$ (mit $[a, b, c] := \det(a, b, c)$ für $a, b, c \in \mathbb{R}^3$). Beweis?

3. Sei $X \in C^1(I, \mathbb{R}^n)$ eine Kurve in $\mathbb{R}^n$, die nicht durch den Punkt P geht, also $r(t) := |X(t) - P| > 0$ auf I erfüllt. Dann gilt $\dot{r} = -A \cdot \dot{X}$, wobei $A(t)$ ein Einheitsvektor ist, der von $X(t)$ nach P weist. Beweis?

4. Zu skizzieren ist das *cartesische Blatt* Γ, das Spur der Kurve $X : \mathbb{R} \setminus \{-1\} \to \mathbb{R}^2$ mit $X(t) := \left(\frac{3t}{1+t^3}, \frac{3t^2}{1+t^3} \right)$ ist. Welche Stücke von Γ sind Bilder der Intervalle $(-\infty, -1)$, $(-1, 0]$, $[0, \infty)$?

5. Zwei reguläre C^1-Kurven $X : I \to \mathbb{R}^n$, $Y : J \to \mathbb{R}^n$ mögen sich im Punkte P schneiden, also $P = X(u) = Y(v)$ für ein $u \in I$ bzw. $v \in J$. Dann wird der *Schnittwinkel* φ der beiden Kurven in P durch die Gleichung

$$\cos \varphi := \frac{\dot{X}(u) \cdot \dot{Y}(v)}{|\dot{X}(u)||\dot{Y}(v)|}$$

definiert, d.h. φ ist der Winkel, den die Tangentenvektoren $\dot{X}(u)$ und $\dot{Y}(v)$ einschließen. Man beweise: Ist $\mathcal{F} = Z(\Omega)$ ein zweidimensionales Flächenstück in $\mathbb{R}^3$, dessen Punkte $Z(u, v)$ durch eine C^1-Abbildung $Z : \Omega \to \mathbb{R}^3$ eines „Parametergebietes" Ω in $\mathbb{R}^2$ gegeben sind und die $|Z_u \wedge Z_v| > 0$ erfüllt, so sind die Kurven $u \mapsto X(u) := Z(u, v_0)$ (v_0 fixiert) und $v \mapsto Y(v) := Z(u_0, v)$ (u_0 fixiert) regulär und schneiden sich genau dann im Punkte $P_0 := Z(u_0, v_0)$ orthogonal, wenn $Z_u(u_0, v_0) \cdot Z_v(u_0, v_0) = 0$ ist.

6. Man bestimme die Gleichung $ax + by + cz = d$ (mit $a^2 + b^2 + c^2 = 1$) der Schmiegebene E der durch

$$X(t) := (r \cos t, r \sin t, ct), \ r > 0, \ c > 0 \,,$$

definierten Helix $X : \mathbb{R} \to \mathbb{R}^3$ im Punkte $X(t)$ und zeige, daß die durch $u \mapsto Z(u) := (u \cos t, u \sin t, ct)$, $u \in \mathbb{R}$, definierte Gerade in E liegt, parallel zur x, y-Ebene ist und sowohl die Helix als auch die Achse der die Helix enthaltenden Zylinderfläche orthogonal schneidet, also die Schnittgerade von Schmiegebene und Normalebene ist.

7. Was ist die Torsion der Kurve $X(t) := (t, t^2/2, t^3/6)$, $t \in \mathbb{R}$?

8. Eine C^1-Kurve $X : I \to \mathbb{R}^3$ heißt *Böschungslinie*, wenn $\dot{X}(t)$ mit einer vorgegebenen Richtung für alle $t \in I$ einen festen Winkel einschließt. Man beweise: (i) Jede Helix ist eine Böschungslinie. (ii) Ist $X \in C^3$, $|\dot{X}| = 1$ und $\kappa \neq 0$, so gilt: X ist genau dann Böschungslinie, wenn $\tau(s)/\kappa(s) \equiv \text{const}$.

9. Für zwei beliebige stetige Funktionen $k, \theta : [0, L] \to \mathbb{R}$ mit $k > 0$ zeige man, daß es eine Kurve $X : [0, L] \to \mathbb{R}^3$ mit $(*)$ $\kappa = k$ und $\tau = \theta$ gibt (vgl. Band 1, 3.6, Bemerkung 2 und 4.4, [11]). Inwieweit ist diese Kurve durch die vorgegebenen Daten bestimmt? (Man nennt $(*)$ die *natürlichen Gleichungen* der Kurve X.)

10. Die natürlichen Gleichungen $\kappa := \text{const} > 0$, $\tau = 0$ haben Kreise als Lösungen.

11. Was sind Krümmung und Windung einer *elliptischen Schraubenlinie* $t \mapsto (a \cos t, b \sin t, ct)$, $a > b > 0$, $c > 0$?

12. Man skizziere die *Kardioide* $r = a(1 + \cos \varphi)$, $0 \leq \varphi \leq 2\pi$, $a > 0$ und bestimme ihre Bogenlänge und Krümmung ($r, \varphi = $ Polarkoordinaten um den Ursprung).

13. Man zeige, daß die natürliche Gleichung $k(s) = c^{-2}s$ (mit $c = \text{const} > 0$) die ebene Kurve (= *Klothoide* oder *Wickelkurve*)

$$X(s) = \left(\int_0^s \cos \left(\frac{u^2}{2c^2} \right) du, \int_0^s \sin \left(\frac{u^2}{2c^2} \right) du \right) = (x(s), y(s))$$

bestimmt, deren beide „Enden" sich für $s \to \pm\infty$ um die beiden Punkte $P^{\pm} = \pm (c/2)\sqrt{\pi}(1, 1)$ wickeln. (*Hinweis:* Ist $\varphi(s)$ der Winkel zwischen $\dot{X}(s)$ und der x-Achse, so gilt $\dot{X} = (\cos \varphi, \sin \varphi)$ und $\dot{\varphi} = \kappa$. Ferner: $\int_0^\infty \frac{\cos u}{\sqrt{u}} du = \int_0^\infty \frac{\sin u}{\sqrt{u}} du = \sqrt{\frac{\pi}{2}}$.)

14. Gemäß Formel (77) zeige man, daß die Krümmung $k^*(x, y)$ der durch die Gleichung $x^2/a^2 + y^2/b^2 = 1$ beschriebenen Ellipse durch $k^*(x, y) = a^4 b^4 (a^4 y^2 + b^4 x^2)^{-3/2}$ gegeben ist.

15. Die durch (69) definierte Krümmungsfunktion k von graph f läßt sich in der folgenden Form schreiben:

$$k(x) = \frac{d}{dx} \frac{f'(x)}{\sqrt{1 + f'(x)^2}} \ .$$

3   Das Anfangswertproblem für Systeme gewöhnlicher Differentialgleichungen III

In diesem Abschnitt wollen wir zeigen, daß unter geeigneten Voraussetzungen die Lösungen von Anfangswertproblemen für gewöhnliche Differentialgleichungen stetig bzw. stetig differenzierbar von den Anfangsdaten und anderen Parametern abhängen. Wir beginnen mit der stetigen Abhängigkeit, die wir bereits in den Abschnitten 3.6 und 4.1 von Band 1 behandelt haben. Jetzt können wir ein etwas allgemeineres Resultat beweisen, das auf dem folgenden, in vielen Situationen anwendbaren Hilfsmittel beruht.

Lemma 1. (Gronwalls Lemma). *Sei $z \in C^0(I)$ mit $I = [t_0, t_0 + a], a > 0$, eine Lösung der Integralungleichung*

(1) $$z(t) \leq K + L \int_{t_0}^{t} z(s)ds \quad \text{für alle } t \in I$$

mit Konstanten $K, L \geq 0$. Dann folgt

(2) $$z(t) \leq K e^{L(t-t_0)} \quad \text{für alle } t \in I \ .$$

Beweis. Wir wählen ein beliebiges $\epsilon > 0$ und setzen

$$\varphi(t) := (K + \epsilon)e^{L(t-t_0)} \quad \text{für } t \in I \ .$$

Dann gilt $\dot{\varphi} = L\varphi$ und $\varphi(t_0) = K + \epsilon$, woraus sich

$$\varphi(t) = K + \epsilon + L \int_{t_0}^{t} \varphi(s)ds$$

ergibt. Wir behaupten, daß

(3) $$z(t) < \varphi(t) \quad \text{für alle } t \in I$$

gilt. Wäre dies falsch, so gäbe es ein $t_1 \in (t_0, t_0 + a]$ mit

$$z(t) < \varphi(t) \quad \text{für } t_0 \leq t < t_1 \text{ und } z(t_1) = \varphi(t_1) \ .$$

Hieraus folgte

$$z(t_1) \ \leq \ K + L \int_{t_0}^{t_1} z(s)ds < K + \epsilon + L \int_{t_0}^{t_1} \varphi(s)ds = \varphi(t_1) \,,$$

Widerspruch. Also ist (3) richtig und wir haben

$$z(t) < (K + \epsilon)e^{L(t-t_0)} \quad \text{für } t \in I$$

und für jedes $\epsilon > 0$. Mit $\epsilon \to +0$ folgt (2).

□

Wir benutzen das Gronwallsche Lemma zuerst, um abzuschätzen, inwieweit eine Näherungslösung für eine Anfangswertaufgabe von der tatsächlichen Lösung abweicht.

Satz 1. *Seien $\Omega \subset \mathbb{R}^d$, $X, Y \in C^1(I, \mathbb{R}^d)$, $I = [t_0, t_0 + a]$, $a > 0$, $X(I) \subset \Omega$, $Y(I) \subset \Omega$, $F \in C^0(I \times \Omega, \mathbb{R}^d)$, und es gelte*

$$(4) \qquad\qquad |F(t, x) - F(t, \overline{x})| \ \leq \ L|x - \overline{x}|$$

für alle $t \in I$ und alle $x, \overline{x} \in \Omega$. Schließlich sei X Lösung des Anfangswertproblems

$$(5) \qquad\qquad \dot{X} = F(t, X) \quad \text{in } I, \quad X(t_0) = x_0 \,,$$

während Y die Ungleichungen

$$(6) \qquad |\dot{Y}(t) - F(t, Y(t))| < \epsilon \quad \text{für } t \in I, \quad |Y(t_0) - x_0| < \epsilon_0$$

mit Konstanten $\epsilon > 0$ und $\epsilon_0 > 0$ erfülle. Dann folgt

$$(7) \qquad\qquad |X(t) - Y(t)| \ \leq \ (\epsilon_0 + a\epsilon)e^{L(t-t_0)} \quad \text{für } t \in I \,.$$

Beweis. Setze $Z(t) := Y(t) - X(t)$ und $K := \epsilon_0 + a\epsilon$. Dann erhalten wir für $t_0 \leq t \leq t_0 + a$, daß

$$\begin{aligned} Z(t) \ &= \ Z(t_0) + \int_{t_0}^{t} \dot{Z}(s)ds \\ &= \ Y(t_0) - X(t_0) + \int_{t_0}^{t} [\dot{Y}(s) - F(s, Y(s))]ds \\ &\quad + \int_{t_0}^{t} [F(s, Y(s)) - F(s, X(s))]ds \,. \end{aligned}$$

Für $z(t) := |Z(t)|$ und $t \in [t_0, t_0 + a]$ folgt dann

$$z(t) \ \leq \ \epsilon_0 + a\epsilon + L \int_{t_0}^{t} z(s)ds \ = \ K + L \int_{t_0}^{t} z(s)ds \,,$$

und Gronwalls Lemma liefert die Behauptung.

□

Bemerkung 1. Aus (7) ergibt sich erneut die **Eindeutigkeit der Lösung** von (5) und die **stetige Abhängigkeit von den Anfangsdaten**, falls $F(t,x)$ bezüglich x Lipschitzstetig ist.

Nun wollen wir mit Hilfe von Satz 1 zeigen, daß sich ein abgeschlossenes Existenzintervall der Lösung X des Anfangswertproblems $\dot{X} = F(X)$, $X(t_0) = x_0$ nicht ändert, wenn wir den Anfangswert x_0 nur wenig abändern. Genauer gesagt beweisen wir das folgende Resultat:

Satz 2. *Sei $F : \Omega \to \mathbb{R}^d$ lokal Lipschitzstetig in einer offenen Menge Ω des $\mathbb{R}^d$ und $x_0 \in \Omega$. Ferner sei $X \in C^1(I, \mathbb{R}^d)$ mit $I = [t_0, t_0 + a]$, $a > 0$, und $X(I) \subset \Omega$ die Lösung von*

$$(8) \qquad \dot{X} = F(X) \quad auf\ I \ , \quad X(t_0) = x_0 \ .$$

Dann gibt es eine Kugel $B_r(x_0)$ in Ω, $r > 0$, so daß für jeden Punkt $x_0^* \in B_r(x_0)$ die Lösung X^* von

$$\dot{X}^* = F(X^*) \ , \quad X^*(t_0) = x_0^*$$

zumindest auf $[t_0, t_0 + a]$ existiert.

Beweis. Da die Spur $\Sigma := X(I)$ eine kompakte Teilmenge von Ω ist, gibt es ein $R > 0$, so daß $\overline{B}_R(x) \subset \Omega$ ist für alle $x \in \Sigma$. Die Menge

$$\Omega^* := \bigcup_{x \in \Sigma} B_R(x)$$

ist offen, $\overline{\Omega}^*$ ist kompakt, und man sieht ohne weiteres, daß

$$\overline{\Omega}^* = K^* := \bigcup_{x \in \Sigma} \overline{B}_R(x) \ \subset \ \Omega$$

gilt. Wir betrachten die Einschränkung $F^* := F\big|_{\Omega^*}$ des Vektorfeldes $F : \Omega \to \mathbb{R}^d$ auf die Menge $\Omega^* \subset\subset \Omega$. Nach Proposition 3 von 1.11 ist $F\big|_{K^*}$ und damit erst recht F^* Lipschitzstetig; sei L die Lipschitzkonstante von F^*. Aus $X(I) \subset \Omega^*$ und (8) folgt

$$(9) \qquad \dot{X} = F^*(X)\ auf\ I \ , \quad X(t_0) = x_0 \ .$$

Bezeichne $B_r(x_0)$ eine Kugel in Ω und $x_0^* \in B_r(x_0)$ den Anfangswert der maximalen Lösung $X^* : (\alpha^*, \omega^*) \to \mathbb{R}^d$ von

$$(10) \qquad \dot{X}^* = F^*(X^*) \quad , \quad X^*(t_0) = x_0^*$$

mit $X^*(t) \in \Omega^*$ für $\alpha^* < t < \omega^*$, wobei $t_0 < \omega^*$ ist. Wir wählen jetzt $r > 0$ so klein, daß

$$(11) \qquad r\, e^{La} < R/2$$

ist und behaupten, daß dann $\omega^* > t_0 + a$ gilt. Aus 4.1, Satz 3 von Band 1 folgt nämlich, falls $\omega^* < \infty$ ist, daß $X^*(t)$ gegen einen Punkt P^* konvergiert, falls t von links gegen ω^* strebt, und daß $P^* \in \partial\Omega^*$ gilt.

Gälte nun $\omega^* \leq t_0 + a$, so wenden wir Satz 1 auf (9) und (10) an und erhalten aus (7) und (11) die Abschätzung

$$|X(t) - X^*(t)| \; < \; R/2 \quad \text{für alle } t \in [t_0, \omega^*) \; .$$

Hieraus folgt mit $t \to \omega^* - 0$ die Abschätzung $|X(\omega^*) - P^*| \leq R/2$. Somit erhalten wir $P^* \in B_R(X(\omega^*)) \subset \Omega^*$, was der Relation $P^* \in \partial\Omega^*$ widerspricht, da Ω^* eine offene Menge ist.

Also gilt $\omega^* > t_0 + a$, und folglich ist X^* mindestens auf $[t_0, t_0 + a]$ definiert, und es ergibt sich $\dot{X}^* = F(X^*)$ auf I, $X^*(t_0) = x_0^*$ sowie

(12) $\qquad |X(t) - X^*(t)| \leq R/2 < R \quad \text{für alle } t \in [t_0, t_0 + a] = I \; .$

$\square$

Korollar 1. *Sei $F : \Omega \to \mathbb{R}^d$ lokal Lipschitzstetig in der offenen Menge $\Omega \subset \mathbb{R}^d$. Ferner sei K eine kompakte Teilmenge von Ω, und für $x \in K$ sei $X(t, x)$ die maximale Lösung von*

$$\dot{X} = F(X) \quad \text{mit} \quad X(t_0, x) = x \; ,$$

die auf dem Definitionsbereich

$$B := \{(x, t) \in \mathbb{R}^d \times \mathbb{R} : \; x \in K \; , \; \alpha(x) < t < \omega(x)\}$$

definiert ist und $X(B) \subset \Omega$ erfüllt. Dann ist $X \in C^0(B, \mathbb{R}^d)$ sowie $\dot{X} \in C^0(B, \mathbb{R}^d)$.

Beweis. Die Stetigkeit der Abbildung $X : B \to \mathbb{R}^d$ ergibt sich sofort aus der Stetigkeit von $X(\cdot, x) : (\alpha(x), \omega(x)) \to \mathbb{R}^d$ für jedes $x \in K$ in Verbindung mit Satz 2 und den im Beweis von Satz 2 verwendeten Argumenten, vgl. insbesondere Formel (12). Wir überlassen es dem Leser, die erforderlichen Schlüsse im Detail zu formulieren. Die Behauptung $\dot{X} \in C^0(B, \mathbb{R}^d)$ folgt nunmehr aus der Gleichung $\dot{X} = F(X)$.

$\square$

Bemerkung 2. Aus der Annahme „$F \in C^1(\Omega, \mathbb{R}^d)$" folgt, daß F lokal Lipschitzstetig ist (vgl. 1.11, Proposition 2).

Bemerkung 3. Betrachten wir ein Vektorfeld $F(x, u)$, das neben den Ortsvariablen x noch von gewissen Parametern $u = (u_1, \dots, u_l)$ abhängt, die in einem Parameterbereich P des $\mathbb{R}^l$ variieren. Dann hängt die Lösung $X(t, x, u)$ des Anfangswertproblems

$$\dot{X}(t, x, u) \; = \; F(X(t, x, u), u) \quad , \quad X(t_0, x, u) = x$$

stetig von (t, x, u) ab, falls wir geeignete Voraussetzungen an $F(x, u)$ machen. Dies läßt sich wie folgt zeigen.

(i) Wenn wir großzügig annehmen, daß $F(x, u)$ lokal Lipschitzstetig bezüglich (x, u) ist, so folgt die Stetigkeit von $X(t, x, u)$ sofort aus Korollar 1 durch folgenden Kunstgriff: Man betrachtet das neue Anfangswertproblem

$$\dot{X} = F(X, U) \quad , \quad X(t_0, x, u) = x \, ,$$

$$\dot{U} = 0 \quad , \quad U(t_0, x, u) = u \, ,$$

das den Voraussetzungen von Korollar 1 genügt. Somit hängt die Lösung

$$(X(t, x, u), \ U(t, x, u))$$

stetig von (t, x, u) ab. Wegen $\dot{U} = 0$ folgt aber $U(t, x, u) \equiv u$; somit genügt $X(t, x, u)$ der Gleichung $\dot{X} = F(X, u)$, und wir erhalten die Behauptung.

(ii) In manchen Fällen ist es aber zuviel verlangt, wenn wir annehmen, daß F Lipschitzstetig ist (vgl. etwa den Beweis des nachstehenden Satzes 3). Die behauptete Stetigkeit der Abbildung $(t, x, u) \mapsto X(t, x, u)$ folgt aber bereits aus der Annahme, daß $F(x, u)$ stetig ist und

(13) $$|F(x, u) - F(\overline{x}, u)| \ \leq \ L|x - \overline{x}|$$

mit einer von x, $\overline{x}$, u unabhängigen Konstanten L erfüllt. Der Beweis kann wiederum mit Hilfe von Satz 1 erbracht werden; die Details seien dem Leser überlassen. Ist F von der Form

(14) $$F(x, u) \ = \ A(u) \cdot x \quad \text{oder} \quad F(t, x, u) \ = \ A(t, u) \cdot x$$

mit einer stetigen $d \times d$-Matrix $A(u)$ bzw. $A(t, u)$, so ist (13) bzw.

$$|F(t, x, u) - F(t, \overline{x}, u)| \ \leq \ L|x - \overline{x}|$$

erfüllt, und nun kann der Stetigkeitsbeweis für X ohne weiteres nach obigem Muster mit Hilfe von Satz 1 geführt werden.

Nun wollen wir zeigen, daß die Lösung des Anfangswertproblems (5) nicht nur stetig, sondern stetig differenzierbar von den Anfangsdaten x_0 abhängt, wenn das Vektorfeld F von der Klasse C^1 ist. Falls $F \in C^s$ gilt, erhalten wir die entsprechende höhere Differenzierbarkeit der Lösung bezüglich x_0 und t. Ergebnisse dieses Typs hat wohl I. Bendixson (1899) zuerst bewiesen.

Betrachten wir folgende Situation, auf die sich wegen Satz 1 und Satz 2 alle Fälle zurückführen lassen:

Voraussetzung (S). *Sei* Ω *eine offene Menge in* $\mathbb{R}^d$, $F \in C^1(\Omega, \mathbb{R}^d)$, $r > 0$, $\delta > 0$, $a > 0$, $I = [t_0, t_0 + a]$, *und* $W, W' \subset \Omega$ *seien zwei Würfel, die durch*

$$W = \{x \in \mathbb{R}^d : |x - x_0|_* \leq r\} \, , \ W' = \{x \in \mathbb{R}^d : |x - x_0|_* \leq r + \delta\}$$

gegeben sind.

Für $(t, x) \in I \times W'$ sei eine Lösung $X(t, x)$ der Anfangswertaufgabe

$$\dot{X} = F(X) \,, \quad X(t_0, x) = x \,, \quad \text{mit } X(t, W') \subset \Omega \,.$$

Wir setzen voraus, daß

$$X \in C^0(I \times W', \mathbb{R}^d) \quad \text{und} \quad X(\cdot, x) \in C^1(I, \mathbb{R}^d) \text{ für alle } x \in W'$$

gilt.

Da wir die Gleichung $\dot{X}(t, x) = F(X(t, x))$ zunächst nicht nach $x_1, \dots, x_n$ differenzieren dürfen, wenden wir Differenzenquotienten-Operatoren Δ_h an. Zu diesem Zwecke wählen wir zunächst einen beliebigen Vektor $e \in \mathbb{R}^n$ mit $|e| = 1$ und eine beliebige Schrittweite $h \in \mathbb{R}$ mit $0 < |h| \leq \delta$. Dann sind die Ausdrücke

$$(15) \qquad\qquad X_h(t, x) := X(t, x + he)$$

und

$$(16) \qquad\qquad (\Delta_h X)(t, x) := \frac{1}{h} [X_h(t, x) - X(t, x)]$$

für $(t, x) \in I \times W$ definiert, und wir erhalten auf $I \times W$ die beiden Gleichungen

$$\dot{X}_h = F(X_h) \quad \text{und} \quad \dot{X} = F(X) \,,$$

woraus sich

$$(17) \qquad\qquad \frac{d}{dt}(\Delta_h X) = \frac{1}{h} [F(X_h) - F(X)]$$

ergibt. Mit Hadamards Lemma schreiben wir die rechte Seite von (17) als

$$\begin{aligned}
\frac{1}{h} [F(X_h) - F(X)] &= \frac{1}{h} \int_0^1 \frac{d}{ds} F(X + sh\Delta_h X) \, ds \\
&= \int_0^1 F_x(X + sh\Delta_h X) \, ds \cdot \Delta_h X \,.
\end{aligned}$$

Setzen wir

$$(18) \qquad B(t, x, h) := \int_0^1 F_x(X(t, x) + s[X_h(t, x) - X(t, x)]) \, ds$$

für $(t, x) \in I \times W$ und $|h| \leq \delta$, so folgt

$$(19) \qquad\qquad \frac{d}{dt} \Delta_h X(t, x) = B(t, x, h) \cdot \Delta_h X(t, x) \,.$$

Weiterhin ergibt sich aus

$$X(t_0, x) = x \quad \text{und} \quad X(t_0, x + he) = x + he$$

für $0 < |h| \leq \delta$ die Anfangsbedingung

$$(20) \qquad\qquad \Delta_h X(t_0, x) = e \quad \text{für alle } x \in W \, .$$

Motiviert durch (19) und (20), betrachten wir das lineare Anfangswertproblem

$$(21) \qquad \dot{Z}(t, x, h) \; = \; B(t, x, h) \cdot Z(t, x, h) \, , \quad Z(t_0, x, h) = e$$

für die gesuchte Funktion $Z(\cdot, x, h) : I \to \mathbb{R}^d$, die überdies von den Parametern $x \in W$ und $h \in \mathbb{R}$ mit $|h| \leq \delta$ abhängt.

Für feste x und h ist $B(t, x, h)$ eine stetige Funktion von $t \in I$ mit Werten in $M(d, \mathbb{R})$. Mit der Methode von Band 1, 4.4, $\boxed{11}$ folgt, daß das Anfangswertproblem (21) für beliebige Parameterwerte $x \in W$ und $h \in \mathbb{R}$ mit $|h| \leq \delta$ eine *eindeutig bestimmte* Lösung $Z(\cdot, x, h) \in C^1(I, \mathbb{R}^d)$ hat. Wegen (19) und (20) erhalten wir daher

$$(22) \qquad\qquad Z(t, x, h) \; = \; \Delta_h X(t, x) \quad \text{für } 0 < |h| \leq \delta$$

und beliebige $(t, x) \in I \times W$. Aufgrund von Bemerkung 3 hängt $Z(t, x, h)$ stetig von $(t, x, h) \in I \times W \times [-\delta, \delta]$ ab. Insbesondere gilt also

$$\lim_{h \to 0} Z(t, x, h) \; = \; Z(t, x, 0)$$

und damit

$$(23) \qquad\qquad \lim_{h \to 0} \Delta_h X(t, x) \; = \; Z(t, x, 0) \, .$$

Die linke Seite von (23) ist nichts anderes als die Richtungsableitung $\frac{\partial}{\partial e} X(t, x)$ der Funktion $X(t, \cdot)$ an der Stelle x in Richtung von e.

Aus (18) folgt, daß $B(t, x, 0)$ unabhängig von der Wahl von $e \in S^{n-1}$ ist, denn es gilt

$$(24) \qquad\qquad B(t, x, 0) \; = \; F_x(X(t, x)) \quad \text{für } (t, x) \in I \times W \, ,$$

und (21) liefert dann

$$(25) \qquad \dot{Z}(t, x, 0) \; = \; F_x(X(t, x)) \cdot Z(t, x, 0) \quad , \quad Z(t_0, x, 0) = e \, .$$

Da $Z(\cdot, \cdot, 0)$ und $F_x(X)$ auf $I \times W$ stetig sind, ist also auch $\dot{Z}(\cdot, \cdot, 0)$ auf $I \times W$ stetig.

Wählen wir also e sukzessive als die kanonischen Basisvektoren $e_1, e_2, \dots, e_d$, so folgt

Satz 3. *Aus Voraussetzung* (S) *ergeben sich die folgenden Resultate.*

(i) *Die partiellen Ableitungen*

$$\frac{\partial}{\partial t} X \, , \ \frac{\partial}{\partial x_1} X \, , \ldots , \ \frac{\partial}{\partial x_d} X \, , \ \frac{\partial}{\partial t} \frac{\partial}{\partial x_1} X \, , \ldots , \ \frac{\partial}{\partial t} \frac{\partial}{\partial x_d} X$$

von $X = X(t,x)$ *existieren auf* $I \times W$ *und sind dort stetig. Nach dem Schwarzschen Satze existieren dann auch die Ableitungen* $\frac{\partial}{\partial x_j} \frac{\partial}{\partial t} X$, *und es gilt*

$$\frac{\partial}{\partial t} \frac{\partial}{\partial x_j} X \ = \ \frac{\partial}{\partial x_j} \frac{\partial}{\partial t} X \, , \quad 1 \le j \le d \, .$$

(ii) *Die Jacobimatrix*

(26) $$C := D_x X = (X_{x_1}, X_{x_2}, \ldots , X_{x_d})$$

mit den Spaltenvektoren

$$X_{x_j} \ = \ \frac{\partial}{\partial x_j} X \, , \quad 1 \le j \le d \, ,$$

löst das Anfangswertproblem

(27) $$\dot{C}(t,x) \ = \ A(t,x) \cdot C(t,x), \ t \in I, \quad C(t_0,x) = E \, ,$$

wobei E *die Einheitsmatrix in* $GL(d, \mathbb{R})$ *bezeichnet und*

(28) $$A(t,x) \ := \ F_x(X(t,x))$$

gesetzt ist.

Man bezeichnet die Matrixdifferentialgleichung $\dot{C} = A \cdot C$ als **Poincarés Variationsgleichung**.

Fixieren wir $t \in I$, so ist

(29) $$J \ := \ \det C \ = \ \det X_x$$

die Jacobideterminante der Abbildung $x \mapsto X(t,x)$ von W in Ω. Dann folgt aus 3.6, Satz 6 von Band 1 die Formel $\dot{J} = \text{spur } A \cdot J$. Wegen spur $A = (\text{div } F)(X)$ erhalten wir also

Korollar 2. *Die Jacobideterminante* $J = \det X_x$ *genügt der Gleichung*

(30) $$\dot{J} \ = \ \text{div } F(X) \cdot J \, .$$

Korollar 3. *Ist das Vektorfeld divergenzfrei, d.h. gilt* div $F(x) = 0$ *in* Ω, *so folgt* $J(t,x) \equiv 1$ *auf* $I \times W$.

Aufgaben.

1. Seien $a = (a_1, \ldots, a_n)$, $b = (b_1, \ldots b_n)$ zwei C^1-Vektorfelder auf dem Gebiet Ω_0 in $\mathbb{R}^n$ und $A = \sum_{i=1}^n a_i(x)D_i$, $B = \sum_{k=1}^n b_k(x)D_k$ mit $D_i = \partial/\partial x_i$ die ihnen zugeordneten Differentialoperatoren. Man beweise: (i) Der *Kommutator* $[A, B] := AB - BA$ ist ebenfalls ein linearer Differentialoperator erster Ordnung $\sum_{k=1}^n c_k(x)D_k$ mit den Koeffizienten $c_k :=$ $\sum_{i=1}^n (a_i D_i b_k - b_i D_i a_k)$. (ii) Ist $\Omega \subset\subset \Omega_0$, $I = (-\epsilon, \epsilon)$, $\epsilon > 0$, und bezeichnet $\varphi^t(x) = \varphi(t, x)$ eine Lösung von

$$\dot{\varphi}(t, x) = a\big(\varphi(t, x)\big) \quad \text{für } (t, x) \in I \times \Omega, \ \varphi(0, x) = x \in \Omega \ ,$$

so gilt für jede Funktion $f \in C^1(\Omega_0)$ die Gleichung

$$\frac{d}{dt}(f \circ \varphi^t) = (Af) \circ \varphi \quad \text{auf } I \times \Omega \ ,$$

insbesondere $\frac{d}{dt}(f \circ \varphi^t)\big|_{t=0} = Af$.

2. Sind a und b zwei C^2-Vektorfelder auf Ω_0 und bezeichnen φ^t und ψ^s die zugehörigen Flüsse, d.h. ist $\varphi^0(x) = x = \psi^0(x)$ und $\dot{\varphi}^t = a \circ \varphi^t$, $\dot{\psi}^s = b \circ \psi^s$, so gilt (für „hinreichend kurze Zeiten" t, s auf $\Omega' \subset\subset \Omega$): $\varphi^t \circ \psi^s = \psi^s \circ \varphi^t$ genau dann, wenn $[A, B] = 0$ ist, d.h. die Flüsse φ^t und ψ^s kommutieren genau dann, wenn die den erzeugenden Vektorfeldern a und b zugeordneten Operatoren $A = a \cdot \nabla$ und $B = b \cdot \nabla$ kommutieren, d.h. $AB = BA$ erfüllen.

3. Ist $\big(\varphi(t, c), \eta(t, c)\big)$ mit $(t, c) \in I \times P$, $P \subset \mathbb{R}^r$, eine Lösung des Anfangswertproblems $\dot{\varphi} = H_x(\varphi, \psi)$, $\dot{\psi} = -H_y(\varphi, \psi)$ mit $\varphi(t_0, c) = f(c)$, $\psi(t_0, c) = g(c)$ für eine Hamiltonfunktion $H(x, y)$ der Klasse C^3 und für Anfangswerte $f, g \in C^2$, so sind die *Lagrangeschen Klammern* $[c_i, c_k] := \eta_{c_i} \cdot \varphi_{c_k} - \eta_{c_k} \cdot \varphi_{c_i}$ Bahninvarianten, d.h. es gilt $\frac{d}{dt}[c_i, c_k] = 0$. Hieraus folgt insbesondere $[c_i, c_k] = 0$, wenn die Bahnkurven $x = \varphi(t, c)$ für $t = t_0$ sämtlich durch denselben Punkt gehen.

4   Eindimensionale Variationsrechnung

Gewöhnlich datiert man den Beginn der Variationsrechnung auf den Juni 1696, als in den Acta Eruditorum die folgende Anzeige von Johann Bernoulli erschien: *Problema novum ad cuius solutionem mathematici invitantur.* Das neue Problem, zu dessen Lösung die Mathematiker eingeladen wurden, lautete: *Wenn in einer vertikalen Ebene zwei Punkte A und B gegeben sind, soll man dem beweglichen Punkte M eine Bahn AMB anweisen, auf welcher er von A ausgehend vermöge seiner eigenen Schwere in kürzester Zeit von A nach B gelangt. ... Um einem voreiligen Urteile entgegenzutreten, möge noch bemerkt werden, daß die gerade Linie AB zwar die kürzeste zwischen A und B ist, jedoch nicht in kürzester Zeit durchlaufen wird. Wohl aber ist die Kurve AMB eine den Geometern sehr bekannte ....*

In der Tat: Die Kurve kürzester Fallzeit ist ein Zykloidenbogen (s. Beispiel $\boxed{8}$). In der von Johann gesetzten Frist fanden fünf Mathematiker die richtige Lösung: sein Bruder Jacob, und ferner De L'Hospital, Huygens, Leibniz und Newton.

Mit welchen Methoden kann man Aufgaben wie das soeben beschriebene *Brachystochronenproblem* systematisch angreifen? Dies ist der Gegenstand der Variationsrechnung, einer naheliegenden Verallgemeinerung der Extremwertrechnung für Funktionen von n reellen Variablen.

In Abschnitt 1.7 hatten wir Extrema von Funktionen $f \in C^1(\Omega)$ auf einer offenen Menge Ω des $\mathbb{R}^n$ behandelt. Als notwendige Bedingung für eine Extremwertstelle $x_0 \in \Omega$ von f ergab sich, daß x_0 kritischer Punkt von f ist, also die Gleichung

$$(1) \qquad\qquad\qquad \nabla f(x_0) = 0$$

erfüllen muß. Wegen $f \in C^1(\Omega)$ ist diese Bedingung gleichbedeutend mit

(2) $$\frac{\partial f}{\partial a}(x_0) = 0 \qquad \text{für alle } a \in S^{n-1} \subset \mathbb{R}^n \ .$$

Wir wollen nun eine analoge Bedingung für die stationären Stellen eines *Funktionals* $\mathcal{F} : M \to \mathbb{R}$ herleiten, wobei M eine Teilmenge eines Funktionenraumes und $\mathcal{F}$ ein Integral ist, das auf den Funktionen von M gebildet wird. Wir können uns beispielsweise M als die Menge aller Kurven $X : I \to \mathbb{R}^3$ von der Klasse C^1 denken, deren Spur auf einer Fläche $\mathcal{S}$ im $\mathbb{R}^3$ liegt und die zwei fest vorgegebene Punkte $P, Q \in \mathcal{S}$ verbinden. Dann stellt sich die Frage nach der kürzesten Verbindung von P und Q unter allen Kurven $X \in M$, oder zumindest nach einer notwendigen Bedingung, der ein Minimierer X der *Bogenlänge*

(3) $$\mathcal{L}(X) = \int_I |\dot{X}(t)| dt$$

in der Menge M genügen muß, und die der Bedingung (2) für Funktionen f der Klasse $C^1(\Omega)$ entspricht.

Eine andere interessante Aufgabe ist es, die *elastische Energie*

(4) $$\mathcal{D}(X) = \frac{1}{2} \int_I |\dot{X}(t)|^2 dt$$

einer Kurve $X : I \to \mathbb{R}^3$ zu minimieren unter allen C^1-Verbindungskurven zweier Punkte P und Q des $\mathbb{R}^3$. Hier interpretieren wir „Kurven" als mathematisches Modell für Saiten eines Musikinstrumentes.

Um all diese Probleme unter einen Hut zu bringen, wollen wir unsere Betrachtungen etwas formalisieren. Zunächst wählen wir ein als **erweiterter Phasenraum** bezeichnetes Gebiet U im Raume $\mathbb{R}^{2n+1} = \mathbb{R} \times \mathbb{R}^n \times \mathbb{R}^n$, in dem eine **Lagrangefunktion** $F : U \to \mathbb{R}$ der Klasse C^1 definiert ist. Wir betrachten Abbildungen $u \in C^1(I, \mathbb{R}^n)$, $I = [a, b]$, deren 1-Graph in U liegt, d.h.

(5) $$\text{1-graph } u := \{(x, u(x), u'(x)) : x \in I\} \subset U \ .$$

Dann ist die Komposition $F(x, u(x), u'(x))$ wohldefiniert und stetig auf I; somit können wir das **Funktional**

(6) $$\mathcal{F}(u) := \int_a^b F(x, u(x), u'(x)) dx$$

auf der Menge $\mathcal{C}_1(I, U) := \{u \in C^1(I, \mathbb{R}^n) : \text{1-graph } u \subset U\}$ bilden. Wir wählen zwei Punkte P und Q des $\mathbb{R}^n$ mit $P \neq Q$ und definieren die Menge M als

(7) $$M := \{u \in \mathcal{C}_1(I, U) : u(a) = P, \ u(b) = Q\} \ .$$

Es stellt sich dann beispielsweise die Aufgabe, das Funktional $\mathcal{F}$, auch **Variationsintegral** genannt, auf der Menge M zu minimieren, wofür wir symbolisch

$$\text{„} \ \mathcal{F}(u) \to \min \ \text{in} \ M \ \text{"}$$

schreiben.

Um die folgenden Betrachtungen möglichst einfach zu halten, nehmen wir an, daß der Phasenraum U mit $\mathbb{R} \times \mathbb{R}^n \times \mathbb{R}^n$ zusammenfällt, also

$$(8) \qquad\qquad\qquad U = \mathbb{R} \times \mathbb{R}^n \times \mathbb{R}^n$$

gilt; dann ist (5) von selbst erfüllt. Dem Leser wird es nicht schwer fallen, durch geeignete Modifikationen das folgende auf den allgemeinen Fall zu übertragen.

Als erstes untersuchen wir, wie sich $\mathcal{F}(u)$ ändert, wenn wir u variieren. Dazu wählen wir ein Vektorfeld $\varphi \in C^1(I, \mathbb{R}^n)$ und bilden die Kurvenschar $h(\cdot, \epsilon)$ mit dem Scharparameter $\epsilon \in (-\epsilon_0, \epsilon_0)$, $\epsilon_0 > 0$, die durch

$$(9) \qquad\qquad h(x, \epsilon) := u(x) + \epsilon\varphi(x) \quad \text{für } x \in I, \ |\epsilon| < \epsilon_0 ,$$

definiert sei. Man sagt hierfür, die Kurve u sei in die Variationsschar $h(\cdot, \epsilon)$ *eingebettet*.

Nun betrachten wir eine Funktion $\Phi : (-\epsilon_0, \epsilon_0) \to \mathbb{R}$, die durch

$$(10) \qquad\qquad\qquad \Phi(\epsilon) := \mathcal{F}(u + \epsilon\varphi)$$

definiert ist, und bilden deren Ableitung an der Stelle $\epsilon = 0$:

$$(11) \qquad\qquad \dot{\Phi}(0) \ = \ \frac{d}{d\epsilon} \mathcal{F}(u + \epsilon\varphi)\Big|_{\epsilon=0} .$$

Definition 1. *Man nennt diesen Ausdruck die* **erste Variation von** $\mathcal{F}$ **an der Stelle** u **in Richtung von** φ, *in Zeichen:*

$$(12) \qquad\qquad\qquad \delta\mathcal{F}(u, \varphi) := \dot{\Phi}(0) .$$

Offenbar ist $\delta\mathcal{F}(u, \varphi)$ für ein Variationsintegral $\mathcal{F} : M \to \mathbb{R}$ das Analogon der Richtungsableitung einer Funktion $f : \Omega \to \mathbb{R}$ mit $\Omega \subset \mathbb{R}^n$, denn es gilt

$$(13) \qquad\qquad \frac{\partial f}{\partial a}(x_0) \ = \ \frac{d}{d\epsilon} f(x_0 + \epsilon a) = \nabla f(x_0) \cdot a ,$$

und die Einschränkung $a \in S^{n-1}$ ist unerheblich, da $\nabla f(x_0) \cdot a$ linear in a ist.

Nach 1.3, Satz 2 gilt

$$\dot{\Phi}(\epsilon) \ = \ \int_a^b \frac{d}{d\epsilon} F(x, u(x) + \epsilon\varphi(x), \ u'(x) + \epsilon\varphi'(x)) dx .$$

Wir denken uns die Lagrangefunktion $F(x, z, p)$ als Funktion der Variablen $(x, z, p) \in \mathbb{R} \times \mathbb{R}^n \times \mathbb{R}^n = U$. Die Kettenregel liefert

$$\frac{d}{d\epsilon} F(x, u(x) + \epsilon\varphi(x), \ u'(x) + \epsilon\varphi'(x))$$
$$= F_z(x, u(x) + \epsilon\varphi(x), \ u'(x) + \epsilon\varphi'(x)) \cdot \varphi(x)$$
$$+ F_p(x, u(x) + \epsilon\varphi(x), \ u'(x) + \epsilon\varphi'(x)) \cdot \varphi'(x) ,$$

und somit folgt

$$(14) \quad \delta\mathcal{F}(u,\varphi) = \int_a^b [F_z(x, u(x), \ u'(x)) \cdot \varphi(x) + F_p(x, u(x), \ u'(x)) \cdot \varphi'(x)]dx .$$

In Koordinaten schreibt sich diese Gleichung als

$$\delta\mathcal{F}(u,\varphi) = \int_a^b \sum_{j=1}^n [F_{z_j}(x, u(x), \ u'(x))]\varphi_j(x) + F_{p_j}(x, u(x), \ u'(x))\varphi'_j(x)]dx .$$

Lemma 1. *Sei $F \in C^1(U)$, und F_p sei von der Klasse $C^1(U, \mathbb{R}^n)$. Dann kann man die erste Variation $\delta\mathcal{F}(u,\varphi)$ für jedes $u \in C^2(I, \mathbb{R}^n)$ in der Form*

$$\delta\mathcal{F}(u,\varphi) = \int_a^b \sum_{j=1}^n \left[F_{z_j}(x, u(x), \ u'(x)) - \frac{d}{dx} F_{p_j}(x, u(x), \ u'(x)) \right] \varphi_j(x)dx$$

$$(15) \qquad + \sum_{j=1}^n \left[F_{p_j}(x, u(x), \ u'(x))\varphi_j(x) \right]_{x=a}^{x=b}$$

schreiben.

Beweis (durch partielle Integration). Wir setzen $D = d/dx$ und schreiben

$$D[F_p(\cdot, u, u') \cdot \varphi] = [DF_p(\cdot, u, u')] \cdot \varphi + F_p(\cdot, u, u') \cdot D\varphi .$$

Integration von a bis b liefert

$$[F_p(\cdot, u, u') \cdot \varphi]_a^b = \int_a^b [DF_p(\cdot, u, u')] \cdot \varphi \, dx + \int_a^b F_p(\cdot, u, u') \cdot D\varphi \, dx .$$

In Verbindung mit (14) ergibt sich hieraus (15). $\qquad\square$

Definition 2. *Mit $C_c^1(\overset{\circ}{I}, \mathbb{R}^n)$ bezeichnen wir die Klasse der Funktionen $\varphi \in C^1(I, \mathbb{R}^n)$, die in der Nähe des Randes von I verschwinden.*

Ist also $\varphi \in C_c^1(\overset{\circ}{I}, \mathbb{R}^n)$ und $I = [a, b]$, so gibt es Zahlen α, β mit $a < \alpha < \beta < b$, so daß $\varphi(x) = 0$ gilt für alle $x \notin (\alpha, \beta)$ (wir können uns φ auf ganz $\mathbb{R}$ fortgesetzt denken vermöge $\varphi(x) := 0$ für alle $x \in \mathbb{R}\backslash I$).

Lemma 2. (Fundamentallemma der Variationsrechnung). *Sei $f \in C^0(I, \mathbb{R}^n)$, $I = [a, b]$, und es gelte*

$$(16) \qquad \int_a^b f(x) \cdot \varphi(x) \, dx = 0 \quad \text{für alle } \varphi \in C_c^1(\overset{\circ}{I}, \mathbb{R}^n) .$$

Dann folgt $f(x) = 0$ für alle $x \in I$.

Beweis. (i) Es genügt, die Behauptung für $n = 1$ zu beweisen, denn im allgemeinen Fall können wir $\varphi(x) = \eta(x)e_j$ mit $\eta \in C_c^1(\overset{\circ}{I})$ wählen; dann liefert (16) für $f = (f_1, f_2, \ldots, f_n)$ die Gleichung

$$\int_a^b f_j(x)\eta(x)dx = 0$$

für alle $\eta \in C_c^1(\overset{\circ}{I})$, woraus $f_j = 0$ folgt.

(ii) Nun beweisen wir die Behauptung im Falle $n = 1$. Wegen $f \in C^0(I)$ genügt es, $f(\xi) = 0$ für alle $\xi \in \overset{\circ}{I}$ zu zeigen. Angenommen, es gäbe ein $\xi \in (a, b)$ mit $f(\xi) \neq 0$, etwa $f(\xi) > 0$. Dann können wir Zahlen $\epsilon > 0$ und α, β mit $a < \alpha < \beta < b$ finden, so daß $f(x) \geq \epsilon > 0$ für alle $x \in [\alpha, \beta]$ gilt. Wir bilden eine Funktion $\varphi \in C_c^1(\overset{\circ}{I})$ mit $\varphi(x) > 0$ auf (α, β) als

$$\varphi(x) := \begin{cases} (x - \alpha)^2(x - \beta)^2 & \text{für } \alpha \leq x \leq \beta\,, \\ 0 & \text{für } x \in I \backslash [\alpha, \beta]\,. \end{cases}$$

Es folgt

$$\int_a^b f(x)\varphi(x)dx \ \geq \ \epsilon \int_a^b \varphi(x)dx > 0\,,$$

was (16) widerspricht. Ebenso führt man die Annahme „ $f(\xi) < 0$ für ein $\xi \in (a, b)$ " zum Widerspruch. $\qquad\square$

Satz 1. *Für $F, F_{p_1}, \ldots, F_{p_n} \in C^1(U)$ und $u \in C^2(I, \mathbb{R}^n)$ gilt:*

(i) *Aus $\delta\mathcal{F}(u, \varphi) = 0$ für alle $\varphi \in C_c^1(\overset{\circ}{I}, \mathbb{R}^n)$ folgt das System der* **Euler-Lagrangeschen Differentialgleichungen** *auf I,*

(17) $\qquad \dfrac{d}{dx} F_{p_j}(x, u(x), u'(x)) = F_{z_j}(x, u(x), u'(x))\,, \quad 1 \leq j \leq n\,.$

(ii) *Gilt sogar*

(18) $\qquad\qquad \delta\mathcal{F}(u, \varphi) = 0 \quad$ *für alle $\varphi \in C^1(I, \mathbb{R}^n)$,*

so erhalten wir außer (17) auch die sogenannte natürliche Randbedingung

(19) $\qquad F_{p_j}(x, u(x), u'(x)) = 0 \quad$ *für $x = a, b$ und $1 \leq j \leq n$.*

Beweis. (i) ergibt sich sofort aus den Lemmata 1 und 2.

(ii) Aus (18) folgt zunächst die Formel (17). Wegen (15) erhalten wir somit

$$0 \ = \ \sum_{j=1}^n \left[F_{p_j}(x, u(x), u'(x))\varphi_j(x) \right]_{x=a}^{x=b} \quad \text{für alle } \varphi \in C^1(I, \mathbb{R}^n)\,.$$

Wählen wir zu beliebig vorgegebenem Vektor $w \in \mathbb{R}^n$ eine Testfunktion φ der Klasse $C^1(I, \mathbb{R}^n)$ mit $\varphi(b) = w$ und $\varphi(a) = 0$, so folgt

$$0 = F_p(b, u(b), u'(b)) \cdot w \,,$$

und wegen der Beliebigkeit von w ergibt sich $F_p(b, u(b), u'(b)) = 0$. Ganz ähnlich bekommen wir auch $F_p(a, u(a), u'(a)) = 0$.

$\square$

Definition 3. *Man nennt das durch*

$$(20) \qquad L_F(u) := F_z(\cdot, u, u') - DF_p(\cdot, u, u') \qquad mit \ D = \frac{d}{dx}$$

definierte Vektorfeld $L_F(u) : I \to \mathbb{R}^n$ *das* **Eulersche Vektorfeld** *oder den (auf u angewandten)* **Eulerschen Operator**. *In der physikalischen Literatur ist auch die Bezeichnung*

$$(21) \qquad \frac{\delta \mathcal{F}}{\delta u}(u) \ := \ L_F(u)$$

üblich, und man spricht von der **variationellen Ableitung** *von* $\mathcal{F}$ *nach* u.

Aus (15) folgt dann

$$(22) \qquad \delta \mathcal{F}(u, \varphi) = \int_a^b \frac{\delta \mathcal{F}}{\delta u}(u) \cdot \varphi \, dx \qquad \text{für alle } \varphi \in C_c^1(I, \mathbb{R}^n) \,.$$

Deutet man $\int_a^b \varphi(x) \cdot \psi(x) dx$ als ein „Skalarprodukt" $\langle \varphi, \psi \rangle$ im Funktionenraum, so kann man (22) als

$$(23) \qquad \delta \mathcal{F}(u, \varphi) \ = \ \left\langle \frac{\delta \mathcal{F}}{\delta u}(u), \ \varphi \right\rangle \qquad \text{für } \varphi \in C_c^1(I, \mathbb{R}^n)$$

schreiben. Hieraus wird die Analogie zu (13) deutlich.

Die Euler-Lagrangeschen Differentialgleichungen (17), die abgekürzt in der Form

$$(24) \qquad L_F(u) = 0 \qquad \text{bzw.} \quad \frac{\delta \mathcal{F}}{\delta u}(u) = 0$$

erscheinen, sind ein System von n gewöhnlichen Differentialgleichungen zweiter Ordnung für u „in Divergenzform".

Definition 4. *Jede Lösung* $u \in C^2(I, \mathbb{R}^n)$ *der Euler-Lagrangeschen Differentialgleichung* $L_F(u) = 0$ *heißt* **Extremale von** F *(oder* $\mathcal{F}$*), kurz:* **F-Extremale.**

Für (15) schreiben wir in Kurzform

$$(25) \qquad \delta\mathcal{F}(u,\varphi) \ = \ \int_a^b L_F(u) \cdot \varphi \, dx \ + \ [F_p(\cdot, u, u') \cdot \varphi]_a^b \ .$$

In der Literatur findet man häufig die Bezeichnungen δu und $\delta u'$ für φ und φ', die auf Lagrange (1755) zurückgehen (mitsamt der Bemerkung $\delta u' = (\delta u)'$).

Lagrange glaubte zunächst, man benötige für diesen Variationskalkül („δ-Kalkül") einen neuen Begriff von „Infinitesimalen", und diese Idee scheint sich bei manchen Autoren hartnäckig zu halten, obwohl schon Euler (1770) mit Hilfe des „Einbettungstricks" (9) gezeigt hat, wie man die Definition von $\delta\mathcal{F}$ auf simple eindimensionale Differentialrechnung zurückführen kann.

Es sei noch bemerkt, daß die in (25) auftretende Größe $F_p(\cdot, u, u')$ der kanonische Impuls ist, den man u bei der Legendretransformation zuweist. Hier ersetzen wir F durch L und x, z, p durch t, x, v; die Eulerschen Gleichungen lauten

$$\dot{x} = v \ , \quad \frac{d}{dt} L_v(t, x(t), v(t)) = L_x(t, x(t), v(t)) \ ,$$

und durch die L zugeordnete Legendretransformation gehen sie über in die Hamiltonschen Gleichungen

$$\dot{x} = H_y(t, x, y) \ , \quad \dot{y} = -H_x(t, x, y) \ ,$$

wobei $y(t) = L_v(t, x(t), v(t))$ der kanonische Impuls der Bewegung $t \mapsto x(t)$ ist und H die zugehörige Hamiltonfunktion bezeichnet; (vgl. Abschnitt 1.10.)

Definition 5. *Unter einer* **Null-Lagrangeschen** *versteht man eine Lagrangefunktion $F(x, z, p)$ mit $F, F_p \in C^1$, so daß jede Funktion $u : I \to \mathbb{R}^n$ der Klasse C^2 eine F-Extremale ist, d.h. die Eulergleichung $L_F(u) = 0$ erfüllt.*

Satz 2. *Sei $F(x, z, p)$ eine Null-Lagrangesche und $h : [a, b] \times [0, 1] \to \mathbb{R}^n$ eine Abbildung der Klasse C^2, die wir als Schar von Funktionen $h(\cdot, \epsilon) : [a, b] \to \mathbb{R}^n$ mit festen Endpunkten P und Q deuten, d.h. es gelte*

$$h(a, \epsilon) \equiv P \quad \text{sowie} \quad h(b, \epsilon) \equiv Q \quad \text{für alle } \epsilon \in [0, 1] \ .$$

Dann folgt für das F zugeordnete, durch (6) definierte Funktional $\mathcal{F}$:

$$(26) \qquad\qquad \mathcal{F}(h(\cdot, \epsilon)) \equiv \text{const} \qquad \text{für alle } \epsilon \in [0, 1] \ .$$

Beweis. Wir setzen $\psi(x, \epsilon) := \big(x, h(x, \epsilon), h_x(x, \epsilon)\big)$ und beachten $h_{x\epsilon} = h_{\epsilon x}$. Dann folgt

$$\frac{d}{d\epsilon} \mathcal{F}(h(\cdot, \epsilon)) \ = \ \int_a^b [F_z(\psi(x, \epsilon)) \cdot h_\epsilon(x, \epsilon) + F_p(\psi(x, \epsilon)) \cdot h_{\epsilon x}(x, \epsilon)] \, dx$$

$$= \ \int_a^b \left[F_z(\psi(x, \epsilon)) - \frac{d}{dx} F_p(\psi(x, \epsilon)) \right] \cdot h_\epsilon(x, \epsilon) \, dx \ .$$

Hieraus ergibt sich die Behauptung. $\qquad\qquad\qquad\qquad\qquad\qquad\qquad\qquad\qquad\qquad$ $\square$

Die Voraussetzungen des Satzes 2 lassen sich in mehrfacher Weise abschwächen, ohne daß sich die Behauptung (26) ändert. Beispielsweise genügt es, $F \in C^1$ vorauszusetzen, falls $F(x, z, p)$ linear in p ist. Wenn die Funktionen $u(x, y)$ und $v(x, y)$ die Cauchy-Riemannschen Differentialgleichungen

$$u_x = v_y \ , \quad u_y = -v_x$$

erfüllen, so sind die Lagrangefunktionen

$$F_1(x, y, p, q) := u(x, y)p - v(x, y)q$$

(27)

$$F_2(x, y, p, q) := v(x, y)p + u(x, y)q$$

Null-Lagrangesche, wie man leicht nachrechnet. Hieraus folgt nach Satz 2 die Homotopieinvarianz (26) der beiden Integrale

$$(28) \qquad \int_a^b F_j(x(t), y(t), \dot{x}(t), \dot{y}(t)) \, dt \quad , \quad j = 1, 2,$$

und dies ist der Kern des Cauchyschen Integralsatzes. Eine nochmalige Durchsicht des Beweises von Satz 2 zeigt, daß die Homotopieschar

$$h(t, \epsilon) = (x(t, \epsilon), y(t, \epsilon)) \quad , \quad (t, \epsilon) \in [a, b] \times [0, 1] \,,$$

nur von der Klasse C^1 zu sein braucht.

Abschließend bemerken wir noch, daß **für jede Funktion** $S(x, z)$ **die Lagrangefunktion**

$$(29) \qquad G(x, z, p) := S_x(x, z) + S_z(x, z) \cdot p$$

eine Null-Lagrangesche ist. Ist nämlich $h(\cdot, \epsilon)$ eine Funktionenschar wie in Satz 2, so folgt für das zu G gehörige Variationsintegral $\mathcal{G}$, daß

$$\begin{aligned} \mathcal{G}(h(\cdot, \epsilon)) &= \int_a^b G(x, h(x, \epsilon), h'(x, \epsilon)) \, dx \\ &= \int_a^b \frac{d}{dx} S(x, h(x, \epsilon)) \, dx = S(b, Q) - S(a, P) \end{aligned}$$

ist, und dies liefert

$$\frac{d}{d\epsilon} \mathcal{G}(h(\cdot, \epsilon)) \equiv 0 \qquad \text{für alle } \epsilon \in [0, 1] \,.$$

Wählen wir eine beliebige Funktion $u \in C^2([a, b], \mathbb{R}^n)$ und $h(x, \epsilon) := u(x) + \epsilon\varphi(x)$ für eine beliebige Funktion $\varphi \in C^1([a, b], \mathbb{R}^n)$ mit $\varphi(a) = 0$ und $\varphi(b) = 0$, so folgt $\delta\mathcal{G}(u, \varphi) = 0$ und damit

$$\int_a^b L_G(u) \cdot \varphi \, dx = 0 \,,$$

also $L_G(u) = 0$. Folglich ist $G(x, z, p)$ eine Null-Lagrangesche.

Wir können ein Variationsintegral *umeichen*, indem wir zu seinem Integranden eine Null-Lagrangesche addieren; dies ändert nicht die Extremalen. Diese Idee wird beim Satz von E. Noether (vgl. Satz 7 und Formeln (110), (112)) benutzt.

Nun wollen wir zeigen, daß die Eulersche Differentialgleichung $L_F(u) = 0$ eine notwendige Bedingung dafür ist, daß eine Funktion u der Klasse C^2 ein lokales Minimum des Funktionals

$$(30) \qquad \mathcal{F}(u) = \int_I F(x, u(x), \, u'(x)) \, dx \quad , \quad I := [a, b] \,,$$

bei festen oder freien Randwerten liefert. Dazu setzen wir voraus, daß $F(x, z, p)$ und $F_p(x, z, p)$ von der Klasse C^1 auf $U = \mathbb{R} \times \mathbb{R}^n \times \mathbb{R}^n$ sind. Ferner bezeichne M die durch (7) definierte Klasse M der C^1-Funktionen mit festen Randwerten P und Q. Dann gilt:

Satz 3. *Sei $u \in M$ ein lokaler Minimierer des Funktionals $\mathcal{F}$ in M, d.h. es gebe ein $r > 0$, so daß $\mathcal{F}(u) \leq \mathcal{F}(v)$ für alle $v \in M$ mit*

$$(31) \qquad\qquad |u - v|_{o,I} := \sup_I |u - v| < r$$

gilt. Dann folgt

$$(32) \quad \delta\mathcal{F}(u, \varphi) = 0 \quad \text{für alle } \varphi \in C^1(I, \mathbb{R}^n) \text{ mit } \varphi(a) = 0, \ \varphi(b) = 0 \,.$$

Ist darüber hinaus u von der Klasse C^2 auf (a, b), so ist u eine F-Extremale, d.h.

$$(33) \qquad F_z(x, u(x), u'(x)) - \frac{d}{dx} F_p(x, u(x), u'(x)) = 0 \quad \text{für } a < x < b \,.$$

Beweis. Sei φ eine beliebige Testfunktion wie in (32) und $v := u + \epsilon\varphi$, $\epsilon \in \mathbb{R}$. Dann gilt $|v(x) - u(x)| = |\epsilon| \cdot |\varphi(x)| \leq |\epsilon| \cdot |\varphi|_{o,I}$. Für $\epsilon_0 := r/|\varphi|_{o,I}$ und $|\epsilon| < \epsilon_0$ erhalten wir $v \in M$ und $|v - u|_{o,I} < r$, somit

$$\mathcal{F}(u) \leq \mathcal{F}(u + \epsilon\varphi) \quad \text{für alle } \epsilon \text{ mit } |\epsilon| < \epsilon_0 \,.$$

Hieraus folgt

$$0 = \frac{d}{d\epsilon} \mathcal{F}(u + \epsilon\varphi)\Big|_{\epsilon=0} = \delta\mathcal{F}(u, \varphi) \,.$$

Der Rest der Behauptung ergibt sich aus Satz 1.

$\square$

Satz 4. *Sei $u \in C^1(I, \mathbb{R}^N)$ ein lokaler Minimierer von $\mathcal{F}$ in $C^1(I, \mathbb{R}^n)$, d.h. es gebe ein $r > 0$, so daß*

$$\mathcal{F}(u) \leq \mathcal{F}(v) \quad \text{für alle } v \in C^1(I, \mathbb{R}^n) \text{ mit } |v - u|_{o,I} < r$$

gilt. Dann folgt $\delta\mathcal{F}(u, \varphi) = 0$ für alle $\varphi \in C^1(I, \mathbb{R}^n)$.

Ist außerdem u von der Klasse C^2 auf (a, b), so gelten die Eulerschen Gleichungen (33) und dazu die **natürliche Randbedingung**

$$F_p(x, u(x), u'(x)) = 0 \quad \text{für } x = a \text{ und } x = b \,.$$

Beweis. Satz 4 wird unter Verwendung von Satz 1 ähnlich wie Satz 3 bewiesen.

$\square$

Bemerkung 1. Ein C^1-Minimierer von $\mathcal{F}$ bei festen Randwerten ist nicht notwendig von der Klasse C^2 und damit nicht notwendig eine F-Extremale. Um dies einzusehen, betrachten wir folgendes Beispiel.

$\boxed{1}$ Sei F das Polynom $F(x, z, p) = z^2(2x - p)^2$ und $I = [-1, 1]$. Wir betrachten das zugehörige Variationsintegral

$$\mathcal{F}(u) = \int_{-1}^{1} u(x)^2 \cdot (2x - u'(x))^2 \, dx$$

auf der Klasse $\mathcal{C}$ der Funktionen $u \in C^1(I)$ mit $u(-1) = 0$ und $u(1) = 1$. Offenbar gilt $\mathcal{F}(v) \geq 0$ für jedes $v \in \mathcal{C}$. Ferner ist die Funktion

$$u(x) := \begin{cases} 0 & \text{für} \quad -1 \leq x \leq 0 \\ x^2 & \text{für} \quad 0 \leq x \leq 1 \end{cases}$$

von der Klasse $\mathcal{C}$, aber nicht von der Klasse C^2, denn $u''(-0) = 0$, $u''(+0) = 2$, und schließlich gilt $\mathcal{F}(u) = 0$. Somit ist $u \in \mathcal{C}$ ein Minimierer von $\mathcal{F}$ in $\mathcal{C}$ mit $u \notin C^2(I)$.

Bemerkung 2. Das nächste Beispiel zeigt, daß es Minimumprobleme ganz ähnlicher Art gibt, die unlösbar sind, obwohl ihr Infimum endlich ist.

$\boxed{2}$ Wählen wir $F(p)$ als das Polynom $F(p) = (p^2 - 1)^2$ und setzen

$$\mathcal{C} := \{u \in C^1([-1, 1]) : \ u(-1) = 0 \, , \ u(1) = 0\} \, ,$$

so gilt $\inf_\mathcal{C} \mathcal{F} = 0$ für das zugehörige Funktional

$$\mathcal{F}(u) = \int_{-1}^{1} [u'(x)^2 - 1]^2 \, dx \, ,$$

denn jedenfalls ist $\inf_\mathcal{C} \mathcal{F} \geq 0$, und für die D^1-Funktion

$$u(x) := 1 - |x| \quad \text{für} \ |x| \leq 1$$

haben wir $\mathcal{F}(u) = 0$. Durch Abrunden der Ecke bei $x = 0$ können wir u für jedes $\epsilon > 0$ so modifizieren, daß die „geglättete Funktion" u_ϵ die Ungleichung $\mathcal{F}(u_\epsilon) < \epsilon$ erfüllt und dazu von der Klasse C^1 ist. Hieraus folgt $\inf_\mathcal{C} \mathcal{F} = 0$, wie behauptet. Hieraus schließen wir, daß $\mathcal{F}$ überhaupt keinen Minimierer u in $\mathcal{C}$ besitzt, denn für einen solchen gälte $\mathcal{F}(u) = 0$ und damit $[u'(x)^2 - 1]^2 \equiv 0$, d.h. $u'(x)^2 \equiv 1$. Somit erhielten wir entweder $u'(x) \equiv 1$ oder $u'(x) \equiv -1$, was nicht mit den Randbedingungen $u(-1) = u(1) = 0$ verträglich ist.

Wir sind also auf das überraschende Phänomen gestoßen, daß ein sehr einfaches Minimumproblem keine Lösung zu haben braucht, obwohl man seinem endlichen Infimum beliebig nahe kommen kann. Dies erinnert an die Tatsache, daß es für $f(x) := (x^2 - 2)^2$ kein Minimum in $\mathbb{Q}$, wohl aber in $\mathbb{R}$ gibt.

Falls $n = 1$ ist, können wir die Euler-Lagrangesche Gleichung in zwei **Spezialfällen** (mehr oder weniger) explizit lösen.

Fall I. Wenn F nicht von z abhängt, also von der Form

$$(34) \qquad\qquad F = F(x, p) \qquad , \ n = 1 \, ,$$

ist, so lauten die Euler-Lagrange-Gleichungen $[F_p(x, u(x))]' = 0$, und dies ist auf $I = [a, b]$ äquivalent zu

$$(35) \qquad\qquad F_p(x, u'(x)) \equiv \text{const} =: c \, .$$

Falls $F_{pp}(x, u'(x)) \neq 0$ ist entlang der Lösung, kann man (35) (lokal) nach $u'(x)$ auflösen (vgl. Abschnitt 4.1) und erhält so eine Gleichung der Form

$$(36) \qquad\qquad u'(x) = g(x, c) \, ,$$

woraus sich

$$(37) \qquad u(x) = u(a) + \int_a^x g(\xi, c) d\xi$$

ergibt.

3 Ist $F(x, p)$ von der Form $F(x, p) = \omega(x)\sqrt{1 + p^2}$, $n = 1$, so bedeutet (35) gerade

$$\frac{\omega(x)u'(x)}{\sqrt{1 + u'(x)^2}} = c.$$

Falls wir $\omega(x) \neq 0$ voraussetzen, folgt aus dieser Gleichung

$$\omega^2(x)u'(x)^2 = c^2(1 + u'(x)^2),$$

wobei $c^2 < \omega^2(x)$ gelten muß. Dies liefert für die Extremale u die Gleichung

$$(38) \qquad u'(x) = \pm \frac{c}{\sqrt{\omega^2(x) - c^2}},$$

wobei es vom Anfangswert $u'(a)$ abhängt, welches Vorzeichen hier zu wählen ist.

Für $\omega(x) \equiv 1$ folgt, daß jede Extremale u des Längenfunktionals

$$(39) \qquad \mathcal{F}(u) = \int_a^b \sqrt{1 + u'(x)^2}\, dx$$

die Gestalt

$$(40) \qquad u(x) = \alpha x + \beta$$

hat, also eine Gerade ist, und umgekehrt ist jede affine Funktion (40) eine Extremale von (39), denn sie erfüllt die Eulergleichung

$$\left(\frac{u'(x)}{\sqrt{1 + u'(x)^2}} \right)' = 0$$

des Funktionals (39), die besagt, daß die Krümmung

$$k(x) = \frac{u''(x)}{[1 + u'(x)^2]^{3/2}}$$

von u identisch verschwinden muß.

Fall II. Wenn F nicht von der unabhängigen Variablen x abhängt, also die Gestalt

$$(41) \qquad F = F(z, p)$$

hat, so ist für beliebiges $n \geq 1$ die Funktion

$$(42) \qquad \Phi(z, p) := p \cdot F_p(z, p) - F(z, p)$$

ein **erstes Integral der Eulergleichung**

$$(43) \qquad F_z(u(x), u'(x)) - \frac{d}{dx} F_p(u(x), u'(x)) = 0$$

auf dem Phasenraum der Variablen z, p, d.h. es gilt $\Phi(u(x), u'(x)) \equiv$ const. Um dies zu beweisen, führen wir zunächst die Bezeichnungen

$$\overline{\Phi} := \Phi(u, u'), \quad \overline{F} := F(u, u'), \quad \overline{F}_p := F_p(u, u') \text{ etc.}$$

für die Kompositionen von Φ, F, F_p etc. mit der Abbildung $x \mapsto (u(x), u'(x))$ ein. Dann folgt

$$\begin{aligned}
\frac{d}{dx}\, \overline{\Phi} &= \frac{d}{dx}\, [u' \cdot \overline{F}_p - \overline{F}] = u'' \cdot \overline{F}_p + u' \cdot \frac{d}{dx}\overline{F}_p - \overline{F}_z \cdot u' - \overline{F}_p \cdot u'' \\
&= u' \cdot [\frac{d}{dx}\, \overline{F}_p - \overline{F}_z] = 0
\end{aligned}$$

und somit $\overline{\Phi}(x) \equiv$ const , wie behauptet.

Man bezeichnet $\Phi(z, p)$ als das **Energieintegral**, weil für den Fall der Lagrangeschen Bewegungsgleichungen zweiter Art in der Punktmechanik $\overline{\Phi} = \Phi(u, \dot{u})$ gerade die Gesamtenergie einer Kurve („Bewegung") $t \mapsto u(t)$ im Konfigurationsraum $\mathbb{R}^n$ angibt. Die Gleichung

$$(44) \qquad\qquad \Phi(u(t), \dot{u}(t)) \equiv \text{const}$$

ist der sogenannte **Energiesatz**; er sichert die *Erhaltung der Gesamtenergie* längs einer jeden Extremalen, d.h. längs einer jeden Lösung $u \in C^2$ von $L_F(u) = 0$. In unserer alten Bezeichnungsweise, wo die unabhängige Variable mit x statt mit t bezeichnet ist, liest sich der Energiesatz wie folgt:

Satz 5. *Jede Lösung u der Euler-Lagrangeschen Gleichung (43) genügt der Relation*

$$(45) \qquad\qquad u'(x) \cdot F_p(u(x), u'(x)) - F(u(x), u'(x)) \equiv \text{const} ,$$

falls F nicht explizit von x abhängt, d.h. von der Form (41) ist.

Wenn $n = 1$ ist, kann man den Energiesatz dazu benutzen, die Differentialgleichung (43), die von zweiter Ordnung ist, auf eine Differentialgleichung erster Ordnung zu reduzieren, nämlich auf (45), wobei die zunächst unbekannte Konstante aus den Anfangswerten $u(a)$ und $u'(a)$ zu bestimmen ist. Es ergibt sich die Frage, ob eine Lösung u von (45) für $n = 1$ notwendig eine Lösung von (43) liefert. Aus $\Phi =$ const folgt $\Phi' = 0$, und die obige Rechnung zeigt, daß $\Phi' = 0$ gleichbedeutend mit $u' \cdot L_F(u) = 0$ ist. Hieraus folgt in der Tat $L_F(u) = 0$, falls $u'(x)$ höchstens *isolierte Nullstellen* $x \in I$ hat. Anderenfalls ist denkbar, daß u dem Energiesatz genügen kann, ohne Lösung der Eulergleichung zu sein, und in der Tat lassen sich Beispiele für dieses Phänomen konstruieren (Übungsaufgabe).

4 Für das Funktional

$$(46) \qquad\qquad \mathcal{F}(u) = \int_a^b \omega(u(x))\, \sqrt{1 + u'(x)^2}\ dx\ , \quad n = 1 ,$$

mit der Lagrangefunktion

(47) $$F(z,p) = \omega(z)\,\sqrt{1+p^2}\ ,\quad \omega(z) > 0\,,$$

ist das Energieintegral

(48) $$\Phi(z,p) := p \cdot F_p(z,p) - F(z,p)\ =\ \frac{-\omega(z)}{\sqrt{1+p^2}}\,.$$

Der Energiesatz lautet hier also

(49) $$\sqrt{1+u'(x)^2}\ \equiv\ \text{const}\cdot\omega(u(x))\,.$$

Eine ganze Reihe klassischer Probleme läßt sich unter die in ③ und ④ behandelten Typen I und II einordnen, beispielsweise die Beschreibung von Lichtstrahlen in einem isotropen Medium der Dichte $\omega(x,z) > 0$ mit dem **Fermatschen Prinzip**. Dieses besagt:

Ein Lichtstrahl $x \mapsto (x,u(x))$ in einem isotropen Medium der Dichte ω ist unter allen denkbaren („virtuellen") Strahlen dadurch ausgezeichnet, daß er dem „Lichtweg"

(50) $$\mathcal{F}(u) = \int_a^b \omega(x,u(x))\,\sqrt{1+|u'(x)|^2}\,dx$$

einen stationären Wert verleiht, d.h. $\delta\mathcal{F}(u,\varphi) = 0$ für alle Testfunktionen φ.

Wir können also für $n = 1$ die Fälle $\omega = \omega(x)$ und $\omega = \omega(z)$ behandeln.

Vom Typ $\omega = \omega(z)$ ist auch das von Johann und Jacob Bernoulli (1696/97) im Wettstreit behandelte Problem der *Kurve schnellsten Falles*; hier ist ω von der Form $\omega(z) = 1/\sqrt{H-z}$, $H > 0$. Wir studieren dieses Problem in Beispiel ⑧; um unsere Behandlung besser zu motivieren, wollen wir zunächst das sogenannte *Hamiltonsche Prinzip* in einer simplen Fassung erläutern und dann auf zwei einfache Aufgaben anwenden.

⑤ **Hamiltonsches Prinzip.** Wir betrachten Funktionale der Gestalt

(51) $$\mathcal{A}(x) := \int_{t_1}^{t_2} L(x(t),\dot{x}(t))\,dt\,,$$

deren Lagrangefunktion $L(x,v)$ von der Gestalt

(52) $$L(x,v) = T(x,v) - V(x)$$

ist, wobei $T(x,v)$ eine positiv definite quadratische Form in $v = (v_1,\dots,v_n)$ ist, deren Koeffizienten $a_{jk}(x)$ von den Ortsvariablen $x = (x_1,\dots,x_n)$ abhängen, also

(53) $$T(x,v)\ =\ \frac{1}{2}\langle v, A(x)v\rangle\ =\ \frac{1}{2}\sum_{j,k=1}^n a_{jk}(x)v_j v_k\,.$$

Wir nehmen an, daß $A(x)$ symmetrisch und positiv definit ist. Wir nennen $T(x,v)$ die *kinetische Energie* im Phasenraum (x,v-Raum) und $V(x)$ die *potentielle Energie*; die Funktion

$$(54) \qquad E(x,v) := T(x,v) + V(x)$$

heißt *Gesamtenergie*. Dieser Terminologie liegt die folgende Vorstellung zugrunde: Ein physikalisches System aus N Massenpunkten, deren Bewegung im Raume $\mathbb{R}^3$ (oder $\mathbb{R}^2$) durch N zeitabhängige Ortsvektoren $x_1(t), x_2(t), \dots, x_N(t)$ beschrieben werde, erfassen wir durch einen Ortsvektor

$$x(t) = (x_1(t), \dots, x_N(t)) \in \mathbb{R}^n, \quad n = 3N \ (\text{oder } 2N).$$

Hierzu gehört die Geschwindigkeit $\dot{x}(t) = (\dot{x}_1(t), \dots, \dot{x}_N(t)) \in \mathbb{R}^n$.

Das **Hamiltonsche Prinzip** besagt: *Jedem physikalischen System von N Massepunkten ist eine Lagrangefunktion $L(x,v)$ zugeordnet, im einfachsten Fall von der Form (52), (53):*

$$(55) \qquad L(x,v) = \frac{1}{2} \langle v, A(x)v \rangle - V(x).$$

Unter allen denkbaren Bewegungen $x(t)$ des Systems der Klasse C^1 sind die physikalisch möglichen Bewegungen dadurch ausgezeichnet, daß sie das Wirkungsintegral $\mathcal{A}(x) = \int_{t_1}^{t_2} L(x,\dot{x})dt$ *stationär machen, also der Gleichung*

$$(56) \qquad \delta\mathcal{A}(x,\varphi) = 0$$

für alle Testfunktionen $\varphi : [t_1,t_2] \to \mathbb{R}^n$ der Klasse C^1 genügen, die nahe t_1 und t_2 verschwinden.

Wir werden in Kürze zeigen, daß wegen der speziellen Gestalt (55) der Lagrangefunktion L die C^1-Lösungen von (56) notwendig von der Klasse C^2 sind und daher der Euler-Lagrangeschen Gleichung genügen, die dem Variationsintegral (51) zugeordnet ist, also:

$$\frac{d}{dt} L_v(x,\dot{x}) = L_x(x,\dot{x}).$$

Für konstantes A ist diese Gleichung äquivalent zu

$$(57) \qquad \frac{d}{dt} A\dot{x} = -V_x(x).$$

Führen wir das Kraftfeld

$$K = -\operatorname{grad}_x V \quad (= -V_x)$$

ein, so schreibt sich die Bewegungsgleichung (57) als

$$(58) \qquad \frac{d}{dt} A\dot{x} = K(x),$$

und in dieser Gleichung sind die Newtonschen Bewegungsgleichungen für ein konservatives Kraftfeld K enthalten.

Das Hamiltonsche Prinzip erlaubt zwei Fassungen, die wir

(i) als *ursprüngliche Form des Prinzips*,

(ii) als *erweiterte Form des Prinzips*

bezeichnen wollen (was nicht historisch gemeint ist, da beide Fassungen etwa gleichzeitig entstanden sind).

(i) *Ursprüngliche Fassung des Hamiltonschen Prinzips.* Hier stellt man sich die Massenpunkte im $\mathbb{R}^3$ als frei beweglich, also durch keinerlei Nebenbedingungen eingeschränkt vor. Im einfachsten Fall ist dann A eine konstante Diagonalmatrix der Form

$$(59) \qquad A = \mathrm{diag}\,(m_1, m_1, m_1, \ldots, m_N, m_N, m_N)\,,$$

und die Bewegungsgleichungen (58) schreiben sich als

$$(60) \qquad m_j \ddot{x}_j = K_j(x) \qquad , \ j = 1, 2, \ldots, N\,,$$

mit $K_j(x) = -V_{x_j}(x)$, wobei $V_{x_j} \in \mathbb{R}^3$ der x_j-Gradient der potentiellen Energie V ist. Dies sind die klassischen **Newtonschen Gleichungen** in der Form, die ihnen Euler gegeben hat.

(ii) *Erweiterte Fassung des Hamiltonschen Prinzips.* Diese Fassung wird verwendet, wenn die N Massenpunkte nicht mehr in $\mathbb{R}^3$ frei beweglich, sondern Nebenbedingungen unterworfen sind, etwa von der Art, daß sie sich nur auf Kurven oder Flächen bewegen dürfen. Damit verringert sich die Zahl der Freiheitsgrade von $3N$ auf $3N - r$, wenn r voneinander unabhängige „Bindungsgleichungen" vorliegen. Die präzise Beschreibung dieses Mechanismus liefert der *Satz über implizite Funktionen*, den wir in 4.1 behandeln.

Die Bindungsgleichungen kann man auf zweierlei Weise eliminieren.

Die erste Möglichkeit ist, sie als Quelle fiktiver Zusatzkräfte („Zwangskräfte") anzusehen und die Bindungen dadurch zu entfernen, daß man sie durch solche Zwangskräfte ersetzt. Dies führt auf das sogenannte **d'Alembertsche Prinzip**, auch **Prinzip der virtuellen Arbeit** genannt. Die zu diesem Prinzip gehörenden Euler-Lagrangeschen Gleichungen werden als *Lagrangesche Bewegungsgleichungen erster Art* bezeichnet. Diese Vorgehensweise wird in Abschnitt 4.3 auseinandergesetzt; das hierbei benötigte algebraische Hilfsmittel sind die sogenannten *Lagrangeschen Multiplikatoren*.

Die zweite Möglichkeit, Bindungsgleichungen zu eliminieren, besteht darin, die Menge der zulässigen Positionen $x = (x_1, \ldots, x_N)$ der N Massenpunkte durch eine Gleichung der Form

$$(61) \qquad\qquad\qquad x = \varphi(q)$$

zu beschreiben, wobei $q = (q_1, \ldots, q_n)$, $n = 3N - r$, „ungebundene Ortsvariable" sind, die in $\mathbb{R}^n$ bzw. in einer offenen Menge des $\mathbb{R}^n$ frei variieren dürfen.

Beispielsweise kann man die zulässigen Positionen $x = (\xi, \eta, \zeta) \in \mathbb{R}^3$ eines einzigen Massenpunktes, der an eine Kreisbahn vom Radius R gebunden ist, durch die Gleichungen

$$(62) \qquad \xi = R\cos\theta \quad , \quad \eta = R\sin\theta \quad , \quad \zeta = 0$$

beschreiben, wenn man das System der kartesischen Koordinaten ξ, η, ζ geeignet wählt. Hier gibt es eine einzige freie Variable q, nämlich die Winkelvariable θ, und jede Bewegung auf der Kreisbahn (62) wird durch

$$(63) \qquad \xi(t) = R\cos\theta(t) \, , \; \eta(t) = R\sin\theta(t) \, , \; \zeta(t) = 0$$

beschrieben; kennt man $\theta(t)$, so ergibt sich die Bewegung des Massenpunktes in $\mathbb{R}^3$ aus den Darstellungsformeln (63). Ganz entsprechend ergibt sich im allgemeinen Fall die Bewegung $t \mapsto x(t)$ der N Punkte des physikalischen Systems, wenn $t \mapsto q(t)$ bekannt ist; man braucht bloß $q(t)$ in (61) einzusetzen und erhält

$$(64) \qquad x(t) = \varphi(q(t)) \, .$$

Wie aber ergibt sich die Kurve $t \mapsto q(t)$? Hierzu dient die erweiterte Fassung des Hamiltonschen Prinzips. Um diese zu beschreiben, verwenden wir zunächst die Kettenregel, um $\dot{x}(t)$ mittels $q(t)$ und $\dot{q}(t)$ auszudrücken. Differenzieren wir nämlich (64) nach t, so folgt $\dot{x}(t) = D\varphi(q(t)) \cdot \dot{q}(t)$ und damit

$$\begin{aligned} T(x(t), \dot{x}(t)) &= \frac{1}{2} \, \langle \dot{x}(t), A(x(t))\dot{x}(t) \rangle \\ &= \frac{1}{2} \, \langle D\varphi(q(t))\dot{q}(t), \; A(\varphi(q(t)))D\varphi(q(t))\dot{q}(t) \rangle \, . \end{aligned}$$

Mit $A^*(q) := D\varphi(q)^T \cdot A(q) \cdot D\varphi(q)$ führen wir nun neue Funktionen $T^*(q, w)$, $V^*(q)$ und $L^*(q, w)$ auf $\mathbb{R}^n \times \mathbb{R}^n$ ein durch

$$(65) \qquad V^*(q) := V\big(\varphi(q)\big) \, , \; T^*(q, w) := \frac{1}{2}\langle w, A^*(q)w \rangle \, ,$$

$$(66) \qquad L^*(q, w) := T^*(q, w) - V^*(q) \, .$$

Dann können wir ein neues Wirkungsintegral $\mathcal{A}^*(q)$ definieren, das der Kurve $t \mapsto q(t)$ die *Wirkung* (oder *Aktion*)

$$(67) \qquad \mathcal{A}^*(q) := \int_{t_1}^{t_2} L^*(q(t), \dot{q}(t)) \, dt$$

zuordnet. Sind $t \mapsto q(t)$ und $t \mapsto x(t)$ miteinander durch die Gleichung (64) verbunden, so gilt

$$(68) \qquad \mathcal{A}^*(q) = \mathcal{A}(x) \, .$$

Die *erweiterte Fassung des Hamiltonschen Prinzips* besagt nun, daß man die wahren Bewegungen $x(t)$ der N Massenpunkte dadurch bekommt, daß zunächst die Lösungen $q(t)$ der Gleichung

$$(69) \qquad \delta\mathcal{A}^*(q, \psi) = 0 \; \text{für jedes } \psi \in C^1\big([t_1, t_2], \mathbb{R}^n\big) \text{ mit } \psi(t) = 0 \text{ nahe } t_1 \text{ und } t_2$$

bestimmt und dann die $x(t)$ aus (64) gewinnt.

Dieses Prinzip wird der Punktmechanik gleichsam als *Axiom* vorangestellt, was den Vorteil hat, daß sowohl die freien als auch die gebundenen Bewegungen in einheitlicher Weise behandelt werden. Weiterhin hat dieses Vorgehen den Vorzug, daß man eine koordinateninvariante (genauer gesagt: kovariante) Beschreibung des Bewegungsablaufes gewinnt, weil die Gleichung (69) äquivalent zu

$$(70) \qquad \frac{d}{d\epsilon} \, \mathcal{A}^*(q + \epsilon\psi)\big|_{\epsilon=0} \; = \; 0$$

ist, was besagt, daß die Kurve $t \mapsto q(t)$ eine stationäre Stelle (d.h. ein kritischer Punkt) der „Wirkung" $\mathcal{A}^*$ ist, und die Eigenschaft des „Stationärseins" bleibt erhalten, wenn man zu neuen Koordinaten übergeht, denn sie ist ja eine geometrische Eigenschaft.

Es zeigt sich wiederum, daß die Lösungen $q(t)$ von (69) aufgrund der speziellen Struktur von L^* von der Klasse C^2 sind und somit den Gleichungen

$$(71) \qquad \frac{d}{dt} L_w^*(q(t), \dot{q}(t)) - L_q^*(q(t), \dot{q}(t)) = 0$$

genügen; in der Tat sind (69) und (71) hier zueinander äquivalent. Man nennt (71) gewöhnlich die *Lagrangeschen Bewegungsgleichungen zweiter Art*. Sie erweisen sich als äquivalent zu den Gleichungen erster Art, die aus dem Prinzip von d'Alembert gewonnen werden. Somit ist dieses Prinzip äquivalent zum Hamiltonschen Prinzip in seiner erweiterten Fassung. Wir überlassen es dem Leser, diese Äquivalenz zu verifizieren.

Die Formulierung der Grundgesetze der Punktmechanik mit Hilfe des Hamiltonschen Extremalprinzips ist nicht nur nützlich, sondern dient auch als Vorbild für andere Feldtheorien der Physik, deren Gesetze aus einem Extremalprinzip hergeleitet werden. Der physikalische Ansatz zur Beschreibung der jeweils ins Auge gefaßten Felder ist im Wirkungsintegral $\mathcal{A}$ und seiner Lagrangefunktion komprimiert.

Das Hamiltonsche Prinzip hat eine lange Geschichte, die mit den Namen Leibniz, Maupertuis, Euler, Lagrange, Hamilton, Jacobi verbunden und vielfach eingehend erörtert worden ist. Hier sei nur auf Kapitel 19 im zweiten Buch der *Feynman Lectures on Physics* (1964) hingewiesen, in dem Feynman seine – sehr persönlich gefärbte – Sicht des Hamiltonschen Prinzips (das in der englischsprachigen Literatur gewöhnlich als *Least Action Principle*, d.h. *Prinzip der kleinsten Wirkung*, bezeichnet wird) amüsant und eindrucksvoll wiedergibt.

Ersetzen wir $q, \dot{q}$ durch $x, \dot{x}$ und $T^*, V^*, L^*, \mathcal{A}^*$ durch $T, V, L, \mathcal{A}$, so sehen wir, daß in der zu Anfang mittels (51)–(56) beschriebenen Form des „Wirkungsprinzips" sowohl die ursprüngliche Fassung wie auch die erweiterte Fassung des Hamiltonschen Prinzips steckt.

⑥ Energiesatz, Legendretransformation, Hamiltongleichungen.

Wir betrachten wieder die Lagrangefunktion aus ⑤, nämlich

$$L(x, v) = T(x, v) - V(x) \,,$$

wobei $T(x, v)$ gemäß (53) eine quadratische Form in v ist. Nach Eulers Relation gilt $v \cdot T_v(x, v) = 2T(x, v)$, und wegen $L_v = T_v$ folgt, daß das erste Integral $\Phi(x, v) := v \cdot L_v(x, v) - L(x, v)$ der Eulergleichung nichts anderes als

$$(72) \qquad \Phi(x, v) = T(x, v) + V(x)$$

ist, d.h. $\Phi(x, v)$ ist die durch (54) definierte Gesamtenergie des betrachteten physikalischen Systems, die längs jeder Extremalen $x(t)$ des Wirkungsfunktionals $\mathcal{A}(x)$ konstant ist, also

$$(73) \qquad E(x(t), \dot{x}(t)) \equiv \text{const} \,.$$

Dies rechtfertigt die Bezeichnung „Energieintegral" für Φ, die wir schon früher benutzt haben, und Satz 5 ist nichts anderes als der **Energiesatz** in der Punktmechanik: *Längs des Phasenbildes $(x(t), \dot{x}(t))$ einer jeden Bewegung $x(t)$ in einem konservativen Kraftfeld $K = -\text{grad}_x V$ ist die Gesamtenergie E konstant.*

Der Energiesatz ist also eine Folge des Hamiltonschen Prinzips.

Betrachten wir nun die durch L erzeugte Legendretransformation. Die kanonischen Impulse y zum Basispunkt x werden durch

$$(74) \qquad y = L_v(x, v) = A(x)v$$

geliefert. Wegen $A(x) > 0$ existiert $A^{-1}(x)$. Setzen wir

$$(75) \qquad B(x) := A^{-1}(x) \,,$$

so folgt

(76) $$v = B(x)y \ .$$

Die zugehörige Hamiltonfunktion $H(x, y)$ ist also

$$H(x,y) \;=\; [y \cdot v - L(x,v)]_{v=B(x)y} \;=\; [v \cdot L_v(x,v) - L(x,v)]_{v=B(x)y}$$

$$=\; \Phi(x,v)\big|_{v=B(x)y} \;=\; \left[\frac{1}{2}\,\langle v, A(x)v \rangle \,+ V(x)\right]_{v=B(x)y} \ .$$

Wegen $A = A^T$ ist $B = B^T = A^{-1}$ und somit

(77) $$H(x,y) = \frac{1}{2}\,\langle y, B(x)y \rangle + V(x) \ .$$

Die von $\mathcal{L}$ erzeugte Legendretransformation $(t,x,v) \mapsto (t,x,y)$ und ihre Inverse werden also durch die Formeln

(78)
$$y = A(x)v, \; v = B(x)y, \; L(x,v) + H(x,y) = y \cdot v \ ,$$

$$L(x,v) = \frac{1}{2}\langle v, A(x)v \rangle - V(x) \ , \; H(x,y) = \frac{1}{2}\,\langle y, B(x)y \rangle + V(x)$$

beschrieben, d.h. $\mathcal{L}$ liefert in dem physikalisch relevanten Fall einen globalen Diffeomorphismus des Phasenraums der Punkte (t,x,v) auf den Kophasenraum der Punkte (t,x,y). Dabei werden die Eulergleichungen für $x(t), \dot{x}(t)$ in die Hamiltonschen kanonischen Gleichungen

(79) $$\dot{x} = H_y(x,y) \ , \; \dot{y}(t) = -H_x(x,y)$$

für $x(t), y(t)$ mit $y(t) = L_v(x(t), \dot{x}(t))$ transformiert, und diese lauten

(80) $$\dot{x} = B(x)y \ , \; \dot{y} = -H_x(x,y) \ .$$

---

[7] **Eindimensionale Bewegungen eines Massenpunktes auf einer Geraden.** Hier sind $N = 1$ und $n = 1$; m sei die Masse des betrachteten Punktes $(m > 0)$, und die x-Achse sei in die Gerade verlegt, in der die Bewegung stattfindet. Diese läßt sich völlig aus dem Energiesatz

$$T(\dot{x}) + V(x) \equiv \text{const} =: h$$

gewinnen, wobei

$$T(v) = \frac{1}{2}m\,v^2$$

die kinetische Energie und $V(x)$ die potentielle Energie bezeichne. Dann folgt

$$\frac{m}{2}\dot{x}^2 + V(x) = h \ ,$$

und hieraus ergibt sich

$$\frac{dx}{dt} = \pm \sqrt{\frac{2}{m}[h - V(x)]} \ .$$

Separation der Variablen liefert $t = t(x)$ als

(81) $$t(x) = t_0 \pm \int_{x_0}^{x} \frac{d\underline{x}}{\sqrt{\frac{2}{m}[h - V(\underline{x})]}} \ .$$

Hieraus läßt sich $x(t)$ lokal als Umkehrfunktion von $t = t(x)$ bestimmen.

---

[8] **Das Problem der Brachystochrone** (Johann und Jacob Bernoulli, 1696). Hier handelt es sich ebenfalls um eindimensionale Bewegungen eines Punktes der Masse m, diesmal jedoch entlang Bahnen, die gekrümmt sein können. Wir fassen eine zum Erdboden vertikale Ebene ins Auge, die wir zur x, z-Ebene machen, und in dieser zwei Punkte $A = (a, H)$ und $B = (b, \overline{H})$

mit $a < b$ und $0 \leq \overline{H} < H$. Die Schwerkraft K möge in Richtung der negativen z-Achse wirken, also $K = (0, -mg)$; die potentielle Energie ist dann $V = mg\,z$, wenn wir sie auf dem Erdboden ($z = 0$) auf Null normieren. Wir betrachten nun eine beliebige nichtparametrische Kurve $\gamma = \{(x, u(x)) : a \leq x \leq b\}$ der Klasse C^1 in der x, z-Ebene, die A mit B verbindet, also $u(a) = H$, $u(b) = \overline{H}$ erfüllt. Ein Massenpunkt der Masse $m > 0$ möge sich unter dem Einfluß der Schwerkraft K reibungsfrei auf γ von A nach B bewegen. Die Bewegung beginne zur Zeit $t = 0$ in A mit der Geschwindigkeit Null und werde durch $t \mapsto c(t)$ beschrieben; wir erlauben nur Bewegungen $c(t) = (x(t), z(t))$, die nie zurücklaufen, also $\dot{x}(t) > 0$ für $t > 0$ erfüllen. Wir nehmen an, daß $c(t)$ den Punkt B zur Zeit $t = \theta$ erreicht, also $x(\theta) = b$ erfüllt. Der Wert θ hängt von der gewählten Bahn γ, also von der Funktion u ab: $\theta = \theta(u)$.

Wir versuchen nun, diejenige Bahn zu bestimmen, auf der der Massenpunkt möglichst schnell von A nach B gelangt, und dies bedeutet, diejenige Funktion $u : [a, b] \to \mathbb{R}$ der Klasse C^1 mit $u(a) = H$, $u(b) = \overline{H}$ zu finden, für die $\theta(u)$ den kleinsten Wert annimmt. Die zu diesem Minimierer gehörende Bahn γ wird als **Brachystochrone** bezeichnet, *Bahn mit der kürzesten Fallzeit*.

Um dieses Problem zu lösen, müssen wir zunächst die Fallzeit $\theta(u)$ zu gegebenem u berechnen. Eine Bewegung $c(t) = (x(t), z(t))$ längs der Bahn γ wird also durch $z(t) = u(x(t))$ beschrieben; die Funktion $x(t)$ spielt hier die Rolle der Funktion $q(t)$ in $\boxed{5}$, (64).

Um die wahre (d.h. die physikalisch richtige) Bewegung von A nach B zu finden, müssen wir $x(t)$ mit der erweiterten Fassung des Hamiltonschen Prinzips bestimmen. Wie wir in $\boxed{6}$ gezeigt haben, muß jede Extremale $t \mapsto x(t)$ des Wirkungsintegrales den Energiesatz

$$T(x, \dot{x}) + V(x) = \text{const} =: mh$$

erfüllen. Die kinetische Energie $T(x, \dot{x})$ berechnet sich aus

$$T(x, \dot{x}) \;=\; \frac{m}{2}\,|\dot{c}(t)|^2 \;=\; \frac{m}{2}\,[1 + u'(x)^2]\dot{x}^2 \;.$$

Damit erhalten wir

(82) $$\frac{m}{2}\,[1 + u'(x)^2]\dot{x}^2 + mg\,u(x) = mh \;.$$

Hieraus ergibt sich für $x(t)$ die Differentialgleichung

$$\dot{x}^2 \;=\; \frac{2[h - gu(x)]}{1 + u'(x)^2} \;,$$

die wir wegen $\dot{x}(t) > 0$ für $t > 0$ umschreiben können in

$$\dot{x} \;=\; \left\{ \frac{2[h - gu(x)]}{1 + u'(x)^2} \right\}^{1/2} \;.$$

Gehen wir von $x = x(t)$ zur Umkehrfunktion $t = t(x)$ über, so erhalten wir die Gleichung

(83) $$\frac{dt}{dx}(x) \;=\; \frac{1}{\sqrt{2g}} \cdot \frac{1}{\sqrt{(h/g) - u(x)}} \cdot \sqrt{1 + u'(x)^2} \;.$$

Die Konstante h in (82) berechnet sich aus den Anfangsbedingungen $c(0) = (a, H)$, $\dot{c}(0) = 0$, $u(a) = H$ als $h = gH$. Somit folgt aus (83) durch Integration

(84) $$\theta(u) = t(b) - t(a) = \frac{1}{\sqrt{2g}} \int_a^b \omega(u)\sqrt{1 + u'^2}\,dx \;, \text{ mit } \omega(z) := 1/\sqrt{H - z}$$

Aus (84) bestimmt sich die Fallzeit $\theta(u)$ längs der durch u beschriebenen Bahn γ von A nach B. Die Extremalen ändern sich nicht, wenn man den konstanten Faktor $1/\sqrt{2g}$ wegläßt. Daher bestimmen wir jetzt die Extremalen $z = u(x)$, $a \leq x \leq b$, mit $u(x) < H$ für $a < x \leq b$ zur Lagrangefunktion

(85) $$F(z, p) = \omega(z)\sqrt{1 + p^2} \quad \text{mit } \omega(z) := 1/\sqrt{H - z} \;,$$

die von dem in Beispiel $\boxed{4}$ betrachteten Typ ist. Jede F-Extremale erfüllt Gleichung (49), und dies liefert $\sqrt{H - u(x)} \cdot \sqrt{1 + u'(x)^2} = \text{const}$, also

$$(86) \qquad\qquad [1 + u'(x)^2] \cdot [H - u(x)] = 2r$$

mit einer Konstanten $r > 0$.

Nun führen wir anstelle von z eine neue Variable τ ein vermöge $\cos\tau = \frac{z-H}{r} + 1$. Dann ist

$$(87) \qquad\qquad H - z \;=\; r(1 - \cos\tau) \;=\; 2r\sin^2(\tau/2)\,,$$

wobei τ zunächst als eine Funktion von z aufgefaßt werde, also $\tau = \tau(z)$. Andererseits wird die extremale Bahnkurve durch $z = u(x)$ beschrieben, wobei sich u aus (86) bestimmt. Wir setzen diese Funktion in $\tau(z)$ ein und erhalten eine Beziehung zwischen x und τ durch $\tau(u(x))$. Diese Funktion schreiben wir – etwas schlampig – als $\tau = \tau(x)$ und erhalten so aus (87)

$$(88) \qquad\qquad H - u(x) \;=\; 2r \, \sin^2 \frac{\tau(x)}{2}\,.$$

Differentiation nach x liefert

$$-u'(x) \;=\; 2r\tau'(x) \, \sin \frac{\tau(x)}{2} \, \cos \frac{\tau(x)}{2}\,,$$

daher

$$(89) \qquad\qquad 1 + u'(x)^2 \;=\; 1 + 4r^2\tau'(x)^2 \sin^2 \frac{\tau(x)}{2} \, \cos^2 \frac{\tau(x)}{2}\,.$$

Andererseits können wir (86) vermöge (88) umschreiben in

$$(90) \qquad\qquad [1 + u'(x)^2] \, \sin^2 \frac{\tau(x)}{2} \;=\; 1\,.$$

Aus (89) und (90) folgt

$$4r^2\tau'(x)^2 \sin^4 \frac{\tau(x)}{2} = 1\,,$$

und wegen $1 - \cos\tau = 2\sin^2 \frac{\tau}{2}$ ergibt sich schließlich

$$[r\tau'(x) \cdot (1 - \cos\tau(x))]^2 \;=\; 1\,.$$

Wenn wir verlangen, daß $\tau(x)$ monoton wächst, so muß $\tau'(x) \geq 0$ sein, und es folgt

$$(91) \qquad\qquad r\tau'(x) \cdot (1 - \cos\tau(x)) = 1\,.$$

Wird noch der Anfangswert als $\tau(a) = 0$ festgelegt, so folgt aus (91) durch Integration bezüglich x die Gleichung

$$r\tau(x) - r\sin\tau(x) \;=\; x - a\,.$$

Gehen wir hier noch von $x \mapsto \tau(x)$ zur Umkehrfunktion $\tau \mapsto x(\tau)$ über, so ergibt sich in Verbindung mit (87) für die gesuchte extremale Bahn γ die Parameterdarstellung

$$(92) \qquad\qquad x = a + r(\tau - \sin\tau)\,, \quad z = H - r(1 - \cos\tau)\,.$$

Wie in 2.2, $\boxed{7}$ festgestellt, beschreiben die Formeln (92) eine Zykloide. Genauer gesagt, handelt es sich um die Rollkurve eines Kreises vom Radius r, der auf der Unterseite der Geraden $\mathcal{G} = \{(x,z) \in \mathbb{R}^2 : z = H\}$ nach rechts abrollt. Für Parameterwerte $\tau \in [0, 2\pi]$ entsteht ein Zykloidenbogen, der in den Punkten $A = (a, H)$ und $A^* = (a + 2\pi r, H)$ der Geraden $\mathcal{G}$ aufgehängt und dessen tiefste Stelle der Punkt $(a + \pi r, \; H - 2r)$ ist.

Wir verzichten darauf, die Darstellung $z = u(x)$ der Extremalkurve anzugeben, und vermerken bloß, daß die Steigung $u'(x)$ der Tangente an den Stellen a und $a^* = a + 2\pi r$ den Wert $-\infty$ bzw. ∞ hat. Bereits das historisch erste Problem der Variationsrechnung führt also auf Lösungen $z = u(x)$, deren Ableitung in $x = a$ eine Singularität aufweist.

Abschließend sei bemerkt, daß die obige Diskussion keineswegs die Zykloidenbögen als Minimierer der Fallzeit θ erweist. Vielmehr zeigt sie nur, daß bloß Zykloidenbögen C^2-Minimierer sein können, doch brauchte es überhaupt keine Minimierer zu geben, wie das Beispiel $\boxed{2}$ zeigt. In der Tat kann man aber beweisen, daß es zu beliebigen Punkten A, B genau eine Brachystochrone, d.h. genau einen Minimierer der Fallzeit gibt, wenn $a < b$ und $\overline{H} < H$ ist. Hierzu verwendet man Hilfsmittel, die den Methoden von 1.7 und 1.8 nachgebildet sind und diese in geeigneter Weise verallgemeinern, so daß sie auf Variationsintegrale anwendbar sind.

Nun wollen wir zeigen, daß sich die Euler-Lagrangeschen Gleichungen auch dann aufstellen lassen, wenn u nur ein C^1-Minimierer von $\mathcal{F}$ bzw. eine C^1-Lösung von

$$\delta\mathcal{F}(u, \varphi) = 0 \quad \text{für alle} \ \varphi \in C^1_c(\overset{\circ}{I}, \mathbb{R}^n)$$

ist. Hierzu bedienen wir uns des folgenden Hilfssatzes.

Lemma 3. (DuBois-Reymond). *Sei* $I = [a, b]$, $\overset{\circ}{I} = (a, b)$, $f \in C^0(I)$, *und*

$$(93) \qquad \int_a^b f(x)\varphi'(x)dx = 0 \quad \text{für alle} \ \varphi \in C^1_c(\overset{\circ}{I}) \ .$$

Dann folgt $f(x) \equiv$ const.

Beweis. Wir wählen Punkte $a_1, b_1, a_2, b_2 \in \mathbb{R}$ mit

$$a < a_1 < b_1 < a_2 < b_2 < b \ .$$

Dann konstruieren wir eine Funktion $\varphi \in C^1(I)$ mit folgenden Eigenschaften:

(i)	$\varphi(x)$	$\equiv 1$	auf $[b_1, a_2]$;
(ii)	$\varphi(x)$	$\equiv 0$	auf $[a, a_1] \cup [b_2, b]$;
(iii)	$\varphi'(x)$	> 0	in (a_1, b_1), $\varphi'(x) < 0$ in (a_2, b_2) .

Diese Funktion ist eine zulässige Testfunktion für (93), und wegen $\varphi'(x) \equiv 0$ auf $[a, a_1] \cup [b_1, a_2] \cup [b_2, b]$ folgt

$$(94) \qquad 0 = \int_{a_1}^{b_1} f(x)\varphi'(x)dx + \int_{a_2}^{b_2} f(x)\varphi'(x)dx \ .$$

Eigenschaft (iii) erlaubt uns, den verallgemeinerten Mittelwertsatz der Integralrechnung auf die in (94) auftretenden Integrale anzuwenden, und wir erhalten für geeignete Punkte $\xi_1 \in (a_1, b_1)$, $\xi_2 \in (a_2, b_2)$ die Gleichungen

$$\int_{a_1}^{b_1} f(x)\varphi'(x)dx = f(\xi_1) \int_{a_1}^{b_1} \varphi'(x)dx \ ,$$

$$\int_{a_2}^{b_2} f(x)\varphi'(x)dx = f(\xi_2) \int_{a_2}^{b_2} \varphi'(x)dx \ .$$

Weiterhin folgen aus (i) und (ii) die Gleichungen

$$\int_{a_1}^{b_1} \varphi'(x)dx = 1 \ , \quad \int_{a_2}^{b_2} \varphi'(x)dx = -1 \ .$$

Damit geht (94) über in $0 = f(\xi_1) - f(\xi_2)$. Mit $b_1 \to a_1 + 0$ und $b_2 \to a_2 + 0$ folgt $\xi_1 \to a_1$ und $\xi_2 \to a_2$, und wir bekommen

$$f(a_1) = f(a_2) \quad \text{für alle} \ a_1, a_2 \in \overset{\circ}{I} \ \text{mit} \ a_1 < a_2 \ ,$$

d.h. $f(x) \equiv$ const in $\overset{\circ}{I}$, und da f auf I stetig ist, ergibt sich schließlich $f(x) \equiv$ const auf I.

$\square$

Aus Lemma 3 gewinnen wir ohne Mühe die folgende vektorielle Verallgemeinerung.

Lemma 4. *Ist $f \in C^0(I, \mathbb{R}^n)$ und gilt*

$$\int_a^b f(x) \cdot \varphi'(x) dx = 0 \quad \text{für alle} \ \varphi \in C_c^1(\overset{\circ}{I}, \mathbb{R}^n) \,,$$

so gibt es einen Vektor $c \in \mathbb{R}^n$, so daß $f(x) \equiv c$ auf I ist.

Nun kommen wir zum angekündigten Resultat, wobei wir voraussetzen, daß die Lagrangefunktion $F(x, z, p)$ von der Klasse C^1 ist. (Es würde genügen, daß F_p und F_z existieren und stetig sind.)

Satz 6. *Sei $u \in C^1(I, \mathbb{R}^n)$ eine Lösung von*

$$(95) \qquad \delta \mathcal{F}(u, \varphi) = 0 \quad \text{für alle} \quad \varphi \in C_c^1(\overset{\circ}{I}, \mathbb{R}^n) \,.$$

Dann gibt es einen konstanten Vektor $c \in \mathbb{R}^n$, so daß

$$(96) \qquad F_p(x, u(x), \, u'(x)) = c + \int_a^x F_z(t, u(t), \, u'(t)) \, dt$$

für alle $x \in I$ ist, und hieraus folgt die Eulergleichung

$$(97) \qquad \frac{d}{dx} F_p(x, u(x), \, u'(x)) = F_z(x, u(x), \, u'(x)) \ \text{für alle} \ x \in I \,.$$

Beweis. Wir haben für alle $\varphi \in C_c^1(\overset{\circ}{I}, \mathbb{R}^n)$

$$\int_a^b F_z(x, u(x), \, u'(x)) \cdot \varphi(x) dx = \int_a^b \frac{d}{dx} \left[\int_a^x F_z(t, u(t), \, u'(t)) \, dt \right] \cdot \varphi(x) \, dx$$

$$= - \int_a^b \left[\int_a^x F_z(t, u(t), \, u'(t)) \, dt \right] \cdot \varphi'(x) \, dx \,,$$

und aus (95) folgt unter Berücksichtigung von (14) nunmehr

$$\int_a^b \left\{ F_p(x, u(x), \, u'(x)) - \left[\int_a^x F_z(t, u(t), \, u'(t)) \, dt \right] \right\} \cdot \varphi'(x) dx = 0$$

für alle $\varphi \in C_c^1(\overset{\circ}{I}, \mathbb{R}^n)$. Mittels Lemma 4 ergibt sich dann Gleichung (96) für einen geeigneten Vektor $c \in \mathbb{R}^n$. Da $F_z(\cdot, u, u')$ stetig auf I ist, stellt das Integral auf der rechten Seite von Gleichung (96) eine Funktion der Klasse $C^1(I, \mathbb{R}^n)$ dar. Somit ist auch die linke Seite von (96) stetig differenzierbar bezüglich x, und durch Differentiation folgt (97).

$\square$

Bemerkung 3. Den Ausdruck

$$\frac{d}{dx} F_p(x, u(x), u'(x))$$

in (97) darf man nicht nach der Kettenregel ausdifferenzieren, denn wir wissen weder, daß $F_p(x, z, p)$ von der Klasse C^1 ist, noch daß $u \in C^2(I, \mathbb{R}^n)$. In gewissen Fällen kann man aber (96) benutzen, um zu zeigen, daß eine C^1-Lösung u dieser Gleichung automatisch von der Klasse C^2 ist. Dies gelingt beispielsweise, wenn wir voraussetzen, daß die Hessesche Matrix

(98) $\det F_{pp}(x, u(x), u'(x)) \neq 0$ für alle $x \in I$

erfüllt. Den Beweis dieser Regularitätsaussage kann man mit dem Satz über implizite Funktionen führen, der in 4.1 aufgestellt wird. Hier wollen wir nur einen Spezialfall dieses *Hilbertschen Regularitätssatzes* (1899) behandeln, der ohne das genannte Hilfsmittel auskommt. Wir betrachten Lagrangefunktionen der Form

(99) $$F(x, z, p) = \frac{1}{2} \langle p, A(x, z) \cdot p \rangle + \langle B(x, z), p \rangle + U(x, z),$$

wobei $A(x, z) \in GL(n, \mathbb{R})$, $B(x, z) \in \mathbb{R}^n$ und $U(x, z) \in \mathbb{R}$ sei für $(x, z) \in \mathbb{R} \times \mathbb{R}^n$, und wir setzen voraus, daß A, B, U von der Klasse C^1 sind. Ferner gelte $A(x, z) = A^T(x, z)$. Dann erhalten wir

(100) $$F_p(x, z, p) = A(x, z) \cdot p + B(x, z),$$

und Gleichung (96) geht über in

(101) $$u'(x) = A^{-1}(x, u(x)) \cdot \left[c - B(x, u(x)) + \int_a^x F_z(t, u(t), u'(t)) \, dt \right].$$

Da die rechte Seite dieser Gleichung eine stetig differenzierbare Funktion von $x \in I$ ist, so folgt $u' \in C^1$ und somit $u \in C^2$. Damit erhalten wir als Ergänzung von Satz 6 das

Korollar 1. *Ist* $u \in C^1(I, \mathbb{R}^n)$ *eine Lösung von (95) und hat* $F(x, z, p)$ *die Gestalt (99), so ist* $u \in C^2(I, \mathbb{R}^n)$ *und erfüllt die Eulergleichung (97).*

Insbesondere läßt sich dieser Regularitätssatz auf das in [5] behandelte Wirkungsfunktional $\mathcal{A}(x)$ anwenden, deren durch (52) und (53) definierte Lagrangefunktion $L(x, v)$ vom Typ (99) ist. Damit ist gerechtfertigt, daß die Lösungen $x(t)$ der Klasse C^1 von $\delta\mathcal{A}(x, \varphi) = 0$ in [5] immer als Funktionen der Klasse C^2 angenommen worden sind.

Ganz ähnlich kann man argumentieren, wenn

(102) $$F(x, z, p) = \omega(x, z) \sqrt{1 + |p|^2} \quad , \quad \omega > 0,$$

ist. In diesem Fall ist

(103) $$F_p(x, z, p) = \frac{\omega(x, z) p}{\sqrt{1 + |p|^2}}.$$

Die Funktion

(104) $$y(x) := F_p(x, u(x), u'(x))$$

ist nach Satz 6 von der Klasse C^1. Das Gleiche gilt dann auch für $|y|^2$. Aus (103) und (104) folgt zunächst

$$(105) \qquad u'(x) \;=\; \frac{y(x)\,\sqrt{1+|u'(x)|^2}}{\omega(x,u(x))}$$

und damit

$$|u'(x)|^2 \;=\; \frac{|y(x)|^2}{\omega(x,u(x))^2 - |y(x)|^2} \ .$$

Die letzte Formel zeigt, daß $|u'|^2 \in C^1$ ist, und wegen (105) ist auch $u' \in C^1$, also $u \in C^2$. Damit gilt:

Korollar 2. *Genügt $u \in C^1(I,\mathbb{R}^n)$ der Gleichung (95) und hat $F(x,z,p)$ die Form (102), so ist $u \in C^2(I,\mathbb{R}^n)$ und erfüllt die Eulergleichung (97).*

Zum Schluß dieses Abschnitts wollen wir eine einfache Fassung eines *Satzes von Emmy Noether* angeben, die besagt, daß aus der Invarianz der Lagrangefunktion gegenüber gewissen Deformationen die Existenz von ersten Integralen folgt, die sich explizit angeben lassen.

Die Idee, *Erhaltungssätze* (d.h. die „Existenz erster Integrale") für die Lösungen von Differentialgleichungen aus Symmetriebetrachtungen zu gewinnen, stammt von Lie. Sein Schüler Friedrich Engel zeigte, wie sich mit Lies Ideen die zehn klassischen Integrale des Dreikörperproblems herleiten lassen. Auf Vorschlag von Felix Klein gelang es Emmy Noether (1918), diese Überlegungen bei den Eulerschen Differentialgleichungen von symmetrischen Variationsintegralen zu vereinfachen und wesentlich zu verallgemeinern. Die Noetherschen Sätze sind heute ein vielbenutztes Hilfsmittel der Theoretischen Physik.

Zunächst formulieren wir, was unter **Invarianz einer Lagrangefunktion** L im oben genannten Sinne zu verstehen ist; wir setzen voraus, daß L von der Klasse C^2 auf $\mathbb{R} \times \mathbb{R}^n \times \mathbb{R}^n$ ist.

Voraussetzung (V). (i) *Sei $\phi : \mathbb{R} \times \mathbb{R}^n \times (-\epsilon_0, \epsilon_0) \to \mathbb{R}^n$, $\epsilon_0 > 0$, eine Abbildung der Klasse C^2 derart, daß $\phi(t,\cdot,\epsilon)$ eine zweiparametrige Schar von Diffeomorphismen des $\mathbb{R}^n$ auf sich liefert, $\phi(t,\cdot,\epsilon) : \mathbb{R}^n \to \mathbb{R}^n$, die für $\epsilon = 0$ in die Identität übergeht, d.h.*

$$(106) \qquad \phi(t,x,0) = x \qquad \text{für } x \in \mathbb{R}^n$$

und für beliebiges $t \in \mathbb{R}$. Bezeichne

$$(107) \qquad \eta(t,x) := \frac{\partial \phi}{\partial \epsilon}(t,x,\epsilon)\Big|_{\epsilon=0} \;=\; \phi_\epsilon(t,x,0)$$

die sogenannte **infinitesimale Transformation** *in x-Richtung; dann liefert die Taylorentwicklung bezüglich ϵ die Darstellung*

$$(108) \qquad \phi(t,x,\epsilon) = x + \epsilon\eta(t,x) + o(\epsilon) \ .$$

(ii) *Es gebe eine Funktion* $W(t, x, \epsilon)$ *der Klasse* C^2 *auf* $\mathbb{R} \times \mathbb{R}^n \times (-\epsilon_0, \epsilon_0)$, *so daß für jede Kurve* $X \in C^2(I, \mathbb{R}^n)$ *und deren durch*

$$(109) \qquad\qquad Y(t, \epsilon) := \phi(t, X(t), \epsilon)$$

definierte ϕ-*Transformierte* $Y(\cdot, \epsilon)$ *gilt:*

$$(110) \quad L(t, Y(t, \epsilon), \dot{Y}(t, \epsilon)) \; = \; L(t, X(t), \dot{X}(t)) \; + \; \frac{d}{dt} W(t, X(t), \epsilon) \, .$$

Wir setzen

$$(111) \qquad\qquad w(t, x) := \frac{\partial}{\partial \epsilon} W(t, x, \epsilon)\Big|_{\epsilon=0} \; = \; W_\epsilon(t, x, 0) \, .$$

Satz 7. (Satz von Emmy Noether). *Unter der Voraussetzung* (V) *ist die Funktion*

$$(112) \qquad\qquad \Psi(t, x, v) := \eta(t, x) \cdot L_v(t, x, v) - w(t, x)$$

ein erstes Integral der Euler-Lagrangeschen Differentialgleichungen

$$\frac{d}{dt} L_v(t, X(t), \dot{X}(t)) - L_x(t, X(t), \dot{X}(t)) = 0 \, .$$

Wir nennen Ψ *das zur Transformation* ϕ *gehörige* **Noetherintegral**.

Beweis. Differenzieren von (110) nach ϵ ergibt

$$(113)$$

$$\frac{\partial}{\partial \epsilon} L(t, Y(t, \epsilon), \dot{Y}(t, \epsilon)) \; = \; \frac{\partial}{\partial \epsilon} \left[\frac{d}{dt} W(t, X(t), \epsilon) \right] = \; \frac{d}{dt} \frac{\partial}{\partial \epsilon} [W(t, X(t), \epsilon)] \, .$$

Andererseits gilt, wenn wir das Argument $(t, Y(t, \epsilon), \dot{Y}(t, \epsilon))$ durch ... andeuten,

$$\frac{\partial}{\partial \epsilon} L(\dots) \; = \; L_x(\dots) \cdot Y_\epsilon(t, \epsilon) + L_v(\dots) \cdot (\dot{Y})_\epsilon(t, \epsilon)$$

$$= \; L_x(\dots) \cdot Y_\epsilon(t, \epsilon) + L_v(\dots) \cdot \frac{d}{dt} Y_\epsilon(t, \epsilon) \, .$$

Dies liefert

$$\frac{\partial}{\partial \epsilon} L(\dots) \; = \; Y_\epsilon(t, \epsilon) \cdot \left[L_x(\dots) - \frac{d}{dt} L_v(\dots) \right]$$

$$+ \; Y_\epsilon(t, \epsilon) \cdot \frac{d}{dt} L_v(\dots) + \left[\frac{d}{dt} Y_\epsilon(t, \epsilon) \right] \cdot L_v(\dots)$$

$$= \; Y_\epsilon(t, \epsilon) \cdot \left[L_x(\dots) - \frac{d}{dt} L_v(\dots) \right] \; + \; \frac{d}{dt} \{ Y_\epsilon(t, \epsilon) \cdot L_v(\dots) \} \, .$$

Sei nun X eine L-Extremale. Wegen $Y(t, 0) = X(t)$ folgt dann

$$\left[L_x(\dots) - \frac{d}{dt} L_v(\dots) \right] \Big|_{\epsilon=0} \; = \; 0 \, .$$

Weiterhin ist $Y(t, \epsilon) = X(t) + \epsilon \eta(t, X(t)) + o(\epsilon)$, also $Y_\epsilon(t, \epsilon)\big|_{\epsilon=0} = \eta(t, X(t))$, und

$$\left[\frac{d}{dt} \{ Y_\epsilon(t, \epsilon) \cdot L_v(\dots) \} \right] \Big|_{\epsilon=0} \; = \; \frac{d}{dt} [\{ Y_\epsilon(t, \epsilon) \cdot L_v(\dots) \}|_{\epsilon=0}]$$

$$= \; \frac{d}{dt} \left[\eta(t, X(t)) \cdot L_v(t, X(t), \dot{X}(t)) \right] \, .$$

Folglich ist

(114) $$\left\{\frac{\partial}{\partial\epsilon}L(\dots)\right\}\Big|_{\epsilon=0} = \frac{d}{dt}\left[\eta(t,X(t))\cdot L_v(t,X(t),\dot{X}(t))\right].$$

Schließlich ist $\frac{\partial}{\partial\epsilon}\left[W(t,X(t),\epsilon)\right] = W_\epsilon(t,X(t),\epsilon)$ und daher

$$\left(\frac{\partial}{\partial\epsilon}\left[W(t,X(t),\epsilon)\right]\right)\Big|_{\epsilon=0} = w(t,X(t)).$$

Damit folgt aus (113) die Gleichung

(115)
$$\left\{\frac{\partial}{\partial\epsilon}L(\dots)\right\}\Big|_{\epsilon=0} = \left\{\frac{d}{dt}\frac{\partial}{\partial\epsilon}[W(t,X(t),\epsilon)]\right\}\Big|_{\epsilon=0}$$
$$= \frac{d}{dt}\left\{\left(\frac{\partial}{\partial\epsilon}[W(t,X(t),\epsilon)]\right)\Big|_{\epsilon=0}\right\} = \frac{d}{dt}\{w(t,X(t)\}.$$

Mit (114) und (115) ergibt sich

$$\frac{d}{dt}\left\{\Psi(t,X(t),\dot{X}(t))\right\} = 0,$$

und dies bedeutet $\Psi(t,X(t),\dot{X}(t)) \equiv$ const auf I für jede L-Extremale $X(t)$, $t \in I = [a,b]$. $\qquad\square$

Als Anwendung des Noetherschen Satzes behandeln wir

⑨ **Das N-Körper-Problem.** Für N Massenpunkte P_j, $j = 1,\dots N$, mit den Massen m_j, den Ortsvektoren x_j und den Geschwindigkeitsvektoren v_j aus $\mathbb{R}^3$ sei $x = (x_1,\dots,x_N)$, $v = (v_1,\dots,v_N)$. Die Lagrangefunktion sei

$$L(x,v) = T(v) - V(x)$$

mit der kinetischen Energie

$$T(v) = \sum_{j=1}^{N}\frac{m_j}{2}|v_j|^2$$

und der potentiellen Energie

$$V(x) = \sum_{j<k}V_{jk}(|x_j - x_k|),$$

wobei $V_{jk}(r)$ die potentielle Energie der Wechselwirkung zwischen P_j und P_k beschreibt, wenn $r = \overline{P_jP_k}$ ist.

Nun wählen wir drei beliebige Vektoren a,b,ω aus $\mathbb{R}^3$,

$$a = (a_1,a_2,a_3), \quad b = (b_1,b_2,b_3), \quad \omega = (\omega_1,\omega_2,\omega_3),$$

und betrachten die schiefsymmetrische Matrix

$$A(\omega) := \begin{pmatrix} 0 & -\omega_3 & \omega_2 \\ \omega_3 & 0 & -\omega_1 \\ -\omega_2 & \omega_1 & 0 \end{pmatrix}.$$

Dann bildet $U(\epsilon) := e^{\epsilon A(\omega)}$, $\epsilon \in \mathbb{R}$, eine Einparametergruppe von orthogonalen Transformationen des $\mathbb{R}^3$. Wegen

$$\det U(\epsilon) = \det e^{\epsilon A(\omega)} = e^{\text{spur}\, \epsilon A(\omega)} = e^0 = 1$$

gilt $U(\epsilon) \in SO(3)$.

Wir definieren $\psi(t, z, \epsilon) := U(\epsilon)z + \epsilon a + \epsilon bt$ für $(t, z, \epsilon) \in \mathbb{R} \times \mathbb{R}^3 \times \mathbb{R}$. Die Abbildung $\psi(t, \cdot, \epsilon) : \mathbb{R}^3 \to \mathbb{R}^3$ liefert einen linearen Isomorphismus des $\mathbb{R}^3$ auf sich, insbesondere also einen Diffeomorphismus, und es gilt $\psi(t, z, 0) = z$. Setzen wir also für $x = (x_1, \dots, x_N) \in \mathbb{R}^n$, $n = 3N$,

$$\phi(t, x, \epsilon) := \left(\psi(t, x_1, \epsilon),\ \psi(t, x_2, \epsilon), \dots, \psi(t, x_N, \epsilon) \right),$$

so genügt ϕ der Voraussetzung (V), (i), und die infinitesimale Transformation

$$\eta(t, x) \;=\; \frac{\partial}{\partial \epsilon}\, \phi(t, x, \epsilon)\big|_{\epsilon=0}$$

ist durch $\eta(t, x) = \left(A(\omega)x_1 + a + bt, \dots, A(\omega)x_N + a + bt \right)$ gegeben. Wegen $A(\omega)z = \omega \wedge z$ für $z \in \mathbb{R}^3$ folgt

$$\eta(t, x) = (\omega \wedge x_1 + a + bt, \dots, \omega \wedge x_N + a + bt).$$

Nun wollen wir nachprüfen, daß L die Invarianzeigenschaft (V), (ii) erfüllt. Wegen $|\psi(t, x_j, \epsilon) - \psi(t, x_k, \epsilon)| = |x_j - x_k|$ folgt

$$V_{jk}(|\psi(t, x_j, \epsilon) - \psi(t, x_k, \epsilon)|) \;=\; V_{jk}(|x_j - x_k|)$$

und daher $V\big(\phi(t, x, \epsilon)\big) = V(x)$. Sei nun $X(t) = (X_1(t), \dots, X_N(t))$ und $Y(t, \epsilon) := \phi(t, X(t), \epsilon)$. Wir erhalten

$$\dot{Y}(t, \epsilon) \;=\; (U(\epsilon)\dot{X}_1(t) + \epsilon b,\ \dots,\ U(\epsilon)\dot{X}_N(t) + \epsilon b).$$

Mit der Gesamtmasse

$$M := m_1 + m_2 + \dots + m_N$$

folgt

$$L(Y(t, \epsilon),\ \dot{Y}(t, \epsilon))$$
$$= L(X(t), \dot{X}(t)) \;+\; \epsilon \sum_{j=1}^{N} m_j b \cdot U(\epsilon)\dot{X}_j(t) \;+\; \frac{M}{2}\, \epsilon^2 |b|^2.$$

Wir führen die drei Funktionen

$$R(x) \; := \; \frac{1}{M} \sum_{j=1}^{N} m_j x_j \qquad (= \textbf{Schwerpunkt}) \, ,$$

$$P(v) \; := \; \sum_{j=1}^{N} m_j v_j \qquad (= \textbf{Gesamtimpuls}) \, ,$$

$$D(x,v) \; := \; \sum_{j=1}^{N} m_j x_j \wedge v_j \qquad (= \textbf{Gesamtdrehimpuls})$$

ein und setzen

$$\begin{aligned} W(t,x,\epsilon) := \; & M\epsilon[U^T(\epsilon)b] \cdot R(x) \; + \; \frac{1}{2} M\epsilon^2 |b|^2 t \\ = \; & M\epsilon[e^{-\epsilon A(\omega)}b] \cdot R(x) \; + \; \frac{1}{2} M\epsilon^2 |b|^2 t \end{aligned}$$

mit

$$w(t,x) \; = \; \frac{\partial}{\partial \epsilon} W(t,x,\epsilon)\big|_{\epsilon=0} \; = \; Mb \cdot R(x) \, .$$

Dann folgt nach obiger Rechnung

$$L(Y(t,\epsilon), \, \dot{Y}(t,\epsilon)) \; = \; L(X(t), \dot{X}(t)) \; + \; \frac{d}{dt} W(t, X(t), \epsilon) \, ,$$

womit auch (V), (ii) nachgewiesen ist, und der Noethersche Satz zeigt, daß

$$\Psi(t,x,v) = \eta(t,x) \cdot L_v(x,v) - w(t,x)$$

ein erstes Integral der zu L gehörenden Euler-Lagrangeschen Gleichungen ist. Wegen $L_{v_j}(x,v) = m_j v_j$ erhalten wir für $\Psi(t,x,v)$ die Gestalt

$$\Psi(t,x,v) \; = \; \sum_{j=1}^{N} [m_j v_j \cdot (\omega \wedge x_j) + m_j a \cdot v_j + m_j t b \cdot v_j] - Mb \cdot R(x) \, ,$$

und dies liefert

$$\Psi(t,x,v) \; = \; \omega \cdot D(x,v) + a \cdot P(v) + b \cdot [tP(v) - MR(x)] \, .$$

Da a, b, ω frei in $\mathbb{R}^3$ wählbar sind, so erhalten wir die drei vektoriellen ersten Integrale

$$D(x,v) \, , \; P(v) \, , \; \frac{1}{M} P(v)t - R(x) \, ,$$

und deren Komponenten ergeben $3 + 3 + 3 = 9$ skalare Integrale. Ein zehntes Integral wird durch die **Gesamtenergie**

$$E(x, v) \;=\; T(v) + V(x)$$

geliefert. Dies sind die *zehn klassischen algebraischen Integrale des Dreikörperproblems*.

Der Astronom H. Bruns (Acta Math. Bd. 11, 1887) hat bewiesen, daß es kein weiteres algebraisches Integral gibt, das von diesen Integralen „unabhängig" ist. Für die 18 skalaren Newtonschen Gleichungen des Dreikörperproblems hat man also nur zehn unabhängige algebraische Integrale, und dies ist der Grund, warum eine explizite Lösung des Dreikörperproblems (im Gegensatz zum Zweikörperproblem) nicht gelingt. Um dieses Problem wenigstens näherungsweise zu überwinden, haben die Astronomen schon früh zu Näherungsmethoden gegriffen und wichtige *Störungsverfahren* entwickelt; diese waren vorbildlich in der Entwicklung der Mathematik und Physik. Näheres findet der Leser beispielsweise in E.T. Whittacker, *Analytische Dynamik der Punkte und starren Körper* (1924).

Aufgaben.

1. Man beweise, daß die Eulergleichung des Integrals $\int_a^b \omega\big(x, u(x)\big) \sqrt{1 + u'(x)^2} \, dx$ mit der Lagrangefunktion $F(x, z, p) := \omega(x, z)\sqrt{1 + p^2}$, $\omega > 0$ und $n = 1$, äquivalent ist zu $k(x)\omega\big(x, u(x)\big)\sqrt{1 + u'(x)^2} = \omega_z\big(x, u(x)\big) - u'(x)\omega_x\big(x, u(x)\big)$, wobei $k = \big(u'/\sqrt{1 + u'^2}\big)'$ die Krümmung von graph u ist.

2. Für $F(z, p) := z\sqrt{1 + p^2}$ haben die in der oberen Halbebene $H := \big\{(x, z) \in \mathbb{R}^2 : z > 0\big\}$ enthaltenen F-Extremalen $u \in C^2\big([a, b]\big)$ die Gestalt $u(x) = \frac{1}{\alpha} \cosh\left(\frac{x - x_0}{\alpha}\right)$, wobei $\alpha > 0$ und $x_0 \in \mathbb{R}$ beliebige Konstanten bezeichnen. Beweis? Was ist der maximale Wert von d, so daß zwei Punkte $P_1 := (x_1, h)$ und $P_2 := (x_2, h)$, $h > 0$ und $x_2 - x_1 = d > 0$ in H durch eine solche F-Extremale verbunden werden können?

3. Man beweise: Das Integral $\int_0^1 (u^2 + u'^2) dx$ nimmt sein Minimum in der Klasse $\mathcal{C} := \big\{u \in C^1([0, 1]) : u(0) = 0, \, u(1) = 1\big\}$ genau für $u(x) = c \sinh x$ mit $c := 1/\sinh 1$ an, während das Funktional $\int_0^1 (1 + u'^2)^{1/4} dx$ in $\mathcal{C}$ das Infimum Eins hat, dieses aber nicht in $\mathcal{C}$ erreicht.

4. Sei $\mathcal{C}$ die Klasse der Funktionen $u \in C^1([-1, 1])$, die den Randbedingungen $u(-1) = -1$, $u(1) = 1$ genügen, und bezeichne $\mathcal{F} : \mathcal{C} \to \mathbb{R}$ das Funktional $\mathcal{F}(u) := \int_{-1}^1 x^2 u'(x)^2 dx$. Was ist der Wert von $\inf_{\mathcal{C}} \mathcal{F}$, und wird dieser Wert von $\mathcal{F}(u)$ für ein $u \in \mathcal{C}$ erreicht? Wie lautet die Eulergleichung zu $\mathcal{F}$?

5. Was ist die Eulergleichung des *Newtonschen Funktionals* $\mathcal{F}(u) := \int_0^1 \frac{dx}{1 + u'(x)^2}$, und was ist $\inf_{\mathcal{C}} \mathcal{F}$ für die in Aufgabe 3 betrachtete Klasse $\mathcal{C}$? Nimmt $\mathcal{F}$ in $\mathcal{C}$ sein Minimum an?

6. Sei $F : \mathbb{R}^n \times \big(\mathbb{R}^n \backslash \{0\}\big) \to \mathbb{R}$ von der Klasse C^2 und $F(x, v)$ positiv homogen von erster Ordnung bezüglich v. Dann wird $\mathcal{F}(c) := \int_a^b F\big(c(t), \dot{c}(t)\big) dt$ auf den regulären C^1-Kurven $c : [a, b] \to \mathbb{R}^n$ definiert. Man beweise: (i) Ist $\tau : [\alpha, \beta] \to [a, b]$ ein orientierungserhaltender Diffeomorphismus von $[\alpha, \beta]$ auf $[a, b]$, so gilt $\mathcal{F}(c) = \mathcal{F}(c \circ \tau) := \int_\alpha^\beta F\big(c \circ \tau, (c \circ \tau)\dot{}\big) dt$. (ii) Für jede reguläre C^1-Kurve c gilt $\dot{c} \cdot L_F(c) = 0$, d.h. $\dot{c} \perp L_F(c)$.

7. Sei $F(x, y, p, q) := \omega(x, y)\sqrt{p^2 + q^2}$ mit $\omega \in C^1(\mathbb{R}^2)$, $\omega > 0$. Man beweise mittels der Formel von Huygens (vgl. 2.2, (14)), daß sich für reguläre Kurven $c \in C^2(I, \mathbb{R}^2)$ die Eulersche Gleichung

$$\frac{d}{dt}\left[\omega(c)\frac{\dot{c}}{|\dot{c}|}\right] - \operatorname{grad}\omega(c)|\dot{c}| = 0$$

in der von Gauß angegebenen Form

$$\frac{1}{\rho} = \frac{\partial}{\partial N} \log \omega(c)$$

schreiben läßt, wobei ρ der Krümmungsradius und N der Hauptnormalenvektor von c ist.

8. Das Hamiltonsche System $\dot{q} = H_p(t, q, p)$, $\dot{p} = -H_q(t, q, p)$ ist das System der Eulergleichungen des *Poincaré-Cartanschen* Integrals $\int_{t_1}^{t_2} \left[p(t) \cdot \dot{q}(t) - H\big(t, q(t), p(t)\big) \right] dt$. Beweis?

9. Den Kurven $t \mapsto c(t) = \big(x(t), z(t)\big)$ in der oberen Halbebene H (vgl. Aufgabe 2) ordnet man in der *nichteuklidischen Geometrie* das Integral

$$\mathcal{F}(c) := \int_a^b \frac{1}{z} \sqrt{\dot{x}^2 + \dot{z}^2} \, dt$$

als Länge zu. Was sind die Extremalen von $\mathcal{F}$? (*Hinweis:* Die Lösungen von $uu'' + 1 + u'^2 = 0$ sind offene Halbkreise in H mit den Endpunkten auf der x-Achse.)

10. Auf $\mathbb{R}^n \times \mathbb{R}^n$ betrachten wir die beiden (von t unabhängigen) Lagrangefunktionen $Q(x, v) = \frac{1}{2} \sum_{j,k=1}^n g_{jk}(x) v_j v_k$ und $F(x, v) = \sqrt{2Q(x, v)}$, wobei $G := (g_{jk}) \in C^1\big(\mathbb{R}^n, M(n, \mathbb{R})\big)$ symmetrisch und positiv definit sei. Für $c \in C^1(I, \mathbb{R}^n)$, $I = [a, b]$, sei $\mathcal{D}(c) = \int_a^b Q\big(c(t), \dot{c}(t)\big) dt$ das *Dirichletintegral* und $\mathcal{F}(c) := \int_a^b F\big(c(t), \dot{c}(t)\big) dt$ die *Riemannsche Bogenlänge* von c.
   (i) Was sind $\delta \mathcal{D}(c, \varphi)$ und $L_Q(c)$?
   (ii) Was sind $\delta \mathcal{F}(c, \varphi)$ und $L_F(c)$ für reguläre c?
   (iii) $Q(x, v)$ ist ein erstes Integral von $L_Q(c) = 0$, und jede Q-Extremale mit $\dot{c} \neq 0$ ist eine F-Extremale.

MECHANICA
SIVE
MOTVS
SCIENTIA
ANALYTICE
EXPOSITA
AVCTORE
LEONHARDO EVLERO
ACADEMIAE IMPER. SCIENTIARVM MEMBRO ET
MATHESEOS SVBLIMIORIS PROFESSORE.

TOMVS I.

INSTAR SVPPLEMENTI AD COMMENTAR.
ACAD. SCIENT. IMPER.

PETROPOLI $\mathcal{G}_j$
EX TYPOGRAPHIA ACADEMIAE SCIENTIARVM.
A. 1736.

MÉCHANIQUE

ANALITIQUE;

Par M. DE LA GRANGE, de l'Académie des Sciences de Paris,
de celles de Berlin, de Pétersbourg, de Turin, &c.

A PARIS,

Chez LA VEUVE DESAINT, Libraire,
rue du Foin S. Jacques.

M. DCC. LXXXVIII.
AVEC APPROBATION ET PRIVILEGE DU ROI.

Kapitel 3

Holomorphe Funktionen, Residuen, Fouriertransformation

In diesem Kapitel entwickeln wir zunächst die Grundzüge der Funktionentheorie, d.h. der *Theorie holomorpher Funktionen*. Nach einer Diskussion der Rechenregeln und einiger „elementarer" Funktionen in 3.1 folgt in 3.2 die *Cauchysche Integralformel*. Aus diesem zentralen Resultat ergeben sich viele wichtige Eigenschaften holomorpher Funktionen. Weiterhin folgt daraus der *Residuensatz*, mit dessen Hilfe in 3.8 uneigentliche Integrale berechnet werden.

In 3.3 wird gezeigt, daß sich jede holomorphe Funktion lokal in eine konvergente Potenzreihe entwickeln läßt, und zwar wird sie in der Umgebung eines jeden Punktes z_0 durch ihre Taylorreihe im Entwicklungspunkt z_0 dargestellt. Holomorphe Funktionen sind also *analytische Funktionen*, und umgekehrt sind analytische Funktionen holomorph.

Das zentrale Ergebnis von 3.4 ist der Satz von der Gebietstreue: Nichtkonstante holomorphe Funktionen bilden Gebiete auf Gebiete ab. In 3.5 wird gezeigt, wie mittels der *Formel von Rouché* die Anzahl der Nullstellen einer holomorphen Funktion bestimmt werden kann, und der *Satz von Rouché* liefert die Stabilität dieser Anzahl gegenüber stetigen Deformationen der betrachteten Funktion.

Abschnitt 3.6 behandelt eine Verallgemeinerung des *Abelschen Grenzwertsatzes* und eine partielle Umkehrung dieses Resultates, den *Satz von Tauber*. In 3.7 besprechen wir *isolierte Singularitäten* holomorpher Funktionen und Entwicklungen um solche Singularitäten, die *Laurentreihen*. Dies führt insbesondere zum Begriff der *meromorphen Funktionen*, also der Funktionen, die bis auf isolierte Polstellen holomorph sind.

Die letzten beiden Abschnitte (3.9 und 3.10) bieten eine Einführung in die *Theorie der Fouriertransformation.*

1   Holomorphe Funktionen

Bezeichne Ω eine nichtleere offene Menge in der komplexen Ebene $\mathbb{C}$.

Definition 1. *Eine Funktion $f : \Omega \to \mathbb{C}$ heißt* (komplex) **differenzierbar im Punkte** $z_0 \in \Omega$, *wenn*

$$\lim_{z \to z_0} \frac{f(z) - f(z_0)}{z - z_0}$$

existiert, und man bezeichnet diesen Grenzwert als (komplexe) **Ableitung** $f'(z_0)$ *von f in z_0, also*

$$(1) \qquad f'(z_0) := \lim_{z \to z_0} \frac{f(z) - f(z_0)}{z - z_0} .$$

Diese Definition kann man folgendermaßen umformulieren.

Proposition 1. *Eine Funktion $f : \Omega \to \mathbb{C}$ ist genau dann in $z_0 \in \Omega$ differenzierbar, wenn es eine Funktion $\varphi : \Omega \to \mathbb{C}$ gibt, die in z_0 stetig ist und*

$$(2) \qquad f(z) = f(z_0) + (z - z_0)\varphi(z) \quad \textit{für alle } z \in \Omega$$

erfüllt. Aus (2) folgt

$$(3) \qquad f'(z_0) = \varphi(z_0) .$$

Der Beweis von Proposition 1 verläuft wie im Reellen, so daß wir ihn unterdrücken können (vgl. Band 1, 3.1, Satz 1). Die Darstellungsformel (2) zeigt insbesondere, *daß jede in z_0 differenzierbare Funktion dort auch stetig ist.*

Aus Proposition 1 ergeben sich wie im Reellen die folgenden Rechenregeln (vgl. Band 1, 3.1, Satz 2).

Proposition 2. *Mit $f, g : \Omega \to \mathbb{C}$ sind $f + g$, $f \cdot g$ und, falls $g(z_0) \neq 0$, auch f/g in $z_0 \in \Omega$ differenzierbar, und es gilt*

$$(4) \qquad (f + g)'(z_0) = f'(z_0) + g'(z_0) ,$$
$$(5) \qquad (f \cdot g)'(z_0) = f'(z_0)g(z_0) + f(z_0)g'(z_0) ,$$
$$(6) \qquad \left(\frac{f}{g}\right)'(z_0) = \frac{f'(z_0)g(z_0) - f(z_0)g'(z_0)}{g^2(z_0)} .$$

Für die Ableitung $f'(z_0)$ benutzt man auch die Bezeichnung $\dfrac{df}{dz}(z_0)$.

Proposition 3. *Seien* $f : \Omega \to \mathbb{C}$ *und* $g : \Omega^* \to \mathbb{C}$ *zwei Funktionen, die in* $z_0 \in \Omega$ *bzw. in* $w_0 \in \Omega^*$ *differenzierbar sind, und es gelte* $f(\Omega) \subset \Omega^*$ *sowie* $f(z_0) = w_0$. *Dann ist* $h := g \circ f : \Omega \to \mathbb{C}$ *in* z_0 *differenzierbar, und es gilt*

$$(7) \qquad\qquad h'(z_0) = g'(f(z_0)) \cdot f'(z_0) \,.$$

Wie in Band 1, 3.1 leitet man diese *Kettenregel* aus Proposition 1 her.

Definition 2. *(i) Eine Funktion* $f : \Omega \to \mathbb{C}$ *heißt (komplex)* **differenzierbar,** *wenn sie in jedem Punkt* $z \in \Omega$ *differenzierbar ist.*

(ii) Eine differenzierbare Funktion $f : \Omega \to \mathbb{C}$ *mit stetiger Ableitung* $f' : \Omega \to \mathbb{C}$ *wird* **holomorph** *genannt.*

(iii) Die Klasse der holomorphen Funktionen $f : \Omega \to \mathbb{C}$ *wird mit* $\mathcal{H}(\mathbb{C})$ *bezeichnet.*

Wie im Reellen gewinnt man die folgenden Beispiele.

$\boxed{1}$ Die Funktionen $f(z) := \text{const}$ und $g(z) := z$ sind holomorph in $\mathbb{C}$, und es gilt $f'(z) \equiv 0$, $g'(z) \equiv 1$ auf $\mathbb{C}$.

$\boxed{2}$ Die Funktionen $f(z) := z^n$ und $g(z) := z^{-n}$, $n \in \mathbb{N}$, sind holomorph auf $\mathbb{C}$ bzw. $\mathbb{C} \setminus \{0\}$, und es gilt

$$f'(z) = n z^{n-1} \text{ für } z \in \mathbb{C}\,,$$
$$g'(z) = -n z^{-n-1} \text{ für } z \in \mathbb{C} \setminus \{0\}\,.$$

$\boxed{3}$ Jedes Polynom $p : \mathbb{C} \to \mathbb{C}$,

$$p(z) = a_n z^n + a_{n-1} z^{n-1} + \ldots + a_1 z + a_0$$

ist holomorph auf $\mathbb{C}$, und es gilt

$$p'(z) = n\, a_n z^{n-1} + (n-1) a_{n-1} z^{n-2} + \ldots + a_1\,.$$

In Abschnitt 2.1, Definition 19 haben wir holomorphe Funktionen in anderer Weise, nämlich mit Hilfe der Cauchy-Riemannschen Differentialgleichungen eingeführt. Wir wollen zeigen, daß die beiden Definitionen äquivalent sind. Dazu schreiben wir die Abbildung $z \mapsto f(z)$, $z \in \Omega$, in reeller Form, indem wir

$$(8) \qquad\qquad z = x + iy \,, \quad x = \operatorname{Re} z, \ y = \operatorname{Im} z$$

und

$$(9) \qquad f(z) = u(x,y) + iv(x,y) \,, \quad u(x,y) = \operatorname{Re} f(z), \ v(x,y) = \operatorname{Im} f(z)$$

setzen.

Satz 1. *Eine Funktion* $f(z) = u(x,y) + iv(x,y)$, $z = x + iy \in \Omega$, *ist genau dann holomorph, wenn* $u, v \in C^1(\Omega)$ *sind und die* **Cauchy-Riemannschen Differentialgleichungen**

$$(10) \qquad\qquad u_x = v_y \ , \ u_y = -v_x$$

gelten.

Beweis. (i) Sei $f(z) = u(x,y) + iv(x,y)$ im Punkte $z_0 = x_0 + iy_0$ komplex differenzierbar. Dann gibt es eine an der Stelle $z_0 = x_0 + iy_0$ stetige Funktion $\varphi(z) = \alpha(x,y) + i\beta(x,y)$, so daß

$$f(z) = f(z_0) + (z - z_0)\varphi(z) \quad \text{für alle } z = x + iy \in \Omega$$

gilt. Diese Gleichung ist äquivalent zu den beiden reellen Gleichungen

$$u(x,y) = u(x_0, y_0) + (x - x_0)\alpha(x,y) - (y - y_0)\beta(x,y) \ ,$$
$$v(x,y) = v(x_0, y_0) + (x - x_0)\beta(x,y) + (y - y_0)\alpha(x,y) \ .$$

Aus der ersten Gleichung folgt, daß u an der Stelle (x_0, y_0) partiell nach x und y differenzierbar ist und daß

$$u_x(x_0, y_0) = \alpha(x_0, y_0) \ , \ u_y(x_0, y_0) = -\beta(x_0, y_0)$$

gilt. Die zweite Gleichung zeigt, daß v in (x_0, y_0) partiell nach x und y differenzierbar ist und daß

$$v_x(x_0, y_0) = \beta(x_0, y_0) \ , \ v_y(x_0, y_0) = \alpha(x_0, y_0)$$

sind. Da $z_0 = x_0 + iy_0$ ein beliebiger Punkt aus Ω ist, folgen aus diesen beiden Gleichungen die Beziehungen (10), und aus der Stetigkeit von f' ergibt sich die Stetigkeit von u_x, u_y, v_x, v_y.

(ii) Nun setzen wir umgekehrt voraus, daß das Vektorfeld $(x,y) \mapsto (u(x,y), v(x,y))$ von der Klasse $C^1(\Omega, \mathbb{R}^2)$ ist und die Gleichungen (10) erfüllt. Dann folgt für $z = x + iy$, $z_0 = x_0 + iy_0 \in \Omega$ und $h = x - x_0$, $k = y - y_0$ mit $|h|, |k| \ll 1$, daß

$$\begin{aligned}
f(z) &= u(x,y) + iv(x,y) \\
&= u(x_0, y_0) + iv(x_0, y_0) + u_x(x_0, y_0)h + u_y(x_0, y_0)k \\
&\quad + iv_x(x_0, y_0)h + iv_y(x_0, y_0)k + o(|z - z_0|) \text{ für } |z - z_0| \to 0 \ .
\end{aligned}$$

Wegen (10) folgt

$$\begin{aligned}
f(z) - f(z_0) &= [u_x(x_0, y_0)h - v_x(x_0, y_0)k] \\
&\quad + i[v_x(x_0, y_0)h + u_x(x_0, y_0)k] + o(|z - z_0|) \\
&= [u_x(x_0, y_0) + iv_x(x_0, y_0)] \cdot (h + ik) + o(|z - z_0|)
\end{aligned}$$

für $|z - z_0| = \sqrt{h^2 + k^2} \to 0$. Damit ergibt sich

$$\frac{f(z) - f(z_0)}{z - z_0} \ \to \ u_x(x_0, y_0) + iv_x(x_0, y_0) \quad \text{für } z \to z_0 \ .$$

Also existiert $f'(z_0)$ für alle $z_0 \in \Omega$, und wegen $u_x, v_x \in C^0(\Omega)$ ist f' stetig in Ω. $\qquad\square$

Bereits Euler hat erkannt, daß die Holomorphie einer Funktion $f : \Omega \to \mathbb{C}$ gleichwertig dazu ist, daß $u := \operatorname{Re} f$ und $v := \operatorname{Im} f$ die Cauchy-Riemannschen Differentialgleichungen erfüllen. Eulers Manuskripte sind auf den 20./21. März 1777 datiert und wurden in den Bänden 7 (1789) und 10 (1792) der Nova Acta Petropolis publiziert (eine Übersetzung ins Deutsche ist in Band 261 von „Ostwalds Klassikern" erschienen). Übrigens waren d'Alembert und auch Euler schon zuvor in Arbeiten zur Hydrodynamik auf diese Gleichungen gestoßen (1752). Bei Cauchy finden sich die Gleichungen (10) erstmals in einer Arbeit aus dem Jahre 1814, und 1825 benutzte er sie zum Beweis seines Integralsatzes für Wege, die Rechteckränder durchlaufen (vgl. 2.1, Satz 8). Riemann schließlich hat die Gleichungen (10) in seiner Dissertation (1851) als Ausgangspunkt der Funktionentheorie genommen.

Korollar 1. *Die Ableitung f' einer holomorphen Funktion $f = u + iv$ ist durch*

$$(11) \qquad f' = u_x + iv_x \;=\; v_y - iu_y$$

gegeben.

Korollar 2. *Ist Ω ein Gebiet in $\mathbb{C}$ und $f \in \mathcal{H}(\Omega)$, so gilt:*

$$f(z) \equiv const \;\;\Leftrightarrow\;\; f'(z) \equiv 0 \,.$$

Korollar 3. *Ist $f \in \mathcal{H}(\Omega)$ und gilt $f'(z) \neq 0$ auf Ω, so ist $f = u + iv$ ein orientierungstreuer lokaler Diffeomorphismus, d.h. $u_x v_y - u_y v_x > 0$, und f ist eine offene Abbildung.*

Beweis. Aus den Cauchy-Riemann-Gleichungen folgt

$$(12) \qquad u_x v_y - u_y v_x \;=\; u_x^2 + v_x^2 \;=\; |f'|^2 \,.$$

Wegen $f'(z) \neq 0$ für alle $z \in \Omega$ ergibt sich die Behauptung.

$\square$

Wir halten noch die Formel

$$(13) \qquad |f'|^2 \;=\; \frac{1}{2} |\nabla u|^2 + \frac{1}{2} |\nabla v|^2$$

fest, die aus (10) und (12) folgt.

Korollar 4. *Ist $f \in \mathcal{H}(\Omega)$ und bezeichnet Ω ein Gebiet in $\mathbb{C}$, so gilt: Aus*

$$\operatorname{Re} f(z) \equiv const, \;\; oder \; \operatorname{Im} f(z) \equiv const, \;\; oder \; |f(z)| \equiv const$$

folgt $f(z) \equiv const$.

Beweis. (i) Aus $u(x, y) = \operatorname{Re} f(z) \equiv const$ folgt $\nabla u(x, y) \equiv 0$, und wegen (10) ergibt sich $\nabla v(x, y) \equiv 0$, folglich $f(z) \equiv const$ nach Korollar 1 und 2.
Ähnlich können wir argumentieren, wenn $\operatorname{Im} f(z) \equiv const$ vorausgesetzt wird.
Nehmen wir jetzt $|f|^2 = u^2 + v^2 = const$ an, so folgt

$$u\, u_x + v\, v_x = 0 \;,\;\; u\, u_y + v\, v_y = 0$$

und daher

$$u\,v_y + v\,v_x = 0 \;, \quad -u\,v_x + v\,v_y = 0 \;,$$

somit

$$u^2 v_y + uv\,v_x = 0 \;, \quad -uv\,v_x + v^2 v_y = 0 \;.$$

Addieren wir die beiden Gleichungen, so erhalten wir

$$(u^2 + v^2)\,v_y \;=\; 0 \;.$$

Ähnlich folgt

$$uvv_y + v^2 v_x = 0 \;, \quad u^2 v_x - uvv_y = 0$$

und damit

$$(u^2 + v^2)\,v_x \;=\; 0 \;.$$

Ist $u^2 + v^2 = \mathrm{const} \neq 0$, so bekommen wir $\nabla v = 0$ und damit $\nabla u = 0$, also $f = \mathrm{const}$, und aus $u^2 + v^2 = 0$ folgt $f = 0$.

$\square$

Diese Ergebnisse sind Spezialfälle des folgenden Satzes, den wir später beweisen werden.

Satz von der Gebietstreue. *Ist Ω ein Gebiet in $\mathbb{C}$, $f \in \mathcal{H}(\Omega)$ und $f(z) \not\equiv \mathrm{const}$, so ist $f(\Omega)$ ein Gebiet in $\mathbb{C}$.*

Vorläufig liefert Korollar 3 nur (vgl. 1.9, Proposition 2):

Korollar 5. *Ist Ω ein Gebiet in $\mathbb{C}$, $f \in \mathcal{H}(\Omega)$ und $f'(z) \neq 0$ für alle $z \in \Omega$, so ist f offen, und insbesondere ist $f(\Omega)$ ein Gebiet.*

Ferner ergibt sich aus dem Umkehrsatz:

Korollar 6. *Sei $f \in \mathcal{H}(\Omega)$, und es gelte $f'(z) \neq 0$ für alle $z \in \Omega$. Dann gibt es zu jedem $z_0 \in \Omega$ eine Kreisscheibe $B = B_r(z_0) \subset \Omega$ derart, daß $f\big|_B$ eine holomorphe Umkehrfunktion auf der offenen Menge $U = f(B)$ besitzt. Ist f injektiv, so besitzt f eine holomorphe Umkehrfunktion $g = f^{-1} : \Omega^* \to \mathbb{C}$ auf der offenen Menge $\Omega^* := f(\Omega)$, und es gilt $g'\big(f(z)\big) = 1/f'(z)$.*

Beweis. Ordnen wir der komplexen Abbildung $z \mapsto f(z)$ mit

$$f(z) = u(x, y) + iv(x, y) \;, \quad z = x + iy \;,$$

die reelle Abbildung

$$(x, y) \mapsto \varphi(x, y) = (u(x, y),\, v(x, y))$$

zu, so gilt für die Jacobimatrix J_φ von φ

$$\det(J_\varphi) \;=\; \det \frac{\partial(u, v)}{\partial(x, y)} \;=\; |f'|^2 > 0 \;.$$

Folglich besitzt $\varphi = (u, v)$ für jeden Punkt $(x_0, y_0) \in \Omega$ eine lokale Inverse $\psi(\xi, \eta) = (a(\xi, \eta), b(\xi, \eta))$ (vgl. 1.9, Satz 1), und es gilt

$$(D\psi) \circ \varphi = \begin{pmatrix} a_\xi & a_\eta \\ b_\xi & b_\eta \end{pmatrix} \circ \varphi = \frac{1}{J_\varphi} \begin{pmatrix} v_y & -u_y \\ -v_x & u_x \end{pmatrix} .$$

Wegen der Cauchy-Riemannschen Gleichungen (10) für φ sehen wir, daß ψ die Cauchy-Riemannschen Gleichungen $a_\xi = b_\eta$, $a_\eta = -b_\xi$ erfüllt. Somit ist die $\psi = (a, b)$ zugeordnete komplexe Funktion $\xi \mapsto g(\xi, \eta) := a(\xi, \eta) + ib(\xi, \eta)$ holomorph. Aus $g(f(z)) = z$ folgt schließlich $g'(f(z)) f'(z) = 1$.

$\square$

Definition 3. *(i) Eine Funktion $f \in \mathcal{H}(\Omega)$ heißt* **biholomorphe Abbildung** *von Ω auf $\Omega^* := f(\Omega)$, wenn sie eine Umkehrfunktion $g \in \mathcal{H}(\Omega^*)$ besitzt.*

(ii) Zwei Gebiete Ω und Ω^* in $\mathbb{C}$ heißen biholomorph äquivalent, *wenn es eine biholomorphe Abbildung f von Ω auf Ω^* gibt (Symbol: $\Omega \sim \Omega^*$).*

Wir bemerken, daß die Relation $\Omega \sim \Omega^*$ eine Äquivalenzrelation ist. Eines der zentralen Ergebnisse der Theorie holomorpher Funktionen ist der folgende Satz, der in Band 3 bewiesen wird:

Riemannscher Abbildungssatz. *Jedes einfach zusammenhängende Gebiet $\Omega \neq \mathbb{C}$ ist zu $B = \{z \in \mathbb{C} : |z| < 1\}$ biholomorph äquivalent.*

Satz 2. *Wenn $f \in \mathcal{H}(\Omega)$ ist und $f'(z) \neq 0$ für alle $z \in \Omega$ gilt, so ist f* **konform**, *d.h.* **winkeltreu** *und* **orientierungserhaltend**.

Hierbei nennen wir eine Abbildung $f : \Omega \to \mathbb{C}$ **winkeltreu**, wenn sie zwei reguläre Kurven c, c_* in Ω, die sich in z_0 unter einem Winkel α schneiden, auf zwei Kurven γ, γ_* in $f(\Omega)$ abbildet, die sich in $w_0 := f(z_0)$ ebenfalls unter dem Winkel α schneiden.

Beweis des Satzes 2. Seien $c : I \to \Omega$ und $c_* : I \to \Omega$ zwei reguläre C^1-Kurven in Ω, $I = [-\epsilon, \epsilon]$ und $\epsilon > 0$, mit

$$c(0) = c_*(0) = z_0 \ , \quad \dot{c}(0) = r\,e^{i\varphi} \ , \quad \dot{c}_*(0) = r_* e^{i\varphi_*}$$

und $r > 0$, $r_* > 0$ sowie $\alpha = \varphi - \varphi_*$ = Schnittwinkel von c, c_* im Punkte z_0. Weiter sei $\gamma := f \circ c$ und $\gamma_* := f \circ c_*$. Dann gilt

$$\gamma(0) = \gamma_*(0) = w_0 \ , \quad \dot{\gamma}(0) = f'(z_0)\dot{c}(0) \ , \quad \dot{\gamma}_*(0) = f'(z_0)\dot{c}_*(0) .$$

Setzen wir $f'(z_0) = \rho e^{i\theta}$, $\rho > 0$, so folgt

$$\dot{\gamma}(0) = \rho r e^{i(\varphi+\theta)} \ , \quad \dot{\gamma}_*(0) = \rho r_* e^{i(\varphi_*+\theta)} .$$

Der Schnittwinkel von γ und γ_* in $w_0 = f(z_0)$ ist also

$$(\varphi + \theta) - (\varphi_* + \theta) = \varphi - \varphi_* = \alpha$$

und stimmt somit mit dem Schnittwinkel α von c und c_* in z_0 überein, wie behauptet.

$\square$

4 Die Voraussetzung $f'(z) \neq 0$ ist wesentlich für die Winkeltreue. Ist beispielsweise $f \in \mathcal{H}(\mathbb{C})$ durch

$$f(z) := z^n \quad , \quad z \in \mathbb{C} \ , \quad n \in \mathbb{N}$$

gegeben, so ist die Abbildung f im Punkte $z = 0$ nicht winkeltreu, falls $n \geq 2$ gewählt wird, sondern ver-n-facht den Schnittwinkel zweier Kurven, die sich in $z = 0$ schneiden.

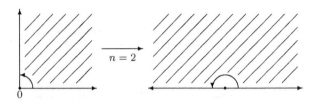

Wir erinnern nun an **Cauchys Integralsatz** (vgl. 2.1, Satz 8):

Ist Ω ein einfach zusammenhängendes Gebiet in $\mathbb{C}$ und $f \in \mathcal{H}(\Omega)$, so gilt für jeden geschlossenen, stückweise glatten Weg $\gamma = [c]$ in Ω, daß

$$(14) \qquad\qquad \int_\gamma f(z)\,dz = 0$$

ist. Ist also γ durch die reguläre Kurve $c \in D^1(I, \mathbb{C})$, $I = [a, b]$, parametrisiert, so gilt

$$(15) \qquad\qquad \int_c f(z)\,dz = \int_a^b f(c(t))\dot{c}(t)\,dt = 0 \ .$$

5 Die Behauptung ist im allgemeinen falsch, wenn das Gebiet Ω nicht einfach zusammenhängt. Beispielsweise ist $f(z) := (z - z_0)^{-1}$ in $\Omega = \mathbb{C}'_{z_0} := \mathbb{C} \setminus \{z_0\}$ holomorph. Wählen wir für c die Kreislinie $c = C_R(z_0) := \{c(t) = z_0 + R\,e^{it} : 0 \leq t \leq 2\pi\}$ mit dem Radius R und dem Mittelpunkt z_0, die z_0 im positiven Sinne einmal umläuft, so gilt $f(c(t)) = R^{-1}e^{-it}$, $\dot{c}(t) = i\,R\,e^{it}$ und damit

$$\int_{C_R(z_0)} f(z)\,dz \ = \ \int_0^{2\pi} i\,dt \ = \ 2\pi i \ .$$

Also haben wir

$$(16) \qquad\qquad \int_{C_R(z_0)} \frac{dz}{z - z_0} \ = \ 2\pi i \ .$$

Jedoch gilt

$$(17) \qquad\qquad \int_{C_R(z_0)} (z - z_0)^m\,dz = 0 \qquad \text{für alle } m \in \mathbb{Z} \text{ mit } m \neq -1 \ ,$$

denn

$$\int_{C_R(z_0)} (z - z_0)^m\,dz \ = \ \int_0^{2\pi} i\,R^{m+1}e^{i(m+1)t}\,dt$$

$$= \ i\,R^{m+1}\,\frac{1}{i(m+1)}\,\left[e^{i(m+1)t}\right]_0^{2\pi} \ = \ 0 \ .$$

Wir haben also gefunden:

Proposition 4. *Beschreibt $C_R(z_0)$ die Kreislinie $c(t) = z_0 + R\,e^{it}$, $0 \leq t \leq 2\pi$, so gilt für $m \in \mathbb{Z}$*

$$(18) \qquad \int_{C_R(z_0)} (z - z_0)^m dz \;=\; \begin{cases} 0 & \text{für } m \neq -1 \text{ ,} \\ 2\pi i & \text{für } m = -1 \text{ .} \end{cases}$$

Wie wir in Abschnitt 2.1 gesehen haben, kann man dem Cauchyschen Integralsatz auch die folgende Form geben:

Korollar 7. *Wenn Ω ein einfach zusammenhängendes Gebiet in $\mathbb{C}$ und f von der Klasse $\mathcal{H}(\Omega)$ ist, so ist das Kurvenintegral $\int_c f(z)dz$ wegunabhängig in Ω, d.h. der Wert dieses Integrals hängt nur vom Anfangspunkt $z_0 \in \Omega$ der Kurve $c : I \to \Omega$ und von ihrem Endpunkt $z \in \Omega$ ab; für jede andere Kurve $\tilde{c}$ in Ω mit demselben Anfangs- und Endpunkt wie c hat $\int_{\tilde{c}} f(z)dz$ den gleichen Wert.*

Also können wir zu $f \in \mathcal{H}(\Omega)$ eine neue Funktion $F : \Omega \to \mathbb{C}$ definieren vermöge

$$(19) \qquad F(z) := \int_{z_0}^{z} f(\zeta)d\zeta \ ,$$

wobei das Integral in (19) als das Kurvenintegral $\int_c f(\zeta)d\zeta$ zu verstehen ist und c eine beliebige reguläre Kurve der Klasse $D^1([a,b],\mathbb{C})$ mit $c(a) = z_0$, $c(b) = z$ und $f([a,b]) \subset \Omega$ bezeichnet.

Satz 3. *Ist Ω ein einfach zusammenhängendes Gebiet in $\mathbb{C}$ und $f \in \mathcal{H}(\Omega)$, so wird für beliebig gewähltes $z_0 \in \Omega$ durch*

$$(20) \qquad F(z) := \int_{z_0}^{z} f(\zeta)d\zeta \ , \quad z \in \Omega \ ,$$

*eine Funktion $F \in \mathcal{H}(\Omega)$ definiert, die $F' = f$ erfüllt, d.h. F ist **Stammfunktion** von f. Jede andere Stammfunktion Φ unterscheidet sich von F höchstens durch eine additive Konstante.*

Beweis. Für $z \in \Omega$ und $0 < |h| \ll 1$ gilt $z + h \in \Omega$, und wir sehen ohne Mühe, daß

$$\frac{1}{h}\,[F(z+h) - F(z)] \;=\; \frac{1}{h} \int_{z}^{z+h} f(\zeta)d\zeta \;=\; \frac{1}{h} \int_{0}^{1} f(c(t))\,\dot{c}(t)\,dt$$

ist, wobei c die Kurve $c(t) := z + t\,h$, $0 \leq t \leq 1$, bezeichnet. Hieraus ergibt sich wegen $\dot{c}(t) \equiv h$, daß

$$\frac{1}{h}\,[F(z+h) - F(z)] \;=\; \int_{0}^{1} f(z + t\,h)\,dt \;\to\; f(z) \quad \text{mit} \quad h \to 0$$

folgt. Somit ist F auf Ω differenzierbar, und es gilt $F'(z) = f(z)$ für alle $z \in \Omega$. Da f in Ω differenzierbar und somit insbesondere stetig ist, haben wir gezeigt: $F \in \mathcal{H}(\Omega)$ und $F' = f$. Die letzte Behauptung des Satzes folgt aus Korollar 2.

$\square$

6̄ Die Funktion $f(z) = (z - z_0)^m$, $z \in \mathbb{C}$, hat für $m = 0, 1, 2, \ldots$ die Stammfunktion

(21) $$F(z) = \frac{(z - z_0)^{m+1}}{m + 1} \ , \quad z \in \mathbb{C} \ .$$

Für $m = 2, 3, 4, \ldots$ besitzt $f(z) = (z - z_0)^{-m}$, $z \in \mathbb{C}'_{z_0} = \mathbb{C} \setminus \{z_0\}$, die Stammfunktion

(22) $$F(z) = \frac{(z - z_0)^{1-m}}{1 - m} \ , \quad z \in \mathbb{C}'_{z_0} \ .$$

Mittels der Kettenregel folgt der Beweis von (21) und (22) sofort aus 2̄.

7̄ **Exponentialfunktion.** Wie im Reellen zeigt man, daß die für $z \in \mathbb{C}$ konvergente Exponentialreihe

(23) $$E(z) = \sum_{n=0}^{\infty} \frac{z^n}{n!}$$

differenzierbar ist und daß $E'(z) = E(z)$ für alle $z \in \mathbb{C}$ gilt. Also ist die Funktion $z \mapsto E(z)$ holomorph in $\mathbb{C}$ und besitzt die Stammfunktion E.

Wir erinnern an die *Funktionalgleichung*

(24) $$E(z + w) = E(z)E(w) \quad \text{für alle } z, w \in \mathbb{C}$$

der Funktion $E(z)$, die wir in Band 1, 1.21 bewiesen haben.

Wir wollen zeigen, daß sie sich auch aus der Differentialgleichung $E' = E$ gewinnen läßt. Dazu betrachten wir die auf $\mathbb{C}$ holomorphe Funktion

$$f(z) := E(-z)E(z + w) \ , \quad z \in \mathbb{C} \ .$$

Es folgt

$$f'(z) = -E(-z)E(z + w) + E(-z)E(z + w) \equiv 0$$

und damit $f(z) \equiv$ const; wegen $f(0) = E(w)$ ist $f(z) = E(w)$ für alle $z \in \mathbb{C}$. Damit gilt

(25) $$E(-z)E(z + w) = E(w) \quad \text{für alle } z, w \in \mathbb{C} \ .$$

Wählen wir $w = 0$, so ergibt sich wegen $E(0) = 1$ die Relation

$$E(-z)E(z) = 1 \ ,$$

also $E(z) \neq 0$ für alle $z \in \mathbb{C}$ und

(26) $$E(-z) = \frac{1}{E(z)} \quad \text{für alle } z \in \mathbb{C} \ .$$

Aus (25) und (26) erhalten wir schließlich (24).

Ist $z = x + iy$, $x = \operatorname{Re} z$, $y = \operatorname{Im} z$, so folgt (s. Band 1, 3.4 & 3.5)

$$E(z) = E(x + iy) = E(x)E(iy) = e^x e^{iy} = e^x(\cos y + i \sin y) \ .$$

Also gilt

$$|E(z)| = e^x = e^{\operatorname{Re} z} \ , \quad \arg E(z) = y \ .$$

Wir definieren, wie es naheliegt,

$$(27) \qquad e^z := E(z) \ = \ \sum_{n=0}^{\infty} \frac{1}{n!} \, z^n \qquad \text{für } z \in \mathbb{C}$$

und erhalten dann

$$(28) \qquad e^{z+w} = e^z \, e^w$$

und

$$(29) \qquad e^z = e^x(\cos y + i \sin y) \qquad \text{für } x = \operatorname{Re} z \, , \ \ y = \operatorname{Im} z \ .$$

Daher folgt $|e^z| = e^x > 0$, d.h. $e^z \neq 0$ auf $\mathbb{C}$. Offenbar gilt $e^{z+\omega} = e^z$ für alle $z \in \mathbb{C}$ genau dann, wenn $\omega = 2\pi n i$ mit $n \in \mathbb{N}$ ist. Ferner bildet E jeden Streifen $\mathcal{S}(n) := \{z \in \mathbb{C} : 2\pi(n-1) \leq \operatorname{Im} z \leq 2\pi n\}$, $n \in \mathbb{Z}$, biholomorph auf die punktierte Ebene $\mathbb{C}^* := \mathbb{C} \setminus \{0\}$ ab (Übungsaufgabe). Somit können wir nicht erwarten, daß die komplexe Exponentialfunktion eine globale Umkehrfunktion besitzt; wir müssen uns also mit *lokalen Zweigen* von E^{-1} zufrieden geben. Zunächst betrachten wir den Hauptzweig.

<u>8</u> **Hauptzweig des Logarithmus.** Diesen wollen wir wie im Reellen als Lösung des Anfangswertproblems

$$(30) \qquad f'(z) = \frac{1}{z} \ , \ \ f(1) = 0$$

definieren, d.h. als Stammfunktion der Funktion $z \mapsto 1/z$, die an der Stelle $z = 1$ verschwindet. Nach Satz 3 hat diese Aufgabe in jedem einfach zusammenhängenden Gebiet Ω mit $1 \in \Omega$ und $0 \notin \Omega$ eine eindeutig bestimmte Lösung, nämlich $f(z) := \int_1^z \zeta^{-1} d\zeta$. Nun ist $\mathbb{C}^* = \mathbb{C} \setminus \{0\}$ nicht einfach zusammenhängend, und wegen Proposition 4 können wir auch nicht erwarten, daß f auf diese Weise global auf $\mathbb{C}^*$ definiert werden kann, denn bei jedem Umlauf um $z_0 = 0$ auf einer Kreislinie (im positiven Sinne) wird dem Integral die Konstante $2\pi i$ hinzugefügt. Um zu einer eindeutig definierten Lösung von (30) zu gelangen, schlitzen wir $\mathbb{C}$ längs der negativen reellen Achse auf und bilden das einfach zusammenhängende Schlitzgebiet

$$\mathbb{C}^- := \mathbb{C} \setminus \{z \in \mathbb{C} : \operatorname{Re} z \leq 0, \ \operatorname{Im} z = 0\} \ .$$

Dann definiert

$$(31) \qquad \log z := \int_1^z \frac{d\zeta}{\zeta} \ , \ z \in \mathbb{C}^- \ ,$$

eine holomorphe Funktion in $\mathbb{C}^-$, die (30) erfüllt; sie heißt **Hauptzweig des Logarithmus**. Offensichtlich ist $\log r$ für $r > 0$ gerade der reelle Logarithmus $\int_1^r \frac{dx}{x}$, d.h. der Hauptzweig des Logarithmus $\log z$ ist eine holomorphe Fortsetzung des reellen Logarithmus in die geschlitzte Ebene $\mathbb{C}^-$. Es gilt

$$(32) \qquad \log z = \log r + i\varphi \text{ für } z = re^{i\varphi} \text{ mit } r > 0, \ \varphi \in (-\pi, \pi) \ .$$

Zum Beweis verbinden wir z mit 1 in $\mathbb{C}^-$ durch die D^1-Kurve $c = c_1 + c_2$ mit $c_1(t) := t, 1 \le t \le r, c_2(t) = re^{it\varphi}, 0 \le t \le 1$. Dann ist

$$\begin{aligned} \log z &= \int_c \frac{d\zeta}{\zeta} = \int_{c_1} \frac{d\zeta}{\zeta} + \int_{c_2} \frac{d\zeta}{d\zeta} \\ &= \int_1^r \frac{dt}{t} + \int_0^1 \frac{i\varphi re^{it\varphi}}{re^{it\varphi}} \, dt = \log r + i\varphi \ . \end{aligned}$$

Für $z_1 = r_1 e^{i\varphi_1}$ und $z_2 = r_2 e^{i\varphi_2}$ erhalten wir $z_1 z_2 = r_1 r_2 e^{i(\varphi_1 + \varphi_2)}$.

Für $z_1, z_2 \in \mathbb{C}^-$ mit $z_1 \cdot z_2 \in \mathbb{C}^-$ gilt also

$$\log(z_1 z_2) = \log(r_1 r_2) + i(\varphi_1 + \varphi_2) = \log r_1 + \log r_2 + i\varphi_1 + i\varphi_2$$

und somit

$$(33) \qquad \log(z_1 z_2) = \log z_1 + \log z_2 \ , \ \text{falls } z_1, z_2, z_1 z_2 \in \mathbb{C}^- \ .$$

Weiterhin haben wir

$$(34) \qquad e^{\log z} = z \qquad \text{für } z \in \mathbb{C}^- \ ,$$

$$(35) \qquad \log e^w = w \qquad \text{für } w = re^{i\varphi} \text{ mit } r > 0, \ |\varphi| < \pi \ .$$

In der Tat ist $\frac{d}{dz}\big(ze^{-\log z}\big) \equiv 0$, also $ze^{-\log z} \equiv \text{const} = 1$ wegen $1 \cdot e^{-\log 1} = 1$, und aus $\frac{d}{dw}(\log e^w - w) \equiv 0$ folgt $\log e^w - w \equiv \text{const} = \log e - 1 = 0$.

Die Beschränkung von $\log z$ auf $\mathbb{C}^-$, obwohl nötig, erscheint künstlich; die Logarithmusfunktion hat in jedem Punkt $z = re^{i\varphi} \ne 0$ gleichsam abzählbar unendlich viele Werte, nämlich $\log r + i\varphi + 2\pi n i$ mit $n \in \mathbb{Z}$, was aber nicht erlaubt ist, da eine Funktion f jedem Punkt z ihres Definitionsbereiches nur einen Wert zuordnen darf. Den Ausweg aus diesem Dilemma bietet der Begriff der *Riemannschen Fläche*, den wir aber hier nicht einführen können. Im Falle des Logarithmus stellt man sich ein Gebilde mit unendlich vielen Blättern vor, die sich (wie eine zusammengedrückte Wendeltreppe) um den Punkt $z = 0$ herumwinden. Die auf $\mathbb{C}^*$ „mehrdeutige" Funktion des Logarithmus wird auf diesem Gebilde eindeutig. Da wir hier auf die Definition des globalen Logarithmus mit Hilfe seiner Riemannschen Fläche nicht eingehen, wollen wir wenigstens den Begriff einer *holomorphen Logarithmusfunktion auf einem Gebiet* einführen. Dann können wir den globalen Logarithmus zumindest als Inbegriff all dieser „lokalen Zweige" verstehen, und der Hauptzweig ist ein ganz spezieller solcher Zweig.

Betrachten wir wieder die Gleichung $e^w = z$. Jede Lösung dieser Gleichung heißt *ein Logarithmus von* z. Aus [7] folgt, daß $z = 0$ keinen Logarithmus besitzt, während jedes $z \neq 0$ mit der Polardarstellung $z = re^{i\varphi}$ abzählbar viele Logarithmen hat, nämlich die Werte $w = \log r + i\varphi + 2\pi ni$ mit $n \in \mathbb{Z}$, wobei $\log r$ der reelle Logarithmus von $r > 0$ ist. Wir definieren: *Eine Funktion* $l \in \mathcal{H}(\Omega)$ *in einem Gebiet* Ω *heißt eine* **Logarithmusfunktion in** Ω *oder ein* **Zweig des Logarithmus**, *wenn* $e^{l(z)} = z$ *für alle* $z \in \Omega$ *gilt*. Demnach ist der Hauptwert $\log z$ des Logarithmus eine Logarithmusfunktion von $\mathbb{C}^-$.

Sind l_1 *und* l_2 *Logarithmusfunktionen in dem Gebiet* Ω, *so gilt* $l_2 = l_1 + 2\pi ni$ *für ein* $n \in \mathbb{Z}$, denn es folgt $e^{l_2(z)} \equiv e^{l_1(z)}$, also $e^{l_2(z)-l_1(z)} \equiv 1$, d.h. $(2\pi i)^{-1}\big[l_2(z) - l_1(z)\big] \in \mathbb{Z}$ für alle $z \in \Omega$. Wegen $l_2 - l_1 \in C^0(\Omega)$ ergibt sich $(2\pi i)^{-1}\big[l_2(z) - l_1(z)\big] \equiv \text{const} = n \in \mathbb{Z}$.

Umgekehrt haben wir: *Ist* l_1 *eine Logarithmusfunktion in* Ω *und gilt* $l_2 = l_1 + 2\pi ni$ *mit* $n \in \mathbb{Z}$, *so ist auch* l_2 *eine Logarithmusfunktion in* Ω, denn

$$e^{l_2(z)} = e^{l_1(z)+2\pi ni} = e^{l_1(z)}e^{2\pi ni} = z \quad \text{für} \ z \in \Omega \ .$$

Logarithmusfunktionen lassen sich folgendermaßen charakterisieren:

Eine Funktion $l \in \mathcal{H}(\Omega)$ *ist genau dann eine Logarithmusfunktion auf dem Gebiet* Ω, *wenn* $l'(z) = 1/z$ *in* Ω *und* $e^{l(z_0)} = z_0$ *für ein* $z_0 \in \Omega$ *gilt*.

Aus $e^{l(z)} \equiv z$ folgt nämlich $e^{l(z)}l'(z) \equiv 1$, also $l'(z) \equiv 1/z$. Umgekehrt schließen wir aus $l'(z) \equiv 1/z$, daß $\varphi(z) := ze^{-l(z)}$ die Gleichung $\varphi'(z) \equiv 0$ und damit $\varphi(z) \equiv a \in \mathbb{C}^*$ erfüllt. Hieraus folgt $ae^{l(z)} \equiv z$ und damit $ae^{l(z_0)} = z_0$. Wegen $z_0 = e^{l(z_0)} \neq 0$ ist $a = 1$.

[9] **Die allgemeine Potenz.** Für $x > 0$ und $\alpha \in \mathbb{R}$ hatten wir die Potenz x^α definiert als $x^\alpha := e^{\alpha \log x}$. Entsprechend setzen wir für $z \in \mathbb{C}^-$ und $\alpha \in \mathbb{C}$

$$(36) \qquad\qquad z^\alpha := e^{\alpha \log z} \ ,$$

wobei $\log z$ den Hauptwert des Logarithmus bezeichne. Für festes $\alpha \in \mathbb{C}$ ist dann die Funktion $z \mapsto z^\alpha$ holomorph auf $\mathbb{C}^-$ und erfüllt

$$(37) \qquad\qquad z^{\alpha_1+\alpha_2} = z^{\alpha_1}z^{\alpha_2} \quad \text{für} \ z \in \mathbb{C}^- \ \text{und} \ \alpha_1, \alpha_2 \in \mathbb{C} \ .$$

Damit haben wir die reelle Potenz x^α unter Bewahrung der Funktionalgleichung $x^{\alpha_1+\alpha_2} = x^{\alpha_1}x^{\alpha_2}$ für $x > 0$, $\alpha \in \mathbb{R}$ zu einer in $\mathbb{C}^-$ holomorphen Funktion fortgesetzt. Auch die reelle Differentialgleichung $\frac{d}{dx}x^\alpha = \alpha x^{\alpha-1}$ bleibt erhalten, d.h. es gilt

$$\frac{d}{dz}z^\alpha = \alpha z^{\alpha-1} \quad \text{für} \ z \in \mathbb{C}^- \ \text{und} \ \alpha \in \mathbb{C} \ ,$$

denn

$$\frac{d}{dz}z^\alpha = \frac{\alpha}{z}e^{\alpha \log z} = \alpha e^{-\log z}e^{\alpha \log z} = \alpha e^{(\alpha-1)\log z} = \alpha z^{\alpha-1} \ .$$

Für $n \in \mathbb{Z}$ ist $z^n = e^{n \log z} = (e^{\log z})^n$ die übliche n-te Potenz $z \cdot z \cdot \ldots \cdot z$ (für $n > 0$) bzw. $z^{-1} \cdot z^{-1} \cdot \ldots \cdot z^{-1}$ (für $n < 0$) bzw. 1 (für $n = 0$).

Insbesondere ist die Funktion $z \mapsto (1+z)^\alpha$ in $B_1(0) = \{z \in \mathbb{C} : |z| < 1\}$ wohldefiniert.

Für reelles $a > 0$ ist $z \mapsto a^z = e^{z \log a}$ eine holomorphe Funktion auf $\mathbb{C}$, die

$$a^{z_1+z_2} = a^{z_1} \cdot a^{z_2} \text{ für } z_1, z_2 \in \mathbb{C}$$

und

$$\frac{d}{dz} a^z = a^z \log a$$

erfüllt.

Wählen wir statt des Hauptwertes $\log z$ in (36) eine andere holomorphe Logarithmusfunktion l, die auf Ω definiert ist, so liefert $z \mapsto e^{\alpha l(z)}$ eine andere Potenzfunktion $p_\alpha \in \mathcal{H}(\Omega)$, die sich im allgemeinen von (36) unterscheidet, obwohl sie ebenfalls $p_{\alpha+\beta} = p_\alpha p_\beta$, $p_\alpha' = \alpha p_{\alpha-1}$ und $p_n(z) = z^n$ in Ω erfüllt.

Benutzt man zwei verschiedene, in $\mathbb{C}^*$ definierte Zweige l_1 und l_2 des Logarithmus zur Definition von $p_\alpha(z)$, so unterscheiden sich die entstehenden Werte um einen Faktor $e^{2\pi m \alpha i}$ mit $m \in \mathbb{Z}$, weil $l_2(z) = l_1(z) + 2\pi m i$ ist. Für irrationale α liefern also die $p_\alpha(z)$ abzählbar unendlich viele Werte für die „α-te Potenz von z", während für $\alpha \in \mathbb{Z}$ nur ein Wert entsteht, nämlich die übliche n-te Potenz z^n. Ist $\alpha = 1/n$ mit $n \in \mathbb{Z}$, $n \geq 2$, so treten unter allen Werten $p_{1/n}(1)$ gerade n verschiedene Werte $\zeta_1, \ldots, \zeta_n$ auf, nämlich $\zeta_1 := e^{2\pi i/n}$, $\zeta_k = \zeta_1^k$ für $1 < k < n$, $\zeta_n = \zeta_1^n = 1$. Man nennt die $\zeta_1, \ldots, \zeta_n$ die **n-ten Einheitswurzeln**, denn sie sind Wurzeln der Gleichung $z^n = 1$. Unter allen Werten $p_{1/n}(z)$, die in einem Punkt $z \neq 0$ definiert sind, treten genau n verschiedene Werte $w_1, w_2, \ldots, w_n$ auf, die man die **n-ten Wurzeln von** z nennt und mit $\sqrt[n]{z}$ bezeichnet. Für $n = 2$ ist $\sqrt{z}$ das Symbol für eine Quadratwurzel von z. Mit anderen Worten: $\sqrt[n]{z}$ bezeichnet n verschiedene holomorphe Funktionen $\zeta_k e^{\frac{1}{n} l(z)}$, $k = 1, \ldots, n$, wobei $l(z)$ eine holomorphe Logarithmusfunktion ist. Für $z \in \mathbb{C}^-$ heißt $z \mapsto e^{\frac{1}{n} \log z}$ der **Hauptwert** (oder **Hauptzweig**) von $\sqrt[n]{z}$. Er stimmt auf der positiven reellen Achse mit der gewöhnlichen n-ten Wurzel überein.

10 Die Riemannsche Zetafunktion

$$\zeta(z) := \sum_{n=1}^{\infty} \frac{1}{n^z} \tag{38}$$

mit $n^z = e^{z \log n} = e^{x \log n} e^{iy \log n}$, $x = \operatorname{Re} z$, $y = \operatorname{Im} z$ ist für $\operatorname{Re} z > 1$ definiert. Um dies zu beweisen, betrachten wir zunächst für $\alpha > 1$ das „uneigentliche Integral"

$$\int_1^\infty \frac{dx}{x^\alpha} = \lim_{N \to \infty} \int_1^N \frac{dx}{x^\alpha} = \lim_{N \to \infty} \left[\frac{x^{1-\alpha}}{1-\alpha} \right]_1^N = \frac{1}{\alpha - 1} ,$$

das offensichtlich die Reihe $\sum_{n=2}^\infty n^{-\alpha}$ majorisiert, denn es gilt

$$\sum_{n=2}^N \frac{1}{n^\alpha} \leq \int_1^N \frac{dx}{x^\alpha} ,$$

da die Summe auf der linken Seite das Unterintegral von $\int_1^N x^{-\alpha} dx$ zur äquidistanten Zerlegung von $[1, N]$ mit der Schrittweite 1 ist. Also ist $\sum_{n=1}^\infty n^{-\alpha}$ für $\alpha > 1$ konvergent, und folglich ist diese Reihe eine konvergente Majorante der Reihe (38) in der Halbebene

$\{z \in \mathbb{C} : \operatorname{Re} z \geq \alpha\}$, so daß die Reihe in (38) sogar gleichmäßig konvergiert. Da die Funktionen $z \mapsto n^z$ dort stetig sind, ist $\zeta(z)$ eine stetige Funktion auf $\{z \in \mathbb{C} : \operatorname{Re} z > 1\}$. In Kürze werden wir sehen, daß $\zeta(z)$ dort auch holomorph ist (vgl. 3.2, Satz 5). Diese Funktion läßt sich holomorph auf $\mathbb{C}'_1 := \mathbb{C} \setminus \{1\}$ fortsetzen. An der Stelle $z = 1$ hat diese Fortsetzung einen einfachen Pol. Dies bedeutet, daß $(z - 1) \cdot \zeta(z)$ konvergiert mit $z \to 1$. In der Tat gilt

$$(39) \qquad \lim_{z \to 1} \left[(z - 1) \cdot \zeta(z) \right] = 1 \,.$$

Es stellt sich heraus, daß $\zeta(z)$ an den Stellen

$$(40) \qquad z = -2, -4, -6, \dots, -2n, \, \dots \,, \text{ mit } n \in \mathbb{N}$$

verschwindet. Weiter kann man zeigen, daß $\zeta(z) \neq 0$ ist für $\operatorname{Re} z \geq 1$ und $\operatorname{Re} z \leq 0$ bis auf die obigen Nullstellen. Alle von den Nullstellen $z = -2n$, $n \in \mathbb{N}$, verschiedenen Nullstellen von $\zeta(z)$ müssen also im Streifen $\{z : 0 < \operatorname{Re} z < 1\}$ liegen. Die berühmte *Vermutung von Riemann*, die er in seiner Arbeit *Über die Anzahl der Primzahlen unter einer gegebenen Größe* (Monatsberichte der Berliner Akademie 1859; vgl. auch *Math. Werke* [1. Auflage, S. 136–144, insbesondere S. 139; 2. Auflage, S. 145–153]) aufgestellt hat, besagt, daß alle von (40) verschiedenen Nullstellen von $\zeta(z)$ auf der Geraden $\{z \in \mathbb{C} : \operatorname{Re} z = 1/2\}$ liegen. David Hilbert hat diese Vermutung als achtes Problem unter die dreiundzwanzig mathematischen Probleme aufgenommen, die er in 1900 auf dem Internationalen Mathematikerkongreß in Paris zur Lösung vorgeschlagen hat. (Näheres findet der Leser in dem schönen Lehrbuch von H.M. Edwards, *Riemann's Zeta Function*, Academic Press, New York 1974.)

Bereits Euler hat sich mit der Zetafunktion befaßt. Ausgangspunkt war für ihn die geometrische Reihe

$$1 + \frac{1}{p^s} + \frac{1}{p^{2s}} + \frac{1}{p^{3s}} + \dots \;=\; \frac{1}{1 - \frac{1}{p^s}} \,.$$

Ordnen wir die abzählbar vielen Primzahlen zu einer Folge $p_1, p_2, p_3 \dots$ und bilden das *unendliche Produkt*

$$\prod_{\nu=1}^{\infty} \left(1 - \frac{1}{p^s_\nu} \right)^{-1} \;=\; \lim_{n \to \infty} \prod_{\nu=1}^{n} \left(1 - \frac{1}{p^s_\nu} \right)^{-1} \qquad \text{für } s > 1 \,,$$

so ergibt sich als Resultat $\sum_{n=1}^{\infty} n^{-s} = \zeta(s)$, weil jede natürliche Zahl $n > 1$ auf genau eine Weise als Produkt von Primzahlpotenzen geschrieben werden kann und daher beim Ausmultiplizieren von $\prod_{\nu=1}^{\infty} \left(\sum_{\alpha=0}^{\infty} p_\nu^{-\alpha s} \right)$ jeder Summand von $\zeta(s)$ genau einmal vorkommt. Also:

$$(41) \qquad \zeta(s) \;=\; \prod_{\nu=1}^{\infty} \left(1 - \frac{1}{p^s_\nu} \right)^{-1} \qquad \text{für } s > 1 \,.$$

Freilich muß diese Eulersche Formel noch insofern gerechtfertigt werden, daß man die erforderlichen „Umordnungen" beim Ausmultiplizieren des unendlichen Produktes als zulässig nachweist.

Aufgaben.

1. Mit Hilfe der **Wirtingeroperatoren**

$$\frac{\partial}{\partial z} = \frac{1}{2} \left(\frac{\partial}{\partial x} - i \frac{\partial}{\partial y} \right) , \quad \frac{\partial}{\partial \bar{z}} = \frac{1}{2} \left(\frac{\partial}{\partial x} + i \frac{\partial}{\partial y} \right)$$

definieren wir für $f : \Omega \to \mathbb{C}$ mit $\Omega \subset \mathbb{C}$ die *Wirtingerableitungen*

$$f_z = \frac{\partial}{\partial z} f := \frac{1}{2}(f_x - i f_y) \,, \quad f_{\bar{z}} = \frac{\partial}{\partial \bar{z}} f := \frac{1}{2}(f_x + i f_y) \,.$$

Man beweise: Sind $u(x, y) := \operatorname{Re} f(z)$ und $v(x, y) := \operatorname{Im} f(z)$ mit $x = \operatorname{Re} z$ und $y = \operatorname{Im} z$ stetig differenzierbare Funktionen der Variablen x, y mit $z = x + iy \in \Omega$, so ist f genau dann holomorph, wenn $f_{\bar{z}} = 0$ ist. Für $f \in \mathcal{H}(\Omega)$ gilt $f' = f_z$.

2. Für $f \in C^2(\Omega, \mathbb{C})$ und $g := \bar{f}$ gelten die folgenden Rechenregeln: (i) $f_z = \overline{g_{\bar{z}}}$, $f_{\bar{z}} = \overline{g_z}$; (ii) $f_{z\bar{z}} = \frac{1}{4}\Delta f = \frac{1}{4}(f_{xx} + f_{yy})$; (iii) $\frac{\partial z}{\partial z} = 1$, $\frac{\partial z}{\partial \bar{z}} = 0$, $\frac{\partial \bar{z}}{\partial z} = 0$, $\frac{\partial \bar{z}}{\partial \bar{z}} = 1$.

3. Ist $f \in \mathcal{H}(\Omega)$ und gilt Im $f(z) \equiv$ const, so folgt $f(z) \equiv$ const. Beweis?

4. Sind die folgenden Funktionen $f : \mathbb{C} \to \mathbb{C}$ holomorph: $f(z) := \bar{z}$, $z \cdot \bar{z}$, $z + \bar{z}$, Im z?

5. Man beweise die Propositionen 2 und 3.

6. Man berechne die Ableitungen von $f : \mathbb{C} \setminus \{z_0\} \to \mathbb{C}$, wobei $f(z) := \sum\limits_{\nu=-k}^{n} a_\nu (z - z_0)^\nu$,
   $k, n \in \mathbb{N}_0$.

7. Man zeige, daß $e^z = 1$ genau dann gilt, wenn $z = 2\pi n i$ mit $n \in \mathbb{Z}$ ist.

8. Wann gilt $e^{z+\omega} = e^z$ für alle $z \in \mathbb{C}$, d.h. was sind die „Perioden" ω der Exponentialfunktion? Antwort: $\omega = 2\pi n i$ mit $n \in \mathbb{Z}$. Beweis?

9. Die Abbildung $z \mapsto e^z$ bildet für beliebig gewähltes $a \in \mathbb{R}$ den Streifen
   $\sum_a := \{z \in \mathbb{C} : a \leq \text{Im } z < a + 2\pi\}$ biholomorph auf $\mathbb{C}^* := \mathbb{C} \setminus \{0\}$ ab. Beweis?

10. Was sind die (Haupt-) Werte von 1^i, 2^{-i}, i^i, i^e, e^i?

11. Die Abbildung $z \mapsto \zeta = f(z) := \frac{1}{2}(z + z^{-1})$ bildet konzentrische Kreise vom Radius $r \neq 1$ um den Ursprung auf konfokale Ellipsen mit den Hauptachsen $r + r^{-1}$ und $|r - r^{-1}|$ ab. Die vom Nullpunkt ausgehenden Strahlen werden auf konfokale Hyperbeln abgebildet, die jene Ellipsen orthogonal schneiden. Beweis? Man zeige $\frac{\zeta-1}{\zeta+1} = \left(\frac{z-1}{z+1}\right)^2$ und $(z - \zeta)^2 = \zeta^2 - 1$ und überlege, wo $z = \zeta + \sqrt{\zeta^2 - 1}$ gilt, wenn $\sqrt{}$ den Hauptzweig der Wurzelfunktion bezeichnet.

12. Bezeichne

$$z \mapsto \zeta = f(z) := \frac{az + b}{cz + d} \ , \quad ad - bc \neq 0 \ ,$$

die Abbildung von $\mathbb{C} \setminus \{-d/c\}$ auf $\mathbb{C} \setminus \{a/c\}$ für $c \neq 0$ bzw. von $\mathbb{C}$ auf $\mathbb{C}$ für $c = 0$. Man zeige, daß f biholomorph ist und bestimme die Umkehrfunktion $f^{-1}(w)$ sowie die Ableitung $f'(z)$.

13. Man zeige, daß jede holomorphe Funktion f der Differentialgleichung $\Delta|f|^2 = 4|f'|^2$ genügt, woraus $\Delta|f|^2 \geq 0$ folgt.

14. Ist $f \in \mathcal{H}(\Omega)$, $c(t) := Re^{it}$, $c(t) \subset \Omega$, und definieren wir $g \in \mathcal{H}(\Omega)$ durch $g(z) := izf'(z)$, so ist die Bahngeschwindigkeit $\dot{\gamma}$ der Kurve $\gamma := f \circ c$ gegeben durch $\dot{\gamma} = g \circ c$. Die Krümmung $\kappa(t)$ der Kurve γ im Punkte $w = \gamma(t)$ ist

$$\kappa(t) = \frac{1}{|zf'(z)|} \left[1 + Re\, z\frac{f''(z)}{f'(z)} \right] \quad \text{mit} \quad z = c(t) \ ,$$

falls wir $f'(z) \neq 0$ auf Spur c annehmen. Beweis? Man untersuche das Vorzeichen von $\kappa(t)$ für den Spezialfall $f(z) := w_0 + z^n$ mit $n \in \mathbb{Z}$, $n \neq 0$, und $|w_0| > 1$.

15. Die in Aufgabe 14 betrachtete Kurve $\gamma(t)$, $0 \leq t \leq 2\pi$, sei eine geschlossene Jordankurve, die den Rand $\partial\Omega$ eines einfach zusammenhängenden, beschränkten Gebietes Ω in $\mathbb{C}$ parametrisiert und bezüglich Ω positiv orientiert ist. Man zeige, daß Ω genau dann konvex ist, wenn $Re[zf''(z)/f'(z)] \geq -1$ für $z = c(t)$, $t \in \mathbb{R}$ gilt, und daß (für $f'(z) \neq 0$ auf c) das Gebiet sternförmig bezüglich des Punktes $w = 0$ ist, falls $Re\left[zf'(z)/f(z)\right] > 0$ ist.

2 Cauchys Integralformel

Im folgenden denken wir uns den Rand $\partial B_R(z_0)$ einer Kreisscheibe

$$B_R(z_0) = \{z \in \mathbb{C} : |z - z_0| < R\}$$

durch die Kreislinie $c = C_R(z_0)$ parametrisiert, die durch

(1) $$c(t) := z_0 + Re^{it} \ , \ \ 0 \le t \le 2\pi$$

gegeben ist.

Lemma 1. *Wir betrachten zwei Kreisscheiben $B_r(z)$ und $B_R(z_0)$ in einer offenen Menge $\Omega \subset \mathbb{C}$, die*

(2) $$B_r(z) \subset\subset B_R(z_0) \subset\subset \Omega$$

erfüllen, und eine Funktion $g \in \mathcal{H}(\Omega'_z)$ mit $\Omega'_z := \Omega \setminus \{z\}$. Dann gilt

(3) $$\int_{C_R(z_0)} g(\zeta)d\zeta \ = \ \int_{C_r(z)} g(\zeta)d\zeta \ .$$

Beweis. Wir bilden eine geschlossene D^1-Kurve c, die sich aus $C_R(z_0)$ und der zu $C_r(z)$ entgegengesetzt orientierten Kreislinie $-C_r(z)$ sowie zwei entgegengesetzt orientierten Geradenstücken c^+ und c^- zusammensetzt, die $C_R(z_0)$ und $C_r(z)$ verbinden. (Man nennt das Paar (c^+, c^-) einen *Rückkehrschnitt*.)

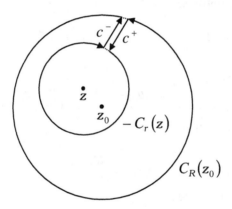

Die Kurve c läßt sich (durch „Abrunden der Ecken") offenbar so durch eine Folge $\{\tilde{c}_k\}$ geschlossener, in Ω'_z nullhomotoper C^1-Kurven $\tilde{c}_k$ approximieren, daß $\int_{\tilde{c}_k} g(\zeta)d\zeta \ \to \ \int_c g(\zeta)d\zeta$ für $k \to \infty$ gilt. Aus 2.1, Satz 9 („Variante des Cauchyschen Integralsatzes") folgt dann wegen $g \in \mathcal{H}(\Omega'_z)$, daß

(4) $$\int_c g(\zeta)d\zeta = 0 \ .$$

Hieraus ergibt sich

$$0 = \int_{C_R(z_0)} g(\zeta)d\zeta + \int_{-C_r(z)} g(\zeta)d\zeta + \int_{c^+} g(\zeta)d\zeta + \int_{c^-} g(\zeta)d\zeta \ .$$

Wegen

$$\int_{-C_r(z)} g(\zeta)d\zeta = -\int_{C_r(z)} g(\zeta)d\zeta \quad \text{und} \quad \int_{c^+} g(\zeta)d\zeta = -\int_{c^-} g(\zeta)d\zeta$$

folgt

$$0 = \int_{C_R(z_0)} g(\zeta)d\zeta - \int_{C_r(z)} g(\zeta)d\zeta \, .$$

$\square$

Satz 1. (Cauchys Integralformel für den Kreis). *Ist $f \in \mathcal{H}(\Omega)$, so gilt für jede Kreisscheibe $B_R(z_0) \subset\subset \Omega$*

$$(5) \qquad f(z) = \frac{1}{2\pi i} \int_{C_R(z_0)} \frac{f(\zeta)}{\zeta - z} \, d\zeta \quad \text{für alle } z \in B_R(z_0) \, .$$

Beweis. Sei $B_r(z) \subset\subset B_R(z_0) \subset\subset \Omega$ und

$$g(\zeta) := \frac{f(\zeta)}{\zeta - z} \quad \text{für } \zeta \in \Omega'_z = \Omega \setminus \{z\} \, .$$

Dann ist $g \in \mathcal{H}(\Omega'_z)$, und aus Lemma 1 folgt

$$\int_{C_R(z_0)} g(\zeta)d\zeta = \int_{C_r(z)} g(\zeta)d\zeta \, ,$$

d.h.

$$(6) \qquad \int_{C_R(z_0)} \frac{f(\zeta)}{\zeta - z} \, d\zeta = \int_{C_r(z)} \frac{f(\zeta)}{\zeta - z} \, d\zeta \, .$$

Das zweite Integral schreiben wir als

$$(7) \qquad \int_{C_r(z)} \frac{f(\zeta)}{\zeta - z} d\zeta = \int_{C_r(z)} \frac{f(z)}{\zeta - z} d\zeta + \int_{C_r(z)} \frac{f(\zeta) - f(z)}{\zeta - z} d\zeta \, .$$

Aus Proposition 4 von 3.1 folgt

$$(8) \qquad \int_{C_r(z)} \frac{f(z)}{\zeta - z} \, d\zeta = 2\pi i \, f(z) \, ,$$

und ferner gilt die Abschätzung

$$\left| \int_{C_r(z)} \frac{f(\zeta) - f(z)}{\zeta - z} d\zeta \right| \le 2\pi r \cdot \frac{1}{r} \cdot \sup\{|f(\zeta) - f(z)| : \zeta \in \mathbb{C} \, , \, |\zeta - z| = r\} \, ,$$

woraus sich

$$(9) \qquad \lim_{r \to +0} \int_{C_r(z)} \frac{f(\zeta) - f(z)}{\zeta - z} \, d\zeta = 0$$

ergibt. Aus (6)–(9) erhalten wir schließlich die Behauptung (5).

$\square$

Lemma 2. *(i) Ist $\varphi \in C^0(\partial B_R(z_0), \mathbb{C})$, so wird durch*

(10) $$f(z) := \frac{1}{2\pi i} \int_{C_R(z_0)} \frac{\varphi(\zeta)}{\zeta - z} d\zeta \quad , z \in B_R(z_0) ,$$

eine Funktion $f : B_R(z_0) \to \mathbb{C}$ definiert, die unendlich oft differenzierbar ist, und es gilt für alle $z \in B_R(z_0)$

(11) $$f^{(n)}(z) = \frac{n!}{2\pi i} \int_{C_R(z_0)} \frac{\varphi(\zeta)}{(\zeta - z)^{n+1}} d\zeta \quad \text{für alle } n \in \mathbb{N}_0 .$$

(ii) Bezeichnet M das Maximum von $|\varphi(\zeta)|$ auf $\partial B_R(z_0)$, so gilt

(12) $$|f^{(n)}(z_0)| \leq n! M R^{-n} \quad \text{für alle } n \in \mathbb{N}_0 .$$

Beweis. (i) Der Integrand $g(\zeta, z) := \dfrac{\varphi(\zeta)}{\zeta - z}$ von (10) ist eine beliebig oft (komplex) differenzierbare Funktion des Parameters z. Dann zeigt man ähnlich wie im Beweis des Satzes 2 von 1.3, daß $f(z)$ differenzierbar ist und

$$f'(z) = \frac{1}{2\pi i} \int_{C_R(z_0)} \frac{d}{dz} \frac{\varphi(\zeta)}{\zeta - z} d\zeta = \frac{1}{2\pi i} \int_{C_R(z_0)} \frac{\varphi(\zeta)}{(\zeta - z)^2} d\zeta$$

gilt. So können wir fortfahren und erhalten durch Induktion die Formel (11).
(ii) Mittels Abschätzung (19) von Abschnitt 2.1 ergibt sich aus (10) und (11) für alle $n \in \mathbb{N}_0$, daß

$$|f^{(n)}(z_0)| \leq \frac{n!}{2\pi} \cdot 2\pi R \cdot R^{-n-1} \cdot M$$

ist.

$\square$

Aus Satz 1 und Lemma 2 folgt

Satz 2. *Eine holomorphe Funktion $f : \Omega \to \mathbb{C}$ ist beliebig oft differenzierbar. Damit sind alle komplexen Ableitungen $f', f'', \dots, f^{(n)}, \dots$, in Ω holomorphe Funktionen, und für jede Kreisscheibe $B_R(z_0) \subset\subset \Omega$ und alle $z \in B_R(z_0)$ gilt*

(13) $$f^{(n)}(z) = \frac{n!}{2\pi i} \int_{C_R(z_0)} \frac{f(\zeta)}{(\zeta - z)^{n+1}} d\zeta .$$

Weiterhin erhalten wir **Cauchys Abschätzungen**

(14) $$|f^{(n)}(z_0)| \leq n! \, M(z_0, R) R^{-n} ,$$

wobei

(15) $$M(z_0, R) := \max_{C_R(z_0)} |f|$$

gesetzt ist.

Die Klasse $\mathcal{H}(\Omega)$ der in Ω holomorphen Funktionen $f : \Omega \to \mathbb{C}$ bildet also eine Algebra über dem Körper $\mathbb{C}$, die gegenüber der Operation des Differenzierens abgeschlossen ist, d.h. aus $f \in \mathcal{H}(\Omega)$ folgt $f' \in \mathcal{H}(\Omega)$.

Bemerkung 1. Die Aussage von Satz 2 läßt sich noch verschärfen. Wie Goursat (1884) bemerkt hat, kann man den Integralsatz von Cauchy bereits unter der Voraussetzung beweisen, daß $f : \Omega \to \mathbb{C}$ (komplex) differenzierbar ist. Für differenzierbare Funktionen folgt dann schon die Integralformel (5), und wegen Lemma 2 ergibt sich sogleich die Existenz und Stetigkeit aller Ableitungen $f'(z), f''(z), \ldots$ auf Ω; insbesondere ist es also überflüssig zu fordern, daß f' stetig sei, denn dies folgt bereits aus der Existenz von f'. Definition 2, (ii) aus 3.1 kann somit durch folgende äquivalente Definition ersetzt werden: *Eine Funktion $f : \Omega \to \mathbb{C}$ heißt holomorph, wenn sie differenzierbar ist.* Diese Beobachtung von Goursat ist überraschend, aber für den weiteren Aufbau der Funktionentheorie bedeutungslos, da sie nirgends benötigt wird. Der Leser findet den Beweis der Goursatschen Beobachtung in der von Pringsheim gegebenen Form in den meisten modernen Lehrbüchern der Funktionentheorie. Wir skizzieren hier den Beweis; er beruht auf folgendem

Lemma von Goursat. *Ist $f : \Omega \to \mathbb{C}$ differenzierbar auf der offenen Menge $\mathbb{C}$, so gilt $\int_c f(z)dz = 0$ für jede reguläre D^1-Kurve c, die ein Dreieck $\Delta \subset\subset \Omega$ berandet.*

Beweis. Wir wollen stets annehmen, daß c das Dreieck Δ im positiven Sinne umläuft und schreiben suggestiv $I(\Delta)$ für $\int_c f(z)dz$ und $L(\partial\Delta)$ für die Länge von c.

Halbieren wir die Seiten von Δ und verbinden die Seitenmittelpunkte geradlinig, so entstehen vier kongruente Dreiecke $\Delta', \Delta'', \Delta''', \Delta''''$; für diese gilt

$$I(\Delta) = I(\Delta') + I(\Delta'') + I(\Delta''') + I(\Delta'''') .$$

Bezeichne Δ_1 eines dieser Dreiecke, für das der Wert des Betrages der zugehörigen Integrale $I(\Delta'), \ldots, I(\Delta'''')$ am größten ist. Dann folgt

$$|I(\Delta)| \leq 4|I(\Delta_1)| \quad \text{und} \quad L(\partial\Delta) = 2L(\partial\Delta_1) .$$

Beim nächsten Schritt wenden wir die gleiche Prozedur auf Δ_1 statt Δ an und erhalten ein Dreieck $\Delta_2 \subset \Delta_1$ mit

$$|I(\Delta_1)| \leq 4|I(\Delta_2)| \quad \text{und} \quad L(\partial\Delta_2) = 2L(\partial\Delta_1)$$

Auf diese Weise entsteht eine Dreiecksschachtelung $\{\Delta_n\}$, die sich auf einen Punkt $z_0 \in \Omega$ zusammenzieht und für die

$$|I(\Delta)| \leq 4^n\, I(\Delta_n) \quad \text{und} \quad L(\partial\Delta) = 2^n\, L(\partial\Delta_n)$$

gilt. Aus 3.1, Proposition 1 folgt

$$f(z) = f(z_0) + a(z - z_0) + g(z) \cdot (z - z_0)$$

mit $a := f'(z_0)$ und einer Funktion $g : \Omega \to \mathbb{C}$, die $\lim_{z \to z_0} g(z) = 0$ erfüllt. Ohne Verwendung des Cauchyschen Integralsatzes rechnet man aus, daß

$$\int_{\partial\Delta_n} f(z_0)dz = 0 \quad \text{und} \quad \int_{\partial\Delta_n} a(z - z_0)dz = 0$$

gilt. Damit bekommen wir

$$I(\Delta_n) = \int_{\partial\Delta_n} g(z) \cdot (z - z_0)dz .$$

Setze $M_n := \max_{\partial\Delta_n} |g|$, also $M_n \to 0$ mit $n \to 0$. Wegen $|z - z_0| \leq L(\partial\Delta_n)$ für $z \in \partial\Delta_n$ folgt

$$|I(\Delta_n)| \leq M_n\, L^2(\partial\Delta_n) = M_n 4^{-n}\, L^2(\Delta)$$

und daher

$$|I(\Delta)| \leq M_n \, L^2(\partial\Delta) \qquad \text{für alle } n \in \mathbb{N} \,.$$

Mit $n \to \infty$ ergibt sich also $I(\Delta) = 0$.

Von Goursats Lemma ausgehend können wir Cauchys Integralsatz zunächst für geschlossene Polygone und dann für geschlossene reguläre D^1-Kurven beweisen, indem wir die stetige Abhängigkeit des Kurvenintegrals gegenüber geeigneten Deformationen des Integrationsweges beachten.

□

Definition 1. *Eine auf ganz $\mathbb{C}$ holomorphe Funktion $f : \mathbb{C} \to \mathbb{C}$ heißt* **ganze Funktion.**

Jedes Polynom ist eine ganze Funktion. Wir nennen eine ganze Funktion **trans-zendent**, wenn sie kein Polynom ist. Beispielsweise ist die Exponentialfunktion transzendent.

Satz 3. (Satz von Liouville). *Eine beschränkte ganze Funktion ist notwendig konstant.*

Beweis. Sei $f \in \mathcal{H}(\mathbb{C})$, und es gelte $\sup_{\mathbb{C}} |f| \leq M < \infty$. Dann gilt für jedes $z_0 \in \mathbb{C}$ die Abschätzung

$$|f'(z_0)| \leq MR^{-1} \quad \text{für alle } R > 0$$

Mit $R \to \infty$ folgt $f'(z_0) = 0$ für alle $z_0 \in \mathbb{C}$ und damit $f(z) \equiv \text{const}$.

□

Satz 4. (Fundamentalsatz der Algebra). *Jedes Polynom p vom Grade ≥ 1 besitzt mindestens eine Nullstelle.*

Beweis. Wäre $p(z)$ ein Polynom vom mindestens ersten Grade ohne Nullstellen, so wäre die Funktion $f := 1/p$ eine ganze Funktion. Wegen $|p(z)| \to \infty$ für $|z| \to \infty$ (vgl. Band 1, 2.7, Beweis von Satz 3) gibt es eine Zahl $R \geq 1$, so daß

$$|p(z)| \geq 1/2 \quad \text{für alle } z \text{ mit } |z| \geq R$$

gilt. Somit wäre $|f(z)|$ auf $\mathbb{C}$ beschränkt, und nach Liouvilles Satz wäre $f(z)$ konstant, folglich auch $p(z) \equiv \text{const}$, Widerspruch.

□

Satz 5. (Weierstraßscher Konvergenzsatz). *Ist $\{f_n\}$ eine Folge holomorpher Funktionen $f_n : \Omega \to \mathbb{C}$ derart, daß*

$$(16) \qquad f_n(z) \rightrightarrows f(z) \text{ mit } n \to \infty \text{ auf jedem } \Omega' \subset\subset \Omega$$

gilt, so folgt $f \in \mathcal{H}(\Omega)$ und ferner

$$(17) \qquad f_n^{(k)}(z) \rightrightarrows f^{(k)}(z) \text{ mit } n \to \infty \text{ auf jedem } \Omega' \subset\subset \Omega$$

für alle $k \in \mathbb{N}$.

Beweis. Sei $B_R(z_0) \subset\subset \Omega$. Dann gibt es Zahlen R_0 und R_1 mit $R_1 > R_0 > R$, so daß $B_R(z_0) \subset\subset B_{R_0}(z_0) \subset\subset B_{R_1}(z_0) \subset\subset \Omega$ erfüllt ist. Für alle $n \in \mathbb{N}$ und alle $z \in B_{R_0}(z_0)$ folgt nach Satz 1

$$(18) \qquad f_n(z) = \frac{1}{2\pi i} \int_{C_{R_0}(z_0)} \frac{f_n(\zeta)}{\zeta - z}\, d\zeta \,.$$

Für $z \in B_R(z_0)$ und $\zeta \in \partial B_{R_0(z_0)}$ gilt $|\zeta - z| \geq R_0 - R > 0$. Wegen (16) erhalten wir dann für jedes $z \in B_R(z_0)$, daß

$$\frac{f_n(\zeta)}{\zeta - z} \;\rightrightarrows\; \frac{f(\zeta)}{\zeta - z} \quad \text{bezüglich } \zeta \in \partial B_{R_0}(z_0) \text{ mit } n \to \infty$$

gilt. Dann ergibt sich aus (18) die Gleichung

$$(19) \qquad f(z) = \frac{1}{2\pi i} \int_{C_{R_0}(z_0)} \frac{f(\zeta)}{\zeta - z}\, d\zeta$$

für alle $z \in B_R(z_0)$ und alle $R \in (0, R_0)$. Somit ist (19) sogar für alle $z \in B_{R_0}(z_0)$ erfüllt, und wir erhalten nach Lemma 2, daß $f \in \mathcal{H}(\Omega)$ ist.
Wegen (18) und (19) ergibt sich

$$f_n^{(k)}(z) = \frac{k!}{2\pi i} \int_{C_{R_0}(z_0)} \frac{f_n(\zeta)}{(\zeta - z)^{k+1}}\, d\zeta \;,\; f^{(k)}(z) = \frac{k!}{2\pi i} \int_{C_R(z_0)} \frac{f(\zeta)}{(\zeta - z)^{k+1}}\, d\zeta$$

für alle $z \in B_{R_0}(z_0)$, und damit bekommen wir

$$f_n^{(k)}(z) \;\rightrightarrows\; f^{(k)}(z) \text{ für } z \in B_R(z_0) \quad \text{mit } n \to \infty \,.$$

Ein Überdeckungsargument liefert nunmehr (17).

$\qquad\qquad\qquad\qquad\qquad\qquad\qquad\qquad\qquad\qquad\qquad\qquad\qquad\qquad\qquad$ □

Definition 2. *Sei $f \in \mathcal{H}(\Omega)$. Wir nennen $z_0 \in \partial\Omega$ eine* **isolierte Singularität** *von f, wenn für ein r mit $0 < r \ll 1$ die punktierte Kreisscheibe*

$$B_r'(z_0) := B_r(z_0) \setminus \{z_0\}$$

in Ω liegt.

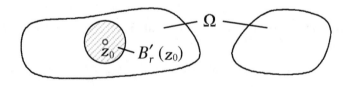

Aus Lemma 1 folgt für $0 < r < R \ll 1$, daß

$$\int_{C_R(z_0)} f(\zeta) d\zeta = \int_{C_r(z_0)} f(\zeta) d\zeta$$

ist, wenn $f \in \mathcal{H}(\Omega)$ an der Stelle $z_0 \in \partial\Omega$ eine isolierte Singularität hat, d.h.

$$\int_{C_r(z_0)} f(\zeta)d\zeta \equiv \text{const} \quad \text{für alle } r \text{ mit } 0 < r \ll 1 .$$

Dies führt zu

Definition 3. *Hat die Funktion $f \in \mathcal{H}(\Omega)$ an der Stelle $z_0 \in \partial\Omega$ eine isolierte Singularität, so nennt man*

$$(20) \qquad \text{Res}\,(f, z_0) := \lim_{r \to +0} \frac{1}{2\pi i} \int_{C_r(z_0)} f(\zeta)d\zeta$$

das **Residuum** *von f in z_0. Es gilt*

$$(21) \qquad \text{Res}\,(f, z_0) = \frac{1}{2\pi i} \int_{C_r(z_0)} f(\zeta)d\zeta \quad \text{für alle } r \text{ mit } 0 < r \ll 1 .$$

Aus Satz 1 erhalten wir dann folgende nützliche Aussage.

Proposition 1. *Ist $f \in \mathcal{H}(\Omega)$ und $z \in \Omega$, so hat die durch*

$$g(\zeta) := \frac{f(\zeta)}{\zeta - z} , \qquad \zeta \in \Omega \setminus \{z\} ,$$

definierte Funktion $g \in \mathcal{H}\big(\Omega \setminus \{z\}\big)$ an der Stelle z das Residuum $f(z)$, d.h. $\text{Res}(g, z) = f(z)$.

Ähnlich wie in Lemma 1 ergibt sich

Lemma 3. *Sei $f \in \mathcal{H}(\Omega)$ und bezeichne G ein Gebiet mit $G \subset\subset \Omega$, dessen Rand sich in der Form $\partial G = \Gamma_1 \cup \Gamma_2 \cup \ldots \Gamma_p$ schreiben läßt, wobei jede Randkomponente Γ_j die Spur einer geschlossenen, regulären, eingebetteten D^1-Kurve c_j ist, die bezüglich G positiv orientiert sei. Dann gilt*

$$(22) \qquad \sum_{j=1}^{p} \int_{c_j} f(z)dz = 0 .$$

Beweis. Zunächst ist zu klären, was damit gemeint ist, die Kurven $c_j : I_j \to \mathbb{C}$ mit $c_j(I_j) = \Gamma_j$ seien **bezüglich G positiv orientiert**. Dies soll bedeuten, daß G immer links von der Randkomponente Γ_j liegt, wenn wir sie vermöge $c_j(t)$ in Richtung wachsender Parameterwerte t durchlaufen. (Wir wollen uns gegenwärtig mit dieser „anschaulichen" Definition begnügen, die in all den Spezialfällen von Gebieten greift, die wir betrachten werden. Bei dieser Wahl der Orientierungen der Kurven c_j liefert $\sum_{j=1}^{p} \int_{c_j} x\,dy - y\,dx = \int_{\partial G} x\,dy - y\,dx$ den

Flächeninhalt $|G|$ des Gebietes G. Mit einer formaleren Definition des Orientierungsbegriffs werden wir uns in 4.6 bzw. 6.2 und in Band 3 befassen.) Dann kann man (bei geeigneter Wahl der Numerierung der Randkomponenten von G) $p-1$ Polygone $\mathcal{S}_1, \ldots, \mathcal{S}_{p-1}$ finden, so daß $\mathcal{S}_j$ die Komponenten Γ_j und Γ_{j+1} verbindet, indem es seinen Anfangspunkt P_j auf Γ_j, seinen Endpunkt Q_j auf Γ_{j+1} hat und im übrigen die Kurven $\Gamma_1, \ldots, \Gamma_p$ nicht trifft; gewöhnlich lassen sich $\mathcal{S}_1, \ldots, \mathcal{S}_{p-1}$ als geradlinige Segmente wählen.

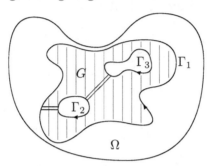

Anschließend wählen wir zwei D^1-Kurven s_j und s_j', die $\mathcal{S}_j$ als Spur haben, aber entgegengesetzt orientiert sind, beispielsweise $s_j' = -s_j$. Der Anfangspunkt von s_j sei P_j und Q_j der Endpunkt. Ein solches Paar (s_j, s_j') nennen wir einen **Rückkehrschnitt** von G. Dann können wir die Kurven $c_1, \ldots, c_p$ und die Rückkehrschnitte $s_1, s_1', \ldots, s_{p-1}, s_{p-1}'$ zu einer geschlossenen D^1-Kurve c zusammensetzen, die sich so durch eine Folge $\{\tilde{c}_k\}$ von in Ω nullhomotopen C^1-Kurven approximieren lassen, daß $\int_{\tilde{c}_k} f(z)dz \to \int_c f(z)dz$ für $k \to \infty$ folgt. Aus 2.1, Satz 9 ergibt sich dann $\int_c f(z)dz = 0$, und dies bedeutet

$$\sum_{j=1}^{p} \int_{c_j} f(z)dz \; + \; \sum_{j=1}^{p-1} \left[\int_{s_j} f(z)dz \; + \; \int_{s_j'} f(z)dz \right] = 0 \,.$$

Wegen $\int_{s_j'} f(z)dz = - \int_{s_j} f(z)dz$ erhalten wir nunmehr die Formel (22).

$\square$

Wir betrachten jetzt folgende Situation:

Sei Ω eine offene Menge in $\mathbb{C}$, $\mathcal{S} = \{z_1, z_2, \ldots\}$ eine nichtleere endliche oder abzählbare unendliche Teilmenge von Ω, die sich in Ω nicht häuft (d.h. die in Ω keinen Häufungspunkt besitzt). Ferner sei G ein Gebiet mit $G \subset\subset \Omega$, $\partial G \cap \mathcal{S} = \emptyset$, $G \cap \mathcal{S} = \{z_1, \ldots, z_N\}$, das von einer geschlossenen regulären D^1-Jordankurve c berandet wird, die G im positiven Sinne umläuft.

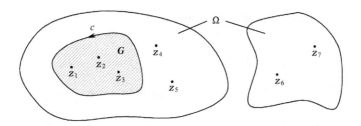

Dann erhalten wir

Satz 6. (Cauchys Residuensatz). *Unter den soeben genannten Voraussetzungen gilt für jede Funktion* $f \in \mathcal{H}(\Omega \setminus \mathcal{S})$ *die Formel*

$$(23) \qquad \int_c f(z)dz = 2\pi i \sum_{j=1}^{N} \operatorname{Res}(f, z_j)$$

Beweis. Ersetzen wir G durch das Gebiet $G' := G \setminus \bigcup_{j=1}^{N} B_r(z_j)$, $0 < r << 1$, so folgt nach Lemma 3

$$\int_c f(z)dz + \sum_{j=1}^{N} \int_{-C_r(z_j)} f(z)dz = 0 \,,$$

und dies liefert nach (21)

$$\int_c f(z)dz = \sum_{j=1}^{N} \int_{C_r(z_j)} f(z)dz = \sum_{j=1}^{N} 2\pi i \operatorname{Res}(f, z_j) \,.$$

$\square$

Der Residuensatz ist ein starkes Hilfsmittel, das beispielsweise bei der Berechnung „uneigentlicher Integrale" gute Dienste leistet (vgl. 3.8).

Wenn G nicht von einer, sondern endlich vielen geschlossenen, regulären D^1-Jordankurven $c_1, \ldots, c_p$ berandet wird, die positiv bezüglich G orientiert sind, so erhalten wir statt (23) den Residuensatz in der Form

$$(24) \qquad \sum_{j=1}^{p} \int_{c_j} f(z)dz = 2\pi i \sum_{j=1}^{N} \operatorname{Res}(f, z_j) \,.$$

Als wichtigen Spezialfall ($p = 2, N = 1$) erhalten wir, wenn wir $f(\zeta)$ durch

$$g(\zeta) := \frac{f(\zeta)}{\zeta - z}$$

ersetzen und $\operatorname{Res}(g, z) = f(z)$ verwenden:

Satz 7. (Darstellungsformel von auf einem Kreisring holomorphen Funktionen). *Sei* $f \in \mathcal{H}(A(z_0))$, *wobei* $A(z_0)$ *den „Kreisring"*

$$(25) \qquad A(z_0) := \{z \in \mathbb{C} : r_1 < |z - z_0| < r_2\} \ \text{mit} \ 0 \le r_1 < r_2$$

bezeichne. Dann gilt für beliebige ρ *und* r *mit* $r_1 < \rho < r < r_2$ *die Darstellung*

$$(26) \qquad f(z) := \varphi(z,r) + \psi(z,\rho) \quad \text{für alle } z \text{ mit } \rho < |z - z_0| < r \,,$$

wobei $\varphi(z,r)$ *die in* $B_r(z_0)$ *holomorphe Funktion*

$$(27) \qquad \varphi(z,r) := \frac{1}{2\pi i} \int_{C_r(z_0)} \frac{f(\zeta)}{\zeta - z} \, d\zeta \,, \quad z \in B_r(z_0) \,,$$

bezeichnet und $\psi(z,\rho)$ *die in* $\mathbb{C} \setminus \overline{B}_\rho(z_0)$ *holomorphe Funktion*

$$(28) \qquad \psi(z,\rho) := \frac{-1}{2\pi i} \int_{C_\rho(z_0)} \frac{f(\zeta)}{\zeta - z} \, d\zeta \,, \quad |z - z_0| > \rho \,.$$

Die Darstellung (26)-(28) benutzen wir in 3.7 zur Herleitung der Laurententwicklung. Zunächst gewinnen wir aus ihr das folgende Resultat:

Satz 8. (Riemanns Hebbarkeitssatz). *Wenn* $f \in \mathcal{H}(B'_R(z_0))$ *ist und wenn es eine Konstante* $K > 0$ *gibt, so daß auf der punktierten Kreisscheibe*

$$B'_R(z_0) := B_R(z_0) \setminus \{z_0\}$$

die Abschätzung

$$\sup_{B'_R(z_0)} |f| \le K$$

besteht, so gilt für alle $r \in (0, R)$ *und für die durch (27) definierte Funktion* $\varphi \in \mathcal{H}(B_r(z_0))$ *die Beziehung*

$$f(z) = \varphi(z,r) \quad \text{für alle } z \in B'_r(z_0) \,,$$

d.h. f *läßt sich zu einer holomorphen Funktion auf* $B_R(z_0)$ *fortsetzen.*

Beweis. Wähle irgendein $z \in B_r(z_0)$ mit $z \neq z_0$ und danach ein $\rho > 0$ mit $\rho < |z - z_0|$. Dann folgt

$$|\psi(z,\rho)| \le \frac{1}{2\pi} \cdot 2\pi\rho \cdot K \cdot \frac{1}{|z - z_0| - \rho} \to 0 \quad \text{mit} \quad \rho \to +0 \,;$$

also ist $f(z) = \varphi(z,r)$ für alle $z \in B'_r(z_0)$ und beliebiges $r \in (0, R)$. Hieraus folgt die Behauptung.

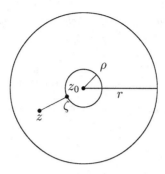

Satz 9. *Wenn* $f \in \mathcal{H}(B'_R(z_0))$ *ist und Konstanten* $K > 0$ *und* $m \in \mathbb{N}$ *existieren, so daß*

$$|z - z_0|^m f(z) \leq K \quad \text{für alle } z \in B'_R(z_0)$$

gilt, so gibt es für jedes $r \in (0, R)$ *eine Funktion* $\varphi \in \mathcal{H}(B_r(z_0))$ *derart, daß*

$$f(z) = (z - z_0)^{-m} \varphi(z) \quad \text{für alle } z \text{ mit} \quad 0 < |z - z_0| < r$$

gilt.

Beweis. Die Funktion

$$g(z) := (z - z_0)^m f(z)$$

erfüllt die Voraussetzung von Satz 8. Daher existiert zu $r \in (0, R)$ eine holomorphe Funktion $\varphi : B_r(z_0) \to \mathbb{C}$, so daß $g(z) = \varphi(z)$ für alle $z \in B'_r(z_0)$ ist. Dies liefert die gewünschte Darstellung von f.

□

Nun wollen wir noch eine *allgemeinere Version der Cauchyschen Integralformel* angeben.

Satz 10. (Cauchys Integralformel). *Sei* $f \in \mathcal{H}(\Omega)$, *und bezeichne* G *ein (einfach zusammenhängendes) Gebiet mit* $G \subset\subset \Omega$, *dessen Rand von einer geschlossenen, regulären* D^1-*Jordankurve* c *parametrisiert wird, die* G *im positiven Sinne umläuft. Dann gilt*

(29) $$f(z) = \frac{1}{2\pi i} \int_c \frac{f(\zeta)}{\zeta - z} \, d\zeta \quad \text{für alle } z \in G \, .$$

Beweis. Die Formel (29) ergibt sich sofort aus dem Residuensatz, wenn wir ihn auf die durch

$$g(\zeta) := \frac{f(\zeta)}{\zeta - z} \, , \quad \zeta \in \Omega \setminus \{z\} \, ,$$

definierte Funktion g anwenden und Definition 3 sowie Satz 1 beachten.

□

Bemerkung 2. *Die Formel (29) bleibt richtig, wenn wir bloß $f \in C^0(\overline{G}) \cap \mathcal{H}(G)$ voraussetzen, wobei G ein einfach zusammenhängendes, beschränktes Gebiet in $\mathbb{C}$ ist, dessen Rand ∂G von einer geschlossenen, regulären D^1-Jordankurve c parametrisiert wird, die G im positiven Sinne umläuft.* Der Beweis dieses Resultats ergibt sich, wenn wir G von innen her in „glatter Weise" durch Gebiete $G_j \subset\subset G$ mit $\bigcup\limits_{j=1}^{\infty} G_j = G$ ausschöpfen, auf diese Satz 10 anwenden und dann zur Grenze $j \to \infty$ übergehen.

Wenden wir (29) auf f^n statt f an, so folgt

$$f^n(z) = \frac{1}{2\pi i} \int_c \frac{f^n(\zeta)}{\zeta - z}\, d\zeta \quad \text{für alle } z \in G \text{ und } n \in \mathbb{N}\ .$$

Mit

$$L := \text{Länge von } c\ ,\ r := \text{dist}\,(z, \partial G) > 0 \ \text{ und } \ M := \sup\left\{|f(\zeta)| : \zeta \in \partial G\right\}$$

ergibt sich $|f(z)|^n \leq (2\pi r)^{-1} L M^n$ und daher $|f(z)| \leq (2\pi r)^{-1/n} L^{1/n} M$. Für $n \to \infty$ erhalten wir das folgende **Maximumprinzip**:

$$(30) \qquad |f(z)| \leq \max_{\partial G} |f| \ \text{ für alle } z \in G \ ,\ \text{ also } \ \max_{\overline{G}} |f| = \max_{\partial G} |f|\ .$$

Eine Verschärfung dieses Maximumprinzips findet sich in 3.4 (vgl. Satz 2).

Nun wollen wir das **Schwarzsche Spiegelungsprinzip** aufstellen, das auch Riemann bekannt war.

Zur Vorbereitung betrachten wir zwei disjunkte offene Mengen Ω und Ω^* mit $\partial\Omega \cap \partial\Omega^* = \Gamma$, wobei Γ die Spur einer regulären D^1-Jordankurve $c : [0,1] \to \mathbb{C}$ und $\Omega_0 := \Omega \cup \Gamma \cup \Omega^*$ eine offene Menge sei.

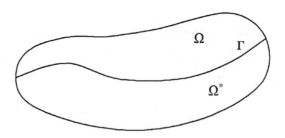

Lemma 4. *Ist $f \in \mathcal{H}(\Omega) \cap C^0(\Omega \cup \Gamma)$, $g \in \mathcal{H}(\Omega^*) \cap C^0(\Omega^* \cup \Gamma)$, und gilt $f(z) = g(z)$ für alle $z \in \Gamma$, so wird durch*

$$(31) \qquad F(z) := \begin{cases} f(z) & z \in \Omega \cup \Gamma \\[4pt] & \text{für} \\[4pt] g(z) & z \in \Omega^* \end{cases}$$

eine holomorphe Funktion auf $\Omega_0 := \Omega \cup \Gamma \cup \Omega^*$ definiert.

Beweis. Es genügt zu zeigen, daß es für jeden Punkt $z_0 \in \Omega_0$ eine Kreisscheibe $B_r(z_0) \subset\subset \Omega_0$ gibt, so daß für die stetige Funktion $F : \Omega_0 \to \mathbb{C}$ die Gleichung

$$(32) \qquad F(z) = \frac{1}{2\pi i} \int_{C_r(z_0)} \frac{F(\zeta)}{\zeta - z}\, d\zeta$$

für alle $z \in B_r(z_0)$ gilt, denn nach Lemma 2 folgt hieraus $F \in \mathcal{H}(\Omega_0)$.

Für $z_0 \in \Omega$ liefert Satz 1 sofort die Formel (32), wenn wir $r > 0$ so klein wählen, daß $B_r(z_0) \subset\subset \Omega$ gilt, und entsprechend gilt (32) für $B_r(z_0) \subset\subset \Omega^*$. Somit müssen wir nur noch den Fall $z_0 \in \Gamma \setminus \Omega_0$ betrachten. Wir können $r > 0$ so klein wählen, daß $B_r(z_0) \subset\subset \Omega_0$ gilt, $\Gamma \cap \partial B_r(z_0) = \{z_1, z_2\}$ ist und $\Gamma_r := \overline{B}_r(z_0) \cap \Gamma$ einen Jordanbogen darstellt, der von z_1 und z_2 berandet wird. Seien j^+ und j^- Parametrisierungen von Γ_r, so daß $S^+ := \Omega \cap B_r(z_0)$ bzw. $S^- := \Omega^* \cap B_r(z_0)$ zur Linken von j^+ bzw. j^- liegt. Weiter zerlegen wir den Kreis $C_r(z_0)$ in die beiden Bögen C^+ und C^-, deren Spur in $\Omega \cup \Gamma$ bzw. $\Omega^* \cup \Gamma$ liegt.

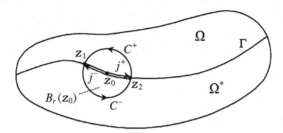

Offenbar gilt

$$\int_{j^+} \frac{F(\zeta)}{\zeta - z}\, d\zeta = -\int_{j^-} \frac{F(\zeta)}{\zeta - z}\, d\zeta \quad \text{für } z \notin \Gamma_r$$

und damit

$$\frac{1}{2\pi i} \int_{C_r(z_0)} \frac{F(\zeta)}{\zeta - z}\, d\zeta = \frac{1}{2\pi i} \int_{C^+} \frac{F(\zeta)}{\zeta - z}\, d\zeta + \frac{1}{2\pi i} \int_{C^-} \frac{F(\zeta)}{\zeta - z}\, d\zeta$$

$$= \frac{1}{2\pi i} \int_{C^+ + j^+} \frac{f(\zeta)}{\zeta - z}\, d\zeta + \frac{1}{2\pi i} \int_{C^- + j^-} \frac{g(\zeta)}{\zeta - z}\, d\zeta \,.$$

Betrachten wir nun einen Punkt $z \in S^+$. Indem wir die Kurven $C^+ + j^+$ und $C^- + j^-$ erst ein kleines bißchen in Kurven γ^+ und γ^- deformieren, die in Ω bzw. Ω^* liegen, erhalten wir aus Satz 6 in Verbindung mit Proposition 1 die Formeln

$$\int_{\gamma^+} \frac{f(\zeta)}{\zeta - z}\, d\zeta = 2\pi i\, f(z)\,, \qquad \int_{\gamma^-} \frac{g(\zeta)}{\zeta - z}\, d\zeta = 0\,,$$

und eine Stetigkeitsbetrachtung liefert schließlich

$$\int_{C^+ + j^+} \frac{f(\zeta)}{\zeta - z}\, d\zeta = 2\pi i\, f(z)\,, \qquad \int_{C^- + j^-} \frac{g(\zeta)}{\zeta - z}\, d\zeta = 0\,.$$

Somit folgt

$$(33) \qquad F(z) \;=\; \frac{1}{2\pi i} \int_{C_r(z_0)} \frac{F(\zeta)}{\zeta - z}\, d\zeta$$

für alle $z \in S^+$, und analog zeigt man diese Formel auch für $z \in S^-$. Lassen wir nun z von S^+ oder S^- her gegen einen Punkt $z' \in \Gamma \cap B_r(z_0)$ streben, so folgt aus Stetigkeitsgründen

$$F(z') \;=\; \frac{1}{2\pi i} \int_{C_r(z_0)} \frac{F(\zeta)}{\zeta - z'}\, d\zeta\,,$$

da beide Seiten der Gleichung (33) stetig von z abhängen. Damit ist (32) bewiesen. $\qquad\square$

Sei nun I ein offenes Intervall auf einer Geraden Γ und Ω ein Gebiet in $\mathbb{C}$ mit $\overline{I} = \partial\Omega \cap \Gamma$. Bezeichne Ω^* das Spiegelbild von Ω an Γ. Wir setzen voraus, daß Ω ganz auf einer Seite von Γ liegt; dann liegt Ω^* auf der entgegengesetzten Seite, und $\Omega_0 := \Omega \cup I \cup \Omega^*$ bildet ein Gebiet in $\mathbb{C}$.

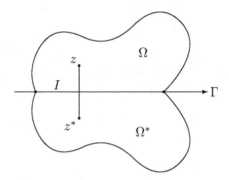

Wir betrachten eine Funktion $f \in \mathcal{H}(\Omega) \cap C^0(\Omega \cup I)$ mit der Eigenschaft, daß das Bild $f(I)$ von $I \subset \Gamma$ auf einer Geraden $\mathcal{G}$ liegt.

Weiter bezeichne z^* den Spiegelpunkt eines Punktes $z \in \mathbb{C}$ an der Geraden Γ, und $f(z)^*$ sei der Spiegelpunkt von $f(z)$ an der Geraden $\mathcal{G}$. Setzen wir noch

$$(34) \qquad F(z) \;:=\; \begin{cases} f(z) & \text{für} \quad z \in \Omega \cup I\,, \\ f(z^*)^* & \text{für} \quad z \in \Omega^*\,, \end{cases}$$

so gilt:

Satz 11. (Schwarzsches Spiegelungsprinzip). *Unter den obigen Voraussetzungen ist die durch (34) definierte Funktion $F : \Omega_0 \to \mathbb{C}$ holomorph.*

Beweis. Wir setzen voraus, daß sowohl Γ als auch $\mathcal{G}$ mit der reellen Achse zusammenfallen, was keine Einschränkung bedeutet, da man den allgemeinen Fall durch eine Bewegung des Bildes und des Urbildes stets auf diesen Spezialfall zurückführen kann. Dann gilt $I \subset \mathbb{R}$ und $f(I) \subset \mathbb{R}$.

Sei $f(z) = u(x,y) + iv(x,y)$, $z = x + iy \in \Omega \cup I$, $x = \mathrm{Re}\, z$, $y = \mathrm{Im}\, z$. Wir bilden für $z = x + iy \in \Omega^* \cup I$ die Funktion

$$g(z) \;:=\; \alpha(x,y) + i\beta(x,y) \quad \text{mit} \quad \alpha(x,y) := u(x,-y),\ \beta(x,y) := -v(x,-y)\,.$$

Offenbar haben wir $g(z) = f(z^*)^*$. Also ist die durch (34) definierte Funktion $F(z)$ von der Form

$$F(z) = \begin{cases} f(z) & z \in \Omega \cup I \\ & \text{für} \\ g(z) & z \in \Omega^* \,. \end{cases}$$

Wegen $v(x,0) = 0$ für $x \in I$ folgt $f(z) \equiv g(z)$ auf I, und g ist auf dem Spiegelbild $\Omega^* \cup I$ von $\Omega \cup I$ stetig. Um Lemma 4 anwenden zu können, müssen wir noch $g \in \mathcal{H}(\Omega^*)$ zeigen, was dadurch geschieht, daß wir für g die Cauchy-Riemannschen Differentialgleichungen nachweisen. Da $f = u + iv$ diese Gleichungen erfüllt, folgt das Gewünschte aus

$$\begin{aligned} \alpha_x(x,y) &= u_x(x,-y) &= v_y(x,-y) = & \beta_y(x,y) \\ \alpha_y(x,y) &= -u_y(x,-y) &= v_x(x,-y) = & -\beta_x(x,y) \end{aligned}$$

für $x + iy \in \Omega^*$. Lemma 4 liefert nunmehr die Behauptung.

$\square$

Man bezeichnet die Aussage von Satz 11 als *Fortsetzung durch Spiegelung*. Die Behauptung bleibt richtig, wenn wir die Geraden Γ und $\mathcal{G}$ durch zwei Kreise C und C' ersetzen, denn durch geeignete affine Abbildungen

$$(35) \qquad z \mapsto \frac{az+b}{cz+d} \quad \text{mit } ad - bc \neq 0$$

kann man vorgegebene Kreise auf vorgegebene Geraden abbilden. Beispielsweise liefert die **Cayleyabbildung**

$$(36) \qquad z \mapsto \frac{z-i}{z+i}, \quad z \neq -i \,,$$

eine biholomorphe Abbildung von $\mathbb{C} \setminus \{-i\}$ auf $\mathbb{C} \setminus \{1\}$, die die reelle Achse auf $\partial B_1(0) \setminus \{1\}$ und die obere Halbebene auf die Kreisscheibe $B_1(0)$ abbildet. Da die Abbildungen (35) bezüglich der Komposition als „Multiplikation" eine Gruppe bilden, kann man (36) mit Bewegungen von $\mathbb{C}$ zusammensetzen und erhält so die gewünschte Abbildung „Gerade $\to$ Kreis".

Aufgaben.

1. **(Satz von Morera)** Ist $f : \Omega \to \mathbb{C}$ im Gebiet Ω stetig und verschwindet $\int_c f(z)dz$ für jede geschlossene D^1-Kurve c in Ω, so ist f holomorph. Beweis?
2. Aus der Cauchyschen Integralformel leite man die folgende *Mittelwertformel* ab:
   Für $f \in \mathcal{H}(\Omega)$ und $B_r(z_0) \subset\subset \Omega$ gilt

$$(*) \qquad f(z_0) = \frac{1}{2\pi} \int_0^{2\pi} f(z_0 + re^{i\theta})d\theta \,.$$

3. Besitzt die holomorphe Funktion $f \in \mathbb{C} \setminus \{0\} \to \mathbb{C}$ mit

$$f(z) := \frac{z}{e^z - 1}$$

   eine hebbare Singularität im Ursprung?
4. Man beweise:
   Wenn f in der punktierten Kreisscheibe $B_R'(z_0)$ holomorph ist und $|z - z_0||f(z)| \to 0$ für $z \to z_0$ gilt, so läßt sich f zu einer in $B_R(z_0)$ holomorphen Funktion fortsetzen.

5. Ist $f \in \mathcal{H}(\Omega)$ und $B_R(0) \subset\subset \Omega$, so gilt

$$\overline{f}(0) = \frac{1}{2\pi i} \int_{C_R(0)} \frac{\overline{f}(\zeta)}{\zeta - z} \, d\zeta \text{ für alle } z \in B_R(0) \, .$$

(*Hinweis:* Man beachte, daß für $z \in B_R(0)$ die Funktion $h(\zeta) := \frac{\overline{z}f(\zeta)}{R^2 - \overline{z}\zeta}$ in einer Umgebung von $\overline{B}_R(0)$ holomorph ist und daß $g(\zeta) := \frac{f(\zeta)}{\zeta}$ für $|\zeta| = R$ geschrieben werden kann als $g(\zeta) = g(\zeta)\overline{\zeta}\zeta(\overline{\zeta} - \overline{z})^{-1} - h(\zeta)$.)

6. Man leite mittels Aufgabe 5 aus der Cauchyschen Integralformel das folgende Resultat her (H.A. Schwarz): Ist $f \in \mathcal{H}(\Omega)$ und $B_R(0) \subset\subset \Omega$, so gilt für alle $z \in B_R(0)$, daß

$$f(z) = \frac{1}{2\pi i} \int_{C_R(0)} \frac{\operatorname{Re} f(\zeta)}{\zeta} \frac{\zeta + z}{\zeta - z} \, d\zeta + i \operatorname{Im} f(0) \, .$$

(*Hinweis:* Es gilt $\int_{C_R(0)} \frac{\operatorname{Re} f(\zeta)}{\zeta} \frac{\zeta+z}{\zeta-z} \, d\zeta = \int_{C_R(0)} \frac{f(\zeta) + \overline{f}(\zeta)}{\zeta - z} \, d\zeta - \frac{1}{2} \int_{C_R(0)} \frac{f(\zeta) + \overline{f}(\zeta)}{\zeta} \, d\zeta$.)

7. Ist u in $\Omega \subset \mathbb{R}^2 \,\hat{=}\, \mathbb{C}$ harmonisch und $B_R(z_0) \subset\subset \Omega$, so gilt für $0 \le r < R$ die *Poissonsche Integralformel*

$$u(z_0 + re^{i\varphi}) = \frac{1}{2\pi} \int_0^{2\pi} u(z_0 + Re^{i\theta}) \, \frac{R^2 - r^2}{R^2 - 2Rr\cos(\theta - \varphi) + r^2} \, d\theta \, .$$

(*Hinweis:* Man schreibe u in der Form $u = \operatorname{Re} f$ mit $f \in \mathcal{H}\big(B_{R+\epsilon}(z_0)\big)$ für $0 < \epsilon \ll 1$ und benutze Aufgabe 6.)

8. Mit Hilfe des Residuensatzes berechne man $\int_{C_2(0)} f(z)dz$ für die Funktion $f(z) := \frac{1}{1+z^2}$.

9. Ist f eine ganze Funktion und gibt es Konstanten $c > 0$, $R > 0$ und $n \in \mathbb{N}$, so daß $|f(z)| \le c|z|^n$ für alle $z \in \mathbb{C}$ mit $|z| > R$ gilt, so ist f ein Polynom von höchstens n-tem Grade. Beweis?

10. Man zeige, daß das Bild $f(\mathbb{C})$ für jede nichtkonstante ganze Funktion f in $\mathbb{C}$ dicht liegt.

11. Seien $z_1, \ldots, z_n \in G \subset\subset \Omega$, $f \in \mathcal{H}(\Omega)$, und bezeichne G ein Gebiet, das von einer geschlossenen D^1-Jordankurve berandet wird, die G im positiven Sinne umschlingt. Weiter sei $\omega(z) := (z - z_1)(z - z_2)\ldots(z - z_n)$. Dann ist

$$p(z) := \frac{1}{2\pi i} \int_c \frac{f(\zeta)}{\omega(\zeta)} \frac{\omega(\zeta) - \omega(z)}{\zeta - z} \, d\zeta$$

das Polynom $(n-1)$-ten Grades, welches in $z_1, \ldots, z_n$ denselben Wert wie f hat. Beweis?

3   Potenzreihen und holomorphe Funktionen

Wir erinnern in diesem Abschnitt zuerst an einige Definitionen und Resultate aus der Theorie der Reihen und Potenzreihen, die wir im ersten Kapitel von Band 1 entwickelt haben. Dann zeigen wir, daß sich jede holomorphe Funktion lokal durch eine konvergente Potenzreihe darstellen läßt. Hieraus folgt der *Identitätssatz für holomorphe Funktionen* und das *Permanenzprinzip für analytische Identitäten*. Letzteres gestattet, analytische Gleichungen vom Reellen ins Komplexe fortzusetzen.

Betrachten wir zunächst Reihen der Form

$$(1) \qquad \sum_{n=0}^{\infty} a_n \quad \text{bzw.} \quad \sum_{n=1}^{\infty} a_n \quad \text{mit } a_n \in \mathbb{C} \, .$$

Eine Reihe (1) heißt *absolut konvergent*, wenn die Reihe

$$(2) \qquad \sum_{n=0}^{\infty} |a_n| \quad \text{bzw.} \quad \sum_{n=1}^{\infty} |a_n|$$

konvergiert. Wegen

$$\left| \sum_{n=k+1}^{k+p} a_n \right| \leq \sum_{n=k+1}^{k+p} |a_n|$$

ist eine absolut konvergente Reihe notwendigerweise konvergent. Das Umgekehrte ist nicht richtig, wie man am Beispiel der Leibnizschen alternierenden Reihe

$$1 - \frac{1}{2} + \frac{1}{3} - \frac{1}{4} + \frac{1}{5} - \cdots$$

sieht, die die Summe $\log 2$ hat, während die harmonische Reihe

$$1 + \frac{1}{2} + \frac{1}{3} + \frac{1}{4} + \frac{1}{5} + \cdots$$

divergiert. In der Tat ist

$$\log(N+1) = \int_1^{N+1} \frac{dx}{x} \leq \sum_{n=1}^{N} \frac{1}{n} \qquad \text{für } N \in \mathbb{N},$$

und es gilt $\log x \to \infty$ für $x \to \infty$.

Eine konvergente Reihe $\sum_{n=0}^{\infty} a_n$ komplexer Zahlen a_n heißt *unbedingt konvergent*, wenn jede Umordnung $\sum_{n=0}^{\infty} a_n'$ derselben konvergent ist und immer dieselbe Summe hat; anderenfalls heißt $\sum_{n=0}^{\infty} a_n$ bedingt konvergent.

In Band 1, 1.19 haben wir den folgenden grundlegenden *Satz von Dirichlet* bewiesen:

Eine Reihe $\sum_{n=0}^{\infty} a_n$, $a_n \in \mathbb{C}$, ist genau dann unbedingt konvergent, wenn sie absolut konvergiert.

Wir erinnern weiterhin an das **Majorantenkriterium**:

Eine Reihe $\sum_{n=0}^{\infty} a_n$ mit $a_n \in \mathbb{C}$ ist genau dann absolut konvergent, wenn sie eine konvergente Majorante besitzt, d.h. wenn es eine Folge nicht negativer Zahlen $c_n \in \mathbb{R}$, einen Index $n_0 \in \mathbb{N}_0$ und eine Zahl $k > 0$ gibt derart, daß $|a_n| \leq c_n$ für alle $n \geq n_0$ gilt sowie

$$(3) \qquad \sum_{n=0}^{N} c_n \leq k \qquad \text{für alle } N \in \mathbb{N}.$$

Wegen $c_n \geq 0$ ist die Bedingung (3) gleichwertig zur Annahme

(4)
$$\sum_{n=0}^{\infty} c_n < \infty .$$

Satz 1. (Quotientenkriterium). *Die Reihe $\sum_{n=0}^{\infty} a_n$ ist absolut konvergent, wenn es eine Konstante q mit $0 < q < 1$ und einen Index $n_0 \in \mathbb{N}_0$ gibt, so daß*

(5)
$$\left| \frac{a_{n+1}}{a_n} \right| \leq q \qquad \textit{für alle } n \in \mathbb{N}_0 \textit{ mit } n \geq n_0$$

gilt.

Beweis. Für $n \geq n_0$ und $c := |a_{n_0}| \cdot q^{-n_0}$ folgt

$$|a_{n+1}| \leq q|a_n| \leq q^2|a_{n-1}| \leq \ldots \leq q^{n-n_0+1}|a_{n_0}| = cq^{n+1} .$$

Damit hat $\sum_{n=0}^{\infty} a_n$ die konvergente Majorante $\sum_{n=0}^{\infty} cq^n$.

$\square$

Satz 2. (Wurzelkriterium). *Die Reihe $\sum_{n=0}^{\infty} a_n$ ist absolut konvergent, wenn es ein q mit $0 < q < 1$ und einen Index $n_0 \in \mathbb{N}$ gibt, so daß für alle $n \in \mathbb{N}_0$ mit $n \geq n_0$ gilt:*

(6)
$$\sqrt[n]{|a_n|} \leq q .$$

Beweis. Aus (6) folgt $|a_n| \leq q^n$ für $n \geq n_0$.

$\square$

Beispiele für die Anwendung des Wurzel- und Quotientenkriteriums.

1 **Die hypergeometrische Reihe**. Seien $\alpha, \beta, \gamma \notin \{0, -1, -2, \ldots\}$,

$$F(\alpha, \beta, \gamma, z) := 1 + \frac{\alpha\beta}{\gamma} z + \frac{\alpha(\alpha+1)\beta(\beta+1)}{2! \cdot \gamma(\gamma+1)} z^2$$

$$+ \frac{\alpha(\alpha+1)(\alpha+2)\beta(\beta+1)(\beta+2)}{3! \cdot \gamma(\gamma+1)(\gamma+2)} z^3 + \ldots .$$

Mit $\alpha^{\overline{0}} := 1$, $\alpha^{\overline{n}} := \alpha(\alpha+1)\ldots(\alpha+n-1)$ erhalten wir

(7)
$$F(\alpha, \beta, \gamma; z) = \sum_{n=0}^{\infty} \frac{\alpha^{\overline{n}}\beta^{\overline{n}}}{\gamma^{\overline{n}}} \frac{1}{n!} z^n =: F\left(\begin{array}{cc} \alpha & , & \beta \\ & \gamma \end{array} \middle| z \right) .$$

Wegen $1^{\overline{n}} = n!$ ist $F(1,1,1;z) = \sum_{n=0}^{\infty} z^n$ die übliche geometrische Reihe.

Mit $a_n := \frac{\alpha^{\overline{n}}\beta^{\overline{n}}}{\gamma^{\overline{n}}} \cdot \frac{1}{n!}$ folgt

(8)
$$\left| \frac{a_{n+1}z^{n+1}}{a_n z^n} \right| = \left| \frac{(\alpha+n)(\beta+n)}{(1+n)(\gamma+n)} \right| \cdot |z| .$$

Die hypergeometrische Reihe konvergiert also für $|z| < 1$.

⟨2⟩ Mit dem Wurzelkriterium zeigt man, daß

$$\sum_{n=1}^{\infty} \left(\frac{n}{n+1} \right)^{n^2}$$

konvergiert, denn

$$\sqrt[n]{a_n} = \left(\frac{n}{n+1} \right)^n = \frac{1}{(1 + \frac{1}{n})^n} \rightarrow \frac{1}{e} \quad \text{für } n \rightarrow \infty .$$

Satz 3. (Minorantenkriterium). *(i) Die Reihe $\sum_{n=0}^{\infty} a_n$ ist nicht absolut konvergent, wenn sie eine divergente Minorante besitzt, d.h. wenn es eine Folge nichtnegativer Zahlen $c_n \in \mathbb{R}$ und einen Index $n_0 \in \mathbb{N}$ gibt, so daß*

$$c_n \leq |a_n| \quad \text{für } n \geq n_0 \text{ und } \sum_{n=0}^{\infty} c_n = \infty$$

gilt.

(ii) Eine divergente Minorante liegt vor, wenn es ein $q \geq 1$ und ein $n_0 \in \mathbb{N}_0$ gibt, so daß

$$\left| \frac{a_{n+1}}{a_n} \right| \geq q \quad \text{für } n \in \mathbb{N}_0 \text{ mit } n \geq n_0$$

und $|a_{n_0}| > 0$ gilt.

Beweis. (i) Die erste Behauptung folgt sofort aus

$$\sum_{n=n_0}^{N} c_n \leq \sum_{n=n_0}^{N} |a_n| .$$

(ii) Ähnlich wie im Beweis von Satz 1 zeigt man, daß

$$|a_{n+1}| \geq q|a_n| \geq q^2 |a_{n-1}| \geq \ldots \geq cq^{n+1}$$

gilt mit $c := |a_{n_0}| q^{-n_0} \neq 0$. Dann ist $\sum_{n=0}^{\infty} cq^n$ eine divergente Minorante für $\sum_{n=0}^{\infty} |a_n|$. $\qquad \square$

⟨3⟩ Aus (8) folgt, daß die hypergeometrische Reihe $F(\alpha, \beta, \gamma; z)$ für $|z| > 1$ divergiert, denn wir haben die Werte von α und β ausgeschlossen, für welche die Reihe abbricht und daher konvergiert.

Der Name *hypergeometrische Reihe* geht auf John Wallis (*Arithmetica infinitorum* 1656) zurück. Euler hat als erster diese Reihe als Potenzreihe und als Funktion von z aufgefaßt, und er hat erkannt, daß sie eine Lösung der komplexen Differentialgleichung

(9) $$z(1-z)F''(z) + [\gamma - (\alpha + \beta + 1)z]F'(z) - \alpha\beta F(z) = 0$$

ist. Euler, Pfaff, Gauß, Kummer und Riemann haben im 19. Jahrhundert die grundlegenden Beiträge zur Theorie der hypergeometrischen Funktion geliefert.

Die klassische Publikation über die hypergeometrische Reihe sind Felix Kleins *Vorlesungen über die hypergeometrische Funktion* (herausgegeben von Otto Haupt), Berlin, Springer 1933. Weiter sei verwiesen auf R.L. Graham, D.E. Knuth, O. Patashnik, *Concrete Mathematics*, Addison-Wesley 1995.

Nun betrachten wir *Potenzreihen $P(z)$* mit komplexen Koeffizienten. Unter einer solchen verstehen wir eine Reihe

(10) $$P(z) = \sum_{n=0}^{\infty} a_n \cdot (z - z_0)^n ;$$

wir nennen z_0 den *Entwicklungspunkt* und $a_n \in \mathbb{C}$ die *Koeffizienten* von $P(z)$.

Lemma 1. *Wenn es Zahlen K und $r > 0$ mit*

$$|a_n| r^n \leq K \quad \text{für alle } n \in \mathbb{N}$$

gibt, so ist $P(z)$ auf jeder Kreisscheibe $\overline{B}_\rho(z_0)$ mit $0 < \rho < r$ gleichmäßig absolut konvergent.

Beweis. Für $\rho \in (0, r)$ haben wir $q := \rho/r \in (0, 1)$. Daher gilt für alle $z \in \overline{B}_\rho(z_0)$ die Abschätzung

$$|a_n| \cdot |z|^n \leq |a_n| \rho^n = |a_n| r^n q^n \leq K q^n \,.$$

Somit ist $\sum_{n=0}^\infty K q^n$ eine konvergente Majorante für $P(z)$ auf $\overline{B}_\rho(z_0)$, und nach dem Majorantenkriterium ist $P(z)$ gleichmäßig absolut konvergent auf $\overline{B}_\rho(z_0)$. $\qquad\square$

Lemma 2. *Ist die Reihe $P(z_1)$ konvergent, so ist $P(z)$ auf jeder Kreisscheibe $\overline{B}_\rho(z_0)$ mit $0 < \rho < |z_1 - z_0|$ gleichmäßig absolut konvergent.*

Beweis. Für $z_1 = z_0$ ist nichts zu beweisen. Sei also $|z_1 - z_0| > 0$. Aus der Konvergenz von $\sum_{n=0}^\infty a_n (z_1 - z_0)^n$ folgt, daß $\{a_n(z_1 - z_0)^n\}$ eine Nullfolge, insbesondere also beschränkt ist. Somit existiert ein K, daß

$$|a_n| \cdot |z_1 - z_0|^n \leq K \quad \text{für alle } n \in \mathbb{N}_0$$

gilt, und Lemma 1 liefert die Behauptung. $\qquad\square$

Nun erinnern wir an folgende Definition:

Jeder Potenzreihe $P(z) = \sum_{n=0}^\infty a_n (z - z_0)^n$ ordnen wir eine als **Konvergenzradius** *der Reihe bezeichnete Größe $R = R(P) \in [0, \infty]$ zu durch*

$$(11) \qquad R(P) := \sup\{|z - z_0| : P(z) \text{ ist konvergent}\} \,.$$

Aus Lemma 2 ergibt sich

Satz 4. *Ist $R(P)$ der Konvergenzradius der Reihe $P(z) = \sum_{n=0}^\infty a_n (z - z_0)^n$, so konvergiert $P(z)$ für jedes $z \in \mathbb{C}$ mit $|z - z_0| < R(P)$ und divergiert für jedes $z \in \mathbb{C}$ mit $|z - z_0| > R(P)$. Ist $R(P) > 0$, so konvergiert $P(z)$ absolut und gleichmäßig auf jeder Kreisscheibe $B_\rho(z_0)$ mit $\rho \in (0, R(P))$.*

Bemerkung 1. Die Potenzreihe

$$P(z) = 1 + z + z^2 + \ldots + z^n + \ldots$$

hat den Konvergenzradius $R(P) = 1$. Satz 4 sagt aber nichts darüber aus, ob $P(z)$ in den Punkten z auf dem Rande $\partial B_1(0)$ des Konvergenzkreises $B_1(0)$ konvergiert. Die Reihe ist überall auf $\partial B_1(0)$ divergent, denn $|z^n| = 1$, und somit bilden die Glieder keine Nullfolge. Auch die Logarithmusreihe

$$P(z) = \sum_{n=1}^{\infty} (-1)^{n-1} \frac{z^n}{n}$$

hat den Konvergenzradius $R(P) = 1$; die Reihe konvergiert für $z = 1$ und divergiert für $z = -1$, denn

$$P(1) = 1 - \frac{1}{2} + \frac{1}{3} - \frac{1}{4} + \frac{1}{5} - \dots , \quad P(-1) = -(1 + \frac{1}{2} + \frac{1}{3} + \frac{1}{4} + \frac{1}{5} + \dots) .$$

Satz 5. (Formel von Cauchy-Hadamard) *Der Konvergenzradius $R(P)$ einer Potenzreihe $P(z) = \sum_{n=0}^{\infty} a_n(z - z_0)^n$ berechnet sich zu*

(12) $$R(P) = \frac{1}{\limsup_{n \to \infty} \sqrt[n]{|a_n|}} .$$

Hierbei ist $\frac{1}{0} := \infty$ und $\frac{1}{\infty} := 0$ gesetzt.

Beweis. Für $z_0 = 0$ haben wir dieses Resultat in Band 1, 1.20 (Satz 5) bewiesen. Durch die Substitution $z \mapsto \zeta = z - z_0$ ergibt sich dann das obige Resultat. $\qquad\square$

Satz 6. *Besitzt eine Potenzreihe $P(z) = \sum_{n=0}^{\infty} a_n(z - z_0)^n$ den Konvergenzradius $R > 0$, so stellt ihre Summe eine in der Kreisscheibe $B_R(z_0)$ holomorphe Funktion $f(z)$ dar, deren Ableitung $f'(z)$ durch*

(13) $$f'(z) = \sum_{n=1}^{\infty} n a_n(z - z_0)^{n-1}$$

gegeben wird. Diese Potenzreihe hat denselben Konvergenzradius wie $P(z)$.

Beweis. Die n-te Partialsumme

$$f_n(z) := \sum_{\nu=0}^{n} a_\nu(z - z_0)^\nu$$

der Reihe ist ein Polynom und somit holomorph auf $\mathbb{C}$. Wegen Satz 4 gilt

$$f_n(z) \rightrightarrows f(z) \text{ in } B_\rho(z_0) \quad (n \to \infty)$$

für jedes $\rho \in (0, R)$, wenn $f(z)$ die Summe von $P(z)$ bezeichnet. Aus dem Weierstraßschen Konvergenzsatz (3.2, Satz 5) folgt dann $f \in \mathcal{H}(B_R(z_0))$ und

$$f'_n(z) \rightrightarrows f'(z) \text{ in } B_\rho(z_0)$$

für jedes $\rho \in (0, R)$. Wegen $f'_n(z) = \sum_{\nu=1}^{n} \nu a_\nu(z - z_0)^{\nu-1}$ ergibt sich hieraus die Formel (13). Die Ableitung einer durch eine Potenzreihe dargestellten Funktion erhält man also durch gliedweise Differentiation der Potenzreihe. Schließlich folgt aus

$$\lim_{n \to \infty} \sqrt[n]{n} = 1$$

die Formel

$$\limsup_{n \to \infty} \sqrt[n]{|a_n|} = \limsup_{n \to \infty} \sqrt[n]{n|a_n|} \, ,$$

und wegen Satz 5 hat $P(z)$ denselben Konvergenzradius wie $\sum_{n=1}^{\infty} n a_n (z - z_0)^n$ und damit wie $\sum_{n=1}^{\infty} n a_n (z - z_0)^{n-1}$.

$\square$

Definition 1. *Eine Funktion $f : \Omega \to \mathbb{C}$ heißt* **analytisch** *in der offenen Menge $\Omega \subset \mathbb{C}$, wenn es zu jedem $z_0 \in \Omega$ eine Kreisscheibe $B_r(z_0) \subset \Omega$ mit $r > 0$ gibt, so daß sich $f(z)$ in $B_r(z_0)$ als Summe einer konvergenten Potenzreihe*

$$(14) \qquad\qquad P(z) = \sum_{n=0}^{\infty} a_n (z - z_0)^n$$

darstellen läßt. (Für diesen Sachverhalt sagt man, f lasse sich in der Kreisscheibe $B_r(z_0)$ in eine konvergente Potenzreihe entwickeln.) Mit $\mathcal{A}(\Omega)$ sei die Klasse der in Ω analytischen Funktionen bezeichnet.

Satz 7. *Für jede offene Menge Ω in $\mathbb{C}$ gilt $\mathcal{H}(\Omega) = \mathcal{A}(\Omega)$.*

Beweis. Die Beziehung $\mathcal{A}(\Omega) \subset \mathcal{H}(\Omega)$ folgt unmittelbar aus Satz 6.
Um die umgekehrte Inklusionsbeziehung zu zeigen, betrachten wir eine beliebige Funktion $f \in \mathcal{H}(\Omega)$ und eine Kreisscheibe $B_r(z_0) \subset\subset \Omega$, $r > 0$. Wir setzen

$$M := \max\{ |f(z)| : z \in \partial B_r(z_0)\} \, .$$

Nach 3.2, Satz 2 gilt $f^{(n)} \in \mathcal{H}(\Omega)$ für alle $n \in \mathbb{N}_0$ sowie

$$|f^{(n)}(z_0)| \le n! M r^{-n} \, .$$

Somit ist die *Taylorreihe*

$$(15) \qquad\qquad P(z) := \sum_{n=0}^{\infty} \frac{1}{n!} f^{(n)}(z_0)(z - z_0)^n$$

für jedes $z \in B_r(z_0)$ konvergent, stellt also nach Satz 6 eine in $B_r(z_0)$ holomorphe Funktion $\varphi(z)$ dar. Wir behaupten, daß

$$(16) \qquad\qquad f(z) = \varphi(z) \quad \text{für alle } z \in B_r(z_0)$$

gilt, wofür wir

$$(17) \qquad\qquad f(z) = \sum_{n=0}^{\infty} \frac{1}{n!} f^{(n)}(z_0)(z - z_0)^n \, , \ z \in B_r(z_0) \, ,$$

schreiben. Hieraus folgt $f \in \mathcal{A}(\Omega)$ und somit $\mathcal{H}(\Omega) \subset \mathcal{A}(\Omega)$, woraus sich

$$\mathcal{H}(\Omega) = \mathcal{A}(\Omega)$$

ergibt.

Um zu zeigen, daß sich die Funktion $f(z)$ auf $B_r(z_0) \subset\subset \Omega$ durch ihre Taylorreihe (15) darstellen läßt, gehen wir von Cauchys Integralformel aus (vgl. 3.2, Satz 1). Danach gilt

$$(18) \qquad f(z) = \frac{1}{2\pi i} \int_{C_r(z_0)} \frac{f(\zeta)}{\zeta - z} \, d\zeta$$

für alle $z \in B_r(z_0)$. Für $\rho \in (0, r)$ und $z \in B_\rho(z_0)$ haben wir dann die Entwicklung

$$\frac{1}{\zeta - z} = \frac{1}{(\zeta - z_0) + (z_0 - z)} = \frac{1}{\zeta - z_0} \cdot \frac{1}{1 - \dfrac{z - z_0}{\zeta - z_0}}$$

$$= \sum_{n=0}^{\infty} h_n(\zeta) \quad \text{mit} \quad h_n(\zeta) := \frac{(z - z_0)^n}{(\zeta - z_0)^{n+1}}$$

die – bei festgewählten z_0 und z – gleichmäßig absolut bezüglich $\zeta \in \partial B_r(z_0)$ konvergiert, denn die hier auftretende Reihe $\sum h_n(\zeta)$ hat die konvergente Majorante $r^{-1} \sum_{n=0}^{\infty} (\rho/r)^n$.

Damit folgt aus (18)

$$f(z) = \frac{1}{2\pi i} \int_{C_r(z_0)} \sum_{n=0}^{\infty} f(\zeta) h_n(\zeta) d\zeta = \sum_{n=0}^{\infty} \frac{1}{2\pi i} \int_{C_r(z_0)} f(\zeta) h_n(\zeta) d\zeta$$

$$= \sum_{n=0}^{\infty} a_n (z - z_0)^n \quad \text{mit} \quad a_n := \frac{1}{2\pi i} \int_{C_r(z_0)} \frac{f(\zeta)}{(\zeta - z_0)^{n+1}} \, d\zeta \, ,$$

und aus 3.2, (13) ergibt sich, daß

$$a_n = \frac{1}{n!} f^{(n)}(z_0)$$

ist. Damit ist (17) bzw. (16) bewiesen.

$\square$

Bemerkung 2. Eine lokale Entwicklung $P(z) = \sum_{n=0}^{\infty} a_n (z - z_0)^n$ einer analytischen, d.h. holomorphen Funktion $f : \Omega \to \mathbb{C}$ ist *eindeutig bestimmt* und wird durch die **Taylorreihe** (17) von f zum Entwicklungspunkt z_0 geliefert, denn aus

$$f(z) = \sum_{n=0}^{\infty} a_n (z - z_0)^n \quad \text{für } z \in B_r(z_0)$$

folgt

$$f^{(k)}(z) = \sum_{n=k}^{\infty} n(n-1) \ldots (n-k+1)a_n(z-z_0)^{n-k}$$

und damit

$$f^{(k)}(z_0) = k! \, a_k \, .$$

Definition 2. *Eine Funktion $f \in \mathcal{H}(\Omega)$ hat in $z_0 \in \Omega$ eine Nullstelle der **Ordnung** (oder **Vielfachheit**) $k \in \mathbb{N}$, wenn gilt:*

$$f^{(n)}(z_0) = 0 \quad \text{für } 1 \le n \le k-1 \, , \quad f^{(k)}(z_0) \ne 0 \, .$$

*Man nennt z_0 auch eine **k-fache Nullstelle** von f. Wenn $f^{(n)}(z_0) = 0$ ist für alle $n \in \mathbb{N}_0$, so heißt z_0 Nullstelle der Ordnung ∞.*

Falls $f(z_0) = 0$ ist, so ist z_0 entweder Nullstelle endlicher oder unendlicher Ordnung. Im zweiten Fall ist $f(z) \equiv 0$ im Konvergenzkreis der Taylorreihe von f an der Stelle z_0, während sich $f(z)$ in einer Umgebung $B_r(z_0)$ einer Nullstelle z_0 der Ordnung k in der Form

$$f(z) = \sum_{n=k}^{\infty} a_n(z-z_0)^n \quad \text{mit } a_n = \frac{1}{n!} f^{(n)}(0) \ne 0$$

schreiben läßt, und umgekehrt folgt aus einer solchen lokalen Darstellung von f in einer Kreisscheibe $B_r(z_0)$, $r > 0$, daß z_0 eine Nullstelle von f mit der Ordnung k ist. Setzen wir $g(z) := \sum_{n=k}^{\infty} a_n(z-z_0)^{n-k}$ für $z \in B_r(z_0)$, so ist g holomorph in $B_r(z_0)$ und $g(z_0) \ne 0$. Damit erhalten wir

Proposition 1. *Der Punkt $z_0 \in \Omega$ ist genau dann eine k-fache Nullstelle einer Funktion $f \in \mathcal{H}(\Omega)$, wenn es in einer Umgebung $B_r(z_0)$ von z_0 eine holomorphe Funktion g mit $g(z_0) \ne 0$ gibt, so daß $f(z) = (z-z_0)^k g(z)$ für alle $z \in B_r(z_0)$ gilt.*

Aus dieser Darstellung gewinnen wir eine weitere lokale Darstellung von f in der Umgebung einer Nullstelle endlicher Vielfachheit.

Proposition 2. *Wenn z_0 eine k-fache Nullstelle von $f \in \mathcal{H}(\Omega)$ ist, so gibt es in einer hinreichend kleinen Umgebung $B_r(z_0)$ von z_0 eine holomorphe Funktion h mit einer einfachen Nullstelle in z_0, so daß $f(z) = \left[h(z)\right]^k$ ist für alle $z \in B_r(z_0)$.*

Beweis. Nach Proposition 1 gibt es eine Funktion $g \in \mathcal{H}(B_r(z_0))$, $r > 0$ mit $g(z_0) \neq 0$ und $f(z) = (z - z_0)^k g(z)$ für $|z - z_0| < r$. Indem wir $r > 0$ eventuell noch verkleinern, können wir annehmen, daß $g(z) \neq 0$ ist auf der Kreisscheibe $B_r(z_0)$ und daß das Bild $g(B_r(z_0))$ in einem einfach zusammenhängenden Gebiet $G \subset \mathbb{C} \setminus \{0\}$ liegt. In G existiert eine holomorphe Logarithmusfunktion und somit eine holomorphe Wurzelfunktion $p_k(w) = \sqrt[k]{w}$. Dann ist $p_k(g(z)) = \sqrt[k]{g(z)}$ in $B_r(z_0)$ holomorph, und es gilt $[p_k(g(z))]^k = g(z)$. Setzen wir noch $h(z) := (z - z_0)p_k(g(z))$, so ergibt sich die Behauptung.

$\square$

Weiterhin liefert Proposition 1 aus Stetigkeitsgründen sofort

Proposition 3. *Ist z_0 eine Nullstelle endlicher Vielfachheit von $f \in \mathcal{H}(z_0)$, so gibt es ein $r > 0$ derart, daß $f(z) \neq 0$ ist für alle z mit $0 < |z - z_0| < r$. Mit anderen Worten: Nullstellen endlicher Ordnung sind isoliert.*

Bemerkung 3. Satz 2 aus 3.2 sowie Satz 6 zeigen, wie sehr sich reelle und komplexe Differenzierbarkeit unterscheiden. Eine einmal komplex differenzierbare Funktion mit stetiger Ableitung ist sogleich unendlich oft komplex differenzierbar und kann sogar in der Umgebung eines jeden Punktes $z_0 \in \Omega$ durch ihre Taylorreihe dargestellt werden. Im Reellen gibt es hingegen für jedes $k \in \mathbb{N}$ Funktionen $f : I = (a, b) \to \mathbb{R}$, die von der Klasse $C^k(I)$, aber nicht von der Klasse $C^{k+1}(I)$ sind, und ferner gibt es Funktionen $f \in C^\infty(I)$, die nicht lokal durch ihre Taylorreihe dargestellt werden.

$\boxed{4}$ **Trigonometrische Funktionen.** Im Komplexen definiert man die Funktionen Sinus und Cosinus am günstigsten durch Potenzreihen:

(19)

$$\sin z := \sum_{n=0}^{\infty} (-1)^n \frac{1}{(2n + 1)!} z^{2n+1} \,,$$

$$\cos z := \sum_{n=0}^{\infty} (-1)^n \frac{1}{(2n)!} z^{2n} \,.$$

Der Konvergenzradius dieser Reihen ist Unendlich; also sind $\sin z$ und $\cos z$ analytische und damit auch holomorphe Funktionen auf $\mathbb{C}$. Bilden wir $\cos z + i \sin z$ und berücksichtigen die Formel $e^z = \sum_{n=0}^{\infty} \frac{1}{n!} z^n$, so folgt

(20) $\qquad e^{iz} = \cos z + i \sin z \quad$ für alle $z \in \mathbb{C}$.

Aus (19) ergibt sich sofort

$$\sin(-z) = -\sin z \,, \quad \cos(-z) = \cos z \,,$$

und wegen (20) erhalten wir

$$(21) \qquad \cos z = \frac{1}{2}\left(e^{iz} + e^{-iz}\right) , \ \sin z = \frac{1}{2i}\left(e^{iz} - e^{-iz}\right) .$$

Weiterhin liefert gliedweise Differentiation der Potenzreihen (19) die Differentialgleichungen

$$(22) \qquad \sin' z = \cos z , \ \cos' z = -\sin z .$$

Aus $e^{i(z+w)} = e^{iz}e^{iw}$ und (21) bekommen wir auch die *Additionstheoreme*

$$(23) \qquad \begin{aligned} \sin(z+w) &= \sin z \cos w + \cos z \sin w , \\ \cos(z+w) &= \cos z \cos w - \sin z \sin w . \end{aligned}$$

Was sind die Nullstellen des komplexen Sinus? Wegen (21) ist $\sin z = 0$ äquivalent zu $e^{2iz} = 1$ und damit zu $e^{-2y}(\cos 2x + i \sin 2x) = 1$, wenn wir $x = \operatorname{Re} z$, $y = \operatorname{Im} z$ setzen. Also gilt $\sin z = 0$ genau dann, wenn $z = n\pi$ mit $n \in \mathbb{Z}$ ist, und wegen

$$\cos z = \sin z \cos \frac{\pi}{2} + \cos z \sin \frac{\pi}{2} = \sin\left(z + \frac{\pi}{2}\right)$$

ist $\cos z = 0$ genau dann, wenn $z = (n+1/2)\pi$ mit $n \in \mathbb{Z}$ ist. *Also sind die Nullstellen des reellen Sinus (bzw. Cosinus) die einzigen Nullstellen des komplexen Sinus (bzw. Cosinus).*

Damit können wir wie im Reellen definieren:

$$(24) \qquad \begin{aligned} \operatorname{tg} z &:= \frac{\sin z}{\cos z} \quad \text{für } z \in \mathbb{C} \text{ mit } z \neq (n+1/2)\pi, \ n \in \mathbb{Z} , \\ \operatorname{ctg} z &:= \frac{\cos z}{\sin z} \quad \text{für } z \in \mathbb{C} \text{ mit } z \neq n\pi, \ n \in \mathbb{Z} . \end{aligned}$$

Die Funktionen Tangens und Cotangens sind also holomorphe Funktionen auf $\mathbb{C} \setminus \mathcal{S}$, wenn $\mathcal{S}$ ihre jeweiligen Singularitätenmengen $\{(n+1/2)\pi : n \in \mathbb{Z}\}$ bzw. $\{n\pi : n \in \mathbb{Z}\}$ bezeichnet. Weiteres zu den trigonometrischen Funktionen findet sich in Band 3.

Nun erinnern wir an den Identitätssatz für Potenzreihen, für den wir jetzt einen eleganteren Beweis liefern können.

Satz 8. (Identitätssatz für Potenzreihen). *Sind $\sum_{n=0}^{\infty} a_n(z - z_0)^n$ und $\sum_{n=0}^{\infty} b_n(z - z_0)^n$ zwei in der Kreisscheibe $B_r(z_0)$ konvergente Potenzreihen mit den Summen $f(z)$ bzw. $g(z)$, und gibt es in $B_r'(z_0) = B_r(z_0) \setminus \{z_0\}$ eine Folge $\{z_k\}$ von Punkten mit $z_k \to z_0$ und $f(z_k) = g(z_k)$ für alle $k \in \mathbb{N}$, so gilt $a_n = b_n$ für alle $n \in \mathbb{N}_0$.*

Beweis. Wir setzen $c_n := b_n - a_n$. Dann stellt $\sum_{n=0}^{\infty} c_n(z - z_0)^n$ eine in $B_r(z_0)$ holomorphe Funktion dar mit den Nullstellen $z_0, z_1, z_2, \ldots$. Wegen $z_k \to z_0$ ist z_0 keine isolierte Nullstelle von f und kann daher nach Proposition 3 keine Nullstelle endlicher Ordnung sein. Also ist z_0 Nullstelle der Ordnung Unendlich, und somit gilt $c_n = 0$ für alle $n \in \mathbb{N}$.

$\square$

Wir haben also eine ähnliche Situation wie bei Polynomen: Zwei Potenzreihen mit dem gleichen Entwicklungspunkt z_0 stimmen genau dann auf einer unendlichen Menge in $\mathbb{C}$ mit z_0 als Häufungspunkt überein, wenn ihre Koeffizienten übereinstimmen. Diese Beobachtung kann man sich bei vielen Gelegenheiten zunutze machen. Ist beispielsweise eine „analytische" Differentialgleichung $Lu = f$ mit holomorpher rechter Seite f gegeben, so versucht man eine Lösung u in Form einer Potenzreihe zu finden. Ist dann Lu eine Potenzreihe, so müssen deren Koeffizienten mit denen der Entwicklung von f übereinstimmen, und dieses **Prinzip des Koeffizientenvergleiches** führt gewöhnlich auf ein Gleichungssystem zur Bestimmung der Koeffizienten von u, das sich vielfach rekursiv lösen läßt.

Wir wollen nun eine einfache, aber weitreichende Verallgemeinerung von Satz 8 angeben, die außerordentlich nützlich ist.

Satz 9. *Sei Ω ein nichtleeres Gebiet in $\mathbb{C}$ und $f \in \mathcal{H}(\Omega)$. Dann sind die folgenden drei Eigenschaften äquivalent:*

(i) Es gibt eine (unendliche) Teilmenge $\mathcal{N} \subset \Omega$, die mindestens einen Punkt $z_0 \in \Omega$ als Häufungspunkt besitzt, und derart, daß $f(z) = 0$ für alle $z \in \mathcal{N}$ ist.

(ii) Die Funktion f besitzt eine Nullstelle der Ordnung ∞, d.h. es gibt ein $z_0 \in \Omega$ mit $f^{(n)}(z_0) = 0$ für alle $n \in \mathbb{N}_0$.

(iii) $f(z) \equiv 0$ in Ω.

Beweis. Aus Satz 8 folgt sofort (i) $\Leftrightarrow$ (ii), und (iii) $\Rightarrow$ (i) ist trivial; wir brauchen also nur (i) $\Rightarrow$ (iii) zu zeigen. Sei also $\mathcal{N}$ eine Teilmenge von Ω mit einem Häufungspunkt $z_0 \in \Omega$, so daß $f(z) = 0$ für alle $z \in \mathcal{N}$ gilt. Wir wählen eine Kreisscheibe $B_r(z_0)$ in Ω, $r > 0$, und erhalten aus Satz 8, daß $f(z) \equiv 0$ in $B_r(z_0)$ ist. Wir behaupten, daß hieraus $f(z) \equiv 0$ in Ω folgt. Anderenfalls gäbe es einen Punkt $z_1 \in \Omega$ mit $f(z_1) \neq 0$. Wir können z_0 und z_1 durch eine stetige Kurve $\varphi : [0,1] \to \Omega$ verbinden, so daß $\varphi(0) = z_0$ und $\varphi(1) = z_1$ ist. Dann gibt es einen größten Wert $t^* \in [0,1]$, so daß $|f(\varphi(t))| = 0$ für alle t mit $0 \leq t \leq t^*$ gilt; aus der Wahl von φ folgt notwendigerweise $0 < t^* < 1$. Wir setzen $z^* := \varphi(t^*)$ und wählen eine Kreisscheibe $B_\rho(z^*) \subset \Omega$ mit $\rho > 0$. Wegen $f(\varphi(t)) = 0$ für $0 \leq t \leq t^*$ ergibt eine erneute Anwendung von Satz 8, daß $f(z) \equiv 0$ auf $B_\rho(z^*)$ ist. Somit gibt es ein $t' \in (t^*, 1)$ mit $f(\varphi(t)) = 0$ für alle $t \in [0,t']$, und dies widerspricht der Maximumseigenschaft von t^*. Also gilt doch $f(z) \equiv 0$ in Ω.

$\square$

Eigenschaft (i) bedeutet, daß f eine *nichtisolierte Nullstelle* $z_0 \in \Omega$ besitzt.

Als Folgerung aus Satz 9 erhalten wir eine Verschärfung von Satz 8.

Satz 10. (Identitätssatz für holomorphe Funktionen). *Sei Ω ein nicht-leeres Gebiet in $\mathbb{C}$, und seien $f, g : \Omega \to \mathbb{C}$ holomorphe Funktionen, die auf einer sich in Ω häufenden Teilmenge $\mathcal{N}$ von Ω übereinstimmen. Dann gilt $f = g$.*

Beweis. Wenden wir Satz 9 auf $h := g - f$ an, so folgt $h = 0$.

$\square$

Bemerkung 4. Mit Hilfe von Satz 10 kann man reell analytische Funktional-gleichungen aus dem Reellen ins Komplexe fortsetzen. So erhalten wir beispiels-weise für alle $z, w \in \mathbb{C}$ die Identitäten (23) aus den entsprechenden Relationen im Reellen, weil die linke und die rechte Seite einer jeden Gleichung ganze Funktionen in z bzw. w sind. Somit können wir erst die Variable z und dann w ins Komplexe ausdehnen.

Diese Schlußweise wird gelegentlich als **Permanenzprinzip für analytische Identitäten** bezeichnet. Ein ähnliches Permanenzprinzip läßt sich für Lösungen analytischer Differentialgleichungen formulieren. So kann man etwa die Gleichun-gen (22) auf $\mathbb{C}$ aus den entsprechenden reellen Differentialgleichungen gewinnen.

Wir formulieren in diesem Zusammenhang den Begriff der analytischen Fortset-zung einer reellen Funktion.

Definition 3. *Eine Funktion $f \in \mathcal{H}(\Omega)$ auf einer offenen Menge Ω heißt holo-morphe Fortsetzung einer reellen Funktion $\varphi : I \to \mathbb{R}$, die auf $I = (a, b) \subset \mathbb{R}$ definiert ist, wenn $I \subset \Omega$ und $\varphi = f\big|_I$ gilt.*

Satz 11. *Eine reell analytische Funktion $\varphi : (a, b) \to \mathbb{R}$ besitzt eine holomorphe Fortsetzung ins Komplexe.*

Den einfachen Beweis dieses wichtigen Resultates überlassen wir dem Leser als Übungsaufgabe. Das wesentliche Hilfsmittel ist Lemma 2, wonach jede konver-gente reelle Potenzreihe zu einer konvergenten Potenzreihe im Komplexen mit dem gleichen Konvergenzradius fortgesetzt werden kann.

Bemerkung 5. Eine reellwertige Funktion $\varphi : (a, b) \to \mathbb{R}$ der Klasse C^∞ ist genau dann reell analytisch, wenn es zu jedem $x_0 \in (a, b)$ und jedem $r > 0$ eine Konstante $M > 0$ gibt, so daß für alle $x \in (a, b)$ mit $|x - x_0| < r$ und alle $n \in \mathbb{N}$ die Abschätzung

$$|f^{(n)}(x)| \leq M r^{-n} n!$$

gilt. Die Taylorformel in Verbindung mit dieser Abschätzung zeigt nämlich, daß f lokal auf (a, b) durch die jeweilige Taylorreihe dargestellt wird, und die Um-kehrung dieser Aussage folgt ohne Mühe aus Cauchys Abschätzungen (14) in 3.2, Satz 2.

Aufgaben.

1. Es gilt $\sin(z+\omega) = \sin z$ (bzw. $\cos(z+\omega) = \cos z$) für alle $z \in \mathbb{C}$ genau dann, wenn $\omega = 2\pi n$ mit $n \in \mathbb{Z}$ ist. Beweis?

2. Man zeige, daß sich die Hyperbelfunktionen $\sinh x$ und $\cosh x$ analytisch auf $\mathbb{C}$ fortsetzen lassen vermöge

$$\sinh z := \frac{1}{2}\,(e^z - e^{-z}), \quad \cosh z := \frac{1}{2}\,(e^z + e^{-z}), \ z \in \mathbb{C}\,,$$

und daß gilt: $\sin iz = -i\sinh z$, $\cos iz = \cosh z$.

3. Was sind die Potenzreihenentwicklungen von $\sinh z$ und $\cosh z$ für den Entwicklungspunkt $z_0 = 0$, und wo sind sie konvergent? Was sind die Nullstellen von $\sinh z$ und $\cosh z$? Man entwickle $f(z) = (z - i)^{-2}$ in eine Potenzreihe um $z_0 = 0$ und bestimme deren Konvergenzradius.

4. Ist f eine ganze Funktion mit $f(\mathbb{R}) \subset \mathbb{R}$, so gilt $\overline{f(z)} = f(\overline{z})$ für alle $z \in \mathbb{C}$. Was läßt sich über die Nullstellen von f sagen?

5. Man beweise, daß für beliebiges $\alpha \in \mathbb{C}$ gilt:

$$(1 + z)^\alpha = \sum_{n=0}^{\infty} \binom{\alpha}{n}\, z^n \quad \text{für alle } z \in \mathbb{C} \text{ mit } |z| < 1\,.$$

Hier ist $\binom{\alpha}{n}$ in der üblichen Weise zu definieren (vgl. Band 1, 1.6).

6. Man bestimme die Potenzreihenentwicklung $\sum_{n=0}^{\infty} a_n z^n$ der in $B_1(0)$ holomorphen Funktion $f(z) := (1 - z)^{-i}$ und zeige, daß dort $|f(z)| < e^{\pi/2}$ gilt. Was sind die Werte von i^{-i} und i^i? ($0,2 < i^i < 0,21$.)

4 Gebietstreue, Maximumprinzip, Schwarzsches Lemma

Wir beweisen drei wichtige Eigenschaften nichtkonstanter holomorpher Funktionen $f : \Omega \to \mathbb{C}$ in einem Gebiet Ω aus $\mathbb{C}$: (i) $f(\Omega)$ *ist ein Gebiet.* (ii) *Die Funktion* $|f| : \Omega \to \mathbb{R}$ *besitzt kein lokales Maximum.* (iii) *Wenn* $|f| : \Omega \to \mathbb{R}$ *in* $z_0 \in \Omega$ *ein lokales Minimum besitzt, so ist* $f(z_0) = 0$. Abschließend gewinnnen wir aus dem *Maximumprinzip* (ii) eine wichtige Abschätzung des Betrages holomorpher Abbildungen der Einheitskreisscheibe B in sich, die als *Schwarzsches Lemma* bezeichnet wird.

Lemma 1. *Sei* $f \in \mathcal{H}(\Omega)$ *und bezeichne* $B_r(z_0)$ *eine Kreisscheibe in* Ω *mit* $B_r(z_0) \subset\subset \Omega$, *für die*

$$(1) \qquad\qquad |f(z_0)| \ < \ \min\{|f(z)| : z \in \partial B_r(z_0)\}$$

gilt. Dann besitzt f *in* $B_r(z_0)$ *eine Nullstelle.*

Beweis. Anderenfalls gäbe es eine Kreisscheibe $\Omega' := B_{r+\epsilon}(z_0)$ in Ω, $\epsilon > 0$, so daß $f(z) \neq 0$ auf Ω' gälte. Dann folgte $\varphi := 1/f \in \mathcal{H}(\Omega')$, und Cauchys Abschätzung 3.2, (14) für $n = 0$ lieferte

$$|\varphi(z_0)| \ \leq \ \max\{|\varphi(z)| : z \in \partial B_r(z_0)\}$$

Dies ist äquivalent zu

$$\frac{1}{|f(z_0)|} \leq \frac{1}{\min\{|f(z)| : z \in \partial B_r(z_0)\}} \, ,$$

woraus

$$\min\{|f(z)| : z \in \partial B_r(z_0)\} \leq |f(z_0)|$$

folgt. Dies widerspräche Voraussetzung (1).

$\square$

Nun beweisen wir den bereits in 3.1 erwähnten **Satz von der Gebietstreue**, von dem wir zunächst nur einige Spezialfälle hergeleitet hatten.

Satz 1. *Sei Ω ein Gebiet in $\mathbb{C}$, $f \in \mathcal{H}(\Omega)$ und $f(z) \not\equiv const$. Dann ist auch das Bild $f(\Omega)$ ein Gebiet.*

Beweis. Da das stetige Bild einer bogenweise zusammenhängenden Punktmenge ebenfalls bogenweise zusammenhängend ist, brauchen wir nur zu zeigen, daß $f(\Omega)$ offen ist.

Sei w_0 ein beliebiger Punkt aus $f(\Omega)$. Dann gibt es ein $z_0 \in \Omega$ mit $w_0 = f(z_0)$. Wegen $f(z) \not\equiv const$ ist z_0 eine Nullstelle endlicher Ordnung der Funktion $f - w_0$. Daher gibt es eine Kreisscheibe $B_r(z_0) \subset\subset \Omega$ derart, daß

$$|f(z) - w_0| > 0 \ \text{ für alle } z \in \overline{B}_r(z_0) \text{ mit } z \neq z_0$$

gilt. Folglich können wir ein $\epsilon > 0$ finden, für das

$$|f(z) - w_0| > \epsilon \ \ \text{ für alle } z \in \partial B_r(z_0)$$

erfüllt ist. Dann gilt für $w \in B_{\epsilon/2}(w_0)$ und $z \in \partial B_r(z_0)$, daß

$$|f(z) - w| \geq |f(z) - w_0| - |w - w_0| \geq \epsilon - \epsilon/2 = \epsilon/2$$

und $|f(z_0) - w| = |w - w_0| < \epsilon/2$ ist. Hieraus ergibt sich

$$|f(z_0) - w| < \min\{|f(z) - w| : z \in \partial B_r(z_0)\} \text{ für } |w - w_0| < \epsilon/2 \, ,$$

d.h. die Funktion $z \mapsto f(z) - w$ erfüllt die Voraussetzungen von Lemma 1, besitzt also in $B_r(z_0)$ eine Nullstelle z. Also hat die Gleichung $f(z) = w$ für jedes $w \in B_{\epsilon/2}(w_0)$ eine Lösung $z \in B_r(z_0)$. Somit liegt $B_{\epsilon/2}(w_0)$ in $f(\Omega)$, und wir haben bewiesen, daß $f(\Omega)$ offen ist.

$\square$

Wir bemerken noch, daß sich der Satz von der Gebietstreue auch leicht aus Proposition 2 von 3.3 herleiten läßt (Übungsaufgabe).

Als unmittelbare Schlußfolgerung aus dem Satz von der Gebietstreue ergibt sich das **Maximumprinzip für holomorphe Funktionen**.

Satz 2. *Eine in einem Gebiet Ω holomorphe Funktion f besitzt in Ω dann und nur dann ein lokales Maximum ihres Betrages, wenn sie konstant ist.*

Beweis. Angenommen, es gäbe eine Kreisscheibe $B_r(z_0)$ in Ω derart, daß $|f(z)| \leq |f(z_0)|$ für alle $z \in B_r(z_0)$ gälte. Dann läge ihr Bild $f(B_r(z_0))$ in der abgeschlossenen Kreisscheibe $\overline{B}_R(0)$ mit dem Radius $R := |f(z_0)|$, und $f(z_0)$ wäre ein Randpunkt von $\overline{B}_R(0)$ und damit von $f(B_r(z_0))$. Folglich wäre $f(B_r(z_0))$ nicht offen, also kein Gebiet, und aus Satz 1 folgt $f(z) \equiv$ const auf Ω. Die Umkehrung dieser Aussage ist trivial.

$\square$

Satz 3. *Ist f eine nichtkonstante holomorphe Funktion auf einem Gebiet Ω, deren Betrag in $z_0 \in \Omega$ ein lokales Minimum besitzt, so gilt $f(z_0) = 0$.*

Beweis. Anderenfalls wäre $\varphi := 1/f$ nahe z_0 holomorph, nichtkonstant, und $|\varphi|$ besäße ein lokales Maximum. Dies ist aber nicht möglich wegen Satz 2.

$\square$

Bemerkung 1. Da für ein nichtkonstantes Polynom $p : \mathbb{C} \to \mathbb{C}$ die Beziehung $\lim\limits_{|z| \to \infty} |p(z)| = \infty$ gilt, folgt aus Satz 3 sofort die Existenz einer Nullstelle von p. Dies ist eine „Kurzfassung" des in Band 1 gegebenen Beweises des Fundamentalsatzes der Algebra, die durch das Maximumprinzip ermöglicht wird.

Nun kehren wir zum Maximumprinzip zurück und gewinnen daraus ein Hilfsmittel, das sogenannte *Schwarzsche Lemma*, mit dem wir alle biholomorphen Abbildungen der Einheitskreisscheibe B auf sich charakterisieren können,

$$B := \{z \in \mathbb{C} : |z| < 1\} = B_1(0) \,.$$

Satz 4. (Schwarzsches Lemma). *Für jedes $f \in \mathcal{H}(B)$ mit $f(B) \subset B$ und $f(0) = 0$ bestehen die Ungleichungen*

$$(2) \qquad\qquad |f(z)| \leq |z| \quad \text{für alle } z \in B$$

und $|f'(0)| \leq 1$.

Gilt für ein $z_0 \in B$ mit $z_0 \neq 0$ das Gleichheitszeichen, d.h.

$$(3) \qquad\qquad |f(z_0)| = |z_0| \,,$$

oder haben wir $|f'(0)| = 1$, so ist f eine Drehung, d.h. es gibt ein $\alpha \in \mathbb{R}$ mit

$$(4) \qquad\qquad f(z) = e^{i\alpha} z \quad \text{für alle } z \in B \,.$$

Beweis. Wir können $f(z)$ in eine Potenzreihe

$$f(z) = a_1 z + a_2 z^2 + \ldots + a_n z^n + \ldots$$

um den Nullpunkt entwickeln, die in B konvergiert. Daher ist die Funktion

$$\varphi(z) := \begin{cases} f(z)/z & z \in B \setminus \{0\} \\ a_1 & \text{für} \quad z = 0 \end{cases}$$

in B holomorph. Sei $\rho \in (0,1)$; dann gilt wegen $|f(z)| \leq 1$, daß $|\varphi(z)| \leq 1/\rho$ ist für alle $z \in \partial B_\rho(0)$. Das Maximumprinzip liefert $|\varphi(z)| \leq 1/\rho$ für alle $z \in B_\rho(0)$, und mit $\rho \to 1 - 0$ folgt $|\varphi(z)| \leq 1$ in B, womit (2) bewiesen ist. Wegen $f(z)/z \to f'(0)$ für $z \to 0$ folgt dann auch $|f'(0)| \leq 1$.

Gilt (3) für ein $z_0 \in B \setminus \{0\}$, so folgt $|\varphi(z_0)| = 1$, d.h. $|\varphi|$ nimmt in $z_0 \in B$ sein Maximum an, woraus $\varphi(z) \equiv$ const in B folgt, und wegen $|\varphi(z_0)| = 1$ ist die Konstante von der Form $e^{i\alpha}$ mit $\alpha \in \mathbb{R}$. Also gilt

$$\varphi(z) \equiv e^{i\alpha} \quad \text{in } B \,,$$

und hieraus ergibt sich (4). Ähnlich argumentieren wir, wenn $|f'(0)| = 1$ ist. Dann gilt nämlich $|\varphi(0)| = |a_1| = 1$, und somit hat $|\varphi|$ an der Stelle $z = 0$ ein Maximum. Hieraus folgt wiederum (4).

$\square$

Korollar 1. *Jede biholomorphe Abbildung $f : B \to B$ der Kreisscheibe B auf sich mit $f(0) = 0$ ist eine Drehung, d.h. es gibt ein $\alpha \in \mathbb{R}$, so daß $f(z) = e^{i\alpha}z$ für alle $z \in B$ gilt, und umgekehrt.*

Beweis. Aus dem Schwarzschen Lemma folgt $|f(z)| \leq |z|$ auf B sowie $|f^{-1}(w)| \leq |w|$ auf B, also auch

$$|z| = |f^{-1}(f(z))| \leq |f(z)| \text{ auf } B$$

und folglich $|f(z)| = |z|$ auf B. Das Schwarzsche Lemma liefert dann

$$f(z) = e^{i\alpha}z \quad \text{für alle } z \in B$$

und ein $\alpha \in \mathbb{R}$, und umgekehrt ist jede solche Abbildung eine biholomorphe Selbstabbildung von B auf sich.

$\square$

Schwarz (1869) hat das Resultat von Satz 4 in etwas anderer Form, nämlich als eine Art „Verzerrungssatz" für biholomorphe Abbildungen formuliert. Die oben angegebene Fassung und auch der Beweis mit Hilfe des Maximumprinzips stammen von Carathéodory (1912).

Wir wollen nun *alle* biholomorphen Abbildungen $f : B \to B$ der Einheitskreisscheibe B auf sich angeben. Dazu betrachten wir zunächst die gebrochen linearen Abbildungen $z \mapsto f(z)$ mit

$$f(z) := \frac{z - a}{\overline{a}z - 1}, \quad z \in \mathbb{C} \setminus \{|a|^{-2}a\} \,,$$

wobei $a \in B$ gewählt sei. Jede solche Funktion ist in ihrem Definitionsgebiet holomorph. Wegen

$$|f(z)|^2 = \frac{z\overline{z} + a\overline{a} - a\overline{z} - \overline{a}z}{a\overline{a}z\overline{z} + 1 - a\overline{z} - \overline{a}z}$$

und
$$1 + a\overline{a}z\overline{z} - a\overline{a} - z\overline{z} = (1 - a\overline{a})(1 - z\overline{z})$$
erhalten wir $|f(z)| < 1$, falls $|z| < 1$; $|f(z)| = 1$, falls $|z| = 1$.

Es gilt also

(5) $$f(B) \subset B , \qquad f(\partial B) \subset \partial B .$$

Weiterhin ergibt sich aus $w = f(z)$, $z \in \overline{B}$, mit Hilfe einer kleinen Rechnung und wegen (5), daß $z = f(w)$ mit $w \in \overline{B}$ ist. Also ist f auf $\overline{B}$ eine *Involution*, und folglich gilt $\left(f|_{\overline{B}} \right)^{-1} = f|_{\overline{B}}$. Insbesondere erhalten wir

Satz 5. *Zu jedem komplexen Wert a mit $|a| < 1$ wird durch*

(6) $$f(z) := \frac{z - a}{\overline{a}z - 1} , \qquad z \in B ,$$

eine biholomorphe Abbildung von B auf sich mit $f \circ f = id_B$ definiert, für die $f(a) = 0$, $f(0) = a$ gilt.

Nun können wir die Gruppe der biholomorphen Abbildungen von B auf sich beschreiben.

Satz 6. *Eine Funktion $f \in \mathcal{H}(B)$ liefert genau dann eine biholomorphe Abbildung von B auf sich, wenn es einen Wert $a \in B$ und einen Winkel $\theta \in [0, 2\pi)$ gibt derart, daß*

(7) $$f(z) = e^{i\theta} \frac{z - a}{\overline{a}z - 1} \qquad \text{für alle } z \in B$$

gilt.

Beweis. (i) Wegen Satz 5 ist offensichtlich jede Abbildung der Form (7) eine biholomorphe Abbildung von B auf sich.
(ii) Ist umgekehrt f eine biholomorphe Selbstabbildung von B, so setzen wir $a := f^{-1}(0)$ und

$$\varphi(w) := \frac{w - a}{\overline{a}w - 1} \qquad \text{für} \quad w \in B .$$

Dann ist $f \circ \varphi$ eine biholomorphe Abbildung von B auf sich mit $f \circ \varphi(0) = 0$. Nach Korollar 1 gibt es ein $\theta \in [0, 2\pi)$, so daß $f(\varphi(w)) = e^{i\theta}w$ für alle $w \in B$ gilt. Mit $z = \varphi(w)$ folgt $w = \varphi(z)$ und damit (7). $\qquad\square$

Aufgaben.

1. Mittels Satz 2 beweise man die folgende **Variante des Maximumprinzips**: *Ist Ω ein beschränktes Gebiet in $\mathbb{C}$ und $f \in \mathcal{H}(\Omega) \cap C^0(\overline{\Omega})$ sowie $f(z) \not\equiv$ const, so gilt*
$$|f(z)| < \max_{\partial\Omega} |f| \quad \text{für alle } z \in \Omega .$$
Ferner zeige man, daß diese Form des Maximumprinzips nicht für unbeschränkte Gebiete gilt (z.B. für $\sin z$ in der oberen Halbebene).

2. Ist Ω ein beschränktes Gebiet in $\mathbb{C}$, $f \in \mathcal{H}(\Omega) \cap C^0(\overline{\Omega})$ und $f(z) \not\equiv$ const, so gilt $|f(z)| > \min_{\partial\Omega} |f|$ für alle $z \in \Omega$, falls f in Ω keine Nullstelle besitzt. Beweis?

3. Ist f im Kreisring $A(R_1, R_2) := \left\{ z \in \mathbb{C} : R_1 < |z| < R_2 \right\}$ mit $0 < R_1 < R_2$ holomorph und $\alpha \in \mathbb{R}$, so besitzt die Funktion $z \mapsto |z|^\alpha |f(z)|$ genau dann ein lokales Maximum ihres Betrages, wenn sie konstant ist. Ist überdies $f \in C^0\left(\overline{A(R_1, R_2)}\right)$, so folgt (Beweis?):
$$|z|^\alpha |f(z)| \le \max \left\{ |z|^\alpha |f(z)| : z \in \partial A(R_1, R_2) \right\} \quad \text{für alle } z \in A(R_1, R_2) .$$
(*Hinweis:* Die Funktion $z \mapsto z^\alpha$ läßt sich für jedes $z_0 \in A(R_1, R_2)$ als holomorphe Funktion in $B_R(z_0) \subset A(R_1, R_2)$ definieren derart, daß $|z^\alpha| = |z|^\alpha$ ist. Nun wende man die in den Beweisen von Satz 1 und Satz 2 verwendeten Schlüsse an.)

4. Man beweise den **Hadamardschen Dreikreisesatz**: *Ist f im Kreisring $A(R_1, R_2) = \{z \in \mathbb{C} : R_1 < |z| < R_2\}$ mit $0 < R_1 < R_2$ holomorph und auf dem Abschluß des Ringes noch stetig, so gilt für $M(R) := \max\{|f(z)| : |z| = R\}$ und $R_1 < R < R_2$ die Ungleichung*

$$M(R) \le M(R_1)^\lambda \cdot M(R_2)^\mu ,$$

wobei die Zahlen λ und μ durch

$$\lambda := \frac{\log R_2/R}{\log R_2/R_1} \quad , \quad \mu := \frac{\log R/R_1}{\log R_2/R_1}$$

definiert sind und $0 < \lambda, \mu < 1$ sowie $\lambda + \mu = 1$ erfüllen.

(*Hinweis:* Man wende das Resultat von Aufgabe 3 auf den Exponenten $\alpha := \log \frac{M(R_2)}{M(R_1)} / \log \frac{R_1}{R_2}$ an, für den $R_1^\alpha M(R_1) = R_2^\alpha M(R_2)$ ist.)

5. Sei $f \in \mathcal{H}(B_R(0))$ und $M(r) := \max\{|f(z)| : |z| = r\}$ für $0 < r < R$. Man beweise: (i) Für $f(z) \not\equiv$ const ist $M(r)$ eine monotone Funktion von $r \in (0, R)$. (ii) Ist f ein Polynom n-ten Grades, so ist $r^{-n} M(r)$ schwach monoton (und sogar monoton, falls nicht $f(z) \equiv cz^n$ gilt).

6. Ist $f \in \mathcal{H}(B_1(0))$ und gilt $|f(z)| < 1$ für $|z| < 1$, so folgt

$$\big|f(z) - f(0)\big| \le \frac{1 - |f(0)|^2}{1 - |f(0)||z|} \, |z| \quad \text{für } 0 < |z| < 1 .$$

Beweis? Für welche f gilt das Gleichheitszeichen?

7. Man beweise: (i) Sind die Funktionen $f_1, \dots, f_n$ in dem beschränkten Gebiet Ω holomorph und auf $\overline{\Omega}$ stetig, so nimmt die Funktion $u(z) := |f_1(z)| + \cdots + |f_n(z)|$, $z \in \overline{\Omega}$, ihr Maximum auf $\partial\Omega$ an. (ii) Falls nicht alle $f_1, \dots, f_n$ konstant sind, wird $\max_{\overline{\Omega}} u$ nur auf $\partial\Omega$ erreicht.

8. Mit Hilfe von Proposition 2 aus 3.3 beweise man den folgenden **Blättersatz**: Ist z_0 eine k-fache Nullstelle von $f \in \mathcal{H}(\Omega)$, so existiert zu jedem ϵ mit $0 < \epsilon \ll 1$ eine offene Umgebung U von z_0 mit $f(U) = B_\epsilon(0)$, so daß es zu jedem w mit $0 < |w| < \epsilon$ genau k verschiedene Punkte $z_1, \dots, z_k$ mit $f(z_j) = w$ gibt.

Hinweis: Für $f(z) := (z - z_0)^k$ ist die Behauptung richtig. Wenn $f(z) = \big[h(z)\big]^k$ mit $h(z_0) = 0$, $h'(z_0) \ne 0$ gilt, $h \in \mathcal{H}(B_r(z_0))$, so ist $h^{-1}|_V$ biholomorph für eine hinreichend kleine Umgebung V von 0.

9. Aus dem Blättersatz von Aufgabe 8 folgt der Satz von der Gebietstreue. Beweis?

5 Nullstellen holomorpher Funktionen. Sätze von Hurwitz und Rouché

Zuerst beweisen wir in diesem Abschnitt eine *Formel von Rouché*, mit deren Hilfe man die Anzahl der Nullstellen einer holomorphen Funktion berechnen kann. Aus dieser Formel ergibt sich ein als *Satz von Rouché* bekanntes Stabilitätsresultat. Es besagt, daß sich die Anzahl der Nullstellen bei hinreichend kleinen Störungen nicht ändert. Hurwitz hat diesem Ergebnis eine andere Fassung gegeben, aus der unter anderem folgt, daß in einem Gebiet der gleichmäßige Limes injektiver, holomorpher Funktionen entweder injektiv oder konstant ist.

Satz 1. (Formel von Rouché). *Sei G ein Gebiet in $\mathbb{C}$, dessen Rand von einer geschlossenen regulären D^1-Jordankurve c parametrisiert wird, die G im positiven Sinne umläuft. Ferner sei $f \in \mathcal{H}(\Omega)$, $G \subset\subset \Omega$ und $f(z) \ne 0$ auf ∂G. Dann* *berechnet sich die Anzahl $N(f)$ der Nullstellen von f in G durch*

(1) $$N(f) \ = \ \frac{1}{2\pi i} \ \int_c \frac{f'(z)}{f(z)} \, dz \ .$$

Es gibt höchstens endlich viele Nullstellen $z_1, \ldots, z_l$ von f in G;   sei α_j die Ordnung der Nullstelle z_j. Dann ist $N(f)$ in (1) definiert als

(2) $$N(f) \ := \ \alpha_1 + \ldots + \alpha_l \ ,$$

d.h. *jede Nullstelle wird so oft gezählt, wie ihre Vielfachheit angibt.*

Beweis von Satz 1. Sei $z_j \in G$ eine Nullstelle von f der Ordnung $\nu = \alpha_j$. Dann besitzt f in einer hinreichend kleinen Umgebung von z_j die Potenzreihenentwicklung

$$f(z) \ = \ a_\nu \, (z - z_j)^\nu + \ldots \, ,$$

und die Ableitung hat die lokale Entwicklung

$$f'(z) \ = \ \nu a_\nu (z - z_j)^{\nu - 1} + \ldots \, .$$

Hieraus ergibt sich für $0 < |z - z_j| \ll 1$ die Darstellung

(3) $$\frac{f'(z)}{f(z)} \ = \ \frac{\nu}{z - z_j} \ + \ \varphi(z) \, ,$$

wobei φ in einer hinreichend kleinen Umgebung von z_j holomorph ist. Daraus folgt wegen $\nu = \alpha_j$ für das Residuum von f'/f an der Stelle z_j:

(4) $$\mathrm{Res} \, (f'/f, z_j) \ = \ \alpha_j \ .$$

Wenden wir nun den Residuensatz auf die Funktion f'/f an, so folgt

$$\int_c \frac{f'(z)}{f(z)} \, dz \ = \ 2\pi i \sum_{j=1}^l \mathrm{Res} \, (f'/f, z_j) \ = \ 2\pi i \sum_{j=1}^l \alpha_j \, ,$$

und wegen (2) ergibt sich hieraus die Formel (1). $\qquad\qquad\qquad\qquad\square$

Satz 2. (Satz von Rouché, 1862). *Sei G ein Gebiet in $\mathbb{C}$, dessen Rand von einer geschlossenen regulären D^1-Jordankurve c parametrisiert wird. Ferner seien $f, \varphi \in \mathcal{H}(\Omega)$, $G \subset\subset \Omega$, und es gelte*

$$|f(z)| \ > \ |\varphi(z)| \quad \textit{für alle } z \in \partial G \ .$$

Dann haben f und $f + \varphi$ gleich viele Nullstellen in G, d.h. es gilt

(5) $$N(f) \ = \ N(f + \varphi) \ .$$

Beweis. Wir betrachten die Schar $\{g(\cdot,\lambda)\}_{\lambda\in[0,1]}$ der in Ω holomorphen Funktionen

$$g(z,\lambda) \ := \ f(z) + \lambda\varphi(z) \ , \ z \in \Omega \ ,$$

mit dem Scharparameter $\lambda \in [0,1]$. Sei c positiv orientiert bezüglich des (einfach zusammenhängenden) Gebietes G. Dann wird

(6) $$n(\lambda) \ := \ N(g(\cdot,\lambda)) \ , \ \lambda \in [0,1] \ ,$$

wegen Satz 1 durch

(7) $$n(\lambda) \ = \ \frac{1}{2\pi i} \ \int_c \frac{g'(z,\lambda)}{g(z,\lambda)} \, dz$$

gegeben, denn es gilt

$$|g(z,\lambda)| \ \geq \ |f(z)| - |\varphi(z)| \ > \ 0 \quad \text{für} \ (z,\lambda) \in \partial G \times [0,1] \ .$$

Aus (7) lesen wir ab, daß die Funktion $n : [0,1] \to \mathbb{R}$ stetig ist, und wegen (6) sind ihre Werte ganzzahlig. Hieraus folgt

$$n(\lambda) \ \equiv \ \text{const} \quad \text{auf} \ [0,1]$$

und somit $n(0) = n(1)$.

$\square$

Bemerkung 1. (i) Das Polynom $f(z) := z^n$ hat $z = 0$ als n-fache Nullstelle in $\mathbb{C}$. Ist nun $\varphi(z)$ ein beliebiges Polynom von höchstens $(n-1)$-tem Grade, so gibt es ein $R > 0$ derart, daß

$$|f(z)| \ > \ |\varphi(z)| \qquad \text{für alle} \ z \in \mathbb{C} \ \text{mit} \ |z| \geq R$$

gilt. Wegen Satz 2 besitzt dann das Polynom $p(z) = z^n + \varphi(z)$ genau n Nullstellen in $B_R(0)$, der Vielfachheit nach gezählt, womit wir einen *weiteren Beweis des Fundamentalsatzes der Algebra* gefunden haben.

(ii) Eine Variante dieser Schlußweise liefert sofort:

Sei λ_0 ein ν-facher Eigenwert der Matrix $A \in M(n,\mathbb{C})$. Dann gibt es zu hinreichend kleinem $r > 0$ ein $\delta > 0$, so daß für jede „Störung" $B \in M(n,\mathbb{C})$ mit $|B| < \delta$ die gestörte Matrix $A + B$ in $B_r(\lambda_0)$ genau ν Eigenwerte besitzt, falls die Eigenwerte ihrer Vielfachheit gemäß aufgezählt sind.

Bemerkung 2. Ersetzen wir in Satz 1 die holomorphe Funktion f durch die Funktion $f - a$, wobei a eine beliebig gewählte komplexe Zahl bezeichne, und nehmen wir $f(z) \neq a$ auf ∂G an, so folgt für die Anzahl $N(f,a)$ der a-Stellen von f in G, mit Vielfachheit gezählt, die Formel

(8) $$N(f,a) \ := \ \frac{1}{2\pi i} \ \int_c \frac{f'(z)}{f(z) - a} \, dz \ .$$

$N(f, a)$ ist also die Anzahl der gemäß ihrer Vielfachheit gezählten Lösungen $z \in G$ der Gleichung $f(z) = a$.

Bemerkung 3. Erfüllen f, G, Ω, c die Voraussetzung von Satz 1 und ist $g \in \mathcal{H}(\Omega)$, so erhalten wir als Verallgemeinerung von (1) die folgende *Summationsformel*:

Sind $z_1, \ldots, z_l$ die Nullstellen von f mit den Vielfachheiten $\nu_1, \ldots, \nu_l$, so gilt

$$(9) \qquad \frac{1}{2\pi i} \int_c \frac{f'(z)}{f(z)} \, g(z) \, dz \;=\; \sum_{j=1}^{l} \nu_j \, g(z_j) \,.$$

Ist also f holomorph in Ω und hat in G nur die einfachen Nullstellen $z_1, \ldots, z_l$, so folgt für jedes $p \in \mathbb{N}$ die Formel

$$(10) \qquad \sum_{j=1}^{l} z_j^p \;=\; \frac{1}{2\pi i} \int_c \frac{z^p f'(z)}{f(z)} \, dz \;;$$

falls $0 \notin \overline{G}$ ist, können wir in (10) jedes $p \in \mathbb{Z}$ zulassen und erhalten beispielsweise

$$(11) \qquad S_p(n) := \sum_{j=1}^{n} j^p \;=\; \frac{1}{2\pi i} \int_c \frac{z^p f'(z)}{f(z)} \, dz$$

für $f(z) := (z-1)(z-2) \ldots (z-n)$, wobei c eine glatte geschlossene Jordankurve in der rechten Halbebene $\{z \in \mathbb{C} : \operatorname{Re} z > 0\}$ ist, die die Zahlen $1, 2, \ldots, n$ im positiven Sinne umschlingt.

Bemerkung 4. Ist $f \in \mathcal{H}(\Omega)$ eine biholomorphe Abbildung von Ω auf $\Omega^* := f(\Omega)$ mit der Umkehrfunktion $g := f^{-1}$ und ist $G \subset\subset \Omega$ ein einfach zusammenhängendes Gebiet in Ω, dessen Rand von einer regulären D^1-Jordankurve c parametrisiert wird, die bezüglich G positiv orientiert ist, so kann man g auf $G^* := f(G)$ in der Form

$$(12) \qquad g(w) \;=\; \frac{1}{2\pi i} \int_c \frac{z f'(z)}{f(z) - w} \, dz \,, \quad w \in G^* \,,$$

darstellen.

Aus dem Satz von Rouché ergibt sich

Satz 3. *Sei Ω ein Gebiet in $\mathbb{C}$, $\{f_n\}$ eine Folge von Funktionen $f_n \in \mathcal{H}(\Omega)$ mit $f_n(z) \rightrightarrows f(z)$ in Ω' für jede offene Menge $\Omega' \subset\subset \Omega$ und $f(z) \not\equiv 0$ in Ω. Es gilt: Die Funktion $f \in \mathcal{H}(\Omega)$ hat genau dann in $z_0 \in \Omega$ eine Nullstelle der Vielfachheit ν, wenn es ein $N \in \mathbb{N}$ und eine Kreisscheibe $B_r(z_0) \subset\subset \Omega$ gibt, so daß für jedes $n > N$ die Funktion f_n in $B_r(z_0)$ genau ν Nullstellen (mit Vielfachheit gezählt) besitzt.*

Beweis. Wegen 3.3, Proposition 3 gibt es eine Kreisscheibe $B_r(z_0) \subset\subset \Omega$, so daß $f(z) \neq 0$ für $0 < |z - z_0| \le r$ gilt. Sei $\epsilon > 0$ das Minimum von $|f|$ auf $\partial B_r(z_0)$. Dann können wir ein $n_0 \in \mathbb{N}$ bestimmen, so daß

$$\max \{|f(z) - f_n(z)| \;:\; z \in \overline{B}_r(z_0)\} \;<\; \epsilon$$

für alle $n > n_0$ gilt. Nunmehr folgt die Behauptung aus Satz 2.

$\square$

Als Folgerung aus Satz 3 ergibt sich der **Satz von A. Hurwitz** (1889):

Satz 4. *Ist Ω ein Gebiet und gilt $f_n(z) \rightrightarrows f(z)$ in jedem $\Omega' \subset\subset \Omega$ für eine Folge von Funktionen $f_n \in \mathcal{H}(\Omega)$ ohne Nullstellen in Ω, so ist entweder $f(z) \equiv 0$ in Ω oder $f(z) \neq 0$ für alle $z \in \Omega$.*

Hieraus erhalten wir sofort das folgende nützliche Ergebnis:

Satz 5. *Ist $\{f_n\}$ eine Folge von holomorphen und injektiven Abbildungen $f_n : \Omega \to \mathbb{C}$ eines Gebietes $\Omega \subset \mathbb{C}$ mit $f_n(z) \rightrightarrows f(z)$ in Ω' für jedes $\Omega' \subset\subset \Omega$, so ist $f : \Omega \to \mathbb{C}$ entweder konstant oder injektiv.*

Beweis. Sei $f(z) \not\equiv$ const. Es genügt, daß wir die Behauptung unter der stärkeren Voraussetzung $f_n(z) \rightrightarrows f(z)$ in Ω beweisen. Sei also z_0 ein beliebiger Punkt in Ω, und bezeichne Ω_0 das Gebiet $\Omega \backslash \{z_0\}$. Dann sind alle Funktionen $g_n := f_n - f_n(z_0)$ ohne Nullstellen in Ω_0 und konvergieren dort gleichmäßig gegen die nichtkonstante Funktion $f - f(z_0)$, die nach Satz 4 nirgends in Ω_0 verschwindet. Also gilt $f(z) \neq f(z_0)$ für jedes $z \in \Omega$ mit $z \neq z_0$. $\qquad\square$

Aufgaben.

1. Seien $p(z)$ und $q(z)$ zwei Polynome n-ten Grades mit $p(z) = z^n + a_{n-1}z^{n-1} + \cdots + a_0$, $q(z) = z^n + b_{n-1}z^{n-1} + \cdots + b_0$. Zu zeigen ist:
   (i) Hat $p(z)$ nur einfache Nullstellen, so auch $q(z)$, sofern die Koeffizienten $b_0, \ldots, b_{n-1}$ von q nur „hinreichend wenig" von den Koeffizienten $a_0, \ldots, a_{n-1}$ von p abweichen.
   (ii) Ist z_0 eine Nullstelle von $p(z)$ der Ordnung $\nu \geq 1$, so gibt es zwei (von $a_0, a_1, \ldots, a_{n-1}$ abhängende) Zahlen $r > 0$ und $\delta > 0$ derart, daß $q(z)$ in der Kreisscheibe $B_r(z_0)$ genau ν Nullstellen hat, sofern $|a_j - b_j| < \delta$ ist für $j = 0, 1, \ldots, n-1$. (Hierbei wird jede der *voneinander verschiedenen* Nullstellen $z_1, \ldots, z_k$ von $q(z)$ mit den Ordnungen $\nu_1, \ldots, \nu_k$ so oft gezählt, wie ihre Ordnung es angibt. Die Behauptung lautet also: $\nu = \nu_1 + \cdots + \nu_k$. Man zeige, daß jede dieser Partitionen $(\nu_1, \ldots, \nu_k)$ von ν auftreten kann.)

2. Man zeige: Zu jeder Matrix $A \in M(n, \mathbb{C})$ mit einfachen Eigenwerten $\lambda_1, \ldots, \lambda_n$ gibt es ein $\delta > 0$, so daß für jedes $B \in M(n, \mathbb{C})$ mit $|B| < \delta$ auch die gestörte Matrix $A + B$ nur einfache Eigenwerte $\mu_1, \ldots, \mu_n$ besitzt. Zu beliebig vorgegebenem $\epsilon > 0$ läßt sich $\delta > 0$ noch so wählen, daß bei geeigneter Numerierung der Eigenwerte von $A + B$ gilt:

$$|\mu_1 - \lambda_1| < \epsilon, \ldots, |\mu_n - \lambda_n| < \epsilon \,.$$

3. Seien $f, g \in \mathcal{H}(\Omega)$ und $\overline{B}_r(z_0) \subset \Omega$, und es gebe eine Konstante $c \in \mathbb{C}$, so daß $g(z) \neq 0$ auf $\partial B_r(z_0)$ und

$$\left| c\, \frac{f(z)}{g(z)} \right| < 1 \quad \text{für alle } z \in \partial B_r(z_0)$$

gilt. Dann haben die Gleichungen $g(z) = 0$ und $g(z) - cf(z) = 0$ gleich viele Wurzeln in $B_r(z_0)$. Beweis?

4. Man zeige, daß die Gleichung $2z^4 + rz + 3 = 0$ mit reellem $r > 5$ genau eine Nullstelle in $B_1(0)$ besitzt.

5. Sei $f \in \mathcal{H}(\Omega)$, $B_1(0) \subset\subset \Omega$ und $f(\partial B_1(0)) \subset B_1(0)$. Dann besitzt f in $B_1(0)$ genau einen Fixpunkt z_0 (d.h. es gibt genau ein $z_0 \in B_1(0)$ mit $f(z_0) = z_0$).

6. Mit Hilfe des Satzes von Rouché beweise man die folgende Fassung des *Maximumprinzips*: Ist Ω ein beschränktes Gebiet in $\mathbb{C}$ und $f \in \mathcal{H}(\Omega) \cap C^0(\overline{\Omega})$, so gilt $|f(z)| \leq \max_{\partial\Omega} |f|$ für alle $z \in \Omega$. Wenn überdies f nirgends in Ω verschwindet, so folgt $|f(z)| \geq \min_{\partial\Omega} |f|$ für alle $z \in \Omega$. (*Hinweis:* Man betrachte zuerst Gebiete Ω mit „guten" Rändern und schöpfe dann ein beliebiges Ω mit solchen Gebieten aus.)

7. Wenn ein Polynom $p(z) = z^n + a_{n-1}z^{n-1} + \cdots + a_0$ die Ungleichung $|p(z)| \leq 1$ für alle $z \in \mathbb{C}$ mit $|z| = 1$ erfüllt, so gilt $p(z) = z^n$, d.h. $a_0 = a_1 = \cdots = a_{n-1} = 0$. Beweis? (*Hinweis:* Man betrachte $(1 - \delta)p(z) - z^n$ für $0 < \delta \ll 1$ in $B_1(0)$ und in $B_R(0)$ für $0 < R - 1 \ll 1$.)

8. Wieviele Nullstellen von $f(z) := z^4 - 4z + 2$ liegen außerhalb von $B_1(0)$?

9. Es gelte $f_n \in \mathcal{H}(\Omega)$ für $n \in \mathbb{N}$ und $f_n(z) \rightrightarrows f(z)$ in Ω' für jedes $\Omega' \subset\subset \Omega$, wobei Ω ein Gebiet sei und $f(z) \not\equiv 0$ in Ω. Weiter sei $\mathcal{N}(f_n)$ bzw. $\mathcal{N}(f)$ die Menge der Nullstellen von f_n bzw. f. Dann fällt $\mathcal{N}(f)$ mit der Menge der in Ω gelegenen Häufungspunkte von $\mathcal{S} := \bigcup_{n=1}^{\infty} \mathcal{N}(f_n)$ zusammen. Beweis?

10. Man zeige, daß das Maximum von $\mathrm{Re}\left[\frac{zf'(z)}{f(z)}\right]$ auf $\partial B_r(0)$ mindestens gleich der Anzahl der Nullstellen von f in $B_r(0)$ ist, wenn $f \in \mathcal{H}(\Omega)$, $B_r(0) \subset\subset \Omega$ und $f(z) \neq 0$ für $z \in \partial B_r(0)$ gilt.

11. Zu zeigen ist, daß die Gleichung $ze^{\lambda - z} = 1$ für $\lambda \in \mathbb{R}$ mit $\lambda > 1$ in $B_1(0)$ genau eine Wurzel hat. Diese ist reell und positiv.

6 Abelscher Grenzwertsatz. Satz von Tauber

Im allgemeinen ist nicht klar, ob eine Potenzreihe $P(z)$ in einem Punkt z_* auf dem Rande ihres Konvergenzkreises konvergiert oder divergiert. Ist das erstere der Fall, so verhält sie sich, wie Abel gezeigt hat, bei radialer Annäherung an z_* stetig. Die Umkehrung dieser Aussage ist im allgemeinen nicht richtig, kann aber unter geeigneten Zusatzannahmen an die Koeffizienten der Potenzreihe bewiesen werden. Solche *Tauberschen Sätze* spielen beispielsweise bei der Untersuchung des asymptotischen Verhaltens von Eigenwerten partieller Differentialoperatoren und bei Wieners Beweis des Primzahlsatzes eine Rolle.

Satz 1. (Abelscher Grenzwertsatz). *Sei $P(z) = \sum_{n=0}^{\infty} a_n(z - z_0)^n$ eine Potenzreihe mit dem Konvergenzradius $R \in (0, \infty)$ und der Summe $f(z)$ in einem jeden Konvergenzpunkt z. Konvergiert die Reihe auch noch in einem Punkte $z_* = z_0 + Re^{i\theta}$ auf dem Rande des Konvergenzkreises $B_R(z_0)$, so gilt*

$$(1) \qquad \lim_{r \to R-0} f(z_0 + re^{i\theta}) = f(z_0 + Re^{i\theta}) .$$

Beweis. Wir dürfen annehmen, daß $z_0 = 0$, $R = 1$ und $\theta = 0$ ist, denn mit Hilfe der affinen Transformation $\zeta \mapsto z = Re^{i\theta}\zeta + z_0$ können wir stets diesen speziellen Fall erreichen. Damit haben wir folgendes zu zeigen:

Ist die Reihe $\sum_{n=0}^{\infty} a_n$ konvergent, so gilt für die Summe $f(z)$ der Potenzreihe $\sum_{n=0}^{\infty} a_n z^n$ die Beziehung

$$(2) \qquad \lim_{\mathbb{R}\ni x \to 1-0} f(x) = f(1) .$$

Dieses Resultat haben wir bereits in Band 1, 3.13 als Satz 5 hergeleitet.

$\square$

Abel hat seinen Grenzwertsatz 1826 in Band 1 von *Crelles Journal* publiziert; eine Übersetzung ins Deutsche findet man in Band 71 von *Ostwalds Klassikern* (Lehrsatz 4, S. 7).

1 Die Taylorreihe

$$z - \frac{z^2}{2} + \frac{z^3}{3} - \frac{z^4}{4} + \cdots$$

von $\log(1 + z)$ konvergiert für $|z| < 1$ und im Punkte $z = 1$, denn die alternierende Reihe $1 - 1/2 + 1/3 - 1/4 + \ldots$ ist konvergent, dagegen nicht in $z = -1$, da die harmonische Reihe $1 + 1/2 + 1/3 + \ldots$ divergiert; also ist ihr Konvergenzradius $R = 1$. Abels Satz liefert

$$1 - 1/2 + 1/3 - 1/4 + \cdots = \log 2 \,.$$

Bemerkung 1. Formel (1) bedeutet *Stetigkeit* in Konvergenzpunkten auf dem Rande des Konvergenzkreises *bei radialer Annäherung*. Was geschieht, wenn wir uns dem Randpunkte z_* in anderer Weise als radial von innen her nähern? Betrachten wir o.B.d.A. den vereinfachten Fall $R = 1$, $z_0 = 0$, $z_* = 1$. Ähnlich wie in Band 1, 3.13, Satz 5 erhalten wir jetzt

$$|f(z) - f(1)| \leq |z - 1| \cdot \sum_{n=0}^{N} |s_n - s| + \frac{|z-1|}{1 - |z|} \sum_{n=N+1}^{\infty} |s_n - s|$$

für alle $z \in B_1(0)$. Damit bekommen wir auf jeder Teilmenge Ω von $B = B_1(0)$ mit $1 \in \partial\Omega$, wo die Funktion $(1 - |z|)^{-1}|z - 1|$ beschränkt ist, die Beziehung

(3)
$$\lim_{\Omega \ni z \to 1} f(z) = f(1) \,.$$

Dies ist beispielsweise der Fall, wenn wir Ω als ein Dreieck in B mit einer Ecke in 1 wählen. Die Formel (3) ist nicht mehr richtig, wenn wir $\Omega = B$ nehmen und B der Konvergenzkreis von f ist.

Bemerkung 2. Die Umkehrung des Abelschen Grenzwertsatzes ist nicht richtig, d.h. aus der Existenz des Grenzwertes $\lim_{z \to z_*} f(z)$ für die Summe der Reihe $P(z) := \sum_{n=0}^{\infty} a_n(z - z_0)^n$ bei Annäherung $z \to z_*$ aus dem Konvergenzkreis her gegen einen Randpunkt z_* folgt nicht notwendig die Konvergenz der Reihe $P(z_*)$. Dies zeigt folgendes Beispiel:

2 Die geometrische Reihe $1 + z + z^2 + \ldots$ hat den Konvergenzradius 1 und die Summe $f(z) = (1 - z)^{-1}$. Offenbar gilt

$$\lim_{z \to -1+0} f(z) = \frac{1}{2} \,,$$

aber $1 - 1 + 1 - 1 + \ldots$ divergiert.

Alfred Tauber (1897) hat gezeigt, daß man unter Hinzunahme weiterer Bedingungen an die Koeffizienten a_n die Umkehrung erzwingen kann. Es gilt nämlich der folgende

Satz 2. (Satz von Tauber) *Sei $f : (-1, 1] \to \mathbb{C}$ eine stetige Funktion, die für $|x| < 1$ durch die konvergente Potenzreihe $a_0 + a_1 x + a_2 x^2 + \ldots$ dargestellt wird, und es gelte $na_n \to 0$ für $n \to \infty$. Dann ist die Reihe $a_0 + a_1 + a_2 + \ldots$ konvergent und hat die Summe $f(1)$.*

Beweis. Es gilt $f(x) = a_0 + a_1 x + a_2 x^2 + \ldots$ für $|x| < 1$ und $f(x) \to f(1)$ für $x \to 1 - 0$. Mit $s_n := a_0 + a_1 + \cdots + a_n$ ergibt sich zunächst

$$s_n - f(x) = \sum_{k=0}^{n} a_k (1 - x^k) - \sum_{k=n+1}^{\infty} a_k x^k .$$

Sei $0 < x < 1$. Dann folgt

$$1 - x^k = (1 - x)(1 + x + \ldots + x^{k-1}) < k(1 - x)$$

und damit

$$|s_n - f(x)| \le (1 - x) \sum_{k=0}^{n} k|a_k| + \frac{1}{n+1} \sum_{k=n+1}^{\infty} k|a_k| x^k .$$

Zu $\epsilon > 0$ gibt es ein $N \in \mathbb{N}$, so daß $k|a_k| < \epsilon$ für $k > N$ gilt. Daher erhalten wir für $n > N$ die Abschätzung

$$\frac{1}{n+1} \sum_{k=n+1}^{\infty} k|a_k| x^k \le \frac{\epsilon}{(n+1)(1-x)} .$$

Zu $n > N$ wählen wir $x = 1 - 1/n$. Dann ist

$$n = (1 - x)^{-1} < n + 1$$

und folglich

$$\frac{1}{n+1} \sum_{k=n+1}^{\infty} k|a_k| x^k < \epsilon .$$

Somit ergibt sich

$$|s_n - f(1)| \le |s_n - f(x)| + |f(x) - f(1)|$$
$$< \epsilon + \frac{1}{n} \sum_{k=0}^{n} k|a_k| + |f(1 - 1/n) - f(1)| .$$

Wegen $k|a_k| \to 0$ folgt $\frac{1}{n} \sum_{k=0}^{n} k|a_k| \to 0$ mit $n \to \infty$, und wir haben $f(1 - 1/n) \to f(1)$. Somit gilt $s_n \to f(1)$.

$\square$

Littlewood hat bemerkt, daß der Taubersche Satz richtig bleibt, wenn man die Bedingung $a_n = o(1/n)$ durch $a_n = O(1/n)$ ersetzt, doch ist dies wesentlich schwieriger zu beweisen.

Zu Ehren von Tauber bezeichnet man Resultate, wo das Verhalten einer Folge oder einer Funktion aus dem Verhalten ihrer Mittelwerte erschlossen wird, als *Taubersche Sätze*. Beispielsweise ergibt sich so, wie N. Wiener bemerkt hat, ein vergleichsweise einfacher Beweis des berühmten *Primzahlsatzes*

$$\lim_{x \to \infty} \frac{\pi(x) \log x}{x} = 1 ,$$

wo $\pi(x)$ die Anzahl der Primzahlen $p \le x$ bezeichnet. Dieser Satz wurde von Gauß vermutet; bewiesen haben ihn, unabhängig voneinander, Hadamard und De La Vallée–Poussin (1896). Wir verweisen hierzu auf W. Rudin, *Functional Analysis* McGraw-Hill, New York 1973, Kap. 9, S. 212.

7   Isolierte Singularitäten. Laurentreihen. Meromorphe Funktionen

In diesem Abschnitt wollen wir Funktionen untersuchen, die bis auf gewisse isolierte Punkte holomorph sind. Wir erinnern an

Definition 1. *Sei $f \in \mathcal{H}(\Omega)$ und $z_0 \in \partial\Omega$. Dann heißt z_0 eine* **isolierte Singularität** *von f, wenn für $0 < r \ll 1$ die punktierte Kreisscheibe $B_r'(z_0) := B_r(z_0) \setminus \{z_0\}$ zu Ω gehört.*

Mit anderen Worten: Der Punkt z_0 ist eine isolierte Singularität von f, wenn f für $0 < r \ll 1$ auf $B_r'(z_0)$ holomorph ist.

Mit Hilfe der nächsten Definition klassifizieren wir die isolierten Singularitäten.

Definition 2. *Sei $z_0 \in \partial\Omega$ eine isolierte Singularität der Funktion $f \in \mathcal{H}(\Omega)$. Wir nennen die Singularität z_0* **unwesentlich**, *falls es eine ganze Zahl $m \geq 0$ gibt, so daß $(z - z_0)^m f(z)$ für hinreichend kleines $r > 0$ auf der punktierten Kreisscheibe $B_r'(z_0)$ beschränkt ist; anderenfalls heißt z_0* **wesentliche Singularität** *von f.*

Ist z_0 unwesentlich, so nennen wir die kleinste nichtnegative Zahl $m \in \mathbb{Z}$ mit

$$|z - z_0|^m |f(z)| \leq const \quad \text{für } 0 < |z - z_0| < r \ll 1$$

die Ordnung *der Singularität z_0. Ist $m = 0$, so heißt die Singularität z_0* **hebbar**, *und für $m \geq 1$ bezeichnen wir z_0 als einen* **Pol der Ordnung m**.

Für eine isolierte Singularität z_0 gibt es also drei verschiedene Möglichkeiten:

(I) *Die Singularität z_0 ist hebbar.*
(II) *Die Singularität z_0 ist ein Pol der Ordnung $m \in \mathbb{N}$.*
(III) *Die Singularität z_0 ist wesentlich.*

Nach dem Satz von Riemann kann $f(z)$ stetig in eine hebbare Singularität z_0 hinein fortgesetzt werden, und die – wieder mit f bezeichnete – Fortsetzung ist holomorph auf $B_r(z_0)$ für $0 < r \ll 1$ und kann somit lokal durch eine konvergente Potenzreihe $\sum_{n=0}^{\infty} a_n(z - z_0)^n$ dargestellt werden:

$$(1) \qquad f(z) = \sum_{n=0}^{\infty} a_n(z - z_0)^n \quad \text{auf } B_r(z_0) \text{ für } 0 < r \ll 1 \,.$$

Ist hingegen z_0 ein Pol der Ordnung m, so ist die Funktion

$$(2) \qquad g(z) := (z - z_0)^m f(z)$$

in der Nähe von z_0 beschränkt, d.h. z_0 ist eine hebbare Singularität von g. Also können wir $g(z)$ in der Nähe von z_0 als Summe einer konvergenten Potenzreihe darstellen:

$$(3) \quad g(z) = b_0 + b_1(z - z_0) + b_2(z - z_0)^2 + \ldots, \quad 0 < |z - z_0| < r \ll 1 \,.$$

Aus (2) und (3) ergibt sich, wenn wir

$$a_{\nu-m} := b_\nu \,, \qquad \nu = 0, 1, 2, \ldots \,,$$

setzen, für $0 < |z - z_0| < r \ll 1$ die Entwicklung

$$f(z) = \frac{a_{-m}}{(z - z_0)^m} + \frac{a_{-m+1}}{(z - z_0)^{m-1}} + \ldots + \frac{a_{-1}}{z - z_0} + h(z) \,,$$

(4)

$$h(z) := \sum_{n=0}^{\infty} a_n(z - z_0)^n \,.$$

Hierbei ist $a_{-m} \neq 0$, weil sonst bereits $(z - z_0)^{m-1} f(z)$ nahe z_0 beschränkt bliebe.

Man nennt die für $0 < |z - z_0| < r \ll 1$ konvergente Reihe

$$(5) \qquad \sum_{n=-m}^{\infty} a_n(z - z_0)^n$$

eine **Laurentreihe mit endlichem Hauptteil**

$$(6) \qquad \sum_{n=-m}^{-1} a_n(z - z_0)^n \,.$$

Man sieht sofort, daß das Residuum

$$\operatorname{Res}(f, z_0) = \lim_{r \to +0} \frac{1}{2\pi i} \int_{C_r(z_0)} f(\zeta) \, d\zeta$$

durch

$$(7) \qquad \operatorname{Res}(f, z_0) = a_{-1}$$

gegeben ist.

Satz 1. (Casorati–Weierstraß). *Ist $z_0 \in \partial\Omega$ eine wesentliche Singularität einer Funktion $f \in \mathcal{H}(\Omega)$, so kommt diese in jeder Umgebung $B_r(z_0) \subset \Omega$ von z_0 jedem Werte $a \in \mathbb{C}$ beliebig nahe.*

Beweis. Anderenfalls existieren ein $a \in \mathbb{C}$ und reelle Zahlen $\epsilon > 0$ und $r > 0$, so daß

$$(8) \qquad |f(z) - a| \geq \epsilon \quad \text{für alle } z \in B_r'(z_0)$$

ist. Setzen wir

$$g(z) := \frac{1}{f(z) - a} \quad \text{für } z \in B_r'(z_0) \,,$$

so erfüllt diese Funktion die Abschätzung

$$|g(z)| \le \frac{1}{\epsilon} \quad \text{für alle } z \in B_r'(z_0) \,,$$

kann also zu einer holomorphen Funktion $\varphi : B_r(z_0) \to \mathbb{C}$ fortgesetzt werden. Damit erhalten wir

$$(9) \qquad f(z) = a + \frac{1}{\varphi(z)} \quad \text{für } z \in B_r'(z_0) \,, \ \varphi \in \mathcal{H}(B_r(z_0)) \,.$$

Gälte nun $\varphi(z_0) \ne 0$, so wäre z_0 eine hebbare Singularität von f, was der Annahme widerspricht, daß z_0 eine wesentliche Singularität von f ist. Daher ist $\varphi(z_0) = 0$. Wegen

$$\varphi(z) = g(z) = \frac{1}{f(z) - a} \quad \text{für } z \in B_r'(z_0)$$

und (8) gilt $\varphi(z) \ne 0$ für $0 < |z - z_0| < r$, insbesondere $\varphi(z) \not\equiv 0$. Also existiert ein $m \ge 1$, so daß $\varphi^{(\nu)}(z_0) = 0$ für $\nu < m$ und $\varphi^{(m)}(z_0) \ne 0$ gilt, und wir erhalten

$$\varphi(z) = (z - z_0)^m \psi(z) \quad \text{auf } B_r(z_0)$$

mit $\psi(z_0) \ne 0$ und $\psi \in \mathcal{H}(B_r(z_0))$. Dann ist $1/\psi$ auf $B_\rho(z_0)$ mit $0 < \rho \ll 1$ holomorph, und wir bekommen aus (9)

$$|z - z_0|^m \cdot |f(z)| \le |a| \cdot |z - z_0|^m + \frac{1}{|\psi(z)|} \le \text{const}$$

auf $B_\rho(z_0)$ für $0 < \rho \ll 1$. Hieraus schließen wir, daß z_0 höchstens ein Pol m-ter Ordnung für f, also unwesentlich ist, Widerspruch zur Voraussetzung. Also ist die Behauptung richtig. $\square$

Bemerkung 1. E. Picard (1879) hat eine bemerkenswerte Verschärfung des Satzes von Casorati–Weierstraß entdeckt, die unter der Bezeichnung *Großer Satz von Picard* bekannt ist:

Ist $z_0 \in \Omega$ eine wesentliche Singularität der Funktion $f \in \mathcal{H}(\Omega \setminus \{z_0\})$, so nimmt f auf jeder Kreisscheibe $B_r(z_0)$ höchstens einen Wert nicht an.

Wir erwähnen auch den *Kleinen Satz von Picard*, der folgendes besagt:

Jede nichtkonstante ganze Funktion nimmt höchstens eine komplexe Zahl nicht als Wert an.

Beispielsweise läßt die Exponentialfunktion $z \mapsto w = e^z$ nur den Wert $w = 0$ aus, während $z \mapsto w = \sin z$ jeden komplexen Wert annimmt.

Im folgenden bezeichne $A(z_0)$ das Ringgebiet

$$A(z_0) := \big\{ z \in \mathbb{C} : R' < |z - z_0| < R \big\}$$

mit $0 \le R' < R \le \infty$. Für $R = \infty$ entartet $A(z_0)$ in das Außenraumgebiet

$$E_{R'}(z_0) := \big\{ z \in \mathbb{C} : |z - z_0| > R' \big\} \,,$$

für $R' = 0$ in die punktierte Kreisscheibe $B_R'(z_0) = B_R(z_0) \setminus \{z_0\}$ (dieser Fall ist besonders wichtig) und für $R' = 0$, $R = \infty$ in die punktierte Ebene $\mathbb{C} \setminus \{z_0\}$.

Satz 2. *Zu jeder Funktion* $f \in \mathcal{H}(A(z_0))$ *gibt es zwei eindeutig bestimmte Funktionen* φ *und* ψ *mit den folgenden drei Eigenschaften:*

(i) $\varphi \in \mathcal{H}(B_R(z_0))$, $\psi \in \mathcal{H}(E_{R'}(z_0))$;
(ii) $\lim_{|z| \to \infty} \psi(z) = 0$.
(iii) $f(z) = \varphi(z) + \psi(z)$ *für alle* $z \in A(z_0)$.

Beweis. 1. Wir zeigen zunächst die *Eindeutigkeit* des Paares φ, ψ. Gäbe es nämlich ein weiteres Paar $\tilde{\varphi}, \tilde{\psi}$ mit den Eigenschaften *(i)-(iii)*, so definieren wir eine neue Funktion $g : \mathbb{C} \to \mathbb{C}$ durch

$$
g(z) := \left\{
\begin{array}{ll}
\tilde{\varphi}(z) - \varphi(z) & |z - z_0| < R \,, \\[1mm]
& \text{für} \\[1mm]
\psi(z) - \tilde{\psi}(z) & |z - z_0| > R' \,.
\end{array}
\right.
$$

Wegen

$$
f(z) = \varphi(z) + \psi(z) = \tilde{\varphi}(z) + \tilde{\psi}(z) \quad \text{für alle } z \in A(z_0)
$$

folgt

$$
\tilde{\varphi}(z) - \varphi(z) = \psi(z) - \tilde{\psi}(z) \quad \text{auf } A(z_0) \,.
$$

Somit ist $g : \mathbb{C} \to \mathbb{C}$ wegen $\tilde{\varphi} - \varphi \in \mathcal{H}(B_R(z_0))$ und $\tilde{\psi} - \psi \in \mathcal{H}(E_{R'}(z_0))$ eine wohldefinierte holomorphe Funktion auf $\mathbb{C}$. Außerdem folgt aus (ii), daß g auf $\mathbb{C}$ beschränkt und somit nach Liouville konstant ist, und wegen (ii) muß diese Konstante Null sein, d.h. $g(z) \equiv 0$ auf $\mathbb{C}$. Hieraus folgt $\varphi = \tilde{\varphi}$ und $\psi = \tilde{\psi}$.
2. Nun zeigen wir die *Existenz* der Zerlegung (iii) mit den Eigenschaften (i) und (ii). Zu diesem Zweck fixieren wir ein beliebiges $z \in A_R(z_0)$ und wählen dann Zahlen ρ und r mit

$$
(10) \qquad\qquad R' < \rho < |z - z_0| < r < R \,.
$$

Wir setzen

$$
(11) \quad \varphi(z, r) := \frac{1}{2\pi i} \int_{C_r(z_0)} \frac{f(\zeta)}{\zeta - z} \, d\zeta \,, \quad \psi(z, \rho) := \frac{-1}{2\pi i} \int_{C_\rho(z_0)} \frac{f(\zeta)}{\zeta - z} \, d\zeta \,.
$$

Nach Satz 7 in Abschnitt 3.2 gilt die Darstellungsformel

$$
(12) \qquad\qquad f(z) = \varphi(z, r) + \psi(z, \rho)
$$

für alle $z \in \mathbb{C}$, die (10) erfüllen, und wegen des Cauchyschen Integralsatzes sind bei festem z mit der Eigenschaft (10) die Funktionen $\varphi(z, r)$ bzw. $\psi(z, \rho)$ unabhängig von r bzw. ρ. Somit existieren die Grenzwerte

$$
(13) \qquad \varphi(z) := \lim_{r \to R - 0} \varphi(z, r) \,, \quad \psi(z) := \lim_{\rho \to R' + 0} \psi(z, \rho) \,,
$$

und es gilt

(14)
$$\varphi(z) \; = \; \varphi(z,r) \quad \text{für alle } z \in \mathbb{C} \text{ mit } |z - z_0| < R \,,$$

$$\psi(z) \; = \; \psi(z,\rho) \quad \text{für alle } z \in \mathbb{C} \text{ mit } |z - z_0| > R' \,.$$

Aus (11) folgt

$$\varphi(\cdot,r) \in \mathcal{H}(B_r(z_0)) \,, \quad \psi(\cdot,\rho) \in \mathcal{H}(\mathbb{C} \setminus \overline{B}_\rho(z_0)) \,,$$

und wegen (14) ergibt sich

$$\varphi \in \mathcal{H}(B_R(z_0)) \,, \quad \psi \in \mathcal{H}\big(E_{R'}(z_0)\big) \,.$$

Ferner erhalten wir aus (12) und (14) die Darstellungsformel

$$f(z) \; = \; \varphi(z) + \psi(z) \quad \text{für alle } z \in A(z_0) \,.$$

Schließlich haben wir wegen (11) für $|z - z_0| > \rho$ die Abschätzung

$$|\psi(z,\rho)| \; \leq \; \frac{1}{2\pi} \cdot 2\pi\rho \cdot \max_{\partial B_\rho(z_0)} |f| \cdot \frac{1}{|z - z_0| - \rho} \,.$$

Wegen (14) folgt dann

$$\lim_{|z| \to \infty} \psi(z) \; = \; 0 \,.$$

$\square$

Definition 3. *Die eindeutig bestimmte Zerlegung $f = \varphi + \psi$ des Satzes 2 einer Funktion $f \in \mathcal{H}\big(A(z_0)\big)$ heißt* **Laurentzerlegung** *von f in $A(z_0)$. Ferner nennen wir $\psi \in \mathcal{H}\big(E_{R'}(z_0)\big)$ den* **Hauptteil** *von f und $\varphi \in \mathcal{H}(B_R(z_0))$ den* **Nebenteil.** *Für $f \in \mathcal{H}\big(B'_R(z_0)\big)$ heißt $f = \varphi + \psi$ die* **Laurentzerlegung** *von f* **an der singulären Stelle** *z_0 mit dem* **Hauptteil** *$\psi \in \mathcal{H}(\mathbb{C} \setminus \{z_0\})$ und dem* **Nebenteil** *$\varphi \in \mathcal{H}\big(B_R(z_0)\big)$.*

Satz 3. *Sei φ der Nebenteil und ψ der Hauptteil einer Funktion $f \in \mathcal{H}(A(z_0))$.*

(i) Der Nebenteil φ ist durch die in $B_R(z_0)$ konvergente und damit in $\overline{B}_r(z_0)$, $0 < r < R$, gleichmäßig und absolut konvergente Potenzreihe

(15)
$$\varphi(z) \; = \; \sum_{n=0}^{\infty} a_n (z - z_0)^n$$

dargestellt, deren Koeffizienten a_n durch

(16)
$$a_n \; = \; \frac{1}{2\pi i} \int_{C_r(z_0)} \frac{f(\zeta)}{(\zeta - z_0)^{n+1}} \, d\zeta$$

gegeben sind, wobei r beliebig aus $(0, R)$ *gewählt werden darf.*

(ii) Der Hauptteil ψ *ist durch die in* $\mathbb{C} \setminus B_\rho(z_0)$ *für jedes* $\rho > R'$ *gleichmäßig und absolut konvergente Reihe*

$$(17) \qquad \psi(z) = \sum_{n=1}^{\infty} a_{-n}(z - z_0)^{-n}$$

dargestellt, deren Koeffizienten a_{-n} *durch*

$$(18) \qquad a_{-n} = \frac{1}{2\pi i} \int_{C_r(z_0)} \frac{f(\zeta)}{(\zeta - z_0)^{-n+1}} \, d\zeta$$

gegeben sind, wobei r beliebig aus (R', R) *gewählt werden darf.*

(iii) Wir fassen (i) und (ii) zusammen zu

$$(19) \qquad f(z) = \sum_{n=-\infty}^{\infty} a_n(z - z_0)^n \quad \text{für } z \in A(z_0) \,,$$

wobei die Koeffizienten a_n *durch*

$$(20) \qquad a_n = \frac{1}{2\pi i} \int_{C_r(z_0)} \frac{f(\zeta)}{(\zeta - z_0)^{n+1}} \, d\zeta$$

gegeben sind und r beliebig aus (R', R) *gewählt ist.*

Bemerkung 2. Die Reihen (15) und (17) konvergieren absolut und somit unbedingt im Kreisring $A(z_0)$. Dies rechtfertigt (19), also

$$\sum_{n=0}^{\infty} a_n(z - z_0)^n + \sum_{n=1}^{\infty} a_{-n}(z - z_0)^{-n} = \sum_{n=-\infty}^{\infty} a_n(z - z_0)^n \,,$$

wenn wir die rechtsstehende Summe als $\lim_{N \to \infty} \sum_{n=-N}^{N} a_n(z - z_0)^n$ definieren.

Beweis von Satz 3. Wir müssen nur noch Behauptung (ii) beweisen. Für $z \neq z_0$ definieren wir w durch

$$w := \frac{1}{z - z_0} \,,$$

so daß $z = z_0 + 1/w$ gilt. Die Abbildung $z \mapsto w$ bildet $E_{R'}(z_0)$ auf die punktierte Kreisscheibe $B_\rho'(0)$ mit $\rho := 1/R'$ ab. Wir bilden die Funktion

$$\chi(w) := \psi\left(z_0 + \frac{1}{w}\right) \,, \quad w \in B_\rho'(0) \,,$$

die holomorph ist und wegen $\lim_{|z|\to\infty} \psi(z) = 0$ die Relation $\lim_{w\to 0} \chi(w) = 0$ erfüllt. Somit ist $w = 0$ eine hebbare Singularität von χ, und durch $\chi(0) := 0$ wird χ zu einer auf $B_\rho(0)$ holomorphen Funktion fortgesetzt. Daher bekommen wir

$$\chi(w) = \sum_{n=1}^{\infty} b_n w^n \quad \text{für} \quad w \in B_\rho(0)$$

und folglich

$$\psi(z) = \chi\left(\frac{1}{z - z_0}\right) = \sum_{n=1}^{\infty} b_n (z - z_0)^{-n} \quad \text{für} \quad z \in E_{R'}(z_0) \, .$$

Diese Reihe ist absolut und gleichmäßig konvergent auf $\{z \in \mathbb{C} : |z - z_0| \geq r\}$ für jedes $r > R'$. Setzen wir noch $a_{-n} := b_n$ für $n \geq 1$, so erhalten wir die Darstellung (17). Es bleibt (18) zu zeigen. In der Tat ist $\sum_{n=-\infty}^{\infty} a_n (z - z_0)^n$ absolut und gleichmäßig konvergent auf $\partial B_r(z_0)$ für jedes $r \in (R', R)$. Also ergibt sich für jedes $k \in \mathbb{Z}$, daß

$$\int_{C_r(z_0)} \frac{f(\zeta)}{(\zeta - z_0)^{k+1}} \, d\zeta = \int_{C_r(z_0)} \sum_{n=-\infty}^{\infty} a_n (\zeta - z_0)^{n-k-1} \, d\zeta$$

$$= \sum_{n=-\infty}^{\infty} a_n \int_{C_r(z_0)} (\zeta - z_0)^{n-k-1} \, d\zeta = 2\pi i \, a_k \, .$$

$\square$

Definition 4. *Die Reihe (19) nennt man die* **Laurententwicklung** *der Funktion* $f \in \mathcal{H}(A(z_0))$ **im Kreisring** $A(z_0)$, *und für* $f \in \mathcal{H}(B'_R(z_0))$ *wird sie die* **Laurententwicklung von** f **an der Stelle** z_0 *genannt.*

Korollar 1. *Aus der Laurententwicklung*

$$f(z) = \sum_{n=-\infty}^{\infty} a_n (z - z_0)^n$$

von $f \in \mathcal{H}(B'_R(z_0))$ *an der Stelle* z_0 *erhält man ihr Residuum in* z_0 *als*

$$(21) \qquad\qquad Res\,(f, z_0) = a_{-1}$$

Korollar 2. *Ist* $f \in \mathcal{H}(A(z_0))$ *mit* $A(z_0) = \{z \in \mathbb{C} : R' < |z - z_0| < R\}$ *und gilt für ein* $r \in (R', R)$ *die Abschätzung*

$$|f(z)| \leq M \quad \text{für alle} \quad z \in \partial B_r(z_0) \, ,$$

so folgen für die Koeffizienten a_n der eindeutig bestimmten Laurententwicklung (19) von f die Abschätzungen

$$(22) \qquad\qquad |a_n| \leq M r^{-n} \ .$$

Die Laurententwicklung einer in $B'_R(z_0)$ holomorphen Funktion ist nach dem französischen Ingenieur P.A. Laurent benannt, dessen Entdeckung Cauchy im Jahre 1843 bekannt gemacht hat (Laurents Arbeit wurde erst 1863 publiziert). Weierstraß fand diese Entwicklung bereits 1841, hat sie aber nie in seinen zahlreichen Vorlesungen über Funktionentheorie vorgetragen, sondern erst 1894 publiziert (*Mathematische Werke*, Band 1, S. 51-66).

Gewöhnlich bestimmt man die Laurententwicklung nicht durch die Integralformeln (20), sondern versucht, spezielle Eigenschaften der darzustellenden Funktionen zu nutzen. Vielfach kann man auf bekannte Potenzreihenentwicklungen zurückgreifen, wenn die Laurentzerlegung $f = \varphi + \psi$ bereits vorliegt oder durch eine einfache algebraische Manipulation hergestellt werden kann.

⚊1⚊ $f(z) := e^z + e^{1/z}$, $|z| > 0$, hat in $\mathbb{C} \setminus \{0\}$ die Laurententwicklung

$$f(z) = 1 + \sum_{n=-\infty}^{\infty} \frac{1}{|n|!} z^n \ , \ |z| > 0 \ .$$

Der Punkt $z = 0$ ist eine wesentliche Singularität von f, und $\mathrm{Res}\,(f,0) = 1$.

⚊2⚊ $f(z) := \dfrac{1}{(z-1)(z-2)}$, $z \in \mathbb{C} \setminus \{1,2\}$, besitzt in $A_1(0) := \{z \in \mathbb{C} : 1 < |z| < 2\}$ die Zerlegung $f = \varphi + \psi$ mit $\varphi(z) := \dfrac{1}{z-2}$ und $\psi(z) := \dfrac{1}{1-z}$. Wegen

$$\psi(z) = -\frac{1}{z} \frac{1}{1 - 1/z} = -\sum_{n=1}^{\infty} z^{-n} \quad \text{für } |z| > 1 \ ,$$

$$\varphi(z) = -\frac{1}{2} \frac{1}{1 - z/2} = -\sum_{n=0}^{\infty} \frac{z^n}{2^{n+1}} \quad \text{für } |z| < 2$$

ist $f = \varphi + \psi$ die Laurentzerlegung von f in $A_1(0)$, und

$$f(z) = \sum_{n=-\infty}^{\infty} a_n z^n \quad \text{mit } a_n := -1 \text{ für } n < 0, \ a_n := -2^{-n-1} \text{ für } n \geq 0$$

ist die Laurententwicklung von f in $A_1(0)$. Man beachte, daß $\mathrm{Res}\,(f,0) \neq a_{-1}$ ist, denn $\mathrm{Res}\,(f,0) = 0$.

⚊3⚊ Für $|z| > 2$ hat man die konvergente Entwicklung

$$\frac{1}{z-2} = \sum_{n=0}^{\infty} 2^n z^{-n-1} \ .$$

Damit ergibt sich für $f(z) := \dfrac{1}{(z-1)(z-2)}$ in $E_2(0) := \{z \in \mathbb{C} : |z| > 2\}$ die Laurententwicklung

$$f(z) = \sum_{n=2}^{\infty} b_n z^{-n} \quad \text{mit } b_n := 2^{n-1} - 1 \ ,$$

die völlig verschieden von der Entwicklung in ⚊2⚊ ist. Dies ist aber kein Widerspruch zur Eindeutigkeitsaussage des Satzes 2, da die Ringgebiete $A_1(0)$ und $E_2(0)$ nicht dieselben sind.

Nun wollen wir eine Klasse von Funktionen untersuchen, die umfangreicher als die Klasse der holomorphen Funktionen ist, diese aber in natürlicher Weise erweitert. Dies ist die Klasse der Funktionen, die höchstens isolierte Singularitäten besitzen, und zwar nur Pole, aber keine wesentlichen Singularitäten; solche Funktionen heißen *meromorph*. Um diese Klasse präzise definieren zu können, formulieren wir zunächst

Definition 5. *Eine Teilmenge S einer offenen Menge $\Omega \subset \mathbb{C}$ heißt* **diskret** *in Ω (oder diskrete Teilmenge von Ω), wenn es zu jedem $z_0 \in \Omega$ eine Kreisscheibe $B_r(z_0)$ gibt, in der höchstens endlich viele Punkte von S liegen.*

Proposition 1. *Eine in Ω diskrete Menge S ist höchstens abzählbar.*

Beweis. Wir wählen eine Folge kompakter Mengen $K_1, K_2, \ldots$ mit

$$K_n \subset K_{n+1} \subset \Omega \quad \text{für alle } n \in \mathbb{N} \text{ und } \Omega = \cup_{n=1}^{\infty} K_n .$$

Da in jedem Kompaktum K_n höchstens endlich viele Punkte von S liegen können, ist S entweder leer oder endlich oder abzählbar unendlich. $\square$

Definition 6. *Eine Funktion f heißt* **meromorph** *in Ω, wenn es eine diskrete Teilmenge S von Ω gibt, so daß* (i) *f auf $\Omega \setminus S$ definiert und dort holomorph ist, und wenn* (ii) *jeder Punkt von S ein Pol von f ist. Die Menge S heißt* **Polstellenmenge von f** *und werde mit $\mathcal{P}(f)$ bezeichnet, während $\mathcal{N}(f)$ die* **Nullstellenmenge von f** *sei.*

Mit $\mathcal{M}(\Omega)$ bezeichnen wir die Klasse der in Ω meromorphen Funktionen.

Proposition 2. (i) *Für jede (nichtleere) offene Menge $\Omega \subset \mathbb{C}$ ist $\mathcal{M}(\Omega)$ eine $\mathbb{C}$-Algebra mit Eins (bezüglich punktweiser Addition und Multiplikation von Funktionen).*

(ii) *Für ein (nichtleeres) Gebiet Ω ist $\mathcal{M}(\Omega)$ sogar ein Körper.*

Beweis. Die Behauptung (i) ist leicht zu sehen.
(ii) Sei $f \in \mathcal{M}(\Omega)$. Dann ist mit Ω auch $\Omega \setminus \mathcal{P}(f)$ zusammenhängend, und folglich gilt entweder $f(z) \equiv 0$ in Ω, oder $\mathcal{N}(f)$ ist diskret. Im ersten Fall ist f die Null in $\mathcal{M}(\Omega)$, während im zweiten Fall $1/f$ auf $\Omega \setminus \mathcal{N}(f)$ definiert und holomorph, d.h. $1/f \in \mathcal{M}(\Omega)$ ist. $\square$

$\boxed{4}$ $\mathcal{H}(\Omega)$ bildet eine Unteralgebra von $\mathcal{M}(\Omega)$.

$\boxed{5}$ Sind $p(z)$ und $q(z)$ Polynome auf $\mathbb{C}$ und ist $q(z) \not\equiv 0$, so wird durch

$$(23) \qquad\qquad f(z) := \frac{p(z)}{q(z)} \quad , \qquad z \notin \mathcal{N}(q) ,$$

eine Funktion $f \in \mathcal{M}(\mathbb{C})$ mit $\mathcal{P}(f) \subset \mathcal{N}(q)$ definiert.

Man beachte, daß $\mathcal{P}(f)$ eine echte Teilmenge von $\mathcal{N}(q)$ sein kann. Ist nämlich z_0 zugleich Nullstelle von p und q, so ist z_0 hebbare Singularität von f, wenn die Ordnung von z_0 bezüglich p größer oder gleich der Ordnung von z_0 bezüglich q ist. Die Quotienten (23) von Polynomen werden als *rationale Funktionen* bezeichnet. Die Klasse der rationalen Funktionen bildet offenbar einen Unterkörper von $\mathcal{M}(\mathbb{C})$.

$\boxed{6}$ Ist $f \in \mathcal{M}(\mathbb{C})$, so gibt es, wie wir in Band 3 zeigen werden, eine ganze Funktion ψ derart, daß $\mathcal{N}(\psi) = \mathcal{P}(f)$ und jeder Pol von f der Ordnung ν eine Nullstelle von ψ der gleichen Ordnung ist. Dann sind alle Singularitäten von $\varphi := f \cdot \psi$ hebbar, und folglich kann φ als eine ganze Funktion angesehen werden. Damit ist f als Quotient φ/ψ zweier ganzer Funktionen dargestellt.

$\boxed{7}$ Die durch

$$f(z) := \operatorname{ctg}\pi z = \frac{\cos\pi z}{\sin\pi z} \ , \quad z \in \mathbb{C}\setminus\mathbb{Z} \ ,$$

definierte Funktion f ist von der Klasse $\mathcal{M}(\mathbb{C})$, und es gilt $\mathcal{P}(f) = \mathbb{Z}$.

Proposition 3. *Ist f eine rationale Funktion (23) mit den N verschiedenen Polen $z_1, \dots, z_N$ der Ordnung $\nu_1, \dots, \nu_N$, so gibt es eindeutig bestimmte Polynome $p_0(z), p_1(z), \dots, p_N(z)$ mit* grad $p_j \leq \nu_j - 1$ *für $1 \leq j \leq N$, so daß sich f in der Form*

$$(24) \qquad f(z) = p_0(z) + \sum_{j=1}^{N} (z - z_j)^{-\nu_j} \, p_j(z - z_j) \ , \quad z \neq z_1, \dots, z_N \ ,$$

schreiben läßt. Man bezeichnet die Darstellung (24) als die **Partialbruchzerlegung** *der rationalen Funktion f.*

Beweis. Bezeichne

$$(25) \qquad h_j(z) = \sum_{k=1}^{\nu_j} a_{jk} \, (z - z_j)^{-k}$$

den Hauptteil der Laurententwicklung von $f(z)$ an der Stelle $z = z_j$. Die Funktionen $h_1, \dots, h_N$ sind rational, und folglich ist auch

$$(26) \qquad p_0 := f - (h_1 + \dots + h_N)$$

rational und zugleich ganz, weil $z_1, \dots, z_N$ hebbare Singularitäten von p_0 sind. Damit ist p_0 notwendig ein Polynom. Aus (25) und (26) ergibt sich die Darstellung (24) von f. Umgekehrt folgt aus (24), daß

$$h_j(z) := (z - z_j)^{-\nu_j} \, p_j(z - z_j)$$

mit grad $p_j \leq \nu_j - 1$ der Hauptteil der Laurententwicklung von f an der Stelle $z = z_j$ ist. Hieraus ergibt sich die eindeutige Bestimmtheit von $p_1, \dots, p_N$ und damit auch die von p_0. $\qquad\square$

In diesem Zusammenhang ist es naheliegend, das Verhalten von Funktionen $f \in \mathcal{M}(\mathbb{C})$ im „unendlich fernen Punkt" zu betrachten, den wir mit ∞ bezeichnen wollen. Diesen fiktiven Punkt führen wir ein, um die komplexe Ebene $\mathbb{C}$ zur Menge $\hat{\mathbb{C}} = \mathbb{C} \cup \{\infty\}$ auf solche Weise zu vervollständigen, daß die Abbildung $z \mapsto w = 1/z$ die Menge $\hat{\mathbb{C}}$ bijektiv auf sich abbildet. Dazu setzen wir

$$\frac{1}{0} = \infty \ , \quad \frac{1}{\infty} = 0 \ , \quad a \cdot \infty = \infty \cdot a = \infty \ \text{ für } a \in \hat{\mathbb{C}} \setminus \{0\} \ ;$$

$$a + \infty = \infty + a = \infty \ , \quad |a| < |\infty| := \infty \ \text{ für } a \in \mathbb{C} \ .$$

Wir bezeichnen dann die Mengen

$$(27) \qquad U_R := \{ z \in \hat{\mathbb{C}} : |z| > R \}$$

als *Umgebungen von ∞*. Entsprechend fassen wir für $f \in \mathcal{M}(\mathbb{C})$ den Punkt ∞ als isolierte Singularität auf und legen folgendes fest:

Definition 7. *Für $f \in \mathcal{M}(\mathbb{C})$ ist der Punkt $z = \infty$ eine* **hebbare Singularität** *bzw. ein* **Pol** *ν-ter Ordnung bzw. eine* **wesentliche Singularität***, falls der Punkt $\zeta = 0$ für die Funktion $\varphi(\zeta) := f(1/\zeta)$ eine hebbare Singularität bzw. ein Pol ν-ter Ordnung bzw. eine wesentliche Singularität ist.*

$\boxed{8}$ Für jedes Polynom der Ordnung $n \geq 1$ ist $z = \infty$ ein Pol n-ter Ordnung, und für jede transzendente Funktion ist $z = \infty$ eine wesentliche Singularität. In der Formel (24) können wir das Polynom $p_0(z)$ als den „Hauptteil der Laurententwicklung von $f(z)$ im Punkte $z = \infty$" auffassen. Dann ergibt sich sofort das folgende Resultat:

Proposition 4. *Eine Funktion $f \in \mathcal{M}(\mathbb{C})$ ist genau dann rational, wenn sie in $\hat{\mathbb{C}}$ nur endlich viele Pole und keine wesentlichen Singularitäten besitzt.*

Zum Ende wollen wir noch **Rouchés Formel** auf meromorphe Funktionen verallgemeinern.

Satz 4. *Sei G ein Gebiet, dessen Rand von einer geschlossenen regulären D^1-Jordankurve c parametrisiert wird, die G im positiven Sinne umläuft. Ferner sei $f \in \mathcal{M}(\Omega)$, $G \subset\subset \Omega$, und auf ∂G liege weder eine Nullstelle noch eine Polstelle von f. Bezeichnet dann N die Anzahl der Nullstellen und P die Anzahl der Polstellen von f in G, so gilt*

$$(28) \qquad\qquad N - P = \frac{1}{2\pi i} \int_c \frac{f'(z)}{f(z)}\, dz\,.$$

Beweis. Die Funktion f'/f ist meromorph in Ω, und ihre Pole sind die Nullstellen $z_1, \dots, z_l$ sowie die Pole $\zeta_1, \dots, \zeta_m$ von f. Der Residuensatz liefert dann

$$\int_c \frac{f'(z)}{f(z)}\, dz = 2\pi i \left[\sum_{j=1}^{l} \operatorname{Res}(f'/f, z_j) + \sum_{k=1}^{m} \operatorname{Res}(f'/f, \zeta_k) \right]\,.$$

Sei α_j die Vielfachheit der Nullstelle z_j und β_k die Vielfachheit des Poles ζ_k. Nach 3.5, (4) gilt

$$\operatorname{Res}(f'/f, z_j) = \alpha_j\,.$$

Aus der Laurententwicklung

$$f(z) = a_{-\nu}(z - \zeta_k)^{-\nu} + \dots\,, \quad \nu = \beta_k\,,$$

folgt

$$f'(z) = -\nu a_{-\nu}(z - \zeta_k)^{-\nu - 1} + \dots$$

und damit

$$\frac{f'(z)}{f(z)} = \frac{-\nu}{z - \zeta_k} + \varphi(z) \qquad \text{für } 0 < |z - \zeta_k| \ll 1\,,$$

wobei φ in einer hinreichend kleinen Umgebung von ζ_k holomorph ist. Daraus ergibt sich wegen $\nu = \beta_k$ die Formel $\operatorname{Res}(f'/f, \zeta_k) = -\beta_k$. Somit folgt

$$\frac{1}{2\pi i} \int_c \frac{f'(z)}{f(z)}\, dz = \sum_{j=1}^{l} \alpha_j - \sum_{k=1}^{m} \beta_k\,.$$

Wegen $N = \sum_{j=1}^{l} \alpha_j$, $P = \sum_{k=1}^{m} \beta_k$ erhalten wir hieraus die Behauptung. $\qquad \square$

Aufgaben.

1. Welchen Typ hat die isolierte Singularität z_0 der folgenden Funktionen:
   (i) $\sin \frac{1}{z}$ in $z_0 = 0$, (ii) $\dfrac{1}{1 - e^z}$ in $z_0 = 2\pi i$, (iii) $\dfrac{1}{\sin z}$ in $z_0 = \pi$, (iv) $\dfrac{\operatorname{tg} z}{z}$ in $z_0 = 0$,
   (v) $\dfrac{1 - \cos z}{z^3}$ in $z_0 = 0$, (vi) $\dfrac{1 + z + z^2 + z^3}{1 - z^4}$ in $z_0 = i$?
2. Was ist der Typ der isolierten Singularität z_0 der Funktionen fg, f/g und g/f, wenn z_0 eine Nullstelle n-ter Ordnung von f und eine Polstelle p-ter Ordnung von g ist?

3. Welche Polstellen hat die in $\mathbb{C}$ meromorphe Funktion $f(z) := \frac{1}{z^2(z+i)}$? Man bestimme die Laurententwicklungen von f in den Kreisringen $A_1(0) := \{z \in \mathbb{C} : 0 < |z| < 1\}$, $A_2(0) := \{z \in \mathbb{C} : 1 < |z| < \infty\}$, $A_3(-i) := \{z \in \mathbb{C} : 0 < |z+i| < \infty\}$. Was sind die Werte der Residuen von f in den Polstellen?

4. Ist f meromorph auf Ω und nicht konstant, so ist $f(\Omega)$ offen. Beweis?

5. Man zeige, daß $e^{1/z}$ auf $B'_r(0)$ jeden Wert $w \in \mathbb{C} \setminus \{0\}$ annimmt, wie klein man $r > 0$ auch wählt.

6. Welche Singularität haben die folgenden Funktionen in $z = \infty$:
(i) e^z, (ii) $z^3 + z + 1$, (iii) $(z^2 + 1)e^{-z}$, (iv) $\cos z - \sin z$?

7. Welche zwei Werte läßt die auf $\mathbb{C}$ meromorphe Funktion $f(z) := 1/(1 + e^z)$ aus?

8. Wenn $f \in \mathcal{M}(\mathbb{C})$ drei verschiedene Werte nicht annimmt, so ist f konstant. Warum?

8 Berechnung uneigentlicher Integrale mit dem Residuensatz

Im allgemeinen ist die explizite Berechnung von Integralen und insbesondere von uneigentlichen Integralen ein schwieriges Unterfangen. Wir wollen zeigen, daß in vielen interessanten Fällen **Cauchys Residuensatz** ein probates Mittel liefert, diese Aufgabe anzugreifen. Zur Bequemlichkeit des Lesers wollen wir diesen Satz noch einmal formulieren:

Sei Ω eine offene Menge in $\mathbb{C}$, $S = \{z_1, z_2, \dots\}$ eine höchstens abzählbare Teilmenge von Ω, die sich in Ω nicht häuft, und $f \in \mathcal{H}(\Omega \setminus S)$. Ferner sei $G \subset\subset \Omega$ ein Gebiet mit $G \cap S = \{z_1, \dots, z_N\}$, $\partial G \cap S = \emptyset$, das von einer geschlossenen regulären D^1-Jordankurve c berandet wird, die G im positiven Sinne umläuft. Dann gilt

$$(1) \qquad \int_c f(z)dz = 2\pi i \sum_{k=1}^{N} \mathrm{Res}\,(f, z_k)\,.$$

(Für $N = 0$ ist $\sum_{k=1}^{N} \dots = 0$ gesetzt.)

Bevor wir die Formel (1) zur Berechnung uneigentlicher Integrale verwenden, ist es angebracht zu überlegen, wie sich Residuen auf bequeme Weise bestimmen lassen. Zunächst erinnern wir an die Definition des Residuums $\mathrm{Res}\,(f, z_0)$ einer holomorphen Funktion f mit einer isolierten Singularität an der Stelle z_0:

$$\mathrm{Res}\,(f, z_0) := \lim_{r \to 0} \frac{1}{2\pi i} \int_{C_r(z_0)} f(\zeta)\,d\zeta\,.$$

Ist

$$f(z) = \sum_{n=-\infty}^{\infty} a_n(z - z_0)^n\,, \qquad 0 < |z - z_0| << 1\,,$$

die Laurententwicklung von f an der Stelle z_0, so gilt die Formel

(2) $$\operatorname{Res}(f, z_0) = a_{-1}.$$

Hieraus gewinnen wir sehr leicht

Proposition 1. *(i) Hat $\varphi \in \mathcal{H}(B_R(z_0))$ die Potenzreihenentwicklung*

$$\varphi(z) = a_0 + a_1(z - z_0) + a_2(z - z_0)^2 + \dots$$

und gilt

$$f(z) = (z - z_0)^{-m}\, \varphi(z) \quad \text{für } 0 < |z - z_0| < R,\ m \in \mathbb{N},$$

so ist

(3) $$\operatorname{Res}(f, z_0) = a_{m-1} = \frac{1}{(m-1)!}\, \varphi^{(m-1)}(z_0).$$

(ii) Für $\varphi, \psi \in \mathcal{H}(B_R(z_0))$ mit $\varphi(z_0) \neq 0$, $\psi(z_0) = 0$, $\psi'(z_0) \neq 0$ hat die durch

$$f(z) := \frac{\varphi(z)}{\psi(z)}, \quad 0 < |z - z_0| < R,$$

definierte Funktion f einen Pol *erster Ordnung in z_0, und es gilt*

(4) $$\operatorname{Res}(f, z_0) = \frac{\varphi(z_0)}{\psi'(z_0)}.$$

Beweis. (i) Wegen

$$f(z) = \sum_{\nu=0}^{\infty} a_\nu (z - z_0)^{\nu - m}$$

erhalten wir aus (2), daß $\operatorname{Res}(f, z_0) = a_{m-1}$ ist, und die Taylorreihe von φ liefert

$$a_{m-1} = \frac{1}{(m-1)!}\, \varphi^{(m-1)}(z_0).$$

(ii) Aus den Voraussetzungen folgt

$$f(z) = \frac{\varphi(z)}{\psi(z)} = \frac{\varphi(z_0) + \dots}{\psi'(z_0)(z - z_0) + \dots} = \frac{1}{z - z_0}\left[\frac{\varphi(z_0)}{\psi'(z_0)} + \dots\right],$$

und wegen (i) ergibt sich (4).

$\square$

Nun wollen wir einige Beispiele betrachten.

$\boxed{1}$ Es gilt

$$\int_{-\infty}^{\infty} \frac{dx}{(1+x^2)^2} = \frac{\pi}{2} \, .$$

In der Tat ist das Integral nach dem Majorantenkriterium absolut konvergent, und somit können wir

$$\int_{-\infty}^{\infty} \frac{dx}{(1+x^2)^2} = \lim_{R \to \infty} \int_{-R}^{R} \frac{dx}{(1+x^2)^2}$$

schreiben. Das Nennerpolynom $p(z) = (1+z^2)^2$ hat die beiden doppelten Nullstellen i und $-i$, läßt sich also in der Form

$$p(z) = (z-i)^2(z+i)^2$$

schreiben.

Damit erhalten wir für

$$f(z) := \frac{1}{(1+z^2)^2}$$

die Entwicklung

$$f(z) = \frac{1}{(z-i)^2} \, \varphi(z) \qquad \text{mit} \qquad \varphi(z) := \frac{1}{(z+i)^2} \, .$$

Wegen (3) folgt

$$\operatorname{Res}(f,i) = \varphi'(i) = \frac{-2}{(z+i)^3}\Big|_{z=i} = \frac{1}{4i} \, .$$

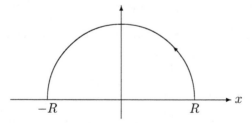

Nun wählen wir $G = \{z \in \mathbb{C} : |z| < R, \ \operatorname{Im} z > 0\}$ mit $R > 1$. Dieses Gebiet enthält den Pol i von f im Inneren, während der Pol $-i$ im Äußeren liegt. Die Berandung von G besteht aus dem Intervall $I_R = [-R, R]$ auf der reellen Achse und aus dem Halbkreisbogen $C_R^+ = \{Re^{i\varphi} : 0 \le \varphi \le \pi\}$, die bezüglich G im positiven Sinne durchlaufen werden sollen; bezeichne K_R die Kurve $I_R + C_R^+$. Dann liefert der Residuensatz

$$\int_{K_R} f(z)dz = 2\pi i \cdot \operatorname{Res}(f,i) = \frac{\pi}{2} \, ,$$

und wegen $\int_{K_R} = \int_{I_R} + \int_{C_R^+}$ folgt

$$\int_{-R}^{R} f(x)dx = \frac{\pi}{2} - \int_{C_R^+} f(z)dz .$$

Weiter gilt

$$\left| \int_{C_R^+} f(z)dz \right| \leq \mathcal{L}(C_R^+) \cdot M_R$$

mit $M_R := \max\{ |f(z)| : |z| = R,\ \operatorname{Im} z \geq 0\}$.

Wegen $\mathcal{L}(C_R^+) = \pi R$, $M_R \leq (R^2 - 1)^{-2}$ folgt

$$\left| \int_{C_R^+} f(z)dz \right| \leq \frac{\pi R}{(R^2 - 1)^2} \to 0 \quad \text{für } R \to \infty$$

und damit

$$\lim_{R \to \infty} \int_{-R}^{R} \frac{dx}{(1 + x^2)^2} = \frac{\pi}{2} .$$

$\boxed{2}$ Es ist evident, daß sich dasselbe Verfahren auch auf alle rationalen Funktionen $f = p/q$ übertragen läßt, für die das Nennerpolynom q einen um wenigstens 2 höheren Grad als p hat und wo q auf der reellen Achse nicht verschwindet. Dann ergibt sich

$$(5) \qquad \int_{-\infty}^{\infty} f(x)dx = 2\pi i \sum_{\operatorname{Im} z_j > 0} \operatorname{Res}(f, z_j) ,$$

wobei die Summe über alle Pole z_j von f mit positivem Imaginärteil zu erstrecken ist.

Betrachten wir beispielsweise $\int_{-\infty}^{\infty} \frac{x^2}{1+x^4} \, dx$. Dieses Integral ist absolut konvergent. Setze

$$f(z) := \frac{z^2}{1 + z^4} .$$

Der Nenner hat die vier einfachen Nullstellen

$$c_1 = e^{i\pi/4} = \frac{1}{\sqrt{2}}(1 + i),\ c_2 = ic_1,\ c_3 = -c_1,\ c_4 = -ic_1 .$$

Sie sind Pole erster Ordnung der rationalen Funktion $f(z)$, von denen c_1, c_2 in der oberen, c_3, c_4 in der unteren Halbebene liegen. Wählen wir G wie in $\boxed{1}$, so liefert der Grenzübergang $R \to \infty$ jetzt

$$\int_{-\infty}^{\infty} f(x)dx = 2\pi i \{\operatorname{Res}(f, c_1) + \operatorname{Res}(f, c_2)\} .$$

Setzen wir $\varphi(z) := z^2$, $\psi(z) := 1 + z^4$, so liefert Proposition 1 jetzt

$$\operatorname{Res}(f, c_k) = \frac{\varphi(c_k)}{\psi'(c_k)} , \qquad k = 1, 2 ;$$

damit

$$\operatorname{Res}(f, c_1) \;=\; \frac{c_1^2}{4c_1^3} \;=\; \frac{1}{4c_1} \;=\; \frac{1}{4}\,\overline{c_1} \;=\; \frac{1-i}{4\sqrt{2}}\,,$$

$$\operatorname{Res}(f, c_2) \;=\; \frac{c_2^2}{4c_2^3} \;=\; \frac{1}{4c_2} \;=\; \frac{1}{4}\,\overline{c_2} \;=\; -\frac{i}{4}\,\overline{c_1}\,.$$

Wegen $2\pi i\,\{\,\tfrac{1}{4}\,\overline{c_1} - \tfrac{i}{4}\,\overline{c_1}\,\} = \tfrac{\pi}{2}\,\{\,i\overline{c_1} + \overline{c_1}\,\} = \tfrac{\pi}{2} \cdot \tfrac{2}{\sqrt{2}} = \tfrac{\pi}{\sqrt{2}}$ ergibt sich

$$\int_{-\infty}^{\infty} \frac{x^2}{1+x^4}\,dx \;=\; \frac{\pi}{\sqrt{2}}\,.$$

3 Wenn die rationale Funktion $f(z)$ auf der reellen Achse einfache Pole x_k, $1 \le k \le l$, hat, müssen wir aus G noch Halbkreisscheiben

$$\{z \in \mathbb{C}:\ |z - x_k| \le \epsilon,\ \operatorname{Im} z > 0\}$$

herausstanzen.

Dann verändert sich (5) um den Summanden $\pi i \sum_{k=1}^{l} \operatorname{Res}(f, x_k)$ auf der rechten Seite, und das uneigentliche Integral auf der linken Seite von (5) ist nicht mehr im strengen Sinne konvergent, sondern muß als Cauchyscher Hauptwert verstanden werden:

$$\int_{-\infty}^{\infty} f(x)dx \;=\; \lim_{R\to\infty}\left(\lim_{\epsilon\to 0} \int_{I_R^\epsilon} f(x)dx\right)$$

mit $I_R^\epsilon := [-R, R] \setminus (\cup_{k=1}^{l} [x_k - \epsilon,\ x_k + \epsilon]$. In diesem Sinne gilt dann immer noch

(6) $$\int_{-\infty}^{\infty} f(x)dx \;=\; 2\pi i \sum_{\operatorname{Im} z_j > 0} \operatorname{Res}(f, z_j) \;+\; \pi i \sum_{\operatorname{Im} x_k = 0} \operatorname{Res}(f, x_k)\,.$$

4 *Integrale über die Halbachse $(0, \infty)$.* Das Integral

$$\int_0^{\infty} \frac{dx}{1+x^3}$$

ist absolut konvergent. Auf der negativen reellen Achse liegt der Pol $z = -1$ von

$$f(z) \;:=\; \frac{1}{1+z^3}\,.$$

Die anderen beiden Pole sind $e^{\pi i/3}$ und $e^{5\pi i/3}$. Hier wählen wir G als den Kreissektor

$$G \;:=\; \{\,re^{i\theta} : 0 < r < R,\ 0 < \theta < \frac{2\pi}{3}\,\},\quad R > 1\,,$$

der nur den Pol $e^{\pi i/3}$ enthält; die anderen beiden Pole liegen im Äußeren von G. Sei c eine Parameterdarstellung von ∂G, die G im positiven Sinne umläuft. Dann ist

$$\int_c f(z)dz \;=\; 2\pi i\,\operatorname{Res}(f, e^{\pi i/3})\,.$$

Nach Proposition 1, (ii) gilt

$$\operatorname{Res}(f, e^{\pi i/3}) = \frac{1}{3z^2}\Big|_{z=e^{\pi i/3}} = \frac{1}{3e^{2\pi i/3}} = -\frac{1}{3}e^{\pi i/3}.$$

Ferner ist

$$\int_C f(z)dz = J_1 + J_2 - J_3$$

mit

$$J_1 := \int_0^R f(x)dx, \quad J_3 := \int_0^R f(t)e^{2\pi i/3}\,dt = e^{2\pi i/3}J_1,$$

und J_2 ist das Kurvenintegral $\int_{\gamma_R} f(z)dz$ über dem Kreisbogen γ_R auf ∂G, der von R nach $Re^{2\pi i/3}$ führt. Es gilt

$$\lim_{R\to\infty} \int_{\gamma_R} f(z)dz = 0,$$

und somit erhalten wir

$$(1 - e^{2\pi i/3}) \cdot \int_0^\infty \frac{dx}{1+x^3} = -\frac{2\pi i}{3}e^{\pi i/3};$$

daher

$$\int_0^\infty \frac{dx}{1+x^3} = \frac{2\pi i}{3} \cdot \frac{e^{\pi i/3}}{e^{2\pi i/3}-1} = \frac{\pi}{3} \cdot \frac{2i}{e^{\pi i/3} - e^{-\pi i/3}}.$$

Wegen $\frac{e^{\pi i/3}-e^{-\pi i/3}}{2i} = \sin(\pi/3) = \frac{\sqrt{3}}{2}$ folgt schließlich

$$\int_0^\infty \frac{dx}{1+x^3} = \frac{2\pi}{3\sqrt{3}}.$$

[5] Auf ähnliche Weise wie das vorangehende uneigentliche Integral berechnet man durch Betrachtung der Kreissektoren mit den Eckpunkten $0, R, \exp(2\pi i/n)$ den folgenden Wert:

$$\int_0^\infty \frac{x^{m-1}}{1+x^n}\,dx = \frac{\pi}{n\,\sin(m\pi/n)} \quad \text{für } m, n \in \mathbb{N} \text{ mit } m < n.$$

[6] Sei $F(x,y)$ eine rationale Funktion in $(x,y) \in \mathbb{R}^2$ ohne Pole auf ∂B, wobei $B = \{(x,y) \in \mathbb{R}^2 : x^2 + y^2 < 1\}$ ist. Wir betrachten

$$J := \int_0^{2\pi} F(\cos t, \sin t)\,dt$$

und denken uns $t \mapsto \varphi(t) = \cos t + i \sin t = e^{it}$ als Parametrisierung des Einheitskreises ∂B, also $\varphi = C_1(0)$. Dann gilt

$$\overline{\varphi(t)} = \frac{1}{\varphi(t)},$$

und wir erhalten

$$\cos t = \frac{1}{2}\left[\varphi(t) + \frac{1}{\varphi(t)}\right], \quad \sin t = \frac{1}{2i}\left[\varphi(t) - \frac{1}{\varphi(t)}\right]$$

sowie

$$\dot{\varphi}(t) = i\,\varphi(t).$$

Dann können wir J als komplexes Kurvenintegral schreiben:

$$J = -i \int_0^{2\pi} F\left(\frac{1}{2}\left(\varphi(t) + \frac{1}{\varphi(t)} \right), \frac{1}{2i}\left(\varphi(t) - \frac{1}{\varphi(t)} \right) \right) \frac{1}{\varphi(t)} \, \dot{\varphi}(t) \, dt$$

$$= -i \int_{C_1(0)} F\left(\frac{1}{2}(z + \frac{1}{z}), \frac{1}{2i}(z - \frac{1}{z}) \right) \cdot \frac{1}{z} \, dz \ .$$

Betrachten wir die rationale Funktion

$$f(z) := \frac{1}{z} \cdot F\left(\frac{1}{2}(z + \frac{1}{z}), \frac{1}{2i}(z - \frac{1}{z}) \right) \ , \quad z \in \mathbb{C} \setminus \{0\} \ ,$$

so ist

$$J = -i \int_{C_1(0)} f(z) dz = 2\pi \cdot \sum_{z_j \in B} \text{Res}\,(f, z_j) \ ,$$

wobei z_j die Pole von f bezeichnet.

Beispielsweise ergibt sich

$$\int_0^{2\pi} \frac{dt}{5 + 4\cos t} = 2\pi \, \text{Res}\,(f, -1/2) \ ,$$

wobei $f(z) := \frac{1}{2z^2 + 5z + 2}$ die Pole $z_1 = -2$ und $z_2 = -1/2$ hat. Wegen

$$\text{Res}\,(f, -1/2) = \left. \frac{1}{4z + 5} \right|_{z = -1/2} = \frac{1}{3}$$

folgt

$$\int_0^{2\pi} \frac{dt}{5 + 4\cos t} = \frac{2\pi}{3} \ .$$

$\boxed{7}$ Nun wollen wir uneigentliche Integrale vom Typ

$$\int_{-\infty}^{\infty} f(x) e^{-itx} \, dx$$

untersuchen, die bei der Fouriertransformation auftreten.

Wir setzen nicht voraus, daß $\int_{-\infty}^{\infty} |f(x)| dx$ konvergiert, und können daher nicht mit den in $\boxed{1}$, $\boxed{2}$ benutzten Halbkreisbögen C_R^+ arbeiten, weil wir so nur die Existenz von

$$\lim_{R \to \infty} \int_{-R}^{R} f(x) e^{-itx} \, dx$$

erhalten würden; in der jetzigen Situation, wo für $\int_{-\infty}^{\infty} f(x) e^{-itx} \, dx$ die Konvergenz nicht a priori feststeht, erhielten wir also nur die Existenz des *Hauptwertes* von $\int_{-\infty}^{\infty} f(x) e^{-itx} \, dx$. Wir wählen daher jetzt als Gebiet G ein Quadrat der Seitenlänge $L = Q + R$, das durch

$$G := \{ z \in \mathbb{C} : -Q < \text{Re}\, z < R, \ 0 < \text{Im}\, z < L \}$$

definiert ist, wobei Q, R positive reelle Zahlen bezeichnen. Es gilt:

Ist $\mathcal{S}$ eine endliche Menge nichtreeller Punkte in $\mathbb{C}$ und erfüllt $f \in \mathcal{H}(\mathbb{C} \setminus \mathcal{S})$ die Beziehung $\lim_{|z| \to \infty} f(z) = 0$, so folgt für

$$g(z) := f(z)e^{-itz}, \ \mathcal{S}^+ := \{\zeta \in \mathcal{S} : \operatorname{Im} \zeta > 0\}, \ \mathcal{S}^- := \{\zeta \in \mathcal{S} : \operatorname{Im} \zeta < 0\} \ und \ t \neq 0$$

die Gleichung

$$(7) \qquad \int_{-\infty}^{\infty} f(x)e^{-itx}\, dx \ = \ \begin{cases} 2\pi i \cdot \sum_{\zeta \in \mathcal{S}^+} \operatorname{Res}(g, \zeta) & t < 0, \\ & \text{für} \\ -2\pi i \cdot \sum_{\zeta \in \mathcal{S}^-} \operatorname{Res}(g, \zeta) & t > 0. \end{cases}$$

Zum *Beweis* betrachten wir zunächst den Fall $t < 0$ und wählen Q und R so groß, daß $\mathcal{S}^+ \subset G$ gilt. Bezeichnet c eine Parameterdarstellung von ∂G, die positiv bezüglich G orientiert ist, so folgt

$$\int_c g(z)dz \ = \ 2\pi i \sum_{\zeta \in \mathcal{S}^+} \operatorname{Res}(g, \zeta).$$

Ferner gilt

$$\int_c g(z)dz \ = \ \int_{-Q}^{R} g(x)dx \ + \ J_1 + J_2 + J_3,$$

wobei $J_\nu := \int_{c_\nu} g(z)dz$ die drei Teile des Kurvenintegrals $\int_c g(z)dz$ bedeuten, die über die nichtreellen geradlinigen Stücke von c zu erstrecken sind. Nun gilt beispielsweise $c_1(y) = R + iy$, $0 \leq y \leq L$. Ferner erhalten wir für $y \geq 0$, daß

$$|f(R + iy)| \ \leq \ m(R) < \infty$$

gilt mit $m(R) \to 0$ für $R \to \infty$, und daß wegen $t < 0$

$$|e^{-itz}| \ = \ |e^{-|t|y + i|t|x}| \ = \ e^{-|t|y}$$

ist. Damit folgt

$$|J_1| \ \leq \ \int_0^L m(R)e^{-|t|y}\, dy \ \leq \ \frac{m(R)}{|t|} \ \to \ 0 \quad \text{für } R \to \infty,$$

und analog ergibt sich $|J_3| \to 0$ für $R \to \infty$, wobei $c_3(y) = -Q + i(L - y)$, $0 \leq y \leq L$ gewählt ist. Mit $c_2(x) = (R - x) + iL$, $0 \leq x \leq L$ folgt für

$$J_2 = \int_{c_2} g(z)dz$$

wegen $|f(R - x + iL)| \leq \mu(L) < \infty$ mit $\mu(L) \to 0$ für $L \to \infty$ die Abschätzung

$$|J_2| \ \leq \ L \cdot \mu(L)e^{-|t|L} \ \to \ 0 \quad \text{für } L \to \infty.$$

Also gilt

$$\lim_{Q, R \to \infty} (J_1 + J_2 + J_3) \ = \ 0,$$

und die Behauptung ist für $t < 0$ bewiesen. Für $t > 0$ muß man G durch das Quadrat

$$\{x + iy \in \mathbb{C} : \ -Q < x < R, \ -L < y < 0\}$$

ersetzen, und eine analoge Betrachtung liefert dann die zweite Behauptung von (7).

Aus (7) erhalten wir für $a > 0$ und $b > 0$ die beiden Gleichungen

$$\int_{-\infty}^{\infty} \frac{e^{iax}}{x - ib} \, dx = 2\pi i e^{-ab} \,, \qquad \int_{-\infty}^{\infty} \frac{e^{iax}}{x + ib} \, dx = 0 \,.$$

Addieren wir die beiden Formeln, so folgt nach Division mit 2

$$\int_{-\infty}^{\infty} \frac{x \cos ax + ix \sin ax}{x^2 + b^2} \, dx = \pi i e^{-ab} \,,$$

und Subtraktion liefert

$$\int_{-\infty}^{\infty} \frac{-b \sin ax + ib \cos ax}{x^2 + b^2} \, dx = \pi i e^{-ab} \,.$$

Die Integrale

$$\int_{-\infty}^{\infty} \frac{x \cos ax}{x^2 + b^2} \, dx \qquad \text{und} \qquad \int_{-\infty}^{\infty} \frac{b \sin ax}{x^2 + b^2} \, dx$$

verschwinden, da ihre Integranden ungerade Funktionen von x sind, und so gelangen wir schließlich zu

$$(8) \qquad \int_{0}^{\infty} \frac{b \cos ax}{x^2 + b^2} \, dx = \frac{\pi}{2} e^{-ab} = \int_{0}^{\infty} \frac{x \sin ax}{x^2 + b^2} \, dx \,.$$

Diese bemerkenswerten Formeln wurden zuerst von Laplace angegeben.

[8] Nun wollen wir **Eulers Formel** (1781)

$$\int_{0}^{\infty} \frac{\sin x}{x} \, dx = \frac{\pi}{2}$$

mit der Residuenmethode herleiten.

Wir betrachten die meromorphe Funktion

$$f(z) := \frac{e^{iz}}{z} \,, \qquad z \in \mathbb{C} \,,$$

die genau einen Pol besitzt, nämlich $z = 0$. Wir wählen das Gebiet G als

$$G := \{z \in \mathbb{C} : r < |z| < R, \ \operatorname{Im} z > 0\}$$

mit $0 < r < 1 < R$. Der positiv durchlaufene Rand c von G besteht aus den beiden Intervallen $[-R, -r]$, $[r, R]$ und den beiden Halbkreisbögen C_r^+ und C_R^+ vom Radius r bzw. R. Da in G keine Singularität von $f(z)$ liegt, gilt

$$\int_c f(z)\,dz = 0 \,.$$

Das Kurvenintegral $\int_c f(z)\,dz$ zerfällt in vier Teile:

$$\int_c f(z)\,dz = J_1 + J_2 + J_3 + J_4 \,,$$

nämlich

$$J_1 := \int_r^R \frac{e^{ix}}{x} \, dx \,, \qquad J_3 := \int_{-R}^{-r} \frac{e^{ix}}{x} \, dx \,,$$

$$J_2 := \int_0^\pi e^{-R \sin \varphi + iR \cos \varphi} \, iR\,d\varphi \,, \qquad J_4 := \int_\pi^0 e^{-r \sin \varphi + ir \cos \varphi} \, id\varphi \,.$$

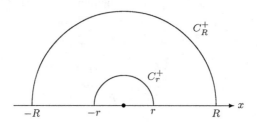

Es gilt

$$\lim_{r \to +0} J_4 = -i\pi \,, \qquad \lim_{R \to \infty} J_2 = 0 \,.$$

Weiter ist

$$J_1 + J_3 = \int_r^R \frac{e^{ix} - e^{-ix}}{x} \, dx = 2i \int_r^R \frac{\sin x}{x} \, dx \,.$$

Wir wissen bereits, daß $\int_0^\infty \frac{\sin x}{x} \, dx$ konvergiert. Damit folgt

$$\lim_{R \to \infty} \lim_{r \to +0} (J_1 + J_3) = 2i \int_0^\infty \frac{\sin x}{x} \, dx \,,$$

also

$$2i \int_0^\infty \frac{\sin x}{x} \, dx - i\pi = 0 \,,$$

woraus sich die Behauptung ergibt.

Bezeichne $s : \mathbb{R} \to \mathbb{R}$ die Sprungfunktion

(9)
$$s(x) := \left\{ \begin{array}{ccc} 1 & & x > 0 \\ 0 & \text{für} & x = 0 \\ -1 & & x < 0 \,. \end{array} \right.$$

Wir können sie durch ein uneigentliches Integral ausdrücken, nämlich:

(10)
$$s(x) = \frac{2}{\pi} \int_0^\infty \frac{\sin xt}{t} \, dt \,.$$

Für $x = 0$ ist die Behauptung evident; für $x > 0$ erhalten wir mit der Substitution $u = xt$ die Umformung

$$\int_0^\infty \frac{\sin xt}{t} \, dt = \int_0^\infty \frac{\sin u}{u} \, du = \pi/2 \,,$$

und für $x < 0$ ergibt sich

$$\int_0^\infty \frac{\sin xt}{t} \, dt = -\int_0^\infty \frac{\sin(-xt)}{t} \, dt = -\pi/2 \,.$$

Hieraus folgt für die durch (9) definierte Sprungfunktion $s(x)$ die Darstellung (10).

$\boxed{9}$ Die **Fresnelschen Integrale** berechnen sich zu

$$\int_0^\infty \cos(x^2) dx = \int_0^\infty \sin(x^2) dx = \frac{1}{2} \sqrt{\frac{\pi}{2}} \,.$$

In der Tat wissen wir bereits, daß die Integrale konvergieren. Um ihre Werte zu bestimmen, betrachten wir die holomorphe Funktion $f(z) := e^{-z^2}$ auf dem Kreissektor $G := \{re^{it} : 0 < r < R, 0 < t < \varphi\}$, $0 < \varphi \leq \pi/4$, dessen Rand durch die Kurve c parametrisiert sei, die G im positiven Sinne umläuft. Dann gilt $\int_c f(z)dz = 0$.

Dieses Integral zerfällt in drei Teile: $\int_c f(z)dz = J_1 + J_2 - J_3$, nämlich

$$J_1 := \int_0^R e^{-x^2}\, dx\,, \quad J_2 := \int_0^\varphi e^{-R^2(\cos 2t + i\sin 2t)}\, iRe^{it}\, dt\,, \quad J_3 := \int_0^R e^{-t^2 e^{2i\varphi}}\, e^{i\varphi}\, dt\,.$$

Wir wissen bereits, daß $\lim_{R\to\infty} J_1 = \frac{1}{2}\sqrt{\pi}$ gilt (s. 1.4, $\boxed{4}$; vgl. auch die Gaußsche Herleitung in 5.2, $\boxed{2}$). Für $0 \leq t \leq \varphi < \pi/4$ gilt $\cos 2t \geq \cos 2\varphi > 0$ und daher $\lim_{R\to\infty} J_2 = 0$.

Um dies auch für $\varphi = \pi/4$ zu zeigen, ist eine besondere Diskussion erforderlich. Zunächst schätzen wir J_2 nach oben ab:

$$|J_2| \leq R\int_0^{\pi/4} e^{-R^2\cos 2t}\, dt = (R/2)\int_0^{\pi/2} e^{-R^2\cos u}\, du$$

$$= -(R/2)\int_{\pi/2}^0 e^{-R^2\cos(\pi/2-v)}\, dv = (R/2)\int_0^{\pi/2} e^{-R^2\sin v}\, dv\,.$$

Dann wählen wir ein $\alpha \in (0, \pi/2)$, so daß $v/2 < \sin v$ für $0 < v \leq \alpha$ gilt und darauf ein beliebiges $\epsilon \in (0, \alpha)$. Für $R > 1$ folgt nunmehr

$$|J_2| \leq (R/2)\int_0^{\epsilon/R} e^{-R^2\sin v}\, dv + (R/2)\int_{\epsilon/R}^\alpha e^{-R^2\sin v}\, dv + (R/2)\int_\alpha^{\pi/2} e^{-R^2\sin v}\, dv$$

$$\leq \frac{R}{2}\cdot\frac{\epsilon}{R}\cdot 1 + \frac{R}{2}\cdot\int_{\epsilon/R}^\alpha e^{-R^2(v/2)}\, dv + \frac{R}{2}\cdot\int_\alpha^{\pi/2} e^{-R^2\sin\alpha}\, dv$$

$$\leq \frac{\epsilon}{2} + \frac{R}{2}(\alpha - \frac{\epsilon}{R})\cdot\exp(-R^2\cdot\frac{\epsilon}{2R}) + (\frac{\pi}{2} - \alpha)\frac{R}{2}\exp(-R^2\sin\alpha)\,.$$

Mit $R \to \infty$ streben der zweite und der dritte Summand in der letzten Zeile gegen Null. Also gibt es ein $R_0(\epsilon) > 1$, so daß $|J_2| < \epsilon$ für alle $R > R_0(\epsilon)$ ausfällt, und somit gilt $\lim_{R\to\infty} J_2 = 0$ auch für $\varphi = \pi/4$. Folglich erhalten wir

$$\lim_{R\to\infty}\int_0^R e^{-t^2[\cos 2\varphi + i\sin 2\varphi]}\, dt = \frac{1}{2}\sqrt{\pi}\, e^{-i\varphi}\,.$$

Dies liefert

$$\int_0^\infty e^{-t^2\cos 2\varphi}\, [\cos(t^2\sin 2\varphi) - i\sin(t^2\sin 2\varphi)]dt = \frac{1}{2}\sqrt{\pi}\,(\cos\varphi - i\sin\varphi)$$

und damit

$$\int_0^\infty e^{-t^2\cos 2\varphi}\, \cos(t^2\sin 2\varphi)\, dt = \frac{1}{2}\sqrt{\pi}\,\cos\varphi\,,$$

$$\int_0^\infty e^{-t^2\cos 2\varphi}\, \sin(t^2\sin 2\varphi)\, dt = \frac{1}{2}\sqrt{\pi}\,\sin\varphi\,.$$

Für $\varphi = \pi/4$ ist $\cos\varphi = \sin\varphi = \frac{1}{\sqrt{2}}$, $\cos 2\varphi = 0$, $\sin 2\varphi = 1$, und daher

$$\int_0^\infty \cos(t^2)\, dt = \frac{1}{2}\sqrt{\frac{\pi}{2}} = \int_0^\infty \sin(t^2)\, dt\,.$$

In der Form

$$\int_0^\infty \frac{\cos\varphi}{\sqrt{\varphi}}\, d\varphi = \sqrt{\frac{\pi}{2}} = \int_0^\infty \frac{\sin\varphi}{\sqrt{\varphi}}\, d\varphi$$

waren die Fresnelschen Integrale bereits Euler (1781) bekannt.

Euler hat sich in den Jahren 1776–1777 und 1781 mit der Berechnung von Integralen durch Anwendung komplexer Variabler befaßt und dabei Pionierarbeit geleistet. Drei dieser Arbeiten finden sich, ins Deutsche übersetzt, in *Ostwalds Klassikern der exakten Wissenschaften* (Band 261, 1983) und sind dadurch leicht zugänglich. Die systematische, in diesem Abschnitt dargestellte Methode zur Berechnung bestimmter Integrale mit dem Residuenkalkül hat Cauchy in zwei Arbeiten aus den Jahren 1814 und 1825 entwickelt; letztere ist als Band 112 von *Ostwalds Klassikern* veröffentlicht.

Für weitere Beispiele zur Berechnung uneigentlicher Integrale mit Hilfe des Residuensatzes sei auf R. Remmert, *Funktionentheorie* I, S. 282–298 verwiesen. Neben der dort auf S. 303–304 genannten klassischen Literatur sei für den historisch Interessierten noch folgendes Werk erwähnt: G.F. Meyer, *Vorlesungen über die Theorie der bestimmten Integrale zwischen reellen Grenzen, mit vorzüglicher Berücksichtigung der von P.G.L. Dirichlet im Sommer 1858 gehaltenen Vorträge über bestimmte Integrale*, Leipzig, B.G. Teubner 1871.

Aufgaben.

1. Was sind die Residuen von (i) $\dfrac{1}{\sin \pi z}$ in $z \in \mathbb{Z}$, (ii) $\dfrac{1}{1 - e^{2\pi i z}}$ in $z \in \mathbb{Z}$, (iii) tg $\frac{\pi}{2}(2z+1)$ in $z \in \mathbb{Z}$, (iv) $\dfrac{z}{(z-1)(z-2)^2}$ in $z = 1$ und $z = 2$?

2. Man bestimme die Singularitäten und Residuen von (i) $\dfrac{\sin z}{(1+z^2)^2}$, (ii) $\dfrac{e^z}{(1+z)^2}$, (iii) $\dfrac{1}{(1+z^2)^4}$, (iv) $\dfrac{1}{(1+z^2)^n}$ für $n \in \mathbb{N}$, (v) $\dfrac{z e^{iz}}{z^2 + n^2}$ für $n \in \mathbb{N}$, (vi) $\dfrac{1}{az^2 + bz + c}$ für $a, b, c \in \mathbb{R}$ mit $a \neq 0$ und $b^2 - 4ac \neq 0$.

3. Was ist der Wert von $\int_c f(z)dz$ für $c = C_1(0)$ und (i) $f(z) = \frac{\cos z}{z}$, (ii) $f(z) = $ tg $(n\pi z)$ für $n \in \mathbb{N}$?

4. Man bestimme die Werte der folgenden reellen Integrale: (i) $\int_0^\pi \dfrac{dx}{a + \cos x}$ und $\int_0^\pi \dfrac{dx}{a + \sin x}$ für $a > 1$, (ii) $\int_0^\infty \dfrac{dx}{1 + 2x^2 + x^4}$, (iii) $\int_0^\infty \dfrac{\sqrt{x}}{1 + x^2}dx$, (iv) $\int_0^\pi \dfrac{dx}{(a + \cos x)^2}$ und $\int_0^\pi \frac{dx}{(a + \sin x)^2}$ für $a > 1$.

5. Man beweise die folgenden Formeln (i) $\int_{-\infty}^\infty \dfrac{dx}{(1 + x^2)^n} = \dfrac{4\pi(2n-2)!}{[2^n(n-1)!]^2}$ für $n \in \mathbb{N}$; (ii) $\int_0^\infty \dfrac{x^k}{1 + x^n}dx = \dfrac{\pi}{n \sin\left(\frac{k+1}{n}\pi\right)}$ für $k, n \in \mathbb{Z}$ mit $0 \leq k \leq n - 2$.

6. Mit Hilfe von $\int_0^\infty \dfrac{\sin x}{x}dx = \dfrac{\pi}{2}$ zeige man: (i) $\int_0^\infty \dfrac{\sin^2 x}{x^2}dx = \dfrac{\pi}{2}$, (ii) $\int_0^\infty \dfrac{\sin^4 x}{x^4}dx = \dfrac{\pi}{3}$. (*Hinweis*: $\sin^2 2x = 4(\sin^2 x - \sin^4 x)$.)

7. Mittels der Umformung
$$\int_0^{2\pi} \cos^{2n} x\, dx = \int_0^{2\pi} \left(\frac{e^{ix} + e^{-ix}}{2}\right)^{2n} dx = -\frac{i}{2^{2n}} \int_{C_1(0)} \frac{(1 + z^2)^{2n}}{z^{2n+1}}dz$$
zeige man: $\int_0^{2\pi} \cos^{2n} x\, dx = \dfrac{2\pi(2n)!}{2^{2n}(n!)^2}$.

8. Man beweise: Die durch
$$f(z) := \frac{e^{-z^2}}{1 + e^{-2az}} \quad \text{mit} \quad a := (1 + i)\sqrt{\frac{\pi}{2}}$$
definierte Funktion $f \in \mathcal{M}(\mathbb{C})$ hat genau an den Stellen $z_n := \frac{1}{2}(2n-1)a$ mit $n \in \mathbb{Z}$ Pole, und diese sind einfach. Ferner gilt $f(z) - f(z + a) = e^{-z^2}$. Sei $r > \sqrt{\pi/2}$ und bezeichne

$\Omega(r)$ das Rechteck mit den Eckpunkten r, $r + i\sqrt{\pi/2}$, $-r + i\sqrt{\pi/2}$, $-r$. Dann liegt nur $z_1 = a/2$ in $\overline{\Omega}(r)$, und zwar gilt $z_1 \in \Omega(r)$ und $\mathrm{Res}\,(f, z_1) = \frac{-i}{2\sqrt{\pi}}$.

9. Man zeige $\int_{-\infty}^{\infty} e^{-x^2}\,dx = \sqrt{\pi}$, indem man den Residuensatz auf die in Aufgabe 8 betrachtete Funktion f bezüglich des Rechteckgebietes $\Omega(r)$ anwendet und dann $r \to \infty$ streben läßt.

10. Man zeige $\int_{-\infty}^{\infty} e^{-x^2} \cos \alpha x\,dx = e^{-\alpha^2/4}\sqrt{\pi}$, $\alpha \in \mathbb{R}$, mit Hilfe der Formel $\int_{-\infty}^{\infty} e^{-x^2}\,dx = \sqrt{\pi}$. (*Hinweis:* Man wende $\int_{\Omega(r)} e^{-z^2}\,dz = 0$ auf das Rechteck $\Omega(r)$ mit den Ecken $\pm r$, $\pm r + i\alpha/2$ an; darauf $r \to \infty$.)

9   Das Fouriersche Integral

Wie wir in Band 1, 4.6 gesehen haben, läßt sich jede glatte *periodische* Funktion auf $\mathbb{R}$ in eine Fourierreihe entwickeln, also beliebig genau durch trigonometrische Funktionen mit der gleichen Periode approximieren. Dies bedeutet, daß sich periodische Funktionen sehr allgemeiner Natur als Überlagerungen harmonischer Schwingungen darstellen lassen. Das Fouriersche Integral liefert eine entsprechende Darstellung für *nichtperiodische* glatte Funktionen mit einem in geeigneter Weise kontrollierbaren Verhalten im Unendlichen, das Konvergenz des Fourierintegrals sichert. Das Analogon des Entwicklungssatzes bei Fourierreihen ist der *Fouriersche Integralsatz*. Er spielt nicht nur in der mathematischen Physik, sondern auch in der Informationstechnologie eine wesentliche Rolle, also bei Problemen, wo Signale gesendet, übertragen, empfangen und weiterverarbeitet werden.

Zunächst wollen wir die Funktionenklassen beschreiben, die bei der Fouriertransformation auftreten. Hierfür definieren wir in Anlehnung an 2.1, Definition 2: *Eine auf einem Intervall $I = [a, b] \subset \mathbb{R}$ definierte Funktion $f : I \to \mathbb{C}$ heißt* **stückweise glatt** *oder von der Klasse $\mathcal{D}(I)$, wenn es eine Zerlegung*

$$a = t_0 < t_1 < t_2 < \ldots < t_N = b$$

von I in endlich viele Intervalle $I_j = [t_{j-1}, t_j]$ und dazu Funktionen $\varphi_j \in C^1(I_j, \mathbb{C})$ gibt, so daß $f(t) = \varphi_j(t)$ für $t_{j-1} < t < t_j$ und $j = 1, \ldots, N$ gilt.

Mit anderen Worten: Ist $f \in \mathcal{D}(I)$, so sind f und f' stückweise stetig in I, dürfen also endlich viele Sprungstellen haben; anderwärts ist f glatt und besitzt nebst seiner ersten Ableitung Grenzwerte bei links- oder rechtsseitiger Annäherung an die Sprungstellen.

Weiter nennen wir $f : \mathbb{R} \to \mathbb{C}$ stückweise glatt, wenn $f\big|_I$ für jedes abgeschlossene Intervall $I \subset \mathbb{R}$ stückweise glatt ist.

Man beachte, daß wir hier – anders als im Abschnitt über Kurvenintegrale – nicht voraussetzen, daß stückweise glatte Funktionen stetig sind.

Definition 1. *(i) Eine Funktion $f : \mathbb{R} \to \mathbb{C}$ heißt* **von der Klasse $\mathcal{D}$**, *wenn f stückweise glatt und*

$$(1) \qquad\qquad \int_{-\infty}^{\infty} |f(t)|\, dt \; < \; \infty$$

ist.

(ii) Eine Funktion $f : \mathbb{R} \to \mathbb{C}$ heißt **von der Klasse $\mathcal{D}^*$**, *wenn $f \in \mathcal{D}$ ist und*

$$(2) \qquad\qquad f(t) \; = \; \frac{1}{2}\left[f(t+0) + f(t-0)\right] \;\; \text{für alle } t \in \mathbb{R}$$

gilt.

(iii) Eine Funktion $f \in C^k(\mathbb{R}, \mathbb{C})$ heißt **von der Klasse $\mathcal{C}^k$**, *wenn*

$$(3) \qquad \|f\|_k \; := \; \int_{-\infty}^{\infty} \left(|f(t)| + |f'(t)| + \ldots + |f^{(k)}(t)|\right) dt \; < \; \infty$$

ist, $k \in \mathbb{N}_0$.

(iv) Schließlich setzen wir $\mathcal{C}_c^k := C_c^k(\mathbb{R}, \mathbb{C})$ sowie $\mathcal{C}_c^\infty := \bigcap\limits_{k=1}^{\infty} \mathcal{C}_c^k$.

Offenbar gilt

$$(4) \qquad\qquad \mathcal{C}_c^\infty \subset \mathcal{C}_c^k \subset \mathcal{C}^k \subset \mathcal{D}^* \qquad \text{für alle } k \in \mathbb{N}_0 \; .$$

$\boxed{1}$ Bezeichne $p : \mathbb{R} \to \mathbb{C}$ ein Polynom. Dann ist jede Funktion $f(t) := p(t)e^{-t^2}$ von der Klasse $\mathcal{C}^k$, $k \in \mathbb{N}_0$.

Ist $f : \mathbb{R} \to \mathbb{C}$ stetig oder auch nur stückweise stetig und konvergiert $\int_{-\infty}^{\infty} |f(t)|dt$, so konvergiert auch das sogenannte *Fourierintegral*

$$(5) \qquad\qquad \int_{-\infty}^{\infty} f(t)e^{-ixt}\, dt$$

für jedes $x \in \mathbb{R}$ absolut. Wir benutzen dieses Integral, um jeder Funktion $f \in \mathcal{D}$ eine neue Funktion $\hat{f} : \mathbb{R} \to \mathbb{C}$ zuzuordnen durch

$$(6) \qquad\qquad \hat{f}(x) \; := \; \frac{1}{\sqrt{2\pi}} \int_{-\infty}^{\infty} f(t)e^{-ixt}\, dt \, , \quad x \in \mathbb{R} \, .$$

Man nennt $\hat{f}$ die **Fouriertransformierte** von f, und die mit $\mathcal{F}$ bezeichnete Zuordnung $f \mapsto \hat{f}$ heißt **Fouriertransformation**; wir schreiben auch $\mathcal{F}f$ für $\hat{f}$.

Nach 1.4 ist für $f \in \mathcal{C}^0$ die zugehörige Fouriertransformierte $\hat{f}$ stetig, da das Integral (5) wegen $|f(t)e^{-ixt}| = |f(t)|$ gleichmäßig konvergiert. Weil der Beweis der Stetigkeit für (6) besonders einfach und verallgemeinerungsfähig ist, wollen wir ihn auf andere Weise erneut führen.

Proposition 1. *Sei* $f : \mathbb{R} \to \mathbb{C}$ *stückweise stetig, und es gelte*

$$M := \int_{-\infty}^{\infty} |f(t)| dt < \infty \, .$$

Dann ist die durch

$$g(x) := \frac{1}{\sqrt{2\pi}} \int_{-\infty}^{\infty} f(t) e^{-ixt} \, dt \, , \quad x \in \mathbb{R} \, ,$$

definierte Funktion $g : \mathbb{R} \to \mathbb{C}$ *gleichmäßig stetig.*

Beweis. Zu vorgegebenem $\epsilon > 0$ wählen wir zunächst $R > 0$ so groß, daß

$$\int_{R}^{\infty} |f(t)| \, dt + \int_{-\infty}^{-R} |f(t)| \, dt < \epsilon/3$$

ausfällt. Wegen

$$|e^{itx} - e^{ity}| = \Big| \int_{itx}^{ity} e^z dz \Big| \leq |t| \cdot |x - y| \leq R|x - y|$$

für $|t| \leq R$ ergibt sich

$$\int_{-R}^{R} |f(t)| \cdot |e^{itx} - e^{ity}| \, dt \leq R|x - y| \int_{-R}^{R} |f(t)| \, dt \leq MR|x - y| \, .$$

Wählen wir nun $\delta > 0$ so klein, daß $MR\delta < \epsilon/3$ ist, so folgt für alle $x, y \in \mathbb{R}$ mit $|x - y| < \delta$ die Abschätzung

$$\int_{-R}^{R} |f(t)| \cdot |e^{itx} - e^{ity}| \, dt < \epsilon/3 \, .$$

Damit erhalten wir für $|x - y| < \delta$:

$$\sqrt{2\pi} \cdot |g(x) - g(y)| = \Big| \int_{-\infty}^{\infty} f(t) \cdot [e^{itx} - e^{ity}] \, dt \Big|$$

$$\leq \int_{-\infty}^{\infty} |f(t)| \cdot |e^{itx} - e^{ity}| \, dt$$

$$\leq 2 \int_{-\infty}^{-R} |f(t)| \, dt + 2 \int_{R}^{\infty} |f(t)| \, dt + \int_{-R}^{R} |f(t)| \cdot |e^{itx} - e^{ity}| \, dt$$

$$< 2\epsilon/3 + \epsilon/3 = \epsilon \, .$$

Somit ist $g : \mathbb{R} \to \mathbb{C}$ gleichmäßig stetig.

$\square$

Bemerkung 1. Später werden wir die Klasse $\mathcal{L}^1 := L^1(\mathbb{R}, \mathbb{C})$ der auf $\mathbb{R}$ Lebesgue-integrierbaren Funktionen $f : \mathbb{R} \to \mathbb{C}$ betrachten, in der die Funktionenklassen $C_c^0(\mathbb{R}, \mathbb{C})$ und $C_c^\infty(\mathbb{R}, \mathbb{C})$ bezüglich der L^1-Norm

$$\|f\|_{L^1} := \int_{-\infty}^{\infty} |f(t)|\, dt$$

dicht liegen. Obwohl Funktionen $f \in \mathcal{L}^1$ in keinem Punkt stetig zu sein brauchen, sind ihre Fouriertransformierten stetig.

Nun wollen wir das wichtigste Ergebnis dieses Abschnitts formulieren. Es stammt von J.B.J. Fourier und findet sich erstmals in seiner Preisschrift über die Wärmeleitung (1810). Bekannt geworden ist es vor allem durch Fouriers Hauptwerk *Théorie analytique de la chaleur* (1822).

Satz 1. (Fouriers Integralsatz). *Ist $\hat{f}$ die Fouriertransformierte einer Funktion $f \in \mathcal{D}^*$, so gilt*

$$(7) \qquad f(x) = \frac{1}{\sqrt{2\pi}} \int_{-\infty}^{\infty} e^{iux}\, \hat{f}(u)\, du$$

Hierbei ist das Integral $\int_{-\infty}^{\infty}$ in (7) als Hauptwert $\lim_{R \to \infty} \int_{-R}^{R}$ zu verstehen. Falls $\int_{-\infty}^{\infty} |\hat{f}(u)| du$ konvergiert, darf man das Integral in (7) als das gewöhnliche uneigentliche Integral $\int_{-\infty}^{\infty} e^{iux} \hat{f}(u) du$ auffassen.

Formel (7) können wir auch als

$$(8) \qquad f(x) = \frac{1}{2\pi} \int_{-\infty}^{\infty} \left(\int_{-\infty}^{\infty} f(t) e^{iu(x-t)}\, dt \right)\, du$$

schreiben. Sie besagt, daß man aus der Fouriertransformierten $\hat{f}$ die ursprüngliche Funktion zurückgewinnen kann, kurzum, die Fouriertransformation ist invertierbar, und ihre Inverse ist bis auf das fehlende Minuszeichen im Exponentialfaktor von der gleichen Form, die Fouriertransformation ist also fast involutorisch.

Bevor wir den Satz beweisen, wollen wir einige Beispiele betrachten.

[2] Für $f(t) = e^{-t^2/2}$ gilt $f(t) = \hat{f}(t)$, d.h. f ist ein „Fixpunkt" der Fouriertransformation.

Setzen wir nämlich

$$\varphi(t) := \int_{-\infty}^{\infty} e^{-x^2/2}\, e^{-ixt}\, dx\ ,$$

so folgt nach 1.4, Proposition 3, daß φ von der Klasse C^1 und

$$\dot{\varphi}(t) = -i \int_{-\infty}^{\infty} x e^{-x^2/2}\, e^{-ixt}\, dx$$

ist. Wegen

$$\int_{-R}^{R} x e^{-x^2/2} e^{-ixt}\, dx = [-e^{-x^2/2} e^{-ixt}]_{-R}^{R} - it \int_{-R}^{R} e^{-x^2/2} e^{-ixt}\, dx$$

erhalten wir für $R \to \infty$ die Identität $\dot{\varphi}(t) = -t\varphi(t)$, und es gilt $\varphi(0) = \int_{-\infty}^{\infty} e^{-x^2/2}\,dx = \sqrt{2\pi}$. Die eindeutig bestimmte Lösung des Anfangswertproblems

$$\dot{X}(t) = -tX(t) \quad \text{in } \mathbb{R}, \quad X(0) = \sqrt{2\pi},$$

ist die Funktion

$$X(t) = X(0)e^{-t^2/2} = \sqrt{2\pi}\,e^{-t^2/2},$$

wie man sofort nachrechnet. Damit bekommen wir $\varphi = X$ und

(9) $$\hat{f}(t) = \frac{1}{\sqrt{2\pi}}\,\varphi(t) = e^{-t^2/2} = f(t).$$

$\boxed{3}$ **Die Fouriertransformierte $\hat{\chi}_I$ der charakteristischen Funktion χ_I des Intervalles** $I = [-1, 1]$ ergibt sich aus

$$\hat{\chi}_I(x) = \frac{1}{\sqrt{2\pi}} \int_{-1}^{1} e^{-ixt}\,dt = \frac{1}{\sqrt{2\pi}}\left[\frac{e^{-ixt}}{-ix}\right]_{t=-1}^{t=1} = \frac{1}{\sqrt{2\pi}} \cdot \frac{2}{x} \cdot \frac{e^{ix} - e^{-ix}}{2i}$$

als

(10) $$\hat{\chi}_I(x) = \sqrt{\frac{2}{\pi}}\,\frac{\sin x}{x}.$$

Hieraus folgt $\int_{-\infty}^{\infty} |\hat{\chi}(x)|dx = \infty$. Obwohl also $\chi_I \in \mathcal{D}$ sogar kompakten Träger hat, ist das Integral $\int_{-\infty}^{\infty} \hat{\chi}(x)dx$ nicht absolut, sondern nur im gewöhnlichen Sinne konvergent. Bilden wir nun $\int_{-\infty}^{\infty} e^{ixt}\hat{\chi}_I(t)\,dt$, so müssen wir es als Hauptwert $\lim_{R\to\infty} \int_{-R}^{R} \ldots$ auffassen. Dann ergibt sich

$$\frac{1}{\sqrt{2\pi}} \int_{-\infty}^{\infty} e^{ixt}\,\hat{\chi}_I(t)dt$$

$$= \frac{1}{\pi} \int_{-\infty}^{\infty} \cos(xt)\,\frac{\sin t}{t}\,dt + \frac{i}{\pi} \int_{-\infty}^{\infty} \sin(xt)\,\frac{\sin t}{t}\,dt$$

$$= \frac{2}{\pi} \int_{0}^{\infty} \frac{\cos(xt)\sin t}{t}\,dt,$$

da $\cos(xt)\,\frac{\sin t}{t}$ eine gerade und $\sin(xt)\,\frac{\sin t}{t}$ eine ungerade Funktion von t ist.

Wir ändern nun χ_I zu einer Funktion der Klasse $\mathcal{D}^*$ ab, indem wir

(11) $$f(x) := \begin{cases} 1 & |x| < 1 \\ 0 & \text{für} \quad |x| > 1 \\ 1/2 & x = \pm 1 \end{cases}$$

setzen. Da sich $f(x)$ und $\chi_I(x)$ nur für $x = \pm 1$ unterscheiden, gilt $\hat{f} = \hat{\chi}_I$, und das – im Augenblick noch nicht bewiesene – Fouriersche Integraltheorem liefert

(12) $$f(x) = \frac{2}{\pi} \int_{-\infty}^{\infty} \frac{\cos(xt)\sin t}{t}\,dt.$$

Man nennt die Funktion f **Dirichlets diskontinuierlichen Faktor.** Sie zeigt, daß ein uneigentliches Integral unstetig von einem Parameter abhängen kann, obwohl sein Integrand eine stetige Funktion des Parameters ist. Dies ist eine höchst bemerkenswerte Tatsache, die bei Dirichlets Zeitgenossen große Aufmerksamkeit erregt hat. (Vgl. hierzu auch die Formeln (9) und (10) von 3.8.)

[4] Wenden wir die Formel (7) aus 3.8, [7] auf die Funktion $f(z) = 1/(1 + z^2)$ an, so folgt

$$\int_{-\infty}^{\infty} f(x)e^{iux}\,dx = \begin{cases} \pi e^{-u} & u > 0 \\ & \text{für} \\ \pi e^{u} & u < 0, \end{cases}$$

und somit

(13) $$\frac{1}{\sqrt{2\pi}} \int_{-\infty}^{\infty} \frac{e^{iux}}{1 + x^2}\,dx = \sqrt{\frac{\pi}{2}}\, e^{-|u|} \qquad \text{für } u \in \mathbb{R}.$$

Nach Fouriers Integralsatz muß also die Funktion $\varphi(x) := \sqrt{\frac{2}{\pi}} \cdot \frac{1}{1+x^2}$, $x \in \mathbb{R}$, die Fouriertransformierte von $\psi(u) := e^{-|u|}$ sein. In der Tat zeigt eine direkte Rechnung ohne Mühe

$$\frac{1}{\sqrt{2\pi}} \int_{-\infty}^{\infty} e^{-|u|}e^{-iux}\,du = \frac{1}{\sqrt{2\pi}} \int_{0}^{\infty} e^{-u}\{e^{-iux} + e^{iux}\}\,du$$

$$= \frac{1}{\sqrt{2\pi}} \lim_{R\to\infty} \int_{0}^{R} \{e^{-u(1+ix)} + e^{-u(1-ix)}\}\,du$$

$$= \frac{1}{\sqrt{2\pi}} \lim_{R\to\infty} \left[\frac{e^{-u(1+ix)}}{-(1+ix)} + \frac{e^{-u(1-ix)}}{-(1-ix)} \right]_{u=0}^{u=R}$$

$$= -\frac{1}{\sqrt{2\pi}} \left[\frac{1}{-(1+ix)} + \frac{1}{-(1-ix)} \right] = \sqrt{\frac{2}{\pi}} \cdot \frac{1}{1+x^2}.$$

[5] Betrachten wir jetzt eine gedämpfte Schwingung, die zum Zeitpunkt $t = 0$ beginnt; sie sei durch

$$f(t) := \begin{cases} 0 & t < 0 \\ & \text{für} \\ e^{-ct}\,e^{i\omega t} & t \geq 0 \end{cases}$$

gegeben, $c > 0, \omega > 0$. Ihre Fouriertransformierte $\hat{f}(u)$ berechnet sich zu

$$\hat{f}(u) = \frac{1}{\sqrt{2\pi}} \frac{1}{c + i(u - \omega)}.$$

[6] Die sogenannte **Diracsche Deltafunktion**

$$\delta(t) := \begin{cases} \infty & t = 0 \\ & \text{für} \\ 0 & t \neq 0, \end{cases}$$

die in der physikalischen Literatur auftritt, habe die Eigenschaft

$$\int_{-\infty}^{\infty} \delta(t)\,dt = 1.$$

Zwar gibt es keine solche Funktion im klassischen Sinne, doch kann man sich **approximative Deltafunktionen** in der Gestalt

$$\delta_\epsilon(t) := \frac{\epsilon}{\pi(\epsilon^2 + t^2)}$$

mit $0 < \epsilon \ll 1$ verschaffen. Sie erfüllen

$$\int_{-\infty}^{\infty} \delta_\epsilon(t)\,dt = 1,$$

und ihre Gestalt nähert sich immer mehr der eigentlichen Deltafunktion. Aus [4] gewinnen wir leicht

$$\hat{f}_\epsilon(u) = \frac{1}{\sqrt{2\pi}} e^{-\epsilon|u|} \quad \text{und} \quad \lim_{\epsilon\to+0} \hat{f}_\epsilon(u) = \frac{1}{\sqrt{2\pi}},$$

d.h. für $\epsilon \to +0$ hat die Transformierte eine konstante Amplitude; dieses Phänomen wird als *weißes Rauschen* bezeichnet.

Nun gehen wir daran, den Fourierschen Integralsatz zu beweisen. Wir erinnern zunächst an das **Lemma von Riemann-Lebesgue** (s. Band 1, 4.6, Lemma 2):

Lemma 1. *Für jede stückweise stetige Funktion* $f : [a, b] \to \mathbb{C}$ *gilt*

$$\lim_{k \to \infty} \int_a^b f(x) \sin kx \, dx = 0 .$$

Lemma 2. (Dirichlets Integralformel). *Sei* $f : \mathbb{R} \to \mathbb{C}$ *stückweise glatt. Dann gilt für jedes* $x \in \mathbb{R}$ *und jedes* $R > 0$

$$(14) \qquad \frac{1}{2}[f(x+0) + f(x-0)] = \lim_{k \to \infty} \frac{1}{\pi} \int_{-R}^{R} f(x+t) \frac{\sin kt}{t} \, dt .$$

Beweis. Wir haben

$$\left| \frac{1}{2}[f(x+0) + f(x-0)] - \frac{1}{\pi} \int_{-R}^{R} f(x+t) \frac{\sin kt}{t} \, dt \right| \le \epsilon_1(k) + \epsilon_2(k) + \epsilon_3(k) + \epsilon_4(k)$$

mit

$$\epsilon_1(k) := \left| \frac{1}{2} f(x+0) - \frac{1}{\pi} \int_0^R f(x+0) \frac{\sin kt}{t} \, dt \right| ,$$

$$\epsilon_2(k) := \left| \frac{1}{2} f(x-0) - \frac{1}{\pi} \int_{-R}^0 f(x-0) \frac{\sin kt}{t} \, dt \right| ,$$

$$\epsilon_3(k) := \frac{1}{\pi} \left| \int_0^R \varphi(t) \sin kt \, dt \right| , \quad \epsilon_4(k) := \frac{1}{\pi} \left| \int_{-R}^0 \psi(t) \sin kt \, dt \right| ,$$

wobei

$$\varphi(t) := \frac{f(x+t) - f(x+0)}{t} , \qquad \psi(t) := \frac{f(x+t) - f(x-0)}{t}$$

gesetzt ist. Aus

$$\int_0^R \frac{\sin kt}{t} \, dt = \int_0^{kR} \frac{\sin u}{u} \, du$$

folgen wegen $\int_0^\infty \frac{\sin u}{u} \, du = \frac{\pi}{2}$ die Formeln

$$\lim_{k \to \infty} \int_0^R \frac{\sin kt}{t} \, dt = \lim_{k \to \infty} \int_{-R}^0 \frac{\sin kt}{t} \, dt = \int_0^\infty \frac{\sin u}{u} \, du = \frac{\pi}{2} ,$$

und wir erhalten $\epsilon_1(k) \to 0$ und $\epsilon_2(k) \to 0$ für $k \to \infty$. Wegen

$$f'(x+0) = \lim_{t \to +0} \frac{f(x+t) - f(x+0)}{t} , \quad f'(x-0) = \lim_{t \to -0} \frac{f(x+t) - f(x-0)}{t}$$

sind φ auf $[0, R]$ und ψ auf $[-R, 0]$ stückweise stetig. Nach Lemma 1 ergibt sich dann auch $\epsilon_3(k) \to 0$ und $\epsilon_4(k) \to 0$ mit $k \to \infty$.

$\square$

Beweis von Satz 1. Sei $f \in \mathcal{D}^*$. Wegen (2) und Lemma 2 finden wir

$$\pi f(x) = \lim_{k \to \infty} \int_{-R}^{R} f(x+t) \, \frac{\sin kt}{t} \, dt$$

$$= \lim_{k \to \infty} \int_{-R}^{R} f(x+t) \left[\int_0^k \cos(ut)du \right] dt$$

$$= \lim_{k \to \infty} \int_0^k \left(\int_{-R}^{R} f(x+t)\cos(ut)dt \right) du \, ,$$

und dies liefert

(15) $\qquad f(x) = \dfrac{1}{\pi} \displaystyle\int_0^{\infty} \left(\int_{-R}^{R} f(x+t)\cos(ut)dt \right) du \qquad$ für alle $R > 0$.

Wir behaupten nun, daß hieraus durch den Grenzübergang $R \to \infty$ die Formel

(16) $\qquad\qquad f(x) = \dfrac{1}{\pi} \displaystyle\int_0^{\infty} \left(\int_{-\infty}^{\infty} f(x+t)\cos(ut)dt \right) du$

entsteht. Um die Übersicht zu behalten, schreiben wir zunächst

$$\int_0^k \int_r^R := \int_0^k \left(\int_r^R f(x+t)\cos(ut)dt \right) du \, .$$

Für $R' > R > 0$ können wir dann

$$\int_0^k \int_{-R'}^{R'} - \int_0^k \int_{-R}^{R} = \int_0^k \int_{R}^{R'} + \int_0^k \int_{-R'}^{-R} = \int_{R}^{R'} \int_0^k + \int_{-R'}^{-R} \int_0^k$$

schreiben, und aus

$$M := \int_{-\infty}^{\infty} |f(t)| \, dt < \infty$$

folgt

$$\left| \int_0^k \int_{-R'}^{R'} - \int_0^k \int_{-R}^{R} \right|$$

$$\leq \left| \int_{R}^{R'} f(x+t) \, \frac{\sin kt}{t} \, dt \right| + \left| \int_{-R'}^{-R} f(x+t) \, \frac{\sin kt}{t} \, dt \right| \leq M/R \, .$$

Setze

$$g(R',u) := \int_{-R'}^{R'} f(x+t)\cos(ut)dt, \ g_{\infty}(u) := \int_{-\infty}^{\infty} f(x+t)\cos(ut) \, dt \, .$$

Wegen $g(R',u) \rightrightarrows g_{\infty}(u)$ für $0 \leq u \leq k$ mit $R' \to \infty$ folgt

$$\lim_{R' \to \infty} \int_0^k \int_{-R'}^{R'} = \int_0^k \int_{-\infty}^{\infty} \, ,$$

und wir bekommen

$$\left| \int_0^k \int_{-\infty}^{\infty} - \int_0^k \int_{-R}^{R} \right| \leq M/R \, ,$$

folglich

$$\left| \int_0^k \int_{-\infty}^{\infty} - \pi f(x) \right| \leq \left| \int_0^k \int_{-\infty}^{\infty} - \int_0^k \int_{-R}^{R} \right| + \left| \int_0^k \int_{-R}^{R} - \pi f(x) \right|$$

$$\leq M/R + \left| \int_0^k \int_{-R}^{R} - \pi f(x) \right| \to 0 \ \text{mit} \ R \to \infty \, .$$

Damit ist (16) bewiesen, und mit der Substitution $t \mapsto s = x + t$ geht (15) über in

$$(17) \qquad f(x) = \frac{1}{\pi} \int_0^\infty \left(\int_{-\infty}^\infty f(s) \cos u(s - x) ds \right) du .$$

Dies ist die **reelle Fassung von Fouriers Integralformel**.

Da $\int_{-\infty}^\infty f(s) \cos u(s - x) ds$ eine gerade Funktion von u ist, können wir (17) in die Form

$$(18) \qquad f(x) = \frac{1}{2\pi} \int_{-\infty}^\infty \left(\int_{-\infty}^\infty f(s) \cos u(s - x) ds \right) du$$

bringen, wobei das äußere Integral als Cauchyscher Hauptwert zu verstehen ist, d.h. (18) ist zu lesen als

$$(19) \qquad f(x) = \lim_{R \to \infty} \frac{1}{2\pi} \int_{-R}^R \left(\int_{-\infty}^\infty f(s) \cos u(s - x) ds \right) du .$$

Da das Integral $\int_{-\infty}^\infty f(s) \sin u(s - x) ds$ absolut und gleichmäßig bezüglich u konvergiert, ist es eine ungerade stetige Funktion von u, und wir bekommen

$$(20) \qquad 0 = \lim_{R \to \infty} \frac{i}{2\pi} \int_{-R}^R \left(\int_{-\infty}^\infty f(s) \sin u(s - x) ds \right) du .$$

Subtraktion der beiden letzten Formeln liefert wegen

$$e^{iux} e^{-ius} = e^{iu(x-s)} = \cos u(x - s) + i \sin u(x - s)$$

die Gleichung

$$(21) \qquad f(x) = \lim_{R \to \infty} \frac{1}{2\pi} \int_{-R}^R e^{iux} \left(\int_{-\infty}^\infty f(s) e^{-ius} ds \right) du$$

$$= \lim_{R \to \infty} \frac{1}{\sqrt{2\pi}} \int_{-R}^R e^{iux} \, \hat{f}(u) \, du ,$$

und dies ist gerade die Behauptung (7) des Fourierschen Integralsatzes. Falls $\int_{-\infty}^\infty |\hat{f}(x)| dx$ konvergiert, dürfen wir in (21) den Hauptwert $\lim_{R \to \infty} \int_{-R}^R$ durch $\lim_{a,b \to \infty} \int_a^b$ ersetzen, wo die Integrationsgrenzen a, b unabhängig voneinander gegen $-\infty$ bzw. ∞ streben. $\qquad \square$

Bemerkung 2. Die Fouriertransformierte $\hat{f}$ einer stückweise stetigen Funktion $f : \mathbb{R} \to \mathbb{C}$ mit der Eigenschaft $\int_{-\infty}^\infty |f(t)| dt < \infty$ ist, wie wir eingangs festgestellt haben, notwendigerweise *stetig*. Mit dem gleichen Argument zeigt man, daß die durch

$$h(x) := \frac{1}{\sqrt{2\pi}} \int_{-\infty}^\infty e^{ixt} \, \hat{f}(t) \, dt$$

definierte Funktion $h : \mathbb{R} \to \mathbb{C}$ stetig ist, falls $\int_{-\infty}^\infty |\hat{f}(t)| dt < \infty$ gilt. Andererseits besagt Fouriers Integralsatz, daß $f = h$ ist, falls wir $f \in \mathcal{D}^*$ voraussetzen. Gehen wir also von einer unstetigen Funktion $f \in \mathcal{D}^*$ aus, so muß $\int_{-\infty}^\infty |\hat{f}(t)| dt = \infty$ gelten. Auf dieses Phänomen sind wir bereits im Beispiel $\boxed{3}$ gestoßen.

Nun wollen wir gewisse **Wachstumseigenschaften der Fouriertransformier-ten** $g := \hat{f}$ einer Funktion $f \in \mathcal{D}^*$ herleiten. Zur Abkürzung setzen wir

$$(22) \qquad g_R(u) := \frac{1}{\sqrt{2\pi}} \int_{-R}^{R} f(t) e^{-iut}\, dt ,$$

$$(23) \qquad f_R(x) := \frac{1}{\sqrt{2\pi}} \int_{-R}^{R} g(u) e^{ixu}\, du .$$

Proposition 2. *Wenn $\int_{-\infty}^{\infty} |f(t)|\, dt$ konvergiert, so gibt es zu jedem $\epsilon > 0$ ein $R_0 > 0$ mit*

$$|g_R(u) - g(u)| < \epsilon \quad \text{für alle } u \in \mathbb{R} \text{ und alle } R > R_0 .$$

(Hierfür schreiben wir wie gewöhnlich:

$$g_R(u) \;\rightrightarrows\; g(u) \ \text{für } u \in \mathbb{R} \text{ mit } R \to \infty .)$$

Beweis. Wegen $\int_{-\infty}^{\infty} |f(t)|\, dt < \infty$ folgt die Behauptung sofort aus

$$|g(u) - g_R(u)| = \frac{1}{\sqrt{2\pi}} \Big| \int_{|t| \geq R} f(t) e^{-itu}\, dt \Big| \leq \frac{1}{\sqrt{2\pi}} \int_{|t| \geq R} |f(t)|\, dt .$$

$\square$

Mit der gleichen Überlegung erhalten wir wegen Satz 1:

Korollar 1. *Aus $\int_{-\infty}^{\infty} |g(u)|\, du < \infty$ folgt :*

$$f_R(x) \;\rightrightarrows\; f(x) \ \text{für } x \in \mathbb{R} \text{ mit } R \to \infty .$$

Proposition 3. *Wenn $f \in \mathcal{C}^k$ ist, $k \geq 1$, so gilt:*

(i) $\lim_{x \to \pm\infty} f^{(\nu)}(x) = 0 \quad \text{für } \nu = 0, 1, \ldots, k-1;$

$$(24) \quad g(u) = \frac{1}{\sqrt{2\pi}(iu)^\nu} \int_{-\infty}^{\infty} f^{(\nu)}(t)\, e^{-iut}\, dt , \quad u \neq 0 , \quad \nu = 0, 1, \ldots, k .$$

(ii)   *Es gibt eine nur von k und nicht von f abhängende Zahl $c(k)$, so daß*

$$(25) \qquad |g(u)| \leq c(k) \cdot (1 + |u|)^{-k} \, \|f\|_k \ \text{für alle } u \in \mathbb{R}$$

gilt.

Beweis. (i) Sei $f \in C^1$, also $\int_{-\infty}^{\infty} |f| dt + \int_{-\infty}^{\infty} |f'| dt < \infty$. Dann folgt für $x \to \infty$:

$$f(x) = f(0) + \int_0^x f'(t) dt \to f(0) + \int_0^{\infty} f'(t) dt .$$

Also existiert $\lim_{x \to \infty} f(x) =: \lambda_0$, und wegen $\int_{-\infty}^{\infty} |f| dt < \infty$ ergibt sich $\lambda_0 = 0$. Ganz entsprechend wird $\lim_{x \to -\infty} f(x) = 0$ gezeigt.

Ist $f \in C^2$, so wendet man obigen Schluß auf f' an und erhält so $\lim_{x \to \pm\infty} f'(x) = 0$. Gleichermaßen verfährt man für f'', ..., $f^{(k-1)}$, wenn $f \in C^k$ ist.

Mit partieller Integration folgt für $u \neq 0$

$$g_R(u) = \left[\frac{1}{\sqrt{2\pi}} \frac{e^{-iut}}{-iu} f(t) \right]_{t=-R}^{t=R} + \frac{1}{\sqrt{2\pi} iu} \int_{-R}^{R} f'(t) e^{-iut} dt ,$$

und $R \to \infty$ liefert

$$g(u) = \frac{1}{\sqrt{2\pi} iu} \int_{-\infty}^{\infty} f'(t) e^{-iut} dt .$$

Setzen wir diesen Prozeß fort, so entstehen die übrigen Formeln von (24).

(ii) Für $|u| \leq 1$ folgt

$$|g(u)| \leq \frac{1}{\sqrt{2\pi}} \|f\|_0 \leq \frac{2^k}{\sqrt{2\pi}} \frac{1}{(1+|u|)^k} \|f\|_k ,$$

und für $|u| \geq 1$ erhalten wir

$$|g(u)| \leq \frac{1}{\sqrt{2\pi}} \frac{1}{|u|^k} \|f^{(k)}\|_0 \leq \frac{2^k}{\sqrt{2\pi}} \frac{1}{(1+|u|)^k} \|f\|_k .$$

$\square$

Korollar 2. *Ist $f \in C^k$, $k \geq 1$, so gilt*

$$(26) \qquad \widehat{f^{(\nu)}}(u) = (iu)^{\nu} \hat{f}(u) \qquad \text{für } \nu = 0, 1, \ldots, k .$$

Beweis. Für $u \neq 0$ ergibt sich die Behauptung aus (24), und aus Stetigkeits-gründen folgt sie dann mit $u \to 0$ auch an der Stelle $u = 0$.

$\square$

Aus (25) folgt sofort

Korollar 3. *Für $f \in C^k$ gilt*

$$(27) \qquad |\hat{f}(u)| = O(|u|^{-k}) \quad \text{für } |u| \to \infty .$$

Korollar 4. *Für $f \in C^2$ gelten die Beziehungen*

$$(28) \qquad \int_{-\infty}^{\infty} |\hat{f}(u)| du < \infty ,$$

$$(29) \qquad f_R(x) \rightrightarrows f(x) \quad \text{für } x \in \mathbb{R} \text{ mit } R \to \infty .$$

Beweis. Wegen $\int_{-\infty}^{\infty} \frac{du}{1+u^2} < \infty$ und $(1 + |u|)^{-2} \le (1 + u^2)^{-1}$ erhalten wir (28) aus der Abschätzung (25) für $k = 2$, und (29) folgt dann aus Korollar 1.

□

Aufgaben.

1. Man beweise für $f \in \mathcal{D}$: (i) Wenn f gerade (bzw. ungerade) ist, so auch $\hat{f}$.
   (ii) Ist f gerade und reellwertig, so gilt $\hat{f}(x) = \frac{2}{\sqrt{2\pi}} \int_0^\infty f(t) \cos(xt) dt$ und die Fouriersche Formel erhält für $f \in \mathcal{D}^*$ die Gestalt

$$f(x) = \frac{2}{\pi} \int_0^\infty \cos(ux) \cdot \left(\int_0^\infty f(t) \cos(ut)\, dt \right)\, du$$

   (iii) Für ungerades reellwertiges f ist $\hat{f}(x) = -\frac{2i}{\sqrt{2\pi}} \int_0^\infty f(t) \sin(xt) dt$, und für $f \in \mathcal{D}^*$ folgt

$$f(x) = \frac{2}{\pi} \int_0^\infty \sin(ux) \cdot \left(\int_0^\infty f(t) \sin(ut) dt \right)\, du \ .$$

2. Für $f(x) := e^{-k|x|}$, $k > 0$, beweise man $\hat{f}(x) = \frac{1}{\sqrt{2\pi}} \frac{2k}{k^2 + x^2}$ und damit $\int_0^\infty \frac{k \cos ux}{k^2 + u^2} du = \frac{\pi}{2} e^{-k|x|}$. (*Hinweis:* $(a^2 + b^2) \int e^{ax} \cos bx \, dx = e^{ax}(a \cos bx + b \sin bx)$ und Aufgabe 1, (ii)). Ähnlich für $f(x) := e^{-kx}$ bzw. 0 bzw. $-e^{-kx}$, falls $x > 0$ bzw. $x = 0$ bzw. $x < 0$:

$$\hat{f}(x) = \frac{-i\sqrt{2}}{\sqrt{\pi}} \frac{x}{k^2 + x^2} \ , \qquad f(x) = \frac{2}{\pi} \int_0^\infty \frac{u \sin ux}{k^2 + u^2} du \ .$$

3. Man beweise, daß $\frac{2}{\sqrt{2\pi}} \int_0^\infty e^{-u^2/2} \cos ux \, du = e^{-x^2/2}$ ist.

4. Ist $I = [a, b]$ und bezeichnet χ_I die charakteristische Funktion von I (d.h. $\chi_I(t) = 1$ bzw. 0 für $t \in I$ bzw. $\mathbb{R} \backslash I$), so gilt

$$\hat{\chi}_I = \frac{i}{\sqrt{2\pi}} \frac{e^{-ixb} - e^{-ixa}}{x} = \sqrt{\frac{2}{\pi}} \frac{\sin(lx)}{x} e^{-imx}$$

   mit $l := \frac{1}{2}(b - a)$, $m := \frac{1}{2}(a + b)$. Man bestimme die Fouriertransformierte $\hat{f}$ einer Treppenfunktion $f : \mathbb{R} \to \mathbb{C}$ mit $f(t) = 0$ für $t > a$ und $t > b$ sowie $f(t) = c_j$ für $t_{j-1} < t < t_j$, wobei $a = t_0 < t_1 < t_2 < \ldots < t_k = b$ eine Zerlegung von $[a, b]$ sei.

5. Man beweise, daß die Fouriertransformierte $\hat{f}$ von $f(x) := \frac{1}{x^2 + bx + c}$ mit $4c - b^2 > 0$ gegeben ist durch

$$\hat{f}(x) = \frac{\sqrt{2\pi}}{\sqrt{4c - b^2}} e^{\frac{1}{2}(-|x|\sqrt{4c-b^2} + ibx)} \ .$$

6. Ist $f : \mathbb{R} \to \mathbb{R}$ stetig und konvergiert das uneigentliche Integral $\int_{-\infty}^\infty f(t) e^{-itx} dt$, so gibt es eine monoton wachsende Folge $\{t_n\}$, mit $t_n \to \infty$ und $f(t_n) \to 0$. Beweis?

7. Für $n \in \mathbb{N}_0$ wird die **Besselfunktion** $J_n(x)$ definiert als

$$J_n(x) := \frac{2^n \cdot n! \cdot x^n}{(2n)! \pi} \int_{-1}^1 (1 - t^2)^{n-1/2} \cos(xt) dt \ .$$

Man beweise:

(i) $J_n''(x) + x^{-1} J_n'(x) + (1 - n^2 x^{-2}) J_n(x) = 0$, $n \ge 0$;

(ii) $J_1 = -J_0'$, $J_{n+1} = J_{n-1} - 2J_n'$, $n \ge 1$.

(iii) Mittels Aufgabe 1 deute man die Funktion $\phi(x) := x^{-n} J_n(x)$ als Fouriertransformierte der Funktion f mit $f(t) := 0$ für $|t| > 1$ und $f(t) := c \cdot (1 - t^2)^{n-1/2}$ für $|t| < 1$, wobei die Konstante c geeignet gewählt sei, und bestimme $\hat{\phi}(x)$.

8. Zu $f : [0,\infty) \to \mathbb{R}$ bilde man die Funktionen $\varphi, \psi : [0,\infty) \to \mathbb{R}$ durch

$$\varphi(x) := \sqrt{\frac{2}{\pi}} \int_0^\infty f(t) \cos(xt)dt \ , \ \ \psi(x) := \sqrt{\frac{2}{\pi}} \int_0^\infty f(t) \sin(xt)dt \ ;$$

sie heißen **Fourierkosinustransformierte** bzw. **Fouriersinustransformierte** von f.
Man bestimme φ für $f(x) := \log(1 + x^{-2}a^2)$ bzw. $f(x) := x^{-1}e^{-x} \sin x$ und ψ für $f(x) := x^{1/2}e^{-ax}$.

9. Man beweise die folgenden Rechenregeln:

   (i) Aus $g(t) \equiv e^{i\omega t}f(t)$, $\omega \in \mathbb{R}$, folgt $\hat{g}(x) = \hat{f}(x - \omega)$.

   (ii) Aus $g(t) \equiv f(t + \omega)$, $\omega \in \mathbb{R}$, folgt $\hat{g}(x) = e^{i\omega x}\hat{f}(x)$.

   (iii) Aus $g(t) \equiv f(t/\omega)$, $\omega > 0$, folgt $\hat{g}(x) = \omega\hat{f}(\omega x)$.

10 Die Fouriertransformation auf dem Schwartzschen Raume $\mathcal{S}$

Die Fouriertransformation

$$\mathcal{F} : f \mapsto \mathcal{F}f := \hat{f}$$

vermittelt offensichtlich eine lineare Abbildung der linearen Räume $\mathcal{D}^*$ bzw. $\mathcal{C}^*$. Führen wir noch die Spiegelung S ein als

$$(Sf)(x) := f(-x) \ ,$$

so läßt sich Fouriers Integralsatz in der prägnanten Form

(1) $$f = S\mathcal{F}\mathcal{F}f$$

schreiben. Hierbei ist freilich zu beachten, daß die Fouriertransformierte $\mathcal{F}\mathcal{F}f$ von $\mathcal{F}f$ bloß ein „Hauptwert" ist, der aber jedenfalls dann als ein absolut konvergentes uneigentliches Integral aufgefaßt werden kann, wenn $\int_{-\infty}^\infty |\mathcal{F}f(t)|dt < \infty$ ist, beispielsweise also, wenn $f \in \mathcal{C}^2$ gewählt ist. Der Fouriertransformation haftet insofern eine gewisse Unsymmetrie an, als wir die Bildmengen $\mathcal{F}(\mathcal{D}^*)$ bzw. $\mathcal{F}(\mathcal{C}^k)$ nicht beschreiben können. Wir suchen daher einen Unterraum von $\mathcal{C}^2$ zu finden, der von $\mathcal{F}$ bijektiv auf sich abgebildet wird. Die naheliegende Wahl $\mathcal{C}_c^\infty$ führt nicht zum Ziel, denn dehnen wir für $f \in \mathcal{C}_c^\infty$ die Definition der Fouriertransformation (s. 3.9, (6)) auf komplexe Werte von z aus, so liefert

$$\hat{f}(z) := \frac{1}{\sqrt{2\pi}} \int_{-\infty}^\infty f(t)e^{-itz} \, dt$$

eine holomorphe Funktion auf $\mathbb{C}$, kann also aufgrund des Identitätssatzes nicht auf einem ganzen Intervall der reellen Achse verschwinden.

Daher wählen wir den von Laurent Schwartz (1950) eingeführten *Raum der schnellfallenden Funktionen* als Operationsbasis von $\mathcal{F}$.

Definition 1. *Eine Funktion $f \in C^\infty(\mathbb{R}, \mathbb{C})$ heißt* **schnellfallend**, *wenn*

$$(2) \qquad \sup_{x \in \mathbb{R}} |x^k D^l f(x)| < \infty$$

für alle Indizes $k, l \in \mathbb{N}_0$ gilt. Mit $\mathcal{S}$ oder $\mathcal{S}(\mathbb{R})$ bezeichnen wir den Raum der schnellfallenden Funktionen.

Bemerkung 1. Offensichtlich ist $\mathcal{S}$ ein linearer Raum über $\mathbb{C}$ mit $C_c^\infty \subset \mathcal{S}$. Ferner ist mit $f \in \mathcal{S}$ auch $D^l f \in \mathcal{S}$ und $pf \in \mathcal{S}$, wenn p ein beliebiges Polynom $\mathbb{R} \to \mathbb{C}$ bezeichnet. Ferner liegt mit f und g auch das Produkt fg in $\mathcal{S}$. Durch S wird $\mathcal{S}$ bijektiv auf sich abgebildet, und es gilt $S \cdot S = \mathrm{id}_\mathcal{S}$.

$\boxed{1}$ Die Funktion $f(x) = e^{-c|x|^2}$, $x \in \mathbb{R}$, liegt für jedes $c > 0$ in $\mathcal{S}$. Weiter liegen die Funktionen

$$e^{-c|x|^2} \sin \omega x , \quad e^{-c|x|^2} \cos \omega x , \quad e^{-c|x|^2} p(x)$$

in $\mathcal{S}$, wenn $\omega \in \mathbb{R}$, $c > 0$ und $p(x) = \sum_{\nu=0}^{k} a_\nu x^\nu$, $a_\nu \in \mathbb{C}$, ist.

Bemerkung 2. Die Ungleichung (2) ist offensichtlich äquivalent zu

$$(3) \qquad |D^l f(x)| \le \frac{c}{(1 + |x|)^k} \qquad \text{für } x \in \mathbb{R} ,$$

wobei $c > 0$ eine Konstante bezeichnet, die von k, l und $f \in \mathcal{S}$ abhängt.

Proposition 1. *Für $f \in \mathcal{S}$ und $k \in \mathbb{N}$ gilt*

$$(4) \qquad D^k(\mathcal{F}f) = (-i)^k \, \mathcal{F}(x^k f) ,$$

$$(5) \qquad \mathcal{F}(D^k f) = i^k \, u^k \, \mathcal{F}f .$$

Beweis. Die Schreibweise der Formeln (4), (5) ist etwas salopp; gemeint ist:

$$(6) \qquad D^k(\mathcal{F}f)(u) = (-i)^k \, \frac{1}{\sqrt{2\pi}} \int_{-\infty}^{\infty} x^k f(x) e^{-ixu} \, dx ,$$

$$(7) \qquad \mathcal{F}(D^k f)(u) = (iu)^k (\mathcal{F}f)(u) .$$

In der Tat: Aus 1.4, Proposition 3 erhalten wir

$$\frac{d\hat{f}}{du}(u) = \frac{1}{\sqrt{2\pi}} \int_{-\infty}^{\infty} (-ix) f(x) e^{-ixu} \, dx ,$$

womit (6) für $k = 1$ bewiesen ist, und die übrigen Formeln folgen durch Induktion.

Die Formel (5) folgt aus 3.9, (26), da $\mathcal{S} \subset C^k$ für alle $k \in \mathbb{N}$ gilt.

$\square$

Proposition 2. *Die Fouriertransformation $\mathcal{F}$ bildet $\mathcal{S}$ bijektiv auf sich ab und es gilt $\mathcal{F}S = S\mathcal{F}$.*

Beweis. Wie bekannt, ist $\mathcal{F}f \in C^{\infty}(\mathbb{R}, \mathbb{C})$, falls $f \in \mathcal{S}$ ist. Weiterhin liefert Proposition 1 die Formel

$$u^k D^l(\mathcal{F}f) \;=\; (-i)^{k+l}\, \mathcal{F}\left[D^k(x^l f)\right] .$$

Wegen $D^k(x^l f) \in \mathcal{S}$ und Korollar 3 aus 3.9 folgt $\mathcal{F}f \in \mathcal{S}$. Damit ist Formel (7) aus 3.9 gerechtfertigt, und wir haben

$$S\,\mathcal{F}\,\mathcal{F}\,\varphi \;=\; \varphi \qquad \text{für alle } \varphi \in \mathcal{S} .$$

Ersetzen wir φ durch $S\varphi$ und beachten $S\,S\,\varphi = \varphi$, so folgt

(8) $$\mathcal{F}\,\mathcal{F}\,S\,\varphi \;=\; \varphi \qquad \text{für alle } \varphi \in \mathcal{S} .$$

Ist nun φ ein beliebiges Element aus $\mathcal{S}$, so sehen wir aus dieser Formel, daß $f := \mathcal{F}S\varphi \in \mathcal{S}$ die Gleichung $\mathcal{F}f = \varphi$ löst. Somit ist die Abbildung $\mathcal{F} : \mathcal{S} \to \mathcal{S}$ surjektiv. Sie ist auch injektiv, denn $\mathcal{F}f = 0$ liefert $f = S\mathcal{F}\mathcal{F}f = S\mathcal{F}0 = 0$. Schließlich ergibt sich $\mathcal{F}S = S\mathcal{F}$ aus der folgenden Rechnung:

$$(\mathcal{F}S\varphi)(x) = \lim_{R \to \infty} \int_{-R}^{R} \varphi(-t)\, \frac{e^{-itx}}{\sqrt{2\pi}}\, dt = \lim_{R \to \infty} \int_{-R}^{R} \varphi(u)\, \frac{e^{iux}}{\sqrt{2\pi}}\, du = (S\mathcal{F}\varphi)(x) .$$

$\square$

Bemerkung 3. Für $\varphi \in \mathcal{S}$ können wir den Beweis der Fourierschen Integralformel $\varphi = S\mathcal{F}\mathcal{F}\varphi = \mathcal{F}S\mathcal{F}\varphi$ erheblich vereinfachen, weil hier vorzügliche Konvergenzverhältnisse vorliegen. Wir skizzieren den *Beweisgang*.

Bezeichne $\psi_\epsilon \in \mathcal{S}$ den „konvergenzerzeugenden Faktor"

$$\psi_\epsilon(u) := \psi(\epsilon u) , \quad \psi(u) := e^{-|u|^2/2} , \quad \epsilon > 0 .$$

Dann ist das uneigentliche Doppelintegral

$$\int_{-\infty}^{\infty} \int_{-\infty}^{\infty} e^{iu(x-t)}\, \psi_\epsilon(u)\varphi(t)\, du\, dt ,$$

das wir als $\lim_{\rho, R \to \infty} \int_{-\rho}^{\rho} \int_{-R}^{R}$ definieren, absolut konvergent.

Hieraus folgt mit einer einfachen Überlegung, die dem Leser überlassen bleibe, daß die beiden zugeordneten iterierten Integrale übereinstimmen; also gilt

$$\int_{-\infty}^{\infty} e^{ixu}\, \hat{\varphi}(u)\psi_\epsilon(u)\,du \;=\; \frac{1}{\sqrt{2\pi}} \int_{-\infty}^{\infty} e^{ixu}\, \psi_\epsilon(u) \left(\int_{-\infty}^{\infty} e^{-iut}\, \varphi(t)\,dt \right) du$$

$$= \frac{1}{\sqrt{2\pi}} \int_{-\infty}^{\infty} \varphi(t) \left(\int_{-\infty}^{\infty} e^{iu(x-t)}\, \psi_\epsilon(u)\,du \right) dt \;=\; \int_{-\infty}^{\infty} \varphi(t)\, \hat{\psi}_\epsilon(t-x)\, dt .$$

Die Fouriertransformierte von ψ_ϵ berechnet sich aus der Fouriertransformierten von ψ zu $\hat{\psi}_\epsilon(t) = \frac{1}{\epsilon} \hat{\psi}(t/\epsilon)$. Damit ergibt sich

$$\int_{-\infty}^{\infty} \varphi(t)\, \hat{\psi}_\epsilon(t-x)\,dt \;=\; \int_{-\infty}^{\infty} \varphi(t)\epsilon^{-1}\hat{\psi} \left(\frac{t-x}{\epsilon} \right) dt \;=\; \int_{-\infty}^{\infty} \varphi(x + \epsilon u)\hat{\psi}(u)\, du .$$

Wegen $\psi_\epsilon(u) \to \psi(0) = 1$ und $\varphi(x + \epsilon u) \to \varphi(x)$ mit $\epsilon \to 0$ erhalten wir dann

$$\int_{-\infty}^{\infty} e^{ixu}\, \hat{\varphi}(u)\psi_\epsilon(u)du \;\to\; \int_{-\infty}^{\infty} e^{ixu}\, \hat{\varphi}(u)du \;,$$

$$\int_{-\infty}^{\infty} \varphi(x + \epsilon u)\, \hat{\psi}(u)du \;\to\; \varphi(x) \int_{-\infty}^{\infty} \hat{\psi}(u)du \;.$$

Dies folgt sofort aus dem Satz von Lebesgue über dominierte Konvergenz, den wir in Band 3 beweisen werden, doch brauchen wir dieses Hilfsmittel nicht zu bemühen, weil die Integranden auf kompakten Intervallen gleichmäßig konvergieren und der Rest wegen der Wachstumseigenschaften von $\hat{\varphi}$ bzw. $\hat{\psi}$ beliebig klein gemacht werden kann.

Schließlich haben wir noch, wie in 3.9, $\boxed{2}$ gezeigt, $\psi = \hat{\psi}$ und daher

$$\int_{-\infty}^{\infty} \hat{\psi}(t)dt = \int_{-\infty}^{\infty} e^{-t^2/2}\, dt = \sqrt{2} \int_{-\infty}^{\infty} e^{-u^2}\, du = \sqrt{2\pi} \;.$$

Damit bekommen wir, wie behauptet,

$$\varphi(x) = \frac{1}{\sqrt{2\pi}} \int_{-\infty}^{\infty} e^{ixu}\, \hat{\varphi}(u)du = (S\mathcal{F}\mathcal{F}\varphi)(u) \;.$$

$\square$

Eine ganze Reihe der hier benutzten Ideen finden sich in Band 3 wieder, wo wir *Faltungen* und *Glättungsoperatoren* behandeln. In der Tat ist es nützlich, den Begriff der Faltung auch bei den Fourieroperatoren ins Spiel zu bringen.

Definition 2. *Die* **Faltung** $\varphi * \psi : \mathbb{R} \to \mathbb{C}$ *zweier Funktionen* $\varphi, \psi \in S$ *ist das absolut konvergente uneigentliche Integral*

$$(\varphi * \psi)(x) := \int_{-\infty}^{\infty} \varphi(x - t)\psi(t)dt.$$

Proposition 3. *Für beliebige* $\varphi, \psi, \chi \in S$ *gilt:*

$$\varphi * \psi = \psi * \varphi \in S \;, \quad D(\varphi * \psi) = (D\varphi) * \psi = \varphi * (D\psi) \;,$$
$$(\alpha\varphi + \beta\psi) * \chi = \alpha\varphi * \chi + \beta\psi * \chi \;\; \text{für} \;\; \alpha, \beta \in \mathbb{C} \;.$$

Beweis. Wir fassen $\varphi * \psi$ als ein „Produkt" mit den Faktoren φ und ψ auf. Die Linearität dieses Produktes bezüglich φ (und ebenso bezüglich ψ) ist sofort zu sehen. Die Transformation $t \mapsto u = x - t$ liefert

$$\int_{\alpha}^{\beta} \varphi(x - t)\psi(t)dt = \int_{x-\beta}^{x-\alpha} \varphi(u)\psi(x - u)du \;.$$

Mit $\alpha \to -\infty$ und $\beta \to \infty$ folgt

$$(\varphi * \psi)(x) = \int_{-\infty}^{\infty} \varphi(x - t)\psi(t)dt = \int_{-\infty}^{\infty} \varphi(u)\psi(x - u)du = (\psi * \varphi)(x) \;.$$

Wegen 1.4, Proposition 3 ergeben sich hieraus mit $D = \frac{d}{dx}$ für $f := \varphi * \psi$ die Beziehungen $Df = (D\varphi) * \psi = \varphi * (D\psi)$ und damit

$$|x^k D^l f(x)| = \left| \int_{-\infty}^{\infty} x^k \varphi^{(l)}(x - t)\psi(t)dt \right| \leq \int_{-\infty}^{\infty} |x|^k\, |\varphi^{(l)}(x - t)||\psi(t)|dt \;.$$

Wir zerlegen die t-Achse in das Intervall $I := \{t \in \mathbb{R} : 2|t| \leq |x|\}$ und das Komplement $I^c = \mathbb{R} \setminus I$. Auf I gilt $2|x - t| \geq 2|x| - 2|t| \geq |x|$ und somit

$$|x|^k |\varphi^{(l)}(x - t)| \leq 2^k |x - t|^k |\varphi^{(l)}(x - t)| \leq c(k, l) \text{ für } t \in I$$

mit einer von x und t unabhängigen Schranke $c(k, l)$. Für $x \in I^c$ folgt andererseits $|x|^k |\psi(t)| \leq 2^k |t|^k |\psi(t)| \leq \tilde{c}(k)$ mit einer Konstanten $\tilde{c}(k)$. Damit erhalten wir

$$|x^k D^l f(x)| \leq c(k, l) \int_I |\psi(t)| dt + \tilde{c}(k) \int_{I^c} |\varphi^{(l)}(x - t)| dt$$
$$\leq c(k, l) \int_{-\infty}^{\infty} |\psi(t)| dt + \tilde{c}(k) \int_{-\infty}^{\infty} |\varphi^{(l)}(u)| du ,$$

woraus sich $\sup_{\mathbb{R}} |x|^k |D^l f(x)| < \infty$ ergibt, also $f \in S$. $\qquad\square$

Proposition 4. *Für $\varphi, \psi \in S$ gilt*

$$\int_{-\infty}^{\infty} \hat{\varphi}(u)\psi(u)e^{ixu} du = \int_{-\infty}^{\infty} \hat{\psi}(t)\varphi(x + t) dt ,$$

und für $x = 0$ folgt insbesondere

$$\int_{-\infty}^{\infty} \hat{\varphi}(u)\psi(u) du = \int_{-\infty}^{\infty} \hat{\psi}(t)\varphi(t) dt .$$

Beweis. Mit der Überlegung aus Bemerkung 3 ergibt sich

$$\int_{-\infty}^{\infty} \hat{\varphi}(u)\psi(u)e^{ixu} du = \int_{-\infty}^{\infty} \varphi(t)\hat{\psi}(t - x) dt ,$$

und das Integral auf der rechten Seite ist gleich $\int_{-\infty}^{\infty} \hat{\psi}(t)\varphi(x + t) dt$. $\qquad\square$

Proposition 5. *Mit $\varphi, \psi \in S$ und $f := \varphi * \psi$, $g := \varphi \cdot \psi$ folgt $\hat{f} = \sqrt{2\pi}\,\hat{\varphi} \cdot \hat{\psi}$ und $\hat{g} = \sqrt{2\pi}\,\hat{\varphi} * \hat{\psi}$.*

Beweis. Setze $\eta(t) := \varphi(x + t)$. Dann folgt

$$f(x) = \int_{-\infty}^{\infty} \varphi(t)\psi(x - t) dt = \int_{-\infty}^{\infty} \varphi(u + x)\psi(-u) du = \int_{-\infty}^{\infty} \eta(u)\psi(-u) du .$$

Mit $\chi := \hat{\psi}$ bekommen wir $\hat{\chi} = S\psi$, d.h. $\hat{\chi}(u) = \psi(-u)$. Wegen Proposition 4 ergibt sich

$$\int_{-\infty}^{\infty} \eta(u)\psi(-u) du = \int_{-\infty}^{\infty} \eta(u)\hat{\chi}(u) du = \int_{-\infty}^{\infty} \hat{\eta}(u)\chi(u) du.$$

Weiter rechnet man ohne Mühe nach, daß $\hat{\eta}(u) = \hat{\varphi}(u)e^{iux}$ ist. Dies führt zu

$$f(x) = \int_{-\infty}^{\infty} \hat{\varphi}(u)\hat{\psi}(u)e^{iux} du ,$$

und dies bedeutet $f = S\left[\sqrt{2\pi}\,\mathcal{F}(\hat{\varphi}\hat{\psi})\right]$, woraus

$$\hat{f} = \mathcal{F}f = \sqrt{2\pi}\,\mathcal{F}S\mathcal{F}(\hat{\varphi}\hat{\psi}) = \sqrt{2\pi}\,\hat{\varphi}\hat{\psi}$$

folgt. Hieraus leitet man schließlich $\hat{g} = \sqrt{2\pi}\,\hat{\varphi} * \hat{\psi}$ ab (Übungsaufgabe). $\qquad\square$

Abschließend beweisen wir eine Eigenschaft der Fouriertransformation, die das Gegenstück zur Parsevalschen Gleichung bei Fourierreihen bildet.

Satz 1. (Plancherel, 1910) *Für $f \in \mathcal{C}^2$ und insbesondere für $f \in \mathcal{S}$ gilt*

$$(9) \qquad \int_{-\infty}^{\infty} |f(x)|^2 dx = \int_{-\infty}^{\infty} |\hat{f}(u)|^2 du < \infty .$$

Beweis. Sei $g := \hat{f}$ gesetzt und bezeichne g_R, f_R die in 3.9, (22) und (23) definierten Funktionen. Für $R, M > 0$ setzen wir

$$\Delta(M, R) := \int_{-M}^{M} |f(x) - f_R(x)|^2 .$$

Wegen

$$|f(x) - f_R(x)|^2 = [f(x) - f_R(x)] \cdot [\overline{f(x)} - \overline{f_R(x)}]$$

folgt

$$\Delta(M, R) = \int_{-M}^{M} \{|f(x)|^2 + |f_R(x)|^2 - f(x)\overline{f_R(x)} - \overline{f(x)}f_R(x)\} \, dx .$$

Ferner gilt

$$\int_{-M}^{M} f(x)\overline{f_R(x)} \, dx = \frac{1}{\sqrt{2\pi}} \int_{-M}^{M} f(x) \left(\int_{-R}^{R} \overline{g(u)}e^{-iux} du \right) dx$$

$$= \frac{1}{\sqrt{2\pi}} \int_{-R}^{R} \overline{g(u)} \left(\int_{-M}^{M} f(x)e^{-iux} \, dx \right) du = \int_{-R}^{R} \overline{g(u)}\, g_M(u) \, du .$$

Nehmen wir das Konjugiertkomplexe dieser Gleichung, so entsteht noch

$$\int_{-M}^{M} \overline{f(x)}f_R(x)dx = \int_{-R}^{R} g(u)\, \overline{g_M(u)} \, du .$$

Damit folgt

$$(10)$$
$$\Delta(M, R) = \int_{-M}^{M} \{|f(x)|^2 + |f_R(x)|^2\} \, dx - \int_{-R}^{R} \{\overline{g(u)}g_M(u) + g(u)\overline{g_M(u)}\} \, du .$$

Wegen $u \in \mathcal{C}^2$ ergibt sich nach Korollar 4 von 3.9

$$f_R(x) \rightrightarrows f(x) \quad \text{für } x \in \mathbb{R} \quad \text{mit } R \to \infty ,$$

also auch

$$|f(x) - f_R(x)|^2 \rightrightarrows 0 \quad \text{auf } \mathbb{R} \text{ mit } R \to \infty ,$$

und daher

$$\lim_{R \to \infty} \Delta(M, R) \;=\; 0 \qquad \text{für alle } M > 0 \,.$$

Aus (10) entsteht dann

(11) $$2 \int_{-M}^{M} |f(x)|^2 \, dx \;=\; \int_{-\infty}^{\infty} \{ \, \overline{g(u)} g_M(u) + \overline{g_M(u)} g(u) \, \} \, du \,.$$

Proposition 2 von 3.9 liefert

(12) $$g_M(u) \;\rightrightarrows\; g(u) \text{ auf } \mathbb{R} \text{ mit } M \to \infty \,,$$

und nach Korollar 3 von 3.9 gilt

(13) $$|g(u)| \;=\; O(|u|^{-2}) \text{ für } |u| \to \infty \,.$$

Aus (12) und (13) erhalten wir noch

(14) $$|g_M(u)| \;\leq\; c \qquad \text{für } u \in \mathbb{R} \text{ und } M \gg 1$$

mit einer von M und u unabhängigen Zahl c. Wegen (13) folgt zunächst

$$\int_{-\infty}^{\infty} |g(u)| \, du < \infty \quad \text{und} \quad \int_{-\infty}^{\infty} |g(u)|^2 \, du < \infty \,.$$

Weiter gilt

(15) $$\int_{-\infty}^{\infty} \{ \, \overline{g(u)} g_M(u) + \overline{g_M(u)} g(u) \, \} \, du \;\to\; 2 \int_{-\infty}^{\infty} |g(u)|^2 \, du \text{ mit } M \to \infty \,,$$

denn für $r > 0$ ist

$$I(M) \;:=\; \int_{-\infty}^{\infty} \{ \, \overline{g(u)} g_M(u) + \overline{g_M(u)} g(u) - 2|g(u)|^2 \, \} \, du$$

$$= \int_{-\infty}^{-r} + \int_{-r}^{r} + \int_{r}^{\infty} \;=\; I_1(M, r) + I_2(M, r) + I_3(M, r) \,.$$

Wir erhalten die Abschätzungen

$$|I_1(M, r)| \;\leq\; 2c \int_{-\infty}^{-r} |g(u)| du + 2 \int_{-\infty}^{-r} |g(u)|^2 \, du \,,$$

$$|I_3(M, r)| \;\leq\; 2c \int_{r}^{\infty} |g(u)| \, du + 2 \int_{r}^{\infty} |g(u)|^2 \, du \,.$$

Zu vorgegebenem $\epsilon > 0$ können wir also $r > 0$ so groß wählen, daß für alle $M \gg 1$ gilt:

$$|I_1(M, r)| \,, \; |I_3(M, r)| \;<\; \epsilon/3 \,.$$

Weiterhin gibt es wegen (12) ein $M_0 > 0$, so daß

$$|I_2(M,r)| \; < \; \epsilon/3 \quad \text{für alle } M > M_0$$

ausfällt. Daraus folgt

$$|I(M)| \; < \; \epsilon/3 + \epsilon/3 + \epsilon/3 \; = \; \epsilon \quad \text{für } M > M_0$$

und somit (15).
Aus (11) und (15) erhalten wir schließlich

$$\lim_{M \to \infty} 2 \int_{-M}^{M} |f(x)|^2 \, dx \; = \; 2 \int_{-\infty}^{\infty} |g(u)|^2 \, du \; .$$

$\square$

Bemerkung 4. Auf dem Schwartzschen Raume $\mathcal{S}$ wird durch

$$(16) \qquad \langle \varphi, \psi \rangle \; := \; \int_{-\infty}^{\infty} \varphi(x)\overline{\psi(x)} \, dx \qquad \text{für } \varphi, \psi \in \mathcal{S}$$

ein *Skalarprodukt* mit der zugeordneten *Norm*

$$(17) \qquad \|\varphi\|_{L^2} \; := \; \sqrt{\langle \varphi, \varphi \rangle} \; = \; \int_{-\infty}^{\infty} |\varphi(x)|^2 \, dx$$

definiert. Plancherels Satz besagt nun, daß die lineare Bijektion $\mathcal{F} : \mathcal{S} \to \mathcal{S}$ isometrisch ist:

$$(18) \qquad \|\mathcal{F}\varphi\|_{L^2} \; = \; \|\varphi\|_{L^2} \qquad \text{für alle } \varphi \in \mathcal{S} \; .$$

Wie wir später sehen werden, liegt $\mathcal{C}_c^\infty$ und damit auch der Schwartzsche Raum $\mathcal{S}$ dicht im Hilbertraum $(L^2(\mathbb{R}, \mathbb{C}), \|\cdot\|_{L^2})$ der auf $\mathbb{R}$ im Lebesgueschen Sinne quadratintegrablen Funktionen $f : \mathbb{R} \to \mathbb{C}$ (wobei Funktionen identifiziert sind, die sich nur auf einer Menge vom Maße Null unterscheiden). Nach einem allgemeinen Prinzip läßt sich dann die lineare, Lipschitzstetige Abbildung $\mathcal{F} : \mathcal{S} \to \mathcal{S}$ zu einer linearen Abbildung $\Phi : L^2 \to L^2$ fortsetzen, die

$$(19) \qquad \|\Phi f\|_{L^2} \; = \; \|f\|_{L^2} \quad \text{für alle } f \in L^2$$

erfüllt. Diese Fortsetzung Φ der Fouriertransformation $\mathcal{F}$ auf den Raum L^2 ist also ebenfalls isometrisch und somit insbesondere injektiv. Da $\mathcal{F} : \mathcal{S} \to \mathcal{S}$ surjektiv ist, ergibt sich aus (19) leicht, daß auch $\Phi : L^2 \to L^2$ surjektiv ist. Ist nämlich $g \in L^2$ beliebig vorgegeben, so können wir eine Folge $\{\psi_\nu\}$ von Funktionen $\psi_\nu \in \mathcal{S}$ mit

$$\lim_{\nu \to \infty} \|g - \psi_\nu\|_{L^2} \; = \; 0$$

finden, woraus

$$\|\psi_\nu - \psi_\mu\|_{L^2} \; \to \; 0 \quad \text{mit } \nu, \mu \to \infty$$

folgt. Da $\mathcal{F} : \mathcal{S} \to \mathcal{S}$ bijektiv ist, gibt es eindeutig bestimmte Funktionen $\varphi_\nu \in \mathcal{S}$ mit $\psi_\nu = \mathcal{F}\varphi_\nu = \Phi\varphi_\nu$. Wegen

$$\|\varphi_\nu - \varphi_\mu\|_{L^2} \; = \; \|\mathcal{F}(\varphi_\nu - \varphi_\mu)\|_{L^2} \; = \; \|\mathcal{F}\varphi_\nu - \mathcal{F}\varphi_\mu\|_{L^2} \; = \; \|\psi_\nu - \psi_\mu\|_{L^2}$$

folgt

$$\|\varphi_\nu - \varphi_\mu\|_{L^2} \; \to \; 0 \quad \text{mit } \nu, \mu \to \infty \; .$$

Da L^2 vollständig ist, existiert ein $f \in L^2$ mit

$$\|f - \varphi_\nu\|_{L^2} \; \to \; 0 \quad \text{für } \nu \to \infty \; .$$

Wegen

$$\|g - \Phi f\|_{L^2} \leq \|g - \psi_\nu\|_{L^2} + \|\psi_\nu - \Phi f\|_{L^2}$$

$$= \|g - \psi_\nu\|_{L^2} + \|\Phi\varphi_\nu - \Phi f\|_{L^2}$$

$$= \|g - \psi_\nu\|_{L^2} + \|\varphi_\nu - f\|_{L^2} \to 0 \quad \text{mit } \nu \to \infty$$

folgt $g = \Phi f$. Also ist $\Phi : L^2 \to L^2$ surjektiv. *Daher ist Φ eine lineare isometrische Bijektion von L^2 auf sich, die auf $\mathcal{S}$ mit der Fouriertransformation $\mathcal{F}$ übereinstimmt.*

Näheres über die hier benutzten Begriffe und Schlußweisen findet der Leser in Band 1, 4.8 und in Band 3.

Bemerkung 5. Mit Hilfe des Operators

$$\partial = \frac{1}{i} D = \frac{1}{i} \frac{d}{dx}$$

können wir (26) aus 3.9 als

$$\widehat{\partial f}(u) = u \, \hat{f}(u)$$

schreiben, d.h. *Differentiation wird durch die Fouriertransformation in Multiplikation verwandelt.*

Bezeichne $\mathcal{F}$ die Fouriertransformation, also $\mathcal{F}f := \hat{f}$. Ist dann L ein linearer Differentialoperator mit konstanten Koeffizienten $a_0, a_1, \ldots, a_n \in \mathbb{C}$, also $Lf = \sum_{\nu=0}^{n} a_\nu \, \partial^\nu f$, so folgt für $f \in \mathcal{C}^n$ die Gleichung $\mathcal{F}(Lf) = p \cdot \mathcal{F}(f)$, wobei p das Polynom $p(u) = \sum_{\nu=0}^{n} a_\nu u^\nu$ bezeichnet. Eine Differentialgleichung $Lf = \varphi$ wird also durch Fouriertransformation in die algebraische Beziehung

$$p \cdot \mathcal{F}(f) = \mathcal{F}(\varphi)$$

.

verwandelt, woraus sich $\mathcal{F}(f)$ als $\mathcal{F}(f) = \frac{\mathcal{F}(\varphi)}{p}$ ergibt. Wenden wir hierauf den Fourierschen Integralsatz $S \mathcal{F} \mathcal{F}(f) = f$ an, so folgt $f = \mathcal{F} S \left[\mathcal{F}(\varphi)/p \right]$. Die Fouriertransformation reduziert also das Lösen von Differentialgleichungen mit konstanten Koeffizienten auf eine Divisionsaufgabe. Freilich ist keineswegs gesichert, daß die erforderlichen Operationen alle ausführbar sind; dies erfordert eine gesonderte Betrachtung. Für Probleme der angewandten Mathematik ist es oft günstiger, statt der Fouriertransformation $\mathcal{F}$ die sogenannte *Laplacetransformation* $\mathcal{L}$ zu verwenden, die eng mit der ersteren verwandt ist. Sie ist durch $\mathcal{L}(f) := F$ mit

(20) $$F(s) := \int_0^\infty e^{-st} f(t) dt , \qquad \operatorname{Re} s > \gamma ,$$

definiert. Transformiert werden können alle stetigen Funktionen, die der Wachstumsbedingung $|f(t)| \leq \text{const} \cdot e^{\gamma t}$ für $t \geq 0$ genügen.

Aufgaben.

1. Man zeige, daß für beliebige $\varphi, \psi \in \mathcal{S}$ die Gleichung $\mathcal{F}(\varphi \cdot \psi) = \sqrt{2\pi}\mathcal{F}\varphi * \mathcal{F}\psi$ gilt.

2. Für beliebige $\varphi, \psi \in \mathcal{S}$ gilt:

$$\int_{-\infty}^{\infty} \varphi(x)\overline{\psi(x)}dx = \int_{-\infty}^{\infty} \hat{\varphi}(x)\overline{\hat{\psi}(x)}dx .$$

3. Mit Hilfe eines Approximationsschlusses leite man aus Proposition 5 die Formel $\mathcal{F}(f * g) = \sqrt{2\pi}\,\mathcal{F}f \cdot \mathcal{F}g$ für beliebige $f, g \in \mathcal{D}$ her, wo mindestens einer der Faktoren einen kompakten Träger besitzt (d.h. wo etwa $f(x) = 0$ für $|x| \geq R$ mit $R >> 1$ gilt). Insbesondere ist zu zeigen, daß $f * g$ durch die Formel $(f * g)(x) := \int_{-\infty}^{\infty} f(x - t)g(t)dt$ wohldefiniert ist.

4. Sei $f = \chi_I$ die charakteristische Funktion von $I := [-1, 1]$. Man zeige, daß $(f * f)(x) = \max\{0, 2 - |x|\}$ für $x \in \mathbb{R}$ und $\mathcal{F}(f * f)(x) = 2\sqrt{\frac{2}{\pi}} \left(\frac{\sin x}{x}\right)^2$ ist. Hieraus berechne man $\int_{-\infty}^{\infty} \left(\frac{\sin x}{x}\right)^2 dx$.

T R A I T E
DE LA LVMIERE.

Où font expliquées

Les caufes de ce qui luy arrive

Dans la REFLEXION , & dans la
REFRACTION.

Et particulierement

Dans l'etrange REFRACTION

DV CRISTAL D'ISLANDE,

Par C. H. D. Z.

Avec un Difcours de la Caufe
DE LA PESANTEVR,

A   L E I D E,
Chez PIERRE v a n d e r A a, Marchand Libraire,
M D C X C.

Kapitel 4

Gleichungsdefinierte Mannigfaltigkeiten

Vielfach treten Funktionen auf, deren Variable sich nicht frei verändern können, sondern gewissen *Bindungsgleichungen* unterworfen sind. Somit wird man zu Funktionen geführt, die auf Kurven oder Flächen definiert sind, je nachdem, wieviele Bindungsgleichungen vorliegen. Um diesen Sachverhalt angemessen zu beschreiben, führen wir den Begriff der *gleichungsdefinierten Mannigfaltigkeit* der Klasse C^s ein. Dazu wird zunächst in 4.1 der *Satz über implizite Funktionen* behandelt, der die wesentlichen Eigenschaften von Mannigfaltigkeiten liefert, und daran anschließend untersuchen wir in 4.3 *Extrema mit Nebenbedingungen*, d.h. Extrema von reellwertigen Funktionen auf einer Mannigfaltigkeit. Solche Extrema werden mittels der Methode der *Lagrangeschen Multiplikatoren* auf gewöhnliche Extremalprobleme im $\mathbb{R}^n$ zurückgeführt. Danach werden Variationsprobleme mit holonomen Nebenbedingungen behandelt und vermöge der Multiplikatorenmethode auf freie Variationsprobleme reduziert.

In Abschnitt 4.4 beschreiben wir den Prozeß der *Enveloppenbildung*. Hierbei handelt es sich darum, Hüllkurven oder Hüllflächen von vorgegebenen Kurven- bzw. Flächenscharen zu bestimmen, die alle eingehüllten Objekte berühren. Die *Jacobische Methode* zur Lösung der Hamiltonschen kanonischen Differentialgleichungen mittels einer vollständigen Lösung der Hamilton-Jacobischen partiellen Differentialgleichung kann als Enveloppenprozeß aufgefaßt werden.

In 4.5 skizzieren wir einige Resultate über Differentialgleichungen auf gleichungsdefinierten Mannigfaltigkeiten.

Abschließend wird in 4.6 die mit einem Vorzeichen versehene Abstandsfunktion $x \mapsto \delta(x)$ betrachtet, die den signierten Abstand eines Punktes x von einer C^2-Mannigfaltigkeit mißt. In dieser Funktion verbergen sich viele geometrische

Eigenschaften von M. Beispielsweise genügt sie der *Eikonalgleichung* $|\nabla \delta| = 1$, und die *Parallelflächen* M_t zu M sind Niveauflächen von δ.

1   Satz über implizite Funktionen. Mannigfaltigkeiten im $\mathbb{R}^n$

Im $\mathbb{R}^N$ betrachten wir das *Lösungsgebilde* von r skalaren Gleichungen

(1) $f_1(x) = 0$, $f_2(x) = 0, \ldots, f_r(x) = 0$, $1 \leq r < N$,

also die Menge M der Punkte $x = (x_1, x_2, \ldots, x_N) \in \mathbb{R}^N$, die dem Gleichungssystem (1) genügen. Fassen wir $f_1, \ldots, f_r$ zu einer vektorwertigen Funktion $f = (f_1, \ldots, f_r)$ zusammen, so kann man (1) in der Form

(2) $f(x) = 0$

schreiben. Die Gleichungen (1) können wir als Bindungsgleichungen für die Variablen $x_1, x_2, \ldots, x_N$ deuten; das Lösungsgebilde M hat dann noch $n = N - r$ Freiheitsgrade, falls die Gleichungen (1) „voneinander unabhängig" sind. Wir wollen M eine *(gleichungsdefinierte) Mannigfaltigkeit* der Dimension n nennen. Um zu präzisieren, was wir unter „Unabhängigkeit" der Gleichungen (1) verstehen wollen, formulieren wir die folgende

Definition 1. *Eine nichtleere Punktmenge M des $\mathbb{R}^N$ heißt* (**gleichungsdefinierte**) n-**dimensionale Mannigfaltigkeit der Klasse** C^s **in** $\mathbb{R}^N$, $s \geq 1$, *wenn es eine offene Menge Ω des $\mathbb{R}^N$ und eine Abbildung $f \in C^s(\Omega, \mathbb{R}^r)$ mit $r = N - n$ und*

(3) $\operatorname{rang} Df(x) = r$ *für alle $x \in \Omega$*

gibt, so daß M das Lösungsgebilde der Gleichung $f(x) = 0$ ist, d.h.

(4) $M = \{x \in \Omega : f(x) = 0\}$.

Es genügt, $\operatorname{rang} Df(x) = r$ nur für $x \in M$ zu fordern, d.h. äquivalent zu Definition 1 ist

Definition 2. *Eine nichtleere Punktmenge M des $\mathbb{R}^N$ heißt* (**gleichungsdefinierte**) n-**dimensionale Mannigfaltigkeit der Klasse** C^s **in** $\mathbb{R}^N$, $s \geq 1$, *wenn es eine offene Menge $\Omega \subset \mathbb{R}^N$ und eine Abbildung $f \in C^s(\Omega, \mathbb{R}^r)$ mit $r = N - n$ gibt, so daß*

$M = \{x \in \Omega : f(x) = 0\}$ *und* $\operatorname{rang} Df(x) = r$ *für alle $x \in M$* .

In der Tat ist Definition 2 eine Folgerung von Definition 1. Umgekehrt folgt aus Definition 2, daß es zu jedem $x \in M$ eine Kugel $B_\rho(x) \subset \Omega$ gibt, auf der rang $Df = r$ ist. Schränken wir f auf die offene Menge $\Omega_0 := \bigcup_{x \in M} B_\rho(x)$ ein, so gilt auch $M = \{x \in \Omega_0 : f(x) = 0\}$. Daher ist M von der in Definition 1 angegebenen Form.

Bemerkung 1. Wenn wir im folgenden von einer **Mannigfaltigkeit** M in $\mathbb{R}^N$ sprechen, meinen wir stets eine gleichungsdefinierte n-dimensionale Mannigfaltigkeit in $\mathbb{R}^N$ mit $1 \leq n < N$, die zumindest von der Klasse C^1 ist, und wir nennen n die **Dimension** von M, während $r = N - n$ als die **Kodimension** von M in $\mathbb{R}^N$ bezeichnet wird. Wir lassen den Zusatz „gleichungsdefiniert" oft weg, weil wir in diesem Band nur Mannigfaltigkeiten dieses Typs betrachten und somit die Bezeichnungsweise vereinfachen dürfen.

Es ist aber nötig zu vermerken, daß dies nicht der allgemeinste Begriff einer Mannigfaltigkeit in $\mathbb{R}^N$ ist. Allgemeiner definiert man nämlich eine differenzierbare Mannigfaltigkeit M in $\mathbb{R}^N$ durch *lokale Gleichungen: Eine nichtleere Menge $M \subset \mathbb{R}^N$ heißt Mannigfaltigkeit in $\mathbb{R}^N$ der Dimension n (mit $1 \leq n < N$) und der Klasse C^s, wenn es zu jedem $x_0 \in M$ eine offene Menge $U \subset \mathbb{R}^N$ mit $x_0 \in U$ und eine Funktion $f \in C^s(U, \mathbb{R}^r)$ mit $r = N - n$ gibt, so daß*

$$M \cap U = \{x \in U : f(x) = 0\} \text{ und } \text{rang } Df(x) = r \text{ für alle } x \in U .$$

Der Unterschied zwischen diesen *lokal gleichungsdefinierten Mannigfaltigkeiten* und den *global gleichungsdefinierten* von Definition 1 scheint gering, ist aber in der Tat erheblich. Die letzteren umfassen nur Mannigfaltigkeiten M mit „trivialem Normalenbündel" (d.h. auf M gibt es Vektorfelder $v_j : M \to \mathbb{R}^N$, $1 \leq j \leq r$, so daß $v_1(x), \ldots, v_r(x)$ für alle $x \in M$ das orthogonale Komplement von Kern $Df(x)$ aufspannen, vgl. 4.2). Eine global gleichungsdefinierte Mannigfaltigkeit ist notwendig *orientierbar*. Dagegen gibt es *nichtorientierbare*, lokal gleichungsdefinierte Mannigfaltigkeiten, z.B. die reell-projektive Ebene $\mathbb{R}P^2$. Entfernt man aus ihr eine offene Kreisscheibe, so entsteht das *Möbiusband*, eine nichtorientierbare *Fläche mit Rand* (s. 6.2).

Übrigens ist die Orientierbarkeit einer lokal gleichungsdefinierten Mannigfaltigkeit nicht hinreichend dafür, daß sie global gleichungsdefiniert ist. Hierfür stellen sich weitere notwendige Bedingungen. Beispielsweise müssen die Stiefel-Whitney-Klassen $w_1(TM), \ldots, w_n(TM)$ des Tangentialbündels TM einer n-dimensionalen, global gleichungsdefinierten Mannigfaltigkeit M verschwinden, während die Orientierbarkeit zu $w_1(TM) = 0$ äquivalent ist. So ist etwa der projektive Raum $\mathbb{R}P^5$ orientierbar, aber dennoch nicht global gleichungsdefiniert, weil beispielsweise $w_2(T\mathbb{R}P^5) \neq 0$ ist (vgl. D. Husemoller, *Fibre bundles*, Springer 1966).

In der Topologie werden differenzierbare Mannigfaltigkeiten M in abstrakter Weise definiert. Wegen des *Whitneyschen Einbettungssatzes* läßt sich dieser abstrakte Begriff jedoch auf den einer lokal gleichungsdefinierten Mannigfaltigkeit in $\mathbb{R}^N$ mit $N \geq 2 \cdot \dim M$ zurückführen.

Bemerkung 2. Wir betrachten zwei endlichdimensionale Vektorräume E und F über $\mathbb{R}$ sowie eine lineare Abbildung $T : E \to F$ mit dem **Bild** $R(T) := TE$ und dem **Kern** $K(T) := \{h \in E : Th = 0\}$. Dann gilt die *Dimensionsformel*

$$\dim E = \dim K(T) + \dim R(T) .$$

Mit **rang** $T := \dim R(T)$ gilt also

$$\dim E = \dim K(T) + \text{rang } T , \quad \text{rang } T \leq \dim F ,$$

wobei das Gleichheitszeichen in der Ungleichung genau dann eintritt, wenn die Abbildung $T : E \to F$ surjektiv ist. Gilt also $N := \dim E > \dim F =: r$, so hat T genau dann den *maximalen Rang* r, wenn T surjektiv ist; in diesem Fall gilt $\dim K(T) = N - r$, d.h. das Lösungsgebilde der Gleichung $Th = 0$ hat die Dimension $n := N - r$.

Ist $E = \mathbb{R}^N, F = \mathbb{R}^r$ und wird $T : \mathbb{R}^N \to \mathbb{R}^r$ mit Hilfe der $r \times N$-Matrix A gegeben durch $Th = A \cdot h$, so ist $\operatorname{rang} T = \operatorname{rang} A$, und für $r < N$ hat A also genau dann den maximalen Rang r, wenn $T : E \to F$ surjektiv ist. Ist T die Ableitung $f'(x) = df(x)$ einer C^1-Abbildung

$$f : \Omega \to \mathbb{R}^r , \quad \Omega \subset \mathbb{R}^N ,$$

so hat diese die Jacobimatrix $A = Df(x)$ als darstellende Matrix, d.h. es gilt $df(x)(h) = Df(x) \cdot h$, $h \in \mathbb{R}^N$. Demgemäß gilt für $r < N$:

$$\operatorname{rang} Df(x) = r \quad \Leftrightarrow \quad df(x) : \mathbb{R}^N \to \mathbb{R}^r \text{ ist surjektiv} .$$

Sei $x_0 \in \Omega$ eine Lösung von $f(x) = 0$. Dann gilt nach der Taylorschen Formel für Punkte $x_0 + h$ in der Nähe von x_0 die Entwicklung

$$f(x_0 + h) = df(x_0)(h) + o(|h|) .$$

In „erster Näherung" hat die Gleichung $f(x_0 + h) = 0$ somit die Gestalt

$$df(x_0)(h) = 0 .$$

Wir können also erwarten, daß das Lösungsgebilde der Gleichung $f(x) = 0$ ein „n-dimensionales Objekt" ist, $n := N - r$, wenn der Rang von $Df(x_0)$ maximal, also gleich r ist, d.h. wenn $df(x_0) : \mathbb{R}^N \to \mathbb{R}^r$ surjektiv ist. Dies ist der Inhalt des *Satzes über implizite Funktionen*, den wir in Kürze formulieren und beweisen werden. Um zu zeigen, daß der Rang von $Df(x_0)$ maximal ist, bestimmt man gewöhnlich eine nichtverschwindende $r \times r$-Unterdeterminante der Jacobimatrix $Df(x_0)$. In manchen Fällen ist dies aber recht kompliziert, und es erweist sich als einfacher, stattdessen die Surjektivität von $df(x_0)$ zu zeigen.

Das soeben Gesagte führt uns zu

Definition 3. *Sei $f : \Omega \to \mathbb{R}^r$ eine C^1-Abbildung einer offenen Menge Ω des $\mathbb{R}^N$. Ein Punkt $x \in \Omega$ heißt* **regulärer** *Punkt von f, wenn die Abbildung $df(x) : \mathbb{R}^N \to \mathbb{R}^r$ surjektiv ist, und $y \in \mathbb{R}^r$ heißt* **regulärer** *Wert von f, wenn $f^{-1}(y)$ leer ist oder nur aus regulären Punkten besteht. Ein nicht regulärer Punkt heißt* **singulärer** *oder* **kritischer** *Punkt von f, ein nichtregulärer Wert wird* **singulärer** *oder* **kritischer Wert** *von f genannt.*

Offenbar kann es reguläre Punkte höchstens dann geben, wenn $r \leq N$ ist; wir betrachten hier den Fall $r < N$. Aus Definition 2 folgt:

Ist $y \in \mathbb{R}^r$ regulärer Wert einer Abbildung $f \in C^1(\Omega, \mathbb{R}^r)$, $\Omega \subset \mathbb{R}^N$ und $r < N$, so ist das Urbild $f^{-1}(y)$ von y entweder leer oder eine (gleichungsdefinierte) Mannigfaltigkeit in $\mathbb{R}^N$.

Es stellt sich nun sofort die Frage, wie „groß" die Menge der kritischen Werte sein kann. Hierüber gibt das folgende Resultat Auskunft, das wir aber nicht beweisen werden.

Satz von Sard (1942). *Sei Ω eine offene Menge des $\mathbb{R}^N$, $f \in C^k(\Omega, \mathbb{R}^r)$ und $k \geq N - r + 1$. Dann ist die Menge der kritischen Werte von f eine Nullmenge in $\mathbb{R}^r$.*

Einen Beweis findet man beispielsweise in: S.N. Chow, J.K. Hale, *Methods of bifurcation theory*, Springer (2nd printing), Berlin 1996, S. 54–57. Verfeinerungen des Sardschen Satzes hinsichtlich Hausdorffscher Maße sind angegeben in: H. Federer, *Geometric measure theory*, Springer, Berlin 1969, S. 316–318. Dort findet man auch Beispiele, die zeigen, daß die Menge der kritischen Werte von f keine r-dimensionale Nullmenge zu sein braucht, wenn f nicht „hinreichend glatt" ist.

Da Nullmengen in $\mathbb{R}^r$ keine inneren Punkte enthalten können, ergibt sich aus dem Sardschen Satze insbesondere:

Wenn $f \in C^k(\Omega, \mathbb{R}^r)$, $\Omega \subset \mathbb{R}^N$ und $k \geq N - r + 1$ ist, so liegt die Menge der regulären Werte von f dicht in $\mathbb{R}^r$.

Insbesondere erhalten wir im Falle $r = 1$:

Ist Ω ein Gebiet des $\mathbb{R}^N$, $x_0 \in \Omega$ und f eine nichtkonstante Funktion der Klasse $C^N(\Omega)$ mit $\nabla f(x_0) = 0$, so gibt es zu jedem $\epsilon > 0$ einen Wert $c \in \mathbb{R}$ mit $|c - f(x_0)| < \epsilon$, so daß $f^{-1}(c)$ eine $(N-1)$-dimensionale gleichungsdefinierte Mannigfaltigkeit in $\mathbb{R}^N$ ist.

Mit anderen Worten: Für $f \in C^N(\Omega)$ wird durch $M_c := \{x \in \Omega : f(x) = c\}$ „generisch" eine $(N-1)$-dimensionale Mannigfaltigkeit (=„Hyperfläche") in $\mathbb{R}^N$ definiert, d.h. wenn nicht schon M_c eine Mannigfaltigkeit ist, so braucht man bloß ein kleines bißchen an c zu wackeln und erhält mit $M_{c'}$ eine Mannigfaltigkeit für wenigstens einen Wert c' mit $0 < |c - c'| \ll 1$.

Betrachten wir einige Beispiele; dabei benutzen wir abwechselnd Definition 1 oder 2.

1 Sei (1) ein System von r affinen Gleichungen

(5) $$a_{j1}x_1 + a_{j2}x_2 + \ldots + a_{jN}x_N + c_j = 0 \, , \quad 1 \leq j \leq r \, .$$

Führen wir die $r \times N$-Matrix $A = (a_{jk})$ ein und interpretieren wir

$$x = (x_1, \ldots, x_N), \quad c = (c_1, \ldots, c_r)$$

als Spaltenvektoren, so läßt sich (5) schreiben als

(6) $$Ax + c = 0 \, .$$

Für $f(x) := Ax + c$ ist $Df(x) := A$. Nehmen wir rang $A = r$ mit $1 \leq r < N$ an und setzen $n = N - r$, so ist der n-dimensionale affine Raum

$$M := \{x \in \mathbb{R}^N : f(x) = 0\}$$

eine n-dimensionale Mannigfaltigkeit der Klasse C^∞ in $\mathbb{R}^N$.

2 Sei $\Omega = \mathbb{R}^N - \{0\}$, $r = 1$ und $f(x) := |x| - 1$. Dann ist die $(N-1)$-Sphäre

$$S^{N-1} := \{x \in \mathbb{R}^N : |x| = 1\}$$

wegen $|\nabla f(x)| = 1$ für alle $x \in \Omega$ eine $(N-1)$-dimensionale Mannigfaltigkeit der Klasse C^∞ in $\mathbb{R}^N$.

3 Sei $N = 3$, $r = 1$, $f(x, y, z) := x^2 + y^2 - z^2 - c$, $\Omega := \mathbb{R}^3$. Es gilt $\nabla f(x, y, z) = 0$ genau dann, wenn $x = y = z = 0$ ist. Also ist

$$H_c := \{(x, y, z) \in \mathbb{R}^3 : x^2 + y^2 - z^2 = c\}$$

eine zweidimensionale Mannigfaltigkeit der Klasse C^∞, wenn $c \neq 0$ ist. Für $c > 0$ ist H_c ein einschaliges Hyperboloid und für $c < 0$ ein zweischaliges Hyperboloid. Für $c = 0$ ist H_0 ein Kegel; dieser ist keine Mannigfaltigkeit, weil $\nabla f(0, 0, 0) = 0$ ist. Hier ist der Ursprung 0 ein „singulärer Punkt".

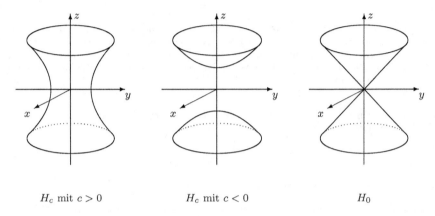

H_c mit $c > 0$ H_c mit $c < 0$ H_0

4 In $\mathbb{R}^2$ betrachten wir die beiden Punkte $P_1 = (-e, 0)$ und $P_2 = (0, e)$, wobei $e > 0$ fest gewählt sei. Dann definieren wir für $P = (x, y) \in \mathbb{R}^2$ und $c > 0$ die Funktion f durch

$$f(x, y) := r_1^2 \cdot r_2^2 - c^4 \, ,$$

wobei

$$r_1 := \overline{P_1 P} = \sqrt{(e + x)^2 + y^2} \, , \quad r_2 := \overline{P_2 P} = \sqrt{(e - x)^2 + y^2}$$

gesetzt seien. Die Niveaumengen

$$M_c := \{(x, y) \in \mathbb{R}^2 : f(x, y) = 0\}$$

nennt man *Cassinische Kurven* (nach dem Astronomen Giovanni Domenico Cassini (1628–1712)). Für $c > 0$ mit $c \neq e$ ist M_c eine eindimensionale Mannigfaltigkeit, während M_e keine Mannigfaltigkeit ist, denn der Ursprung $0 = (0, 0)$ ist ein singulärer Punkt.

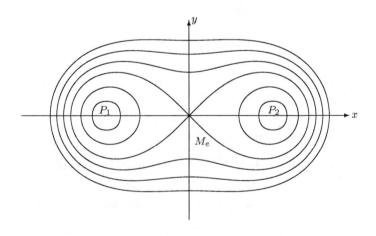

Die Kurve M_e hat die Gestalt einer liegenden Acht und heißt *Bernoullische Lemniskate* (nach Jacob Bernoulli, 1694). Sie wird durch die Gleichung

$$(x^2 + y^2)^2 - a^2(x^2 - y^2) = 0$$

mit $a^2 := 2e^2$ beschrieben.

5 *Die orthogonale Gruppe $O(m)$ ist für $m > 1$ eine (gleichungsdefinierte) Mannigfaltigkeit der Dimension $\frac{1}{2}m(m-1)$ in $\mathbb{R}^N$, $N := m^2$.*

Beweis. Sei $S(m)$ die Menge der symmetrischen $m \times m$-Matrizen A aus $M(m, \mathbb{R})$. In naheliegender Weise läßt sich $S(m)$ mit $\mathbb{R}^r$, $r := \begin{pmatrix} m+1 \\ 2 \end{pmatrix}$, identifizieren. Wir definieren eine Abbildung $f : M(m, \mathbb{R}) \to S(m) \overset{\triangle}{=} \mathbb{R}^r$ mit $f(X) := X^T X$ für $X \in M(m, \mathbb{R}) \overset{\triangle}{=} \mathbb{R}^N$. Bezeichnet E die Einheitsmatrix in $M(m, \mathbb{R})$, so wird $O(m)$ durch die Gleichung

$$O(m) = f^{-1}(E)$$

beschrieben. Offenbar ist f eine quadratische Form in X, somit von der Klasse C^∞, und es gilt

$$df(X)(H) = H^T X + X^T H \qquad \text{für } X \in O(m), \ H \in M(m, \mathbb{R}).$$

Wir wählen ein beliebiges Element $Z \in S(m)$ und nehmen dann $H = \frac{1}{2}XZ$, also $H^T = \frac{1}{2}Z^T X^T$. Für $X \in O(m)$ folgt wegen $XX^T = X^T X = E$

$$df(X)(H) = \frac{1}{2} Z^T X^T X + \frac{1}{2} X^T XZ = \frac{1}{2}(Z^T + Z) = Z.$$

Daher ist $df(X) : M(m, \mathbb{R}) = \mathbb{R}^N \to \mathbb{R}^r = S(m)$ für jedes $X \in O(m)$ surjektiv; also ist $O(m)$ eine Mannigfaltigkeit der Dimension $n = N - r = m^2 - \begin{pmatrix} m+1 \\ 2 \end{pmatrix} = \frac{1}{2}m(m-1)$ in $\mathbb{R}^N$.

$\square$

6 *Die spezielle lineare Gruppe $SL(m, \mathbb{R})$ ist eine Mannigfaltigkeit der Dimension $n = m^2 - 1$ in $\mathbb{R}^N$, $N := m^2$.*

Beweis. Auf $\mathbb{R}^N \overset{\triangle}{=} M(m, \mathbb{R})$ mit $N = m^2$ definieren wir die Funktion $f : \mathbb{R}^N \to \mathbb{R}$ durch $f(X) := \det X$. Wenn $x_1, \ldots, x_m$ bzw. $h_1, \ldots, h_m$ die Spaltenvektoren von X und H aus $M(m, \mathbb{R})$ bezeichnen, so gilt

$$\det(X + H) = \det(x_1 + h_1, \ldots, x_m + h_m)$$
$$= \det(X) + \det(h_1, x_2, \ldots, x_m) + \ldots + \det(x_1, \ldots, x_{m-1}, h_m) + O(|H|^2),$$

also

$$df(X)(H) = \det(h_1, x_2, \ldots, x_m) + \ldots + \det(x_1, \ldots, x_{m-1}, h_m).$$

Wählen wir $H = XC$ mit $C = (c_{jk})$, so gilt beispielsweise

$$h_1 = x_1 c_{11} + x_2 c_{21} + \ldots + x_m c_{m1}$$

und damit $\det(h_1, x_2, \ldots, x_m) = c_{11} \det(X)$.
Entsprechende Formeln gelten für die anderen Terme, und so erhalten wir

$$df(X)(H) = (c_{11} + c_{22} + \ldots + c_{mm}) \det(X) = \text{spur}(C),$$

falls $\det X = 1$ ist, d.h. für $X \in SL(m, \mathbb{R})$ und für beliebiges $C \in M(m, \mathbb{R})$. Somit ist die Abbildung $df(X) : \mathbb{R}^{m^2} \to \mathbb{R}$ für jedes $X \in SL(m, \mathbb{R})$ surjektiv, und $SL(m, \mathbb{R})$ ist eine gleichungsdefinierte Mannigfaltigkeit der Dimension $n = N - 1 = m^2 - 1$ in $M(m, \mathbb{R}) = \mathbb{R}^{m^2}$.

$\square$

Wir wollen nun zeigen, daß sich jede n-dimensionale Mannigfaltigkeit lokal als Graph einer Funktion $\varphi : U \to \mathbb{R}^r$ schreiben läßt, wobei U eine offene Menge des $\mathbb{R}^n$ bezeichnet. Diese Aussage ist der Inhalt des *Satzes über implizite Funktionen*, den wir aus dem folgenden, etwas allgemeineren Satze ableiten wollen. Um diesen zu formulieren, fixieren wir zunächst einige **Voraussetzungen** und **Bezeichnungen**. Bezeichne $f \in C^1(\Omega, \mathbb{R}^r)$ die Abbildung einer offenen Menge Ω des $\mathbb{R}^N$ mit $N = r + n$ in den Raum $\mathbb{R}^r$, und sei rang $Df(x) = r$. Dies bedeutet, daß mindestens eine der $r \times r$-Untermatrizen von $Df(x)$ den Rang r besitzt. Durch Umnumerierung der Variablen $x_1, \dots, x_N$ kann man (zumindest lokal) erreichen, daß die Determinante von $(\partial f_j / \partial x_k)_{1 \leq j,k \leq r}$ nicht verschwindet. Dementsprechend schreiben wir $x = (y, z) \in \mathbb{R}^r \times \mathbb{R}^n$ mit $r + n = N$ und $y = (y_1, \dots, y_r) = (x_1, \dots, x_r)$, $z = (z_1, \dots z_n) = (x_{r+1}, \dots, x_{r+n})$. Bezeichnet f_y die $r \times r$-Jacobimatrix $(\partial f_j / \partial y_k)$ von f, so setzen wir also nach dem oben Gesagten voraus, daß $f_y(y, z) \neq 0$ ist. Ferner sei $\xi = (\eta, \zeta) \in \mathbb{R}^r \times \mathbb{R}^n = \mathbb{R}^N$.

Mittels der Abbildung $(y, z) \mapsto f(y, z)$ von $\Omega \subset \mathbb{R}^N$ definieren wir eine neue Abbildung $F : \Omega \to \mathbb{R}^N$ durch

$$(7) \qquad F(y, z) := (f(y, z), z) \qquad \text{für } x = (y, z) \in \Omega .$$

Die Abbildung $F : x = (y, z) \mapsto \xi = (\eta, \zeta)$ wird also durch die beiden Gleichungen

$$(8) \qquad \eta = f(y, z) , \quad \zeta = z .$$

beschrieben.

Satz 1. *Sei $f \in C^s(\Omega, \mathbb{R}^r)$, $s \geq 1$, $\Omega \subset \mathbb{R}^N$, $N = n + r$, und $x_0 = (y_0, z_0)$ ein Punkt aus Ω mit*

$$(9) \qquad \det f_y(y_0, z_0) \neq 0 .$$

Dann gibt es eine offene Umgebung Ω_0 von $x_0 = (y_0, z_0)$, so daß die durch (7) definierte Abbildung $F : \Omega \to \mathbb{R}^N$ einen C^s-Diffeomorphismus von Ω_0 auf die offene Umgebung $\Omega_0^* := F(\Omega_0)$ von $\xi_0 := (f(x_0), z_0)$ liefert.

Beweis. Aus $f \in C^s(\Omega, \mathbb{R}^r)$ folgt $F \in C^s(\Omega, \mathbb{R}^N)$, und die Jacobimatrix DF hat die Gestalt

$$DF = \begin{pmatrix} f_y & f_z \\ 0 & E_n \end{pmatrix} ,$$

wobei E_n die Einheitsmatrix aus $M(n)$ ist. Dann folgt $J_F = \det DF = \det f_y$, und wegen (9) ergibt sich $J_F(x_0) \neq 0$. Dann liefert der Umkehrsatz (vgl. 1.9, Satz 1 und 2) die Behauptung. $\qquad \square$

Bezeichne $G \in C^s(\Omega_0^*, \mathbb{R}^N)$ die Inverse des Diffeomorphismus $F\big|_{\Omega_0}$. Dann ist

$$(10) \qquad \Omega_0 = G(\Omega_0^*) ,$$

und wegen (8) ist G gegeben durch Gleichungen der Form

$$(11) \qquad\qquad y = g(\eta, \zeta) \,, \quad z = \zeta \,,$$

mit einer Funktion $g \in C^s(\Omega_0^*, \mathbb{R}^r)$, d.h. es ist

$$(12) \qquad\qquad G(\eta, \zeta) = (g(\eta, \zeta), \zeta) \,.$$

Wir haben $F \circ G = \mathrm{id}_{\Omega_0^*}$, und dies ist gleichbedeutend mit

$$(13) \qquad\qquad f(g(\eta, \zeta), \zeta) = \eta \ \text{ für alle } \ (\eta, \zeta) \in \Omega_0^* \,.$$

Damit erhalten wir

Satz 2. *Sei die Voraussetzung von Satz 1 erfüllt.*

(i) Dann gibt es eine offene Umgebung U von $x_0 = (y_0, z_0)$, die durch $F\big|_U$ diffeomorph von der Klasse C^s auf eine Umgebung $U^* := W_0 \times W$ von

$$\xi_0 = F(x_0) = (f(y_0, z_0), z_0) = (\eta_0, \zeta_0)$$

abgebildet wird, wobei W_0 und W offene Würfel in $\mathbb{R}^r$ bzw. $\mathbb{R}^n$ mit $\eta_0 = f(y_0, z_0)$ bzw. $\zeta_0 = z_0$ als Mittelpunkt sind:

$$W_0 = \{\eta \in \mathbb{R}^r : |\eta - \eta_0|_* < \rho_0\} \,, \quad W = \{z \in \mathbb{R}^n : |z - z_0|_* < \rho\} \,.$$

(ii) Für jedes $\eta \in W_0$ und jedes $z \in W$ gibt es genau ein $y \in \mathbb{R}^r$, so daß $(y, z) \in U$ und

$$(14) \qquad\qquad f(y, z) = \eta$$

gelten. Diese Lösung y der Gleichung (14) wird durch

$$(15) \qquad\qquad y = g(\eta, z)$$

geliefert, wobei $g \in C^s(W_0 \times W, \mathbb{R}^r)$ ist und

$$(16) \qquad\qquad G(\eta, \zeta) := (g(\eta, \zeta), \zeta) \ \text{ mit } \ (\eta, \zeta) \in W_0 \times W$$

die Inverse des Diffeomorphismus $F\big|_U$ ist.

Aus Teil (ii) von Satz 2 folgt als Spezialfall der

Satz über implizite Funktionen. *Sei $f \in C^s(\Omega, \mathbb{R}^r)$ mit $s \geq 1$, $\Omega \subset \mathbb{R}^N$, $N = n + r$, und sei $x_0 = (y_0, z_0) \in \Omega$ eine Lösung von $f(y_0, z_0) = 0$, die $\det f_y(y_0, z_0) \neq 0$ erfüllt. Dann gibt es eine offene Umgebung U von x_0 in $\mathbb{R}^N$, eine offene Umgebung W von z_0 in $\mathbb{R}^n$ und eine Abbildung $\varphi \in C^s(W, \mathbb{R}^r)$, so daß gilt:*

(i) *Die Gleichung $f(y, z) = 0$ besitzt für jedes $z \in W$ genau eine Lösung $y \in \mathbb{R}^r$ mit der Eigenschaft $(y, z) \in U$. Diese Lösung ist durch $y = \varphi(z)$ gegeben.*

(ii) *Es gilt also*

(17) $$f(\varphi(z), z) = 0 \quad \text{für alle } z \in W$$

und damit

(18) $$\varphi_z(z) = -f_y^{-1}(\varphi(z), z) \cdot f_z(\varphi(z), z) .$$

Beweis. (i) ergibt sich aus Satz 2, wenn wir $\eta_0 = 0$ und $\varphi(z) = g(0, z)$ setzen, und aus (14) und (15) folgt (17). Differenzieren wir diese Gleichung nach z, so erhalten wir $f_y(\varphi(z), z) \cdot \varphi_z(z) + f_z(\varphi(z), z) = 0$, und dies liefert (18). $\square$

Der Satz über implizite Funktionen besagt:

Jede gleichungsdefinierte n-dimensionale Mannigfaltigkeit M in $\mathbb{R}^N$ läßt sich lokal als Graph einer C^s-Abbildung $\varphi : W \to \mathbb{R}^r$ mit $W \subset \mathbb{R}^n$ darstellen.

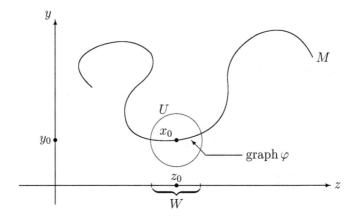

Aus Satz 1 und 2 folgt

Satz 3. *In $\mathbb{R}^N$ mit $N = n + r$ läßt sich jede gleichungsdefinierte n-dimensionale Mannigfaltigkeit M „lokal" in eine r-dimensionale Schar $\{M_c\}_{c \in V}$ von n-dimensionalen Mannigfaltigkeiten M_c einbetten, so daß V eine offene Umgebung von 0 in $\mathbb{R}^r$ und $M_0 = M \cap U$ für eine hinreichend kleine Umgebung U eines beliebig gewählten Punktes $x_0 \in M$ ist, und daß es einen Diffeomorphismus $F : U \to \mathbb{R}^N$ gibt, der jedes Stück $M_c \cap U$ auf ein Stück der n-dimensionalen affinen Ebene*

$$\{(\eta, \zeta) \in \mathbb{R}^r \times \mathbb{R}^n : \eta = c\}$$

abbildet. Mit anderen Worten: Die Schar $\{M_c\}_{c \in V}$ wird durch die Abbildung F lokal „geplättet".

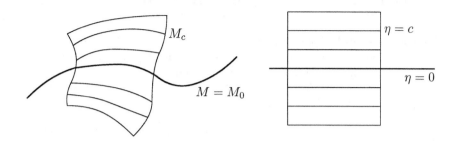

Aufgaben.

1. Man zeige, daß es eine Funktion $\varphi \in C^\infty(I)$ mit $I = (-r, r)$, $r > 0$, und $\varphi(0) = 0$ gibt, die der Gleichung $\varphi^2(x)x + 2x^2 e^{\varphi(x)} = \varphi(x)$ genügt, und berechne $\varphi'(0)$.

2. Besitzt die Gleichung $\sin\big(\pi(x+y)\big) = 1$ in der Nähe des Punktes $(1/4, 1/4)$ Lösungen? Wie sieht das Lösungsgebilde aus?

3. Man beweise den Satz über implizite Funktionen für den Spezialfall $n = r = 1$ unter Verwendung des Resultates, daß $f(x, \cdot)$ monoton ist, falls $f_y(x, \cdot)$ nicht verschwindet.

4. Man gebe eine C^1-Funktion $f : \Omega \to \mathbb{R}$ mit $\Omega \subset \mathbb{R}^2$ und $f(x_0, y_0) = 0$ sowie $\nabla f(x_0, y_0) = 0$ an, für die man in jeder Umgebung von (x_0, y_0) Lösungen (x, y) von $f(x, y) = 0$ finden kann, die von (x_0, y_0) verschieden sind.

5. Warum läßt sich die Gleichung $x + y + z - \sin(xyz) = 0$ in der Nähe von $(0, 0, 0)$ eindeutig nach z auflösen? Was sind die partiellen Ableitungen $u_x(0, 0)$, $u_y(0, 0)$ der Lösung $z = u(x, y)$?

6. Ist $M := f^{-1}(0, 0)$ für $f(x, y) := x^2 - y^2$ eine gleichungsdefinierte Mannigfaltigkeit in $\mathbb{R}^2$?

7. Für welche Werte von $c \in \mathbb{R}$ ist $M := \big\{ (x, y) \in \mathbb{R}^2 : e^{x^2 + 2y^2 + 2} = c \big\}$ eine Mannigfaltigkeit?

8. Sei $\Omega := \big\{ (x, y) \in \mathbb{R}^2 : x > e, y > e \big\}$ und $f(x, y) := x^y - y^x$, $(x, y) \in \Omega$. Ist $M := \big\{ (x, y) \in \Omega : f(x, y) = 0 \big\}$ eine eindimensionale Mannigfaltigkeit in $\mathbb{R}^2$?

9. $SO(n)$ ist eine bogenweise zusammenhängende Mannigfaltigkeit. Beweis? (*Hinweis*: Induktion nach $n \geq 2$.)

10. Sind M und N gleichungsdefinierte Mannigfaltigkeiten in $\mathbb{R}^m$ bzw. $\mathbb{R}^n$, so ist $M \times N$ eine gleichungsdefinierte Mannigfaltigkeit in $\mathbb{R}^m \times \mathbb{R}^n$. Die Dimension dieser *Produktmannigfaltigkeit* ist $\dim M + \dim N$. Beweis?

11. Man zeige, daß es eine injektive C^1-Kurve $c : (-1, 1) \to \mathbb{R}^2$ gibt, die durch den Ursprung $O = (0, 0)$ geht und ganz in der Menge $M := \big\{ (x, y) \in \mathbb{R}^2 : xe^y + ye^y + xy = 0 \big\}$ verläuft. Im Ursprung steht der Vektor $a := (1/\sqrt{2}, -1/\sqrt{2})$ senkrecht auf c.

12. Sei $f \in C^1(\mathbb{R}^n)$, $x_0 \in \mathbb{R}^n$, $M := \big\{ x \in \mathbb{R}^n : f(x) = f(x_0) \big\}$, und es gelte $f_{x_j}(x_0) \neq 0$ für $j = 1, \dots, n$. Dann gibt es ein $\epsilon > 0$, so daß sich in $M_\epsilon := M \cap B_\epsilon(x_0)$ jede Variable x_i als eine Funktion der übrigen Variablen x_k, $k \neq i$, ausdrücken läßt, d.h. es existieren offene Mengen $U_1, \dots, U_n$ in $\mathbb{R}^{n-1}$ und Funktionen $\varphi_j \in C^1(U_j)$, so daß sich $M_\epsilon = M \cap B_\epsilon(x_0)$ schreiben läßt als $M_\epsilon = \big\{ \phi_1(\xi_1) : \xi_1 \in U_1 \big\} = \cdots = \big\{ \phi_n(\xi_n) : \xi_n \in U_n \big\}$, wobei $\xi_1 := (x_2, \dots, x_n)$, $\phi_1(\xi_1) := \big(\varphi_1(\xi_1), \xi_1\big), \dots, \xi_n := (x_1, \dots, x_{n-1})$, $\phi_n(\xi_n) := \big(\xi_n, \varphi_n(\xi_n)\big)$ ist. Man zeige

$$\frac{\partial \varphi_1}{\partial x_2}(\xi_1) \, \frac{\partial \varphi_2}{\partial x_3}(\xi_2) \, \cdots \, \frac{\partial \varphi_{n-1}}{\partial x_n}(\xi_{n-1}) \, \frac{\partial \varphi_n}{\partial x_1}(\xi_n) = (-1)^n \, .$$

2   Der Tangentialraum einer Mannigfaltigkeit

Als nächstes werden die Begriffe *Tangentialraum* und *Normalraum* für Mannigfaltigkeiten M definiert. Dazu müssen wir festlegen, was wir unter einem *Tangentialvektor von M im Punkte $x \in M$* verstehen wollen.

Sei M eine n-dimensionale Mannigfaltigkeit der Klasse C^1 in $\mathbb{R}^N$, $N = n + r$, die durch

$$(1) \qquad\qquad M := \{x \in \Omega : \ f(x) = 0\}$$

definiert ist, wobei Ω eine offene Menge des $\mathbb{R}^N$ ist und $f : \Omega \to \mathbb{R}^r$ eine Abbildung der Klasse C^1 bezeichnet, die überall den Maximalrang r hat.

Definition 1. *(i) Ein Vektor $v \in \mathbb{R}^N$ heißt* **Tangentialvektor von M im Punkte $x \in M$***, wenn es eine C^1-Kurve $c : I \to \mathbb{R}^N$, $I = [0, \delta]$, $\delta > 0$ gibt mit*

$$(2) \qquad\qquad c(0) = x \, , \ \dot{c}(0) = v \ und \ c(I) \subset M \ .$$

(ii) Unter dem **Tangentialraum $T_x M$ von M im Punkte x** *verstehen wir die Menge der Tangentialvektoren von M in x.*

Satz 1. *Der Tangentialraum $T_x M$ einer n-dimensionalen Mannigfaltigkeit M in $\mathbb{R}^N$ ist für alle $x \in M$ ein n-dimensionaler linearer Unterraum des $\mathbb{R}^N$.*

Beweis. (i) Betrachten wir zunächst den Spezialfall einer n-dimensionalen Ebene $E = \{(y, z) \in \mathbb{R}^r \times \mathbb{R}^n : \ y = 0\}$ durch den Ursprung 0. Dann überzeugt man sich ohne Mühe, daß $T_0 E = E \stackrel{\wedge}{=} \mathbb{R}^n$ der Tangentialraum an E im Ursprung ist. (ii) Ist nun x ein beliebiger Punkt einer durch (1) gegebenen Mannigfaltigkeit M, so gibt es einen C^1-Diffeomorphismus $F : U \to B$ einer offenen Umgebung U von $x \in M$ in $\mathbb{R}^N$ auf eine Kugel $B = B_1(0)$ des $\mathbb{R}^N$, so daß $F(x) = 0$ und

$$F(M \cap U) = \{(y, z) \in \mathbb{R}^r \times \mathbb{R}^n : \ y = 0, \ |z| < 1\}$$

gilt. Bezeichne ferner G die Inverse von F.
Zu jedem Vektor $w \in E$ gibt es eine C^1-Kurve $\gamma : [0, \delta] \to E \subset \mathbb{R}^N$, so daß

$$(3) \qquad\quad \gamma(0) = 0, \ \dot{\gamma}(0) = w \quad und \quad \gamma(t) \in B \quad für \ t \in [0, \delta]$$

gilt. Dann wird durch $c = G \circ \gamma$ eine C^1-Kurve $c : [0, \delta] \to \mathbb{R}^N$ mit

$$(4) \qquad c(0) = x, \ \dot{c}(0) = v \quad und \quad c(t) \in M \cap U \quad für \quad t \in [0, \delta]$$

definiert, wobei $v = Aw$ mit $A := DG(0)$ ist. Bezeichnet umgekehrt $c : [0, \delta] \to \mathbb{R}^n$ eine C^1-Kurve mit (4), so ist $\gamma := F \circ c$ eine C^1-Kurve mit (3), wobei $w = DF(x)v$ gilt, also $w = A^{-1}v$. Hieraus ergibt sich $T_x M = A \, T_0 E = AE$. Wegen $\det A \neq 0$ ist dann $T_x M$ ein n-dimensionaler linearer Unterraum von $\mathbb{R}^N$.
$\square$

Definition 2. *Das orthogonale Komplement*

$$T_x^{\perp} M := \mathbb{R}^N \ominus T_x M$$

des Tangentialraumes im Punkte $x \in M$ *heißt* **Normalraum** *von* M *in* x; *seine Elemente heißen* **Normalenvektoren** *von* M *in* x.

Offenbar gilt

(5) $$\dim T_x^{\perp} M = N - n = r .$$

Satz 2. *Hat die Abbildung* f *die Komponenten* $f_1, f_2, \dots, f_r$, *so gilt*

$$T_x^{\perp} M = \text{span} \{\nabla f_1(x), \nabla f_2(x), \dots, \nabla f_r(x)\} .$$

Beweis. Sei $x \in M$ und $v \in T_x M$. Dann gibt es eine C^1-Kurve $c : [0, \delta] \to \mathbb{R}^N$ mit $c(0) = x$, $\dot{c}(0) = v$ und $c(t) \in M$ für $t \in [0, \delta]$. Es gilt $f_j(c(t)) = 0$ für $j = 1, \dots, r$ und damit

$$0 = \frac{d}{dt} f_j(c(t)) = \nabla f_j(c(t)) \cdot \dot{c}(t) .$$

Für $t = 0$ erhalten wir $\langle \nabla f_j(x), v \rangle = 0$ für $j = 1, \dots, r$. Hieraus ergibt sich $\nabla f_1(x), \dots, \nabla f_r(x) \in T_x^{\perp} M$, und wegen rang $Df(x) = r$ sind diese Vektoren linear unabhängig. Aus (5) folgt nunmehr die Behauptung. $\qquad \square$

Korollar 1. $T_x M$ *ist der Kern der Ableitung* $df(x)$, *d.h. der Raum der Lösungen* $h \in \mathbb{R}^N$ *von* $Df(x)h = 0$.

Beweis. Wir haben

$$T_x M = (T_x^{\perp} M)^{\perp} = (\text{span} \{\nabla f_1(x), \dots, \nabla f_r(x)\})^{\perp} = \text{Kern von } df(x) .$$

$\qquad \square$

[1] Sei $x \in S^n \subset \mathbb{R}^{n+1}$ und $f(x) := |x|^2 - 1$. Dann ist $\nabla f(x) = 2x$ und somit

$$T_x S^n = \{v \in \mathbb{R}^{n+1} : \langle x, v \rangle = 0\} .$$

[2] Sei $X \in O(n)$ und $f(X) = X^T X$. Dann ist $O(n) = f^{-1}(E)$ und

$$df(X)(H) = H^T X + X^T H .$$

Ist $H \in \text{Kern} (df(X))$, so gilt $H^T X + X^T H = 0$, d.h. $Z := X^T H$ ist schiefsymmetrisch und es gilt $H = XZ$; ebenso gilt die Umkehrung. Also erhalten wir $T_X O(n) = \{V \in M(n, \mathbb{R}) : V = XZ \text{ für ein } Z \in M(n, \mathbb{R}) \text{ mit } Z + Z^T = 0\}$. Insbesondere ist

$$T_E O(n) = \{V \in M(n, \mathbb{R}) : V + V^T = 0\} .$$

In diesem Zusammenhang erinnern wir an Band 1, 3.6. Wir wissen, daß $X(t) := \exp(tV)$ eine einparametrige Transformationsgruppe ergibt, und diese ist genau dann eine Untergruppe von $O(n)$, wenn V schiefsymmetrisch ist, d.h. wenn V im Tangentialraum $T_E O(n)$ der Gruppe $O(n)$ im Punkte $E \in O(n)$ liegt (E = Einheitsmatrix).

Definition 3. *Die n-dimensionale affine Ebene*

$$E_x := x + T_x M = \{x + v : v \in T_x M\}$$

zu einer n-dimensionalen Mannigfaltigkeit $M \subset \mathbb{R}^N$, $N = n + r$, im Punkte $x \in M$ heißt **Tangentialebene von M in x**. *Hat M die Kodimension Eins, d.h. ist $r = 1$, so nennt man E_x die* **Tangentialhyperebene an M in x**; *sie ist beschrieben durch*

$$(6) \qquad E_x = \{\xi \in \mathbb{R}^N : \langle \nabla f(x), \, \xi - x \rangle = 0\} \, .$$

Ein Tangentialvektor v an die Mannigfaltigkeit ist bezüglich eines „Basispunktes" $x \in M$ definiert, der Vektor v ist also an x „gebunden" (Ingenieure sprechen zuweilen von „gebundenen" Vektoren). Um dies präzise zu formulieren, wollen wir das sogenannte *Tangentialbündel TM* einer Mannigfaltigkeit M definieren.

Definition 4. *Das* **Tangentialbündel** *TM einer Mannigfaltigkeit M ist definiert als die Menge*

$$TM := \{(x,v) : x \in M, \, v \in T_x M\} \, ,$$

und das **Kotangentialbündel** *T^*M als die Menge*

$$T^*M := \{(x,v) : x \in M, \, v \in T_x^* M\} \, ,$$

wobei $T_x^* M$ den Dualraum von $T_x M$ bezeichnet.

Unter dem **Normalbündel** *$T^\perp M$ verstehen wir die Menge*

$$T^\perp M := \{(x,w) : x \in M, \, w \in T_x^\perp M\} \, .$$

Die Begriffe Tangentialbündel, Kotangentialbündel, Normalbündel spielen bei „globaler" Betrachtung der Analysis und Geometrie eine wichtige Rolle. Beispielsweise ist eine Abbildung $x \mapsto (x, a(x))$ mit $x \in M$, $a(x) \in T_x M$ ein *Tangentialfeld* auf M (oder, wie man sagt, ein *Schnitt durch das Tangentialbündel TM*), und jedes solche Feld erzeugt einen Phasenfluß $\varphi^t : M \to M$, vgl. 4.5.

Betrachten wir noch kurz eine gleichungsdefinierte Menge

$$M = \{x \in \Omega : f(x) = 0\}, \quad \Omega \subset \mathbb{R}^N, \, N = n + r \, ,$$

wo die definierende Abbildung $f \in C^1(\Omega, \mathbb{R}^r)$ nicht überall auf M den Maximalrang r hat. Bekanntlich nennen wir $x \in M$ einen *singulären Punkt von M*, wenn rang $Df(x) < r$ ist. Wir können Definition 3 benutzen, um Tangentialvektoren und Tangentialräume $T_x M$ auch für singuläre Punkte von x von M zu definieren. Für solche Punkte ist $T_x M$ im allgemeinen nicht mehr ein n-dimensionaler linearer Raum mit $n = \dim M$, sondern ein *Kegel*, d.h. mit $v \in T_x M$ liegt auch der gesamte Strahl $\{\lambda v : \lambda \geq 0\}$ in $T_x M$. Ein einfaches Beispiel für diese Situation finden wir in Beispiel 3 von 4.1 für $c = 0$ oder in 4 von 4.1 für $c = e$.

Für den nächsten Abschnitt vermerken wir noch

Proposition 1. *Ist M eine C^1-Mannigfaltigkeit in $\mathbb{R}^N$ und $v \in T_x M$, so gibt es ein $\delta > 0$ und eine C^1-Kurve $c : [-\delta, \delta] \to \mathbb{R}^N$, mit $c(0) = x$, $\dot{c}(0) = v$ und $c(t) \in M$ für alle $t \in [-\delta, \delta]$.*

Beweis. Wegen Satz 1 liegt mit v auch $-v$ in $T_x M$. Dann können wir zwei C^1-Kurven $c_1 : [0, \delta_1] \to \mathbb{R}^N$, $c_2 : [0, \delta_2] \to \mathbb{R}^N$ mit

$$c_1(0) = c_2(0) = x, \ \dot{c}_1(0) = -v, \ \dot{c}_2(0) = v, \ c_1([0, \delta_1]) \subset M, c_2([0, \delta_2]) \subset M,$$

finden, $\delta_1 > 0$, $\delta_2 > 0$. Wir setzen $\delta := \min\{\delta_1, \delta_2\}$ und

$$c(t) := \left\{ \begin{array}{ll} c_1(-t) & \quad -\delta \leq t \leq 0, \\ c_2(t) & \quad 0 \leq t \leq \delta. \end{array} \right. \quad \text{für}$$

Dann hat $c : [-\delta, \delta] \to \mathbb{R}^N$ die gewünschten Eigenschaften.

$\square$

Aufgaben.

1. Sind M und N (gleichungsdefinierte) Mannigfaltigkeiten mit den Tangentialräumen $T_x M$ und $T_y N$ in $x \in M$ bzw. $y \in N$, so ist der Tangentialraum $T_z(M \times N)$ im Punkte $z := (x, y) \in M \times N$ gegeben durch $T_z(M \times N) = T_x M \times T_y N$. Beweis?

2. Bezeichne M das Ellipsoid

$$M := \left\{ (x, y, z) \in \mathbb{R}^3 : \frac{x^2}{a^2} + \frac{y^2}{b^2} + \frac{z^2}{c^2} = 1 \right\}$$

   mit $a \geq b \geq c > 0$. Man zeige, daß M eine zweidimensionale Mannigfaltigkeit in $\mathbb{R}^3$ ist und bestimme den Tangentialraum $T_p M$, den Normalraum $T_p^\perp M$ und die Tangentialebene E_p von M in einem beliebigen Punkt $p = (\xi, \eta, \zeta)$ von M.

3. Ist M ein nichttrivialer linearer Unterraum von $\mathbb{R}^n$, so gilt $T_x M = M$ für jedes $x \in M$. Was ist $T_x M$ für einen nichttrivialen affinen Unterraum M von $\mathbb{R}^n$?

4. Sind M und N zweidimensionale Mannigfaltigkeiten in $\mathbb{R}^3$ mit $M \cap N \neq \emptyset$ und derart, daß $T_x M \neq T_x N$ in jedem Punkt $x \in M \cap N$ gilt, so ist $M \cap N$ eine eindimensionale Mannigfaltigkeit. Beweis? Was ist $T_x(M \cap N)$?

5. Man verallgemeinere das Resultat von Aufgabe 4 auf beliebige Mannigfaltigkeiten M, N von $\mathbb{R}^n$ mit $r + s > n$, wenn $r := \dim M$ und $s := \dim N$ gesetzt ist. Wann ist $M \cap N$ eine Mannigfaltigkeit der Dimension $r + s - n$?

6. Sei Ω eine offene Menge des $\mathbb{R}^n$ und $\varphi \in C^1(\Omega)$. Man zeige, daß $M := \operatorname{graph} \varphi$ eine n-dimensionale Mannigfaltigkeit in $\mathbb{R}^{n+1}$ ist und bestimme $T_p M$ und $T_p^\perp M$ für einen beliebigen Punkt $p \in M$.

7. Wenn M und N wie in Aufgabe 4 gegeben sind und $T_x^\perp M \perp T_x^\perp N$ für jeden Punkt $x \in M \cap N$ erfüllen, so heißen M und N *zueinander orthogonale Flächen*. Man beschreibe alle affinen Ebenen M, die zu N orthogonal sind, wenn N ein Kreiszylinder mit der Achse A, eine Sphäre mit dem Mittelpunkt p_0 oder ein dreiachsiges Ellipsoid mit dem Mittelpunkt O ist.

8. Für $a, b, c, \tau \in \mathbb{R}$ mit $0 < a < b < c$ und $\tau \neq a, b, c$ sei $f(x, y, z) := \frac{x^2}{a-\tau} + \frac{y^2}{b-\tau} + \frac{z^2}{c-\tau}$. Man zeige: (i) $M_\tau := \{(x, y, z) \in \mathbb{R}^3 : f(x, y, z) = 1\}$ ist für jeden Wert des Parameters τ eine Mannigfaltigkeit. (ii) M_τ ist für $\tau < a$ ein Ellipsoid $\mathcal{E}(\tau)$, für $a < \tau < b$ ein einschaliges Hyperboloid $\mathcal{H}(\tau)$, für $b < \tau < c$ ein zweischaliges Hyperboloid $\mathcal{Z}(\tau)$. (iii) Zu jedem Punkt $p(x, y, z) \in \mathbb{R}^3$ gibt es genau ein u, so daß $p \in \mathcal{E}(u)$ ist, und analog genau ein v bzw. w, so daß $p \in \mathcal{H}(v)$ bzw. $p \in \mathcal{Z}(w)$ ist. Für $p \in Q^+ := \{(x, y, z) \in \mathbb{R}^3 : x > 0, y > 0, z > 0\}$ wird

durch $p \mapsto (u, v, w)$ ein Diffeomorphismus von Q^+ auf $(-\infty, a) \times (a, b) \times (b, c)$ definiert. Man nennt u, v, w *elliptische Koordinaten* von p. (iv) Man zeige, daß die Flächen $\mathcal{E}(u) \cap Q^+$, $\mathcal{H}(v) \cap Q^+$, $\mathcal{Z}(w) \cap Q^+$ paarweise zueinander orthogonal sind.

9. Man zeige, daß $T_E SL(n, \mathbb{R}) = \{V \in M(n, \mathbb{R}) : \text{spur}(V) = 0\}$.

3   Extrema mit Nebenbedingungen. Lagrangesche Multiplikatoren

Ist ein Punkt x_0 in einer offenen Menge Ω des $\mathbb{R}^n$ Extremwertstelle (d.h. Maximierer oder Minimierer) einer Funktion $f \in C^1(\Omega)$, so gilt $\nabla f(x_0) = 0$.

Jetzt wollen wir notwendige Bedingungen für Maximierer und Minimierer von Funktionen $f : M \to \mathbb{R}$ auf einer Mannigfaltigkeit herleiten. Diese Situation liegt vor, wenn die Variable x sich nicht mehr frei nach allen Richtungen hin in einer offenen Menge Ω verändern darf, sondern durch Bedingungsgleichungen $g_1(x) = 0, \ldots, g_r(x) = 0$ in ihrer Beweglichkeit eingeschränkt, also – wie man sagt – *gebunden* ist. Durch einen von Euler entdeckten und nach Lagrange benannten Kunstgriff, die *Methode der Lagrangeschen Multiplikatoren*, kann man die gebundene auf die freie Situation zurückführen. Zu diesem Zweck fügt man zu den Variablen $x = (x_1, \ldots, x_n)$ weitere r Variable $\lambda_1, \ldots, \lambda_r$ hinzu, gerade so viele, wie es Bindungsgleichungen gibt, und bildet $\varphi := f + \lambda_1 g_1 + \ldots + \lambda_r g_r$. Eine gebundene Extremstelle x_0 muß dann notwendig die $n + r$ skalaren Gleichungen

$$\nabla_x \varphi(x_0) = 0, \quad g_j(x_0) = 0, \quad (1 \le j \le r),$$

erfüllen, aus denen x_0 und $\lambda_1, \ldots, \lambda_r$ zu bestimmen sind.

Anschließend übertragen wir die Multiplikatorenmethode auf *Variationsprobleme mit Nebenbedingungen* und erhalten Euler-Lagrangesche Gleichungen mit Multiplikatoren, die jetzt aber im allgemeinen Funktionen sind.

Sei M eine nichtleere Menge des $\mathbb{R}^N$ und $f : M \to \mathbb{R}$ eine reellwertige Funktion auf M. Analog zu Definition 1 in 1.7 definieren wir lokale Minimierer und Maximierer von f.

Definition 1. *Ein Punkt $x_0 \in M$ heißt* **lokaler Minimierer** *(bzw.* **Maximierer***) der Funktion $f : M \to \mathbb{R}$, wenn es eine Kugel $B_\rho(x_0)$ des $\mathbb{R}^N$ gibt, so daß $f(x_0) \le f(x)$ (bzw. $f(x_0) \ge f(x)$) für alle $x \in M \cap B_\rho(x_0)$ gilt.*

Alternativ sagen wir, $f : M \to \mathbb{R}$ habe in x_0 ein *lokales Minimum* (bzw. *Maximum*), wenn x_0 ein lokaler Minimierer (bzw. Maximierer) von f ist, und f habe in x_0 ein *lokales Extremum*, wenn x_0 ein lokaler Minimierer oder Maximierer von f ist.

Satz 1. *Sei M eine n-dimensionale (gleichungsdefinierte) Mannigfaltigkeit in $\mathbb{R}^N$, $N = n + r$, die durch*

$$(1) \qquad\qquad M = \{x \in \Omega : \; g(x) = 0\}$$

definiert ist, wobei Ω eine offene Menge des $\mathbb{R}^N$ und g eine Funktion der Klasse $C^1(\Omega, \mathbb{R}^r)$ mit rang $Dg(x) = r$ *bezeichnet. Ferner sei $f : \Omega \to \mathbb{R}$ eine Funktion der Klasse $C^1(\Omega)$, deren Einschränkung $f\big|_M : M \to \mathbb{R}$ im Punkte x_0 ein lokales Extremum hat. Dann ist $\nabla f(x_0)$ ein Normalenvektor von M in x_0, d.h. $\nabla f(x_0) \in T_{x_0}^\perp M$. Folglich gibt es reelle Zahlen $\lambda_1, \lambda_2, \dots, \lambda_r$, so daß*

$$(2) \qquad \nabla f(x_0) + \lambda_1 \nabla g_1(x_0) + \lambda_2 \nabla g_2(x_0) + \dots + \lambda_r \nabla g_r(x_0) = 0$$

gilt, d.h. x_0 ist kritischer Punkt der durch

$$(3) \qquad\qquad \varphi := f + \lambda_1 g_1 + \lambda_2 g_2 + \dots + \lambda_r g_r$$

definierten Funktion $\varphi \in C^1(\Omega)$.

Beweis. Sei x_0 etwa ein lokaler Minimierer von $f\big|_M$. Dann gibt es eine Kugel $B_\rho(x_0)$ des $\mathbb{R}^N$, so daß

$$(4) \qquad\qquad f(x_0) \le f(x) \quad \text{für alle } x \in M \cap B_\rho(x_0)$$

ist. Zu $v \in T_{x_0} M$ existiert eine C^1-Kurve $c : [-\delta, \delta] \to M \cap B_\rho(x_0)$, $\delta > 0$, mit $c(0) = x_0$ und $\dot{c}(0) = v$ (vgl. Proposition 1 am Schluß von 4.2). Wegen (4) folgt dann $f(c(0)) \le f(c(t))$ für alle $t \in [-\delta, \delta]$ und damit

$$0 = \frac{d}{dt} f(c(t))\big|_{t=0} = \langle \nabla f(c(0)), \; \dot{c}(0) \rangle .$$

Folglich gilt $\langle \nabla f(x_0), v \rangle = 0$ für alle $v \in T_{x_0} M$, also ist $\nabla f(x_0) \in T_{x_0}^\perp M$. Wegen 4.2, Satz 2 ist

$$T_{x_0}^\perp M = \text{span} \{\nabla g_1(x_0), \dots, \nabla g_r(x_0)\} .$$

Also gibt es reelle Zahlen $\mu_1, \dots, \mu_r$, so daß

$$\nabla f(x_0) = \mu_1 \nabla g_1(x_0) + \dots + \mu_r \nabla g_r(x_0)$$

ist, und mit $\lambda_1 := -\mu_1, \dots, \lambda_r := -\mu_r$ folgt

$$\nabla \varphi(x_0) = \nabla f(x_0) + \lambda_1 \nabla g_1(x_0) + \dots + \lambda_r g_r(x_0) = 0 .$$

$\square$

Als kleine Variante dieses Resultates erhalten wir

Satz 2. (Lagrangesche Multiplikatorenregel). *Sei Ω eine offene Menge des $\mathbb{R}^N$, $1 \leq r \leq N$, und seien $f, g_1, \ldots, g_r$ Funktionen der Klasse $C^1(\Omega)$. Weiter sei für $x_0 \in \Omega$*

$$(5) \qquad\qquad g_j(x_0) = 0 \quad \text{für} \quad j = 1, 2, \ldots, r$$

und

$$(6) \qquad\qquad \text{rang } (\nabla g_1(x_0), \nabla g_2(x_0), \ldots, \nabla g_r(x_0)) = r$$

erfüllt, und es gelte für hinreichend kleines $\rho > 0$ die Ungleichung

$$f(x_0) \leq f(x) \quad (bzw. \ f(x_0) \geq f(x))$$

für alle $x \in B_\rho(x_0)$, die den Nebenbedingungen

$$(7) \qquad\qquad g_1(x) = 0, \ g_2(x) = 0, \ \ldots, \ g_r(x) = 0$$

genügen. Dann gibt es reelle Zahlen $\lambda_1, \lambda_2, \ldots, \lambda_r$, so daß

$$(8) \qquad\qquad \frac{\partial f}{\partial x_k}(x_0) + \sum_{j=1}^{r} \lambda_j \frac{\partial g_j}{\partial x_k}(x_0) = 0, \quad k = 1, 2, \ldots, n$$

gilt, d.h. x_0 ist kritischer Punkt der Funktion

$$\varphi := f + \sum_{j=1}^{r} \lambda_j g_j \in C^1(\Omega) \ .$$

Beweis. Aus (6) folgt rang $(\nabla g_1(x), \ldots, \nabla g_r(x)) = r$ für alle $x \in B_\rho(x)$, wenn wir $\rho > 0$ geeignet verkleinern. Dann ist Satz 2 aber nichts anderes als eine Umformulierung von Satz 1.

$\square$

Bemerkung 1. Man nennt die Zahlen $\lambda_1, \ldots, \lambda_r$ **Lagrangesche Multiplikatoren**. Die Bezeichnung „Eulersche Multiplikatoren" wäre zutreffender, weil Euler die Regel bereits systematisch in seinem Lehrbuch über Variationsrechnung (*Methodus inveniendi lineas curvas maximi minimive proprietate gaudentes* (1744)) verwendet hat. Lagrange hat in seiner *Méchanique analitique* (1788) mit Hilfe der Multiplikatorenregel die Statik und Dynamik gebundener Systeme von Massenpunkten behandelt; hierher rührt die Bezeichnung Lagrangesche Multiplikatoren. Die Multiplikatoren λ_j sind nicht bloß Hilfsgrößen, sondern verdienen in vielen Fällen eigenständiges Interesse. Sie können sich beispielsweise als *Eigenwerte* entpuppen (vgl. $\boxed{2}$); in der Statik erweisen sie sich als *Spannungen*. Auch der *Druck* in der Hydromechanik kann als Multiplikator gedeutet werden (vgl. A. Sommerfeld, *Vorlesungen über Theoretische Physik*, Band 2, AVG, Leipzig, 1954). Es sei auch auf den nachstehenden Satz 3 verwiesen.

Bemerkung 2. In der Multiplikatorenregel treten $r + n$ Gleichungen

$$(9) \qquad \begin{aligned} & g_j(x) = 0 \quad , \quad 1 \leq j \leq r \ , \\[2mm] & \frac{\partial f}{\partial x_k}(x) + \sum_{j=1}^{r} \lambda_j \frac{\partial g_j}{\partial x_k}(x) = 0 \ , \quad 1 \leq k \leq n \ , \end{aligned}$$

zur Bestimmung von $r + n$ Unbekannten

$$\lambda_1, \dots, \lambda_r, x_1, \dots, x_n$$

auf, wenn $x = (x_1, \dots, x_n)$ lokaler Minimierer (Maximierer) von f unter den Nebenbedingungen $g_1 = 0, \dots, g_r = 0$ ist. Diese $n + r$ Gleichungen (9) muß man lösen, um die Kandidaten x für Extremstellen zu finden.

Diese Prozedur kann man auch so beschreiben: Erst bestimmt man alle „ungebundenen" kritischen Punkte x sämtlicher Funktionen

$$\varphi = f + \lambda_1 g_1 + \dots + \lambda_r g_r$$

bei beliebiger Wahl von $\lambda_1, \dots, \lambda_r$, und dann sortiert man diejenigen kritischen Punkte von φ aus, die den Bindungsgleichungen $g_1 = 0, \dots, g_r = 0$ genügen.

$\boxed{1}$ *Beispiel von Maclaurin* (1729).Sei $\Omega := \{x \in \mathbb{R}^n : x_1 > 0, x_2 > 0, \dots, x_n > 0\}$ sowie

$$g(x) := x_1 + x_2 + \dots + x_n \quad \text{und} \quad f(x) := x_1 x_2 \dots x_n \quad \text{für } x \in \overline{\Omega} \ .$$

Dann ist $M := \{x \in \Omega : g(x) - 1 = 0\}$ eine $(n-1)$-dimensionale Mannigfaltigkeit in $\mathbb{R}^n$. Ihr Abschluß $\overline{M} = \{x \in \overline{\Omega} : g(x) - 1 = 0\}$ ist kompakt; folglich nimmt f auf $\overline{M}$ sein Maximum m in einem Punkt $x_0 \in \overline{M} \subset \overline{\Omega}$ an. Wegen $f(x) > 0$ für $x \in M$ und $f(x) = 0$ für $x \in \overline{M} \backslash M$ folgt $x_0 \in M \subset \Omega$. Nach der Multiplikatorenregel gibt es also ein $\lambda \in \mathbb{R}$ mit

$$\nabla f(x_0) + \lambda \nabla g(x_0) = 0 \ .$$

Wegen $\nabla g(x) = (1, 1, \dots, 1)$ für alle $x \in \Omega$ folgt

$$f_{x_j}(x_0) = -\lambda \quad \text{für } j = 1, 2, \dots \ .$$

Andererseits gilt

$$f_{x_j}(x) \ = \ \frac{f(x)}{x_j} \quad \text{für alle } x \in \Omega \ ,$$

und gelten für die Komponenten des Maximierers $x_0 = (x_{01}, x_{02}, \dots, x_{0n})$ die Gleichungen

$$x_{01} = x_{02} = \dots = x_{0n} \ .$$

Wegen $g(x_0) = 1$ folgt $x_0 = (1/n, 1/n, \dots, 1/n)$, und hieraus ergibt sich $m = f(x_0) = n^{-n}$. Daher gilt $f(x) = x_1 x_2 \dots x_n \le n^{-n}$ für alle $x \in \Omega$ mit $g(x) = 1$, wobei das Gleichheitszeichen genau im Punkte x_0 eintritt. Für $a = (a_1, \dots, a_n) \in \Omega$ und $A := a_1 + a_2 + \dots + a_n$ folgt $g(a/A) = 1$ und daher $f(a/A) \le n^{-n}$, d.h. $f(a)A^{-n} \le n^{-n}$, also $\sqrt[n]{f(a)} \le A/n$. Damit ergibt sich die wohlbekannte Ungleichung

$$\sqrt[n]{a_1 a_2 \dots a_n} \ \le \ \frac{a_1 + a_2 + \dots + a_n}{n}$$

zwischen dem geometrischen und dem arithmetischen Mittel positiver Zahlen $a_1, a_2, \dots, a_n$. Gleichheit tritt genau dann ein, wenn $a_1 = a_2 = \dots = a_n$ ist.

$\boxed{2}$ In Beispiel $\boxed{2}$ von Band 1, 3.2 haben wir die Eigenwerte λ_j einer symmetrischen Matrix $A \in M(n, \mathbb{R})$ und eine Orthonormalbasis $\{e_1, \dots, e_n\}$ von zugehörigen Eigenvektoren e_j bestimmt. Das dort angewandte Verfahren liefert die λ_j in der Anordnung $\lambda_1 \le \lambda_2 \le \dots \le \lambda_n$. Wir bemerken nun, daß sich die λ_j als Lagrangesche Multiplikatoren deuten lassen. Zu diesem Zweck führen wir die (früher mit $B(x)$ bezeichnete) Funktion $f(x) := \langle Ax, x \rangle$ auf $\Omega := \mathbb{R}^n \backslash \{0\}$ ein. Auf der kompakten Mannigfaltigkeit

$$M_1 := \{x \in \Omega : g_1(x) = 0\} \ , \quad g_1(x) := |x|^2 - 1 \ ,$$

existiert ein Minimierer e_1 von f, und die Multiplikatorenregel besagt, daß es ein $\mu_1 \in \mathbb{R}$ gibt, so daß

$$\nabla f(e_1) + \mu_1 \nabla g_1(e_1) = 0$$

ist. Mit $\lambda_1 := -\mu_1$ ergibt sich die Beziehung $Ae_1 = \lambda_1 e_1$.

Als nächstes betrachten wir

$$M_2 := \{x \in \Omega : g_1(x) = 0,\ g_2(x) = 0\}\,,$$

wobei g_1 wie oben und g_2 durch $g_2(x) := \langle x, e_1 \rangle$ definiert ist. Auf der kompakten Mannigfaltigkeit M_2 existiert ein Minimierer e_2 von f, und die Multiplikatorenregel besagt, daß für geeignete Multiplikatoren μ_1 und μ_2 die Gleichung

$$\nabla f(e_2) + \mu_1 \nabla g_1(e_2) + \mu_2 \nabla g_2(e_2) = 0$$

gilt, die zu

$$2Ae_2 + 2\mu_1 e_2 + \mu_2 e_1 = 0$$

äquivalent ist. Wegen

$$\langle Ae_2, e_1 \rangle = \langle e_2, Ae_1 \rangle = \lambda_1 \langle e_2, e_1 \rangle$$

und $|e_1| = 1$ sowie $\langle e_2, e_1 \rangle = 0$ folgt dann $\mu_2 = 0$. Setzen wir $\lambda_2 = -\mu_1$, so ergibt sich $Ae_2 = \lambda_2 e_2$.

So können wir fortfahren: Bezeichnet M_j mit $2 \leq j \leq n$ die kompakte Mannigfaltigkeit

$$M_j := \{x \in \Omega : g_1(x) = 0, \ldots, g_j(x) = 0\}\,,$$

wobei $g_1(x) := |x|^2 - 1$, $g_2(x) := \langle x, e_1 \rangle, \ldots, g_j(x) := \langle x, e_{j-1} \rangle$ gesetzt ist, so existiert ein Minimierer e_j von f auf M_j, und nach der Multiplikatorenregel gibt es Zahlen $\mu_1, \ldots, \mu_j$, so daß

$$\nabla f(e_j) + \mu_1 \nabla g_1(e_j) + \mu_2 \nabla g_2(e_j) + \ldots + \mu_j \nabla g_j(e_j) = 0$$

ist, was

$$2Ae_j + 2\mu_1 e_j + \mu_2 e_1 + \mu_3 e_2 + \ldots + \mu_j e_{j-1} = 0$$

bedeutet. Wegen $|e_{j-1}| = 1$, $\langle e_j, e_1 \rangle = \ldots = \langle e_j, e_{j-1} \rangle = 0$ und

$$\langle Ae_j, e_k \rangle = \langle e_j, Ae_k \rangle = \lambda_k \langle e_j, e_k \rangle \ \text{für } 1 \leq k \leq j - 1$$

folgt

$$\mu_2 = 0,\ \mu_3 = 0,\ \ldots, \mu_j = 0$$

und daher $Ae_j = \lambda_j e_j$, wenn wir $\lambda_j := -\mu_1$ setzen.

Man vergleiche hierzu Band 1, 3.2, $\boxed{2}$.

$\boxed{3}$ *Hadamard's Determinantenabschätzung.* Für n beliebige Vektoren $x_1, x_2, \ldots, x_n \in \mathbb{R}^n$ gilt

(H) $$|\det(x_1, x_2, \ldots, x_n)| \leq \prod_{j=1}^{n} |x_j|\,,$$

und für $|x_1| \neq 0, \ldots, |x_n| \neq 0$ gilt das Gleichheitszeichen in (H) genau dann, wenn

$$\langle x_j, x_k \rangle = 0$$

für alle $j, k = 1, \ldots, n$ mit $j \neq k$ ist.

Beweis. Sei $x := (x_1, x_2, \ldots, x_n) \in M(n, \mathbb{R}) \overset{\triangle}{=} \mathbb{R}^{n^2}$, $f(x) := \det x$, und bezeichne M die Mannigfaltigkeit

$$M := \{x \in GL(n, \mathbb{R}) :\ |x_1|^2 = 1, \ldots,\ |x_n|^2 = 1\}\,.$$

Für $x \in SO(n)$ ist $f(x) = 1$, und folglich $m := \sup_M f \geq 1$.
Andererseits besitzt $f : \overline{M} \to \mathbb{R}$ auf der kompakten Menge $\overline{M}$ einen Maximierer $\xi = (\xi_1, \ldots, \xi_n)$

mit

$$f(x) \leq f(\xi) = m \quad \text{für alle } x \in \overline{M} .$$

Wegen $f(\xi) > 0$ folgt $\xi \in M$. Also gibt es Multiplikatoren $\lambda_1, \lambda_2, \ldots, \lambda_n \in \mathbb{R}$, so daß ξ ein kritischer Punkt von

$$F(x) := f(x) + \lambda_1 |x_1|^2 + \ldots + \lambda_n |x_n|^2$$

ist. Dies bedeutet

$$\nabla_{x_j} F(\xi) = 0 \quad \text{für } j = 1, \ldots, n .$$

Beispielsweise ist die vektorielle Gleichung $\nabla_{x_1} F(\xi) = 0$ gleichbedeutend zu den n skalaren Gleichungen

$$f(e_j, \xi_2, \ldots, \xi_n) + 2\lambda_1 \langle e_j, \xi_1 \rangle = 0, \quad 1 \leq j \leq n ,$$

wobei $e_1, \ldots, e_n$ die kanonische Basis von $\mathbb{R}^n$ ist. Hieraus folgt für

$$h = h_1 e_1 + \ldots + h_n e_n \in \mathbb{R}^n$$

die Beziehung

$$f(h, \xi_2, \ldots, \xi_n) + 2\lambda_1 \langle h, \xi_1 \rangle = 0 ,$$

und analog ergeben sich die Gleichungen

$$f(\xi_1, h, \xi_2, \ldots, \xi_n) + 2\lambda_2 \langle h, \xi_2 \rangle = 0$$

$$\vdots$$

$$f(\xi_1, \ldots, \xi_{n-1}, h) + 2\lambda_n \langle h, \xi_n \rangle = 0$$

für beliebige $h \in \mathbb{R}^n$. Setzen wir $h = \xi_1$ in der ersten Gleichung, $h = \xi_2$ in der zweiten, $\ldots$, $h = \xi_n$ in der n-ten, so folgt wegen $|\xi_1| = |\xi_2| = \ldots = |\xi_n| = 1$, daß

$$\lambda_1 = \lambda_2 = \ldots = \lambda_n = -\frac{1}{2} f(\xi) = -\frac{1}{2} m \neq 0$$

ist. Damit geht die erste Gleichung in

$$\langle h, \xi_1 \rangle \;=\; \frac{1}{m} f(h, \xi_2, \ldots, \xi_n)$$

über, und mit $h = \xi_2, \ldots, \xi_n$ ergibt sich $\langle \xi_j, \xi_1 \rangle = 0$ für $j = 2, \ldots, n$.
Ähnlich argumentieren wir bei den anderen $n - 1$ Gleichungen und erhalten so $\langle \xi_j, \xi_k \rangle = 0$ für $j \neq k$. Wegen $|\xi_1| = \ldots = |\xi_n| = 1$ folgt schließlich $\langle \xi_j, \xi_k \rangle = \delta_{jk}$.
Also ist jeder Maximierer $\xi = (\xi_1, \ldots, \xi_n)$ von $f : \overline{M} \to \mathbb{R}$ eine orthogonale Matrix, und wegen $\det \xi = f(\xi) = m \geq 1$ bekommen wir $m = 1$ und $\xi \in SO(n)$. Analog sind die orthogonalen Matrizen $\xi \in O(n) \backslash SO(n)$ die Minimierer von $f(x)$ auf $\overline{M}$, und es gilt $\inf_M f = -1$. Hieraus folgt

$$|\det x| \leq 1 \quad \text{für alle } x \in M ,$$

und das Gleichheitszeichen tritt nur für $x \in O(n)$ auf. Hieraus ergibt sich ohne Mühe die obige Behauptung.

$$\square$$

$\boxed{4}$ Seien $p, q > 1$, $\dfrac{1}{p} + \dfrac{1}{q} = 1$, $\Omega := \{(x, y) \in \mathbb{R}^2 : x > 0, \ y > 0\}$, und auf $\overline{\Omega}$ seien die Funktionen

$$f(x, y) := xy \quad \text{und} \quad g(x, y) := \frac{1}{p} x^p + \frac{1}{q} y^q$$

gegeben. Wir definieren die eindimensionale Mannigfaltigkeit M_c durch

$$M_c := \{(x, y) \in \Omega : \ g(x, y) = c\} \quad \text{für } c > 0 .$$

Maximiert man f auf $\overline{M}_c$, so folgt sofort, daß der Maximierer (x_0, y_0) in M_c liegt und somit

$$y_0 + \lambda x_0^{p-1} = 0, \quad x_0 + \lambda y_0^{q-1} = 0$$

bei geeigneter Wahl von λ erfüllt. Damit erhalten wir

$$x_0 y_0 = -\lambda x_0^p \quad \text{und} \quad x_0 y_0 = -\lambda y_0^q,$$

also $x_0^p = y_0^q$, und wegen $g(x_0, y_0) = c$ folgt $x_0^p = c$ und $y_0^q = c$, also

$$f(x_0, y_0) = c^{1/p} c^{1/q} = c^{1/p + 1/q} = c = g(x_0, y_0).$$

Läßt man nun c alle positiven reellen Zahlen durchlaufen, so ergibt sich

$$f(x, y) \leq g(x, y) \qquad \text{für alle } x, y > 0,$$

und Gleichheit tritt genau dann ein, wenn $x^p = y^q$ ist. Damit ist erneut die **Youngsche Ungleichung**

$$xy \ \leq \ \frac{x^p}{p} + \frac{y^q}{q}$$

für alle $x, y > 0$ und alle $p, q \in \mathbb{R}$ mit $1/p + 1/q = 1$ bewiesen, aus der bekanntlich die **Höldersche Ungleichung**

$$\left| \int_M f(x) g(x) dV \right| \ \leq \ \left(\int_M |f(x)|^p dV \right)^{1/p} \left(\int_M |f(x)|^q dV \right)^{1/q}$$

folgt. (Hier bezeichnen die Integrale $\int_M f(x) g(x) dV, \ldots$ die Integrale $\int_a^b f(x) g(x) dx, \ldots$, doch die analoge Ungleichung für mehrdimensionale Integrale (vgl. 5.1) ergibt sich auf die gleiche Weise.)

Nun wollen wir noch kurz *Variationsprobleme mit Nebenbedingungen* betrachten und untersuchen, in welcher Weise Lagrangesche Multiplikatoren dabei auftreten.

Bezeichne $M(x)$, $x \in I = [a, b] \subset \mathbb{R}$, eine Schar von n-dimensionalen Mannigfaltigkeiten $M(x) \subset \mathbb{R}^N$, $N = n + r$, $n, r \geq 1$, die mittels einer definierenden Abbildung $G : I \times \mathbb{R}^N \to \mathbb{R}^N$ gegeben sind,

$$(10) \qquad\qquad M(x) := \{z \in \mathbb{R}^N : G(x, z) = 0\},$$

wobei rang $G_z(x, z) = r$ gelte. Wenn $G = (G_1, \ldots, G_r)$ ist, wird $M(x)$ also durch die Gleichungen

$$(11) \qquad\qquad G_1(x, z) = 0, \ G_2(x, z) = 0, \ \ldots, \ G_r(x, z) = 0$$

beschrieben. Wir setzen $G \in C^2$ voraus. Bezeichne $\Pi(x, z)$ die orthogonale Projektion von $\mathbb{R}^N$ auf den Tangentialraum $T_z M$ von $M(x)$ in $\mathbb{R}^N$.

Definition 2. *Sei $u \in C^1(I, \mathbb{R}^N)$ eine Abbildung mit $u(x) \in M(x)$ für $x \in I$. Wir nennen $\varphi \in C^1(I, \mathbb{R}^N)$ mit $\varphi(x) \in T_{u(x)} M(x)$ für alle $x \in I$ ein tangentielles Vektorfeld entlang u (bezüglich der Zwangsbedingung (11)).*

Lemma 1. *Sei* $\psi \in C^0(I, \mathbb{R}^N)$, *und es gelte*

$$\int_a^b \psi(x) \cdot \varphi(x) dx = 0$$

für alle tangentiellen Vektorfelder $\varphi \in C_c^1(\overset{\circ}{I}, \mathbb{R}^N)$ *entlang* u *(bezüglich der Zwangsbedingung* (11)*), wobei* $u \in C^1(I, \mathbb{R}^N)$ *und* $u(x) \in M(x)$ *für* $x \in I$ *gelte. Dann folgt*

(12) $$\psi(x) \in T_{u(x)}^\perp M(x) \quad \text{für alle } x \in I,$$

d.h.

(13) $$\Pi(x, u(x))\psi(x) = 0 \text{ für alle } x \in I.$$

Beweis. Wir fixieren ein $x_0 \in \overset{\circ}{I}$ und setzen $z_0 = u(x_0)$. Dann führen wir auf einer hinreichend kleinen Umgebung U von (x_0, z_0) in $I \times \mathbb{R}^N$ ein N-Bein von orthonormalen Vektoren $\tau_1, \ldots, \tau_n, \nu_1, \ldots, \nu_r$ ein, wobei $\tau_j(x, z) \in T_z M(x)$ und $\nu_l(x, z) \in T_z^\perp M(x)$ für $z \in M(x)$ gelte. Wir können annehmen, daß die Vektoren τ_j und ν_l von der Klasse C^1 auf U sind. (Die Existenz eines solchen N-Beins beweist man mit Argumenten, wie sie in 4.1 benutzt wurden.) Sei $I_0 = (x_0 - \delta, x_0 + \delta)$, $\delta > 0$, eine Umgebung von x_0 mit $(x, u(x)) \in U$ für $x \in I_0$. Dann können wir schreiben:

$$\varphi(x) = \varphi_1(x)\tau_1(x, u(x)) + \ldots + \varphi_n(x)\tau_n(x, u(x))$$

$$\psi(x) = \sum_{j=1}^n a_j(x)\tau_j(x, u(x)) + \sum_{k=1}^r b_k(x)\nu_k(x, u(x)),$$

für $x \in I_0$, wobei $a_j, b_k \in C^0(I)$ sind und φ_j beliebig aus $C_c^1(I_0)$ gewählt werden dürfen, um $\varphi \in C_c^1(I_0, \mathbb{R}^N)$ mit $\varphi(x) \in T_{u(x)} M(x)$ für alle $x \in I$ zu erhalten. Nach Voraussetzung folgt dann

$$0 = \int_a^b \psi(x) \cdot \varphi(x) dx = \int_{x_0 - \delta}^{x_0 + \delta} \sum_{j=1}^n a_j(x) \cdot \varphi_j(x) dx$$

für alle $\varphi_1, \ldots, \varphi_n \in C_c^1(I_0)$, und das Fundamentallemma der Variationsrechnung liefert $a_j(x) = 0$ für alle $x \in I_0$ und $j = 1, \ldots, n$, also $\psi(x) \in T_{u(x)}^\perp M(x)$ für alle $x \in I_0$. Da x_0 ein beliebiger Punkt aus I_0 ist, gilt dies auch für alle $x \in \text{int } I$ und schließlich aus Stetigkeitsgründen auch für alle $x \in I$. Dies ist gleichbedeutend mit $\Pi(x, u(x))\psi(x) = 0$ für alle $x \in I$. $\qquad \square$

Betrachten wir jetzt eine Lagrangefunktion $F(x, z, p)$ auf $\mathbb{R} \times \mathbb{R}^N \times \mathbb{R}^N$ mit dem zugehörigen Variationsintegral

(14) $$\mathcal{F}(u) = \int_a^b F(x, u(x), u'(x)) dx$$

für $u \in C^1(I, \mathbb{R}^N)$; es sei $F \in C^2$ vorausgesetzt. Bezeichne $\mathcal{C}$ die Klasse der Abbildungen $v \in C^1(I, \mathbb{R}^N)$ mit vorgegebenen Randwerten $v(a) = P$ und $v(b) = Q$, $P \in M(a)$, $Q \in M(b)$, die den Nebenbedingungen

(15) $$G(x, v(x)) = 0 \text{ für alle } x \in I$$

genügen. Mit anderen Worten: Wir fixieren zwei Punkte P, Q mit $P \in M(a)$, $Q \in M(b)$ und definieren die *Klasse $\mathcal{C}$ der zulässigen Vergleichsfunktionen* als

$$\mathcal{C} := \left\{ v \in C^1(I, \mathbb{R}^N) : v(a) = P, \ v(b) = Q \text{ und } v(x) \in M(x) \text{ für alle } x \in I \right\} .$$

Proposition 1. *Ist $u \in \mathcal{C}$ ein lokales Minimum von $\mathcal{F}$ in $\mathcal{C}$, d.h. gilt*

$$\mathcal{F}(u) \le \mathcal{F}(v) \text{ für alle } v \in \mathcal{C} \text{ mit } \sup_I |v - u| < \epsilon$$

für ein $\epsilon > 0$, so folgt $\delta\mathcal{F}(u, \varphi) = 0$ für alle $\varphi \in \overset{\circ}{C^1_c}(I, \mathbb{R}^N)$ mit $\varphi(x) \in T_{u(x)} M(x)$.

Beweis. Mittels des Satzes über implizite Funktionen konstruieren wir eine Abbildung $w : I \times [-\delta, \delta] \to \mathbb{R}^N$, $\delta > 0$, der Klasse C^1, für die w_{tx} existiert und stetig ist, und die

$$w(x, 0) = u(x) , \ w_t(x, 0) = \varphi(x) ,$$
$$w(a, t) = P, \ w(b, t) = Q \quad \text{für } t \in [-\delta, \delta] ,$$
$$w(x, t) \in M(x) \quad \text{für } (x, t) \in I \times [-\delta, \delta]$$

erfüllt. Insbesondere gilt

$$w(x, t) = u(x) + t\varphi(x) + o(t) \quad \text{für } t \to 0 .$$

Die C^1-Funktion $\Phi(t) := \mathcal{F}(w(\cdot, t))$, $t \in [-\delta_0, \delta_0]$ erfüllt dann

$$\Phi(t) \ge \Phi(0) \text{ für } |t| \ll 1$$

und damit $\Phi'(0) = 0$. Wegen $\Phi'(0) = \delta\mathcal{F}(u, \varphi)$ folgt $\delta\mathcal{F}(u, \varphi) = 0$. $\qquad\square$

Definition 3. *Eine Abbildung $u \in C^1(I, \mathbb{R}^N)$, die der Nebenbedingung*

(16) $$G(x, u(x)) = 0 \text{ für alle } x \in I$$

genügt, von der Klasse $C^2(I, \mathbb{R}^N)$ ist und die Relation

(17) $$\delta\mathcal{F}(u, \varphi) = 0$$

für alle $\varphi \in \overset{\circ}{C^1_c}(I, \mathbb{R}^N)$ erfüllt, die tangentiell entlang u bezüglich der Nebenbedingung $G(x, u(x)) = 0$ sind, nennen wir eine $\boldsymbol{G}$-gezwungene Extremale von F, oder einfach eine **bedingte Extremale**.

Proposition 1 besagt, daß jeder lokale Minimierer in $\mathcal{C}$ eine G-gezwungene Extremale ist.

Satz 3. *Ist u eine G-gezwungene Extremale von $\mathcal{F}$, so gibt es Funktionen $\lambda_1, \ldots, \lambda_r \in C^0(I)$, so daß u eine Extremale der Lagrangefunktion*

$$(18) \qquad F^*(x,z,p) := F(x,z,p) \;+\; \sum_{j=1}^{r} \lambda_j(x) G_j(x,z)$$

ist.

Beweis. Für $u \in C^2(I, \mathbb{R}^N)$ und $\varphi \in C_c^1(\overset{\circ}{I}, \mathbb{R}^N)$ folgt mit partieller Integration

$$\delta\mathcal{F}(u,\varphi) = \int_a^b L_F(u) \cdot \varphi \, dx \, ,$$

wobei $L_F(u)$ den Euler-Lagrange-Operator

$$L_F(u) = F_z(\cdot, u, u') - \frac{d}{dx} F_p(\cdot, u, u')$$

bezeichnet. Wenn u eine G-gezwungene Extremale ist, erhalten wir also

$$\int_a^b L_F(u) \cdot \varphi \, dx = 0$$

für jedes tangentielle Vektorfeld φ der Klasse $C_c^1(\overset{\circ}{I}, \mathbb{R}^N)$ entlang u (vgl. Definition 2). Aus Lemma 1 folgt $(L_F u)(x) \in T^\perp_{u(x)} M(x)$. Wegen

$$T^\perp_{u(x)} M(x) = \text{span} \, \{\nabla_z G_1(x, u(x)), \ldots, \nabla_z G_r(x, u(x))\}$$

gibt es Zahlen $\mu_1(x), \ldots, \mu_r(x) \in \mathbb{R}$, so daß

$$(L_F u)(x) = \mu_1(x) \nabla_z G_1(x, u(x)) + \ldots + \mu_r(x) \nabla_z G_r(x, u(x))$$

ist. Man überlegt sich, daß $\mu_1, \ldots, \mu_r \in C^0(I)$ gilt, und daß sogar $\mu_1, \ldots, \mu_r \in C^s$ gilt, wenn $u \in C^{s+2}$ und $G \in C^{s+1}$ vorausgesetzt wird.
Setzen wir $\lambda_j(x) := -\mu_j(x)$ und

$$F^*(x,z,p) := F(x,z,p) \;+\; \sum_{j=1}^{r} \lambda_j(x) G_j(x,z) \, ,$$

so ergibt sich $(L_{F^*} u)(x) = 0$ für $x \in I$. $\qquad \square$

Nebenbedingungen der Form

$$G_j(x, u(x)) = 0 \, , \quad j = 1, 2, \ldots, r$$

heißen **holonom**. Daneben spielen die **nichtholonomen Nebenbedingungen**

$$(19) \qquad\qquad G_j(x, u(x),\ u'(x)) = 0\ , \quad 1 \le j \le r\ ,$$

die wesentlich schwieriger zu behandeln sind, eine wichtige Rolle. Es gilt unter „geeigneten Voraussetzungen" ein zu Satz 3 analoges Resultat; für eine eingehende Diskussion müssen wir auf die Spezialliteratur verweisen (vgl. etwa M. Giaquinta & S. Hildebrandt, *Calculus of Variations* I, Grundlehren der math. Wiss. 310, Springer, Heidelberg 1996).

Definition 4. *Wir wollen die Gleichung* $L_{F^*}(u) = 0$ *mit der durch (18) definierten Lagrangefunktion* F^*, *also die Gleichung*

$$(20) \qquad\qquad L_F(u) + \sum_{j=1}^{r} \lambda_j G_{j,z}(\cdot, u) = 0\ ,$$

als die gezwungene *(oder* bedingte) Eulergleichung *zum Problem*

$$\text{„Man mache } \mathcal{F}(u) \text{ stationär unter der Nebenbedingung } G = 0\text{ "}$$

bezeichnen. Für dieses Problem benutzen wir das Symbol

$$(21) \qquad \text{„ } \mathcal{F}(u) \to \text{stationär} \quad \text{unter der Nebenbedingung } G = 0\text{ " .}$$

Betrachten wir jetzt ein System von N Massenpunkten $P_1, \dots, P_N$ im $\mathbb{R}^3$ mit den Punktmassen $m_1, \dots, m_N > 0$. Die Bewegung von $P_1, \dots, P_N$ im Zeitintervall $[t_1, t_2]$ werde durch die N Ortsvektoren $x_1(t), \dots, x_N(t)$ beschrieben, die wir zu einem Ortsvektor

$$x(t) = (x_1(t), \dots, x_N(t)) \in \mathbb{R}^n, \quad n = 3N\ ,$$

zusammenfassen. Der zugehörige Geschwindigkeitsvektor ist

$$\dot{x}(t) = (\dot{x}_1(t), \dots, \dot{x}_N(t)) \in \mathbb{R}^n\ .$$

Für das Kraftfeld $K : \mathbb{R}^n \to \mathbb{R}^n$, das auf $P_1, \dots, P_N$ wirkt, gelte

$$K(x) = -\nabla V(x)\ ,$$

d.h. auf P_j wirke die Kraft $K_j(x) = -\nabla_{x_j} V(x)$.

Die Lagrangefunktion F dieses physikalischen Systems sei

$$F(x, v) := T(v) - V(x)\ ,$$

mit

$$T(v) := \frac{1}{2} \sum_{j=1}^{N} m_j |v_j|^2\ , \quad v_j \in \mathbb{R}^3,\ j = 1, \dots, N\ ,$$

und

$$\mathcal{F}(x) \;=\; \int_{t_1}^{t_2} F(x(t),\ \dot{x}(t))\, dt \;=\; \int_{t_1}^{t_2} [\, T(\dot{x}(t)) - V(x(t))\,]\, dt$$

bezeichne das *Wirkungsfunktional* des Systems. Dann besagt das **d'Alembertsche Prinzip** in der von Lagrange angegebenen Form:

Falls sich $P_1, \ldots, P_N$ nicht frei bewegen können, sondern holonomen Zwangsbedingungen der Art $G_j(t, x_1(t), \ldots, x_N(t)) = 0$, $1 \leq j \leq r$, unterworfen sind, verläuft die Bewegung $x(t)$ von $P_1, \ldots, P_N$ im Zeitintervall $[t_1, t_2]$ so, daß

$$(22) \qquad \text{„}\, \mathcal{F}(x) \;\rightarrow\; \text{stationär } \textit{unter } G_1 = 0, \ldots, G_r = 0 \text{“}$$

gilt, d.h. $x(t)$ muß die bedingten Eulergleichungen

$$(23) \qquad L_{F^*}(x) = 0$$

mit $F^*(t, x, v) := F(x, v) + \sum_{j=1}^{r} \lambda_j(t) G_j(t, x)$ erfüllen, wobei $\lambda_1(t), \ldots, \lambda_r(t)$ geeignete, mitzubestimmende Multiplikatoren sind.

Man bezeichnet die Gleichungen (23) in der Punktmechanik als **Lagrangesche Bewegungsgleichungen erster Art**. Wegen

$$L_{F^*}(x) \;=\; \left(-V_{x_j}(x) + \sum_{\nu=1}^{r} \lambda_\nu G_{\nu, x_j}(\cdot, x) - m_j \ddot{x}_j \right)_{1 \leq j \leq N}$$

erhalten wir dann die Lagrangeschen Gleichungen erster Art in der Form

$$(24) \qquad m_j \ddot{x}_j(t) = K_j(x(t)) + \lambda_1(t) G_{1, x_j}(t, x(t)) + \ldots + \lambda_r(t) G_{r, x_j}(t, x(t)),$$

die wie die Newtonschen Gleichungen

$$(25) \qquad m_j \ddot{x}_j(t) = K_j(x(t))$$

für die Bewegung des Systems ohne Zwangsbedingungen aussehen. Man kann

$$(26) \qquad K_j^*(t, x) \;:=\; \lambda_1(t) G_{1, x_j}(t, x) + \ldots + \lambda_r(t) G_{r, x_j}(t, x)$$

als „*Zwangskräfte*" interpretieren, die von den Zwangsbedingungen $G_1 = 0, \ldots,\ G_r = 0$ erzeugt werden und neben den von außen eingeprägten Kräften $K_1, \ldots, K_N$ auf die Massenpunkte $P_1, \ldots, P_N$ wirken; also lauten die Lagrangeschen Gleichungen erster Art

$$(27) \qquad m_j \ddot{x}_j \;=\; K_j + K_j^*$$

und haben damit die vertraute „Newtonsche Gestalt".

Es sei bemerkt, daß Newton niemals seine Gleichungen in der Form (25) geschrieben hat; diese Formulierung ist wohl erst von Euler benutzt worden, der der Mechanik in seinen beiden großen Lehrbüchern die uns heute vertraute Gestalt gegeben hat. Die endgültige Formulierung stammt von Lagrange.

Betrachten wir noch zwei Beispiele.

$\boxed{5}$ Sei $F(p) := \frac{1}{2}|p|^2$ die Lagrangefunktion des eindimensionalen Dirichletintegrals

$$(28) \qquad \mathcal{F}(u) \;=\; \frac{1}{2} \int_a^b |u'(x)|^2 \, dx,$$

das wir auf Kurven $u \in C^1(I, \mathbb{R}^{n+1})$ betrachten, $I = [a, b]$, die der Nebenbedingung

$$(29) \qquad |u(x)| = 1 \quad \text{für alle } x \in I$$

unterworfen sind, d.h. die I in die n-dimensionale Einheitssphäre abbilden. Die Eulergleichung einer jeden durch (29) gezwungenen Extremalen $u \in C^2(I, \mathbb{R}^{n+1})$ lautet

$$L_F(u) + \lambda u = 0.$$

Setzen wir $\mu := -\lambda$ und beachten $L_F(u) = -u''$, so folgt

$$(30) \qquad -u'' = \mu u.$$

Um die Multiplikatorfunktion $\mu(x)$ zu bestimmen, beachten wir, daß aus (30) wegen $|u|^2 = 1$ die Gleichung $\mu = -u \cdot u''$ folgt. Andererseits ergibt sich, wenn wir die Gleichung $|u|^2 = 1$ zweimal differenzieren, daß $u \cdot u'' + |u'|^2 = 0$ ist, woraus für die Multiplikatorfunktion μ die Gleichung $\mu = |u'|^2$ folgt. Dies liefert die gezwungene Eulergleichung

$$(31) \qquad\qquad -u'' = u|u'|^2 \ .$$

In skalarer Form geschrieben ist (31) das nichtlineare Gleichungssystem

$$-u_j''(x) = u_j(x)|u'|^2, \qquad j = 1, 2, \dots, n+1 \ .$$

Was sind die Lösungen von (31), die der Nebenbedingung (29) genügen? Um dies herauszufinden, differenzieren wir $|u|^2 = 1$ nach x und erhalten $u' \cdot u = 0$.

Ist $u'(x) \neq 0$ für alle $x \in I$, so folgt wegen (31) die Gleichung $u' \cdot u'' = 0$, und dies bedeutet

$$\frac{d}{dx}|u'|^2 = 0 \ ,$$

d.h. $|u'(x)|^2 = \text{const} > 0$, also $|u'(x)|^2 \equiv \lambda^2$ mit $\lambda > 0$. Wegen (31) erhalten wir also für die bedingten Extremalen u mit $|u(x)| \equiv 1$ und $u'(x) \neq 0$ für alle $x \in [a, b]$ die lineare Gleichung

$$(32) \qquad\qquad u'' + \lambda u = 0 \ .$$

Hieraus leitet man ohne Mühe her, daß die bedingten Extremalen Stücke von Großkreisen auf der S^n sind (Übungsaufgabe). Gilt an einer Stelle $x_0 \in I$

$$(33) \qquad u(x_0) = u_0 \quad \text{mit} \quad |u_0| = 1 \ \text{und} \quad u'(x_0) = 0 \ ,$$

so folgt $u(x) \equiv u_0$ auf I. Betrachten wir nämlich das Anfangswertproblem (31) & (33), so hat dieses die Lösung $u = u_0$, und wegen der eindeutigen Lösbarkeit des Anfangswertproblems gibt es keine andere Lösung. Die einzigen Lösungen u von (31) mit $u(x_0) = u_0 \in S^n$ und $u'(x_0) \in T_{u(x_0)}S^n$ sind also entweder Punkte auf S^n oder Großkreisstücke auf S^n.

Ähnlich zeigt man, daß die nach der (euklidischen) Bogenlänge parametrisierten *Geodätischen* $X : I \to S^n \subset \mathbb{R}^{n+1}$ auf der S^n, also die Extremalen des Längenfunktionals, genau die Großkreisbögen auf S^n sind. Man erhält nämlich als bedingte Extremalen von

$$\mathcal{L}(X) = \int_a^b |\dot{X}(t)| \, dt$$

zur Zwangsbedingung $|X(t)| \equiv 1$, analog zur obigen Rechnung, mit einer Multiplikatorfunktion $\lambda(t)$ die Gleichung

$$(34) \qquad\qquad \ddot{X} = \lambda \, X \ .$$

Von hier aus können wir wie oben weiterschließen. Übrigens gilt wegen $|\dot{X}(t)| \equiv 1$ für die Krümmung κ von X die Beziehung

$$(35) \qquad\qquad \kappa(t) = |\ddot{X}(t)| \ .$$

Aus $|X|^2 = 1$ folgt mit zweimaliger Differentiation nach t

$$(36) \qquad\qquad \ddot{X} \cdot X = -|\dot{X}|^2 = -1$$

und damit $\lambda(t) \equiv -1$, also

$$(37) \qquad\qquad \ddot{X} + X = 0 \ .$$

Fügen wir die Anfangsbedingungen

$$(38) \qquad \begin{aligned} X(a) &= X_0 \quad \text{mit} \quad |X_0| = 1 \ , \\[4pt] \dot{X}(a) &= V_0 \quad \text{mit} \quad V_0 \in T_{X_0}S^n \ , \ |V_0| = 1 \ , \end{aligned}$$

hinzu, so sieht man sogleich aus (37), daß X eine ebene Kurve auf S^n ist, die in der von X_0 und V_0 aufgespannten Ebene E liegt; deshalb durchläuft $X(t)$ ein Stück des Großkreises $S^n \cap E$, hat also die Krümmung Eins, was sich auch aus (35) und (37) ergibt: $\kappa = |\ddot{X}| = |X| = 1$.

Die Aufgabe, zwischen zwei Punkten auf einer Fläche die kürzeste Verbindung zu bestimmen, wurde 1697 von Johann Bernoulli gestellt. Er fand die folgende notwendige Bedingung (1698, publiziert 1742): *In jedem Punkt einer Kürzesten schneidet deren Schmiegebene die Tangentialebene orthogonal.* Die erste gedruckte Arbeit über Kürzeste stammt von Bernoullis Schüler Leonhard Euler (*De linea brevissima*, Commentarii St. Petersburg 1728).

Aufgaben.

1. Sei M eine r-dimensionale Mannigfaltigkeit in $\mathbb{R}^n$, $1 \le r \le n-1$, $a \notin M$, und bezeichne x_0 einen Punkt aus M mit $|a - x_0| = \inf\{|a - x| : x \in M\}$. Dann gilt $a - x_0 \perp T_{x_0} M$, d.h. $a - x_0$ steht senkrecht auf M. Beweis?

2. Welcher Punkt p auf der Ebene $E := \{(x,y,z) \in \mathbb{R}^3 : x + y - z = 0\}$ hat vom Punkte $a = (1,0,0)$ den kleinsten Abstand?

3. Was sind die Extremstellen und die Extremwerte der Funktion $f(x,y) := xy$ auf der Einheitskreislinie $\{(x,y) \in \mathbb{R}^2 : x^2 + y^2 = 1\}$?

4. Auf der dreidimensionalen Sphäre S^3 in $\mathbb{R}^4$ bestimme man die Extremstellen und Extremwerte der Funktion $f(x) = x_1 x_4 - x_2 x_3$.

5. Was ist das Rechteck größten Umfangs, das innerhalb der durch $\frac{x^2}{a^2} + \frac{y^2}{b^2} = 1$ beschriebenen Ellipse liegt?

6. Wir nehmen an, daß $f, g_1, \ldots, g_r \in C^2(\Omega)$ sind, wobei Ω eine offene Menge in $\mathbb{R}^N$ mit $1 \le r \le N$ ist und x_0 ein Punkt in Ω mit

$$g_1(x_0) = \cdots = g_r(x_0) = 0 \quad \text{und} \quad \mathrm{rang}\,\big(\nabla g_1(x_0), \ldots, \nabla g_r(x_0)\big) = r\,.$$

Ferner gebe es Zahlen $\lambda_1, \ldots, \lambda_r \in \mathbb{R}$, so daß die Hilfsfunktion

$$\varphi := f + \lambda_1 g_1 + \cdots + \lambda_r g_r$$

die Gleichung $\nabla \varphi(x_0) = 0$ erfüllt. Sei $g = (g_1, \ldots, g_r)$ und $M := \{x \in \Omega : g(x) = 0\}$. Man beweise: (i) Wenn x_0 ein lokaler Minimierer (bzw. Maximierer) der Funktion f auf M ist, so ist $\langle \xi, \varphi_{xx}(x_0)\xi \rangle$ auf $T_{x_0} M := \{\xi \in \mathbb{R}^N : dg(x_0)\xi = 0\} = \{\xi \in \mathbb{R}^N : \xi \perp \nabla g_1(x_0), \ldots, \nabla g_r(x_0)\}$ positiv (bzw. negativ) semidefinit.
(ii) Umgekehrt: Ist $\langle \xi, \varphi_{xx}(x_0)\xi \rangle$ auf $T_{x_0} M$ positiv (negativ) definit, so ist x_0 ein lokaler Minimierer (Maximierer) von f auf M.
(iii) Im Spezialfall $n = 2$, $r = 1$ ist x_0 ein lokaler Minimierer (bzw. Maximierer) von f, wenn $\Delta(x_0) < 0$ (bzw. > 0) ist, wobei Δ die Determinante der „geränderten" 3×3- Matrix $\begin{pmatrix} \varphi_{xx} & g_x^T \\ g_x & 0 \end{pmatrix}$ bezeichnet.
(*Hinweis zu* (iii): Ist $f_{x_2}(x_0) \ne 0$, so schreibe man $f|_M$ lokal als Funktion von x_1, also $h(x_1) := f|_M(x_1, x_2) = f(x_1, \psi(x_1))$ mit einer geeigneten Funktion ψ, und zeige, daß für $x = x_0$, $y = \psi(x_0)$ gilt: $h' = 0$ und $h'' = -(1/g_{x_2})^2 \cdot \Delta$.)

7. Mittels (iii) von Aufgabe 6 bestimme man die Minimierer und Maximierer von $f(x,y) := (x-y)^n$ auf $\partial B_1(0) \subset \mathbb{R}^2$.

8. Sei $a \in \mathbb{R}^n \setminus \{0\}$. Was ist das Minimum von $f : \mathbb{R}^n \to \mathbb{R}$ mit $f(x) := |x|^2$ (i) unter der Nebenbedingung $\langle x, a \rangle = 1$, (ii) unter den Nebenbedingungen $\langle x, a \rangle = 1$, $\langle x, b \rangle = 0$, falls auch $b \in \mathbb{R}^n \setminus \{0\}$ ist?

9. Für nichtnegative $x_1, x_2, \ldots, x_n \in \mathbb{R}$ mit $x_1 + x_2 + \cdots + x_n = a$ gilt $\sum_{j<k} x_j x_k \le \frac{1}{2}(1 - \frac{1}{n})a^2$. Beweis?

4 Enveloppen

In diesem Abschnitt behandeln wir *Hüllgebilde* oder *Enveloppen* von Kurven und Flächen, allgemeiner von Mannigfaltigkeiten.

Anschaulich gesprochen ist jede ebene Kurve die Einhüllende ihrer sämtlichen Tangenten, und jede Fläche in $\mathbb{R}^3$ ist die Einhüllende ihrer Tangentialebenen. Im ersten Fall bilden die Tangenten eine einparametrige Kurvenschar, im zweiten liefern die Tangentialebenen eine zweiparametrige Flächenschar. In $\mathbb{R}^3$ wird die zweiparametrige Schar von Kugeln mit dem Radius R, deren Mittelpunkte auf der x, y-Ebene E liegen, von den beiden Ebenen eingehüllt, die im Abstand R parallel zu E verlaufen.

Die erste Theorie der Enveloppen stammt von Leibniz (*Acta Eruditorum* 1692, S. 266 ff). Das *Huygenssche Prinzip* der geometrischen Optik ist eine Enveloppenkonstruktion, die angibt, wie sich Wellenflächen ausbreiten.

Wir geben eine analytische Methode an, mit deren Hilfe die Enveloppe einer Mannigfaltigkeitsschar im Prinzip gewonnen werden kann. Man fügt den definierenden Gleichungen der Schar die nach den Scharparametern differenzierten Gleichungen hinzu und löst das so entstehende Gleichungssystem auf. Enveloppenkonstruktion ist also ein kombinierter Prozeß von Differentiation und Elimination.

Viele klassische Verfahren zur Lösung von gewöhnlichen und partiellen Differentialgleichungen sind solche Enveloppenkonstruktionen. Beispielsweise besteht Jacobis berühmte Methode zur Lösung eines Hamiltonschen Systems

$$\dot{x} \;=\; H_y(t,x,y)\,, \quad \dot{y} \;=\; -H_x(t,x,y)$$

darin, sich eine „vollständige Lösung" $S(t,x,a)$ der zugeordneten *Hamilton-Jacobischen partiellen Differentialgleichung*

$$S_t(t,x,a) \;+\; H(t,x,S_x(t,x,a)) \;=\; 0$$

zu verschaffen. Auflösung von $S_a(t,x,a) = -b$ durch eine Funktion $x = X(t,a,b)$ liefert dann eine Lösung $(x,y) = (X(t,a,b),\, Y(t,a,b))$ des Hamiltonschen Systems, wenn wir noch $Y(t,a,b) := S_x(t, X(t,a,b), b)$ setzen.

Wir werden mit der Jacobischen Methode in einigen Fällen, wo sich die Hamilton-Jacobische Gleichung durch *Separation* der Variablen lösen läßt, die Lösungen des Hamiltonschen Systems explizit bestimmen. Beispielsweise lösen wir das *Keplersche Problem* mit diesem Verfahren.

Wenn zwei ebene Kurven c_1 und c_2, die sich in einem Punkte P treffen, dort eine gemeinsame Tangente haben, so sagen wir, daß sie sich in P **berühren**.

Allgemeiner wollen wir von zwei k-dimensionalen Mannigfaltigkeiten M_1 und M_2 im $\mathbb{R}^n$ mit einem gemeinsamen Punkt P sagen, daß sie sich dort berühren, wenn ihre Tangentialräume übereinstimmen, d.h. wenn

$$(1) \qquad\qquad T_P M_1 \;=\; T_P M_2$$

gilt. Noch allgemeiner wollen wir folgende Sprechweise einführen:

Definition 1. *Seien M_1 und M_2 zwei Mannigfaltigkeiten der Dimension k_1 bzw. k_2 in $\mathbb{R}^n$ mit $1 \le k_1 \le k_2 < n$, die sich in einem Punkte P treffen. Wir nennen M_1 und M_2 **zueinander tangentiell in** P, wenn*

$$(2) \qquad\qquad T_P M_1 \;\subset\; T_P M_2$$

*gilt. Äquivalent dazu sagen wir, M_1 **berühre** M_2 im Punkte P.*

Falls $k_1 = k_2$ ist, so bedeutet (2) gerade (1), weil dann $\dim T_P M_1 = \dim T_P M_2$ ist.

Nun wollen wir *Enveloppen (einhüllende Mannigfaltigkeiten) von Scharen von Mannigfaltigkeiten* bilden.

Wir beginnen mit dem einfachsten Fall, nämlich mit Enveloppen (Hüllkurven) einer ebenen Kurvenschar. Wir benutzen hier die Bezeichnung „Kurve" als Synonym für „eindimensionale" Mannigfaltigkeit. In den Beispielen werden wir zulassen, daß die Kurven singuläre Punkte haben, also „singuläre Räume" und nicht Mannigfaltigkeiten im strengen Sinne sind. In solchen Fällen denken wir uns die Betrachtungen auf die Teile beschränkt, die Mannigfaltigkeitscharakter haben.

Betrachten wir jetzt eine offene Menge Ω in $\mathbb{R}^2$, ein Intervall I in $\mathbb{R}$ und eine Funktion $f(x, y, c)$ der Klasse $C^1(\Omega \times I)$ mit $\nabla f(x, y, c) \neq 0$ auf Ω; hierbei bezeichne ∇f den Gradienten $\nabla f := (f_x, f_y)$.

Wir deuten

$$(3) \qquad M_c := \{(x, y) \in \Omega \ : \ f(x, y, c) = 0\}$$

als eine einparametrige Schar von Kurven in $\mathbb{R}^2$ mit dem Scharparameter $c \in I$.

Nun wollen wir eine Kurve E finden, die die Schar $\{M_c\}_{c \in I}$ „einhüllt". Damit meinen wir das folgende: Gesucht wird eine parametrische Kurve $c \mapsto \varphi(c) = \bigl(\xi(c), \eta(c)\bigr)$, $c \in I$, der Klasse C^1 mit Spur $\varphi = E$, die für jedes $c \in I$ die Scharkurve M_c im Punkte $\varphi(c)$ berührt. Dies bedeutet:

(i) $\qquad f(\xi(c), \eta(c), c) = 0 \qquad$ für $c \in I$;

(ii) $\qquad \nabla f(\xi(c), \eta(c), c) \perp \varphi'(c) \qquad$ für $c \in I$.

Aus (i) folgt durch Differentiation nach c

$$(4) \qquad \nabla f(\varphi(c), c) \cdot \varphi'(c) + f_c(\varphi(c), c) = 0 \,,$$

und (ii) ist gleichbedeutend zu

$$(5) \qquad \nabla f(\varphi(c), c) \cdot \varphi'(c) = 0 \,.$$

Aus (4) und (5) folgt die Gleichung

$$(6) \qquad f_c(\varphi(c), c) = 0 \quad \text{auf } I \,.$$

Umgekehrt liefern (5) und (6) die Gleichung (4), aus der sich (i) ergibt, falls diese Relation für mindestens ein $c_0 \in I$ erfüllt ist. Damit werden wir zu der folgenden präzisen Definition der Hüllkurve oder Enveloppe einer Kurvenschar $\{M_c\}_{c \in I}$ geführt.

Definition 2. *Unter der* **Enveloppe** *E einer durch (3) definierten Kurven-schar $\{M_c\}_{c\in I}$ verstehen wir die Menge der Punkte $(x,y) \in \Omega$, zu denen es ein $c \in I$ gibt derart, daß die beiden Gleichungen*

$$(7) \qquad\qquad f(x,y,c) = 0 \quad und \quad f_c(x,y,c) = 0$$

zugleich erfüllt sind.

Betrachten wir zwei Beispiele.

$\boxed{1}$ Sei $f(x,y,c) := (x-c)^2 + y^2 - r^2$, $r > 0$, $c \in \mathbb{R}$. Dann wird durch $f(x,y,c) = 0$ eine Schar von Kreisen M_c, $c \in \mathbb{R}$, mit Radius r definiert, deren Mittelpunkte $(c,0)$ auf der x-Achse liegen. Die Gleichung $f_c(x,y,c) = 0$ liefert $x - c = 0$, und somit erhalten wir als Bestimmungsgleichung für die Enveloppe E der Kreisschar die Gleichung $y^2 - r^2 = 0$. Somit besteht E aus den beiden Geraden $\{(x,y) \in \mathbb{R}^2 : y = \pm r\}$, die im Abstand r parallel zur x-Achse verlaufen. Es ist offensichtlich, daß E den Kreis $M_c = \{(x,y) \in \mathbb{R}^2 : (x-c)^2 + y^2 = r^2\}$ in den beiden Punkten $(c, \pm r)$ berührt.

$\boxed{2}$ Für $f(x,y,c) := (x-c)^2 - y^3$ handelt es sich bei $\{M_c\}_{c\in\mathbb{R}}$ um eine Schar kongruenter Neilscher Parabeln M_c in der oberen Halbebene, deren Spitzen auf der x-Achse liegen. In den Spitzen verschwindet $\nabla f = (f_x, f_y)$, die M_c verlieren dort also ihren „Mannigfaltigkeitscha-rakter". Die Gleichung $f_c(x,y,c) = 0$ liefert $x - c = 0$, und somit ergibt sich die x-Achse als Enveloppe E der Schar $\{M_c\}$, wenn man formal Definition 2 zugrundelegt, ohne darauf zu achten, ob die Voraussetzung $\nabla f(x,y) \neq 0$ erfüllt ist, die wir ja gefordert hatten. Offensichtlich berührt E die Neilschen Parabeln aber nicht in den Spitzen, wenn man deren Tangentialräume in den Spitzen als Grenzlagen der Tangentialräume in benachbarten Punkten ansieht.

Wählt man hingegen $f(x,y,c) := (x-c)^3 + y^2$, so erhält man für $\{M_c\}_{c\in\mathbb{R}}$ eine Schar Neilscher Parabeln, deren Spitzen wiederum auf der x-Achse liegen und die (im verallgemeinerten Sinne) von dieser berührt werden. Die x-Achse ergibt sich hier als „echte" Enveloppe.

Will man also auf die Voraussetzung $\nabla f(x,y) \neq 0$ verzichten, Definition 2 aber beibehalten, so sollte E als „schwache Enveloppe" bezeichnet werden. Eine genauere Untersuchung muß dann zeigen, ob E die Kurven M_c im strengen Sinne berührt, falls sie diese in singulären Punkten trifft.

Nun wollen wir zeigen, wie – zumindest lokal – die **Enveloppe E einer Kurvenschar** $\{M_c\}_{c\in I}$ aus den Gleichungen (7) gewonnen werden kann.

Nehmen wir an, daß $(x_0, y_0, c_0) \in \Omega \times I$ eine Lösung von (7) ist und daß neben f auch f_c in einer Umgebung von (x_0, y_0, c_0) stetig differenzierbar ist und

$$(8) \qquad\qquad f_{cc}(x_0, y_0, c_0) \neq 0$$

erfüllt. Dann kann man die Gleichung

$$(9) \qquad\qquad f_c(x,y,c) = 0$$

in einer hinreichend kleinen Umgebung U von $P_0 = (x_0, y_0)$ eindeutig nach c auflösen und erhält eine Funktion $\gamma \in C^1(U)$ mit $\gamma(x_0, y_0) = c_0$, so daß

$$(10) \qquad\qquad f_c(x, y, \gamma(x,y)) = 0 \qquad für \ (x,y) \in U$$

ist. Setzen wir $c = \gamma(x,y)$ in die Gleichung $f(x,y,c) = 0$ ein, so erhalten wir die **Diskriminantengleichung**

$$(11) \qquad\qquad f(x,y,\gamma(x,y)) = 0 \;,$$

deren Lösungsgebilde lokal die Enveloppe E beschreibt. Setzen wir

$$(12) \qquad\qquad g(x,y) := f(x,y,\gamma(x,y)) \;,$$

so ergibt sich für die definierende Funktion g der **Diskriminantenkurve**

$$\left\{ (x,y) \in \mathbb{R}^2 : g(x,y) = 0 \right\} \;,$$

daß

$$
\begin{aligned}
g_x(x,y) &= f_x(x,y,\gamma(x,y)) \;+\; f_c(x,y,\gamma(x,y))\gamma_x(x,y) \;, \\
g_y(x,y) &= f_y(x,y,\gamma(x,y)) \;+\; f_c(x,y,\gamma(x,y))\gamma_y(x,y) \;,
\end{aligned}
$$

und wegen (10) gilt, falls $\nabla f(x,y,c) \neq 0$ auf $\Omega \times I$ ist,

$$(13) \qquad \nabla g(x,y) \;=\; \nabla f(x,y,\gamma(x,y)) \neq 0 \quad \text{für alle } (x,y) \in U \;.$$

Da $E \cap U$ das Lösungsgebilde der Diskriminantengleichung $g(x,y) = 0$ ist, folgt aus (13), daß $E \cap U$, ebenso wie jede Kurve M_c, eine eindimensionale Mannigfaltigkeit ist und somit Scharkurven in Treffpunkten berührt.

Nun wollen wir noch untersuchen, unter welchen Voraussetzungen sich die Enveloppe E mit Hilfe des Scharparameters c in der Form $c \mapsto \varphi(c)$ parametrisieren läßt. Dazu benötigen wir die Funktionaldeterminante

$$(14) \qquad\qquad \Delta \;:=\; \frac{\partial(f, f_c)}{\partial(x,y)} \;=\; \left| \begin{array}{cc} f_x & f_y \\ f_{cx} & f_{cy} \end{array} \right| \;.$$

Proposition 1. *Seien $f, f_c \in C^1(\Omega \times I)$, und es gebe einen Punkt $(x_0, y_0, c_0) \in \Omega \times I$, der (7) erfüllt und für den die beiden Ungleichungen*

$$(15) \qquad\qquad \Delta(x_0, y_0, c_0) \neq 0 \;,$$
$$(16) \qquad\qquad f_{cc}(x_0, y_0, c_0) \neq 0$$

gelten. Dann kann man die beiden Gleichungen (7) lokal nach x, y auflösen und erhält eine C^1-Lösung

$$x = \xi(c), \; y = \eta(c), \; c \in I_0 := (c_0 - \delta, \; c_0 + \delta) \;,$$

von (7) mit $x_0 = \xi(c_0)$, $y_0 = \eta(c_0)$, wobei $0 < \delta << 1$ ist.

Die Kurve $c \mapsto \varphi(c) = (\xi(c), \eta(c))$, $c \in I_0$, liefert eine Parametrisierung der Enveloppe E in einer Umgebung U von $P_0 = (x_0, y_0)$, und es gilt $\varphi'(c) \neq 0$ für $c \in I_0$. Somit ist $E \cap U$ eine eindimensionale Mannigfaltigkeit, die jede der Kurven M_c der Schar (3) jeweils im Punkte $\varphi(c)$ berührt.

Beweis. Nach dem Satz über implizite Funktionen kann man wegen (15) das Gleichungssystem (7) in einer Umgebung U von (x_0, y_0) auflösen und erhält eine eindeutig bestimmte C^1-Lösung $x = \xi(c)$, $y = \eta(c)$ mit $x_0 = \xi(c_0)$, $y_0 = \eta(c_0)$, also

$$f(\xi(c), \eta(c), c) = 0 \ , \quad f_c(\xi(c), \eta(c), c) = 0 \ .$$

Differenzieren wir diese Gleichungen nach c, so ergibt sich

(17)
$$\begin{aligned} f_x(\xi(c), \eta(c), c)\xi'(c) + f_y(\xi(c), \eta(c), c)\eta'(c) &= 0 \ , \\ f_{cx}(\xi(c), \eta(c), c)\xi'(c) + f_{cy}(\xi(c), \eta(c), c)\eta'(c) &= -f_{cc}(\xi(c), \eta(c), c) \ . \end{aligned}$$

Wegen (16) ist die Lösung $(\xi'(c), \eta'(c))$ dieses Gleichungssystems für $|c - c_0| \ll 1$ von Null verschieden.

$\square$

$\boxed{3}$ Sei

(18)
$$f(x, y, c) := \frac{x}{\cos c} + \frac{y}{\sin c} - 1 \ , \qquad c \in I := (0, 2\pi) \setminus \{\pi/2, \pi, 3\pi/2\} \ .$$

Hier wird durch $f(x, y, c) = 0$ eine Schar von Geraden M_c definiert; M_c schneidet die x-Achse im Punkte $P_1 = (\cos c, 0)$ und die y-Achse in $P_2 = (0, \sin c)$; die Steigung von M_c ist $-\mathrm{tg}\, c$. Das Segment auf M_c zwischen P_1 und P_2 hat die Länge 1. Die Gleichung $f_c(x, y, c) = 0$ schreibt sich als

$$\frac{\sin c}{\cos^2 c}\, x \ - \ \frac{\cos c}{\sin^2 c}\, y \ = \ 0 \ ,$$

woraus

(19)
$$x\sin^3 c - y\cos^3 c \ = \ 0$$

folgt. Die Lösung von (7) wird durch

(20)
$$x = \cos^3 c \ , \quad y = \sin^3 c$$

gegeben. Die Funktion $\varphi(c) = (\cos^3 c, \sin^3 c)$, $c \in I$, liefert die Parametrisierung der Enveloppe E der Geradenschar $\{M_c\}$; offenbar ist E das Lösungsgebilde der Gleichung

(21)
$$x^{2/3} + y^{2/3} \ = \ 1 \ ,$$

wobei wir die vier Spitzen $(0, \pm 1)$ und $(\pm 1, 0)$ hinzugefügt haben, die den Parameterwerten $\varphi = 0, \pi/2, \pi, 3\pi/2$ entsprechen. Die Kurve (21) heißt *Astroide (Sternkurve)*; sie ist sowohl zur x-Achse als auch zur y-Achse symmetrisch. Denken wir uns eine Stange S der Länge Eins, die an eine vertikale Wand gelehnt ist und dann entlang der Wand von der vertikalen in die horizontale Lage rutscht. Die Hüllkurve der verschiedenen Positionen von S ist ein Zweig der Astroiden zwischen zwei Spitzen.

$\boxed{4}$ Sei $f(x, y, c) := y - (x - c)^3$, $c \in \mathbb{R}$. Die Gleichung $f(x, y, c) = 0$ definiert eine Schar kongruenter „kubischer" Parabeln, die die x, y-Ebene einfach überdecken. Die Gleichung $f_c(x, y, c) = 0$ liefert $x - c = 0$, und somit definiert die Gleichung $y = 0$ die Enveloppe E, d.h. E ist die x-Achse.

Wird eine vom Punkte P ausgehende Schar geradliniger Strahlen in $\mathbb{R}^2$ von einer Kurve Γ reflektiert, so nennt man die Enveloppe E der gespiegelten Schar die (Kata-)**Kaustik** oder Brennlinie von Γ bezüglich P. (Man vgl. hierzu Aufgabe 4.)

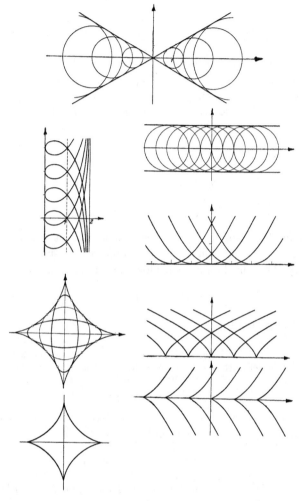

Oben: Enveloppe der Kreisschar $(x - 2c)^2 + y^2 - c^2 = 0$, $c \neq 0$.

Links oben: Enveloppe der *Strophoiden* $\left[x^2 + (y - c)^2\right](x - 2) + x = 0$.

Links unten: Die Astroide $x^{2/3} + y^{2/3} = 1$ als Enveloppe der Ellipsenschar $c^{-2}x^2 + (1 - c)^{-2}y^2 = 1$, $0 < c < 1$.

Mitte rechts: Enveloppe einer Kreis- und einer Parabelschar.

Rechts unten: Die Scharen der Neilschen Parabeln $(x - c)^2 - y^3 = 0$ und $(x - c)^3 - y^2 = 0$. Die reelle Achse ist in beiden Fällen die Diskriminantenkurve, liefert aber nur für die zweite Schar eine Enveloppe (vgl. [2]).

Als nächstes wollen wir **Enveloppen von Flächenscharen im dreidimensionalen Raum** betrachten.

(i) Eine Einparameterschar $\{M_c\}_{c \in I}$ von Flächen M_c kann definiert werden durch

$$M_c := \{(x, y, z) \in \mathbb{R}^3 : f(x, y, z, c) = 0\},$$

wobei f der Einfachheit halber als eine C^2-Funktion der Variablen x, y, z, c vorausgesetzt sei, deren Gradient $\nabla f = (f_x, f_y, f_z)$ nicht verschwindet. Definition 2 entsprechend wird die Enveloppe E der Flächenschar $\{M_c\}_{c \in I}$ als die Menge der Punkte (x, y, z) definiert, zu denen es ein $c \in I$ gibt, so daß die beiden Gleichungen

(22) $f(x, y, z, c) = 0, \quad f_c(x, y, z, c) = 0$

zugleich erfüllt sind. Ist (x_0, y_0, z_0, c_0) eine Lösung von (22) und gilt

$$f_{cc}(x_0, y_0, z_0, c_0) \neq 0,$$

so kann man die Gleichung $f_c = 0$ in der Nachbarschaft von $P_0 = (x_0, y_0, z_0)$ nach c auflösen; es gibt eine eindeutig bestimmte C^1-Lösung $c = \gamma(x, y, z)$ mit $c_0 = \gamma(x_0, y_0, z_0)$. Die Enveloppe E wird lokal durch die Diskriminantengleichung

$$f(x, y, z, \gamma(x, y, z)) = 0$$

beschrieben, ist also eine Fläche.

$\boxed{5}$ Durch $f(x, y, z, c) := (x - c)^2 + y^2 + z^2 - r^2 = 0$, $c \in \mathbb{R}$, $r > 0$, wird eine Schar von Kugeln M_c mit dem Radius r definiert, deren Mittelpunkte auf der x-Achse liegen. Die Gleichung $f_c(x, y, z, c) = 0$ liefert $x - c = 0$; die Diskriminantengleichung der Enveloppe E ist dann $y^2 + z^2 - r^2 = 0$; somit ist E ein Kreiszylinder vom Radius r mit der x-Achse als Zylinderachse.

(ii) Ist $\{M_c\}_{c \in B}$ eine Zweiparameterschar von Flächen M_c, die von den Parametern $c = (c_1, c_2) \in B \subset \mathbb{R}^2$ abhängen und durch

$$M_c := \{(x, y, z) \in \mathbb{R}^3 : f(x, y, z, c_1, c_2) = 0\}$$

definiert sind, $f \in C^2$, so definiert man die Enveloppe E der Flächen M_c als Lösungsgebilde des Gleichungssystems

$$f(x, y, z, c_1, c_2) = 0, \quad f_{c_1}(x, y, z, c_1, c_2) = 0, \quad f_{c_2}(x, y, z, c_1, c_2) = 0.$$

$\boxed{6}$ Durch $f(x, y, z, c_1, c_2) = 0$ mit

$$f(x, y, z, c_1, c_2) := (x - c_1)^2 + (y - c_2)^2 + z^2 - r^2, \ r > 0, \ c = (c_1, c_2) \in \mathbb{R}^2,$$

wird eine Schar von Kugeln mit dem Radius r definiert, deren Mittelpunkte auf der x, y-Ebene liegen. Aus den Gleichungen $f_{c_1} = 0$ und $f_{c_2} = 0$ ergeben sich die Relationen $x - c_1 = 0$ und $y - c_2 = 0$, womit wir die Diskriminantengleichung $z^2 - r^2 = 0$ erhalten. Folglich besteht die Enveloppe E aus den beiden durch $z = \pm r$ beschriebenen Ebenen, die im Abstand r parallel zur x, y-Ebene verlaufen.

Enveloppen im $\mathbb{R}^n$, $n \geq 2$. Entsprechend können wir verfahren, wenn wir Enveloppen (Hüllflächen) von k-parametrigen Scharen $\{M_c\}_{c \in B}$ von Hyperflächen (= Mannigfaltigkeiten der Kodimension 1) im $\mathbb{R}^n$ definieren wollen, $1 \leq k \leq n-1$. Hierzu denken wir uns eine reellwertige Funktion $f(x, c)$ der Variablen $x = (x_1, \dots, x_n)$, $c = (c_1, \dots, c_k)$ gegeben, wobei x in einer offenen Menge Ω des $\mathbb{R}^n$ variiere und c in einem Parameterbereich B des $\mathbb{R}^k$ verlaufe. Wir setzen $f, f_c \in C^1(\Omega \times B)$ sowie

$$(23) \qquad\qquad D_x f(x, c) \neq 0$$

voraus, wobei wie zuvor $D_x f = f_x = (f_{x_1}, f_{x_2}, \dots, f_{x_n})$ gesetzt ist.

Die Flächen M_c der Schar seien durch

$$(24) \qquad\qquad M_c := \{x \in \mathbb{R}^n : f(x, c) = 0\}$$

gegeben.

Definition 3. *Die* Enveloppe E *einer Schar* $\{M_c\}_{c \in B}$ *von Flächen, die durch (24) definiert sind, ist die Menge der Punkte* $x \in \Omega$, *zu denen es ein* $c \in B$ *gibt derart, daß die $k + 1$ Gleichungen*

$$(25) \qquad f(x, c) = 0, \ f_{c_1}(x, c) = 0, \ \dots, \ f_{c_k}(x, c) = 0$$

simultan erfüllt sind.

Falls die Hessesche Matrix $f_{cc} = (f_{c_j c_k})$ in $(x_0, c_0) \in \Omega \times B$ nichtsingulär ist, also

$$(26) \qquad\qquad \det(f_{c_j c_k}(x_0, c_0)) \neq 0 \, ,$$

und (x_0, c_0) eine Lösung von (25) ist, kann man das Gleichungssystem

$$(27) \qquad\qquad f_{c_1}(x, c) = 0, \ \dots, \ f_{c_k}(x, c) = 0$$

in einer hinreichend kleinen Umgebung U von x_0 in $\mathbb{R}^n$ nach c auflösen und erhält eine C^1-Lösung $c = \gamma(x)$. Dann ist $E \cap U$ das Lösungsgebilde der **Diskriminantengleichung**

$$(28) \qquad\qquad f(x, \gamma(x)) = 0 \, .$$

Wie im Falle $n = 2$, $k = 1$ zeigt man, daß $E \cap U$ eine $(n-1)$-dimensionale Mannigfaltigkeit ist, was wegen (23) auch für jede Fläche M_c gilt. Somit berührt $E' = E \cap U$ die Flächen M_c in den Treffpunkten.

Enveloppenkonstruktionen treten an vielen Stellen in Physik und Geometrie auf. Wohlbekannt ist das sogenannte *Huygenssche Prinzip* in der geometrischen Optik. Danach ist jeder Punkt einer *Wellenfront* Ausgangspunkt von *Elementarwellen*, die sich mit fortschreitender Zeit entwickeln, und die neue Wellenfront zu einem festen Zeitpunkt erhält man als Enveloppe der Elementarwellen, die zu dieser Zeit entstanden sind (man vgl. hierzu auch Abschnitt 5.6, insbesondere die Ausführungen über die *Distanzfunktion* und die *Eikonalgleichung*). Seit langem bekannt ist auch das Verfahren, durch Enveloppenbildung aus mehrparametrigen Lösungen partieller Differentialgleichungen neue Lösungen zu konstruieren. Da man hierfür mit Differentiationen und Eliminationen auskommt, ist dieses Verfahren viel früher entstanden als die Methoden, auf denen die klassischen Existenzsätze von Cauchy, Picard, Lipschitz und anderen beruhen (vgl. Band 1, 3.6 und 4.1). Wir wollen die Idee des **Auffindens von Lösungen durch Enveloppenbildung** zunächst an einem einfachen Beispiel erläutern.

$\boxed{7}$ Sei $u(x, y, a, b)$ eine zweiparametrige Lösung der partiellen Differentialgleichung

$$(29) \qquad\qquad F(x, y, u, u_x, u_y) = 0 \ .$$

(Dies ist die etwas unkorrekte, aber übliche Schreibweise für

$$F(x, y, u(x, y, a, b), \ u_x(x, y, a, b), \ u_y(x, y, a, b)) = 0 \ ,$$

was nicht gerade übersichtlich ist.) Wir behaupten: *Die Enveloppe $z = w(x, y)$ jeder aus $z = u(x, y, a, b)$ erzeugten einparametrigen Lösungsfamilie ist wiederum eine Lösung von* (29).

Zum Beweis betrachten wir zwei C^1-Funktionen

$$a = \alpha(c) \ , \quad b = \beta(c) \ , \quad c \in I \ ,$$

und bilden

$$(30) \qquad\qquad v(x, y, c) := u(x, y, \alpha(c), \beta(c))$$

sowie

$$(31) \qquad\qquad f(x, y, z, c) := z - v(x, y, c) \ .$$

Durch die Gleichungen

$$f(x, y, z, c) = 0 \ , \quad f_c(x, y, z, c) = 0$$

wird die Enveloppe der einparametrigen Flächenschar $\{M_c\}_{c \in I}$ mit

$$M_c = \{(x, y, z) \in \mathbb{R}^3 : f(x, y, z, c) = 0\} = \{(x, y, z) \in \mathbb{R}^3 : z = v(x, y, c)\}$$

gegeben. Wir bestimmen c aus der Gleichung $f_c(x, y, z, c) = 0$, die sich als

$$(32) \qquad\qquad v_c(x, y, c) = 0$$

schreibt, und erhalten die Lösung c in der Form $c = \gamma(x, y)$. Setze

$$(33) \qquad\qquad w(x, y) := v(x, y, \gamma(x, y)) \ .$$

Die Schar $\{M_c\}_{c \in I}$ hat als Enveloppe E eine Fläche, die durch die Diskriminantengleichung $f(x, y, z, \gamma(x, y)) = 0$ beschrieben ist, und wegen (31) ist E das Lösungsgebilde der Gleichung $z = w(x, y)$ für $(x, y, z) \in \mathbb{R}^3$. Aus (32) folgt insbesondere

$$(34) \qquad\qquad v_c(x, y, \gamma(x, y)) = 0 \ .$$

Differenzieren von $w(x, y)$ nach x bzw. y führt wegen (33) und (34) zu

$$w_x(x, y) \ = \ v_x(x, y, \gamma(x, y)) + v_c(x, y, \gamma(x, y)) \cdot \gamma_x(x, y) \ = \ v_x(x, y, \gamma(x, y))$$

$$(35)$$

$$w_y(x, y) \ = \ v_y(x, y, \gamma(x, y)) + v_c(x, y, \gamma(x, y)) \cdot \gamma_y(x, y) \ = \ v_y(x, y, \gamma(x, y)) \ .$$

Wegen (29) haben wir für beliebige $c \in I$

$$F(x, y, v(x, y, c), v_x(x, y, c), v_y(x, y, c)) = 0,$$

und (35) liefert

$$w_x(x, y) = v_x(x, y, c), \quad w_y(x, y) = v_y(x, y, c) \quad \text{für } c = \gamma(x, y).$$

Damit ergibt sich, wie behauptet, die Gleichung

$$(36) \qquad F(x, y, w(x, y), w_x(x, y), w_y(x, y)) = 0.$$

Zum Schluß behandeln wir **Jacobis Methode zur Lösung Hamiltonscher Systeme**

$$(37) \qquad \dot{x} = H_y(t, x, y), \quad \dot{y} = -H_x(t, x, y).$$

Die wesentliche Idee von Jacobis Methode besteht darin, eine *vollständige Lösung* $S(t, x, a)$ der **Hamilton-Jacobischen partiellen Differentialgleichung**

$$(38) \qquad S_t + H(t, x, S_x) = 0$$

aufzufinden und aus dieser durch eine Art Enveloppenbildung eine Lösungsschar von (37) zu konstruieren. Der Einfachheit halber setzen wir voraus, daß die Hamiltonfunktion $H(t, x, y)$ eine C^2-Funktion auf $\mathbb{R} \times \mathbb{R}^n \times \mathbb{R}^n$ ist, wobei

$$x = (x_1, \ldots, x_n), \quad y = (y_1, \ldots, y_n)$$

sei. Ferner betrachten wir reellwertige Lösungen $S(t, x, a)$ der Gleichung (38), die neben den „aktiven" Variablen $(t, x) \in \mathbb{R} \times \mathbb{R}^n$ noch von n Parametern $a = (a_1, \ldots, a_n) \in B \subset \mathbb{R}^n$ abhängen.

Definition 4. *Eine Funktion $S(t, x, a)$ heißt* **vollständige Lösung** *der Hamilton-Jacobi-Gleichung (38), wenn die folgenden Annahmen erfüllt sind:*

(i) $S \in C^2(\mathbb{R} \times \mathbb{R}^n \times B)$, und es gilt

$$(39) \qquad \det(S_{x_i a_k}) \neq 0 \quad \text{auf } \mathbb{R} \times \mathbb{R}^n \times B.$$

(ii) Für jedes $a \in B$ ist die Funktion $S(t, x, a)$ eine Lösung von

$$(40) \qquad S_t(t, x, a) + H(t, x, S_x(t, x, a)) = 0.$$

Satz von Jacobi. *Sei $S(t, x, a)$ eine vollständige Lösung von (38) und $x = X(t, a, b)$ eine C^1-Lösung von*

$$(41) \qquad S_a(t, X(t, a, b), a) = -b.$$

Setzen wir

$$(42) \qquad Y(t, a, b) := S_x(t, X(t, a, b), a),$$

so liefern $x = X(\cdot, a, b)$, $y = Y(\cdot, a, b)$ eine Lösung des Hamiltonschen Systems (37), die von den $2n$ Parametern $a = (a_1, \ldots, a_n)$, $b = (b_1, \ldots, b_n)$ abhängt.

Beweis. Wir bemerken zunächst, daß (39) die Auflösungsbedingung für das Gleichungssystem $S_a(t, x, a) = -b$ ist, so daß wir annehmen können, daß eine lokale Lösung $x = X(t, a, b)$ existiert. Differenzieren wir (40) nach a_i, so entsteht

$$S_{ta_i} + \sum_{k=1}^{n} H_{y_k}(t, x, S_x)S_{x_k a_i} = 0 \, .$$

Setzen wir $x = X(t, a, b)$ in diese Gleichung ein, so folgt

$$S_{ta_i}(t, X, a) + \sum_{k=1}^{n} H_{y_k}(t, X, Y)S_{x_k a_i}(t, X, a) = 0 \, .$$

Differentiation von (41) nach t liefert

$$S_{a_i t}(t, X, a) + \sum_{k=1}^{n} S_{a_i x_k}(t, X, a)\dot{X}_k = 0 \, .$$

Subtraktion der vorletzten von der letzten Gleichung führt zur Gleichung

$$\sum_{k=1}^{n} [\dot{X}_k - H_{y_k}(t, X, Y)]S_{x_k a_i}(t, X, a) = 0 \, ,$$

und wegen (39) bekommen wir

(43) $$\dot{X} = H_y(t, X, Y) \, .$$

Als nächstes differenzieren wir (40) nach x_i und erhalten

$$S_{tx_i}(t, x, a) + H_{x_i}(t, x, S_x(t, x, a)) + \sum_{k=1}^{n} H_{y_k}(t, x, S_x(t, x, a))S_{x_k x_i}(t, x, a) = 0 \, .$$

Dann setzen wir $x = X(t, x, a)$ und gelangen wegen (42) und (43) zur Gleichung

$$-H_{x_i}(t, X, Y) = S_{tx_i}(t, X, a) + \sum_{k=1}^{n} S_{x_i x_k}(t, X, a)\dot{X}_k \, .$$

Schließlich differenzieren wir (42) nach t und bekommen

$$\dot{Y}_i = S_{x_i t}(t, X, a) + \sum_{k=1}^{n} S_{x_i x_k}(t, X, a)\dot{X}_k \, .$$

Folglich ist

(44) $$\dot{Y} = -H_x(t, X, Y) \, .$$

$\square$

Betrachten wir drei Beispiele zur Anwendung des Jacobischen Satzes.

$\boxed{8}$ **Der harmonische Oszillator** $\ddot{x} + \omega^2 x = 0$, $\omega > 0$, $n = 1$, hat die Hamiltonfunktion

$$(45) \qquad H(x, y) = \frac{1}{2}\,\omega(x^2 + y^2)\,,$$

denn die Hamiltonschen Gleichungen (37) zur Hamiltonfunktion (45) lauten

$$\dot{x} = \omega y\,, \quad \dot{y} = -\omega x\,,$$

was zu den Gleichungen $\ddot{x} = -\omega^2 x$ und $\ddot{y} = -\omega^2 y$ führt. (Im übrigen ist die Lagrangefunktion $L(x, v)$ zu $H(x, y)$ gerade $L(x, v) = (1/2) \cdot (\omega^{-1} v^2 - \omega x^2)$.)

Die zugehörige Hamilton-Jacobi-Gleichung für die Wirkungsfunktion $S(t, x)$ ist

$$(46) \qquad S_t + \frac{1}{2}\,\omega(x^2 + S_x^2) = 0\,.$$

Mit dem Separationsansatz $S(t, x) = f(t) + g(x)$ geht (46) über in

$$\dot{f}(t) = -\frac{1}{2}\,\omega[x^2 + g'(x)^2]\,,$$

woraus $\dot{f}(t) \equiv$ const folgt, also

$$\dot{f}(t) \equiv -a\,, \quad g'(x) = \pm\sqrt{2a\omega^{-1} - x^2}$$

mit einer Konstanten a. Folglich ist

$$S(t, x, a) = \int_0^x \sqrt{2a\omega^{-1} - \underline{x}^2}\;d\underline{x} \;-\; at$$

eine Lösung von (46) mit

$$S_{xa}(t, x, a) = \frac{\omega^{-1}}{\sqrt{2a\omega^{-1} - x^2}} \;\neq\; 0\,.$$

Nunmehr betrachten wir die Gleichung $S_a(t, x, a) = -b$, die zu

$$\frac{1}{\omega}\int_0^x [2a\omega^{-1} - \underline{x}^2]^{-1/2}\,d\underline{x} - t \;=\; -b$$

äquivalent ist. Mit

$$A := \sqrt{2a\omega^{-1}}\,, \quad \beta := -\omega b - \arccos 0$$

können wir sie in $-\arccos(x/A) = \omega t + \beta$ umschreiben, womit wir die wohlbekannte Lösung $x(t) = A\cos(\omega t + \beta)$ für den harmonischen Oszillator bekommen. Wir überlassen es dem Leser zu zeigen, daß

$$y(t) = -A\sin(\omega t + \beta)\,,$$

$$S(t, x, a) = \frac{A^2}{2}\arcsin\frac{x}{A} + \frac{1}{2}x\sqrt{A^2 - x^2} - at$$

gilt.

$\boxed{9}$ **Die Brachystochrone.** Hier ist $n = 1$ und

$$L(x, v) = \omega(x)\sqrt{1 + v^2}\,, \quad \omega(x) = 1/\sqrt{2g(h - x)}\,.$$

(Diese Konstante h entspricht der „Höhe" H in 2.4, $\boxed{8}$. Hier ist H in h umbenannt, weil H im folgenden die Hamiltonfunktion zu L bezeichnen soll.) Die Hamiltonfunktion $H(x, y)$ ergibt sich als

$$H(x, y) = -\sqrt{\omega(x)^2 - y^2}\,,$$

und die Hamilton-Jacobi-Gleichung für $S(t,x)$ ist

$$S_t = \sqrt{\omega^2 - S_x^2} \; .$$

Mit dem Separationsansatz $S(t,x) := f(t) + k(x)$ gelangen wir zu

$$\dot{f}(t) = \sqrt{\omega^2(x) - k'(x)^2} \equiv \text{const} =: \frac{1}{2\sqrt{ag}} \; ,$$

wobei a eine positive Konstante bezeichnet. Dann folgt

$$f(t) = \frac{t}{2\sqrt{ag}} \; , \quad k'(x) = \frac{1}{2\sqrt{g}} \sqrt{\frac{2}{h-x} - \frac{1}{a}} \; .$$

Wir erhalten somit

$$S(t,x,a) = \frac{t}{2\sqrt{ag}} + \frac{1}{2\sqrt{g}} \int \sqrt{\frac{2}{h-x} - \frac{1}{a}} \; dx \; .$$

Statt $S_a(t,x,a) = -b$ lösen wir die rechnerisch einfachere Gleichung

$$S_a(t,x,a) = \frac{-b}{4a\sqrt{ag}} \; ,$$

d.h.

$$t - \frac{1}{\sqrt{a}} \int \left(\frac{2}{h-x} - \frac{1}{a} \right)^{-1/2} dx = b \; .$$

Die Substitution $x = h - a(1 - \cos\varphi)$ liefert

$$h - x = 2a\sin^2(\varphi/2) \; , \quad dx = -2a\sin(\varphi/2)\cos(\varphi/2)d\varphi \; ,$$

und folglich

$$\int \left(\frac{2}{h-x} - \frac{1}{a} \right)^{-1/2} dx = a\sqrt{a}\,(\varphi - \sin\varphi) \; .$$

Hier ist der Winkel φ so gewählt, daß

$$\left(\frac{2}{h-x} - \frac{1}{a} \right)^{1/2} = -\frac{1}{\sqrt{a}} \operatorname{ctg} \frac{\varphi}{2}$$

ist, damit in den folgenden Formeln $dt/d\varphi \geq 0$ wird; vgl. auch 2.4, $\boxed{8}$, insbesondere (92). Damit haben die Extremalen $x = x(t)$ die Parameterdarstellung

$$t = b + a\varphi - a\sin\varphi \; , \quad x = h - a + a\cos\varphi \; .$$

Es handelt sich um eine zweiparametrige Familie von Zykloiden.

$\boxed{10}$ **Das Keplerproblem.** Wir wollen jetzt den Jacobischen Satz auf Hamiltonfunktionen H anwenden, die nicht von t abhängen. Sei also $H = H(x,y)$; wir suchen Lösungen $S(t,x)$ von (38) durch den *Ansatz*

$$(47) \qquad\qquad S(t,x) := \mathcal{S}(x) - ct \; ,$$

wobei c eine Konstante bezeichnet. Auf diese Weise erhalten wir genau dann eine Lösung, wenn $\mathcal{S}$ eine Lösung der *Eikonalgleichung*

$$(48) \qquad\qquad H(x, \mathcal{S}_x(x)) = c$$

ist. Nun suchen wir eine *vollständige Lösung* $S(t,x,a)$ von (38) in der Form

$$(49) \qquad\qquad S(t,x,a) = \mathcal{S}(x,a) - c(a)t \; , \quad a = (a_1, \dots, a_n) \; ,$$

mit

(50) $$\mathcal{S}(x,a) \;=\; f_1(x_1,a_1) + f_2(x_2,a_2) + \ldots + f_n(x_n,a_n) \;.$$

Dies gelingt freilich nur selten und bedarf einer speziellen Form der Hamiltonfunktion H (einschlägige Resultate findet man in der Literatur als *Staeckels Theorem*). Wenn der Ansatz (49) & (50) aber zum Erfolg führt, ist das Hamiltonsche System schon fast integriert; die Lösung

$$X(t,a,b) \;=\; (X_1(t,a,b), \ldots, X_n(t,a,b))$$
$$Y(t,a,b) \;=\; (Y_1(t,a,b), \ldots, Y_n(t,a,b))$$

bestimmt sich durch Auflösung der *zerfallenden* n skalaren Gleichungen

(51) $$\frac{\partial f_i}{\partial a_i}(x_i,a_i) - \frac{\partial c}{\partial a_i}(a)t \;=\; -b_i \qquad, \; i = 1, \ldots, n \;,$$

nach x_i, woraus wir $x_i = X_i(t,a_i,b_i)$ gewinnen, und durch Einsetzen:

(52) $$Y_i(t,x_i,b_i) \;=\; \frac{\partial f_i}{\partial x_i}(X_i(t,a_i,b_i)\,,\,a_i) \;.$$

Betrachten wir nun das *Keplerproblem* für $n = 2$.

Ein Massenpunkt der Masse m mit dem Ortsvektor (x,y) werde von einer Punktmasse M angezogen, die sich fest im Ursprung befinde. Die Bewegungsgleichungen lauten

(53) $$m\ddot{x} \;=\; U_x(x,y) \quad, \quad m\ddot{y} \;=\; U_y(x,y) \;,$$

wobei U die Potentialfunktion

(54) $$U(x,y) \;=\; \frac{\gamma m M}{r} \quad, \quad r = \sqrt{x^2 + y^2} \;,$$

bezeichnet. Die Gleichungen (53) sind die Euler-Lagrange-Gleichungen für das Wirkungsfunktional

$$\mathcal{A} \;=\; \int_{t_1}^{t_2} \left[\frac{m}{2}(\dot{x}^2 + \dot{y}^2) + U(x,y) \right] dt \;.$$

Führen wir Polarkoordinaten r, φ um den Ursprung durch

$$x = r\cos\varphi \quad, \quad y = r\sin\varphi$$

ein, so ergibt sich

(55) $$\mathcal{A} \;=\; \int_{t_1}^{t_2} \left[\frac{m}{2}(\dot{r}^2 + r^2\dot{\varphi}^2) + \frac{\gamma m M}{r} \right] dt \;.$$

Die zugehörige Lagrangefunktion

(56) $$L(r,v_1,v_2) \;=\; \frac{m}{2}(v_1^2 + r^2 v_2^2) + \frac{\gamma m M}{r}$$

hängt also nicht von φ ab. Führen wir die kanonischen Impulse p_1, p_2 durch die Legendretransformation

(57) $$p_1 \;=\; L_{v_1}(r,v_1,v_2) = mv_1 \,, \quad p_2 \;=\; L_{v_2}(r,v_1,v_2) = mr^2 v_2$$

ein, also

$$v_1 \;=\; \frac{p_1}{m} \,, \quad v_2 \;=\; \frac{p_2}{mr^2} \,,$$

so ergibt sich die Hamiltonfunktion

$$H(r,p_1,p_2) \;=\; v_1 p_1 + v_2 p_2 - L(r,v_1,v_2)$$

als

(58) $$H(r,p_1,p_2) \;=\; \frac{1}{2m}\left\{ p_1^2 + \frac{1}{r^2}p_2^2 \right\} - \frac{\gamma m M}{r} \;.$$

Wir suchen nun ein vollständiges Integral $S(t, r, \varphi) = \mathcal{S}(r, \varphi, a_1, a_2) - c(a)t$ der Hamilton-Jacobi-Gleichung $S_t + H(r, S_r, S_\varphi) = 0$ mit

$$\mathcal{S}(r, \varphi, a_1, a_2) = f(r, a_1) + g(\varphi, a_2) .$$

Die Funktion $\mathcal{S}$ muß der Eikonalgleichung $H(r, \mathcal{S}_r, \mathcal{S}_\varphi) = c(a)$ genügen, was wegen (58) auf

$$(59) \qquad f_r^2(r, a_1) + r^{-2} g_\varphi^2(\varphi, a_2) = 2m(c + \gamma m M r^{-1})$$

hinausläuft. Der Ansatz $g(\varphi, a_2) = a_2 \varphi$ erscheint vielversprechend; er führt auf $g_\varphi(\varphi, a_2) = a_2$. Damit (59) erfüllt ist, muß

$$f_r(r, a_1) = \pm \sqrt{2m(c + \gamma m M r^{-1}) - a_2^2 r^{-2}}$$

gelten. Wir wählen c als $c := a_1$ und erhalten, falls wir uns für das positive Vorzeichen bei der Wurzel entscheiden,

$$(60) \qquad S(t, r, \varphi, a_1, a_2) = \int_{r_0}^{r} \left[2m(a_1 + \gamma m M \rho^{-1}) - a_2^2 \rho^{-2} \right]^{1/2} d\rho + a_2 \varphi - a_1 t .$$

Wegen

$$\det \begin{pmatrix} S_{a_1 r} & S_{a_1 \varphi} \\ S_{a_2 r} & S_{a_2 \varphi} \end{pmatrix} = \det \begin{pmatrix} S_{a_1 r} & 0 \\ S_{a_2 r} & 1 \end{pmatrix} = S_{a_1 r}$$

$$= m \left[2m(a_1 + \gamma m M r^{-1}) - a_2^2 r^{-2} \right]^{-1/2} > 0$$

liegt ein vollständiges Integral vor.

Bilden wir nun die Jacobigleichungen

$$(61) \qquad S_{a_1}(t, r, \varphi, a_1, a_2) = -b_1 , \quad S_{a_2}(t, r, \varphi, a_1, a_2) = -b_2 ,$$

so liefert die zweite Gleichung die *Gestalt der Bahnkurve*, nämlich φ als Funktion von r, a_1, a_2, b_1, während die erste Gleichung t als Funktion von r, a_1, a_2, b_1 ergibt und damit die *zeitliche Durchlaufung der Bahnkurve* festlegt.

Für die Bahnkurve folgt aus der zweiten Gleichung von (61)

$$(62) \qquad \varphi + b_2 = a_2 \int_{r_0}^{r} \left\{ 2m(a_1 + \gamma m M \rho^{-1}) - a_2^2 \rho^{-2} \right\}^{-1/2} \rho^{-2} d\rho .$$

Führen wir nun statt ρ die neue Integrationsvariable $s = 1/\rho$ ein, also $d\rho = -s^{-2} ds$, so folgt mit $s_0 := 1/r_0$ die Gleichung

$$\varphi + b_2 = -a_2 \int_{s_0}^{s} \frac{1}{\sqrt{Q(s)}} ds ,$$

mit

$$Q(s) := 2m(a_1 + \gamma m M s) - a_2^2 s^2 = a_2^2 (s - s_1)(s_2 - s) .$$

Die Werte s_1 und s_2 mit $s_1 < s_2$ sind die beiden Wurzeln von $Q(s) = 0$ und bestimmen sich aus

$$s_1 s_2 = -2m a_1 a_2^{-2} , \quad s_1 + s_2 = 2\gamma m^2 M a_2^{-2} .$$

Dann ist

$$(63) \qquad \varphi + b_2 = -\int_{s_0}^{s} \frac{ds}{\sqrt{(s - s_1)(s_2 - s)}} .$$

Mit der durch

$$s = \frac{s_1 + s_2}{2} + \frac{s_2 - s_1}{2} u$$

definierten Substitution $u \mapsto s$, die $[-1, 1]$ monoton wachsend auf $[s_1, s_2]$ abbildet, geht die Gleichung in

$$-(\varphi + b_2) = \int_{u_0}^{u} \frac{du}{\sqrt{1 - u^2}}$$

über. Hieraus folgt

$$-(\varphi + b_2) = \arccos u - \arccos u_0 .$$

Wählen wir noch die Integrationskonstante u_0 als $u_0 = 1$, so erhalten wir

(64)
$$u = \cos(\varphi + b_2) .$$

Setzen wir $r_1 := 1/s_1$, $r_2 := 1/s_2$, so folgt $r_1 > r_2$ und

$$\frac{2r_1 r_2}{r} = (r_1 + r_2) + (r_1 - r_2)\cos(\varphi + b_2) .$$

Mit

(65)
$$a := \frac{1}{2}(r_1 + r_2) \quad , \quad \epsilon := \cdot \frac{r_1 - r_2}{r_1 + r_2}$$

ergibt sich $0 < \epsilon < 1$ und

(66)
$$r_1 = a(1 + \epsilon) \quad , \quad r_2 = a(1 - \epsilon) ;$$

folglich

(67)
$$r = \frac{p}{1 + \epsilon \cos(\varphi + b_2)} \quad \text{mit} \quad p := \frac{2r_1 r_2}{r_1 + r_2} .$$

Dies ist bekanntlich die *Gleichung einer Ellipse* $\mathcal{E}$ mit der *großen Halbachse* a und der *numerischen Exzentrizität* ϵ in Polarkoordinaten r, φ um einen der beiden Brennpunkte von $\mathcal{E}$, und für p ergibt sich ohne Mühe

(68)
$$p = a(1 - \epsilon^2) .$$

Die kleine Halbachse von $\mathcal{E}$ berechnet sich als

(69)
$$b = \sqrt{ap} .$$

Durch eine Änderung der Winkelvariablen φ können wir $b_2 = 0$ erreichen und erhalten damit

$$r = \frac{p}{1 + \epsilon \cos \varphi}$$

für die Ellipsengleichung von $\mathcal{E}$. Bezeichnet man mit w den Polarwinkel um den Mittelpunkt von $\mathcal{E}$, der von der zum Aphel ($r = r_1$) gerichteten Halbachse aus im mathematisch positiven Sinne gemessen werde, so kann man aus der ersten Gleichung von (61) die zeitliche Durchlaufung von $\mathcal{E}$ in Form der berühmten **Keplerschen Gleichung**

$$n(t - t_0) = w - \epsilon \sin w$$

gewinnen, wobei

$$n := \sqrt{\gamma M a^{-3}}$$

gesetzt ist. Für weiteres verweisen wir auf die Literatur.

Abschließend wollen wir nochmals auf die Rolle von $a_1 = c$ zu sprechen kommen. Wegen (48) ist klar, daß c die Rolle der *Energiekonstanten* spielt, die wir mit W bezeichnen wollen. Setzen wir $W = a_1$, $\alpha = (a_2, \dots, a_n)$, und machen den Ansatz

$$S(t, x, a) = \mathcal{S}(x, W, \alpha) - Wt ,$$

so bekommen wir ganz allgemein die Gleichung

$$t = \mathcal{S}_W(x, W, \alpha) + b_1$$

für die zeitliche Durchlaufung. Hier spielt b_1 die Rolle einer Zeitphase und kann ohne weiteres Null gesetzt werden.

Aufgaben.

1. Man bestimme die Enveloppe der Kreisschar

$$(x - \cos c)^2 + (y - \sin c)^2 = 1$$

   mit dem Scharparameter $c \in \mathbb{R}$.

2. Was ist die Enveloppe der Familie von „Wurfparabeln"

$$X(t) = \left((v \cos \alpha)t, (v \sin \alpha)t - \frac{1}{2}gt^2 \right)$$

   mit konstanten Werten $v > 0$, $g > 0$ und dem Scharparameter α?

3. Was ist die Enveloppe der Familie von Ebenen $E = \left\{ x \in \mathbb{R}^3 : \langle a, x \rangle = 1 \right\}$ mit dem Scharparameter $a \in S^2 \subset \mathbb{R}^3$?

4. Sei K ein Kreis vom Radius r um 0, und bezeichne S_α eine Schar von Strahlen, die dadurch entsteht, daß eine zur x-Achse parallele Geradenschar auf K trifft und nach dem Spiegelungsprinzip reflektiert wird. Sind $x = r \cos \alpha$, $y = r \sin \alpha$ die Koordinaten eines Punktes auf K, wo ein Parallelstrahl auftrifft, so ist der reflektierte Strahl durch die Gleichung $y \cos 2\alpha - x \sin 2\alpha + r \sin \alpha = 0$ beschrieben. Man zeige, daß die Hüllkurve dieser Strahlen (die *Kaustik*) die folgende zweispitzige Epizykloide ist:

$$x = \frac{1}{4}r(3 \cos \alpha - \cos 3\alpha), \quad y = \frac{1}{4}r(3 \sin \alpha - \sin 3\alpha).$$

   Sie wird durch das Abrollen eines Kreises vom Radius $r/4$ auf dem Kreis vom Radius $r/2$ um den Ursprung erzeugt.

5. Die Enveloppe der Schar der Kreise vom festen Radius a, deren Mittelpunkte auf einem Kreis um P mit Radius r liegen, besteht für $a \neq r$ aus zwei Kreisen mit dem Mittelpunkt P. Beweis? Wie hängt dieses Resultat mit dem Huygensschen Prinzip der geometrischen Optik zusammen? Wie sieht die Enveloppe für $a = r$ aus?

6. Die Gleichung $u_x u_y = 1$ besitzt die zweiparametrige Lösungsschar $u(x, y, a, b) = ax + a^{-1}y + b$. Mit der in $\boxed{7}$ beschriebenen Methode gewinne man eine neue Lösung $v(x, y)$, indem man (i) $a = c$, $b = kc$ und (ii) $a = e^c$, $b = ke^c$ wählt.

7. Die Gleichung $u_x^2 + u_y^2 = 1$ hat die zweiparametrige Lösungsschar $u(x, y, a, b) = ax + \sqrt{1 - a^2} + b$. Mit der in $\boxed{7}$ beschriebenen Methode konstruiere man eine weitere Lösung $v(x, y)$.

8. Mit Hilfe der Jacobischen Methode löse man das Anfangswertproblem des Hamiltonsystems $\dot{x} = Hy$, $\dot{y} = -Hx$ für $H(x, y) = \frac{1}{2m}|y|^2 + mgx_3$, wobei $n = 3$ ist.

5   Differentialgleichungen auf Mannigfaltigkeiten

In diesem Abschnitt betrachten wir Differentialgleichungen $\dot{X} = a(X)$, bei denen das erzeugende Vektorfeld a zu einer gleichungsdefinierten Mannigfaltigkeit M tangential ist. Dann liegt jede Lösung X auf M, wenn nur ihr Anfangswert $x_0 = X(0)$ auf M liegt. Ist M kompakt, so erzeugt $\dot{X} = a(X)$ eine Einparametergruppe $\{\varphi^t\}_{t \in \mathbb{R}}$ von Diffeomorphismen $\varphi^t : M \to M$, die M auf sich abbilden: $\varphi^0 = \mathrm{id}_M$, $\varphi^{t+s} = \varphi^t \circ \varphi^s = \varphi^s \circ \varphi^t$. Die Flüsse φ^t und ψ^s zweier tangentieller Vektorfelder kommutieren, wenn die erzeugenden Vektorfelder kommutieren, d.h. wenn für die zugeordneten linearen Differentialoperatoren erster Ordnung $L_a = a \cdot \nabla$ und $L_b = b \cdot \nabla$ die Gleichung $L_a L_b - L_b L_a = 0$ gilt.

Sei Ω ein Gebiet in $\mathbb{R}^N$, $N \geq 2$, und bezeichne $g \in C^\infty(\Omega, \mathbb{R}^r)$ mit $1 \leq r < N$ eine Abbildung von maximalem Rang r. Dann wird durch

(1) $$M := \{x \in \Omega : g(x) = 0\}$$

eine n-dimensionale (gleichungsdefinierte) Mannigfaltigkeit gegeben mit $n := N - r$.

Definition 1. *Eine Abbildung $f : M \to \mathbb{R}^m$ ist von der Klasse C^∞*, symbolisch $f \in C^\infty(M, \mathbb{R}^m)$, *wenn es ein Gebiet Ω' mit $M \subset \Omega' \subset \Omega$ und eine Abbildung $F \in C^\infty(\Omega', \mathbb{R}^m)$ mit $f = F|_M$ gibt.*

Mit anderen Worten: Die Abbildung $f : M \to \mathbb{R}^m$ ist von der Klasse C^∞, wenn sie zu einer C^∞-Abbildung F auf einer „Umgebung" Ω' von M in Ω fortsetzbar ist. Um nicht immer mit zwei Funktionen f und F hantieren zu müssen, wollen wir künftig immer f statt F schreiben; eine C^∞-Abbildung $f : M \to \mathbb{R}^m$ sei also stets als eine C^∞-Abbildung $\Omega' \to \mathbb{R}^m$ einer offenen Umgebung Ω' von M in Ω verstanden.

Definition 2. *Unter einem Vektorfeld a auf der Mannigfaltigkeit M verstehen wir eine Abbildung $a \in C^\infty(M, \mathbb{R}^N)$. Das Vektorfeld a heißt* **tangential zu M**, *wenn*

(2) $$a(x) \in T_x M \qquad \text{für } x \in M$$

gilt, und **normal zu M**, *wenn*

(3) $$a(x) \in T_x^\perp M \qquad \text{für } x \in M$$

gilt. Ein zu M tangentiales (bzw. normales) Vektorfeld $a : M \to \mathbb{R}^N$ heißt **Tangentialfeld** *(bzw.* **Normalfeld***) auf M.*

Es ist üblich geworden, ein Tangentialfeld a auf M als eine Abbildung $x \mapsto (x, a(x))$ in das Tangentialbündel TM aufzufassen. Wir wollen hier aber bei der obigen Interpretation bleiben.

Sind $g_1, \dots, g_r$ die Komponenten von g, d.h. ist M das Lösungsgebilde des Gleichungssystems

(4) $$g_\nu(x) = 0, \qquad 1 \leq \nu \leq r,$$

so gilt:

Ein Vektorfeld $a = (a_1, \dots, a_N) : M \to \mathbb{R}^N$ ist genau dann ein Tangentialfeld auf M, wenn gilt:

(5) $$\langle a(x), \nabla g_\nu(x) \rangle = 0 \quad \text{für } x \in M, \quad 1 \leq \nu \leq r.$$

Ordnen wir dem Vektorfeld $a : M \to \mathbb{R}^N$ den Differentialoperator

(6) $$L_a := \sum_{j=1}^{N} a_j(x) \frac{\partial}{\partial x_j}$$

zu, der auf dem Definitionsgebiet Ω' von a mit $M \subset \Omega' \subset \Omega$ gegeben ist, so können wir (5) schreiben als

$$(7) \qquad\qquad L_a g_\nu(x) \;=\; 0 \quad \text{für } x \in M\,, \quad 1 \leq \nu \leq r\,.$$

Umgekehrt entspricht jedem Differentialoperator (6) ein Vektorfeld

$$a \;=\; (a_1, \ldots, a_N)$$

auf M; man kann also Vektorfelder a mit Differentialoperatoren L_a auf M identifizieren. Dies ist ganz üblich in der Literatur; vielfach benutzt man sogar (6) zur Definition von Vektorfeldern auf M und (6) & (7) zur Definition tangentialer Vektorfelder. Wir wollen dies hier nicht tun; stattdessen bezeichnen wir L_a mit Sophus Lie als das *Symbol des Vektorfeldes a.*

Sei $b : M \to \mathbb{R}^N$ ein weiteres Vektorfeld auf M. Wir können annehmen, daß die Definitionsgebiete Ω'_a und Ω'_b von a und b übereinstimmen; sonst gehen wir zu $\Omega' := \Omega'_a \cap \Omega'_b$ über. Für zwei Operatoren

$$L_a \;:=\; \sum_{j=1}^{N} a_j D_j\,, \qquad L_b \;:=\; \sum_{j=1}^{N} b_j D_j$$

mit $D_j = \partial/\partial x_j$ können wir den Kommutator

$$(8) \qquad\qquad [L_a, L_b] \;:=\; L_a L_b - L_b L_a$$

bilden. Wegen

$$(9) \qquad\qquad [L_a, L_b] \;=\; \sum_{j,k=1}^{N} (a_j D_j b_k - b_j D_j a_k) D_k$$

ist er das Symbol des Vektorfeldes

$$(10) \qquad [a,b] \;:=\; (a \cdot \nabla b_1 - b \cdot \nabla a_1)e_1 + \ldots + (a \cdot \nabla b_N - b \cdot \nabla a_N)e_N\,,$$

das wir als den **Kommutator der Vektorfelder** a, b bezeichnen.

Proposition 1. *Mit a und b ist auch $[a,b]$ Tangentialfeld auf M.*

Beweis. Aus $\nabla g_\nu \cdot a = 0$ und $\nabla g_\nu \cdot b = 0$ folgt

$$\nabla D_k g_\nu \cdot a \;+\; \nabla g_\nu \cdot D_k a = 0 \quad \text{und} \quad \nabla D_k g_\nu \cdot b \;+\; \nabla g_\nu \cdot D_k b \;=\; 0\,.$$

Multiplizieren wir die erste Gleichung mit b_k, die zweite mit a_k, summieren über k von 1 bis N und subtrahieren die Ergebnisse, so folgt

$$\langle [a,b], \nabla g_\nu \rangle \;=\; 0\,, \qquad \nu = 1, \ldots, r\,.$$

$\square$

Zu jedem Vektorfeld $a : M \to \mathbb{R}^N$ können wir die Differentialgleichung

$$(11) \qquad \dot{X}(t) = a(X(t))$$

mit der Anfangsbedingung

$$(12) \qquad X(0) = x_0$$

für $x_0 \in \Omega'$ betrachten, wenn Ω' mit $M \subset \Omega' \subset \Omega$ das Definitionsgebiet von a ist. Wir wissen, daß die Anfangswertaufgabe (11) & (12) eine maximale Lösung $X(t)$ auf einem offenen (verallgemeinerten) Intervall $I(x_0) = (\alpha(x_0), \omega(x_0))$ mit $0 \in I(x_0)$ besitzt. Um die Abhängigkeit der Lösung X von den Anfangsdaten $x_0 \in \Omega'$ zu bezeichnen, schreiben wir sie als $\varphi(\cdot, x_0)$, d.h. $X(t) = \varphi(t, x_0) =: \varphi^t(x_0)$. Dann ist φ der dem Vektorfeld a zugeordnete *Fluß*, und $t \mapsto \varphi^t(x_0)$ beschreibt die *Flußkurve von x_0* während des maximalen Existenzintervalles $I(x_0)$ von $\varphi(\cdot, x_0)$.

Proposition 2. *Ist $a : M \to \mathbb{R}^N$ ein Tangentialfeld auf M und $t \mapsto \varphi(t, x_0)$, $t \in I(x_0)$, der ihm zugeordnete maximale Fluß, so gilt für alle $x_0 \in M$ und $t \in I(x_0)$ die Beziehung $\varphi(t, x_0) \in M$, d.h. mit x_0 liegt die gesamte Trajektorie $\varphi(I(x_0), x_0) = \{\varphi^t(x_0) : t \in I(x_0)\}$ in M.*

Beweis. Für $1 \leq \nu \leq r$ und $X(t) := \varphi(t, x_0)$ gilt

$$\frac{d}{dt}\, g_\nu(X(t)) = \langle \nabla g_\nu(X(t)), \dot{X}(t) \rangle = \langle \nabla g_\nu(X(t)), a(X(t)) \rangle = 0,$$

somit $g_\nu(X(t)) \equiv \text{const}$. Wegen $x_0 = X(0)$ und $x_0 \in M$ folgt $g_\nu(x_0) = 0$ und daher $g_\nu(X(t)) \equiv 0$, $1 \leq \nu \leq r$. $\qquad\square$

Definition 3. *Ein Vektorfeld $a : M \to \mathbb{R}^N$ heißt* **vollständig**, *wenn für jedes $x_0 \in M$ die Flußkurve $t \mapsto \varphi(t, x_0) = \varphi^t(x_0)$ auf ganz $\mathbb{R}$ definiert ist, d.h. wenn ihr maximales Existenzintervall $I(x_0)$ die ganze reelle Achse ist.*

Proposition 3. *Auf einer kompakten Mannigfaltigkeit M ist jedes Tangentialfeld vollständig.*

Beweis. Wegen Proposition 2 liegt für $x_0 \in M$ die gesamte Flußkurve

$$t \mapsto \varphi^t(x_0)$$

in M. Nach Band 1, 4.1, Satz 3 oder Korollar 2, kann sie dann für $t \to \pm\infty$ nicht aufhören zu existieren, weil sie sonst M verlassen müßte. $\qquad\square$

Der Fluß $\{\varphi^t|_M\}_{t\in\mathbb{R}}$ eines Tangentialfeldes $a : M \to \mathbb{R}^N$ auf einer kompakten Mannigfaltigkeit M bildet also eine einparametrige Gruppe von Transformationen $\varphi^t|_M : M \to M$; diese sind nach Band 1, 4.2 Homöomorphismen von M auf sich. Wir können sie auch im folgenden Sinne als Diffeomorphismen von M auf sich auffassen: Wegen 2.3, Satz 2 gibt es zu beliebigen $(T, x_0) \in \mathbb{R} \times M$ mit $t > 0$ ein $\rho > 0$, so daß $\varphi^t(x)$ für alle $x \in B_\rho(x_0)$ und alle $t \in [-T, T]$ definiert ist. Mittels Satz 3 von 2.3 erhält man, daß φ auf $[-T, T]$ von der Klasse C^∞ ist, wobei ρ nach dem Heine–Borelschen Satz unabhängig von x_0 gewählt werden kann; das Gleiche gilt für $\varphi(-t, x_0)$. Wir überlassen es dem Leser, diese Überlegungen im Detail auszuführen.

Proposition 4. *Seien a und b vollständige Tangentialfelder auf der Mannigfaltigkeit M und $\varphi^t, \psi^t : M \to M$ die zugehörigen Flüsse. Dann gilt:*

$$\varphi^t \circ \psi^s = \psi^s \circ \varphi^t \quad \text{für } t, s \in \mathbb{R} \;\Leftrightarrow\; [a, b] = 0 \,.$$

Beweis. (i) Wir zeigen, daß die Bedingung $[a, b] = 0$ notwendig ist für die Vertauschbarkeit der beiden Flüsse. In der Tat: Ist $f : M \to \mathbb{R}$ eine beliebige C^∞-Funktion, so gilt

$$\frac{d}{dt}(f \circ \varphi^t) = L_a f \circ \varphi^t \,, \qquad \frac{d}{ds}(f \circ \psi_s) = L_b f \circ \psi^s \,.$$

Hieraus folgt

$$\frac{\partial}{\partial s} \frac{\partial}{\partial t}(f \circ \varphi^t \circ \psi^s) = L_b(L_a f \circ \varphi^t) \circ \psi^s \,,$$

$$\frac{\partial}{\partial t} \frac{\partial}{\partial s}(f \circ \psi^s \circ \varphi^t) = L_a(L_b f \circ \psi^s) \circ \varphi^t \,,$$

und somit

$$\left[\frac{\partial}{\partial t} \frac{\partial}{\partial s} f(\psi^s \circ \varphi^t) - \frac{\partial}{\partial s} \frac{\partial}{\partial t} f(\varphi^t \circ \psi^s) \right]_{t=0, s=0} = [L_a, L_b] \, f \,.$$

Wegen $\varphi^t \circ \psi^s = \psi^s \circ \varphi^t$ verschwindet die linke Seite, und somit folgt $[L_a, L_b] f = 0$ für beliebiges f. Setzen wir sukzessive $f(x) := x_1, x_2, \dots, x_N$, so ergibt sich $[a, b] = 0$.
(ii) Nun zur Umkehrung. Wir fixieren $x \in M$ und setzen

$$X(t) = \varphi^t(x) \,, \quad Y(s, t) = (Y^1(s, t), \dots, Y^N(s, t)) \,, \quad Z(s, t) := \varphi^t(\psi^s(x)) \,,$$

$$Y(s, t) = (Y^1(s, t), \dots, Y^N(s, t)) := \psi^s(\varphi^t(x)) \,.$$

Dann gilt $\dot{X}(t) = a(X(t))$, $Y_s(s, t) = b(Y(s, t))$. Mit

$$\lambda(s, t) := Y_t(s, t) - a(Y(s, t)) = (\lambda_1, \dots, \lambda_N)$$

folgt

$$Y_{st} = \sum_{k=1}^{N} b_{x_k}(Y) Y_t^k = \sum_{k=1}^{N} [b_{x_k}(Y)\lambda_k + b_{x_k}(Y)a_k(Y)] \,, \quad \lambda_s = Y_{ts} - \sum_{k=1}^{N} a_{x_k}(Y) Y_s^k \,,$$

also

$$\lambda_s = \sum_{k=1}^{N} b_{x_k}(Y)\lambda_k + [a, b] \circ Y \,.$$

Nehmen wir $[a, b] = 0$ an, so folgt

$$\lambda_s = \sum_{k=1}^{N} b_{x_k}(Y)\lambda_k \,.$$

Wegen $\lambda(0, t) = \dot{X}(t) - a(X(t)) = 0$ liefert der Eindeutigkeitssatz für ein homogenes System „einmal Null, immer Null", also $\lambda(s, t) \equiv 0$ und somit $Y_t(s, t) = a(Y(s, t))$. Andererseits gilt $Z_t(s, t) = a(Z(s, t))$ und $Y(s, 0) = \psi^s(x) = Z(s, 0)$, woraus mit dem Eindeutigkeitssatz $Y(s, t) \equiv Z(s, t)$ und damit $\psi^s \circ \varphi^t = \varphi^t \circ \psi^s$ folgt.

$\square$

Proposition 4 können wir auch so ausdrücken: *Zwei Flüsse* φ^t *und* ψ^s *auf einer Mannigfaltigkeit kommutieren genau dann, wenn die sie erzeugenden infinitesimalen Transformationen* a *und* b *kommutieren, d.h.* $[a,b] = 0$ *erfüllen.*

Betrachten wir Proposition 2 noch einmal aus einem anderen Blickwinkel.

Sei $a : \Omega \to \mathbb{R}^N$ ein (C^∞)-Vektorfeld auf einem Gebiete Ω des $\mathbb{R}^N$ und bezeichne $t \mapsto \varphi(t,x)$ den zugeordneten „lokalen Fluß", d.h. die Lösung $X = \varphi(\cdot,x)$ der Anfangswertaufgabe

$$(13) \qquad\qquad \dot{X} = a(X), \qquad X(0) = x.$$

Ein *erstes Integral* der Gleichung $\dot{X} = a(X)$ ist eine C^1-Funktion $f : \Omega \to \mathbb{R}$ derart, daß $f(X(t)) \equiv$ const für jede Lösung X von $\dot{X} = a(X)$ gilt. Wir nehmen hier $f \in C^\infty(\Omega)$ an.

Proposition 5. *Eine Funktion* $f \in C^\infty(\Omega)$ *ist genau dann ein erstes Integral der Gleichung* $\dot{X} = a(X)$, *wenn gilt:*

$$(14) \qquad\qquad L_a f = 0.$$

Beweis. Aus $f(X(t)) \equiv$ const folgt

$$0 \equiv \frac{d}{dt} f(X(t)) = \sum_{j=1}^{N} f_{x_j}(X(t))\dot{X}_j(t) = \sum_{j=1}^{N} a_j(X(t))D_j f(X(t))$$

und damit $L_a f(X(t)) \equiv 0$. Wählen wir für $X(t)$ die Lösung von (13) und setzen $t = 0$, so ergibt sich $L_a f(x) = 0$ für alle $x \in \Omega$.
Umgekehrt folgt aus $L_a f = 0$, daß

$$0 = \left[\sum_{j=1}^{N} a_j(x)D_j f(x) \right]\Bigg|_{x=X(t)} = \sum_{j=1}^{N} \dot{X}_j(t)D_j f(X(t)) = \frac{d}{dt} f(X(t))$$

gilt, woraus $f(X(t)) \equiv$ const resultiert.

$\square$

Korollar 1. *Ist* $f \in C^\infty(\Omega)$ *ein erstes Integral von* $\dot{X} = a(X)$ *auf dem Gebiet* Ω *in* $\mathbb{R}^N$ *und gilt* $\nabla f(x) \neq 0$ *für alle* $x \in \Omega$, *so ist jede nichtleere Niveaufläche* $M_c := \{x \in \Omega : f(x) = c\}$ *eine* (C^∞)-*Mannigfaltigkeit in* $\mathbb{R}^N$, *und der von* a *erzeugte lokale Phasenfluß respektiert die Blätterung* $\{M_c\}_{c \in \mathbb{R}}$ *von* Ω, *d.h. mit* $x \in M_c$ *liegt auch jede Lösung* X *von (13) in* M_c.

Betrachten wir speziell ein Hamiltonsches System

$$(15) \qquad\qquad \dot{X} = H_y(X,Y), \qquad \dot{Y} = -H_x(X,Y)$$

mit einer Hamiltonfunktion $H(x, y)$ der Klasse $C^\infty(\Omega)$, $\Omega \subset \mathbb{R}^{2N}$. Bekanntlich ist H ein erstes Integral von (15). Setzen wir voraus, daß $\nabla H(x, y) \neq 0$ auf Ω gilt und daß die Hyperflächen $M_c := \{(x, y) \in \Omega : H(x, y) = c\}$ kompakt und nichtleer sind für $c \in I_0$, so sind die Lösungen von (15) mit den Anfangswerten $(X(0), Y(0)) = (x_0, y_0)$, $c := H(x_0, y_0) \in I_0$, für alle Zeiten definiert und laufen auf der kompakten Hyperfläche M_c konstanter Energie c.

Aufgaben.

1. Man beweise für drei Vektorfelder a, b, c die **Jacobische Identität**
$$[[a, b], c] + [[b, c], a] + [[c, a], b] = 0$$

2. Im folgenden betrachten wir reelle C^∞-Funktionen $F(x, y)$, $G(x, y)$, $H(x, y)$, ... auf der Menge $\mathbb{R}^n \times \mathbb{R}^n = \mathbb{R}^{2n}$. Je zwei Funktionen F, G ordnen wir die **Poissonklammer**
$$(F, G) := F_y \cdot G_x - F_x \cdot G_y = \sum_{j=1}^{n} (F_{y_j} \cdot G_{x_j} - F_{x_j} G_{y_j})$$
zu. Man zeige:
   (i) $\big((F, G), H\big) + \big((G, H), F\big) + \big((H, F), G\big) = 0$.
   (ii) Ist $\phi(t) = \big(X(t), Y(t)\big)$ eine Lösung des Hamiltonsystems $\dot{x} = H_y(x, y)$, $\dot{y} = -H_x(x, y)$, so gilt $\frac{d}{dt} F \circ \phi = (H, F) \circ \phi$. Also ist F genau dann ein erstes Integral, wenn $(H, F) = 0$ ist.
   (iii) Sind F und G erste Integrale von $\dot{x} = H_y$, $\dot{y} = -H_x$, so auch (F, G).

3. Man berechne (F, G) für $F = x_j$ bzw. y_j und $G = x_k$ bzw. y_k, also (x_j, x_k), (x_j, y_k), (y_j, y_k).

6 Abstandsfunktion und Eikonalgleichung

In Abschnitt 2.6 von Band 1 hatten wir den Abstand $d(x) := \inf \big\{ |x - a| : a \in M \big\}$ eines Punktes $x \in \mathbb{R}^n$ von einer nichtleeren Menge $M \subset \mathbb{R}^n$ eingeführt und gezeigt, daß
$$\big| d(x) - d(y) \big| \leq |x - y| \text{ für alle } x, y \in \mathbb{R}^n$$

gilt. Die Abstandsfunktion $d : \mathbb{R}^n \to \mathbb{R}$ ist also Lipschitzstetig mit der Lipschitzkonstanten Eins. Ist M überdies abgeschlossen, so gibt es zu jedem $x \in \mathbb{R}^n$ mindestens einen Punkt $a \in M$ mit $d(x) = |x - a|$; ein solcher Punkt heißt **Fußpunkt** von x auf M. Insbesondere liegt in diesem Fall x genau dann in M, wenn $d(x) = 0$ ist. Also können wir eine abgeschlossene Menge $M \subset \mathbb{R}^{n+1}$ als *Niveaumenge ihrer Abstandsfunktion* charakterisieren, nämlich

(1) $$M := \big\{ x \in \mathbb{R}^{n+1} : d(x) = 0 \big\} .$$

Ist speziell M eine Hyperfläche (d.h. eine n-dimensionale Mannigfaltigkeit) in $\mathbb{R}^{n+1}$ von der Klasse C^s, so könnte man vermuten, daß $d \in C^s(\Omega)$ für eine geeignete offene Umgebung Ω von M gilt. Dies ist aber nicht richtig, denn betrachten wir etwa die Hyperebene

(2) $$H := \big\{ x \in \mathbb{R}^{n+1} : x_{n+1} = 0 \big\}$$

so gilt $d(x) = |x_{n+1}|$, und diese Funktion ist nicht einmal von der Klasse C^1, obwohl $H \in C^\infty$ ist. Ein anderes Beispiel liefert die Sphäre

$$(3) \qquad S := \left\{ x \in \mathbb{R}^{n+1} : |x| = R \right\}, \ R > 0 \,,$$

die ebenfalls von der Klasse C^∞ ist, während ihre Abstandsfunktion $d(x) = \big||x| - R\big|$ nur Lipschitzstetig und nicht von der Klasse C^1 ist. In beiden Fällen läßt sich dieser Mangel aber leicht beheben, wenn man berücksichtigt, daß H wie auch S *zwei Seiten* hat und dementsprechend der Abstand zur einen Seite hin positiv und zur anderen negativ gerechnet wird, kurzum, wenn wir einen „Abstand mit Vorzeichen", also eine *signierte Abstandsfunktion* δ einführen. Im Beispiel (2) ist dies etwa $\delta(x) := x_{n+1}$, also $\delta(x) = d(x)$ für $x_{n+1} > 0$ und $\delta(x) = -d(x)$ für $x_{n+1} < 0$, und für die Sphäre (3) können wir $\delta(x) := |x| - R$ wählen, d.h. $\delta(x) = d(x)$, wenn x im Außenraum von S liegt, und $\delta(x) = -d(x)$, falls sich x innerhalb von S befindet. In beiden Fällen ist $\delta \in C^\infty$ in $\mathbb{R}^{n+1}$ bzw. in $\mathbb{R}^{n+1} \setminus \{0\}$, und es gilt dort die *Eikonalgleichung* $|\nabla \delta| = 1$, die beispielsweise in der geometrischen Optik eine wichtige Rolle spielt. Freilich ist die signierte Abstandsfunktion keineswegs eindeutig bestimmt, denn für H hätten wir auch $\delta(x) := -x_{n+1}$ wählen können, und für S wäre auch $\delta(x) := R - |x|$ in Frage gekommen. In beiden Fällen haben wir jeweils die Seiten von H bzw. S vertauscht, nach denen hin $\delta(x)$ positiv bzw. negativ gerechnet werden soll. Möchte man nun diese Überlegung auf eine beliebige (nichtleere) Hyperfläche

$$M := \left\{ x \in \Omega_0 : \ f(x) = 0 \right\}$$

übertragen, wobei Ω_0 eine offene Menge in $\mathbb{R}^{n+1}$ und $f \in C^k(\Omega_0)$ mit $\nabla f(x) \neq 0$ in Ω_0 ist, so bedient man sich des durch

$$(4) \qquad \nu : \Omega_0 \to S^n \subset \mathbb{R}^{n+1}, \ \ \nu(x) := \frac{\nabla f(x)}{|\nabla f(x)|} \quad \text{für } \ x \in \Omega_0 \,,$$

definierten Vektorfeldes $\nu \in C^{k-1}(\Omega_0, \mathbb{R}^{n+1})$. Die Einschränkung N von ν auf M, also

$$(5) \qquad N := \nu|_M : \ M \to S^n \subset \mathbb{R}^{n+1} \,,$$

ist ein *stetiges Normalenfeld von Einheitsvektoren auf* M. Das entgegengesetzte Vektorfeld $-N$ ist ein anderes solches Feld; weitere gibt es nicht, falls M bogenweise zusammenhängend ist. Wir sagen, durch Wahl eines der beiden stetigen Normalenfelder $M \to S^n$ werde eine **Orientierung von** M festgelegt. Wir nennen M **positiv orientiert**, wenn die Orientierung durch ν bestimmt wird, und **negativ orientiert** bei Wahl von $-\nu$. Diese Konvention hat keine geometrische Bedeutung, weil man in der Definition von M die Funktion f durch $-f$ ersetzen kann, ohne M zu ändern, während N dabei in $-N$ und $-N$ in N übergeht. Denken wir uns jetzt M positiv orientiert. Die Menge $\Omega_0 \setminus M$ zerfällt in die disjunkten offenen Mengen $\Omega_0^+ := \left\{ x \in \Omega : f(x) > 0 \right\}$ und $\Omega_0^- := \left\{ x \in \Omega : \ f(x) < 0 \right\}$. Aus Satz 2 von 4.1 folgt:

(i) $M \subset \partial\Omega_0^+$ und $M \subset \partial\Omega_0^-$.

(ii) Zu jedem $\xi \in M$ gibt es ein $\epsilon > 0$, so daß die Punkte $\xi + tN(\xi)$ für $0 < t < \epsilon$ in Ω_0^+ und für $-\epsilon < t < 0$ in Ω_0^- liegen.

Für diesen Sachverhalt sagen wir: Ω_0^+ *ist die* **positive Seite** *und* Ω_0^- *die* **negative Seite von** M *bezüglich der durch* N *definierten positiven Orientierung von* M, und ferner: N *weist nach der positiven Seite von* M *und* $-N$ *nach der negativen.* Ist M speziell Teil des Randes eines Gebietes $G \subset \mathbb{R}^{n+1}$, so heißt N die **äußere Normale von** ∂G (auf dem Teil M) und $-N$ **die innere Normale**, wenn es zu jedem $\xi \in M$ ein $\epsilon(\xi) > 0$ mit folgender Eigenschaft gibt: Für $-\epsilon < t < 0$ gilt $\xi + tN(\xi) \in G$, und für $0 < t < \epsilon$ ist $\xi + tN(\xi) \notin G$.

Definition 1. *Besteht der Rand* ∂G *eines beschränkten Gebietes* G *des* $\mathbb{R}^{n+1}$ *aus endlich vielen kompakten, bogenweise zusammenhängenden* C^1-*Mannigfaltigkeiten* $M_1, \ldots, M_p$, *so heißt* G **positiv** (negativ) **orientiert**, *wenn sämtliche Randkomponenten* $M_1, \ldots, M_p$ *durch Wahl der* äußeren (inneren) *Normalen als Einheitsnormalenfeld* $N : \partial G \to S^n$ *positiv orientiert sind.*

Diese Definition spielt bei der Formulierung der Sätze von Gauß und Green (vgl. Kapitel 6) eine wichtige Rolle.

Zurück zur Definition der **signierten Abstandsfunktion** δ einer Mannigfaltigkeit M, die wir jetzt als kompakt und bogenweise zusammenhängend voraussetzen. Zunächst bezeichnen wir die Menge

$$S_\epsilon(M) := \big\{ x \in \Omega_0 : \text{dist}\,(x, M) \le \epsilon \big\}$$

als die ϵ-**Verdickung von** M in Ω_0. Im folgenden werden wir nicht in Ω_0, sondern auf $S_\epsilon(M)$ operieren. Daher nennen wir $S_\epsilon^+(M) := S_\epsilon(M) \cap \Omega_0^+$ die **positive Seite von** $S_\epsilon(M)$ und $S_\epsilon^-(M) := S_\epsilon(M) \cap \Omega_0^-$ **die negative Seite**. Also weist N nach $S_\epsilon^+(M)$ und $-N$ nach $S_\epsilon^-(M)$.

Nunmehr definieren wir $\delta : S_\epsilon(M) \to \mathbb{R}$ durch

$$(6) \qquad \delta(x) := \begin{cases} d(x) & x \in S_\epsilon^+(M) \cup M \\ & \text{für} \\ -d(x) & x \in S_\epsilon^-(M) \cup M \end{cases}$$

wobei $\delta(x) = 0$ ist für $x \in M$, da $d(x)$ auf M verschwindet.

Das *Hauptergebnis dieses Abschnitts* ist das folgende Resultat (vgl. Satz 1 und Satz 3):

(i) *Ist* $k \ge 2$ *und* $0 < \epsilon \ll 1$, *so gibt es zu jedem* $x \in S_\epsilon(M)$ *genau einen* „*Fußpunkt*" $\xi =: p(x)$ *und genau ein* $t \in [-\epsilon, \epsilon]$, *so daß* $|t| = |x - \xi| = d(x)$ *und* $x = \xi + tN(\xi)$ *ist. Somit gilt:*

$$S_\epsilon(M) = \{ x \in \mathbb{R}^{n+1} : x = \xi + tN(\xi),\ \xi \in M,\ |t| \le \epsilon \} \quad \text{und} \quad t = \delta(x)\,.$$

(ii) *Es gilt* $\delta \in C^k\big(S_\epsilon(M)\big)$ *und* $|\nabla\delta| = 1$.

Man nennt (ξ, t) die **Fermikoordinaten** oder **Normalkoordinaten** eines Punktes von $x \in S_\epsilon(M)$ bezüglich der Mannigfaltigkeit M.

Der Beweis beruht auf der geschickten Einführung lokaler Koordinaten; dies wird in den folgenden zwei Hilfssätzen beschrieben.

Lemma 1. *Sei P_0 ein beliebiger Punkt von M. Dann gibt es ein kartesisches System von Koordinaten $(y, z) \in \mathbb{R}^n \times \mathbb{R}$ mit P_0 als neuem Ursprung 0 und eine Funktion $h \in C^2(W)$, $W := \{\, y \in \mathbb{R}^n : |y|_* \le r \,\}$, so daß gilt:*

(i) $h(0) = 0$, $\nabla h(0) = 0$.

(ii) $|D^2 h(y)| \le \mu$ *für alle $y \in W$.*

(iii) *Für $W_0 := W \times [-r, r] = \{(y, z) \in \mathbb{R}^n \times \mathbb{R} : |y|_* \le r, \ |z| \le r\}$ ist $M \cap W_0 = \text{graph } h$.*

(iv) *Die Zahlen r, μ lassen sich unabhängig vom Punkt $P_0 \in M$ wählen, und wir dürfen*

(7) $$r\mu < 1$$

annehmen.

Beweis.

Wir betrachten die Tangentialhyperebene $E_{P_0} := P_0 + T_{P_0} M$ an die Fläche M im Punkte P_0 und legen das neue kartesische Koordinatensystem so, daß seine Achsen den Punkt P_0 als neuen Ursprung 0 haben, die y_j-Achsen in E_{P_0} liegen und die z-Achse senkrecht zu E_{P_0} in Richtung von $\nu(P_0)$ zeigt. In einem solchen Koordinatensystem gewinnt man mittels 1.9 und 4.1 die lokale Darstellung (i)–(iii) von M in der Nähe von P_0. Da M kompakt ist, kann man die Konstanten $r > 0$ und $\mu > 0$ unabhängig von P_0 erreichen. Dann läßt sich auch noch (7) einrichten, wenn wir r geeignet verkleinern. $\qquad\square$

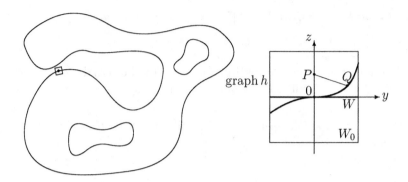

Lemma 2. *Sei P ein Punkt auf der z-Achse und Q ein beliebiger Punkt auf $M \cap W_0 = \mathrm{graph}\, h$ mit $Q \neq O$. Dann gilt $\overline{PO} < \overline{PQ}$.*

Beweis. In dem neuen Koordinatensystem, das wir in Lemma 1 eingeführt haben, gilt: $P = (0,t)$, $|t| \leq r$; $Q = (y, h(y)) =: \varphi(y)$, $|y|_* \leq r$, $y \neq 0$.

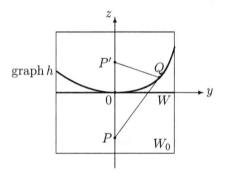

Wenn wir $h(y)$ in $O \in \mathbb{R}^n$ nach y entwickeln, so folgt

$$h(y) \;=\; h(0) + \nabla h(0) \cdot y \;+\; \frac{1}{2}\, \langle y, D^2 h(\tilde{y})y \,\rangle$$

für jedes $y \in W$ mit einem Zwischenpunkt $\tilde{y}$ auf der Strecke $[0,y]$ zwischen 0 und y, d.h. $|\tilde{y}|_* \leq r$. Nach Eigenschaft (i) von Lemma 1 ist $h(0) = 0$, $\nabla h(0) = 0$, und (ii) liefert $|\langle y, D^2 h(\tilde{y})y\rangle| \leq \mu|y|^2$; folglich gilt $|h(y)| \leq \frac{1}{2}\mu\,|y|^2$ für alle $y \in W$. Dies ergibt

$$\overline{PQ}^2 \;=\; |y|^2 + |t - h(y)|^2 \;=\; |y|^2 + t^2 - 2th(y) + h^2(y) \;\geq\; |y|^2 + |t|^2 - \mu|t|\cdot|y|^2$$
$$\geq\; |y|^2 + |t|^2 - \mu r|y|^2 \;=\; (1 - \mu r)|y|^2 + |t|^2\,.$$

Wegen (7) und $y \neq 0$ ergibt sich $\overline{PQ} > |t| = \overline{PO}$.

$\square$

Satz 1. *Für jede kompakte n-dimensionale gleichungsdefinierte Mannigfaltigkeit M der Klasse C^2 in $\mathbb{R}^{n+1}$ existiert ein $\epsilon > 0$ mit folgender Eigenschaft:*

(i) Zu jedem $x \in S_\epsilon(M)$ gibt es genau einen Punkt $\xi \in M$ und genau eine Zahl $t \in \mathbb{R}$, so daß $|t| = |x - \xi| = d(x)$ ist, und es gilt

(8) $$x = \xi + tN(\xi) \quad \text{mit} \quad |t| \leq \epsilon .$$

*Man nennt ξ den **Fußpunkt** von x auf M.*

(ii) Ist x von der Form (8) mit $\xi \in M$, so gilt:

$$x \in S_\epsilon(M) \quad \text{und} \quad |t| = d(x) = |x - \xi| .$$

(iii) Die ϵ-Verdickung $S_\epsilon(M)$ läßt sich schreiben als

(9) $$S_\epsilon(M) = \{x \in \mathbb{R}^{n+1} : \ x = \xi + tN(\xi), \ \xi \in M, \ |t| \leq \epsilon\} .$$

Beweis. Wir wählen $\epsilon := r/2$ mit r aus Lemma 1.

(i) Da M kompakt ist, gibt es zu jedem $P \in S_\epsilon(M)$ einen Punkt $P_0 \in M$ derart, daß $\overline{PP_0} = \text{dist}\,(P, M) = d(P) \leq \epsilon$ ist. Für $P \in M$ ist $P_0 = P$, und für $P \notin M$ ist $P_0 \neq P$, und der Vektor $\overrightarrow{P_0 P}$ steht senkrecht auf der Tangentialebene E_{P_0} an M in P_0. Also liegt P auf der Geraden $\mathcal{G} = \{P_0 + t\nu(P_0) : t \in \mathbb{R}\}$. Benutzen wir nun das „oskulierende" neue Koordinatensystem von Lemma 1 mit P_0 als neuem Ursprung, so hat P die Form $(0, t)$ mit $|t| \leq \epsilon$, und aus Lemma 2 ergibt sich

$$\overline{PP_0} < \overline{PQ} \quad \text{für alle} \quad Q \in M \cap W_0 \text{ mit } Q \neq P_0 .$$

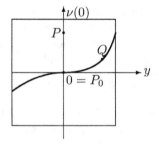

Ist aber Q ein Punkt außerhalb von W_0, so gilt nach Wahl von ϵ sicherlich $\overline{PQ} > \epsilon$. Somit ist P_0 der eindeutig bestimmte nächste Nachbar von P auf M, also der Fußpunkt von x auf M. Hat P_0 im ursprünglich zugrunde gelegten Koordinatensystem die Koordinaten ξ und P die Koordinaten x, so gilt daher

$$x = \xi + t\,\nu(\xi) \quad \text{mit} \quad |t| \leq \epsilon ,$$

und wegen $|x - \xi| = d(x)$ folgt $|t| = d(x)$. Also läßt sich x in der Form (8) schreiben.

(ii) Ist x von der Form (8), so folgt aus Lemma 1 und 2 wegen $|t| \leq \epsilon = r/2$ sofort, daß ξ der eindeutig bestimmte Fußpunkt von x ist und $|t| = d(x) = |x - \xi|$ gilt.

(iii) Die Darstellung (9) ergibt sich unmittelbar aus (i) und (ii).

$\square$

Die durch Satz 1 definierte Abbildung $\Pi : x \mapsto (\xi, t)$ ist eine Bijektion von $S_\epsilon(M)$ auf $M \times [-\epsilon, \epsilon]$; wir schreiben

$$\text{(10)} \qquad \Pi(x) = (p(x), \delta(x)) .$$

Die Zuordnung $x \mapsto \xi = p(x)$ ist die **Fußpunktprojektion**, und $x \mapsto t = \delta(x)$ ist die **signierte Abstandsfunktion**; es gilt

$$\text{(11)} \qquad d(x) = |\delta(x)| \qquad \text{für alle} \quad x \in S_\epsilon(M) .$$

Durch

$$\text{(12)} \qquad \xi = p(x), \quad t = \delta(x)$$

werden **globale Fermikoordinaten** (oder **Normalkoordinaten**) (ξ, t) auf $S_\epsilon(M)$ definiert; diese sind für vielerlei Zwecke nützlich. Wir wollen zuerst zeigen, daß δ von der Klasse C^{k-1}, also mindestens C^1 ist; eine Ableitung geht, weil δ mit Hilfe von (8) gewonnen wird, überall dort verloren, wo der Normalenvektor ν auftritt, denn bei der Definition von ν wird eine Ableitung von f verbraucht (vgl. (1)). Überraschenderweise läßt sich aber zeigen, daß die Funktion $\delta(x)$ von der Klasse C^k auf $S_\epsilon(M)$ ist, $k \geq 2$.

Um dieses Programm zu entwickeln, operieren wir mit den **lokalen Fermikoordinaten** $(y, t) \in W_0 = W \times [-\epsilon, \epsilon]$. Zur Vereinfachung der Notation nehmen wir an, daß die „alten" kartesischen Koordinaten x mit den in Lemma 1 eingeführten neuen kartesischen Koordinaten (y, z) übereinstimmen. Eigentlich müßten wir $(y, z) = Ax + b = B(x)$ mit einer geeigneten Bewegung B des $\mathbb{R}^{n+1}$ schreiben; da aber B ein C^∞-Diffeomorphismus ist, verändert sich beim Übergang von der Transformation $(y, t) \mapsto (y, z)$ zur Transformation $(y, t) \mapsto x$ nichts an den Differenzierbarkeitseigenschaften der Transformation $(y, t) \mapsto (y, z)$, so daß wir zur Vereinfachung der Notation $x = (y, z)$ annehmen dürfen.

Wir betrachten die Abbildung $\Phi : (y, t) \mapsto x$, die durch

$$\text{(13)} \qquad x = \Phi(y, t) := \xi + t\nu(\xi) , \quad \xi = \varphi(y) := (y, h(y))$$

definiert ist, auf dem Quader $W_\epsilon := \{(y, t) \in \mathbb{R}^n \times \mathbb{R} : y \in W, |t| \leq \epsilon\}$. Offenbar ist Φ eine Bijektion der Klasse C^{k-1} von W_ϵ auf $W_\epsilon^* := \Phi(W_\epsilon)$. Wir setzen

$$\text{(14)} \qquad \overline{\nu}(y) := \nu(\varphi(y))$$

und haben dann

$$\text{(15)} \qquad x = \varphi(y) + t\,\overline{\nu}(y) .$$

Wenn wir für den Augenblick $x, \varphi(y)$ und $\overline{\nu}(y)$ als Spaltenvektoren auffassen, so können wir diese Gleichung in der Form

$$
\begin{aligned}
x_1 &= y_1 &+&\; t\,\overline{\nu}_1(y) &=&\; \Phi_1(y, t) \\
x_2 &= y_2 &+&\; t\,\overline{\nu}_2(y) &=&\; \Phi_2(y, t) \\
&\;\vdots & &\;\;\vdots & &\;\;\vdots \\
x_n &= y_n &+&\; t\,\overline{\nu}_n(y) &=&\; \Phi_n(y, t) \\
x_{n+1} &= h(y) &+&\; t\,\overline{\nu}_{n+1}(y) &=&\; \Phi_{n+1}(y, t)
\end{aligned}
$$

schreiben. Wir wollen die Jacobimatrix der Abbildung Φ auf dem Intervall $I = \{0\} \times [-\epsilon, \epsilon]$, $0 \in \mathbb{R}^n$, berechnen. Die Rechnungen werden besonders einfach, wenn wir die Koordinatenachsen der Variablen $y_1, \ldots, y_n$ in Richtung der Eigenvektoren der Hessematrix $D^2 h(0)$ legen. Die zugehörigen n reellen Eigenwerte $\kappa_1, \kappa_2, \ldots, \kappa_n$ von $D^2 h(0)$ werden die **Hauptkrümmungen** von M im Punkte $P_0 = \varphi(0)$ genannt. Weiterhin heißen die Ausdrücke

$$(16) \qquad H(P_0) = \frac{1}{n} \operatorname{Spur} D^2 h(0) = \frac{1}{n}(\kappa_1 + \kappa_2 + \ldots + \kappa_n)$$

bzw.

$$(17) \qquad K(P_0) = \det D^2 h(0) = \kappa_1 \kappa_2 \ldots \kappa_n$$

die **mittlere Krümmung** bzw. die **Gauß–Kronecker–Krümmung** von M in P_0. (Vgl. hierzu Gilbarg–Trudinger, *Elliptic partial differential equations of second order*, Springer, Berlin 1983, sowie Lehrbücher der Differentialgeometrie, z.B. Dubrovin-Fomenko-Novikov, *Modern Geometry*, vols. 1-3, Springer 1985-1995). In unserem speziellen Koordinatensystem hat $D^2 h(0)$ Diagonalgestalt:

$$(18) \qquad D^2 h(0) = \operatorname{diag}(\kappa_1, \kappa_2, \ldots, \kappa_n).$$

Ferner gilt für $y \in W$

$$\bar{\nu}_j(y) = \frac{-D_j h(y)}{\sqrt{1 + |\nabla h(y)|^2}}, \quad j = 1, \ldots, n,$$

$$(19)$$

$$\bar{\nu}_{n+1}(y) = \frac{1}{\sqrt{1 + |\nabla h(y)|^2}}.$$

Wegen $\nabla h(0) = 0$ folgt hieraus

$$(20) \qquad D_k \bar{\nu}_j(0) = -\kappa_j \delta_{kj}, \quad 1 \leq j, k \leq n, \quad \nabla \bar{\nu}_{n+1}(0) = 0.$$

Somit erhalten wir für $|t| \leq \epsilon$, daß

$$(21) \qquad D\Phi(0, t) = \operatorname{diag}(1 - t\kappa_1, \, 1 - t\kappa_2, \ldots, 1 - t\kappa_n, \, 1)$$

ist, und hieraus ergibt sich

$$(22) \qquad \det D\Phi(0, t) = \Pi_{j=1}^n (1 - t\kappa_j) > 0,$$

weil $|\kappa_j| \leq \mu$, $|t| \leq \epsilon = r/2$ und $\mu r < 1$ ist. Mithin gibt es eine Zahl $\epsilon_0 \in (0, r)$ derart, daß $\det D\Phi(y, t) > 0$ für $|y|_* \leq \epsilon_0$, $|t| \leq \epsilon$ gilt, und wir schließen, daß Φ ein C^{k-1}-Diffeomorphismus von

$$W_{\epsilon_0, \epsilon} := \{(y, t) \in \mathbb{R}^n \times \mathbb{R} : |y|_* \leq \epsilon_0, \, |t| < \epsilon\}$$

auf $W^*_{\epsilon_0, \epsilon} := \Phi(W_{\epsilon_0, \epsilon})$ ist. Sei $\Psi : W^*_{\epsilon_0, \epsilon} \to W_{\epsilon_0, \epsilon}$ die Inverse dieses Diffeomorphismus, also $(y, t) = \Psi(x)$ für $x \in W^*_{\epsilon_0, \epsilon}$. Mit Hilfe der Abbildungen

$\Pi(x) = (p(x), \delta(x))$ und $\Lambda(\xi, t) := (\varphi^{-1}(\xi), t)$ können wir Ψ faktorisieren: $\Psi = \Lambda \circ \Pi|_{W^*_{\epsilon_0, \epsilon}}$, d.h. $\Psi(x) = (\varphi^{-1}(p(x)), \delta(x))$. Setzen wir

$$(23) \qquad\qquad \eta(x) := \varphi^{-1}(p(x)) , \quad x \in W^*_{\epsilon_0, \epsilon} ,$$

so ergibt sich

$$(24) \qquad\qquad \Psi(x) = (\eta(x), \delta(x)) \qquad \text{für } x \in W^*_{\epsilon_0, \epsilon} .$$

Wegen $\Phi \in C^{k-1}$ ist $\Psi \in C^{k-1}$ und somit $\eta \in C^{k-1}$ und $\delta \in C^{k-1}$ auf $W^*_{\epsilon_0, \epsilon}$. Damit ist auch die Fußpunktprojektion p von der Klasse C^{k-1} auf $W^*_{\epsilon_0, \epsilon}$, denn

$$(25) \qquad\qquad p(x) = \varphi(\eta(x)) ,$$

und die Abbildung $y \mapsto (y, h(y)) = \varphi(y)$ ist von der Klasse C^k auf $W^*_{\epsilon_0, \epsilon}$.

Weil wir diese Betrachtung in jedem Punkt $P_0 \in M$ anstellen können und die Differenzierbarkeit eine lokale Eigenschaft ist, sind η und δ von der Klasse C^{k-1} auf $S_\epsilon(M)$. Damit folgt auch $\Pi \in C^{k-1}(S_\epsilon(M), \mathbb{R}^{n+1} \times \mathbb{R})$, und wir haben gezeigt:

Satz 2. *Die Funktionen η, δ und Π sind von der Klasse C^{k-1} auf $S_\epsilon(M)$, $k \geq 2$.*

Als nächstes wollen wir beweisen:

Satz 3. *Es gilt*

$$(26) \qquad\qquad \nabla\delta(x) = \nu(p(x)) \quad \text{für alle } x \in S_\epsilon(M)$$

und damit insbesondere

$$(27) \qquad\qquad |\nabla\delta(x)| = 1 \quad \text{auf } S_\epsilon(M)$$

sowie $\delta \in C^k(S_\epsilon(M))$, $k \geq 2$.

Beweis. Sei $x \in S_\epsilon(M)$ und $0 < \delta(x) < \epsilon$. Dann folgt $\delta(x) = d(x)$ sowie

$$\frac{\partial\delta}{\partial a}(x) = \nabla\delta(x) \cdot a = \nabla d(x) \cdot a = \frac{\partial d}{\partial a}(x) \quad \text{für beliebiges } a \in S^n .$$

Andererseits ist

$$\frac{\partial d}{\partial a}(x) = \lim_{\tau \to 0} \frac{d(x + \tau a) - d(x)}{\tau} ,$$

und wir wissen, daß $d : \mathbb{R}^{n+1} \to \mathbb{R}$ eine Lipschitzbedingung mit der Lipschitzkonstanten Eins erfüllt. Dies liefert

$$|d(x + \tau a) - d(x)| \leq |(x + \tau a) - x| \leq |\tau a| = |\tau|$$

und somit $|\nabla\delta(x) \cdot a| \leq 1$ für alle $a \in S^n$, also $|\nabla\delta(x)| \leq 1$. Dasselbe gilt auch für $x \in S_\epsilon(M)$ mit $-\epsilon < \delta(x) < 0$. Aus Stetigkeitsgründen folgt schließlich

$$|\nabla\delta(x)| \leq 1 \quad \text{für alle } x \in S_\epsilon(M) \,.$$

Nun benutzen wir wieder die zuvor eingeführten lokalen Koordinaten (y,t). Nach Konstruktion von Φ und Ψ haben wir lokal $\Psi \circ \Phi = \text{id}$, genauer:

$$\eta(\Phi(y,t)) = y \,, \quad \delta(\Phi(y,t)) = t \quad \text{für } (y,t) \in W_{\epsilon_0,\epsilon} \,.$$

Insbesondere gilt also $t = \delta(\varphi(y) + t\overline{\nu}(y))$ für $(y,t) \in W_{\epsilon_0,\epsilon}$. Differentiation nach t ergibt $1 = \nabla\delta(\varphi(y) + t\overline{\nu}(y)) \cdot \overline{\nu}(y)$. Wegen

$$x \;=\; \xi + t\nu(\xi) \;=\; \varphi(y) + t\nu(\varphi(y)) \;=\; \varphi(y) + t\overline{\nu}(y)$$

und

$$\nu(p(x)) \;=\; \nu(\xi) \;=\; \nu(\varphi(y)) \;=\; \overline{\nu}(y)$$

ergibt sich

$$1 \;=\; \nabla\delta(x) \cdot \nu(p(x)) \quad \text{für alle } x \in S_\epsilon(M) \,,$$

wobei $\xi = p(x)$ der Fußpunkt von x ist. Beachten wir noch $|\nabla\delta(x)| \leq 1$ und $|\nu(\xi)| = 1$, so folgt aus der Schwarzschen Ungleichung, daß für $0 < \delta(x) < \epsilon$

$$|\nabla\delta(x)| \;=\; 1 \quad \text{und} \quad \nabla\delta(x) \;=\; \overline{\nu}(\eta(x)) = \nu(p(x))$$

gilt. Analog verfahren wir für $x \in S_\epsilon(M)$ mit $-\epsilon < \delta(x) < 0$. Da sowohl $\nabla\delta$ als auch $\nu \circ p$ auf $S_\epsilon(M)$ stetig sind, erhalten wir

$$\nabla\delta(x) \;=\; \nu(p(x)) \quad \text{für alle } x \in S_\epsilon(M) \,.$$

Mit ν und p ist auch $\nabla\delta$ von der Klasse C^{k-1} und folglich $\delta \in C^k(S_\epsilon(M))$.
$\square$

Bemerkung 1. Man bezeichnet die partielle Differentialgleichung

(28) $$|\nabla u(x)| \;=\; 1$$

als **Eikonalgleichung**; sie spielt in der geometrischen Optik eine wichtige Rolle. Aus Satz 3 schließen wir, daß die signierte Abstandsfunktion eine Lösung von (28) mit den „Anfangswerten" $u(x) = 0$ auf M ist.

Weiterhin ergibt sich aus der obigen Diskussion, daß durch

(29) $$M_t \;:=\; \{x \in S_\epsilon(M) : \delta(x) = t\} \,, \quad |t| \leq \epsilon \,,$$

eine Einparameterschar von n-dimensionalen Mannigfaltigkeiten der Klasse C^k mit den folgenden Eigenschaften definiert wird:

(i) $M_0 = M$;

(ii) dist $(M_t, M_s) = |t - s|$, insbesondere dist $(M_t, M) = |t|$;

(iii) Die n-parametrige Schar $\{\mathcal{G}_\xi\}_{\xi \in M}$ der zu M orthogonalen Geraden

$$(30) \qquad \mathcal{G}_\xi := \{\, \xi + tN(\xi) : t \in \mathbb{R} \,\} \qquad \text{mit } \xi \in M$$

durchsetzt jede der Flächen M_t orthogonal.

Man nennt die Flächen M_t **Parallelflächen** zu M, und die durch (30) definierten Geraden $\mathcal{G}_\xi$ sind die **orthogonalen Trajektorien** der Schar $\{M_t\}_{|t| \leq \epsilon}$.

Denken wir uns den $\mathbb{R}^3$ als ein isotropes und homogenes optisches Medium und M als eine kompakte zweidimensionale Fläche in $\mathbb{R}^3$, von der orthogonal zu M Lichtstrahlen $\mathcal{G}_\xi$, $\xi \in M$, ausgehen. Dann können wir die Parallelflächen M_t als *Wellenflächen* und t als die Zeit deuten, die das Licht benötigt, um von einem Punkt $\xi \in M$ zum Punkt $x = \xi + t\nu(\xi)$ auf M_t zu gelangen. Für $t > 0$ kann man M_t als *Enveloppe* oder *Einhüllende* der Kugelschar $\{K_t(\xi)\}_{\xi \in M}$ interpretieren, und dies ist nichts anderes als das berühmte **Huygenssche Prinzip** (*Traitè de la lumiére, 1690*) der geometrischen Optik für ein homogenes isotropes Medium, mit dem Huygens die Wellennatur des Lichtes ins Spiel bringen wollte. Wie wir heute wissen, ist dieses Erklärungsmuster zu simpel, weil das Licht nicht wie der Schall eine longitudinale Schwingung seines Mediums (d.h. eine Schwingung in Fortpflanzungsrichtung) verursacht, sondern transversal zur Fortpflanzungsrichtung schwingt, und weil das Phänomen der „Wellenlänge" nicht berücksichtigt wird. Als eine erste Approximation spielt die geometrische Optik aber immer noch eine wichtige Rolle beim Bau optischer Instrumente.

Korollar 1. *Wenn M eine kompakte gleichungsdefinierte n-dimensionale Mannigfaltigkeit der Klasse C^2 in $\mathbb{R}^{n+1}$ ist, so erfüllt M eine gleichmäßige* **zweiseitige Kugelbedingung**, *d.h. es gibt ein $\rho > 0$, so daß für jeden Punkt $\xi \in M$*

$$M \cap K_\rho(x^+) = \{\xi\} \quad \text{und} \quad M \cap K_\rho(x^-) = \{\xi\}$$

gilt, wobei $K_\rho(x^+)$ bzw. $K_\rho(x^-)$ die abgeschlossenen Kugeln im $\mathbb{R}^{n+1}$ mit Radius ρ und den Mittelpunkten $x^+ = \xi + \rho N(\xi)$ bzw. $x^- = \xi - \rho N(\xi)$ bedeuten.

Beweis. Die Behauptung folgt mit $\rho := \epsilon/2$ sofort aus der obigen Diskussion. $\qquad\square$

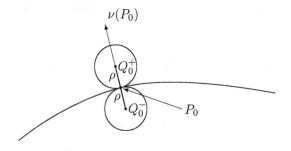

Aufgaben.

1. Man bestimme eine Lösung $S : \mathbb{R}^{n+1} \to \mathbb{R}$ der Eikonalgleichung $|\nabla S| = 1$, die auf der Hyperebene

$$H := \left\{ x \in \mathbb{R}^{n+1} : a \cdot x + b = 0 \right\}$$

mit $a \in S^n$, $b \in \mathbb{R}$ verschwindet. Was sind die Parallelflächen zu S und die zugehörigen orthogonalen Trajektorien?

2. Man gebe eine Lösung $S : \mathbb{R}^{n+1} \setminus \{0\} \to \mathbb{R}$ von $|\nabla S| = 1$ an, die auf der Sphäre $M := \left\{ x \in \mathbb{R}^{n+1} : |x| = 1 \right\}$ verschwindet. Was sind die Parallelflächen und die orthogonalen Trajektorien zu diesen? Warum kann man S nicht zu einer Lösung auf $\mathbb{R}^{n+1}$ fortsetzen?

3. Sei $M \in C^2$ der Rand eines beschränkten konvexen Gebietes G in $\mathbb{R}^n$. Man zeige, daß sich Fermikoordinaten bezüglich M auf ganz $\mathbb{R}^n \setminus G$ einführen lassen, während sie in G nur in der Nähe des Randes M existieren.

4. Bezeichne $X \in C^k(I, \mathbb{R}^2)$, $k \geq 3$, eine reguläre Kurve in der Ebene mit nichtverschwindender Krümmung $\kappa(t)$, dem Krümmungsradius $\rho(t)$ und der Normalen $N(t)$ im Punkte $X(t)$ für $t \in I$. Dann heißt die durch $Y(t) := X(t) + \rho(t)N(t)$ definierte Kurve $Y : I \to \mathbb{R}^2$ die *Evolute* von X. Ist $X(t) = \big(x(t), y(t)\big)$ und $Y = \big(\xi(t), \eta(t)\big)$, so gilt also

$$\begin{aligned}
\xi &= x - \rho \, \frac{\dot{y}}{\sqrt{\dot{x}^2 + \dot{y}^2}} \,, \qquad & \eta &= y + \rho \, \frac{\dot{x}}{\sqrt{\dot{x}^2 + \dot{y}^2}} \\
&= x - \dot{y} \, \frac{\dot{x}^2 + \dot{y}^2}{\dot{x}\ddot{y} - \dot{y}\ddot{x}} \,, & &= y + \dot{x} \, \frac{\dot{x}^2 + \dot{y}^2}{\dot{x}\ddot{y} - \dot{y}\ddot{x}} \,.
\end{aligned}$$

Man zeige:
   (i) Die Evolute einer Zykloide ist eine Zykloide (Huygens, *Horologium oscillatorium*, 1673). Die Zykloide sei etwa in der folgenden Form gewählt:

$$x(t) = R(\pi + t + \sin t) \,, \quad y(t) = -R(1 + \cos t) \,.$$

   (ii) Die Evolute einer Ellipse $x(t) = a\cos t$, $y(t) = b\sin t$ mit $a > b > 0$ genügt der Gleichung $(a\xi)^{2/3} + (b\eta)^{2/3} = (a^2 - b^2)^{2/3}$, ist also eine *Astroide*.
   (iii) Die Evolute einer Epizykloide (Hypozykloide) ist eine Epizykloide (Hypozykloide).
   (iv) Die Evolute einer Parabel $y = x^2/2$ ist die Neilsche Parabel $8(y - 1)^3 = 27x^2$.
   (v) Die Evolute der Kettenlinie $y = \cosh x$ ist die Kurve $\xi(x) = x - \sinh x \cosh x$, $\eta(x) = 2\cosh x$.

5. Die Evolute eines Kreisbogens reduziert sich auf einen festen Punkt. Gilt auch die Umkehrung?

6. Man zeige: Die Normalen einer ebenen Kurve X sind die Tangenten ihrer Evolute Y; letztere ist also die Enveloppe der Normalenschar zu X, und zwar berührt die Normale eines Kurvenpunktes die Evolute im zugeordneten Krümmungsmittelpunkt. Beweis?

7. Eine logarithmische Spirale mit dem Pol 0 ist in Polarkoordinaten r, φ um 0 durch die Gleichung $\log r = a + b\varphi$ mit $b \neq 0$ gegeben. Man zeige:
   (i) Die Evolute einer logarithmischen Spirale ist eine kongruente logarithmische Spirale mit demselben Pol.
   (ii) Es gibt (unendlich viele) solcher Spiralen, die mit ihren Evoluten zusammenfallen.

8. Für die Evolute Y einer Kurve $X \in C^3(I, \mathbb{R}^2)$ mit $|\dot{X}| = 1$ und $\kappa(t) = |\ddot{X}(t)| > 0$ und $\rho = 1/\kappa$ gilt:
   (i) $\dot{Y}(t) = 0 \Leftrightarrow \dot{\kappa}(t) = 0$.
   (ii) Hat ρ an der Stelle t_0 ein striktes Extremum, so besitzt Y dort eine Spitze, d.h. für $T(t) := |\dot{Y}(t)|^{-1}\dot{Y}(t)$ gilt

$$\lim_{t \to t_0 - 0} T(t) = -\lim_{t \to t_0 + 0} T(t) \,.$$

   (iii) Die Bogenlänge $\int_{t_1}^{t_2} |\dot{Y}(t)| dt$ eines Evolutenbogens ist gleich $\rho(t_2) - \rho(t_1)$, sofern $\dot{\rho}(t) \neq 0$ ist für $t_1 \leq t \leq t_2$. (Warum ist diese Annahme nicht überflüssig?)

(iv) Mechanische Interpretation von (iii). Man denke sich längs des Evolutenbogens $\mathcal{E} = \{Y(t) : t_1 \leq t \leq t_2\}$ zwischen $Y_1 := Y(t_1)$ und $Y_2 := Y(t_2)$ einen undehnbaren Faden gespannt, der – bei Y_1 beginnend – allmählich vom Bogen abgehoben wird, und zwar so, daß der abgelöste Teil straff gespannt, also geradlinig ist und zudem die Evolute im Abhebepunkt $Y(t)$ berührt (d.h. dieselbe Tangente wie Y hat). Der Faden sei länger als der Evolutenbogen $\mathcal{E}$; sein Endpunkt $Z(t)$ befinde sich zur Zeit t_1 im Punkte $X(t_1)$. Dann beschreibt $Z(t)$ die ursprüngliche Kurve $X(t)$ für $t_1 \leq t \leq t_2$. Verlängert oder verkürzt man den Faden, so beschreibt $Z(t)$ *Parallelkurven* zu X. All diese Parallelkurven nennt man *Evolventen* der Kurve $\mathcal{E}$. Insbesondere ist also jede Kurve die Evolvente (= Abgewickelte) ihrer Evolute, sofern die obigen Voraussetzungen erfüllt sind.

9. Wieviele Spitzen hat die Evolute einer geschlossenen Eilinie mindestens?

10. Man zeige, daß $Z(t) = (\cos t + t \sin t, \sin t - t \cos t)$ die Evolvente des Kreises $Y(t) = (\cos t, \sin t)$ ist, wenn wir vom Punkte $Y(0) = (R, 0)$ aus den Abwicklungsprozeß beginnen. Skizze?

11. Die Kettenlinie $y = \cosh x$ besitzt, wenn wir die von $x = 0$ aus gemessene Bogenlänge $s = \sinh x$ als Parameter einführen, die Darstellung $Y(s) = (\text{Ar} \sinh s, \sqrt{1 + s^2})$. Man bestimme (vom Punkte $(0, 1)$ ausgehend) die Evolvente $\mathcal{E}$ und zeige, daß sie sich nichtparametrisch in der Form $x = f(y) := \text{Ar}\cosh(1/y) - \sqrt{1 - y^2}$ schreiben läßt und daß der Abstand $\overline{PQ}$ des Punktes $P := (f(y), y)$ zum Schnittpunkt der Tangente an $\mathcal{E}$ in P mit der x-Achse gleich Eins ist. Darum heißt $\mathcal{E}$ *Traktrix (Schleppkurve)*.

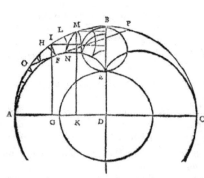

Konstruktion der Kaustik nach Huygens (s. 4.4, Aufgabe 4).

Kapitel 5

Integralrechnung im $\mathbb{R}^n$

Kapitel 5 ist der mehrdimensionalen Integrationstheorie gewidmet, wobei wir uns hier auf das Riemannsche Integral beschränken, um schnell zu interessanten Beispielen und Anwendungen zu gelangen. Überdies ist das Riemannsche Integral für viele Zwecke völlig ausreichend. Erst subtilere Fragen der Analysis erzwingen den Übergang zum Lebesgueschen Integral. Die grundlegenden Ideen der Lebesgueschen Maß- und Integrationstheorie werden in Band 3 dargestellt.

In Abschnitt 5.1 werden das *mehrfache Riemannsche Integral* und insbesondere die Berechnung von *Volumina* quadrierbarer Mengen behandelt, und in 5.2 wird mittels des *Transformationssatzes* beschrieben, wie sich mehrfache Integrale verhalten, wenn man die Integrationsvariablen transformiert. Dieses Ergebnis wird in 5.3 benutzt, um die Laplacesche Differentialgleichung auf „krummlinige Koordinaten" zu bringen; zuvor werden die *Euler-Lagrangeschen Differentialgleichungen* für mehrfache Integrale hergeleitet.

Abschnitt 5.4 ist den uneigentlichen Integralen auf offenen Mengen des $\mathbb{R}^n$ gewidmet. Beispiele hierfür sind das Newtonsche Potential, das mehrdimensionale Fourierintegral und das Lebesguemaß offener Mengen.

1 Quadrierbare Mengen, Inhalt und Integral im $\mathbb{R}^n$

In diesem Abschnitt wollen wir das Riemannsche Integral

$$(1) \qquad \int_M f \, dV$$

auf *quadrierbaren* Mengen M des $\mathbb{R}^n$ definieren und seine wichtigsten Eigenschaften herleiten. Zunächst geben wir einen Überblick über die Resultate dieses Abschnitts.

Wir beginnen mit der Definition des Integrales $\int_Z f\,dV$ auf abgeschlossenen Zellen Z des $\mathbb{R}^n$. Hierbei können wir uns eng an die Ausführungen in 3.7 über das eindimensionale Riemann-integral $\int_a^b f(x)dx$ anlehnen. Nahezu alle Beweise lassen sich – mutatis mutandis – auf das „Zellenintegral" übertragen.

Um nun das Integral (1) einzuführen, beschränken wir uns auf quadrierbare Mengen M; dies sind beschränkte Mengen, deren Rand den Inhalt Null hat. Eine solche Menge M sperren wir in eine abgeschlossene Zelle Z ein, und setzen

$$
(2) \qquad g(x) := \begin{cases} f(x) & x \in M\,, \\[2mm] & \text{für} \\[2mm] 0 & x \in Z \setminus M\,. \end{cases}
$$

Eine beschränkte Funktion $f : M \to \mathbb{R}$ heißt Riemann-integrabel, wenn ihre durch (2) definierte kanonische Erweiterung $g : Z \to \mathbb{R}$ integrabel ist, und wir setzen

$$
(3) \qquad \int_M f\,dV := \int_Z g\,dV\,.
$$

Die Eigenschaften von $\int_M f\,dV$ gewinnen wir dann leicht aus denen von $\int_Z g\,dV$.

Wir zeigen ferner, wie man mit Hilfe des *Cavalierischen Prinzips* die Berechnung mehrfacher Integrale auf die von einfachen Integralen zurückführen kann. Dieses Prinzip rechtfertigt, daß wir statt $\int_M f\,dV$ auch die Bezeichnung $\int_M f(x)dx$ benutzen, wobei dx statt dV das n-dimensionale Volumenelement bezeichnet, das wir auch als $dx_1 dx_2 \ldots dx_n$ schreiben. Die Schreibweise $\int_M f(x)dx_1 dx_2 \ldots dx_n$ deutet an, daß wir diesen Ausdruck sowohl als n-faches Volumenintegral wie auch als n-fach iteriertes Integral deuten können.

Als einfache Schlußfolgerungen ergeben sich aus dem Cavalierischen Prinzip der *Gaußsche Satz in der Ebene* und die *Keplersche Flächenformel*.

Beginnen wir mit der Definition des Integrals auf Zellen. Im folgenden wollen wir unter einer *Zelle Z im $\mathbb{R}^n$* stets eine abgeschlossene Zelle des $\mathbb{R}^n$ verstehen, also das kartesische Produkt

$$
(4) \qquad Z = I_1 \times I_2 \times \cdots \times I_n
$$

von n abgeschlossenen Intervallen $I_j = [a_j, b_j]$ in $\mathbb{R}$. Dann können wir Z auch schreiben als

$$
Z = \{(x_1, \ldots, x_n) \in \mathbb{R}^n : a_j \leq x_j \leq b_j\,,\ j = 1, \ldots, n\}\,.
$$

Der *Inhalt $|Z|$* von Z war definiert als

$$
(5) \qquad |Z| \;=\; \prod_{k=1}^{n} (b_k - a_k) = \prod_{k=1}^{n} |I_k|\,.
$$

Nun wollen wir eine Zelle Z in Teilzellen zerlegen. Dazu betrachten wir Zerlegungen $\mathcal{Z}^{(1)}$ von I_1, $\mathcal{Z}^{(2)}$ von $I_2, \ldots,$ $\mathcal{Z}^{(n)}$ von I_n; sei die Zerlegung $\mathcal{Z}^{(j)}$ von I_j durch die Zerlegungspunkte $x_{j,0}, x_{j,1}, \ldots, x_{j,k_j}$ gegeben, die

$$
a_j = x_{j,0} < x_{j,1} < x_{j,2} < \cdots < x_{j,k_j} = b_j
$$

erfüllen. Bezeichne $\alpha = (\alpha_1, \alpha_2, \ldots, \alpha_n)$ einen Multiindex mit $1 \leq \alpha_1 \leq k_1,\ \ldots,\ 1 \leq \alpha_n \leq k_n$, und sei $I_{j,\alpha_j} := \{x_j \in \mathbb{R} : x_{j,\alpha_{j-1}} \leq x_j \leq x_{j,\alpha_j}\}$ das α_j-te Teilintervall der Zerlegung $\mathcal{Z}^{(j)}$ von I_j. Dann erhalten wir eine Zerlegung $\mathcal{Z}$ der Zelle Z in einander nicht überlappende Teilzellen Z_α, die durch $Z_\alpha := I_{1,\alpha_1} \times I_{2,\alpha_2} \times \cdots \times I_{n,\alpha_n}$ definiert sind.

Sei $A := \{\alpha = (\alpha_1, \ldots, \alpha_n) : 1 \leq \alpha_j \leq k_j,\ j = 1, \ldots, n\}$ die Menge der hierbei auftretenden $k_1 k_2 \ldots k_n$ Multiindizes, und ferner sei

$$\Delta(\mathcal{Z}) := \max\{\Delta \mathcal{Z}^{(1)}, \Delta \mathcal{Z}^{(2)}, \ldots, \Delta \mathcal{Z}^{(n)}\}$$

gesetzt. Man zeigt leicht, daß

$$(6) \qquad |Z| = \sum_{\alpha \in A} |Z_\alpha| \ .$$

Definition 1. *Wir sagen, der soeben beschriebene Prozeß liefere eine* **Zerlegung** $\mathcal{Z} = \mathcal{Z}^{(1)} \times \mathcal{Z}^{(2)} \times \cdots \times \mathcal{Z}^{(n)}$ *der Zelle Z in Teilzellen Z_α, $\alpha \in A$, von der* **Feinheit** $\Delta(\mathcal{Z})$.

Bezeichne $\mathcal{B}(M)$ bzw. $\mathcal{B}(M, \mathbb{R}^N)$ wie üblich die Klasse der beschränkten Funktionen $f : M \to \mathbb{R}$ bzw. $f : M \to \mathbb{R}^N$ auf einer Menge $M \subset \mathbb{R}^n$.

Definition 2. *Für eine Zerlegung $\mathcal{Z}$ von Z in Teilzellen Z_α, $\alpha \in A$, und ein $f \in \mathcal{B}(Z)$ setzen wir*

$$\underline{m}_\alpha := \inf_{Z_\alpha} f \ , \quad \overline{m}_\alpha := \sup_{Z_\alpha} f \ .$$

Dann heißen

$$\overline{S}_\mathcal{Z}(f) := \sum_{\alpha \in A} \overline{m}_\alpha |Z_\alpha| \quad \text{und} \quad \underline{S}_\mathcal{Z}(f) := \sum_{\alpha \in A} \underline{m}_\alpha |Z_\alpha|$$

Obersumme *und* **Untersumme** *von f zur Zerlegung $\mathcal{Z}$.*

Wählen wir aus jeder Teilzelle Z_α von Z einen Punkt ξ_α, so wird

$$S_\mathcal{Z}(f) := \sum_{\alpha \in A} f(\xi_\alpha) |Z_\alpha| \ ,$$

als eine **Riemannsche Zwischensumme** *zur Zerlegung $\mathcal{Z}$ bezeichnet; ihr Wert hängt im allgemeinen von der Auswahl der Punkte ξ_α ab.*

Definition 3. *(i) Wir nennen eine Zerlegung $\mathcal{Z}_* = \mathcal{Z}_*^{(1)} \times \cdots \times \mathcal{Z}_*^{(n)}$ von Z eine* **Verfeinerung** *der Zerlegung $\mathcal{Z} = \mathcal{Z}^{(1)} \times \cdots \times \mathcal{Z}^{(n)}$ von Z, wenn $\mathcal{Z}_*^{(j)}$ für jedes $j \in \{1, 2, \ldots, n\}$ eine Verfeinerung von $\mathcal{Z}^{(j)}$ ist.*

(ii) Unter der **gemeinsamen Verfeinerung** $\mathcal{Z} \vee \mathcal{Z}_*$ *zweier Zerlegungen $\mathcal{Z}$ und $\mathcal{Z}_*$ von Z verstehen wir die Zerlegung*

$$\mathcal{Z} \vee \mathcal{Z}_* := (\mathcal{Z}^{(1)} \vee \mathcal{Z}_*^{(1)}) \times \cdots \times (\mathcal{Z}^{(n)} \vee \mathcal{Z}_*^{(n)}) \,.$$

Wie in Band 1, 3.7 ergeben sich die folgenden Resultate.

Lemma 1. *Ist $\mathcal{Z}_*$ eine Verfeinerung von $\mathcal{Z}$, so folgt*

$$\underline{S}_{\mathcal{Z}}(f) \; \leq \; \underline{S}_{\mathcal{Z}_*}(f) \; \leq \; \overline{S}_{\mathcal{Z}_*}(f) \; \leq \; \overline{S}_{\mathcal{Z}}(f) \,.$$

Lemma 2. *Sind $\mathcal{Z}_1$ und $\mathcal{Z}_2$ zwei beliebige Zerlegungen von Z, so gilt*

$$\underline{S}_{\mathcal{Z}_1}(f) \; \leq \; \overline{S}_{\mathcal{Z}_2}(f) \,.$$

Dies führt zu

Definition 4. *Für $f \in \mathcal{B}(Z)$ definieren wir das* **Unterintegral** $\underline{\mathcal{I}}(f)$ *und das* **Oberintegral** $\overline{\mathcal{I}}(f)$ *als*

$$\underline{\mathcal{I}}(f) := \sup \{\underline{S}_{\mathcal{Z}}(f) : \; \mathcal{Z} \text{ ist Zerlegung von } Z\} \,,$$

$$\overline{\mathcal{I}}(f) := \inf \{\overline{S}_{\mathcal{Z}}(f) : \; \mathcal{Z} \text{ ist Zerlegung von } Z\} \,.$$

Wie in Band 1, 3.7 folgt

Lemma 3. *Für jede Zerlegung $\mathcal{Z}$ von Z gilt*

$$\underline{S}_{\mathcal{Z}}(f) \; \leq \; \underline{\mathcal{I}}(f) \; \leq \; \overline{\mathcal{I}}(f) \; \leq \; \overline{S}_{\mathcal{Z}}(f) \,.$$

In Analogie zu Definition 4 von Band 1, 3.7 formulieren wir

Definition 5. *Eine Funktion $f \in \mathcal{B}(Z)$ heißt* **(Riemann-)integrierbar** *(auf Z), wenn $\underline{\mathcal{I}}(f) = \overline{\mathcal{I}}(f)$ ist, und wir setzen dann*

(7) $$\mathcal{I}(f) := \underline{\mathcal{I}}(f) = \overline{\mathcal{I}}(f) \,.$$

Wir nennen die Zahl $\mathcal{I}(f)$ das **Riemannsche Integral** *von f auf Z und bezeichnen diesen Wert mit den Symbolen*

(8) $$\int_Z f \, dV \,, \quad \int_Z f(x) dx \quad oder \quad \mathcal{I}(f) \,.$$

Die Klasse der (Riemann-)integrierbaren Funktionen $f \in \mathcal{B}(Z)$ wird mit $\mathcal{R}(Z)$ bezeichnet.

Bemerkung 1. Das **Volumenelement** trägt die Bezeichnung dV oder dx. Letztere ist leider vieldeutig, da wir sie in 2.1 auch für das „vektorielle Linienelement" $dx = (dx_1, dx_2, \ldots, dx_n)$ benutzt haben. Daher schreibt man für dV oft auch $d^n x$ oder $dx_1 dx_2 \ldots dx_n$. Der Leser beachte, daß dies alles nur Symbole sind, die den Definitionsprozeß des Integrales in Erinnerung rufen sollen.

Wie in Band 1, 3.7 folgt

Satz 1. (Integrabilitätskriterium I). *Eine Funktion $f \in \mathcal{B}(Z)$ liegt genau dann in $\mathcal{R}(Z)$, wenn es zu jedem $\epsilon > 0$ eine Zerlegung $\mathcal{Z}$ von Z gibt mit*

$$\overline{S}_{\mathcal{Z}}(f) - \underline{S}_{\mathcal{Z}}(f) < \epsilon \,.$$

Etwas mühsamer ist es, nach dem Vorbild von Satz 2 in Band 1, 3.7 das folgende Integrabilitätskriterium zu beweisen; nichtsdestoweniger wollen wir den erforderlichen Beweis dem Leser als Übungsaufgabe überlassen.

Satz 2. (Integrabilitätskriterium II). *Eine Funktion $f \in \mathcal{B}(Z)$ liegt genau dann in $\mathcal{R}(Z)$, wenn es zu jedem $\epsilon > 0$ ein $\delta > 0$ gibt, so daß für jede Zerlegung $\mathcal{Z}$ von Z mit $\Delta(\mathcal{Z}) < \delta$ die Ungleichung $\overline{S}_{\mathcal{Z}}(f) - \underline{S}_{\mathcal{Z}}(f) < \epsilon$ gilt.*

Dies ist das entscheidende Integrabilitätskriterium, mit dessen Hilfe wir in Band 1, 3.7 nahezu alle wichtigen Eigenschaften des eindimensionalen Riemannschen Integrales hergeleitet haben. Genauso beweist man vermöge Satz 2 die entsprechenden Eigenschaften eines n-dimensionalen Riemannschen Integrales auf einer Zelle, so daß wir die Beweise der folgenden Ergebnisse unterdrücken wollen.

Korollar 1. *Ist $\{\mathcal{Z}_k\}$ eine Folge von Zerlegungen der Zelle Z mit $\Delta(\mathcal{Z}_k) \to 0$ für $k \to \infty$ und $f \in \mathcal{R}(Z)$, so gilt für jede Folge Riemannscher Zwischensummen $S_{\mathcal{Z}_k}(f)$ von f auf Z die Grenzwertbeziehung*

$$\int_Z f \, dV = \lim_{k \to \infty} S_{\mathcal{Z}_k}(f) \,.$$

Satz 3. *$\mathcal{R}(Z)$ ist ein linearer Raum über $\mathbb{R}$, und durch $f \mapsto \mathcal{I}(f)$ wird ein lineares Funktional $\mathcal{I}$ auf $\mathcal{R}(Z)$ definiert, d.h. für $f, g \in \mathcal{R}(Z)$ und $\alpha, \beta \in \mathbb{R}$ gilt*

$$\alpha f + \beta g \in \mathcal{R}(Z) \quad und \quad \mathcal{I}(\alpha f + \beta g) = \alpha \mathcal{I}(f) + \beta \mathcal{I}(g) \,.$$

Satz 4. *Aus $f, g \in \mathcal{R}(Z)$ folgt $f \cdot g \in \mathcal{R}(Z)$ und $|f| \in \mathcal{R}(Z)$. Gilt außerdem $|g| \geq c$ für eine Konstante $c > 0$, so ist auch $f/g \in \mathcal{R}(Z)$.*

Satz 5. *Aus $f, g \in \mathcal{R}(Z)$ und $f \leq g$ folgt $\mathcal{I}(f) \leq \mathcal{I}(g)$. Insbesondere gilt*

$$|\mathcal{I}(f)| \leq \mathcal{I}(|f|) \quad und \quad |\mathcal{I}(f \cdot g)| \leq \sup_Z |f| \cdot \mathcal{I}(|g|) \,.$$

Satz 6. *Für beliebige $f, g \in \mathcal{R}(Z)$ folgt*

$$\left| \int_Z fg \, dV \right|^2 \leq \int_Z |f|^2 \, dV \int_Z |g|^2 \, dV \,.$$

Satz 7. *Für jede Zelle Z gilt $C^0(Z) \subset \mathcal{R}(Z)$.*

Satz 8. *Sei $\{f_k\}$ eine Folge von Funktionen $f_k \in \mathcal{R}(Z)$ mit*

$$f_k(x) \rightrightarrows f(x) \quad auf \ Z \ für \ k \to \infty \,.$$

Dann gilt $f \in \mathcal{R}(Z)$ und $\int_Z f \, dV = \lim_{k \to \infty} \int_Z f_k \, dV$.

Definition 6. *Eine Funktion $f : \mathbb{R}^n \to \mathbb{R}$ heißt* (Riemann-)integrierbar *auf der Zelle $Z \subset \mathbb{R}^n$, wenn $f\big|_Z \in \mathcal{R}(Z)$ ist. Für diesen Sachverhalt schreiben wir „$f \in \mathcal{R}(Z)$" und setzen*

$$\int_Z f \, dV := \int_Z f\big|_Z \, dV \,.$$

Wenn f auf Z integrierbar ist, so auch auf jeder Zelle Z' mit $Z' \subset Z$.

Die weiteren Betrachtungen beruhen wesentlich auf dem folgenden Resultat.

Satz 9. *Eine beschränkte Funktion $f : Z \to \mathbb{R}$ ist integrierbar, falls die Menge $\mathcal{S}(f)$ der Unstetigkeitspunkte von f den Inhalt Null hat.*

Beweis. Für $f \in \mathcal{B}(Z)$ gibt es eine Konstante $c > 0$ mit $\sup_Z |f| \leq c$. Sei nun $\epsilon > 0$ beliebig vorgegeben. Wegen $|\mathcal{S}(f)| = 0$ existiert eine Überdeckung $\{Z_j^*\}_{1 \leq j \leq N}$ von $\mathcal{S}(f)$ durch **offene Zellen** Z_j^*, deren Abschluß $\overline{Z}_j^*$ in der (abgeschlossenen) Zelle Z liegt und die

$$(9) \qquad\qquad \sum_{j=1}^N |Z_j^*| < (4c)^{-1} \epsilon$$

erfüllen. Wir definieren die offene *Figur* F als $F := Z_1^* \cup Z_2^* \cup \cdots \cup Z_N^*$. Dann ist f auf der kompakten Menge $Z \setminus F$ stetig und somit gleichmäßig stetig. Also gibt es ein $\delta > 0$, so daß für jede Teilmenge E von $Z \setminus F$ mit diam $E < \delta$ die Ungleichung osc $(f, E) < (2|Z|)^{-1}\epsilon$ für die Oszillation von f auf E gilt. Von der Figur F ausgehend können wir eine Zerlegung $\mathcal{Z} = \{Z_\alpha\}_{\alpha \in A}$ von Z in nicht überlappende Zellen Z_α, $\alpha \in A$, finden, so daß gilt:

(i) diam $Z_\alpha < \delta$.

(ii) Die Indexmenge A kann in zwei disjunkte Mengen A' und A'' zerlegt werden, so daß gilt:

$$Z_\alpha \subset Z\backslash F \,,\ \text{falls}\ \alpha \in A' \,,\ \text{und}\ Z_\alpha \subset \overline{F} \,,\ \text{falls}\ \alpha \in A'' \,.$$

Wegen (9) folgt

$$(10) \qquad\qquad\qquad \sum_{\alpha \in A''} |Z_\alpha| < (4c)^{-1}\epsilon \,.$$

Setzen wir nun $\underline{m}_\alpha := \inf_{Z_\alpha} f$, $\overline{m}_\alpha := \sup_{Z_\alpha} f$ und

$$\underline{S}_{\mathcal{Z}}(f) := \sum_{\alpha \in A} \underline{m}_\alpha |Z_\alpha| \,,\quad \overline{S}_{\mathcal{Z}}(f) := \sum_{\alpha \in A} \overline{m}_\alpha |Z_\alpha| \,,$$

so folgt

$$\overline{S}_{\mathcal{Z}}(f) - \underline{S}_{\mathcal{Z}}(f) \;=\; \sum_{\alpha \in A} (\overline{m}_\alpha - \underline{m}_\alpha)|Z_\alpha|$$

$$\leq (2|Z|)^{-1}\epsilon \sum_{\alpha \in A'} |Z_\alpha| \;+\; 2c \sum_{\alpha \in A''} |Z_\alpha| < \epsilon/2 + \epsilon/2 = \epsilon$$

wegen (10) und

$$\sum_{\alpha \in A'} |Z_\alpha| \;\leq\; \sum_{\alpha \in A} |Z_\alpha| \;=\; |Z| \,.$$

Aufgrund von Satz 1 ergibt sich $f \in \mathcal{R}(Z)$.

$\square$

Satz 9 liefert nur eine *hinreichende Bedingung für die Integrierbarkeit* einer Funktion $f : Z \to \mathbb{R}$. Für viele Anwendungen ist diese Bedingung völlig ausreichend. Nichtsdestoweniger ist es interessant, daß sich ein *notwendiges und hinreichendes Kriterium für die Integrierbarkeit* einer Funktion aufstellen läßt. Es gilt nämlich

Satz 10. *Eine Funktion $f \in \mathcal{B}(Z)$ ist genau dann Riemann-integrierbar, wenn die Menge $\mathcal{S}(f)$ der Unstetigkeitspunkte von f das Maß Null hat.*

Da wir dieses Ergebnis erst in Band 3 verwenden werden, kann der Leser den folgenden Beweis bedenkenlos überspringen.

Beweis von Satz 10. (i) Sei $f \in \mathcal{B}(Z)$ und $M \subset Z$, $M \neq \phi$. Dann bezeichnet $\operatorname{osc}(f, M) :=$ $\sup_M f - \inf_M f$ die Oszillation von f auf der Menge M. Für $x \in M$ ist die Funktion $r \mapsto$ $\operatorname{osc}\big(f, M \cap B_r(x)\big)$ schwach monoton wachsend und durch $\operatorname{osc}(f, M)$ beschränkt. Also existiert $\sigma(f, M, x) := \lim_{r \to +0} \operatorname{osc}\big(f, M \cap B_r(x)\big)$, und es gilt $\sigma(f, M, x) \leq \operatorname{osc}(f, M)$.
Für $\epsilon > 0$ definieren wir die Menge $Z(\epsilon) := \{x \in Z : \sigma(f, Z, x) \geq \epsilon\}$. Man zeigt ohne Mühe, daß Z_ϵ abgeschlossen und somit kompakt ist. Die Menge $\mathcal{S}(f)$ der Unstetigkeitspunkte von f ist gegeben durch

$$\mathcal{S}(f) := \{x \in Z : \sigma(f, Z, x) > 0\} \,.$$

Folglich gilt

$$\mathcal{S}(f) \;=\; \bigcup_{k=1}^{\infty} Z(1/k)\,.$$

Ist also $\mathcal{S}(f)$ eine Nullmenge, so ist jede der Mengen $Z(1/k)$ Nullmenge und somit Menge vom Inhalt Null, da kompakt. (vgl. 1.11, Proposition 5). Umgekehrt ist nach 1.11, Proposition 6 die Menge $\mathcal{S}(f)$ eine Nullmenge, falls jede der Mengen $Z(1/k)$ den Inhalt Null hat. Daher gilt: $\mathcal{S}(f)$ *ist genau dann Nullmenge, falls jede der Mengen* $Z(1/k)$, $k \in \mathbb{N}$, *den Inhalt Null hat.*
(ii) Sei $f \in \mathcal{R}(Z)$. Dann existiert zu beliebig vorgegebenen $\epsilon > 0$ und $k \in \mathbb{N}$ eine endliche Zerlegung $\mathcal{Z}$ von Z in nichtüberlappende Teilzellen $Z_\alpha, \alpha \in A$, so daß

$$0 \leq \overline{S}_{\mathcal{Z}}(f) - \underline{S}_{\mathcal{Z}}(f) < \frac{\epsilon}{2k}$$

gilt. Mit $A(k) := \{\alpha \in A : \overset{\circ}{Z}_\alpha \cap Z(1/k) \neq \emptyset\}$ gilt

$$Z(1/k) \subset \left[\bigcup_{\alpha \in A(k)} \overset{\circ}{Z}_\alpha \right] \cup \left[\bigcup_{\alpha \in A} \partial Z_\alpha \right]\,.$$

Für $x \in \overset{\circ}{Z}_\alpha \cap Z(1/k)$ gilt

$$1/k \;\leq\; \sigma(f, Z, x) \;=\; \sigma(f, \overset{\circ}{Z}_\alpha, x) \;\leq\; \mathrm{osc}\,(f, \overset{\circ}{Z}_\alpha) \;\leq\; \mathrm{osc}\,(f, Z_\alpha)\,.$$

Ferner haben wir

$$\overline{S}_{\mathcal{Z}}(f) - \underline{S}_{\mathcal{Z}}(f) \;=\; \sum_{\alpha \in A} \mathrm{osc}\,(f, Z_\alpha)|Z_\alpha|$$

und erhalten somit

$$\frac{1}{k} \sum_{\alpha \in A(k)} |Z_\alpha| \;<\; \frac{\epsilon}{2k}\,,$$

folglich

$$\sum_{\alpha \in A(k)} |\overset{\circ}{Z}_\alpha| \;<\; \frac{\epsilon}{2}\,.$$

Da $\bigcup_{\alpha \in A} \partial Z_\alpha$ eine Nullmenge ist, gibt es eine endliche Menge von Zellen $Z'_\beta, \beta \in B$, mit

$$\bigcup_{\alpha \in A} \partial Z_\alpha \subset \bigcup_{\beta \in B} \overset{\circ}{Z}'_\beta \quad \text{und} \quad \sum_{\beta \in B} |\overset{\circ}{Z}'_\beta| < \frac{\epsilon}{2}\,.$$

Hieraus folgt

$$Z(1/k) \subset \left[\bigcup_{\alpha \in A(k)} \overset{\circ}{Z}_\alpha \right] \cup \left[\bigcup_{\beta \in B} \overset{\circ}{Z}'_\beta \right] \quad \text{und} \quad \sum_{\alpha \in A(k)} |\overset{\circ}{Z}_\alpha| + \sum_{\beta \in B} |\overset{\circ}{Z}'_\beta| < \epsilon\,.$$

Also ist für $f \in \mathcal{R}(Z)$ jede der Mengen $Z(1/k)$ eine Menge vom Inhalt Null, und daher ist $\mathcal{S}(f)$ eine Nullmenge.
(iii) Ist umgekehrt $\mathcal{S}(f)$ eine Nullmenge, so ist $Z(1/k)$ für jedes $k \in \mathbb{N}$ eine Menge vom Inhalt Null. Ferner gilt $Z(\epsilon) \subset Z(1/k)$, falls $1/k \leq \epsilon$ ist. Also ist $Z(\epsilon)$ für jedes $\epsilon > 0$ eine Menge vom Inhalt Null. Zu vorgegebenem $\epsilon > 0$ können wir also eine Überdeckung von $Z(\epsilon)$ durch endlich viele Zellen finden, deren Inhaltssumme kleiner als ϵ ist. Mit Hilfe dieser Überdeckung können wir eine Zerlegung $\mathcal{Z}$ von Z in Zellen $Z_\alpha, \alpha \in A$, konstruieren, die in zwei disjunkte Klassen $\{Z_\alpha\}_{\alpha \in A'}$ und $\{Z_\alpha\}_{\alpha \in A''}$, $A = A' \,\dot\cup\, A''$, zerfallen, so daß

$$Z_\alpha \cap Z(\epsilon) = \emptyset \ \text{für} \ \alpha \in A' \ \text{und} \ Z(\epsilon) \subset \bigcup_{\alpha \in A''} Z_\alpha\,, \quad \sum_{\alpha \in A''} |Z_\alpha| < \epsilon$$

ist. Wegen $\sigma(f, Z, x) < \epsilon$ für $x \in Z_\alpha$ mit $\alpha \in A'$ können wir ohne Beschränkung der Allgemeinheit annehmen, daß

$$\text{osc}\,(f, Z_\alpha) < \epsilon \quad \text{für alle } \alpha \in A'$$

gilt, indem wir mittels des Satzes von Heine-Borel, falls erforderlich, eine geeignete Verfeinerung der Zerlegung $\mathcal{Z}$ konstruieren, welche die gewünschte Eigenschaft besitzt. Dann folgt

$$0 \leq \overline{S}_{\mathcal{Z}}(f) - \underline{S}_{\mathcal{Z}}(f) = \sum_{\alpha \in A'} \text{osc}\,(f, Z_\alpha)|Z_\alpha| + \sum_{\alpha \in A''} \text{osc}\,(f, Z_\alpha)|Z_\alpha|$$

$$\leq \epsilon \sum_{\alpha \in A'} |Z_\alpha| + 2 \sup_Z |f| \sum_{\alpha \in A''} |Z_\alpha| \leq \epsilon |Z| + 2 \sup_Z |f| \epsilon\,.$$

Da $\epsilon > 0$ beliebig klein gewählt werden kann, ist f nach Satz 1 integrierbar. $\qquad\square$

Nunmehr können wir das Riemannsche Integral auf quadrierbaren Mengen M des $\mathbb{R}^n$ definieren. Zunächst wollen wir den Begriff „quadrierbar" erklären.

Definition 7. *Eine beschränkte Menge M des $\mathbb{R}^n$ heißt* **quadrierbar** *(oder* **Jordan-meßbar***), wenn ihre durch*

$$(11) \qquad \chi_M(x) := \begin{cases} 1 \\ 0 \end{cases} \ \text{für} \ \begin{array}{l} x \in M \\ x \in \mathbb{R}^n \setminus M \end{array}$$

definierte **charakteristische Funktion** $\chi_M : \mathbb{R}^n \to \mathbb{R}$ *auf einer Zelle Z mit $\overline{M} \subset \text{int}\, Z$ integrierbar ist. Wir nennen*

$$(12) \qquad v(M) := \int_Z \chi_M \, dV$$

den (n-dimensionalen) **Inhalt von M** *(oder auch: das* **Volumen** *oder das (n-dimensionale)* **Jordansche Maß** *der Menge M). Wenn wir andeuten wollen, daß $v(M)$ der n-dimensionale Inhalt ist, schreiben wir $v_n(M)$ statt $v(M)$.*

Bemerkung 2. Der Leser kann sich leicht davon überzeugen, daß die Definition der Quadrierbarkeit einer beschränkten Menge M und ihres Inhalts $v(M)$ unabhängig von der gewählten Zelle Z mit $\overline{M} \subset \text{int}\, Z$ ist. Weiterhin sieht man ohne Mühe, daß der Inhalt einer quadrierbaren Menge M translationsinvariant ist, d.h. $v(M + b) = v(M)$ für alle $b \in \mathbb{R}^n$.

Proposition 1. *Eine Menge $M \subset \mathbb{R}^n$ ist genau dann eine Nullmenge, d.h. $|M| = 0$, wenn M quadrierbar und $v(M) = 0$ ist.*

Beweis. (i) Sei M quadrierbar und $v(M) = 0$. Dann gilt nach Korollar 1 für jede Folge von Zwischensummen $S_{\mathcal{Z}_k}(\chi_M)$ mit $\Delta(\mathcal{Z}_k) \to 0$ für $k \to \infty$, daß $\lim_{k \to \infty} S_{\mathcal{Z}_k}(\chi_M) = 0$ ist. Hieraus gewinnt man sofort die Aussage $|M| = 0$ (Beweis: Übungsaufgabe).
(ii) Ist $|M| = 0$ und $\overline{M} \subset \text{int}\, Z$, so können wir eine Folge $\{\mathcal{Z}_k\}$ von Zerlegungen von Z mit $\Delta(\mathcal{Z}_k) \to 0$ gewinnen, so daß $\overline{S}_{\mathcal{Z}_k}(\chi_M) \to 0$ für $k \to \infty$ gilt (Beweis: Übungsaufgabe). Wegen $0 \leq \underline{S}_{\mathcal{Z}_k}(\chi_M) \leq \overline{S}_{\mathcal{Z}_k}(\chi_M)$ folgt nach Satz 1, daß $\chi_M \in \mathcal{R}(Z)$ ist, und daher $\underline{\mathcal{I}}(\chi_M) = \overline{\mathcal{I}}(\chi_M) = 0$. Somit ergibt sich $v(M) = \int_Z \chi_M \, dV = \overline{\mathcal{I}}(\chi_M) = 0$. $\qquad\square$

Proposition 2. *Jede Zelle Z ist quadrierbar, und es gilt*

$$(13) \qquad\qquad v(Z) = |Z| = \int_Z 1\, dV$$

Beweis. Übungsaufgabe.

$\square$

Bemerkung 3. Die Propositionen 1 und 2 zeigen, daß wir, ohne mit Definition 2 aus 1.11 ins Gehege zu kommen und Verwirrung zu stiften, den Inhalt einer quadrierbaren Menge $M \subset \mathbb{R}^n$ auch mit $|M|$ statt mit $v(M)$ bezeichnen dürfen. Wir setzen also

$$(14) \qquad\qquad |M| := \int_Z \chi_M\, dV\,,$$

wobei Z eine n-dimensionale Zelle mit $\overline{M} \subset \operatorname{int} Z$ bezeichnet.

Satz 11. (Kriterium I für Quadrierbarkeit) *Eine beschränkte Menge M des $\mathbb{R}^n$ ist genau dann quadrierbar, wenn ihr Rand eine Nullmenge ist, d.h. wenn $|\partial M| = 0$ gilt.*

Beweis. Der Rand einer beschränkten Menge ist kompakt; folglich ist ∂M genau dann Nullmenge, wenn $|\partial M| = 0$ gilt.

(i) Sei $|\partial M| = 0$. Da ∂M gerade die Menge der Unstetigkeitspunkte der charakteristischen Funktion $\chi_M : \mathbb{R}^n \to \mathbb{R}$ ist, so folgt aus Satz 9, daß χ_M auf einer (und damit auf jeder) Zelle Z mit $\overline{M} \subset \operatorname{int} Z$ integrierbar ist.

(ii) Sei jetzt umgekehrt vorausgesetzt, daß $\chi_M \in \mathcal{R}(Z)$ gilt für eine Zelle Z mit $\overline{M} \subset \operatorname{int} Z$. Wir geben eine beliebige Zahl $\epsilon > 0$ vor. Wegen $\chi_M \in \mathcal{R}(Z)$ gibt es eine Zerlegung $\mathcal{Z}$ von Z in Teilzellen Z_α, $\alpha \in A$, so daß $\overline{S}_{\mathcal{Z}}(\chi_M) - \underline{S}_{\mathcal{Z}}(\chi_M) < \epsilon/2$ ist, und dies bedeutet

$$\sum_{\alpha \in A} [\overline{m}_\alpha - \underline{m}_\alpha] \cdot |Z_\alpha| < \epsilon/2\,, \quad \text{wobei } \overline{m}_\alpha := \sup_{Z_\alpha} \chi_M\,, \quad \underline{m}_\alpha := \inf_{Z_\alpha} \chi_M\,.$$

Dann gilt erst recht

$$(15) \qquad\qquad \sum_{\alpha \in A_0} [\overline{m}_\alpha - \underline{m}_\alpha]|Z_\alpha| < \epsilon/2\,,$$

mit der Indexmenge $A_0 := \{\alpha \in A : Z_\alpha \cap \partial M \neq \emptyset\}$. Wir zerlegen A_0 in die disjunkten Teilmengen

$$A' := \{\alpha \in A_0 : (\operatorname{int} Z_\alpha) \cap \partial M \neq \emptyset\}\,, \quad A'' := A_0 \backslash A'$$

und beachten, daß $\overline{m}_\alpha = 1$, $\underline{m}_\alpha = 0$ für $\alpha \in A'$ gilt. Wegen (15) folgt

$$(16) \qquad\qquad \sum_{\alpha \in A'} |Z_\alpha| < \epsilon/2\,.$$

Nach Definition von A_0 ist $\{Z_\alpha\}_{\alpha \in A_0}$ eine Überdeckung von ∂M, und für $\alpha \in A''$ gilt $\partial M \cap Z_\alpha = \partial M \cap \partial Z_\alpha \subset \partial Z_\alpha$. Somit erhalten wir

$$(17) \qquad \partial M \;\subset\; \left[\bigcup_{\alpha \in A'} Z_\alpha \right] \cup \left[\bigcup_{\alpha \in A''} \partial Z_\alpha \right].$$

Nach 1.11, Proposition 7, hat jede Seite einer Zelle den Inhalt Null, und wegen 1.11, Proposition 6 folgt

$$\left| \bigcup_{\alpha \in A''} \partial Z_\alpha \right| = 0 \,.$$

Also gibt es Zellen $Z_1^*, \ldots, Z_N^*$ mit

$$(18) \qquad \bigcup_{\alpha \in A''} \partial Z_\alpha \;\subset\; Z_1^* \cup Z_2^* \cup \cdots \cup Z_N^*$$

und

$$(19) \qquad |Z_1^*| + |Z_2^*| + \cdots + |Z_N^*| < \epsilon/2 \,.$$

Wegen (16)–(19) bilden Z_α, Z_j^* mit $\alpha \in A'$, $1 \le j \le N$, eine Überdeckung von ∂M durch Zellen, die

$$\sum_{\alpha \in A'} |Z_\alpha| \;+\; \sum_{j=1}^N |Z_j^*| \;<\; \epsilon$$

erfüllen. Offensichtlich können wir jede der Zellen Z_α bzw. Z_j^* durch eine offene Zelle $\tilde{Z}_\alpha$ bzw. $\tilde{Z}_j^*$ mit $Z_\alpha \subset \tilde{Z}_\alpha$ bzw. $Z_j^* \subset \tilde{Z}_j^*$ ersetzen, so daß auch

$$\sum_{\alpha \in A'} |\tilde{Z}_\alpha| \;+\; \sum_{j=1}^N |\tilde{Z}_j^*| \;<\; \epsilon$$

gilt. Damit ist $|\partial M| = 0$ bewiesen. $\qquad\square$

Satz 12. (Kriterium II für Quadrierbarkeit) *Eine beschränkte Menge M des $\mathbb{R}^n$ ist quadrierbar, falls ihr Rand ∂M eine dünne Menge (im Sinne von 1.11, Definition 7) ist, d.h. falls ∂M „lokal" Graph einer stetigen Funktion $\varphi : Q \to \mathbb{R}$ mit $Q \subset \mathbb{R}^{n-1}$ ist.*

Beweis. Die Menge ∂M ist kompakt und dünn; also gilt $|\partial M| = 0$ (vgl. 1.11, Proposition 8). Wegen Satz 11 ist M quadrierbar. $\qquad\square$

Definition 8. *Eine beschränkte Abbildung $f : Z \to \mathbb{R}^N$ mit den Komponenten $f_1, \ldots, f_N : Z \to \mathbb{R}$ heißt* **integrierbar** *(Symbol: $f \in \mathcal{R}(Z, \mathbb{R}^N)$), wenn alle*

Komponenten $f_1, \ldots, f_N$ integrierbar sind, und wir definieren das **Integral** *von f als*

(20)
$$\int_Z f \, dV := \left(\int_Z f_1 \, dV, \ldots, \int_Z f_N \, dV \right) .$$

Insbesondere ist für $\mathbb{R}^2 \stackrel{\wedge}{=} \mathbb{C}$ und $f : Z \to \mathbb{C}$ das Integral $\int_Z f \, dV$ als

(21)
$$\int_Z f \, dV := \int_Z \operatorname{Re} f \, dV + i \int_Z \operatorname{Im} f \, dV$$

definiert. Damit lassen sich die vorangehenden Resultate mühelos auf vektorwertige Funktionen übertragen, und wir erhalten

Satz 13.   *(i) $\mathcal{R}(Z, \mathbb{R}^N)$ ist ein linearer Raum über $\mathbb{R}$, und es gilt*

$$\int_Z (\alpha f + \beta g) \, dV = \alpha \int_Z f \, dV + \beta \int_Z g \, dV$$

für beliebige $f, g \in \mathcal{R}(Z, \mathbb{R}^N)$ und $\alpha, \beta \in \mathbb{R}$.
$\mathcal{R}(Z, \mathbb{C})$ ist ein linearer Raum über $\mathbb{C}$, und das Integral $\int_Z f \, dV$ definiert ein lineares Funktional auf dem Vektorraum $\mathcal{R}(Z, \mathbb{C})$.
(ii) Mit $f, g \in \mathcal{R}(Z, \mathbb{R}^N)$ sind $f \cdot g$, $|f|$ und $|g|$ integrierbar, und es gilt

$$\left| \int_Z f \, dV \right| \leq \int_Z |f| \, dV$$

und

$$\left| \int_Z f \cdot g \, dV \right|^2 \leq \int_Z |f|^2 \, dV \int_Z |g|^2 \, dV$$

(iii) Aus $f_1, f_2, \ldots, f_k, \cdots \in \mathcal{R}(Z, \mathbb{R}^N)$ und $f_k \rightrightarrows f(x)$ auf Z für $k \to \infty$ folgt $f \in \mathcal{R}(Z, \mathbb{R}^N)$ und

$$\int_Z f \, dV = \lim_{k \to \infty} \int_Z f_k \, dV .$$

(iv) Eine beschränkte Abbildung $f : Z \to \mathbb{R}^N$ ist integrierbar, falls die Menge der Unstetigkeitspunkte von f den Inhalt Null hat.

Der nächste Satz macht die Bezeichnung

$$dV = dx_1 dx_2 \ldots dx_n = dx$$

plausibel. Er ist die einfachste Version des **Cavalierischen Prinzips**, mehrfache Integrale als iterierte einfache Integrale zu deuten. Wenn sich diese mit den „elementaren Methoden" von Band 1, 3.8–3.10 bestimmen lassen, gelangt man so zu expliziten Berechnungen mehrfacher Integrale.

Satz 14. *Sei Z eine abgeschlossene Zelle in $\mathbb{R}^n$ und $f \in C^0(Z, \mathbb{R}^N)$. Dann kann man $\int_Z f \, dV$ als ein n-fach iteriertes einfaches Integral schreiben. Ist nämlich*

$$Z = I_1 \times I_2 \times \cdots \times I_n \quad mit \ I_j = [a_j, b_j] \, ,$$

so gilt

$$(22) \int_Z f \, dV = \int_{a_n}^{b_n} \left(\cdots \left(\int_{a_2}^{b_2} \left(\int_{a_1}^{b_1} f(x_1, x_2, \ldots, x_n) dx_1 \right) dx_2 \right) \cdots \right) dx_n \, .$$

Beweis. Es genügt, das Beweismuster für $n = 2$ und $N = 1$ kennenzulernen. Wir betrachten also eine stetige reelle Funktion $f(x, y)$ von x, y mit

$$a \leq x \leq b, \ c \leq y \leq d, \ Z = [a, b] \times [c, d] \, ,$$

und wollen

$$\int_Z f \, dV = \int_c^d \left(\int_a^b f(x, y) dx \right) dy$$

beweisen. Zunächst sei bemerkt, daß die Funktion

$$g(y) := \int_a^b f(x, y) dx \quad , \quad y \in [c, d] \, ,$$

wegen Satz 1 in 1.3 stetig von y abhängt und somit integrierbar ist. Also ist das iterierte Integral

$$\int_c^d g(y) dy = \int_c^d \left(\int_a^b f(x, y) dx \right) dy$$

wohldefiniert.

Wir betrachten Zerlegungen $\mathcal{Z}^{(1)}$ und $\mathcal{Z}^{(2)}$ von $I_1 = [a, b]$ und $I_2 = [c, d]$, die durch

$$\mathcal{Z}^{(1)} : a = x_0 < x_1 < x_2 < \cdots < x_k = b \, , \ \mathcal{Z}^{(2)} : c = y_0 < y_1 < y_2 < \cdots < y_l = d$$

gegeben sind. Dann liefert $\mathcal{Z} = \mathcal{Z}^{(1)} \times \mathcal{Z}^{(2)}$ eine Zerlegung von Z in abgeschlossene Teilzellen $Z_{\mu\nu} := [x_{\mu-1}, x_\mu] \times [y_{\nu-1}, y_\nu]$ mit $1 \leq \mu \leq k$, $1 \leq \nu \leq l$. Die Kantenlängen von $Z_{\mu\nu}$ sind $\Delta x_\mu = x_\mu - x_{\mu-1}$, $\Delta y_\nu = y_\nu - y_{\nu-1}$, und der Inhalt von $Z_{\mu\nu}$ ist $|Z_{\mu\nu}| = \Delta x_\mu \Delta y_\nu$. Wir wählen in jeder Teilzelle $Z_{\mu\nu}$ einen Punkt $P_{\mu\nu} = (\xi_\mu, \eta_\nu)$, also

$$x_{\mu-1} \leq \xi_\mu \leq x_\mu \, , \ y_{\nu-1} \leq \eta_\nu \leq y_\nu \, ,$$

und bilden die Riemannsche Summe

$$S_{\mathcal{Z}}(f) := \sum_{\mu=1}^k \sum_{\nu=1}^l f(P_{\mu\nu}) |Z_{\mu\nu}| \, .$$

Sei nun $\epsilon > 0$ beliebig vorgegeben. Da f auf Z gleichmäßig stetig ist, können wir ein $\delta > 0$ wählen, so daß für alle $(x, y) \in Z_{\mu\nu}$ die Ungleichung

$$|f(x, y) - f(\xi_\mu, \eta_\nu)| < \epsilon$$

gilt, $1 \le \mu \le k$, $1 \le \nu \le l$, wenn nur $\Delta(\mathcal{Z}) < \delta$ ist. Damit folgt für $\Delta(\mathcal{Z}) < \delta$ die Abschätzung

$$\left| \int_{y_{\nu-1}}^{y_\nu} \left(\int_{x_{\mu-1}}^{x_\mu} [f(x, y) - f(\xi_\mu, \eta_\nu)] dx \right) dy \right|$$

$$\le \int_{y_{\nu-1}}^{y_\nu} \left(\int_{x_{\mu-1}}^{x_\mu} |f(x, y) - f(\xi_\mu, \eta_\nu)| dx \right) dy \le \epsilon \, \Delta x_\mu \Delta y_\nu \; = \; \epsilon \, |Z_{\mu\nu}| \, .$$

Ferner ist

$$\int_c^d \left(\int_a^b f(x, y) dx \right) dy \; = \; \sum_{\mu=1}^k \sum_{\nu=1}^l \int_{y_{\nu-1}}^{y_\nu} \left(\int_{x_{\mu-1}}^{x_\mu} f(x, y) dx \right) dy \, ,$$

$$S_{\mathcal{Z}}(f) = \sum_{\mu=1}^k \sum_{\nu=1}^l \int_{y_{\nu-1}}^{y_\nu} \left(\int_{x_{\mu-1}}^{x_\mu} f(\xi_\mu, \eta_\nu) dx \right) dy$$

und daher für $\Delta(\mathcal{Z}) < \delta$:

$$\left| \int_Z f \, dV - \int_a^d \left(\int_a^b f(x, y) dx \right) dy \right|$$

$$\le \left| \int_Z f \, dV - S_{\mathcal{Z}}(f) \right| + \left| \sum_{\mu=1}^k \sum_{\nu=1}^l \int_{y_{\nu-1}}^{y_\nu} \left(\int_{x_{\mu-1}}^{x_\mu} [f(x, y) - f(\xi_\mu, \eta_\nu)] dx \right) dy \right|$$

$$\le \left| \int_Z f \, dV - S_{\mathcal{Z}}(f) \right| + \sum_{\mu=1}^k \sum_{\nu=1}^l \epsilon \, |Z_{\mu\nu}|$$

$$= \left| \int_Z f \, dV - S_{\mathcal{Z}}(f) \right| + \epsilon \, |Z| \, .$$

In Verbindung mit Korollar 1 folgt dann

$$\int_Z f \, dV \; = \; \int_c^d \left(\int_a^b f(x, y) dx \right) dy \, .$$

$\square$

Bemerkung 4. Dem Beweis entnehmen wir ohne weiteres, daß auch

$$\int_Z f \, dV = \int_a^b \left(\int_c^d f(x, y) dy \right) dx$$

gilt. Insbesondere haben wir also

$$\int_a^b \left(\int_c^d f(x,y)dy \right) dx = \int_c^d \left(\int_a^b f(x,y)dx \right) dy \ .$$

Es kommt also bei einem zweifach iterierten Integral nicht darauf an, in welcher Reihenfolge die einzelnen Integrationen ausgeführt werden. Das Gleiche gilt auch für das n-fach iterierte Integral in (22).

Satz 14 ermöglicht es, die Berechnung mehrfacher Integrale auf die von einfachen Integralen zu reduzieren. Betrachten wir zwei Beispiele.

1 Sei $Z = [0,1] \times [0,1] \subset \mathbb{R}^2$ und $f(x,y) := xy$. Dann gilt

$$\int_Z f \, dV = \int_0^1 \left(\int_0^1 xy dx \right) dy = \int_0^1 y \left(\int_0^1 x dx \right) dy$$

$$= \int_0^1 x dx \cdot \int_0^1 y dy = \frac{1}{2} \cdot \frac{1}{2} = \frac{1}{4} \ .$$

2 Sei $Z = [0,1] \times [0,1] \subset \mathbb{R}^2$ und $f(x,y) := xye^{x^2 y}$. Dann gilt

$$\int_Z f \, dV = \int_0^1 \left(\int_0^1 xye^{x^2 y} dx \right) dy$$

$$= \int_0^1 \left(\int_0^1 \frac{d}{dx} \left[\frac{1}{2} e^{x^2 y} \right] dx \right) dy$$

$$= \int_0^1 \left[\frac{1}{2} e^{x^2 y} \right]_{x=0}^{x=1} dy = \frac{1}{2} \int_0^1 (e^y - 1) dy = \frac{1}{2} (e - 1) \ .$$

Definition 9. *Für eine offene Menge Ω des $\mathbb{R}^n$ sei $C_0^1(\overline{\Omega})$ die Klasse*

$$\{ f \in C^1(\overline{\Omega}) : f(x) = 0 \ \text{für } x \in \partial\Omega \} \ .$$

Satz 15. (Einfachste Form der partiellen Integration) *Ist Z eine Zelle in $\mathbb{R}^n$ und $f \in C_0^1(Z)$, so gilt*

(23) $$\int_Z D_j f \, dV = 0 \quad \text{für } j = 1, 2, \ldots, n \ .$$

Beweis. Sei $Z = I_1 \times Z_1'$ mit $I_1 = [a_1, b_1]$ und $Z_1' := I_2 \times \cdots \times I_n$, $x = (x_1, y)$, $x_1 \in I_1$, $y \in Z_1'$. Dann gilt

$$\int_Z D_1 f \, dV = \int_{Z_1'} \left(\int_{a_1}^{b_1} \frac{\partial f}{\partial x_1}(x_1, y) dx_1 \right) dy$$

$$= \int_{Z_1'} [f(b_1, y) - f(a_1, y)] dy = 0$$

wegen $f(x) = 0$ für $x \in \partial Z$. Ähnlich argumentieren wir für die anderen $n-1$ Integrale.

$\square$

Korollar 2. *Für $f \in C_0^1(Z)$ und $g \in C^1(Z)$ gilt*

$$(24) \qquad \int_Z D_j f \cdot g \, dV \;=\; -\int_Z f \cdot D_j g \, dV \,.$$

Beweis. Wegen $h := f \cdot g \in C_0^1(Z)$ folgt $\int_Z D_j h \, dV = 0$, und es gilt $D_j h = D_j f \cdot g + f \cdot D_j g$. Hieraus ergibt sich (24).

$\square$

Korollar 3. *Für $f \in C_0^1(Z, \mathbb{R}^n)$ gilt*

$$(25) \qquad \int_Z \operatorname{div} f \, dV = 0 \,.$$

Beweis. Man beachte $\operatorname{div} f = D_1 f_1 + D_2 f_2 + \cdots + D_n f_n$ und wende Satz 15 an.

$\square$

Nun wollen wir das Riemannsche Integral $\int_M f dV$ auf quadrierbaren Mengen M des $\mathbb{R}^n$ definieren. Zu diesem Zweck ordnen wir jeder Funktion $f \in \mathcal{B}(M, \mathbb{R}^N)$ ihre **kanonische Fortsetzung** $\bar{f}_M : \mathbb{R}^n \to R^N$ zu, die durch

$$\bar{f}_M(x) := \begin{cases} f(x) & \text{für} \quad x \in M \\ 0 & \text{für} \quad x \notin M \end{cases}$$

definiert ist.

Definition 10. *Sei M eine quadrierbare Menge des $\mathbb{R}^n$ und $f \in \mathcal{B}(M, \mathbb{R}^N)$. Dann heißt f (auf M) **integrierbar**, (Symbol: $\boldsymbol{f \in \mathcal{R}(M, \mathbb{R}^N)}$), wenn die kanonische Fortsetzung $\bar{f}_M$ von f auf einer (und damit auf jeder) abgeschlossenen Zelle Z des $\mathbb{R}^n$ mit $\overline{M} \subset \operatorname{int} Z$ integrierbar ist. Für eine integrierbare Funktion $f : M \to \mathbb{R}^N$ definieren wir das **Riemannsche Integral** $\int_M f dV$ als*

$$(26) \qquad \int_M f \, dV := \int_Z \bar{f}_M \, dV \,.$$

Wir erinnern daran, daß

$$\int_Z \bar{f}_M \, dV := \int_Z \bar{f}_M \big|_Z \, dV$$

gesetzt ist (vgl. Definition 6).

Satz 16. *Sei $M \subset \mathbb{R}^n$ quadrierbar, $f \in \mathcal{B}(M, \mathbb{R}^N)$, $\Omega := \text{int } M$, und die Menge der Unstetigkeitspunkte von $f|_\Omega$ habe den Inhalt Null. Dann gilt $f \in \mathcal{R}(M, \mathbb{R}^N)$.*

Beweis. Sei Z eine abgeschlossene Zelle mit $\overline{M} \subset \text{int } Z$ und sei $h := \bar{f}_M|_Z$, also

$$ h(x) = \left\{ \begin{array}{ll} f(x) & \text{für} \quad x \in M \\ 0 & \text{für} \quad x \in Z \backslash M \ . \end{array} \right. $$

Wir haben zu zeigen, daß h auf Z integrierbar ist. Sei $\mathcal{S}(h)$ bzw. $\mathcal{S}(f|_\Omega)$ die Menge der Unstetigkeitspunkte von h bzw. $f|_\Omega$. Dann ist $\mathcal{S}(f|_\Omega)$ die Menge der inneren Unstetigkeitspunkte von $f : M \to \mathbb{R}^N$, und wir haben

$$ \mathcal{S}(h) \subset \partial M \cup \mathcal{S}(f|_\Omega) \ . $$

Nach Voraussetzung gilt $|\partial M| = 0$ und $|\mathcal{S}(f|_\Omega)| = 0$. Folglich ist $|\mathcal{S}(h)| = 0$, und wegen Satz 13, (iv) gilt $h \in \mathcal{R}(Z, \mathbb{R}^N)$.

$\square$

Ähnlich zeigt man mittels Satz 10 das folgende stärkere Resultat.

Satz 17. *Für jede quadrierbare Menge M des $\mathbb{R}^n$, $\Omega := \text{int } M$ und $f \in \mathcal{B}(M, \mathbb{R}^N)$ gilt:*

$$ f \in \mathcal{R}(M, \mathbb{R}^N) \quad \Leftrightarrow \quad \text{meas } \mathcal{S}(f|_\Omega) = 0 \ . $$

Dies bedeutet: *Für quadrierbares M ist eine beschränkte Funktion $f : M \to \mathbb{R}^n$ genau dann integrierbar, wenn die Menge der inneren Unstetigkeitspunkte von f das Maß Null hat.*

Aus den Sätzen 5 und 13 ergibt sich sofort

Satz 18. *Sei M eine quadrierbare Menge des $\mathbb{R}^n$. Dann gilt:*

(i) $\mathcal{R}(M, \mathbb{R}^N)$ ist ein linearer Raum über $\mathbb{R}$ und wir haben

$$ (27) \qquad \int_M (\alpha f + \beta g) dV = \alpha \int_M f dV + \beta \int_M g dV $$

für beliebige $f, g \in \mathcal{R}(M, \mathbb{R}^N)$ und $\alpha, \beta \in \mathbb{R}$.
$\mathcal{R}(M, \mathbb{C})$ ist ein linearer Raum über $\mathbb{C}$, und $\int_M f \, dV$ ist dort ein lineares Funktional.

(ii) Mit $f, g \in \mathcal{R}(M, \mathbb{R}^N)$ sind $f \cdot g$, $|f|$ und $|g|$ integrierbar, und es gilt

(28)
$$\left| \int_M f \, dV \right| \leq \int_M |f| \, dV \,,$$

(29)
$$\left| \int_M f \cdot g \, dV \right| \leq \sup_M |f| \cdot \int_M |g| \, dV$$

(30)
$$\left| \int_M f \cdot g \, dV \right|^2 \leq \int_M |f|^2 \, dV \int_M |g|^2 \, dV \,.$$

Für $N = 1$ folgt aus $f \leq g$ die Ungleichung

(31)
$$\int_M f \, dV \leq \int_M g \, dV \,,$$

und insbesondere gilt

(32)
$$\int_M 1 \, dV = |M| \,.$$

(iii) Aus $f_1, f_2, f_3, \ldots \in \mathcal{R}(M, \mathbb{R}^N)$ und $f_k(x) \rightrightarrows f(x)$ auf M für $k \to \infty$ folgt $f \in \mathcal{R}(M, \mathbb{R}^N)$ und

$$\int_M f \, dV = \int_M \lim_{k \to \infty} f_k dV = \lim_{k \to \infty} \int_M f_k \, dV \,.$$

Beweis. Seien $f, g \in \mathcal{R}(M, \mathbb{R}^N)$ und $h := \alpha f + \beta g$, $\alpha, \beta \in \mathbb{R}$. Wegen

$$\bar{h}_M = \alpha \bar{f}_M + \beta \, \bar{g}_M$$

folgt nach Definition 10 und Satz 13, daß $\bar{h}_M \in \mathcal{R}(Z, \mathbb{R}^N)$, also $h \in \mathcal{R}(M, \mathbb{R}^N)$ ist und

$$\int_M h \, dV = \int_Z \bar{h}_M \, dV = \alpha \int_Z \bar{f}_M dV + \beta \int_Z \bar{g}_M \, dV$$
$$= \alpha \int_M f \, dV + \beta \int_M g \, dV$$

für jede Zelle Z mit $\overline{M} \subset \mathrm{int}\, Z$ gilt. Damit ist Behauptung (i) bewiesen. Ähnlich zeigt man die übrigen Behauptungen vermöge Definition 10 und Satz 5 & 13. Für den Beweis von (iii) vermerken wir, daß sich aus $f_k(x) \rightrightarrows f(x)$ auf M für $k \to \infty$ und $\overline{M} \subset \mathrm{int}\, Z$ die Konvergenzrelation

$$\bar{f}_{k,M}(x) \rightrightarrows \bar{f}_M(x) \text{ auf } Z \text{ für } k \to \infty$$

ergibt. Die Ungleichung (29) folgt aus (27), (28) und (31):

$$\left| \int_M f \cdot g dV \right| \leq \int_M |f \cdot g| \, dV \leq \int_M |f||g| \, dV$$
$$\leq \int_M (\sup_M |f|)|g| \, dV = \sup_M |f| \cdot \int_M |g| \, dV \,.$$

Die Formel $|M| = \int_M 1 \, dV$ folgt aus (14) und (26).

□

Nun wollen wir eine Variante der partiellen Integration angeben (vgl. Satz 15). Dazu benötigen wir zwei Definitionen.

Definition 11. *Unter dem* **Träger** *(Englisch:* support*) einer Funktion* $f : M \to \mathbb{R}^N$ *mit* $M \subset \mathbb{R}^n$ *verstehen wir den Abschluß der Menge* $\{x \in M : f(x) \neq 0\}$ *in* $\mathbb{R}^n$. *Wir bezeichnen diese Menge mit dem Symbol* **supp** f, *also*

$$\operatorname{supp} f := \overline{\{x \in M : f(x) \neq 0\}} \, .$$

Definition 12. *Sei* Ω *eine offene Menge des* $\mathbb{R}^n$ *und* $s \in \mathbb{N}_0 \cup \{\infty\}$. *Dann bezeichnen wir mit* $C_c^s(\Omega, \mathbb{R}^N)$ *die Klasse der Funktionen* $f \in C^s(\Omega, \mathbb{R}^N)$ *mit kompaktem, in* Ω *gelegenem Träger, also*

$$C_c^s(\Omega, \mathbb{R}^N) := \{f \in C^s(\Omega, \mathbb{R}^N) : \operatorname{supp} f \subset\subset \Omega\} \, .$$

Korollar 4. (Einfachste Form der partiellen Integration) *Sei* Ω *eine offene, quadrierbare Menge des* $\mathbb{R}^N$.

(i) *Für jedes* $f \in C_c^1(\Omega)$ *gilt*

$$\int_\Omega D_j f \, dV = 0 \qquad \text{für } j = 1, 2, \dots, n \, .$$

(ii) *Für jedes* $f \in C_c^1(\Omega, \mathbb{R}^n)$ *gilt*

$$\int_\Omega \operatorname{div} f \, dV = 0 \, .$$

(iii) *Für* $f \in C_c^1(\Omega)$ *und* $g \in C^1(\Omega)$ *gilt*

$$\int_\Omega D_j f \cdot g \, dV = - \int_\Omega f \cdot D_j g \, dV \, , \qquad 1 \le j \le n \, .$$

(iv) *Für* $f \in C_c^1(\Omega)$ *und* $g \in C^2(\Omega)$ *gilt*

$$\int_\Omega \nabla f \cdot \nabla g \, dV = - \int_\Omega f \, \Delta g \, dV \, ,$$

wobei $\Delta = D_1^2 + \dots + D_n^2$ *der Laplaceoperator ist.*

Beweis. (i) Sei $\bar{f}_\Omega : \mathbb{R}^n \to \mathbb{R}$ die kanonische Fortsetzung von $f : \Omega \to \mathbb{R}$ auf den $\mathbb{R}^n$, also

$$\bar{f}_\Omega(x) = \left\{ \begin{array}{ccc} f(x) & & x \in \Omega \\ & \text{für} & \\ 0 & & x \in \mathbb{R}^n \backslash \Omega \ . \end{array} \right.$$

Dann gilt $\bar{f}_\Omega \in C_c^1(\mathbb{R}^n)$. Ist Z eine Zelle mit $\overline{\Omega} \subset \text{int } Z$, so liegt $\phi := \bar{f}_\Omega\big|_Z$ in $C_0^1(Z)$, und Satz 15 liefert

$$\int_\Omega D_j f dx = \int_Z D_j \phi dx = 0 \ .$$

(ii) Aus (i) folgt für jedes $f = (f_1, \ldots, f_n) \in C_c^1(\Omega, \mathbb{R}^n)$, daß

$$\int_\Omega \text{div } f \, dV = \sum_{j=1}^n \int_\Omega D_j f_j \, dV = 0$$

(iii) Für $f \in C_c^1(\Omega)$ und $g \in C^1(\Omega)$ ist $h := fg \in C_c^1(\Omega)$ und daher

$$0 = \int_\Omega D_j h \, dV = \int_\Omega D_j f \cdot g \, dV + \int_\Omega f \cdot D_j g \, dV \ .$$

(iv) Für $f \in C_c^1(\Omega)$ und $g \in C^2(\Omega)$ folgt nach (iii)

$$\int_\Omega D_j f \cdot D_j g \, dV = -\int_\Omega f \cdot D_j^2 g \, dV \ .$$

Summieren wir über j von 1 bis n, so folgt

$$\int_\Omega \nabla f \cdot \nabla g \, dV = -\int_\Omega f \cdot \Delta g \, dV \ .$$

$\square$

Lemma 4. *Sei M quadrierbar und $f \in \mathcal{R}(M, \mathbb{R}^N)$. Dann gilt für jede quadrierbare Teilmenge M' von M, daß $f\big|_{M'} \in \mathcal{R}(M', \mathbb{R}^N)$ ist.*

Beweis. Sei Z eine Zelle mit $\overline{M} \subset \text{int } Z$, und sei M' eine quadrierbare Teilmenge von M, also auch $\overline{M'} \subset \text{int } Z$. Dann ist die charakteristische Funktion $\chi_{M'}$ von der Klasse $\mathcal{R}(Z)$, und nach Voraussetzung ist $\bar{f}_M \in \mathcal{R}(Z, \mathbb{R}^N)$. Aus Satz 18, (ii) folgt $\chi_{M'} \bar{f}_M \in \mathcal{R}(Z, \mathbb{R}^N)$. Die Funktion $\chi_{M'} \bar{f}_M$ ist aber gerade die kanonische Fortsetzung von $f\big|_{M'}$, und somit ist diese Fortsetzung von der Klasse $\mathcal{R}(Z, \mathbb{R}^N)$. Nach Definition 10 bedeutet dies: $f\big|_{M'} \in \mathcal{R}(M', \mathbb{R}^N)$.

$\square$

Für diesen Sachverhalt sagen wir: *Wenn f auf der quadrierbaren Menge M integrierbar ist, so auch auf jeder quadrierbaren Teilmenge M' von M.* Wir setzen

$$(33) \qquad \int_{M'} f \, dV := \int_{M'} f\big|_{M'} \, dV \; .$$

Lemma 5. *Ist M eine Nullmenge des $\mathbb{R}^n$ und $f : M \to \mathbb{R}^N$ eine beschränkte Abbildung, so ist f integrierbar und*

$$\int_M f \, dV = 0 \; .$$

Beweis. Mit M ist $\overline{M}$ und erst recht ∂M Nullmenge; daher ist M quadrierbar. Aus $|M| = 0$ folgt wegen Satz 16, daß $f \in \mathcal{R}(M, \mathbb{R}^N)$ ist, und wir erhalten $\int_M f \, dV = 0$ wegen

$$0 \le \left| \int_M f \, dV \right| \le \int_M |f| dV \le \sup_M |f| \cdot |M| = 0 \; .$$

$\square$

Lemma 6. *Ist M die disjunkte Vereinigung zweier quadrierbarer Mengen M_1 und M_2 des $\mathbb{R}^n$, so gilt für jedes $f \in \mathcal{R}(M, \mathbb{R}^N)$ die Additionsformel*

$$(34) \qquad \int_M f dV \;=\; \int_{M_1} f dV \;+\; \int_{M_2} f dV \; .$$

Beweis. Mit M_1 und M_2 ist auch $M = M_1 \dot\cup M_2$ quadrierbar, denn es gilt $\partial M \subset \partial M_1 \cup \partial M_2$, also $|\partial M| = 0$. Für $f \in \mathcal{R}(M, \mathbb{R}^N)$ ist die kanonische Fortsetzung $\bar{f}_M$ auf einer Zelle Z mit $\overline{M} \subset \text{int } Z$ integrierbar. Wegen $M = M_1 \dot\cup M_2$ folgt $\chi_M = \chi_{M_1} + \chi_{M_2}$ und daher $\bar{f}_M = \chi_M \bar{f}_M = \chi_{M_1} \bar{f}_M + \chi_{M_2} \bar{f}_M = f_1 + f_2$, wobei f_j gleich der kanonischen Fortsetzung von $f\big|_{M_j}$ ist, also $f_j(x) = f(x)$ für $x \in M_j$ und $f_j(x) = 0$ für $x \in \mathbb{R}^n \setminus M_j$. Die Funktionen f_1, f_2 sind auf Z integrierbar, und wegen (27) gilt

$$\int_M f dV \;=\; \int_Z \bar{f}_M dV \;=\; \int_Z f_1 dV \;+\; \int_Z f_2 dV \;=\; \int_{M_1} f dV \;+\; \int_{M_2} f dV \; .$$

$\square$

Satz 19. *Sei Ω eine quadrierbare offene Menge des $\mathbb{R}^n$ und $f \in \mathcal{B}(\overline{\Omega}, \mathbb{R}^N)$ sei stetig auf Ω bis auf eine Menge $\mathcal{S} \subset \Omega$ vom Inhalt Null. Dann ist f sowohl auf $\overline{\Omega}$ als auch auf Ω integrierbar, und es gilt*

$$(35) \qquad \int_{\overline{\Omega}} f dV \;=\; \int_{\Omega} f dV \; .$$

Beweis. Die Integrierbarkeit von f auf $\Omega, \partial\Omega$ und $\overline{\Omega}$ folgt nach Satz 16 und Lemma 4. Lemma 5 liefert $\int_{\partial\Omega} f dV = 0$, und Lemma 6 zeigt

$$\int_{\overline{\Omega}} f dV \;=\; \int_{\Omega} f dV \;+\; \int_{\partial\Omega} f dV \,.$$

$\square$

Ganz ähnliche Überlegungen führen zu dem nächsten Resultat.

Satz 20. *Sei M die* Vereinigung quadrierbarer Mengen $M_1, \dots, M_l$ *des $\mathbb{R}^n$, und für $\Omega_j := \operatorname{int} M_j$ gelte $\Omega_j \cap \Omega_k = \emptyset$, falls $j \neq k$. Ferner sei $f \in \mathcal{B}(M, \mathbb{R}^N)$, und für jedes $j = 1, \dots, l$ sei $f\big|_{\Omega_j} \in C^0(\Omega \backslash \mathcal{S}_j)$ mit $\mathcal{S}_j \subset \Omega_j$ und $|\mathcal{S}_j| = 0$. Dann ist $f \in \mathcal{R}(M, \mathbb{R}^N)$ und es gilt*

$$(36) \qquad \int_M f dV \;=\; \int_{M_1} f dV + \int_{M_2} f dV + \dots + \int_{M_l} f dV \,.$$

Beweis. Mit $M_1, \dots, M_l$ ist auch $M = M_1 \cup \dots \cup M_l$ quadrierbar, weil $\partial M \subset \partial M_1 \cup \dots \cup \partial M_l$ gilt. Ferner ist die Menge der Unstetigkeitspunkte von f in der Menge $\partial M_1 \cup \dots \cup \partial M_l \cup \mathcal{S}_1 \cup \dots \cup \mathcal{S}_l$ vom Inhalt Null enthalten und somit selbst eine Menge vom Inhalt Null. Also ist f auf M und damit auf der disjunkten Vereinigung $\Omega_1 \cup \dots \cup \Omega_l$ integrierbar. Aus Lemma 6 folgt durch Induktion

$$\int_{\Omega_1 \cup \dots \cup \Omega_l} f dV \;=\; \int_{\Omega_1} f dV + \dots + \int_{\Omega_l} f dV \,.$$

Wegen Satz 19 ergibt sich hieraus Relation (36).

$\square$

Dieses Resultat läßt sich insbesondere auf die Klasse der stückweise stetigen Funktionen $f : M \to \mathbb{R}^N$ auf einer quadrierbaren Menge anwenden, die so definiert ist:

Definition 13. *Eine Funktion $f \in \mathcal{B}(M, \mathbb{R}^N)$ auf einer quadrierbaren Menge M des $\mathbb{R}^n$ heißt* **stückweise stetig** *(Symbol: $f \in D^0(M, \mathbb{R}^N)$), wenn man M als Vereinigung $M = M_1 \cup \dots \cup M_l$ quadrierbarer Mengen M_j mit $\Omega_j := \operatorname{int} M_j$, $f\big|_{\Omega_j} \in C^0(\Omega_j, \mathbb{R}^N)$ und $\Omega_j \cap \Omega_k = \emptyset$ für $j \neq k$ schreiben kann.*

Definition 14. *Wenn sich eine quadrierbare Menge M als Vereinigung*

$$M = M_1 \cup \dots \cup M_l$$

quadrierbarer Mengen M_j mit $\Omega_j := \operatorname{int} M_j$ und $\Omega_j \cap \Omega_k = \emptyset$ für $j \neq k$ schreiben läßt, so nennen wir

$$(37) \qquad \mathcal{Z} := \{M_j\}_{j \in \mathcal{J}} \ \text{mit} \ \mathcal{J} = \{1, \dots, l\}$$

eine **allgemeine Zerlegung von M.**

Für die allgemeinere Fassung des *Cavalierischen Prinzips* von Satz 21 benötigen wir

Definition 15. *Eine Menge M des $\mathbb{R}^n$ heißt* **Normalbereich** *(bezüglich der x_j-Achse), wenn sie die Form*

$$(38) \quad M = \{x \in \mathbb{R}^n : y = (x_1, \ldots, x_{j-1}, x_{j+1}, \ldots, x_n) \in K; \varphi(y) \leq x_j \leq \psi(y)\}$$

hat, wobei K eine quadrierbare, kompakte Menge des $\mathbb{R}^{n-1}$ und $\varphi, \psi : K \to \mathbb{R}$ zwei stetige Funktionen mit $\varphi \leq \psi$ bezeichnen.

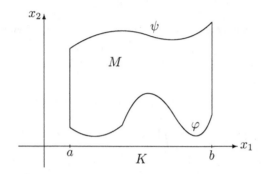

Wir bemerken, daß Normalbereiche quadrierbar sind, da sie von einer kompakten Nullmenge berandet werden. Ähnlich wie Satz 14 beweist man das nachstehende Ergebnis.

Satz 21. (Cavalierisches Prinzip oder Satz von Fubini) *Ist M ein Normalbereich der Form (38) und $f \in C^0(M, \mathbb{R}^N)$, so gilt*

$$(39) \quad \int_M f\,dV = \int_K \left(\int_{\varphi(y)}^{\psi(y)} f(x)\,dx_j \right) dy$$

wobei $y = (x_1, \ldots, x_{j-1}, x_{j+1}, \ldots, x_n)$ ist und $dy = dV_{n-1}$ das $(n-1)$-dimensionale Volumenelement auf K und $dV = dV_n$ das n-dimensionale Volumenelement auf M bezeichnet.

Cavalieri hat dieses Prinzip in seiner *Geometria indivisibilibus* (1635) zur Berechnung von Volumina (d.h. für $f = 1$) benutzt. Das allgemeinere Resultat ist nach G. Fubini benannt, der es 1907 im Rahmen der Lebesgueschen Integrationstheorie für Doppelintegrale bewies. Für Riemannsche Integrale mit stetigen Integranden ist der Fubinische Satz eine einfache Folgerung aus dem Cavalierischen Prinzip für Volumina.

Beweis von Satz 21. Setze $a := \min_K \varphi$ und $b := \max_K \psi$, also $a \leq b$. Für $y \in K$ und $z \in [\varphi(y), \psi(y)]$ sei $g(y, z) := f(x_1, \ldots, x_{j-1}, z, x_{j+1}, \ldots, x_n)$. Ferner setzen wir

$$g(y, z) := g(y, \psi(y)) \quad \text{für } \psi(y) \leq z \leq b\,,$$
$$g(y, z) := g(y, \varphi(y)) \quad \text{für } a \leq z \leq \varphi(y)\,.$$

Dann ist $g(y, z)$ eine stetige Funktion von (y, z) auf der Menge

$$M^* := \{(y, z) : y \in K, a \leq z \leq b\}\,.$$

Wie in Abschnitt 1.3 zeigt man, daß

$$h(y, \xi, \eta) := \int_\xi^\eta g(y, z)dz$$

eine stetige Funktion von $(y, \xi, \eta) \in K \times [a, b] \times [a, b]$ ist. Da die Komposition stetiger Funktionen wiederum stetig ist, so ist auch

$$k(y) := h(y, \varphi(y), \psi(y)) = \int_{\varphi(y)}^{\psi(y)} g(y, z)dz$$

eine stetige Funktion von $y \in K$. Nach Voraussetzung ist K eine quadrierbare Menge des $\mathbb{R}^{n-1}$. Also existiert das Integral

$$\int_K k(y)dy = \int_K \left(\int_{\varphi(y)}^{\psi(y)} g(y, z)dz \right) dy = \int_K \left(\int_{\varphi(y)}^{\psi(y)} f(x)dx_j \right) dy .$$

Nun beweist man mit einer geeigneten Variation der Schlußweise im Beweis von Satz 14, daß

$$\int_M f dV = \int_K k(y)dy = \int_K k dV_{n-1} .$$

$\square$

$\boxed{3}$ Sei $n = 2$, $N = 1$, $f(x, y) = xy$ für $(x, y) \in M := \{(x, y) : 0 \leq x \leq 1,\ 0 \leq y \leq x\}$ also $K = [0, 1]$, $\varphi(x) = 0$, $\psi(x) = x$. Dann ist

$$\int_M f dV = \int_0^1 \left(\int_0^x xy \, dy \right) dx = \int_0^1 \left[\frac{1}{2}xy^2 \right]_{y=0}^{y=x} dx = \int_0^1 \frac{1}{2}x^3 dx = \left[\frac{x^4}{8} \right]_0^1 = \frac{1}{8} .$$

$\boxed{4}$ Sei $B = B_R(0)$ die Kugel in $\mathbb{R}^3$ vom Radius R mit 0 als Mittelpunkt. Dann ist

$$B = \left\{ (x, y, z) \in \mathbb{R}^3 :\ (x, y) \in D,\ -\sqrt{R^2 - x^2 - y^2} \leq z \leq \sqrt{R^2 - x^2 - y^2} \right\} ,$$

wobei D die Kreisscheibe

$$D = \{(x, y) \in \mathbb{R}^2 :\ x^2 + y^2 \leq R^2\}$$
$$= \{(x, y) \in \mathbb{R}^2 :\ -R \leq x \leq R,\ -\sqrt{R^2 - x^2} \leq y \leq \sqrt{R^2 - x^2}\}$$

bezeichnet. Wir erhalten

$$
\begin{aligned}
|B| &= \int_B 1\, dV_3 = \int_D \left(\int_{-\sqrt{R^2 - x^2 - y^2}}^{\sqrt{R^2 - x^2 - y^2}} dz \right) dV_2 \\
&= 2 \int_D \sqrt{R^2 - x^2 - y^2}\, dV_2 \\
&= 2 \int_{-R}^R \left(\int_{-\rho(x)}^{\rho(x)} \sqrt{\rho^2(x) - y^2}\, dy \right) dx ,\ \rho(x) := \sqrt{R^2 - x^2} .
\end{aligned}
$$

Wegen

$$
\begin{aligned}
\int_{-\rho}^\rho \sqrt{\rho^2 - y^2}\, dy &= \left[-\frac{\rho^2}{2} \arccos \frac{y}{\rho} + \frac{y}{2} \sqrt{\rho^2 - y^2} \right]_{-\rho}^\rho \\
&= -\frac{\rho^2}{2} [\arccos 1 - \arccos(-1)] = -\frac{\rho^2}{2}[0 - \pi] = \frac{1}{2}\pi\rho^2
\end{aligned}
$$

folgt

$$|B| = \pi \int_{-R}^R (R^2 - x^2)\, dx = \pi \left[R^2 x - \frac{1}{3}x^3 \right]_{-R}^R = \pi \left[2R^3 - \frac{2}{3}R^3 \right] = \frac{4\pi}{3}R^3 .$$

Also

(40) $$|B_R(0)| = \frac{4\pi}{3} R^3 .$$

Wenn sich eine Menge M in endlich viele Normalbereiche „zerschneiden" läßt, d.h. wenn es eine *allgemeine Zerlegung* (37) von M in Normalbereiche $M_1, \ldots, M_l$ gibt, so ist M quadrierbar, und man kann die Sätze 20 und 21 verwenden, um das Integral $\int_M f dV$ zu berechnen. Insbesondere wird so die zweite der am Ende von Abschnitt 3.7 in Band 1 gestellten Fragen im positiven Sinne beantwortet.

Wenden wir Satz 21 auf die partielle Ableitung $\dfrac{\partial f}{\partial x_j}$ einer Funktion f an, so ergibt sich

Korollar 5. *Ist M ein Normalbereich der Form (38) und $f \in C^0(M, \mathbb{R}^N)$ mit $f_{x_j} \in C^0(M, \mathbb{R}^N)$, so gilt*

$$(41) \qquad \int_M f_{x_j} dV = \int_K [\, \overline{g}(y) - \underline{g}(y) \,]\ dy\,,$$

wobei $y = (x_1, \ldots, x_{j-1}, x_{j+1}, \ldots, x_n)$, $dy = dV_{n-1}$ *gesetzt ist und*

$$\overline{g}(y) := f(x_1, \ldots, x_{j-1},\ \psi(y), x_{j+1}, \ldots, x_n)\,,$$
$$\underline{g}(y) := f(x_1, \ldots, x_{j-1},\ \varphi(y),\ x_{j+1}, \ldots, x_n)$$

die Randwerte von f auf dem oberen *bzw.* unteren Deckel *von M bezeichnet.*

Aus der Formel (41) läßt sich leicht die allgemeine Form des Gaußschen Satzes auf Gebieten Ω gewinnen, die sich in Normalbereiche zerschneiden lassen. Allerdings benötigen wir für $n > 2$ den Begriff des $(n-1)$-dimensionalen *Flächenintegrals*, den wir erst später einführen wollen. Zumindest aber können wir den *Gaußschen Satz in der Ebene* aufstellen. Wir betrachten zunächst zwei Spezialfälle.

(i) Sei M ein Normalbereich in x-Richtung:

$$(42) \qquad M := \{(x,y) \in \mathbb{R}^2 : y_1 \leq y \leq y_2\,,\ \varphi_1(y) \leq x \leq \varphi_2(y)\}\,,$$

und seien φ_1, φ_2 von der Klasse D^1. Dann folgt

$$(43) \qquad \int_M a_x dV = \int_{y_1}^{y_2} a(\varphi_2(y), y) dy - \int_{y_1}^{y_2} a(\varphi_1(y), y) dy\,.$$

Die rechte Seite ist gleich dem Wegintegral $\int_\gamma a(x,y) dy$, wobei γ ein stückweise glatter geschlossener Jordanweg mit Spur $(\gamma) = \partial M$ ist, der M im mathematisch positiven Sinne umschlingt, d.h. int M liegt stets zur Linken von γ (man beachte, daß das Wegintegral $\int_\gamma a(x,y) dy$ über die beiden horizontalen Stücke von γ gleich Null ist).

(ii) Ist M ein Normalbereich in y-Richtung von der Form (38), also

$$(44) \qquad M := \{(x,y) \in \mathbb{R}^2 : x_1 \leq x \leq x_2\,,\ \psi_1(x) \leq y \leq \psi_2(x)\}\,,$$

$\psi_1, \psi_2 \in D^1$, so folgt

$$(45) \qquad \int_M b_y \, dV = \int_{x_1}^{x_2} b(x, \psi_2(x))dx - \int_{x_1}^{x_2} b(x, \psi_1(x))dx \ .$$

Die rechte Seite ist jetzt gleich dem Wegintegral $- \int_\gamma b(x, y)dx$, wobei wiederum γ ein stückweise glatter geschlossener Jordanweg mit $\partial M = \mathrm{Spur}\,(\gamma)$ ist, der M im mathematisch positiven Sinne umläuft.

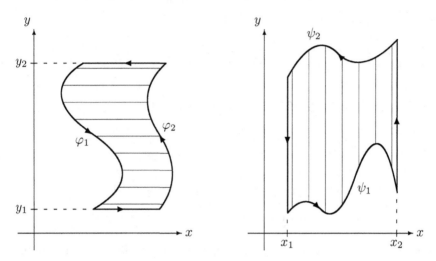

Sei nun M eine kompakte Punktmenge in $\mathbb{R}^2$, die sich in endlich viele Normal-bereiche $M_1, \dots, M_r$ bezüglich der x-Richtung von der Form (42) zerschneiden läßt. Ferner sei ∂M die Spur einer stückweise glatten, geschlossenen Jordankurve γ, die int M im positiven Sinne umläuft. Dann gilt

$$\int_M a_x dV = \int_{M_1} a_x dV + \dots + \int_{M_r} a_x dV \ ,$$

und nach (i) folgt

$$\int_{M_j} a_x dV = \int_{\gamma_j} a(x, y)dy \ ,$$

wobei γ_j ein stückweise glatter geschlossener Jordanweg mit Spur $(\gamma_j) = \partial M_j$ ist, der das Innere von M_j im positiven Sinne umläuft.

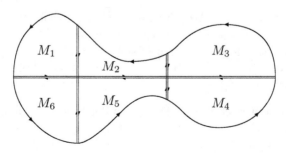

Die im Inneren von M liegenden Teile der Wege treten zweimal auf, werden dabei aber im entgegengesetzten Sinne durchlaufen, so daß sich die entsprechenden Wegintegrale $\int a \, dy$ wegheben und in der Summe $\int_{\gamma_1} a \, dy + \ldots + \int_{\gamma_r} a \, dy$ nur das Wegintegral $\int_\gamma a \, dy$ übrigbleibt, wobei Spur $(\gamma) = \partial M$ ist. Daraus folgt

$$(46) \qquad \int_M a_x dV = \int_\gamma a(x,y) dy \ .$$

Ganz entsprechend zeigt man mittels (ii), daß

$$(47) \qquad \int_M b_y dV = -\int_\gamma b(x,y) dx$$

ist, falls M sich in endlich viele, stückweise glatt berandete Normalbereiche bezüglich der y-Richtung von der Form (44) zerschneiden läßt.

Aus (46) und (47) folgt dann für jedes beliebige Vektorfeld $u = (a,b) \in C^1(M, \mathbb{R}^2)$ die Gleichung

$$(48) \qquad \int_M (a_x + b_y) dV = \int_\gamma a(x,y) dy - b(x,y) dx \ .$$

Für das Wegintegral auf der rechten Seite schreiben wir auch

$$(49) \qquad \int_{\partial M} a \, dy - b \, dx := \int_\gamma a \, dy - b \, dx \ .$$

Hierbei vereinbaren wir, den Rand so zu parametrisieren, daß das Innere von M stets zur Linken des zur Parametrisierung gehörenden Weges liegt.

Die oben beschriebene Schlußweise funktioniert auch, wenn ∂M aus den Spuren $\Gamma_1, \ldots, \Gamma_p$ von p stückweise glatten Jordanwegen $\gamma_1, \ldots, \gamma_p$ besteht, die paarweise disjunkt sind. Dann ist (48) durch

$$(50) \qquad \int_M (a_x + b_y) dV = \sum_{j=1}^{p} \int_{\gamma_j} a \, dy - b \, dx$$

zu ersetzen, was wir auch als

$$(51) \qquad \int_M (a_x + b_y) dV = \int_{\partial M} a \, dy - b \, dx$$

schreiben. Wieder gilt die Vereinbarung, daß die p Randkurven $\Gamma_1, \ldots, \Gamma_p$ im positiven Sinne bezüglich int$M$ zu parametrisieren sind.

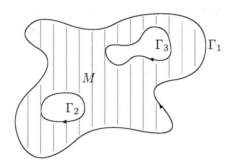

In dieser Situation nennt man $\Omega := \text{int } M$ **p-fach zusammenhängend**.

Fassen wir die Ergebnisse zusammen.

Satz 22. *Sei Ω ein p-fach zusammenhängendes, beschränktes Gebiet in $\mathbb{R}^2$, dessen Rand durch p paarweise disjunkte, stückweise glatte, geschlossene Jordanwege $\gamma_1, \ldots, \gamma_p$ beschrieben wird, die bezüglich Ω positiv orientiert sind. Die Menge Ω lasse sich durch vertikale bzw. horizontale Schnitte in endlich viele Normalgebiete in x- bzw. y-Richtung über Intervallen zerschneiden. Dann gilt für jedes Vektorfeld $u = (a, b)$ von der Klasse $C^2(\overline{\Omega}, \mathbb{R}^2)$ die Gleichung*

$$(52) \qquad \int_\Omega (a_x + b_y)\, dxdy \;=\; \int_{\partial\Omega} a\,dy - b\,dx$$

mit

$$(53) \qquad \int_{\partial\Omega} a\,dy - b\,dx := \sum_{j=1}^{p} \int_{\gamma_j} a\,dy - b\,dx \; .$$

Dieses Resultat heißt **Gaußscher Satz in der Ebene**. Die Voraussetzung der „normalen Zerschneidbarkeit" von Ω in x- und y-Richtung ist nicht nötig, wie wir später sehen werden.

Wir wollen noch eine geometrische Deutung des „Randintegrales" $\int_{\partial\Omega} a\,dy - b\,dx$ geben, wenn $\partial\Omega$ bloß aus einer geschlossenen Kurve γ besteht. Sei

$$X(t) = (\xi(t), \eta(t)) \; , \quad t_1 \le t \le t_2 \; ,$$

eine Parametrisierung von γ mit $\dot{X}(t) \ne 0$ auf $[t_1, t_2]$, die bezüglich Ω positiv orientiert ist. Dann erhalten wir

$$(54) \qquad \int_{\partial\Omega} a\,dy - b\,dx \;=\; \int_{t_1}^{t_2} u(X(t)) \wedge \dot{X}(t)\, dt \; ,$$

wobei $u(X) \wedge \dot{X}$ das zweidimensionale äußere Produkt von $u(X)$ und $\dot{X}$ bedeutet:

$$u(X) \wedge \dot{X} := \det(u(X), \dot{X})$$

$$= \left| \begin{array}{cc} a(\xi, \eta) & \dot{\xi} \\ b(\xi, \eta) & \dot{\eta} \end{array} \right| = a(\xi, \eta)\dot{\eta} - b(\xi, \eta)\dot{\xi} \; .$$

Mit dem Normalenvektor $\nu(t) := (\dot\eta(t), -\dot\xi(t))$ können wir (54) auch als

$$(55) \qquad \int_{\partial\Omega} a\,dy - b\,dx \;=\; \int_{t_1}^{t_2} u(X(t)) \cdot \nu(t)\,dt$$

schreiben. Man sieht leicht, daß $\nu(t)$ überall ins Äußere von Ω weist.

Ist $t =$ Parameter s der Bogenlänge, also $|\dot X(s)| = 1$, so folgt $|\nu(s)| = 1$. Man nennt dann das Vektorfeld $\nu(s)$ *den äußeren Normalenvektor von* $\partial\Omega$ und schreibt die Gleichung (52) in der Form

$$(56) \qquad \int_\Omega \operatorname{div} u\,dV \;=\; \int_{\partial\Omega} u \cdot \nu\,ds \;.$$

Wählen wir in (54) für das Vektorfeld $u = (a, b)$ speziell das *Radialfeld*

$$u(x,y) = \frac{1}{2}(x,y)\;,$$

so ergibt sich die **Keplersche Flächenformel**

$$(57) \qquad |\Omega| = \frac{1}{2}\int_{t_1}^{t_2} X \wedge \dot X\,dt = \frac{1}{2}\int_{t_1}^{t_2}(\xi\dot\eta - \eta\dot\xi)\,dt = \frac{1}{2}\int_X x\,dy - y\,dx \;.$$

Ist Ω ein Sektorgebiet OP_1P_2 mit $P_1 \neq O$, $P_2 \neq O$, das von den beiden Geradenstücken OP_1 und OP_2 sowie von der Spur Γ einer regulären Jordankurve $X : [t_1, t_2] \to \mathbb{R}^2$ der Klasse D^1 berandet wird, die P_1 mit P_2 verbindet und bezüglich Ω positiv orientiert ist, so gilt wiederum

$$(58) \qquad |\Omega| = \frac{1}{2}\int_{t_1}^{t_2} X \wedge \dot X\,dt \;.$$

Kepler hat das Resultat von (58) durch einen „geometrischen Rechenprozeß" beschrieben – die Infinitesimalrechnung gab es ja nur in der von Archimedes entwickelten rudimentären Form – und bei seinem *Flächensatz* verwendet (*Der Fahrstrahl von der Sonne zum Mars überstreicht in gleichen Zeiten gleiche Flächen*, Astronomia Nova 1609). Für nichtparametrische Kurven wurde (58) erstmals von Leibniz (1673) formuliert, freilich immer noch ohne die Symbolik des Infinitesimalkalküls, die Leibniz erst in den folgenden Jahren entwickelte. Daher wird (58) in Lehrbüchern meist als **Leibnizsche Sektorformel** bezeichnet. In der Frühzeit der Angewandten Mathematik wurde (57) benutzt, um den Flächeninhalt von Gebieten auf mechanischem Wege festzustellen (Polarplanimeter).

Wir wollen aus (57) noch die **isoperimetrische Ungleichung**

$$(59) \qquad 4\pi A \;\leq\; L^2$$

herleiten, wobei A den Flächeninhalt $|\Omega|$ eines einfach zusammenhängenden Gebietes in $\mathbb{R}^2$ und L die Länge seines *Umfangs* (oder *Perimeters*) $\partial\Omega$ bezeichnet.

Wir setzen wie oben voraus, daß $\partial\Omega$ durch eine geschlossene, reguläre Jordankurve $X : I \to \mathbb{R}^2$ der Klasse D^1 parametrisiert ist, die bezüglich Ω positiv orientiert ist. Dann gilt $L = \int_I |\dot X(t)|\,dt$.

Durch geeignete Wahl der Parameterdarstellung können wir erreichen, daß $I = [0, 2\pi]$ und folglich $X(t) = (\xi(t), \eta(t))$ periodisch mit der Periode 2π ist, und daß $|\dot{X}(t)| \equiv \text{const} =: c$ gilt. Wegen $L = 2\pi c$ ergibt sich

$$(60) \qquad \frac{1}{\pi} \int_0^{2\pi} (\dot{\xi}^2 + \dot{\eta}^2) dt = \frac{1}{2\pi^2} L^2 \ .$$

Wenn wir noch den Ursprung des Koordinatensystems in den Schwerpunkt $X_0 = \frac{1}{2\pi} \int_0^{2\pi} X(t) dt$ legen, erhalten wir für ξ und η die Parameterdarstellungen

$$\xi(t) = \sum_{\nu=1}^{\infty} (a_\nu \cos \nu t + b_\nu \sin \nu t) \ , \quad \eta(t) = \sum_{\nu=1}^{\infty} (c_\nu \cos \nu t + d_\nu \sin \nu t) \ .$$

Hieraus folgt

$$\dot{\xi}(t) = \sum_{\nu=1}^{\infty} \nu (b_\nu \cos \nu t - a_\nu \sin \nu t) \ , \quad \dot{\eta}(t) = \sum_{\nu=1}^{\infty} \nu (d_\nu \cos \nu t - c_\nu \sin \nu t) \ .$$

Die Parsevalsche Gleichung (vgl. Band 1, Kapitel 4. 7, (31), (33), (36)) liefert

$$\frac{1}{\pi} \int_0^{2\pi} (\dot{\xi}^2 + \dot{\eta}^2) dt = \sum_{\nu=1}^{\infty} \nu^2 (a_\nu^2 + b_\nu^2 + c_\nu^2 + d_\nu^2)$$

und

$$\frac{1}{\pi} \int_0^{2\pi} \xi \dot{\eta} dt = \sum_{\nu=1}^{\infty} \nu (a_\nu d_\nu - b_\nu c_\nu), \quad \frac{1}{\pi} \int_0^{2\pi} \dot{\xi} \eta dt = \sum_{\nu=1}^{\infty} \nu (b_\nu c_\nu - a_\nu d_\nu) \ .$$

Damit ergibt sich wegen (57) und (60)

$$\begin{aligned} L^2 - 4\pi A &= 2\pi^2 \sum_{\nu=1}^{\infty} \nu^2 (a_\nu^2 + b_\nu^2 + c_\nu^2 + d_\nu^2) - 4\pi^2 \sum_{\nu=1}^{\infty} \nu (a_\nu d_\nu - b_\nu c_\nu) \\ &= 2\pi^2 \sum_{\nu=1}^{\infty} \left[(\nu a_\nu - d_\nu)^2 + (\nu b_\nu + c_\nu)^2 + (\nu^2 - 1)(c_\nu^2 + d_\nu^2) \right] \geq 0 \ , \end{aligned}$$

womit (59) bewiesen ist. Wann gilt das Gleichheitszeichen? Offensichtlich genau dann, wenn $a_\nu = b_\nu = c_\nu = d_\nu = 0$ ist für $\nu \geq 2$ und $a_1 = d_1$, $b_1 = -c_1$ gilt, d.h. wenn

$$X(t) = (a_1 \cos t + b_1 \sin t, -b_1 \cos t + a_1 \sin t)$$

ist. In diesem Falle gilt $|X(t)|^2 \equiv r^2$ mit $r := \sqrt{a_1^2 + b_1^2}$. Wegen $|\dot{X}(t)| \equiv c > 0$ ist $r > 0$, und da X eine geschlossene Jordankurve ist, so ist $\partial \Omega$ ein Kreis der Länge L.

Damit ist das **isoperimetrische Problem** gelöst: *Unter allen (einfach zusammenhängenden) Gebieten vorgeschriebenen Umfangs haben Kreisscheiben – und nur diese – den größten Flächeninhalt.*

(Allerdings ist der obige, von A. Hurwitz gefundene Beweis noch nicht ganz vollständig, weil wir nur Gebiete mit glatter Berandung betrachtet haben.) Weiteres zum isoperimetrischen Problem findet sich bei W. Blaschke, *Kreis und Kugel*, Leipzig 1916.

Aufgaben.

1. Man beweise Formel (6) zunächst für $n = 2$ und dann für beliebiges $n \geq 2$.

2. Man beweise das Integrabilitätskriterium II (vgl. Band 1, 3.7, Satz 2).

Gründung Karthagos (Kupferstich von Matthäus Merian dem Älteren). Königin Didos Leute zerschneiden eine Stierhaut in dünne Streifen und versuchen, ein maximales Gebiet zu umgrenzen. Vergil (*Aeneis*, Erstes Buch, 362-368) schrieb: *Endlich landeten sie, wo du jetzt die gewaltigen Mauern siehst und die eben entstehende Burg des neuen Karthago, da von dem Grund so viel sie gekauft — man nennt nach der Tat ihn Byrsa [Stierfell] —, wie eine Ochsenhaut wohl zu umspannen vermöchte.*

3. Ist G ein quadrierbares Gebiet des $\mathbb{R}^n$ und $f \in C^0(\overline{G})$, so gibt es einen Punkt $x_0 \in G$ mit $f(x_0) = \fint_G f \, dV := \frac{1}{|G|} \int_G f \, dV$. Beweis?

4. Man berechne $\int_Z f dV$ für
   (i) $Z := [0,a] \times [0,b]$, $f(x,y) := xe^{xy}$;
   (ii) $Z := [0,1] \times [0,1]$, $f(x,y) := xy(x^2 - y^2)$;
   (iii) $Z := [0,\pi] \times [0,\pi]$, $f(x,y) := \sin(x+y)$.

5. Was ist der Inhalt $|S_n|$ des n-dimensionalen Simplexes $S_n := \{x \in \mathbb{R}^n : x_1 \geq 0, \ldots, x_n \geq 0, x_1 + x_2 + \cdots + x_n \leq 1\}$ für (i) $n = 2$, (ii) $n = 3$, (iii) für beliebiges n?

6. Sei $f \in C^0([a,b])$, $f \geq 0$ und $B := \{(x,y) \in \mathbb{R}^2 : a \leq x \leq b, 0 \leq y \leq f(x)\}$. Weiter bezeichne M den Rotationskörper, der in $\mathbb{R}^3$ durch Rotation von B um die x-Achse entsteht. Dann ist M quadrierbar, und es gilt $v(M) = \pi \int_a^b f^2(x)dx$. Beweis?

7. Man berechne $v(M)$ für den Drehkörper M aus Aufgabe 6, wenn (i) $f(x) := \sin^2 x$, $0 \leq x \leq \pi$; (ii) $f(x) := \sqrt{r^2 - x^2}$, $-r \leq x \leq r$, $r > 0$; (iii) $f(x) := r > 0$, $0 \leq x \leq h$ ist und charakterisiere M.

8. Ein Kegel oder eine Pyramide in $\mathbb{R}^3$ mit der Grundfläche B vom Inhalt A und der Höhe h sind quadrierbar und haben den Inhalt $\frac{1}{3}Ah$. Beweis?

9. Wenn B die Kreisscheibe $\{(x,y) \in \mathbb{R}^2 : x^2 + (y-h)^2 \leq r^2\}$ mit $0 < r < h$ in der oberen Halbebene ist, so entsteht als Drehkörper M bei Rotation von B um die x-Achse ein „Kreistorus" vom Volumen $2r^2 h\pi^2$. Beweis?

10. Für eine quadrierbare Menge M und $f \in C^0(\overline{M})$ mit $f > 0$ gilt $1/\fint_M (1/f)dV \leq \fint_M f \, dV$.

11. Man berechne den Flächeninhalt der Vollellipse Ω, deren Rand durch $X(t) = (a\cos t, b\sin t)$ parametrisiert ist, $a \geq b > 0$, mittels Keplers Formel.

12. Ist der Jordanbogen Γ in $\mathbb{R}^2$ durch $X(t) = r(t)\big(\cos\varphi(t), \sin\varphi(t)\big)$, $t_1 \leq t \leq t_2$, gegeben, so geht die Leibnizsche Formel (58) für den Sektor $\Omega = OP_1P_2$ über in $|\Omega| = \frac{1}{2}\int_{t_1}^{t_2} r^2(t)\dot\varphi(t)dt$. Man bestimme $|\Omega|$ für $\Gamma := \big\{(a\cos t, b\sin t) : t_1 \leq t \leq t_2\big\}$.

13. Durch die Hypozykloide $X(t) = (a\cos^3 t, a\sin^3 t)$, $0 \leq t \leq 2\pi$, wird die Menge $\Omega := \big\{(x,y) \in \mathbb{R}^2 : x^{2/3} + y^{2/3} \leq a^{2/3}\big\}$ berandet. Man zeige, daß $|\Omega| = 3\pi a^2/8$.

14. Mittels des Gaußschen Satzes in der Ebene beweise man den Cauchyschen Integralsatz für holomorphe Funktionen.

15. Unter geeigneten Voraussetzungen an $\Omega \subset \mathbb{R}^2$ und das Vektorfeld $u = (a,b)$ auf $\overline{\Omega}$ folgt aus dem Gaußschen Satz

$$\int_\Omega (b_x - a_y)\,dxdy = \int_{\partial\Omega} a\,dx + b\,dy \ .$$

Besteht $\partial\Omega$ aus der Spur Γ einer geschlossenen D^1-Jordankurve $X : [0,L] \to \mathbb{R}^2$ mit $|\dot X(s)| \equiv 1$, so gilt

$$\int_{\partial\Omega} a\,dx + b\,dy = \int_0^L u_t(s)ds \ ,$$

wo $u_t := \langle u \circ X, \dot X\rangle$ die Tangentialkomponente von u entlang Γ bedeutet. Beweis?

16. Aus (52) leite man die Formel $\int_\Omega \Delta f\,dV = \int_{\partial\Omega} \frac{\partial f}{\partial\nu}ds$ her. Wie sind diese Integrale zu interpretieren?

17. Man zeige: Sind W ein abgeschlossener Würfel der Kantenlänge h in $\mathbb{R}^n$, $u \in C^1(W)$ und $u|_{\partial W} = 0$, so gilt $\int_W |u|\,dV \leq h\int_W |\nabla u|\,dV$ und $\int_W |u|^2\,dV \leq h^2 \int_W |\nabla u|^2\,dV$.

   Hinweis: $|u(t,y) - u(a,y)| = |\int_a^t u_{x_1}(x_1,y)dx_1| \leq \int_a^b |u_{x_1}(x_1,y)|dx_1$ für $a \leq t \leq b$.

   Welche Ungleichungen gelten, wenn man W durch eine Kugel B bzw. eine Zelle der kleinsten Kantenlänge h ersetzt?

18. Unter einer **Figur F** im $\mathbb{R}^n$ versteht man eine Vereinigung endlich vieler Zellen $Z_1, ..., Z_l$ des $\mathbb{R}^n$. Man kann zusätzlich annehmen, daß $\overset{\circ}{Z}_j \cap \overset{\circ}{Z}_k = \emptyset$ für $j \neq k$ gilt. Ferner gelte auch die leere Menge als Figur. Man beweise: M ist genau dann quadrierbar, wenn es zu jedem $\varepsilon > 0$ Figuren F und F' mit $F \subset M \subset \overset{\circ}{F'}$ und $v(F') - v(F) < \varepsilon$ gibt.

19. Man zeige: Mit M_1 und M_2 sind auch $M_1 \setminus M_2$, $M_1 \cup M_2$ und $M_1 \cap M_2$ quadrierbar, und es gilt

$$v(M_1) + v(M_2) = v(M_1 \cup M_2) + v(M_1 \cap M_2).$$

20. Sei M eine beschränkte Menge des $\mathbb{R}^n$ und bezeichne $\mathcal{F}$ die Menge der Figuren in $\mathbb{R}^n$. Dann heißt $\bar v(M) := \inf\big\{v(F) : F \in \mathcal{F} \text{ und } M \subset \overset{\circ}{F}\big\}$ **äußerer Inhalt** von M und $\underline v(M) := \sup\big\{v(F) : F \in \mathcal{F} \text{ und } F \subset M\big\}$ **innerer Inhalt** von M $(v(\emptyset) := 0)$. Man zeige: M ist genau dann quadrierbar, wenn $\bar v(M) = \underline v(M)$ ist; in diesem Fall gilt $v(M) = \bar v(M) = \underline v(M)$.

21. Für quadrierbare Mengen $M_1, ..., M_r$ gilt $v(M_1 \cup \cdots \cup M_r) \leq v(M_1) + \cdots + v(M_r)$.

22. Man beweise, daß $M_1 \times M_2$ eine quadrierbare Menge von $\mathbb{R}^{n+m}$ ist, falls M_1 und M_2 quadrierbare Mengen von $\mathbb{R}^n$ bzw. $\mathbb{R}^m$ sind, und daß $|M_1 \times M_2| = |M_1| \cdot |M_2|$ gilt.

   Hinweis: $\partial(M_1 \times M_2) = (\partial M_1 \times \overline{M_2}) \cup (\overline{M_1} \times \partial M_2)$ und Aufgabe 18.

23. Sind M', M'' quadrierbare Mengen des $\mathbb{R}^n$ und gilt $f \in \mathcal{R}(M' \cup M'')$, so folgt

$$\left|\int_{M'} f\,dV - \int_{M''} f\,dV\right| \leq \int_M |f|dV \text{ mit } M := (M' \cup M'') \setminus (M' \cap M'') \ .$$

Beweis?

2   Der Transformationssatz

Dieser Abschnitt ist der Übertragung der Substitutionsformel

$$\int_a^b f(x)dx \ = \ \int_\alpha^\beta f(\varphi(u))\varphi'(u)du$$

für einfache Integrale aus Abschnitt 3.9 von Band 1 auf mehrfache Integrale gewidmet, dem *Jacobischen Transformationssatz*. In Spezialfällen ($n = 2$ und 3) war er bereits Euler (1759) und Lagrange (1773) bekannt. Jacobi hat dieses grundlegende Ergebnis 1833 in Band 12 von Crelles Journal veröffentlicht (s. *Werke* III, S. 193-274).

Mittels des Transformationssatzes und des Cavalierischen Prinzips kann man interessante mehrfache Integrale explizit berechnen, beispielsweise das Volumen einer Kugel.

Im folgenden sei ein C^1-Diffeomorphismus $\varphi : \Omega \to \mathbb{R}^n$ einer offenen Menge Ω des $\mathbb{R}^n$ auf ihr offenes Bild $\Omega^* := \varphi(\Omega)$ gegeben.

Lemma 1. *(i) Ist $M \subset\subset \Omega$ und $M^* := \varphi(M)$, so gilt $\partial M^* = \varphi(\partial M)$.*

(ii) Ist M quadrierbar und $M \subset\subset \Omega$, so ist auch M^* quadrierbar.

Beweis. (i) Zunächst macht man sich klar, daß $\varphi(\partial M) \subset \partial\varphi(M) = \partial M^*$ gilt, und entsprechend $\varphi^{-1}(\partial M^*) \subset \partial M$. Daher folgt $\partial M^* = \varphi(\partial M)$.
(ii) Da $|\partial M| = 0$ ist, gibt es zu jedem $\epsilon > 0$ eine Überdeckung von ∂M durch Zellen $Z_1, \ldots, Z_l$ mit $|Z_1| + \ldots + |Z_l| < \epsilon$. Wir dürfen annehmen, daß die Kantenlängen einer jeden Zelle $Z_1, \ldots, Z_l$ rational sind. Dann können wir die Z_j in kongruente Würfel zerlegen und erhalten eine Überdeckung von ∂M durch endlich viele kongruente abgeschlossene Würfel $W_1, \ldots, W_k$ mit $|W_1| + \ldots + |W_k| < \epsilon$. Wir dürfen annehmen, daß für $0 < \epsilon << 1$ die Menge $\overline{M} \cup W_1 \cup \ldots \cup W_k$ in einer fest vorgegebenen, von $\epsilon > 0$ unabhängigen kompakten Teilmenge K von Ω liegt. Auf K ist φ Lipschitzstetig mit einer Lipschitzkonstanten L; also paßt das Bild $\varphi(W_j)$ jedes Würfels W_j in einen Würfel W_j^*, dessen Kantenlänge das $L\sqrt{n}$-fache der Kantenlänge von W_j ist. Hieraus folgt

$$\partial M^* \subset \bigcup_{j=1}^k W_j^* \quad \text{und} \quad \sum_{j=1}^k |W_j^*| < n^{n/2}L^n \cdot \epsilon$$

wegen (i). Damit ergibt sich $|\partial M^*| = 0$; also ist M^* quadrierbar, wenn M quadrierbar ist.

$\square$

Jetzt können wir das Hauptergebnis formulieren, den *Jacobischen*

Transformationssatz. *Sei $\varphi : \Omega \to \mathbb{R}^n$ ein C^1-Diffeomorphismus einer offenen Menge Ω des $\mathbb{R}^n$ auf $\Omega^* = \varphi(\Omega)$. Ferner sei M eine quadrierbare Menge des*

$\mathbb{R}^n$ *mit* $M \subset\subset \Omega$ *und dem Bild* $M^* = \varphi(M)$. *Dann gilt für jede Funktion* $f \in C^0(\overline{M^*})$ *die Transformationsformel*

$$(1) \qquad \int_{M^*} f\, dV \;=\; \int_M f \circ \varphi\, |J_\varphi|\, dV \, ,$$

wobei $J_\varphi = \det D\varphi$ *die Jacobideterminante von* φ *bezeichnet.*

Es ist für rechnerische Zwecke praktisch, die Koordinaten im Bildraum M^* mit y und im Urbild M mit x zu bezeichnen, wobei $y = \varphi(x)$ ist. Dann läßt sich Formel (1) folgendermaßen schreiben:

$$(2) \qquad \int_{M^*} f(y)dy \;=\; \int_M f(\varphi(x))\, |\det D\varphi(x)|\, dx \, .$$

Hier steht dy bzw. dx für das Volumenelement $dV(y)$ bzw. $dV(x)$ auf M^* bzw. M, also

$$dy = dy_1 \ldots dy_n = dV(y), \quad dx = dx_1 \ldots dx_n = dV(x) \, .$$

Wiederum bewährt sich die Leibnizsche Symbolik,

$$(3) \qquad \int_{M^*} f(y)dy_1 \ldots dy_n = \int_M f(y(x))\, \frac{dy_1 \ldots dy_n}{dx_1 \ldots dx_n}\, dx_1 \ldots dx_n \, ,$$

wenn man $\dfrac{dy_1 \ldots dy_n}{dx_1 \ldots dx_n}$ als die Funktionaldeterminante

$$(4) \qquad \frac{\partial(y_1, \ldots, y_n)}{\partial(x_1, \ldots, x_n)} \;=\; \frac{\partial(\varphi_1, \ldots, \varphi_n)}{\partial(x_1, \ldots, x_n)} \;=\; \det D\varphi = J_\varphi$$

auffaßt und $J_\varphi > 0$ voraussetzt, d.h. die Abbildung $\varphi : \Omega \to \Omega^*$ als *orientierungserhaltend* annimmt. Für $n = 1$ entspricht dies der Annahme $\varphi'(x) > 0$ auf $M = [a, b]$, $a < b$.

Der Transformationssatz ist die wichtigste Formel der mehrdimensionalen Integralrechnung.

Nun wollen wir einige Vorbereitungen zum Beweis des Transformationssatzes treffen. Worauf reduziert sich der Satz, wenn $f(y) \equiv 1$ und $\varphi : \mathbb{R}^n \to \mathbb{R}^n$ eine affine Abbildung des $\mathbb{R}^n$ auf sich ist, also

$$(5) \qquad \varphi(x) = Ax + b \qquad \text{für } x \in \mathbb{R}^n$$

mit $b \in \mathbb{R}^n$ und $A \in GL(n, \mathbb{R})$? In diesem Fall behauptet der Satz, daß

$$(6) \qquad v(\varphi(M)) = |\det A| \cdot v(M)$$

für jede quadrierbare Menge M des $\mathbb{R}^n$ ist. Wir wollen zunächst diese Formel beweisen.

Definition 1. *(i) Unter einer* **Figur** F *im* $\mathbb{R}^n$ *verstehen wir eine Vereinigung*

(7)
$$F = \bigcup_{j=1}^{l} Z_j$$

endlich vieler Zellen $Z_1, \ldots, Z_l$ *des* $\mathbb{R}^n$, $l \geq 0$, *mit der Eigenschaft*

(8)
$$\overset{\circ}{Z}_j \cap \overset{\circ}{Z}_k = \emptyset \text{ für } j \neq k \,.$$

Wir wollen auch die leere Menge als Figur auffassen; sie entspricht in (7) dem Index $l = 0$.

(ii) Mit $\mathcal{F}$ *bezeichnen wir die* **Menge der Figuren** *im* $\mathbb{R}^n$, *und* $\mathcal{Q}$ *sei die* **Menge der quadrierbaren Mengen** *des* $\mathbb{R}^n$.

Definition 2. *Eine Abbildung* $\mu : \mathcal{Q} \to \mathbb{R}$ *heißt* **Inhaltsfunktion** *auf* $\mathbb{R}^n$, *wenn sie die folgenden fünf Eigenschaften hat:*

(I) $\mu(M) \geq 0$ *für alle* $M \in \mathcal{Q}$.

(II) $\mu(M_1) \leq \mu(M_2)$ *für alle* $M_1, M_2 \in \mathcal{Q}$ *mit* $M_1 \subset M_2$.

(III) Für $M_1, M_2, \ldots, M_l \in \mathcal{Q}$ *mit* $\overset{\circ}{M}_j \cap \overset{\circ}{M}_k = \emptyset$ *für* $j \neq k$ *gilt*

$$\mu(M_1 \cup \ldots \cup M_l) = \mu(M_1) + \ldots + \mu(M_l) \,.$$

(IV) μ *ist translationsinvariant, d.h.*

$$\mu(M + b) = \mu(M) \text{ für alle } M \in \mathcal{Q} \text{ und alle } b \in \mathbb{R}^n \,.$$

(V) Für den Einheitswürfel $E = \{x \in \mathbb{R}^n : 0 \leq x_j \leq 1, \, j = 1, \ldots, n\}$ *des* $\mathbb{R}^n$ *gilt* $\mu(E) = 1$.

Lemma 2. *(i) Der Jordansche Inhalt* $v : \mathcal{Q} \to \mathbb{R}$ *ist eine Inhaltsfunktion.*

(ii) Für jedes $A \in GL(n, \mathbb{R})$ *ist*

(9)
$$\mu(M) := \frac{v(AM)}{v(AE)} \,, \quad M \in \mathcal{Q} \,,$$

eine Inhaltsfunktion. (Hierbei sei $AM := \{Ax : x \in M\}$.)

Beweis. (i) Die Eigenschaft $v(Z + b) = v(Z)$ für jede Zelle Z ist evident, und hieraus folgt (IV). Die übrigen Eigenschaften einer Inhaltsfunktion sind für v bekannt.

(ii) Die Eigenschaften (I)-(III) für die durch (9) definierte Funktion $\mu : \mathcal{Q} \to \mathbb{R}$ folgen sofort aus den entsprechenden Eigenschaften für v, und (V) ergibt sich aus

$$\mu(E) = \frac{v(AE)}{v(AE)} = 1 \,.$$

(Es sei bemerkt, daß AE eine nichtleere offene Menge ist und folglich $v(AE) > 0$ gilt.) Schließlich haben wir mit $b \in \mathbb{R}^N$ und $b^* := Ab$ die Relationen

$$\mu(M + b) \;=\; \frac{v(A(M + b))}{v(AE)} \;=\; \frac{v(AM + b^*)}{v(AE)} \;=\; \frac{v(AM)}{v(AE)} \;=\; \mu(M) \,,$$

womit auch (IV) bewiesen ist.

$\square$

Satz 1. *Es gibt auf $\mathbb{R}^n$ genau eine Inhaltsfunktion, nämlich $v : \mathcal{Q} \to \mathbb{R}$.*

Beweis. (i) Aus Lemma 2 folgt, daß v Inhaltsfunktion ist.
(ii) Sei $\mu : \mathcal{Q} \to \mathbb{R}$ eine beliebige Inhaltsfunktion auf $\mathbb{R}^n$. Dann haben wir

$$(10) \qquad\qquad \mu(M) = v(M) \quad \text{für alle } M \in \mathcal{Q}$$

zu zeigen. Zerlegen wir E in $l := q^n$ kongruente Teilwürfel W_j der Seitenlänge $1/q$, $q \in \mathbb{N}$, so folgt aus (III) und (V)

$$(11) \qquad\qquad 1 = \mu(E) = \sum_{j=1}^{l} \mu(W_j) \,.$$

Wegen (IV) gilt $\mu(W_j) = \mu(W(1/q))$ für $j = 1, \dots, l = q^n$, wobei $W(1/q)$ irgendein Würfel der Kantenlänge $1/q$ sei. (Unter einem „Würfel" verstehen wir hier und im folgenden einen Würfel mit achsenparallelen Kanten, d.h. eine Zelle mit gleichlangen Kanten.) Daher gilt $1 = l \cdot \mu(W(1/q))$ und $\mu(W(1/q)) = q^{-n}$. Hieraus ergibt sich wegen (III) und (IV) für jeden Würfel $W(\lambda)$ der rationalen Kantenlänge $\lambda = p/q$, $p, q \in \mathbb{N}$,

$$\mu(W(\lambda)) = \lambda^n = v(W(\lambda)) \,.$$

Also stimmen μ und v auf allen Würfeln mit rationaler Kantenlänge überein. Wegen (III) und (IV) gilt dann auch $\mu(Z) = v(Z)$ für alle Zellen mit rationaler Kantenlänge.
Ist nun Z eine beliebige Zelle, so kann man Z in zwei Zellen Z_1 und Z_2 mit rationaler Kantenlänge einschließen derart, daß $Z_1 \subset Z \subset Z_2$ gilt, und daß zu beliebig vorgegebenem ϵ die Abschätzung $v(Z_2) - v(Z_1) = v(Z_2 \backslash Z_1) < \epsilon$ erfüllt ist. Dann erhalten wir wegen (I) und (II), daß

$$\mu(Z) - v(Z) \le \mu(Z_2) - v(Z_1) = v(Z_2) - v(Z_1) < \epsilon \,,$$
$$v(Z) - \mu(Z) \le v(Z_2) - \mu(Z_1) = v(Z_2) - v(Z_1) < \epsilon$$

gilt; also ist $|v(Z) - \mu(Z)| < \epsilon$ für beliebiges $\epsilon > 0$ und folglich $v(Z) = \mu(Z)$ für alle Zellen Z des $\mathbb{R}^n$. Vermöge (III) ergibt sich $v(F) = \mu(F)$ für alle $F \in \mathcal{F}$. Ist schließlich $M \in \mathcal{Q}$, so können wir zu beliebig vorgegebenem $\epsilon > 0$ Figuren F_1 und F_2 mit $F_1 \subset M \subset F_2$ finden (Übungsaufgabe), so daß $v(F_2) - v(F_1) = v(F_2 \backslash F_1) < \epsilon$ gilt (falls int $M = \emptyset$ ist, nehmen wir $F_1 = \emptyset$).

Dann folgt

$$\mu(M) - v(M) \le \mu(F_2) - v(F_1) = v(F_2) - v(F_1) < \epsilon \,,$$
$$v(M) - \mu(M) \le v(F_2) - \mu(F_1) = v(F_2) - v(F_1) < \epsilon \,,$$

daher $|\mu(M) - v(M)| < \epsilon$ für alle $\epsilon > 0$ und somit

$$\mu(M) = v(M) \quad \text{für alle } M \in \mathcal{Q} \,.$$

$\square$

Satz 2. *Für jedes $A \in GL(n, \mathbb{R})$ und jedes $M \in \mathcal{Q}$ gilt*

(12) $$v(AM) = v(AE) \cdot v(M) \,.$$

Beweis. Folgt aus Lemma 2 und Satz 1.

$\square$

Satz 3. *Für jedes $A \in GL(n, \mathbb{R})$ und jedes $M \in \mathcal{Q}$ gilt*

(13) $$v(AM) = |\det A| \cdot v(M) \,.$$

Beweis. (i) Ist $U \in O(n)$ und B irgendeine Kugel des $\mathbb{R}^n$, so ist $UB = B$, und (12) liefert $v(B) = v(UB) = v(UE) \cdot v(B)$ für $A = U$ und $M = B$. Wegen $v(B) > 0$ folgt $v(UE) = 1 = |\det U|$, und aus (12) ergibt sich nunmehr

(14) $$v(UM) = |\det U| \cdot v(M) = v(M) \,, \quad U \in O(n),\ M \in \mathcal{Q} \,.$$

(ii) Für $\Lambda = \text{diag}(\lambda_1, \dots, \lambda_n)$ mit $\lambda_1 > 0, \dots, \lambda_n > 0$ folgt

$$\Lambda E = [0, \lambda_1] \times [0, \lambda_2] \times \dots \times [0, \lambda_n] \quad \text{und} \quad v(\Lambda E) = \lambda_1 \lambda_2 \dots \lambda_n = \det \Lambda > 0 \,.$$

Wegen (12) erhalten wir

(15) $$v(\Lambda M) = \det \Lambda \cdot v(M) \quad \text{für alle } M \in \mathcal{Q} \,.$$

(iii) Um (13) für beliebiges $A \in GL(n, \mathbb{R})$ zu beweisen, benutzen wir das folgende – überaus wichtige – Resultat aus der Linearen Algebra, dessen Beweis wir nachtragen werden, sobald der Beweis von Satz 3 beendet ist.

Lemma 3. (Polarzerlegung nichtsingulärer Matrizen). *Zu jeder Matrix $A \in GL(n, \mathbb{R})$ gibt es eine orthogonale Matrix $U \in O(n)$ und eine symmetrische, positiv definite Matrix $S \in M(n, \mathbb{R})$ mit*

(16) $$A = U \cdot S \,.$$

Sei also $A \in GL(n, \mathbb{R})$ gegeben; nach (16) schreiben wir

$$A = U S \qquad \text{mit } U \in O(n) , \ S = S^T > 0 .$$

Ferner gilt (vgl. 3.2, $\boxed{2}$, Formel (16)): Es gibt eine Matrix $V \in O(n)$ und eine Diagonalmatrix $\Lambda = \mathrm{diag}\,(\lambda_1, \ldots , \lambda_n)$ mit $0 < \lambda_1 \le \lambda_2 \le \ldots \le \lambda_n$, so daß

(17) $$S = V^T \Lambda V$$

ist. Hieraus folgt

(18) $$A = W \Lambda V$$

mit $W := U V^T \in O(n)$. Wegen (14) und (15) ergibt sich für jedes $M \in \mathcal{Q}$, daß

$$v(AM) = v(W \Lambda V M) = v(\Lambda V M) = \det \Lambda \cdot v(VM) = \det \Lambda \cdot v(M) ,$$

und weiter liefert (18) die Beziehungen

$$\det A = \det W \cdot \det \Lambda \cdot \det V = \pm \det \Lambda ,$$

also $\det \Lambda = |\det A|$. Damit bekommen wir $v(AM) = |\det A| \, v(M)$.

$\square$

Beweis von Lemma 3. (i) Wir bemerken zunächst, daß die Matrix $A^T \cdot A$ symmetrisch und positiv definit ist, denn

$$(A^T A)^T = A^T (A^T)^T = A^T A$$

und

$$\langle x, A^T A x \rangle = \langle Ax, Ax \rangle = |Ax|^2 \ge 0$$

für alle $x \in \mathbb{R}^n$. Wegen $\det A \ne 0$ hat die Gleichung $Ax = 0$ nur die triviale Lösung $x = 0$, d.h. für $x \ne 0$ folgt $\langle x, A^T Ax \rangle > 0$, und somit gilt $A^T A > 0$.

(ii) Nun behaupten wir, daß es eine Matrix $S \in M(n, \mathbb{R})$ mit $S = S^T > 0$ gibt, so daß $S^2 = A^T \cdot A$ ist. Dazu schreiben wir $A^T A$ in der Form

$$A^T A = V^T \Lambda V$$

mit geeigneten Matrizen $V \in O(n)$ und $\Lambda = \mathrm{diag}\,(\lambda_1, \ldots , \lambda_n)$, $0 < \lambda_1 \le \ldots \le \lambda_n$. Wir definieren

$$\sqrt{\Lambda} := \mathrm{diag}\,(\sqrt{\lambda_1}, \ldots , \sqrt{\lambda_n}) ;$$

dann folgt

$$\sqrt{\Lambda} \sqrt{\Lambda} = \Lambda \ \text{ und } \ \sqrt{\Lambda} = \sqrt{\Lambda}^T > 0 .$$

Nunmehr setzen wir

$$S := V^T \sqrt{\Lambda} V ;$$

es ergibt sich wegen $V V^T = I$, daß

$$S^2 = S S = V^T \sqrt{\Lambda} V V^T \sqrt{\Lambda} V$$
$$= V^T \sqrt{\Lambda} \sqrt{\Lambda} V = V^T \Lambda V = A^T A$$

ist, und man prüft ohne Mühe nach, daß $S = S^T > 0$ gilt. Damit ist gezeigt, daß wir aus $A^T \cdot A$ die Wurzel $S = \sqrt{A^T \cdot A}$ mit $S = S^T > 0$ ziehen können, falls $A \in GL(n, \mathbb{R})$ ist.

(iii) Nunmehr definieren wir $U \in M(n, \mathbb{R})$ durch $U := A\,S^{-1}$. Wegen $S^2 = A^T A > 0$ folgt

$$S^{-2} = S^{-1}\,S^{-1} = (S^2)^{-1} = A^{-1}\,(A^T)^{-1}\,,$$

und daher ergibt sich wegen $(S^{-1})^T = S^{-1}$, daß

$$U^T\,U = S^{-1}\,A^T\,A\,S^{-1} = S^{-1}\,S^2\,S^{-1} = I$$

ist. Also haben wir $U \in O(n)$ und $A = U\,S$ mit $S = S^T > 0$ bewiesen. $\qquad\square$

Beweis des Transformationssatzes. Der Beweis verläuft in vier Schritten. Die ersten drei dienen zum Beweis der Ungleichung $\int_{\varphi(M)} f\,dV \le \int_M f \circ \varphi |J_\varphi| dV$ für nichtnegative Funktionen f. Sobald dies gelungen ist, erhält man mit einem einfachen Kunstgriff auch die umgekehrte Ungleichung und damit die Gleichheit der beiden Integrale für $f \ge 0$. Mittels der Zerlegung $f = f^+ - f^-$ folgt dann die Behauptung des Transformationssatzes schließlich für beliebige stetige Funktionen f.

Wir bemerken zunächst, daß die Abbildung $\varphi : \Omega \to \Omega^*$ wegen $\varphi \in C^1$ und $M \subset\subset \Omega$ auf M Lipschitzstetig ist (siehe 1.11, Proposition 4). Also gibt es eine Zahl $L > 0$, so daß

$$(19) \qquad |\varphi(x) - \varphi(x')| \le L|x - x'| \text{ für alle } x, x' \in M$$

gilt.

Schritt 1. Zunächst behaupten wir, daß für jeden Würfel $W \subset \overset{\circ}{M}$ die Abschätzung

$$(20) \qquad \int_{\varphi(W)} dV \;\le\; \int_W |\det D\varphi|\,dV$$

richtig ist.

Um dies zu beweisen, nehmen wir an, daß $2l$ die Kantenlänge von W ist und zerlegen W in $N = q^n$ kongruente Würfel W_j der Kantenlänge $l_q := 2l/q$,

$$W = \bigcup_{j=1}^N W_j \quad , \quad \overset{\circ}{W}_j \cap \overset{\circ}{W}_k = \emptyset \quad \text{für } j \ne k\,.$$

Sei ξ_j der Mittelpunkt von W_j, also $W_j = \{x \in \mathbb{R}^n : |x - \xi_j|_* \le l/q\}$ und $\eta_j := \varphi(\xi_j)$, $W_j^* := \varphi(W_j)$; damit ist $\eta_j \in W_j^*$. Weiter bezeichne $\varphi_j : \mathbb{R}^n \to \mathbb{R}^n$ die lineare Abbildung $\varphi_j(x) := A_j x$ mit $A_j := D\varphi(x_j)$, und sei $\chi_j : \Omega \to \mathbb{R}^n$ durch $\chi_j := \varphi_j^{-1} \circ \varphi$ definiert, also

$$\chi_j(x) = \varphi_j^{-1}(\varphi(x)) = A_j^{-1}\varphi(x)$$

und folglich

$$D\chi_j(x) = A_j^{-1}D\varphi(x) = [D\varphi(x_j)]^{-1}D\varphi(x)\,.$$

Wegen $\varphi \in C^1(\Omega, \mathbb{R}^n)$ und $W \subset \text{int } M \subset\subset \Omega$ gibt es eine Folge $\{\delta_q\}$ von Zahlen $\delta_q > 0$ mit $\lim_{q \to \infty} \delta(q) = 0$, so daß

$$(21) \qquad |D\chi_j(x)|_* \le 1 + \delta_q \quad \text{für } x \in W_j \,, \quad 1 \le j \le N = q^n \,,$$

und für alle $q \in \mathbb{N}$ gilt. Hierbei bezeichnet $|A|_*$ die Matrixnorm

$$|A|_* := \sup_{1 \le i \le n} \sum_{k=1}^n |a_{ik}|$$

für $A = (a_{ik}) \in M(n, \mathbb{R})$. Es gilt $|Ax|_* \le |A|_* \cdot |x|_*$ für alle $x \in \mathbb{R}^n$.
Aus dem Mittelwertsatz der Differentialrechnung erhalten wir dann für jedes $x \in W_j$ die
Abschätzung

$$|\chi_j(x) - \chi_j(\xi_j)|_* \quad \le \quad \max_{W_j} |D\chi_j|_* \cdot |x - \xi_j|_* \, ,$$

und wegen $|x - \xi_j|_* \le l/q$ für $x \in W_j$ folgt

$$|\chi_j(x) - \chi_j(\xi_j)|_* \quad \le \quad [1 + \delta_q] l/q \quad \text{für } x \in W_j, \ 1 \le j \le N \, .$$

Somit liegt $\chi_j(W_j)$ in einem Würfel $\tilde{W}_j$ mit dem Mittelpunkt $\chi_j(\xi_j)$ und der Kantenlänge
$(1 + \delta_q) \cdot (2l/q)$, und wir bekommen für den Inhalt von $\chi_j(W_j)$ die Abschätzung

$$|\chi_j(W_j)| \le |\tilde{W}_j| \ = \ (1 + \delta_q)^n \cdot (2l/q)^n \, .$$

Wegen $|W_j| = (2l/q)^n$ ergibt sich

$$(22) \qquad\qquad\qquad\qquad |\chi_j(W_j)| \quad \le \quad (1 + \delta_q)^n |W_j| \, .$$

Schließlich haben wir noch $\varphi(W) = \varphi(W_1 \cup \ldots \cup W_N) = W_1^* \cup \ldots \cup W_N^*$ sowie

$$(\text{int } W_j^*) \cap (\text{int } W_k^*) \ = \ \emptyset \quad \text{für } j \neq k \, ,$$

da $\varphi(\partial W_j) = \partial W_j^*$ und $\varphi(\text{int } W_j) = \text{int } W_j^*$ gilt (vgl. Lemma 1). Damit folgt

$$\int_{\varphi(W)} dV \ = \ |\varphi(W)| \ = \ \sum_{j=1}^{N} |W_j^*| \ = \ \sum_{j=1}^{N} |\varphi(W_j)| \, .$$

Wegen $\varphi = \varphi_j \circ \varphi_j^{-1} \circ \varphi = \varphi_j \circ \chi_j$ ergibt sich $\varphi(W_j) = \varphi_j(\chi_j(W_j))$, und aufgrund von Satz 3
und Abschätzung (22) erhalten wir

$$(23) \qquad\qquad |\varphi(W_j)| \ \le \ |\det A_j| \cdot |\chi_j(W_j)| \ \le \ |\det A_j| \cdot (1 + \delta_q)^n |W_j| \, ,$$

also

$$\int_{\varphi(W)} dV \ \le \ (1 + \delta_q)^n \sum_{j=1}^{N} |\det D\varphi(\xi_j)| \cdot |W_j| \, .$$

Mit $q \to \infty$ strebt $\delta_q \to 0$ und

$$\sum_{j=1}^{N=q^n} |\det D\varphi(\xi_j)| \cdot |W_j| \to \int_W |\det D\varphi| \, dV \, ,$$

denn die linke Seite ist das q-te Glied einer Folge Riemannscher Summen für das Integral
$\int_W |\det D\varphi| \, dV$, die zu Zerlegungen $\{\mathcal{Z}_q\}$ von W mit $\Delta(\mathcal{Z}_q) = 2l/q \to 0$ (für $q \to \infty$) gehören
(vgl. 5.1, Korollar 1). Damit ist (20) bewiesen.

Schritt 2. Nun beweisen wir für beliebige $f \in C^0(\overline{M^*})$ mit $f \ge 0$ die Ungleichung

$$(24) \qquad\qquad\qquad \int_{\varphi(W)} f \, dV \le \int_W f \circ \varphi \, |J_\varphi| \, dV \, ,$$

falls W ein Würfel in $\overset{\circ}{M}$ ist.
Dazu multiplizieren wir (23) mit $f(\eta_j) = f(\varphi(\xi_j))$ und erhalten nach Summation über j:

$$(25) \qquad \sum_{j=1}^{N} f(\eta_j) \cdot |\varphi(W_j)| \ \le \ (1 + \delta_q)^n \sum_{j=1}^{N} f(\varphi(\xi_j)) \cdot |\det D\varphi(\xi_j)| \cdot |W_j| \, .$$

Wir definieren eine Folge $\{t_q\}$ von *Treppenfunktionen* auf $\overline{M^*}$ durch

$$t_q(y) := f(\eta_j) \, , \quad \text{wenn } y \in \text{int } W_j^* \, , \ 1 \le j \le N \, ;$$

wenn $y \in \partial W_1^* \cup \ldots \cup \partial W_N^*$ ist, wählen wir eine der Bildmengen W_j^* aus, in deren Rand y liegt, und definieren $t_q(y)$ wieder durch $t_q(y) := f(\eta_j)$.

Wegen (19) gilt diam $W_j^* \leq L \cdot$ diam $W_j = 2lL\sqrt{n}q^{-1}$, und da f auf $\overline{M^*}$ gleichmäßig stetig ist, so folgt

$$(26) \qquad t_q(y) \rightrightarrows f(y) \text{ für } y \in \varphi(W) \text{ , wenn } q \to \infty \text{ strebt .}$$

Weiterhin ist

$$\int_{\varphi(W)} t_q \, dV \;=\; \sum_{j=1}^{N=q^n} f(\eta_j)|\varphi(W_j)| \,,$$

und (26) liefert

$$\lim_{q \to \infty} \int_{\varphi(W)} t_q \, dV \;=\; \int_{\varphi(W)} f \, dV \,.$$

Daher strebt die linke Seite von (25) mit $q \to \infty$ gegen $\int_{\varphi(W)} f \, dV$, während die rechte Seite (nach 5.1, Korollar 1) gegen $\int_W f \circ \varphi \, |\det D\varphi| \, dV$ konvergiert, wenn wir noch $\delta_q \to 0$ berücksichtigen.

Schritt 3. Nun behaupten wir, daß für jede quadrierbare Menge $M \subset\subset \Omega$

$$(27) \qquad \int_{\varphi(M)} f \, dV \;\leq\; \int_M f \circ \varphi \, |J_\varphi| \, dV$$

für alle $f \in C^0(\overline{M^*})$ mit $f \geq 0$ gilt.

In der Tat ist (27) richtig, wenn $\overset{\circ}{M} = \emptyset$ ist, denn dann wird $0 \leq 0$ behauptet. Also dürfen wir $\overset{\circ}{M} \neq \emptyset$ annehmen. Dann existieren wegen der Quadrierbarkeit von M zwei Folgen $\{F_\nu\}$, $\{F_\nu'\}$ von Figuren F_ν, F_ν', die sich aus Würfeln zusammensetzen und

$$(28) \qquad F_\nu \subset F_{\nu+1} \subset\subset \overset{\circ}{M} \subset\subset F'_{\nu+1} \subset F_\nu' \subset\subset \Omega \quad \text{für } \nu = 1, 2, \ldots ,$$

$$\lim_{\nu \to \infty} |F_\nu' \backslash F_\nu| = 0$$

erfüllen. Ferner können die F_ν und F_ν' noch so gewählt werden, daß jedes $F_\nu' \backslash F_\nu$ eine Figur ist, die sich aus Würfeln zusammensetzt. Wegen (24) und (28) folgt

$$\int_{\varphi(F_\nu)} f \, dV \underset{(24)}{\leq} \int_{F_\nu} f \circ \varphi \, |J_\varphi| \, dV \underset{(28)}{\leq} \int_M f \circ \varphi \, |J_\varphi| \, dV$$

für $\nu = 1, 2, \ldots$. Weiterhin gilt wegen (28)

$$\int_{\varphi(M)} f \, dV \;=\; \int_{\varphi(F_\nu)} f \, dV \;+\; \int_{\varphi(M\backslash F_\nu)} f \, dV$$

und

$$\int_{\varphi(M \backslash F_\nu)} f \, dV \;\leq\; \sup_{M^*} f \cdot |\varphi(M\backslash F_\nu)| \;\leq\; \sup_{M^*} f \cdot |\varphi(F_\nu' \backslash F_\nu)| \,.$$

Da sich $F_\nu' \backslash F_\nu$ aus Würfeln zusammensetzt, erhalten wir aus (20) die Abschätzung

$$|\varphi(F_\nu' \backslash F_\nu)| \;\leq\; \sup_{F_1'} |\det D\varphi| \cdot |F_\nu' \backslash F_\nu| \,.$$

Es folgt

$$\int_{\varphi(M)} f \, dV \;=\; \lim_{\nu \to \infty} \int_{\varphi(F_\nu)} f \, dV$$

und damit schließlich die Behauptung (27).

Schritt 4. Nun ersetzen wir Ω durch Ω^*, M durch $M^* = \varphi(M)$, φ durch $\psi :=$ φ^{-1} und f durch $g := (f \circ \varphi) \cdot |J_\varphi| \geq 0$. Dann ergibt sich aus (27)

$$\int_{\psi(M^*)} g \, dV \ \leq \ \int_{M^*} g \circ \psi \ |J_\psi| \, dV \ .$$

Wegen $\psi(M^*) = M$ und $|J_\varphi \circ \psi| \cdot |J_\psi| = 1$ folgt $(g \circ \psi) \cdot |J_\psi| = f$ und daher

(29)
$$\int_M f \circ \varphi \ |J_\varphi| \, dV \ \leq \ \int_{\varphi(M)} f \, dV \ .$$

Aus (27) und (29) bekommen wir zuguterletzt die Behauptung

$$\int_{\varphi(M)} f \, dV \ = \ \int_M f \circ \varphi \ |J_\varphi| \, dV$$

für jede Funktion $f \in C^0(\overline{M^*})$ mit $f \geq 0$. Da wir jedes $f \in C^0(\overline{M^*})$ als

$$f = f^+ - f^-$$

schreiben können mit $f^+, f^- \in C^0(\overline{M^*})$, $f^+ \geq 0$, $f^- \geq 0$, wobei

$$f^+(y) := \max\{f(y), 0\} \ , \ f^-(y) := \max\{-f(y), 0\}$$

gesetzt ist, folgt die Behauptung (1) schließlich für alle $f \in C^0(\overline{M^*})$. $\qquad\square$

Der Kunstgriff, die Gleichung (1) aus der Ungleichung (27) zu gewinnen, stammt von J. Schwartz.

$\boxed{1}$ In der x, y-Ebene betrachten wir als Integrationsgebiet die abgeschlossene Kreisscheibe
$$K_R = \overline{B_R(z_0)} = \{(x, y) \in \mathbb{R}^2 : (x - x_0)^2 + (y - y_0)^2 \leq R^2\} \ , \ z_0 = (x_0, y_0) \ .$$
Wir wollen das Integral $\int_{K_R} f(x, y) \, dx dy$ einer Funktion $f \in C^0(K_R)$ auf Polarkoordinaten r, φ um den *Pol* z_0 transformieren. Die Transformationsformeln lauten
$$x = x_0 + r \cos\varphi \ , \ y = y_0 + r \sin\varphi$$
mit
$$r^2 = \sqrt{(x - x_0)^2 + (y - y_0)^2} \ , \quad \varphi = \arctg \frac{y - y_0}{x - x_0} \ ,$$
und der Jacobideterminante

(30)
$$\frac{\partial(x, y)}{\partial(r, \varphi)} \ = \ r \ .$$

Die Abbildung $\psi : (r, \varphi) \mapsto (x, y)$ bildet das Rechteck
$$Q_R := \{(r, \varphi) \in \mathbb{R}^2 : 0 \leq r \leq R, \ 0 \leq \varphi \leq 2\pi\}$$
auf die Kreisscheibe K_R und den Streifen
$$\Sigma := \{(r, \varphi) \in \mathbb{R}^2 : r \geq 0, \ 0 \leq \varphi \leq 2\pi\}$$
auf die ganze x, y-Ebene ab. Jedoch ist ψ weder auf Σ noch auf Q_R ein Diffeomorphismus, denn auf $I_0 := \{(r, \varphi) \in \mathbb{R}^2 : r = 0, \ 0 \leq \varphi \leq 2\pi\}$ gilt $r = 0$, und ψ bildet ganz I_0 auf

den Pol z_0 ab. Ferner werden die beiden Rechteckseiten $\{(r, \varphi) \in \mathbb{R}^2 : r \geq 0, \varphi = 0\}$ und $\{(r, \varphi) \in \mathbb{R}^2 : r \geq 0, \varphi = 2\pi\}$ auf den Strahl $S := \{(x, y) \in \mathbb{R}^2 : x \geq x_0, y = y_0\}$ abgebildet. Jedoch liefert ψ einen Diffeomorphismus von int Σ auf $\mathbb{R}^2 \setminus S$. Damit können wir den Transformationssatz auf

$$M_\epsilon := \{(r, \varphi) \in \mathbb{R}^2 : \epsilon \leq r \leq R, \epsilon \leq \varphi \leq 2\pi - \epsilon\}, \ 0 < \epsilon \ll 1 ,$$

mit dem Bild $M_\epsilon^* = \psi(M_\epsilon)$ anwenden, und wir erhalten

$$\int_{M_\epsilon^*} f(x, y) \, dxdy = \int_{M_\epsilon} f(r\cos\varphi, \ r\sin\varphi) r dr d\varphi .$$

Für $\epsilon \to +0$ ergibt sich aus 5.1, Satz 18, (iii) sowie Satz 14, daß

$$\int_{M_\epsilon^*} f(x, y) \, dxdy \ \to \ \int_{K_R} f(x, y) \, dxdy$$

und

$$\int_{M_\epsilon} f(r\cos\varphi, \ r\sin\varphi) r dr d\varphi \ \to \ \int_{Q_R} f(r\cos\varphi, \ r\sin\varphi) r dr d\varphi$$

$$= \int_0^{2\pi} \left(\int_0^R f(r\cos\varphi, \ r\sin\varphi) r dr \right) d\varphi$$

gilt. Somit erhalten wir

$$(31) \qquad \int_{K_R} f(x, y) \, dxdy = \int_0^{2\pi} \left(\int_0^R f(r\cos\varphi, \ r\sin\varphi) r dr \right) d\varphi .$$

Hängt f nur von r ab, etwa $f(x, y) = h(r)$, so ergibt sich

$$(32) \qquad \int_{K_R} f(x, y) \, dxdy = 2\pi \int_0^R h(r) r \, dr .$$

Ist hingegen f nur eine Funktion des Winkels, $f(x, y) = g(\varphi)$, so folgt

$$(33) \qquad \int_{K_R} f(x, y) \, dxdy = \frac{1}{2} R^2 \int_0^{2\pi} g(\varphi) d\varphi .$$

Die Bilder der Linien $\{r = \text{const}\}$ und $\{\varphi = \text{const}\}$ sind zueinander orthogonal. Darum nennt man r, φ **orthogonale Koordinaten in $\mathbb{R}^2$**.

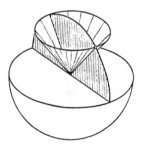 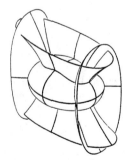

Orthogonale Koordinaten in $\mathbb{R}^3$.
Links: Kugelkoordinaten. Rechts: Elliptische Koordinaten (vgl. 4.4, [8]).

$\boxed{2}$ Nach dem Vorbild von Gauß können wir die Formeln von $\boxed{1}$ benutzen, um auf einfache Weise das **Gaußsche Fehlerintegral** zu berechnen:

$$(34) \qquad \int_{-\infty}^{\infty} e^{-x^2} dx := \lim_{R \to \infty} \int_{-R}^{R} e^{-x^2} dx = \sqrt{\pi} \,.$$

Dazu wählen wir $f(x,y) = e^{-x^2-y^2}$ und erhalten

$$\Phi(R) := \int_{K_R} f dx dy = 2\pi \int_0^R e^{-r^2} r\, dr = -\pi \int_0^R \frac{d}{dr} e^{-r^2} dr = \pi(1 - e^{-R^2})\,.$$

Also folgt

$$\int_{\mathbb{R}^2} e^{-x^2-y^2} dx dy := \lim_{R \to \infty} \Phi(R) = \pi \,.$$

Andererseits erhalten wir für

$$I(R) := \int_{-R}^{R} e^{-x^2} dx$$

die Umformung

$$I(R)^2 = \int_{-R}^{R} e^{-x^2} dx \int_{-R}^{R} e^{-y^2} dy = \int_{-R}^{R} \left(\int_{-R}^{R} e^{-x^2-y^2} dx \right) dy = \int_{W_R} f\, dV \,,$$

wobei W_R den Würfel $\{(x,y) \in \mathbb{R}^2 : |x| \le R,\ |y| \le R\}$ bezeichnet. Wegen $\overline{B}_R(0) \subset W_R \subset \overline{B}_{\sqrt{2}R}(0)$ folgt

$$\Phi(R) \le \int_{W_R} f\, dV = I(R)^2 \le \Phi(\sqrt{2}R)\,,$$

und da $\lim_{R\to\infty} \Phi(R) = \lim_{R\to\infty} \Phi(\sqrt{2}R) = \pi$ ist, bekommen wir $\lim_{R\to\infty} I(R) = \sqrt{\pi}$, wie behauptet.

$\boxed{3}$ Nun wollen wir das **Volumen $|B_R|$ einer Kugel vom Radius $R > 0$** berechnen. Es gilt

$$(35) \qquad |B_R| = \frac{\omega_n}{n} R^n \,,$$

wobei ω_n gegeben ist durch

$$\omega_n := \frac{n\pi^\nu}{\nu!} \quad \text{für} \ n = 2\nu, \ \nu = 1,2,3,\dots\,,$$

$$(36)$$

$$\omega_n := \frac{n 2^{2\nu+1} \nu! \pi^\nu}{(2\nu+1)!} \quad \text{für} \ n = 2\nu+1, \ \nu = 0,1,2,\dots\,.$$

Wegen $|B_R| = R^n |B_1|$ brauchen wir also nur $|B_1| = \frac{\omega_n}{n}$ zu zeigen, und da der Jordansche Inhalt translationsinvariant ist, können wir annehmen, daß B_1 den Ursprung 0 als Mittelpunkt hat. Wir setzen

$$\beta_n := |B_1| = \int_{|x|<1} dx$$

und stellen zunächst eine Rekursionsformel für β_n auf. Für $n \ge 3$ gilt

$$\beta_n = \int_{x_1^2+x_2^2<1} \left(\int_{x_3^2+\dots+x_n^2<1-x_1^2-x_2^2} dx_3 \ \dots \ dx_n \right) dx_1 dx_2 \,.$$

Das innere Integral ist der Inhalt einer $(n-2)$-dimensionalen Kugel vom Radius $\sqrt{1 - x_1^2 - x_2^2}$, hat also den Wert $\beta_{n-2} \cdot (1 - x_1^2 - x_2^2)^{\frac{n-2}{2}}$. Damit erhalten wir

$$\beta_n = \beta_{n-2} \int_{x_1^2 + x_2^2 < 1} (1 - x_1^2 - x_2^2)^{\frac{n-2}{2}} dx_1 dx_2 \; .$$

Für die Polarkoordinaten r, φ um den Ursprung gilt $x_1 = r \cos \varphi$, $x_2 = r \sin \varphi$, und wir erhalten

$$\beta_n = 2\pi \beta_{n-2} \int_0^1 (1 - r^2)^{\frac{n-2}{2}} r dr d\varphi = 2\pi \beta_{n-2} \left[-\frac{1}{2} \cdot \frac{2}{n} (1 - r^2)^{\frac{n}{2}} \right]_0^1 = \frac{2\pi}{n} \beta_{n-2} \; ,$$

also $\beta_n = \frac{2\pi}{n} \beta_{n-2}$ für $n \geq 3$. Wir wissen bereits, daß $\beta_2 = \pi$ und $\beta_3 = \frac{4}{3}\pi$ ist. Damit erhalten wir $\beta_{2\nu} = \frac{\pi}{\nu} \beta_{2(\nu-1)}$ für $n = 2\nu$ und $\nu > 1$. Iterieren wir diese Gleichung $(\nu - 1)$-mal, so folgt

$$\beta_{2\nu} \;=\; \frac{\pi^{\nu-1}}{\nu!} \beta_2 \;=\; \frac{\pi^\nu}{\nu!} \; .$$

Für $n = 2\nu + 1$ ergibt sich

$$\beta_{2\nu+1} \;=\; \frac{2\pi}{2\nu + 1} \beta_{2(\nu-1)+1} \; ,$$

und Iteration liefert

$$\beta_{2\nu+1} = \frac{(2\pi)^{\nu-1}}{(2\nu+1)(2\nu-1) \cdot \ldots \cdot 5} \beta_3 = \frac{2^{\nu+1}\pi^\nu}{(2\nu+1)(2\nu-1)\cdot\ldots\cdot 5 \cdot 3} = \frac{2^{2\nu+1}\nu!\pi^\nu}{(2\nu+1)!} \; .$$

Also gilt für $\nu \in \mathbb{N}$: $\beta_{2\nu} = \frac{\pi^\nu}{\nu!}$, $\beta_{2\nu+1} = \frac{2^{2\nu+1}\nu!\pi^\nu}{(2\nu+1)!}$, und $\beta_1 = \int_{|x|<1} dx = 2$.

Damit sind die oben angegebenen Formeln für $|B_1|$ bewiesen. Insbesondere erhält man die merkwürdige Tatsache, daß das Volumen β_n der n-dimensionalen Einheitskugel mit $n \to \infty$ gegen Null strebt.

$\boxed{4}$ Als *Flächeninhalt* einer $(n-1)$-dimensionalen Sphäre

$$S_R^{n-1}(x_0) := \{ x \in \mathbb{R}^n : \; |x - x_0|^2 = R^2 \} \; .$$

definieren wir vorläufig den Ausdruck

$$(37) \quad \mathcal{A}\big(S_R^{n-1}(x_0)\big) := \lim_{h \to +0} \frac{1}{h} \Big[|B_{R+h}(x_0)| - |B_R(x_0)| \Big] = \frac{d}{dR} \left(\frac{\omega_n}{n} R^n \right) = \omega_n R^{n-1} \; .$$

Diese Definition ist motiviert durch die Tatsache, daß

$$\frac{1}{h} \Big[|B_{r+h}(x_0)| - |B_r(x_0)| \Big] = \frac{1}{h} \cdot \int_{r < |x - x_0| < r+h} dx$$

der Quotient aus dem Volumen einer Kugelschale und ihrer Dicke h ist. Insbesondere erhalten wir

$$\mathcal{A}(S_R^1) = 2\pi R \quad , \quad \mathcal{A}(S_R^2) = 4\pi R^2$$

für die Länge einer Kreislinie bzw. für den Flächeninhalt einer 2-Sphäre vom Radius R.

Mit einer ähnlichen Überlegung können wir das Integral $\int_\Omega f(x) dx$ über eine Kugelschale $\Omega := \{ x \in \mathbb{R}^n : \epsilon < |x - x_0| < R \}$ mit $0 \leq \epsilon < R$ in ein einfaches Integral umwandeln, wenn f rotationssymmetrisch bezüglich $x_0 \in \mathbb{R}^n$ ist, d.h. wenn wir $f(x) = \varphi(|x - x_0|)$ mit einer stetigen Funktion $\varphi : [\epsilon, R] \to \mathbb{R}$ schreiben können. Dann gilt

$$(38) \qquad \int_\Omega f(x) dx = \omega_n \int_\epsilon^R r^{n-1} \varphi(r) dr \; .$$

Zum Beweis zerlegen wir Ω in k gleich dicke Kugelschalen $\Omega_1, \ldots, \Omega_k$, indem wir $h := (R-\varepsilon)/k$, $r_0 = \varepsilon$, $r_{j+1} := r_j + h$ für $j = 0, 1, \ldots, k-1$, $r := |x - x_0|$, $\Omega_1 := \{x \in \mathbb{R}^n : \varepsilon < r < r_1\}$, $\Omega_j := \{x \in \mathbb{R}^n : r_{j-1} \leq r < r_j\}$ setzen. Dann ist

$$\int_\Omega f(x)dx = \sum_{j=1}^k \int_{\Omega_j} \varphi(r(x))dx = \sum_{j=1}^k \left[\varphi(r_{j-1}) + o(1)\right] \cdot |\Omega_j| \,,$$

$$|\Omega_j| = \frac{\omega_n}{n}(r_j^n - r_{j-1}^n) = \frac{\omega_n}{n}\left[nr_{j-1}^{n-1}h + o(h)\right] = \left[\omega_n r_{j-1}^{n-1} + o(1)\right]h \,,$$

und für $k \to \infty$ folgt

$$\int_\Omega f(x)dx = \omega_n \sum_{j=1}^k r_{j-1}^{n-1}\varphi(r_{j-1})\frac{(R-\epsilon)}{k} + o(1) \to \omega_n \int_\varepsilon^R r^{n-1}\varphi(r)dr \,.$$

[5] *Kugelkoordinaten (räumliche Polarkoordinaten) r, θ, φ im $\mathbb{R}^3$ mit dem Ursprung als Pol* führt man ein durch

$$x = r\sin\theta\cos\varphi, \ \ y = r\sin\theta\sin\varphi, \ \ z = r\cos\theta \,,$$

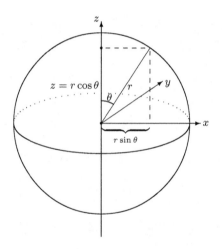

wobei $0 \leq r < \infty$, $0 \leq \theta \leq \pi$, $0 \leq \varphi \leq 2\pi$ ist. Die Abbildung $\psi : (r, \theta, \varphi) \mapsto (x, y, z)$ ist nur auf dem offenen Quader $Q = \{(r, \theta, \varphi) \in \mathbb{R}^3 : r > 0, 0 < \theta < \pi, 0 < \varphi < 2\pi\}$ ein Diffeomorphismus. Man muß also ähnlich wie in [1] durch eine Grenzwertbetrachtung zeigen, daß wegen

$$(39) \qquad J_\psi = \frac{\partial(x, y, z)}{\partial(r, \theta, \varphi)} = \begin{vmatrix} \sin\theta\cos\varphi & r\cos\theta\cos\varphi & -r\sin\theta\sin\varphi \\ \sin\theta\sin\varphi & r\cos\theta\sin\varphi & r\sin\theta\cos\varphi \\ \cos\theta & -r\sin\theta & 0 \end{vmatrix} = r^2\sin\theta$$

für $f \in C^0(\overline{B}_R(0))$ die Gleichung

$$(40) \qquad \int_{B_R(0)} f(x, y, z) \ dxdydz = \int_0^{2\pi}\int_0^\pi\int_0^R h(r, \theta, \varphi)r^2\sin\theta \ drd\theta d\varphi$$

mit $h(r, \theta, \varphi) := f(\psi(r, \theta, \varphi))$ gilt. Wenn $f(x, y, z)$ rotationssymmetrisch um den Ursprung ist, so folgt wegen

$$\int_0^{2\pi}\left(\int_0^\pi \sin\theta d\theta\right) \ d\varphi = 4\pi$$

die Gleichung (vgl. auch (38))

$$\int_{B_R(0)} f(x,y,z)\,dxdydz \;=\; 4\pi \int_0^R r^2 h(r)dr \;.$$

Übrigens erhält man die Punkte (x,y,z) geometrisch als Schnittpunkte von Sphären $\{r = \text{const}\,\}$, Kegeln $\{\theta = \text{const}\,\}$ und Ebenen $\{\varphi = \text{const}\,\}$. Diese „krummen" Flächen schneiden sich paarweise senkrecht; daher nennt man r, θ, φ **orthogonale Koordinaten in** $\mathbb{R}^3$.

Für das Volumen der dreidimensionalen Kugel B_R ergibt sich

$$(41) \qquad |B_R(0)| \;=\; 4\pi \int_0^R r^2 dr \;=\; \frac{4\pi}{3} R^3 \;.$$

Nun wollen wir dem Tranformationssatz eine etwas andere Gestalt geben, die für geometrische Zwecke nützlich ist. Zu diesem Zweck sei an die Voraussetzungen des Transformationssatzes erinnert. Bezeichne also $\varphi : \Omega \to \Omega^* = \varphi(\Omega)$ einen C^1-Diffeomorphismus einer offenen Menge Ω in $\mathbb{R}^n$ auf ihr offenes Bild Ω^* in $\mathbb{R}^n$. Wir setzen

$$(42) \qquad A(x) := D\varphi(x) \;,\; G(x) = A^T(x)A(x) \;,$$

also

$$(43) \qquad G = D\varphi^T \cdot D\varphi \;.$$

Man bezeichnet G als **Gramsche Matrix** (oder auch: **Gaußsche Matrix**) von A bzw. φ. Wie im Beweis von Lemma 3 gezeigt, gilt

$$(44) \qquad G(x) > 0 \quad \text{und} \quad G(x) = G^T(x) \quad \text{für alle } x \in \Omega \;.$$

Bezeichne $g_{jk}(x)$ die Matrixelemente von $G(x)$, also

$$(45) \qquad G = (g_{jk}) \quad \text{mit } g_{jk}(x) = \langle D_j\varphi(x),\, D_k\varphi(x)\rangle \;,$$

und sei $g : \Omega \to \mathbb{R}$ die **Dichtefunktion** (auch: **Gramsche Determinante**)

$$(46) \qquad g(x) := \det G(x) \;.$$

Dann erhalten wir

$$\det G(x) = \det A^T(x) \det A(x) = (\det A(x))^2 > 0$$

und folglich $|J_\varphi(x)| = |\det A(x)| = \sqrt{\det G(x)} = \sqrt{g(x)}$; mithin

$$(47) \qquad \sqrt{g(x)} = |J_\varphi(x)| \quad \text{für alle } x \in \Omega \;.$$

Damit erhalten wir

Korollar 1. (Variante des Transformationssatzes) *Unter der Vorausset-zung des Transformationssatzes gilt für jede quadrierbare Menge $M^* \subset\subset \Omega^* = \varphi(\Omega)$ und für jede Funktion $f \in C^0(\overline{M^*})$*

$$(48) \qquad \int_{M^*} f(y)dy \;=\; \int_{\varphi^{-1}(M^*)} f(\varphi(x))\sqrt{g(x)}dx \;,$$

wobei $g(x) = \det\left(D\varphi(x)^T \cdot D\varphi(x)\right)$ ist.

Korollar 2. *Unter der Voraussetzung des Transformationssatzes gilt für jede Funktion $u \in C^1(\overline{M^*})$ und deren „Zurückgeholte" $v := u \circ \varphi \in C^1(\overline{M})$ auf $M = \varphi^{-1}(M^*)$ die Formel*

$$(49) \qquad \frac{1}{2}\int_{M^*} |\nabla u(y)|^2 dy \;=\; \frac{1}{2}\int_M \sum_{j,k=1}^n g^{jk}(x)\, \frac{\partial v}{\partial x_j}(x)\, \frac{\partial v}{\partial x_k}(x)\, \sqrt{g(x)}dx \;,$$

mit

$$(50) \qquad G^{-1}(x) =: (g^{jk}(x)) \;.$$

Beweis. Aus $v = u \circ \varphi$ folgt $u = v \circ \psi$ mit $\psi := \varphi^{-1}$. Hieraus folgt

$$\frac{\partial u}{\partial y_l}(y) \;=\; \sum_{j=1}^n \frac{\partial v}{\partial x_j}(\psi(y))\, \frac{\partial \psi_j}{\partial y_l}(y) \;,$$

also

$$D_y u = [(D_x v) \circ \psi] \cdot D_y \psi(y) \;.$$

Dabei sind $D_y u = \operatorname{grad} u$ und $D_x v = \operatorname{grad} v$ Zeilenvektoren. Schreiben wir jetzt ∇u und ∇v lieber als Spaltenvektoren,

$$\nabla u = \begin{pmatrix} u_{x_1} \\ \vdots \\ u_{x_n} \end{pmatrix} \quad , \quad \nabla v = \begin{pmatrix} v_{y_1} \\ \vdots \\ v_{y_n} \end{pmatrix} \;,$$

so erhalten wir

$$\nabla u = D\psi^T \cdot (\nabla v \circ \psi)$$

und

$$|\nabla u|^2 = \langle \nabla u, \, \nabla u \rangle = \nabla u^T \cdot \nabla u = (\nabla v \circ \psi)^T D\psi \cdot D\psi^T (\nabla v \circ \psi) \;.$$

Aus $\varphi \circ \psi = \operatorname{id}_{\Omega^*}$ ergibt sich $[(D\varphi) \circ \psi] \cdot D\psi = E_n$ (= Einheitsmatrix $\in M(n,\mathbb{R})$), also $D\psi = [(D\varphi) \circ \psi]^{-1}$ und somit

$$D\psi \cdot D\psi^T = [(D\varphi)^{-1} \cdot (D\varphi^T)^{-1}] \circ \psi = [D\varphi^T \cdot D\varphi]^{-1} \circ \psi = G^{-1} \circ \psi \;.$$

Damit erhalten wir $|\nabla u|^2 = (\nabla v^T \cdot G^{-1} \cdot \nabla v) \circ \psi$, d.h.

$$(51) \qquad |\nabla u(y)|^2 = \left(\sum_{j,k=1}^{n} g^{jk}(x) D_j v(x) D_k v(x) \right) \Bigg|_{x=\psi(y)} .$$

In Verbindung mit Korollar 1 gelangen wir schließlich zur Formel (49).

$\square$

Aufgaben.

1. Sei $\varphi : \mathbb{R}^n \to \mathbb{R}^n$ gegeben durch $\varphi(x) = Ux + b$ mit $U \in O(n)$, $b \in \mathbb{R}^n$. Man beweise $|\varphi(M)| = |M|$ für jede quadrierbare Menge des $\mathbb{R}^n$. Der Inhalt ist also *bewegungs-* und *spiegelungsinvariant* definiert.

2. Der Flächeninhalt einer Vollellipse
$$\left\{ (x,y) \in \mathbb{R}^2 : \frac{x^2}{a^2} + \frac{y^2}{b^2} \le 1 \right\} \quad \text{mit } a \ge b > 0$$
ist πab. Man beweise diese Formel „ohne Rechnung" mit Hilfe des Transformationsatzes unter Verwendung der Tatsache, daß die Einheitskreisscheibe den Flächeninhalt π hat.

3. Was ist das Volumen des Ellipsoids
$$E := \left\{ (x,y,z) \in \mathbb{R}^3 : \frac{x^2}{a^2} + \frac{y^2}{b^2} + \frac{z^2}{c^2} \le 1 \right\} , \quad a \ge b \ge c > 0 ?$$

4. Man berechne $v(E)$ für das n-dimensionale Ellipsoid $E := \left\{ x \in \mathbb{R}^n : \sum_{j=1}^{n} \kappa_j x_j^2 \le 1 \right\}$, $0 < \kappa_1 \le \kappa_2 \le \cdots \le \kappa_n$.

5. Man bestimme den Wert von (i) $\int_B x^2 y^2 dx dy$ für $B := B_1(0)$; (ii) $\int_\triangle (1 + x^2 + y^2)^{-2} dx dy$ für das Dreieck $\triangle$ mit den Eckpunkten $A = (0,0)$, $B = (2,0)$, $C = (1, \sqrt{3})$.

6. Der *Schwerpunkt* $\overline{x}_M$ einer quadrierbaren Menge M des $\mathbb{R}^n$ ist (nach Archimedes) definiert durch
$$\overline{x}_M := \fint_M x \, dV := |M|^{-1} \int_M x \, dV$$
Man beweise:
   (i) Ist $\varphi : \mathbb{R}^n \to \mathbb{R}^n$ eine Bewegung mit $\varphi(x) := Ux + b$, $U \in O(n)$, $b \in \mathbb{R}^n$, und $M' := \varphi(M)$, so gilt $\overline{x}_{M'} = \varphi(\overline{x}_M) = U\overline{x}_M + b$.
   (ii) Besitzt M eine affine Symmetriehyperebene H, so liegt $\overline{x}_M$ in H.

7. Was ist der Schwerpunkt einer Kreisscheibe, einer Ellipsenscheibe, eines gleichseitigen Dreiecks?

8. Was ist der Schwerpunkt einer Kugel, eines Vollellipsoides, eines vollen Kreiskegels der Höhe h (mit dem Radius r der Grundfläche), eines Pyramidenstumpfes in $\mathbb{R}^3$?

9. *Guldinsche Regel.* Sei M ein Drehkörper in $\mathbb{R}^3$, der durch Drehung eines Bereiches $B := \left\{ (x,y) \in \mathbb{R}^2 : a \le x \le b, 0 \le y \le f(x) \right\}$ um die x-Achse entsteht, wobei $f \in C^0([a,b])$ und $f \ge 0$ ist. Dann gilt $|M| = 2\pi \overline{y}_B |B|$, wobei $\overline{y}_B$ die y-Koordinate des Schwerpunktes $(\overline{x}_B, \overline{y}_B)$ und $|B|$ der Flächeninhalt von B ist.

10. Was ist das Volumen eines Ringkörpers Ω mit elliptischem Querschnitt B (d.h. Ω entsteht durch Rotation von B um eine Achse A mit $A \cap \overline{B} = \emptyset$)?

11. Das *Trägheitsmoment* Θ_A einer quadrierbaren Menge Ω des $\mathbb{R}^3$ bezüglich einer Achse A ist definiert als
$$\Theta_A := \int_\Omega \text{dist}^2(x, A) \, dV , \quad x = (x_1, x_2, x_3) .$$
So ist das *Trägheitsmoment* bezüglich der z-Achse gegeben durch $\int_\Omega (x^2 + y^2) dx dy dz$.

(i) Was ist das Trägheitsmoment der Kugel $B_R(0)$ bezüglich einer Achse durch 0?

(ii) Was sind die Trägheitsmomente Θ_x, Θ_z des Kreiszylinders $\Omega = \{(x, y, z) \in \mathbb{R}^3 : x^2 + y^2 \leq R^2, |z| \leq h/2\}$ bezüglich der x-Achse und der z-Achse?

12. Sei A' eine Achse in $\mathbb{R}^3$, die durch den Schwerpunkt $\overline{x}_\Omega$ einer quadrierbaren Menge $\Omega \subset \mathbb{R}^3$ geht und zu einer vorgegebenen Achse A parallel ist. Dann gilt $\Theta_A = \Theta_{A'} + r^2 |\Omega|$, wobei $r := \text{dist}(\overline{x}_\Omega, A)$ ist und Θ_A bzw. $\Theta_{A'}$ die Trägheitsmomente von Ω bezüglich A bzw. A' bezeichnet (Huygens, Steiner). Beweis?

3 Parameterabhängige Integrale. Eulersche Differentialgleichung

Nun wollen wir einige Ergebnisse aus Abschnitt 2.4 auf mehrfache Integrale übertragen. Insbesondere stellen wir die *Eulersche Differentialgleichung* eines mehrfachen Integrales auf. Nach einer Idee von Jacobi wird gezeigt, wie sich Eulersche Gleichungen auf *krummlinige Koordinaten* transformieren lassen, ohne daß man die zweiten Ableitungen der Abbildungsfunktionen berechnen muß. Auf diese Weise gewinnt man zum Beispiel den *Laplace-Beltrami-Operator* aus dem Laplace-Operator. Weiter leiten wir den *Liouvilleschen Satz* her, aus dem sich ergibt, daß der Phasenfluß eines Hamiltonschen Systems *volumentreu* ist.

Satz 1. *Sei M eine kompakte, quadrierbare Menge des $\mathbb{R}^n$, $I = [a, b]$ ein Intervall in $\mathbb{R}$, $Q = I \times M$, und f sei eine Funktion der Klasse $C^0(Q, \mathbb{R}^N)$. Es existiere*

$$\dot{f}(t, x) = \frac{\partial}{\partial t} f(t, x)$$

überall auf Q, und es sei $\dot{f} \in C^0(Q, \mathbb{R}^N)$. Dann ist die Funktion

$$\Phi(t) := \int_M f(t, x)\, dx \quad, \quad t \in I\,,$$

von der Klasse $C^1(I)$, und es gilt

$$\dot{\Phi}(t) = \int_M \dot{f}(t, x)\, dx\,.$$

Beweis. Dieses Resultat ist das Analogon von Satz 2 in 1.3 und wird auf ähnliche Weise bewiesen.

□

Als erste Anwendung von Satz 1 behandeln wir folgendes Beispiel.

$\boxed{1}$ **Satz von Liouville.** Wir betrachten den lokalen Phasenfluß $x \mapsto z = \varphi^t(x) = \varphi(t, x)$ eines instationären Vektorfeldes $a(t, x)$. Wir nehmen an, daß $a(t, \cdot)$ für jedes $t \in \mathbb{R}$ auf einer offenen Menge Ω des $\mathbb{R}^n$ definiert und von der Klasse $C^1(\mathbb{R} \times \Omega, \mathbb{R}^n)$ ist. Weiterhin sei M eine kompakte quadrierbare Teilmenge von Ω. Dann gibt es ein $\delta > 0$, so daß die Differentialgleichung $\dot{z} = a(t, z)$ für jedes $x \in M$ eine Lösung $z(t)$ besitzt, die für $|t| \le \delta$ existiert und die Anfangswertbedingung $z(0) = x$ erfüllt. Um die Abhängigkeit der Lösung von x anzudeuten, bezeichnen wir die Lösung $z(t)$ der Anfangswertaufgabe mit $\varphi(t, x)$; es gilt also

$$\dot{\varphi}(t, x) = a(t, \varphi(t, x)) \quad \text{für } |t| \le \delta \quad , \quad \varphi(0, x) = x \ .$$

Eine naheliegende Verallgemeinerung der Resultate von 2.3 zeigt, daß φ und $\dot{\varphi}$ stetig nach $x_1, \dots, x_n$ differenzierbar sind und daß die räumliche Ableitung

$$X(t, x) := \varphi_x(t, x)$$

des Phasenflusses der *Poincaréschen Variationsgleichung*

$$\dot{X}(t, x) = A(t, x) X(t, x)$$

mit

$$A(t, x) := a_x(t, \varphi(t, x))$$

genügt. Ferner gilt $X(0, x) = E$, wobei E die n-dimensionale Einheitsmatrix $(\delta_{jk})_{1 \le j, k \le n}$ bezeichnet.

Die Abbildung $x \mapsto z = \varphi^t(x)$ ist also für jedes t mit $|t| \le \delta$ ein C^1-Diffeomorphismus; wir bezeichnen das Bild von M unter φ^t mit M_t^*, also

$$M_t^* := \varphi^t(M) = \varphi(t, M) \ .$$

Die Mengen M_t^* sind, ebenso wie M, kompakt und quadrierbar, und es gilt

$$M_0^* = \varphi(0, M) = M \ .$$

Wir wollen nun untersuchen, wie sich die Volumina $V(t) := |M_t^*|$ der Bilder M_t^* im Laufe der Zeit ändern. Dazu setzen wir

$$W(t, x) := \det \varphi_x^t(x) = \det X(t, x) = J_{\varphi^t} \ .$$

Wegen $\det \varphi_x(0, x) = \det E = 1$ folgt $W(t, x) > 0$. Der Transformationssatz liefert dann

$$V(t) = \int_{M_t^*} dz = \int_M W(t, x) \, dx \ ,$$

und wir erhalten nach Satz 1

$$\dot{V}(t) = \int_M \dot{W}(t, x) \, dx \ .$$

Aus der Poincaréschen Variationsgleichung folgt (vgl. Band 1, 3.6, (38)), daß

$$\dot{W}(t, x) = \text{spur } a_x(t, \varphi(t, x)) \ W(t, x)$$

ist, woraus sich

$$\dot{V}(t) = \int_M \text{spur } a_x(t, \varphi(t, x)) \ W(t, x) \, dx$$

ergibt, und der Transformationssatz liefert schließlich

$$\dot{V}(t) = \int_{M_t^*} \text{div}_z \, a(t, z) \, dz \ .$$

Damit haben wir bewiesen:

Satz 2. (Theorem von Liouville). *Bezeichnet φ^t den lokalen Phasenfluß eines Vektorfeldes $a(t, \cdot) : \Omega \to \mathbb{R}^n$, so gilt für die Volumina $V(t) = |\varphi^t(M)|$ der Bilder $\varphi^t(M)$ einer quadrierbaren Menge $M \subset\subset \Omega$ die Formel*

$$\dot{V}(t) = \int_{\varphi^t(M)} \operatorname{div}_x a(t, x)\, dx \,.$$

Korollar 1. *Aus $\operatorname{div}_x a(t, x) = 0$ auf $\mathbb{R} \times \Omega$ folgt, daß der von a erzeugte Phasenfluß $x \mapsto z = \varphi^t(x)$ volumentreu ist, d.h. $V(t) \equiv$ const.*

Für den Phasenfluß Hamiltonscher Vektorfelder erhalten wir

Korollar 2. *Sei auf $\mathbb{R}^{2n} = \mathbb{R}^n \times \mathbb{R}^n$ eine Hamiltonfunktion $H(x, y)$ der Klasse C^2 gegeben. Dann ist der durch das Hamiltonsche Vektorfeld*

$$a(x, y) := (H_y(x, y), -H_x(x, y))$$

erzeugte Phasenfluß $(x, y) \mapsto \varphi^t(x, y)$ volumentreu.

Beweis. Der Phasenfluß $\varphi^t(x, y) = \big(\xi(t, x, y), \eta(t, x, y)\big)$ ist die Lösung des Anfangswertproblems

$$\dot{\xi} = H_y(\xi, \eta) \,,\quad \dot{\eta} = -H_x(\xi, \eta) \,,\quad \xi(0, x, y) = x \,,\quad \eta(0, x, y) = y \,,$$

und es gilt

$$\operatorname{div} a = \sum_{i=1}^{n} \frac{\partial^2 H}{\partial y_i \partial x_i} - \sum_{k=1}^{n} \frac{\partial^2 H}{\partial x_k \partial y_k} = 0 \,.$$

Damit folgt die Behauptung aus Korollar 1.

$\square$

Als nächstes wollen wir die Eulergleichungen mehrfacher Variationsintegrale herleiten. Hierbei verfahren wir ganz ähnlich wie im eindimensionalen Fall (vgl. 2.4). Zunächst geben wir eine Verallgemeinerung und zugleich Verschärfung des *Fundamentallemmas der Variationsrechnung* an. Für den Beweis dieses Lemmas benutzen wir folgendes Hilfsmittel (Beweis: Übungsaufgabe. Vgl. Band 1, 3.13, ⑤):

Lemma 1. *Für beliebiges $r > 0$ und $x_0 \in \mathbb{R}^n$ ist die durch*

$$(1) \qquad \eta(x) := \begin{cases} \exp\left(\frac{1}{|x-x_0|^2 - r^2} \right) & |x - x_0| < r \\[4pt] & \text{für} \\[4pt] 0 & |x - x_0| \geq r \end{cases}$$

definierte Funktion $\eta : \mathbb{R}^n \to \mathbb{R}$ von der Klasse $C_c^\infty(\mathbb{R}^n)$, und die abgeschlossene Kugel $\{x \in \mathbb{R}^n : |x - x_0| \leq r\}$ ist der Träger von η, also

$$(2) \qquad \operatorname{supp} \eta = \overline{B}_r(x_0) \,.$$

Lemma 2. (Fundamentallemma der Variationsrechnung) *Sei Ω eine offene Menge des $\mathbb{R}^n$, $f \in C^0(\Omega, \mathbb{R}^N)$, und es gelte*

(3)
$$\int_\Omega f(x) \cdot \varphi(x)\, dx = 0 \quad \text{für alle } \varphi \in C_c^\infty(\Omega, \mathbb{R}^N)\,.$$

Dann folgt $f(x) = 0$ für alle $x \in \Omega$.

Beweis. Wie im eindimensionalen Fall überlegt man sich, daß es genügt, die Behauptung für $N = 1$ zu beweisen. Sei also $f \in C^0(\Omega)$, und es gelte

(4)
$$\int_\Omega f(x)\varphi(x)dx = 0 \quad \text{für alle } \varphi \in C_c^\infty(\Omega)\,.$$

Gäbe es ein $x_0 \in \Omega$ mit $f(x_0) > 0$, so könnten wir Zahlen $r > 0$ und $\epsilon > 0$ finden, so daß $f(x) \geq \epsilon$ für alle $x \in B_r(x_0)$ ist. Wählen wir den „Berg" η zur Kugel $B_r(x_0)$ wie in Lemma 1, so folgt wegen $\eta \geq 0$ die Abschätzung

$$\int_\Omega f(x)\eta(x)dx \geq \epsilon \int_\Omega \eta(x)dx > 0\,,$$

was der Relation (4) widerspricht. Entsprechend zeigt man, daß es kein $x_0 \in \Omega$ mit $f(x_0) < 0$ gibt.

$\square$

Unter einer **Lagrangefunktion** verstehen wir eine Funktion $F(x, z, p)$ der Variablen $(x, z, p) \in \mathbb{R}^n \times \mathbb{R}^N \times \mathbb{R}^{nN}$ mit $n, N \geq 1$. Die Komponenten von x bzw. z seien x_α, $1 \leq \alpha \leq n$, bzw. z_i, $1 \leq i \leq N$, und $p_{i\alpha}$ seien die Komponenten von p, also $x = (x_\alpha)$, $z = (z_i)$, $p = (p_{i\alpha})$. Wir vereinbaren, daß griechische Indizes von 1 bis n und lateinische von 1 bis N laufen. Wir setzen voraus, daß F zumindest stetig ist. Dann ist das Funktional

(5)
$$\mathcal{F}(u) := \int_\Omega F(x, u(x), Du(x))dx$$

für jedes $u \in C^1(\overline{\Omega}, \mathbb{R}^N)$ definiert, wenn Ω eine quadrierbare (und daher beschränkte) offene Menge des $\mathbb{R}^n$ bezeichnet.

Für das folgende setzen wir $F \in C^1(\mathbb{R}^n \times \mathbb{R}^N \times \mathbb{R}^{nN})$ voraus. Wir untersuchen nun, wie sich $\mathcal{F}(u)$ ändert, wenn wir u variieren. Dazu wählen wir ein Vektorfeld $\varphi \in C^1(\overline{\Omega}, \mathbb{R}^N)$ und bilden die Schar der Abbildungen $h(\cdot, \epsilon)$ mit dem Scharparameter $\epsilon \in (-\epsilon_0, \epsilon_0)$, $\epsilon_0 > 0$, die durch

(6)
$$h(x, \epsilon) := u(x) + \epsilon\varphi(x) \quad \text{für } x \in \overline{\Omega}, \quad |\epsilon| < \epsilon_0\,,$$

definiert sei. Es gilt

(7)
$$h(x, 0) = u(x)\,, \quad h_\epsilon(x, 0) = \varphi(x)\,,$$

und für $D_\alpha = \partial/\partial x_\alpha$ folgt

(8)
$$\frac{\partial}{\partial \epsilon} D_\alpha h = D_\alpha \varphi .$$

(In der Literatur findet sich hierfür oft die Schreibweise „$\delta u = \varphi$" und „$\delta D_\alpha u = D_\alpha \delta u$".)

Nun betrachten wir die durch

(9)
$$\Phi(\epsilon) := \mathcal{F}(u + \epsilon \varphi)$$

definierte Funktion $\Phi : (-\epsilon_0, \epsilon_0) \to \mathbb{R}$, die nach Satz 1 differenzierbar ist, und bilden deren Ableitung an der Stelle $\epsilon = 0$:

$$\dot{\Phi}(0) = \frac{d}{d\epsilon} \mathcal{F}(u + \epsilon \varphi)\big|_{\epsilon=0} .$$

Definition 1. *Man nennt* $\dot{\Phi}(0)$ *die* **erste Variation** *des Variationsintegrals (oder „Funktionals")* $\mathcal{F}$ *an der Stelle* u *in Richtung von* φ, *in Zeichen:*

(10)
$$\delta \mathcal{F}(u, \varphi) := \dot{\Phi}(0) .$$

Nach Satz 1 gilt

$$\dot{\Phi}(\epsilon) = \int_\Omega \frac{d}{d\epsilon} F(x, u(x) + \epsilon \varphi(x), \ Du(x) + \epsilon D\varphi(x)) dx .$$

Hieraus folgt

$$\delta \mathcal{F}(u, \varphi)$$

(11)

$$= \int_\Omega \Big[F_z\big(x, u(x), Du(x)\big) \cdot \varphi(x) + F_p\big(x, u(x), Du(x)\big) \cdot D\varphi(x) \Big] dx .$$

In Koordinaten schreibt sich dies als

$$\delta \mathcal{F}(u, \varphi) = \int_\Omega \Big[\sum_{i=1}^N F_{z_i}(x, u(x), Du(x)) \varphi_i(x)$$

$$+ \sum_{i=1}^N \sum_{\alpha=1}^n F_{p_{i\alpha}}(x, u(x), Du(x)) D_\alpha \varphi_i(x) \Big] dx .$$

Wenn $\varphi = (\varphi_1, \dots, \varphi_N) \in C_c^1(\Omega, \mathbb{R}^N)$ ist, so liefert partielle Integration

$$\int_\Omega F_{p_{i\alpha}}(x, u(x), Du(x)) \ D_\alpha \varphi_i(x) dx = - \int_\Omega D_\alpha F_{p_{i\alpha}}(x, u(x), Du(x)) \ \varphi_i(x) dx .$$

Hierbei ist das zweite Integral so zu verstehen: erst bildet man die partielle Ableitung $F_{p_{i\alpha}}(x,z,p)$; dann setzt man $(x,u(x),Du(x))$ für (x,z,p) ein und erhält so eine Funktion $\psi(x) := F_{p_{i\alpha}}(x,u(x),Du(x))$. Diese wird nach x_α partiell differenziert, womit sich $D_\alpha\psi(x)$ ergibt. Schließlich wird $D_\alpha\psi(x)\varphi_i(x)$ über Ω integriert. Aus (10) und (11) folgt

Lemma 3. *Seien F und F_p von der Klasse C^1 auf $\mathbb{R}^n \times \mathbb{R}^N \times \mathbb{R}^{nN}$. Dann hat die erste Variation $\delta\mathcal{F}(u,\varphi)$ für jedes $u \in C^2(\Omega,\mathbb{R}^N)$ und für jede Testfunktion $\varphi \in C_c^1(\Omega,\mathbb{R}^N)$ die Form*

$$\delta\mathcal{F}(u,\varphi)$$

(12)

$$= \int_\Omega \sum_{i=1}^N \left[F_{z_i}\big(x,u(x),Du(x)\big) - \sum_{\alpha=1}^n D_\alpha F_{p_{i\alpha}}\big(x,u(x),Du(x)\big) \right] \varphi_i(x)dx \ .$$

Mit Hilfe des Fundamentallemmas erhalten wir dann

Satz 3. *Seien F und F_p von der Klasse C^1 und $u \in C^2(\Omega,\mathbb{R}^N)$. Dann folgt aus der Relation*

(13) $$\delta\mathcal{F}(u,\varphi) \ = \ 0 \quad \textit{für alle } \varphi \in C_c^\infty(\Omega,\mathbb{R}^N)$$

das System der **Euler-Lagrangeschen Differentialgleichungen**

(14) $$\sum_{\alpha=1}^n D_\alpha F_{p_{i\alpha}}(x,u(x),Du(x)) \ = \ F_{z_i}(x,u(x),Du(x)) \ , \quad 1 \leq i \leq N \ .$$

*Eine C^2-Lösung u von (14) heißt F-**Extremale**.*

Zur Vereinfachung bezeichnen wir (14) auch als **Eulersche Differentialgleichungen**. Sie lassen sich vektoriell in der Form

(15) $$\mathrm{div}_x F_p(\cdot,u,Du) \ = \ F_z(\cdot,u,Du)$$

schreiben. Analog zu Definition 3 in 2.4 führen wir folgende Bezeichnungen ein:

Definition 2. *Man nennt das durch*

(16) $$L_F(u) := F_z(\cdot,u,Du) - \mathrm{div}_x F_p(\cdot,u,Du)$$

*definierte Vektorfeld $L_F(u) : \Omega \to \mathbb{R}^N$ das **Eulersche Vektorfeld** oder den (auf u angewandten) **Eulerschen Operator**. Weiterhin ist die Bezeichnung **variationelle Ableitung von $\mathcal{F}$ nach u** für*

(17) $$\frac{\delta\mathcal{F}}{\delta u} := L_F(u)$$

üblich.

Damit können wir Relation (12) in der Form

$$(18) \qquad \delta\mathcal{F}(u,\varphi) = \int_\Omega L_F(u) \cdot \varphi \, dx \quad \text{für alle } \varphi \in C_c^\infty(\Omega, \mathbb{R}^N)$$

oder als

$$(19)\, \delta\mathcal{F}(u,\varphi) = \int_\Omega \frac{\delta\mathcal{F}}{\delta u}(u) \cdot \varphi \, dx =: \left\langle \frac{\delta\mathcal{F}}{\delta u}, \varphi \right\rangle \quad \text{für alle } \varphi \in C_c^\infty(\Omega, \mathbb{R}^N)$$

schreiben, und die Euler-Lagrangeschen Differentialgleichungen (14) bzw. (15) erhalten die Gestalt

$$(20) \qquad L_F(u) = 0 \qquad \text{bzw.} \qquad \frac{\delta\mathcal{F}}{\delta u} = 0 \,.$$

Dies ist ein *System von N skalaren partiellen Differentialgleichungen zweiter Ordnung in Divergenzform.* Die meisten physikalischen Gesetze lassen sich in diese Gestalt bringen und können daher aus einem *Variationsprinzip*

$$(21) \qquad \qquad \text{„}\mathcal{F}(u) \to \text{stationär“}\,,$$

d.h. aus einer Relation der Form (13) hergeleitet werden, wobei $\mathcal{F}$ keineswegs durch die Gleichungen eindeutig bestimmt ist. Addiert man nämlich zu $\mathcal{F}$ ein Variationsintegral $\mathcal{G}$, dessen Lagrangefunktion $G(x, z, p)$ eine **Null-Lagrangesche** ist, womit

$$(22) \qquad \qquad L_G(u) = 0 \text{ für alle } u \in C^2(\Omega, \mathbb{R}^N)$$

gemeint ist, so sind die Euler-Lagrangeschen Differentialgleichungen von $\mathcal{F}$ und $\mathcal{F}+\mathcal{G}$ offenbar die gleichen. Es sei noch bemerkt, daß im mehrdimensionalen Fall ($n > 1$ und $N > 1$) die Klasse der Null-Lagrangeschen erheblich umfangreicher ist als für $n = 1$ (vgl. auch 2.4, Definition 5, Satz 2 und Formel (29)).

Betrachten wir zwei Beispiele.

2 Die Euler-Lagrangesche Differentialgleichung des **Dirichletintegrals** ($n \geq 1, N = 1$)

$$(23) \qquad \qquad \mathcal{D}(u) = \frac{1}{2} \int_\Omega |\nabla u|^2 \, dx$$

ist die **Laplacegleichung**

$$(24) \qquad \qquad \Delta u = 0 \,.$$

3 Die Euler-Lagrangesche Differentialgleichung des *Areafunktionals* ($n \geq 1, N = 1$)

$$(25) \qquad \qquad \mathcal{A}(u) = \int_\Omega \sqrt{1 + |\nabla u|^2} \, dx$$

ist die Gleichung

$$(26) \qquad \qquad \operatorname{div} \frac{\nabla u}{\sqrt{1 + |\nabla u|^2}} = 0 \,,$$

die sich für eine Funktion $u(x, y)$ von zwei Variablen x, y in die Form

(27)
$$(1 + u_y^2)u_{xx} - 2u_x u_y u_{xy} + (1 + u_x^2)u_{yy} = 0$$

bringen läßt. Diese Gleichung wurde zuerst von Lagrange (1760/62) hergeleitet. Da $\mathcal{A}(u)$, wie wir im nächsten Abschnitt sehen werden, den Flächeninhalt der Fläche

$$\text{graph } u = \{(x, u(x)) : x \in \Omega\}$$

angibt, nennt man (26) bzw. (27) die **Minimalflächengleichung**. Alle *Kapillarphänomene* lassen sich durch die Gleichung (26) bzw. durch die allgemeinere Gleichung

(28)
$$\text{div } \frac{\nabla u}{\sqrt{1 + |\nabla u|^2}} = nH(\cdot, u)$$

beschreiben, wobei $H(x, u(x))$ die *mittlere Krümmung* der Fläche $\mathcal{S}$ an der Stelle $(x, u(x))$ bezeichnet. Die Funktion $H(x, z)$ bestimmt sich aus der Gestalt der Kapillarkräfte, die im betrachteten physikalischen System wirken.

$\boxed{4}$ Die **Einsteinschen Feldgleichungen im Vakuum** sind die Euler-Lagrangeschen Differentialgleichungen des Funktionals

(29)
$$\int_M R \, dvol \, ,$$

wobei R die Skalarkrümmung der betrachteten Mannigfaltigkeit bezeichnet. Eigentlich müßten die Eulergleichungen des Funktionals (29) von vierter Ordnung sein, doch wegen der speziellen Gestalt von R reduzieren sie sich auf Gleichungen zweiter Ordnung, wie Einstein und Hilbert bemerkt haben (vgl. hierzu B.A. Dubrovin, A.T. Fomenko, S.P. Novikov, *Modern Geometry – Methods and Applications*, Bd. 1, Springer, New York 1984, S. 374).

Für das nächste Resultat setzen wir voraus, daß F und F_p von der Klasse C^1 sind.

Satz 4. *Sei $u \in C^1(\overline{\Omega}, \mathbb{R}^N)$ ein lokaler Minimierer des durch (5) definierten Funktionals $\mathcal{F}$ bei festen Randwerten auf $\partial\Omega$, d.h. es gelte $\mathcal{F}(u) \leq \mathcal{F}(v)$ für alle $v \in C^1(\overline{\Omega}, \mathbb{R}^N)$ mit*

(30)
$$v(x) = u(x) \quad \text{für alle } x \in \partial\Omega \, ,$$

die die Ungleichung

(31)
$$|v - u|_{0,\overline{\Omega}} := \sup_{\overline{\Omega}} |v - u| < r$$

für ein $r > 0$ erfüllen. Dann folgt

$$\delta\mathcal{F}(u, \varphi) = 0 \text{ für alle } \varphi \in C^1(\overline{\Omega}, \mathbb{R}^N) \text{ mit } \varphi|_{\partial\Omega} = 0 \, ,$$

insbesondere also für alle $\varphi \in C_c^\infty(\Omega, \mathbb{R}^N)$. Ist u zudem von der Klasse $C^2(\Omega, \mathbb{R}^N)$, so ist u eine F-Extremale, d.h. es gilt (14) bzw. (15).

Der *Beweis* dieses Satzes folgt ganz genau so wie der von Satz 3 in 2.4, so daß wir ihn unterdrücken können. Entsprechend gilt folgende Variante von Satz 4:

Satz 5. *Ist* $u \in C^1(\overline{\Omega}, \mathbb{R}^N)$ *und gilt*

$$(32) \qquad\qquad \mathcal{F}(u) \;\leq\; \mathcal{F}(u + \varphi) \qquad \text{für alle } \varphi \in C_c^\infty(\Omega, \mathbb{R}^N) \,,$$

so folgt (13) und, falls $u \in C^2(\Omega, \mathbb{R}^N)$ *ist, überdies (14).*

Wir wollen diesen Satz benutzen, um den Laplaceoperator auf krummlinige Koordinaten zu transformieren.

Zu diesem Zwecke betrachten wir einen C^2-Diffeomorphismus $\varphi : \Omega \to \Omega^*$ einer offenen Menge Ω des $\mathbb{R}^n$ auf $\Omega^* := \varphi(\Omega)$ und bezeichnen mit $\psi : \Omega^* \to \Omega$ die Inverse von φ. Wir verwenden die Bezeichnungen (41)–(47) von 5.2 und betrachten die durch $G := D\varphi^T D\varphi$ positiv definite, symmetrische Matrixfunktion $G(x) = \big(g_{jk}(x)\big)$ auf Ω mit der Inversen $G^{-1}(x) = \big(g^{jk}(x)\big)$ und der Determinante $g(x) = \det G(x)$. Dann wollen wir folgendes zeigen.

Satz 6. *Ist* $u \in C^2(\Omega^*)$ *und* $v := u \circ \varphi$ *die auf* Ω *„zurückgeholte" Funktion, so gilt*

$$(33) \qquad \sum_{i=1}^n \frac{\partial^2 u}{\partial y_i^2}(y)\bigg|_{y=\varphi(x)} \;=\; \frac{1}{\sqrt{g(x)}} \sum_{j,k=1}^n \frac{\partial}{\partial x_j}\left[\sqrt{g(x)}\, g^{jk}(x)\, \frac{\partial v}{\partial x_k}(x)\right]$$

für alle $x \in \Omega$.

Führen wir den sogenannten **Laplace-Beltrami-Operator** Δ_G ein durch

$$(34) \qquad \Delta_G v(x) \;:=\; \frac{1}{\sqrt{g(x)}} \sum_{j,k=1}^n \frac{\partial}{\partial x_j}\left[\sqrt{g(x)}\, g^{jk}(x)\, \frac{\partial v}{\partial x_k}(x)\right] \,,$$

und bezeichnet Δ den gewöhnlichen Laplaceoperator, so liest sich (33) als

$$(35) \qquad\qquad\qquad (\Delta u) \circ \varphi \;=\; \Delta_G\, v \,.$$

Wir fassen bei diesem Transformationsprozeß die Variablen $y_1, \ldots, y_n$ als die ursprünglichen kartesischen Koordinaten auf und nennen die neuen Variablen $x_1, \ldots, x_n$ *krummlinige Koordinaten* in Ω^*. Diese Bezeichnung rührt daher, daß die Kurven

$$c_j \,:\, t \mapsto y \;=\; \varphi(x_1, \ldots, x_{j-1}, t, x_{j+1}, \ldots, x_n)$$

in Ω^* im allgemeinen gekrümmt und nicht geradlinig sind. Durch jeden Punkt von Ω^* geht für jedes j genau eine Kurve c_j. Die krummlinigen Koordinaten $x_1, \ldots, x_n$ heißen *orthogonale Koordinaten*, wenn sich für $j \neq k$ die Kurven c_j und c_k orthogonal schneiden. Wegen

$$(36) \qquad\qquad\qquad g_{jk}(x) \;=\; \langle \varphi_{x_j}(x), \, \varphi_{x_k}(x) \rangle$$

ist dies gleichbedeutend mit

(37) $$g_{jk}(x) = 0 \text{ für } j \neq k .$$

In diesem Fall vereinfacht sich die Formel (34) für Δ_G beträchtlich. Setzen wir nämlich

(38) $$g_1 := g_{11} , \quad g_2 := g_{22} , \quad \dots , \quad g_n := g_{nn} ,$$

so ist

$$G = \text{diag} (g_1, g_2, \dots, g_n) , \quad G^{-1} = \text{diag} \left(\frac{1}{g_1}, \frac{1}{g_2}, \dots, \frac{1}{g_n} \right) ,$$

(39)

$$g = g_1 g_2 \cdots g_n ,$$

und daher

(40) $$\Delta_G v(x) = \frac{1}{\sqrt{g_1 g_2 \cdots g_n}} \sum_{j=1}^{n} \frac{\partial}{\partial x_j} \left[\frac{\sqrt{g_1 g_2 \cdots g_n}}{g_j} \frac{\partial v}{\partial x_j} (x) \right] .$$

Beweis von Satz 6. Es genügt offenbar zu zeigen, daß

$$(\Delta u) \circ \varphi |_M = \Delta_G v |_M$$

für jede quadrierbare offene Menge $M \subset\subset \Omega$ gilt. Sei also M eine solche Menge und $M^* := \varphi(M)$ ihr Bild. Weiterhin sei, wie vorausgesetzt, $u \in C^2(\Omega^*)$; wir setzen

(41) $$f(y) := \Delta u(y) , \quad y \in \Omega^* .$$

Auf $C^1(\overline{M}^*)$ definieren wir das Funktional $\mathcal{E}$ durch

$$\mathcal{E}(w) := \int_{M^*} \left(\frac{1}{2} |\nabla w|^2 + fw \right) dy .$$

Für eine beliebige Funktion $\zeta \in C_c^1(M^*)$ ist

$$\mathcal{E}(u + \zeta) = \mathcal{E}(u) + \mathcal{D}(\zeta) + \int_{M^*} (\nabla u \cdot \nabla \zeta + f\zeta) \, dy ,$$

wobei

$$\mathcal{D}(\zeta) := \frac{1}{2} \int_{M^*} |\nabla \zeta|^2 \, dy$$

das **Dirichletintegral** von ζ bedeute. Mittels partieller Integration (vgl. 5.1, Korollar 4) erhalten wir wegen (41), daß

$$\int_{M^*} (\nabla u \cdot \nabla \zeta + f\zeta) \, dy = \int_{M^*} (-\Delta u + f)\zeta \, dy = 0$$

ist. Folglich gilt

(42) $$\mathcal{E}(u + \zeta) = \mathcal{E}(u) + \mathcal{D}(\zeta) \quad \text{für alle } \zeta \in C_c^1(M^*) ,$$

und wegen $\mathcal{D}(\zeta) \geq 0$ erhalten wir

(43) $$\mathcal{E}(u + \zeta) \geq \mathcal{E}(u) \quad \text{für alle } \zeta \in C_c^1(M^*) .$$

Als nächstes wählen wir eine beliebige Funktion $\eta \in C_c^1(M)$ und setzen $\zeta := \eta \circ \psi$. Dann ist $\zeta \in C_c^1(M^*)$, und es gilt

$$v = u \circ \varphi , \ \eta = \zeta \circ \varphi , \ u = v \circ \psi , \ \zeta = \eta \circ \psi .$$

Wir wollen nun das Funktional $\mathcal{E}$ von den Variablen y auf die neuen Variablen x transformieren. Dazu zeigen wir zunächst, wie sich die Länge des Gradienten einer Funktion $w(y)$ transformiert. Sei $W := w \circ \varphi$ gesetzt, also $w = W \circ \psi$. Die Kettenregel liefert folgende Beziehung zwischen den Zeilenvektoren ∇w und ∇W:

$$\nabla w = [(\nabla W) \circ \psi] \cdot D\psi .$$

Also gilt für die Spaltenvektoren $(\nabla w)^T$ und $(\nabla W)^T$, daß

$$(\nabla w)^T = (D\psi)^T \cdot (\nabla W)^T \circ \psi$$

ist, und wegen $|\nabla w|^2 = \langle \nabla w, \nabla w \rangle = \nabla w \cdot \nabla w^T$ sowie $\psi = \varphi^{-1}$ und $D\psi = (D\varphi)^{-1} \circ \psi$ folgt

$$|\nabla w|^2 \circ \varphi = \nabla W \cdot (D\varphi)^{-1} \cdot ((D\varphi)^{-1})^T \cdot \nabla W^T .$$

Weiterhin ergibt sich aus $G = D\varphi^T \cdot D\varphi$ wegen $(A^{-1})^T = (A^T)^{-1}$ die Beziehung

$$G^{-1} = (D\varphi)^{-1} \cdot ((D\varphi)^{-1})^T .$$

Damit folgt

(44) $$|\nabla w|^2 \circ \varphi = \nabla W \cdot G^{-1} \cdot \nabla W^T ,$$

d.h.

(45) $$\sum_{i=1}^{n} |w_{y_i}(\varphi(x))|^2 = \sum_{j,k=1}^{n} g^{jk}(x) W_{x_j}(x) W_{x_k}(x) .$$

Der Transformationssatz (vgl. 5.2, Korollar 1) liefert mit $F := f \circ \varphi$ und

(46) $$\mathcal{E}^*(W) := \int_M \left[\frac{1}{2} \sum_{j,k=1}^{n} g^{jk}(x) W_{x_j}(x) W_{x_k}(x) + F(x) W(x) \right] \sqrt{g(x)}\, dx$$

die Formel

(47) $$\mathcal{E}(w) = \mathcal{E}^*(W) .$$

Insbesondere folgt also für $w = u$ bzw. $w = u + \zeta$, daß

$$\mathcal{E}(u) = \mathcal{E}^*(v) \quad \text{und} \quad \mathcal{E}(u + \zeta) = \mathcal{E}^*(v + \eta)$$

gilt, und wegen (43) erhalten wir die Ungleichung

(48) $$\mathcal{E}^*(v + \eta) \geq \mathcal{E}^*(v) \quad \text{für alle } \eta \in C_c^1(M) .$$

Da v von der Klasse C^2 ist, muß v also nach Satz 5 die zu $\mathcal{E}^*$ gehörige Euler-Lagrange-Gleichung

$$- \sum_{j,k=1}^{n} \frac{\partial}{\partial x_j} \left[\sqrt{g(x)} g^{jk}(x) \frac{\partial v}{\partial x_k}(x) \right] + \sqrt{g(x)}\, F(x) = 0$$

erfüllen. Wegen $F(x) = f(\varphi(x)) = (\Delta u)(\varphi(x))$ ergibt sich schließlich die Behauptung (33) auf $M \subset\subset \Omega$ und damit auf Ω.

$\square$

Betrachten wir drei Beispiele, die in Anwendungen häufig auftreten. Ist ein Problem symmetrisch bezüglich eines Punktes oder einer Achse, so verwendet man mit Gewinn Polarkoordinaten ($n = 2$) bzw. Kugelkoordinaten ($n = 3$) oder Zylinderkoordinaten ($n = 3$).

5 **Zylinderkoordinaten** r, φ, z *im* $\mathbb{R}^3$. Den Zusammenhang zwischen $x = (x_1, x_2, x_3) :=$ (r, φ, z) und $y = (y_1, y_2, y_3)$ beschreiben wir hier und in den anderen Beispielen durch $y = \phi(x)$, wobei der Diffeomorphismus ϕ (statt φ) genannt wird, weil φ jetzt den Polarwinkel bezeichnet. Der Diffeomorphismus ϕ ist gegeben durch

$$y_1 = r \cos \varphi, \quad y_2 = r \sin \varphi, \quad y_3 = z$$

(wobei wie früher zunächst die Einschränkung $r > 0$, $0 < \varphi < 2\pi$ zu machen ist, vgl. 5.2, **1**). Wegen

$$\phi_r(r, \varphi, z) = (\cos \varphi, \sin \varphi, 0) \,,$$

$$\phi_\varphi(r, \varphi, z) = (-r \sin \varphi, \; r \cos \varphi, 0) \,,$$

$$\phi_z(r, \varphi, z) = (0, 0, 1)$$

und $g_{jk} = \langle \phi_{x_j}, \phi_{x_k} \rangle$ folgt

$$G = (g_{jk}) = \begin{pmatrix} 1 & 0 & 0 \\ 0 & r^2 & 0 \\ 0 & 0 & 1 \end{pmatrix} \,, \; \sqrt{g} = r \,, \; G^{-1} = (g^{jk}) = \begin{pmatrix} 1 & 0 & 0 \\ 0 & r^{-2} & 0 \\ 0 & 0 & 1 \end{pmatrix} \,.$$

Damit erhalten wir für $v = u \circ \phi$ die Gleichung $(\Delta u) \circ \phi = \Delta_G v$ mit

$$(49) \qquad \Delta_G v = \frac{1}{r} D_r(r D_r v) + \frac{1}{r^2} D_\varphi^2 v + D_z^2 v = \left(D_r^2 + \frac{1}{r} D_r + \frac{1}{r^2} D_\varphi^2 + D_z^2 \right) v \,.$$

6 **Kugelkoordinaten** r, θ, φ **im** $\mathbb{R}^3$. Der Zusammenhang zwischen $x = (x_1, x_2, x_3) :=$ (r, θ, φ) und $y = (y_1, y_2, y_3)$ sei durch $y = \phi(x)$ gegeben. Mit Beispiel **5** von 5.2 benennen wir y_1, y_2, y_3 um in x, y, z. Dann haben wir

$$\begin{aligned} x &= r \cos \varphi \sin \theta &= \phi_1(r, \varphi, \theta) \,, \\ y &= r \sin \varphi \sin \theta &= \phi_2(r, \varphi, \theta) \,, \\ z &= r \cos \theta &= \phi_3(r, \varphi, \theta) \,, \end{aligned}$$

also

$$\phi_r = (\cos \varphi \sin \theta, \; \sin \varphi \sin \theta, \; \cos \theta) \,,$$

$$\phi_\theta = (r \cos \varphi \cos \theta, \; r \sin \varphi \cos \theta, \; -r \sin \theta) \,,$$

$$\phi_\varphi = (-r \sin \varphi \sin \theta, \; r \cos \varphi \sin \theta, \; 0) \,.$$

Es folgt

$$G = (g_{jk}) = \begin{pmatrix} 1 & 0 & 0 \\ 0 & r^2 & 0 \\ 0 & 0 & r^2 \sin^2 \theta \end{pmatrix} \,, \; \sqrt{g} = r^2 \sin \theta \,, \; G^{-1} = (g^{jk}) = \begin{pmatrix} 1 & 0 & 0 \\ 0 & r^{-2} & 0 \\ 0 & 0 & r^{-2} \sin^{-2} \theta \end{pmatrix} \,.$$

Damit erhalten wir für $v = u \circ \phi$ die Gleichung $(\Delta u) \circ \phi = \Delta_G v$, wobei

$$(50) \qquad \Delta_G v = \frac{1}{r^2} \frac{\partial}{\partial r} \left(r^2 \frac{\partial v}{\partial r} \right) + \frac{1}{r^2} \Delta_{S^2} v$$

ist mit

$$(51) \qquad \Delta_{S^2} v := \frac{1}{\sin \theta} \frac{\partial}{\partial \theta} \left(\sin \theta \frac{\partial v}{\partial \theta} \right) + \frac{1}{\sin^2 \theta} \frac{\partial^2 v}{\partial \varphi^2} \,.$$

Δ_{S^2} ist der *Laplace-Beltrami-Operator auf der Zweisphäre* S^2.

$\boxed{7}$ **Kugelkoordinaten** $x = (x_1, \ldots, x_n)$ im $\mathbb{R}^n$. Wir setzen $r := |y|$, $\omega := |y|^{-1}y \in S^{n-1}$ und denken uns (Teile der) S^{n-1} durch eine Parametrisierung $\omega = \omega(\tau)$ mit $\tau = (\tau_1, \ldots, \tau_{n-1})$ beschrieben. Dann ist also $x = (r, \tau)$, und wegen $y = r\omega$ erhalten wir

$$G = (g_{jk}) = \begin{pmatrix} 1 & 0 \\ 0 & r^2\Gamma(\tau) \end{pmatrix}, \quad 1 \leq j, k \leq n,$$

wobei die $(n-1) \times (n-1)$-Matrix $\Gamma(\tau)$ durch

$$\Gamma = (\gamma_{jk}) \quad \text{mit} \quad \gamma_{jk} := \langle \omega_{\tau_j}, \omega_{\tau_k} \rangle, \quad 1 \leq j, k \leq n-1$$

gegeben ist. Sei $\Gamma^{-1} = (\gamma^{jk})$, $\gamma = \det\Gamma$. Dann folgt $g = r^{2(n-1)}\gamma$, also $\sqrt{g} = r^{n-1}\sqrt{\gamma}$, und

$$G^{-1} = (g^{jk}) = \begin{pmatrix} 1 & 0 \\ 0 & r^{-2}\Gamma^{-1} \end{pmatrix}.$$

Für $v := u \circ \phi$ ergibt sich

$$(\Delta u) \circ \phi = \Delta_G v,$$

mit

(52) $$\Delta_G v = \frac{\partial^2 u}{\partial r^2} + \frac{n-1}{r}\frac{\partial u}{\partial r} + \frac{1}{r^2\sqrt{\gamma}}\operatorname{div}_\tau(\sqrt{\gamma}\,\Gamma^{-1}\nabla_\tau u).$$

Aufgaben.

1. Das Newtonsche Potential $U(x) := \int_M \frac{f(y)}{|y-x|^{n-2}}\,dy$ einer quadrierbaren Menge M des $\mathbb{R}^n$ mit der Belegungsdichte $f \in C^0(\overline{M})$ ist im Außenraum $A := \mathbb{R}^n \setminus \overline{M}$ von der Klasse C^∞ und zudem harmonisch ($n \geq 3$).

2. Wenn $g' = f$ gilt, so ist $\Delta u = f(u)$ die Eulergleichung von $\int_\Omega \left(\frac{1}{2}|\Delta u|^2 + g(u)\right)dx$. Beweis? Was ist die Eulergleichung zu $\int_\Omega \left(\frac{1}{2}|\Delta u|^2 - g(u) - \frac{1}{p+1}|u|^{p+1}\right)dx$?

3. Man bestimme die Eulergleichung zu $\int_\Omega (u_t^2 - |\nabla_x u|^2)\,dxdt$, wobei $\Omega \subset \mathbb{R}^3 \times \mathbb{R}$ und $u = u(x,t)$, $x \in \mathbb{R}^3$, $t \in \mathbb{R}$ ist.

4. Was ist die Eulergleichung zu $\int_\Omega \left(\sqrt{1 + |\nabla u|^2} + H(x)u\right)dx$?

5. Sei $a(x,z) = (a_1(x,z), \ldots, a_n(x,z))$ von der Klasse $C^3(\overline{\Omega})$ mit $(x,z) \in \Omega \subset \mathbb{R}^n \times \mathbb{R}$, und bezeichne F die Lagrangefunktion $F(x,z,p) = \operatorname{div}_x a(x,z) + a_z(x,z) \cdot p$. Welche Funktionen aus $C^2(\Omega)$ erfüllen die Eulergleichung zu $\int_\Omega F(x, u(x), \nabla u(x))dx$?

6. Sei λ eine Konstante. Was ist die Eulergleichung von $\int_\Omega(|\nabla u|^2 + \lambda u^2)dx$?

4   Uneigentliche Integrale im $\mathbb{R}^n$. Lebesguesches Maß offener Mengen. Newtonsches Potential

In 3.8 (und zuvor in Band 1, 3.11) haben wir uneigentliche Integrale im $\mathbb{R}^1$ untersucht. Jetzt wollen wir solche Integrale auch im $\mathbb{R}^n$ betrachten. Wir gehen dabei vom Riemannschen Integral $\int_M f(x)\,dx$ über quadrierbare Mengen M des $\mathbb{R}^n$ aus, das wir in 5.1 definiert haben. Wesentlich war dabei, daß M eine beschränkte Menge und f eine beschränkte Funktion zu sein hatte. Ähnlich wie im eindimensionalen Fall wollen wir jetzt diese beiden Restriktionen fallen lassen und möglicherweise unbeschränkte Funktionen auf möglicherweise unbeschränkten Definitionsmengen integrieren. Ziel der folgenden Betrachtungen ist es, das uneigentliche Integral $\int_\Omega f(x)\,dx$ für stetige Funktionen $f : \Omega \to \mathbb{R}$ auf offenen Mengen Ω zu definieren. In Band 3 werden wir eine zweite Erweiterung des Integralbegriffs kennenlernen, das *Lebesguesche Integral*, das nur bei absoluter Konvergenz des uneigentlichen Integrals mit diesem zusammenfällt, während es nicht existiert, wenn $\int_\Omega f(x)\,dx$ nicht absolut konvergiert.

Für das folgende genügt es übrigens vorauszusetzen, daß die Menge der Unstetigkeitspunkte der zu integrierenden Funktion den Inhalt oder auch nur das Maß Null hat.

Wir erinnern zunächst an die Begriffe *Zelle* und *Figur*. Eine *Zelle* Z im $\mathbb{R}^n$ hatten wir als kartesisches Produkt $Z = I_1 \times I_2 \times \ldots \times I_n$ von n abgeschlossenen Intervallen definiert. Eine *Figur* F in $\mathbb{R}^n$ war als Vereinigung $F = Z_1 \cup Z_2 \cup \ldots \cup Z_l$ endlich vieler Zellen $Z_1, \ldots, Z_l$ des $\mathbb{R}^n$ definiert, die $\overset{\circ}{Z}_l \cap \overset{\circ}{Z}_k = \emptyset$ für $l \neq k$ erfüllen; weiterhin soll auch die leere Menge zu den Figuren gerechnet werden. Man überzeugt sich leicht, daß jede Vereinigung von endlich vielen Zellen eine Figur ist, denn man kann „mittels Zerschneiden" und „Weglassen überflüssiger Teile" neue Zellen $Z_1', \ldots, Z_m'$ finden, die sich nicht überschneiden, die also nur Randpunkte gemeinsam haben, und deren Vereinigung ebenfalls F ergibt. *Daher ist die Vereinigung endlich vieler Figuren wiederum eine Figur.* Wie früher bezeichnen wir mit $\mathcal{F}$ die Menge der Figuren und mit $\mathcal{Q}$ die Menge der quadrierbaren Teilmengen des $\mathbb{R}^n$.

Definition 1. *Seien* $M, M_1, M_2, \ldots, M_j, \ldots$ *Teilmengen des* $\mathbb{R}^n$.

(i) Wir nennen die Folge $\{M_j\}$ *eine* **Ausschöpfung** *von* M *und schreiben* $M_j \nearrow M$, *wenn gilt:*

(1)
$$M_j \subset M_{j+1} \quad \text{für alle } j \in \mathbb{N}\,;$$

(2)
$$M = \bigcup_{j=1}^{\infty} M_j\,.$$

(ii) Die Ausschöpfung $M_j \nearrow M$ *heißt* **reguläre Ausschöpfung** *von* M, *wenn statt (1) die stärkere Voraussetzung*

(3)
$$\overline{M}_j \subset\subset \overset{\circ}{M}_{j+1} \quad \text{für alle } \; j \in \mathbb{N}$$

getroffen wird.

Bemerkung 1. Sei $M_j \nearrow M$ eine reguläre Ausschöpfung von M. Dann folgt aus (3), daß $M_j \subset \overset{\circ}{M}_{j+1} \subset M_{j+1}$ ist, und wegen (2) ergibt sich $M = \bigcup_{j=1}^{\infty} \overset{\circ}{M}_j$. Also ist eine regulär ausgeschöpfte Menge notwendig offen. Weiterhin ist $\{\overset{\circ}{M}\}_{j \in \mathbb{N}}$ für jede Teilmenge von M eine offene Überdeckung. Aufgrund des Satzes von Heine–Borel und wegen (3) gibt es zu jedem Kompaktum K in M ein $j_0 \in \mathbb{N}$, so daß $K \subset \overset{\circ}{M}_j$ für $j > j_0$ ist.

Nun wollen wir zeigen, daß sich offene Mengen regulär ausschöpfen lassen. Es gilt sogar ein etwas stärkeres Resultat, nämlich:

Proposition 1. *Für jede offene Menge Ω des $\mathbb{R}^n$ gibt es eine reguläre Ausschöpfung $F_j \nearrow \Omega$ durch Figuren F_j.*

Beweis. Für die leere Menge und den $\mathbb{R}^n$ ist die Behauptung evident; wir dürfen also $M \neq \emptyset$, $\mathbb{R}^n$ annehmen. Die Menge D der Punkte $x \in \Omega$ mit rationalen Koordinaten liegt dicht in Ω und ist abzählbar; wir ordnen die Punkte von D zu einer Folge $\{x_p\}$. Setzen wir $r_p := \frac{1}{2}$ dist $(x_p, \partial\Omega)$, so ist $0 < r_p < \infty$, und der Würfel $W_p := \{x \in \mathbb{R}^n : |x - x_p|_* \leq r_p\}$ liegt in Ω. Nun konstruieren wir eine Folge von Figuren $F_1, F_2, \ldots$ durch einen induktiven Prozeß. Dazu definieren wir zunächst für eine beliebige Figur F den $*$–Abstand eines Punktes x zu F durch $d_*(x, F) := \inf\{|x - y|_* : y \in F\}$. Offenbar ist für beliebiges $\epsilon > 0$ die ϵ-*Verdickung* $Z^\epsilon := \{x \in \mathbb{R}^n : d_*(x, Z) \leq \epsilon\}$ einer Zelle Z wiederum eine Zelle und somit die ϵ-Verdickung $F^\epsilon := \{x \in \mathbb{R}^n : d_*(x, F) \leq \epsilon\}$ einer Figur wiederum eine Figur mit $F \subset \text{int } F^\epsilon$. Gilt ferner $d_*(F, \partial\Omega) := \inf\{d_*(x, \partial\Omega) : x \in F\} = 2\epsilon > 0$, so ist $F^\epsilon \subset \Omega$.

Schritt 1. Sei $F_1 := W_1$ und $\epsilon_1 := \frac{1}{2}$ dist $(F_1, \partial\Omega)$. Dann ist $F_1 \subset\subset \Omega$ und $\epsilon_1 > 0$.

Schritt 2. Mit $F_2 := F_1^{\epsilon_1} \cup W_2$ gilt

$$F_1 \subset\subset \text{int } F_2 \subset F_2 \subset\subset \Omega \quad \text{und} \quad \epsilon_2 := \frac{1}{2} \text{ dist } (F_2, \partial\Omega) > 0 \,.$$

Schritt 3. Mit $F_3 := F_2^{\epsilon_2} \cup W_3$ gilt

$$F_2 \subset\subset \text{int } F_3 \subset F_3 \subset\subset \Omega \quad \text{und} \quad \epsilon_3 := \frac{1}{2} \text{ dist } (F_3, \partial\Omega) > 0 \,.$$

So fahren wir fort und erhalten eine Folge $\{F_j\}$ von Figuren mit $F_j \subset\subset \text{int } F_{j+1}$ und $F_j \subset\subset \Omega$.

Sei x ein beliebiger Punkt aus Ω und $\delta := \frac{1}{3} d_*(x, \partial\Omega)$. Dann ist $\delta > 0$, und weil D in Ω dicht liegt, gibt es einen Punkt $x_p \in D$ mit $|x - x_p|_* < \delta$. Für beliebiges $y \in \partial\Omega$ erhalten wir

$$|x_p - y|_* \geq |x - y|_* - |x - x_p|_* > 3\delta - \delta = 2\delta$$

und somit $r_p \geq \delta$. Folglich gilt $x \in W_p$, und dies liefert $\Omega = W_1 \cup W_2 \cup W_3 \cup \ldots$ und damit erst recht $\Omega = F_1 \cup F_2 \cup F_3 \cup \ldots$. Daher ist $F_j \nearrow \Omega$ eine reguläre Ausschöpfung von Ω durch Figuren. $\qquad\qquad\qquad\qquad\qquad\qquad\qquad$ $\square$

Figuren F sind quadrierbar. Wegen Proposition 1 und der nachfolgenden Bemerkung 2 erweist sich die folgende Definition als sinnvoll.

Definition 2. *Sei Ω eine offene Menge des $\mathbb{R}^n$, $f \in C^0(\Omega)$, und für jede reguläre Ausschöpfung $M_j \nearrow \Omega$ von Ω durch quadrierbare Mengen M_j sei die Folge der Zahlen $\int_{M_j} f(x)dx$ konvergent. Dann setzen wir*

$$(4) \qquad\qquad \int_\Omega f(x)dx := \lim_{j \to \infty} \int_{M_j} f(x)dx$$

und nennen die durch (4) erklärte Zahl $\int_\Omega f(x)dx$ das **uneigentliche Integral** *von f über Ω. Für diesen Sachverhalt sagen wir auch, das uneigentliche Integral $\int_\Omega f(x)dx$ existiere oder sei* **konvergent**.

Bemerkung 2. Die Definition (4) des uneigentlichen Integrales ist unabhängig von der regulären Ausschöpfung $M_j \nearrow \Omega$. Haben wir nämlich zwei reguläre Ausschöpfungen $M_j' \nearrow \Omega$ und $M_k'' \nearrow \Omega$, so können wir zwei Teilfolgen $\{M_{j_\nu}'\}$ und $\{M_{k_\nu}''\}$ auswählen, so daß

$$M_{j_\nu}' \subset\subset \operatorname{int} M_{k_\nu}'' \subset M_{k_\nu}'' \subset\subset \operatorname{int} M_{j_{\nu+1}}'$$

für alle $\nu \in \mathbb{N}$ gilt. Um dies einzusehen, brauchen wir nur zu beachten, daß die Mengen M_j', M_k'' kompakt und $\{\overset{\circ}{M}{}_j'\}_{j \geq N}$, $\{\overset{\circ}{M}{}_k''\}_{k \geq N}$ für jedes $N \in \mathbb{N}$ offene Überdeckungen von Ω sind.

Bilden wir nun die Folge $\{M_j\}$ durch „Mischen" dieser beiden Teilfolgen,

$$M_{j_1}', \ M_{k_1}'', \ M_{j_2}', \ M_{k_2}'', \ \dots,$$

so ist $M_j \nearrow \Omega$ eine reguläre Ausschöpfung von Ω; also existiert $\lim_{j \to \infty} \int_{M_j} f(x)dx$ und stimmt sowohl mit $\lim_{j \to \infty} \int_{M_{2j}} f(x)dx$ als auch mit $\lim_{j \to \infty} \int_{M_{2j+1}} f(x)dx$ überein; folglich gilt auch

$$\lim_{j \to \infty} \int_{M_j'} f(x)dx \ = \ \lim_{j \to \infty} \int_{M_j} f(x)dx \ = \ \lim_{k \to \infty} \int_{M_k''} f(x)dx \,,$$

womit wir gezeigt haben, daß $\int_\Omega f(x)dx$ wohldefiniert ist.

Bemerkung 3. Ist Ω quadrierbar und $f : \Omega \to \mathbb{R}$ stetig und beschränkt, so stimmt das in 5.1 definierte Riemannsche Integral $\int_\Omega f(x)dx$ mit dem uneigentlichen Integral (4) überein. In der Tat: Zu beliebigem $\epsilon > 0$ kann man eine Figur $F \subset \Omega$ finden, so daß $|\Omega \setminus F| < \epsilon$ ist. Bezeichnet $M_j \nearrow \Omega$ eine reguläre Ausschöpfung von Ω durch quadrierbare M_j, so gilt $F \subset M_j$ für $j \gg 1$ und daher $|\Omega \setminus M_j| < \epsilon$, woraus $\left| \int_\Omega f dx - \int_{M_j} f dx \right| \leq \int_{\Omega \setminus M_j} |f| dx \leq \epsilon \cdot \sup_\Omega |f|$ für $j \gg 1$ folgt.

Der neue Integralbegriff kann also in einem gewissen Sinne als Ausdehnung des alten aufgefaßt werden.

Definition 3. *Das uneigentliche Integral $\int_\Omega f(x)dx$ einer Funktion $f \in C^0(\Omega)$ auf einer offenen Menge Ω des $\mathbb{R}^n$ heißt* **absolut konvergent**, *wenn das Integral $\int_\Omega |f(x)|dx$ konvergiert.*

Proposition 2. *Das uneigentliche Integral $\int_\Omega f(x)dx$ konvergiert, falls es absolut konvergiert.*

Beweis. Sei $M_j \nearrow \Omega$ eine reguläre Ausschöpfung von Ω durch quadrierbare Mengen. Wenn $\int_\Omega |f(x)|dx$ konvergiert, so ist die Zahlenfolge $\{\int_{M_j} |f(x)|dx\}$ eine Cauchyfolge. Zu vorgegebenem $\epsilon > 0$ existiert also ein $N \in \mathbb{N}$, so daß

$$\int_{M_k \setminus M_j} |f(x)|dx = \int_{M_k} |f(x)|dx - \int_{M_j} |f(x)|dx < \epsilon$$

für alle $j, k \in \mathbb{N}$ mit $N < j < k$ gilt. Hieraus folgt

$$\left| \int_{M_k} f(x)dx - \int_{M_j} f(x)dx \right| = \left| \int_{M_k \setminus M_j} f(x)dx \right| \leq \int_{M_k \setminus M_j} |f(x)|dx < \epsilon$$

für $j, k \in \mathbb{N}$ mit $N < j < k$, und dies bedeutet, daß auch $\{\int_{M_j} f(x)dx\}$ eine Cauchyfolge in $\mathbb{R}$ und somit konvergent ist. $\qquad \square$

Proposition 3. *Das uneigentliche Integral $\int_\Omega f(x)dx$ einer Funktion $f \in C^0(\Omega)$ ist genau dann absolut konvergent, wenn es eine Konstante $c \geq 0$ gibt, so daß*

$$(5) \qquad\qquad \int_M |f(x)|dx \leq c$$

für alle quadrierbaren Mengen $M \subset\subset \Omega$ gilt.

Beweis. (i)   Wenn $\int_\Omega |f(x)|dx$ konvergiert, so bezeichne $c \geq 0$ seinen Wert. Da aus der Definition des uneigentlichen Integrales sofort

$$\int_M |f(x)|dx \leq \int_\Omega |f(x)|dx$$

für jede quadrierbare Menge $M \subset\subset \Omega$ folgt, erhalten wir (5).

(ii)   Ist umgekehrt (5) für jedes quadrierbare $M \subset\subset \Omega$ erfüllt und bezeichnet $M_j \nearrow \Omega$ eine beliebig gewählte reguläre Ausschöpfung von Ω durch quadrierbare $M_j \subset\subset \Omega$, so gilt

$$\int_{M_j} |f(x)|dx \leq c \qquad \text{für alle } j \in \mathbb{N}.$$

Nach dem Satz von der monotonen Folge ist also $\{\int_{M_j} |f(x)|dx\}$ konvergent, und daher konvergiert das Integral $\int_\Omega |f(x)|dx$. $\qquad \square$

Bemerkung 4. Sei $f : \Omega \to \mathbb{R}$ eine nichtnegative stetige Funktion auf der offenen Menge Ω des $\mathbb{R}^n$. Wenn $\int_\Omega f(x)dx$ nicht konvergiert, d.h. wenn es keine Konstante $c > 0$ gibt, so daß (5) für alle quadrierbaren $M \subset\subset \Omega$ gilt, sagen wir, das Integral $\int_\Omega f(x)dx$ sei **eigentlich divergent**, und setzen

$$\int_\Omega f(x)dx := \infty .$$

In diesem Fall folgt für jede reguläre Ausschöpfung $M_j \nearrow \Omega$ von Ω durch quadrierbare Mengen $M_j \subset\subset \Omega$, daß $\int_{M_j} f(x)dx \to \infty$ für $j \to \infty$.

Insbesondere können wir das Vorangehende auf die stetige Funktion $f(x) \equiv 1$ auf Ω anwenden. Dies führt uns zur

Definition 4. *Das* **Lebesguesche Maß** $m(\Omega)$ *einer offenen Menge Ω aus $\mathbb{R}^n$ ist das Integral $\int_\Omega 1\, dx$, also*

$$(6) \qquad m(\Omega) := \int_\Omega 1\, dx\,, \qquad 0 \leq m(\Omega) \leq \infty\,.$$

Bemerkung 5. Aus Proposition 1 folgt ohne Mühe, daß man das Lebesguesche Maß $m(\Omega)$ einer offenen Menge Ω in äquivalenter Weise auch als

$$(7) \qquad m(\Omega) := \sup\{\,|F| : F \in \mathcal{F},\ F \subset \Omega\}$$

definieren kann. Wegen Bemerkung 3 gilt für quadrierbare offene Mengen Ω, daß

$$m(\Omega) = v(\Omega)$$

ist. d.h. auf quadrierbaren offenen Mengen stimmt das Lebesguesche Maß mit dem Jordanschen Inhalt überein. Wir werden später sehen, daß es bereits in $\mathbb{R}$ beschränkte offene Mengen gibt, die nicht quadrierbar sind. In $\mathbb{R}^n$, $n \geq 2$, gibt es sogar nichtquadrierbare Gebiete.

Nun wollen wir noch einige Eigenschaften konvergenter uneigentlicher Integrale herleiten.

Proposition 4. *Sei $f \in C^0(\Omega)$, $f \geq 0$, und $\int_\Omega f(x)dx$ konvergiere. Dann gilt für jede offene Menge Ω' mit $\Omega' \subset \Omega$ die Ungleichung*

$$\int_{\Omega'} f(x)dx \leq \int_\Omega f(x)dx\,.$$

Beweis. Das Integral $\int_\Omega f(x)dx$ ist absolut konvergent; somit ist auch $\int_{\Omega'} f(x)dx$ absolut konvergent für jedes $\Omega' \subset \Omega$. Sei $\epsilon > 0$ beliebig gewählt. Daher gibt es eine Figur $F \subset \Omega'$ derart, daß

$$\int_{\Omega'} f(x)dx \leq \int_F f(x)dx + \epsilon$$

gilt. Wegen $F \subset \Omega$ und $f \geq 0$ folgt

$$\int_F f(x)dx \leq \int_\Omega f(x)dx$$

und damit

$$\int_{\Omega'} f(x)dx \leq \int_{\Omega} f(x)dx + \epsilon \qquad \text{für alle } \epsilon > 0 .$$

Mit $\epsilon \to +0$ ergibt sich die Behauptung.

□

Proposition 5. *Konvergieren die Integrale $\int_{\Omega} f(x)dx$ und $\int_{\Omega} g(x)dx$ der Funktionen $f, g \in C^0(\Omega)$ und gilt $f \leq g$, so folgt*

$$\int_{\Omega} f(x)dx \leq \int_{\Omega} g(x)dx .$$

Beweis. Diese Ungleichung folgt sofort aus Definition 2 und 5.1, (31).

□

Proposition 6. *Sind $f, g : \Omega \to \mathbb{R}$ stetige Funktionen, deren Integrale über Ω konvergieren, so konvergiert auch $\int_{\Omega} [\alpha f(x) + \beta g(x)]dx$ für beliebige $\alpha, \beta \in \mathbb{R}$, und es gilt*

$$\int_{\Omega} [\alpha f(x) + \beta g(x)]dx = \alpha \int_{\Omega} f(x)dx + \beta \int_{\Omega} g(x)dx$$

Beweis. Die Behauptung folgt aus Definition 2 und 5.1, (27).

□

Proposition 7. *Ist $\Omega_j \nearrow \Omega$ eine Ausschöpfung der offenen Menge Ω durch offene Mengen Ω_j, so gilt $m(\Omega_j) \to m(\Omega)$, insbesondere also $m(\Omega_j) \to \infty$, falls $m(\Omega) = \infty$.*

Diese Aussage ist ein Spezialfall von

Proposition 8. *Ist $\Omega_j \nearrow \Omega$ eine Ausschöpfung von Ω durch offene Mengen Ω_j und gilt $f \geq 0$ für $f \in C^0(\Omega)$, so folgt*

$$\int_{\Omega_j} f(x)dx \to \int_{\Omega} f(x)dx \quad (\leq \infty) \text{ mit } j \to \infty .$$

Beweis. (i) Ist $\int_{\Omega} f(x)dx < \infty$, so gibt es zu jedem $\epsilon > 0$ eine Figur $F \subset \Omega$ mit

$$\int_F f(x)dx \leq \int_{\Omega} f(x)dx \leq \int_F f(x)dx + \epsilon .$$

Da $\{\Omega_j : j \in \mathbb{N}\}$ eine offene Überdeckung von Ω und F kompakt ist, gibt es ein $j_0 \in \mathbb{N}$, so daß $F \subset \Omega_j$ für $j > j_0$ gilt. Wegen Proposition 4 folgt

$$\int_F f(x)dx \leq \int_{\Omega_j} f(x)dx \leq \int_{\Omega} f(x)dx \quad \text{für } j > j_0$$

und somit

$$\left| \int_\Omega f(x)dx - \int_{\Omega_j} f(x)dx \right| \leq \epsilon \qquad \text{für } j > j_0 \,,$$

also $\int_{\Omega_j} f(x)dx \to \int_\Omega f(x)dx$.

(ii) Ist $\int_\Omega f(x)dx = \infty$, so gibt es zu jedem $k \in \mathbb{N}$ eine Figur $F \subset \Omega$ mit $\int_F f(x)dx > k$, und wir haben wie oben $F \subset \Omega_j$ für $j \gg 1$, also

$$k < \int_F f(x)dx \leq \int_{\Omega_j} f(x)dx \qquad \text{für} \qquad j \gg 1 \,.$$

Dies liefert $\int_{\Omega_j} f(x)dx \to \infty$. $\qquad\qquad\square$

Proposition 9. *Aus $f \in C^0(\Omega_1 \cup \Omega_2)$, $f \geq 0$ und $\Omega \subset \Omega_1 \cup \Omega_2$ folgt*

$$\int_\Omega f(x)dx \leq \int_{\Omega_1} f(x)dx + \int_{\Omega_2} f(x)dx$$

Beweis. Die Behauptung wird mit Hilfe der Propositionen 1, 4 und 8 bewiesen. $\qquad\square$

Proposition 10. *Aus $f \in C^0(\bigcup_{j=1}^\infty \Omega_j)$, $f \geq 0$ und $\Omega \subset \bigcup_{j=1}^\infty \Omega_j$ folgt*

$$\int_\Omega f(x)dx \leq \sum_{j=1}^\infty \int_{\Omega_j} f(x)dx \,.$$

Beweis. Die Behauptung folgt aus den Propositionen 8 und 9. $\qquad\qquad\square$

Als Spezialfall von Proposition 10 ergibt sich

Proposition 11. *(σ-Subadditivität des Maßes auf offenen Mengen). Für offene Mengen $\Omega_1, \Omega_2, \ldots$ des $\mathbb{R}^n$ mit $\Omega := \Omega_1 \cup \Omega_2 \cup \ldots$ gilt*

$$m(\Omega) \leq \sum_{j=1}^\infty m(\Omega_j) \,.$$

Der Aussage von Proposition 7 können wir die folgende Gestalt geben.

Proposition 12. (σ-**Additivität** des Maßes auf offenen Mengen). *Für paarweise disjunkte, offene Mengen* $\Omega_1, \Omega_2, \dots$ *des* $\mathbb{R}^n$ *mit* $\Omega := \Omega_1 \cup \Omega_2 \cup \dots$ *gilt*

$$m(\Omega) = \sum_{j=1}^{\infty} m(\Omega_j) \, .$$

Mittels offener Mengen kann man die in 1.11, Definition 6, eingeführten **Nullmengen** wie folgt charakterisieren.

Proposition 13. *Eine Menge* M *des* $\mathbb{R}^n$ *ist genau dann eine Nullmenge, wenn es zu jedem* $\epsilon > 0$ *eine offene Menge* $\Omega \subset \mathbb{R}^n$ *mit* $M \subset \Omega$ *und* $m(\Omega) < \epsilon$ *gibt.*

Beweis. Aus der Definition von „Nullmenge" in Verbindung mit der Subadditivität des Maßes auf offenen Mengen folgt sofort, daß die Bedingung notwendig ist, und wegen Proposition 1 und 7 ist sie auch hinreichend (Übungsaufgabe). $\qquad\square$

Bemerkung 6. Die obigen Definitionen und Ergebnisse lassen sich mutatis mutandis auch auf komplexwertige bzw. vektorwertige Funktionen $f : \Omega \to \mathbb{C}$ bzw. $f : \Omega \to \mathbb{R}^N$ ausdehnen. Es sei dem Leser überlassen, sich dies zurechtzulegen.

$\boxed{1}$ Für $\Omega := \{x \in \mathbb{R}^n : |x - x_0| > \varepsilon\}$ mit $\varepsilon > 0$ und $x_0 \in \mathbb{R}^n, \alpha \in \mathbb{R}$ und $\Omega_R := \Omega \cap B_R(x_0)$ gilt (vgl. 5.2, $\boxed{4}$):

$$(8) \qquad \int_{\Omega_R} |x - x_0|^{-\alpha} dx = \omega_n \int_\varepsilon^R r^{n-1-\alpha} dr \, .$$

Die rechte Seite strebt gegen Unendlich mit $R \to \infty$, falls $\alpha \le n$ ist, und konvergiert gegen $\frac{\omega_n}{\alpha - n} \varepsilon^{n-\alpha}$, falls $\alpha > n$ gilt. *Also ist* $\int_\Omega |x - x_0|^{-\alpha} dx$ *absolut konvergent für* $\alpha > n$ *und eigentlich divergent für* $\alpha \le n$.

$\boxed{2}$ Betrachtet man eine Kugel $\Omega := B_R(x_0)$ statt ihres Außenraums, so ergibt sich aus (8):

Das uneigentliche Integral $\int_\Omega |x - x_0|^{-\alpha} dx$ *ist absolut konvergent für* $\alpha < n$ *und eigentlich divergent für* $\alpha \ge n$.

$\boxed{3}$ Aus $\boxed{1}$ gewinnen wir das folgende **Majorantenkriterium** für unbeschränkte Ω: *Wenn* $f \in C^0(\Omega)$ *beschränkt ist und einer Abschätzung* $|x|^\alpha |f(x)| \le$ const *mit* $\alpha > n$ *für* $|x| \gg 1$ *genügt, so ist* $\int_\Omega f(x) dx$ *absolut konvergent.*

$\boxed{4}$ **Majorantenkriterium für unbeschränkte** f: *Seien* Ω *beschränkt,* $B_\varepsilon(x_0) \subset\subset \Omega$, $f \in C^0(\Omega \setminus \{x_0\})$, *und es gelte* $|f(x)| \le$ const *auf* $\Omega \setminus \overline{B}_\varepsilon(x_0)$ *sowie* $|x - x_0|^\alpha |f(x)| \le$ const *auf* $B_\varepsilon(x_0)$ *für ein* $\alpha \in (0, n)$. *Dann ist* $\int_\Omega f(x) dx$ *absolut konvergent.*

$\boxed{5}$ **Newtonsches Potential.** Sei Ω eine beschränkte, offene Menge des $\mathbb{R}^n, n \ge 3$, und sei $f \in C^0(\overline{\Omega})$. Dann nennt man

$$(9) \qquad U(x) := \int_\Omega \frac{f(y)}{|y - x|^{n-2}} \, dy$$

das *Newtonsche Potential von Ω zur Belegungsdichte f.*
(Für $n = 2$ wird U durch

$$(10) \qquad U(x) := \int_\Omega f(y) \log \frac{1}{|x - y|} dy$$

definiert.)

In $\mathbb{R}^n \backslash \overline{\Omega}$ ist U bekanntlich harmonisch. Ganz anders liegen die Verhältnisse in Ω, weil hier $x \in \Omega$ ein singulärer Punkt des Integranden ist. Wegen $\boxed{4}$ sind aber sowohl $U(x)$ als auch

$$(11) \qquad \phi(x) := \int_\Omega f(y) \nabla_x |y - x|^{2-n} dy = (n - 2) \int_\Omega f(y) \frac{y - x}{|y - x|^n} dy$$

absolut konvergente Integrale, und man kann zeigen, daß sowohl U als auch ϕ auf Ω stetig von x abhängen. Weiter ergibt sich, daß U auf Ω differenzierbar ist und $\nabla_x U(x) = \phi(x)$ gilt, d.h. man darf in (10) die Differentiation ∇_x mit dem Integralzeichen vertauschen. Insbesondere ist also U in Ω von der Klasse C^1. Dagegen ist U nicht, wie man vermuten könnte, von der Klasse C^2, wenn wir bloß $f \in C^0$ voraussetzen. Dagegen ist dies richtig, wenn wir $f \in C^1$ annehmen. Nichtsdestoweniger darf man aber in (10) nicht D_x^2 mit dem Integralzeichen vertauschen, um $D_x^2 U(x)$ zu gewinnen. Wäre dies nämlich richtig, so folgte wegen $\Delta_x r^{2-n} = 0$ für $r := |y - x| \neq 0$ die Gleichung $\Delta U(x) = 0$ für $x \in \Omega$.

Die Gleichung $\Delta U(x) = 0$ gilt aber nur im Außenraum $\mathbb{R}^n \backslash \overline{\Omega}$, während im Innenraum die **Poissongleichung**

$$(12) \qquad \Delta U(x) = -(n - 2) \omega_n f(x) , \qquad (n \geq 3) ,$$

erfüllt ist. Allerdings können wir dies hier noch nicht beweisen, weil der Beweis den Gaußschen Satz benötigt. Stattdessen werden wir im nächsten Beispiel zeigen, daß das Newtonsche Potential einer homogen mit der Dichte $f(x) \equiv 1$ belegten Kugel B der Gleichung

$$\Delta U(x) = -4\pi \text{ in } B$$

genügt. Zuvor sei bemerkt, daß Gauß (1840) den ersten strengen Beweis für (12) unter der Voraussetzung $f \in C^1$ angegeben hat. O. Hölder zeigte 1882 in seiner Dissertation, daß man nur eine Bedingung der Form

$$(13) \qquad |f(x') - f(x)| \leq H|x' - x|^\alpha \text{ für } x, x' \in \Omega \quad \text{(Hölderbedingung)}$$

mit Konstanten $H > 0$ und $\alpha \in (0, 1)$ zu verlangen braucht, um $U \in C^2$ und (12) zeigen zu können. Diese grundlegende Entdeckung führte zur modernen Theorie der elliptischen partiellen Differentialgleichungen.

$\boxed{6}$ **Das Newtonsche Potential einer homogen belegten Kugel.** Sei $f(x) \equiv 1$ die homogene Belegungsdichte der Kugel $B := B_R(x_0)$ in $\mathbb{R}^3$ und $U(x) := \int_B \frac{dy}{|y-x|}$ ihr Newtonsches Potential. Wir setzen $r := |x - x_0|, \rho := |y - y_0|$, definieren θ durch $(x - x_0) \cdot (y - y_0) = r\rho \cos \theta$ und betrachten Kugelkoordinaten ρ, θ, φ um den Pol x_0, wobei x im Nordpol der Sphäre $\partial B_r(x_0)$, also auf der Achse liegt, von der aus θ als Komplement zur geographischen Breite gemessen wird. Dann gilt $dy = \rho^2 \sin \theta d\rho d\theta d\varphi$ sowie

$$|x - y| = \sqrt{\rho^2 + r^2 - 2\rho r \cos \theta},$$

und wir können $U(x)$ in die Form

$$U(x) = \int_0^R \int_0^\pi \int_0^{2\pi} \frac{\rho^2 \sin \theta}{\sqrt{\rho^2 + r^2 - 2\rho r \cos \theta}} d\varphi d\theta d\rho$$

bringen. Integrieren wir zuerst nach φ und dann nach θ, so folgt

$$U(x) = \frac{2\pi}{r} \int_0^R \left[\sqrt{\rho^2 + r^2 - 2\rho r \cos \theta} \right]_{\theta=0}^{\theta=\pi} \rho d\rho$$

$$= \frac{2\pi}{r} \int_0^R \left\{ \sqrt{(r + \rho)^2} - \sqrt{(r - \rho)^2} \right\} \rho d\rho.$$

Wenn x außerhalb von B liegt, so ist $r \geq R \geq \rho$ und damit $\{\ldots\} = (r+\rho) - (r-\rho) = 2\rho$, also $U(x) = \frac{2\pi}{r} \int_0^R 2\rho^2 d\rho$. Es folgt:

$$(14) \qquad U(x) = \frac{4\pi}{3} R^3 \frac{1}{|x-x_0|} \quad \text{für } |x-x_0| \geq R .$$

Denselben Wert hat das Potential eines Massenpunktes in x_0 mit der Masse $m := |B|$. Dieses Ergebnis war bereits Newton bekannt (*Principia mathematica* (1687), Liber I, Sectio XII, Propositiones 71-74).

Liegt x in B, so zerlegen wir diese Kugel in die konzentrische Kugel $B_r(x_0)$ und die Kugelschale $S_r(x_0) := B \backslash B_r(x_0)$. In $B_r(x_0)$ ist $\rho < r$ und daher $\{\ldots\} = 2\rho$, während in der Schale $\rho \geq r$ und folglich $\{\ldots\} = (r+\rho) - (\rho-r) = 2r$ ist. Dementsprechend ergibt sich

$$U(x) = \frac{2\pi}{r} \left(\int_0^r 2\rho^2 d\rho + \int_r^R 2r\rho d\rho \right) = \frac{2\pi}{r} \left(\frac{2r^3}{3} + rR^2 - r^3 \right) ,$$

also

$$(15) \qquad U(x) = 2\pi R^2 - \frac{2\pi}{3} |x-x_0|^2 \quad \text{für } |x-x_0| < R .$$

Aus (14) und (15) liest man ab, daß $U \in C^0(\mathbb{R}^3)$ ist. Die Richtungsableitung $\frac{\partial U}{\partial r}(x) = \nabla U(x) \cdot \nu$ mit $\nu = \frac{x-x_0}{|x-x_0|}$ von U in radialer Richtung ist gleich $-\frac{4\pi}{3} R^3 |x-x_0|^{-2}$ in $\mathbb{R}^3 \backslash B$ und gleich $-\frac{4\pi}{3}|x-x_0|$ in B. Also geht auch der Wert von $\frac{\partial U}{\partial r}$ stetig durch ∂B in dem Sinne, daß $\frac{\partial U}{\partial r}(x)$ bei Annäherung an ∂B von innen und außen her denselben Grenzwerten zustrebt. Dagegen gilt $\Delta U(x) = 0$ in $\mathbb{R}^3 \backslash B$ und $\Delta U(x) = -4\pi$ in B, d.h. die zweiten Ableitungen von U springen beim Durchgang durch die Kugeloberfläche ∂B.

Newtons Berechnungen der Anziehungskraft $\phi = \nabla U$ von Kugelschalen und Kugeln auf Massenpunkte bzw. zweier Kugelschalen aufeinander verdienen die höchste Bewunderung (vgl. S. Chandrasekhar, *Newton's Principia*, Oxford 1995).

[7] Das **Fouriersche Integral im** $\mathbb{R}^n$. Zur Vereinfachung der Schreibweise setzen wir

$$\int f(x) dx := \int_{\mathbb{R}^n} f(x) dx ,$$

sofern das uneigentliche Integral auf der rechten Seite existiert. Ähnlich wie in 3.9 führen wir die Klassen $C^0, C^1, C^2, \ldots$ ein:

Eine Funktion $f \in C^k(\mathbb{R}^n, \mathbb{C})$ mit $k \in \mathbb{N}_0$ heißt von der Klasse C^k, falls

$$\|f\|_k := \int \left(|f(x)| + |Df(x)| + \cdots + |D^k f(x)| \right) dx < \infty$$

Jeder Funktion $f \in C^0$ ordnen wir ihre **Fouriertransformierte** $\hat{f} : \mathbb{R}^n \to \mathbb{C}$ zu durch

$$\hat{f}(x) := (2\pi)^{-n/2} \int f(u) e^{-ix \cdot u} du , \quad du = du_1 \ldots du_n .$$

Hier ist $x \cdot u = x_1 u_1 + x_2 u_2 + \cdots + x_n u_n$, und das Integral auf der rechten Seite erstreckt sich, wie vereinbart, über den ganzen $\mathbb{R}^n$. Die Abbildung $\mathcal{F} : f \mapsto \mathcal{F}f := \hat{f}$ ist die **n-dimensionale Fouriertransformation**. Man überlegt sich leicht, daß $\hat{f} \in C^0(\mathbb{R}^n, \mathbb{C})$ ist, falls $f \in C^0$ angenommen wird. Dagegen gilt im allgemeinen nicht $\hat{f} \in C^0$, weil $\int |\hat{f}(x)| dx = \infty$ sein kann. Wie in 3.9 zeigt man für $f \in C^k$ die Abschätzung

$$|\hat{f}(x)| \leq c(k)(1+|x|)^{-k} \|f\|_k$$

mit einer nur von k abhängenden Konstanten. Wegen [3] ergibt sich dann $\int |\hat{f}(x)| dx < \infty$, d.h. $\hat{f} \in C^0$, sofern $k > n$ gewählt ist. Damit können wir

$$g(x) := (2\pi)^{-n/2} \int \hat{f}(u) e^{ix \cdot u} du$$

bilden, wo das Integral auf der rechten Seite absolut konvergiert. Eine n-dimensionale Variante des **Fourierschen Integralsatzes** lautet nun:

Ist $f \in \mathcal{C}^{n+1}$, so gilt $g = f$, oder gleichbedeutend:

$$f(x) = \frac{1}{(2\pi)^n} \int \int f(\xi) e^{iu \cdot (x-\xi)} d\xi du .$$

Beide hier auftretenden iterierten Integrale sind absolut konvergent.

Der Beweis wird auf den eindimensionalen Fall zurückgeführt, indem man die beiden n-fachen Integrale als iterierte einfache Integrale schreibt und zeigt, daß die Reihenfolge der Integration vertauscht werden kann. Auch die Fouriertransformation auf dem Schwartzschen Raum kann ohne weiteres auf den n-dimensionalen Fall verallgemeinert werden. Es sei verwiesen auf:

(i) K. Yosida, Functional Analysis, Springer 1968; Chapter VI.

(ii) L. Hörmander, The Analysis of Linear Partial Differential Operators I, Springer 1983; Chapter VII.

(iii) M. Taylor, Partial Differential Equations I, Springer 1996; Chapter 3.

Aufgaben.

1. Eine Kugelschale $S := \{x \in \mathbb{R}^3 : a \le |x| \le b\}$ mit $0 < a < b$ sei mit einer radialsymmetrischen Dichte $f(x) := \rho(|x|)$ belegt, $\rho \in C^1([a, b])$. Man bestimme $m := \int_S f(x) dx$ sowie $U(x) := \int_S \frac{f(y)}{|y-x|} dy$ für (i) $|x| > b$, (ii) $|x| < a$, (iii) $a \le |x| \le b$.

2. Man untersuche das Integral $\int_\Omega e^{-xy} dx dy$ für $\Omega := (0, \infty) \times (a, b)$ mit $0 < a < b$ und berechne dann $\int_0^\infty \frac{1}{x}(e^{-ax} - e^{-bx}) dx$.
   Verallgemeinerung: $\int_\Omega f'(xy) dx dy$ und $\int_0^\infty \frac{1}{x}[f(bx) - f(ax)] dx$ in Beziehung setzen.

3. Für $\Omega \subset \mathbb{R}^n$ und $\alpha \in (0, n)$ mit $n \ge 2$ gilt für alle $x \in \mathbb{R}^n$ die Ungleichung

$$\int_\Omega |x - y|^{\alpha-n} dy \le \frac{\omega_n}{\alpha} \left(\frac{n|\Omega|}{\omega_n} \right)^{\alpha/n} .$$

   Beweis?

4. Ist Ω eine beschränkte (offene) Menge des $\mathbb{R}^n$, $n \ge 3$, und $f \in C^0(\overline{\Omega})$, so ist das Newtonsche Potential $U(x) := \int_\Omega |x - y|^{2-n} f(y) dy$ von der Klasse $C^1(\Omega)$, und es gilt $\nabla U(x) = \int_\Omega (\nabla_x |x - y|^{2-n}) f(y) dy =: \phi(x)$ sowie $\sup_\Omega |U| + \sup_\Omega |\nabla U| \le c(\Omega) \sup_\Omega |f|$ mit einer nur von n und Ω abhängigen Konstanten $c(\Omega)$. Beweis?
   Hinweis. Man betrachte zunächst $U_h(x) := \int_\Omega r_h^{2-n}(x, y) f(y) dy$ mit $r_h := \sqrt{r^2 + h^2}$, $r := |x - y|$, $h \ne 0$, und untersuche, ob $U_h(x) \rightrightarrows U(x)$ sowie $\nabla U_h(x) \rightrightarrows \phi(x)$ auf Ω für $h \to 0$ gilt.

5.* (Dirichlet 1839). Das Newtonsche Potential $U_\Omega(x) := \int_\Omega |x - y|^{-1} dy$ des Ellipsoids $\Omega := \left\{ (x_1, x_2, x_3) \in \mathbb{R}^3 : \frac{x_1^2}{a^2} + \frac{x_2^2}{b^2} + \frac{x_3^2}{c^2} < 1 \right\}$ hat im Außenraum $A := \mathbb{R}^3 \setminus \overline{\Omega}$ den Wert

$$U_\Omega(x_1, x_2, x_3) = abc\pi \int_\nu^\infty \left(1 - \frac{x_1^2}{a^2 + \lambda} - \frac{x_2^2}{b^2 + \lambda} - \frac{x_3^2}{c^2 + \lambda} \right) \frac{d\lambda}{\sqrt{\varphi(\lambda)}}$$

mit $\varphi(\lambda) := (a^2 + \lambda)(b^2 + \lambda)(c^2 + \lambda)$, wobei ν die eindeutig bestimmte Wurzel von

$$\frac{x_1^2}{a^2 + \nu} + \frac{x_2^2}{b^2 + \nu} + \frac{x_3^2}{c^2 + \nu} - 1 = 0$$

ist. Auf $\overline{\Omega}$ hat $U_\Omega(x_1, x_2, x_3)$ dieselbe Gestalt, nur daß jetzt $\nu = 0$ zu nehmen ist, also $U_\Omega(x_1, x_2, x_3) = abc\pi \int_0^\infty \dots$. Beweis?

Hinweis. 1. Dirichlet (Werke, Bd. I, S. 383-410) benutzt den diskontinuierlichen Faktor $\delta(s) = \frac{2}{\pi} \int_0^\infty \cos(st) \frac{\sin t}{t} \, dt$ und die Gammafunktion. 2. Einen elementaren Beweis der Dirichletschen Formeln erhält man durch Zerlegung von Ω in konzentrische, ähnliche Ellipsoidschalen. Freilich muß hier mit Flächenintegralen (vgl. 6.2) operiert werden.

Zusatz(Nikliborc). Wenn das Potential $U_\Omega(x_1, x_2, x_3)$ in Ω ein quadratisches Polynom der Variablen x_1, x_2, x_3 ist, so ist Ω ein Ellipsoid.

PHILOSOPHIÆ

NATURALIS

PRINCIPIA

MATHEMATICA.

Autore *J S. NEWTON, Trin. Coll. Cantab. Soc.* Matheseos Professore *Lucasiano,* & Societatis Regalis Sodali.

IMPRIMATUR·

S. P E P Y S, *Reg. Soc.* P R Æ S E S.

Julii 5. 1686.

L O N D I N I,

Jussu *Societatis Regiæ* ac Typis *Josephi Streater.* Prostant Venales apud *Sam. Smith* ad insignia Principis *Walliæ* in Cœmiterio D. *Pauli,* aliosq; nonnullos Bibliopolas. *Anno* MDCLXXXVII.

Kapitel 6

Flächenintegrale und Integralsätze

In 6.1 und 6.2 werden die Begriffe *Inhalt* und *Integral* von quadrierbaren Mengen des $\mathbb{R}^n$ auf Flächenstücke bzw. Mannigfaltigkeiten übertragen. Die Abschnitte 6.3 und 6.4 sind dem Prozeß der partiellen Integration in Gestalt der Integralsätze von Gauß, Green und Stokes gewidmet.

1 Flächeninhalt

In diesem Abschnitt soll der *Flächeninhalt* einer *k-dimensionalen Fläche* im $\mathbb{R}^n$ definiert werden. Das Beispiel des *Schwarzschen Stiefels* wird zeigen, daß sich der bei Kurven benutzte Prozeß der Längendefinition nicht ohne weiteres auf Flächen übertragen läßt. Daher wählen wir zunächst die Möglichkeit, den Flächeninhalt eines Flächenstücks $X \in C^1(\bar{B}, \mathbb{R}^n)$ mit $B \subset \mathbb{R}^k$ durch die Formel

$$\mathcal{A}(X) := \int_B \sqrt{g(u)}\, du \ , \quad g := \det(DX^T \cdot DX) \ ,$$

zu definieren. Dies ist aber bloß eine lokale Definition; in 6.2 wird mit Hilfe geeigneter *Zerlegungen der Eins* gezeigt, wie hieraus eine globale Definition des Flächeninhalts von kompakten, gleichungsdefinierten Mannigfaltigkeiten $M \in C^1$ gewonnen werden kann. Dabei werden wir uns auf Hyperflächen, d.h. auf Mannigfaltigkeiten der Kodimension Eins beschränken. Daneben skizzieren wir noch eine zweite Möglichkeit zur Definition des Flächeninhalts, die zur vorangehenden äquivalent ist. Sie besteht darin, eine Hyperfläche M durch den in 4.6 beschriebenen Prozeß zu einer quadrierbaren Menge $S_\epsilon(M)$ des $\mathbb{R}^n$ zu verdicken und dann $\mathcal{A}(M)$ durch

$$\mathcal{A}(M) := \lim_{\epsilon \to +0} \frac{1}{2\epsilon} \, |S_\epsilon(M)|$$

zu definieren (vgl. auch 5.2, [4]). Dies wird in Definition 5 und Proposition 6 genauer ausgeführt.

Eine befriedigende allgemeine Theorie des Flächeninhalts wird erst durch das k-dimensionale *Hausdorffsche Maß* $\mathcal{H}_k(M)$ von Mengen M aus $\mathbb{R}^n$ im Rahmen der allgemeinen Maß- und Integrationstheorie geliefert. Als Literatur wird hierzu genannt:

1. H. Federer, *Geometric measure theory*, Springer, Berlin 1969.
2. F. Morgan, *Geometric measure theory. A beginner's guide*, Academic Press, Boston 1988 (2. Auflage 1995).
3. M. Giaquinta, G. Modica, J. Souček, *Cartesian currents in the calculus of variations*, Springer, vol. I & II, Berlin 1998.

In 2.1 hatten wir die Bogenlänge einer Kurve als das Supremum der Längen aller in die Kurve einbeschriebenen Polygonzüge definiert. Daher liegt es nahe, bei Flächen in gleicher Weise vorzugehen und den Flächeninhalt einer Fläche $\mathcal{S}$ im dreidimensionalen Raum als das Supremum der Flächeninhalte aller in $\mathcal{S}$ einbeschriebenen Polyederflächen Π zu definieren, die aus ebenen Dreiecken aufgebaut sind. Aus der elementargeometrischen Formel für den Inhalt eines Dreiecks gewinnen wir den Flächeninhalt $\mathcal{A}(\Pi)$ einer Polyederfläche als die Summe der Inhalte ihrer Dreiecksfacetten, und der Flächeninhalt (*area*) $\mathcal{A}(\mathcal{S})$ wäre dann gegeben als

(1) $$\mathcal{A}(\mathcal{S}) := \sup\{\mathcal{A}(\Pi) : \Pi \prec \mathcal{S}\},$$

wobei das Zeichen $\prec$ bedeute, daß Π in $\mathcal{S}$ einbeschrieben ist. H.A. Schwarz (1881/82) und, unabhängig von ihm, O. Hölder (1882) und G. Peano (1890) haben entdeckt, daß diese Definition unbrauchbar ist. Beispielsweise ergäbe sich so für den Flächeninhalt $\mathcal{A}(\mathcal{Z})$ eines Kreiszylinders vom Radius r und der Höhe h der Wert Unendlich, obwohl man den Wert $2\pi r\, h$ erwartet, weil sich $\mathcal{Z}$ auf ein ebenes Rechteck mit den Seitenlängen $2\pi r$ und h abrollen läßt, was man ja sogleich mit einer Malerrolle oder einem Nudelholz feststellen kann.

Betrachten wir dieses von Schwarz beschriebene Beispiel, den **Schwarzschen Stiefel** (eigentlich handelt es sich um einen Stiefelschaft). Der Zylinder $\mathcal{Z}$, zu dem nur der gekrümmte Teil und nicht der Boden und der Deckel gerechnet wird, sei durch $k-1$ ebene Schnitte senkrecht zur Zylinderachse in k kongruente Zylinder $\mathcal{Z}_j$, $1 \leq j \leq k$, vom Radius r und der Höhe h/k zerschnitten. Bezeichne $C_0, C_1, \ldots, C_k$ die $k+1$ Kreise, welche paarweise die Zylinder $\mathcal{Z}_1, \ldots, \mathcal{Z}_k$ beranden. Sie seien so numeriert, daß C_{j-1} und C_j die Randkreise von $\mathcal{Z}_j$ sind; C_0 berande den Boden und C_k den Deckel von $\mathcal{Z}$. Wir beschreiben in $C_0, C_1, \ldots, C_k$ reguläre Polygone $\mathcal{P}_0, \mathcal{P}_1, \ldots, \mathcal{P}_k$ mit n Eckpunkten ein, und zwar so, daß die Orthogonalprojektionen zweier benachbarter Polygone $\mathcal{P}_j$ und $\mathcal{P}_{j+1}$ auf eine Ebene E senkrecht zur Zylinderachse jeweils um den Winkel π/n gegeneinander verdreht sind. Demnach haben $\mathcal{P}_j$ und $\mathcal{P}_{j+2}$ gleiche Projektionen.

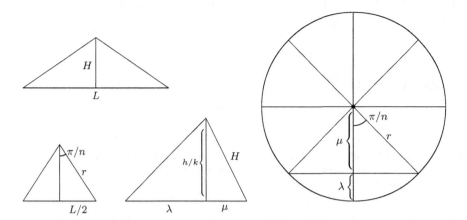

Nun verbinden wir die Ecken von P_j mit den nächstliegenden Ecken von P_{j-1} und P_{j+1}. Auf diese Weise entsteht eine Polyederfläche Π mit Dreiecksfacetten, die in $\mathcal{Z}$ einbeschrieben ist, und zwar besteht Π aus $N := 2nk$ kongruenten Dreiecksfacetten. Die Grundlinie einer solchen Dreiecksfacette Δ habe die Länge L und die Höhe von Δ sei H. Wegen $\sin(\pi/n) = (L/2)/r$ gilt $L = 2r\sin(\pi/n)$, und die Höhe berechnet sich nach Pythagoras zu $H = \sqrt{\mu^2 + (h/k)^2}$, wobei $\mu = r - \lambda$ und $\lambda = r\cos(\pi/n)$ ist. Wegen $1 - \cos\varphi = 2\sin^2(\varphi/2)$ folgt

$$H = \sqrt{4r^2\sin^4\left(\frac{\pi}{2n}\right) + \frac{h^2}{k^2}}$$

und daher

$$|\Delta| = \frac{1}{2}LH = r\sin\left(\frac{\pi}{n}\right)\sqrt{4r^2\sin^4\left(\frac{\pi}{2n}\right) + \frac{h^2}{k^2}},$$

$$\mathcal{A}(\Pi) = N\cdot|\Delta| = 2nkr\sin\left(\frac{\pi}{n}\right)\sqrt{4r^2\sin^4\left(\frac{\pi}{2n}\right) + \frac{h^2}{k^2}}$$

$$= 2\pi r\, s_n\sqrt{\frac{1}{4}\pi^4 r^2 s_n^4\left(\frac{k}{n^2}\right)^2 + h^2}$$

mit $s_n := \frac{\sin(\pi/n)}{\pi/n} \rightarrow 1$ für $n \rightarrow \infty$. Lassen wir n und k unabhängig voneinander gegen Unendlich streben, so folgt $\mathcal{A}(\Pi) \rightarrow 2\pi rh$ genau dann, wenn $k/n^2 \rightarrow 0$; sonst erhält man andere Werte, beispielsweise $\mathcal{A}(\Pi) \rightarrow \infty$, falls $k = n^3$ gewählt wird.

Schwarz' Beispiel zeigt also, daß wir die Formel (1) nicht zur Definition des Flächeninhalts benutzen können. Dagegen läßt sich die Formel

$$(2) \qquad \mathcal{L}(X) = \int_I |\dot{X}(t)|\,dt$$

zur Berechnung der Bogenlänge $\mathcal{L}(X)$ einer glatten Kurve $X : I \rightarrow \mathbb{R}^n$ leicht verallgemeinern. Zu diesem Zwecke schreiben wir den Ausdruck (2) zunächst etwas um. Wir interpretieren den Geschwindigkeitsvektor $\dot{X}(t)$ als eine Spalte;

dann ist $\dot{X}(t)^T$ eine Zeile, und wir bekommen für das Skalarprodukt von $\dot{X}(t)$
mit sich selbst $\langle\,\dot{X}(t),\dot{X}(t)\,\rangle = \dot{X}(t)^T \cdot \dot{X}(t)$, also

$$|\dot{X}(t)| \;=\; \sqrt{\dot{X}(t)^T \cdot \dot{X}(t)}\,.$$

Schreiben wir DX für $\dot{X}$, so geht (2) über in die Formel

$$(3)\qquad\qquad \mathcal{L}(X) \;=\; \int_I \sqrt{DX(t)^T \cdot DX(t)}\; dt\,.$$

Will man diesen Ausdruck von Kurven $X : I \to \mathbb{R}^n$ auf Flächen verallgemeinern, muß zunächst festgelegt werden, was unter einer „Fläche" oder einem
„Flächenstück" im $\mathbb{R}^n$ zu verstehen ist.

Definition 1. *Sei B ein quadrierbares Gebiet in $\mathbb{R}^k$, $1 \le k \le n-1$, und
bezeichne $X : \overline{B} \to \mathbb{R}^n$ eine Abbildung der Klasse C^1. Dann nennen wir X eine*
k-dimensionale Fläche *im $\mathbb{R}^n$ mit der* **Spur** $\mathcal{F} := X(\overline{B})$.

Die Abbildung X heißt **reguläre** *oder* **immergierte Fläche**, *wenn sie eine Immersion ist, d.h. wenn $\mathrm{rang}\,DX(u) = k$ für alle $u \in \overline{B}$ gilt. Ist X injektiv, also
eine Einbettung, so heißt X* **eingebettete Fläche**. *Die Menge $\overline{B}$ wird* **Parameterbereich** *von X genannt. Ist X in der Form $X : u \mapsto X(u)$ geschrieben,
so bezeichnet man $u = (u_1, \dots, u_k) \in \overline{B}$ als die* **Parameter der Fläche X**.

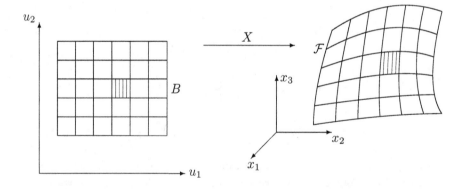

Bemerkung 1. Flächen sind somit als *Abbildungen* und nicht als Punktmengen definiert, so wie Kurven als Abbildungen und nicht als Punktmengen erklärt sind. Im Prinzip ist also sorgfältig zwischen einer Fläche X und ihrer Spur
$\mathcal{F} = X(\overline{B})$ zu unterscheiden, obwohl wir uns gestatten wollen, auch $\mathcal{F}$ eine
Fläche zu nennen, wenn es auf den Unterschied nicht ankommt; insbesondere
bei eingebetteten Flächen ist dies allgemeiner Sprachgebrauch. Will man den
geometrischen Aspekt betonen, so nennt man dann häufig $\mathcal{F}$ eine Fläche und
X die **Parameterdarstellung von $\mathcal{F}$**; auch die Bezeichnung **parametrisierte
Fläche** ist für X üblich.

Die Begriffe *k-dimensionale Mannigfaltigkeit* und *k-dimensionale Fläche* im $\mathbb{R}^n$ sind nahe verwandt. Wie wir in 4.1 gesehen hatten, läßt sich jede gleichungsdefinierte k-dimensionale Mannigfaltigkeit M lokal als Graph von C^1-Abbildungen schreiben, d.h. für eine hinreichend kleine Umgebung U eines beliebigen Punktes $x_0 \in \mathbb{R}^n$ gilt $M \cap \overline{U} = \mathcal{F}$, wobei $\mathcal{F}$ die Spur einer C^1-Abbildung $X : \overline{B} \to \mathbb{R}^n$ mit $X(u) = (u, \varphi(u))$ ist. Eine Fläche X dieser Form nennt man oft *nichtparametrische Fläche* (womit ausgedrückt werden soll, daß die Parameter u hier nicht irgendwelche, sondern ausgezeichnete geometrische Größen sind, nämlich die Projektionen von Punkten aus $\mathcal{F}$ in eine feste Ebene). Eine nichtparametrische Fläche ist sowohl Immersion als auch Einbettung. *Eine k-dimensionale Mannigfaltigkeit ist also lokal eine eingebettete, immergierte Fläche.* Umgekehrt folgt aus dem Satz über implizite Funktionen leicht, daß man von einer regulären Fläche X durch „Umparametrisierung" (wir erklären später, was genau hiermit gemeint ist) lokal zu einer neuen Fläche Y übergehen kann, die lokal dieselbe Spur wie X hat und sich in der Form

$$
\begin{aligned}
x_{k+1} &= \varphi_{k+1}(x_1, \dots, x_k) \\
&\ \ \vdots \\
x_n &= \varphi_n(x_1, \dots, x_k)
\end{aligned}
$$

schreibt, also eine Mannigfaltigkeit als Spur hat. Freilich gilt dies keineswegs global, weil eine reguläre Fläche Selbstschneidungen haben kann.

Grob gesprochen hat man also zumindest bei immergierten, eingebetteten Flächen und bei Mannigfaltigkeiten das gleiche geometrische Bild vor Augen. Trotzdem ist es ratsam, die Begriffe sorgfältig auseinanderzuhalten, was freilich gelegentlich zu einer umständlichen Ausdrucksweise führt.

Bemerkung 2. Ist $X \in C^k(\overline{B}, \mathbb{R}^n)$, so sprechen wir von einer **Fläche der Klasse C^k** oder C^k**-Fläche.** Hierbei bedeutet $X \in C^k(\overline{B}, \mathbb{R}^n)$, daß X von der Klasse $C^k(B, \mathbb{R}^n)$ ist, $B = \operatorname{int} \overline{B}$ gilt und daß $X, DX, D^2X, \dots, D^kX$ stetige Fortsetzungen auf $\overline{B}$ besitzen. Ist ∂B genügend glatt, so kann man zeigen, daß X fortgesetzt werden kann zu einer Funktion der Klasse $C^k(B_0, \mathbb{R}^n)$ auf einer offenen Menge B_0 mit $\overline{B} \subset B_0$. (Man vgl. hierzu 1.3, Definition 1 & Bemerkung 1 sowie 1.5, Definition 2.)

Bemerkung 3. Wenn wir darauf hinweisen wollen, daß X nur einen Teil eines umfassenderen geometrischen Objektes – etwa einer Mannigfaltigkeit – darstellt, so sprechen wir auch von einem **Flächenstück** statt von einer Fläche.

Die Abbildung $X|_{\partial B} : \partial B \to \mathbb{R}^n$ nennen wir den **Rand** oder die **Berandung von X**, und $\partial\mathcal{F} := X(\partial B)$ ist der **Rand der Spur** $\mathcal{F} = X(\overline{B})$. (Dies ist freilich nicht der Rand von $\mathcal{F}$, aufgefaßt als Punktmenge in $\mathbb{R}^n$, sondern des metrischen Unterraumes $(\mathcal{F}, |\cdot|)$ von $(\mathbb{R}^n, |\cdot|)$; vgl. Band 3, wo die „relativ"-topologischen Begriffe erläutert werden.)

Wir haben die Forderung „$X \in C^1$" in die Definition der Fläche eingeschlossen, um nicht immerfort „Fläche der Klasse C^1" sagen zu müssen, doch sollten wir bemerken, daß Flächen mit geringeren Regularitätseigenschaften durchaus eine Rolle spielen, etwa die stückweise glatten Flächen (wie z.B. Polyederflächen). Hier schreiben wir dann „Fläche der Klasse K" und denken uns damit die Forderung „$X \in C^1$" aufgehoben. So sind 1-dimensionale Flächen C^1-Kurven, doch auch D^1-Kurven tun gute Dienste.

Nach diesen etwas mühseligen, aber doch nötigen Erörterungen kommen wir zu einer Erklärung des *k-dimensionalen Flächeninhalts*, die die Formel (3) von Kurven auf Flächen verallgemeinert.

Definition 2. *Der* **Flächeninhalt** $\mathcal{A}(X)$ *einer k-dimensionalen Fläche* $X : \overline{B} \to \mathbb{R}^n$ *mit* $B \subset \mathbb{R}^k$ *ist definiert als das k-dimensionale Integral*

$$(4) \qquad \mathcal{A}(X) := \int_B \sqrt{\det\left(DX(u)^T \cdot DX(u)\right)}\, du \;.$$

Für eine immergierte, eingebettete Fläche X mit der Spur $\mathcal{F} = X(\overline{B})$ schreiben wir

$$(5) \qquad \mathcal{A}(\mathcal{F}) := \mathcal{A}(X) \quad oder \quad \mathcal{H}_k(\mathcal{F}) := \mathcal{A}(X)$$

und nennen $\mathcal{A}(\mathcal{F})$ *bzw.* $\mathcal{H}_k(\mathcal{F})$ *den* **k-dimensionalen Flächeninhalt** *bzw. das* **k-dimensionale Hausdorffmaß** *von* $\mathcal{F}$.

Die zweite Definition ist insofern noch mangelhaft, als $\mathcal{F}$ die Spur von zwei verschiedenen Parametrisierungen X und Y sein könnte und dann vielleicht verschiedene Inhalte hätte. Wir werden aber sogleich zeigen, daß dies nicht der Fall ist, wenn X und Y durch „Umparametrisierung" auseinander hervorgehen. Später werden wir auch beweisen, daß die Definition (5) für beliebige Stücke $\mathcal{F}$ einer Mannigfaltigkeit eindeutig ist. Zunächst wollen wir aber (4) noch in eine etwas andere Gestalt bringen.

Seien $u = (u_1, \ldots, u_k) \in \overline{B}$ die Parameter der Fläche

$$X(u) = (X_1(u), \ldots, X_n(u)) \;.$$

Wir bezeichnen ihre Jacobimatrix DX auch mit X_u, also

$$DX(u) \; = \; X_u(u) \; = \; (X_{j,u_\alpha}(u))_{1 \le j \le n, 1 \le \alpha \le k} \; .$$

Dies ist eine Matrix mit n Zeilen und k Spalten. Dann definieren wir die **Gramsche** oder **Gaußsche Matrix** $G(u) = (g_{\alpha\beta}(u))$ als die $k \times k$-Matrix

$$(6) \qquad G(u) \; := \; X_u(u)^T \cdot X_u(u) \; = \; DX(u)^T \cdot DX(u) \; .$$

Die Matrixelemente $g_{\alpha\beta}(u)$ von $\mathcal{F}$ sind also

$$(7) \qquad g_{\alpha\beta}(u) \; := \; \langle X_{u_\alpha}(u),\, X_{u_\beta}(u) \rangle \; = \; X_{u_\alpha}(u)^T \cdot X_{u_\beta}(u) \; .$$

Die durch

$$(8) \qquad g(u) \; := \; \det G(u)$$

definierte Funktion $g : \overline{B} \to \mathbb{R}$ heißt **Gramsche Determinante**.

Wegen $G(u) \ge 0$ gilt $g(u) \ge 0$, und wir haben, wie eine einfache Überlegung zeigt,

$$(9) \qquad G(u) > 0 \;\; \Leftrightarrow \;\; \mathrm{rang}\, DX(u) = k \; ,$$
$$(10) \qquad g(u) > 0 \;\; \Leftrightarrow \;\; \mathrm{rang}\, DX(u) = k \; .$$

Dann können wir (4) schreiben als

$$(11) \qquad \mathcal{A}(X) \; = \; \int_B \sqrt{g(u)}\, du \; .$$

Den Ausdruck

$$(12) \qquad dA \; := \; \sqrt{g(u)}\, du$$

bezeichnet man als das **Flächenelement** der Fläche X und schreibt symbolisch

$$(13) \qquad \mathcal{A}(X) \; = \; \int_X dA \; .$$

Für eine eingebettete, immergierte (= reguläre) Fläche X mit der Spur $\mathcal{F}$ benutzen wir auch die symbolischen Bezeichnungen

$$(14) \qquad \mathcal{A}(\mathcal{F}) \; = \; \int_{\mathcal{F}} dA \; = \; \int_{\mathcal{F}} d\mathcal{H}^k \; ;$$

gemeint ist jeweils (4) bzw. (5).

Nun wollen wir uns, wie schon angekündigt, mit Parametertransformationen befassen.

Definition 3. *Seien B^* und B zwei quadrierbare Gebiete in $\mathbb{R}^k$. Dann nennen wir einen C^1-Diffeomorphismus $\varphi : \overline{B}^* \to \overline{B}$ von $\overline{B}^*$ auf $\overline{B}$ eine* **Parametertransformation.** *Ist $\varphi \in C^s(\overline{B}^*, \mathbb{R}^k)$, so heißt φ Parametertransformation der Klasse C^s. Ferner nennen wir φ* **orientierungstreu,** *wenn die Jacobideterminante $J_\varphi > 0$ ist, und* **orientierungsumkehrend,** *falls $J_\varphi < 0$ gilt.*

Ähnlich wie bei Kurven können wir auch für Flächen eine Äquivalenzrelation einführen; dies geschieht in

Definition 4. *Zwei k-dimensionale Flächen $X \in C^1(\overline{B}, \mathbb{R}^n)$, $Y \in C^1(\overline{B}^*, \mathbb{R}^n)$ in $\mathbb{R}^n$ heißen* **äquivalent** *(in Zeichen: $X \sim Y$), wenn es eine orientierungstreue Parametertransformation $\varphi : \overline{B}^* \to \overline{B}$ gibt, so daß $Y = X \circ \varphi$ ist. Gilt $Y = X \circ \varphi$ für eine beliebige Parametertransformation, so heißen X und Y* **schwach äquivalent** *($X(\sim)Y$). Sind X, Y von der Klasse C^s, so heißen sie C^s-äquivalent (in Zeichen: $X \sim Y$ in C^s), wenn es einen orientierungstreuen Parameterwechsel φ der Klasse C^s gibt, so daß $Y = X \circ \varphi$ gilt.*

Man überzeugt sich ohne Mühe, daß die Relation $X \sim Y$ eine Äquivalenzrelation ist. Die Äquivalenzklassen $[X]$ sind geometrische Objekte, die wir **orientierte Flächen** nennen könnten, doch werden wir von dieser Bezeichnung kaum Gebrauch machen. Im Falle $k = 1$ entsprechen sie den Wegen; Flächen und orientierte Flächen stehen also zueinander im gleichen Verhältnis wie Kurven und Wege.

Ist X regulär bzw. eingebettet, so sind alle Flächen Y mit $Y \sim X$ ebenfalls regulär bzw. eingebettet.

Lemma 1. *Sind X und $Y = X \circ \varphi$ zwei äquivalente (oder auch nur schwach äquivalente) Flächen mit den Gramschen Matrizen G und Γ sowie den Gramschen Determinanten $g = \det G$ und $\gamma = \det \Gamma$, so gilt*

$$(15) \qquad\qquad \Gamma = D\varphi^T \cdot G(\varphi) \cdot D\varphi \,,$$

$$(16) \qquad\qquad \sqrt{\gamma} = \sqrt{g(\varphi)} \, |J_\varphi| \,.$$

(Hierbei haben wir die Schreibweise $G(\varphi)$ für $G \circ \varphi$ und $g(\varphi)$ für $g \circ \varphi$ benutzt.)

Beweis. Die Parametertransformation $\varphi : \overline{B}^* \to \overline{B}$ sei durch $u = \varphi(\alpha)$, $\alpha = (\alpha_1, \dots, \alpha_k) \in \overline{B}^*$, $u = (u_1, \dots, u_k) \in \overline{B}$ gegeben. Wir benutzen die Bezeichnungen X_u bzw. Y_α für die Jacobimatrizen DX bzw. DY von X bzw. Y. Aus $Y = X(\varphi)$ ergibt sich nach der Kettenregel

$$Y_\alpha = X_u(\varphi) \cdot \varphi_\alpha \,,$$

also

$$\Gamma = Y_\alpha{}^T \cdot Y_\alpha = \varphi_\alpha{}^T \cdot X_u{}^T(\varphi) \cdot X_u(\varphi) \cdot \varphi_\alpha = \varphi_\alpha{}^T \cdot G(\varphi) \cdot \varphi_\alpha$$

und

$$\gamma = \det \Gamma = \det \left[{\varphi_\alpha}^T \cdot G(\varphi) \cdot \varphi_\alpha \right] = \det G(\varphi) \, |\det \varphi_\alpha|^2 \, .$$

Wegen $J_\varphi = \det \varphi_\alpha$ folgt hieraus (16).

$\square$

Proposition 1. *Ist $X : \overline{B} \to \mathbb{R}^n$ eine k-dimensionale Fläche in $\mathbb{R}^n$, so gilt für jede Parametertransformation $\varphi : \overline{B}^* \to \overline{B}$ die Gleichung*

$$(17) \qquad\qquad \mathcal{A}(X) = \mathcal{A}(X \circ \varphi) \, .$$

Beweis. Seien g und γ die Gramschen Determinanten von X und $Y = X \circ \varphi$. Nach dem Transformationssatz gilt

$$\mathcal{A}(X) = \int_B \sqrt{g(u)} \, du = \int_{B^*} \sqrt{g(\varphi(\alpha))} \, |J_\varphi(\alpha)| \, d\alpha$$

$$\underset{(16)}{=} \int_{B^*} \sqrt{\gamma(\alpha)} \, d\alpha = \mathcal{A}(Y) \, .$$

$\square$

Also: *Äquivalente wie auch schwach äquivalente Flächen haben denselben Flächeninhalt.* Dies zeigt, daß der Flächeninhalt für eingebettete Flächen eine „geometrische Größe" ist. Damit meinen wir: Ist $\mathcal{F}$ die Spur einer eingebetteten Fläche $X : \overline{B} \to \mathbb{R}^n$, so gilt für jede Fläche Y mit $X \sim Y$ oder $X(\sim)Y$, daß $\mathcal{F}$ auch die Spur von Y und $\mathcal{A}(X) = \mathcal{A}(Y)$ ist. Freilich wäre immer noch denkbar, daß $\mathcal{F}$ Spur zweier eingebetteter Flächen X und Y ist, ohne daß diese schwach äquivalent sind. Das ist aber nicht der Fall, denn es gilt

Proposition 2. *Ist $\mathcal{F} \subset \mathbb{R}^n$ die Spur zweier eingebetteter, regulärer k-dimensionaler Flächen X und Y, so gilt $X(\sim)Y$.*

Beweis. Die von X und Y vermittelten Abbildungen ihrer Parameterbereiche $\overline{B}$ und $\overline{B}^*$ auf $\mathcal{F}$ sind bijektiv und stetig, also auch Homöomorphismen (vgl. Band 1, 2.4, Satz 4). Daher liefert $\varphi := X^{-1} \circ Y$ einen Homöomorphismus von $\overline{B}^*$ auf $\overline{B}$, und es folgt $X \circ \varphi = Y$. Um zu zeigen, daß $X(\sim)Y$ gilt, müssen wir noch beweisen, daß φ ein C^1-Diffeomorphismus von $\overline{B}^*$ auf $\overline{B}$ ist. Es genügt einzusehen, daß φ und φ^{-1} von der Klasse C^1 sind.
Um zu zeigen, daß die Abbildung φ von der Klasse C^1 ist, betrachten wir folgendes Bild, wobei alle Abbildungen lokal aufzufassen sind: Sei

$$x = (x', x''), \ x' = (x_1, \dots, x_k), \ x'' = (x_{k+1}, \dots, x_n)$$

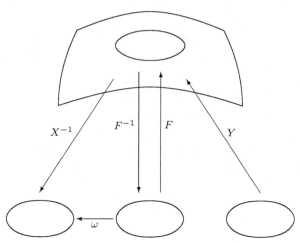

und entsprechend

$$X = (X', X''), \ Y = (Y', Y'') \ .$$

Da X regulär ist, können wir annehmen, daß det $X'_u \neq 0$ ist. Nach dem Umkehrsatz können wir die Abbildung $u \mapsto x' = X'(u)$ invertieren und erhalten einen C^1-Diffeomorphismus $u = \omega(x')$. Sei $f := X'' \circ \omega$ und $F(x') = (x', f(x'))$. Dann ist $\mathcal{F}$ (lokal) der Graph der Abbildung f, und $\varphi = X^{-1} \circ Y$ schreibt sich (lokal) als $\varphi = \omega \circ F^{-1} \circ Y = \omega \circ Y' \in C^1$, und entsprechend wird $\varphi^{-1} \in C^1$ gezeigt. Da wir den Umkehrsatz angewandt haben, gilt obiger Schluß zunächst nur für die Umgebung innerer Punkte. Um ihn auch auf Randpunkte anwenden zu können, müssen wir die Voraussetzung $X \in C^1(\overline{B}, \mathbb{R}^n)$ hier interpretieren als: Es gibt eine offene Menge B_0 in $\mathbb{R}^k$, so daß $\overline{B} \subset B_0$ ist. Entsprechendes ist für Y anzunehmen (vgl. Bemerkung 2). Dann ergibt sich global, daß $\varphi \in C^1$ ist. Analog zeigt man $\varphi^{-1} \in C^1$.

$\square$

Betrachten wir zunächst einige Beispiele, bevor wir die Definition (4) des Flächeninhalts motivieren.

$\boxed{1}$ Sei $X(u,v) = (X_1(u,v), \ X_2(u,v), \ X_3(u,v))$ eine **zweidimensionale Fläche** im $\mathbb{R}^3$. Wir denken uns X als Spalte und dementsprechend

$$DX = (X_u, X_v) = \begin{pmatrix} \nabla X_1 \\ \nabla X_2 \\ \nabla X_3 \end{pmatrix}$$

als 3×2-Matrix mit drei Zeilen und zwei Spalten. Die Gramsche Matrix $G = DX^T \cdot DX$ von X ist

$$(18) \qquad G = \begin{pmatrix} |X_u|^2 & \langle X_u, X_v \rangle \\ \langle X_u, X_v \rangle & |X_v|^2 \end{pmatrix} ,$$

und die Gramsche Determinante $g = \det G$ ergibt sich als

$$(19) \qquad g = |X_u|^2 |X_v|^2 - \langle X_u, X_v \rangle^2 \ .$$

Die Lagrangesche Identität (11) aus Band 1, 1.14 liefert

$$(20) \qquad \sqrt{g} = |X_u \wedge X_v| \ .$$

Damit ist der Flächeninhalt von $X : \overline{B} \to \mathbb{R}^3$, $B \subset \mathbb{R}^2$, gegeben durch

$$(21) \qquad \mathcal{A}(X) = \int_B |X_u \wedge X_v| \, du dv .$$

$\boxed{2}$ Ist $X(x, y) = (x, y, f(x, y))$ eine **nichtparametrische Fläche** im $\mathbb{R}^3$ über dem „Grundbereich $\overline{B}$" in der x, y-Ebene, so rechnet man ohne Mühe aus, daß

$$(22) \qquad \sqrt{g} = \sqrt{1 + f_x^2 + f_y^2}$$

ist. Der Flächeninhalt von X ist also durch

$$(23) \qquad \mathcal{A}(X) = \int_B \sqrt{1 + f_x^2 + f_y^2} \, dx dy$$

gegeben. Da X im wesentlichen durch die Funktion f bestimmt ist, schreiben wir oft auch

$$(24) \qquad \mathcal{A}(f) = \int_B \sqrt{1 + |\nabla f|^2} \, dx dy .$$

$\boxed{3}$ Der Flächeninhalt $\mathcal{A}(S_R^2)$ einer Zweisphäre S_R^2 vom Radius R in $\mathbb{R}^3$ ist

$$(25) \qquad \mathcal{A}(S_R^2) = 4\pi R^2 ,$$

denn mit der Parameterdarstellung

$$X(\varphi, \theta) = \begin{pmatrix} R \cos\varphi \sin\theta \\ R \sin\varphi \sin\theta \\ R \cos\theta \end{pmatrix} , \quad (\varphi, \theta) \in [0, 2\pi] \times [0, \pi] ,$$

für S_R^2 ergibt sich

$$(26) \qquad |X_\varphi \wedge X_\theta| = R^2 \sin\theta .$$

Wegen

$$\int_0^\pi \int_0^{2\pi} R^2 \sin\theta \, d\varphi d\theta = 2\pi R^2 \int_0^\pi \sin\theta \, d\theta = 4\pi R^2$$

folgt dann die Formel (25). Diese stimmt mit der in 5.2, $\boxed{4}$ angegebenen Formel überein, welche sich freilich aus dem ganz andersartigen Ausdruck (37) von 5.2 ergab. Wir werden später sehen, daß dies kein Zufall ist, sondern eine interessante geometrische Tatsache verbirgt. Verdickt man nämlich eine Fläche gleichmäßig und berechnet das Volumen der Verdickung, so strebt der Quotient aus Volumen und Dicke gegen den Flächeninhalt, wenn die Dicke gegen Null geht.

$\boxed{4}$ Sei $\mathcal{F}$ eine bezüglich der z-Achse rotationssymmetrische Fläche mit der Meridiankurve

$$(27) \qquad c(t) := (\rho(t), 0, \zeta(t)) , \quad a \leq t \leq b ,$$

in der x, z-Ebene mit $\rho(t) > 0$. Drehen wir $c(t)$ um die z-Achse, so ergibt sich die Parameterdarstellung

$$(28) \qquad X(\varphi, t) = (\rho(t) \cos\varphi, \rho(t) \sin\varphi, \zeta(t)) , \quad (\varphi, t) \in [0, 2\pi] \times [a, b]$$

für $\mathcal{F}$. Die Gramsche Determinante von X hat wegen

$$X_\varphi \wedge X_t \;=\; (\rho\dot{\zeta}\cos\varphi,\; \rho\dot{\zeta}\sin\varphi,\; -\rho\dot{\rho})$$

die Gestalt

$$g \;=\; |X_\varphi \wedge X_t|^2 \;=\; \rho^2(\dot{\rho}^2 + \dot{\zeta}^2)\,.$$

Damit folgt für den Flächeninhalt von $\mathcal{F}$

$$(29) \qquad\qquad \mathcal{A}(\mathcal{F}) \;=\; 2\pi \int_a^b \rho(t)\,\sqrt{\dot{\rho}^2(t) + \dot{\zeta}^2(t)}\, dt\,.$$

Nun ist $ds = \sqrt{\dot{\rho}^2 + \dot{\zeta}^2}\, dt$ das Bogenelement der Meridiankurve c, $\mathcal{L} = \int_c ds$ ihre Länge und $(\rho_0, 0, \zeta_0)$ mit

$$\rho_0 \;:=\; \fint_c \rho\, ds = \mathcal{L}^{-1}\int_c \rho\, ds\,, \quad \zeta_0 \;:=\; \fint_c \zeta\, ds = \mathcal{L}^{-1}\int_c \zeta\, ds$$

ihr Schwerpunkt. Dann ist $\mathcal{L}_0 := 2\pi\rho_0$ die Länge des Weges, den der Schwerpunkt von c bei Drehung um die z-Achse beschreibt, und wir haben die **zweite Guldinsche Regel** gefunden:

$$(30) \qquad\qquad \mathcal{A}(\mathcal{F}) \;=\; \mathcal{L} \cdot \mathcal{L}_0 \;=\; \mathcal{L} \cdot 2\pi\rho_0\,.$$

$\boxed{5}$ Die Fläche T in $\mathbb{R}^3$ mit dem Kreis $c(t) := (\rho_0 + r\cos\theta,\, 0,\, r\sin\theta)$, $\theta \in [0, 2\pi]$, $0 < r < \rho_0$ heißt *Torus*. Der Schwerpunkt ist $(\rho_0, 0, 0)$; die Länge seines Weges bei Drehung um die z-Achse ist $\mathcal{L}_0 = 2\pi\rho_0$, und die Länge des Meridians ist $\mathcal{L} = 2\pi r$. Also ist

$$(31) \qquad\qquad \mathcal{A}(T) \;=\; 4\pi^2\rho_0 r$$

der Flächeninhalt des Torus.

$\boxed{6}$ Sei E eine Ellipse mit der großen Halbachse a und der kleinen Halbachse b. Dreht man E um die große bzw. kleine Halbachse, so entsteht das *verlängerte Rotationsellipsoid* $\mathcal{E}_v$ bzw. das *abgeplattete Rotationsellipsoid* $\mathcal{E}_a$. Bezeichne

$$\epsilon \;:=\; \frac{\sqrt{a^2 - b^2}}{a}$$

die *numerische Exzentrizität* der Ellipse E. Dann gilt

$$\mathcal{A}(\mathcal{E}_v) \;=\; 2\pi b \int_0^\pi \sin t\, \sqrt{a^2\sin^2 t + b^2\cos^2 t}\, dt$$

$$= 2\pi ab \int_0^\pi \sqrt{1 - \epsilon^2\cos^2 t}\, \sin t\, dt \;=\; 2\pi ab\epsilon^{-1}\int_{-\epsilon}^{\epsilon} \sqrt{1 - u^2}\, du\,,$$

und daher wegen $b/a = \sqrt{1 - \epsilon^2}$:

$$(32) \qquad\qquad \mathcal{A}(\mathcal{E}_v) \;=\; 2\pi b(b + a\epsilon^{-1}\arcsin\epsilon)\,.$$

Für das abgeplattete Ellipsoid erhalten wir

$$\mathcal{A}(\mathcal{E}_a) \;=\; 2\pi a \int_0^\pi \sin t\, \sqrt{a^2\cos^2 t + b^2\sin^2 t}\, dt$$

$$= 2\pi a^2 \int_{-1}^1 \sqrt{1 - \epsilon^2 + \epsilon^2 u^2}\, du \;=\; 2\pi a^2\epsilon^{-1}\int_{-\epsilon}^{\epsilon} \sqrt{1 - \epsilon^2 + v^2}\, dv\,,$$

daher

$$(33) \qquad \mathcal{A}(\mathcal{E}_a) \;=\; 2\pi a^2 + \pi b^2\,\frac{1}{\epsilon}\log\frac{1+\epsilon}{1-\epsilon} \;=\; 2\pi\left(a^2 + b^2\epsilon^{-1}\operatorname{Ar\,tgh}\epsilon\right)\,.$$

Bemerkung 4. Bei Gauß tritt die Matrix $DX^T \cdot DX$ in der Form

$$(34) \qquad \begin{pmatrix} E & F \\ F & G \end{pmatrix}$$

mit

$$(35) \qquad E = |X_u|^2 , \quad F = \langle X_u, X_v \rangle , \quad G = |X_v|^2$$

auf, und das Flächenelement dA lautet in der Gaußschen Schreibweise

$$(36) \qquad dA = W \, dudv , \quad W = \sqrt{EG - F^2} .$$

Der Ausdruck

$$(37) \qquad ds = \sqrt{Edu^2 + 2Fdudv + Gdv^2}$$

ist das **Gaußsche Linienelement** auf der Fläche $X : \overline{B} \to \mathbb{R}^3$. Wählt man eine C^1-Kurve $\gamma : [a,b] \to \overline{B}$ in $\overline{B}$ und hebt sie als $c := X \circ \gamma$ auf die Fläche $\mathcal{F} = X(\overline{B})$, so ist die Länge $\mathcal{L}(c)$ der Flächenkurve c durch

$$
\begin{aligned}
(38) \qquad \mathcal{L}(c) &= \int_\gamma \sqrt{Edu^2 + 2Fdudv + Gdv^2} \\
&= \int_a^b \sqrt{E(\gamma)\dot{\gamma}_1^2 + 2F(\gamma)\dot{\gamma}_1\dot{\gamma}_2 + G(\gamma)\dot{\gamma}_2^2} \; dt
\end{aligned}
$$

gegeben, wenn $\gamma(t) = (\gamma_1(t), \gamma_2(t))$ gesetzt ist.

Für $2 \le k \le n-1$ nennt man $G = (g_{\alpha\beta}) = DX^T \cdot DX$ den **metrischen Tensor** der Fläche $X : \overline{B} \to \mathbb{R}^n$, $B \subset \mathbb{R}^k$. Hebt man eine Kurve $\gamma : [a,b] \to \overline{B}$ als

$$c = (c_1, \dots, c_n) = X \circ \gamma = (X_1(\gamma), \dots, X_n(\gamma))$$

von $\overline{B}$ auf $\mathcal{F} := X(\overline{B})$, so ist

$$(39) \qquad |\dot{c}|^2 = \sum_{\alpha,\beta=1}^{k} g_{\alpha\beta}(\gamma)\dot{\gamma}_\alpha\dot{\gamma}_\beta ,$$

wenn $\gamma_1, \gamma_2, \dots, \gamma_k$ die Komponenten von γ bezeichnen. Folglich gilt

$$(40) \qquad \mathcal{L}(c) = \int_a^b \left[\sum_{\alpha,\beta=1}^{k} g_{\alpha\beta}(\gamma)\dot{\gamma}_\alpha\dot{\gamma}_\beta \right]^{1/2} dt .$$

Riemann hat umgekehrt eine vorgegebene symmetrische, positiv definite Matrix G als Ausgangspunkt einer Maßbestimmung auf $\overline{B}$ mit dem Bogenelement

$$(41) \qquad ds = \sqrt{\sum_{\alpha,\beta=1}^{k} g_{\alpha\beta}(u)du_\alpha du_\beta}$$

gewählt; diese Idee führt zur *Riemannschen Geometrie* auf einer Mannigfaltigkeit der Dimension k. Aus dem Bogenelement entspringt dann alles weitere, beispielsweise die Messung des Flächeninhalts. In der Relativitätstheorie wird mit indefiniten Metriken der Signatur $+ + + -$ auf vierdimensionalen Mannigfaltigkeiten operiert. So ist in der Raum–Zeit–Welt der speziellen Relativitätstheorie das Linienelement ds von der Form

$$ds^2 \;=\; dx^2 + dy^2 + dz^2 - c^2 dt^2 \;,$$

wobei c die Lichtgeschwindigkeit bedeutet.

Ursprung der *Riemannschen Geometrie* war Gauß' Abhandlung *Disquisitiones generales circa superficies curvas* (1828) mit dem *Theorema egregium*, was besagt, daß ein wichtiges Krümmungsmaß der Fläche, die sogenannte *Gaußsche Krümmung*, sich allein aus dem metrischen Tensor $(g_{\alpha\beta})$ bestimmen läßt. Diese Erkenntnis öffnete den Blick auf die *innere Geometrie* der Mannigfaltigkeiten, die von einem umgebenden Raum völlig losgelöst ist, ja ihn überhaupt nicht benötigt. Von hier aus bahnte Riemann den Weg in eine neue Art der Geometrie, zuerst in seinem Habilitationsvortrag (1854) *Über die Hypothesen, welche der Geometrie zu Grunde liegen*, und dann ausführlicher in seiner 1861 der Pariser Akademie eingereichten Preisschrift *Commentatio mathematica*, die sich mit der Wärmeausbreitung befaßt. Dort findet sich auch der fundamentale *Riemannsche Krümmungstensor*, der das Gaußsche Krümmungsmaß verallgemeinert.

Bemerkung 5. Nun wollen wir begründen, warum die durch (4) getroffene Definition des Flächeninhalts eine sinnvolle Verallgemeinerung des Jordanschen Inhaltsbegriffes für ebene Mengen aufzufassen ist. Den Schlüssel hierzu bilden das Korollar 1 in Abschnitt 5.2 und die zugehörigen Formeln (42)–(48), die besagen: Ist $X : \overline{B} \to \mathbb{R}^k$ ein C^1-Diffeomorphismus eines Parameterbereichs $\overline{B} \subset \mathbb{R}^k$ auf eine Punktmenge $\mathcal{F}$ des $\mathbb{R}^k$, so ist der k-dimensionale Inhalt $|\mathcal{F}|$ von $\mathcal{F} = X(\overline{B})$ aufgrund des Transformationssatzes durch

$$(42) \qquad |\mathcal{F}| \;=\; \int_B \sqrt{g(u)}\, du \;, \qquad g(u) \;=\; \det\big(DX(u)^T \cdot DX(u) \big) \;,$$

gegeben. Wäre also in Definition 1 auch den Fall $k = n$ zugelassen, was wir von jetzt ab gestatten wollen, so hätten wir

$$(43) \qquad \mathcal{A}(X) \;=\; |\mathcal{F}| \;\; (\, = v_k(X(\overline{B}))\,)$$

gefunden. Dies zeigt, daß Formel (4) eine natürliche Verallgemeinerung des Inhalts *ebener* k-dimensionaler Mengen auf gekrümmte k-dimensionale Mengen $\mathcal{F}$ ist, wenn diese reguläre 1-1-Bilder ebener k-dimensionaler Bereiche sind.

Es ändert sich an der Definition des Flächeninhalts nichts, wenn wir die Fläche $\mathcal{F}$ „in einen größeren Raum stecken". Ist nämlich $X : \overline{B} \to \mathbb{R}^n$ eine k-dimensionale Fläche in $\mathbb{R}^n$ und definieren wir $Z : \overline{B} \to \mathbb{R}^n \times \mathbb{R}^p = \mathbb{R}^{n+p}$ durch

$$Z(u) \;:=\; (X(u), 0) \;=\; (X_1(u), \dots, X_n(u), 0, \dots, 0) \;,$$

so ist DZ gemäß unserer Konvention (8) aus 1.1 die $(n+p) \times k-$Matrix

$$DZ = \begin{pmatrix} \text{grad } X_1 \\ \vdots \\ \text{grad } X_n \\ 0 \\ \vdots \\ 0 \end{pmatrix} ,$$

und es ergibt sich unmittelbar $DZ^T \cdot DZ = DX^T \cdot DX$ und damit $\mathcal{A}(Z) = \mathcal{A}(X)$.

Der Inhalt $\mathcal{A}(X)$ einer k-dimensionalen Fläche ist offensichtlich *translationsinvariant*, d.h. es gilt

(44) $$\mathcal{A}(X + b) = \mathcal{A}(X)$$

für jedes $b \in \mathbb{R}^n$. Mehr noch, $\mathcal{A}(X)$ ist auch *dreh- und spiegelungsinvariant*, also insbesondere *invariant gegenüber Bewegungen* des $\mathbb{R}^n$, denn es gilt

Proposition 3. *Ist* $X : \overline{B} \to \mathbb{R}^n$ *eine k-dimensionale Fläche in $\mathbb{R}^n$, so folgt*

(45) $$\mathcal{A}(UX) = \mathcal{A}(X) \text{ für alle } U \in O(n) .$$

Beweis. Für $Z := UX$ ergibt sich $DZ = U \cdot DX$ und somit

$$DZ^T \cdot DZ = DX^T \cdot U^T \cdot U \cdot DX = DX^T \cdot DX .$$

Hieraus erhalten wir (45).

$\square$

$\boxed{7}$ Betrachten wir k linear unabhängige Vektoren $a_1, \dots, a_k$ im $\mathbb{R}^n$, $1 \le k < n$. Wenn wir sie als Spaltenvektoren auffassen, bilden sie eine $n \times k$-Matrix $A = (a_1, a_2, \dots, a_k)$. Das von $a_1, \dots, a_k$ aufgespannte *k-Parallelotop*

(46) $$\Pi_A := \{ u_1 a_1 + u_2 a_2 + \dots + u_k a_k : 0 \le u_1, u_2, \dots, u_k \le 1 \} ,$$

können wir auch als Spur der Abbildung $X : \overline{B} \to \mathbb{R}^n$ auffassen, die durch

(47) $$X(u) := u_1 a_1 + u_2 a_2 + \dots + u_k a_k , \quad u = (u_1, u_2, \dots, u_k) \in \overline{B}$$

mit $B := \{u \in \mathbb{R}^k : 0 \le u_1, \dots, u_k \le 1\}$ definiert ist. Die Fläche X liefert eine reguläre Einbettung des Parameterbereichs $\overline{B}$ in den $\mathbb{R}^n$. Ihr Flächeninhalt $\mathcal{A}(X)$ ist also gleich dem Flächeninhalt $\mathcal{A}(\Pi_A)$ der Spur, und wegen $DX = A$ ist

$$g = \det \left(DX^T \cdot DX \right) = \det \left(A^T \cdot A \right) ,$$

also

(48) $$\mathcal{A}(\Pi_A) \;=\; \mathcal{A}(X) \;=\; \sqrt{\det(A^T \cdot A)}\,.$$

Durch eine geeignete Transformation $U \in O(n)$ können wir A in die Form

$$A \;=\; (a_1,\dots,a_k) \;=\; U \cdot \begin{pmatrix} c_1\,, & \cdots\,, & c_k \\ 0\,, & \cdots\,, & 0 \end{pmatrix}$$

bringen, wobei $c_1,\dots,c_k$ Spaltenvektoren aus $\mathbb{R}^k$ sind und der Spaltenvektor 0 die Null von $\mathbb{R}^{n-k}$ bezeichnet. Dann ist

$$\det\left(A^T \cdot A\right) \;=\; \det\left(C^T \cdot U^T \cdot U \cdot C\right) \;=\; \det\left(C^T \cdot C\right) \;=\; (\det C)^2$$

und somit

(49) $$\mathcal{A}(\Pi_A) \;=\; |\det C| \;=\; \mathrm{vol}_k(\Pi_C)\,,$$

wobei $\mathrm{vol}_k(\Pi_C) = \int_{\Pi_C} dv$ das Volumen des k-dimensionalen Parallelotops
(50) $\qquad\qquad \Pi_C := \left\{\, u_1 c_1 + \dots + u_k c_k : ,\ 0 \le u_1,\dots,u_k \le 1 \,\right\}$

ist. Diese elementare Rechnung zeigt, was aufgrund des oben Gesagten ohnehin klar war: *Führen wir ein k-Parallelotop Π_A in $\mathbb{R}^n$ durch eine Drehung U in ein k-Parallelotop Π_C im $\mathbb{R}^k$ über, so ist der Flächeninhalt von Π_A gerade das k-dimensionale Volumen von Π_C, nämlich $|\det C|$.*

Wir können dann die Formel (4) im Stil von Leibniz folgendermaßen interpretieren: Eine gekrümmte k-dimensionale Fläche $X : \overline{B} \to \mathbb{R}^n$ im $\mathbb{R}^n$ ist aus „*infinitesimalen Schuppen*" $X(u) + \Pi_{dX(u)}$ aufgebaut, wobei $\Pi_{dX(u)}$ das von den „*infinitesimalen Vektoren*" $X_{u_1}(u)du_1, \dots, X_{u_k}(u)du_k$ aufgespannte Parallelotop bezeichnet, das derart parallel verschoben ist, daß der Eckpunkt 0 von $\Pi_{dX(u)}$ in den Punkt $X(u)$ zu liegen kommt. *Der Flächeninhalt $\mathcal{A}(X)$ von X ist dann gerade die Summe (= Integral) der Volumina dieser k-dimensionalen Schuppen.*

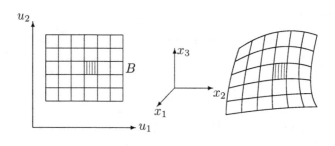

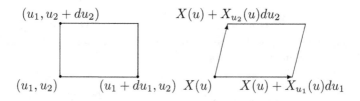

Es ist wünschenswert, den Ausdruck $g = \det\left(A^T \cdot A\right)$ durch eine einfache Formel zu berechnen, ohne erst Π_A in den $\mathbb{R}^k$ zu drehen und dann $\det C$ zu bestimmen. Diese Aufgabe löst eine wohlbekannte Formel der Linearen Algebra:

Proposition 4. (Cauchy-Binet) *Sei $g = \det G$ die Determinante der Gramschen Matrix $G = A^T \cdot A$ einer $n \times k$-Matrix A mit $n \geq k$. Dann gilt*

$$(51) \qquad g = \sum_{j_1 < j_2 < \dots < j_k} \left(\det A_{j_1 j_2 \dots j_k}\right)^2,$$

wobei $A_{j_1 j_2 \dots j_k}$ die $k \times k$-Matrix bezeichnet, die aus den Zeilen der Matrix A mit den Nummern $j_1, j_2, \dots, j_k$ besteht und die Summe in (51) über alle geordneten k-Tupel von Indizes $j_1, \dots, j_k \in \{1, 2, \dots, n\}$ zu erstrecken ist.

Zur Bequemlichkeit des Lesers wollen wir (51) herleiten; wir beweisen gleich ein etwas allgemeineres Resultat.

Proposition 5. *Für zwei $n \times k$-Matrizen A, B mit $n \geq k$ gilt*

$$(52) \qquad \det(A^T \cdot B) = \sum_{j_1 < \dots < j_k} (\det A_{j_1 \dots j_k})(\det B_{j_1 \dots j_k}),$$

wobei die $k \times k$-Matrizen $A_{j_1 \dots j_k}$ wie in Proposition 4 definiert und die $k \times k$-Matrizen $B_{j_1 \dots j_k}$ entsprechend zu bilden sind.

Beweis. Es genügt zu zeigen, daß bei beliebig, aber fest gewähltem A die Formel (52) für alle $n \times k$-Matrizen B richtig ist.
(i) Bezeichne $e_1, e_2, \dots, e_n$ die Einheitsvektoren des $\mathbb{R}^n$, in Spaltenform geschrieben. Wir wählen ein k-Tupel $(l_1, \dots, l_k)$ von Indizes aus $\{1, \dots, n\}$ mit $l_1 < \dots < l_k$ und bilden $B = (e_{l_1}, \dots, e_{l_k})$. Dann gilt

$$(53) \qquad A^T \cdot B = A_{l_1 \dots l_k},$$

und für $j_1 < \dots < j_k$ erhalten wir

$$\det B_{j_1 \dots j_k} = \begin{cases} 1 & \text{falls} \quad j_1 = l_1, \dots, j_k = l_k, \\ 0 & \text{sonst.} \end{cases}$$

Somit ist (52) im vorliegenden Fall bewiesen.
(ii) Man überzeugt sich leicht, daß beide Seiten von (52) Multilinearformen in den Spaltenvektoren von B sind (genauer: k-Linearformen); mit anderen Worten: Gilt (52) für $B' = (b_1, \dots, b'_j, \dots, b_k)$ und $B'' = (b_1, \dots, b''_j, \dots, b_k)$, so auch für $B = (b_1, \dots, \lambda b'_j + \mu b''_j, \dots, b_k)$. Wegen (i) folgt dann, daß (51) für beliebige $n \times k$-Matrizen B richtig ist. $\qquad\square$

Bemerkung 6. Wie man sich leicht überzeugt, ist $|\det A_{j_1 \dots j_k}|$ das k-dimensionale Volumen der orthogonalen Projektion des der Matrix $A = (a_1, \dots, a_k)$ durch (46) zugeordneten Parallelotops Π_A auf den von $e_{j_1}, \dots, e_{j_k}$ aufgespannten Unterraums von $\mathbb{R}^n$.

Bemerkung 7. Betrachten wir jetzt den Spezialfall $k = n - 1$. Sei $A = (a_1, \dots, a_{n-1})$ eine $n \times (n-1)$-Matrix mit den linear unabhängigen Spaltenvektoren $a_1, \dots, a_{n-1}$ und Π_A das von $a_1, \dots, a_{n-1}$ erzeugte Parallelotop. Weiterhin bezeichne A_j die Determinante derjenigen $(n-1) \times (n-1)$-Matrix, die aus A durch Streichen der j-ten Zeile entsteht. Dann gilt für die Gramsche Determinante g von A nach (51) die Beziehung

$$(54) \qquad g = A_1^2 + A_2^2 + \ldots + A_n^2 \,,$$

und Π_A hat den Flächeninhalt

$$(55) \qquad \mathcal{A}(\Pi_A) = \sqrt{g} = \sqrt{A_1^2 + \ldots + A_n^2} \,.$$

Bezeichne $\nu = (\nu_1, \ldots, \nu_n) \in \mathbb{R}^n$ den Einheitsvektor mit den Komponenten

$$(56) \qquad \nu_j = (-1)^{j-1} \frac{1}{\sqrt{g}} A_j \,,$$

d.h.

$$(57) \qquad \nu_j = \frac{(-1)^{j-1} A_j}{\sqrt{A_1^2 + \ldots + A_n^2}} \,.$$

Nach dem Determinantenentwicklungssatz gilt für $1 \leq l \leq n - 1$:

$$0 = \det (a_l, a_1, \ldots, a_{n-1}) = \sum_{j=1}^{n} (-1)^{j-1} a_{jl} A_j \,,$$

und dies ist gleichbedeutend mit

$$(58) \qquad \langle a_l, \nu \rangle = 0 \quad \text{für} \quad l = 1, 2, \ldots, n - 1 \,,$$

somit $\nu \perp \text{Span} \{a_1, \ldots, a_{n-1}\}$. Der Einheitsvektor ν steht also senkrecht auf dem Parallelotop Π_A, dessen Inhalt wir der Kürze wegen mit $|\Pi_A|$ statt mit $\mathcal{A}(\Pi_A)$ bezeichnen wollen. Dann gilt

$$(59) \qquad |\Pi_A| = \sqrt{A_1^2 + \ldots + A_n^2} \,,$$

und (56) liefert

$$(60) \qquad |\Pi_A| \nu = (A_1, -A_2, A_3, -A_4, \ldots, (-1)^{n-1} A_n) \,,$$

d.h.

$$(61) \qquad (-1)^{j-1} A_j = |\Pi_A| \, \nu_j = |\Pi_A| \cos \alpha_j \,,$$

wenn $\nu_j = \cos \alpha_j = \langle \nu, e_j \rangle$ die Richtungskosinus des Normalenvektors ν auf Π_A bezeichnen. Also ist, wie wir schon in Bemerkung 6 festgestellt hatten, $|A_j|$ das Volumen der Orthogonalprojektion von Π_A auf eine Hyperebene senkrecht zur x_j-Achse.

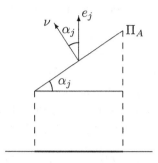

Für $k = 2$ und $n = 3$ erhalten wir (vgl. auch $\boxed{1}$):

$$\nu = \frac{a_1 \wedge a_2}{|a_1 \wedge a_2|} \quad , \quad |a_1 \wedge a_2| = \sqrt{g} = \sqrt{|a_1|^2|a_2|^2 - \langle a_1, a_2 \rangle^2} \, .$$

$\boxed{8}$ Sei $k = n - 1$, $B \subset \mathbb{R}^{n-1}$ und $X : \overline{B} \to \mathbb{R}^n$ eine $(n-1)$-dimensionale Fläche, eine *Hyperfläche* in $\mathbb{R}^n$. (Es soll uns nicht stören, daß wir oft auch Mannigfaltigkeiten der Kodimension Eins als Hyperflächen bezeichnen.) Bezeichne $A_1, A_2, \ldots, A_n$ die $(n-1)$-Minoren von DX, d.h. die $(n-1) \times (n-1)$-Unterdeterminanten der Jacobimatrix $DX = (X_{u_1}, X_{u_2}, \ldots, X_{u_{n-1}})$. Nach Bemerkung 7 gilt für die Gramsche Determinante g von DX die Beziehung

$$(62) \qquad \sqrt{g} = \sqrt{A_1^2 + A_2^2 + \ldots + A_n^2} \, ,$$

wenn DX den maximalen Rang $n-1$ besitzt. Falls der Rang von DX kleiner als $n-1$ ist, sind beide Seiten von (62) gleich Null, so daß diese Relation in jedem Falle gilt. Wir haben also

$$(63) \qquad \mathcal{A}(X) = \int_B \sqrt{A_1^2 + \ldots + A_n^2} \, du \, .$$

Weiterhin folgt aus (56), daß durch

$$(64) \qquad \nu = (\nu_1, \ldots, \nu_n) \quad \text{mit} \quad \nu_j = (-1)^{j-1} \frac{1}{\sqrt{g}} A_j$$

ein Normalenvektorfeld zur Fläche X gegeben wird, wenn wir diese als regulär (d.h. als Immersion) voraussetzen, und zwar ist $\nu(u)$ Normalenvektor zur Fläche im Punkte $X(u)$; es gilt

$$(65) \qquad |\nu(u)| = 1 \quad \text{und} \quad \langle \nu(u), X_{u_j}(u) \rangle = 0, \quad 1 \leq j \leq n - 1 \, .$$

$\boxed{9}$ Nun verallgemeinern wir $\boxed{2}$ und betrachten eine **nichtparametrische Hyperfläche** $X(x) = (x, f(x))$, $x = (x_1, \ldots, x_n) \in \overline{B} \subset \mathbb{R}^n$, im $\mathbb{R}^{n+1}$. Hier ist

$X_{x_j}(x) = \big(e_j, f_{x_j}(x)\big)$, wobei e_j den j-ten kanonischen Basisvektor des $\mathbb{R}^n$ bezeichnet. Offenbar ist

$$(66) \qquad N(x) = (N_1(x), \ldots, N_{n+1}(x)) := \frac{1}{\sqrt{1 + |\nabla f(x)|^2}} \, (-\nabla f(x), 1)$$

ein Einheitsvektor, der auf den n Tangentialvektoren $X_{x_1}(x), \ldots, X_{x_n}(x)$ an die reguläre eingebettete Fläche senkrecht steht. Nach den Ausführungen in $\boxed{8}$ muß (bis auf das Vorzeichen) $N(x)$ mit dem Normalenvektor

$$\nu(x) = (\nu_1(x), \ldots, \nu_{n+1}(x)), \quad \nu_j(x) = (-1)^{j-1} \frac{1}{\sqrt{g(x)}} \, A_j(x)$$

übereinstimmen, wobei $A_j(x)$ der j-te Minor von $DX(x)$ und $g(x)$ die Gramsche Determinante von $DX(x)$ ist, also $\nu(x) = \pm N(x)$ und insbesondere $\nu_{n+1}(x) = \pm N_{n+1}(x)$. Dies liefert wegen $A_{n+1}(x) \equiv 1$ die Relation

$$\pm \, \frac{1}{\sqrt{1 + |\nabla f(x)|^2}} = (-1)^n \frac{1}{\sqrt{g(x)}},$$

woraus

$$(67) \qquad\qquad\qquad \nu(x) = (-1)^n N(x)$$

und

$$(68) \qquad\qquad\qquad \sqrt{g(x)} = \sqrt{1 + |\nabla f(x)|^2}$$

folgt. Der Flächeninhalt der nichtparametrischen Hyperfläche $x \mapsto (x, f(x)) = X(x)$, $x \in \overline{B}$, ist also durch

$$(69) \qquad\qquad\qquad \mathcal{A}(f) = \int_B \sqrt{1 + |\nabla f(x)|^2} \, dx$$

gegeben. Dies ist das *Areafunktional* von f, dessen Euler–Lagrangesche Differentialgleichung wir in 5.3, $\boxed{3}$ aufgestellt haben.

Bislang haben wir den Flächeninhalt $\mathcal{A}(\mathcal{F})$ von eingebetteten Flächenstücken $\mathcal{F}$ in $\mathbb{R}^n$ definiert, die eine reguläre C^1-Parametrisierung $X : \overline{B} \to \mathbb{R}^n$ besitzen. Solche Flächenstücke können räumlich sehr weit ausgedehnt sein, und man sollte sie sich nicht immer als kleine Stücke vorstellen. Nichtsdestoweniger ist es vielfach erforderlich, auch komplizierter gebaute „Flächen" $\mathcal{F}$ zu betrachten, die keine homömorphen Bilder ebener Parameterbereiche $\overline{B}$ sind, beispielsweise Sphären oder Ringflächen (Tori). Zwar kann man sie aufschneiden und so in „topologisch einfache" Objekte verwandeln, aber dies wirkt gekünstelt und wird bei komplizierter Struktur recht unübersichtlich. In manchen Fällen ist das Verfahren freilich sehr wirkungsvoll. Beispielsweise kann man S^2 längs eines Meridians von Nord zum Südpol aufschlitzen und erhält die Darstellung

$$X(\theta, \varphi) = (\sin\theta\cos\varphi, \sin\theta\sin\varphi, \cos\theta)$$

in Polarkoordinaten $(\theta, \varphi) \in (0, \pi) \times (0, 2\pi)$. Bei Annäherung an den Rand ist in allen Formeln ein Grenzübergang vonnöten, der allerdings meist nicht ausgeführt wird.

Will man das Aufschlitzen von $\mathcal{F}$ vermeiden, so bieten sich andere Möglichkeiten zur Definition des Flächeninhalts an. Die *Methode der Pflasterungen* zerlegt $\mathcal{F}$ in endlich viele *Pflaster* $\mathcal{F}_1, \ldots, \mathcal{F}_r$, wobei jedes $\mathcal{F}_j$ Spur einer regulären C^1-Fläche $X_j : \overline{B}_j \to \mathbb{R}^n$ ist und die einzelnen Pflaster sich nicht überlappen, d.h. verschiedene Pflaster $\mathcal{F}_j$ haben höchstens Teile ihrer „Ränder" $\partial \mathcal{F}_j := X_j(\partial B_j)$ gemeinsam. Dann liegt es nahe, den Flächeninhalt $\mathcal{A}(\mathcal{F})$ durch

$$\text{(70)} \qquad \mathcal{A}(\mathcal{F}) := \mathcal{A}(\mathcal{F}_1) + \cdots + \mathcal{A}(\mathcal{F}_r)$$

zu definieren. Ist $\mathcal{F}$ eine kompakte C^1-Mannigfaltigkeit M, so lassen sich solche Pflasterungen ohne weiteres finden, und das Gleiche gilt für kompakte Teilstücke M' einer C^1-Mannigfaltigkeit. Allerdings möchte man gesichert wissen, daß die Definition von $\mathcal{A}(\mathcal{F})$ unabhängig von der gewählten Pflasterung ist.

Den etwas mühsamen Beweis dieser Tatsache, der Schlußweisen wie in den Beweisen von Proposition 1 und 2 benutzt, wollen wir hier nicht behandeln, weil wir Ähnliches im nächsten Abschnitt ausführen, und zwar gleich für Flächenintegrale $\int_{\mathcal{F}} f\, dA$. Dies hat den Vorteil, daß wir nicht mit Pflasterungen operieren müssen, sondern $\mathcal{F}$ durch kleine Schuppen $\mathcal{F}_1, \ldots, \mathcal{F}_r$ überlagern können, deren Vereinigung $\mathcal{F}$ ergibt, die sich aber überlappen dürfen. Um die sich überschneidenden Teile nicht mehrfach zu zählen, benutzt man eine geeignete *Zerlegung der Eins*,

$$\text{(71)} \qquad 1 = \eta_1 + \eta_2 + \cdots + \eta_r$$

durch Funktionen $\eta_j \geq 0$, die außerhalb von $\mathcal{F}_j$ verschwinden. Dann wird $f : \mathcal{F} \to \mathbb{R}$ zerlegt in die Summe $f_1 + \cdots + f_r$ mit $f_j := \eta_j f$, wobei f_j außerhalb von $\mathcal{F}_j$ verschwindet. Die lokalen Integrale $\int_{\mathcal{F}} f_j\, dA$ lassen sich eindeutig definieren, und danach wird

$$\text{(72)} \qquad \int_{\mathcal{F}} f\, dA := \int_{\mathcal{F}_1} f_1\, dA + \cdots + \int_{\mathcal{F}_r} f_r\, dA$$

gesetzt. Wir werden zeigen, daß diese Definition weder von der Überdeckung $\{\mathcal{F}_j\}_{j=1,\ldots,r}$ der Fläche $\mathcal{F}$ durch die Schuppen $\mathcal{F}_j$ noch von der Wahl der zugehörigen Zerlegung der Eins (71) abhängt. Auf diese Weise lernen wir auch das technische Hilfsmittel „Zerlegung der Eins" kennen, das sich bei vielen Problemen als nützlich erweist, wo man globale Aufgaben auf lokale reduzieren möchte. Bei der Reduktion (72) ist es allerdings erforderlich, daß wir das Flächenintegral $\int_{\mathcal{F}} f\, dA$ definieren und nicht bloß mit $\mathcal{A}(\mathcal{F})$ operieren, denn selbst für $f = 1$ entstehen ja auf der rechten Seite von (72) die Integrale $\int_{\mathcal{F}_j} \eta_j\, dA$. Erst die allgemeinere Definition erlaubt uns, mittels Zerlegung der Eins den Flächeninhalt global zu erklären.

Nun wollen wir noch, wie eingangs angedeutet, den *Flächeninhalt durch Verdickung* erklären und skizzieren, warum dies zu einer äquivalenten Definition führt. Zu diesem Zweck betrachten wir eine kompakte, gleichungsdefinierte Mannigfaltigkeit M der Klasse C^2 und von der Kodimension 1. Sei N ein stetiges Einheitsnormalenfeld auf M, das die Mannigfaltigkeit orientiert. Nach 4.6 gibt es ein $\epsilon_0 > 0$, so daß sich jedes x mit $\operatorname{dist}(x, M) < \epsilon_0$ in eindeutig bestimmter Weise als $x = \xi + t N(\xi)$ schreiben läßt, wobei ξ den Fußpunkt von x auf M und $t = \delta(x)$ den signierten Abstand des Punktes x von M bezeichne. Wir beachten noch, daß $N = \nu|_M$ mit $\nu \in C^1$ auf $\{x \in M : \operatorname{dist}(x, M) < \epsilon\}$ ist.

Definition 5. *Ist M' eine beschränkte Teilmenge von M und $0 < \epsilon \leq \epsilon_0$, so bezeichnen wir die Menge*

$$(73) \qquad S_\epsilon(M') := \{\xi + tN(\xi) : \xi \in M', |t| \leq \epsilon\}$$

als ϵ-Verdickung von M'.

M' **heißt quadrierbare Fläche**, *wenn $S_\epsilon(M')$ für $0 < \epsilon \ll 1$ eine quadrierbare Menge des $\mathbb{R}^n$ ist und $\lim_{\epsilon \to 0} \frac{1}{2\epsilon}|S_\epsilon(M')|$ existiert. Wir nennen*

$$(74) \qquad \mathcal{A}(M') := \lim_{\epsilon \to 0} \frac{1}{2\epsilon} \int_{S_\epsilon(M')} dx$$

den **Flächeninhalt** *von M'.*

Aus dem Cavalierischen Prinzip folgt, daß ebene Stücke M' von M (also Stücke, die in einer Hyperebene H des $\mathbb{R}^n$ liegen) genau dann quadrierbar sind, wenn sie quadrierbare Mengen von $H \stackrel{\wedge}{=} \mathbb{R}^{n-1}$ (im Sinne von 5.1, Definition 7) sind, und daß $\mathcal{A}(M') = \nu_{n-1}(M')$ für ebene quadrierbare Stücke gilt. Nun wollen wir zeigen, daß dieser Wert von $\mathcal{A}(M')$ mit dem durch Definition 2 erklärten Wert übereinstimmt, sofern M' ein eingebettetes reguläres Flächenstück $\mathcal{F}$ von M ist.

Proposition 6. *Sei M' in M die Spur $\mathcal{F} = X(\overline{B})$ einer C^2-Immersion $X : \overline{B} \to \mathbb{R}^n$ mit $B \subset \mathbb{R}^{n-1}$. Dann ist M' eine quadrierbare Fläche, und ihr durch (74) definierter Flächeninhalt stimmt mit dem in Definition 2 erklärten Wert $\mathcal{A}(\mathcal{F})$ überein.*

Beweis. Sei $I_\epsilon := [-\epsilon, \epsilon]$, und bezeichne Z_ϵ den Vollzylinder $\overline{B} \times I_\epsilon, 0 < \epsilon < \epsilon_0$. Dann wird durch $\Phi(u,t) := X(u) + tN(X(u))$ ein Diffeomorphismus von Z_ϵ auf $S_\epsilon(M')$ definiert, denn $N = \nu|_M$ und $\nu \in C^1$ auf $S_\epsilon(M)$. Da ∂B Nullmenge in $\mathbb{R}^{n-1}$ ist, sind ∂Z_ϵ und $\Phi(\partial Z_\epsilon) = \partial S_\epsilon(M')$ Nullmengen in $\mathbb{R}^n$, und der Transformationssatz liefert

$$\int_{S_\epsilon(M')} dx = \int_{Z_\epsilon} \sqrt{\gamma(u,t)}\, du dt$$

mit $\gamma(u,t) := \det \Gamma(u,t)$ und $\Gamma(u,t) := D\Phi(u,t)^T \cdot D\Phi(u,t)$. Wir setzen außerdem

$$G(u,t) := \Phi_u(u,t)^T \cdot \Phi_u(x,t)\,, \quad g(u,t) := \det G(u,t)\,.$$

Die Vektoren $\Phi_{u_j}(u,t)$ sind tangential zur Parallelfläche M_t von M im Punkte $x := \Phi(u,t)$ und somit orthogonal zu $\Phi_t(u,t) = N(X(u))$. Also gilt $\langle \Phi_{u_j}, \Phi_t \rangle = 0$ und somit

$$\Gamma(u,t) = \begin{pmatrix} G(u,t) & 0 \\ 0 & 1 \end{pmatrix}\,, \quad \text{also } \gamma(u,t) = g(u,t)\,.$$

Hieraus folgt

$$\frac{1}{2\epsilon} \int_{S_\epsilon(M')} dx = \frac{1}{2\epsilon} \int_{Z_\epsilon} \sqrt{\gamma(u,t)}\, du dt = \frac{1}{2\epsilon} \int_{-\epsilon}^{\epsilon} \left(\int_B \sqrt{g(u,t)} du \right) dt\,.$$

Mit $\epsilon \to +0$ strebt die rechte Seite, wie behauptet, gegen

$$\int_B \sqrt{g(u,0)}\, du = \int_B \left[\det\left(X_u(u)^T \cdot X_u(u)\right)\right]^{1/2} du = \int_{\mathcal{F}} dA \ .$$

$\square$

Aufgaben.

1. Ist $X : \overline{B} \to \mathbb{R}^3$ mit $B \subset \mathbb{R}^2$ eine reguläre, eingebettete Fläche in $\mathbb{R}^3$ mit der Spur $\mathcal{F} = X(\overline{B})$, $N = X_u \wedge X_v$ und $w_0 = (u_0, v_0) \in B$, so ist $E = \{x \in \mathbb{R} : \langle x - X_0, N_0 \rangle = 0\}$ die Tangentialebene von $\mathcal{F}$ im Punkte $X_0 := X(w_0)$, wobei $N_0 := N(w_0)$. Beweis?

2. Sei $\mathcal{D}(X) := \frac{1}{2} \int_B (|X_u|^2 + |X_v|^2)dudv$ das *Dirichletintegral* einer Fläche $X \in C^1(\overline{B}, \mathbb{R}^3)$, $B \subset \mathbb{R}^2$, mit dem Flächeninhalt $\mathcal{A}(X) = \int_B |X_u \wedge X_v| dudv$. Man beweise: (i) $\mathcal{A}(X) \leq \mathcal{D}(X)$; (ii) $\mathcal{A}(X) = \mathcal{D}(X)$ gilt genau dann, wenn $|X_u|^2 = |X_v|^2$ und $X_u \cdot X_v = 0$. (In diesem Fall nennt man u, v *konforme Parameter* für X.)

3. Man berechne $\mathcal{A}(X)$ für die Fläche $X(u,v) := (r\cos u, (b+r\sin u)\cos v, (b+r\sin u)\sin v)$, $(u,v) \in B := [0, 2\pi] \times [0, 2\pi]$. Welches geometrische Objekt ist $\mathcal{F} := X(B)$? Man führe Fermikoordinaten auf $\mathcal{F}$ ein und bestimme $\mathcal{A}(\mathcal{F})$ durch Flächenverdickung.

4. Man berechne den Flächeninhalt $\mathcal{A}(X)$ der Fläche $X : B \to \mathbb{R}^3$ mit

$$X(u,v) := \{u\cos v, u\sin v, hv\} \ , \quad h > 0 \ ,$$

und $B = \{(u,v) \in \mathbb{R}^2 : 0 \leq u \leq r, 0 \leq v \leq \alpha\}$. Welches geometrische Objekt wird durch X parametrisiert?

2 Flächenintegrale

Nachdem die Begriffe *Fläche* und *Flächeninhalt* festgelegt sind, können wir den Begriff des „*Flächenintegrals*" einführen, der das *Kurvenintegral* verallgemeinert. Hierfür gibt es zwei Möglichkeiten. Wenn wir vom Flächeninhalt, also letztlich von der Metrik des $\mathbb{R}^n$ ausgehen, gelangen wir zur „metrischen" Definition des Flächenintegrales. Andererseits läßt sich das Flächenintegral, grob gesprochen, als Integral über „multilinearformenwertige Felder" definieren, wobei sich eine wirklich befriedigende Darstellung erst mit dem *Kalkül der Differentialformen* ergibt, den wir in Band 3 behandeln werden. Auf orientierbaren Flächen gehen beide Definitionen bei geeigneter Interpretation ineinander über.

Im folgenden bezeichne Ω stets eine offene Menge in $\mathbb{R}^n$. Wir sagen, eine Fläche $X : \overline{B} \to \mathbb{R}^n$ *liege in* Ω (oder: *sei eine Fläche in* Ω), wenn ihre Spur $X(\overline{B})$ in Ω liegt.

Definition 1. *Sei* $f \in C^0(\Omega)$. *Dann ist für jede Fläche* $X : \overline{B} \to \mathbb{R}^n$ *in* Ω *mit der Gramschen Determinante das* **Flächenintegral** $\int_X f dA$ *definiert als*

(1) $$\int_X f dA := \int_B f(X(u)) \sqrt{g(u)} \, du \ .$$

Wenn X eine immergierte, eingebettete Fläche mit der Spur $\mathcal{F} = X(\overline{B})$ ist, so schreiben wir

$$(2) \qquad \int_{\mathcal{F}} f\, dA := \int_X f\, dA \qquad oder \qquad \int_{\mathcal{F}} f\, d\mathcal{H}_k := \int_X f\, dA \, .$$

Wir bemerken, daß diese Integrale bereits wohldefiniert sind, wenn wir bloß $f \in C^0(\mathcal{F})$ voraussetzen.

Analog zu Proposition 1 in 6.1 ergibt sich die **Parameterinvarianz** des Flächenintegrales:

Proposition 1. *Sei $f \in C^0(\Omega)$. Dann gilt für jede Fläche $X : \overline{B} \to \mathbb{R}^n$ in Ω und für jede Parametertransformation $\varphi : \overline{B}^* \to \overline{B}$ die Formel*

$$(3) \qquad \int_X f\, dA = \int_{X \circ \varphi} f\, dA \, .$$

Dieses Ergebnis in Verbindung mit Proposition 2 von 6.1 rechtfertigt die Definition (2); es erlaubt uns, $\int_{\mathcal{F}} f\, dA$ unabhängig von der Parameterdarstellung von $\mathcal{F}$ zu definieren.

Bemerkung 1. Entsprechend zu 6.1, Definition 5 können wir $\int_{\mathcal{F}} f\, dA$ auch durch Flächenverdickung definieren: *Ist M' ein quadrierbarer Teil einer gleichungsdefinierten kompakten C^2-Mannigfaltigkeit der Kodimension Eins und $f \in C^0(S_{\epsilon_0}(M'))$ und $0 < \epsilon_0 \ll 1$, so setzen wir*

$$(4) \qquad \int_{M'} f\, dA := \lim_{\epsilon \to +0} \frac{1}{2\epsilon} \int_{S_\epsilon(M')} f\, dV \, .$$

Dann ergibt sich in der gleichen Weise wie in Proposition 4 von 6.1:

Ist M' in M die Spur $\mathcal{F} = X(\overline{B})$ einer C^2-Immersion $X : \overline{B} \to \mathbb{R}^n$ mit $B \subset \mathbb{R}^{n-1}$ und $f \in C^0$ in einer offenen Umgebung von M', so stimmt der durch (2) definierte Wert $\int_{\mathcal{F}} f\, dA$ mit dem Integral $\int_{M'} f\, dA$ aus (4) überein.

Nun wollen wir das **parametrische Flächenintegral** $\Phi(\omega, X)$ eines Kovektorfeldes $\omega : \Omega \to \mathbb{R}^m$, $m := \binom{n}{k}$, auf einer offenen Menge Ω des $\mathbb{R}^n$ definieren, wobei $X : \overline{B} \to \mathbb{R}^n$ k-dimensionale Flächenstücke in Ω bezeichnen. Wir bemerken zunächst, daß man aus der Indexmenge $\{1, \dots, n\}$ genau $m = \binom{n}{k}$ verschiedene k-Tupel $I = (i_1, i_2, \dots, i_k)$ auswählen kann, die durch $i_1 < i_2 < \dots < i_k$ geordnet sind. Sei $\omega : \Omega \to \mathbb{R}^m$ ein stetiges Kovektorfeld auf Ω mit den Komponenten

$\omega_I = \omega_{i_1 \ldots i_k}$. Wir bezeichnen die kanonische Basis des $\mathbb{R}^m$ (aus Gründen, die erst später ersichtlich werden) mit

$$(5) \qquad dx_I = dx_{i_1} \wedge dx_{i_2} \wedge \ldots \wedge dx_{i_k} , \qquad i_1 < i_2 < \ldots < i_k ,$$

und können dann

$$(6) \qquad \omega(x) = \sum_I \omega_I(x) dx_I = \sum_{i_1 < \ldots < i_k} \omega_{i_1 \ldots i_k}(x) dx_{i_1} \wedge \ldots \wedge dx_{i_k}$$

schreiben.

Definition 2. *Das* **parametrische Flächenintegral**

$$(7) \qquad \Phi(\omega, X) = \int_X \omega = \int_X \sum_{i_1 < \ldots < i_k} \omega_{i_1 \ldots i_k}(x) \, dx_{i_1} \wedge \ldots \wedge dx_{i_k}$$

einer k-dimensionalen Fläche $X : \overline{B} \to \mathbb{R}^n$ in $\Omega \subset \mathbb{R}^n$ ist definiert als

$$(8) \qquad \Phi(\omega, X) := \int_B \sum_{i_1 < \ldots < i_k} \omega_{i_1 \ldots i_k}(X) \, \frac{\partial(X_{i_1}, \ldots, X_{i_k})}{\partial(u_1, \ldots, u_k)} \, du ,$$

wobei

$$(9) \qquad A_{i_1 \ldots i_k} := \frac{\partial(X_{i_1}, \ldots, X_{i_k})}{\partial(u_1, \ldots, u_k)}$$

den $k \times k$-Minor von DX bezeichnet, der als Determinante der Zeilen von $DX = X_u$ mit den Nummern $i_1, i_2, \ldots, i_k$ (in dieser Reihenfolge) gebildet wird.

Die Gramsche Determinante g von DX berechnet sich als $g = \sum_I A_I^2$, wobei über alle geordneten k-Tupel I summiert werden soll. Setzen wir

$$(10) \qquad f := \sum_I \frac{1}{\sqrt{g}} \, \omega_I(X) \, A_I , \qquad dA = \sqrt{g(u)} \, du ,$$

so ist

$$(11) \qquad \Phi(\omega, X) = \int_B f(u) \, dA ,$$

und wir haben das Flächenintegral vom zweiten Typ als ein Integral vom ersten Typ geschrieben, was freilich nur dann gelingt, wenn X regulär ist.

Das Integral $\Phi(\omega, X)$ ist nur gegenüber orientierungserhaltenden Parametertransformationen $\varphi : \overline{B}^* \to \overline{B}$ invariant; es wechselt das Vorzeichen, wenn φ die Orientierung wechselt, d.h. wenn $J_\varphi < 0$ ist. Setzen wir nämlich $Y := X \circ \varphi$, so gilt für

$$A_{i_1 \ldots i_k} = \frac{\partial(X_{i_1}, \ldots, X_{i_k})}{\partial(u_1, \ldots, u_k)} , \qquad B_{i_1 \ldots i_k} = \frac{\partial(Y_{i_1}, \ldots, Y_{i_k})}{\partial(\alpha_1, \ldots, \alpha_k)}$$

die Transformationsgleichung

$$B_{i_1 \ldots i_k} = (A_{i_1 \ldots i_k} \circ \varphi)\, J_\varphi \, .$$

Der Transformationssatz liefert

$$\Phi(\omega, X) = \int_B \sum_I \omega_I(X)\, A_{i_1 \ldots i_k}\, du = \int_{B^*} \sum_I \omega_I(X \circ \varphi)\, A_{i_1 \ldots i_k}(\varphi)\, |J_\varphi|\, d\alpha$$

$$= \operatorname{sgn} J_\varphi \cdot \int_{B^*} \sum_I \omega_I(Y)\, B_{i_1 \ldots i_k}\, d\alpha = \operatorname{sgn} J_\varphi \cdot \Phi(\omega, Y) \, .$$

Wir haben also bewiesen:

(12) $$\Phi(\omega, X) = \operatorname{sgn} J_\varphi \cdot \Phi(\omega, X \circ \varphi) \, .$$

Insbesondere gilt

Proposition 2. *Aus* $X \sim Y$ *folgt* $\Phi(\omega, X) = \Phi(\omega, Y)$.

Wir werden das parametrische Flächenintegral $\Phi(\omega, X)$ ausführlich in Band 3 im Kapitel über *alternierende Differentialformen* untersuchen. Hier wollen wir nur noch auf den Spezialfall $k = n - 1$ besonders eingehen.

Dazu betrachten wir ein Vektorfeld $a : \Omega \to \mathbb{R}^n$ auf einer offenen Menge Ω des $\mathbb{R}^n$. Sei $X : \overline{B} \to \mathbb{R}^n$ mit $B \subset \mathbb{R}^{n-1}$ eine *reguläre, eingebettete Hyperfläche* im $\mathbb{R}^n$ (d.h. eine Fläche mit der Kodimension Eins). Ihr Normalenvektor ν hat die Komponenten

(13) $$\nu_j = (-1)^{j-1}\, \frac{1}{\sqrt{g}}\, A_j \, ,$$

wobei A_j den j-ten Minor von DX bezeichnet, also die Determinante derjenigen Matrix, die durch Streichen der j-ten Zeile der Jacobimatrix DX entsteht. Die zugehörige Gramsche Determinante $g = \det(DX^T \cdot DX)$ ist

(14) $$g = A_1^2 + \ldots + A_n^2 \, .$$

Sei $\mathcal{F} = X(\overline{B})$ die Spur von X. Wir heben das Normalenfeld $\nu := \overline{B} \to S^{n-1}$ von $\overline{B}$ auf die Hyperfläche $\mathcal{F}$ durch

(15) $$N := \nu \circ X^{-1} \, .$$

Das Vektorfeld $N : \mathcal{F} \to S^{n-1}$ ist ein **stetiges Einheitsnormalenfeld** auf $\mathcal{F}$.

Der **Fluß des Vektorfeldes** a *durch die Fläche* $\mathcal{F}$ ist die Größe

(16) $$\phi(a, \mathcal{F}) = \int_{\mathcal{F}} a \cdot N\, dA := \int_B \langle a \circ X, \nu \rangle\, \sqrt{g}\, du \, .$$

Wegen (13) und (14) können wir den Fluß umschreiben in

$$\phi(a, \mathcal{F}) = \int_{\mathcal{F}} a \cdot N \, dA$$

(17)

$$= \int_B \sum_{j=1}^{n} a_j(X)(-1)^{j-1} \frac{\partial(X_1, \ldots, X_{j-1}, X_{j+1}, \ldots, X_n)}{\partial(u_1, \ldots, u_{n-1})} \, du \; .$$

Dies zeigt, wie sich $\phi(a, \mathcal{F})$ als ein parametrisches Flächenintegral $\Phi(\omega, X)$ ausdrücken läßt. Zunächst beachten wir, daß

$$m = \binom{n}{n-1} = n$$

gilt, also $\mathbb{R}^m$ gleich $\mathbb{R}^n$ ist und somit n Basisvektoren

$$dx_2 \wedge dx_3 \wedge \ldots \wedge dx_n \; , \quad dx_1 \wedge dx_3 \wedge \ldots \wedge dx_n \; , \quad \ldots \; , \quad dx_1 \wedge dx_2 \wedge \ldots \wedge dx_{n-1}$$

besitzt. Wegen Formel (16) ist die Notation

(18) $$\widehat{(dx)}_j := (-1)^{j-1} \, dx_1 \wedge \ldots \wedge dx_{j-1} \wedge dx_{j+1} \wedge \ldots \wedge dx_n$$

günstiger; dieser Ausdruck entsteht aus

$$dx := dx_1 \wedge \ldots \wedge dx_j \wedge \ldots \wedge dx_n$$

dadurch, daß man dx_j streicht und das Resultat mit $(-1)^{j-1}$ multipliziert. Ordnen wir dann $a = (a_1, \ldots, a_n)$ den Ausdruck

(19) $$\omega(x) := \sum_{j=1}^{n} a_j(x) \, \widehat{(dx)}_j$$

zu, so lesen wir aus (7) und (8) ab, daß

$$\int_B \sum_{j=1}^{n} a_j(X)(-1)^{j-1} \frac{\partial(X_1, \ldots, X_{j-1}, X_{j+1}, \ldots, X_n)}{\partial(u_1, \ldots, u_{n-1})} \, du$$

(20)

$$= \int_X \sum_{j=1}^{n} a_j(x) \widehat{(dx)}_j = \int_X \omega = \Phi(\omega, X)$$

ist. Wir sehen also, daß

(21) $$\int_{\mathcal{F}} a \cdot N \, dA = \int_X \omega$$

gilt oder, was dasselbe bedeutet,

(22) $$\phi(a, \mathcal{F}) = \Phi(\omega, X) \,.$$

Hier ist zu beachten, daß $\Phi(\omega, X)$ sein Vorzeichen umkehrt, wenn wir „die Orientierung ändern", d.h. von X zu $Y = X \circ \varphi$ übergehen, wobei $J_\varphi < 0$ für die Parametertransformation φ gilt. In (22) ist also $\mathcal{F}$ als eine **orientierte Fläche** aufzufassen; die **Orientierung** von $\mathcal{F}$ wird durch das Normalenfeld ν von X gegeben und damit durch das Normalenfeld $N = \nu \circ X^{-1}$. Bei einem orientierungserhaltenden Parameterwechsel φ hängt das Normalenfeld ν^* von $Y = X \circ \varphi$ mit dem Normalenfeld ν von X durch die Gleichung $\nu^* = \nu \circ \varphi$ zusammen; somit gilt $\nu \circ X^{-1} = \nu^* \circ Y^{-1}$. Also liefern zwei äquivalente Flächen X und Y dasselbe Normalenfeld $N : \mathcal{F} \to S^{n-1}$ auf $\mathcal{F}$. Dagegen gilt $\nu^* = -\nu \circ \varphi$, falls $J_\varphi < 0$ ist, und hieraus folgt $\nu \circ X^{-1} = N$, $\nu^* \circ Y^{-1} = -N$, d.h. die Normale N wechselt ihre Richtung, und dies entspricht dem Vorzeichenwechsel von $\phi(a, \mathcal{F})$.

Diese Vorzeichenabhängigkeit des Flusses vom gewählten Normalenfeld der Fläche $\mathcal{F}$, also von der gewählten Orientierung von $\mathcal{F}$, ist aber keineswegs störend, sondern vielmehr von Vorteil, weil man so unterscheiden kann, ob das Vektorfeld a einen Zufluß oder einen Abfluß bewirkt. Um dies zu präzisieren, denken wir uns $a : \Omega \to \mathbb{R}^n$ als Geschwindigkeitsfeld einer Strömung $x(t, x_0)$, also $\dot{x} = a(x)$, $x(0, x_0) = x_0$. In Ω sei ein Gebiet G mit dem Rand $\mathcal{F} = \partial G$ abgegrenzt; wir wollen feststellen, ob und wieviel in der Zeiteinheit durch $\mathcal{F}$ nach G hinein- oder aus G herausfließt. Dazu wählen wir auf ∂G ein Einheitsnormalenfeld N, das überall ins Äußere von G weist, die sogenannte *äußere Normale* von ∂G. Wir sagen, N induziere eine „Orientierung von ∂G" (und damit von G); N ist die „heraus-Richtung", $-N$ die „hinein-Richtung". Ist die Normalkomponente $\dot{x} \cdot N(x) = a(x) \cdot N(x)$ von $\dot{x}$ an der Stelle $x \in \mathcal{F}$ positiv, so fließt etwas heraus, ist sie negativ, so fließt etwas hinein.

Betrachten wir ein „infinitesimales" Flächenelement von $\mathcal{F}$, sozusagen eine der Schuppen, aus denen sich $\mathcal{F}$ aufbaut, und sei dA der Inhalt dieser Schuppe, die sich an der Stelle $x = X(u) \in \mathcal{F}$ befindet. Der „Fluß" $d\phi$ der von a erzeugten Strömung pro Zeiteinheit durch dieses Flächenelement ist die „infinitesimale Größe"

$$\frac{dx}{dt} \cdot N(x)\, dA = a(x) \cdot N(x)\, dA = a(X) \cdot \nu\, dA = a(X) \cdot \nu \sqrt{g}\, du\,,$$

und der gesamte Fluß ϕ ist dann die Summe, also das Integral $\int d\phi$ all dieser infinitesimalen Flüsse, d.h.

$$\phi = \int_{\mathcal{F}} a(x) \cdot N(x)\, dA = \int_B a(X) \cdot \nu\, dA\,.$$

Dies ist gerade die oben definierte Größe $\phi(a, \mathcal{F})$. Wegen der von uns gewählten Orientierung von $\mathcal{F}$ durch die äußere Normale bedeutet $\phi > 0$, daß die Gesamtbilanz einen Abfluß meldet, während $\phi < 0$ in toto einen Zufluß angibt (wer es lieber anders herum hätte, muß die innere Normale zur Orientierung wählen).

Bei der obigen heuristischen Betrachtung springen zwei Punkte ins Auge, die sogleich Bedenken erregen. So bemerken wir, daß sich der Rand eines Gebietes G im $\mathbb{R}^n$ gar nicht als Spur eines eingebetteten Flächenstücks $X : \overline{B} \to \mathbb{R}^n$ mit einem Parameterbereich $\overline{B} \subset \mathbb{R}^{n-1}$ darstellen läßt; dies ist aus „topologischen" Gründen nicht möglich. Bestenfalls kann man hoffen, den Rand ∂G aus endlich vielen Flächenstücken dieser Art aufzubauen, etwa eine Sphäre aus zwei Halbsphären. Wollen wir also das parametrische Flächenintegral als globales Hilfsmittel zum Bilanzieren nutzen, müssen wir es auf allgemeinere Flächentypen ausdehnen, beispielsweise auf gleichungsdefinierte Mannigfaltigkeiten. Wir wollen uns hier auf Hyperflächen $\mathcal{F}$, d.h. auf Flächen der Kodimension Eins beschränken. Damit sich der Fluß $\phi(a, \mathcal{F})$ einer von a erzeugten Strömung durch $\mathcal{F}$ widerspruchsfrei definieren läßt, muß es auf $\mathcal{F}$ ein stetiges Feld $N : \mathcal{F} \to S^{n-1}$ von Normalenvektoren der Länge Eins geben, also ein *stetiges Einheitsnormalenfeld*. Hyperflächen $\mathcal{F}$, die ein solches Feld tragen, heißen *orientierbar*. Wenn es auf einer bogenweise zusammenhängenden regulären Hyperfläche ein solches Vektorfeld $N \in C^0(\mathcal{F}, S^{n-1})$ gibt, so existieren genau zwei Felder dieser Art, nämlich N und $-N$. Man sagt, jedes dieser beiden Felder *lege eine Orientierung von $\mathcal{F}$ fest*, oder kürzer: die Wahl eines der beiden existierenden Einheitsnormalenfelder auf $\mathcal{F}$ sei eine **Orientierung von $\mathcal{F}$**. Ein zusammenhängendes orientierbares Hyperflächenstück $\mathcal{F}$ besitzt also genau zwei Orientierungen N und $-N$; wir nennen die Paare $(\mathcal{F}, N)$ und $(\mathcal{F}, -N)$ **orientierte Hyperflächen**.

All diese Definitionen werfen drei Fragen auf, nämlich:

(i) *Was wollen wir eigentlich unter einer regulären, eingebetteten Hyperfläche (der Klasse C^1) verstehen?*

(ii) *Welche Hyperflächen sind orientierbar?*

(iii) *Existieren nichtorientierbare Hyperflächen?*

Eine Antwort auf Frage (i) zu geben ist nicht einfach, zumal wenn man auch Objekte „mit Rand" einbeziehen möchte; bisher haben wir ja ganz verschiedenartige geometrische Objekte als „Flächen" bezeichnet. Ein genügend umfassender Begriff, den wir in Band 3 einführen werden, ist „*berandete Mannigfaltigkeit*". Im Augenblick wollen wir uns damit begnügen, an drei Beispiele zu erinnern, die wir zu der gewünschten Art von orientierbaren Hyperflächen zählen können. Ein viertes Beispiel beschreibt hingegen eine nichtorientierbare Fläche im $\mathbb{R}^3$.

$\boxed{1}$ Eine injektive Abbildung $X \in C^1(\overline{B}, \mathbb{R}^n)$ mit $B \subset \mathbb{R}^{n-1}$ und der Eigenschaft rang $DX(u) \equiv n - 1$ liefert eine Parameterdarstellung von $\mathcal{F} = X(\overline{B})$. Mittels (15) wird ein stetiges Einheitsnormalenfeld $N : \mathcal{F} \to S^{n-1}$ auf $\mathcal{F}$ definiert (bei der Definition ist wesentlich, daß X den Parameterbereich $\overline{B}$ homöomorph auf $\mathcal{F}$ abbildet). Geometrisch gesehen, können wir daher $\mathcal{F}$ als *orientierte* (und damit orientierbare) Hyperfläche der Klasse C^1 auffassen. Die Menge $\partial \mathcal{F} :=$ $X(\partial B)$ bezeichnen wir als den *Rand von $\mathcal{F}$* und $\overset{\circ}{\mathcal{F}} := X(B)$ als das *Innere von $\mathcal{F}$* („bezüglich der durch $\mathbb{R}^n$ in $\mathcal{F}$ induzierten Topologie"); dieser Zusatz wird erst in Band 3 richtig verständlich, obwohl seine Bedeutung „anschaulich" klar ist; jedenfalls dürfen die Mengen $\partial \mathcal{F}$ und $\overset{\circ}{\mathcal{F}}$ nicht mit dem üblichen Rand und Inneren von $\mathcal{F}$ in $\mathbb{R}^n$ verwechselt werden, denn dort gilt $\overset{\circ}{\mathcal{F}} = \emptyset$ und $\partial \mathcal{F} = \mathcal{F}$!). Ähnlich wie in 4.6 läßt sich auf der Menge $S_\epsilon(\mathcal{F}) := \{x \in \mathbb{R}^n : x = \xi + tN(\xi) \text{ mit } \xi \in \mathcal{F}, |t| \leq \epsilon\}$ für $0 < \epsilon \ll 1$ eine signierte Abstandsfunktion $\delta(x) := t$ definieren, falls wir zusätzlich $X \in C^2(\overline{B}, \mathbb{R}^n)$ annehmen. Setzen wir noch $\Omega := \text{int } S_\epsilon(\mathcal{F})$, so ergibt sich $\delta \in C^2(\Omega)$ sowie $|\nabla \delta| = 1$, und $\mathcal{F}$ kann geschrieben werden als $\mathcal{F} = \{x \in \Omega : \delta(x) = 0\}$. Daher können wir $\mathcal{F}$ als eine gleichungsdefinierte Mannigfaltigkeit der Kodimension Eins und somit als orientierte Hyperfläche im Sinne des nächsten Beispiels auffassen.

$\boxed{2}$ Eine gleichungsdefinierte Mannigfaltigkeit M in $\mathbb{R}^n$ von der Klasse C^1 und mit der Kodimension Eins dürfen wir, wie in 4.6 ausgeführt, als orientierbare C^1-Hyperfläche in $\mathbb{R}^n$ ansehen. Ist nämlich $M = \{x \in \Omega : f(x) = 0\}$ mit $f \in C^1(\Omega)$ so wird auf M durch $N(x) := |\nabla f(x)|^{-1} \nabla f(x)$ ein stetiges Einheitsnormalenfeld $N : M \to S^{n-1}$ definiert, welches M orientiert. Auf jedem bogenweise zusammenhängenden Teilstück von M gibt es genau zwei Orientierungen; diese werden durch N und $-N$ festgelegt.

$\boxed{3}$ Sei G ein nichtleeres Gebiet in $\mathbb{R}^n$, das von $\mathbb{R}^n$ verschieden ist. Wir wollen G **glatt berandet** nennen, wenn sein Rand ∂G aus endlich vielen, paarweise disjunkten und bogenweise zusammenhängenden C^1-Mannigfaltigkeiten der Kodimension Eins besteht. Hier können wir also ∂G als eine (im allgemeinen nicht bogenweise zusammenhängende) Hyperfläche auffassen, die wiederum orientierbar ist. Unter den möglichen Orientierungen von ∂G gibt es zwei ausgezeichnete Einheitsnormalenfelder. Das eine ist die sogenannte **äußere Normale** N; sie weist in jedem Randpunkt $x \in \partial G$ ins Äußere von G. Die sogenannte **innere Normale** $-N$ zeigt dann in jedem Randpunkt ins Innere (vgl. 4.6).

$\boxed{4}$ Im Jahre 1858 entdeckte der Leipziger Mathematiker und Astronom A.F. Möbius sehr einfach zu beschreibende reguläre Flächen ohne Selbstdurchschneidungen (aber mit „Rand"), die **nicht orientierbar** sind und daher, global gesehen, „nur eine Seite" besitzen. Zu seinen Ehren werden diese Flächen als **Möbiusbänder** bezeichnet. Der Göttinger Mathematiker und Physiker J.B. Listing, wie Möbius ein Schüler von Gauß, hat ebenfalls – und unabhängig von Möbius – nichtorientierbare Flächen konstruiert; übrigens hat er auch das erste Lehrbuch der Topologie (1847) verfaßt, und die Bezeichnung *Topologie* für das bis zum Beginn des zwanzigsten Jahrhunderts meist noch *Analysis situs* genannte Gebiet stammt von ihm. Ein Modell für ein Möbiussches Band läßt sich sehr leicht herstellen, indem man sich von einem Blatt Papier einen länglichen Streifen abschneidet, der die Gestalt eines langgestreckten Rechtecks hat. Legt man die beiden Schmalseiten des Streifens aufeinander, so entsteht eine zylindrische Fläche $\mathcal{Z}$, die orientierbar ist. Wird aber das eine Streifenende um 180 Grad gedreht, bevor man es auf das andere legt und mit diesem verklebt, so entsteht eine ringförmige Fläche $\mathcal{M}$ mit nur einer Seite, obwohl sie in lokaler Hinsicht natürlich zwei Seiten besitzt. Um dies einzusehen, betrachten wir die geschlossene Linie

$\mathcal{L}$ auf dem Möbiusband $\mathcal{M}$, die bei dessen Konstruktion aus der Mittellinie des Streifens entsteht, und wählen einen Punkt P_0 auf $\mathcal{L}$ und einen Einheitsvektor N_0, der in P_0 senkrecht auf $\mathcal{M}$ steht. Dann verschieben wir P_0 längs $\mathcal{L}$ und mit ihm den Vektor N_0, und zwar so, daß der verschobene Vektor N in seinem Fußpunkt $P \in \mathcal{L}$ zum Möbiusband orthogonal ist. Wenn der verschobene Punkt nach einem vollen Umlauf um $\mathcal{L}$ in seine Ausgangslage P_0 zurückkehrt, ist der Vektor N_0 in den Vektor $-N_0$ übergegangen. Dann kann aber das Möbiusband nicht orientierbar sein. Wäre es nämlich orientierbar, so gäbe es ein stetiges Einheitsnormalenfeld $N : \mathcal{M} \to S^2$, das in P_0 mit N_0 übereinstimmt. Folglich ist die durch $\delta(x) := |N(x) + N_0|$ definierte Funktion $\delta : \mathcal{M} \to \mathbb{R}$ stetig. Sei $\xi : [0,1] \to \mathbb{R}^3$ eine stetige Parameterdarstellung der geschlossenen Linie $\mathcal{L}$ mit $\xi(0) = P_0 = \xi(1)$. Dann folgt für $\rho := \delta \circ \xi$, daß $\rho(1) = \rho(0) = 2$ ist, während die obige Betrachtung $\rho(1) = 0$ liefert.

Es hat merkwürdige Konsequenzen, daß das Möbiusband $\mathcal{M}$ lokal zwei, global aber nur eine Seite besitzt. Fangen wir nämlich von P_0 ausgehend an, das ursprünglich weiße Band grün zu streichen, so ist nach zweimaligem Umlauf ganz $\mathcal{M}$ grün gefärbt, ohne daß wir die Randkontur überschritten hätten, während bei dem gleichen Färbungsprozeß die zylindrische Fläche eine weiße und eine grüne Seite bekommen hätte. Somit ist $\mathcal{Z}$ global zweiseitig, $\mathcal{M}$ dagegen einseitig.

Übrigens läßt sich leicht eine Parameterdarstellung für ein Möbiusband angeben. Als Parameterbereich $\overline{B}$ wählen wir das Rechteck

$$\overline{B} := \{(u,v) \in \mathbb{R}^2 : 0 \le u \le \pi , \ |v| \le b\}$$

mit $0 < b < 1$. Dann liefert die in u mit der Periode π periodische Abbildung

(23) $$X(u,v) := ((1 - v\sin u)\cos 2u , \ (1 - v\sin u)\sin 2u , \ v\cos u)$$

die Parameterdarstellung $X : \overline{B} \to \mathbb{R}^3$ eines Möbiusbandes. Die Abbildung X ist regulär, und sie ist injektiv auf $\overline{B} \setminus I$, $I := \{(\pi, v) : |v| \le b\}$, während $X(\pi, v) = X(0, -v)$ gilt. Übrigens besitzt das Möbiusband nur eine Randlinie, die sich im obigen Beispiel als

(24) $$c(t) := ((1 + b\sin t)\cos 2t, \ (1 + b\sin t)\sin 2t, \ -b\cos t), \ 0 \le t \le 2\pi$$

darstellen läßt, während die zylindrische Fläche zwei geschlossene Randlinien hat. Man beachte, daß die Kurve (24), die den *geometrischen Rand* des Möbiusbandes beschreibt, keineswegs mit dem Rand $X : \partial B \to \mathbb{R}^3$ der Fläche X übereinstimmt. Der zu $X|_{\partial B}$ gehörige Weg γ_0 schreibt sich als $\gamma_0 = \gamma_1 + \gamma_2 + \gamma_3 + \gamma_4 = \gamma_1 + \gamma_3 + 2\gamma_2$, wobei γ_j den Anfangspunkt P_j und den Endpunkt P_{j+1} hat, wenn wir $P_j := X(w_j)$ und $w_1 := (0, -b)$, $w_2 := (\pi, -b)$, $w_3 := (\pi, b)$, $w_4 := (0, b)$ setzen. Dagegen ist der zur geometrischen Randkurve c gehörende Weg $\gamma = \gamma_1 - \gamma_3$.

Das Beispiel (23) läßt ahnen, wie umfangreich die in Definition 1 beschriebene Klasse von Flächen ist, wenn man auf die Forderung der Injektivität verzichtet, und es zeigt, wie vorsichtig man mit dem Begriff „Rand einer Fläche" umgehen muß.

Schließlich vermerken wir noch, daß Möbiusbänder durchaus als von der Natur erzeugte Phänomene auftreten können. Wählt man nämlich einen geschlossenen Draht, dessen Gestalt von der Kurve (24) beschrieben wird, und spannt in diesen eine Seifenhaut ein, so hat diese für $0 < b \ll 1$ die Gestalt eines Möbiusbandes.

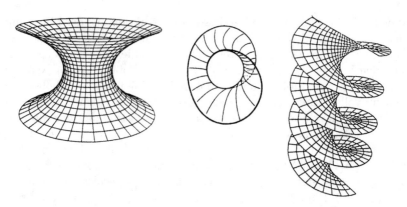

Drei Minimalflächen (Flächen der mittleren Krümmung Null). Links: Katenoid,
Rotationsfläche eines hyperbolischen Cosinus. Rechts: Helikoid (Wendelfläche).
Mitte: Eine Minimalfläche vom topologischen Typ des Möbiusbandes.

Für orientierte Flächen $\mathcal{F}$ wollen wir jetzt die beiden Arten von Flächenintegralen definieren,
nämlich

$$\int_{\mathcal{F}} f \, dA \quad \text{und} \quad \int_{\mathcal{F}} a \cdot N \, dA \,,$$

die wir zuvor bloß für Flächen $\mathcal{F}$ erklären konnten, die sich als Spuren eingebetteter Immer-
sionen $X : \overline{B} \to \mathbb{R}^n$ darstellen lassen. Es genügt, den Definitionsprozeß für Mannigfaltigkeiten
auszuführen.

Bezeichne M im folgenden eine gleichungsdefinierte und bogenweise zusammenhängende Mannigfaltigkeit in $\mathbb{R}^n$ der Kodimension Eins. Dann gibt es eine Funktion $g : \Omega \to \mathbb{R}$ der Klasse
C^1 mit $\nabla g(x) \neq 0$ auf Ω, so daß M durch $M = \{x \in \Omega : g(x) = 0\}$ beschrieben ist.

Eine Teilmenge $\mathcal{F}$ von M heiße **Umgebung von x_0 in M**, wenn es eine offene Menge U des
$\mathbb{R}^n$ mit $x_0 \in U \subset\subset \Omega$ gibt, so daß $\mathcal{F} = M \cap U$ ist. Offensichtlich besitzt jeder Punkt $x_0 \in M$
Umgebungen.

Wir nennen eine Umgebung $\mathcal{F}$ von x_0 in M eine **Kartenumgebung von $x_0 \in M$**, wenn es
eine Koordinatenhyperebene E in $\mathbb{R}^n$ und eine offene $(n-1)$-dimensionale Kugel $B_r(x_0')$ in
$E \hat{=} \mathbb{R}^{n-1}$ gibt, so daß gilt:

(i) *x_0' ist das Bild von x_0 unter der Orthogonalprojektion Π von $\mathbb{R}^n$ auf E.*

(ii) *$\overline{\mathcal{F}}$ liegt als Graph einer reellwertigen C^1-Funktion über $B_r(x_0')$.*

Der Satz über implizite Funktionen zeigt, daß jeder Punkt $x_0 \in M$ eine Kartenumgebung
besitzt. Wenn E die $x_1, \ldots, x_{n-1}$-Hyperebene ist, können wir die Punkte $x = (x_1, \ldots, x_n) \in$
$\mathbb{R}^n$ in der Form

$$x = (x', x'') \quad \text{mit} \quad x' = (x_1, \ldots, x_{n-1}) \in E \,, \quad x'' = x_n \,,$$

schreiben, und es gilt $x' = \Pi x$, $x_0' = \Pi x_0$. Die Kartenumgebung $\mathcal{F}$ von x_0 in M ergibt sich
dann als $\mathcal{F} = Z(B_r(x_0'))$, wobei $Z : \overline{B}_r(x_0') \to \mathbb{R}^n$ eine injektive Abbildung der Form

$$Z(x') = (x', \zeta(x')) \,, \quad x' \in B_r(x_0') \,,$$

mit $\zeta \in C^1(\overline{B}_r(x_0'))$ ist. Durch Umnumerieren der Koordinatenachsen (was einer orthogonalen
Transformation des $\mathbb{R}^n$ entspricht) können wir stets diese Situation herbeiführen. Es gibt also

zu jeder Kartenumgebung $\mathcal{F}$ von $x_0 \in M$ eine Transformation $T \in O(n)$, so daß sich $T\mathcal{F}$ in der Form $T\mathcal{F} = \text{graph}\,\zeta = \text{Spur}\,Z = Z(B_r(x_0'))$ darstellen läßt.

Bezeichne $\omega : B_r(x_0') \to \mathbb{R}^{n-1}$ eine affine Abbildung

$$x' \mapsto u = \omega(x') = \frac{1}{r} \cdot A \cdot (x' - x_0') \qquad \text{mit } A \in O(n-1) \,.$$

Sie bildet die $(n-1)$-dimensionale Kugel $B_r(x_0')$ diffeomorph auf die $(n-1)$-dimensionale Einheitskugel $B := \{u \in \mathbb{R}^{n-1} : |u| < 1\}$ ab, wobei x_0' in den Punkt $u = 0$ übergeht.

Nun definieren wir die injektive, stetige Abbildung $X : B \to \mathbb{R}^n$ durch

$$(25) \qquad\qquad X := T^{-1} \circ Z \circ \omega^{-1}$$

mit

$$(26) \qquad\qquad \mathcal{F} = X(B), \quad x_0 = X(0) \quad \text{und} \quad Z^{-1} = \Pi\big|_{T\mathcal{F}} \,.$$

Die Projektion Z^{-1} und damit auch X^{-1} sind stetig. Also liefert X einen Homöomorphismus von B auf $\mathcal{F}$, und $\psi := X^{-1}$ bildet die Kartenumgebung homöomorph auf B ab. Durch geeignete Wahl von A können wir die Richtung der Normalen von X umkehren.

Definition 3. *Wir nennen das soeben beschriebene Paar $(\mathcal{F}, \psi)$ eine* **Karte für** M *(mit Zentrum x_0).*

Proposition 3. *Sind $(\mathcal{F}_1, \psi_1)$, $(\mathcal{F}_2, \psi_2)$ zwei Karten für M mit sich schneidenden Kartenumgebungen $\mathcal{F}_1$ und $\mathcal{F}_2$, so sind die Bilder $B_1 := \psi_1(\mathcal{F}_0)$, $B_2 := \psi_2(\mathcal{F}_0)$ der Schnittmenge $\mathcal{F}_0 := \mathcal{F}_1 \cap \mathcal{F}_2$ offene Teilmengen von B, und $\varphi := \psi_1 \circ \psi_2^{-1}\big|_{B_2}$ bildet B_2 diffeomorph auf B_1 ab.*

Beweis. Wegen (26) sind die Mengen B_1 und B_2 offen in $\mathbb{R}^{n-1}$, und ferner folgt aus der Konstruktion von ψ_1 und ψ_2 sofort, daß φ ein Homöomorphismus von B_2 auf B_1 ist. Somit bleibt die Differenzierbarkeit von φ und φ^{-1} zu zeigen. Nach (25) sind ψ_1 und ψ_2 von der Form $\psi_j = X_j^{-1}$, $j = 1, 2$, wobei

$$X_j = T_j^{-1} \circ Z_j \circ \omega_j^{-1} \,, \quad T_j \in O(n) \,, \quad \omega_j : B_{r_j}(x_j') \to B \,,$$
$$T_j \mathcal{F}_j = Z_j(B_{r_j}(x_j')) \,, \quad Z_j^{-1} = \Pi\big|_{T_j \mathcal{F}_j}$$

gilt und x_j bzw. x_j' das Zentrum von $\mathcal{F}_j$ bzw. dessen Projektion auf die Hyperebene $\{x_n = 0\}$ bezeichnet. Wir erhalten

$$\varphi = \omega_1 \circ \Pi \circ Y \quad \text{mit} \quad Y := T \circ Z_2 \circ \omega_2^{-1}\big|_{B_2} \,, \quad T := T_1 \circ T_2^{-1} \in O(n) \,.$$

Da $Z_2 : B_{r_2}(x_2') \to \mathbb{R}^n$ und $\omega_2^{-1} : B \to \mathbb{R}^{n-1}$ differenzierbar sind, so ist auch $Y = (Y', Y'') : B_2 \to \mathbb{R}^n$ differenzierbar. Wegen $\Pi \circ Y = Y'$ ist also

$$\varphi = \omega_1 \circ Y' : B_2 \to \mathbb{R}^{n-1}$$

differenzierbar. Entsprechend ergibt sich die Differenzierbarkeit der Abbildung $\varphi^{-1} : B_1 \to \mathbb{R}^{n-1}$. $\qquad\qquad\square$

Wir bemerken, daß die gerade benutzte Beweisidee die gleiche wie im Beweis von Proposition 2 von 6.1 ist.

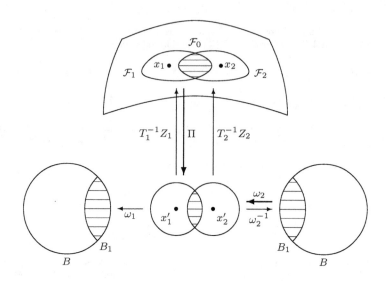

Eine Karte $(\mathcal{F}, \psi)$ für M wird auch **lokales Koordinatensystem** für $\mathcal{F}$ genannt, und die Transformationen φ, φ^{-1} in Proposition 3 heißen **(lokale) Koordinatentransformationen** oder **Kartenwechsel**. Wir können dann Proposition 3 so formulieren:

Kartenwechsel sind C^1-Diffeomorphismen.

Eine Durchsicht der Kartenkonstruktion und des Beweises von Proposition 3 liefert

Proposition 4. *Ist $(\mathcal{F}, \psi)$ eine Karte einer gleichungsdefinierten Mannigfaltigkeit M der Klasse C^s und der Kodimension Eins, so ist die lokale Darstellung $X : B \to \mathbb{R}^n$ von M mit der Spur $\mathcal{F} = X(B)$ von der Klasse C^s, und jeder Kartenwechsel auf M ist von der Klasse C^s.*

Definition 4. *(i) Ein System $\mathfrak{A} = \{(\mathcal{F}_\alpha, \psi_\alpha) : \alpha \in I\}$ von Karten $(\mathcal{F}_\alpha, \psi_\alpha)$ für die gleichungsdefinierte Mannigfaltigkeit M der Kodimension Eins heißt **Atlas von M**, wenn seine Kartenumgebungen M überdecken, d.h. wenn $M \subset \cup_{\alpha \in I} \mathcal{F}_\alpha$ gilt.*

*(ii) Sei $N : M \to S^{n-1}$ eine Orientierung von M. Dann heißt ein Atlas $\mathfrak{A}$ von M durch N **orientiert**, wenn für jede seiner Karten $(\mathcal{F}_\alpha, \psi_\alpha)$ die vermöge (13) und (14) definierte Normale $\nu_\alpha : B \to S^{n-1}$ von $X_\alpha := \psi_\alpha^{-1}$ gleich $N \circ X_\alpha$ ist.*

Da es zu jedem Punkt $x_0 \in M$ eine Karte mit x_0 als Zentrum gibt, besitzt jede gleichungsdefinierte Mannigfaltigkeit der Kodimension Eins einen Atlas, und da sie orientierbar ist, besitzt sie auch einen orientierten Atlas, denn jeder Atlas $\mathfrak{A} = \{(\mathcal{F}_\alpha, \psi_\alpha) : \alpha \in I\}$ kann zu einem orientierten Atlas abgeändert werden: es gilt ja $\nu_\alpha = \pm N \circ X_\alpha$, und so brauchen wir gegebenenfalls nur $(\mathcal{F}_\alpha, \psi_\alpha)$ durch $(\mathcal{F}_\alpha, S_\alpha \psi_\alpha)$ mit einer Spiegelung $S_\alpha : \mathbb{R}^{n-1} \to \mathbb{R}^{n-1}$ zu ersetzen, um $\nu_\alpha = N \circ X_\alpha$ zu erreichen.

Atlanten sind eines der beiden Hilfsmittel, mit denen wir Betrachtungen auf gleichungsdefinierten Mannigfaltigkeiten lokalisieren; das andere Werkzeug sind die *Zerlegungen der Eins*.

Definition 5. *Sei M eine nichtleere Teilmenge von $\mathbb{R}^n$. Unter einer **Zerlegung der Eins** auf M verstehen wir eine Familie $\{\eta_\alpha\}_{\alpha \in I}$ von Funktionen $\eta_\alpha \in C_c^\infty(\mathbb{R}^n)$ mit den folgenden Eigenschaften:*

(i) $0 \leq \eta_\alpha \leq 1$ für alle $\alpha \in I$;

(ii) Ist K ein Kompaktum in $\mathbb{R}^n$, so gilt höchstens für endlich viele $\alpha \in I$, daß $\eta_\alpha(x) \not\equiv 0$ auf $M \cap K$ ist.

(iii) $\sum_{\alpha \in I} \eta_\alpha(x) = 1$ auf M.

Bemerkung 2. (a) *Es gibt eine Zerlegung der Eins auf $\mathbb{R}^n$.* Um dies zu zeigen, ordnen wir zuerst jedem $x \in \mathbb{R}^n$ eine Zahl $r(x) > 0$ zu und setzen

$$B(x) := \{z \in \mathbb{R}^n : |z - x| < r(x)\} .$$

Dann ist $U = \{B(x) : x \in \mathbb{R}^n\}$ eine offene Überdeckung von $\mathbb{R}^n$. Wir wählen eine Folge $K_1 \subset K_2 \subset K_3 \subset \ldots$ abgeschlossener Kugeln des $\mathbb{R}^n$ mit $\bigcup_{j=1}^\infty K_j = \mathbb{R}^n$. Jede der kompakten Mengen $K_{j+1} \setminus \overset{\circ}{K}_j$ läßt sich durch endlich viele Kugeln aus U überdecken; also überdecken abzählbar viele Kugeln $B_\alpha := B(x_\alpha)$ aus U den $\mathbb{R}^n$. Sei $r_\alpha = r(x_\alpha)$ der Radius von B_α. Wir setzen

$$\xi_\alpha(x) := \begin{cases} \exp\left(\frac{1}{|x - x_\alpha| - r_\alpha}\right) & \text{für} \quad |x - x_\alpha| < r_\alpha , \\ 0 & \text{für} \quad |x - x_\alpha| \geq r_\alpha . \end{cases}$$

Auf jedem Kompaktum K in $\mathbb{R}^n$ gilt $\xi_\alpha(x) \not\equiv 0$ nur für endlich viele Indizes α. Also ist $\xi := \sum_{\alpha \in \mathbb{N}} \xi_\alpha$ von der Klasse $C^\infty(\mathbb{R}^n)$, und es gilt $\xi(x) > 0$ für alle $x \in \mathbb{R}^n$. Setzen wir $\eta_\alpha := \xi_\alpha/\xi$, so ist $\{\eta_\alpha\}_{\alpha \in \mathbb{N}}$ eine Zerlegung der Eins auf $\mathbb{R}^n$.

(b) *Eine Zerlegung der Eins auf $\mathbb{R}^n$ ist auch eine Zerlegung der Eins auf $M \subset \mathbb{R}^n$, $M \neq \emptyset$. Also gibt es auch auf jeder nichtleeren Teilmenge M des $\mathbb{R}^n$ eine Zerlegung der Eins $\{\eta_\alpha\}_{\alpha \in I}$. Ist M kompakt, können wir I als endliche Indexmenge wählen.*

(c) Wiederholen wir das in (a) benutzte Auswahlverfahren für eine offene Überdeckung $U = \{B(x) : x \in M\}$ einer gleichungsdefinierten Mannigfaltigkeit M mit dem Atlas $\mathfrak{A}_0 = \{(\mathcal{F}_\alpha, \psi_\alpha) : \alpha \in I_0\}$, wobei die Radien $r(x) > 0$ der Kugeln $B(x) \in U$ so klein gewählt sind, daß es zu jedem $x \in M$ einen Index $\alpha \in I_0$ gibt, so daß $M \cap \overline{B(x)} \subset \mathcal{F}_\alpha$ gilt. Aus $\mathfrak{A}_0$ können wir einen höchstens abzählbaren Atlas $\mathfrak{A} = \{(\mathcal{F}_\alpha, \psi_\alpha) : \alpha \in I\}$ und dazu eine Zerlegung der Eins auf M auswählen, mit $\{\eta_\alpha\}_{\alpha \in I}$ bezeichnet, für die $M \cap \text{supp}\,\eta_\alpha \subset\subset \mathcal{F}_\alpha$ gilt. (Hierbei muß man die Karten von $\mathfrak{A}_0$ gegebenenfalls neu numerieren, wobei die „Nummer" wieder α heiße, und erlauben, daß manche Karten von $\mathfrak{A}_0$ mehrfach in $\mathfrak{A}$ auftreten.)

Dies führt uns zu

Definition 6. *Eine Zerlegung der Eins, $\{\eta_\alpha\}_{\alpha \in I}$, auf einer gleichungsdefinierten Mannigfaltigkeit M des $\mathbb{R}^n$ wird **fein** genannt, wenn es einen orientierten Atlas $\mathfrak{A} = \{(\mathcal{F}_\alpha, \psi_\alpha) : \alpha \in I\}$ von M mit $M \cap \text{supp}\,\eta_\alpha \subset\subset \mathcal{F}_\alpha$ gibt.*

Bemerkung 2, (c) zeigt: *Auf jeder gleichungsdefinierten Mannigfaltigkeit M gibt es eine feine Zerlegung der Eins.*

Nun sind wir in der Lage, Flächenintegrale für Mannigfaltigkeiten zu definieren. Sei Ω eine offene Menge in $\mathbb{R}^n$, $f \in C^0(\Omega)$, und bezeichne M eine gleichungsdefinierte Mannigfaltigkeit der Kodimension Eins in Ω. Wir wählen eine feine Zerlegung der Eins $\{\eta_\alpha\}_{\alpha \in I}$ auf M. Dann gibt es einen orientierten Atlas $\mathfrak{A}$ von M mit $\mathfrak{A} = \{(\mathcal{F}_\alpha, \psi_\alpha) : \alpha \in I\}$, $M \cap \text{supp}\,\eta_\alpha \subset\subset \mathcal{F}_\alpha$. Die Menge $M \cap \text{supp}\,\eta_\alpha$ ist eine kompakte Teilmenge von $\mathbb{R}^n$; folglich ist $\psi_\alpha(M \cap \text{supp}\,\eta_\alpha)$ eine kompakte Teilmenge von B. Also gilt $\eta_\alpha \circ X_\alpha \in C_c^1(B)$ für die Darstellung $X_\alpha := \psi_\alpha^{-1}$ von $\mathcal{F}_\alpha$. Sei

$$g_\alpha := \det\left(DX_\alpha^T \cdot DX_\alpha\right) \quad \text{und} \quad f_\alpha := \eta_\alpha f .$$

Dann gilt

$$f(x) = \sum_{\alpha \in I} f_\alpha(x) \qquad \text{für alle } x \in M ,$$

und für $f_\alpha(X_\alpha) := f_\alpha \circ X_\alpha$ folgt

$$f_\alpha(X_\alpha) \sqrt{g_\alpha} \in C_c^0(B) \ .$$

Somit existiert das Integral

$$\int_{\mathcal{F}_\alpha} f_\alpha \, dA \ = \ \int_{X_\alpha} f_\alpha \, dA \ := \ \int_B f_\alpha(X_\alpha(u)) \sqrt{g_\alpha(u)} \, du \ ,$$

und die folgende Erklärung des Flächenintegrals $\int_M f \, dA$ erscheint sinnvoll:

Definition 7. *Ist M kompakt oder gilt $f \in C_c^0(\Omega)$, so setzen wir*

$$(27) \qquad\qquad \int_M f \, dA \ := \ \sum_{\alpha \in I} \int_{\mathcal{F}_\alpha} \eta_\alpha f \, dA \ .$$

Diese Definition ist sinnvoll, da die rechtsstehende Summe höchstens endlich viele von Null verschiedene Summanden hat. Freilich scheint sie von der gewählten Zerlegung der Eins abzuhängen, was höchst unerwünscht wäre. Jedoch gilt

Proposition 5. *Der Wert von $\int_M f \, dA$ ist unabhängig von der gewählten feinen Zerlegung der Eins auf M und stimmt mit dem in (4) definierten Wert überein.*

Beweis. Sei $\{\tilde\eta_\beta\}_{\beta \in J}$ eine weitere feine Zerlegung der Eins auf M mit dem zugehörigen Atlas $\tilde{\mathfrak{A}} = \{(\tilde{\mathcal{F}}_\beta, \tilde\psi_\beta) : \beta \in J\}$ und den Darstellungen $\tilde X_\beta = \tilde\psi_\beta^{-1}$ von $\tilde{\mathcal{F}}_\beta$. Wir setzen $\mathcal{F}_{\alpha\beta} := \mathcal{F}_\alpha \cap \tilde{\mathcal{F}}_\beta$ und $B_{\alpha\beta} := \psi_\alpha(\mathcal{F}_{\alpha\beta})$, $\tilde B_{\alpha\beta} := \tilde\psi_\beta(\mathcal{F}_{\alpha\beta})$, falls $\mathcal{F}_{\alpha\beta}$ nichtleer ist, und sonst $B_{\alpha\beta} := \emptyset$, $\tilde B_{\alpha\beta} := \emptyset$. Weiterhin sei $f_{\alpha\beta} := \eta_\alpha \tilde\eta_\beta f$. Wegen Proposition 3 gilt

$$X_{\alpha\beta} \ := \ X_\alpha\big|_{B_{\alpha\beta}} \ \sim \ \tilde X_\beta\big|_{\tilde B_{\alpha\beta}} \ =: \ \tilde X_{\alpha\beta} \ ,$$

d.h. $X_{\alpha\beta} : B_{\alpha\beta} \to \mathbb{R}^n$ und $\tilde X_{\alpha\beta} : \tilde B_{\alpha\beta} \to \mathbb{R}^n$ sind äquivalente Darstellungen von $\mathcal{F}_{\alpha\beta}$, die $B_{\alpha\beta}$ bzw. $\tilde B_{\alpha\beta}$ bijektiv auf $\mathcal{F}_{\alpha\beta}$ abbilden. Wegen

$$f_{\alpha\beta} \circ X_\alpha\big|_{B_{\alpha\beta}} \in C_c^0(B_{\alpha\beta}) \ , \quad f_{\alpha\beta} \circ \tilde X_\beta\big|_{\tilde B_{\alpha\beta}} \in C_c^0(\tilde B_{\alpha\beta})$$

folgt (vgl. Proposition 1):

$$(28) \qquad\qquad \int_{X_{\alpha\beta}} f_{\alpha\beta} \, dA \ = \ \int_{\tilde X_{\alpha\beta}} f_{\alpha\beta} \, dA \ .$$

Dies liefert

$$\sum_{\alpha \in I} \int_{\mathcal{F}_\alpha} \eta_\alpha f \, dA = \sum_{\alpha \in I} \int_{\mathcal{F}_\alpha} \sum_{\beta \in J} \eta_\alpha \tilde\eta_\beta f \, dA = \sum_{\alpha \in I} \int_{X_\alpha} \sum_{\beta \in J} f_{\alpha\beta} \, dA$$

$$= \sum_{\alpha \in I} \sum_{\beta \in J} \int_{X_{\alpha\beta}} f_{\alpha\beta} \, dA \underset{(28)}{=} \sum_{\alpha \in I} \sum_{\beta \in J} \int_{\tilde X_{\alpha\beta}} f_{\alpha\beta} \, dA = \sum_{\beta \in J} \int_{\tilde X_\beta} \sum_{\alpha \in I} f_{\alpha\beta} \, dA$$

$$= \sum_{\beta \in J} \int_{\tilde{\mathcal{F}}_\beta} \sum_{\alpha \in I} \eta_\alpha \tilde\eta_\beta f \, dA = \sum_{\beta \in J} \int_{\tilde{\mathcal{F}}_\beta} \tilde\eta_\beta f \, dA \ ,$$

denn alle auftretenden Summen sind endlich, und es gilt

$$\sum_{\alpha \in I} \eta_\alpha(x) = 1 \qquad \text{und} \qquad \sum_{\beta \in J} \tilde\eta_\beta(x) = 1 \qquad \text{auf } M \ .$$

Die letzte Behauptung folgt, wie in Bemerkung 1 angegeben, mit der Beweismethode von Proposition 4 in 6.1.

$\square$

Ist M eine gleichungsdefinierte Mannigfaltigkeit der Kodimension Eins in Ω, $a \in C^0(\Omega, \mathbb{R}^n)$ und $N : M \to S^{n-1}$ ein Einheitsnormalenfeld auf M, das M orientiert, so definieren wir den **Fluß** $\phi(a, M)$ **von** a **durch die orientierte Mannigfaltigkeit** (M, N) mit dem orientierenden Vektorfeld $N : M \to S^{n-1}$ analog zu (27):

Definition 8. *Ist M kompakt oder gilt $a \in C_c^0(\Omega, \mathbb{R}^n)$, so wählen wir eine feine Zerlegung der Eins auf M, etwa $\{\eta_\alpha\}_{\alpha \in I}$ mit dem Atlas $\mathfrak{A} = \{(\mathcal{F}_\alpha, \psi_\alpha) : \alpha \in I\}$, und setzen*

$$(29) \qquad \phi(a, M) = \int_M a \cdot N \, dA := \sum_{\alpha \in I} \int_{\mathcal{F}_\alpha} \eta_\alpha a \cdot N \, dA \, .$$

Der Wert von $\phi(a, M)$ hängt nicht von der Wahl von $\{\eta_\alpha\}_{\alpha \in I}$ ab.

Schließlich wollen wir noch $\int_{\partial G} f \, dA$ und $\int_{\partial G} a \cdot N \, dA$ für nichtleere, glattberandete Gebiete G in $\mathbb{R}^n$ definieren. Für ein solches Gebiet besteht der Rand ∂G aus endlich vielen gleichungsdefinierten Mannigfaltigkeiten $M_1, \ldots, M_p$, die paarweise disjunkt und bogenweise zusammenhängend sind, also

$$(30) \qquad \partial G = M_1 \cup M_2 \cup \ldots \cup M_p \, , \qquad M_j \cap M_k = \emptyset \text{ für } j \neq k \, .$$

Sei $G \subset\subset \Omega \subset \mathbb{R}^n$ und $f \in C^0(\Omega)$. Dann ist $\int_{M_j} f \, dA$ durch (27) definiert, und gemäß (30) setzen wir

$$\int_{\partial G} f \, dA := \sum_{j=1}^p \int_{M_j} f \, dA \, .$$

Ist $a : \Omega \to \mathbb{R}^n$ ein stetiges Vektorfeld auf Ω, so definieren wir

$$\int_{\partial G} a \cdot N \, dA := \sum_{j=1}^p \int_{M_j} a \cdot N \, dA \, ,$$

wobei $N : \partial G \to S^{n-1}$ ein Einheitsnormalenfeld auf ∂G bezeichnet, und zwar denkt man sich für N gewöhnlich die *äußere Normale* auf ∂G gewählt. Statt $a \cdot N$ schreiben wir oft auch $\langle a, N \rangle$, d.h.

$$\int_{\partial G} \langle a, N \rangle \, dA = \sum_{j=1}^p \int_{M_j} \langle a, N \rangle \, dA \, ,$$

mit

$$\int_{M_j} \langle a, N \rangle \, dA = \sum_{\alpha \in I} \int_{\mathcal{F}_\alpha} \langle \eta_\alpha a, N \rangle \, dA \, ,$$

wenn $\{\eta_\alpha\}_{\alpha \in I}$ eine feine Zerlegung der Eins auf M_j mit dem Atlas $\mathfrak{A}$ ist,

$$\mathfrak{A} = \{(\mathcal{F}_\alpha, \psi_\alpha) : \alpha \in I\} \, , \quad \mathcal{F}_\alpha = X_\alpha(B), \quad X_\alpha = \psi_\alpha^{-1} \, .$$

Den soeben beschriebenen Weg zur Erklärung von Flächenintegralen können wir auch als *Definition durch Lokalisierung* bezeichnen.

Eine andere Lokalisierungsmethode, die häufig benutzt wird (vgl. 5.1), besteht darin, Mannigfaltigkeiten in „genügend kleine Stücke" zu zerschneiden, die sich „parametrisieren" lassen (dies findet man unter den Schlagworten „Pflasterungen", „ simpliziale Zerlegungen" oder ähnlichem). Auch hier steht man vor der Aufgabe zu zeigen, daß die Definition des Flächenintegrals nicht von der gewählten Zerschneidung der Mannigfaltigkeit abhängt.

Aufgaben.

1. Was ist der Wert von $\int_{\mathcal{F}} f dA$ für (i) $\mathcal{F} = S^2$, $f(x,y,z) := x^2$;
   (ii) $\mathcal{F} := \{(x,y,z) \in \mathbb{R}^3 : x^2 + y^2 = R^2, 0 \leq z \leq h\}$, $f(x,y,z) := x^2 + y^2 + z^2$?

2. Ist $\mathcal{F} = $ graph $\varphi \subset \Omega = $ offene Menge in $\mathbb{R}^3$, $f \in C^0(\Omega)$ und $\varphi \in C^1(\overline{B})$, so gilt $\int_{\mathcal{F}} f dA = \int_B f(x,y,\varphi(x,y)) \sqrt{1 + |\nabla\varphi(x,y)|^2}\, dxdy$. Hier ist $\omega := (1 + \varphi_x^2 + \varphi_y^2)^{-1/2}$ der Cosinus des von der Flächennormalen mit der z-Achse eingeschlossenen Winkels. Beweis?

3. Was ist der *Schwerpunkt*

$$\overline{x}_{\mathcal{F}} := \frac{1}{\mathcal{A}(\mathcal{F})} \int_{\mathcal{F}} x\, dA =: \fint_{\mathcal{F}} x\, dA$$

   der Fläche $\mathcal{F}$, wenn $\mathcal{F}$ eine Sphäre bzw. eine Halbsphäre ist? (Man beachte: $\overline{x}_{\mathcal{F}} := (\xi_1, \xi_2, \xi_3)$, $\xi_j = \fint_{\mathcal{F}} x_j dA$ für $j = 1, 2, 3$.)

4. Man berechne den Fluß $\phi(a, \mathcal{F})$ des Vektorfeldes $a(x,y,z) = (x,y,z)$ (i) durch den mit der äußeren Normalen orientierten Rand der Sphäre $\partial B_R(0)$; (ii) durch das Hyperebenenstück $H = \{(x,y,z) \in \mathbb{R}^3 : x^2 + y^2 \leq r^2, z = 0\}$, das mit der Normalen $N = (0,0,-1)$ orientiert ist; (iii) durch die Zylinderfläche $Z = \{(x,y,z) \in \mathbb{R}^3 : x^2 + y^2 = 1, 0 \leq z \leq h\}$, die durch das Normalenfeld $N(x,y,z) := (x,y,0)$ orientiert ist.

3 Die Integralsätze von Gauß und Green

Ein besonders nützliches Hilfsmittel der Analysis sind die Integralsätze von Gauß, Green und Stokes, die das Prinzip der *partiellen Integration* auf mehrdimensionale Integrale verallgemeinern. Der formale und inhaltliche Höhepunkt dieser Theorie ist der *allgemeine Satz von Stokes*, der die oben genannten Sätze als Spezialfälle enthält. Er lautet:

$$(1) \qquad \int_M d\omega = \int_{\partial M} \omega\ .$$

Hier bezeichnet M eine kompakte, orientierte, p-dimensionale Mannigfaltigkeit mit Rand ∂M, der die von M induzierte Orientierung trägt; ω ist eine beliebige $(p-1)$-Differentialform auf M mit der äußeren Ableitung $d\omega$. Heute ist es vielfach üblich, zunächst das allgemeine Resultat (1) zu beweisen und aus diesem durch Spezialisierung die klassischen Integralsätze zu gewinnen. Dies ist zwar ein bewährtes Mittel mathematischer Ökonomie, hat aber den Nachteil, daß der Anfänger erst mit dem Cartanschen Kalkül der Differentialformen vertraut werden muß. Dadurch mag ihm die Formel (1) als ein schwierig zu beweisendes Resultat erscheinen, das nicht leicht zu gebrauchen ist. Da aber partielle Integration in vielen mathematischen Gebieten und auch in der Theoretischen Physik ein unabdingbares Werkzeug ist, das mühelos gehandhabt werden sollte, schlagen wir hier den klassischen Zugang zu den Integralsätzen ein. Dadurch werden nicht nur die Beweise sehr einfach und durchsichtig, sondern die partielle Integration erscheint auch in einer Form, die sie für viele Anwendungen unmittelbar brauchbar macht. Die allgemeinere Formel wird erst in Band 3 behandelt.

Wir formulieren jetzt den Gaußschen Integralsatz im $\mathbb{R}^n$. Spezialfälle hatten wir bereits in 5.1 (vgl. Satz 15 und die Korollare 2-4) behandelt; dort findet sich auch schon eine Version des allgemeinen Resultates im Falle $n = 2$ (vgl. Satz 22).

Satz 1. (Gaußscher Integralsatz). *Sei $a : \Omega_0 \to \mathbb{R}^n$ ein Vektorfeld der Klasse C^1 auf einer offenen Menge Ω_0 des $\mathbb{R}^n$. Weiter bezeichne Ω ein glattberandetes Gebiet mit $\Omega \subset\subset \Omega_0$ und mit der äußeren Normalen $N : \partial\Omega \to S^{n-1} \subset \mathbb{R}^n$ auf $\partial\Omega$. Dann gilt*

$$(2) \qquad \int_\Omega \operatorname{div} a \, dV = \int_{\partial\Omega} \langle a, N \rangle \, dA \, .$$

Erster Beweis. Hier beschränken wir uns darauf, den Satz für beschränkte Gebiete des $\mathbb{R}^n$ zu beweisen, deren Abschluß sich in jeder Koordinatenrichtung in endlich viele Normalbereiche mit stückweise glattem Rand zerschneiden läßt. Für jeden solchen Normalbereich wird ein Summand $\int_\Omega \frac{\partial a_j}{\partial x_j} dV$ von

$$\int_\Omega \operatorname{div} a \, dV = \sum_{j=1}^{n} \int_\Omega \frac{\partial a_j}{\partial x_j} \, dV$$

in ein Randintegral verwandelt. Addiert man diese Randintegrale, so treten die „inneren" Randteile doppelt, aber mit entgegengesetzter Orientierung auf und heben sich daher weg; übrig bleibt das Integral über den „äußeren" Rand $\partial\Omega$, und dieses ist somit gleich der Summe der Integrale von $\partial a_j/\partial x_j$ über die einzelnen Schnittstücke, also gleich dem Integral über den Gesamtbereich $\overline{\Omega}$ (vgl. 5.1, Satz 20).

Diese Beweisidee wollen wir nun im einzelnen ausführen.

(i) Sei Ω ein Gebiet im $\mathbb{R}^n$, dessen Abschluß $\overline{\Omega}$ ein Normalbereich in x_n-Richtung ist. Setzen wir $y := (x_1, \ldots, x_{n-1})$, $z := x_n$, so läßt sich $\overline{\Omega}$ folgendermaßen schreiben:

$$\overline{\Omega} = \left\{ (y, z) \in \mathbb{R}^{n-1} \times \mathbb{R} : y \in \overline{B}, \varphi(y) \leq z \leq \psi(y) \right\} \, .$$

Hier sind B ein quadrierbares Gebiet des $\mathbb{R}^{n-1}$ mit stückweise glattem Rand und $\varphi, \psi \in C^1(\overline{B})$ mit $\varphi \leq \psi$. Der Rand $\partial\Omega$ besteht aus den beiden *Deckeln*

$$\mathcal{F}^+ := \left\{ (y, z) \in \mathbb{R}^n : y \in \overline{B}, z = \psi(y) \right\}$$

und

$$\mathcal{F}^- := \left\{ (y, z) \in \mathbb{R}^n : y \in \overline{B}, z = \varphi(y) \right\}$$

und dem *Zylinder*

$$\mathcal{Z} := \left\{ (y, z) \in \mathbb{R}^n : y \in \partial B, \varphi(y) < z < \psi(y) \right\} \, ,$$

der leer sein kann (nämlich dann, wenn $\varphi = \psi$ ist).

Für $u \in C^0(\overline{\Omega})$ mit $u_z(x) \in C^0(\Omega)$ gilt dann

$$\int_\Omega u_z\, dV = \int_B \left(\int_{\varphi(y)}^{\psi(y)} u_z(y,z)dz \right) dy$$

(3)
$$= \int_B u(y, \psi(y)dy) - \int_B u(y, \varphi(y))dy .$$

Die äußere Normale $N = (N_1, \ldots, N_n)$ von $\partial\Omega$ schreibt sich mit

$$W^+(y) := \sqrt{1 + |\nabla\psi(y)|^2} \quad \text{und} \quad W^-(y) := \sqrt{1 + |\nabla\varphi(y)|^2}$$

in der Form

$$\begin{aligned}
N\big(y, \psi(y)\big) &= \big(1/W^+(y)\big) \cdot \big(-\nabla\psi(y), 1\big) &&\text{auf } \mathcal{F}^+ , \\
N\big(y, \varphi(y)\big) &= \big(1/W^-(y)\big) \cdot \big(\nabla\varphi(y), -1\big) &&\text{auf } \mathcal{F}^- , \\
N(y, z) &= \big(\nu(y), 0\big) &&\text{auf } \mathcal{Z} ,
\end{aligned}$$

wobei $\nu(y)$ die äußere Normale von ∂B im Punkte y ist. Das Flächenelement von $\mathcal{F}^+$ in $\big(y, \psi(y)\big)$ ist $dA = \sqrt{1 + |\nabla\psi(y)|^2}dy$, und $dA = \sqrt{1 + |\nabla\varphi(y)|^2}dy$ ist das Flächenelement von $\mathcal{F}^-$ in $\big(y, \varphi(y)\big)$. Auf $\mathcal{Z}$ brauchen wir dA nicht zu bestimmen, weil dort $N_n = 0$ und somit auch $uN_n = 0$ ist. Damit folgt aus (3) die Formel

$$\begin{aligned}
\int_\Omega u_z\, dV &= \int_{\mathcal{F}^+} uN_n\, dA + \int_{\mathcal{F}^-} uN_n\, dA + \int_{\mathcal{Z}} uN_n\, dA \\
&= \int_{\partial\Omega} uN_n\, dA
\end{aligned}$$

(ii) Nun nehmen wir an, daß sich $\overline{\Omega}$ in die Form $\overline{\Omega} = \bigcup_{\nu=1}^p \overline{\Omega}_\nu$ zerschneiden läßt, wobei jedes $\overline{\Omega}_\nu$ ein Normalbereich in z-Richtung von der oben beschriebenen Art ist und $\Omega_\nu \cap \Omega_\mu = \emptyset$ für $\nu \neq \mu$ gilt. Nach (i) folgt

$$\int_\Omega u_z\, dV = \sum_{\nu=1}^p \int_{\Omega_\nu} u_z\, dV = \sum_{\nu=1}^p \int_{\partial\Omega_\nu} uN_n\, dA .$$

Die Integrale über die in Ω liegenden Teile der Ränder heben sich weg. Folglich gilt

$$\int_\Omega u_z\, dV = \int_{\partial\Omega} uN_n\, dA .$$

(iii) Ist nun $a = (a_1, \ldots, a_n) \in C^1(\overline{\Omega})$ und läßt sich $\overline{\Omega}$ bezüglich jeder Koordinatenrichtung in endlich viele Normalbereiche zerschneiden, so gilt

$$(4) \qquad \int_\Omega \frac{\partial a_j}{\partial x_j}\, dV \;=\; \int_{\partial\Omega} a_j N_j\, dA$$

für $j = 1, \ldots, n$. Summieren wir die Gleichungen über j von 1 bis n, so ergibt sich (2). $\qquad\qquad\qquad\qquad\qquad\qquad\qquad\qquad\qquad\qquad\qquad\qquad\qquad\quad$ $\square$

Bemerkung 1. Für viele Zwecke ist die soeben bewiesene, etwas eingeschränkte Form des Gaußschen Satzes völlig ausreichend. Dieser Beweis hat sogar den Vorteil, sich mühelos auf vielerlei Typen von Gebieten mit nur stückweise glattem Rand ausdehnen zu lassen, etwa auf Würfel, Quader, Halbkugeln, Zylinder, Kegel und ähnliches. Man muß dann freilich auch noch den Begriff des Flächenintegrals etwas verallgemeinern. Dies bleibe dem Leser überlassen.

Zweiter Beweis des Gaußschen Satzes. Nun wollen wir Satz 1 für beliebige beschränkte Gebiete Ω des $\mathbb{R}^n$ beweisen, die *glattberandet* sind d.h. deren Rand $\partial\Omega$ aus endlich vielen gleichungsdefinierten, bogenweise zusammenhängenden Mannigfaltigkeiten $M_1, \ldots, M_p \in C^1$ der Kodimension 1 besteht. Die leitende Idee besteht darin, Formel (2) durch *Lokalisierung* mit einer geeigneten Zerlegung der Eins auf endlich viele lokale Probleme zu reduzieren, auf die - wie im ersten Beweis - das Korollar 5 von 5.1 angewendet werden kann. Im Prinzip verläuft dieser Beweis genauso, wie man die allgemeine Formel (1) zeigt. Zunächst wiederholen wir in etwas verfeinerter Gestalt die Schlußweise aus Bemerkung 2 von 5.4. Zu jeder der Mannigfaltigkeiten M_j, aus denen $\partial\Omega$ besteht, gibt es einen Atlas $\mathfrak{A}_j$, der durch die äußere Normale N orientiert ist. Dann ist $\mathfrak{A} := \mathfrak{A}_1 \cup \ldots \cup \mathfrak{A}_l$ ein durch N orientierter Atlas für $\partial\Omega$. Bezeichne $(\mathcal{F}_\alpha, \psi_\alpha)$, $\alpha \in I_0$, die Karten von $\mathfrak{A}$. Wir wählen eine Überdeckung $U = \{B(x) : x \in \overline\Omega\}$ von $\overline\Omega$ durch offene Kugeln $B(x)$ mit Mittelpunkten $x \in \overline\Omega$, deren Radien $r(x) > 0$ so klein gewählt sind, daß gilt:

(i) Für jedes $x \in \Omega$ ist $B(x) \subset\subset \Omega$.

(ii) Für jedes $x \in \partial\Omega$ gibt es ein $\alpha \in I_0$, so daß $\partial\Omega \cap \overline{B(x)} \subset \mathcal{F}_\alpha$ gilt.

Aus U können wir eine endliche Überdeckung

$$U' = \{B(x_\alpha) : \alpha \in I\}, \quad I = I' \cup I'', \quad I' \cap I'' = \emptyset,$$

von $\overline\Omega$ auswählen, so daß nach Umbenennung der Karten $(\mathcal{F}_\alpha, \psi_\alpha)$ gilt:

$$B(x_\alpha) \subset\subset \Omega \quad \text{für} \quad \alpha \in I'$$

gilt und

$$x_\alpha \in \partial\Omega \quad \text{sowie} \quad \partial\Omega \cap \overline{B(x_\alpha)} \subset \mathcal{F}_\alpha \quad \text{für} \quad \alpha \in I''\,.$$

(Hierbei kann nach der Umbenennung verschiedenen Indizes $\alpha, \beta \in I''$ die gleiche Karte von $\mathfrak{A}$ entsprechen.)

Nun bilden wir wieder die Hügelfunktionen

$$\xi_\alpha(x) := \begin{cases} \exp\left(\frac{1}{|x - x_\alpha| - r_\alpha}\right) & |x - x_\alpha| < r_\alpha \\[2mm] & \text{für} \\[2mm] 0 & |x - x_\alpha| \geq r_\alpha \end{cases}$$

mit der endlichen, nirgendwo auf $\overline\Omega$ verschwindenden Summe $\xi := \sum_{\alpha \in I} \xi_\alpha$.

Setzen wir $\eta_\alpha := \xi_\alpha/\xi$, so ist $\{\eta_\alpha\}_{\alpha\in I}$ eine Zerlegung der Eins auf $\overline{\Omega}$, und $\{\eta_\alpha\}_{\alpha\in I''}$ ist eine feine Zerlegung der Eins auf $\partial\Omega$ mit dem zugehörigen Atlas $\mathfrak{A}'' := \{(\mathcal{F}_\alpha, \psi_\alpha) : \alpha \in I''\}$ von $\partial\Omega$. Demgemäß erhalten wir

$$\int_\Omega \operatorname{div} a\, dV \;=\; \int_\Omega \operatorname{div}\left(\sum_{\alpha\in I}\eta_\alpha a\right)dV \;=\; \sum_{\alpha\in I}\int_\Omega \operatorname{div}(\eta_\alpha a)\, dV$$

$$=\; \sum_{\alpha\in I'}\int_\Omega \operatorname{div}(\eta_\alpha a)\, dV \;+\; \sum_{\alpha\in I''}\int_\Omega \operatorname{div}(\eta_\alpha a)\, dV$$

und

$$\int_{\partial\Omega}\langle a, N\rangle\, dA \;=\; \sum_{\alpha\in I''}\int_{\mathcal{F}_\alpha}\eta_\alpha\,\langle a, N\rangle\, dA \;=\; \sum_{\alpha\in I''}\int_{\mathcal{F}_\alpha}\langle \eta_\alpha a, N\rangle\, dA\;.$$

Für $\alpha \in I'$ gilt $\eta_\alpha \in C_c^\infty(\Omega)$ und damit $\eta_\alpha a \in C_c^1(\Omega, \mathbb{R}^n)$. Wegen 5.1, Korollar 4, (ii) ergibt sich

$$\int_\Omega \operatorname{div}(\eta_\alpha a)\, dV \;=\; 0 \qquad \text{für alle } \alpha \in I'\;,$$

und hieraus folgt

$$\int_\Omega \operatorname{div} a\, dV \;=\; \sum_{\alpha\in I''}\int_\Omega \operatorname{div}(\eta_\alpha a)\, dV\;.$$

Um also Formel (2) zu beweisen, genügt es zu zeigen, daß

$$(5)\qquad\qquad \int_\Omega \operatorname{div}(\eta_\alpha a)\, dV \;=\; \int_{\mathcal{F}_\alpha}\langle \eta_\alpha a, N\rangle\, dA$$

für alle $\alpha \in I''$ ist. Die Funktion η_α hat den Abschluß von $B(x_\alpha) = \{x \in \mathbb{R}^n : |x - x_\alpha| < r_\alpha\}$ als ihren Träger; somit ist (5) äquivalent zu

$$(6)\qquad\qquad \int_{\Omega\cap B(x_\alpha)} \operatorname{div}(\eta_\alpha a)\, dV \;=\; \int_{\mathcal{F}_\alpha}\langle \eta_\alpha a, N\rangle\, dA\;.$$

Wir wollen zunächst annehmen, daß $\mathcal{F}_\alpha$ als Graph einer Funktion ζ über einer $(n-1)$-dimensionalen Kugel $B' := \{x' \in \mathbb{R}^{n-1} : |x' - x'_\alpha| < r\} = B_r(x'_\alpha)$ der $x_1, \dots, x_{n-1}$-Hyperebene mit $r \geq r_\alpha$ und Ω in der Nähe von x_α unterhalb von $\operatorname{graph}\zeta$ liegt. Hier haben wir $x = (x', x'')$ mit $x' = (x_1, \dots, x_{n-1})$, $x'' = x_n$ und entsprechend $x_\alpha = (x'_\alpha, x''_\alpha)$.

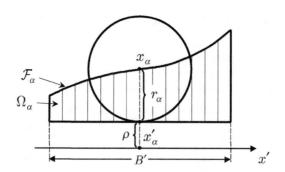

Sei $\Omega_\alpha := \{(x', x'') \in \mathbb{R}^{n-1}\times\mathbb{R} : x' \in B',\ \rho < x'' < \zeta(x')\}$, mit $\rho := x''_\alpha - r_\alpha$. Dann gilt

$$\Omega \cap B(x_\alpha) \subset \Omega_\alpha \quad\text{und}\quad \operatorname{supp}\eta_\alpha\big|_{\overline{\Omega}} \subset \overline{\Omega}_\alpha\;.$$

Zur Abkürzung führen wir das Vektorfeld $c = (c_1, \ldots, c_n) := \eta_\alpha a$ und die Integrale

$$J_j := \int_{\Omega_\alpha} D_j c_j \, dV = \int_{B'} \left(\int_\rho^{\zeta(x')} D_j c_j(x', x'') dx'' \right) dx'$$

ein. Dann läßt sich die linke Seite von (6) folgendermaßen umformen:

$$(7) \qquad \int_{\Omega \cap B(x_\alpha)} \operatorname{div}(\eta_\alpha a) \, dV = \int_{\Omega_\alpha} \operatorname{div} c \, dV = \sum_{j=1}^n J_j \, .$$

Wegen $c_j(x', \rho) = 0$ für alle $x' \in B'$ ergibt sich zunächst für $j = n$ die Relation

$$(8) \qquad J_n = \int_{B'} c_n(x', \zeta(x')) \, dx' \, .$$

Für $1 \leq j \leq n - 1$ erhalten wir ferner

$$\frac{\partial}{\partial x_j} \int_\rho^{\zeta(x')} c_j(x', x'') \, dx'' = \int_\rho^{\zeta(x')} D_j c_j(x', x'') \, dx'' + c_j(x', \zeta(x')) D_j \zeta(x') \, .$$

Die Funktionen

$$f_j(x') := \int_\rho^{\zeta(x')} c_j(x', x'') dx'' \, , \quad x' \in B' \, , \ 1 \leq j \leq n-1 \, ,$$

sind von der Klasse $C_c^1(B')$; nach 5.1, Korollar 4, (i) bekommen wir

$$\int_{B'} D_j f_j(x') \, dx' = 0 \, , \qquad j = 1, \ldots, n - 1 \, ,$$

und somit folgt

$$(9) \qquad J_j = - \int_{B'} c_j(x', \zeta(x')) D_j \zeta(x') dx' \quad \text{für } 1 \leq j \leq n - 1 \, .$$

Die Beziehungen (7)–(9) liefern

$$\int_{\Omega \cap B(x_\alpha)} \operatorname{div}(\eta_\alpha a) \, dV = \int_{B'} \left[-\sum_{j=1}^{n-1} c_j(x', \zeta(x')) D_j \zeta(x') + c_n(x', \zeta(x')) \right] dx' \, .$$

Führen wir die Parameterdarstellung $Z(x') := (x', \zeta(x'))$, $x' \in B'$, von $\mathcal{F}_\alpha$ ein, so läßt sich diese Gleichung wegen

$$N(x) = \frac{1}{\sqrt{1 + |\nabla_{x'} \zeta(x')|^2}} \cdot (-\nabla_{x'} \zeta(x'), 1)$$

in der Form

$$\int_{\Omega \cap B(x_\alpha)} \operatorname{div}(\eta_\alpha a) \, dV = \int_{B'} \langle c(Z(x')), N(Z(x')) \rangle \sqrt{1 + |\nabla_{x'} \zeta(x')|^2} \, dx'$$

schreiben, und wegen $dA = \sqrt{1 + |\nabla_{x'} \zeta(x')|^2} \, dx'$ folgt

$$(10) \qquad \int_{\Omega \cap B(x_\alpha)} \operatorname{div}(\eta_\alpha a) \, dV = \int_Z \langle \eta_\alpha a, N \rangle \, dA \, .$$

Bezeichnet $X_\alpha := \psi_\alpha^{-1}$ die Inverse der zur Karte $(\mathcal{F}_\alpha, \psi_\alpha)$ gehörenden Kartenabbildung ψ_α, so ist Z äquivalent zu X_α (vgl. 6.2, (25), wo wir T als die Einheitsmatrix $E \in O(n)$ wählen können), mithin

$$\int_Z \langle \eta_\alpha a, N \rangle \, dA = \int_{X_\alpha} \langle \eta_\alpha a, N \rangle \, dA = \int_{\mathcal{F}_\alpha} \langle \eta_\alpha a, N \rangle \, dA \, .$$

Damit ist (5) im Spezialfall $\mathcal{F}_\alpha = \operatorname{graph} \zeta$ bewiesen.

Der allgemeine Fall, den wir nunmehr betrachten wollen, läßt sich sehr leicht auf diesen Spezialfall zurückführen. Jetzt wissen wir zumindest, daß es ein $T \in O(n)$ gibt, mit dessen Hilfe sich die transformierte Fläche $T\mathcal{F}$ als Graph einer Funktion $\zeta \in C^1(B')$ über der $(n-1)$-dimensionalen Kreisscheibe $B' = B_r(x'_\alpha)$ schreiben läßt, also

$$\tilde{\mathcal{F}}_\alpha := T\,\mathcal{F}_\alpha = \mathrm{Spur}\,\zeta = Z(B')$$

mit $Z(x') = (x', \zeta(x'))$, $x' \in B'$, und es gilt $Z \sim T \circ X_\alpha$, wobei $T \in O(n)$ und X_α die Inverse des zur Karte $(\mathcal{F}_\alpha, \psi_\alpha)$ gehörenden Kartenhomöomorphismus' $\psi_\alpha : \mathcal{F}_\alpha \to B \subset \mathbb{R}^{n-1}$ ist (vgl. 6.2, (25)). Wir setzen

$$S := T^{-1}\,, \quad \tilde{\Omega} := T\Omega\,, \quad \tilde{N} := T \circ N \circ S\,, \quad \tilde{x}_\alpha := Tx_\alpha\,, \quad \tilde{B}(\tilde{x}_\alpha) := TB(x_\alpha)$$

und beachten, daß nach Konstruktion von X_α das Vektorfeld $\tilde{N}$ die äußere Normale hinsichtlich $\tilde{\Omega}$ auf $\tilde{\mathcal{F}}$ ist.

Sei ferner $c := \eta_\alpha a$, und $\tilde{c} := T \circ c \circ S$ bezeichne das transformierte Vektorfeld. Wie zuvor bewiesen (vgl. (6)), folgt

$$\int_{\tilde{\Omega} \cap \tilde{B}(\tilde{x}_\alpha)} \mathrm{div}\,\tilde{c}\,\,dV = \int_{\tilde{\mathcal{F}}_\alpha} \langle \tilde{c}, \tilde{N} \rangle\,d\tilde{A}\,.$$

Das Flächenintegral auf der rechten Seite schreibt sich als

$$\int_{B'} \langle T \circ c \circ S \circ Z,\, T \circ N \circ S \circ Z \rangle\,dA = \int_B \langle c \circ X_\alpha,\, N \circ X_\alpha \rangle\,dA\,,$$

wenn wir $\langle T \circ c, T \circ N \rangle = \langle S \circ T \circ c, N \rangle = \langle c, N \rangle$ berücksichtigen und beachten, daß das Flächenintegral $\int_{X_\alpha} f\,dA$ sowohl gegenüber Parametertransformationen als auch gegenüber orthogonalen Transformationen des Bildraumes $\mathbb{R}^n$ invariant ist. Andererseits liefert der Transformationssatz wegen $|\det T| = 1$ die Beziehung

$$\int_{\tilde{\Omega} \cap \tilde{B}(\tilde{x}_\alpha)} \mathrm{div}\,\tilde{c}\,\,dV = \int_{\Omega \cap B(x_\alpha)} (\mathrm{div}\,\tilde{c}) \circ T\,\,dV\,,$$

und die weiter unten bewiesene Proposition 1 ergibt $\mathrm{div}\,\tilde{c} = (\mathrm{div}\,c) \circ S$, womit

$$\int_{\tilde{\Omega} \cap \tilde{B}(\tilde{x}_\alpha)} \mathrm{div}\,\tilde{c}\,\,dV = \int_{\Omega \cap B(x_\alpha)} \mathrm{div}\,c\,\,dV = \int_\Omega \mathrm{div}\,(\eta_\alpha a)\,\,dV$$

folgt und damit die gewünschte Gleichung

$$\int_\Omega \mathrm{div}\,(\eta_\alpha a)\,dV = \int_{X_\alpha} \langle c, N \rangle\,dA = \int_{\mathcal{F}_\alpha} \langle c, N \rangle\,dA\,.$$

$$\square$$

Nun müssen wir noch das folgende Resultat nachtragen:

Proposition 1. *Sei $a \in C^1(\Omega, \mathbb{R}^n)$ ein Vektorfeld auf der offenen Menge Ω des $\mathbb{R}^n$, und bezeichne $\varphi : \Omega \to \Omega^*$ einen Diffeomorphismus von Ω auf Ω^*, der mittels einer Matrix $A \in GL(n, \mathbb{R})$ durch $\varphi(x) = A \cdot x$ gegeben ist. Zu a bilden wir das „transformierte Vektorfeld" $b \in C^1(\Omega^*, \mathbb{R}^n)$ vermöge $b := A \cdot a \circ \varphi^{-1}$, d.h. $b(y) = A \cdot a(A^{-1}y)$. Dann gilt*

$$(11) \qquad \sum_{j=1}^n \frac{\partial}{\partial y_j}\,b_j(y) = \sum_{j=1}^n \frac{\partial}{\partial x_j}\,a_j(x)\,\big|_{x = A^{-1} \cdot y}\,,$$

d.h. $\mathrm{div}\,b = (\mathrm{div}\,a) \circ \varphi^{-1}$. Für $A \in O(n)$ hat das transformierte Vektorfeld b die Form

$$(12) \qquad b(y) = A \cdot a(A^T y)\,, \quad y \in \Omega^* = A\Omega\,.$$

Beweis. Aus $b(y) = A \cdot a(A^{-1} \cdot y)$ folgt nach der Kettenregel

$$Db(y) = A \cdot Da(A^{-1} \cdot y) \cdot A^{-1}.$$

Folglich gilt

$$\text{div}\, b(y) = \text{Spur}\, Db(y) = \text{Spur}\left(A \cdot Da(A^{-1}\, y) \cdot A^{-1}\right) = \text{Spur}\, Da(A^{-1}y) = (\text{div}\, a)(A^{-1}y),$$

denn die Spur einer Matrix C ist invariant gegenüber Konjugation: $\text{Spur}\, ACA^{-1} = \text{Spur}\, C$. $\qquad\square$

Bemerkung 2. Ist $\text{div}\, a = 0$ in Ω, so verschwindet der Fluß $\int_{\partial\Omega}\langle a, N\rangle dA$ des Vektorfeldes a durch die Randfläche $\partial\Omega$; dies erklärt, warum man ein solches Vektorfeld als **quellenfrei** bezeichnet.

Von der naheliegenden Idee, gewisse Integrale über n-dimensionale Gebiete in $(n-1)$-dimensionale Integrale über deren Ränder umzuwandeln, hat wohl Gauß als erster systematischen Gebrauch gemacht. Schon in seiner Arbeit aus dem Jahre 1813 über die *Theorie der Anziehung homogener Ellipsoide* (Gauß' *Werke*, Bd. 5, S. 1–22, und *Ostwalds Klassiker*, Nr. 19) findet sich dieser Gedanke mehrfach, und in einer „Selbstanzeige" aus dem gleichen Jahre schreibt Gauß: *Der Verf. fängt damit an, sechs verschiedene allgemeine Lehrsätze zu begründen, vermittelst deren dreifache, durch einen körperlichen Raum auszudehnende, Integrale auf zweifache, nur über die Oberfläche des Körpers auszudehnende, Integrale reducirt werden.* Im Jahre 1829 hat Gauß der Göttinger Akademie die Schrift *Principia generalia theoriae figurae fluidorum in statu aequilibrii* (publiziert 1830) vorgelegt, worin er die Laplacesche Theorie der Kapillarität aus einem Variationsprinzip (dem Prinzip der virtuellen Arbeit) herleitet. Neben der partiellen Differentialgleichung, welche die Kapillarphänomene beschreibt, wird aus diesem Prinzip auch die freie Randbedingung gewonnen, die kapillare Grenzflächen an Gefäßwandungen erfüllen müssen. Um diese Formel aufzustellen, mußte Gauß Gebietsintegrale in Randintegrale umwandeln. Ganz unabhängig von Gauß hat Green in seiner grundlegenden Arbeit *An essay on the applications of mathematical analysis to the theories of electricity and magnetism* aus dem Jahre 1828 (*Papers* 1871; *Crelles Journal* Nr. 39, 44, 47 (1850–1854); *Ostwalds Klassiker* Nr. 61) verwandte Formeln aufgestellt, die wir in Kürze beschreiben werden. Zunächst nur wenig beachtet, hat diese Schrift großen Einfluß in Mathematik und Physik gehabt, und es ist schon erstaunlich, daß der Autodidakt Green bereits kurz nach den bahnbrechenden Entdeckungen von Oersted (1820), Biot und Savart (1821), Ampère (1822–26) und Ohm (1827) seinen Zeitgenossen die Hilfsmittel zur mathematischen Behandlung der Phänomene des Elektromagnetismus an die Hand gab.

Etwa um die gleiche Zeit wie Gauß und Green formulierte und bewies M.V. Ostrogradski, der die mathematische Schule von St. Petersburg (nach Euler) wieder begründete, eine Version von Satz 1 in $\mathbb{R}^3$. In der russischen Literatur wird Satz 1 daher oft als *Satz von Ostrogradski* bezeichnet.

$\boxed{1}$ Wählen wir in (2) das Vektorfeld $a(x)$ als den Ortsvektor x, so ergibt sich für das Volumen eines beschränkten Gebietes Ω des $\mathbb{R}^n$ die Formel

$$(13) \qquad v(\Omega) = \frac{1}{n} \int_{\partial\Omega} \langle x, N(x)\rangle \, dA.$$

Mit $N = (N_1, \dots, N_n)$, $N_j = \cos\alpha_j(x)$ und $a(x) = x_j e_j = (0, \dots, 0, x_j, 0, \dots, 0) = \langle x, e_j\rangle e_j$ folgt

$$(14) \qquad v(\Omega) = \int_{\partial\Omega} x_j \cos\alpha_j(x) \, dA.$$

Dies ist der Inhalt von Gauß' *Theorema secundum* in der oben erwähnten Arbeit aus dem Jahre 1813. Das *Theorema primum* besagt

$$(15) \qquad \int_{\partial\Omega} \cos\alpha_j(x) \, dA = 0 \qquad \text{für } j = 1, \dots, n,$$

was sich aus (2) für $a(x) = e_j$ ergibt. Diese Beziehung ist gleichbedeutend mit

$$(16) \qquad \int_{\partial\Omega} N \, dA \; = \; 0 \, .$$

Wählen wir in (13) für das Gebiet Ω die Kugel $B_R(0)$ mit der Sphäre $S_R(0)$ als Rand, so gilt $x = RN(x)$ für $x \in S_R(0)$, und damit ergibt sich die wohlbekannte Formel

$$v(B_R(0)) \; = \; \frac{R}{n} \, \mathcal{A}(S_R(0)) \, .$$

Wenn wir noch berücksichtigen, daß Volumen und Flächeninhalt invariant gegenüber Bewegungen des $\mathbb{R}^n$ sind, so folgt

$$(17) \qquad v(B_R) \; = \; \frac{R}{n} \, \mathcal{A}(S_R)$$

für jede Kugel B_R des $\mathbb{R}^n$ vom Radius R und deren Randsphäre S_R.

$\boxed{2}$ Für ein beschränktes Gebiet $\Omega \subset \mathbb{R}^3$, das homogen mit Masse der Dichte 1 belegt ist, bezeichnet

$$U(x) \; := \; \int_\Omega \frac{1}{r} \, dy \, , \quad r \; := \; |x - y| \, , \quad x \in \mathbb{R}^3 \setminus \overline{\Omega} \, ,$$

das *Newtonsche Potential* des Körpers Ω im Aufpunkt x, und die Anziehungskraft von Ω auf einen Punkt x außerhalb von $\overline{\Omega}$ ist

$$\nabla U(x) \; = \; \int_\Omega \nabla_x \frac{1}{r} \, dy \; = \; -\int_\Omega \nabla_y \frac{1}{r} \, dy \; = \; \int_\Omega \frac{y - x}{r^3} \, dy \, .$$

Wendet man (2) auf die Vektoren $a(y) := -\frac{1}{r} e_j$ an, so folgt

$$(18) \qquad U_{x_j}(x) \; = \; -\int_{\partial\Omega} \frac{1}{|x - y|} \, \cos\alpha_j(y) \, dA(y) \, ;$$

mit $dA(y)$ deuten wir an, wie in der Literatur üblich, daß y der „laufende" Integrationspunkt ist. Die Gravitationskraft, die Ω auf den Punkt $x \in \mathbb{R}^3 \setminus \overline{\Omega}$ ausübt, ist also

$$(19) \qquad \nabla U(x) \; = \; -\int_{\partial\Omega} \frac{1}{r} \, N(y) \, dA(y) \, .$$

Die Formeln (18) und (19) sind der Inhalt des *Theorema tertium* in der Gaußschen Arbeit von 1813.

$\boxed{3}$ Sei $n = 3$ und Ω ein beschränktes, glatt berandetes Gebiet in $\mathbb{R}^3$. Dann ist

$$u(y) \; := \; \frac{1}{r} \, , \quad r \; := \; |x - y| \, ,$$

eine harmonische Funktion von $y \in \overline{\Omega}$ für jeden Wert von $x \in \mathbb{R}^3 \setminus \overline{\Omega}$, d.h. es gilt

$$0 \; = \; \Delta_y \frac{1}{r} \; = \; \mathrm{div}_y \, \mathrm{grad}_y \frac{1}{r} \quad \text{für alle } y \in \overline{\Omega} \, ,$$

wenn $x \in \mathbb{R}^3 \setminus \overline{\Omega}$ ist. Dies liefert wegen (2) die Gleichung

$$(20) \qquad \int_{\partial\Omega} \frac{1}{r^2} \cdot \left\langle \frac{y - x}{r}, N \right\rangle dA(y) \; = \; 0 \, .$$

Bezeichnet $\varphi(y)$ den Winkel zwischen den beiden Einheitsvektoren $r^{-1} \cdot (y - x)$ und $N(y)$, also

$$\left\langle \frac{y - x}{r}, N(y) \right\rangle \; = \; \cos\varphi(y) \, ,$$

so geht (20) über in die Gleichung

$$(21) \qquad \int_{\partial\Omega} \frac{\cos\varphi(y)}{r^2} \, dA(y) \; = \; 0 \, .$$

Ist hingegen $x \in \Omega$, so wird die Funktion $u(y)$ im Punkte $y = x$ singulär. In diesem Falle stanzen wir eine kleine Kugel $B_\epsilon(x)$, $0 < \epsilon \ll 1$, aus Ω aus und wenden den Gaußschen Satz auf $\Omega_\epsilon := \Omega \setminus \overline{B}_\epsilon(x)$ an, wo $u(y) = |x - y|^{-1}$ regulär ist. Dann folgt aus (20) die Gleichung

$$0 = \int_{\partial\Omega_\epsilon} \frac{1}{r^2} \left\langle \frac{y-x}{r}, N(y) \right\rangle dA(y)$$

$$= \int_{\partial\Omega} \frac{\cos\varphi(y)}{r^2} dA(y) + \int_{\partial B_\epsilon(x)} \frac{1}{\epsilon^2} \left\langle \frac{y-x}{\epsilon}, N(y) \right\rangle dA(y) ,$$

wenn $\epsilon > 0$ so klein gewählt ist, daß $B_\epsilon(x) \subset\subset \Omega$ gilt. Wir haben zu beachten, daß $N(y)$ auf $\partial B_\epsilon(x)$ die äußere Normale zu $\partial\Omega_\epsilon$ (und nicht zu $\partial B_\epsilon(x)$!) ist, also

$$N(y) = -\frac{y-x}{\epsilon} \qquad \text{für } y \in \partial B_\epsilon(x) .$$

Folglich gilt

$$\int_{\partial B_\epsilon(x)} \frac{1}{\epsilon^2} \left\langle \frac{y-x}{\epsilon}, N(y) \right\rangle dA(y) = -\frac{1}{\epsilon^2} \mathcal{A}(\partial B_\epsilon(x)) = -4\pi$$

und damit

$$(22) \qquad \int_{\partial\Omega} \frac{\cos\varphi(y)}{r^2} dA(y) = 4\pi \qquad \text{für } x \in \Omega .$$

Wir überlassen es dem Leser zu zeigen, daß sich mit einer ähnlichen Schlußweise

$$(23) \qquad \int_{\partial\Omega} \frac{\cos\varphi(y)}{r^2} dA(y) = 2\pi \quad \text{für } x \in \partial\Omega$$

ergibt, da $\partial\Omega$ glatt ist. Man überzeugt sich ohne weiteres, daß sich $r^{-2} \cos\varphi(y) dA(y)$ als der *räumliche Winkel* auffassen läßt, unter dem ein „infinitesimales Flächenelement" des Randes an der Stelle y und mit dem Maße $dA(y)$ vom Punkte x aus erscheint.

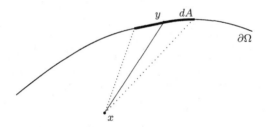

Dann ist der Ausdruck

$$(24) \qquad \alpha(x, \partial\Omega) := \int_{\partial\Omega} \frac{\cos\varphi(y)}{r^2} dA(y)$$

die „Summe" dieser räumlichen Winkel, und aus (21)–(23) ergibt sich

$$(25) \qquad \alpha(x, \partial\Omega) = \begin{cases} 4\pi & x \in \Omega \\ 2\pi & \text{für } x \in \partial\Omega \\ 0 & x \notin \overline{\Omega} \end{cases}$$

für den *gesamten räumlichen Winkel* $\alpha(x, \partial\Omega)$, unter dem der Rand $\partial\Omega$ eines glattberandeten Gebietes $\Omega \subset \mathbb{R}^3$ von einem Punkte x aus erscheint.

Dieses Ergebnis ist das *Theorema quartum* in der schon mehrfach zitierten Arbeit von Gauß aus dem Jahre 1813. Die Funktion $x \mapsto \alpha(x, \partial\Omega)$ erweist sich als eine bemerkenswerte topologische Invariante; sie verallgemeinert in gewisser Weise die *Umlaufzahl* aus dem Fall von zwei Dimensionen.

Wählt man bei beliebigem $n > 2$ für $a(y)$ das Vektorfeld

$$(26) \qquad a(y) := r^{-n} \cdot (y - x) = -\frac{1}{n-2} \nabla_y \, r^{2-n} \, ,$$

so gilt $\operatorname{div} a(y) = 0$ für $y \neq x$ wegen $\Delta_y r^{2-n} = 0$ für $r \neq 0$, und wir erhalten für den räumlichen Winkel

$$(27) \qquad \alpha(x, \partial\Omega) := \int_{\partial\Omega} r^{-n} \, \langle y - x, N(y) \rangle \, dA \, ,$$

unter dem $\partial\Omega$ von x aus erscheint, mit einer ähnlichen Schlußweise wie oben:

$$(28) \qquad \alpha(x, \partial\Omega) = \begin{cases} \omega_n & x \in \Omega \\ \omega_n/2 & \text{für} \quad x \in \partial\Omega \\ 0 & x \notin \overline{\Omega} \, , \end{cases}$$

wobei ω_n den Flächeninhalt der Einheitssphäre S^{n-1} bezeichnet.

$\boxed{4}$ Sei $X : \overline{B} \to \mathbb{R}^3$ eine eingebettete, immergierte Fläche in $\mathbb{R}^3$ mit dem Parameterbereich $B \subset \mathbb{R}^2$ und der Spur $\mathcal{F} = X(\overline{B})$. Wir nehmen an, daß der Ursprung 0 des $\mathbb{R}^3$ nicht auf $\mathcal{F}$ liegt, und ziehen die geradlinigen Verbindungen von 0 zur Randlinie $X(\partial B)$ von $\mathcal{F}$.

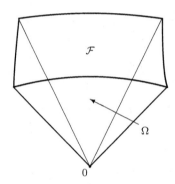

Wir nehmen an, daß diese Linien zusammen mit der „Kappe" $\mathcal{F}$ ein Kegelgebiet Ω des $\mathbb{R}^3$ beranden. Sei N die äußere Normale auf $\partial\Omega - \mathcal{S}$, wobei $\mathcal{S}$ die Vereinigung der „Kanten" von $\partial\Omega$ bezeichne. Dann gilt $\langle x, N(x) \rangle = 0$ auf den Mantellinien von $\partial\Omega$, und auf $\mathcal{F}$ ist $dA = W \, dudv$ mit $W := |X_u \wedge X_v|$. Weiterhin können wir annehmen, daß $X_u \wedge X_v = W \cdot N \circ X$ gilt (anderenfalls gehen wir von X zur entgegengesetzt orientierten Fläche über, indem wir u und v vertauschen). Also erhalten wir auf $\mathcal{F}$

$$\langle x, N(x) \rangle \, dA = X \cdot (X_u \wedge X_v)(u,v) \, dudv \quad \text{für} \quad x = X(u,v) \, ,$$

und somit folgt aus $\boxed{1}$, (13):

$$(29) \qquad v(\Omega) = \frac{1}{3} \int_B X \cdot (X_u \wedge X_v) \, dudv \, .$$

Das Integral auf der rechten Seite von (29) hat also die Bedeutung eines *Kegelvolumens*. Offensichtlich können wir den Ausdruck

$$(30) \qquad \frac{1}{3} \int_B X \cdot (X_u \wedge X_v) \, dudv$$

für beliebige Flächen $X : \overline{B} \to \mathbb{R}^3$ bilden; wir interpretieren ihn dann als ein „*algebraisches Volumen*" eines Kegelgebietes mit der Kappe X und der Spitze im Ursprung. In der Theorie der Kapillarphänomene treten Verallgemeinerungen solcher „Volumina" vom Typ

$$(31) \qquad \int_B Q(X) \cdot (X_u \wedge X_v) \, dudv$$

auf, wobei $Q : \mathbb{R}^3 \to \mathbb{R}^3$ gewisse Vektorfelder auf $\mathbb{R}^3$ bezeichnet; diese Integrale haben dann oft die Bedeutung von „potentiellen Energien".

Nun wollen wir die *Greenschen Formeln* herleiten. Hierfür benutzen wir eine unmittelbare Folgerung aus dem Gaußschen Integralsatz.

Korollar 1. (Partielle Integration). *Sei Ω ein beschränktes, glatt berandetes Gebiet des $\mathbb{R}^n$, $\varphi \in C^1(\overline{\Omega})$ und $b \in C^1(\overline{\Omega}, \mathbb{R}^n)$. Dann gilt*

$$(32) \qquad \int_\Omega \varphi \operatorname{div} b \, dx \; = \; \int_{\partial\Omega} \varphi \, b \cdot N \, dA \; - \; \int_\Omega \nabla\varphi \cdot b \, dx \,,$$

wobei N die äußere Normale zu $\partial\Omega$ ist.

Beweis. Wir bemerken zunächst, daß Satz 1 richtig bleibt, wenn wir die Voraussetzung „$a \in C^1(\Omega_0, \mathbb{R}^n)$ mit $\Omega \subset\subset \Omega_0$" abschwächen zu „$a \in C^1(\overline{\Omega}, \mathbb{R}^n)$", wobei gemeint sei, daß a auf Ω stetig differenzierbar ist und daß a sowie ∇a stetige Fortsetzungen auf $\overline{\Omega}$ besitzen, denn die weitergehende, zuvor genannte Annahme haben wir nicht wirklich benötigt.

Im übrigen könnte man eine Folge von glattberandeten Gebieten $\Omega_1 \subset\subset \Omega_2 \subset\subset \ldots \subset\subset \Omega$ mit $\Omega = \bigcup_{j=1}^\infty \Omega_j$ wählen, deren Ränder $\partial\Omega_j$ in einem geeigneten Sinne glatt gegen $\partial\Omega$ konvergieren, und auf diese Satz 1 anwenden, was

$$\int_{\Omega_j} \operatorname{div} a \, dV \; = \; \int_{\partial\Omega_j} \langle a, N \rangle \, dA$$

ergäbe. Für $j \to \infty$ folgte hieraus

$$\int_\Omega \operatorname{div} a \, dV \; = \; \int_{\partial\Omega} \langle a, N \rangle \, dA \,.$$

Wählen wir nun $a := \varphi b$, so ergibt sich aus (2) die Gleichung

$$(33) \qquad \int_\Omega \operatorname{div}(\varphi b) \, dx \; = \; \int_{\partial\Omega} \varphi \, b \cdot N \, dA \,.$$

Weiterhin haben wir $\operatorname{div}(\varphi b) = \nabla\varphi \cdot b + \varphi \operatorname{div} b$. Integrieren wir diese Identität über Ω und benutzen (33), so folgt (32). $\square$

Satz 2. (Greensche Formeln). *Sei Ω ein beschränktes, glatt berandetes Gebiet in $\mathbb{R}^n$ mit der äußeren Normalen N auf $\partial\Omega$. Dann gilt:*

$$(34) \qquad \int_\Omega \varphi\Delta\psi \, dx \; = \; - \int_\Omega \nabla\varphi \cdot \nabla\psi \, dx \; + \; \int_{\partial\Omega} \varphi \frac{\partial\psi}{\partial N} \, dA$$

für alle $\varphi \in C^1(\overline{\Omega})$, $\psi \in C^2(\overline{\Omega})$

und

$$(35) \qquad \int_\Omega (\varphi \, \Delta\psi - \psi \, \Delta\varphi) \, dx \; = \; \int_{\partial\Omega} \left(\varphi \frac{\partial\psi}{\partial N} - \psi \frac{\partial\varphi}{\partial N} \right) dA$$

für alle $\varphi, \psi \in C^2(\overline{\Omega})$.

Beweis. Wenden wir (32) auf $b = \nabla \psi$ an, so ergibt sich wegen

$$\operatorname{div} b \;=\; \Delta \psi \qquad N \cdot \nabla \psi \;=\; \frac{\partial \psi}{\partial N}$$

die **dreigliedrige Greensche Formel** (34). Vertauschen wir in (34) die Rollen von φ und ψ und ziehen die resultierende Formel von (34) ab, so entsteht die **zweigliedrige Greensche Formel** (35).

$\square$

Korollar 2. *Ist u in Ω_0 harmonisch, so gilt für jedes glattberandete Gebiet $\Omega \subset\subset \Omega_0$ die Beziehung*

$$(36) \qquad\qquad \int_{\partial \Omega} \frac{\partial u}{\partial N} \, dA \;=\; 0 \,.$$

Beweis. Man wende (34) auf $\varphi := 1$, $\psi := u$ an.

$\square$

Satz 3. (Mittelwertssatz für harmonische Funktionen). *Sei u in Ω_0 harmonisch, d.h. $u \in C^2(\Omega_0)$ und $\Delta u = 0$ in Ω_0. Dann ist $u(x_0)$ für jedes $x_0 \in \Omega$ ein Integralmittelwert über Sphären bzw. Kugeln: Für jede Kugel $B_R(x_0) \subset\subset \Omega_0$ gelten die Gleichungen*

$$(37) \qquad\qquad u(x_0) \;=\; \fint_{S_R(x_0)} u(x) \, dA$$

und

$$(38) \qquad\qquad u(x_0) \;=\; \fint_{B_R(x_0)} u(x) \, dx \,.$$

(Hier ist $S_R(x_0) = \partial B_R(x_0)$ und

$$\fint_{S_R(x_0)} \text{ als } \frac{1}{\mathcal{A}(S_R(x_0))} \int_{S_R(x_0)} , \qquad \fint_{B_R(x_0)} \text{ als } \frac{1}{|B_R(x_0)|} \int_{B_R(x_0)}$$

gesetzt.)

Beweis. Sei $0 < \epsilon < R$ und $B_R(x_0) \subset\subset \Omega_0$. Wir wenden (35) auf

$$\varphi(x) := u(x), \quad \psi(x) := \gamma(|x - x_0|) - \gamma(R) , \quad \Omega := B_R(x_0) \backslash B_\epsilon(x_0)$$

an, wobei $\gamma(r) := -\log r$ für $n = 2$ und $\gamma(r) := r^{2-n}$ für $n \geq 3$ gewählt sei. Wegen $\Delta \varphi = 0$ und $\Delta \psi = 0$ in Ω_0 sowie $\psi(x) = 0$ auf $S_R(x_0)$ folgt

$$0 = \int_{\partial \Omega} \left(\varphi \, \frac{\partial \psi}{\partial N} - \psi \, \frac{\partial \varphi}{\partial N} \right) dA$$

$$= \int_{S_R(x_0)} u(x) N(x) \cdot \nabla \gamma(|x - x_0|) \, dA$$

$$+ \int_{S_\epsilon(x_0)} \left\{ u(x) N(x) \cdot \nabla \gamma(|x - x_0|) - [\gamma(\epsilon) - \gamma(R)] \, \frac{\partial u}{\partial N} (x) \right\} dA \,.$$

Setze $\xi(x) := \frac{x-x_0}{|x-x_0|}$. Dann folgt $N(x) = \xi(x)$ für $x \in S_R(x_0)$, $N(x) = -\xi(x)$ für $x \in S_\epsilon(x_0)$. Weiter ergibt sich mit $c_n := -1$ für $n = 2$ bzw. $c_n := -(n-2)$ für $n \geq 3$ die Formel $\gamma'(r) = c_n r^{1-n}$ und damit $\nabla\psi(x) = c_n |x-x_0|^{1-n} \xi(x)$, folglich

$$\nabla\psi(x) \cdot \xi(x) = c_n |x-x_0|^{1-n} \quad \text{für } x \neq x_0 .$$

Dies liefert

$$c_n \int_{S_R(x_0)} u(x) R^{1-n} \, dA$$

$$= c_n \int_{S_\epsilon(x_0)} u(x)\epsilon^{1-n} \, dA + \int_{S_\epsilon(x_0)} [\gamma(R) - \gamma(\epsilon)] \frac{\partial u}{\partial \xi}(x) \, dA .$$

Führen wir Polarkoordinaten r, ξ um x_0 ein, so gilt

$$x = x_0 + \epsilon\xi , \quad dA = \epsilon^{n-1} d\omega_n(\xi) \quad \text{auf } S_\epsilon(x_0) ,$$

wobei $d\omega_n(\xi)$ das Flächenelement auf der Einheitssphäre S^{n-1} ist. Für $\epsilon \to +0$ folgt

$$\int_{S_\epsilon(x_0)} u(x)\epsilon^{1-n} \, dA = \int_{S^{n-1}} u(x_0 + \epsilon\xi) \, d\omega_n(\xi) \to u(x_0)\omega_n$$

mit $\omega_n := \mathcal{A}(S^{n-1})$ und

$$\int_{S_\epsilon(x_0)} [\gamma(R) - \gamma(\epsilon)] \frac{\partial u}{\partial \xi}(x) \, dA(x)$$

$$= \epsilon^{n-1} \cdot [\gamma(R) - \gamma(\epsilon)] \int_{S^{n-1}} \frac{\partial u}{\partial \xi}(x_0 + \epsilon\xi) d\omega_n(\xi) \to 0 .$$

Dies liefert Gleichung (37). Ersetzen wir in (37) den Radius R durch $r \in (0, R]$ und integrieren die resultierende Gleichung

$$u(x_0)\omega_n r^{n-1} = \int_{S_r(x_0)} u(x) dA(x)$$

von ϵ bis R, $0 < \epsilon < R$, so folgt mit $\epsilon \to +0$ auch die Behauptung (38).   □

Dieser Mittelwertsatz findet sich in Gauß' Arbeit *Allgemeine Lehrsätze in Beziehung auf die im verkehrten Verhältnisse des Quadrats der Entfernung wirkenden Anziehungs- und Abstoßungs-Kräfte* (Resultate aus den Beobachtungen des magnetischen Vereins im Jahre 1839, herausg. v. Gauß u. Weber, Leipzig 1840. Vgl. auch Gauß, Werke Bd. 5, S. 195–242). Gauß hat aus dem Mittelwertsatz die Schlußfolgerung gezogen, daß eine harmonische Funktion in einem Gebiet konstant ist, wenn sie auf dem Rande konstante Werte hat. Ist also der Rand eines Gebietes Ω Äquipotentialfläche eines elektrischen Feldes, so ist das Potential im Inneren konstant; daher dringen keine Feldlinien ins Innere von Ω ein (Prinzip des Faradayschen Käfigs). Übrigens scheint die Bezeichnung *harmonische Funktion* zuerst in dem Lehrbuch der theoretischen Physik (*Treatise on Natural Philosophy*, 1867) von W. Thomson (= Lord Kelvin) und P.G. Tait benutzt worden zu sein. Dieses Buch war für Jahrzehnte die Bibel der englischen Physiker; eine deutsche Übersetzung haben Helmholtz und Wertheim (1871) herausgegeben.

⑤ Die **natürlichen Randbedingungen** eines Variationsproblems. Wir gehen zurück zu Abschnitt 5.3 und betrachten ein Variationsintegral $\mathcal{F}(u)$ der Form

$$(39) \qquad \mathcal{F}(u) = \int_\Omega F(x, u(x), Du(x)) \, dx ,$$

das für Funktionen u der Klasse $C^1(\overline{\Omega}, \mathbb{R}^m)$ erklärt sei, wobei Ω eine beschränkte offene Menge mit glattem Rand in $\mathbb{R}^n$ bezeichne. Es sei vorausgesetzt, daß die Lagrangefunktion $F(x, z, p)$ und ihre Ableitung F_p von der Klasse $C^1(\mathbb{R}^n \times \mathbb{R}^m \times \mathbb{R}^{nm})$ ist.

Wir wollen annehmen, daß u ein lokaler Minimierer von $\mathcal{F}$ in der Klasse $C^1(\overline{\Omega}, \mathbb{R}^m)$ ist und daß überdies $u \in C^2(\Omega, \mathbb{R}^m)$ gilt. Dann gibt es ein $r > 0$, so daß $\mathcal{F}(u) \leq \mathcal{F}(v)$ ist für alle $v \in C^1(\overline{\Omega}, \mathbb{R}^m)$ mit $|u - v|_{0,\Omega} < r$. Wie in 5.3 bewiesen, bekommen wir dann

$$(40) \qquad\qquad \delta\mathcal{F}(u, \varphi) \;=\; 0 \quad \text{für alle} \quad \varphi \in C^1(\overline{\Omega}, \mathbb{R}^m)$$

(und nicht nur für $\varphi \in C^1_0(\overline{\Omega}, \mathbb{R}^m)$, weil u jetzt nicht am Rande $\partial\Omega$ fixiert ist, sondern variiert werden darf). Aus (40) folgen zunächst die Euler-Lagrangeschen Differentialgleichungen $L_F(u) = 0$ auf Ω. Nun bilden wir für $\Omega' \subset \Omega$ das Funktional

$$\mathcal{F}_{\Omega'}(v) \;:=\; \int_{\Omega'} F(x, v(x), Dv(x))\, dx$$

mit der ersten Variation

$$\delta\mathcal{F}_{\Omega'}(v, \varphi) \;=\; \int_{\Omega'} \left[\, F_z(x, v, Dv) \cdot \varphi \;+\; F_p(x, v, Dv) \cdot D\varphi \,\right] dx \;.$$

Falls $\Omega' \subset\subset \Omega$ und $\partial\Omega'$ glatt ist, können wir $\delta\mathcal{F}_{\Omega'}(u, \varphi)$ wegen $u \in C^2(\Omega, \mathbb{R}^m)$ mittels partieller Integration (vgl. Korollar 1) umformen in

$$\delta\mathcal{F}_{\Omega'}(u, \varphi)$$

$$= \int_{\Omega'} L_F(u) \cdot \varphi\, dx \;+\; \int_{\partial\Omega'} \sum_{i=1}^{m} \sum_{\alpha=1}^{n} F_{p_{i\alpha}}(x, u(x), Du(x)) N_\alpha(x) \varphi_i(x)\, dA \;,$$

und wegen $L_F(u) = 0$ folgt

$$(41) \qquad \delta\mathcal{F}_{\Omega'}(u, \varphi) \;=\; \int_{\partial\Omega'} \sum_{i=1}^{m} \left(\sum_{\alpha=1}^{n} F_{p_{i\alpha}}(x, u(x), Du(x)) N_\alpha(x) \right) \varphi_i(x)\, dA \;.$$

Nun wählen wir eine Folge $\{\Omega_\nu\}$ von glattberandeten Gebieten Ω_ν mit

$$\Omega_1 \subset\subset \Omega_2 \subset\subset \;\ldots\; \subset\subset \Omega\,, \quad \Omega \;=\; \bigcup_{\nu=1}^{\infty} \Omega_\nu \;,$$

so daß die Ränder $\partial\Omega_\nu$ im glatten Sinne gegen $\partial\Omega$ konvergieren; es ist leicht verständlich, was damit gemeint ist. Dann folgt für alle $\varphi \in C^1(\overline{\Omega}, \mathbb{R}^m)$ die Relation $\lim_{\nu\to\infty} \delta\mathcal{F}_{\Omega_\nu}(u, \varphi) = \delta\mathcal{F}(u, \varphi) \underset{(40)}{=} 0$, und andererseits ergibt sich aus (41) die Beziehung

$$\lim_{\nu\to\infty} \delta\mathcal{F}_{\Omega_\nu}(u, \varphi) \;=\; \int_{\partial\Omega} \sum_{i=1}^{m} f_i(x) \varphi_i(x)\, dA$$

mit

$$f_i(x) \;:=\; \sum_{\alpha=1}^{n} F_{p_{i\alpha}}(x, u(x), Du(x)) N_\alpha(x) \;.$$

Also gilt

$$\int_{\partial\Omega} \sum_{i=1}^{m} f_i(x) \varphi_i(x)\, dA \;=\; 0 \quad \text{für alle} \quad \varphi = (\varphi_1, \ldots, \varphi_N) \in C^1(\overline{\Omega}, \mathbb{R}^m) \;.$$

Mit einer geeigneten Verallgemeinerung des Fundamentallemmas der Variationsrechnung (vgl. 5.3, Lemma 2) erhalten wir hieraus $f_i(x) = 0$ auf $\partial\Omega$ für $i = 1, \ldots, m$. Damit haben wir gezeigt:

Satz 4. *Ist* $u \in C^1(\overline{\Omega}, \mathbb{R}^m) \cap C^2(\Omega, \mathbb{R}^m)$ *ein lokaler Minimierer des Funktionals* $\mathcal{F}$ *in der Klasse* $C^1(\overline{\Omega}, \mathbb{R}^m)$ *„bei freiem Rand", so gilt*

$$(42) \qquad \sum_{\alpha=1}^{n} F_{p_{i\alpha}}(x, u(x), Du(x)) N_\alpha(x) = 0 \quad \text{für } x \in \partial\Omega,\ 1 \leq i \leq m \;,$$

wobei $N = (N_1, \ldots, N_n)$ *die äußere Normale auf* $\partial\Omega$ *bezeichnet.*

Man nennt (42) die **natürliche Randbedingung** oder auch die **freie Randbedingung**, die ein Minimierer von $\mathcal{F}$ bei freiem Rand neben der Eulergleichung $L_F(u) = 0$ erfüllen muß.

$\boxed{6}$ Zum Dirichletintegral $\mathcal{D}(u) = \frac{1}{2} \int_\Omega |\nabla u|^2 \, dx$ gehört die freie Randbedingung

$$(43) \qquad\qquad \frac{\partial u}{\partial N}(x) \; = \; 0 \quad \text{auf } \partial\Omega \,,$$

denn für $F(p) = \frac{1}{2}|p|^2$ ist $F_p(p) = p$ und damit $F_p(Du) \cdot N = \nabla u \cdot N = \partial u/\partial N$ die Normalableitung von u, und die gleiche Randbedingung ergibt sich auch für das Areafunktional $\mathcal{A}(u) = \int_\Omega \sqrt{1 + |\nabla u|^2} \, dx$, denn für $F(p) = \sqrt{1 + |p|^2}$ ist $F_p(p) = p/\sqrt{1 + |p|^2}$ und daher

$$F_p(\nabla u) \cdot N \; = \; (1 + |\nabla u|^2)^{-1/2} \, \nabla u \cdot N \; = \; (1 + |\nabla u|^2)^{-1/2} \, \frac{\partial u}{\partial N} \,.$$

Nun wollen wir noch zwei weitere Beispiele des Gaußschen Satzes angeben, nämlich einen *Beweis durch Flächenverdickung* und einen *Pseudobeweis* mittels einer *Strömungsbilanz*.

Dritter Beweis des Gaußschen Satzes. Wir benutzen jetzt die in 4.6 dargelegten Eigenschaften des signierten Abstandes $\delta(x)$ eines Punktes x vom Rand des Gebietes Ω. Wir operieren mit Koordinaten, die der Geometrie des Randes angepaßt sind, müssen aber $\partial\Omega \in C^2$ voraussetzen. Der Vorzug des neuen Beweises besteht darin, daß er einen globalen Zugang zum Gaußschen Satz liefert und zugleich ein Licht auf den geometrischen Gehalt dieses Resultates wirft.

Wir fixieren ein ϵ mit $0 < \epsilon \ll 1$, so daß die signierte Abstandsfunktion δ zu $M := \partial\Omega$ auf der Verdickung $S_{2\epsilon}(M)$ als C^2-Funktion definiert ist, und können annehmen, daß die äußere Normale $N : \partial\Omega \to S^{n-1}$ durch $N(x) = \nabla\delta(x)$ für $x \in \partial\Omega$ gegeben ist, denn dies ist nur eine Frage der Orientierung; wir können ja willkürlich festlegen, nach welcher Seite von $M = \partial\Omega$ wir δ positiv rechnen wollen. Definieren wir die *einseitige Verdickung* $S_\rho^-(M) := \{\xi + t\nu(\xi) : \xi \in M, \, -\rho < t < 0\}$ von M für $0 < \rho \ll 1$, so liegt $S_{2\epsilon}^-(M)$ in Ω, und es gilt

$$d(x) \; = \; -\delta(x) \quad \text{für } x \in \overline{S_{2\epsilon}^-(M)} \,.$$

Nun bilden wir die Abschneidefunktion $\zeta_\epsilon : (-\infty, 0] \to \mathbb{R}$ durch

$$\zeta_\epsilon(t) := \begin{cases} 1 & t \le -\epsilon \\[4pt] & \text{für} \\[4pt] -t/\epsilon & -\epsilon \le t \le 0 \,. \end{cases}$$

Zwar möchten wir mit dieser Funktion hantieren, doch ist sie noch nicht brauchbar, weil sie einen Knick bei $t = -\epsilon$ hat und nicht in der Nähe von $t = 0$ verschwindet. Daher approximieren wir zunächst ζ_ϵ in geeigneter Weise. Durch „Abrunden des Knickes" bei $t = -\epsilon$ und bei $t = 0$ konstruieren wir eine Folge $\{\zeta_\epsilon^j\}_{j\in\mathbb{N}}$ von Funktionen $\zeta_\epsilon^j : (-\infty, 0] \to \mathbb{R}$ der Klasse C^1 mit folgenden Eigenschaften:

(i) $\zeta_\epsilon^j(t) \;\rightrightarrows\; \zeta_\epsilon(t)$ auf $(-\infty, 0]$.

(ii)   Es gibt eine Folge von Zahlen h_j mit $0 < h_j < \epsilon$ und $h_j \to 0$, so daß gilt:

$$\zeta_\epsilon^j(t) = 1 \qquad\qquad \text{für} \quad t \le -\epsilon - h_j \;;$$

$$\dot\zeta_\epsilon^j(t) = \dot\zeta_\epsilon(t) \qquad\quad \text{für} \quad -\epsilon \le t \le -h_j \;;$$

$$\zeta_\epsilon^j(t) = 0 \qquad\qquad \text{für} \quad -h_j/2 \le t \le 0 \;;$$

$$|\dot\zeta_\epsilon^j(t)| \le 1/\epsilon \qquad \text{für} \quad -\epsilon - h_j \le t \le -\epsilon \quad \text{und für} \;\; -h_j \le t \le 0 \;.$$

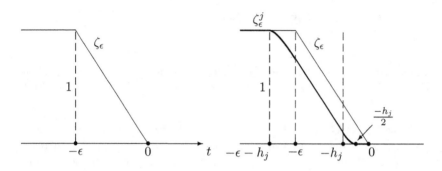

Wir bilden nun die Funktionen $\eta_\epsilon(x)$ und $\eta_\epsilon^j(x)$ auf $\overline\Omega$ durch

$$\eta_\epsilon(x) \;:=\; \zeta_\epsilon(-d(x)) \;, \quad \eta_\epsilon^j(x) \;:=\; \zeta_\epsilon^j(-d(x)) \quad \text{für} \;\; x \in \overline\Omega \;.$$

Offenbar gilt $\eta_\epsilon^j \in C_c^1(\Omega)$ und somit $\eta_\epsilon^j a \in C_c^1(\Omega, \mathbb{R}^n)$. Aus 5.1, Korollar 3 folgt

$$\int_\Omega \operatorname{div}(\eta_\epsilon^j a)\, dV \;=\; 0 \;,$$

und wegen $\operatorname{div}(\eta_\epsilon^j a) = \nabla\eta_\epsilon^j \cdot a + \eta_\epsilon^j \operatorname{div} a$ ergibt sich

$$(44) \qquad\qquad \int_\Omega \eta_\epsilon^j \operatorname{div} a\, dV \;=\; -\int_\Omega \nabla\eta_\epsilon^j \cdot a\, dV \;.$$

Wegen (i) gilt $\eta_\epsilon^j \rightrightarrows \eta_\epsilon(x)$ auf $\overline\Omega$ für $j \to \infty$ und damit

$$(45) \qquad\qquad \lim_{j \to \infty} \int_\Omega \eta_\epsilon^j \operatorname{div} a\, dV \;=\; \int_\Omega \eta_\epsilon \operatorname{div} a\, dV \;.$$

Aus (ii) folgt $\eta_\epsilon^j(x) \equiv 1$ auf $\Omega \setminus S_{\epsilon+h_j}^-(M)$ und daher

$$(46) \qquad\qquad \int_\Omega \nabla\eta_\epsilon^j \cdot a\, dV \;=\; \int_{S_{\epsilon+h_j}^-(M)} \nabla\eta_\epsilon^j \cdot a\, dV \;.$$

Wir behaupten, daß die rechte Seite dieser Gleichung für $j \to \infty$ gegen

$$\int_{S_\epsilon^-(M)} \nabla\eta_\epsilon \cdot a\, dV$$

konvergiert. Um dies zu zeigen, zerlegen wir $S^-_{\epsilon+h_j}(M)$ in die drei Streifen

$$\Sigma^j_1 := \{x \in \Omega: \ -\epsilon - h_j < \delta(x) \le -\epsilon\}\,,$$

$$\Sigma^j_2 := \{x \in \Omega: \ -h_j \le \delta(x) < 0\}\,,$$

$$\Sigma^j_3 := \{x \in \Omega: \ -\epsilon < \delta(x) < -h_j\}\,.$$

Wegen $\dot\zeta^j_\epsilon(t) = \dot\zeta_\epsilon(t)$ für $-\epsilon \le t \le -h_j$ ergibt sich

$$\nabla\eta^j_\epsilon(x) = \nabla\eta_\epsilon(x) \quad \text{für } x \in \Sigma^j_3\,.$$

Damit können wir schreiben:

$$\int_{S^-_{\epsilon+h_j}(M)} \nabla\eta^j_\epsilon \cdot a\, dV = \int_{S^-_\epsilon(M)} \nabla\eta_\epsilon \cdot a\, dV + R_j\,,$$

mit dem Fehlerterm

$$R_j := \int_{\Sigma^j_1} \nabla\eta^j_\epsilon \cdot a\, dV + \int_{\Sigma^j_2} (\nabla\eta^j_\epsilon - \nabla\eta_\epsilon) \cdot a\, dV\,.$$

Wegen $|\dot\zeta^j_\epsilon(t)| \le 1/\epsilon$ für $-\epsilon - h_j < t \le -\epsilon$ und $-h_j \le t < 0$ und $|\dot\zeta_\epsilon(t)| = 1/\epsilon$ für $-\epsilon < t < 0$ folgt $|\nabla\eta^j_\epsilon| \le 1/\epsilon$ auf $\Sigma^j_1 \cup \Sigma^j_2$ und $|\nabla\eta_\epsilon| = 1/\epsilon$ auf Σ^j_2. Folglich können wir R_j durch

$$|R_j| \le \sup_\Omega |a| \cdot \epsilon^{-1} \cdot \{|\Sigma^j_1| + 2|\Sigma^j_2|\}\,.$$

abschätzen. Wegen $\lim_{j\to\infty} |\Sigma^j_1| = 0$ und $\lim_{j\to\infty} |\Sigma^j_2| = 0$ ergibt sich $\lim_{j\to\infty} R_j = 0$ und damit

$$\lim_{j\to\infty} \int_{S^-_{\epsilon+h_j}(M)} \nabla\eta^j_\epsilon \cdot a\, dV = \int_{S^-_\epsilon(M)} \nabla\eta_\epsilon \cdot a\, dV\,.$$

In Verbindung mit den Gleichungen (44)–(46) erhalten wir

$$(47) \qquad \int_\Omega \eta_\epsilon \operatorname{div} a\, dV = -\int_{S^-_\epsilon(M)} \nabla\eta_\epsilon \cdot a\, dV\,.$$

Es gilt

$$(48) \qquad \lim_{\epsilon\to 0} \int_\Omega \eta_\epsilon \operatorname{div} a\, dV = \int_\Omega \operatorname{div} a\, dV\,,$$

denn wir haben

$$\int_\Omega \eta_\epsilon \operatorname{div} a\, dV - \int_\Omega \operatorname{div} a\, dV$$

$$= \int_\Omega (\eta_\epsilon - 1)\operatorname{div} a\, dV = \int_{S^-_\epsilon(M)} (\eta_\epsilon - 1)\operatorname{div} a\, dV$$

und

$$\left| \int_{S_\epsilon^-(M)} (\eta_\epsilon - 1)\mathrm{div}\, a\, dV \right| \leq \sup_\Omega |\mathrm{div}\, a| \cdot |S_\epsilon^-(M)|$$

sowie $\lim_{\epsilon \to 0} |S_\epsilon^-(M)| = 0$. Aus $\zeta_\epsilon(t) = -t/\epsilon$ für $-\epsilon < t < 0$ und $\eta_\epsilon(x) = \zeta_\epsilon(-d(x))$ folgt $\eta_\epsilon(x) = \epsilon^{-1}d(x)$ für $x \in S_\epsilon^-(M)$ und damit

$$\nabla \eta_\epsilon(x) \;=\; \frac{1}{\epsilon}\, \nabla d(x) \;=\; -\frac{1}{\epsilon}\, \nabla \delta(x) \;=\; -\frac{1}{\epsilon}\, \nu(p(x))$$

mit den Bezeichnungen von 4.6, Satz 3, Formel (26). Wegen (47) und (48) erhalten wir dann

$$\int_\Omega \mathrm{div}\, a\, dV \;=\; \lim_{\epsilon \to 0} \frac{1}{\epsilon} \int_{S_\epsilon^-(M)} a(x) \cdot \nu(p(x))\, dV \;,$$

und analog zum Beweis von Proposition 4 in 6.1 folgt

$$\lim_{\epsilon \to 0} \frac{1}{\epsilon} \int_{S_\epsilon^-(M)} a(x) \cdot \nu(p(x))\, dV \;=\; \int_M a(x) \cdot N(x)\, dA \;,$$

wenn wir $\nu(x) = N(x)$ auf $M = \partial\Omega$ beachten und berücksichtigen, daß $S_\epsilon^-(M)$ eine einseitige ϵ-Verdickung von M der „Dicke" ϵ ist.

$\square$

Der hier dargelegte Beweis des Gaußschen Satzes hat den Vorzug, daß er eine Verbindung mit der Ideenwelt der geometrischen Maßtheorie aufweist. Er ist die Präzisierung eines *Pseudobeweises*, den wir noch erwähnen wollen, weil er in aller Kürze die Interpretation des Gaußschen Satzes als *Strömungsbilanz* liefert. Dazu betrachten wir die Strömung $x \mapsto \varphi^t(x) := \varphi(t, x)$, die sich als Lösung der Anfangswertaufgabe

$$\dot{\varphi}(t, x) \;=\; a(\varphi(t, x))\,, \qquad \varphi(0, x) \;=\; x$$

ergibt. Sie ist für $|t| \ll 1$ auf $\overline{\Omega} \subset\subset \Omega_0$ definiert und liefert für jedes solche t einen Diffeomorphismus von $\overline{\Omega}$ auf $\varphi^t(\overline{\Omega})$ und fällt für $t = 0$ mit der identischen Abbildung $x \mapsto x$ zusammen. Bezeichnet $V(t) := \int_{\varphi^t(\Omega)} dV = |\varphi^t(\Omega)|$ das Volumen von $\varphi^t(\Omega)$, so ergibt sich nach einem Theorem von Liouville (vgl. 5.3, Satz 2)

$$\dot{V}(t) \;=\; \int_{\varphi^t(\Omega)} \mathrm{div}\, a\, dV \;,$$

und wegen $\varphi^0(\Omega) = \Omega$ folgt insbesondere

$$\dot{V}(0) \;=\; \int_\Omega \mathrm{div}\, a\, dV \;.$$

Andererseits gilt

$$\dot{V}(0) \;=\; \lim_{t\to 0} \frac{1}{t}\left[\int_{\varphi^t(\Omega)} dV \;-\; \int_{\Omega} dV\right].$$

Die Differenz $\int_{\varphi^t(\Omega)} dV - \int_{\Omega} dV$ gibt an, wieviel Flüssigkeit in dem kleinen Zeit-schritt von 0 bis t durch den Rand geflossen ist. „In erster Näherung" bezüglich t gilt also für die Volumenänderung

$$\int_{\varphi^t(\Omega)} dV \;-\; \int_{\Omega} dV \;=\; t\int_{\partial\Omega} a(x)\cdot N(x)\,dA\,,$$

weil in einem Punkte $x \in \partial\Omega$ die Normalkomponente des Geschwindigkeitsvek-tors $a(x)$ bezüglich des Randes durch $a(x)\cdot N(x)$ gegeben wird; vgl. die heuristi-sche Betrachtung in 6.2 bei der Erläuterung des Begriffes „Fluß eines Vektorfel-des durch eine Fläche $\partial\Omega$", den wir mit $\phi(a,\partial\Omega)$ bezeichnet hatten. Mit $t \to 0$ folgt also

$$\dot{V}(0) \;=\; \int_{\partial\Omega} a(x)\cdot N(x)\,dA \;=\; \phi(a,\partial\Omega)$$

und wir erhalten

$$\int_{\Omega} \operatorname{div} a \, dV \;=\; \int_{\partial\Omega} a\cdot N\,dA\,,$$

oder anders geschrieben,

$$\int_{\Omega} \operatorname{div} a \, dV \;=\; \phi(a,\partial\Omega)\,.$$

Klarer läßt sich die intuitive Bedeutung des Gaußschen Satzes wohl kaum erläutern. Der etwas mühsamere vorangehende „Beweis durch Verdickung des Randes" ist die „Begründung" dieser anschaulich überzeugenden Schlußweise.

Aufgaben.

1. Was ist der Wert des Flächenintegrales $\int_{\mathcal{F}}\langle a, N\rangle dA$, wenn $\mathcal{F}$ das Ellipsoid $\{(x,y,z)\in\mathbb{R}^3 : x^2 + 2y^2 + 3z^3 = 1\}$, N die ins Äußere von $\mathcal{F}$ weisende Normale an $\mathcal{F}$ und a das Vektorfeld $(x^2 + y + z, y^2 - 3x + z^5, -2z(x+y) + \sin(xy))$ bezeichnen?

2. Für $a(x,y,z) = (0,0,-\rho z)$ mit einer Konstanten $\rho > 0$ und $\Omega \subset \mathbb{R}^3$ mit der äußeren Normalen N auf $\partial\Omega$ drücke man $-\int_{\Omega}\langle a, N\rangle dA$ durch eine Formel aus, die $|\Omega|$ enthält. Diese Formel gibt den Auftrieb eines homogen mit Masse der Dichte ρ belegten Körpers Ω an (Archimedes).

3. Mit Hilfe des Gaußschen Mittelwertsatzes beweise man: Wenn die Funktion u in einem Gebiet Ω des $\mathbb{R}^n$ harmonisch ist und dort ihr Maximum annimmt, so ist sie konstant. *Hinweis*: Man verbinde einen Maximierer x_0 mit einem beliebigen Punkt $x \in \Omega$ durch eine stetige in Ω gelegene Kurve γ.

4. Sei Ω ein beschränktes Gebiet in $\mathbb{R}^3$, dessen Rand $\partial\Omega$ eine bogenweise zusammenhängende C^2-Mannigfaltigkeit M ist, die mit der äußeren Normalen $N : M \to S^2$ orientiert ist. Weiter bezeichne M_t die „nach außen" im Abstand $t > 0$ abgetragene Parallelfläche. Dann gibt es von Ω, aber nicht von t abhängende Zahlen $c_j(\Omega)$, $j = 0, \dots, 3$, so daß sich das Volumen des von M_t berandeten Körpers Ω_t für $0 < t \ll 1$ als

$$|\Omega_t| = \sum_{j=1}^{3} c_j(\Omega)t^j$$

schreiben läßt, wobei $c_0(\Omega) = v(\Omega)$ und $c_1(M) = \mathcal{A}(M)$ ist. Man berechne die $c_j(\Omega)$ für Kugel und Torus.

4 Satz von Stokes

Nun wollen wir den *Stokesschen Integralsatz* im $\mathbb{R}^3$ formulieren, der zusammen mit dem Gaußschen Integralsatz in der Elektrodynamik und in der Strömungsmechanik eine fundamentale Rolle spielt. Anschließend definieren wir den Begriff des *Vektorpotentials* im $\mathbb{R}^3$ und zeigen, daß quellenfreie Vektorfelder auf einfach zusammenhängenden Gebieten Vektorpotentiale besitzen.

Ausgangspunkt für den Beweis des Stokesschen Satzes ist der Gaußsche Integralsatz in der Ebene (vgl. 5.1, Satz 22), den wir wegen 6.3 (Satz 1 und Korollar 1) unter etwas schwächeren Voraussetzungen als zuvor aufstellen können.

Satz 1. *Sei B ein p-fach zusammenhängendes, beschränktes, ebenes Gebiet mit einem glatten Rand, der durch ein p-Tupel $\gamma = (\gamma_1, \dots, \gamma_p)$ von paarweise disjunkten, glatten, geschlossenen Jordanwegen γ_j beschrieben werde, die bezüglich B positiv orientiert sind. Ferner sei $w(u,v) = (\lambda(u,v), \mu(u,v))$ ein Vektorfeld der Klasse C^1 auf $\overline{B}$. Dann gilt*

$$(1) \qquad \int_B (\lambda_u + \mu_v)du\,dv = \int_{\partial B} \lambda\,dv - \mu\,du \,,$$

wobei

$$(2) \qquad \int_{\partial B} \lambda\,dv - \mu\,du := \sum_{j=1}^{p} \int_{\gamma_j} \lambda\,dv - \mu\,du$$

gesetzt ist.

Bemerkung 1. Sei $c : I \to \mathbb{R}^2$ eine Parameterdarstellung des Weges γ_j mit $c(t) = (\alpha(t), \beta(t))$, $t \in I$. Dann ist

$$(3) \qquad \int_{\gamma_j} \lambda\,dv - \mu\,du = \int_I [\lambda(c(t))\dot{\beta}(t) - \mu(c(t))\dot{\alpha}(t)]\,dt \,.$$

Der Vektor $\dot{c}(t) = (\dot{\alpha}(t), \dot{\beta}(t))$ ist Tangentenvektor an c im Punkte $c(t)$, und $(\dot{\beta}(t), -\dot{\alpha}(t))$ ist orthogonal zu $\dot{c}(t)$ und damit Normalvektor zu ∂B in $c(t)$. Da

B nach Verabredung zur Linken eines jeden Weges γ_j und damit insbesondere zur Linken von c liegt, weist $(\dot\beta(t), -\dot\alpha(t))$ in Richtung der äußeren Normalen $n(u, v)$ von ∂B an der Stelle $(u, v) = c(t)$. Indem wir gegebenenfalls c auf die Bogenlänge transformieren, können wir annehmen, daß $|\dot c(t)| \equiv 1$ ist und somit $\dot\alpha(t)^2 + \dot\beta(t)^2 \equiv 1$ gilt. Damit ist auch $(\dot\beta(t), -\dot\alpha(t))$ ein Feld von Einheitsvektoren entlang c, und es gilt $n(c(t)) = (\dot\beta(t), -\dot\alpha(t))$. Folglich erhalten wir

$$\lambda(c(t))\dot\beta(t) - \mu(c(t))\dot\alpha(t) = \langle w(c(t)), n(c(t)) \rangle \,,$$

und (3) schreibt sich als

$$\int_{\gamma_j} \lambda\, dv - \mu\, du = \int_c \langle w, n \rangle\, ds \,,$$

wobei ds das eindimensionale Flächenelement dA bezeichnet, und dieses ist gerade das Bogenelement ds, das nach der obigen Wahl von t gerade mit dt übereinstimmt. Damit ergibt sich für das Randintegral (2):

$$\int_{\partial B} \lambda\, dv - \mu\, du = \int_{\partial B} \langle w, n \rangle\, ds \,.$$

Die früher getroffene Vereinbarung zur Orientierung von ∂B stimmt mit der Orientierung von ∂B durch die äußere Normale $n : \partial B \to S^1$ überein: *Wenn der Rand ∂B des Parametergebietes B so durchlaufen wird, daß B stets zur Linken liegt, entspricht dies der Orientierung von ∂B durch die äußere Normale n bezüglich B.* Ferner erkennen wir, daß die Formulierung des Gaußschen Satzes aus 5.1 mit der von Satz 1 zusammenfällt (abgesehen von der Tatsache, daß in beiden Sätzen verschiedene Anforderungen an $B, \partial B$ und $w : \overline B \to \mathbb R^2$ gestellt werden). Die Bezeichnungen haben wir so geändert, daß Satz 1 unmittelbar im Beweis von Satz 2 verwendet werden kann.

Nun folgt die erste Formulierung des **Stokesschen Satzes**.

Satz 2. *Sei Ω eine offene Menge in $\mathbb R^3$, $a \in C^1(\Omega, \mathbb R^3)$ ein Vektorfeld auf Ω und $X \in C^2(\overline B, \mathbb R^3)$ eine Fläche in Ω, d.h. $X(\overline B) \subset \Omega$. Ferner sei das Parametergebiet B beschränkt und glatt berandet, und ∂B sei durch seine äußere Normale $n : \partial B \to S^1$ orientiert. Dann gilt*

$$\int_B \langle \operatorname{rot} a(X), X_u \wedge X_v \rangle\, dudv = \int_{\partial B} \langle a(X), dX \rangle$$

(4)

$$:= \int_{\partial B} a(X) \cdot X_u\, du + a(X) \cdot X_v\, dv \,.$$

Beweis. Mit $f = a(X) := a \circ X$ gilt $f \in C^1(\overline{B}, \mathbb{R}^3)$. Wir definieren das Vektorfeld $w = (\lambda, \mu) \in C^1(\overline{B}, \mathbb{R}^2)$ durch $\lambda := f \cdot X_v$, $\mu := -f \cdot X_u$. Dann folgt

$$\lambda_u = f_u \cdot X_v + f \cdot X_{vu} \, , \quad \mu_v = -f_v \cdot X_u - f \cdot X_{uv} \, ,$$

und somit

$$\operatorname{div} w = \lambda_u + \mu_v = f_u \cdot X_v - f_v \cdot X_u \, .$$

Um die rechte Seite dieser Gleichung zu berechnen, schreiben wir

$$X(u, v) = (X_1(u, v), \, X_2(u, v), \, X_3(u, v)) \, , \quad a(x) = (a_1(x), \, a_2(x), \, a_3(x)) \, .$$

Für $f(u, v) = a(X(u, v)) = \big(a_1(X(u, v)), \, a_2(X(u, v)), \, a_3(X(u, v))\big)$ liefert die Kettenregel $f_u = Da(X) \cdot X_u$, $f_v = Da(X) \cdot X_v$, und damit folgt

$$\operatorname{div} w = \sum_{j,k=1}^{3} \frac{\partial a_k}{\partial x_j}(X) \left\{ X_{j,u} X_{k,v} - X_{j,v} X_{k,u} \right\}$$

$$= \sum_{j<k} \left[\frac{\partial a_k}{\partial x_j}(X) - \frac{\partial a_j}{\partial x_k}(X) \right] \cdot \left\{ \frac{\partial X_j}{\partial u} \frac{\partial X_k}{\partial v} - \frac{\partial X_k}{\partial u} \frac{\partial X_j}{\partial v} \right\}$$

$$= \langle (\operatorname{rot} a) \circ X, \, X_u \wedge X_v \rangle \, .$$

Mit Hilfe von Satz 1 ergibt sich

$$\int_B \langle (\operatorname{rot} a) \circ X, \, X_u \wedge X_v \rangle \, dudv = \int_B (\lambda_u + \mu_v) \, dudv$$

$$= \int_{\partial B} \lambda \, dv - \mu \, du = \int_{\partial B} a(X) \cdot X_u \, du + a(X) \cdot X_v \, dv \, ,$$

und das ist die Behauptung (4).

$\square$

Nun wollen wir das Integral $\int_B \langle \operatorname{rot} a(X), \, X_u \wedge X_v \rangle dudv$ in (4) als ein Flächenintegral $\Phi(\omega, X) = \int_X \omega$ vom Typ (7) bzw. (8) in 6.2 umschreiben und das Randintegral in (4) als ein Kurvenintegral im Sinne von 2.1, Definition 11 interpretieren. Dazu setzen wir

$$\operatorname{rot} a =: \xi = (\xi_1, \xi_2, \xi_3) \, , \quad X_u \wedge X_v =: A = (A_1, A_2, A_3) \, .$$

Dann ist

$$\int_B \langle \operatorname{rot} a(X), \, X_u \wedge X_v \rangle dudv = \int_B \langle \xi(X), A \rangle \, dudv$$

$$= \int_B [\xi_1(X)A_1 + \xi_2(X)A_2 + \xi_3(X)A_3] \, dudv$$

$$= \int_X \xi_1 dx_2 \wedge dx_3 - \xi_2 dx_1 \wedge dx_3 + \xi_3 dx_1 \wedge dx_2 \, ,$$

denn es gilt

$$A_1 = \frac{\partial(X_2, X_3)}{\partial(u, v)}, \quad A_2 = \frac{\partial(X_3, X_1)}{\partial(u, v)}, \quad A_3 = \frac{\partial(X_1, X_2)}{\partial(u, v)}.$$

Da Determinanten ihr Vorzeichen wechseln, wenn man zwei Spalten vertauscht, definieren wir $dx_3 \wedge dx_1 := -dx_1 \wedge dx_3$; der genaue Sinn dieser Bezeichnung erschließt sich erst beim Rechnen mit alternierenden Differentialformen, das wir in Kapitel 3 auseinandersetzen werden. Vorläufig fassen wir diese Festlegung und allgemeiner die Definition

$$(5) \qquad\qquad\qquad dx_j \wedge dx_k = -dx_k \wedge dx_j$$

als ein formales Spiel auf, um die Erklärung

$$(6) \qquad\qquad \int_X c(x)dx_j \wedge dx_k := \int_B c(X(u, v)) \frac{\partial(X_j, X_k)}{\partial(u, v)} \, du\, dv$$

sinnfällig zu machen. Damit können wir schreiben:

$$\int_B \langle \operatorname{rot} a(X), \, X_u \wedge X_v \rangle \, du\, dv$$

$$= \int_X \xi_1 \, dx_2 \wedge dx_3 + \xi_2 \, dx_3 \wedge dx_1 + \xi_3 \, dx_1 \wedge dx_2.$$

Führen wir die „Differentialform"

$$\omega := \xi_1 \, dx_2 \wedge dx_3 + \xi_2 \, dx_3 \wedge dx_1 + \xi_3 \, dx_1 \wedge dx_2$$

als Synonym für $\xi = (\xi_1, \xi_2, \xi_3) = \operatorname{rot} a$ ein, so folgt

$$\int_X \omega = \int_B \operatorname{rot} a(X) \cdot (X_u \wedge X_v) \, du\, dv.$$

Nun zur Interpretation des Randintegrales $\int_{\partial B} a(X) \cdot dX$. Um die Schreibarbeit zu reduzieren, nehmen wir an, daß ∂B nur aus einer geschlossenen Linie besteht, die durch die Kurve $c : I \to \mathbb{R}^2$ parametrisiert wird, welche bezüglich B positiv orientiert ist, also das Gebiet B bei ihrer Durchlaufung stets zur Linken hat. Dann wird durch $Z := X \circ c$ eine geschlossene Kurve $Z : I \to \mathbb{R}^3$ in $\mathbb{R}^3$ definiert, die wir als *orientierten Rand des Flächenstücks* $X : \overline{B} \to \mathbb{R}^3$ auffassen können. Mit $c(t) = (\alpha(t), \beta(t))$ ist $Z(t) = X(\alpha(t), \beta(t))$, d.h. $Z_j(t) = X_j(\alpha(t), \beta(t))$ für $j = 1, 2, 3$, und das Kurvenintegral $\int_Z a_1(x)dx_1 + a_2(x)dx_2 + a_3(x)dx_3$ hat nach

2.1, Definition 11 die folgende Bedeutung:

$$\int_Z a_1(x)dx_1 + a_2(x)dx_2 + a_3(x)dx_3 \;=\; \int_Z a(x) \cdot dx$$

$$=\; \int_I \left[\, a_1(Z)\dot{Z}_1 + a_2(Z)\dot{Z}_2 + a_3(Z)\dot{Z}_3 \,\right] dt$$

$$=\; \int_I \left\{\, a_1(Z)\left[X_{1,u}(\alpha,\beta)\,\dot{\alpha} + X_{1,v}(\alpha,\beta)\,\dot{\beta}\,\right] \right.$$
$$+\; a_2(Z)[X_{2,u}(\alpha,\beta)\,\dot{\alpha} + X_{2,v}(\alpha,\beta)\,\dot{\beta}\,]$$
$$\left. +\; a_3(Z)[X_{3,u}(\alpha,\beta)\,\dot{\alpha} + X_{3,v}(\alpha,\beta)\,\dot{\beta}\,]\,\right\} dt$$

$$=\; \int_I \left\{\, a(X(c)) \cdot X_u(c)\,\dot{\alpha} + a(X(c)) \cdot X_v(c)\,\dot{\beta}\,\right\} dt$$

$$=\; \int_c a(X) \cdot X_u\, du + a(X) \cdot X_v\, dv \;.$$

Andererseits liegt die Schreibweise

$$\int_Z a(x) \cdot dx \;=\; \int_{X \circ c} a(x) \cdot dx \;=:\; \int_c a(X) \cdot dX$$

nahe. Deshalb bekommen wir

$$\int_c a(X) \cdot dX \;=\; \int_c a(X) \cdot X_u\, du + a(X) \cdot X_v\, dv \;,$$

und nach der Verabredung in 5.1 (vgl. Formel(49)) haben wir

$$\int_{\partial B} a(X) \cdot X_u\, du + a(X) \cdot X_v\, dv \;=\; \int_c a(X) \cdot X_u\, du + a(X) \cdot X_v\, dv \;.$$

Somit liegt es nahe,

$$\int_{\partial B} a(X) \cdot dX \;:=\; \int_c a(X) \cdot dX$$

zu setzen, weil sich so die in (4) verabredete Formel

$$\int_{\partial B} a(X) \cdot dX \;=\; \int_{\partial B} a(X) \cdot X_u\, du + a(X) \cdot X_v\, dv$$

ergibt.

Selbst auf die Gefahr hin, Verwirrung zu stiften, haben wir dem Leser obige Formelkramerei nicht erspart, um ihn in die Lage zu setzen, die in der Literatur auftretenden Bezeichnungen richtig zu interpretieren. Außerdem hat jede Schreibweise, je nach vorliegender Situation, ihre suggestive Bedeutung. Die

Aussage (4) des Stokesschen Satzes können wir jetzt in folgende Form bringen:

$$\int_X \xi_1 dx_2 \wedge dx_3 \; + \; \xi_2 dx_3 \wedge dx_1 \; + \; \xi_3 dx_1 \wedge dx_2$$

(7)

$$= \int_{\partial X} a_1(x)dx_1 \; + \; a_2(x)dx_2 \; + \; a_3(x)dx_3 \, ,$$

wenn wir $\partial X = Z := X \circ c$ setzen.

Bemerkung 2. Der Rand $\partial X := X \circ c$ stimmt im allgemeinen keineswegs mit dem „geometrischen Rand" $\partial \mathcal{F}$ der Fläche $\mathcal{F} := \mathrm{Spur}\, X$ überein; dies hatten wir bereits in 6.2, ④ erörtert. Wählen wir wie in jenem Beispiel X als das Möbiusband 6.2, (23) und $a(x) := (-x_2 r^2, x_1 r^2, 0)$, $r^2 := x_1^2 + x_2^2$, so folgt für die durch 6.2, (24) beschriebene geometrische Randkurve $c : [0, 2\pi] \to \mathbb{R}^3$, daß $\int_c a_1 dx_1 + a_2 dx_2 + a_3 dx_3 = 4\pi$ ist. Hingegen ist $\xi = \mathrm{rot}\, a = 0$ und damit $\int_X \xi_1\, dx_2 \wedge dx_3 + \xi_2\, dx_3 \wedge dx_1 + \xi_3\, dx_1 \wedge dx_2 = 0$, folglich $\int_{\partial X} a_1 dx_1 + a_2 dx_2 + a_3 dx_3 = 0$ nach (7).

Um keine Verwirrung hinsichtlich der möglichen unterschiedlichen Interpretationen des Randintegrals aufkommen zu lassen, wird $X : \overline{B} \to \mathbb{R}^3$ gewöhnlich als eingebettete, reguläre C^1-Fläche gewählt. Dann sind X durch $\nu = |A|^{-1}A$ und $\mathcal{F} := X(\overline{B})$ durch $N := \nu \circ X^{-1}$ orientiert, und $Z := X \circ c$ liefert eine Parametrisierung des geometrischen Randes von $\mathcal{F} = X(\overline{B})$, wenn c eine bezüglich B positiv orientierte Parametrisierung von ∂B ist. Die oben bewiesenen Formeln (4) bzw. (7) beachten nicht, ob $X(\overline{B})$ orientiert, also zweiseitig ist oder nicht, während der in Band 3 formulierte allgemeine Stokessche Satz nur für orientierbare Mannigfaltigkeiten mit Rand aufgestellt wird.

Führen wir neben der „Zweiform" ω noch die „Einsform"

$$\eta := a_1 dx_1 + a_2 dx_2 + a_3 dx_3$$

ein, so schreibt sich (7) als

$$\int_X \omega = \int_{\partial X} \eta \, .$$

Mit Hilfe des Operators d der „äußeren Ableitung" werden wir in Band 3 zeigen, daß $\omega = d\eta$ ist. Dann erhält die Gleichung die suggestive Form

$$\int_X d\eta = \int_{\partial X} \eta \, .$$

Auf ähnliche Weise wird der allgemeine Stokessche Satz für orientierbare, p-dimensionale Mannigfaltigkeiten M mit Rand ∂M formuliert: *Ist η eine $(p-1)$-Form auf M, so gilt*

$$\int_M d\eta = \int_{\partial M} \eta \, .$$

Noch einige andere Schreibweisen dieser magischen Formel, die wahrhaft die Inkarnation des Leibnizschen Kalküls der Infinitesimalrechnung ist und erneut seine formale Leistungsfähigkeit zeigt, können wir dem Leser nicht ersparen. Zu diesem Zwecke nehmen wir jetzt an, daß $X : \overline{B} \to \mathbb{R}^3$ regulär und injektiv ist und somit $\mathcal{F} := X(\overline{B})$ ein immergiertes, eingebettetes Flächenstück ist, das durch das Normalenfeld $N : \mathcal{F} \to S^2$ mit

$$N := \nu \circ X^{-1} \text{ und } \nu := \frac{1}{|X_u \wedge X_v|} \cdot X_u \wedge X_v$$

orientiert wird. Dann ist $\int_X \omega$ gerade der Fluß $\Phi(\omega, X)$ der Zweiform ω durch X bzw. der Fluß $\phi(\operatorname{rot} a, \mathcal{F})$ des Vektorfeldes $\operatorname{rot} a$ durch das orientierte Flächenstück $(\mathcal{F}, N)$, und der Stokessche Satz lautet jetzt

$$(8) \qquad \phi(\operatorname{rot} a, \mathcal{F}) \ = \ \int_{\partial \mathcal{F}} a(x) \cdot dx \ := \ \int_{\partial X} a(x) \cdot dx \ .$$

Man nennt den Ausdruck

$$(9) \qquad \int_{\partial X} a(x) \cdot dx \quad \text{bzw.} \quad \int_{\partial \mathcal{F}} a(x) \cdot dx$$

die **Zirkulation** des Vektorfeldes a längs der geschlossenen Kurve $\partial X = Z = X \circ c$ bzw. längs des Randes $\partial \mathcal{F}$ von $\mathcal{F}$. Der **Stokessche Satz** lautet also:

Der Fluß $\phi(\operatorname{rot} a, \mathcal{F})$ eines Vektorfeldes $\operatorname{rot} a$ durch die orientierte Fläche $\mathcal{F}$ ist gleich seiner Zirkulation $\int_{\partial \mathcal{F}} a(x) \cdot dx$ längs des Randes von $\mathcal{F}$.

Verschwindet $\operatorname{rot} a$ in Ω identisch, so ist die Zirkulation $\int_c a(x) \cdot dx$ von a längs jeder geschlossenen Kurve c in Ω Null, die ein Flächenstück in Ω berandet. Daher nennt man solche Vektorfelder a **wirbelfrei**.

Für die Helmholtzsche Wirbeltheorie sei auf A. Sommerfeld, *Vorlesungen über Theoretische Physik*, Band 2, Kapitel 4 verwiesen.

In der physikalischen Literatur werden Vektoren oft durch fettgedruckte Buchstaben oder durch Pfeile über den Buchstaben markiert, und $\overrightarrow{dA}$ bezeichnet ein vektorielles Flächenelement der Richtung $\overrightarrow{\nu}$ und der Länge dA, also

$$\overrightarrow{dA} \ = \ dA \cdot \overrightarrow{\nu} \ .$$

Ferner seien ds das Bogenelement entlang $\Gamma := \partial \mathcal{F}$ und $\overrightarrow{t}$ der Tangentenvektor der Kurve Γ, die bezüglich der orientierten Fläche $\mathcal{F}$ positiv orientiert sei. Dies bedeutet: Ist $X \in C^1(\overline{B}, \mathbb{R}^3)$ eine Darstellung von $\mathcal{F}$ und bezeichnet c eine bezüglich B positiv orientierte Darstellung von ∂B, so trägt Γ die Orientierung von $Z := X \circ c$. (Ist $\mathcal{F}$ ein ebenes Flächenstück mit der Normalenrichtung N, $\mathcal{G}$ eine orientierte Gerade mit der Richtung N, die von Z umschlungen wird, so wird durch c eine „Rechtsschraubung" um die Achse $\mathcal{G}$ erzeugt.)

Dann lautet die Aussage des Stokesschen Satzes

$$(10) \qquad \int_{\mathcal{F}} \operatorname{rot} \overrightarrow{a} \cdot \overrightarrow{dA} \ = \ \int_{\Gamma} a_t \, ds \ ,$$

wobei $a_t = \overrightarrow{a} \cdot \overrightarrow{t}$ die Tangentialkomponente von $\overrightarrow{a}$ bezüglich der Kurventangente $\overrightarrow{t}$ von Γ ist.

Bemerkung 3. Wir haben Satz 2 unter der Voraussetzung $X \in C^2(\overline{B}, \mathbb{R}^3)$ bewiesen. Die Existenz und Stetigkeit der zweiten Ableitungen von X haben wir benötigt, um λ_u, μ_v und schließlich $\operatorname{div} w = \lambda_u + \mu_v$ bilden und Satz 1 anwenden zu können. Jedoch kommen in der Formel (4) nur die ersten Ableitungen von X vor. Tatsächlich ist die Behauptung des Stokesschen Satzes auch unter der schwächeren Voraussetzung $X \in C^1(\overline{B}, \mathbb{R}^3)$ richtig. Um dies zu beweisen, wählt man zunächst ein glatt berandetes Gebiet $B' \subset\subset B$ und danach eine Folge $X^{(j)}$ von Abbildungen der Klasse $C^\infty(B, \mathbb{R}^3)$, so daß

$$X^{(j)}(u,v) \rightrightarrows X(u,v)\,, \quad DX^{(j)}(u,v) \rightrightarrows DX(u,v) \text{ auf } \overline{B'}$$

gilt. Wir zeigen in Band 3, daß sich dies stets erreichen läßt, indem man auf X einen geeigneten Glättungsoperator $\mathcal{S}_\epsilon$ anwendet und $X^{(j)} := \mathcal{S}_{\epsilon_j} X$ mit einer Folge $\epsilon_j \to +0$ bildet. Satz 2 liefert dann zunächst

$$\int_{B'} \langle \operatorname{rot} a(X^{(j)}),\, X_u^{(j)} \wedge X_v^{(j)} \rangle\, du\, dv \;=\; \int_{\partial B'} \langle a(X^{(j)}), dX^{(j)} \rangle\,,$$

und für $j \to \infty$ folgt hieraus

$$(11) \qquad \int_{B'} \langle \operatorname{rot} a(X),\, X_u \wedge X_v \rangle\, du\, dv \;=\; \int_{\partial B'} \langle a(X), dX \rangle\,.$$

Nun wählt man für B' eine Folge von glatt berandeten Gebieten B_j, deren Ränder ∂B_j glatt gegen ∂B konvergieren. Dann ergibt sich aus (11) für $j \to \infty$ die Gleichung (4). Letzteres Argument kann man so modifizieren, daß sich (4) bereits unter den Voraussetzungen „∂B ist *stückweise glatt*" und $X \in C^1(\overline{B}, \mathbb{R}^3)$ ergibt.

Bemerkung 4. G. Stokes hat sein Theorem zuerst als Preisaufgabe gestellt und diese 1854 in *A Smith prize paper*, Cambridge university calendar, publiziert; vgl. G. Stokes, *Mathematical and Physical Papers* (vol. V, pp. 320-321). Die Bedeutung dieses Satzes für die mathematische Physik, insbesondere für die Theorie des Elektromagnetismus und die Strömungslehre, hat sich durch die Untersuchungen von Stokes, Helmholtz, Maxwell und W. Thomson (Lord Kelvin) herausgestellt. In der Tat scheint Kelvin als erster den „Stokesschen Satz" formuliert zu haben. J. Larmor, der Herausgeber von Band V der Stokesschen Werke, vermerkte in einer Fußnote zur Preisaufgabe Nr. 8 des Jahres 1854 (vgl. loc. cit.): *This fundamental theorem, traced by Maxwell* (Electricity, I, §24) *to the present source, has of late years been known universally as Stokes' Theorem. The same kind of analysis had been developed previously in particular cases in Ampère's memoirs on the electrodynamics of linear electric currents. And in a letter from Lord Kelvin, of date July 2, 1850, ..., which has been found among Stokes' correspondence, the theorem in the text is in fact explicitly stated as a postscript.* Demgemäß sollte man wohl besser vom *Satz von Kelvin* sprechen, aber dies läßt sich ebensowenig korrigieren wie andere Fehlbezeichnungen.

Zum Ende wollen wir uns noch mit dem *Vektorpotential* befassen, das in der Elektrodynamik eine wichtige Rolle spielt. Unsere Diskussion wird allerdings unbefriedigend bleiben; erst die Begriffe „*geschlossene*" und „*exakte Differentialform*" werden in Zusammenhang mit dem *Poincaréschen Lemma* zeigen, wie sich die hier angesprochenen Ideen in zufriedenstellender Allgemeinheit und Klarheit behandeln lassen.

Definition 1. *Sei $a : \Omega \to \mathbb{R}^3$ ein Vektorfeld der* Klasse C^1 *auf dem Gebiet Ω des $\mathbb{R}^3$, und sei $b : \Omega \to \mathbb{R}^3$ ein stetiges Vektorfeld auf Ω. Wir nennen a ein* **Vektorpotential** *von b, wenn $b = \operatorname{rot} a$ gilt, d.h. wenn $b = \nabla \times a$ ist.*

Bemerkung 5. Eine Funktion $u : \Omega \to \mathbb{R}$ der Klasse C^1 heißt bekanntlich Potential des stetigen Vektorfeldes $b : \Omega \to \mathbb{R}^3$, $\Omega \subset \mathbb{R}^3$, wenn $b = \operatorname{grad} u$ gilt, d.h. wenn $b = \nabla u$ ist. Ist $b \in C^1$, so ist $u \in C^2$, und die Schwarzschen Gleichungen $u_{x_j x_k} = u_{x_k x_j}$ liefern die Bedingung $\operatorname{rot} \operatorname{grad} u = 0$. Also ist die Gleichung $\operatorname{rot} b = 0$ eine notwendige Bedingung für die Existenz eines Potentials u, und für einfach zusammenhängende Gebiete G ist diese Bedingung auch hinreichend. Ferner ist das Potential u eines Vektorfeldes eindeutig bestimmt bis auf additive Konstanten. Ähnliches gilt für Vektorpotentiale:

Proposition 1. *Notwendig für die Existenz eines Vektorpotentials a der Klasse $C^1(\Omega, \mathbb{R}^3)$ von $b \in C^1(\Omega, \mathbb{R}^3)$ ist die Bedingung* div $b = 0$.

Beweis. Es gelte $b = \operatorname{rot} a$. Wäre $a \in C^2(\Omega, \mathbb{R}^3)$, so gilt div rot $a = 0$ und damit div $b = 0$.

Es bleibt also zu zeigen, daß die Gleichung div $b = 0$ auch unter der schwächeren Voraussetzung $a \in C^1(\Omega, \mathbb{R}^3)$ folgt. Hier argumentieren wir ähnlich wie in Bemerkung 3. Wir wählen zuerst eine offene Menge $\Omega' \subset\subset \Omega$ und dann eine Folge von Vektorfeldern $a^{(j)} \in C^\infty(\overline{\Omega'}, \mathbb{R}^3)$ mit

$$a^{(j)}(x) \;\rightrightarrows\; a(x)\,, \quad Da^{(j)}(x) \;\rightrightarrows\; Da(x) \;\text{auf}\; \overline{\Omega'} \;\text{für}\; j \to \infty\,,$$

wenn $a \in C^1(\Omega, \mathbb{R}^3)$ ein vorgegebenes Feld mit rot $a = b$ ist. Wir setzen $b^{(j)} := \operatorname{rot} a^{(j)}$. Dann gilt div $b^{(j)} = 0$ auf Ω', und somit folgt für alle $\varphi \in C_c^1(\Omega')$:

$$0 = \int_{\Omega'} (\operatorname{div} b^{(j)})\, \varphi \, dx = -\int_{\Omega'} b^{(j)} \cdot \nabla\varphi \, dx\,.$$

Für $j \to \infty$ erhalten wir wegen $b^{(j)}(x) \;\rightrightarrows\; b(x)$ auf $\overline{\Omega'}$ die Relation

$$\int_{\Omega'} b(x) \cdot \nabla\varphi(x) dx = 0\,,$$

und partielle Integration liefert wegen $b \in C^1(\Omega, \mathbb{R}^3)$ die Relation

$$\int_{\Omega'} (\operatorname{div} b(x))\, \varphi(x) dx = 0 \quad \text{für alle}\; \varphi \in C_c^1(\Omega')\,.$$

Hieraus schließen wir mit dem Fundamentallemma der Variationsrechnung auf div $b(x) \equiv 0$ auf Ω', und da Ω' eine beliebige offene Menge mit $\Omega' \subset\subset \Omega$ ist, folgt div $b(x) \equiv 0$ auf Ω. $\qquad\square$

Proposition 2. *Mit a ist auch $a + \nabla\phi$ Vektorpotential von $b \in C^1(\Omega, \mathbb{R}^3)$ für jede Funktion $\phi \in C^2(\Omega)$, und umgekehrt unterscheiden sich, falls Ω einfach zusammenhängt, zwei beliebige Vektorpotentiale a_1, a_2 von b höchstens um das Gradientenfeld $\nabla\phi$ einer skalaren Funktion $\phi \in C^2(\Omega)$.*

Beweis. (i) Aus $a \in C^1$, $b = \operatorname{rot} a$ und $\phi \in C^2$ folgt $a + \nabla\phi \in C^1$ und

$$\operatorname{rot}(a + \nabla\phi) = \operatorname{rot} a + \operatorname{rot} \nabla\phi = b\,.$$

(ii) Aus $a_1, a_2 \in C^1$ und rot $a_1 = b$, rot $a_2 = b$ folgt $a := a_1 - a_2 \in C^1$ und rot $a = 0$. Also gibt es ein $\phi \in C^1(\Omega)$ mit $\nabla\phi = a$, falls Ω einfach zusammenhängend ist. Hieraus folgt $\phi \in C^2(\Omega)$ und $a_1 = a_2 + \nabla\phi$. $\qquad\square$

Proposition 3. *Auf einem einfach zusammenhängenden Gebiet Ω des $\mathbb{R}^3$ besitzt ein Vektorfeld $b \in C^1(\Omega, \mathbb{R}^3)$ genau dann ein Vektorpotential, wenn es quellenfrei ist, d.h. wenn* div $b = 0$ *gilt.*

Beweis. (i)   Sei Ω das Innere einer Zelle, und sei $b = (b_1, b_2, b_3)$. Wir wollen
$a = (a_1, a_2, a_3)$ finden, so daß

$$(12) \quad \frac{\partial a_3}{\partial x_2} - \frac{\partial a_2}{\partial x_3} = b_1 \, , \quad \frac{\partial a_1}{\partial x_3} - \frac{\partial a_3}{\partial x_1} = b_2 \, , \quad \frac{\partial a_2}{\partial x_1} - \frac{\partial a_1}{\partial x_2} = b_3$$

gilt. Ansatzweise versuchen wir, eine Lösung dieser Gleichungen mit $a_3 = 0$
zu finden, d.h. a sei von der Form $a = (a_1, a_2, 0)$. Dann reduzieren sich die
Gleichungen (12) auf

$$(\alpha) \quad \frac{\partial a_2}{\partial x_3} = -b_1 \, ; \quad (\beta) \quad \frac{\partial a_1}{\partial x_3} = b_2 \, ; \quad (\gamma) \quad \frac{\partial a_2}{\partial x_1} - \frac{\partial a_1}{\partial x_2} = b_3 \, .$$

Die Gleichungen (α) und (β) sind erfüllt, wenn wir

$$a_1(x) := \int_{z_0}^{x_3} b_2(x_1, x_2, t)\, dt \, + \, f(x_1, x_2) \, , \ a_2(x) := - \int_{z_0}^{x_3} b_1(x_1, x_2, t)\, dt$$

setzen mit einem Punkte $(x_0, y_0, z_0) \in \Omega$ und einer zunächst unbestimmten
Funktion $f \in C^1(\Omega)$, die nicht von x_3 abhängt. Dann folgt aus $(\alpha), (\beta)$ und
$\operatorname{div} b = 0$, daß

$$\frac{\partial a_2}{\partial x_1}(x) - \frac{\partial a_1}{\partial x_2}(x)$$

$$= - \int_{z_0}^{x_3} \left[\frac{\partial b_1}{\partial x_1}(x_1, x_2, t) + \frac{\partial b_2}{\partial x_2}(x_1, x_2, t) \right] dt - \frac{\partial f}{\partial x_2}(x_1, x_2)$$

$$= \int_{z_0}^{x_3} \frac{\partial b_3}{\partial x_3}(x_1, x_2, t)\, dt - \frac{\partial f}{\partial x_2}(x_1, x_2)$$

$$= b_3(x) - b_3(x_1, x_2, z_0) - \frac{\partial f}{\partial x_2}(x_1, x_2)$$

gilt. Wählen wir nun

$$f(x_1, x_2) := - \int_{y_0}^{x_2} b_3(x_1, t, z_0)\, dt \, ,$$

so folgt $\frac{\partial f}{\partial x_2}(x_1, x_2) = -b_3(x_1, x_2, z_0)$, und damit ist (γ) erfüllt. Also löst

$$a(x) := \left(\int_{z_0}^{x_3} b_2(x_1, x_2, t)\, dt - \int_{y_0}^{x_2} b_3(x_1, t, z_0)\, dt, \, - \int_{z_0}^{x_3} b_1(x_1, x_2, t)\, dt, \, 0 \right)$$

das Gleichungssystem (12), wenn Ω eine Zelle ist.
(ii) Von hier aus gelangen wir zur Behauptung für Hydren Ω, die aus offenen
Zellen aufgebaut sind (vgl. 1.5, Satz 3). Wir verzichten darauf, die Behauptung
allgemein für einfach zusammenhängende Gebiete zu beweisen, da wir in Band
3 einen einfachen und viel allgemeineren Zugang gewinnen werden.

$\square$

Aufgaben.

1. Wenn das Vektorfeld $a \in C^1(\Omega, \mathbb{R}^3)$ auf dem Rand ∂X der Fläche $X \in C^1(\overline{B}, \mathbb{R}^3)$ mit $X(\overline{B}) \subset \Omega$ senkrecht steht, so gilt $\int_X \langle \operatorname{rot} a, N \rangle \, du \, dv = 0$. Beweis?

2. Sei $a \in C^1(\Omega, \mathbb{R}^3)$, $X(\overline{B}) \subset \Omega$ und $\operatorname{rot} a = 0$. Dann ändert sich der Wert des Kurvenintegrals $\int_\Gamma a(x) \cdot dx$ längs einer geschlossenen orientierten C^1-Jordankurve Γ nicht, wenn man Γ in Ω „in differenzierbarer Weise" deformiert. Wie läßt sich diese Aussage präzisieren und beweisen, und welcher Zusammenhang besteht zwischen diesem Ergebnis und 2.1?

3. Wenn M eine kompakte C^1-Mannigfaltigkeit in $\mathbb{R}^3$ (also eine geschlossene Fläche) mit $M \subset \Omega$ und $\overrightarrow{a} \in C^1(\Omega, \mathbb{R}^3)$ ist, so gilt $\int_M \operatorname{rot} \overrightarrow{a} \cdot d\overrightarrow{A} = 0$. Beweis?

4. Ist a ein konstanter Vektor auf einem regulären, eingebetteten Flächenstück $X \in C^1(\overline{B}, \mathbb{R}^3)$, so gilt $\int_{\partial X} a \cdot dx = 0$. Beweis?

5. Sei $X \in C^1(\overline{B}, \mathbb{R}^3)$ ein eingebettetes, reguläres Flächenstück in $\mathbb{R}^3$, $x = (x_1, x_2, x_3)$, $y = (y_1, y_2, y_3)$, $r := |x - y|$ und

$$U(x) := \int_X r^{-3} \left[(x_1 - y_1) dy_2 dy_3 + (x_2 - y_2) dy_3 dy_1 + (x_3 - y_3) dy_1 dy_2 \right] .$$

Wenn die orientierte Kurve Γ der Rand ∂X von X ist, gilt

$$\nabla_x U(x) = - \int_\Gamma \frac{z \wedge dz}{|z|^3}$$

mit $z = x - y$.

Hinweis. Es gilt $\operatorname{div}_y \frac{x-y}{r^3} = 0$ und daher $\operatorname{div}_y \frac{\partial}{\partial x_j} \frac{x-y}{r^3} = 0$. Man zeige, daß $b(y) := r^{-3} \cdot (0, y_3 - x_3, x_2 - y_2)$ ein Vektorpotential von $c(y) := \frac{\partial}{\partial x_1} \frac{x-y}{r^3}$ ist, etc.

Index

Quellenverzeichnis der Abbildungen

Umschlag: Sternbild LEO, aus Hyginus, *Mythographus, Poeticon Astronomicon*, Venedig, Erhard Ratdolt, 14 October 1482. (Beginn der Himmelskartographie. Erster Druck von Sternbildern. Holzschnitte vermutlich von Johannes Lucilius Santritter.)

S. 21: Anthony Tromba, Santa Cruz

S. 23: Anthony Tromba, Santa Cruz

S. 118: Ernst Chladni, *Die Akustik*, Breitkopf und Härtel, Leipzig 1802

S. 191: Leonhard Euler, *Mechanica sive motus scientia analytice*, Band 1, Sankt Petersburg 1736, Frontispiz

S. 192: Joseph Louis Lagrange, *Méchanique analitique*, La Veuve Desaint, Paris 1788, Frontispiz

S. 294: Christian Huygens, *Traité de la lumière*, Pierre van der Aa, Leiden 1690, Frontispiz

S. 329: Richard Courant, *Vorlesungen über Differential- und Integralrechnung*, Band 2, S. 149 und 152-155, Springer, Berlin 1931

S. 358: Christian Huygens, *Traité de la lumière*, S. 124, Pierre van der Aa, Leiden 1690

S. 389: Matthäus Merian der Ältere, *Historische Chronica*, Frankfurt a. M. 1639

S. 401: Richard Courant, *Vorlesungen über Differential- und Integralrechnung*, Band 2, S. 125, Springer, Berlin 1931
David Hilbert, Stefan Cohn-Vossen, *Anschauliche Geometrie*, S. 21, Berlin, Springer 1932

S. 432: Isaac Newton, *Philosophiae naturalis principia mathematica*, Samuel Smith, London 1687, Frontispiz

Printed in the United States
By Bookmasters